FLORE

DU

DÉPARTEMENT DU GARD,

OU

DESCRIPTION DES PLANTES

QUI CROISSENT NATURELLEMENT DANS CE DÉPARTEMENT;

PAR

DE POUZOLZ,

Capitaine retraité,
Membre correspondant de la Société linnéenne de Paris
et de l'Académie du Gard.

Utile dulci...... **H.**

—

TOME PREMIER.
Deuxième partie.

—

A NIMES,

CHEZ TEISSIER, LIBRAIRE, | CHEZ B.-R. GARVE, LIBR.,
boulevard de l'Esplanade, | boulevard de la Comédie,

ET CHEZ L'AUTEUR,
rue de la Servie, vis-à-vis le viaduc du chemin de fer de Montpellier.

—

1857.

FLORE

DU

DÉPARTEMENT DU GARD,

OU

DESCRIPTION DES PLANTES

QUI CROISSENT NATURELLEMENT DANS CE DÉPARTEMENT;

PAR

DE POUZOLZ,

Capitaine retraité,
Membre correspondant de la Société linnéenne de Paris
et de l'Académie du Gard.

Utile dulci...... H.

—

TOME PREMIER.
Deuxième partie.

—

A NIMES,

CHEZ TEISSIER, LIBRAIRE, | CHEZ B.-R. GARVE, LIBR.,
boulevard de l'Esplanade, | boulevard de la Comédie,

ET CHEZ L'AUTEUR,
rue de la Servie, vis-à-vis le viaduc du chemin de fer de Montpellier.

—

1857.

AVIS AUX LECTEURS

La Flore dont la publication vient de s'achever a été entreprise dans le double but de populariser la science si attrayante de la botanique pratique et de faire connaître la riche végétation d'un département presque exceptionnel en France, par sa position méridionale et par la nature variée de son sol. Rendre facile la détermination des plantes est un moyen sûr de multiplier le nombre de ceux qui les collectionnent et, par conséquent, d'en propager le goût. Beaucoup de commençants sont, en effet, découragés, à leur début, par la difficulté qu'ils éprouvent à faire concorder les caractères des échantillons qu'ils ont sous les yeux avec les descriptions plus ou moins complètes qu'ils en trouvent dans les Flores connues. En restreignant la circonscription d'une flore, on diminue le nombre des espèces à décrire, on précise mieux les localités où on les rencontre, les descriptions qu'on en fait se rapportent mieux aux échantillons de ces localités, et les indications des époques de leur floraison ou de leur fructification sont plus sûres.

L'auteur de cette Flore, M. de Pouzolz, que la mort a enlevé tout à coup à son œuvre, restée depuis interrompue, avait fait de l'étude des plantes son travail favori ; au milieu des préoccupations nombreuses de sa profession, il sut toujours trouver du temps à consacrer à l'objet dominant de ses goûts ; la carrière qu'il suivait lui a même procuré des avantages dont ne peuvent pas toujours jouir les botanistes. Grâce à sa position, il a pu explorer avec fruit la plus grande partie de la France, la Corse et l'Espagne, et rassembler l'immense herbier qu'il a laissé et dont presque tous les échantillons ont été récoltés par lui-même. Ses relations avec les botanistes les plus distingués ont rendu facile la vérification de ses déterminations et lui ont permis d'entreprendre avec quelque autorité la publication de la *Flore du Gard*. C'est dans ce département qu'il a passé la dernière partie de son existence, partageant ses loisirs entre les excursions botaniques et la rédaction de son ouvrage. Les nombreuses découvertes qu'il y a faites sont une preuve du talent d'observation dont il était doué, et garantissent l'exactitude des indications qu'il donne dans son livre. La science lui doit, en effet, d'avoir reconnu, dans le département du Gard, un grand nombre d'espèces qu'on n'y avait pas encore signalées, et même la découverte de plusieurs espèces nouvelles, parmi lesquelles nous pouvons citer celles auxquelles, pour récompenser son zèle, les maîtres de la science ont donné son nom : *Cistus Pouzolzii; Agropyrum Pouzolzii*, etc.

Le département qu'il avait choisi comme dernier champ de ses explorations était bien digne de fixer l'attention d'un botaniste aussi intrépide que lui. On y trouve, en effet, réunis sur une étendue relativement assez restreinte, les habitats et les stations les plus variés : étangs et marais salés, étangs et marais d'eau douce, alluvions et sables des fleuves et des rivières, coteaux calcaires secs, champs cultivés des terrains calcaires, champs cultivés des terrains siliceux, bois des montagnes calcaires, bois des montagnes granitiques, régions basses et régions subalpines; et, si la nature géologique du sol a quelque influence sur la végétation, le sol du Gard offre des lambeaux de presque tous les étages, depuis les terrains paléozoïques jusqu'aux alluvions modernes.

Chargé de compléter l'œuvre d'un maître aussi habile, j'ai eu le regret de n'apporter à ce travail qu'une grande inexpérience. Heureusement les matériaux étaient nombreux et parfaitement coordonnés. J'ai pu, grâce aux échantillons authentiques que m'ont libéralement fournis quelques botanistes habiles dont l'assistance m'a été d'un grand secours, et que je prie ici de recevoir l'expression de ma profonde gratitude, vérifier presque toutes les déterminations de M. de Pouzolz. Cette tâche remplie, j'ai fait la description des genres et des espèces, en suivant, comme d'ailleurs l'avait fait jusque-là M. de Pouzolz lui-même, l'ouvrage si recommandable de MM. Godron et Grenier, qui sert de guide et d'autorité à tous ceux qui s'occupent actuellement de botanique en France. Les indications des localités sont données d'après les étiquettes accompagnant les échantillons dans l'herbier sur lequel mon travail est basé. J'en ai ajouté quelques autres d'après mes observations personnelles, dont mes occupations et le peu de séjour que j'ai fait dans ce pays restreignent beaucoup le nombre, et d'après les renseignements que m'ont fournis généreusement quelques botanistes du département, parmi lesquels je ne puis manquer de citer M. l'abbé J. G., à qui je dois l'indication des habitats de presque toutes nos fougères.

COURCIÈRE.

FLORE DU GARD.

PLANTES VASCULAIRES.

Les plantes vasculaires ou cotylédonées ont leur texture cellu-
leuse et vasculaire ; elles sont munies de pores corticaux et de
véritables feuilles à nervures ; leur germination s'opère avec un
ou plusieurs cotylédons.

1. {
Nervures des feuilles di-
visées et anastomosées. EXOGÈNES ou DICOTYLÉDONÉES.

Nervures des feuilles pa-
rallèles non anastomo-
sées . . . . ENDOGÈNES ou MONOCOTYLÉDONÉES

EXOGÈNES OU DICOTYLÉDONÉES.

Les exogènes ont la tige herbacée ou ligneuse, composée de
deux corps croissant séparément, en sens inverse : l'un cortical
(*écorce*), formé d'un tissu cellulaire situé sous l'épiderme, et de
couches corticales ; les intérieures plus jeunes (*liber*) ; les autres
ligneuses (*bois*), formées de couches concentriques dont les extérieures sont les plus récentes (*exogènes*) ; le centre de la tige
parcouru, dans sa longueur, par un canal médulaire d'où partent
des rayons à travers les couches ligneuses. (Les plantes arbores-
centes offrent plus distinctement cette disposition.) Feuilles parcourues par des nervures anastomosées. Fleurs distinctes, munies
d'un calice ou d'une corolle ordinairement à 5 divisions, rarement
l'un ou l'autre ou tous deux nuls. Embryon à deux ou plusieurs
cotylédons opposés ou verticillés.

1. {
Périgone double (1). . . . . 2.
Périgone simple. . . . . Cl. 4ᵉ MONOCLAMYDÉES.

---

(1) Quoique, dans les genres *clematis*, *thalictrum*, *anemone*, *caltha*, le
périgone soit simple, ce qui résulte de l'avortement d'une des enveloppes
florales, ils n'appartiennent pas moins aux renonculacées par leur rapport
direct.

$$ 2 . \begin{cases} \text{Corolle et étamines insérées sur le ré-} \\ \quad \text{ceptacle} \dots\dots\dots\dots\dots\dots \text{ Cl. 1}^\text{re} \text{ THALAMIFLORES} \\ \text{Corolle et étamines insérées sur le calice. Cl. 2}^\text{e} \text{ CALYCIFLORES.} \\ \text{Corolle insérée sur le réceptacle, étami-} \\ \quad \text{nes insérées sur la corolle} \dots\dots\dots \text{ Cl. 3}^\text{e} \text{ COROLLIFLORES.} \end{cases} $$

Cl. 1re. THALAMIFLORES.

Pétales distincts, libres, insérés, ainsi que les étamines, sur le réceptacle, non sur le calice ; ovaire libre, supère.

1.	Plusieurs ovaires...............	I. RENONCULACÉES.
	Un seul ovaire.	2.
2.	Placentas pariétaux..............	3.
	Placentas formés par des cloisons intérieures ; capsules multiloculaires, fleurs régulières.	III. NYMPHÉACÉES.
	Placentas centraux	12.
3.	Baies........................	4.
	Akènes ; corolle irrégulière........	V. FUMARIACÉES.
	Capsules.....................	5.
4.	Étamines alternes avec les pétales..	I. RENONCULACÉES.
	Étamines opposées aux pétales.....	II. BERBERIDÉES.
5.	Capsule uniloculaire..............	6.
	Capsule biloculaire.	11.
6.	Deux sépales caducs.	7.
	4-6 sépales persistants...........	8.
	Calice gamosépale, fleurs régulières.	XII. FRANKÉNIACÉES.
7.	Fleurs irrégulières..............	V. FUMARIACÉES.
	Fleurs régulières..............	IV. PAPAVERACÉES.
8.	Fleurs irrégulières..............	9.
	Fleurs régulières..............	10.
9.	Un stigmate...................	VIII. VIOLARIÉES.
	3-6 stigmates.................	IX. RÉSÉDACÉES
10.	Un stigmate...................	VII. CISTINÉES.
	3-5 stigmates.................	X. DROSÉRACÉES.
11.	6 étamines libres, tetradynames ; fleurs régulières.	VI. CRUCIFÈRES.
	8 étamines soudées en 2 phalanges : fleurs irrégulières...............	XI. POLYGALÉES.
12.	Capsule.	13.
	Baie biloculaire ; loges bispermes...	XXII. AMPÉLIDÉES.
	Drupe à 5 loges monospermes......	XXIV. MÉLIACÉES.
13.	Capsule uniloculaire	14.
	Capsule biloculaire, loges monospermes prolongées en ailes......	XXI. ACÉRINÉES.
	Capsule multiloculaire............	16.
14.	Loge polysperme ; 4-10 étamines...	15
	Loge mono-bisperme ; étamines indéterminées ; fleurs régulières, 5 sépales.	XXVII. TILIACÉES.
15.	Calice monosépale.	XIII. SILÉNÉES.
	Calice à 4-5 sépales distincts.......	XIV. ALSINÉES.

16.	Loges monospermes...............	17.
	Loges bispermes...................	XVI. LINÉES.
	Loges polyspermes.................	18.
17.	Capsule prolongée en bec; calice à 5 sépales distincts...............	XIX. GÉRANIÉES.
	Capsule non prolongée en bec; calice monosépale..................	XVIII. MALVACÉES.
	Capsule non prolongée en bec; calice à 3 divisions................	XXVIII. CORIARIÉES.
18.	Plusieurs styles..................	19.
	Un seul style....................	20.
19.	Étamines libres..................	XV. ÉLATINÉES.
	Étamines polyadelphes............	XX. HYPÉRICINÉES.
	Étamines monadelphes à la base...	XXV. OXALIDÉES.
20.	Fruit hérissé de pointes..........	21.
	Fruit sans pointes...............	XXVII. RUTACÉES.
21.	Plante herbacée..................	XXVI. ZIGOPHYLLÉES.
	Arbre...........................	XXIII. HIPPOCASTANÉES.

Ire Fam. **RENONCULACÉES.**

RANUNCULACEÆ. (Juss. gen. 231.)

Les renonculacées ont le calice à 5, rarement à 3-6 sépales; les pétales ordinairement en nombre égal à celui des sépales, quelquefois très-petits nectariformes, et plus rarement nuls; les étamines libres, indéfinies, hypogines; plusieurs ovaires, rarement un seul; le stigmate oblique en crête; les fruits formés de carpelles monospermes, indéhiscents, ou de capsules uniloculaires polyspermes, plus rarement d'une baie; les placentas pariétaux. Herbes ou sous-arbrisseaux plus ou moins âcres, à feuilles simples, dentées, lobées ou découpées, à pétioles dilatés à la base en forme de gaîne, sans stipules.

1.	Plusieurs styles; fruit non charnu....	2.
	Un seul style; fruit charnu..........	18. ACTÆA.
2.	Feuilles alternes ou radicales........	3.
	Feuilles opposées; tige sarmenteuse..	1. CLEMATIS.
3.	Fleurs irrégulières.................	4.
	Fleurs régulières ou peu irrégulières..	6.
4.	Fleurs à éperon....................	5.
	Fleurs sans éperon, en forme de casque.	17. ACONITUM.
5.	Un éperon........................	16. DELPHINIUM.
	5 éperons........................	15. AQUILEGIA.
6.	Calice à 3 sépales ou remplacé par un involucre à 3 folioles.............	7.
	Calice nul ou à 5 sépales...........	9.
7.	Un calice.........................	8.
	Un involucre......................	3. ANEMONE.
8.	Fleurs jaunes......................	8. FICARIA.
	Fleurs bleues ou blanches..........	ANEMONE HEPATICA.
9.	Onglets des pétales munis d'une écaille.	10.
	Point d'écaille à l'onglet des pétales..	11.

1er gre. CLEMATITE. — CLEMATIS. (Lin. gen. 696.)

Calice pétaloïde régulier composé de 4-5 sépales colorés. Pétales nuls. Carpelles monospermes indéhiscents. Style plumeux, graines pendantes. Tiges sarmenteuses. Feuilles opposées. Racine fibreuse.

1. { Tige droite herbacée. . . . . RECTA.
Tige grimpante ou sarmenteuse. . . . . 2.

2. { Sépales glabres en dedans, pubescents en dehors. FLAMMULA.
Sépales velus sur les deux faces. . . . . VITALBA.

1. C. recta *Lin. sp.* 767; *C. erecta Dec. fl. fr.* 4, *p.* 873; *Lob. ic.* 627, *fig.* 2. — Tiges herbacées, fistuleuses, dressées, de 6-12 décimètres, glabres. Feuilles ailées, à 1-3 paires de folioles ovales-lancéolées, parfois en cœur à la base, pubescentes en dessous, glabres en dessus, pétiolées et distantes. Fleurs blanches en panicule dressée, rameuse, composée de petites grappes opposées et axillaires, presque en ombelle. Involucre nul. Sépales 4-5 obovales, tomenteux sur les bords. Carpelles glabrescents, comprimés, terminés par une longue pointe plumeuse.

Hab. les bords du Gardon à Alais, à Aigues-Mortes (*Delaveau*). ♃ Fl. juin-juillet.

2. C. FLAMMULA *Lin. sp.* 766 ; *Dec. fl. fr.* 4, *p.* 873 ; *Lob.*
ic. 627, *fig.* 1. — Tiges frutescentes, sarmenteuses et grimpantes,
longues, grêles, pleines, presque glabres ainsi que les feuilles ;
celles-ci 1-2 fois ailées, à folioles ovales ou lancéolées, entières,
incisées dans le bas de la plante. Fleurs blanches en panicule
lâche, axillaires et terminales, à 4 sépales épais, oblongs, *glabres*
en dedans, pubescents en dehors, bordés d'une marge tomenteuse. Anthères égalant ou dépassant la longueur du filet. Involucre nul. Carpelles comprimés, à pointe plumeuse, plus petite
que dans *l'espèce précédente*. Réceptacle glabre. Fleurs odorantes.

VAR. B. *Maritima Godr. et Gren. fl. fr.* 1, *p.* 3. Rameaux peu
allongés ; feuilles à folioles linéaires. *C. maritima Lin. sp.* 767 ?
Dec. fl. fr. 5, *p.* 562.

Hab.: la var. A, les lieux arides aux environs du Vigan, Saint-Jean-du-Gard,
Bessége, Saint-Ambroix, Anduze, Nîmes, etc.; la var. B, dans les dunes aux
environs d'Aigues-Mortes. ♄ Fl. juillet-août.

3. C. VITALBA *Lin. sp.* 766 ; *Dec. fl. fr.* 4, *p.* 872 ; *Lob. ic.*
626, *fig.* 1. — Tiges frutescentes, sarmenteuses, grimpantes,
longues, grêles, pubescentes. Feuilles glabres ailées à 1-4 paires
de folioles ovales-acuminées, cordiformes à la base, entières plus
rarement dentées, à pétioles tortiles. Fleurs blanches en panicules
lâches, axillaires et terminales, à 4 sépales épais, oblongs, *velus*
sur les deux faces, tomenteux sur leur marge. Anthères beaucoup plus courtes que le filet. Involucre nul. Carpelles comprimés
à arête plumeuse. Réceptacle *velu.*

Hab. les haies et les bords des fossés dans tout le département. ♄ Fl.
juin-août.

Cette plante est connue sous les noms vulgaires de *vigne blanche, berceau-*
de-la-Vierge; comme les deux précédentes, elle est connue sous le nom
d'*herbe aux gueux*, et, en patois, d'*entrevedil*, d'*entrevige*. Toutes les trois
sont caustiques et vésicantes; les mendiants les emploient pour faire des
ulcères artificiels. On jette ces plantes fraîches dans les cuves vinaires pour
donner de la force au vin fermentant avec elles; les chèvres et les ânes en
sont friands.

On cultive, dans les jardins, le *clematis viticella* Lin. sp., remarquable par
ses fleurs violettes et ses styles glabres

2ᵉ gʳᵉ. PIGAMON. — THALICTRUM. (Lin. gen. 697.)

Calice à 4-5 sépales colorés, caducs. Pétales nuls. Étamines
nombreuses, très-saillantes. Carpelles monospermes, indéhiscents,
nerviés, striés ou ailés, terminés en pointe, insérés sur un petit
réceptacle disciforme. Graines suspendues. Involucre nul. Herbes
à tiges droites, à feuilles ailées, alternes.

1. { Capsule non striée, à 3 angles ailés.......... **AQUILEGIFOLIUM.**
   { Capsule striée....................... 2.

2. { Fleurs penchées...................... 3.
   { Fleurs droites ou étalées.................. 6.

3. { Tige glabre........................ 4.
   { Tige pubescente.................... 5.

4. { Tige de 1-5 décimètres glauque, stolonifère :
   {   fleurs en panicule nue..................... MINUS.
   { Tige de 9-13 décimètres verte, sans stolons ;
   {   fleurs en panicule feuillée.................. MAJUS.

5. { Tige et feuilles couvertes de poils étalés, glan-
   {   duleux............................ FŒTIDUM.
   { Tige et feuilles un peu pubescentes ; folioles
   {   roulées en dessous par les bords............ MINUS.

6. { Toutes les folioles cunéiformes, bi-trifides ou
   {   entières........................... FLAVUM.
   { Folioles, au moins les supérieures, linéaires ou
   {   lancéolées.......................... 7.

7. { Toutes les folioles linéaires, la terminale plus
   {   ou moins glabre...................... ANGUSTIFOLIUM.
   { Les folioles supérieures, seulement, linéaires
   {   ou lancéolées....................... 8.

8. { Fleurs tout à fait redressées : tige droite : fo-
   {   lioles inférieures entières, ou à 2-3 lobes.... FLAVUM. Var. B.
   { Fleurs en panicule allongée, pyramidale : tige
   {   flexueuse : folioles inf. un peu glauques en
   {   dessous, à 3, 5, 7 dents................. SAXATILE.

1. **TH. AQUILEGIFOLIUM** *Lin. sp.* 770 ; *Dec. fl. fr.* 4, *p.* 878 ; *Moris. hist. s.* 9, *t.* 20, *fig.* 4, N° 16. — Racine épaisse, fibreuse. Tige de 5-12 décim., glabre, cylindrique, à peine striée, souvent rougeâtre. Feuilles triternées, à folioles pétiolées, arrondies ou ovoïdes, subtrilobées au sommet, d'un vert glauque ; pétioles munis à leur base de deux stipelles larges, blanchâtres. Fleurs rosées ou purpurines, rarement blanches, en panicule serrée, presque en corymbe. Sépales 4-5 ovales, obtus ; étamines très-saillantes. Carpelles pédicellés, lisses, trigones-ailés. Vulgairement *colombine plumacée*. Elle est diurétique et teint en jaune ; inusitée.

Hab. les prairies tourbeuses de Gourdouse ; le valat de Longues-Feuilles près Concoule. ♃ fl. mai-juillet.

2. **TH. FŒTIDUM** *Lin. sp.* 768 ; *Dec. fl. fr.* 4, *p.* 875 ; *Lamk. ill. t.* 497. — Racine fibreuse en faisceau, *sans stolons*. Tige de 1-3 décim., écailleuse à la base, flexueuse, *à peine striée*, toute pubescente, visqueuse. Feuilles triternées, couvertes ord^t, ainsi que toute la plante, de poils *étalés, simples, glanduleux et grisâtres*, à folioles petites, arrondies, un peu glauques, surtout en dessous, à 3-5 lobes ; pétioles à peine *canelés* en dessus et *striés* en dessous, à gaines étroites et appliquées. Fleurs blanches pendantes, en panicule lâche, un peu divariquée ; anthères apiculées ; pédoncules courts recourbés. Carpelles 3-8 sessiles, *ovales-orbiculaires*, moins renflés à la face interne qu'à la face externe, munis de côtes très-saillantes, longitudinales. Plante fétide.

Hab. les lieux rocailleux, aux environs de l'Esperou. ♃ Fl. juin-juillet

3. **Th. minus** *Lin. sp.* 769; *Dec. fl. fr.* 4, *p.* 875; *Rchb. ic. Ran. f.* 4627. — Racine *stolonifère*. Tige de 2-6 décim., ferme, flexueuse, géniculée, *fortement sillonnée*, nue inférieurement, écailleuse à la base. Feuilles nombreuses réunies vers le milieu de la tige, très-variables, triternées, plus ou moins glauques en dessous, à folioles obovales-cunéiformes ou orbiculaires-réniformes, à 3-5 lobes entiers ou dentés; pétiole commun canaliculé en dessus, sillonné en dessous, muni souvent à sa base de stipules *courtes étalées;* pétioles partiels anguleux, sillonnés, peu renflés à leur insertion. Fleurs jaunâtres, pendantes en panicule ample, rameuse, étalée; anthères apiculées, pédoncules courts, souvent arqués. Carpelles 3-6 sessiles, ovales, comprimés à la face interne; *ventrus* vers la base, à la face externe plus profondément sillonnée que l'interne. Plante glabre.

Var. B. Pubescent, plante pubescente glanduleuse. *Th. pubescens Dec. prodr.* 1, *p.* 13.

Hab.: la var. A, les lieux rocailleux à Pradines, près de l'Anuejols, aux environs d'Alais; la var. B, dans les lieux arides, à Beaucaire, Roque-Courbe, Charlot, Alzon, Serre-de-Bouquet. ♃ Fl. juin-juillet.

4. **Th. saxatile** *Dec. fl. fr.* 5, *p.* 633; *Th. fluxuosum Rchb. ic. fig.* 4628. — Racine *stolonifère*. Tige de 3-5 décim., fistuleuse, un peu flexueuse, *légèrement sillonnée* sous les gaînes. Feuilles à peu près à une égale distance l'une de l'autre, dans toute la longueur de la tige, semblables à celles de l'espèce précédente, *vertes sur les deux faces*, à pétiole légèrement sillonné, glabre. Fleurs jaunâtres en panicule rameuse, *allongée, étalée*. Anthères apiculées, courtes. Pédoncules grêles. Carpelles 3-7 turbinés ou *ovales*, profondément striés. Plante glabre ou glanduleuse.

Hab. les coteaux et les rochers dans les Cévennes. ♃ Fl. juillet-août.

5. **Th. majus** *Jacq. fl. aust.* 5, *p.* 9, *t.* 430; *Dec. fl. fr.* 4, *p.* 876. — Racine *sans stolons*. Tige de 7-10 décim., flexueuse, striée d'un côté, garnie de feuilles *dans toute sa longueur*. Feuilles triternées, glabres, vertes ou un peu pubescentes-glanduleuses en dessous, à folioles cunéiformes ou arrondies, réniformes à 3-5 lobes inégaux ordinairement obtus, entiers ou dentés. Fleurs jaunâtres, pendantes, en panicule ample, *dressée-étalée*, lâche, *diffuse;* pédoncules *filiformes, flexueux, allongés;* anthères apiculées. Carpelles 3-6 sessiles, longs, fusiformes, obliquement arrondis à la base, munis de côtes saillantes, *droits en dehors, ventrus en dedans*.

Hab. les bois à Aurières, près d'Alzon, bois de Saint-Nicolas, sur la route d'Uzès. ♃ Fl. juin-août.

6. **Th. angustifolium** *Lin. sp.* 769; *Dec. fl. fr.* 4, *p.* 876;

Th. Bauhini Rchb. fig. 4636. — Racine à stolons allongés. Tige de 4-12 décimètres, droite, solide, profondément sillonnée, peu rameuse. Feuilles nombreuses sur toute la longueur de la tige, lancéolées-pinnées, à folioles étroites, lancéolées ou lancéolées-linéaires, cunéiformes, à bords roulés en dessous, à 2-3 lobes profonds, très-entiers; pétioles souvent munis de stipules à leur base. Fleurs verdâtres, *pendantes*, disposées en panicule un peu serrée, à rameaux dressés, à pédoncules très-courts; anthères apiculées. Carpelles 6-9 petits, dressés, *presque globuleux*, munis de côtes saillantes, terminés par une pointe très-courte. L'herbe et la racine sont diurétiques.

Hab. les bois dans le Languedoc. (*Mutel.*) ♃ Fl. juillet-août.

7. **Th. flavum** *Lin. sp.* 770; *Dec. fl. fr.* 4, *p.* 877; *Rchb. ic. Ran. t.* 44, *fig.* 4639. — Racine jaunâtre, ordinairement à stolons allongés et rampants. Tige de 6-12 décim., dure, creuse intérieurement, droite, raide, sillonnée, tantôt glabre, tantôt glanduleuse ainsi que les feuilles; celles-ci vertes en dessus, plus pâles en dessous, 2-3 fois ailées, à folioles ovales ou oblongues, cunéiformes, entières ou ordinairement à trois lobes entiers, obtus ou aigus, la terminale plus longue que les latérales; pétiole commun fistuleux, strié, muni à la base de stipules membraneuses embrassantes, ainsi que les pétioles partiels. Fleurs jaunâtres en panicule serrée; étamines dressées; anthères mutiques. Carpelles 6-12 ovales-globuleux, munis de côtes.

Var. B. *Angustifolium. God. et Gren. fl. fr.* 1, *p.* 9. — Racine souvent sans stolons; folioles étroites-linéaires; panicule lâche. *Th. nigricans Dec. fl. fr.* 5, *p.* 634; *Jacq. Austr.* 5, *t.* 421.

Cette plante porte les noms vulgaires de *rue des prés, fausse rhubarbe, rhubarbe des pauvres;* l'herbe et la racine sont diurétiques et purgatives, inusitées; les feuilles et la racine teignent en jaune; les bestiaux recherchent la *rue des prés.*

Hab. les prairies et les pacages humides, à Jonquières, à Bellegarde; la var. B, les rives des champs, sur la route d'Arles, près de Nîmes. ♃ Fl. juin-juillet.

3ᵉ genʳᵉ. **ANEMONE.** — ANEMONE. (Lin. gen. 694.)

Calice pétaloïde, à 5-15 sépales caducs, plus longs que les étamines. *Corolle nulle.* Carpelles comprimés, *lisses*, nombreux, en tête globuleuse, terminés par un appendice long et plumeux, ou par une pointe courte non plumeuse. Plantes vivaces, à feuilles radicales, plus ou moins découpées, à hampes munies d'une collerette éloignée ou très-rapprochée de la fleur rosée, violette, blanche ou jaune.

1. { Carpelles terminés par un appendice long et plumeux...................... 2.
{ Carpelles terminés par une pointe courte non plumeuse....................... 3

<table>
<tr><td rowspan="2">2</td><td>Involucre à folioles sessiles.................</td><td>PULSATILLA,</td></tr>
<tr><td>Involucre à folioles pétiolées...............</td><td>ALPINA.</td></tr>
<tr><td rowspan="2">3.</td><td>Folioles de l'involucre pétiolées.............</td><td>4.</td></tr>
<tr><td>Folioles de l'involucre sessiles..............</td><td>5.</td></tr>
<tr><td rowspan="2">4.</td><td>Fleurs blanches, roses ou lilas..............</td><td>NEMOROSA.</td></tr>
<tr><td>Fleurs jaunes..............................</td><td>RANUNCULOIDES.</td></tr>
<tr><td rowspan="2">5.</td><td>Involucre à folioles profondément laciniées...</td><td>CORONARIA.</td></tr>
<tr><td>Involucre à folioles peu ou point divisées. ...</td><td>6.</td></tr>
<tr><td rowspan="2">6.</td><td>Folioles de l'involucre entières, très-rapprochées de la fleur; sépales ovales............</td><td>HEPATICA.</td></tr>
<tr><td>Folioles de l'involucre entières ou divisées, éloignées de la fleur; sépales linéaires......</td><td>HORTENSIS.</td></tr>
</table>

1. **A. PULSATILLA** *Lin. sp.* 759; *Dec. fl. fr.* 4, *p.* 880; *Lob. ic.* 281. — Racine assez grosse, noirâtre, oblique, à souche courte, rameuse. Hampe uniflore de 1-2 décim., portant un involucre à folioles sessiles, à lanières linéaires, écarté de la fleur. Feuilles *toutes radicales, bipinnées ou tripinnées, à segments divisés en lobes linéaires*, les premières divisions pétiolulées, couvertes de poils abondants. Fleur d'un violet pâle ou lilas, très-grande, un peu penchée, à 6 sépales elliptiques, velussoyeux extérieurement, *courbés en dehors à l'extrémité.* Carpelles oblongs, velus; styles longs et plumeux.

Cette plante, connue sous les noms vulgaires de *coquelourde, coquerelle,* est âcre, détersive, vésicante et sternutatoire.

Hab. les pacages de Salbous, près Campestre, et de l'Esperou. ♃ Fl. avril–mai.

2. **A. ALPINA** *Lin. sp.* 760; *Dec. fl. fr.* 4, *p.* 881; *Rchb. ic. Ran. t.* 51, *fig.* 4654. — Racine épaisse, brune, profonde. Feuilles toutes radicales, triangulaires dans leur pourtour, tripinnées, à folioles pétiolulées, pinnatifides. Hampe de 1-4 décimètres, portant un involucre à 3 folioles pétiolulées et semblables aux feuilles, terminée par une fleur blanche violacée, dressée, à 6 sépales elliptiques, velus extérieurement. Carpelles velus, oblongs, surmontés d'une longue pointe plumeuse, genouillée au milieu. Plante velue, soyeuse ou glabrescente. Plante vénéneuse.

Hab. les bois à l'*Hort de Diou*, à Arbous, à l'Esperou. (*Guan, hort. reg.*) ♃ Fl. juin–juillet.

3. **A. NEMOROSA** *Lin. sp.* 672; *Dec. fl. fr.* 4, *p.* 883; *Clus. hist.* 247, *fig.* 1. — Racine horizontale, *grêle, longue, rameuse.* Feuilles radicales 1-2, semblables à celles de l'involucre, naissant *loin de la hampe et souvent après la fleuraison.* Hampe grêle de 1-2 décim., munie d'un involucre à 3 folioles pétiolées, incisées-dentées; la moyenne trifide, cordée à la base, les latérales bifides. Pédoncule uniflore, rarement bi-triflore, *courbé vers le sommet, à la maturité.* Fleurs blanches, roses ou lilas,

penchées, formées de 6-9 sépales ovales, glabres. Carpelles 10-25 oblongs, *pubescents*, terminés en pointe courte.

Cette plante porte les noms vulgaires de *sylvie*, *renoncule des bois*.

Hab. les prairies, à Alzon, et les bois de toute la chaîne de l'Esperou, ♃ Fl. avril-juin.

4. **A. RANUNCULOIDES** *Lin. sp.* 672; *Dec. fl. fr.* 4, *p.* 885; *Rchb. ic. Ran. t.* 47, *fig.* 4643; *Lob. ic.* 674, *fig.* 1. — Racine horizontale, brune, *longue*, *grêle*, simple ou rameuse. Feuilles radicales, semblables à celles de l'involucre, naissant après la fleuraison et loin de la hampe; celle-ci haute de 1-2 décim., portant un involucre à 3 folioles, brièvement pétiolées, ternées, à folioles incisées-dentées. Pédoncules 1-5, *courbés à la maturité*, de la longueur de 3-4 centim. partant du centre de l'involucre, terminés chacun par une fleur jaune, dressée, formée de 5-8 sépales, *pubescents* à l'extérieur. Carpelles pubescents, terminés par une pointe glabre, recourbée, plus longue la moitié du carpelle. Plante presque glabre.

Hab. les bois de Salbous, des environs d'Alzon, de l'Esperou. ♃ Fl. mars-avril.

5. **A. CORONARIA** *Lin. sp.* 760; *Dec. fl. fr.* 4, *p.* 882; *Lamk. ill. t.* 496; *Camer. epit.* 386, *ic.* — Racine tubéreuse, noueuse, brune. Feuilles radicales, *trois fois ailées*, à folioles découpées, comme celles de l'involucre, en lanières *divergentes*, linéaires ou élargies, mucronées; hampe de 2-4 décim., glabre, velue au-dessus de l'involucre; celui-ci portant 3 folioles sessiles. Fleur grande, de couleur variable, solitaire, terminale, dressée, à 5-8 sépales larges, obovales, subaigus. Carpelles laineux, en tête, terminés par une pointe courte, glabre.

Hab. les champs aux environs de Sommières. ♃ Fl. mars-avril.

On cultive, dans les jardins, une foule de variétés de cette plante à fleurs doubles.

6. **A. HORTENSIS** *Lin. sp.* 763; *Dec. fl. fr.* 4, *p.* 882; *A. Stellata. Lamk. enc.* 1, *p.* 166; *Clus. hist.* 1, *p.* 249, *fig.* 2. — Racine brune, tubéreuse. Feuilles radicales, *à 3 ou 5 lobes cunéiformes, incisés-dentés au sommet*. Hampe de 2-4 décim., pubescente, portant un involucre éloigné de la fleur, à 3 folioles sessiles, soudées à la base, entières ou découpées; terminée par une seule fleur dressée, formée de 10-12 sépales *glabres*, ovales, lancéolés ou linéaires, obtus ou aigus. Carpelles en tête ovale, *laineux*, ovales-allongés, surmontés d'une pointe glabre, plus courte que le carpelle. Fleurs assez grandes, d'un pourpre violacé, rarement blanches.

Hab. les garrigues et les bois du mas de Campagne, les gazons des bords des fossés, entre le moulin de Manduel et le mas de M. Martin-Rouvière. ♃ Fl. mars-avril.

7. **A. HEPATICA** *Lin. sp.* 758; *hepatica triloba; Dec. fl. fr.* 4, *p.* 885; *Clus. hist.* 2, *p.* 247, *fig.* 3; *Cam. epit.* 585, *ic.* — Racine noirâtre, tronquée, couverte de fibres longues. Feuilles nombreuses, radicales, cordiformes à la base, trilobées à lobes obtus, luisantes en dessus, coriaces, garnies de quelques poils longs à la face inférieure, souvent violette; pétioles plus ou moins longs que les hampes, munis à leur base d'écailles larges, ovales, membraneuses, roussâtres. Hampe de 1-2 décim., couverte de poils soyeux comme les jeunes feuilles. Involucre à 3 folioles ovales, entières, sessiles, très-près de la fleur, simulant un calice. Pédoncules très-courts, portant une seule fleur, formée de 6-9 sépales glabres, de couleur bleue, rose ou blanche, naissant avant les feuilles nouvelles, les anciennes souvent persistantes. Carpelles 12-15 tomenteux, oblongs, atténués, en pointe courte, glabre.

Hab. les haies et les bois aux environs du Vigan et sur toute la chaîne de l'Esperou. ♃ Fl. mars–mai.

Cette plante porte les noms vulgaires d'*hépathique*, *d'herbe de la Trinité*; en patois, *herba d'aou-fégé*. Elle est vulnéraire, astringente, apéritive, tonique.

4ᵉ gʳᵉ. **ADONIDE. — ADONIS.** (Lin. gen. 698.)

Fleurs régulières; calice à 5 sépales plus ou moins colorés. Corolles *à* 3-15 *pétales* plus longs que le calice, dépourvus de fossette nectarifère. Carpelles nombreux, *ridés*, en épi ovale ou oblong. Graines renversées.

1.	Sépales velus ou pubescents......................	2.
	Sépales glabres................................	3.
2.	Fleurs grandes, jaunes; plante vivace............	**VERNALIS.**
	Fleurs petites relativement, rouges ou citron; plante annuelle...............................	**FLAMMULA.**
3.	Carpelles bossus sans dents....................	**AUTUMNALIS.**
	Carpelles bossus bidentés.....................	**ÆSTIVALIS.**

1. **A. AUTUMNALIS** *Lin. sp.* 771; *Dub. bot.* 1, *p.* 7; *Coss. et germ. fl. par.* 7, *t.* 3, *fig.* 1-2; *Clus. hist.* 1, *p.* 336, *fig.* 1. — Racine fusiforme, grêle. Tige de 2-5 décim., rameuse, glabre, épaisse, sillonnée, garnie de feuilles découpées en lanières fines. Pédoncules courts. Sépales *glabres*, d'un pourpre noir, étalés. Pétales 5-8, d'un pourpre éclatant, ovales, concaves, connivents, tachés de noir à la base. Carpelles en épi dense, *ovale-oblong;* bord supérieur des carpelles bossu vers son milieu, *sans dents;* *bec continuant presque la direction du bord supérieur,* recourbé au sommet. Réceptacle creusé de fossettes bordées de membranes. Vulgairement *goutte-de-sang.* Souvent cultivé dans les jardins.

Hab. les champs cultivés aux environs de Nîmes, de Manduel, du Vigan. ⚇ Fl. mai–septembre.

2. **A. ÆSTIVALIS** *Lin. sp.* 772; *Lois fl. gall.* 1. *p.* 398; *Coss. et Germ. fl. par.* 7, *t.* 3, *fig.* 3-4. — Racine fusiforme. Tige de 2-4 décim., glabre, dressée, sillonnée, simple ou rameuse, garnie de feuilles découpées en lanières fines. Sépales *glabres*, appliqués contre les pétales; ceux-ci au nombre de 5-8, planes, étalés, d'un rouge très-vif, tantôt grands, tantôt petits. Carpelles en épi, *serré, ovale-oblong*, à bord supérieur bossu, *bidenté;* l'inférieur, *unidenté* vers la base, entourée d'une petite crête; bec dressé *d'une seule couleur.* Réceptacle à fossettes membraneuses sur les bords.

Hab. les moissons à Villeneuve-lez-Avignon (*Requien*). ① Fl. juin-juillet

3. **A. FLAMMEA** *Jacq. aust. t.* 355; *Lois. gall.* 1, *p.* 399; *Mut. fl. fr.* 1, *p.* 12, *t.* 1, *fig.* 3; *Coss. et germ. fl. par.* 7, *t.* 3, *fig.* 5-6. — Racine fusiforme. Tige de 2-4 décim., grêle, rameuse, garnie de feuilles découpées en lanières étroites et aiguës. Pédoncules allongés, portant une fleur à sépales *velus, ciliés*, appliqués contre les pétales; ceux-ci au nombre de 5-8, quelquefois réduits à 3 par avortement, étalés, *planes*, étroits, dentés supérieurement, de couleur d'un rouge très-vif ou citron. Carpelles en épi *allongé, cylindrique*, un peu lâche, à bord supérieur bossu près du bec; l'extérieur a une dent peu saillante; bec *noirâtre, sphacélé*, presque vertical. Réceptacle marqué de cicatrices peu profondes, sans membranes sur les bords.

VAR. A. *Genuina God. et Gren., fl. fr.* 1, *p.* 16. 5 pétales obtus, entiers ou dentés.

VAR. B. *Abortiva God. et Gren., l. c.* 3 pétales inégaux, pointus, lacérés supérieurement. *A. anomala; Lois. gall.* 1, *p.* 399.

Hab. : la var. A, dans les champs cultivés, à Trèves; la var. B, à Trèves et à Lanuejols. ① Fl. juin-août.

4. **A. VERNALIS** *Lin. sp.* 771; *Dec. fl. fr.* 4, *p.* 887; *Rchb. ic. Ran. t.* 24, *fig.* 4622; *Lob. ic.* 784, *fig.* 1. — Racine épaisse, noirâtre, divisée en plusieurs souches. Tige de 1-3 décim., presque glabre, simple ou rameuse dès la base, à rameaux allongés, terminés chacun par une fleur d'un beau jaune, munie de rameaux stériles, naissant de la base après la fleuraison. Feuilles nombreuses, sessiles, très-découpées en lanières linéaires, entourant la tige par une gaîne large, remarquable, surtout dans les feuilles radicales, dont le limbe est ordinairement avorté et réduit à une gaîne écailleuse. Sépales pubescents. Pétales 10-15, *larges, lancéolés, dentelés au sommet*, formant une fleur de 4-5 centimètres de diamètre. Carpelles en tête ovale, velus, obovés, arrondis, réticulés, *rostellés vers le milieu du bord interne;* bec court, arqué en dehors, appliqué.

Cette plante porte les noms vulgaires de *grand œil-de-bœuf, œil-du-diable;*

elle est vénéneuse La racine est employée comme purgatif drastique, en place de l'ellébore.

Hab les pacages pierreux, près les Mazes, aux environs de Lanuejols et de l'Esperou. (*Guan. herb.*) ⚥ Fl. avril–mai.

5ᵉ gʳᵉ. RATONCULE. — MYOSURUS. (Lin. gen. 394.)

Calice à 5 sépales imbriqués dans le bouton, *prolongés en queue* à la base. 5 pétales étroits, à onglet filiforme, *tubuleux*, nectarifère. Étamines 5-15. Carpelles nombreux, triquètres, monospermes, indéhiscents, munis d'un bec ; serrés en épi grêle sur un réceptacle *allongé en queue de souris*. Graines renversées.

1. **M. minimus** *Lin. sp.* 407 ; *Dec. fl. fr.* 4, *p.* 906 ; *Lamk. ill. t.* 221. — Racine menue, fibreuse. Hampes de 2-10 centim., radicales, fistuleuses, uniflores, renflées supérieurement à la maturité. Feuilles toutes radicales, entières, étroites, linéaires, un peu obtuses. Sépales étalés, caducs, lancéolés, éperonnés au-dessous de leur insertion. Pétales d'un jaune verdâtre, plus courts que le calice. Carpelles bordés d'une membrane blanche, imbriqués et serrés en épi allongé, terminés en bec aigu, dressé. Plante glabre, connue sous le nom vulgaire de *queue-de-souris ;* vulnéraire et astringente.

Hab. les lieux humides, dans le bois de Broussan, près la cabane d'Igounet, entre Nîmes et Saint-Gilles, et les bords des marais salés à Aigues-Mortes. ① Fl. mai.

6ᵉ gʳᵉ. CERATOREPHALE. — CERATOREPHALUS
(Mœnch. meth. 218.)

Calice à 5 sépales sans appendices, imbriqués ainsi que les pétales avant l'épanouissement. 5 pétales munis, sur l'onglet, d'*une fossette nectarifère*. Étamines 5-15. Carpelles nombreux, uniloculaires, indéhiscents, disposés en long épi, persistants, renflés à la base par 2 loges vides, prolongés en un long bec comprimé. Graines dressées.

1. **C. falcatus** *Pers. syn.* 1, *p.* 341 ; *Ranunculus falcatus Lin. sp.* 781 ; *Dec. fl. fr.* 4, *p.* 900 ; *Jacq. austr. t.* 48 ; *Moies. hist.* 54, *t.* 28, *fig.* 22. — Racine menue, fibreuse. Hampe de 3-10 centimètres, cotonneuse, uniflore, d'abord presque nulle, puis s'allongeant. Feurs petites, jaunes ; sépales obtus, deux fois plus courts que les pétales. Carpelles courbés, en dedans, en faucille, pubescents. Feuilles découpées en lobes linéaires digités, disposées en rosette.

Hab. les champs cultivés dans toute la plaine du département. ① Fl mars–avril.

7ᵉ gʳᵉ. RENONCULE. — RANUNCULUS. (Lin. gen. 699.)

Calice à 5 sépales caducs, imbriqués, ainsi que les pétales, avant l'épanouissement. 5-6 pétales à onglet nectarifère, ou munis d'une écaille. Carpelles uniloculaires, indéhiscents, ovoïdes comprimés, mucronés, réunis en capitule oblong ou globuleux. Graines dressées.

1.	Fleurs blanches......................	2.
	Fleurs jaunes.........................	8.
2.	Carpelles ridés en travers.............	3.
	Carpelles lisses.......................	6.
3.	Feuilles réniformes, à 5 lobes peu profonds.	HEDERACEUS.
	Feuilles de deux sortes ou divisées en lanières capillaires....................	4.
4.	Feuilles supérieures lobées, les inférieures capilliformes......................	AQUATILIS.
	Feuilles toutes capilliformes............	5.
5.	Feuilles capillaires, croissant souvent hors de l'eau.......................	TRICOPHYLLUS.
	Feuilles linéaires très-longues...........	FLUITANS.
6.	Feuilles entières.....................	AMPLEXICAULIS.
	Feuilles à segments lancéolés, acuminés..	7.
7.	Segments des feuilles assez larges, incisés-dentés.......................	ACONITIFOLIUS.
	Segments des feuilles étroits, incisés-dentés...........................	PLATANIFOLIUS.
8.	Feuilles entières.....................	9.
	Feuilles lobées......................	12.
9.	Feuilles à nervures parallèles, presque toutes radicales.......................	GRAMINEUS.
	Feuilles à nervures non parallèles, disposées le long de la tige.................	10.
10.	Carpelles lisses......................	11.
	Carpelles finement tuberculeux, un peu hérissés.........................	OPHIOGLOSSIFOLIUS.
11.	Fleurs grandes, feuilles larges, tige droite de 5-8 décimètres..................	LINGUA.
	Fleurs petites, feuilles étroites, tige faible, souvent couchée, de 2-4 décimètres......	FLAMMULA
12.	Carpelles hérissés de pointes.............	13.
	Carpelles non hérissés de pointes.........	14.
13.	Feuilles inférieures simples; les caulinaires à 3 lobes, les supérieures à lobes linéaires.	ARVENSIS.
	Feuilles en cœur, arrondies ou trifides....	MURICATUS.
14.	Carpelles en capitules spiciformes........	15.
	Carpelles en capitules globuleux ou presque globuleux............................	18.
15.	Capitules saillants hors de la corolle......	SCELERATUS.
	Capitules non saillants hors de la corolle..	16.
16.	Carpelles à bec recourbé, disposés en épi allongé............................	17.
	Carpelles à bec dressé, disposés en épi court......................	CHÆROPHYLLOS.
17.	Plante couverte de poils soyeux..........	ALBICANS.
	Plante à poils non soyeux..............	MONSPELIACUS.

<table>
<tr><td rowspan="3">18.</td><td>Carpelles pubescents....................</td><td>AURICOMUS.</td></tr>
<tr><td>Carpelles lisses et glabres...............</td><td>19.</td></tr>
<tr><td>Carpelles tuberculeux ou ponctués........</td><td>21.</td></tr>
<tr><td rowspan="2">19.</td><td>Réceptacle glabre......................</td><td>20.</td></tr>
<tr><td>Réceptacle velu.......................</td><td>SYLVATICUS.</td></tr>
<tr><td rowspan="2">20.</td><td>Becs des carpelles courts et recourbés. ...</td><td>ACRIS.</td></tr>
<tr><td>Becs des carpelles recourbés en spirales...</td><td>LANUGINOSUS.</td></tr>
<tr><td rowspan="3">21.</td><td>Carpelles presque lisses; racine bulbiforme.</td><td>BULBOSUS.</td></tr>
<tr><td>Carpelles finement ponctués; tige rampante.</td><td>REPENS.</td></tr>
<tr><td>Carpelles tuberculeux sur toute la face ou sur les bords.........................</td><td>22.</td></tr>
<tr><td rowspan="2">22.</td><td>Tubercules occupant toute la surface des carpelles; fleurs très-petites.............</td><td>PARVIFLORUS.</td></tr>
<tr><td>Tubercules occupant les bords des carpelles sur 1 ou 2 rangs; fleurs moyennes.......</td><td>PHILONOTIS.</td></tr>
</table>

1. R. HEDERACEUS *Lin. sp.* 781; *Dec. fl. fr.* 4, *p.* 894; *Godr. monog. p.* 4, *fig.* 1. — Tige rampante, fragile, fixée au sol par des fibrilles. Feuilles *toutes conformes*, longuement pétiolées, *réniformes, à* 3-5 *lobes arrondis, courts, entiers*. Pétales blancs, très-petits, oblongs ou ovales, à onglet jaune, à nectaire non écailleux, de la longueur du calice ou un peu plus long que lui. Carpelles glabres, blanchâtres, obtus, mutiques ou à peine mucronulés, ridés en travers, non bordés. Réceptacle nu, globuleux.

Hab. dans les eaux des fontaines ou sur la vase des bords, à Lanuejols. ♃ Fl. mai–juillet.

2. R. AQUATILIS *Lin. sp.* 781. — Tiges de longueur très-variable, nageantes ou submergées. Feuilles le plus souvent de deux sortes; les supérieures pétiolées, couvertes, en dessous, de petits poils appliqués, subréniformes, à 3-5 lobes plus ou moins profonds, cunéiformes, incisés ou crénelés; les inférieures découpées en lanières capilliformes; celles-ci submergées, les autres flottantes. Stipules larges soudées au pétiole. Pédoncules de 3-5 centim., épais, atténués au sommet, *de la longueur des feuilles ou les dépassant*. Pétales blancs, 1-2 *fois plus longs que le calice*, marqués de veines écartées, à onglet court, taché de jaune, à nectaire non écailleux. Carpelles obovés, comprimés, arrondis au sommet, apiculés, hérissés ou glabres, ridés en travers, non bordés.

VAR. A. *Fluitans God. et Gren. fl. fr.* 1, *p.* 23. — Feuilles supérieures réniformes ou orbiculaires, lobées, flottantes; tige submergée. *R. aquatilis var. heterophyllus; Dec. fl. fr.* 4, *p.* 894.

VAR. B. *Submersus God. et Gren. l. c.* — Tige et feuilles submergées; celles-ci toutes divisées en lanières capillaires.

Cette plante porte les noms vulgaires d'*herbe sardonique*, de *mille-feuilles aquatique*. Elle est vénéneuse lorsqu'elle est fraîche.

Hab. les fossés et les roubines : la var. A, à Bellegarde, à Manduel, à

Campestre; la var. B, dans tous les fossés, aux environs de Nîmes, du Vigan. ♃ Fl. avril–mai, quelquefois septembre.

3. R. TRICOPHYLLUS *Chaix in Vill. Dauph.* 1, *p.* 335; *Godr. et Gren. fl. fr.* 1, *p.* 23. — Tige un peu ferme, grêle, sillonnée, rameuse. Pédoncules de 2-3 centim., grêles, raides, *non atténués au sommet*, un peu plus longs que les feuilles. Pétales blancs, deux fois de la longueur du calice, très-caducs, étroitement obovales en coin à la base, marqués de 5-7 veines rapprochées. Carpelles obovales, comprimés, un peu amincis au sommet, apiculés, souvent très-hérissés, ridés en travers. Réceptacle globuleux, velu, à poils raides. Feuilles toutes divisées en lanières filiformes, courtes, un peu raides, *étalées-divariquées, non resserrées en pinceau* hors de l'eau; les supérieures sessiles; gaîne auriculée, assez longue. Elle diffère de la var. B du *R. aquatilis* par ses pédoncules toujours courts, ses fleurs plus petites, ses pétales plus étroits, non rétrécis en onglet, non contigus et très-caducs; par ses carpelles moins larges à leur extrémité; par ses feuilles plus petites, moins distantes, moins finement découpées et à lanières plus courtes.

Var. A. *Fluitans Godr. et Gren. fl. fr.* 1, *p.* 24. — Plante flottante, à feuilles plus courtes que les entre-nœuds. *R. aquatilis var. capillaceus Dec. fl. fr.* 4, *p.* 894.

Var. B. *Terrestris Godr. et Gren. l. c.* — Plante croissant sur la vase, à tige droite, très-courte, à feuilles un peu succulentes, à lanières raides, courtes, obtuses. *R. cœspitosus Thuill. fl. par. p.* 279; *Coss. et ger. ill. fl. par. t.* 2, *fig.* 5.

Hab.: la var. A, les fossés aux environs de Nîmes; la var. B, au bord de l'étang de Jonquières et des fossés à Nîmes. ♃ Fl. mai–septembre.

4. R. FLUITANS *Lamk. fl. fr.* 3, *p.* 184; *R. aquatilis var. peucedanifolius Dec. fl. fr.* 4, *p.* 894; *Coss. et germ. fl. par. ill. t.* 2, *fig.* 1-2. — Tige épaissie au sommet, très-longue, rameuse. Feuilles supérieures à pétiole plus court que les inférieures, toutes divisées en lanières linéaires allongées, gaîne longue un peu auriculée, adhérente au pétiole. Pédoncule de 4-8 centim., épais, rétréci vers le sommet, ordinairement de la longueur des feuilles. Pétales blancs 5-9, plus longs que le calice, larges, obovales, à onglet court taché de jaune, marqués de 11-15 veines. Étamines nombreuses, plus courtes que le pistil. Carpelles obovales, renflés, assez grands, glabres, apiculés, ridés en travers; bec court et grêle, recourbé au sommet, caduc à la maturité. Réceptacle nu, globuleux. Plante flottante, tige très-allongée.

Hab. dans les eaux du Vistre, les fossés d'eau courante aux environs de Nîmes, d'Alais, dans le Gardon à Collias. ♃ Fl. mai–septembre.

5. **R. ACONITIFOLIUS** *Lin. sp.* 776; *Dec. fl. fr.* 4, *p.* 890; *Lob. obs.* 381, *ic.* 2; *Clus. hist.* 1, *p.* 236, *fig.* 1. — Racine fibreuse. Tige droite, de 2-5 décim., fistuleuse, rameuse. Feuilles palmées, à 3-7 lobes, assez grands, *ovales-lancéolés, acuminés,* incisés-dentés. Pédoncules velus. Bractées inférieures *lancéolées, dentées, non acuminées.* Sépales *pubescents.* Pétales blancs, obovales, munis d'une *écaille très-allongée.* Étamines égalant les ovaires. Carpelles 6-15, en tête globuleuse, ovales, assez gros, ventrus, *glabres,* nerviés, sans bordure, fortement carénés, à *bec crochu.* Réceptacle *velu.*

Cette plante porte le nom vulgaire de *pied-de-corbeau.* Elle est caustique, vésicante; elle est employée dans la goutte, l'asthme, les fièvres intermittentes, la gale.

Hab. les prairies et les bois humides de l'Esperou, de Concoule. ♃ Fl. mai-août.

6. **R. PLATANIFOLIUS** *Lin. mant.* 79; *R. aconitifolius b. Dec. fl. fr.* 4, *p.* 890; *Rchb. ic. Ran. t.* 7, *fig.* 4585; *Lob. ic. t.* 668, *fig.* 1 *et* 667, *fig.* 2. — Cette espèce diffère de la précédente par son port plus élevé; par ses pédoncules plus *allongés,* moins épais, plus dressés, *glabres* ou presque glabres; par ses bractées inférieures, plus étroites, plus longues, presque *entières acuminées;* par ses étamines deux fois de la longueur des ovaires; par ses feuilles à lobes plus étroits, *lancéolés, longuement acuminés,* pubescents en dessous; par sa tige plus droite, plus raide et plus rameuse.

Hab. les mêmes lieux et possède les mêmes vertus. ♃ Fl. mai-août.

7. **R. AMPLEXICAULIS** *Lin. sp.* 774; *Dec. fl. fr.* 4, *p.* 889, *et* 5, *p.* 636; *Deless. ic. sel.* 1, *t.* 27; *Moris. hist. s.* 4, *t.* 30, *fig.* 36. — Racine fasciculée, fibreuse. Tige de 1-3 décim., droite, *glabre,* lisse, simple ou un peu rameuse au sommet. Feuilles *ovales-lancéolées,* nerviées, un peu raides; les caulinaires lancéolées, acuminées, *embrassantes.* 1-5 pédoncules *glabres,* terminés chacun par une fleur blanche assez grande; sépales *glabres;* pétales obovales. Carpelles en tête globuleuse, un peu oblique, ovales, ventrus, glabres, *nerviés,* sans bordure, fortement carénés, à bec crochu. Réceptacle pubescent à la base.

Hab. les prairies humides, à Banahu près de l'Esperou. (ROUGER, *Cat pl. du cant. du Vigan,* inédit.) ♃ Fl. juillet.

8. **R. GRAMINEUS** *Lin. sp.* 772; *Dec. fl. fr.* 4, *p.* 904; *Bull. herb. t.* 123; *Moris. hist. s.* 4, *t.* 3, *fig.* 38. — Racine fibreuse, à fibres charnues. Tige de 24 décim., dressée, souvent uniflore, glabre ainsi que les pédoncules, entourée à sa base de fibres persistantes, reste des nervures des feuilles détruites. Feuilles glabres, entières, lancéolées ou linéaires, à nervures parallèles. Sépales glabres. Corolle grande, à pétales cunéiformes

à la base, d'un beau jaune, munis d'une écaille presque tubuleuse. Carpelles en tête ovoïde, renflés, irrégulièrement ridés, légèrement carénés, à bec court. Réceptacle glabre.

Cette plante est vénéneuse.

Hab. les coteaux arides, à Alzon, à Pouls, aux bords du Gardon, à la Beaume. 2 Fl. avril-juin.

9. **R. FLAMMULA** *Lin. sp.* 772; *Dec. fl. fr.* 4, *p.* 905; *Lob. ic. t.* 670, *fig.* 1. — Racine fibreuse. Tige de 2-4 décim., fistuleuse, comprimée, dressée, couchée ou radicante, multiflore, glabre ainsi que les feuilles, qui sont de forme variable, entières, calleuses au sommet, *non acuminées;* les inférieures à pétiole long, engaînant à la base. Pédoncules sillonnés. Sépales ovales, pubescents. Pétales jaunes, petits, luisants, au nombre de 5-9. Carpelles 20-30 en tête globuleuse, petits, *comprimés, lenticulaires, lisses,* bordés, à carène *saillante,* à bec étroit, droit, caduc. Réceptacle glabre. Cette espèce diffère de la suivante par la petitesse de toutes ses parties.

Cette plante, connue sous le nom vulgaire de *petite douve,* est âcre, caustique et nuisible aux bestiaux.

Hab. les prairies humides, à Aigues-Mortes, à Alzon, à l'Esperou, à Saint-Guiral. 2 Fl. juin-octobre.

10. **R. LINGUA** *Lin. sp.* 773; *Dec. fl. fr.* 4, *p.* 904; *Tabern. ic.* 48, *fig.* 2. — Radicules par verticilles aux articulations inférieures de la tige; celle-ci droite, fistuleuse, stolonifère, pubescente dans le haut, ainsi que les pédoncules *non sillonnés*, pluri ou pauciflores. Feuilles larges, longues, lancéolées-*acuminées*, sessiles, glabres en dessus, pubescentes en dessous. Sépales ovales, pubescents. Corolle jaune, grande, à pétales luisants, munis d'une écaille courte. Carpelles nombreux, en tête globuleuse, *comprimés, lenticulaires*, lisses, bordés, à carène saillante, à bec *large, court, ensiformes*. Réceptacle glabre. Plante robuste, haute de 8-15 décim.

Cette plante, connue sous les noms vulgaires de *grande douve, herbe-de-feu*, est âcre, caustique et vésicante.

Hab. les marais, au mas de Bourry, près le Caylar, et ceux de Beaucaire voisins du Rhône 2 Fl. juin-juillet.

11. **R. AURICOMUS** *Lin. sp.* 775; *Dec. fl. fr.* 4, *p.* 889; *R. polymorphus All. ped.* 2, *p.* 49, *t.* 82, *fig.* 2. — Racine oblique, courte, fibreuse. Tiges de 1-3 décim., dressées ou ascendantes, fistuleuses, nues jusqu'au premier rameau, presque glabre. Feuilles radicales, 3-4, longuement pétiolées, *réniformes-suborbiculaires*, crénelées, cordiformes à la base, plus ou moins divisées; les caulinaires sessiles, multifides, à lanières *linéaires*, entières ou dentées, divergentes. Pédoncules *unis*. Sépales non réfléchis, *pubescents*, pétales jaunes, souvent avortés. Carpelles

20-30, en tête globuleuse, *pubescents*, renflés sur les deux faces; bec *courbé en hameçon*. Réceptacle *glabre*.

Hab. les bois, aux environs du Vigan, d'Alzon, de l'Esperou. ♃ Fl. avril-juin.

12. **R. ACRIS** *Lin. sp.* 779; *Dec. fl. fr. 4, p.* 899; *Trag.* 94, *ic.; Dod. pempt.* 426, *ic.* — Racine simple, oblique, tronquée, garnie de fibres. Tige de 3-6 décim., droite, cylindrique, fistuleuse, multiflore, plus ou moins velue, à poils appliqués. Feuilles plus ou moins velues; les radicales palmées, à long pétiole, à 3-5 lobes plus ou moins étroits, incisés-dentés, à dents aiguës, souvent tachées de brun au centre; les caulinaires semblables, mais moins longuement pétiolées; les supérieures subsessiles, *à* 3 *lobes linéaires*. Sépales *velus, étalés*. Pétales jaunes, à écaille tronquée, saillante. Carpelles 20-30, planes sur les deux faces, glabres, lisses, à large bordure, à bec *courbé au sommet*. Réceptacle *glabre*.

Var. B. *Tripartitus.* — Feuilles caulinaires à gaîne terminée par 3 pétioles de 3 centimètres, portant chacun une foliole à 3 segments incisés.

On cultive, dans les jardins, une variété de cette plante, à fleurs doubles, sous le nom de *bouton-d'or*.

La plante sauvage est caustique et vésicante; elle porte les noms vulgaires de *grenouillette, renoncule des prés*.

Hab.: la var. **A**, les prairies, les bords des fossés, les bois, dans tout le département; la var. **B**, les prairies humides et le bord des ruisseaux, à la Grandès-Haute, près du rocher de Saint-Guiral. ♃ Fl. mai-juin.

13. **R. LANUGINOSUS** *Lin. sp.* 779; *Duby, bot.* 1, *p.* 12; *Rchb. ic. Ran. fig.* 4609; *J. Bauh. hist.* 3, *p.* 417, *fig.* 2. — Racine fibreuse. Tige de 3-6 décim., multiflore, cylindrique, fistuleuse, non sillonnée, hérissée de poils abondants, longs, réfléchis. Feuilles inférieures longuement pétiolées, divisées en lobes *larges-ovales*, incisés-trifides, à dents aiguës; les caulinaires semblables, à pétiole plus court; les supérieures à 3 lobes lancéolés. Sépales *velus, étalés*. Pétales obovales, jaunes, à écaille arrondie. Carpelles comprimés, un peu renflés sur les faces, à bordure large, à carène saillante, à bec *recourbé en spirale, presque aussi long que le carpelle*. Réceptacle *glabre*.

Hab. les bois, à l'Esperou (*De Lile*), à Salbous, à Banahu (*Guan. herb.*). ♃ Fl. juillet.

14. **R. SYLVATICUS** *Thuil. fl. par.* 276; *R. nemorosus Dec. syst.* 1, *p.* 280; *Duby bot.* 12; *R. villosus* S^t *Am. fl. Ag. bouq. t.* 5; *R. polyanthemos des auteurs français.* — Racine épaisse, oblique, fibreuse, entourée au collet de fibres brunes, reste des feuilles anciennes. Tige de 2-5 décim., *ascendante*, couverte de longs poils étalés, pluriflore, sans stolons. Feuilles radicales

longuement pétiolées, plus ou moins velues, souvent tachées de blanc et à nervures très-saillantes, *pentagonales* dans leur pourtour, à 3 lobes profonds, cunéiformes, incisés-dentés ; les caulinaires presque sessiles, à lobes étroits, pédoncules sillonnés. Sépales velus, *étalés*. Pétales jaunes, obovales, très-obtus, à écaille étroite à la base et très-large au sommet ; étamines à filets, glabres. Carpelles glabres, très-comprimés, à bordure, à carène à 3 côtes, à bec *recourbé en spirale, plus court de moitié que le carpelle*. Réceptacle velu.

Hab. les bois, à l'Esperou, les pacages de la Lozère, commune de Concoule. ♃ Fl. mai-juillet.

15. R. REPENS *Lin. sp.* 779 ; *Dec. fl. fr.* 4, *p.* 898 ; *Lob. ic.* 664, *fig.* 2. — Racine fibreuse. Tige de 2-6 décim., dressée ou couchée, rameuse, stolonifère, plus ou moins velue ainsi que les feuilles ; celles-ci à long pétiole, *ternées* ou *biternées*, à segments trifides, incisés-dentés ; le moyen *plus longuement pétiolulé* que les latéraux ; les feuilles inférieures ordinairement marbrées de blanc et de noir en dessus. Pédoncules sillonnés. Sépales velus, *étalés*. Corolle jaune, grande, vernie, à pétales munis d'une écaille cordiforme. Carpelles 20-30, glabres, comprimés, légèrement ponctués ; carènes à 3 côtes, à bec *court et étroit, arqué et subulé*. Réceptacle un peu velu.

Cette plante, connue sous les noms vulgaires de *bouton-d'or*, de *bassinet rampant*, est âcre, caustique et vésicante.

Hab. les prairies humides et les bords des fossés, dans tout le département. ♃ Fl. mai-septembre.

16. R. BULBOSUS *Lin. sp.* 778 ; *Dec. fl. fr.* 4, *p.* 901 ; *Lob. ic.* 667, *fig.* 1. — Racine bulbiforme, fibreuse inférieurement. Tige de 1-4 décimètres, droite, plus ou moins velue, pluriflore. Feuilles velues ou pubescentes ; les radicales à long pétiole, divisées en 3 segments trilobés, incisés-dentés ; le segment moyen plus longuement pétiolulé. Pédoncules sillonnés. Sépales velus, réfléchis supérieurement. Pétales jaunes, munis d'une écaille courte, tronquée. Carpelles 20-30, bordés, très-comprimés, carénés, glabres, à bec *court, élargi, arqué*. Réceptacle un peu velu.

Cette plante est connue sous les noms vulgaires de *grenouillette, rave de Saint-Antoine ;* elle est âcre, caustique et vésicante. On emploie la racine pour empoisonner les rats.

Hab. les bois et les pacages dans tout le département. ♃ Fl. mai-juillet.

17. R. MONSPELIACUS *Lin. sp.* 778 ; *Dec. fl. fr.* 4, *p.* 899 et 5, *p.* 638 *et ic. rar. t.* 50. — Racine composée d'un faisceau de tubercules napiformes, terminés par des fibres menues. Tige de 2-4 décim., droite, plus ou moins velue, pauciflore. Feuilles d'un vert clair, velues, pubescentes ou glabriuscules ; les radicales *trilobées* ou *tripartites*, à lobes plus ou moins profonds ; le moyen souvent pétiolulé, à divisions ovales-arrondies ; les caulinaires à segments *étroits*, *lancéolés*. Sépales velus, *réfléchis*. Pétales d'un beau jaune, luisants, largement obovales ; étamines plus courtes que le capitule des ovaires. Carpelles très-nombreux, serrés en épi allongé, pubescents, comprimés, lenticulaires, bordés, à carène saillante, ponctués, à bec recourbé en dehors, *égal à leur longueur*. Réceptacle glabre.

Hab. les bois, aux environs du Vigan, à Salbous, à Alzon. ♃ Fl. mai-juin.

18. **R. ALBICANS** *Jord. obs. pl. rar. et crit. de la France* (1847), *p.* 10. — Racine comme la précédente. Tige de 2-4 décim., couverte, ainsi que les autres parties de la plante, de poils couchés, *soyeux*-blanchâtres, dirigés vers le haut ; raide, portant 3-4 fleurs, émettant, à sa base, des stolons filiformes, blanchâtres, très-longs et persistants. Feuilles d'un vert clair, presque toutes radicales ; les primordiales ovales, rétrécies à la base et non en cœur, incisées-dentées dans leur moitié supérieure, à *dents aiguës ;* les suivantes trifides, à divisions oblongues, cunéiformes, à lobes étroits et aigus ; les caulinaires à lobes linéaires. Sépales très-soyeux, étalés ou réfléchis. Pétales d'un jaune pâle, luisants, arrondis ; étamines plus courte que le capitule des ovaires. Carpelles en épi elliptique, finement tuberculeux et hispidules, à bec acuminé, droit ou faiblement courbé en dehors, moins long qu'eux. Réceptacle glabre. Cette plante diffère de la précédente par ses feuilles et sa tige plus raide et plus grosse, d'un aspect très-soyeux, blanchâtre, et par les fibres tuberculeuses de sa racine, plus épaisses et plus courtes.

Hab. les garrigues, les bois et les vignes aux environs de Nîmes, les champs cultivés à Tresques, les pacages aux bords du Gardon, près de la Beaume. ♃ Fl. avril-mai.

19. **R. CHŒROPHYLLOS** *Lin. sp.* 780; *Dec. fl. fr.* 4, *p.* 900; *Barr. ic.* 581. — Racine composée d'un faisceau de tubercules napiformes, souvent entourée, à son collet, de fibres roussâtres, reste des feuilles anciennes. Tige de 1-2 décim., à 1-2 fleurs, velue ou pubescente. Feuilles presque toutes radicales, velues, pubescentes ; les primordiales ovales, dentées ; les autres *ternées*, à segments *multifides*, pétiolulés, celui du centre un peu plus longuement ; les caulinaires 1-2, à divisions linéaires. Sépales pubescents, étalés. Pétales jaunes, grands, luisants. Carpelles *en capitule oblong*, pubescents, comprimés, bordés, à carène saillante, à bec *droit*, *plus court que le carpelle*. Réceptacle glabre.

Hab. les bords des champs, parmi les gazons, à Nîmes, Manduel, dans les bois de Campagne, les pacages à Saint-Guiral, près d'Alzon. ♃ Fl. mai-juin

20. R. PHILONOTIS *Retz. obs. 6, p. 31; Dec. fl. fr. 4, p. 901
et 5, p. 639; R. hirsutus Curt. lond. t. 40; Camer. epit. 381, ic.*
— Racine fibreuse. Tiges ordinairement nombreuses, de 1-4
décim., dressées ou étalées, pluriflores, rameuses, ordinairement dès la base, velues ou pubescentes. Feuilles velues ou
pubescentes; les inférieures pétiolées, orbiculaires ou ovales,
dentées; les moyennes à 3 divisions, à segments, à 3 lobes
incisés-dentés, le segment moyen longuement pétiolulé; les supérieures sessiles, à lanières linéaires. Sépales velus, réfléchis,
beaucoup plus courts que les pétales; ceux-ci jaunes, munis d'une
écaille *étroite*, tronquée. Carpelles nombreux, en tête ovale ou
globuleuse, glabres, très-comprimés, lenticulaires, bordés d'une
côte saillante et entourés ordinairement d'une ou de deux rangées
de petits tubercules, à bec large, *court*, légèrement courbé.
Réceptacle *velu*. Plante à pédoncules *longs, sillonnés*, non
rampante à la base.

Hab. les champs humides, les bois, à Cygnan, sur la route de St-Gilles;
les pacages à Bellegarde, Sylveréal, Salbous. ① Fl. mai–septembre.

21. R. PARVIFLORUS *Lin. sp. 780; Dec. fl. fr. 4, p. 902;
Moris. hist. s. 4, t. 28, fig. 21.* — Racine fibreuse. Tiges de
1-4 décim., velues, couchées ou redressées. Feuilles *cordi-
formes-arrondies*, trifides, lobées-crénelées, velues; les supérieures entières ou lobées. Pédoncules courts, lisses, opposés aux
feuilles. Sépales velus, réfléchis, *de la longueur des pétales*.
Fleurs jaunes très-petites. Carpelles 10-15 comprimés, bordés, à
carène saillante, couverts, sur les deux faces, de tubercules *nombreux très-prononcés* et terminés par un *poil crochu;* bec large,
court, légèrement courbé. Réceptacle *glabre*.

Hab. les haies aux environs du Vigan, le bois des Espères près de Nîmes,
et probablement dans tout le département. ① Fl. mai–juin.

22. R. OPHIOGLOSSIFOLIUS *Vill. Dauph. 4, t. 49; Dec.
fl. fr. 5, p. 639.* — Racine fibreuse. Tiges ordinairement nombreuses, de 1-3 décim., *dressées, fistuleuses*, multiflores, à
pédoncules courts, glabres ou parsemées de poils appliqués.
Feuilles glabres; les inférieures longuement pétiolées, cordiformes, entières, obtuses; les supérieures oblongues, très-brièvement pétiolées, engaînantes, entières ou légèrement dentées.
Sépales glabres, *étalés*, n'atteignant pas la longueur des pétales;
ceux-ci très-petits, d'un jaune pâle, munis d'une écaille étroite.
Carpelles 20-30, petits, finement tuberculeux, un peu renflés,
bordés, carénés, à bec *très-court, un peu arqué*. Réceptacle
glabre.

Hab. les fossés près de Montpesat et près de Campagne, dans les fossés
au midi du bois. ① Fl. mai–juin.

23. R. ARVENSIS *Lin. sp. 780; Dec. fl. fr. 4, p. 902; Dod.*

pempt. 427, *fig.* 2 ; *Fuchs. hist.* 157, *ic.* — Racine fibreuse. Tige de 2-4 décim., droite, rameuse, glabre ou peu velue, multi-flore, à rameaux partant souvent de la base. Feuilles inférieures longuement pétiolées, ternées, à segments pétiolulés, cunéiformes allongés, bi-trifides, quelquefois multifides, à lanières dentées, étroites ; les supérieures trilobées, à lobes linéaires, entiers ou incisés, longuement pétiolulés, engaînantes à la base. Pédoncules grêles, lisses, allongés. Sépales *velus, étalés,* n'atteignant pas la longueur des pétales ; ceux-ci d'un jaune pâle, petits, munis d'une écaille triangulaire assez grande. Carpelles 4-8, en capitule globuleux, obovales, très-grands, comprimés, entourés d'une bor-dure épaisse, *hérissée ;* les faces latérales chargées de *pointes épineuses,* droites, et de tubercules ; bec linéaire, *presque droit, plus long que la moitié du carpelle.* Réceptacle *velu.* Plante âcre, caustique et vésicante.

Hab. les champs cultivés dans tout le département. ⓘ Fl. mai–juin.

24. R. MURICATUS *Lin. sp.* 780; *Dec. fl. fr.* 4, *p.* 902; *Lamk. ill. t.* 493, *fig.* 2 ; *Clus.* 233, *fig.* 2. — Racine fibreuse. Tiges de 1-3 décim., *diffuses* ou *ascendantes, presque glabres, fistuleuses,* rameuses, souvent dès la base. Feuilles longuement pétiolées, *cordiformes à la base, arrondies,* glabres, à 3 lobes, *à grosses crénelures ;* les supérieures obovales, cunéiformes à la base. Sépales très-étalés, *n'atteignant pas la longueur des pé-tales.* Pédoncules sillonnés. Fleurs petites, jaunes, à pétales munis d'une écaille ovale, étroite. Carpelles 6-15, en tête globu-leuse, *grands ovales,* comprimés, entourés d'une bordure épaisse, *unie,* hérissés, sur les deux faces, de pointes aiguës *renflées à la base* ou de tubercules ; bec *large, comprimé,* légèrement courbé au sommet, *de moitié plus court que le carpelle.* Réceptacle peu hérissé.

Hab. les lieux humides et les bords des fossés aux environs de Nîmes, de Saint-Gilles, de Manduel. ⓘ Fl. mai–juin.

25. R. SCELERATUS *Lin. sp.* 776; *Dec. fl. fr.* 4, *p.* 897 ; *Fuchs. hist.* 159, *ic.; Trag. t.* 93. — Racine composée de fibres filiformes, nombreuses, disposées par verticilles sur chaque nœud inondé. Tige de 5-10 décim., quelquefois atteignant une grosseur de 4 centimètres de diamètre, droite, lisse, striée, glabre, très-rameuse, très-fistuleuse. Feuilles glabres ; les radi-cales flottantes, longuement pétiolées, à 3-5 lobes crénelés ; les caulinaires subsessiles, à segments linéaires, entiers ou dentés, munis d'une gaîne courte, *auriculée, membraneuse.* Sépales ovales, velus, réfléchis. Fleurs jaunes, nombreuses, très-petites, à pétales plus courts que les sépales et le capitule des ovaires, munis d'une fossette nectarifère sans écaille. Carpelles très-nombreux, très-petits, disposés en tête oblongue, petite ; ovoïdes, glabres, non bordés, finement ridés sur les faces, entourés d'un sillon ; bec *presque nul*. Réceptacle un peu velu.

Cette plante porte les noms vulgaires de *grenouillette aquatique*, *d'herbe sardonique*. Elle est très-âcre et très-caustique.

Hab. les fossés à Manduel, les marais aux environs de Beaucaire, de Bellegarde, de Saint-Gilles. ① Fl. mai–septembre.

On cultive dans les parterres, sous une foule de variétés à fleurs doubles, le *R. asiaticus, Lin. sp.*, remarquable par la beauté et la régularité de ses fleurs, rouges, jaunes ou panachées.

8ᵉ gʳᵉ. FICAIRE. — FICARIA. (Dill. nov. gen. 108.)

Calice à 3 sépales caducs, 5-10 pétales, munis au-dessus de l'onglet d'une fossette nectarifère, couverte d'une écaille. Étamines nombreuses. Carpelles en *capitule globuleux*, *presque dépourvus de bec*, comprimés, obtus. Graines *dressées*.

1. **F. RANUNCULOIDES** *Mœnch. meth.*, 215 ; *Dec. fl. fr.* 4, *p.* 886 ; *fl. dan.* 479 ; *Fuchs. hist.* 867, *ic.* — Racine composée de fibres, la plupart charnues, épaisses, oblongues, fasciculées.Tige de 1-2 décim., peu rameuse, couchée ou radicante, très-glabre ainsi que les feuilles ; celles-ci d'un vert luisant, souvent tachées de noir, cordiformes, entières ou sinueuses, à lobes de la base tantôt divergents, tantôt rapprochés, à pétiole allongé, engainant à la base. Pédoncules allongés, sillonnés. Sépales ovales, concaves, étalés. Corolle d'un jaune luisant, solitaire, grande ou petite, selon la localité, à pétales oblongs, verdâtres en dehors. Carpelles 15-20, obovales, renflés, lisses, munis de quelques poils courts. Réceptacle glabre.

Cette plante porte les noms vulgaires de *petite chélidoine*, *d'herbe aux hémorrhoïdes*; elle est moins âcre que les renoncules. Dans quelques localités, on la mange cuite comme herbe potagère. Elle est employée contre les hémorrhoïdes, les scrofules et le scorbut.

Hab. les lieux humides et ombragés, dans tout le département. ♃ Fl. avril–mai.

9ᵉ gʳᵉ. POPULAGE. — CALTHA. (Lin. gen. 703.)

Calice à 5-7 sépales pétaloïdes, *caducs*, imbriqués dans le bouton. Corolle *nulle*. Étamines nombreuses ; anthères tournés en dehors. Involucre *nul*. Carpelles 5-10, polyspermes, déhiscents, sessiles, verticillés, *sur un seul rang*, libres, divergents. Graines sur deux rangs.

1. **C. PALUSTRIS** *Lin. sp.* 784 ; *Dec. fl. fr.* 4, *p.* 918 ; *Lamk ill. t.* 500 ; *Dod. pempt.* 588, *fig.* 1-2. — Racine formée de fibres longues et épaisses. Tige de 2-5 décim., droite ou ascendante, sillonnée, fistuleuse, rameuse ; rameaux unis ou pluriflores. Feuilles inférieures orbiculaires-oblongues, largement cordiformes à la base, épaisses, luisantes, crénelées, à long pétiole ; les

supérieures réniformes, sessiles ou pétiolulées, toutes à pétiole
engaînant. Fleurs d'un beau jaune, grandes, solitaires au sommet
de pédoncules axillaires, plus ou moins allongés. Sépales ovales-
obtus, veinés en dessous. Carpelles un peu divergents, oblongs,
comprimés, ridés en travers, trinerviés sur le dos, terminés par
un bec recourbé. Plante glabre.

Cette plante est connue sous les noms vulgaires de *souci d'eau*, *souci des
marais*; elle est âcre, un peu caustique et détersive. On confit les boutons
et on les mange comme les câpres.

Hab. les prés humides et les bords des ruisseaux des montagnes élevées,
à Concoule, à l'Esperou. J'ai trouvé une variété de cette plante, à fleurs doubles, au Valat de Longues-Feuilles, près Concoule. ♃ Fl. avril–juin

10ᵉ gʳᵉ. **TROLLE. — TROLLIUS.** (Lin. gen. 700.)

Calice caduc, à 5-15 sépales colorés, imbriqués dans le bouton.
5-20 pétales, *petits, linéaires*, planes, à fossette nectarifère,
sans écaille. Involucre nul. Carpelles nombreux, polyspermes,
déhiscents, *sessiles*, libres, verticillés *sur plusieurs rangs.* Graines
sur deux rangs.

1. **T. europæus** *Lin. sp.* 782; *Dec. fl. fr.* 4, *p.* 906; *Lamk.
ill. t.* 499; *Lob. obs. p.* 385, *fig.* 1. — Racine fibreuse, noirâtre. Tige de 2-5 décim., droite, ordinairement simple, cylindrique, un peu raide, glabre ainsi que les autres parties de la
plante. Feuilles à 5-7 divisions, trifides, incisées-dentées, aiguës,
d'un vert obscur en dessus, pâles en dessous; les inférieures à
longs pétioles, les supérieures sessiles, engaînantes. Fleurs grandes *globuleuses*, d'un jaune citrin, ordinairement fermées, veinées extérieurement, solitaires au sommet des tiges et des
rameaux rares. Sépales larges, ovales, obtus, disposés 5-15 sur
plusieurs rangs, concaves, connivents. Pétales 5-20, de la longueur des étamines. Carpelles oblongs, ridés en travers, munis
d'une côte dorsale, prolongée en bec court, courbé en dedans;
déhiscence longitudinale, interne. Graines noirâtres, petites,
anguleuses.

Cette plante est connue, dans sa localité, sous les noms vulgaires de
boule-d'or, renoncule de montagne; en patois, *herba daou coucoun.* Sa racine est un purgatif drastique.

Hab. les prairies élevées, à Concoule. ♃ Fl. juin–juillet.

11ᵉ gʳᵉ. **ERANTHIS. — ERANTHIS.** (Salisb. trans. Linn. v. 8, p. 303.)

Involucre persistant, à 2 feuilles opposées, multifides. Sépales
6-8, colorés, caducs. Pétales 6-8, *très-petits, tubuleux, bilabiés.*
Capsules 5-6, verticillées-libres, pédicellées, comprimées, polyspermes, déhiscentes. Graines globuleuses *sur un seul rang.*

1. **E. hyemalis** *Salisb. l. c.; Helleborus hyemalis Lin.*

sp. 783; *Dec. fl. fr.* 4, *p.* 909; *Lob. obs.* 385, *fig.* 2. — Racine formée d'un tubercule oblique, garni de fibres grèles, noirâtres. Hampe de 8-15 centim., uniflore, simple, nue, dressée. Feuilles toutes radicales, aussi longues que la hampe, orbiculaires, découpées en lanières linéaires, naissant après les fleurs. Fleurs moyennes, jaunes, sessiles, sur un involucre à 2 feuilles persistantes, découpées comme les radicales. Sépales étalés, oblongs, un peu plus courts que l'involucre. Pétales beaucoup plus courts que les sépales. Capsules 5-8, oblongues, comprimées, ridées, à nervure dorsale prolongée en bec droit. Plante glabre.

Cette plante est connue sous le nom vulgaire d'*hellébore d'hiver*; sa racine est vénéneuse. Elle est un purgatif violent; les vétérinaires l'emploient contre le farcin.

Hab. les bois de l'Agre, près de Dourbie (*Diomède*). ♃ Fl. février-mars.

12ᵉ gⁿ. HELLÉBORE. — HELLEBORUS. (Lin. gen. 702.)

Calice *persistant*, à 5 sépales colorés; pétales très-petits, *tubuleux, bilabiés. Involucre nul.* Étamines nombreuses. Capsules 3-10, *sessiles,* verticillées *sur un seul rang,* coriaces, un peu soudées à la base. Graines sur deux rangs.

1.	Capsules renflées, presque aussi longues que larges; feuilles radicales.	**VIRIDIS.**
	Capsules renflées, plus longues que larges; feuilles toutes caulinaires.	**FOETIDUS.**

1. **H. VIRIDIS** *Lin. sp.* 784; *Dec. fl. fr.* 4, *p.* 908; *Garid. Aix,* *t.* 48. — Rhizome oblique, noirâtre. Tiges *annuelles,* peu rameuses au sommet, de 3-5 décim.; droites, pauciflores, *nues jusqu'aux rameaux, sans bractées,* portant des écailles membraneuses à la base. Feuilles *radicales* à long pétiole, à segments lancéolés, aigus, dentés en scie; les latéraux confluents à la base; les raméales et les florales sessiles, semblables aux radicales, toutes palmées, d'un beau vert. Sépales grands, verdâtres, étalés, très-peu concaves; pétales *plus courts* que les étamines. Capsules renflées, presque aussi larges que longues, ridées en travers, à nervure dorsale prolongée en un bec *un peu plus long que la moitié de la capsule.* Plante glabre.

Cette plante est âcre et passe pour un violent purgatif; les habitants de la montagne la nomment *varaire.*

Hab. les bois du Lengas (les habitants des environs), ceux de l'Aigual. (*Guan, herb.*) ♃ Fl. mars-juin.

2. **H. FOETIDUS** *Lin. sp.* 784; *Dec. fl. fr.* 4, *p.* 907; *Dod. pempt.* 382, *ic.* — Racine épaisse, charnue. Tige *vivace,* droite, nue dans le bas, où restent les cicatrices des feuilles détruites; feuillée *sous les rameaux* multiflores, portant des *bractées sessiles, ovales, entières,* d'un vert pâle. Feuilles toutes caulinaires, trèscoriaces, pétiolées, palmées, à 7-11 segments lancéolés, dentés

en scie; les florales sessiles, engaînantes, à 3-4 segments. Sépales concaves, dressés, verdâtres, souvent bordés de pourpre. Pétales *beaucoup plus courts* que les étamines; fleurs penchées, disposées en corymbe. Capsules 2-4, renflées, plus longues que larges, munies d'une nervure dorsale prolongée en un bec subulé, de moitié plus court que la capsule. Plante glabre, fétide. Même vertu que la précédente. Vulgᵗ *marcioure*.

Hab. les lieux arides, les collines, les bois et les garrigues, dans tout le département. ♃ Fl. févriers-mars.

13ᵉ gʳᵉ. **GARIDELLE.** — **GARIDELLA.** (Tournef. inst. 655, t. 430.)

Calice à 5 sépales, caducs, pétaloïdes; 5 pétales bifides très-petits; 10 étamines au moins; 3 capsules *soudées à la base*, sessiles. Styles *très-courts*. Graines sur deux rangs.

1. **G. NIGELLASTRUM** *Lin. sp.* 608; *Dec. fl. fr.* 4, *p.* 911; *Lamk. ill.* 379, *fig.* 1; *Garid. Aix,* 203, *t.* 39. — Racine simple, descendante. Tige de 3-5 décim., glabre, cannelée, simple ou rameuse; garnie de feuilles ailées, à découpures linéaires, munies de petites dents; les supérieures à 3 ou 5 découpures. Sépales droits, verts, panachés de blanc et de rose, plus courts que les pétales tubuleux, labiés supérieurement, à lèvre externe bifide, de la longueur du tube velu dans le haut. Étamines 10-40, plus courtes que la corolle. Capsules 2-3, renflées, soudées, à nervure terminée en bec court et droit. Style court. Plante glabre.

Hab. Alais, l'Abbé-des-Roches d'Uzès. ① Fl. juin.

14ᵉ gʳᵉ. **NIGELLE.** — **NIGELLA.** (Lin. gen. 685.)

Calice à 5 sépales, grands, colorés, caducs. Pétales 5-10, petits, *labiés.* Capsules 5-10, verticillées, *soudées, sessiles.* Styles *allongés.* Graine sur deux rangs.

1. { Involucre à folioles pennatifides, 5 capsules soudées jusqu'au sommet.................................. **DAMASCENA**
{ Involucre nul, 5-7 capsules soudées à la base....... **ARVENSIS.**

1. **N. DAMASCENA** *Lin. sp.* 753; *Dec. fl. fr.* 4, *p.* 910; *Dod. pempt.* 304, *ic.; Lamk. ill. t.* 488, *fig.* 2. — Racine à fibres nombreuses, jaunes. Tige de 3-4 décim., rameuse, à rameaux *dressés.* Feuilles alternes, dipinnées, à lobes linéaires. Involucre sessile sous la fleur, à 5 folioles pinnatifides, persistantes. Sépales *lancéolés-ovales,* contractés en onglet assez long, plus courts que l'involucre, de couleur azurée. Pétales petits, poilus. Étamines nombreuses, à anthères mutiques. Capsules 5, soudées ensemble jusqu'au sommet, renflées, lisses, uninerviées. Graines triquètres, ridées transversalement. Plante glabre.

Vulgᵗ barbe-de-capucin, cheveux-de-Vénus. Les graines, connues sous le nom de *graines bénites,* passent pour fortifiantes, carminatives, céphaliques. On s'en sert comme assaisonnement.

Hab. le long des murs, dans les champs en herme et les vignes, aux environs de Nimes, de Bouquet. ① Fl. juin-juillet.

2. N. ARVENSIS *Lin. sp.* 753; *Dec. fl. fr.* 4, *p.* 910 *et* 5, *p.* 640; *Lamk. ill. t.* 488, *fig.* 1; *Garid. Aix, t.* 73. — Racine simple, pivotante. Tige de 1-3 décim., anguleuse, droite, un peu rude dans le bas, rameuse dès son milieu. Feuilles alternes, bi ou tripinnées, à lanières linéaires-aiguës ou obtuses, sessiles dans le haut. Involucre nul. Sépales ovales, bleuâtres, étalés, à onglet long et étroit, riticulés-veinés; pétales petits, poilus. Étamines nombreuses, à anthères *apiculées.* Capsules 5-7, soudées jusqu'au milieu, tuberculeuses sur les faces, divergentes au sommet, à 3 nervures dorsales. Styles contournés en spirale, de la longueur de la capsule. Graines noires, triangulaires, lisses, ponctuées. Plante glabre. Même propriété que la précédente.

Hab. les champs cultivés, à Manduel, Bellegarde, Blauzac, Coudoulet ① Fl. juillet-août.

15e g^{re}. ANCOLIE. — AQUILEGIA. (Lin. gen. 275.)

Calice à 5 sépales colorés, caducs. Corolle à 5 pétales roulés en cornet, prolongés inférieurement en éperons creux et courbés en dedans, saillants au-dessous des sépales. Capsules 5-6, soudées un peu à la base, verticillées, sessiles. Graines sur deux rangs.

1. A. VULGARIS *Lin. sp.* 752; *Dec. fl. fr.* 4, *p.* 911; *Rchb. ic. Ran. t.* 114, *fig.* 4729; *A. Viscosa. Guan. ill. t.* 19; *Barr. ic.* 628. — Racine épaisse, oblique, brune. Tiges droites, de 3-9 décim., simples ou rameuses dans le haut, à rameaux portant chacun une fleur grande, penchée, de couleur bleue, rose ou violette, rarement blanche. Feuilles biternées, à folioles à incisures obtuses, vertes en dessus, glauques en dessous; les radicales longuement pétiolées, les caulinaires sessiles, à lobes souvent entiers. Sépales ovales-lancéolés, obtus ou aigus. Pétales à éperons *courbés en dedans en forme de crochet, plus long que la lame tronquée* du pétale. Étamines nombreuses, *plus longues que les pétales* et dont 8 ou 10 ont les filets stériles, obtus et plus larges que les fertiles. Capsules pubescentes, ridées en travers, atténuées en un bec grêle. Plante plus ou moins pubescente ou visqueuse. Elle est connue sous les noms vulgaires d'*ancolie d'ayglantine;* en patois, *galantina.*

La racine, les fleurs et surtout les graines sont employées comme emménagogues, diurétiques, sudorifiques et apéritives.

Hab. les bois et les prairies du Vigan, d'Alzon, de Genolhac, d'Arfy.

16e g^{re}. DAUPHINELLE. — DELPHINIUM. (Lin. gen. 681.)

Calice à 5 sépales colorés, inégaux, caducs; le *supérieur prolongé en éperon creux.* Corolle à 4 pétales, par l'avortement du pétale inférieur, parfois réduits en un seul par soudure ou avortement; les deux supérieurs prolongés en éperons inclus dans celui du calice. Pistils 1-5. Capsules de 1-5, libres, sessiles. Graines sur deux rangs.

1. | Une seule capsule. . . . . 2.
   | Plusieurs capsules. . . . . 4.

2. | Capsule glabre. . . . . CONSOLIDA.
   | Capsule pubescente. . . . . 3.

3. | Tige de 1-3 décim., fleurs bleues pâles. . . . . PUBESCENS.
   | Tige de 5-6 décim., fleurs bleues, blanches ou
      roses. . . . . AJACIS.

4. | Capsules glabres. . . . . FISSUM.
   | Capsules velues. . . . . STAPHYSAGRIA.

1. D. CONSOLIDA *Lin. sp.* 748; *Dec. fl. fr.* 4, *p.* 913; *Rchb. ic. Ran. t.* 66, *fig.* 4669; *Cam. epit.* 521, *ic.* — Racine simple, pivotante. Tige droite, de 2-6 décim., rameuse, à rameaux *divergents*, *nombreux* et pubérulents, terminés par des fleurs bleues. Feuilles inférieures pétiolées; les supérieures sessiles, toutes découpées en lanières longues et linéaires. Fleurs disposées en grappes *lâches*, *courtes* et *divariquées*. Sépales pubescents; le supérieur à éperon plus long que le limbe. Pétales soudés par leurs onglets. Capsules *glabres*, acuminées au sommet, solitaires, oblongues. Graines *noirâtres*, rugueuses, ridées, membraneuses. Bractées et bractéoles simples, 3-4 fois *plus courtes* que les pédoncules.

Cette plante est astringente et vulnéraire; l'eau de ses fleurs est employée dans les maux d'yeux. Elle porte les noms vulgaires de *fleur d'amour*, d'*éperon-de-la-Vierge*, de *consoude royale*.

Hab. les champs cultivés, à Bellegarde, Beaucaire, Coudoulet, Nîmes. ① Fl. juin-octobre.

2. D. PUBESCENS *Dec. fl. fr.* 5, *p.* 641. — Racine pivotante, sinueuse. Tige de 1-3 décim., droite, à rameaux nombreux, *raides*, *étalés-dressés*, couverte d'un duvet épais de *poils grisâtres appliqués*. Feuilles biternées, découpées en lanières courtes, linéaires. Fleurs d'un bleu pâle, en grappes *lâches* et *peu fournies*. Capsules d'un décim. de longueur, *pubescentes*, prolongées en bec égalant le tiers de la capsule. Graines comme celles de la précédente, *un peu moins foncées*. Bractées et bractéoles comme dans le N° 1.

Hab. les champs cultivés, aux environs de Nîmes, à Campuget, près de Manduel, à Roque-Courbe, à Coudoulet. ① Fl. juillet-septembre.

3. D. AJACIS *Lin. sp.* 748; *Dec. fl. fr.* 4, *p.* 913; *Rchb. ic. Ran. t.* 67, *fig.* 4670. — Racine pivotante. Tige de 3-8 décim., *forte*, *pubescente*, à rameaux *ouverts*, dressés. Feuilles inférieures pétiolées, trois fois ailées; les supérieures sessiles, découpées en lanières longues et linéaires. Fleurs disposées en grappes *allongées*, en forme d'*épi lâche*, à pédoncules courts, de couleur bleue, blanche ou rose, jamais violette. Capsules *pubescentes, atténuées* en un style court, s'ouvrant par une ouverture *ovale-allongée*, à bords *peu saillants*. Graines rugueuses, à rides membraneuses, *continues*, ondulées. Bractées inférieures découpées comme les feuilles; les supérieures ternées et simples, de la longueur du pédoncule ou plus longue que lui.

Cette plante porte le nom vulgaire de *pied-d'alouette;* ses graines peuvent remplacer celles de la staphysaigre, pour détruire la vermine.

On cultive communément, dans les jardins, le *D. orientale*, qui se distingue par sa taille raide et basse, et par ses épis de fleurs très-compactes et de diverses couleurs.

Hab. les champs cultivés, à Anduze, Alais. (*Le Coq et Lamotte.*)

4. **D. fissum** H. *K. pl. hang. t.* 81; *D. hybridum, Lois. gall.* 1, *p.* 387. — Racine descendante, rameuse, tubéreuse. Tige d'un mètre, glabre ou pubescente, cannelée, anguleuse, peu rameuse. Feuilles palmées à 5-7 lobes, trifides, divisés en lanières *étroites*, non lancéolées; pétioles *élargis en gaine à la base*. Fleurs en épi long, de 2-3 décim., assez serré, d'un beau bleu. Sépale supérieur à long éperon aigu, ascendant, pubescent. Pétales 4; les deux inférieurs bifides, barbus au sommet. Étamines glabres. Capsules 3-5, glabres, prolongées en bec divergent. Graines d'un brun foncé, *à écailles imbriquées*. Bractées de la longueur des pédicelles ou plus longs qu'eux.

Hab. le versant sud-est, près des rochers, au Serre-de-Bouquet, près d'Uzès. ♃ Fl. juillet.

5. **D. staphysagria** *Lin. sp.* 750; *Dec. fl. fr.* 4, *p.* 915; *Dod. pempt.* 366, *ic.* — Racine pivotante. Tige d'un mètre, peu rameuse, portant de longs épis de fleurs, lâches, de 2-3 décim., couverts de poils mous. Feuilles palmées, pubescentes, à 7-9 lobes, grands, aigus, trifides ou entiers. Sépales velus, larges, ovales; le supérieur à éperon très-court, obtus-bifide. Pétales 4; les deux inférieurs onguiculés, à limbe ovale-lancéolé, glabres. Capsules 3, ventrues, velues. Graines écailleuses, beaucoup plus grosses que celles des autres espèces. Bractées à la base du pédicelle, plus courtes que lui, qui est deux fois plus long que la fleur.

Plante pubescente dans toutes ses parties. Ses graines sont un violent purgatif, et dangereux. On s'en sert contre les maux de dent et pour détruire les poux. Elle est connue sous le nom d'*herbe aux poux*. Vulg* ca-capuce.

Hab. le long des murs, à Cabrière et dans le parc de Tresques. ① Fl. juin.

17° gre. ACONIT. — ACONITUM. (Lin. gen. 682.)

Calice à 5 sépales colorés, caducs, inégaux; *le supérieur en casque*, recouvrant la corolle. Pétales 5, petits, irréguliers; les deux supérieurs à onglet allongé, à deux lèvres, terminés au sommet par un éperon; les trois inférieurs en forme d'écaille. Capsules 3-5, polyspermes.

1. { Fleurs jaunes. .... LYCOCTONUM.
1. { Fleurs bleues. .... NAPELLUS.

1. **A. LYCOCTONUM** *Lin. sp.* 750; *Dec. fl. fr.* 4, *p.* 916; *A. vulparia Rchb. ic. Ran. t.* 80, *fig.* 4681; *Cam. epit.* 827, *ic.* — Racine épaisse, charnue. Tige anguleuse, pubescente, surtout dans le haut, à rameaux étalés. Feuilles palmées, à 5-7 lobes, larges, incisés, aigus. Fleurs jaunes, en grappes, de 1-2 décim., plus longues à la maturité des capsules. Pédoncules dressés, munis d'une bractée plus courte qu'eux, et de 2 bractéoles placées à peu de distance de la fleur. Sépales pubescents; le supérieur dressé en forme de casque, étranglé au milieu, dilaté à l'ouverture; les 2 pétales supérieurs à éperon *filiforme*, courbé en crosse. Capsules *glabres*. Graines ridées sur les faces. Vulg¹ *thore jaune*. Plante âcre et caustique.

Hab. les prés et les bois, à Salbous, près d'Alzon, à Concoule. ♃ Fl. juin-juillet.

2. **A. NAPELLUS** *Lin. sp.* 751; *Dec. fl. fr.* 4, *p.* 917; *Lob. ic.* 679, *fig.* 1. — Racine formée de 2-3 tubercules napiformes. Tiges de 8-12 décim., droites, simples ou rameuses dans le haut, glabres ou pubescentes, surtout supérieurement. Feuilles luisantes, d'un vert foncé en dessus, plus pâle en dessous, palmées, à 5-7 segments cunéiformes, incisés. Fleurs bleues, en grappes longues, à pédoncules dressés ou un peu étalés, munis, au-dessous de la fleur, de 2 bractéoles. Sépales pubescents; le supérieur arqué, terminé en bec; les inférieurs oblongs, plus petits que les deux latéraux. Pétales 5; les deux supérieurs à onglet arqué, à éperon dirigé *horizontalement*; les inférieurs avortés. Carpelles 3-5, pubescents dans la jeunesse, oblongs et divergents, glabres à la maturité et *serrés* contre l'axe de l'épi. Graines triangulaires, ridées sur une seule face.

Plante connue sous le nom d'*aconit tue-loup*. Vulg¹, en patois, *thore bluya*. Elle est âcre et caustique, et passe pour un poison violent.

Hab. le long des ruisseaux, dans le bois de Longues-Feuilles, à Concoule, à Valinière, à l'Esperou. (*Guan. herb.*) ♃ Fl. juin-juillet.

18ᵉ gʳᵉ. ACTÉE. — ACTÆA. (Lin. gen. 644.)

Fleurs régulières, à 4 sépales colorés, *caducs*, à 4 pétales plus longs que le calice; un style; baie à une loge polysperme.

A. SPICATA *Lin. sp.* 722; *Dec. fl. fr.* 4, *p.* 920; *Lob. ic.* 682, *fig.* 1; *Lam. ill. t.* 448, *fig.* 1. — Racine oblique, noirâtre, épaisse, à fibres grosses. Tige de 4-8 décim., droite, faible, simple, nue dans le bas, portant 2-3 feuilles à longs pétioles, bi-triternées ; folioles ovales-acuminées, incisées-dentées, sessiles ou pétiolulées, d'un vert foncé en dessus, blanchâtre en dessous. Fleurs blanches, petites, réunies en deux grappes compactes, pédonculées, ovales; la supérieure plus grosse, opposée à la feuille, et l'inférieure plus petite, axillaire, souvent avortée. Sépales ovales, concaves. Pétales spatulés, à long onglet. Étamines à filets élargis au sommet. Baies ovoïdes, noires à la maturité.

Plante glabre. Elle passe pour un poison dangereux : on vend sa racine sous le nom d'*hellebore noir*. Vulg^t, en patois, *varairé négré*.

Hab. les bois frais, à Salbous, Saint-Guiral, Concoule. ♃ Fl. mai–juin.

19e g^{re}. PIVOINE. — PÆONIA. (Lin. gen. 678.)

Fleurs régulières. 5 sépales inégaux, persistants, foliacés. 5-10 pétales très-grands. 2-5 capsules uniloculaires, polyspermes. Graines lisses, sphéroïdes, noires.

1. | Feuilles glabres. 2
   | Feuilles pubescentes. . . . . PEREGRINA.
2. | Anthères plus longues que les filets. . . . . CORALLINA.
   | Anthères plus courtes que les filets. . . . . OFFICINALIS.

1. P. CORALLINA *Retz. obs. fasc.* 3, *p.* 34; *Dec. fl. fr.* 5, *p.* 643 ; *Moris. hist. sect.* 12, *t.* 1, *fig.* 1. — Racine fasciculée, à fibres napiformes. Tige de 3-6 décim., simple, uniflore, garnie de feuilles alternes, pédonculées; les inférieures biternées; les supérieures ternées, glauques en dessous, à folioles ovales, entières, *la moyenne en coin à la base, glabres* comme toute la plante. Sépales 5, inégaux, concaves; un ou deux foliacés. Pétales rouges, 5-10, larges-ovales, obtus. Carpelles 3-5, fauves-tomenteux, *divergents horizontalement*, arqués. Stigmates roulés en spirale.

Hab. aux environs d'Alais. (*Sauvage.*) ♃ Fl. mai–juin.

2. P. OFFICINALIS *Retz. obs.* 35; *Dec. fl. fr.* 4, *p.* 919; *Rchb. ic. Ran. t.* 127, *fig.* 4743. — Racine fasciculée-napiforme. Tige rameuse, glabre. Feuilles biternées, à *lobe moyen, trifide;* les latéraux ovales-lancéolés, glabres et glauques en dessous. Fleurs grandes, rouges, à 5 sépales inégaux, concaves, foliacés, à 5-10 pétales, larges, ovales, obtus. Étamines glabres, à anthères plus courtes que les filets. Carpelles 2-4, cotonneux, roussâtres, ventrus, *divergents à la maturité*. Stigmates allongés en crosse.

La racine de cette plante passe pour antispasmodique; on l'emploie avec succès contre l'épilepsie. Vulg^t, en patois, *rosa d'ase, pione.*

Hab. les bois montagneux du Midi. (*Plus. aut.*) ♃ Fl. mai–juin.

3. **P. PEREGRINA** *Mill. dict. N° 3; Dec. fl. fr. 5, p. 643;
P. paradoxa Dec. pr. 1, p. 66; Lob. ic. 683, fig. 2.* — Racine
comme les précédentes. Tige de 3-6 décim., uniflore. Feuilles
biternées; foliole de la division centrale *à 3-5 divisions décurrentes,* entières ou divisées en 3 segments; les divisions latérales
pinnées, à 5 segments dont le central, au moins, bi ou trifide,
toutes vertes et glabres en dessus, *glauques et pubescentes en
dessous.* Sépales inégaux, concaves, subfoliacés. Pétales 5-10,
grands, ovales-obtus, souvent échancrés en cœur au sommet,
d'une belle couleur de rose vif. Étamines glabres, de la longueur
des ovaires; anthères plus courtes que les filets. Carpelles 2-4,
cotonneux, grisâtres, *dressés, dans leur jeunesse, et divergents à
la maturité.* Stigmate allongé en crosse.

Var. B. à carpelles glabres.

Hab.: la var. **A**, dans le bois de Ruf près Lussan, bois montagneux à
Alais: la var. **B**, dans les bois du Serre-de-Bouquet. ♃ Fl. avril-mai.

IIe Fam. **BERBERIDÉES.**

BERBERIDE.Æ. (Vent. p. 83, t. 14.) (1)

Fleurs régulières. Pétales disposés sur deux rangs opposés aux
sépales. Étamines libres, hypogynes ord^t 6, opposées aux pétales;
anthères à 2 lobes, s'ouvrant chacun par une valve élastique.
Baie uniloculaire, à 1-3 graines. Herbes vivaces ou arbrisseaux
épineux.

1er g^{re}. VINETTIER. — BERBERIS. (Lin. gen. 442.)

Sépales 6, pétaloïdes, munis à leur base de 2-3 bractéoles;
pétales 6, à 2 glandes à leur base. Étamines 6. Baies à 2-3 graines.
Feuilles simples.

1. **B. VULGARIS** *Lin. sp. 471; Dec. fl. fr. 4, p. 627; Lamk.
ill. t. 253.* — Arbrisseau épineux, rameux, à écorce cendrée,
de 1-3 mèt. de hauteur. Feuilles raides, ovales, veinées en dessous,
dentées en scie, à dents atténuées en cils un peu épineux, disposées en fascicules au-dessus d'une épine palmée, rétrécies en
pétiole court, articulé à sa base. Sépales étalés, jaunâtres. Pétales

---

(1) LELEONTIÆ LEONTOPETALUM, *Lin. sp.* 447, originaire de la Grèce, a
été trouvé, une seule fois, dans les champs cultivés de la Vistrenque, près
de Nîmes, par M. Boyer, pépiniériste. On la distingue aux caractères sui-
vants : sa racine est un tubercule gros comme une pomme de terre, donnant
naissance à des feuilles glauques, bi ou triternées, à folioles ovales, obtuses;
celles de la tige, alternes, presque sessiles. Fleurs jaunes, en panicule, à
pédoncules munis, à leur base, d'une écaille membraneuse, ovale, demi-
embrassante. Sépales 6. Pétales 6. Capsules vésiculeuses à 3-4 graines.

obtus, connivents, jaunes, formant des fleurs en grappes multiflores, pendantes et naissant du centre des fascicules des feuilles.
Baies oblongues, d'un *rouge vif*, à 2 graines oblongues, brunes,
chagrinées, à pulpe acide.

Cet arbrisseau est connu sous le nom de *vinettier*, *d'épine-vinette*. Sa racine est amère et est employée, ainsi que son écorce, en décoction, contre
la jaunisse: les feuilles sont purgatives et astringentes; les baies sont astringentes, antiputrides. On les confit au sucre, et la gelée en est agréable et
cordiale.

Hab. les baies à Garron, au pont des Iles, près de Nimes. ♄ Fl. mai–juin

IIIe Fam. NYMPHÉACÉES.

NYMPHEACEÆ. (Salisb. in conig. ann. bot. 2, 69.)

Fleurs régulières. Calice à 4-6 sépales. Pétales nombreux, sur
plusieurs rangs. Étamines libres, nombreuses. Anthères biloc-u-
laires, s'ouvrant par deux fentes longitudinales. Un seul ovaire
multiloculaire, à loges polyspermes ; autant de stigmates que de
loges. Capsules bacciformes, indéhiscentes, contenant une pulpe
abondante, dans laquelle sont les graines insérées sur les cloisons.
Plantes aquatiques, vivaces, étalant leurs feuilles à la surface de
l'eau.

1. | Calice à 4 sépales; fleurs blanches............ 1ᵉʳ gʳᵉ. **NYMPHÆA**.
   | Calice à 5 sépales: fleurs jaunes............ 2ᵉ gʳᵉ. **NUPHAR**

1ᵉʳ gʳᵉ. NÉNUPHAR. — NYMPHÆA. (Neck. élém. n. 1828.)

· Calice à 4 sépales. Pétales nombreux, *sans nectaires*. Étamines
nombreuses. Un stigmate rayonnant. Capsule marquée des cicatrices résultant de la chute des étamines et des pétales.

1. **N. alba** *Lin. sp.* 729; *Dec. fl. fr.* 4, *p.* 630; *Math.* 2,
p. 245, *ic.* —Racine horizontale, longue, charnue. grosse, couverte de cicatrices. Feuilles ovales ou rondes, profondément
échancrées en cœur, à la base, coriaces, entières, souvent vineuses
en dessous ; pétiole long, à stipule opposée à sa base. Hampes
longues, uniflores. Fleurs grandes (10-12 centim.), blanches,
odorantes, s'épanouissant à la surface de l'eau, à sépales ovales-
oblongs, blancs sur les bords et en dessus, d'un vert foncé en
dessous, presque de la longueur des pétales extérieurs. Pétales
ovales-obtus. Étamines à filets élargis ; anthères linéaires, allongées; plateau des stigmates convexe, crénelé sur les bords. Fruit
subglobuleux. Semences ovoïdes, enveloppées d'une pulpe transparente, réticulées.

Plante presque glabre. Elle porte le nom de *volant d'eau, lys des étangs,
nénuphar blanc*. Sa racine est rafraîchissante, tempérante.

Hab. les grands fossés à Bellegarde, le Vistre à Nimes. ♃ Fl. juin-
octobre.

2ᵉ gʳᵉ **NUPHAR.** — NUPHAR. (Smith. prod. fl. gr. 1, p. 361.)

Calice à 5 sépales. Pétales nombreux, *à fossette nectarifère* sur le dos. Stigmate sinué ou étalé, denté. Étamines *insérées sous* l'ovaire. Capsule globuleuse, *lisse*.

1. **N. LUTEUM** *Smith. prodr. fl. gr.* 1, *p.* 361; *Nymphæa lutea; Lin. sp.* 729; *Dec. fl. fr.* 4, *p.* 630; *Math.* 2, *p.* 246, *ic.* — Racine comme la précédente. Pétiole long, obscurément *triquètre* au sommet. Feuilles ovales, coriaces, entières, profondément cordées à la base, à lobes un peu divergents. Hampes longues, portant chacune une fleur jaune, plus petite que celle de l'espèce ci-dessus, à sépales suborbiculaires, *persistants*, verdâtres en dessous, jaunes sur les bords et en dedans, à pétales ovales, beaucoup plus courts et plus petits que les sépales, à étamines courbées en dedans, à stigmate *entier*, à ombilic très-profond. Capsule subglobuleuse, rétrécie en col au sommet. Graines ovoïdes, jaunâtres, luisantes. Même vertu que la précédente.

Hab. le contre-canal à Bellegarde, les fossés et le Vistre à Nîmes. ♃ Fl juin–août.

IVᵉ FAM. **PAPAVÉRACÉES.**

PAPAVERACE.E. (Juss. gen. 235.)

Fleurs régulières ou presque régulières. Calice à 2 sépales caducs. Corole à 4 pétales. Étamines ordᵗ nombreuses, hypogynes, libres. Un seul ovaire libre. Stigmate 2-20. Capsule polysperme, globuleuse, oblongue ou linéaire, donnant issue aux graines par une série d'ouvertures au-dessous du plateau stigmatifère. Graines nombreuses, souvent très-petites, quelquefois munies d'une arille. Plantes herbacées, à suc laiteux blanc, jaune ou rougeâtre. Feuilles alternes sans stipules.

1.	Capsule globuleuse ou oblongue..........	1ᵉʳ gʳᵉ.	PAPAVER.
	Capsule siliquiforme....................		2.
2.	Capsule à 3-4 valves....................	2ᵉ gʳᵉ.	ROEMERIA.
	Capsule à 2 valves.....................		3.
3.	Pétales inégaux........................	5ᵉ gʳᵉ.	HYPECOUM.
	Pétales égaux.........................		4.
4.	Capsule biloculaire; fleur grande........	3ᵉ gʳᵉ.	GLAUCIUM.
	Capsule uniloculaire; fleur petite........	4ᵒ gʳᵉ.	CHELIDONIUM.

1ᵉʳ gʳᵒ. **PAVOT.** — PAPAVER. (Lin. gen. 448.)

Sépales 2, herbacés, caducs. Pétales chiffonnés avant l'épanouissement. Étamines nombreuses. Stigmates 4-20, rayonnants sur le plateau qui déborde sa capsule. Capsule divisée intérieurement par des demi-cloisons pariétales. Graines réniformes, sans arilles. Fleurs penchées avant l'épanouissement.

1. { Fleurs jaunes.............................. PYRENAICUM
   { Fleurs rouges, blanches, roses ou violettes....... 2.

2. { Capsules hérissées............................ 3.
   { Capsules glabres.............................. 4.

3. { Capsules en massue...................... ARGEMONE
   { Capsules ovales ou globuleuses............... HYBRIDUM.

4. { Plante glabre................................ 5.
   { Plante hérissée.............................. 6.

5. { Feuilles à dents terminées par une soie raide..... SETIGERUM.
   { Feuilles à dents non terminées par une soie...... SOMNIFERUM

6. { Capsule oblongue ; rayons des stigmates de 6 à 8.. DUBIUM.
   { Capsule ovoïde ; rayons des stigmates de 8 à 15... RŒAS.

1. P. SOMNIFERUM *Lin. sp.* 726 ; *Dec. fl. fr.* 4, *p.* 633 ; *Lamk. ill.* 451.—Racine pivotante. Tige de 3-10 décim., droite, robuste, simple ou rameuse, très-glabre, glauque, fistuleuse. Feuilles glabres, glauques, oblongues ou ovales ; les caulinaires embrassant la tige par deux oreillettes, toutes profondément sinuées, dentées ou crénelées. Pédoncules longs, alternes, portant chacun une fleur grande, blanche, rougeâtre ou rosée, à sépales glabres, à pétales aussi larges que longs, tachés de noir ou de violet à la base, souvent lacérés au sommet ; filets des étamines épais au sommet. Stigmates 8 à 15, *épaissis dans leur milieu*, rayonnants sur un disque lobé. Capsule glabre, oblongue ou subglobuleuse. Graines blanches ou noires.

On retire de la graine de cette plante l'huile d'œillette ; le suc de sa tige et de ses capsules sert pour faire l'*opium*. La graine, en petite dose, est soporifique ; une dose plus forte pourrait causer la mort.

Hab. subspontané dans les vignes, près de la Tour-Magne à Nîmes ; il est cultivé en grand dans le département. (1) Fl. mai-juillet.

2. P. SETIGERUM *Dec. fl. fr.* 5, *p.* 585 ; *Deless. ic. sel.* 2, *l.* 7.— Il diffère du précédent, dont il est très-voisin, par les soies raides qui terminent les dentelures de ses feuilles, par sa tige simple ou peu rameuse, par ses pédoncules allongés et garnis de poils longs, étalés ; par ses fleurs violettes, par ses capsules moins grosses, obovées.

Hab. les champs près de Saint-Nicolas, les bois près de l'ancien château de Saint-Roman, sur la route de Beaucaire. (1) Fl. juin-juillet.

3. P. RHŒAS *Lin. sp.* 726 ; *Dec. fl. fr.* 4, *p.* 632 ; *Fusch. hist.* 515, *ic.* — Racine pivotante. Tige de 3-6 décim., droite, rameuse, rude, hérissée de poils raides appliqués ou étalés, ainsi que les pédoncules. Feuilles pinnatifides, à lobes lancéolés, incisés ou dentés, à dents terminées par une soie. Sépales couverts de longs poils raides, étalés. Pétales très-larges, suborbiculaires, tachés ou non tachés de noir vers l'onglet, de couleur rouge, rose, blanche ou violette. Filets des étamines *filiformes*. Stigmates 8-12, sur un disque *lobé*, à lobes *se recouvrant* par leurs bords. Capsule ovale ou presque globuleuse, glabre. Graines brunes *réniformes, rugueuses.*

Les fleurs de cette plante sont sudorifiques, béchiques et calmantes. On la connaît sous le nom de *coquelicot;* en patois, *rouzella.*

Var. B. *Pallidum.* — Tige grêle uniflore; feuilles dentées; fleurs petites et pâles. (*Gren. fl. fr.*)

Var. C. *Vestitum.* — Plante peu élevée, très-rameuse et très-hispide dans toutes ses parties; fleurs pâles. *P. Roubiœi, vig. diss.* 39, *t.* 1, *fig.* 1.

Hab.: la var. A, dans les champs cultivés de tout le département; la var. B, à St-Michel près Bagnols; la var. C, aux environs d'Aigues-Mortes. ① Fl. mai-juillet.

4. **P. dubium** *Lin. sp.* 726; *Dec. fl. fr.* 4, *p.* 633; *Moris. hist.* 1, *sect.* 3, *t.* 14, *fig.* 11. — Racine pivotante. Tige droite, à pédoncules *très-longs,* à poils ordt appliqués. Feuilles plus découpées, plus dressées, à lobes plus petits que celles du *P. rœas.* Sépales hérissés de poils étalés. Pétales moins grands et plus pâles. Filets des étamines filiformes. Stigmates 5-10 sur un disque *crénelé, sans recouvrement.* Capsule *glabre, oblongue, en massue.* Graines petites, noires, rugueuses.

Hab. les champs cultivés à Nimes, au Vigan, etc. ① Fl. mai-juin.

5. **P. argemone** *Lin. sp.* 725; *Dec. fl. fr.* 4, *p.* 631; *Lob. ic.* 276, *fig.* 2. — Racine pivotante. Tiges de 1-4 décim., uniques ou peu nombreuses, droites ou ascendantes, velues. Feuilles velues, bipinnatifides, à lobes aigus, terminés par une soie. Sépales couverts de poils rares ou nombreux. Pétales oblongs, d'un rouge clair, tachés de noir à l'onglet. Étamines d'un noir violet, à filets *épaissis au sommet,* surmontés d'une petite pointe servant de support aux anthères. Stigmates 4-6, sur un disque *non lobé.* Capsule *en massue,* hérissée au sommet *de poils raides,* étalés-ascendants, marquée de 4-6 côtes longitudinales. Graines petites, noires, rugueuses.

Hab. les champs cultivés, à Nimes, Bagnols, le Vigan. ① Fl. avril-mai.

6. **P. hybridum** *Lin. sp.* 725; *Dec. fl. fr.* 4, *p.* 631; *Lob. ic.* 276, *fig.* 1. — Racine pivotante. Tige de 2-5 décim., droite, raide, à poils étalés ou appliqués. Feuilles tripinnées, velues, incisées, à lobes terminés par une soie. Sépales couverts de poils raides ascendants. Pétales d'un rouge vineux, de moyenne grandeur, ovales-oblongs, tachés de noir à l'onglet. Étamines à filets *épais au sommet,* surmontés d'une petite pointe servant de support aux anthères. Stigmates 4-6, sur un disque *sinué.* Capsule *subglobuleuse,* hérissée de poils raides ascendants, souvent à 4-8 côtes saillantes. Graines noires à la maturité, rugueuses.

Hab. les champs cultivés dans tout le département. ① Fl. avril-juillet.

2ᵉ gʳᵉ ROÉMERIE. — ROEMERIA. (Dec. syst. 2, p. 92.)

Sépales 2, caducs. Pétales 4. Étamines nombreuses. Style
court, stigmate *en tête*. Capsule très-longue, siliquiforme, *uniloculaire, sans cloisons, à 3-4 valves*, s'ouvrant du sommet à la
base. Graines réniformes, sans crêtes glanduleuses.

1. **R. HYBRIDA** *Dec. l. c. Chelidonium hybridum*, *Lin.
sp.* 724; *Dec. fl. fr.* 4, *p.* 636; *Dod. pempt.* 449, *fig.* 2. —
Racine pivotante. Tige de 1-3 décim., rameuse, droite, plus ou
moins velue; pédoncules plus courts que les capsules. Feuilles
alternes 2-3 fois pinnatifides, à découpures profondes, étroites,
souvent terminées par une soie. Sépales 2, velus. Pétales entiers,
d'une belle couleur violette, avec une tache noire vers l'onglet,
moins grands que ceux du *P. rœas*, *chiffonnés* avant l'épanouissement. Capsule linéaire, cylindrique, striée longitudinalement, hérissée de poils raides, étalés, surtout au sommet.
Graines cendrées, alvéolées.

Hab. les champs cultivés à Manduel, à Bouillargues. (①) Fl. mai-juin.

3ᵉ gʳᵉ. GLAUCIÈRE. — GLAUCIUM. (Tournef. inst. t. 130.)

Sépales 2, caducs. Pétales 4, roulés régulièrement. Étamines
nombreuses. Stigmate à 2-4 lobes en tête. Capsule linéaire, siliquiforme *à 2 valves, s'ouvrant du sommet à la base ;* le châssis
qui sépare les deux cloisons, persistant. Graines *sur un rang*,
sans arilles.

1. { Capsule très-longue, arquée, linéaire, jamais poi-
    lue, fleur jaune. . . . . LUTEUM.
    Capsule très-longue, droite, linéaire, hispide,
    scabre; fleur rougeâtre. . . . . CORNICULATUM.

1. **G. LUTEUM** *Scop. Carn.* 1, *p.* 369; *Chelidonium glaucium*, *Lin. sp.* 724; *Dec. fl. fr.* 4, *p.* 635; *Dod. pempt.* 448, *ic.*—
Racine épaisse, rameuse, descendante. Tige de 4-8 décim.,
dressée, robuste, rameuse, glabre; pédoncules courts, épais.
Feuilles radicales pétiolées, pinnatifides, les lobes supérieurs plus
larges et confluents; les supérieures largement amplexicaules,
toutes très-glauques, glabres ou poilues. Sépales herbacés, parsemés de quelques poils. Pétales larges, ovales, d'un jaune doré.
Capsule très-longue, cylindrique, arquée ou droite, *tuberculeuse,
rarement lisse, jamais poilue*. Graines brunes, *alvéolées*.

Vulgᵗ *pavot cornu, petite chélidoine*. Elle passe pour diurétique et détersive; elle rend un suc jaune, caustique.

Hab. les lieux pierreux aux environs de Nîmes, de Beaucaire, le long du
chemin de fer. (②) Fl. juin-août.

2. **G. CORNICULATUM** *Curt. lond.* 6, *t.* 32; *Chelidonium
corniculatum Lin. sp.* 724; *Dec. fl. fr.* 4, *p.* 635; *Clus. hist.* 2,

p. 91, *fig.* 2. — Racine pivotante. Tige moins forte que la précédente, couverte de poils serrés ou écartés, ainsi que les feuilles à pinnules plus étroites et plus profondes. Fleurs *plus petites*, à pédoncules plus courts et plus renflés, de couleur rougeâtre, tachées de pourpre noir à l'onglet. Silique droite scabre, couverte de poils tuberculeux à la base, étalés ou appliqués. Graines noirâtres, réniformes, sillonnées en long, alvéolées dans la profondeur des sillons.

Hab. le bord des champs, le long du chemin de fer, près du mas de Vianès; les moissons entre Candillac et Aigues-Mortes, environs de Bellegarde et de Saint-Gilles. ① Fl. mai–juillet.

4ᵉ gʳᵉ. CHÉLIDOINE. — CHELIDONIUM. (Tour. inst. t. 130.)

Calice à 2 sépales un peu colorés, caducs. Pétales 4, roulés régulièrement. Étamines nombreuses; style très-court; stigmate bilobé, oblique. Capsule siliquiforme, linéaire, uniloculaire, à 2 *valves s'ouvrant de la base au sommet;* le châssis qui sépare les deux cloisons, persistant. Graines munies d'une arille vers le hile.

1. **C. majus** *Lin. sp.* 723 ; *Dec. fl. fr.* 4, *p.* 634 ; *Lamk. ill. t.* 450, *fig.* 1. — Racine épaisse, oblique. Tige de 2-8 décim., droite, rameuse, garnie de poils longs, étalés. Feuilles molles à 3-7 segments ovales, incisés-crénelés, pétiolulés ou décurrents; les inférieures à pétiole nu; les supérieures munies d'une foliole, au milieu du pétiole, dirigée en bas, glabres, glauques en dessous. Fleurs jaunes umbelliformes, à pédoncules inégaux. Sépales acuminés. Pétales obovés, entiers. Capsule linéaire, de 2-4 centim., un peu toruleuse. Graines olivâtres, luisantes, alvéolées.

Cette plante, connue sous le nom d'*éclaire,* de *grande chélidoine,* en patois, d'*herba de Sainta-Claira,* rend un suc jaune, âcre, que l'on emploie pour détruire les verrues et les dartres. Elle passe pour diurétique, apéritive, fébrifuge et anti-hydropique.

Var. B. *Laciniatum.* Feuilles laciniées à folioles plus longuement pétiolulées, profondément incisées-crénelées.

Hab. les haies, les décombres, à Nîmes, Manduel; la var. B. à Anduze. (*Le Coq* et *Lamotte.*) ♃ Fl. avril-septembre.

5ᵉ gʳᵉ. HYPECOUM. — HYPECOUM. (Tourn. inst. t. 115.)

Calice à 2 sépales caducs. Pétales 4. Étamines 4. Styles 2, *courts,* à stigmates *aigus.* Capsule siliquiforme, divisée en articles monospermes. Graines comprimées.

1. | Capsule arquée, comprimée, redressée............ **PROCUMBENS.**
   | Capsule non arquée, cylindrique, pendante........ **PENDULUM.**

1. **H. procumbens** *Lin. sp.* 181 ; *Dec. fl. fr.* 4, *p.* 640 ; *Lamk. ill. t.* 88. — Racine pivotante, jaunâtre, garnie de fibres. Tige nue, *striée, couchée* ou *ascendante;* divisée, au sommet,

en 2-3 rameaux courts, feuillés à leur origine. Feuilles radicales nombreuses, disposées *en rosette*, alternativement ailées ; à pinnules multifides, vertes ou glauques ; à lanières courtes, mucronées. Sépales ovales, beaucoup plus courts que la corolle, quelquefois mucronés. Pétales jaunes ; les deux extérieurs en coin à la base, élargis au milieu, à 3 lobes plus ou moins prononcés ; les deux intérieurs très-petits, rapprochés, presque toujours trifides ; la lanière centrale dentée, ciliée, rarement entière. Capsule comprimée, *arquée, redressée,* à côtes longitudinales, composée de beaucoup d'articles qui se détachent à la maturité.

Vulg[t] *cumin cornu.* Passe pour] narcotique.

Hab. les champs cultivés, à Manduel, Comps, Candillac. ① Fl. mars–juin.

2. H. PENDULUM *Lin. sp.* 181; *Dec. fl. fr.* 4, *p.* 641 ; *Lob. ic.* 743, *fig.* 2. — Racine grêle, descendante. Tiges de 2-5 décim., nues, *lisses, droites* ou *étalées,* rameuses. Feuilles radicales nombreuses, un peu dressées, pennées, à pinnules pinnatifides, à segments *linéaires très-longs* et mucronés ; les caulinaires plus petites, naissant à la base des rameaux. Sépales 2, ovales, aigus, beaucoup plus courts que la corolle. Pétales d'un jaune pâle ; les deux extérieurs *ovales-oblongs,* entiers ; les deux intérieurs *plus petits,* trifides, à lanière centrale dentée, ciliée, rarement entière. Capsule fusiforme-cylindrique, à côtes longitudinales, *non articulée* et tout à fait pendante.

Hab. les champs cultivés, à Manduel. ① Fl. mai–juin. Même propriété.

Ve Fam. FUMARIACÉES.

FUMARIACEÆ. (Dec. syst. 2, p. 103.)

Calice à 2 sépales caducs. Corolle irrégulière, à 4 pétales, libres ou soudés à la base ; l'un prolongé en éperon. Étamines 6, hypogynes, soudées en 2 faisceaux opposés, portant chacun 3 anthères ; celle du centre biloculaire, les deux latérales uniloculaires. Ovaire uniloculaire. Fruit siliquiforme, polysperme, déhiscent ou globuleux, monosperme, indéhiscent. Embryon situé à la base d'un périsperme charnu. Graines arillées. Herbes à suc aqueux, à fleurs en grappes.

1. | Fruit polysperme, déhiscent,................. 1er g[re]. **CORYDALIS.**
   | Fruit monosperme, indéhiscent. .... 2e g[re]. **FUMARIA.**

1er g[re]. CORYDALE. — CORYDALIS. (Dec. syst. 2, p. 113.)

Calice à 2 sépales ou nul. Pétales 4 ; le supérieur éperonné à la base. Capsule bivalve, comprimée, polysperme, déhiscente.

1. | Bractées entières............................. 2.
   | Bractées incisées. .... **SOLIDA**

2. { Pétioles terminés en vrille...................... **CLAVICULATA**.
  { Pétioles non terminés en vrille................. **CAVA**.

1. **C. CAVA** *Schweigg. et Koert., fl. erlang.* 2, *p.* 44; *Cory-dalys tuberosa; Dec. fl. fr.* 4, *p.* 637; *Lob. ic.* 759, *fig.* 1. — Racine formée d'un tubercule épais, *creux*, irrégulier, couvert de fibres. Une ou plusieurs tiges de 2-3 décim., à 2 feuilles *sans écailles au-dessous*. Feuilles alternes, rarement opposées; les radicales au nombre de 1-3, biternées, à segments incisés et à pétioles alternes. Fleurs en grappe simple et *droite*, s'allongeant après la floraison; pédicelles *de* 2/3 *plus courts* que la capsule; bractées ovales-lancéolées, entières, dépassant beaucoup le pédicelle. Sépales très-petits, *bifides-dentés*, parfois nuls. Pétales grands, de couleur purpurine, blanche ou panachée; le supérieur fortement échancré; éperon *épais, obtus et courbé* au bout. Capsule siliquiforme, élargie au milieu. Style persistant. Graines lenticulaires, noires, luisantes.

Plante molle, glauque. Elle passe pour vulnéraire et fébrifuge.

Hab. dans le bois de Cabrillac, sur les limites du département du Gard. (*Martin.*) ♃ Fl. avril–mai.

2. **C. SOLIDA** *Smith. engl. fl.* 3, *p.* 353; *C. bulbosa; Dec. fl. fr.* 4, *p.* 637; *Dod. pempt.* 327, *ic.*—Racine bulbiforme, pleine, munie de fibres, *seulement à sa base.* Tige de 1-2 décim., pourvue *de* 1-2 *écailles* au-dessous des feuilles. Feuilles alternes, pétiolées, biternées, à segments lobés plus profondément et plus étroitement que dans l'espèce précédente. Fleurs en grappe droite, s'allongeant après la floraison. Bractées *découpées en* 5-7 *digitations*, rarement entières. Pédicelles aussi longs que la capsule. Sépales entiers ou nuls. Pétales purpurins, quelquefois blancs; le supérieur très-peu échancré; éperon *aminci*, presque droit. Style persistant. Capsules plus étroites que dans l'espèce précédente. Graines lenticulaires, luisantes, noires, munies d'une petite crête vers le hile.

VAR. B. *Integrata God.*, bractées ovales-arrondies, entières. *C. intermedia; Lois. gall.* 2, *p.* 102.

Hab. les bois de l'Esperou; la var. B, le versant occidental de la Cércirède, sur l'Aigual. (*Martin.*)

3. **C. CLAVICULATA** *Dec. fl. fr.* 4, *p.* 638; *Fumaria claviculata; Lin. sp.* 985; *Rchb. ic. p.* 5, *fig.* 4457. — Racine simple. Tige grêle, *grimpante*, de 2-4 décim., rameuse. Feuilles alternes, décomposées, à folioles ovales-entières, ternées ou quinées; pétiole terminé par une vrille rameuse. Fleurs petites, jaunâtres, en grappes courtes, droites, axillaires ou opposées aux feuilles, bractées petites, ovales, mucronées, plus *longues* que le pédicelle très-court. Sépales très-petits, lancéolés, den-

ticulés. Pétale supérieur à éperon très-court et obtus. Capsules
oblongues à 2-4 graines réniformes, noires, luisantes.

Hab. le Languedoc. (*Lam.* (I) Fl. juin–juillet.

J'ai rapporté cette plante ici, pour fixer sur elle l'attention des botanistes.
Elle a été trouvée trop près de notre département pour ne pas présumer
qu'elle pourra se rencontrer, soit dans les environs du Vigan, soit sur les
montagnes de l'Esperou.

2ᵉ gʳᵉ. FUMETERRE. — FUMARIA. (Lin. gen. 849.)

Calice à 2 sépales caducs. Corolle à 4 pétales; le supérieur
éperonné, gibbeux à la base. Capsule sphérique ou un peu comprimée, *monosperme, indéhiscente.*

1.	Silicules ovales aplaties........................	SPICATA.
	Silicules globuleuses...........................	2.
2.	Sépales suborbiculaires, débordant largement la base de la corolle....................	DENSIFLORA.
	Sépales ovales-lancéolés, plus étroits que la corolle, presque aussi longs qu'elle...........	3.
3.	Sépales atteignant ou dépassant le tiers de la corolle.............................	4.
	Sépales n'atteignant pas le tiers de la corolle.....	6.
4.	Silicules rugueuses..........................	AGRARIA.
	Silicules lisses ou très-peu rugueuses...........	5.
5.	Silicules arrondies, lisses, non apiculées au sommet.	CAPREOLATA.
	Silicules un peu rugueuses, plus larges que longues, tronquées au sommet...................	OFFICINALIS.
6.	Silicules non apiculées au sommet: fleurs ordinairement purpurines.........................	VAILLANTII.
	Silicules apiculées au sommet; fleurs blanchâtres.	PARVIFLORA.

1. **F. CAPREOLATA** *Lin. sp.* 985; *Dec. fl. fr.* 4, *p.* 639;
et ic. gall. t. 34. — Racine pivotante. Tige anguleuse, rameuse,
grimpante par les pétioles, souvent contournés. Feuilles bi-tripinnées, à segments ovales, apiculés. Fleurs en grappes lâches,
blanchâtres, tachées de pourpre au sommet; bractées linéaires,
de la longueur des pédicelles souvent recourbés. Sépales *ovales,*
aussi larges que la corolle, dont ils *égalent ou dépassent la moitié
de la longueur.* Silicules arrondies, *très-obtuses,* comprimées,
lisses, *non apiculées,* pourvues de 2 fossettes *profondes* à son
sommet. Graines comprimées, brunâtres, *chagrinées.* Plante
glauque, de 3-10 décim.

Hab. le long des murs à Vézenobre, les haies à Bellegarde, les olivettes
à Nîmes (I) Fl. avril–juin.

2. **F. AGRARIA** *Lag. elench. matrit.* 1816, 21, Nᵒ 282;
F. media. Dub. bot. p. 25, *pour les localités méridionales.*
F. major; Rchb. ic. t. 4, *fig.* 4455. — Racine pivotante. Tige
anguleuse de 3-6 décim., moins grimpante par ses pétioles, plus
rarement contournés. Feuilles alternes, bipinnées, à segments
lancéolés. Fleurs en grappes lâches, d'un blanc purpurin, tachées

de pourpre foncé au sommet; bractées lancéolées, égales aux pédicelles dressés pendant la floraison et plus courtes qu'eux à la maturité. Sépales *ovales-lancéolés*, dentés, plus étroits et beaucoup plus courts que la corolle. Silicule globuleuse, *rugueuse, arrondie et apiculée au sommet*, à bordure légère et à fossettes latérales, larges et peu profondes. Graines fauves, légèrement rugueuses, creusées au sommet. Plante glauque.

Hab. le bord des fossés sur la route de Caissargues, et dans les champs cultivés parmi le froment, au Caylar, à Manduel. ① Fl. mai-juin.

3. **F. officinalis** *Lin. sp.* 984; *Dec. fl. fr.* 4, *p.* 639; *Fuchs. hist.* 338, *ic.* — Racine pivotante. Tige rameuse, anguleuse, de 3-4 décim., s'accrochant souvent par les pétioles recourbés. Feuilles bi-tripinnées, à segments *planes, oblongs-linéaires*. Fleurs en grappes lâches, ord¹ purpurines; bractées, de moitié plus courtes que le pédicelle. Sépales *ovales-lancéolés*, ord¹ plus courts de moitié et presque aussi larges que la corolle. Silicule *plus large que longue, tronquée et légèrement échancrée* au sommet; un peu rugueuse, à fossettes latérales légères. Graines fauves, réniformes, légèrement rugueuses.

Plante glauque. Elle passe pour apéritive, diurétique et dépurative. Elle est connue sous le nom patois de fuma-terra.

Var. B. *Densiflora.* Grappes de fleurs plus denses, feuilles plus étroites.

Hab., les deux var., à Manduel, Nîmes et dans tout le département, dans les champs et les vignes. ① Fl. avril-sept.

4. **F. densiflora** *Dec. cat. h. Monsp. p.* 113, *et fl. fr.* 5, *p.* 588. — Racine pivotante. Tige de 3-6 décim., rameuse, anguleuse, étalée ou ascendante. Feuilles bi-tripinnées, à segments linéaires-aigus, *canaliculés.* Fleurs en grappes serrées, puis lâches; bractées aiguës, égalant ou dépassant le pédicelle. Sépales *très-grands, denticulés, ovales-arrondis, plus larges que le tube de la fleur et de moitié* plus courts qu'elle. Silicule sphéroïde, ruguleuse, un peu comprimée, plus large que longue, aiguë dans sa jeunesse, *obtuse* à la maturité et munie d'une petite pointe. Graines fauves, fortement creusées au sommet. Plante un peu glauque.

Hab. les champs cultivés et les vignes, à Nîmes, Manduel, le Caylar. ① Fl. avril-juillet.

5. **F. Vaillantii** *Lois. not. p.* 102; *Dec. fl. fr.* 5, *p.* 587; *Vaill. bot. t.* 10, *fig.* 6. — Racine pivotante, rameuse. Tige de 2-4 décim., rameuse, droite ou courbée. Feuilles bi-tripinnées, à segments linéaires, aigus. Fleurs purpurines, en grappes courtes et lâches; bractées linéaires plus courtes que le pédicelle. Sépales *très-petits, denticulés, aigus, plus étroits* que le pédicelle et

beaucoup plus courts que lui. Silicule globuleuse, *non apiculée*, rugueuse. Plante glauque, à fleurs et silicules plus petites que dans le *F. officinalis*.

Hab. les champs cultivés, les vignes, à Nîmes, Manduel, les environs du Vigan. ① Fl. mai-juin.

6. **F. PARVIFLORA** *Lamk. enc.* 2, *p.* 567 ; *Dec. fl. fr.* 4, *p.* 639 ; *F. leucantha, Vaillant, bot., p. t.* 10, *fig.* 5. — Diffère de la *Fum. Vaillantii* par ses fleurs toutes blanches, tachées de pourpre au sommet ; par ses sépales ovales-aigus, incisés-dentés, beaucoup *plus courts* que la corolle et *plus larges* que les pédicelles ; par sa silicule globuleuse, apiculée au sommet ; par ses feuilles à segments plus fins, aigus, *pliés-canaliculés.*

Hab. les champs et les vignes, dans tout le département. ① Fl. avril-juillet.

7. **F. SPICATA** *Lin. sp.* 985 ; *Dec. fl. fr.* 4, *p.* 640 ; *Barr. ic. t.* 41. — Racine pivotante, rameuse. Tiges nombreuses, ascendantes, rameuses. Feuilles bi-tripinnées, à lanières fines, subcanaliculées. Fleurs en grappes compactes, courtes, à pédicelles très-courts ; les supérieures droites ; les inférieures pendantes, de couleur rougeâtre ou blanchâtre, tachées de pourpre foncé au sommet ; bractées linéaires, plus longues que le pédicelle. Sépales plus étroits que la corolle, lancéolés, denticulés. Pétale supérieur plus large et plus court que les autres, portant, vers son milieu, deux appendices arrondis. Silicule monosperme, aplatie, à rebord épais et calleux, rugueuse, munie de 2 fossettes latérales au sommet. Graine noirâtre, aplatie, chagrinée. Plante glauque.

Hab. les champs et les vignes, à Manduel, Bellegarde, Nîmes. ① Fl. avril-juin.

VIe Fam. **CRUCIFÈRES.**

CRUCIFERÆ. (Juss. gen. 237.)

Calice à 4 sépales, très-souvent caducs. Corolle à 4 pétales disposés en croix et alternes avec les sépales ; les deux extérieurs quelquefois plus grands. Étamines 6, libres, insérées sur le réceptacle ; les deux extérieures plus courtes, solitaires ; les quatre intérieures plus longues, géminées. Anthères biloculaires. Style 1 ; stigmate entier ou bilobé. Fruit allongé (*silique*) ou court (*silicule*), rarement uniloculaire et indéhiscent, ord^t déhiscent à 2 loges, à 2 valves séparées par une cloison mince, portant les graines, les loges mono ou polyspermes. Endosperme nul ; radicule ascendante.

1.
Fruit dépassant en longueur quatre fois au moins la largeur (*silique*) .... 2.
Fruit court, presque aussi large que long (*silicule*) .... 23.

2.
Siliques à articulations renflées, formées par un étranglement .... 3.
Siliques sans articulations .... 4.

3.
Siliques à 2 articles .... 39ᵉ gʳᵉ. **RAPISTRUM**
Siliques à plus de 2 articles. .... 1ᵉʳ gʳᵉ. **RAPHANUS**

4.
Fleurs jaunes .... 5.
Fleurs blanches, roses, violettes ou ferrugineuses. .... 13.

5.
Siliques cylindriques .... 6.
Siliques tétragones. .... 10.

6.
Siliques un peu comprimées .... 7.
Siliques non comprimées. .... 8.

7.
Graines arrondies, comprimées, bisériées .... 14ᵉ gʳᵉ. **NASTURTIUM**
Graines globuleuses, unisériées .... 2ᵉ gʳᵉ. **SINAPIS**.

8.
Valves de la silique à une nervure dorsale saillante. .... 9.
Valves de la silique à 3 nervures .... 13ᵉ gʳᵉ. **SISYMBRIUM**.

9.
Style conique, étranglé à sa base. ..... 5ᵉ gʳᵉ. **HIRSCHFELDIA**
Style conique, sans étranglement à la base. .... 4ᵉ gʳᵉ. **BRASSICA**.

10.
Stigmate entier .... 11.
Stigmate divisé en 2 lames arrondies ... 10ᵉ gʳᵉ. **CHEIRANTHUS**

11.
Stigmate discoïde ; fleurs rarement blanches ou rosées .... 6ᵉ gʳᵉ. **DIPLOTAXIS**
Stigmate échancré ou émarginé ; fleurs jaunes ... 12.

12.
Stigmate échancré .... 11ᵉ gʳᵉ. **ERYSIMUM**.
Stigmate un peu émarginé .... 12ᵉ gʳᵉ. **BARBAREA**

13.
Fleurs blanches .... 14.
Fleurs lilas ou violettes .... 18.

14.
Siliques tétragones. .... 15.
Siliques cylindriques .... 16.
Siliques comprimées. .... 17.

15.
Siliques réellement tétragones .... 11ᵉ gʳᵉ. **ERYSIMUM**
Siliques tétragones comprimées .... 15ᵉ gʳᵉ. **ARABIS**.

16.
Style ensiforme aussi large, à sa base, que la silique .... 3ᵉ gʳᵉ. **ERUCA**.
Style cylindrique ; silique un peu comprimée .... 14ᵉ gʳᵉ. **NASTURTIUM**
Style très-court, cylindrique ; silique non comprimée .... 13ᵉ gʳᵉ. **SISYMBRIUM**.

17.
Style court presque nul .... 16ᵉ gʳᵉ. **CARDAMINE**
Style conique allongé. .... 17ᵉ gʳᵉ. **DENTARIA**.

18.
Feuilles entières .... 19.
Feuilles pinnatifides, roncinées ou digitées. .... 21.

19.
Style nul .... 15ᵉ gʳᵉ. **ARABIS**.
Style conique .... 20.

20.
Style subulé .... 8ᵉ gʳᵉ. **MALCOLMIA**.
Style court et gros .... 9ᵉ gʳᵉ. **MATHIOLA**.

21. { Graines anguleuses...................... 7ᵉ gʳᵉ. **HESPERIS**.
{ Graines comprimées...................... 22.

22. { Feuilles digitées ou pinnatifides, à segments grands, dentés............... 17ᵉ gʳᵉ. **DENTARIA**.
{ Feuilles pinnatifides, à segments arron-
dis ou anguleux... .... 16ᵉ gʳᵉ. **CARDAMINE**.

23. { Silicules indéhiscentes.................... 24.
{ Silicules déhiscentes..................... 30.

24. { Silicules à 3 loges, dont 2 supérieures.. 24ᵉ gʳᵉ. **MYAGRUM**.
{ Silicules à 1–2 loges.................... 25.

25. { Silicules à une loge..................... 26.
{ Silicules à 2 loges...................... 28.

26. { Silicules ovales ou oblongues, comprimées................................ 29ᵉ gʳᵉ. **ISATIS**.
{ Silicules globuleuses.................... 27.

27. { Feuilles radicales oblongues............ 26ᵉ gʳᵉ. **NESLIA**.
{ Feuilles radicales lyrées............... 27ᵉ gʳᵉ. **CALEPINA**.

28. { Silicules à 2 articles uniloculaires; le supérieur caduc...................... 38ᵉ gʳᵉ. **CAKILE**.
{ Silicules à 2 ou 4 loges superposées ou
latérales............................ 29.

29. { Tiges étalées sur la terre.............. 37ᵉ gʳᵉ. **SENEBIERA**.
{ Tiges droites........................... 28ᵉ gʳᵉ. **BUNIAS**.

30. { Silicules uniloculaires.................... 31.
{ Silicules biloculaires.................... 32.

31. { Silicules orbiculaires monospermes..... 19ᵉ gʳᵉ. **CLYPEOLA**.
{ Silicules lenticulaires, elliptiques, mono
ou tétraspermes.................... 18ᵉ gʳᵉ. **ALYSSUM**.

32. { Loges monospermes...................... 33.
{ Loges dispermes ou polyspermes........ 35.

33. { Pétales égaux........................... 34.
{ Pétales inégaux........................ 31ᵉ gʳᵉ. **IBERIS**.

34. { Silicules ovales ou orbiculaires; fleurs
blanches........................... 36ᵉ gʳᵉ. **LEPIDIUM**.
{ Silicules aplaties à 2 loges orbiculaires
en forme de lunettes; fleurs jaunes... 30ᵉ gʳᵉ. **BISCUTELLA**.

35. { Loges dispermes........................ 32ᵉ gʳᵉ. **TEESDALIA**.
{ Loges polyspermes...................... 36.

36. { Fleurs jaunes........................... 37.
{ Fleurs blanches ou violettes............ 39.

37. { Feuilles linéaires en rosette........... 20ᵉ gʳᵉ. **DRABA**.
{ Feuilles larges disposées le long de la
tige................................ 38.

38. { Valves de la silicule munies d'une nervure dorsale....................... 25ᵉ gʳᵉ. **CAMELINA**.
{ Valves de la silicule sans nervure dor-
sale............................... 21ᵉ gʳᵉ. **RORIPA**.

39. { Fleurs violettes........................ 33ᵉ gʳᵉ. **ÆTHIONEMA**.
{ Fleurs blanches......................... 40.

40. { Silicules globuleuses................... 23ᵉ gʳᵉ. **KERNERA**.
{ Silicules oblongues, obovées ou ellipti-
ques................................ 41.

41. { Silicules échancrées au sommet........ 34ᵉ gʳᵉ. **THLASPI**.
{ Silicules non échancrées au sommet......... 42.

42. { Graines subcylindriques............... 22ᵉ gʳ. COCHLEARIA.
    { Graines ovoïdes ou ovales................ 43.

43. { Feuilles pinnatifides................ 35ᵉ gʳᵉ. HUTCHINSIA.
    { Feuilles entières.................... 20ᵉ gʳᵉ. DRABA.

SILIQUEUSES.

1ᵉʳ gʳᵉ. RAIFORT. — RAPHANUS. (Lin. gen. 822.)

Calice à 4 sépales, dont 2 bossus à la base. Pétales obtus ou en cœur renversé, à onglets plus longs que les sépales. Quatre glandes opposées aux sépales. Stigmate entier ou échancré; style conique. Silique indéhiscente, oblongue-conique, *renflée*, *spongieuse* ou *moniliforme*, divisée transversalement en plusieurs articles monospermes. Graines globuleuses.

1. { Silique étroite, moniliforme, à articles mono-
     spermes............................... RAPHANISTRUM.
   { Silique épaisse, renflée, spongieuse intérieure-
     ment.................................. SATIVUS.

1. **R. sativus** *Lin. sp.* 935; *Dec. fl. fr.* 4, *p.* 642; *Lamk. ill. t.* 566. — Racine fusiforme ou globuleuse, rose ou blanche. Tige de 4-8 décim., fistuleuse, arrondie, rameuse, plus ou moins hérissée de poils raides, glanduleux à la base. Feuilles hérissées; les inférieures lyrées, auriculées à la base; les supérieures lancéolées, dentées ou incisées. Sépales étroits, caducs, appliqués. Pétales blancs ou violets, veinés. Silique épaisse, renflée, à stries longitudinales écartées, surmontée d'un style long, conique, un peu courbé. Graines globuleuses, alvéolées.

On nomme cette plante *rave* ou *radis;* elle est alimentaire, et passe pour *antiscorbutique.*

Hab. subspontanée dans les champs cultivés; elle est cultivée dans tout le département. ① Fl. mai–octobre.

2. **R. raphanistrum** *Lin. sp.* 935; *Dec. fl. fr.* 4, *p.* 643; *Lob. ic.* 199. — Racine pivotante, rameuse. Tige de 3-6 décim., hérissée de poils raides, glanduleux à la base, droite, arrondie, rameuse. Feuilles inférieures *lyrées régulièrement*, à 7-8 segments ovales, opposés, horizontaux, *écartés*, à dents inégales; le supérieur très-grand, ovale; hérissées de poils raides. Calice à 4 sépales appliqués. Fleurs jaunes ou blanches, veinées de violet. Pétales plus longs que les sépales. Silique dressée, à pédicelle étalé, linéaire-oblongue, moniliforme, munie de côtes longitudinales interrompues aux étranglements, terminée par *un bec long et linéaire-subulé*. Graines brunes, comprimées, munies de *trois côtes sur le dos.*

Vulg⁺ *ravenelle;* en patois, *ravaniscle.*

Hab. les champs cultivés dans tout le département. ① Fl. juin–juillet.

2ᵉ gᵉ. **MOUTARDE.** — **SINAPIS.** (Lin. gen. 821.)

Calice à sépales étalés, non gibbeux. Pétales égaux, entiers. Stigmate entier, discoïde. Style anguleux ou comprimé, renfermant souvent une graine à sa base. Silique déhiscente, linéaire ou oblongue, subcylindrique, à valves convexes, munies de 3-5 *nervures longitudinales, droites et saillantes.* Graines unisériées, globuleuses.

1. { Style plus long que la silique.................... **ALBA.**
   { Style plus court que la silique.................... 2.
2. { Sépales très-étalés, glabres.................... **ARVENSIS.**
   { Sépales dressés, hérissés au sommet. .... **CHEIRANTHUS.**

1. **S. ARVENSIS** *Lin. sp.* 933; *Dec. fl. fr.* 4, *p.* 641; *Fuchs. his.* 257 *ic.* — Racine pivotante, oblique. Tige de 4-8 décim., rameuse, un peu anguleuse, hérissée ou glabre. Feuilles ovales ou oblongues; les inférieures lyrées ou sinuées irrégulièrement; les supérieures sessiles ou presque sessiles, *sinuées ou dentées inégalement.* Fleurs jaunes, à sépales *très-étalés,* glabres, à pétales larges et arrondis. Style *caduc à la maturité, conique-comprimé,* plus court que la silique; celle-ci glabre ou bien hérissée de poils réfléchis (*S. orientalis auct.*), toruleuse dans sa jeunesse, à loges polyspermes; munie, sur ses valves, de trois fortes nervures et de veines anostomosées. Graines noires et lisses.

Vulgᵗ *moutarde bâtarde, saure.*

Hab. les champs cultivés, au mas Charlot, à Alzon, à Lanuejols. ⊙ Fl. avril–octobre.

2. **S. CHEIRANTHUS** *Koch deutsch. fl.* 4, *p.* 717; *Brassica cheiranthus vill. dauph.* 3, *p.* 332; *Dec. fl. fr.* 4, *p.* 650; *S. recurvata all. ped.* 963, *t.* 87. — Racine simple, pivotante-oblique. Tige de 3-11 décim., droite, arrondie, simple ou rameuse, plus ou moins hérissée de poils raides, étalés et assez longs, à rameaux dressés. Feuilles *toutes pétiolées,* pinnatifides; les radicales en rosette, à lobes oblongs inégalement sinués-dentés; les caulinaires à lobes linéaires entiers. Fleurs jaunes, à sépales appliqués, hérissés au sommet, plus longs que les pédoncules, devenant livides; à pétales grands, arrondis; à onglets plus longs que les sépales, et veinés. Style *persistant,* portant 1-2 graines à sa base, beaucoup plus court que la silique. Siliques plus ou moins étalées, glabres, subtoruleuses, munies de 3 nervures et de veines anastomosées sur les valves. Graines noires *alvéolées.* Plante glauque.

Hab. les champs cultivés et les prairies, à Campestre, Camprieux, Concoule, l'Esperou, aux bords du Gardon, au pont du Gard. ② ou ♃ Fl. juin–août.

3. **S. ALBA** *Lin. sp.* 733; *Dec. fl. fr.* 4, *p.* 645; *Lamk. ill.*

all. t. 566. — Racine pivotante, droite. Tige de 4-8 décim., hispide, à poils étalés ou réfléchis, sillonnée, rameuse. *Feuilles toutes pétiolées, lyrées-pinnatifides,* à lobes inégalement sinués-dentés, hispides. Fleurs jaunes, à sépales étalés, glabres, aussi longs que le pédoncule *très-étalé à la maturité* et de la longueur de la silique sans le style; celui-ci de la longueur de la silique ou plus long qu'elle, persistant, comprimé, courbé en faulx, élargi à sa base, décurrent sur la silique. Siliques très-étalées, hispides, toruleuses, à loges à 2-3 graines jaunes ou brunes, finement ponctuées.

Vulg^t *moutarde blanche.* Les graines sont toniques, laxatives, stomachiques; elles servent à faire une moutarde moins forte que celle faite avec la *moutarde noire.*

Hab. les champs cultivés, au Saint-Esprit, à Manduel. On la cultive en grand dans quelques contrées du département, pour extraire de l'huile de ses graines. ① Fl. juin–juillet.

M. de Laveau a trouvé, dans le temps, à Aigues-Mortes, le *sinapis circinnata desf. fl. all.* Nos courses fréquentes dans cette localité, pour constater son existence, ont été infructueuses. Elle se distingue par sa tige, ses siliques velues et par ses feuilles lyrées-pinnatifides, à lobe terminal grand et arrondi.

3e g^re. ROQUETTE. — ERUCA. (Dec. syst. 2, p. 636.)

Calice à sépales dressés, non gibbeux. Stigmate à 2 lobes ovales et connivents. Style comprimé, ensiforme. Silique déhiscente, subcylindrique; valves convexes, carénées, à une nervure latérale saillante. Graines bisériées, globuleuses.

1. **E. SATIVA** *Lamk. fl. fr.* 2, *p.* 496; *Brassica eruca Lin. sp.* 932; *Dec. fl. fr.* 4, *p.* 649; *Fuchs. hist.* 539, *ic.* — Racine grêle, pivotante. Tige de 4-8 décim., droite ou ascendante, rameuse, hérissée. Feuilles lyrées-pinnatifides, à lobe terminal très-grand, souvent arrondi; les latéraux oblongs ou ovales, irrégulièrement sinués-dentés. Fleurs assez grandes, blanches, veinées de violet, à sépales violets, droits, plus longs que les pédicelles, à pétales à onglets dépassant le calice. Style ensiforme, large, sans graines à la base, presque de la longueur de la silique. Pédoncules dressés, plus courts que les siliques; celles-ci appliquées, à peu près, contre la tige, glabres ou velues. Graines brunes, lisses, légèrement comprimées.

Cette plante est *antiscorbutique, diurétique, très-stimulante et détersive.*

Hab. les champs cultivés et les vieux murs, aux environs de St-Vincent, de Nîmes. On la cultive dans les potagers pour la mêler à la salade. ① Fl. mars–juin; refleurit en automne.

4e g^re. CHOU. — BRASSICA. (Lin. gen. 828.)

Calice à sépales plus ou moins étalés; les deux latéraux un peu gibbeux. Stigmate discoïde; style conique. Silique *linéaire-*

cylindrique ou subtétragone, souvent un peu comprimée ; valves convexes, à une seule nervure saillante, longitudinale, à nervures latérales flexueuses, légères ou nulles. Graines unisériées, globuleuses.

1. { Pédoncules et siliques appliqués contre les rameaux. **NIGRA**.
    { Pédoncules et siliques étalés ou ascendants....... 2.

2. { Sépales appliqués sur les pétales ; feuilles caulinaires sessiles.. **OLERACEA**.
    { Sépales étalés ; feuilles caulinaires cordées, embrassantes.. 3.

3. { Feuilles plus ou moins glauques, glabres......... **NAPUS**.
    { Feuilles radicales et inférieures vertes, hérisséesciliées.. **ASPERIFOLIA**.

1. B. OLERACEA *Lin. sp.* 932 ; *Dec. fl. fr.* 4, *p.* 647. — Racine charnue, rameuse ou renflée. Tige de 4-12 décim., robuste, épaisse, rameuse, droite, lisse. Feuilles charnues, glauques, glabres ; les inférieures lyrées, pétiolées ; les supérieures oblongues, incisées-dentées, sessiles sans auricules. Fleurs jaunes ou blanches, en grappe lâche. Sépales *dressés, appliqués sur les pétales*, plus courts que les pédoncules. Style conique, comprimé très-court. Pédoncules étalés. Siliques *redressées sur les pédoncules*, linéaires, allongées, bosselées, à valves arrondies, à nervures flexueuses. Graines globuleuses, brunes, finement ponctuées. *Plante alimentaire*.

Le chou rouge est employé en médecine comme *adoucissant* ; en patois, *caoulé*.

Hab. Cultivé partout sous un grand nombre de variétés. ② Fl. mai–juin.

2. B. NAPUS *Lin. sp.* 931. — Racine grêle ou charnue. Tige de 4-9 décim., droite, lisse, rameuse. Feuilles glauques, glabres ; les inférieures lyrées, pétiolées ; les supérieures oblongues, portant à la base *deux oreillettes embrassantes*. Fleurs jaunes, à sépales *étalés*, de moitié plus courts que le pédoncule. Style conique, subulé, atteignant le 1/4-1/5 de la longueur de la silique. Pédoncules *étalés à angle droit, ainsi que les siliques*. Siliques linéaires allongées, toruleuses, à valves *convexes*. Graines brunes, globuleuses, finement ponctuées. Plante alimentaire et oléifère.

VAR. A. *Oleifera, Dec. syst.* 2, *p.* 591 (*colza*). Racine grêle, pivotante.

VAR. B. *Esculenta, Dec. l. c.* Racine charnue, fusiforme (*rave*).

Hab. : la var. A, cultivée pour ses graines oléagineuses ; la var. B, pour l'usage culinaire.

3. B. ASPERIFOLIA *Lamk. dict.* 1, *p.* 746 ; *Dec. fl. fr.* 4, *p.* 648. — Racine grêle ou charnue. Tige de 4-9 décim., droite, rameuse, glabre, quelquefois hispide à la base. Feuilles inférieures vertes, lyrées, pétiolées, *hispides;* les supérieures oblongues, glabres, un peu glauques, *portant, à la base, deux oreillettes embrassantes.* Fleurs jaunes, à sépales *étalés,* de moitié plus courts que les pédoncules. Style conique, subulé, atteignant le 1/3-1/4 de la longueur de la silique. Pédoncules *étalés.* Siliques *ascendantes,* linéaires, arrondies, toruleuses. Graines brunes, globuleuses, finement ponctuées. Plante alimentaire et oléifère.

Var. A. *Oleifera, Dec. p.* 1, *p.* 214 *(narette).* Racine grêle, non charnue.

Var. B. *Esculenta, Gren. et God. fl. fr.* 1, *p.* 77 *(navet).* Racine épaisse, fusiforme. En patois, *nabé.*

Hab.: la var. A, cultivée pour ses graines oléagineuses; elles sont incisives, diurétiques et alexitères; la var. B, pour l'usage culinaire. Le navet est pectoral, incisif et diurétique. ① et ② Fl. avril-mai.

4. **B. nigra** *Koch. deutsch. fl.* 4, *p.* 713 ; *Sinapis nigra, Lin. sp.* 933 ; *Dec. fl. fr.* 4, *p.* 644. — Racine assez grosse, pivotante. Tige de 6-12 décim., assez forte, rameuse, un peu glauque, velue ou hérissée, au moins dans sa partie inférieure, à rameaux très-étalés. Feuilles *toutes pétiolées,* vertes ; les inférieures hérissées, lyrées, à lobe terminal très-grand, plus ou moins sinué ; les supérieures ord^t glabres, incisées ou entières. Fleurs jaunes, à sépales *étalés,* plus longs que le pédoncule. Style conique, anguleux, sans graines à la base, atteignant 1/3 de la longueur de la silique. Pédoncules et siliques *appliqués contre la tige.* Siliques courtes, linéaires, à valves *carénées.* Graines noires alvéolées.

En patois, *moustarda, ravanisclé.* L'huile qu'on retire de cette plante est très-douce et est employée comme calmant. C'est de ses graines qu'on fait la moutarde que l'on sert dans les repas pour ranimer les forces de l'estomac et favoriser la digestion. Les sinapismes sont encore formés de la poudre de ses graines.

Hab. les champs cultivés, à Aigues-Mortes, à Bessége (*Le Coq et Lamotte*) les bords du Gardon, à Anduze. ① Fl. juin-août.

5° g^{re}. HIRSCHFELDIE. — HIRSCHFELDIA. (Mœnch. meth. 264.)

Calice à sépales étalés, à pétales entiers, onguiculés. Stigmate entier. Style conique ou comprimé, renfermant une graine dans l'étranglement qui existe entre lui et la silique. Silique déhiscente, cylindrique, à valves portant *une nervure* dorsale. Graines ovoïdes, finement ponctuées.

1. **H. adpressa** *Mœnch. meth.* 264 ; *Sinapis incana, Lin. sp.* 934, *Dec. fl. fr.* 4, *p.* 646. — Racine pivotante, rameuse. Tige de 4-6 décim., droite, striée, rameuse, hérissée de poils dirigés en bas, surtout à la base. Feuilles velues, canescentes;

les inférieures lyrées, à lobes ovales, sinués-crénelés, le supérieur plus grand, arrondi au sommet, crénelé ; les supérieures oblongues ou lancéolées, toutes pétiolées. Fleurs jaunes, à sépales très-étalés, souvent violacés. Stigmate en tête. Style droit, beaucoup plus court que la silique, renflé en ovale, plein à l'intérieur, muni de 4 nervures saillantes et de 4 intermédiaires moins fortes, se prolongeant sur l'étranglement qui se trouve *à sa base et qui renferme une graine*. Rameaux raides à la maturité, très-longs, à pédoncules courts, épais, appliqués contre les rameaux ainsi que la silique ; celle-ci glabre ou velue, beaucoup plus longue que le pédoncule, subcylindrique un peu toruleuse. Graines rousses, ovales, finement ponctuées.

Hab. les vignes et les champs cultivés, à Nîmes, Aigues-Mortes, Manduel. ① Fl. juin–septembre.

6ᵉ gʳ. DIPLOTAXE. — DIPLOTAXIS. (Dec. syst. 2, p. 628.)

Calice à sépales un peu étalés, non gibbeux à la base. Pétales à limbe ovale, entier. Stigmate discoïde. Style court, conique ou atténué. Silique *linéaire-tétragone* comprimée. Valves convexes, uninerviées. Graines uni ou bisériées.

1. { Fleurs blanches ou lilas. . . . . ERUCOIDES.
 { Fleurs jaunes. . . . . 2.

2. { Graines disposées sur un rang. . . . . 3.
 { Graines disposées sur deux rangs. . . . . 4.

3. { Plante d'un décimètre. . . . . HUMILIS.
 { Plante de 3–7 décimètres. . . . . ERUCASTRUM.

4. { Plante vivace. . . . . TENUIFOLIA.
 { Plante annuelle. . . . . 5.

5. { Fleurs petites. . . . . VIMINEA.
 { Fleurs grandes. . . . . MURALIS.

1. **D. HUMILIS** *Gren. et Godr. fl. fr.* 1, *p.* 78 ; *Brassica humilis, Dec. syst.* 2, *p.* 598 ; *Dub. bot.* 51. — Racine forte, rameuse, à collet couvert des restes des anciennes feuilles, et à divisions courtes et serrées. Tiges de 4-10 centim., nues, droites ou étalées. Feuilles petites, toutes radicales, nombreuses, succulentes, pinnatifides, pétiolées, à lobes entiers, courts, garnis sur les bords de quelques poils rares. Fleurs assez grandes, sans bractées, réunies en grappes serrées au sommet des tiges, à sépales droits, lâches, de la longueur du pédoncule. Style conique, anguleux. Pédoncules plus ou moins étalés, beaucoup plus courts que la silique ; celle-ci étalée, plus souvent redressée sur le pédoncule, droite, raide, *tétragone*, légèrement bosselée. Graines rousses, finement ponctuées, unisériées.

Hab. les fentes des rochers, à Fontaret, près Blandas, près de la Fontaine. ② Fl. avril–mai.

2. **D. TENUIFOLIA** *Dec. syst.* 2, *p.* 632 ; *Sisymbrium tenui-*

folium, *Lin. sp.* 917 ; *Dec. fl. fr.* 4, *p.* 666 ; *Fuchs.* 262, *ic.*—
Racine vivace, oblique, rameuse. Tige de 3-8 décim., ascendante ou droite, glabre ou presque glabre, *sousfrutescente à la
base*, rameuse, à rameaux très-allongés. Feuilles nombreuses
dans le bas, succulentes ; les inférieures pétiolées, éparses,
sinuées ou pinnatifides, à lobes écartés ; les supérieures moins
divisées. Fleurs grandes, jaunes, corymbiformes, sans bractées,
à sépales *étalés*, jaunes, glabres ou munis de quelques poils,
seulement au sommet, 3-4 *fois plus court* que le pédoncule ;
celui-ci très-étalé, plus long que la silique ou de la même longueur. Silique glabre, bosselée, ascendante, terminée par un
style court, comprimé, sans graine à sa base et sans *étranglement*. Graines ovales, jaunâtres, lisses et luisantes, bisériées.
Saveur âcre et piquante ; antiscorbutique.

Hab. le long des murs et des routes, dans tout le département. ♃ Fl. mai-
octobre.

3. **D. MURALIS** *Dec. syst.* 2, *p.* 634 ; *Dub. bot.* 53 ; *Sisymbrium murale*, *Lin. sp.* 918 ; *Dec. fl. fr.* 4, *p.* 664 ; *Gouan. ill.
t.* 20. — Racine pivotante, sinueuse. Tiges de 1-4 décim., *herbacées*, quelquefois frutescentes à la base, feuillées inférieurement, ord^t rameuses, pourvues de quelques poils raides et
réfléchis. Feuilles succulentes, pétiolées, souvent ciliées, sinuées-
dentées ou pinnatifides ; les inférieures en rosette. Fleurs jaunes,
rougeâtres en se flétrissant, plus petites que celles de l'espèce
précédente, sans bractées, à sépales dressés, lâches, verts,
hérissés de poils raides, moins longs de moitié que le pédoncule.
Style court en *cône renversé*, comprimé, *légèrement étranglé*,
sans graine à sa base. Grappes fructifères, lâches, à pédoncules
étalés ainsi que les siliques ; celles-ci glabres, comprimées, un
peu bosselées, ord^t plus *longues* que les pédoncules. Graines
rousses, ovales, lisses, luisantes, bisériées. Même saveur que la
précédente.

Hab. les champs cultivés, à Manduel, Aigues-Mortes ; les lieux pierreux
à Nimes. ①-② Fl. mai-octobre.

4. **D. VIMINEA** *Dec. syst.* 2, *p.* 635 ; *Sisymbrium vimineum*,
Lin. sp. 919 ; *Dec. fl. fr.* 4, *p.* 665. — Racine fibreuse. Tiges
de 1-3 décim., herbacées, étalées ou ascendantes, feuillées,
seulement à la base, simples, rarem^t rameuses. Feuilles presque
toutes radicales, en rosette, glabres, sinuées-lobées, à lobes
triangulaires, courts, obtus. Fleurs jaunes très-petites, *plus
longues* que le pédoncule florifère, à sépales glabres, à pétales à
peine *plus longs que le calice*. Style conique, court, *étranglé* à
la base. Siliques comprimées, glabres, plus longues que les
pédoncules. Graines rousses, ovales, finement ponctuées, bisériées.

Hab. les vignes et les champs sablonneux, à Manduel, au Caylar, à Nimes. ① Fl. mai–octobre.

5. **D. ERUCOIDES** *Dec. syst.* 2, *p.* 631 ; *Sinapis erucoides, Lin. amœnit.* 4, *p.* 332 ; *Barrel. ic.* 132. — Racine longue, dure, pivotante, un peu oblique. Tige de 2-4 décim., herbacée, droite, feuillée et rameuse dès la base, hérissée de poils courts, quelquefois réfléchis, anguleuse dans le bas. Feuilles inférieures en rosette lâche, pétiolées, lyrées ou sinuées, rudes ; les caulinaires sessiles, oblongues, sinuées ou dentées. Fleurs grandes, blanches ou lilacées, en grappe corymbiforme, sans bractées, à sépales hérissés, verts ou violets, plus courts que le pédoncule velu. Stigmate bifide. Style court, aussi large que la silique, renfermant une graine à sa base. Siliques glabres, un peu bosselées, plus longues que les pédoncules très-étalés. Graines rousses, lisses, luisantes, un peu comprimées, bisériées.

Hab. les champs cultivés et les prairies, à Alais. ① Fl. avril–juin.

6. **D. ERUCASTRUM** *Gren. et Godr. fl. fr.* 1, *p.* 81 ; *Brassica erucastrum, Lin. sp.* 932 ; *Sisymbrium obtusangulum, Dec. fl. fr.* 4, *p.* 671 ; *Math. valg.* 531, *ic.* — Racine pivotante, sinueuse. Tiges solitaires ou peu nombreuses, de 3-7 décim., droites, rameuses, hérissées de poils réfléchis, anguleuses dans le bas. Feuilles velues, pinnatifides, à lobes sinués-dentés dont les inférieurs dirigés en bas ; les caulinaires *embrassant la tige* par les *deux segments linéaires placés à la base du pétiole.* Fleurs jaune foncé, moyennes, en grappe allongée, dépourvues de bractées, à sépales *très-étalés,* plus courts que le pédoncule, à pétales à onglets de la longueur du calice. Style conique, anguleux, contenant souvent une graine à sa base. Siliques glabres, plus longues que le pédoncule étalé et redressées sur lui, toruleuses, très-grêles, à 4 angles, dont les deux des valves peu prononcés. Graines roussâtres, comprimées, finement ponctuées, unisériées.

Hab. les champs cultivés sur la route d'Alais, près Nimes, à Bellegarde, à Manduel. ② ou ♃ Fl. juin–octobre.

7ᵉ gʳᵃ. JULIENNE. — HESPERIS. (Lin. gen. 817.)

Calice à sépales droits dont deux latéraux gibbeux à la base. Stigmate *à 2 lobes lamelleux, dressés, connivents.* Style court, conique. Silique déhiscente, *linéaire, cylindrique,* comprimée, atténuée aux deux extrémités ; valves *convexes, à 3 nervures légères.* Graines unisériées, oblongues, anguleuses.

1. | Silique glabre ou presque glabre................... **MATRONALIS.**
   | Silique pubescente-glanduleuse.................... **LACINIATA.**

1. **H. MATRONALIS** *Lin. sp.* 927 ; *Dec. fl. fr.* 4, *p.* 652 ; *Fuchs. hist.* 459, *ic.* — Racine forte, rameuse, oblique. Tige

de 4-6 décim., droite, simple ou rameuse supérieurement, pubescente ou velue. Feuilles alternes, ovales-lancéolées, un peu rudes au toucher, *finement dentées*, atténuées à la base, toutes pétiolées, à pétiole plus court dans les caulinaires. Fleurs en grappe *corymbiforme*, à sépales souvent violets, de la *longueur du pédoncule* et plus courts que l'onglet des pétales; ceux-ci grands, de couleur lilas ou blanche. Pédoncules fructifères, très-étalés, ainsi que les siliques; celles-ci très-longues, flexueuses ou arquées, glabres ou un peu pubescentes, grêles, toruleuses, 8-10 fois plus longues que le pédicelle. Odeur suave.

Hab. les bois aux environs de Tresques. ② et ♃ Fl. juin.

Elle est cultivée, à fleurs doubles, sous le nom de *cassolette*, de *girarde*.

2. **H. LACINIATA** *All. ped.* N° 985, *t.* 82, *fig.* 1; *Dec. fl. fr.* 4, *p.* 652. — Racine dure, rameuse. Tige de 4-6 décim., droite, rameuse supérieurement, hérissée, surtout dans le bas, de longs poils étalés, raides, entremêlés, dans le haut, de poils courts et glanduleux. Feuilles molles, visqueuses, d'un vert pâle, velues, ciliées; les inférieures pétiolées, oblongues-lancéolées, *pinnatifides* à la base; les supérieures sessiles, embrassant les rameaux, lancéolées, acuminées-dentées, à dents inégales et très-saillantes. Fleurs grandes, lilas, en grappe lâche, à sépales violets, droits, velus, du *double plus long* que le pédoncule, à pétales à onglets plus longs que les sépales. Pédoncules fructifères, étalés-dressés, velus. Siliques très-longues, droites, toruleuses, couvertes de poils courts, serrés, glanduleux. Graines plus grosses que celles de la précédente.

Hab. les lieux pierreux et les rochers, au Serre-de-Bouquet, au pont Saint-Nicolas, aux bords du Gardon, à Corconne, Anduze. ♃ Fl. avril-juin

8° g°°. **MALCOLMIE. — MALCOLMIA.** (R. Brown. Kew. 4, p. 121.)

Calice égal ou bossu à la base. Silique *linéaire-cylindrique*. Stigmate formé de deux *lames conniventes*. Style conique-subulé. Graines unisériées.

1.	Calice bossu à la base........................... 2.	
	Calice égal à la base............................ AFRICANA.	
2.	Une souche ligneuse............................. LITTOREA.	
	Pas de souche ligneuse.......................... MARITIMA.	

1. **M. AFRICANA** *R. Brown. Kew. ed.* 2, *v.* 4, *p.* 121; *Hesperis africana*, *Lin. sp.* 928; *Dec. fl. fr.* 4, *p.* 653; *Rchb. ic.* 4371. — Racine simple, oblique. Tige hérissée de poils étoilés, rameuse dès la base. Feuilles un peu rudes, pétiolées inférieurement, d'un vert pâle, hérissées de poils rares étoilés, lancéolées, sinuées-dentées. Pédicelles plus courts que le calice; celui-ci persistant, dressé, coloré. Pétales petits, violets, à limbe *oblong*. Grappes fructifères, lâches, *munies, un peu au-*

dessus de la première silique, d'une feuille et d'un rameau.
Siliques étalées, grêles, longues de 2-6 centim., un peu épaissies
au sommet, hérissées de poils raides, abondants, étalés, souvent
de couleur rousse, à pédicelles épais, étalés. Graines jaunes,
tronquées à leurs extrémités.

Hab. les champs cultivés, à Beaucaire, Teziès. Silve-Real. ☉ Fl. mars-mai.

2. **M. LITTOREA** *R. Brown. Kew. ed.* 2, *v.* 4, *p.* 121; *Cheiranthus littoreus, Lin. sp.* 925; *Dec. fl. fr.* 4, *p.* 656; *Clus. hist.* 1,
p. 298, *fig.* 2. — Racine ligneuse, jaunâtre, rameuse. Tige très-
rameuse, de la base de laquelle s'élèvent beaucoup de rameaux,
blanche-cotonneuse, ainsi que les feuilles; celles-ci oblongues,
obtuses, entières ou sinuées. Sépales plus longs que le pédoncule,
plus courts que l'onglet des pétales, dont le limbe est ovale et
plus long que l'onglet. Style en alène, *caduc, plus étroit* que la
silique. Grappes fructifères, lâches. Pédoncules étalés, épais.
Siliques arquées en dehors, étroites, longues de 6-8 centim., couvertes d'un *coton étoilé.* Graines rousses, ovales, petites. Plante
de 2-6 décim., à fleurs grandes, purpurines.

Hab. les champs sablonneux, à Aigues-Mortes, où elle est très-commune.
♃ Fl. mai-septembre.

3. **M. MARITIMA** *R. Brown. l. c. Hesperis maritima; Dec.
fl. fr.* 4, *p.* 654; *Rchb. ic.* 4372. — Racine rameuse, *non ligneuse.*
Tige droite, rameuse dès la base, à rameaux étalés, rude au
toucher, haute de 2-3 décim., à poils rameux, appliqués. Feuilles
d'un vert cendré; les inférieures lancéolées, pétiolées; les supérieures elliptiques, obtuses, presque entières, rétrécies à la base,
toutes à poils appliqués. Calice droit, plus long que le pédoncule. Pétales violets, à limbe large, ovale, à onglet plus long
que le calice et le limbe. Style *persistant,* subulé, *aussi large* à
sa base que la silique. Grappes fructifères, flexueuses; pédoncules épais, étalés, plus courts que le calice. Siliques étalées,
grêles, flexueuses, couvertes de *poils en navette,* appliqués;
cloison mince, transparente. Graines petites, rousses, ovales.

Cette plante est cultivée dans les parterres, pour bordures, sous le nom
de *giroflée de Mahon*

Hab. les bords de la mer, à Aigues-Mortes (*de Lav.*); très-rare. ☉ Fl.
mai-juillet.

9° g^re. **MATTHIOLE — MATTHIOLA.** (R. Brown. Kew. 4, p. 119.)

Calice droit, bossu à la base. Pétales entiers, onguiculés.
Stigmate *à* 2 *lames conniventes,* épaissi, *sur le dos, en bosse ou en
corne.* Silique déhiscente, longue, *cylindrique-comprimée.* Graines
comprimées, orbiculaires ou ovales, membraneuses sur les bords.

1. { Siliques comprimées, robustes......................... **SINUATA**.
   { Siliques cylindriques, grêles,........................ **TRISTIS**.

1. **M. SINUATA** *R. Brown. Kew. ed.* 2 , *v.* 4, *p.* 120; *Cheiranthus sinuatus, Lin. sp.* 926; *Dec. fl. fr.* 4, *p.* 657; *Rchb. ic.* 4350. — Racine pivotante. Tige de 3-4 décim., *herbacée*, robuste, droite, flexueuse, diffuse-rameuse, à rameaux étalés, ascendants, plus ou moins cotonneuse et glanduleuse, ainsi que les feuilles ; celles-ci disposées en rosette inférieurement, sinuées, souvent dentées, entières, lancéolées supérieurement. Sépales plus longs que le pédoncule, droits, violacés. Fleurs odorantes, à pétales grands, violets, à onglets de la longueur du calice. Siliques longues, comprimées, ascendantes sur un pédoncule souvent dirigé en bas, cotonneuses, glanduleuses, surmontées d'un style gros, court et conique. Graines brunes, *ovales*, plates, entourées d'une large membrane.

Hab. les bords de la mer, au grau d'Orgon, près des Saintes-Maries. ② Fl. mai-juin.

2. **M. TRISTIS** *R. Brown. Kew. ed.* 2 , *v.* 4, *p.* 120; *Cheiranthus tristis, Lin. sp.* 925; *Dec. fl. fr.* 4, *p.* 665; *Barr. ic. t.* 999, *fig.* 1. — Racine rameuse, *presque ligneuse.* Tiges de 2-4 décim., droites, rameuses, très-feuillées dans le bas, gazonnantes, couvertes, ainsi que les feuilles, d'un léger coton verdâtre. Feuilles étroites, linéaires, munies de chaque côté d'une ou deux dents à angle droit. Fleurs odorantes, livides, presque sessiles, à sépales droits, cotonneux, à pétales linéaires-oblongs, crispés sur les bords. Siliques grêles, longues, un peu toruleuses, cotonneuses, sans glandes, presque cylindriques. Stigmates à 2 lèvres obtuses. Graines brunes, ovales, aplaties, entourées d'une membrane.

Hab. les îles du Rhône, à Vallabrègues. ♃ Fl. mai-juillet.

10° g^{re}. GIROFLÉE. — CHEIRANTHUS. (R. Brown. Kew. 4, p. 118.)

Calice à sépales connivents, dont deux bossus à la base. Stigmates à 2 lobes courbés en dehors. Style conique. Silique longue anguleuse, *à nervure saillante et longitudinale sur chaque valve.* Graines sur un rang.

1. **CH. CHEIRI** *Lin. sp.* 924; *Dec. fl. fr.* 4, *p.* 657; *Blackw. t.* 179. — Racine dure, rameuse. Tige de 2-4 décim., frutescente, anguleuse, rameuse dès la base, couverte de petits poils blancs appliqués, ainsi que les feuilles ; celles-ci entières, lancéolées, mucronées, atténuées en pétiole persistant souvent pendant l'hiver. Sépales droits, colorés. Pétales jaunes, grands, entiers. Siliques blanchâtres, à poils appliqués. Graines brunes, comprimées, membraneuses au sommet. Plante frutescente, marquée de cicatrices à la base, à fleurs très-odorantes.

Ses fleurs passent pour antispasmodiques, anodines et incisives. Elle est cultivée, dans les jardins, sous le nom de *violier jaune.*

Hab. sur les vieux murs, à Cavillargues, et contre les rochers, à Alais
♃ Fl. avril–juin.

11ᵉ gʳᵉ. VÉLAR. — ERYSIMUM. (Lin. gen. 814.)

Calice droit, égal ou bossu à la base. Stigmate entier ou
échancré. Style cylindrique. Silique linéaire-tétragone; valves
fortement carénées sur le dos. Graines oblongues sur un seul
rang.

1. { Fleurs blanchâtres; feuilles caulinaires, amplexicaules............................ **PERFOLIATUM**.
{ Fleurs jaunes: feuilles caulinaires, presque sessiles, atténuées à la base.............. 2.

2. { Siliques courtes, stigmate entier............ **CHEIRANTHOIDES**.
{ Siliques longues, stigmate échancré......... **AUSTRALE**.

1. **E. CHEIRANTHOIDES** *Lin. sp.* 923; *Dec. fl. fr.* 4, *p.* 659;
Lob. ic. 225, *fig.* 1. — Racine sinueuse. Tige de 3-6 décim.,
ronde, striée, droite, simple ou rameuse supérieurement. Feuilles
vertes, lancéolées-oblongues, atténuées aux deux extrémités, à
petites dents écartées, couvertes de poils étoilés. Calice non
bossu, beaucoup plus court que le pédoncule, dont la longueur
est presque égale à la moitié de la silique. Siliques redressées sur
le pédoncule, mais *très-obliquement;* vertes, courtes, un peu
comprimées sur les côtés, à 4 angles, portant quelques poils
étoilés, couchés sur les valves. Stigmate entier. Graines rousses,
ovales, *nues.* Plante d'un aspect vert gai, à grappes fructifères
très-allongées et à fleurs jaunes très-petites, inodores.

Hab. le long des haies, à Saint-Gilles. ① Fl. juin–octobre.

2. **E. AUSTRALE** *Gay erysim. diag. p.* 6! *Er. canescens,*
Dec. syst. 2, *p.* 501. — Racine dure, rameuse, donnant naissance
à plusieurs tiges; les unes fleuries, droites, rameuses, anguleuses,
couvertes de petits poils appliqués; les autres sans fleurs, terminées par une rosette de feuilles. Feuilles étroites-linéaires,
entières ou munies de quelques petites dents écartées, couvertes
de *petits poils appliqués.* Fleurs jaunes, à calice un peu bossu à
la base, beaucoup plus long que le pédoncule, à pétales étalés,
dont le limbe oblong, un peu élargi au sommet, est plus court que
l'onglet. Grappes fructifères, peu allongées, à pédoncules courts,
ascendants. Siliques grêles, longues de 5-10 cent., *dressées,*
blanchâtres, *légèrement ondulées* par l'accroissement des graines.
Stigmate échancré. Graines membraneuses au sommet, rousses,
ovales-allongées. Plante de 1-5 décim., raide, droite et d'un
aspect grisâtre.

Hab. le bord des bois, à Vich-le-Fesq; les lieux secs, à Anduze. ♃ Fl.
i–juillet.

3. **E. PERFOLIATUM** *Crantz austr.* 27; *Brassica perfoliata,*

Dec. fl. fr. 4, *p.* 646; *Clus. hist.* 2, *p.* 127, *fig.* 1. — Racine pivotante. Tige de 2-6 décim., droite, raide, simple ou rameuse supérieurement, très-lisse. Feuilles très-entières, obtuses, un peu charnues, glabres, glauques; les radicales ovales, pétiolées; les caulinaires elliptiques, un peu échancrées au sommet, embrassantes, en cœur. Grappe fructifère, lâche. Calice un peu bossu à la base, de la longueur du pédoncule. Pétales étroits, atténués, en long onglet. Pédoncules épais, divergents, ainsi que les siliques; celles-ci robustes, glabres, tétragones, très-longues, bosselées, atténuées au sommet. Stigmate entier. Graines ovales, rousses, chagrinées, *comprimées d'un côté, avec une carène d'un brun foncé.* Fleurs blanchâtres.

Hab. les champs cultivés, à Tresques, Hieuset, Campestre. ① Fl. mai-juin

12ᵉ gʳᵉ. **BARBARÉE. — BARBAREA.** (R. Brown. Kew. 4, p. 109.)

Calice droit, sans bosses à la base. Stigmate entier ou un peu échancré. Siliques tétragones, un peu comprimées; valves convexes, munies d'*une nervure saillante longitudinale.* Graines sur un seul rang.

1. | Feuilles supérieures ailées........................... 2.
   | Feuilles supérieures non ailées.................... VULGARIS.

2. | Grappe fructifère, étroite et serrée............... INTERMEDIA
   | Grappe fructifère, lâche et étalée................ PATULA.

1. **B. VULGARIS** *R. Brown. l. c.; Erysimum barbarea, Dec. fl. fr.* 4, *p.* 660; *Fuchs. hist.* 746, *ic.* — Racine blanchâtre, rameuse. Tige de 3-8 décim., rameuse dans le haut, droite, anguleuse, à rameaux montants, plus courts que celui du centre. Feuilles glabres, luisantes, souvent violacées en dessous; les radicales en rosette, lyrées, à lobe terminal très-ample, en cœur, oblong ou suborbiculaire; celles de la tige presque semblables et embrassantes par deux oreillettes, quelquefois ciliées; les supérieures *sinuées-dentées.* Fleurs jaunes. Grappes fructifères, allongées et très-fournies, à pédoncules *ascendants.* Sépales jaunâtres, lâches, de la longueur du pédoncule. Siliques courtes, à style conique, *étalées-dressées,* souvent déjetées d'un seul côté. Graines brunes, chagrinées.

Cette plante, d'une saveur amère et nauséabonde, passe pour détersive, diurétique, antiscorbutique. Elle est connue sous le nom d'*herbe de Sainte-Barbe.*

VAR. B. *Arcuata.* (*Rchb. bot. zeit.* 1820.) — Fleurs en grappes assez lâches, plus grandes et d'un jaune plus vif que dans la **VAR. A.** Siliques jeunes, arquées, étalées.

Hab., les deux variétés, le long des fossés, à Nimes, Manduel, Queissargues. ② Fl. mai-juin.

2. **B. intermedia** *Boreau, Fl. du Centre*, 2, *p.* 48; *Godr. et Gren. fl. fr.* 1, *p.* 91. — Racine oblique. Tige de 2-5 décim., droite, anguleuse, sillonnée, simple ou rameuse, tantôt dès la base, tantôt vers le haut. Feuilles radicales en rosette, pétiolées, lyrées, à lobe terminal ovale-incisé, souvent violacées inférieurement; les supérieures auriculées, embrassantes, pinnatifides, à lobe terminal *étroit, en coin*, denté; rachis des unes et des autres ciliés. Grappes fructifères, étroites, *serrées et bien fournies*. Sépales jaunâtres, lâches, de la longueur du pédoncule, *épais, droit, appliqué;* l'inférieur muni d'une feuille florale. Fleurs petites, d'un jaune pâle. Siliques nombreuses, courtes, glabres, plus ou moins appliquées. Style court, conique. Graines lenticulaires, grisâtres, alvéolées. Elle diffère de la précédente par ses feuilles, toutes pinnatifides, et de la suivante par ses siliques, trois fois plus courtes et très-rapprochées.

Hab. les bois et les prairies de l'Esperou. ② Fl. avril–juillet.

3. **B. patula** *Fries nov. mant.* 3, *p.* 76; *Erysimum præcox, Dec. fl. fr.* 4, *p.* 661. — Racine descendante, un peu oblique. Tige de 2-6 décim., droite, ferme, sillonnée, simple ou rameuse, à rameaux plus courts que celui du centre. Feuilles radicales et caulinaires comme la précédente. Grappes fructifères allongées, très-lâches, à pédoncules épais, arqués-ascendants; l'inférieur muni souvent d'une feuille florale. Sépales, pétales, styles comme au N° 2. Siliques *trois fois plus longues que celles des N*os 1 *et* 2; peu nombreuses, *étalées*, comprimées, un peu toruleuses. Graines grisâtres, alvéolées. Plante glabre. Fleurs d'un jaune pâle.

Hab. contre les vieux murs à Concoule, les terrains maigres à Anduze, les champs cultivés à Camprieux, les bords du Gardon à la Beaume, les prairies à l'Esperou. ② Fl. avril–juillet.

13ᵉ gre. SISYMBRE. — SISYMBRIUM. (Lin. sp. 813.)

Calice un peu ouvert, non bossu à la base. Pétales entiers, à limbe étalé. Stigmate *entier ou échancré*. Silique *cylindrique*, déhiscente, à valves convexes, portant trois nervures longitudinales, dont les deux latérales peu distinctes. Graines sur un ou deux rangs.

1. { Fleurs blanches........................... ALLIARIA.
   { Fleurs jaunes............................. 2.
2. { Siliques axillaires et sessiles................... POLICERATIUM.
   { Siliques non axillaires et pédonculées........... 3.
3. { Siliques appliquées contre la tige.............. OFFICINALE.
   { Siliques écartées de la tige.................... 4.
4. { Siliques rudes-tuberculeuses.................. ASPERUM.
   { Siliques très-glabres......................... 5.

5. { Plante très-glabre........................ IRIO.
   { Plante pubescente ou hérissée.............. 6.
6. { Feuilles multifides...................... SOPHIA.
   { Feuilles roncinées ou pinnatifides............ COLUMNÆ.

1. S. OFFICINALE *Scop. Carm.* 2, *p.* 26 ; *Dec. fl. fr.* 4, *p.* 672 ; *Fuchs. hist.* 592, *ic.* — Racine descendante, oblique. Tige de 3-8 décim., droite, raide, pubescente, cylindrique, rameuse, à rameaux allongés, étroits. Feuilles rudes, pubescentes ; les inférieures roncinées, pinnatifides, à lobes oblongs, dentés ; le terminal plus grand, trilobé ; les supérieures hastées, à lobes plus étroits, le terminal très-allongé. Fleurs jaunes, petites, à sépales droits. Pédoncules courts, épais, *étroitement serrés contre la tige, ainsi que les siliques* velues, courtes, terminées par une pointe grêle. Graines tronquées obliquement, brunes, finement ponctuées.

Cette plante est connue sous le nom de *velar, herbe au chantre :* en patois, *ravanisclé.* Elle passe pour diurétique, antiscorbutique.

Hab. le long des murs, des haies et parmi les décombres, dans tout le département. ① Fl. mai–septembre.

2. S. POLYCERATIUM *Lin. sp.* 918 ; *Dec. fl. fr.* 4, *p.* 667 ; *Lob. ic.* 206. — Racine blanchâtre, oblique. Tiges de 1-3 décim., cylindriques, glabres, simples ou rameuses, feuillées jusqu'au sommet, souvent réunies et prenant naissance du collet à la racine ; rameaux étalés-dressés. Feuilles pétiolées, roncinées, à lobes aigus, sinués-dentés, divergents ; le lobe supérieur grand et triangulaire. Fleurs petites, d'un jaune pâle, à sépales plus longs que le pédoncule. Siliques presque sessiles, arquées en dehors, toruleuses, glabres ou velues, un peu renflées dans le bas, réunies 2-3 à l'aisselle des feuilles. Cloison *épaisse, spongieuse.* Graines petites, ovales, jaunes, lisses, *un peu carénées.*

Cette plante passe pour *diurétique ;* elle exhale une odeur fétide.

Hab. les lieux arides, les vieux murs, à Sauve, Tresques, Alais. ① Fl. juin–août.

3. S. ASPERUM *Lin. sp.* 920 ; *Dec. fl. fr.* 4, *p.* 668 ; *J. Bauh. hist.* 2, *p.* 858, *fig.* 2, *bonne.* — Racine jaunâtre, descendante, rameuse. Tige de 1-3 décim., glabre, parsemée de quelques aspérités, rameuse dès la base, à rameaux étalés. Feuilles pétiolées, pinnatifides, glabres, à lobes nombreux, plus ou moins dentés-obtus ; les inférieures en rosette. Fleurs petites, jaunes, en *grappes terminales,* à sépales droits, plus longs que le pédoncule ; celui-ci épais, très-court, très-étalé. Siliques souvent arquées en dedans, couvertes d'*aspérités blanchâtres ;* étalées, courtes, épaisses, non toruleuse. Style très-court. Cloison mince, transparente. Graines petites, rousses, chagrinées.

Hab. les lieux où l'eau a séjourné, à Vaqueirole, près Nimes, à Saint-Marcel, bord de l'étang de Jonquière, à Franqueveau. ① Fl. mai–juillet.

4. **S. COLUMNÆ** *Jacq. aust. t.* 323 ; *Dec. fl. fr.* 6, *p.* 590 ; *Col. ecphr.* 1, *t.* 268. — Racine blanchâtre, descendante, rameuse, souvent oblique. Tige de 2-6 décim., cylindrique, velue, rameuse dès la base. Feuilles *toutes pétiolées;* les inférieures roncinées, à lobes sinués-dentés, auriculés à la base; les caulinaires pinnatifides, à lobe terminal grand, hasté; les supérieures linéaires, entières, toutes plus ou moins velues. Sépales *appliqués sur les pétales.* Grappes fructifères, allongées, très-lâches, à pédoncules épais, courts, étalés ainsi que les siliques robustes, longues de 1 décim. et plus, non toruleuses, glabres ou velues à la base. Graines brunes, lisses, petites. Fleurs d'un jaune pâle. Plante d'un aspect grisâtre.

Hab. les vignes à Nîmes, les champs à Bagnols, à Pujau, dans les décombres au Serre-de-Bouquet, à Comps, Blauzac. ② avril-juillet

5. **S. ALLIARIA** *Scop. carn.* 2, *p.* 26 ; *Hesperis alliaria, Dec. fl. fr.* 4, *p.* 651 ; *Fuchs. hist.* 104, *ic.* — Racine blanchâtre, tuberculeuse, oblique. Tige de 5-10 décim., droite, simple ou rameuse dans le haut, velue inférieurement. Feuilles presque glabres, toutes pétiolées; les inférieures *réniformes, crénelées;* les supérieures triangulaires, acuminées, dentées, à dents larges et inégales, toutes cordées. Grappes fructifères, allongées, à pédoncules épais, étalés, ascendants. Siliques glabres, un peu toruleuses, longues, ascendantes. Graines oblongues, noires, tronquées obliquement aux deux extrémités, striées en long. Plante d'un vert pâle. Fleurs blanches.

La plante, froissée dans la main, rend une *odeur d'ail.* Elle est antiasthmatique; on s'en sert avantageusement contre les ulcères et la gangrène. Vulg^t *alliaire.*

Hab. le long des fossés et des haies, dans tout le département. ♃ Fl. avril-mai.

6. **S. IRIO** *Lin. amœn.* 4, *p.* 270 ; *Dec. fl. fr.* 4, *p.* 669 ; *Jacq. austr. t.* 322. — Racine blanchâtre, oblique, rameuse. Tige de 3-8 décim., droite, plus ou moins rameuse, glabre ou légèrement pubescente. Feuilles toutes pétiolées, roncinées, pinnatifides, à lobes oblongs, irrégulièrement dentés; le terminal allongé, presque entier ou sinué, souvent hasté. Sépales lâches, plus courts que les pédoncules et les pétales. Siliques nombreuses, glabres, lisses, toruleuses, grêles, ascendantes; les *supérieures dépassant les fleurs.* Style très-court. Graines ovales, jaunes, luisantes. Plante glabre, d'un vert décidé, à fleurs petites, jaunes.

Hab. les lieux incultes, les vieux murs, le bord des fossés, à Nîmes, Manduel, Aigues-Mortes. ② Fl. avril-juin.

7. **S. SOPHIA** *Lin. sp.* 920 ; *Dec. fl. fr.* 4, *p.* 669 ; *Fuchs. hist. p.* 2, *ic.* — Racine sinueuse, oblique. Tige de 3-10 décim., droite, rameuse, vers le haut, pubescente, grisâtre, très-feuillée.

Feuilles tripinnatifides, à segments linéaires incisés, grisâtres. Sépales droits, plus courts que les pétales et le pédoncule. Grappes fructifères allongées, à pédoncules filiformes, assez écartés. Siliques ascendantes, grêles, toruleuses, glabres, lisses, 2-3 fois plus longues que le pédoncule. Graines ovales, jaunes, lisses. Fleurs petites, d'un jaune pâle.

Cette plante passe pour *vulnéraire, vermifuge, fébrifuge*; pilée et appliquée sur les blessures et les plaies, elle les guérit, dit-on, en peu de temps.

Hab. le long des murs à Pouzilhac, les champs à Aigues-Mortes, Sylveréal. ① Fl. avril-octobre.

14ᵉ gʳᵉ. CRESSON. — NASTURTIUM. (R. Brown. Kew. ed. 2, v. 4, p. 110.)

Calice égal à la base. Stigmate entier. Style cylindrique. Silique cylindrique, linéaire ou très-courte, ressemblant à une silicule, un peu comprimée; valves convexes, sans nervure dorsale. Graines irrégulièrement sur deux rangs.

1. { Fleurs blanches..................................... OFFICINALE
   { Fleurs jaunes. .... 2.

2. { Siliques linéaires-cylindriques, de la longueur ou plus longues que les pédoncules.................. SYLVESTRE
   { Siliques linéaires-oblongues, comprimées, plus courtes que les pédoncules........................... ANCEPS.

1. N. OFFICINALE *R. Brown. Kew. ed.* 2, *v.* 4, *p.* 110; *Sisymbrium nasturtium, Dec. fl. fr.* 4, *p.* 661; *Fuchs. hist.* 723, *ic.* — Tige de 2-6 décim., anguleuse, fistuleuse, rameuse dans le haut, radicante dans le bas, couverte, dans cette partie, de fibres capillaires. Feuilles pinnatifides, à folioles anguleuses, sinuées, inéquilatères, succulentes; le lobe terminal cordé, plus grand; pétioles embrassant la tige par deux petites oreillettes aiguës. Sépales verts, droits, plus courts que les pétales et les pédoncules. Siliques un peu comprimées et arquées, plus courtes que le pédoncule, étalées, ascendantes. Style très-court. Graines arrondies-comprimées, brunes, fortement alvéolées. Plante glabre, d'un vert luisant, à fleurs blanches, d'une saveur piquante.

On la mange en salade. Elle est diurétique, apéritive, incisive et un excellent *antiscorbutique.* Vulgᵗ, en patois, *greissoun.*

VAR. B. *Siifolium steud. nom.* 2, *p.* 185. — Tige de 1-2 mèt., à feuilles très-grandes, à segments nombreux, lancéolés. *N. Siifolium Rchb. ic.* 4361.

Hab. : la var. **A**, dans les eaux des fontaines, dans tout le département; la var. **B**, dans les eaux du Vistre, près de Milhaud. ♃ Fl. mai-septembre.

2. N. SYLVESTRE *R. Br. l. c. Sisymbrium sylvestre, Dec. fl. fr.* 4, *p.* 662; *Brachiolobos sylvestris, all. ped. t.* 56, *fig.* 2. — Racine *grêle, rameuse,* rampante. Tige de 2-4 décim., rameuse, anguleuse, flexueuse, presque glabre. Feuilles toutes pinnatifides, à lobes ovales-lancéolés, incisés, dentés; dans les radicales, le lobe terminal de la grandeur des latéraux. Pétioles quelquefois oriculés. Sépales jaunâtres, étalés, de moitié plus courts que les pétales d'un jaune vif. Siliques *linéaires, cylindriques,* étroites, un peu arquées, ascendantes, à peu près *de la longueur du pédoncule.* Style cylindrique. Graines brunes, arrondies, presque lisses. Plante glabre ou peu velue dans le haut.

Hab. les fossés desséchés, à Nimes, Manduel. ♃ Fl. juin-août.

3. **N. ANCEPS** *Dec. pr.* 1, *p.* 137. — Voisin du précédent, dont il diffère par ses fleurs plus grandes, plus foncées, par ses siliques, *comprimées-ancipitées* et plus *courtes que les pédoncules.*

Hab. les mêmes lieux que le précédent. ♃ Fl. juin-août.

15° gre. **ARABETTE. — ARABIS.** (Lin. gen. 818.'

Calice à sépales droits, égaux ou 2 latéraux bossus à la base. Pétales égaux, étalés, entiers. Stigmate entier, presque sessile. Siliques déhiscentes, allongées, grêles, *tétragones comprimées;* valves presque planes, à une nervure dorsale. Graines comprimées, souvent membraneuses, sur un seul rang, rarement sur deux.

1.	Fleurs violettes...........................	2.
	Fleurs blanches ou jaunâtres..............	3.
2.	Feuilles toutes pétiolées..................	**CEBENNENSIS.**
	Feuilles caulinaires embrassantes...........	**VERNA.**
3.	Fleurs blanches...........................	4.
	Fleurs jaunâtres..........................	10.
4.	Siliques divergentes.......................	5.
	Siliques serrées contre la tige..............	7.
5.	Feuilles rétrécies en pétiole..............	**THALIANA.**
	Feuilles embrassantes.....................	6.
6.	Plante grêle annuelle.....................	**AURICULATA.**
	Plante assez robuste, vivace..............	**ALPINA.**
7.	Tige et feuilles très-glabres..............	**BRASSICÆFORMIS.**
	Tige et feuilles hérissées..................	8.
8.	Plusieurs tiges, raides, un peu allongées, partant de la même souche................	**MURALIS.**
	Tige unique, quelquefois deux.............	9.
9.	Feuilles caulinaires appliquées inférieurement contre la tige...........................	**GERARDI.**
	Feuilles caulinaires non appliquées contre la tige......................................	**SAGITTATA.**
10.	Tige et toutes les feuilles velues...........	**TURRITA.**
	Tige et feuilles supérieures glabres.........	**PERFOLIATA.**

1. **A. BRASSICÆFORMIS** *Walbr. sched.* 359; *Brassica alpina, Dec. fl. fr.* 4, *p.* 647; *Vill. dauph. t.* 36. — Racine oblique, à fibres jaunâtres. Tige de 5-10 décim., cylindrique, simple, raide, droite. Feuilles radicales, ovales ou oblongues, à pétiole long, brusquement formé, entières ou dentées à peine,

violettes en dessous ; les caulinaires lancéolées, *amplexicaules, cordiformes*, très-entières, *à auricules arrondies*, toutes co-riaces, lisses, glabres, glauques. Fleurs petites, blanches, à calice *de la longueur* du pédoncule. Grappe fructifère allongée, lâche, à pédoncules raides, *étalés*. Siliques ascendantes, comprimées-tétragones, avec une nervure longitudinale-dorsale très-forte. Graines sur un rang, rousses, finement striées, ovales, amincies en pointe au sommet.

Hab. le bois de Salbous, près d'Alzon. ♃ Fl. mai–juillet.

2. **A. VERNA** *R. Brown Kew. ed.* 2, *v.* 4, *p.* 105; *Hesperis verna, Lin. sp.* 928; *Dec. fl. fr.* 4, *p.* 653; *Barr. ic. t.* 876. — Racine grêle, rameuse, oblique. Tige de 1-2 décim., droite, simple, velue, quelquefois rameuse dès la base. Feuilles *rudes, à poils trifurqués ;* les radicales en rosette lâche, souvent violacées en dessous, oblongues, dentées, rétrécies en court pétiole; les caulinaires peu nombreuses, *embrassantes en cœur.* Fleurs violet-tes, petites, à sépales hérissés, bossus à la base, plus *longs que le pédoncule.* Grappe fructifère courte, lâche, *flexueuse*, à pédon-cules étalés, de l'épaisseur de la silique. Siliques peu nombreuses, ascendantes-étalées, raides, un peu comprimées, *striées* longi-tudinalement. Graines sur un seul rang, *ovales-arrondies,* pa-pilleuses, bordées d'une carène plus foncée.

Hab. le versant oriental du Serre-de-Bouquet, près d'Uzès. ① Fl. avril-mai.

3. **A. AURICULATA** *Lamk. dict.* 1, *p.* 219; *Dec. fl. fr.* 4, *p.* 673; *A. aspera all. auct.* 18, *t.* 2, *fig.* 2. — Racine grêle, rameuse, oblique, blanchâtre. Tige de 1-2 décim., droite, simple ou rameuse, hérissée de poils rameux, très-grêle. Feuilles rudes, hérissées, ovales-oblongues; les radicales étalées, un peu rétrécies en pétiole, flétries au moment de la floraison; les caulinaires droites, embrassantes, à oreillettes arrondies, oblongues, dentées. Fleurs très-petites, blanches, à calice glabre, un peu bossu à la base, *plus court* que le pédoncule. Grappe fructifère lâche, allongée, flexueuse, à pédoncules étalés. Siliques glabres, grêles, comprimées, étalées, presque à angle droit. Graines très-petites, rousses, ovales, entourées d'une *carène brune.*

Hab. parmi les rochers dolomiens, à Campestre, dans le bois de Salbous, près d'Alzon. ① Fl. avril-mai.

4. **A. SAGITTATA** *Dec. fl. fr.* 5, *p.* 592; *Lob. ic.* 220, *fig.* 2. — Racine fibreuse, blanche, oblique. Tige de 2-10 décim., droite, ord[t] simple, quelquefois rameuse dans le haut, raide, plus ou moins hérissée de poils simples et rameux, glabrescente dans sa partie supérieure. Feuilles rudes, denticulées, tantôt presque glabres, tantôt couvertes de poils rameux; les radicales oblon-gues, rétrécies en pétiole, disposées en rosette serrée, souvent

violacées en dessous ; les caulinaires sagittées, oblongues, embrassantes, *non appliquées inférieurement, prolongées en deux oreillettes étalées en dehors*, obtuses ou aiguës. Fleurs petites, blanches, à calice de la longueur du pédoncule, non bossu à la base. Grappe fructifère très-longue, serrée. Siliques de longueur variable, grêles, comprimées, un peu bosselées, nombreuses, presque parallèles à la tige. Graines sur un seul rang, *légèrement bordées* et finement réticulées.

Hab. le bord des champs et des fossés, à Nimes, Manduel, le bois de Salbous, près d'Alzon, et toutes les montagnes de ses environs, le bois de Broussan près de Nimes. ② Fl. avril-juin.

5. **A. GERARDI** *Bess. in Koch deutsch*, *fl. fr.* 4, *p.* 618.— Cette plante se distingue de la précédente : par ses fleurs plus petites, ses siliques plus grêles, ses graines plus petites et plus fortement ponctuées ; par ses feuilles caulinaires, *appliquées inférieurement contre la tige, ainsi que les deux oreillettes parallèles dont elles sont toujours munies*, et ses poils en navette, appliqués contre la tige.

Hab. les rochers primitifs près du Vigan, les bois au pont du Gard, à Uzès. ② Fl. mai-juin.

6. **A. MURALIS** *Bertol. dec. ital.* 2, *p.* 37 ; *Dec. fl. fr.* 5, *p.* 592; *Turritis hirsuta, var. c. Rchb. ic.* 4339.—Racine fusiforme-rameuse, oblique, un peu épaisse. Tige tantôt unique, tantôt nombreuses, partant de la même souche, hautes de 1-3 décim., droites ou ascendantes, simples, rudes, couvertes de poils étalés, simples ou rameux, glabres dans le haut. Feuilles hérissées de poils raides et rameux ; les radicales spatulées, crénelées, en rosette fournie ; les caulinaires ovales, sessiles, presque embrassantes, *arrondies à la base*, crénelées ou dentées. Fleurs assez grandes pour le genre, blanches ou rosées, à calice égal à la base, de la longueur du pédoncule. Grappe fructifère glabre, raide, courte. Siliques longues, de 4-6 décim., droites, glabres, comprimées, légèrement toruleuses, souvent déjetées du même côté. Graines rousses, ovales comprimées, un peu ridées sur les faces, entourées d'une membrane, disposées sur un seul rang. Plante d'un aspect blanchâtre.

Hab. contre les rochers, aux bords du Gardon, près Saint-Nicolas, dans le bois de Salbous. ♃ Fl. avril-juin.

7. **A. PERFOLIATA** *Lamk. dict.* 1, *p.* 219; *Dec. fl. fr.* 4, *p.* 673 ; *Turritis glabra, Lin. sp.* 930; *Sisymbrium simplicissimum Rchb. ic.* 4346. — Racine rameuse, oblique. Tige de 5-10 décim., droite, raide, blanchâtre, glabre, simple, plus rarement rameuse. Feuilles radicales atténuées en pétiole, disposées en rosette, profondément sinuées-dentées vers la base, hérissées de poils rameux ; les caulinaires glabres, glauques, entières,

sagittées, amplexicaules, *à oreillettes obtuses*. Fleurs jaunâtres, à pétales étroits, plus longs que le calice; celui-ci étalé, de la longueur du pédoncule. Siliques droites, raides, serrées contre la tige ainsi que les pédoncules, nombreuses, comprimées, à nervure longitudinale, saillante sur les valves. Graines rousses, lisses, ovales, comprimées, très-petites, *non ailées*, bordées de brun.

Hab. dans les bois et le long des ruisseaux, à Alzon. ② Fl. juin–juillet.

8. **A. SEBENNENSIS** *Dec. syst.* 2, *p.* 234; *Deless. ic. scl.* 2, *t.* 26; *Hesperis inodora Guan, fl. monsp.* 167; *Dec. fl. fr.* 5, *p.* 589. (*Excl. la synonymie.*) — Racine rameuse, oblique, donnant naissance à des tiges fleuries et à des *rosettes stériles;* les premières velues, rameuses, hautes de 4-6 décim. Feuilles *toutes pétiolées,* ovales-anguleuses, grossièrement dentées, d'un vert pâle, pubescentes; les radicales orbiculaires, cordées obliquement, *à pétiole long et grêle,* souvent violacées en dessous; les caulinaires ovales-acuminées, tronquées à la base, un peu décurrentes sur le pétiole. Fleurs violettes, grandes. Calice bossu à la base, plus court que le pédoncule. Grappe fructifère assez fournie, à pédoncules grêles, très-étalés. Siliques glabres, toruleuses, comprimées, 3-4 fois plus longues que les pédoncules. Graines brunes, ovales, comprimées, légèrement membraneuses au sommet, entourées d'un rebord plus foncé, disposées sur un rang.

Hab. contre les rochers humides au Valat de la Dauphine, près de l'Esperou et contre un vieux mur à gauche de la route à Banahu. ♃ Fl. juin–juillet.

9. **A. THALIANA** *Lin. sp.* 929; *Dec. fl. fr.* 4, *p.* 678; *Barr. ic. t.* 269 *et* 270. — Racine grêle. Tige de 1-3 décim., plus ou moins velue dans le bas, glabre dans le haut, droite, rameuse, grêle. Feuilles radicales, oblongues, rétrécies en pétiole cilié, disposées en rosette, entières ou dentées; les caulinaires écartées, oblongues, sessiles, ciliées, à poils rameux. Fleurs très-petites, blanches, à calice non bossu à la base, beaucoup plus court que le pédoncule. Grappe fructifère, lâche, droite, à pédoncules filiformes, très-étalés ainsi que les siliques, grêles, unies, un peu arquées, subcylindriques, deux fois plus longues que le pédoncule. Graines très-petites, ovales, rousses, luisantes.

Hab. les champs cultivés, dans tout le département. ① Fl. mars–août.

10. **A. ALPINA** *Lin. sp.* 928; *Dec. fl. fr.* 4, *p.* 674; *Clus. hist.* 2, *p.* 125, *fig.* 1. — Racine grêle, rameuse, oblique, donnant naissance à des tiges fertiles, droites ou ascendantes, et à des rameaux stériles, *étalés sur la terre.* Les tiges fertiles ont de 1-3 décim. de haut, rameuses, couvertes, ainsi que les feuilles, de poils qui donnent à la plante un aspect blanchâtre. Feuilles

radicales, oblongues, rétrécies en pétiole, disposées en rosette;
les caulinaires amplexicaules, auriculées, toutes dentées. Fleurs
grandes, blanches. Calice bossu à la base, plus court que le
pédoncule. Grappe fructifère, droite, lâche, à pédoncules étalés,
velus, grêles. Siliques glabres, comprimées, toruleuses, 5-6 fois
plus longues que le pédoncule. Graines rousses, arrondies, bordées d'une membrane étroite.

Hab. contre les rochers à l'Esperou. (*Requien.*) ♃ Fl. juillet-août.

11. A. TURRITA *Lin. sp.* 930 ; *Dec. fl. fr.* 4, *p.* 675 ; *Rchb.*
ic. 4345. — Racine descendante, oblique. Tige de 4-8 décim.,
droite, simple, robuste. Feuilles radicales, elliptiques-oblongues,
atténuées, en pétiole, sinuées-dentées ; les caulinaires nombreuses, larges, ovales-oblongues, dentées, embrassantes, à
oreillettes obtuses. Fleurs jaunâtres. Calice de la longueur du
pédoncule, non bossu à la base. Grappe fructifère, longue, unilatérale, à pédoncules courts, épais, dressés, *calleux à l'insertion*
de la silique. Siliques très-longues, comprimées, un peu toruleuses, arquées et penchées, un peu tordues inférieurement, épaissies
sur les bords. Graines comprimées, ovales, bordées d'une membrane jaunâtre. Plante pubescente, blanchâtre.

Hab. le long des ruisseaux, au Vigan, à Olas ; les bois du Serre-de-Bouquet, près d'Uzès. ② Fl. mai-juillet.

16ᵉ gʳᵉ. **CARDAMINE. — CARDAMINE.** (Lin. gen. 812.)

Calice à sépales étalés, non bossus à la base. Pétales égaux.
Stigmate entier. Silique déhiscente, linéaire, comprimée ; valves
sans nervure dorsale, se roulant, avec élasticité, de bas en haut.
Graines sur un seul rang, comprimées, à funicules *filiformes*.

1. { Pétales à limbe large, étalé...................... 2.
   { Pétales à limbe étroit, dressé. .... 3.

2. { Fleurs violettes ou purpurines. .... **PRATENSIS**.
   { Fleurs blanches. .... **AMARA**.

3. { Siliques dépassant les fleurs. .... 4.
   { Siliques ne dépassant pas les fleurs............. 6.

4. { Siliques dépassant peu les fleurs. .... 5.
   { Siliques dépassant de beaucoup les fleurs. .... **HIRSUTA**.

5. { Plante glabre.................................. **PARVIFLORA**.
   { Plante plus ou moins velue..................... **SYLVATICA**.

6. { Plante droite, haute de 2-5 décim.............. **IMPATIENS**.
   { Plante étalée, haute de 2-10 centim. .... **RESEDIFOLIA**.

1. C. PRATENSIS *Lin. sp.* 915 ; *Dec. fl. fr.* 4, *p.* 684 ; *Drèves*
et Hayne, ch. de pl. deur. pl. 15. — Racine horizontale *tronquée,*
courte, à fibres nombreuses. Tige de 2-5 décim., stolonifère à la
base, dressée, glabre ou un peu hérissée à la base, cylindrique,
striée, rarement rameuse. Feuilles pinnatifides, quelquefois ciliées;
les radicales à folioles arrondies, un peu anguleuses ; la terminale

plus grande; les caulinaires à folioles linéaires, entières. Fleurs lilas, assez grandes, disposées en corymbe; à pétales trois fois, environ, plus longs que le calice et les étamines; à anthères *jaunes*, à sépales oblongs, étalés. Grappe fructifère, médiocrement longue, à pédoncules grêles, presque aussi longs que les siliques, renflés à leur insertion, étalés-ascendants. Siliques lisses, longues de 3 décim., étalées, à style presque nul. Graines ovales, verdâtres. Plante d'un vert gai.

Elle est détersive, diurétique et antiscorbutique; elle est connue sous le nom de *cresson des prés*.

Hab. les prairies humides du Vigan, de l'Esperou. ♃ Fl. mai–juin.

2. **C. AMARA** *Lin. sp.* 915; *Dec. fl. fr.* 4, *p.* 683; *Vill. dauph.* 3, *p.* 362, *t.* 39. — Racine oblique, à fibres nombreuses, grêles, blanchâtres, donnant naissance à des stolons filiformes. Tige de 2-5 décim., droite ou ascendante, rameuse, glabre, très-feuillée, anguleuse-sillonnée. Feuilles pinnatifides, *toutes à folioles ovales, sinuées-anguleuses*. Fleurs presque toujours blanches, moins grandes que dans l'espèce précédente, disposées en corymbe, à pétales trois fois plus longs que les sépales ovales, étalés; anthères violettes. Grappe fructifère, *droite*, à pédoncules filiformes, étalés, environ de la longueur des siliques et calleux à son insertion. Silique étalée, un peu toruleuse, dépassant les fleurs. Style grêle, aigu. Graines ovales, jaunâtres.

Hab. les bords des ruisseaux de l'Aigual, près de l'Esperou. ♃ Fl. mai-juin.

3. **C. IMPATIENS** *Lin. sp.* 914; *Dec. fl. fr.* 4, *p.* 685; *Rchb. ic.* 4302.—Racine pivotante, rameuse, oblique. Tige de 3-6 décim., presque glabre, droite, anguleuse, rameuse dans le haut, très-feuillée. Feuilles toutes pinnatifides, à folioles nombreuses, ovales ou oblongues, incisées-dentées, mucronulées, pétiolulées; pétiole embrassant la tige par deux oreillettes *étroites, arquées, membraneuses sur le bord supérieur et ciliées sur l'inférieur*. Fleurs très-petites, blanches, *non dépassées* par les siliques; à calice lâche, presque de la longueur des pétales; à pétales caducs ou nuls. Grappe fructifère, fournie. Siliques grêles, légèrement toruleuses, étalées ainsi que les pédicelles, trois fois plus courts qu'elles. Style grêle, conique. Graines petites, ovales, jaunâtres, avec un petit rebord plus foncé. Plante d'un vert tendre, presque glabre.

Hab. les bords des ruisseaux à Alzon, au Vigan. ② Fl. mai-juin.

4. **C. HIRSUTA** *Lin. sp.* 915; *Dec. fl. fr.* 4, *p.* 684; *Cam. epit.* 270 *ic.* — Racine grêle, pivotante, rameuse. Tiges solitaires ou réunies, de 1-3 décim., droites ou ascendantes, simples ou rameuses, plus ou moins velues, grêles, anguleuses. Feuilles

pinnatifides, à 3-4 paires de folioles, pétiolulées: les radicale-
nombreuses, en rosettes, à segments pubescents, ciliés, ovales-
arrondis, sinués, le terminal un peu plus grand; les caulinaires
peu nombreuses, *plus petites, sans auricules*, à segments linéaires, entiers. Fleurs petites, blanches, en petites grappes
corymbiformes, à calice lâche, plus court que les pétales, à
4 étamines le plus souvent. Grappe fructifère, allongée, à pédoncules grêles, 2-3 fois plus courts que les siliques, glabres, un peu
toruleuses, *ascendantes, rapprochées de la tige*, dépassant longuement les fleurs. Style très-court. Graines comprimées, arrondies, rousses, bordées de brun. Plante d'un vert assez foncé.

On mange cette plante en salade.

Hab. les lieux humides et les champs cultivés dans tout le département.
① Fl. mars–juin.

5. **C. SYLVATICA** *Link. Dub. bot. p.* 31 ; *Rchb. ic.* 4303.—
Racine *oblique, couverte de fibres capillaires.* Une ou plusieurs
tiges flexueuses. Feuilles radicales en rosette; les caulinaires plus
grandes que les radicales, à segments ovales-sinueux, plus larges,
plus nombreux. Fleurs en grappe, *très-peu dépassées* par les
siliques. Grappe fructifère, plus lâche que dans l'espèce précédente, à pédoncules plus longs, plus étalés, à siliques plus
écartées de la tige, graines plus grosses. Plante très-voisine
du N° 4, dont elle diffère par son port plus élevé et sa consistance
plus robuste, par ses étamines au nombre de 6 et par ses graines
plus grosses.

Hab. le bord des ruisseaux à Aulas: dans le bois de Signe–Diou près de
Saint-Guiral. ② ou ♃ Fl. avril–juin.

6. **C. PARVIFLORA** *Lin. sp.* 914; *Dec. fl. fr.* 4, *p.* 685;
Sisymbrium Gmel. sib. 3, *t.* 64. — Racine *fibreuse.* Une ou plusieurs tiges, grêles, droites ou ascendantes, de 1-3 décim.,
glabres ainsi que les feuilles, simples ou rameuses, flexueuses.
Feuilles pinnatifides, à lobes nombreux, lancéolés ou linéaires,
sessiles, entiers ou à 1-2 dents; les radicales en rosette lâche.
n'existant plus à la fructification; les caulinaires nombreuses,
sans auricules, à lobes plus étroits. Fleurs blanches, très-petites,
en corymbe, à calice étalé, plus court que les pétales, linéaires-
oblongs. Grappe fructifère, allongée, à pédoncules grêles, étalés;
à siliques *ascendantes*, toruleuses, très-plates, dépassant un peu
les fleurs. Graines très-petites, rousses, avec une légère bordure
plus foncée.

Hab. dans les bois à l'Esperou. (*Guan. herb.*) ♃ Fl. mai–juin.

7. **C. RESEDIFOLIA** *Lin. sp.* 913; *Dec. fl. fr.* 4, *p.* 680;
All. ped. t. 57, *fig.* 2. — Racine pivotante, rameuse. Tiges nombreuses, glabres, anguleuses, flexueuses, réunies en gazon ; celles

de la circonférence étalées, celles du centre droites. Feuilles radicales, simples ou à 3 lobes ; les caulinaires à 3-5 lobes, le terminal plus grand, oblongs, cunéiformes, obtus, très-entiers ; munies à leur base de 2 *oreillettes linéaires, membraneuses sur les bords, dirigées en bas*. Fleurs blanches, assez grandes, à calice étalé, deux fois plus court que les pétales. Grappe fructifère, courte, serrée, à pédoncules étalés, ascendants, à siliques glabres, comprimées, toruleuses, comme fasciculées, *arrivant presque toutes à la même hauteur,* trois fois plus longues que le pédoncule. Graines ovales, rousses, membraneuses sur les bords.

Hab. les bois de l'Esperou, à *l'hort de Diou.* ♃ Fl. juin-août.

17° gre. DENTAIRE. — DENTARIA. (Lin. gen. 811.)

Calice droit, à sépales non bossus à la base. Pétales grands, égaux, entiers. Étamines 6. Silique *linéaire-lancéolée,* comprimée, atténuée au sommet, à valves planes, sans nervures, plus étroites que la cloison, se roulant avec élasticité de la base au sommet. Style conique, allongé, à stigmate entier ou presque entier. Graines sur un rang, ovoïdes, comprimées, à funicules ailés, dilatés.

1. Feuilles palmées.. DIGITATA.
    Feuilles pinnées... PINNATA.

1. D. DIGITATA *Lamk. dict.* 2, *p.* 268 ; *Dec. fl. fr.* 4, *p.* 686 ; *Dentaria pentaphyllos, Clus. hist.* 2, *p.* 122, *fig.* 1, 2. — Racine blanche, charnue, à larges écailles. Tige de 3-5 décim., glabre, lisse, nue inférieurement, simple. Feuilles d'un vert clair, glabres, luisantes, *toutes palmées,* à 5 digitations lancéolées, acuminées, profondément et irrégulièrement dentées en scie, entières et en coin à la base ; les radicales, au nombre de 1-2, prennent naissance au sommet des dernières écailles et sont longuement pétiolées ; les caulinaires, au nombre de 2-3, sont alternes, pétiolées et rapprochées dans le haut de la tige. Fleurs grandes, violettes, à calice coloré, à pétales, à limbe ovale, atténué en onglet, trois fois de la longueur du calice ; étamines plus longues que le calice et plus courtes que les pétales. Grappe fructifère, courte, à pédoncules étalés-dressés, de moitié, environ, plus courts que les siliques dressées et presque nivelées.

Hab. le long du Valat de la Cercirède, à Banahu, sur l'Esperou. ♃ Fl. mai-juin.

2. D. PINNATA *Lamk. dict.* 2, *p.* 268 ; *ill. t.* 562, *fig.* 1 ; *Dec. fl. fr.* 4, *p.* 687 ; *Dentaria pentaphyllos, Clus. hist.* 2, *p.* 123, *ic.* — Racine et tige comme la précédente. Feuilles souvent glauques en dessous, *toutes pennées,* à folioles, au nombre de 5-9, opposées, lancéolées, acuminées, profondément dentées

en scie, décurrentes à leur base; les trois supérieures rapprochées; les radicales et les caulinaires comme dans le N° 1. Fleurs
grandes, blanches ou violacées, à calice vert, à pétales à limbe
ovale, étalé, atténué en onglet. Pédoncules et siliques disposés
comme au N° 1, mais un peu plus longues.

Hab. le long des ruisseaux à Bramabioou, à Saint-Sauveur et à l'Aigual
2 Fl. mai–juillet.

SILICULEUSES.

18ᵉ gᵉ. ALYSSON. — ALYSSUM. (Lin. gen. 805.)

Calice droit, non bossu, caduc ou persistant. Pétales égaux,
échancrés ou entiers. Filets des étamines *ailés ou dentés.* Silicule
déhiscente, ovale ou orbiculaire, comprimée, à valves planes ou
un peu convexes, *sans bordure ni nervure,* terminée par le style
filiforme, persistant. Loges renfermant de 1-4 graines, ovales,
comprimées.

1.	Fleurs jaunes...............................	2.
	Fleurs blanches..............................	5.
2.	Fleurs d'un jaune vif.......................	MONTANUM.
	Fleurs d'un jaune pâle......................	3.
3.	Calice caduc................................	4.
	Calice persistant...........................	CALYCINUM
4.	Tige herbacée dès la base...................	CAMPESTRE.
	Tige ligneuse à la base.....................	ALPESTRE.
5.	Grappe fructifère très-allongée: plante croissant sur la terre...............................	MARITIMUM.
	Grappe fructifère très-courte; plante croissant contre les rochers...........................	6.
6.	Graines étroitement ailées: plante épineuse.....	SPINOSUM.
	Graines largement ailées: plante non épineuse..	MACROCARPON.

1. **A. CALYCINUM** *Lin. sp.* 908; *Dec. fl. fr.* 4, *p.* 695;
Alyssum minimum, Clus. hist. 2, *p.* 133, *fig.* 2. — Racine pivotante, rameuse, blanchâtre. Tiges très-souvent nombreuses,
droites, ou ascendantes ou couchées, de 1-2 décim., très-feuillées
au-dessous de la grappe. Feuilles oblongues-spatulées, entières,
blanchâtres, serrées contre la tige. Fleurs très-petites, d'un jaune
pâle, passant au blanc en vieillissant, serrées au sommet de la
grappe, à calice droit, barbu au sommet, persistant, à pétales à
peine échancrés, droits, dépassant peu le calice. Étamines courtes,
à filets capillaires, munies de 2 *dents subulées à leur base.*
Grappe fructifère, allongée, à pédoncules très-étalés. Silicules
orbiculaires un peu échancrées, à style très-court, à peine plus
long que l'échancrure, *convexes sur les faces, déprimées sur les
bords.* Graines rousses, ovales, à bordure étroite, 1-2 dans chaque
loge. Plante d'un aspect grisâtre, couverte de petits poils appliqués, étoilés.

Hab. les vignes, les champs maigres et les bords des chemins, à Nimes, aux bords du Gardon, au mas Charlot. ① Fl. avril–juin.

2. **A. CAMPESTRE** *Lin. sp.* 909 ; *Dec. fl. fr. 4, p.* 695 ; *Mut. fl. fr. t. 4, fig.* 19. — Se distingue de la précédente, à laquelle elle ressemble beaucoup, par son aspect plus vert, ses tiges plus fortes et plus élevées, ses feuilles plus larges et plus aiguës, son calice caduc après la floraison, ses silicules *entières*, à style deux fois plus long ; ses graines bordées d'une *membrane plus large ;* par les poils rameux, non appliqués, qui couvrent toute la plante. Elle s'éloigne de la suivante par ses fleurs plus petites et plus pâles, son calice barbu, ses pédoncules plus courts et sa durée annuelle.

Hab. les vignes et les champs maigres aux environs de Nimes. ① Fl. avril–juin.

3. **A. MONTANUM** *Lin. sp.* 907 ; *Dec. fl. fr. 4, p.* 694 ; *Adyseton montanum Rchb. ic.* 4274. — Racine oblique, descendante, rameuse. Tiges de 2-3 décim., réunies plusieurs ensemble, un peu ligneuses à la base, ascendantes, simples ou rameuses, couvertes de poils étalés-couchés ainsi que les feuilles, d'un aspect blanchâtre. Feuilles inférieures ovales ; les caulinaires lancéolées-aiguës, toutes atténuées à la base, écartées sur les rameaux fertiles et serrées en rosette au sommet des rameaux stériles rares. Fleurs d'un jaune vif, assez grandes, à calice caduc, à pétales étalés, un peu échancrés, deux fois plus longs que le calice. Grappe fructifère, lâche, allongée, à pédoncules très-étalés. Silicules orbiculaires ou ovales, à peine échancrées, *déprimées sur les bords,* à poils étoilés, couchés ; terminées par le style presque aussi long qu'elles ; loges à 1-2 graines, bordées d'une membrane étroite.

Hab. les terrains maigres aux environs de Nimes. (*Req.*) ♃ Fl. mai-juillet.

4. **A. ALPESTRE** *Lin. mant.* 92 ; *Dec. fl. fr. 4, p.* 693 ; *Gérard gallopr. t.* 13, *fig.* 2. — Racine ligneuse, tortueuse, peu rameuse, longue, donnant naissance à plusieurs tiges de 1-2 décim., *ascendantes,* simples ou rameuses, *diffuses,* sous-ligneuses à la base, couvertes ainsi que les feuilles de petits poils argentés, étoilés, couchés. Feuilles entières, spatulées, rétrécies à la base, blanches en dessous, un peu rudes, serrées au sommet des rameaux stériles. Fleurs jaunes, plus petites qu'au N° 3, à calice caduc, à pétales *étalés,* arrondis, plus longs que le calice. Grappe fructifère, serrée, corymbiforme, à pédoncules étalés. Silicules petites, *ovoïdes, entières, très-peu renflées,* couvertes de petits poils étoilés. Style de moitié plus court que la silicule. Loges à 1-2 graines arrondies, entourées d'une bordure étroite d'un côté, un peu plus large de l'autre.

Hab. parmi les rochers de Poulverol, près d'Anduze. (*Miergue.*) ⚥ Fl. mai-juin.

5. **A. MARITIMUM** *Lamk. dict.* 1, *p.* 98; *Dec. fl. fr.* 4, *p.* 692; *Clypeola maritima Lin. mant.* 426; *Barr. ic.* 908, *fig.* 1. — Racine blanchâtre, sinueuse. Tiges de 2-3 décim., rameuses, sous-ligneuses à la base, ascendantes, droites ou couchées, nombreuses. Feuilles linéaires, aiguës, éparses, couvertes, comme les tiges, de poils blancs, simples, courts, appliqués. Fleurs odorantes, blanches; à calice droit, lâche, caduc, à poils appliqués; à pétales plus longs que le calice, à limbe arrondi, étalé, contractés en onglet, souvent violet. Grappe fructifère, *très-allongée*, lâche, à pédoncules étalés, à silicules ovales, glabres, souvent violacées sur les bords. Style très-court. Loges à une graine rousse, ovale, avec *une bordure d'un côté*. Plante d'un aspect blanchâtre.

Hab. les bords de la mer à Aigues-Mortes. ⚥ Fl. avril-octobre.

6. **A. SPINOSUM** *Lin. sp.* 907; *Dec. fl. fr.* 4, *p.* 692; *Barr. ic.* 808. — Racine dure, tortueuse, blanchâtre. Tige ligneuse de 1-2 décim., droite, très-rameuse, nue dans le bas, à rameaux *nombreux, entrelacés, gazonnants;* les anciens épineux-rameux. Feuilles oblongues, rétrécies à la base, argentées des deux côtés, éparses, rapprochées au sommet des rameaux stériles, couvertes, des deux côtés, de poils serrés, courts, en forme de *coupe rayonnante*. Fleurs blanches, à calice lâche, caduc; pétales à limbe ovale, plus longs que le calice, et *rétrécis insensiblement en onglet de sa longueur.* Etamines presque égales. Grappe fructifère, *courte*, à pédoncules très-étalés. Silicules ovoïdes ou orbiculaires, ascendantes, *ni tronquées, ni vésiculeuses, convexes au centre, déprimées sur les bords*, glabres, veinées en réseau, à style beaucoup plus court qu'elle. Loges à 2 graines rousses, ovales, à bordure étroite, non membraneuse.

Hab. contre les rochers, au **Vigan**, à **Montdardier**, à **Alais**, au bord du **Gardon**, à **Saint-Nicolas**, à la **Beaume**. ⚥ Fl. avril-juin.

7. **A. MACROCARPUM** *Dec. syst.* 2, *p.* 321; *Deless. ic.* 2, *t.* 41. — Racine ligneuse, tortueuse. Tige ligneuse, nue dans le bas, très-rameuse, haute de 2-3 décim., à rameaux *nombreux, entrecroisés*, en touffe serrée; les anciens formant une épine *simple, longue*. Feuilles oblongues-spatulées, entières, argentées en dessous, un peu verdâtres en dessus, couvertes de poils serrés, courts, en forme de *coupe rayonnante* sur les deux faces, éparses, rapprochées au sommet des rameaux stériles. Fleurs grandes, blanches, à calice lâche, caduc, à pétales plus longs que le calice, contractés brusquement en onglet plus court que le calice, à étamines presque égales. Grappe fructifère, courte, à pédoncules

étalés, deux fois de la longueur de la silicule ; celle-ci ascendante ou dans la direction du pédoncule, un peu stipitée, grande, vésiculeuse, turbinée, plane au sommet, glabre, réticulée, à style de moitié plus court que la silicule. Cloison nacrée, cordiforme. Loges à 2-4 graines rousses, ovales-arrondies, bordées d'une membrane large.

Hab. les fentes des rochers du Serre-de-Bouquet, près d'Uzès. ♃ Fl. avril-juillet.

19ᵉ gʳᵉ. CLYPÉOLE. — CLYPEOLA. (Lin. gen. 807.)

Calice non bossu. Pétales égaux, entiers. Filets des étamines longs, ailés-dentés. Silicule orbiculaire, indéhiscente, uniloculaire, monosperme, marginée, comprimée. Graine ronde, comprimée.

1. **C. JONTHLASPI** *Lin. sp.* 910; *Dec. fl. fr.* 4, *p.* 690; *Lamk. ill. t.* 560, *fig.* 1. — Racine grêle, pivotante. Tiges ascendantes, faibles, simples ou rameuses, hautes de 1-2 décim. Feuilles petites, entières, oblongues-linéaires, un peu spatulées, argentées, couvertes, ainsi que les tiges, de petits poils rayonnants. Fleurs très-petites, jaunes d'abord, puis blanches, à calice étalé, pubescent, à pétales en coin, égaux au calice. Grappe fructifère, courte, à pédoncules arqués, plus courts que la silicule; celle-ci pendante, orbiculaire avec une légère échancrure au sommet, membraneuse, veinée, entourée d'une côte près du bord, ciliée, glabre ou velue. Stigmate sessile dans l'échancrure. Graine rousse.

Hab. sur les murs et dans les décombres, à Nimes; au bord de la mer de sable, à Chusclan. (*M. Gonnet.*) ① Fl. avril-mai.

20ᵉ gʳᵉ. DRAVE. — DRABA. (Lin. gen. 800.)

Calice bossu ou non bossu. Pétales égaux, entiers, échancrés ou bifides. Étamines *nues*. Silicule elliptique ou oblongue, déhiscente, comprimée ou à valves *convexes, sans bordure*, à une nervure dorsale, à deux loges polyspermes. Graines sur deux rangs.

1.	Fleurs jaunes.	**AIZOIDES**.
	Fleurs blanches.	2.
2.	Tiges feuillées.	**MURALIS**.
	Tiges non feuillées	**VERNA**.

1. **D. AIZOIDES** *Lin. mant.* 91; *Dec. fl. fr.* 4, *p.* 697; *Jacq. austr. t.* 192. — *Var. B.* AFFINIS *Koch, syn. p.* 67. — Racine cylindrique, rameuse, couverte de petites écailles noirâtres. Tiges nombreuses, glabres, simples, droites, nues, gazonnantes, hautes de 5-15 centim. Feuilles nombreuses, *raides*, linéaires-subulées, à nervure dorsale saillante, glabres, ciliées à poils raides, dispo-

sées en rosette serrée au bas de chaque tige ; les anciennes desséchées, persistantes en dessous des rosettes ; celles du centre droites ; les extérieures étalées. Fleurs grandes, jaunes, à calice glabre, dont les 2 sépales extérieurs sont un peu bossus, à pétales ovales, légèrement échancrés, dépassant le calice de la moitié. Grappe fructifère, courte, à pédoncules raides, écartés. Silicules un peu ascendantes, lancéolées, glabres, ciliées, réticulées, plus longues que les pédoncules supérieurs. Style égal à la largeur de la silicule. Graines rousses, ovales, avec une bordure calleuse, prononcée d'un côté.

Hab. contre les rochers, à Grailles, en face du Bousquet, près Campestre. (*M. Dufour.*) ♃ Fl. mai-juin.

2. D. MURALIS *Lin. sp.* 897 ; *Dec. fl. fr.* 4, *p.* 699 ; *Lamk. ill. t.* 556, *fig.* 2. — Racine grêle, jaunâtre, rameuse. Tige faible, droite, simple, quelquefois rameuse, couverte, ainsi que les feuilles, de poils simples et rameux, haute de 1-3 décim. Feuilles radicales ovales, rétrécies en un court pétiole, dentées, disposées en rosette, souvent violacées en dessous ; les caulinaires distantes, dentées, embrassantes en cœur. Fleurs blanches très-petites, à calice un peu hérissé, non bossu, souvent violacées, à pétales ovales, arrondis, plus longs que le calice et brusquement formés en onglet. Grappe fructifère, lâche, *très-longue*, à pédoncules faibles, étalés, presque *à angle droit*. Silicules glabres, oblongues, obtuses, plus courtes que les pédoncules, renflées sur les côtés, séparées par une ligne longitudinale concave, légèrement ascendantes ou suivant la direction du pédoncule. Style très-court. Graines très-petites, rousses, ovales.

Hab. contre les murs, au quartier de l'Arche, près d'Anduze. ① Fl. avril-juin.

3. D. VERNA *Lin. sp.* 896 ; *Dec. fl. fr.* 4, *p.* 698 ; *Lob. ic.* 469, *fig.* 1. — Racine fibreuse. Tiges nombreuses, grêles, nues, simples, de 4-10 centim., droites, ascendantes ou étalées, glabres supérieurement. Feuilles en rosette, oblongues-aiguës, cunéiformes, entières ou à 2 dents vers le sommet, ciliées et couvertes de poils bi ou trifides. Fleurs petites, blanches, à calice non bossu, un peu ouvert, à pétales bilobés-étalés, plus longs que le calice. Grappe fructifère, courte, lâche, à pédoncules très-étalés. Silicules oblongues, glabres, entières au sommet, beaucoup plus courtes que les pédoncules. Stigmate presque sessile. Graines très-nombreuses, très-petites, rousses, ovales, comprimées.

Hab. les champs sablonneux, sur les murs, dans tout le département. ① Fl. mars-avril.

21ᵉ gʳ. **RORIPE. — RORIPA.** (Bess. énum. Volhin.)

Calice non bossu. Pétales égaux, entiers. Filet des étamines nu. Silicule *déhiscente*, oblongue, comprimée sur le dos, à valves convexes, sans compression sur les bords et sans nervure dorsale. Loges 2, polyspermes. Graines sur 2-4 rangs.

1.	Fleurs blanches...........................	RUSTICANA.
	Fleurs jaunes.............................	2.
2.	Pétales de la longueur du calice............	NASTURTIOIDES.
	Pétales plus longs que le calice.............	3.
3	Tige de 1-2 décim.........................	PYRENAICA.
	Tige de 6-12 décim........................	AMPHIBIA.

1. R. NASTURTIOIDES *Spach vég. phan.* 6, *p.* 506 ; *Sisymbrium palustre*, *Dec. fl. fr.* 4, *p.* 662 ; *C. Bauh. prod. p.* 38, *fig.* 2. — Racine simple, fusiforme. Tige de 1-3 décim., *droite*, rameuse dans le haut, solitaire ou plusieurs ensemble, glabre, sillonnée. Feuilles pétiolées, *pinnatifides*, à lobes oblongs, sinués-dentés, *décurrents* sur le rachis de la feuille par leur bord supérieur ; pétiole portant à sa base deux oreillettes embrassantes. Fleurs petites, d'un jaune pâle, à calice jaune, de la longueur des pétales. Grappe fructifère, peu allongée, à pédoncules très-étalés, souvent réfléchis. Silicules oblongues, renflées, un peu bosselées, de la longueur du pédoncule. Stigmate presque sessile. Graines jaunes, luisantes, finement chagrinées.

Hab. les fossés aux environs de Nîmes. ② Fl. juin–septembre.

2. R. PYRENAICA *Spach vég. phan.* 6, *p.* 508 ; *Sisymbrium pyrenaicum*, *Dec. fl. fr.* 4, *p.* 663 ; *All. ped. t.* 18, *fig.* 1. — Racine fibreuse, oblique, *courte*. Tige de 1-2 décim., droite, grêle, rameuse dans le haut, flexueuse, glabre ou velue dans le bas. Feuilles radicales pétiolées, spatulées ou lyrées ; les caulinaires *pinnatifides*, à lobes *linéaires, très-étroits*, entiers. Pétiole muni, à sa base, de deux oreillettes embrassantes, ciliées. Fleurs jaunes, à calice jaune, étalé, *plus court* que les pétales. Grappes fructifères, nombreuses, courtes, à pédoncules très-étalés. Silicules ovales-oblongues, à valves renflées sans dépression marginale ni ligne dorsale, *trois fois plus courtes* que le pédoncule, terminées par un style filiforme. Graines brunes, luisantes, profondément chagrinées.

Hab. sur les bords des ruisseaux, au Vigan, à Trèves. ♃ Fl. mai-juillet.

3. R. AMPHIBIA *Bess. en. plant. volh.; Sisymbrium amphibium*, *Lin. sp.* 917 ; *Dec. fl. fr.* 4, *p.* 663 ; *C. Bauh. prod. p.* 38, *fig.* 1 ; *Lob. ic. t.* 319. — Racine fibreuse, souvent pivotante. Tige de 6-12 décim., glabre, très-fistuleuse, cannelée, *radicante*, souvent stolonifère, rameuse. Feuilles radicales, pinnatifides ou lyrées, pétiolées, à pétioles pubescents vers la base, à lobes décurrents ; le supérieur plus grand, ovale ; les caulinaires sessiles ou embrassantes, quelquefois auriculées,

tantôt pinnatifides à lobes *étroits*, *dentés*, tantôt *toutes entières*
dentées. Fleurs assez grandes, d'un beau jaune, à calice jaune,
étalé, et à pétales une fois plus longs que le calice. Grappe fructifère un peu allongée, à pédoncules rapprochés, filiformes, étalés
et inclinés. Silicules elliptiques, à style court, persistant, *quatre
fois plus courtes que le pédoncule.* Graines anguleuses, brunes,
finement chagrinées.

Hab. les fossés et les ruisseaux, à Nîmes, à Manduel, à Milhau, au Caylar.
♃ Fl. juin–juillet.

4. **R. RUSTICANA** *Gren. et Godr. fl. fr. p.* 127 ; *Cochlearia
armoracia, Lin. sp.* 904 ; *Dec. fl. fr.* 4, *p.* 701 ; *Lob. ic.* 320,
fig. 1-2. — Racine grosse, charnue, blanche, d'une saveur âcre,
piquante, oblique, stolonifère. Tige de 8-12 décim., droite, forte,
rameuse dans le haut, cannelée, fistuleuse, glabre. Feuilles
radicales, grandes, à long pétiole, ovales-oblongues, cordées,
crénelées ; les caulinaires inférieures pinnatifides, quelquefois
entières ; les supérieures lancéolées, entières ou crénelées. Fleurs
blanches, à calice vert, droit, à pétales dépassant de moitié le
calice. Grappes fructifères, lâches, rapprochées, formant une
panicule terminale, à pédoncules étalés, grêles. Silicules renflées,
subglobuleuses, 4-5 fois plus courtes que le pédoncule. Style
très-court, épais. Graines ovoïdes non chagrinées, 5-6 dans
chaque loge.

Cette plante est connue sous le nom de *grand raifort, raifort sauvage,
moutarde des capucins.* Elle est antiscorbutique, diurétique, détersive. On
râpe sa racine, lorsqu'elle est sèche, pour la manger en place de moutarde.
Souvent elle est cultivée dans les jardins.

Hab. les prairies, entre Alais et la Grand'Combe. ♃ Fl. mai–juin.

22ᵉ gʳᵉ. CRANSON. — COCHLEARIA. (Lin. gen. 803.)

Calice non bossu. Pétales égaux, entiers. Étamines 6, à filet
nu. Silicule *déhiscente*, ovale, oblongue ou globuleuse, un peu
comprimée par le dos, sessile au sommet du pédoncule, à valves
ventrues, carénées, sans bordure et munies d'*une nervure dorsale.* Graines sur deux rangs, 5-6 dans chaque loge, dépourvues
de membranes.

1. **C. GLASTIFOLIA** *Lin. sp.* 904 ; *Dec. fl. fr.* 4, *p.* 702 ;
Lob. ic. 321, *fig.* 2. — Racine fibreuse. Tige de 3-8 décim.,
droite, garnie de feuilles, rameuse dans le haut, glabre et d'un
vert jaunâtre ou glauque, ainsi que les feuilles ; celles-ci entières,
rétrécies en pétiole ; les caulinaires lancéolées, obtuses, munies
à la base d'*oreillettes embrassantes.* Fleurs blanches, petites, à
calice ouvert, à pétales ovales, étalés, une fois plus longs que le
calice. Filets des étamines subulés. Grappes fructifères, courtes,
à rameaux alternes, étalés, à pédoncules étalés, à silicules glo-

buleuses un peu carénées, réticulées, à déhiscence tardive. Style
peu ou point apparent. Graines brunes, couvertes de papilles.

Elle passe pour détersive, diurétique, antiscorbutique.

Hab. les pacages et les bords des fossés, à Aigues-Mortes. ① Fl. mai-juin.

23° g⁰. **KERNÈRE.** — **KERNERA.** (Medik. in ust. n. ann. 2, p. 42.)

Calice non bossu. Pétales égaux, entiers. Étamines 6, à filets
nus; les longues genouillées vers le milieu. Silicules déhiscentes,
subglobuleuses, presque stipitées, à valves convexes, munies à
la base d'une nervure dorsale, courte. Graines nues, plusieurs
dans chaque loge, sur deux rangs.

1. **K. SAXATILIS** *Rchb. in mosl. handb.* 2, *p.* 1142; *Myagrum
saxatile, Lin. sp.* 894; *Dec. fl. fr.* 4, *p.* 718; *C. Bauh. prodr.* 49,
fig. 1. — Racine dure, rameuse. Tiges nombreuses, réunies en
touffe, droites, rameuses, très-glabres ou légèrement pubescentes
ainsi que les feuilles, dont les radicales sont nombreuses et disposées en rosette, entières ou dentées, ovales-spatulées, rétrécies
en pétiole; les caulinaires oblongues, obtuses, sessiles. Fleurs
blanches, à calice ouvert, à pétales brièvement unguiculés, à
limbe arrondi, étalé, dépassant le calice de toute sa longueur.
Grappes fructifères, courtes, flexueuses, à pédoncules étalés.
Silicules un peu réticulées, ovales, 4-5 fois plus courtes que les
pédoncules. Style très-court. Stigmate discoïde. Graines petites,
rousses, ovales.

VAR. B. Feuilles caulinaires, munies à leur base de deux
oreillettes aiguës, embrassantes. *Myagrum auriculatum, Dec.
fl. fr.* 5, *p.* 597.

Hab. contre les rochers, dans tous les environs du Vigan. 2 Fl. juin-août.

24° g⁰. **MYAGRE.** — **MYAGRUM.** (Tournef. inst. t. 99.)

Calice droit, égal à la base. Pétales égaux, entiers. Étamines 6,
à filets *nus.* Silicule *indéhiscente à trois loges;* l'inférieure monosperme; *les deux supérieures opposées, stériles.*

1. **M. PERFOLIATUM** *Lin. sp.* 893; *Cakile perfoliatum,
Dec. fl. fr.* 4, *p.* 720; *C. Bauh. prodr. p.* 51, *fig.* 2. — Racine
pivotante, rameuse. Tige de 4-8 décim., droite, raide, rameuse,
très-glabre, à rameaux étalés. Feuilles glabres, glauques; les
radicales nombreuses au bas de la tige, atténuées en pétiole,
oblongues, plus ou moins sinuées, dentées irrégulièrement; les
caulinaires dentelées, amplexicaules, à oreillettes presque arrondies. Fleurs petites, jaunes, à calice droit, à pétales dépassant le
calice. Grappe fructifère, très-allongée, étroite, à pédoncules
appliqués, robustes, creux et dilatés au sommet. Silicule triangulaire, coriace, arrondie et striée à la base, dilatée au sommet

par deux lacunes vides et opposées, portant deux nervures latérales, se prolongeant sur un style court, persistant, pyramidal,
anguleux, plus longues que le pédoncule. Graines jaunâtres,
grosses, ovales, *carénées*. Saveur amère.

Hab. les champs cultivés, à Nimes, Manduel, Bellegarde, Saint-Gilles.
① Fl. avril-août.

25° gre. CAMELINE. — CAMELINA. (Crantz, austr. 1, p. 17.)

Calice droit, lâche, presque égal à la base. Pétales égaux,
entiers. Étamines 6, nues. Silicule *déhiscente*, gonflée, ovale-
turbinée, un peu comprimée, à bords déprimés, plus largement
à la base; valves très-convexes, portant une nervure dorsale qui
se prolonge en un appendice linéaire, embrassant la base du
style. Loges polyspermes. Graines nues, sur deux rangs.

1. **C. SATIVA** *Fries. nov. mant. 3, p.* 72 ; *Myagrum sativum,
Lin. sp.* 894 ; *Dec. fl. fr.* 4, *p.* 717 *en partie ; Lob. ic. t.* 224,
fig. 2. — Racine pivotante. Tige de 4-8 décim., droite, rameuse,
un peu rude, plus ou moins velue. Feuilles velues ou presque
glabres; les radicales oblongues, rétrécies vers la base ; les caulinaires entières ou denticulées, nombreuses, lancéolées, munies
à leur base d'oreillettes courtes, aiguës, embrassantes. Fleurs
jaunâtres, à calice lâche, scarieux sur les bords, à pétales étroits,
obtus, dépassant de moitié le calice. Grappe fructifère, raide,
allongée, à pédoncules *étalés-ascendants*. Silicules *pyriformes*,
atténuées à la base, à bordure étroite, 3-4 fois plus courtes que
le pédoncule; valves dures, réticulées, légèrement munies d'une
nervure dorsale. Style persistant, de la longueur du tiers de la
silicule. Graines rousses, anguleuses, presque lisses.

Hab. les champs cultivés à Campestre, près d'Alzon. ① Fl. mai-juillet.

Cette plante est cultivée en grand, pour retirer l'huile de ses graines,
dans quelques contrées du département, notamment à la Calmette. Cette
huile est employée pour les lampes; elle est très-bonne pour adoucir la
peau.

26° gre. NESLIE. — NESLIA. (Desv. journ. 3, p. 162.)

Calice non bossu, un peu lâche. Pétales égaux, entiers. Étamines 6, à filets nus. Silicule indéhiscente, presque globuleuse,
tranchante sur les bords, biloculaire ou uniloculaire, par avortement; valves soudées, portant une nervure dorsale qui em-
brasse la base du style. Graine non ailée.

1. **N. PANICULATA** *Desv. journ. l. c.; Bunias paniculata,
Dec. fl. fr.* 4, *p.* 721 ; *C. Bauh. prodr. p.* 52, *ic.* — Racine pivotante, sinueuse. Tige de 4-8 décim., droite, rameuse dans le
haut, à rameaux grêles, étalés, velue, à poils rameux ainsi que
les feuilles; celles-ci entières ou peu dentées, rudes au toucher;

les radicales oblongues, pétiolées ; les caulinaires dressées, lancéolées, aiguës, munies à la base de deux oreillettes étroites,
aiguës, embrassantes. Fleurs petites, d'un jaune pâle, à calice
droit, plus court que les pétales obovés-cunéiformes. Grappe
fructifère allongée, à pédoncules très-étalés, grêles. Silicules
petites, réticulées-rugueuses, à valves presque ligneuses, 5-6 fois
plus courtes que le pédoncule. Style persistant, filiforme, plus
court que la silicule. Graine rousse, subglobuleuse, carénée.
Plante d'un vert jaunâtre.

Hab. les champs cultivés dans tout le département. ① Fl. avril-juin

27ᵉ gʳᵉ. **CALÉPINE. — CALEPINA.** (Adans. fam. des pl. 2, p. 423.)

Calice non bossu. Pétales inégaux. Étamines à filet nu. Silicule
indéhiscente, globuleuse, uniloculaire, monosperme. Stigmate
sessile. Graine globuleuse.

1. **C. Corvini** *Desv. journ. bot.* 3, *p.* 158 ; *Bunias cochlea-
rioides, Dec. fl. fr.* 4, *p.* 721 ; *Barr. ic.* 1252. — Racine pivotante, fibreuse. Tiges de 2-4 décim., droites, simples ou peu
rameuses supérieurement, un peu glauques et glabres ainsi que
les feuilles, dont les radicales pétiolées, sinuées ou lyrées, disposées en rosettes ; les caulinaires oblongues, dentées, obtuses,
munies à la base de deux oreillettes aiguës, embrassantes. Fleurs
blanches, à calice droit, lâche, à 4 pétales, dont les deux extérieurs un peu plus grands, dépassant de moitié la longueur du
calice. Grappe fructifère lâche, allongée, à pédoncules grêles,
ascendants. Silicule glabre, coriace, réticulée-rugueuse, 2-3 fois
plus courte que le pédoncule, munie de 4 nervures en croix.
Graines rousses, non bordées.

Hab. les prairies, les bords des champs, à Candiac, à Alais. ① Fl. avril-
juin.

28ᵉ gʳᵉ. **BUNIAS. — BUNIAS.** (R. Brown. Kew. ed. 2, v. 4, p. 75.)

Calice non bossu. Pétales égaux, entiers ou échancrés. Filets
des étamines nus. Silicule indéhiscente, tétragone, non comprimée, à 4 loges monospermes, dont deux inférieures et deux
supérieures. Graines globuleuses.

1. **B. Erucago** *Lin. sp.* 935 ; *Dec. fl. fr.* 4, *p.* 720 ; *C. Bauh.
prodr. p.* 41, *ic.* — Racine pivotante, oblique, blanchâtre. Tige
droite, rameuse dès la base, haute de 3-5 décim., parsemée de
poils et de glandes saillantes qui la rendent rude au toucher.
Feuilles radicales, pétiolées, roncinées-pinnatifides, à lobes
larges, triangulaires, dentés supérieurement, disposées en rosette;
les caulinaires sessiles, lancéolées-linéaires ; les plus supérieures
entières ; les inférieures dentées ou pinnatifides. Fleurs grandes,

jaunes, à calice droit, à pétales échancrés, étalés, deux fois plus longs que le calice. Grappe fructifère allongée, très-lâche, à pédoncules étalés. Silicule trois fois plus courte que le pédoncule, portant une crête dentelée sur ses angles. Style de la longueur de la silicule.

Hab. les champs cultivés, aux environs de Nîmes et dans tout le département. ① Fl. avril–juin.

29ᵉ gʳᵉ. PASTEL. — ISATIS. (Lin. gen. 824.)

Calice lâche, non bossu. Pétales égaux, entiers. Filets des étamines nus. Stigmate sessile. Silicule uniloculaire, mono ou disperme, indéhiscente, oblongue, comprimée largement sur les bords. Graine oblongue.

1. **I. tinctoria** *Lin. sp.* 936; *Dec. fl. fr.* 4, *p.* 722; *Lamk. ill. t.* 554, *fig.* 1. — Racine pivotante, rameuse. Tige de 4-8 décim., droite, raide, anguleuse, glabre, rameuse-paniculée. Feuilles radicales à long pétiole, un peu sinuées ou crénelées; les caulinaires lancéolées, embrassantes par deux oreillettes aiguës, toutes un peu pubescentes. Fleurs petites, jaunes, à calice plus court, de moitié, que les pétales. Grappes fructifères nombreuses, très-fournies, à pédoncules grêles, dilatés au sommet, très-réfléchis, plus courts que la silicule; celle-ci pendante, oblongue, en coin à la base, 3-4 fois plus longue que large, obtuse ou en cœur au sommet, à valves soudées, spongieuses intérieurement. Graines rousses, assez grosses.

Cette plante est employée comme un des plus puissants résolutifs; ses feuilles, en infusion, sont très-apéritives. Elle fournit une teinture bleue, dont le commerce fait usage.

Hab. les montagnes arides, à Bouquet; les champs cultivés, à Nîmes, à Manduel. ① Fl. avril–juin.

30ᵉ gʳᵉ. LUNETIÈRE. — BISCUTELLA. (Lin. gen. 808)

Calice ordinairement non bossu. Pétales entiers, égaux. Filets des étamines nus. Silicule biloculaire, monosperme, très-mince, divisée en 2 valves orbiculaires, par une échancrure au sommet et à la base. Graines comprimées, horizontales.

1. **B. lævigata** *Lin. mant.* 255; *Var. intermedia Gren. et Godr., fl. fr.* 1, *p.* 136. — Racine dure, épaisse, pivotante, rameuse, tortueuse, oblique. Tige de 3-6 décim., rameuse, en corymbe, hérissée inférieurement, ainsi que les feuilles, disposées en rosette au bas de la tige et au sommet des rameaux stériles, pétiolées, oblongues, pinnatifides ou dentées; les caulinaires peu nombreuses, sessiles ou embrassantes par deux oreillettes arrondies. Fleurs jaunes, à calice lâche, à pétales oblongs, munies de deux oreillettes au-dessous du limbe. Grappes fructifères courtes

et serrées, à pédoncules filiformes, un peu plus longs que la hauteur des valves de la silicule. Silicules de grandeur variable, étroitement marginées, lisses (*B. ambigua, Dec. diss.* 23, *t.* 11, *fig.* 1) ou couvertes d'aspérités (*B. saxatilis, Dec. prodr.* 1, *p.* 183). Style persistant, dépassant les valves. Graines rousses, réniformes.

Hab.: la var. à silicules lisses, au Serre-de-Bouquet, à Alzon; la var. à silicules scabres, dans les garrigues, à Manduel et sur les montagnes de Nîmes et d'Anduze. 2⟋ Fl. juin–août.

31ᵉ gʳᵉ. IBÉRIDE. — IBERIS. (Lin. gen. 804.)

Calice un peu lâche, non bossu. Pétales inégaux ; les deux extérieurs rapprochés, beaucoup plus grands. Filets des étamines nus. Silicules déhiscentes, très-comprimées, ovales ou arrondies, profondément échancrées au sommet, à style persistant, à 2 loges monospermes. Graines ovales.

1.	Silicules en corymbe serré......................	PINNATA.
	Silicules en grappe courte ou allongée.	2.
2.	Tige ligneuse; plante croissant sur les rochers.....	SAXATILIS.
	Tige herbacée; plante croissant sur la terre.	3.
3.	Feuilles caulinaires oblongues, élargies et dentées au sommet.	AMARA
	Feuilles caulinaires, linéaires, entières.	4.
4.	Pétales contractés en onglet....................	INTERMEDIA.
	Pétales cunéiformes.............................	5.
5.	Dents de la silicule plus courtes que le style.......	PROSTII.
	Dents de la silicule de la longueur du style........	VIOLETTI.

1. **I. pinnata** *Lin. sp.* 907; *Dec. fl. fr.* 4, *p.* 715; *Lob. ic.* 218, *fig.* 2.—Racine blanchâtre, pivotante. Tige de 1-2 décim., herbacée, grêle, pubescente, très-rameuse dès la base. Feuilles toutes pétiolées, pinnatifides, à lobes linéaires, quelquefois crénelées, pubescentes. Fleurs blanches ou violettes, à calice ouvert, violacé sur les bords, à pétales ovales, courtement onguiculés. Silicules en corymbe serré, portées sur des pédoncules droits, aussi longs qu'elles, ailées, *aussi larges* au sommet qu'au milieu, divisées, par un sinus aigu, en 2 lobes obtus, plus courts que le style, munies d'un sillon longitudinal sur chaque face. Graines ovales, brunes, comprimées, bordées d'un côté.

Hab. les champs cultivés, aux environs de Nîmes; les pacages, à Blandas près du Vigan. ① Fl. mai–juin.

2. **I. Prostii** *Soy.-Will. in Godr. fl. lorr.* 1, *p.* 73. — Racine blanchâtre, pivotante, rameuse. Tige de 3-6 décim., droite, rameuse dans le haut, lisse, flexueuse, légèrement anguleuse, à rameaux longs, étalés-ascendants. Feuilles toutes linéaires-allongées, atténuées aux deux extrémités, assez distantes. Fleurs lilas, à calice lâche, coloré, à pétales cunéiformes. Grappe

fructifère très-courte. à pédoncules très-étalés. Silicules *non
ailées à la base, rétrécie au-dessous de 2 dents aiguës, non
divergentes*, plus courtes que le style. Graines brunes, ovales-
comprimées. Plante glabre, d'un vert glauque.

Hab. le bois de Salbous près Campestre, à Anduze. ① Fl. juillet-août

3. **I. VIOLETTI** *Soy.-Will. in Godr. fl. lorr.* 1, *p.* 72 ; *Gren.
et Godr. fl. fr. p.* 139. — Racine pivotante, tortueuse. Tige
de 3-6 décim., assez forte, un peu anguleuse, très-rameuse inférieurement, à rameaux étalés, souvent divisés. Feuilles *nombreuses, rapprochées, très-étalées et parfois réfléchies*, très-caduques, laissant sur la tige des cicatrices saillantes, rapprochées
lorsque la plante reste basse, et éloignées lorsqu'elle prend un
plus grand développement; feuilles inférieures lancéolées, rétrécies à la base, portant une ou deux dents vers le sommet; les
supérieures *très-entières*, linéaires, courtes, terminées par une
pointe calleuse. Fleurs lilas, à calice lâche, coloré sur les bords,
à pétales cunéiformes. Grappe fructifère courte, compacte, à
pédoncules d'autant plus étalés qu'ils sont inférieurs. Silicules
ovales-elliptiques, légèrement rétrécies au sommet, non ailées à
la base, à lobes aigus, assez divergents, de la longueur du style.
Graines rousses, lisses, ovales, comprimées.

Hab. au bois de Jonquières, près Bagnols. ② Fl. août–septembre.

4. **I. INTERMEDIA** *Guers. bull. philom.* N° 82, *t.* 21? *I. Du-
randii, Lorey et Durel, fl. Côte-d'Or,* 1, *p.* 69? — Racine pivotante, blanchâtre, rameuse. Tige de 2-6 décim., droite, ferme,
relevée de côtes blanchâtres, rameuse supérieurement, à rameaux étalés, ascendants, bifides ou ramifiés. Feuilles un peu
épaisses; les inférieures oblongues, pétiolées, dentées; les supérieures linéaires, lancéolées, longues de 4-5 centim., rétrécies à
la base et au sommet. Fleurs lilas, grandes, à calice étalé, coloré
sur les bords, à pétales unguiculés. Grappe fructifère courte,
serrée, à pédoncules très-étalés, et même les plus inférieurs réfléchis. Silicules presque pas rétrécies au sommet, se divisant en
2 dents aiguës très-divergentes, de la longueur du style ou plus
longues que lui, *largement ailés*. Graines plus grosses que dans
l'espèce précédente.

Hab. les bois, à Alzon, à Alais, au Vigan. ② Fl. juin-août.

5. **I. SAXATILIS** *Lin. amœn.* 4, *p.* 321 ; *Dec. fl. fr.* 4, *p.* 714 ;
Moris. hist. 2, *p.* 298, *sect.* 3, *t.* 18, *fig.* 31. — Racine grosse,
rameuse. Tige de 1-1 1/2 décim., vivace, très-rameuse dès la
base, tortueuse, rugueuse, à épiderme brun et ridé, donnant
naissance à beaucoup de rameaux fertiles et stériles, droits,
gazonnants, pubescents. Feuilles linéaires-étroites, *entières*, un

peu charnues, mucronées, glabres ou ciliées, réunies-nombreuses
vers le bas des rameaux fertiles, et écartées dans leur longueur,
rapprochées au sommet des rameaux stériles. Fleurs blanches
ou rougeâtres, à calice étalé, coloré-scarieux sur les bords, à
pétales courtement onguiculés. Étamines à filets blancs. Grappe
fructifère allongée, à pédoncules étalés, pubescents. Silicules
grandes, presque de la longueur du pédoncule, ailées jusqu'à la
base, non rétrécie au sommet, divisées en 2 lobes arrondis, peu
divergents, un peu plus courts que le style. Graines rousses,
grosses, ovales, comprimées, bordées.

Hab. les fentes des rochers, au Serre-de-Bouquet, en face du mas de Conte,
commune de Blandas. (*Dufour, méd.*) ♄ Fl. avril-juillet.

6. **I. AMARA** *Lin. sp.* 906 ; *Dec. fl. fr.* 4, *p.* 714 ; *Thlaspi
amarum, tabern. ic.* 462, *fig.* 2. — Racine blanche, oblique. Tige
de 2-3 décim., herbacée, droite, rameuse, à rameaux étalés, un
peu velue. Feuilles oblongues, lancéolées, élargies au sommet,
obtuses, ciliées, portant quelques dents rares et obtuses au-
dessous de l'extrémité. Fleurs blanches, parfois violacées, à calice
lâche, souvent coloré, à pétales onguiculés. Grappe fructifère
allongée, lâche, à pédoncules très-étalés, pubescents, plus longs
que la silicule ; celle-ci *rétrécie* au sommet, *ailée dès la base*,
divisée au sommet en 2 lobes triangulaires, mucronés, peu divergents, plus courts que le style. Graines rousses, ovales, comprimées.

Hab. le long du ruisseau de Brama-Bioou, près de Camprieux. ☉ Fl. juin-
octobre.

L'*ib. garexiana all. ped.* a été trouvée sur la tour de Sommières. Cette
localité unique ne me paraît pas suffisante pour la faire figurer, comme spontanée, dans la *Flore du Gard*. On la cultive dans les parterres, ainsi que
l'*ib. semperflorens*, sous le nom de *théraspic d'hiver*, et l'*ib. umbellata*, sous
celui de *théraspic d'été*.

32e g^re. **TÉESDALIE. — TEESDALIA.** (R. Brown. Kew. ed. 2, v. 4. p. 83.)

Calice un peu ouvert, non bossu. Pétales extérieurs ord^t plus
grands, entiers. Étamines à filets *écailleux* à la base. Silicule
ovale-orbiculaire, *déhiscente*, échancrée au sommet, à valves
naviculaires, étroitement ailées. Stigmate presque sessile, loges
à 2 graines.

1. **T. NUDICAULIS** *R. Brown. Kew.* 2, *v.* 4, *p.* 83 ; *Guepinia
iberis, Dec. fl. fr.* 5, *p.* 596 ; *Thlaspi nudicaule, Rchb. ic.* 4189. —
Racine fibreuse. Tiges de 5-15 centim., ord^t nombreuses, grêles,
presque nues ; celle du centre droite, nue ; les latérales étalées,
ascendantes. Feuilles radicales nombreuses, en rosette, pétiolées,
entières ou lyrées-pinnatifides, à lobes entiers, obtus ; les caulinaires rares, très-petites, entières ou dentées. Fleurs blanches,
très-petites, à calice étalé, à pétales extérieurs plus longs que le

calice. Grappe fructifère courte, à pédoncules très-étalés, dilatés à l'insertion de la silicule; celle-ci un peu convexe sur une face, portant, à son sommet, une échancrure étroite, à lobes arrondis. Graines petites, rousses, lenticulaires. Plante glabre ou velue.

Hab. les champs cultivés au Vigan; le bois de Campagne, près Nîmes. ① Fl. avril-juin.

33° g^{re}. **ÉTHIONÈME**. — **ÆTHIONEMA**.
(R. Brown. Kew. ed. 2, v. 4. p. 86.)

Calice à 4 sépales, dont 2 un peu bossus à la base. Pétales égaux, entiers. Grandes étamines soudées, *dentées au sommet, membraneuses.* Silicule *déhiscente,* orbiculaire, échancrée au sommet, biloculaire, polysperme. Graines ovales-oblongues.

1. **Æ. SAXATILE** *R. Brown. Kew. l. c.; Thlaspi saxatile, Dec. fl. fr. 4, p.* 710; *Barr. ic. t.* 845. — Racine ligneuse, blanchâtre, rameuse. Plusieurs tiges de 1-3 décim., couvertes de feuilles rapprochées, ascendantes, simples ou rameuses dans le haut, glabres ainsi que les feuilles; celles-ci un peu charnues, raides, entières, presque sessiles, lancéolées-oblongues, obtuses; les inférieures presque arrondies. Fleurs petites, rosées, à calice droit, de moitié plus court que les pétales, souvent coloré au sommet. Grappe fructifère allongée, à pédoncules inclinés, arqués, plus courts que la silicule. Silicules assez grandes, concaves sur l'une de ses faces, échancrées étroitement en 2 lobes arrondis, entiers ou crénelés, largement ailés, striés. Graines rousses, petites, alvéolées. Plante d'un vert glauque ou violette.

Hab. contre les rochers, à Marguerite, Uzès, Serre-de-Bouquet, Salbous· Camprieux. ♃ Fl. mai-juin.

34° g^{re}. **TABOURET**. — **THLASPI**. (Dillen. fl. giss. p. 123.)

Calice non bossu. Pétales égaux, entiers. Filets des étamines nus. Silicule déhiscente, ovale ou orbiculaire, comprimée, échancrée au sommet, biloculaire, à loges polyspermes; valves carénées, ailées. Graines lenticulaires, comprimées.

1.	Silicules très-grandes, orbiculaires..........	**ARVENSE.**
	Silicules moyennes, cunéiformes ou triangulaires....................................	2.
2.	Silicules triangulaires.....................	**BURSA-PASTORIS.**
	Silicules cunéiformes......................	3.
3.	Style plus long que les valves de l'échancrure, ou de sa longueur.........................	4.
	Style plus court que les valves de l'échancrure.	6.
4.	Ailes des valves, étroites..................	**VIRENS.**
	Ailes des valves, larges.	5.
5.	Étamines plus courtes que les pétales; anthères jaunâtres............................	**MONTANUM.**
	Étamines plus longues que les pétales; anthères d'un violet foncé.....................	**ALPESTRE.**

6. { Plante de 3-4 décim...................... **VIRGATUM.**
   { Plante de 1-2 décim...................... **PERFOLIATUM.**

1. T. ARVENSE *Lin. sp.* 901 ; *Dec. fl. fr. 4, p.* 709 ; *Lamk. ill. t.* 557, *fig.* 1. — Racine blanchâtre, pivotante, un peu ondulée. Tige droite, de 2-4 décim., anguleuse, rameuse dans le haut, plus rarement dès la base, glabre ainsi que les feuilles ; celles-ci exhalant, par le frottement, une odeur alliacée ; les radicales ovales, pétiolées, presque entières ou sinuées ; les caulinaires oblongues, sinuées-dentées, sessiles, à oreillettes courtes, aiguës, embrassantes. Fleurs blanches, à calice lâche, droit, de moitié plus court que les pétales. Grappe fructifère allongée, lâche, à pédoncules étalés. Silicules grandes, orbiculaires très-comprimées, de la longueur du pédoncule ou le dépassant, entourées d'une bordure très-large, profondément et étroitement échancrées. Style très-court. Graines 5-6 dans chaque loge, noires, à sillons concentriques, striés en travers.

Les feuilles sont sudorifiques, antiseptiques ; toute la plante est antiscorbutique. Elle est recommandée contre les rhumatismes, par application. Les brebis et les chevaux ne la mangent point.

Hab. les champs cultivés aux environs du Vigan, à Campestre, Blandas, Lanuejols. ☉ Fl. mai-juillet.

2. T. MONTANUM *Lin. sp.* 902 ; *Dec. fl. fr. 4, p.* 711 ; *Clus. hist.* 2, *p.* 131, *fig.* 1. — Racine dure, longue, donnant naissance à des ramifications nombreuses, grêles, allongées, nues, couchées sur la terre, d'où sortent des tiges fertiles et stériles, ascendantes, de 1-2 décim., formant gazon, glabres ainsi que les feuilles ; celles-ci un peu succulentes, entières ou peu dentelées ; les inférieures et celles des rameaux stériles, ovales, pétiolées, persistantes, étalées en rosette ; celles des tiges fertiles, plus petites, sessiles, à 2 oreillettes arrondies, embrassantes. Fleurs blanches assez grandes, à calice droit, lâche, 1-2 fois plus court que les pétales, à limbe ovale-arrondi, étalé. Étamines plus courtes que les pétales, anthères *jaunâtres.* Grappe fructifère courte, à pédoncules très-étalés. Silicules *en cœur renversé, arrondies* à la base, légèrement échancrées au sommet et largement ailées. Style *plus long* que les lobes de l'échancrure. Graines ovales, brunes, *lisses,* 1-2 dans chaque loge.

Hab. les pacages des montagnes, dans les Cévennes (*Duby*), le Languedoc (*Lois.*) ♃ Fl. avril-mai.

3. T. PERFOLIATUM *Lin. sp.* 902 ; *Dec. fl. fr.* 4, *p.* 710 ; *Barr. ic. t.* 815. — Racine grêle, fibreuse. Une ou plusieurs tiges de 1-3 décim., *herbacées, droites ou ascendantes,* rameuses dès la base, plus rarement simples. Feuilles un peu succulentes, entières ou denticulées ; les radicales ovales-arrondies, pétiolées, en rosette ; les caulinaires oblongues, cordiformes, embrassantes

par deux oreillettes, obtuses. Fleurs blanches, petites, à calice
droit, lâche, violacé, à pétales égaux, plus longs que le calice
et les étamines à anthères jaunâtres. Grappe fructifère *allongée*,
à pédoncules filiformes, très-étalés. Silicules élargies au sommet,
cunéiformes à la base, échancrées en 2 lobes *arrondis et ailés*,
à style *très-court*, deux fois de la longueur du pédoncule. Loges
à 3-4 graines ovales, rousses, *lisses*. Plante glauque, glabre.

Hab. les champs cultivés, dans tout le département. ① Fl. mars–mai.

4. **T. VIRGATUM** *Gren. et Godr. prosp. p. 8 (12 nov. 1846);
T. brachypetalum Jord. Obs. sur les pl. de France, 3e frag. p. 51!*
— Racine blanchâtre, pivotante-rameuse. Tige de 3-4 décim.,
droite, ferme, arrondie, solitaire, quelquefois plusieurs ensemble,
lisse, simple ou à 2-3 rameaux. Feuilles entières ou légèrement
dentées; les radicales elliptiques, pétiolées, en rosette; les caulinaires plus grandes, oblongues, à 2 oreillettes allongées, obtuses
ou aiguës, embrassantes. Fleurs petites, blanches, à calice droit,
lâche, très-peu dépassé par les pétales oblongs, tronqués au
sommet, à étamines de la longueur des pétales ou les dépassant
peu; anthères blanchâtres ou lilacées. Grappe fructifère *très-
allongée*, raide, à pédoncules très-étalés et même réfléchis. Silicules *oblongues, rétrécies inférieurement, à échancrure profonde
et très-étroite*, qui divise le sommet en 2 lobes obtus, arrondis
en dehors, *largement ailés*, plus longues que les pédoncules.
Style *très-court.* Graines ovales, lisses, d'un roux brun, 4-6 dans
chaque loge. Plante glabre, un peu glauque.

Hab. les pacages de l'Esperou, dans la gorge de la Céreiréde; le bord des
chemins, aux Pises. ② Fl. mai–juin.

5. **T. ALPESTRE** *Lin. sp.* 903; *Dec. fl. fr. 4, p. 711; Rchb.
ic.* 4184. — Racine blanchâtre, pivotante, rameuse, un peu
oblique. Tiges isolées ou réunies, de 1-3 décim., droites, simples.
Feuilles entières ou dentées; les radicales ovales, pétiolées, en
rosette; les caulinaires oblongues, à 2 oreillettes obtuses, embrassantes. Fleurs petites, blanches ou violacées, à calice lâche,
de moitié plus court que les pétales ovales, arrondis, à étamines
saillantes, rarement plus courtes que les pétales; anthères violets-
noirs. Grappe fructifère allongée, à pédoncules très-étalés, un
peu réfléchis. Silicules oblongues, atténuées à la base, à échancrure *large* et *peu profonde*, à 2 lobes obtus, largement ailés,
aussi longues que les pédoncules. Style égal aux lobes de l'échancrure ou les dépassant. Graines ovales, lisses, brunes, 4-8 dans
chaque loge. Plante glabre, un peu glauque, souvent violette
dans le bas.

Hab. les bois et les pacages, au Vigan à Campestre, à l'Esperou, à Salbous.
② et ♃ Fl. avril–juin.

6. **T. VIRENS** *Jord. Obs. sur les pl. de France, fragm.* 3, *p.* 17.

t. 1 bis, fig. C! Godr. et Gren. fl. fr. 1, p. 145. — Racine grêle, blanchâtre, rameuse à l'extrémité, à rejets rares et courts, donnant naissance à des tiges stériles ou fertiles ; les premières terminées par une rosette de feuilles, et les secondes droites, cylindriques, simples, hautes de 5-15 centim. Feuilles entières ou peu dentées, un peu succulentes ; les radicales ovales, pétiolées, en rosette ; les caulinaires rares, oblongues, munies de 2 oreillettes obtuses, appliquées, embrassantes. Fleurs blanches, à calice lâche, de moitié plus court que les pétales onguiculés vers la base, à limbe ovoïde, arrondi ou échancré légèrement. Étamines de la longueur des pétales, à anthères purpurines, puis noires. Grappe fructifère *pas trop longue*, à pédoncules assez robustes, très-étalés ou un peu inclinés. Silicules oblongues, rétrécies à la base, à échancrure *peu profonde*, à valves étroitement ailées, à style dépassant de beaucoup les lobes de l'échancrure, aussi longues que les pédoncules. Graines ovales, lisses, brunes, 4-5 dans chaque loge. Plante glabre.

Hab. le bas des rochers, à Concoule. ♃ Fl. avril–mai.

7. **T. BURSA-PASTORIS** *Lin. sp.* 903 ; *Dec. fl. fr. 4, p.* 709 ; *Lamk. ill. t. 557, fig.* 2. — Racine pivotante. Tige de 3-4 décim., droite, rameuse. Feuilles radicales, roncinées-pinnatifides ou dentées, pétiolées, disposées en rosette ; les caulinaires plus courtes, moins découpées, presque entières, auriculées, embrassantes. Fleurs petites, blanches, à calice droit, lâche, de moitié plus court que les pétales. Grappe fructifère lâche, très-allongée, à pédoncules très-étalés. Silicules triangulaires, échancrées au sommet, en 2 lobes courts, *non ailés*, plus courtes que les pédoncules. Graines rousses, oblongues, petites, nombreuses dans chaque loge. Plante glabre ou velue, surtout inférieurement.

Elle est astringente et vulnéraire. Son suc est recommandé contre les hémorrhagies et le pissement de sang des bestiaux. Vulg^t *herba de l'Evangila, bounet-de-capelan.*

Hab. les lieux cultivés, dans tout le département. ① Fl. toute l'année.

35e g^{re}. HUTCHINSIE. — **HUTCHINSIA**
(R. Brown. Kew., ed. 2, v. 4, p. 82.)

Calice droit, non bossu. Pétales entiers, égaux. Filets des étamines nus. Silicules *déhiscentes*, oblongues, comprimées, entières au sommet, à valves naviculaires, non ailées. Stigmate presque sessile. Loges à 2 graines.

1. { Feuilles pinnatifides, à 13-19 segments. . . . . PETRÆA.
   { Feuilles pinnatifides, à 5-7 segments. . . . . PROCUMBENS.

1. **H. PETRÆA** *R. Brown. l. c.; Lepidium petræum, Lin. sp.* 899 ; *Dec. fl. fr. 4, p.* 706 ; *Jacq. austr. t.* 131. — Racine

grêle, fibreuse. Tiges solitaires ou nombreuses, de 3-8 centim.,
grêles, pubérulentes, *feuillées*, droites, flexueuses, simples, plus
souvent très-rameuses dès la base. Feuilles glabres, pinnatifides,
à 13-19 segments oblongs, entiers, acuminés, pétiolulés; les
radicales pétiolées en rosettes; les caulinaires sessiles. Fleurs
très-petites, blanches, à calice très-ouvert, *à peine dépassé* par
les pétales spatulés. Grappe fructifère courte, à pédoncules très-
étalés, deux fois de la longueur de la silicule; celle-ci elliptique,
arrondie aux deux bouts. Style nul. Graines rousses, très-petites,
ovales-comprimées, lisses.

Hab. dans les vignes, au bas des murs et les lieux pierreux, à Nîmes;
les bords de la rivière de Brama-Bioou. ① Fl. mars-avril.

2. H. PROCUMBENS *Desv. journ.* 3, *p.* 168; *Lepidium procumbens, Lin. sp.* 898; *Dec. fl. fr.* 4, *p.* 706; *Lamk. ill. t.* 556,
fig. 2. — Racine grêle, fibreuse. Tiges nombreuses, menues,
feuillées, très-rameuses, droites, plus souvent étalées sur la
terre, longues de 2-3 décim. Feuilles radicales en rosette, pinnatifides ainsi que les inférieures, à 5-7 segments inégaux, le supérieur plus grand, ovale-lancéolé; les supérieures entières, lancéolées. Fleurs petites, blanches, à calice lâche, *à peine dépassé*
par les pétales oblongs-cunéiformes. Grappe fructifère lâche,
très-allongée, à pédoncules étalés, filiformes, plus longs que la
silicule; celle-ci elliptique, *obtuse au sommet, rétrécie à la base,*
veinée. Style nul. Graines rousses, petites, ovales, sur 2 rangs,
6-8 dans chaque loge. Plante glabre.

Hab. les bords des salines, à Aigues-Mortes. ① Fl. mars-juin.

36ᵉ gʳᵉ. **PASSERAGE. — LEPIDIUM.** (Lin. gen. 801.)

Calice droit, non bossu. Pétales égaux, entiers. Filets des
étamines nus. Silicule déhiscente, ovale ou arrondie, comprimée,
entière ou échancrée, à valves naviculaires, ailées ou non ailées.
Loges monospermes. Graines comprimées, ovoïdes ou oblongues.

1. { Silicules largement ailées..................... 2.
   { Silicules non ailées........................... 5.

2. { Feuilles caulinaires sagittées, embrassantes.. 3.
   { Feuilles caulinaires linéaires, non embras-
     santes... SATIVUM.

3. { Silicules hérissées. .... HIRTUM.
   { Silicules glabres ou légèrement velues....... 4.

4. { Tiges herbacées............................... CAMPESTRE.
   { Tiges dures.................................... HETEROPHYLLUM.

5. { Silicules entières au sommet.................. 6.
   { Silicules échancrées au sommet............... 7.

6. { Feuilles caulinaires larges, embrassantes.... DRABA.
   { Feuilles caulinaires linéaires, non embras-
     santes... GRAMINIFOLIUM.

7. $\begin{cases}\text{Échancrure des silicules peu prononcée; feuil-} \\ \text{les larges, entières......................} \text{LATIFOLIUM.} \\ \text{Échancrure des silicules plus prononcée; feuil-} \\ \text{les étroites, entières ou pinnatifides.......} \text{RUDERALE.}\end{cases}$

1. **L. SATIVUM** *Lin. sp.* 899; *Thlaspi sativum, Dec. fl. fr. 4,
p.* 708; *Moris. hist.* 2, *s.* 3, *t.* 19, *fig.* 1. — Racine blanchâtre,
pivotante, peu fibreuse. Tige de 3-6 décim., droite, rameuse,
striée. Feuilles radicales en rosette, découpées et incisées comme
les inférieures; les supérieures sessiles, non embrassantes, linéaires-entières. Fleurs petites, blanches, à calice un peu ouvert,
de moitié plus court que les pétales. Anthères violettes. Grappe
fructifère raide, peu allongée, à pédoncules serrés contre la tige.
Silicules oblongues, glabres, étroitement échancrées au sommet,
plus longues que les pédoncules, à valves largement ailées, dépassant un peu le style. Graines brunes, lisses. Plante glabre,
glauque.

On la mange en salade; sa saveur est âcre et piquante. Elle est antiscorbutique, dépurative, diurétique. On la connaît sous le nom de *cresson alé-
nois, nasitor;* vulg[t] *anitor.*

Hab. subspontanée le long des murs, à Nîmes. ① Fl. mai–juillet.

2. **L. CAMPESTRE** *R. Brown. Kew. ed.* 2, *v.* 4, *p.* 465;
Thlaspi campestre, Lin. sp. 902; *Dec. fl. fr.* 4, *p.* 712; *Fuchs.
hist.* 306, *ic.* — Racine blanchâtre, pivotante-sinueuse, quelquefois oblique. Tige herbacée, de 3-6 décim., droite, cylindrique,
très-feuillée, rameuse au sommet. Feuilles radicales en rosette,
oblongues, pétiolées, sinuées, lyrées ou dentées; les caulinaires
oblongues, denticulées, serrées contre la tige, munies à leur base
de 2 oreillettes étroites, embrassantes. Fleurs très-petites, blanches, à calice un peu ouvert, plus court que les pétales. Anthères
jaunes. Grappe fructifère allongée, fournie, à pédoncules très-
étalés, velus, de la longueur de la silicule; celle-ci ovale, *arrondie
à la base,* glabre ou pubescente, couverte de papilles, divisée au
sommet, par une échancrure étroite, en 2 lobes largement ailés,
à peine dépassés par le style. Graines d'un brun noir, oblongues,
finement striées. Plante velue, d'un vert blanchâtre.

Elle passe pour apéritive, résolutive, incisive. On l'emploie contre les
douleurs rhumatismales.

Hab. les champs cultivés aux environs de Nîmes; dans le bois de Saint-
Nicolas; sur les murs, à Lanuejols. ② Fl. mai–juillet.

3. **L. HETEROPHYLLUM** *Benth. cat.* 95; *Var. Canescens
Gren. et Godr. fl. fr.* 1, *p.* 150; *L. Smithii Hook. brit. fl. ed.* 3,
p. 300. — Racine cylindrique, pivotante, donnant naissance à
des tiges stériles, terminées par une rosette de feuilles, et à des
tiges fertiles de 1-5 décim., couchées ou ascendantes, pubescentes, rameuses dès la base et au sommet. Feuilles radicales

pétiolées, en rosette, persistantes, ovales ou oblongues, obtuses, entières, sinuées ou pinnatifides ; les caulinaires lancéolées, denticulées, munies, à leur base, de 2 oreillettes aiguës, étroites, embrassantes. Fleurs petites, blanches, à calice un peu ouvert, plus court de moitié que les pétales. Anthères violettes. Grappe fructifère allongée, à pédoncules velus, très-étalés. Silicules ovales-oblongues, de la longueur du pédoncule, arrondies à la base, glabres, parsemées de quelques papilles peu apparentes, divisées au sommet par une échancrure peu profonde, en 2 lobes largement ailés, dépassés, très-évidemment, par le style. Graines oblongues, brunes, lisses. Plante d'un vert blanchâtre, plus ou moins velue.

Hab. le long des murs de clôture, aux environs du Vigan ; contre les rochers, au bois de Salbous. ♃ Fl. mai–juin.

4. **L. HIRTUM** *Dec. syst.* 2, *p.* 536 ; *Thlaspi hirtum, Lin. sp.* 901 ; *Dec. fl. fr.* 4, *p.* 713 ; *Thlaspi campestre, var. B, Rchb. ic.* 4213. — Racine jaunâtre, dure, pivotante, à collet *écailleux*, d'où sortent des tiges fertiles, nombreuses, de 1-2 décim., étalées ou ascendantes, simples ou rameuses au sommet. Feuilles radicales à longs pétioles, ovales ou oblongues, sinuées ou lyrées, persistantes, disposées en rosette ; les caulinaires oblongues, à 2 oreillettes aiguës à la base, embrassantes. Fleurs blanches, plus grandes que dans l'espèce précédente, à calice un peu ouvert, de moitié plus court que les pétales. Anthères jaunes. Grappes fructifères courtes, à pédoncules très-étalés, velus. Silicules elliptiques, *rétrécies vers la base*, hérissées de poils longs et blanchâtres, divisées, par une échancrure au sommet, en 2 lobes dont les ailes atteignent la moitié de la longueur de la silicule, plus longues que les pédoncules. Style dépassant peu les lobes de l'échancrure. Graines d'un roux brun, oblongues. Plante d'un aspect blanchâtre, très-velue.

Hab. les bois, à Nîmes, Tresques, Uzès, le bois de Salbous, près d'Alzon. ♃ Fl. mai–juillet.

5. **L. RUDERALE** *Lin. sp.* 900 ; *Thlaspi ruderale, Dec. fl. fr.* 4, *p.* 707 ; *Fuchs. hist.* 307, *ic.* — Racine pivotante, blanchâtre. Tige de 1-3 décim., très-rameuse dans le haut, souvent dès la base, flexueuse entre les rameaux, glabre inférieurement, légèrement pubescente supérieurement, à rameaux peu écartés de la tige mère. Feuilles glabres ; les radicales pétiolées, en rosette, pinnatifides, ainsi que quelques inférieures, à lobes linéaires, entiers ou peu dentés ; les supérieures entières, *linéaires, rétrécies à la base*. Fleurs très-petites, blanches, à calice lâche, à pétales très-souvent nuls, à 2 étamines, à anthères jaunes. Grappes fructifères allongées, assez fournies, atteignant presque toutes la même hauteur, à pédoncules étalés. Silicules

ovales-arrondies, comprimées, *légèrement échancrées* au sommet, *dépourvues d'ailes,* plus courtes que les pédoncules. Stigmate sessile. Graines ovales, lisses, d'un roux clair. Plante très-feuillée, exhalant une odeur de chou.

Hab. les bords du canal, à Aigues-Mortes ; les pacages, à Bellegarde. ① Fl. mai–octobre.

6. **L. GRAMINIFOLIUM** *Lin. sp.* 900 ; *L. iberis, Dec. fl. fr. 4, p.* 705 ; *Lamk. ill.* 556, *fig.* 1. — Racine profonde, perpendiculaire, à collet rameux, d'où sortent des tiges stériles et des tiges fertiles de 4 décim. à 1 mèt., droites, raides, très-rameuses, à rameaux étalés, effilés. Feuilles radicales en rosette serrée, pétiolées, oblongues ou spatulées, incisées, dentées ou pinnatifides, à lobes dentés, couvertes de poils blancs, courts, couchés ; les caulinaires entières, linéaires, aiguës, souvent déjetées. Fleurs petites, blanches, à calice lâche, de moitié plus court que les pétales. Anthères jaunes. Grappes fructifères allongées, étroites, à pédoncules étalés-dressés. Silicules ovales, à *sommet aigu,* élargies à la base, *dépourvues d'ailes,* à *style très-court.* Graines oblongues, brunes, finement grenues. Plante glabre, fétide.

Hab. les bords des champs, des chemins, à Nîmes, au Vigan, et dans presque tout le département. ♃ Fl. juin–décembre.

7. **L. LATIFOLIUM** *Lin. sp.* 899 ; *Dec. fl. fr. 4, p.* 704 ; *Fuchs, hist. p.* 484, *ic.* — Racine blanchâtre, pivotante, à collet rameux, stolonifère, donnant naissance à des tiges fertiles de 6-12 décim., droites, très-rameuses, dans la partie supérieure, glabres et glauques comme les feuilles ; celles-ci larges, épaisses ; les radicales longuement pétiolées, ovales, obtuses, dentelées en scie ; les caulinaires moins grandes, ovales-lancéolées ; les plus supérieures presque sessiles, étroites, *entières,* mucronées. Fleurs petites, blanches, à calice lâche, de moitié plus court que les pétales onguiculés. Anthères jaunes. Grappes fructifères denses, courtes, rapprochées en une panicule pyramidale, à pédoncules étalés. Silicules pubescentes, ovales-arrondies, dépourvues d'ailes, deux fois plus courtes que les pédoncules. Style très-court. Graines très-petites, brunes. Plante très-âcre, exhalant une odeur de chou.

On s'en sert, dans les ménages, pour chasser les punaises. Elle est une bonne nourriture pour les bœufs, les moutons et les chèvres.

Hab. les bords des ruisseaux, à Anduze ; contre les murs, à St-Sauveur, près de Camprieux. ♃ Fl. juin–août.

8. **L. DRABA** *Lin. sp. ed.* 1, *p.* 645 ; *Cochlearia draba, Lin. sp. ed.* 2, *p.* 904 ; *Dec. fl. fr. 4, p.* 702 ; *Clus. hist.* 2, *p.* 124, *fig.* 2. — Racine blanchâtre, à collet rameux, donnant naissance à des tiges de 2-5 décim., droites, très-feuillées, rameuses au

sommet, à rameaux rapprochés en corymbe; couvertes, ainsi que les feuilles, de petits poils appliqués. Feuilles oblongues, sinuées-dentées; les radicales pétiolées; les caulinaires munies, à la base, de 2 oreillettes aiguës, embrassantes. Fleurs blanches, à calice lâche, à pétales à limbe ovale, onguiculés, dépassant de moitié la longueur du calice. Anthères jaunes. Grappes fructifères, très-courtes, nombreuses, à pédoncules très-étalés. Silicules 4-5 fois plus courtes que les pédoncules, cordiformes, à valves renflées, dépourvues d'aile, à style égalant la moitié de leur longueur. Graines brunes, ovales. Plante d'un vert blanchâtre.

Hab. les bords des champs et des chemins, dans tout le département. 2 Fl. mai–juin.

37ᵉ gʳᵉ. SENEBIÈRE. — SENEBIERA. (Pers. syn. 2, p. 185.)

Calice ouvert, non bossu. Pétales égaux, entiers. Étamines à filets nus. Silicule indéhiscente, biloculaire, réniforme, comprimée, à valves épaisses, soudées, monospermes, sans ailes ni carène.

1. S. CORONOPUS *Poir. dict.* 7, *p.* 76; *Cochlearia coronopus, Lin. sp.* 904; *Coronopus vulgaris, Dec. fl. fr.* 4, *p.* 704; *Lamk. ill. t.* 558. — Racine blanchâtre, grêle, profonde. Tiges de 1-3 décim., nombreuses, très-rameuses, comprimées, étalées circulairement sur la terre; celle du centre très-courte, droite, glabre ainsi que les feuilles; celles-ci pinnatifides, à lobes linéaires, obtus, entiers ou dentés. Fleurs petites, blanches, à calice persistant, plus court que les pétales. Grappes fructifères oblongues, sessiles, souvent opposées aux feuilles, à pédoncules courts, à silicules comprimées, plus longues que les pédoncules, *réniformes*, réticulées, rugueuses, bordées de tubercules saillants, échancrées à la base, plus larges que longues. Style court, conique. Graines ovales, jaunâtres, lisses.

Les feuilles de cette plante sont antiscorbutiques et diurétiques.

Hab. dans les fossés desséchés, aux bords des chemins, dans tout le département. ① Fl. juin–août.

38ᵉ gʳᵉ. CAQUILLIER. — CAKILE. (Tournef. inst. 49, t. 483.)

Calice lâche, à 4 sépales, dont 2 bossus à la base. Pétales égaux, entiers. Silicule indéhiscente, à 2 articles; l'inférieur persistant, à une graine pendante; le supérieur très-caduc à la maturité, à une graine dressée.

1. C. MARITIMA *Scop. carn.* 2, *p.* 35; *Dec. fl. fr.* 4, *p.* 718; *Bunias cakile, Lin. sp.* 936; *Lamk. ill., t.* 554, *fig.* 1. — Racine grêle, pivotante, profonde. Tige de 1-3 décim., très-rameuse dès la base, diffuse, à rameaux ascendants, glabre, un peu glauque

ainsi que les feuilles, qui sont succulentes, pinnatifides, à lobes
distants, inégaux, plus ou moins découpés ou dentés. Fleurs
rougeâtres, assez grandes, à calice coloré, droit, plus court que
les pétales. Grappe fructifère allongée, lâche, à pédoncules robustes, très-étalés, à silicules à 2 articles; le supérieur plus long,
en fer de lance; l'inférieur un peu arrondi à la base et élargi au
sommet en 2 pointes latérales, de la longueur du pédoncule.
Graines assez grosses, rousses, oblongues-arquées, carénées. On
nomme vulg[t] cette plante *roquette de mer*.

Hab. les bords de la mer, à Aigues-Mortes. ① Fl. mai-octobre.

39° g[re]. **RAPISTRE. — RAPISTRUM.** (Boerh. lug. bot. 406.)

Calice à 4 sépales, dont 2 bossus à la base. Pétales égaux,
entiers, onguiculés. Quatre petites glandes opposées aux sépales.
Silicule à 2 articles *superposés*, monospermes, séparés par une
cloison horizontale; le supérieur à une graine dressée; l'inférieur
à une graine pendante, souvent avortée. Style conique, subulé.

1. **R. rugosum** *All. ped.* 1, *p.* 257, *t.* 78; *Myagrum ru-*
gosum, Lin. sp. 893; *Cakile rugosa, Dec. fl. fr.* 4, *p.* 719! —
Racine pivotante, blanchâtre. Tige de 3-5 décim., droite, cylindrique ou anguleuse, peu feuillée, rameuse, à rameaux étalés ou
divariqués. Feuilles inférieures pétiolées, oblongues, lyrées ou
pinnatifides; les supérieures plus petites, lancéolées. Fleurs assez
grandes, jaunes, à calice lâche, de moitié plus court que les
pétales à onglet allongé, à limbe étalé. Stigmate grand, échancré. Grappes fructifères raides, étroites, très-allongées, à pédoncules épais, appliqués. Silicules hérissées, dures, appliquées;
article inférieur oblong, un peu anguleux, plus épais que le
pédoncule et *aussi long que lui;* le supérieur plus gros, *méloni-*
forme, à style *plus long que lui ;* les articles se séparant à la
maturité, et restant indéhiscents. Graines oblongues, rousses,
lisses, carénées. Plante plus ou moins velue, rude au toucher.
Vulg[t] *ravaniscle.*

Hab. les champs cultivés et les vignes, aux environs de Nîmes, de Manduel, etc. ① Fl. avril-juillet.

VIIe Fam. **CISTINÉES.**

CISTINEÆ (Dec. pr. 1, p. 263.)

Fleurs hermaphrodites, régulières. Calice à 5 sépales persistants, distincts; les 2 extérieurs ord[t] plus petits, quelquefois
nuls. Pétales 5, caducs, contournés, avant le développement, en
sens inverse des sépales. Étamines libres, nombreuses, insérées
sur le réceptacle. Anthères bilobées. Un seul ovaire libre. Style
filiforme. Stigmate simple. Capsule uniloculaire ou à 3-5 loges,

à 3, 5 ou 10 valves, portant, sur le milieu interne, les graines
ou les cloisons incomplètes. Herbes ou arbrisseaux à feuilles
simples, opposées ou alternes, avec ou sans stipules, contenant
souvent un suc résineux. Fleurs en grappes ou en corymbes terminaux.

1. { Style court, droit..................... 1ᵉʳ gʳᵉ. CISTUS.
   { Style grêle, ascendant, courbé en de-
   { dans................................... 2.

2. { Étamines nombreuses, toutes fertiles. 2ᵉ gʳᵉ. HÉLIANTHEMUM.
   { Étamines de 20 à 40; les extérieures
   { stériles............................... 3ᵉ gʳᵉ. FUMANA.

1ᵉʳ gʳᵉ. CISTE. — CISTUS. (Tournef. inst. t. 136.)

Calice à 3-5 sépales. Pétales 5. Étamines nombreuses, toutes
fertiles, insérées sur le réceptacle. Capsule à 5-10 loges polyspermes, s'ouvrant en autant de valves complètes ou distinctes
au sommet seulement. Style court, droit; pédicelles et calices
toujours dressés après la floraison. Feuilles sans stipules.

1. { Fleurs purpurines........................... 2.
   { Fleurs jaunes.............................. 3.
   { Fleurs blanches........................... 4.

2. { Corolle 2-3 fois plus longue que le calice...... ALBIDUS.
   { Corolle dépassant peu le calice............... CRISPUS.

3. { Feuilles linéaires......................... UMBELLATUS
   { Feuilles ovales-oblongues.................. ALYSSOIDES.

4. { Calice à 3 sépales......................... LAURIFOLIUS.
   { Calice à 5 sépales......................... 5.

5. { Fleurs en grappe ou en cime................ 6.
   { Fleurs solitaires au sommet du pédoncule..... SALVIÆFOLIUS.

6. { Arbrisseau d'un vert brun.................... MONSPELIENSIS.
   { Arbrisseau blanchâtre, tomenteux............ POUZOLZII.

1. C. UMBELLATUS *Lin. sp.* 739; *Helianthemum umbellatum,*
Dec. fl. fr. 4, *p.* 815; *Clus. hist.* 1, *p.* 81, *ic.* — Tige de
2-3 décim., ligneuse, brune, très-rameuse à la base, à rameaux
très-feuillés, grêles, étalés ou dressés, plus ou moins pubescents-
visqueux. Feuilles nombreuses, *linéaires*, opposées, marquées
d'une *nervure* en dessous, roulées sur les bords, à face inférieure
tomenteuse; stipules nulles. Fleurs jaunes, petites; pédoncule
allongé, pédicelles uniflores; les supérieurs *en ombelle;* les inférieurs *géminés ou verticillés.* Calice à 3 sépales velus, à poils
très-courts. Capsule velue, à 3 angles peu prononcés, à 3 valves.
Style court. Graines noires, tuberculeuses, trigones.

Hab. les bois de pins du Chanet, près de Bourdezach; à la Grand'Combe,
sur les hauteurs. (*Le Coq* et *Lamotte.*) ♄ Fl. mai-juin.

2. C. ALYSSOIDES *Lamk. dict.* 2, *p.* 20; *Helianthemum
alyssoides, Dec. fl. fr.* 4, *p.* 818; *Vent. choix. t.* 20. — Tige

ligneuse de 2-6 décim., *très-rameuse-diffuse*, a rameaux dressés, velus. Feuilles *ovales-oblongues*, courtement pétiolées, vertes et couvertes de poils étoilés en dessus et simples dans leur jeunesse, blanchâtres et tomenteuses en dessous. Fleurs jaunes, assez grandes, souvent rouges sur les bords, 2-5 au sommet des pédoncules; pédicelles uniflores. Calice à 3 sépales acuminés, hérissés. Capsule trigone, rugueuse, brune, à angles moins foncés, à 3 valves. Graines nombreuses, anguleuses, brunes, finement chagrinées.

Var. B, *Rugosum*. Feuilles crispées sur les bords, dépassant les pédoncules. *H. rugosum, Dun. in dec. prod.* 1, *p.* 268.

Hab. les lieux arides, à droite et à gauche de la route d'Aujac, près de Bourdezac. ꭨ Fl. mai-juin.

3. **C. LAURIFOLIUS** *Lin. sp.* 736; *Dec. fl. fr.* 4, *p.* 814; *Clus. hist.* 1, *p.* 78, *fig.* 1. — Tige d'un mètre et plus, brune, glabre inférieurement, couverte de poils étoilés supérieurement. Feuilles assez grandes, ovales-lancéolées; les plus inférieures souvent cordiformes, opposées, à pétioles dilatés et soudés à la base, égalant le tiers du limbe; celui-ci ondulé sur les bords, lisse, glabre, vert, un peu glutineux en dessus, blanc cotonneux et trinervié en dessous. Fleurs très-grandes, 3-8, disposées en corymbe ou en ombelle au sommet des pédoncules opposés, longs, *velus et rougeâtres*, entourés à leur base de quelques feuilles; pédicelles plus longs que le calice. Sépales 3, *ovales-acuminés*, couverts de longs poils soyeux, atteignant le 1/4 des pétales blancs, tachés de jaune sur l'onglet. Capsule *pentagonale* à 5 loges, tomenteuse. Graines subtrigones, brunes, *denticulées-tuberculeuses* sur les angles.

Hab. les terrains schisteux, entre le Coulet et Trèves; le long de la route de Sumène au Vigan. ꭨ Fl. juin-juillet.

4. **C. ALBIDUS** *Lin. sp.* 737; *Dec. fl. fr.* 4, *p.* 812; *Clus. hist.* 1, *p.* 68, *fig.* 2. — Tige de 6-8 décim., dressée, couverte d'un duvet épais, blanc, cotonneux, au-dessous duquel on l'aperçoit d'une couleur rougeâtre. Feuilles toutes *sessiles*, oblongues, un peu embrassantes, épaisses, obtuses, entières, très-tomenteuses dessous et dessus, *veineuses* et à 3 nervures en dessous; les deux latérales légères. Fleurs très-grandes, 3-8, en ombelle au sommet des rameaux, quelquefois solitaires; à 3 sépales ovales-acuminés, un peu cordés à la base, munis de 3-5 *nervures légères*, velus en dehors et en dedans, plus courts que les pédicelles; à pétales rosés, tachés de jaune à la base, 2-3 *fois plus longs que le calice*. Style à stigmate en tête déprimée, dépassant un peu les étamines. Capsule à 5 valves, velue, ovoïde-subpentagonale, beaucoup plus courte que le calice. Graines petites, brunes, *rugueuses, trigones*. Vulg. *muga blanca*.

Hab. les bois et les garrigues, aux environs de Nîmes, aux bords du Gardon. ♄ Fl. avril-juin.

5. **C. CRISPUS** *Lin. sp.* 738; *Dec. fl. fr.* 4, *p.* 811; *Clus. hist.* 1, *p.* 69, *fig.* 2. — Tige de 3-5 décim., rameuse, tortueuse, brune, couverte, dans le haut, de longs *poils simples* et étoilés; les jeunes rameaux sont blanchâtres, un peu tomenteux et chargés de poils simples. Feuilles petites, sessiles *engainantes*, lancéolées, crispées sur les bords, rugueuses en dessus, ridées et *trinerviées* en dessous, couvertes de poils étoilés sur les deux faces, rapprochées au sommet des rameaux. Fleurs purpurines brièvement pédicellées, en ombelle, à 5 sépales dont un longuement acuminé, nerviés, velus en dehors et en dedans, à pétales légèrement échancrés, un peu plus longs que le calice. Style droit, de la longueur des étamines. Capsule petite, ovale-pentagonale, velue, à 5 valves, beaucoup plus courte que le calice. Graines petites, couleur de terre, rugueuses, à 3 angles obtus. Plante très-odorante.

Hab. les bois, aux environs de Sommières. ♄ Fl. mai-juin.

6. **C. POUZOLZII** *Delil. cat. sem. H. monsp.* 1839, *suppl.;* *Godr. et Gren. fl. fr.* 1, *p.* 163; *Flore du Gard, t.* 1. — Tige de 2-4 décim., *rougeâtre*, couverte supérieurement, ainsi que les rameaux, de *longs poils blancs*, très-rameuse dès la base. Feuilles oblongues, opposées, sessiles, *rugueuses et ondulées sur les bords, veinées*, trinerviées; les jeunes non ondulées, à nervures très-prononcées. Fleurs *plus courtes que le calice*, 4-5 *unilatérales*, dirigées *en haut*, au sommet des pédoncules; pédicelles hérissés. Calice à 5 sépales; les trois extérieurs plus grands, cordiformes à la base, acuminés, rougeâtres à la maturité, hérissés sur les deux faces, *plus longs* que les pédicelles. Pétales *blancs, tachés de jaune à la base*, un peu *échancrés* au sommet. Style droit, plus court que les étamines. Capsule subpentagonale, à 5 valves, *velue au sommet*, beaucoup plus *courte* que les sépales. Graines brunes, trigones, presque lisses, 2-3 dans chaque loge. Les fleurs de cette plante sont très-fugaces; elles s'épanouissent aux premiers rayons du soleil et tombent deux minutes après.

Hab. les terrains schisteux, à Quinti, près le Vigan; à la Grand'Combe, près d'Alais; à Peiremale et Bourdezac; dans le bois des Fourières, en montant à Anjeou, près Montdardier. ♄ Fl. juin-juillet.

7. **C. SALVIÆFOLIUS** *Lin. sp.* 738; *Dec. fl. fr.* 4, *p.* 813; *Clus. hist.* 1, *p.* 70, *ic.* — Tige de 2-5 décim., rougeâtre, rameuse, couverte, dans le haut, de poils serrés, étoilés. Feuilles ovales, opposées, brièvement pétiolées, nerviées et blanchâtres-cotonneuses en dessous. Fleurs assez grandes, solitaires sur des pédoncules axillaires, longs, articulés au-dessus de leur milieu,

CISTUS POUZOLZII, *Delile*, Cat. Sem. h. Monp.

Lith. de Boehm. Montp.

munis de 2 paires de feuilles écartées. Calice à 5 sépales cordiformes, acuminés. Pétales blancs, tachés de jaune à la base, dépassant *de moitié* le calice. Capsule pentagonale, velue, plus courte que le calice, à 5 valves. Graines nombreuses dans chaque loge, subglobuleuses, roussâtres, réticulées-rugueuses. Vulg^t *muga*.

Hab. les bois et les garrigues, à Nîmes, à Manduel et dans leurs environs. ♄ Fl. mai-juin.

8. **C. MONSPELIENSIS** *Lin. sp.* 737 ; *Dec. fl. fr.* 4, *p.* 814 ; *Cav. ic. t.* 137 ; *Clus. hist.* 1, *p.* 79, *fig.* 1. — Tige d'un mètre et plus, rougeâtre ou brune, rameuse, couverte de poils simples et étoilés. Rameaux très-feuillés à la base, hérissés ainsi que les pédoncules. Feuilles opposées, sessiles, linéaires-aiguës, trinerviées, lancéolées, à la fin ridées, un peu roulées sur les bords, velues des deux côtés, visqueuses dans le haut des rameaux. Pédoncules portant à leur sommet 5-9 fleurs unilatérales, dirigées en haut ; pédicelles de la longueur du calice, à 5 sépales cordiformes-acuminés, hérissés, de moitié plus courts que les pétales blancs, tachés de jaune à la base. Capsule ronde, à 5 valves, glabre, à poils étoilés, rares au sommet, beaucoup plus courte que le calice. Graines noires, trigones, presque lisses. Vulg^t *muga*.

On se sert de cette plante, préférablement à toute autre, pour faire monter les vers à soie.

Hab. les bois et les garrigues, dans toute la partie basse du département. ♄ Fl. mai-juin.

2e g^{re}. **HÉLIANTHÈME. —HELIANTHEMUM.** (Tournef. inst., t. 128.)

Calice à 5 sépales, dont 2 extérieurs plus petits. Pétales 5. Étamines nombreuses, insérées sur le réceptacle, toutes fertiles. Capsule à 3 valves, à une cloison incomplète. Graines glabres, anguleuses, *sans raphé.*

1.	Fleurs blanches.	2
	Fleurs jaunes.	3.
2.	Sépales glabres, à nervures légèrement tomenteuses.	PILOSUM.
	Sépales tomenteux.	POLIFOLIUM
3.	Style droit.	4.
	Style géniculé.	7.
	Style contourné en cercle à la base.	8.
4.	Feuilles supérieures sans stipules.	5.
	Feuilles supérieures pourvues de stipules.	GUTTATUM.
5.	Feuilles inférieures stipulées.	6.
	Feuilles inférieures non stipulées.	TUBERARIA
6.	Pédoncules plus courts que les sépales.	NILOTICUM
	Pédoncules de la longueur des sépales ou plus longs qu'eux.	SALICIFOLIUM

$$7 \cdot \begin{cases} \text{Capsules à 3-4 graines, beaucoup plus courtes que} \\ \quad \text{le calice} \ldots \ldots \ldots \ldots \ldots \ldots \text{HIRTUM.} \\ \text{Capsules à graines nombreuses, de la longueur du} \\ \quad \text{calice} \ldots \ldots \ldots \ldots \ldots \ldots \text{VULGARE.} \end{cases}$$

$$8 \cdot \begin{cases} \text{Feuilles poilues, à poils étoilés, courts} \ldots \ldots 9. \\ \text{Feuilles poilues, à poils simples, longs} \ldots \ldots \text{ITALICUM.} \end{cases}$$

$$9 \cdot \begin{cases} \text{Feuilles ovales-lancéolées} \ldots \ldots \ldots \ldots \text{CANUM.} \\ \text{Feuilles presque en cœur à la base} \ldots \ldots \text{MARIFOLIUM.} \end{cases}$$

1. **H. NILOTICUM** *Pers. syn.* 2, *p.* 78 ; *H. ledifolium, Dec. fl. fr.* 4, *p.* 819 ; *Lob. ic.* 2, *p.* 118, *fig.* 2. — Racine grêle, tortueuse. Tige de 2 décim., forte, droite, simple ou rameuse dès la base, ordinairement pubescente. Feuilles opposées, pétiolées, velues ; celles du bas de la tige oblongues ou elliptiques, munies de stipules assez grandes ; celles du haut lancéolées, privées de stipules. Fleurs jaunes écartées, opposées aux feuilles, à 5 sépales, dont 3 ovales *acuminés*, trinerviés, et 2 *plus étroits, lancéolés*, uninerviés, tous velus ; à 5 pétales oblongs. Pédoncules *robustes*, velus, ascendants, *plus courts* que les sépales. Bractées lancéolées. Capsule trigone, grosse, glabre, pubescente sur les angles, plus courte que le calice. Style court, droit ou incliné. Graines nombreuses, rousses-verdâtres, sessiles, ovoïdes.

Hab. le bois de Broussan, près du mas de Loube, aux environs de Nîmes. ⚥ Fl. mai–juin.

2. **H. SALICIFOLIUM** *Pers. syn.* 2, *p.* 78 ; *Dec. fl. fr.* 4, *p.* 820 ; *H. denticulatum, Pers. syn.* 2, *p.* 78 ; *Duby, bot.* 60 ; *Seguier, Veron.* 3, *p.* 197, *t.* 6, *fig.* 3. — Racine d'un brun rougeâtre, grêle, pivotante, du collet de laquelle sortent plusieurs tiges étalées ou ascendantes, de 1-2 décim., faibles, velues ou pubescentes. Feuilles ovales ou elliptiques, pétiolées, opposées, pubescentes ; les inférieures stipulées, les supérieures sans stipules. Fleurs opposées aux feuilles, petites, d'un jaune pâle, en grappe lâche, à 5 sépales lancéolés, à 5 pétales dépassant à peine le calice. Pédoncules velus, *horizontaux*, ascendants, plus longs que les feuilles florales et les sépales. Bractées entières ou denticulées. Capsule trigone, glabre, pubescente sur les angles, un peu plus courte que le calice. Style droit, incliné. Graines lisses, rousses, petites, nombreuses, pyriformes.

Hab. les terrains maigres, à Nîmes, Saint-Gilles, Villeneuve, au pont du Gard, Uzès, Manduel, Corconne, Alzon, Brama-Bioou, sur l'Esperou. ⚥ Fl. mai–juin.

3. **H. HIRTUM** *Pers. syn.* 2, *p.* 79 ; *Dec. fl. fr.* 5, *p.* 624 ; *Rchb. ic.* 4551. — Souche ligneuse noirâtre. Tiges nombreuses, de 1-2 décim., très-rameuses dès la base, ascendantes, dures, *cendrées-cotonneuses* ainsi que les feuilles ; celles-ci ovales ou oblongues, étroites, roulées en dessous par les bords, à une nervure en dessous très-saillante. Stipules très-étroites, un peu plus

longues que les pétioles. Fleurs jaunes, écartées sur les rameaux,
munies de bractées, à calice à 5 sépales *hérissés ;* les trois grands
trinerviés, obtus, à pétales deux fois de la longueur du calice.
Pédoncules fructifères réfléchis, plus longs que les calices.
Capsule petite, *beaucoup plus courte que le calice*, ovale, cotonneuse. Style plus long que les étamines, *deux fois* de la longueur
de la capsule. Graines 3-4, brunes, ovoïdes.

Var. B, *Albiflorum*. Fleurs blanches. — *H. majoranæfolium*,
Dec. fl. fr. 5, p. 625.

Hab.: la var. A, dans les bois de Cygnan, de Broussan, près de Nimes,
Alzon, dans les dunes à Aigues-Mortes; la var. B, à Beaucaire. (*Dufour.*)
♄ Fl. mai–juillet.

4. **H. VULGARE** *Gœrtn. fruct. 1, t. 76 ; Godr. et Gren. fl.
fr. 1, p. 169.* — Souche noirâtre, presque ligneuse. Tiges de
2-3 décim., diffuses, couchées, rameuses à la base, à rameaux
allongés, plus ou moins velues. Feuilles opposées, à pétioles
courts, oblongues ou linéaires-lancéolées, à bords un peu roulés
en dessous, vertes en dessus, vertes ou blanchâtres en dessous,
munies de stipules linéaires dépassant un peu le pétiole. Fleurs
jaunes, en grappe lâche, munies de bractées, à 5 sépales hérissés ;
les trois intérieurs trinerviés, obtus; à 5 pétales deux fois de la
longueur du calice. Style plus long que les étamines et presque
aussi long que la capsule, qui est ovale, cotonneuse, de la longueur du calice, portée sur un pédoncule réfléchi, plus long
qu'elle. Graines nombreuses, blanchâtres, petites. Vulg' *herbe
d'or, fleur du soleil.*

Var. A, *Tomentosum*. Feuilles cotonneuses, blanchâtres en
dessous; *H. vulgare, Dec. fl. fr. 4, p. 821 ; Rchb. cist. ic. 4547, a.*
Feuilles étroites-lancéolées, blanchâtres en dessous; *H. tomentosum, Dub. bot. 61 ; H. acuminatum, Dub. bot. 61.*

Var. B, *Virescens*. Feuilles vertes des deux côtés. Fleurs trois
fois plus grandes que le calice; *H. grandiflorum, Dec. fl. fr. 4,
p. 821.* Fleurs médiocres. *H. obscurum, Dec. fl. fr. 5, p. 624 ;
Rchb. cist. ic. 4547, b.* Feuilles ovales, arrondies. *H. nummularium, Dec. prod. 1, p. 280. H. obscurum, B. nummularium,
Dec. fl. fr. 5, p. 624.*

Hab.: la var. A, les collines au Vigan, à l'Esperou, les pacages à Campestre, bords des champs à Genolhac, les dunes à Aigues-Mortes; la var. B,
dans les bois et garrigues de Cygnan, Lussan, Saint-Vincent, Campagne,
environs de Nimes. ♃ Fl. mai–juillet.

5. **H. POLIFOLIUM** *Dec. fl. fr. 4, p. 823 ; Rchb. ic. 4556 ;
Hel. apenninum, Dec. fl. fr. 4, p. 824 ; Rchb. ic. 4554 ; H. pulve-
rulentum, Dec. fl. fr. 4, p. 823 ; Rchb. ic. 4555.* — Racine et
tige ligneuses, brunes, à rameaux de 1-4 décim., rameux, droits
ou étalés, cotonneux, blanchâtres, à poils étoilés. Feuilles oblon-

gues, brièvement pétiolées, un peu roulées en dessous par les bords, vertes en dessus, velues, à poils étoilés; ou étroites-oblongues, beaucoup plus roulées en dessous, blanchâtres, cotonneuses à la face inférieure ou blanchâtres sur les deux faces. Fleurs blanches, lâches le long des rameaux, à bractées. Sépales intérieurs larges, ovales, obtus, trinerviés, cotonneux. Pétales plus longs que le calice. Capsule cotonneuse, grosse, ovale, de la longueur du calice. Style plus long que les étamines et presque de la longueur de la capsule. Pédoncules fructifères réfléchis, de la longueur du fruit ou plus longs qu'eux. Graines nombreuses, ovales, brunes, finement chagrinées.

Hab. les bois, à Nimes, Saint-Nicolas, Serre-de-Bouquet, Anduze, Alzon. ♄ Fl. mai–juillet.

6. **H. PILOSUM** *Pers. syn.* 2, *p.* 79; *Dec. fl. fr.* 4, *p.* 823; *All. ped. t.* 45, *fig.* 2. — Cette espèce ne diffère de la précédente que par ses calices et ses capsules beaucoup plus petits; par ses sépales moins cotonneux, et par l'aspect plus sec de ses rameaux nus.

Hab. les terrains secs, au pont du Gard, à Tresques, Uzès, Valbonne Campestre. ♄ Fl. avril–juillet.

Les différences qui existent entre cette espèce et la précédente sont trop variables, selon les localités, pour qu'il soit possible de les établir d'une manière précise, tant qu'une étude plus approfondie ne nous aura pas fourni des caractères plus fixes.

7. **H. ITALICUM** *Pers. syn.* 2, *p.* 76. — Racine ligneuse, noirâtre. Tiges nombreuses, très-rameuses dès la base, dures, un peu rougeâtres, longues de 1-2 décim., étalées, plus rarement dressées, plus ou moins velues. Feuilles opposées, ovales ou lancéolées, à bords un peu roulés en dessous, poilus, à poils *réunis en pinceau*, jamais blanchâtres en dessous. Fleurs jaunes, lâches sur les rameaux, munies de bractées, à sépales très-velus, à pétales plus longs que le calice. Capsule glabre, *ciliée* sur les sutures, petite, ovale, plus courte que le calice. Pédicelles étalés-dressés, plus longs que le calice. Graines petites, rousses, lisses, pyriformes.

VAR. A, *Glabratum.* Feuilles lancéolées-aiguës, glabres, ciliées; rameaux et pédicelles glabres et rougeâtres. *H. œlandicum, Dec. fl. fr.* 4, *p.* 817; *Mut. fl. fr.* 1, *p.* 112, *t.* 6, *fig.* 36.

VAR. B, *Alpestre.* Feuilles oblongues, planes, poilues, pétales dépassant le calice de moitié. *H. alpestre, Dec. fl. fr.* 5, *p.* 622; *Mut. fl. fr.* 1, *p.* 112, *t.* 6, *fig.* 35.

VAR. C, *Micranthum.* Feuilles couvertes de longs poils, lancéolées-aiguës, un peu roulées sur les bords; pétales dépassant à peine le calice. *H. penicillatum, Dec. prodr.* 1, *p.* 277.

Hab. la var. A, dans les garrigues, à Blauzac; la var. B, dans les garri-

gues aux environs de Nîmes; la var. C, les terrains arides au Serre-de-
Bouquet, le bois des Espèces près Nîmes, à Villeneuve-lez-Avignon, à
Blauzac. ♄ Fl. mai–juin.

8. **H. CANUM** *Dec. prod.* 1, *p.* 277, *Dub. bot.* 61 ; *All. ped.*,
t. 45, *fig.* 3 ; *H. marifolium*, *Dec. fl. fr.* 4, *p.* 817. — Racine
ligneuse, noirâtre. Tiges nombreuses, très-rameuses dès la base,
étalées, à rameaux blanchâtres-cotonneux. Feuilles oblongues,
pétiolées brièvement, verdâtres sur la face supérieure ou blanchâtres-cotonneuses des deux côtés. Fleurs jaunes, en grappe
assez lâche, à calices velus, cotonneux ou soyeux, à pétales plus
longs que le calice. Capsule ovale, plus courte que le calice, un
peu velue sur les sutures. Pédicelles fructifères réfléchis, plus
longs que le fruit. Graines ovoïdes, petites, blanchâtres. Rameaux
stériles, soyeux.

Hab. les lieux arides et les bois, au Vigan, Alzon, Montdardier, Brama-
Bioou, Salbous. ♄ Fl. mai–juillet.

9. **H. MARIFOLIUM** *Dec. prod.* 1, *p.* 277 ; *Mut. fl. fr.* 1,
p. 112, *t.* 6, *fig.* 34. — Cette plante se distingue de la précédente, à laquelle elle ressemble beaucoup, par ses feuilles *ovales-
aiguës, presque en cœur à la base,* et par ses rameaux bi ou trichotomes.

VAR. A, *Virens.* Plante hérissée ou velue, non cotonneuse.
H. origanifolium, Dub. bot. 60 ; *Cav. ic.* 3, *t.* 262, *fig.* 1.

VAR. B, *Tomentosum.* Feuilles blanchâtres, cotonneuses en
dessous. *H. marifolium, Dub. bot.* 61, *Mut. l. c.*

Hab.: la var. A, à Alais (*Duby*); la var. B, que j'ai trouvée aux environs
d'Arles, n'a pas, à ma connaissance, encore été trouvée dans le département.

10. **H. GUTTATUM** *Mill. dict.* Nº 18 ; *Dec. fl. fr.* 4, *p.* 819 ;
Colum. ecphr. 2, *t.* 77 ; *H. eriocaulum, Dub. bot.* 59 ; *H. inconspicuum, Dub. bot.* 59 ; *H. punctatum, Dub. bot.* 59 ; *H. plantagineum, Dub. bot.* 59. — Racine annuelle, grêle. Tige unique
ou plusieurs ensemble, de 1-3 décim., herbacées, rameuses, plus
ou moins hérissées, droites. Feuilles sessiles, opposées, oblongues ou lancéolées, trinerviées, plus ou moins hérissées; les
radicales ovales-spatulées, en rosette ; les supérieures plus étroites,
alternes, munies de stipules foliacées. Fleurs jaunes, en grappe
allongée, lâche, quelquefois dirigées du même côté, sans bractées.
Calice hérissé. Pétales entiers ou dentelés, très-souvent tachés
de brun à la base. Capsule glabre, ovale, à peu près de la longueur du calice, ciliée au sommet des valves. Pédicelles étalés,
4-5 fois plus longs que le calice. Graines brunes, très-petites.

Hab. les bois et les garrigues, à Nîmes, Uzès, le Vigan. ① Fl. mai–juillet.

11. **H. TUBERARIA** *Mill. dict.* Nº 10 ; *Dec. fl. fr.* 4, *p.* 818 ;
Chabr. sciagr. 99, *fig.* 2-3. — Racine *vivace,* dure, tortue, du

collet de laquelle sortent 1-3 tiges herbacées, de 2-3 décim., ascendantes, simples ou rameuses dans le haut, *glabres supérieurement, velues inférieurement*. Feuilles radicales ovales-oblongues, pointues, en rosette, à 3-7 nervures très-prononcées, couvertes d'une soie blanche, surtout en dessous; celles du bas de la tige opposées; celles du haut alternes, lancéolées. Fleurs jaunes, en grappe courte et lâche, à pédoncules longs et bifides, dirigés du même côté à la maturité. Calice à 5 sépales, dont deux extérieurs petits et trois intérieurs grands, ovales, lancéolés, aigus, glabres et luisants, plus courts que les pédoncules et les pétales. Capsule cotonneuse, ovale, de moitié plus courte que le calice. Style nul. Graines très-petites, *couvertes de tubercules blancs*. On trouve toujours cette plante avec une ou plusieurs rosettes de feuilles, du centre desquelles doivent naître des tiges fertiles l'année suivante.

Hab. dans les garrigues, en descendant à Saint-Gilles; dans le bois de Broussan, près Loube (*Requien*); à Vauvert (*Guan.*).

3ᵉ gʳᵉ. **FUMANA**. — **FUMANA**. (Spach. nouv. ann. sc. nat. 6, p. 359.)

Calice à 5 sépales, dont 2 extérieurs plus petits. Étamines extérieures stériles. Capsule à 3 valves. Graines *pourvues d'un raphé.*

```
1. | Plante visqueuse.............................. VISCIDA.
   | Plante non visqueuse.........  .............. 2.
2. | 5-6 fleurs en grappe.......................... LÆVIPES.
   | 1-4 fleurs au sommet des rameaux. ........... 3.
3. | Pédoncules 2-3 fois plus longs que les feuilles.... SPACHII.
   | Pédoncules à peine égaux aux feuilles............. PROCUMBENS.
```

1. **F. PROCUMBENS** *Gr. et God. fl. fr.* 1, *p.* 173; *Helianth. fumana, var. α., Dec. fl. fr.* 4, *p.* 816; *Jacq. austr., t.* 252. — Racine ligneuse, noirâtre. Tige dure, grisâtre, très-rameuse, de 1-3 décim., droite ou étalée; les jeunes rameaux, les feuilles, les pédoncules et les calices, couverts de poils blancs, courts, crispés. Feuilles alternes, *sans stipules*, linéaires, très-étroites, subtrigones mucronulées, scabres sur les bords; les inférieures courtes et serrées; les supérieures aussi longues que celles du milieu. Fleurs jaunes, 1-4 au sommet des rameaux. Pédoncules fructifères réfléchis, opposés aux feuilles, presque toujours plus courts qu'elles; le dernier ordᵗ *dépassé* par l'extrémité du rameau. Calice pubescent, à sépales extérieurs ciliés. Pétales plus longs que le calice. Capsule glabre, luisante, munie de quelques poils au sommet de la suture, plus courte que le calice. Style coudé à la base et redressé. Graines ovales, rousses, assez grosses.

Hab. les dunes et les pacages, à Aigues-Mortes; les lieux arides, à Alais. ♃ Fl. mai-juillet.

2. **F. SPACHII** *Gren. et God. fl. fr.* 1, *p.* 174; *Helianth.*

fumana, var. B. *Dec. fl. fr.* 4, *p.* 816 ; *Cistus fumana, Desfont. atl., t.* 105. — Cette espèce diffère de la précédente : par ses tiges plus grandes et redressées ; par ses rameaux, dont le sommet *dépasse rarement* le dernier pédoncule ; par ses feuilles supérieures, *beaucoup plus courtes* que celles du milieu des rameaux ; par ses pédoncules, *beaucoup plus longs* que les feuilles ; par ses capsules plus petites, laissant échapper les graines à la maturité ; par les poils *étalés et glanduleux* parsemés sur les pédoncules et les feuilles.

Hab. les garrigues, dans tous les environs de Nîmes ; le long du chemin de la Beaume. ♄ Fl. avril–juin.

3. **F. LÆVIPES** *Spach. l. c. p.* 356 ; *Helianth. lævipes, Dec. fl. fr.* 4, *p.* 816 ; *Gérard gall. pr. p.* 394, *t.* 14. — Racine vivace. Tige de 2-3 décim., ligneuse à la base, nue inférieurement, à rameaux ascendants, herbacés, hérissés-visqueux au sommet. Feuilles subtrigones, glabres, *sétacées*-linéaires, *fasciculées,* alternes, à stipules longues, filiformes. Fleurs jaunes, disposées 5-8 en grappe lâche. Pédoncules très-étalés, *glabres,* munis de bractées courtes, deux fois longs comme le calice hérissé. Pétales dépassant légèrement le calice. Style contourné. Stigmate en tête. Capsule ovale, glabre, un peu plus courte que le calice. Graines noires, réticulées.

Hab. sur les rochers, en Languedoc (*Dec.*) (*Mut.*). ♄ Fl. mai–juin.

4. **F. VISCIDA** *Spach. l. c.; Helianth. glutinosum, Dec. fl. fr.* 4, *p.* 821 ; *Barr. ic.* 415. — Racine vivace. Tige de 1-2 décim., tortueuse, ligneuse à la base, très-rameuse, à rameaux ascendants, *velus-visqueux,* cendrés. Feuilles étroites, presque linéaires, *roulées en dessous par les bords,* la plupart opposées, réunies 2-3 à l'aisselle des stipules, velues-cendrées des deux côtés. Fleurs d'un jaune pâle, disposées 4-6 en grappe lâche. Pédoncules étalés, réfléchis à la maturité, velus-glanduleux, deux fois de la longueur du calice, un peu dépassé par les pétales. Style oblique non coudé, ne dépassant pas les étamines. Stigmate déprimé. Capsules glabres, ovales-arrondies, plus courtes que le calice velu, glanduleux. Graines brunes, ovales-ovoïdes.

VAR. C, *Juniperifolium.* Feuilles inférieures courtes, glabres ; les supérieures pubescentes. *H. juniperifolium, Dec. prod.* 1, *p.* 275 ; *Dub. bot.* 60 ; *Barr. ic.* 443.

Hab. les coteaux arides et les bois, à Vaqueirole, au bois des Espèces près Nîmes, au bois de Broussan, au Serre-de-Bouquet. ♄ Fl. mai–juin.

VIIIe FAM. **VIOLARIÉES.**

VIOLARIEÆ. (*Dec. fl. fr.* 4, *p.* 801.)

Calice persistant, à 5 sépales appendiculés à la base. 5 pétales inégaux, alternes avec les sépales. 5 étamines insérées sur le réceptacle, à filets courts, élargis à la base, libres, à anthères biloculaires rapprochées, entourant l'ovaire libre, unique. 1 style. 1 stigmate. Capsule uniloculaire, polysperme, déhiscente, à 3 valves, à placentas pariétaux.

1er gre. **VIOLETTE. — VIOLA.** (Tournef. inst. 419, t. 286.)

Fleurs irrégulières. 5 sépales inégaux, appendiculés. 5 pétales, dont l'inférieur plus large, éperonné. 5 étamines, dont les deux inférieures portant chacune, à leur base, un appendice logé dans l'éperon. Capsule à 3 valves, s'ouvrant en étoile. Graines dures, lisses, presque sphériques. Fleurs penchées. Plantes herbacées, annuelles ou vivaces.

1.	Stipules pinnatifides............................	TRICOLOR.
	Stipules entières................................	2.
2.	Style aigu et courbé au sommet..................	3.
	Style épaissi au sommet.........................	PALUSTRIS.
3.	Capsule globuleuse..............................	4.
	Capsule trigone.................................	7.
4.	Une ou plusieurs tiges latérales................	5.
	Point de tiges latérales........................	6.
5.	Tiges latérales non radicantes..................	ALBA.
	Tiges latérales radicantes......................	ODORATA.
6.	Capsule velue...................................	HIRTA.
	Capsule pubescente..............................	COLLINA.
7.	Éperon 3-4 fois plus long que les appendices du calice.	SYLVATICA
	Éperon un peu plus long que les appendices du calice..	8.
8.	Capsule sans nervures saillantes................	STRICTA.
	Capsule à nervures saillantes...................	CANINA.

1. **V. PALUSTRIS** *Lin. sp.* 1324; *Dec. fl. fr.* 4, *p.* 804; *Moris. s.* 5, *t.* 35, *fig.* 5. — Racine blanchâtre, rampante, fibreuse. Tiges nulles. Feuilles *glabres sur les deux faces, arrondies-réniformes*, échancrées à la base, légèrement *crénelées*, à pétioles de 6-12 centim. Fleurs petites, bleuâtres, à raies violettes, inodores. Pédoncules ord^t plus longs que les feuilles, pourvus de 2 petites bractées recourbées à la maturité. Sépales ovales, aigus, un peu membraneux sur les bords. Pétales entiers; les latéraux peu barbus, l'inférieur à éperon court et obtus, dépassant à peine les appendices du calice. Capsule glabre, oblongue, trigone.

Hab. les marais tourbeux et les petits ruisseaux, à l'Aigual, Saint-Guiral et la Grandés-Hante. ♃ Fl. mai-juin.

2. **V. HIRTA** *Lin. sp.* 1324; *Dec. fl. fr.* 4, *p.* 802; *Moris. s.* 5, *t.* 3, *fig.* 4. — Racine blanchâtre, noueuse, fibreuse. Souche rameuse, sans rejets, rampante. Tige nulle. Feuilles ovales ou oblongues, pointues, cordiformes, dentées ou crénelées, velues

ainsi que les pétioles et les pédoncules. Stipules linéaires, aiguës, ciliées-glanduleuses. Fleurs violettes ou blanches, inodores. Sépales ovales, obtus, ciliés. Pétales *échancrés*, les deux latéraux très-barbus. Éperon un peu courbé. Stigmate aigu, crochu. Pédoncules plus longs que les pétioles, pourvus de 2 bractées ciliées. Capsules velues.

Hab. les bois et les haies, dans tout le département. ♃ Fl. mars–avril.

3. **V. alba** *Besser prim. gallic.* 1, *p.* 171; *V. odorata-hirta,* *Rchb. ic.* 7, *fig.* 4497. — Racine blanchâtre, rameuse. Souche épaisse, noueuse, écailleuse, émettant des tiges latérales, couchées, herbacées, *non radicantes*. Feuilles ovales, pointues, cordiformes, à sinus assez ouvert; celles des tiges plus petites, comme triangulaires, légèrement échancrées à la base. Stipules fortement ciliées. Fleurs violacées, odorantes. Sépales oblongs, obtus. Pétales inférieurs échancrés; les autres *entiers* ou *presque entiers;* les deux latéraux *peu barbus*. Éperon courbé, aigu à l'extrémité. Pédoncules pourvus, vers le milieu, de 2 bractées linéaires-aiguës, *ciliées-glanduleuses*. Capsule ovale-globuleuse, velue. Plante plus ou moins velue.

Hab. les prairies, à Aulas (*Diomède, méd.*). ♃ Fl. mars–avril.

4. **V. odorata** *Lin. sp.* 1324; *Dec. fl. fr.* 4, *p.* 803; *Drèves et Hayne, Choix de pl. d'Europe, t.* 7. — Racine blanchâtre, rameuse. Souche écailleuse, à stolons allongés, radicants. Tige nulle. Feuilles cordiformes, crénelées, ovales-arrondies ou pointues, plus ou moins velues ainsi que les pétioles. Stipules ciliées, lancéolées, acuminées. Fleurs odorantes, violettes, quelquefois blanches. Sépales ovales-obtus. Pétale inférieur échancré; les latéraux très-barbus; les supérieurs entiers. Bractées ciliées, étroites, pointues, insérées au-dessus du milieu du pédoncule. Capsule globuleuse, velue, dépassant le calice. Graines blanchâtres.

Hab. les hais et les bois, dans tout le département. ♃ Fl. mars–avril.

Les fleurs de cette plante sont béchiques, anodines et rafraîchissantes, les feuilles émollientes, les racines émétiques, et les graines diurétiques et cordiales.

5. **V. collina** *Besser en Vohl. p.* 10, *N°* 243; *Rchb. ic. fig.* 4497. — Cette espèce diffère du *viola odorata* par l'absence des stolons et la pubescence de ses capsules.

Hab. le bois de Salbous (*Martin*)? ♃ Fl. mai.

6. **V. sylvatica** *Fries, fl. hall. p.* 64; *V. sylvestris Koch syn. p.* 91; *Rchb. ic.* 12, *fig.* 4503; *Mut. fl. fr.* 1, *p.* 120 (*non Lamk*). — Racine tortueuse, brunâtre. Tiges ascendantes, de 1-3 décim., presque glabres ainsi que les feuilles; celles-ci ovales-

cordiformes, crenelées ; les inférieures obtuses ; les supérieures *acuminées*. Stipules linéaires, aiguës, *frangées profondément*. Fleurs inodores, d'un violet clair, à éperon blanchâtre, obtus, dépassant de beaucoup les appendices du calice dont les sépales sont étroits et très-aigus. Pétales entiers ; les deux latéraux très-barbus. Capsule oblongue, aiguë, glabre.

VAR. B, *Grandiflora*. Fleurs plus grandes. *V. riviniana, Rchb. ic.* 12, *fig.* 4502.

Hab. les bois et les haies, à Aulas, à Campestre, Salbous, la chartreuse de Valbonne, etc. 2 Fl. mars–avril.

7. **V. CANINA** *Lin. sp.* 1324 ; *Dec. fl. fr.* 4, *p.* 806 ; *Mut. fl. fr., t.* 7, *fig.* 41 *bis*.—Racine brune. Souche rameuse, écailleuse. Tiges ascendantes ou étalées, de 1-3 décim., rameuses, flexueuses, anguleuses, glabres ou un peu pubescentes ainsi que les feuilles ; celles-ci cordiformes, ovales-oblongues, crenelées ; les inférieures obtuses ; les supérieures un peu pointues. Stipules linéaires-aiguës, frangées. Fleurs d'un bleu clair, à sépales aigus, à pétales entiers ; les deux latéraux un peu barbus ; l'inférieur à éperon large, comprimé, obtus, plus long que les appendices du calice. Pédoncules plus longs que les feuilles, munis, au-dessus de leur milieu, de 2 petites bractées, linéaires-aiguës, légèrement ciliées. Capsule glabre, subtrigone, obtuse-mucronée, à valves naviculaires, carénées. Graines lisses, blanchâtres.

Hab. les bois et les haies, dans tout le département. 2 Fl. avril–juin.

8. **V. STRICTA** *Hornem. fl. dan. t.* 1812 ; *V. Ruppii, Mut. fl. fr., p.* 121, *t.* 9, *fig.* 47. — Racine brune. Souche rameuse. Tiges glabres, dressées ; les extérieures quelquefois couchées. Feuilles ovales-oblongues, cordiformes, pointues, faiblement crenelées, glabres. Pétioles *ailés* supérieurement. Stipules herbacées, dentées, lancéolées. Fleurs assez grandes, d'un bleu violet. Sépales aigus. Pétales entiers ; les deux latéraux barbus ; l'inférieur à éperon obtus, droit, deux fois de la longueur des appendices du calice. Bractées non ciliées, insérées près de la fleur. Pédoncules deux fois de la longueur de la feuille. Capsule glabre, subtrigone, ovale-oblongue, surmontée d'une petite pointe, *sans nervures saillantes*.

Hab. les prairies de l'Esperou et de Saint-Guiral. 2 Fl. mai–juin.

9. **V. TRICOLOR** *Lin. sp.* 1326 ; *Dec. fl. fr.* 4, *p.* 808. — Racine grêle, blanchâtre, *annuelle*. Tiges uniques ou nombreuses, de 1-4 décim., anguleuses, simples ou rameuses, droites, ascendantes ou diffuses, glabres ou pubescentes ainsi que les feuilles ; celles-ci ovales, oblongues ou lancéolées ; les radicales subcordiformes, toutes crenelées, atténuées en pétiole. Stipules *foliacées, pinnatifides*, à lobes linéaires ; le terminal grand, *crénelé*, sem-

blable aux feuilles; l'inférieur subulé, recourbé. Fleurs très-variables pour la grandeur et la couleur. Pétales supérieurs dirigés en haut; les latéraux souvent horizontaux; l'inférieur dirigé en bas, large, échancré et prolongé en éperon obtus, dépassant les appendices du calice. Sépales très-aigus. Style en massue. Stigmate droit, infundibuliforme. Pédoncules dressés, arqués au sommet, deux fois de la longueur des feuilles, munis, sur la courbure ou un peu plus bas, de 2 bractées un peu ciliées à la base. Capsule glabre, ovale, trigone. Graines lisses, ovales, d'un rouge clair.

Var. A, *Pallescens*, *V. pallescens*, *Jord. Obs.* 2ᵉ *fragm.*, *p.* 10, *t.* 1, *fig. a.* — Tige simple, de 10-15 centim., presque glabre, grêle, portant peu de fleurs. Feuilles ovales, dentées, à pétioles plus longs que les stipules, à 3-5 lobes, aigus. Fleurs blanches, plus courtes que le calice, à éperon dépassant le prolongement des sépales, lancéolés, aigus, et deux fois de la longueur de la capsule sphérique.

Hab. les champs cultivés, au Capellier, près d'Alzon (*Martin*). ① Fl. mai.

Var. B, *Mediterranea*, *V. nemausensis*, *Jord. l. c.*, *p.* 18, *t.* 2, *fig. c.* — Tiges de 5-10 centim., simples ou rameuses, pubescentes. Feuilles ovales ou rondes, crénelées, pétiolées. Stipules pinnatifides, à lobes linéaires, obtus, atténués à leur base; le terminal foliacé, denté. Pétales blancs ou bleuâtres, un peu plus longs que le calice; éperon large, obtus, plus long que les appendices du calice, souvent colorés. Sépales lancéolés, acuminés. Capsule ovale-arrondie. Graines petites, d'un brun clair.

Hab. les bois et les champs sablonneux, aux environs de Nîmes, au pont du Gard, à Jonquière, à Bellegarde; dans les dunes de la Pinède des Quatre-Maries, près le grau d'Orgon, et dans celles de la Pinède d'Aigues-Mortes ① Fl. mai-juin.

Var. C, *Agrestis*, *V. agrestis*, *Jord. l. c.*, *p.* 15, *t.* 2, *fig. a.* — Tige de 2-3 décim., à rameaux très-étalés, flexueuse, à articulations plus courtes que les feuilles, à stries très-caractérisées. Feuilles d'un vert un peu cendré, crénelées, pubescentes, ovales-elliptiques ou simplement ovales dans le bas de la plante. Stipules très-divisées, à lobes latéraux linéaires-aigus; le terminal très-grand, crénelé, foliacé. Pétales de la longueur du calice; les supérieurs et les latéraux lilacés; l'inférieur blanc, taché de jaune à l'ombilic; éperon oblong, obtus, de la longueur des appendices du calice, souvent coloré. Capsule ovale-oblongue, obtuse.

Hab. les champs cultivés, les vignes, à Manduel. ① Fl. mai.

Var. D, *Segetalis*, *V. segetalis*, *Jord. l. c.*, *p.* 12, *t.* 1, *fig. b.* — Tiges de 2-3 décim., flexueuses, ascendantes, pubescentes,

légèrement striées, à rameaux dressés, peu étalés. Feuilles inférieures ovales; les caulinaires oblongues ou lancéolées; stipules
pinnatifides, à 5-7 lobes aigus; le terminal plus long, plus large,
cilié, à dents écartées, comme dans les feuilles aussi ciliées.
Pétales un peu plus courts que le calice; les deux supérieurs
tachés de violet au sommet; les latéraux blancs, et l'inférieur
blanchâtre, taché de jaune à l'ombilic. Éperon étroit, obtus,
dépassant un peu les appendices du calice. Capsule elliptique-
obtuse.

Hab. les champs cultivés des montagnes, à l'Esperou. au cap de Coste,
à Aumessas. ① Fl. juillet-août.

Var. E, *Gracilescens, V. gracilescens, Jord. l. c., p.* 20, *t.* 2.
fig. b. — Tiges de 2-3 décim., ascendantes, simples, glabres ou
pubérulentes. Feuilles crénelées, brièvement ciliées; les inférieures ovales, pétiolées, presque cordiformes; les supérieures
oblongues-lancéolées, aiguës. Stipules pinnatifides, à 7-10 lobes
aigus; le terminal plus grand, denté, foliacé. Fleurs plus grandes
que le calice ou de sa longueur, à pétales supérieurs se recouvrant par leurs bords inférieurs, d'un violet décidé, avec le tiers
inférieur jaunâtre; les latéraux et l'inférieur jaunâtres. Éperon
oblong, obtus, souvent coloré, plus long que les appendices du
calice. Capsule ovale-arrondie.

Hab. les champs cultivés, sur la Lozère, commune de Concoule, et probablement sur les autres montagnes élevées du département. ① Fl. mai-juin.

Var. F, *Vivariensis, V. vivariensis, Jord. Obs.* 1er *fragm., p.* 17,
t. 2. — Tiges de 1-4 décim., faibles, ascendantes, glabres. Feuilles
crénelées, brièvement ciliées; les inférieures ovales, à long pétiole; les supérieures ovales-lancéolées, atténuées en pétiole. Stipules palmatifides, ciliées, à 7-10 lobes linéaires; le terminal plus
long et plus large, entier ou à 1-3 dents. Fleurs plus grandes que
le calice, à pétales ovales, allongés; les deux supérieurs d'un bleu
clair, non recouverts; les deux latéraux d'un bleu plus clair;
l'inférieur mucroné à l'extrémité, jaune à l'ombilic, le reste
bleuâtre. Éperon souvent coloré, linéaire, 2-3 fois plus long que
les appendices du calice. Capsule ovale-oblongue, un peu aiguë.

Hab. les champs cultivés de l'Esperou, de Concoule. ① ou ② Fl. juillet.

Var. G, *Sagoti, V. Sagoti, Jord. Obs.* 2e *fragm., p.* 34. —
Cette variété diffère de la précédente : par ses pétales moins
allongés et plus larges; par leur couleur plus foncée; par son
éperon plus court et plus gros.

Hab. les bois de l'Esperou; les champs cultivés, au cap de Coste. ① Fl
juin.

Var. H, *Alpestris, V. alpestris, Jord. Obs.* 2e *fragm., p.* 32.
— Tiges de 1-3 décim., dressées ou diffuses, à rameaux ascen-

dants. Feuilles ovales ou oblongues, dentées. Stipules à lobes nombreux, linéaires, obtus ; le terminal plus long et plus large, entier ou denté. Fleurs jaunes, dépassant de moitié le calice. Éperon un peu courbé, non comprimé, plus long 2-3 fois que les appendices du calice.

Hab. les prairies de l'Esperou et de la Grandés-Haute. ① Fl. avril–juin.

Cette plante, connue sous le nom de pensée, a, à peu près, les mêmes propriétés que la violette odorante ; ses feuilles fraîches, infusées dans du lait, sont regardées comme un spécifique contre les croûtes laiteuses.

IXe Fam. **RÉSÉDACÉES.**

RESEDACEÆ. (Dec. Theor. el., p. 214.)

Fleurs hermaphrodites, *irrégulières*. Calice persistant, à 4-7 sépales inégaux, soudés inférieurement. 4-7 pétales laciniés, inégaux, caducs, insérés sur le réceptacle. 10-30 étamines insérées sur un disque glanduleux, à filets libres ou soudés à la base, en un ou plusieurs corps. Ovaire libre, presque sessile, à 3-6 styles très-courts. Capsule anguleuse, uniloculaire, polysperme, s'ouvrant au sommet, en 3-6 dents, ou composée de plusieurs carpelles monospermes, rayonnants, déhiscents par leur bord interne. Graines réniformes, sans périsperme. Placentas pariétaux. Plante herbacée ①, ② ou ♃, à feuilles alternes, à fleurs petites, en épi.

1.	Carpelles 3-5, soudés en une capsule polysperme............... 1er g^{re}. RESEDA.
	Carpelles 4-6, distincts, monospermes.. 2e g^{re}. ASTROCARPUS

1er g^{re}. RÉSÉDA. — RESEDA. (Lin. gén. 608.)

Calice à 4-6 divisions. 4-6 pétales inégaux ; les supérieurs laciniés. Capsule anguleuse, uniloculaire, polysperme, s'ouvrant au sommet, couronnée par les styles courts.

1.	Capsule globuleuse......................... LUTEOLA.
	Capsule ovale ou oblongue................... 2.
2.	Capsule à 2-3 dents........................ 3.
	Capsule à 4 dents.......................... SUFFRUTICOSA.
3.	Feuilles ondulées sur les bords.............. LUTEA.
	Feuilles non ondulées...................... 4.
4.	Divisions du calice oblongues, très-grandes à la maturité............................ PHYTEUMA.
	Divisions du calice linéaires, de la même longueur à la maturité........................ JACQUINI.

1. **R. PHYTEUMA** *Lin. sp.* 645; *Dec. fl. fr.* 4, *p.* 727; *C. Bauh. prodr.*, *p.* 42, *fig.* 1. — Racine pivotante, blanchâtre. Tiges de 2-4 décim., rameuses dès la base, couchées ou ascendantes, souvent chargées de poils rudes. Feuilles inférieures spatulées,

atténuées en long pétiole à la base, glabres, entières ; les caulinaires trifides ou entières. Fleurs blanchâtres, en grappe peu
serrée ; calice à divisions allongées, obtuses, étalées, aussi longues que les pédoncules, *grandissant avec le fruit*. Pétales supérieurs laciniés au sommet. 18-20 étamines ; les inférieures dirigées
en bas. Capsule grosse, ovale-oblongue, *élargie au sommet*,
tridentée, bosselée, subanguleuse. Graines réniformes, grises,
réticulées, très-rugueuses.

Hab. les champs cultivés, à Nîmes, Manduel, Saint-Ambroix, Alais, le
Vigan. ① Fl. avril–août.

2. **R. lutea** *Lin. sp.* 645 ; *Dec. fl. fr.* 4, *p.* 727 ; *Rchb. ic.
resed., fig.* 446. — Racine blanchâtre, assez grosse, rameuse,
donnant naissance à plusieurs tiges de 3-6 décim., ascendantes,
simples ou rameuses, un peu rudes, striées. Feuilles inférieures
entières ou trilobées, obtuses, à lobes décurrents ; les supérieures
pinnatifides, trifides ou bi-pinnatifides, toutes ondulées, à pétiole
plus ou moins long. Fleurs jaunâtres, en grappe allongée. Sépales
étalés, linéaires, obtus. Pétales 6 ; les deux supérieurs ciliés,
échancrés, surmontés de 2 appendices découpés. Pédicelles plus
longs que le calice ne s'accroissant pas après la floraison.
Capsules lâches, ovales, anguleuses, à peine atténuées à la base,
tronquées au sommet et couronnées par 3 dents très-courtes.
Graines noires, lisses.

Var. B, *Gracilis.* — Tiges étalées, diffuses, grêles, rameuses.
Fleurs et capsules de moitié plus petites que dans la var. A.
Feuilles à segments plus étroits et mucronulés. *R. gracilis ten.
syll.; Rchb. ic. resed., fig.* 4446, *var. B.*

Hab. : la var. A, le bord des champs, à Nîmes, Manduel ; le bois de Sal
bous, à Aumessas, à la Foux ; la var. B, dans les champs incultes, vignes,
à Saint-Ambroix, Meyranne ; la grotte d'Anjeou, près de Montdardier. ②
Fl. mai–août.

3. **R. Jacquini** *Rchb. cent.* 2, *p.* 22, *t.* 99, *fig.* 4445 ; *Godr.
et Gren. fl. fr.* 1, *p.* 188 ; *R. mediterranea, Jacq. ic. rar., t.* 475.
— Racine pivotante, blanchâtre, un peu coudée près de la tige ;
celle-ci ascendante, anguleuse, rameuse, isolée ou réunie à d'autres, glabre, lisse. Feuilles planes, larges ; les inférieures entières,
spatulées ; les supérieures à 3-5 lobes largement décurrents.
Fleurs blanchâtres, en grappes allongées, lâches. Pédicelles plus
longs que le calice. Sépales linéaires, réfléchis en faucille, après
la floraison. Pétales supérieurs laciniés, à laciniures courtes.
Capsule ovale, pendante, couronnée par 2-3 dents *saillantes,
triangulaires*. Graines grosses, grisâtres, *chagrinées*.

Hab. les Cévennes, les champs cultivés, sablonneux, au Vigan, à Bon-
Périer, à Peiremale. ① Fl. mai–août.

4. **R. suffruticulosa** *Lin. sp.* 645 ; *R. alba, Lin. sp.* 645 ;

Dec. fl. fr. 4, *p.* 726; *Rchb. ic., fig.* 4448; *R. undata, Dec. fl. fr.* 4, *p.* 726. — Racine rameuse, blanchâtre, dure. Tiges de 3-6 décim., glabres, raides, striées, rameuses, droites, à rameaux un peu arqués au sommet. Feuilles pinnatifides, à lobes lancéolés, nombreux, entiers, inégaux, décurrents, un peu ondulés. Fleurs blanches, en grappes allongées, denses au sommet. Sépales *linéaires-aigus*, non réfléchis. 5 pétales dépassant le calice, portant des appendices trifides. Étamines 11-14, plus courtes que la corolle. Pédicelles un peu plus courts que les bractées et le calice. Capsules étalées, serrées, *oblongues*, à 4 angles saillants, beaucoup plus longues que le calice et les pédicelles, bosselées, couronnées par 4 dents. Graines petites, réniformes, brunâtres, *striées, granuleuses.*

Hab. les dunes, à Aigues-Mortes (*Delaveau*). ① ② Fl. mai-septembre.

5. R. LUTEOLA *Lin. sp.* 643; *Dec. fl. fr.* 4, *p.* 725; *Camer. epit.* 356, *ic.*—Racine pivotante, blanchâtre. Tige de 6-10 décim., droite, glabre, anguleuse, striée, fistuleuse, raide, simple ou rameuse. Feuilles lancéolées, entières, ondulées dans leur jeunesse, portant à leur base deux petites dents calleuses. Fleurs d'un jaune pâle, en grappe étroite, dense, très-allongée. 4 sépales linéaires, très-courts, non réfléchis. 3 pétales, dont le supérieur porte un appendice très-lacinié. 20-24 étamines. Pédicelle appliqué, plus court que la bractée et la capsule; celle-ci courte, ovale, toruleuse, serrée contre la tige, couronnée par 3 dents pointues. Graines petites, noirâtres, *lisses*, luisantes.

Sa racine passe pour apéritive. On cultive en grand cette plante, pour l'usage de la teinture; elle fournit une belle couleur jaune. On la connaît sous le nom de *gaude;* en patois, *gaoula.*

Hab. les champs cultivés, le bord des chemins, dans tout le département. ② Fl. mai-août.

On cultive dans les jardins le *reseda odorata Lin.* pour son odeur agréable, très-voisin du *reseda phyteuma.*

2ᵉ gʳᵃ. **ASTROCARPE. — ASTROCARPUS.** (Necker élém. Nᵒ 992.)

Carpelles verticillés, distincts, monospermes, à déhiscence latérale interne.

1. A. SESAMOIDES *Gay in arch. fl. fr. et allem., F. Schultz, p.* 33; *A. sesamoides, var. A, Dub. bot.* 67 — Racine pivotante, blanchâtre, dure, donnant naissance à plusieurs tiges simples ou rameuses, de 1-3 décim., étalées ou ascendantes, striées. Feuilles radicales en rosette serrée, linéaires-lancéolées, comme les caulinaires, toutes glabres, un peu glauques. Fleurs blanches, en grappe allongée, grêle, dense, aiguë et un peu courbée au sommet. Sépales 5-6, courts, oblongs, *obtus*, à la fin réfléchis, plus longs que le pédicelle. Pétales à laciniures obtuses, plus longs que le calice. Étamines 7-9, à filets *très-glabres*, solitaires, devant les 2 pétales supérieurs. Carpelles 5, stipités, oblongs, prolongés au sommet en casque, dépassé par le style latéral, donnant issue à la graine par une fente interne, à bords *membraneux-dentés*. Graines brunes, petites, *pliées*, légèrement rugueuses.

Hab. les sables granitiques et schisteux de l'Esperou, de la Lozère, près Concoule. ♃ Fl. juin-août.

X⁰ Fam. **DROSÉRACÉES.**

DROSERACEÆ. (Dec. theor. cl. p. 214.)

Fleurs hermaphrodites, régulières. Sépales 5, persistants. Pétales 5, caducs ou marcescents, alternes avec les sépales. Étamines insérées sur le réceptacle, au nombre de 5-12, libres. Anthères terminales biloculaires, s'ouvrant par deux fentes longitudinales. Ovaire libre, uniloculaire ou bi-triloculaire. Styles 3-5, distincts ou soudés à la base. Stigmate en tête. Capsule à 1-3 loges polyspermes, à 3-5 valves, s'ouvrant au sommet. Graines nombreuses, fixées au milieu ou à la base des valves. Placentas pariétaux. Plantes herbacées, à feuilles alternes ou radicales, glabres ou garnies de poils glanduleux, à fleurs solitaires ou spiciformes.

1. | Fleurs en épi. .... 1ᵉʳ gʳᵉ. **DROSERA.**
  | Fleurs solitaires. .... 2ᵉ gʳᵉ. **PARNASSIA.**

1ᵉʳ gʳᵉ. ROSSOLIS. — DROSERA. (Lin. gen. 391.)

Calice à 5 sépales. Corolle à 5 pétales marcescents. Étamines 5. Styles 3-5, bilobés. Capsule uniloculaire polysperme, à 3-5 valves.

1. **D. ROTUNDIFOLIA** *Lin. sp.* 402; *Dec. fl. fr. 4, p.* 729; *Lamk. ill. t.* 220, *fig.* 1; *Drèves et Hayne, pl. d'Eur., t.* 74.— Racine fibreuse, noirâtre. Une ou plusieurs hampes, droites, grêles, de 1-2 décim., 2-4 fois plus longues que les feuilles, simples ou bifurquées. Feuilles *orbiculaires*, couvertes de longs poils rouges et glanduleux, à long pétiole poilu, disposées en rosette. Fleurs blanches, en épi unilatéral. Sépales appliqués, un peu soudés à la base, plus courts que les pétales. Stigmates *entiers, renflés en massue.* Capsule oblongue, *dépassant peu le calice.* Graines étroites, fusiformes, finement striées en long, à périsperme dépassant l'amande aux deux extrémités.

Hab. les prairies tourbeuses de l'Esperou, à Saint-Guiral. ⊙ ♃ Fl. juin-août.

2ᵉ gʳᵉ. PARNASSIE. — PARNASSIA. (Tourn. inst. 127.)

Sépales 5, persistants. Pétales 5, caducs. Étamines 5. Écailles nectarifères 5. Style nul. 4 stigmates sessiles. Capsule uniloculaire, à 5 valves. Graines à test réticulé.

1. **P. palustris** *Lin. sp.* 391 ; *Dec. fl. fr.* 4, *p.* 728 ; *Lamk. ill. t.* 216 ; *Drèves et Hayne, pl. d'Eur. t.* 85. — Racine rousse, horizontale, fibreuse. Tiges de 2-3 décim., simples ou réunies, droites, anguleuses. Feuilles ovales-cordiformes, à nervures convergentes, d'un vert pâle en dessous ; les radicales à long pétiole ; une seule embrassant la tige au-dessous du milieu de sa hauteur. Fleurs grandes, blanches, uniques au sommet des tiges. Sépales étalés, ovales ou oblongs-obtus. Pétales ovales, arrondis au sommet, veinés, deux fois de la longueur du calice, à écailles nectarifères, persistantes, onguiculées, à laciniures en éventail et glanduleuses au sommet. Capsule ovale, à 4 nervures, à 5 valves, à cloisons incomplètes.

Hab. les prairies humides et tourbeuses de l'Esperou, de Concoule. ♃ Fl. août–septembre.

XIe Fam. **POLYGALÉES.**

POLYGALE.E. (Juss. ann. mus. 14, p. 386.)

Fleurs irrégulières. Calice à 5 sépales persistants, inégaux ; les trois extérieurs petits ; les deux intérieurs beaucoup plus grands, en forme d'ailes, pétaloïdes. Pétales 3, inégaux, soudés, à la base, en un tube fendu supérieurement en deux lèvres ; la supérieure bilobée ; l'inférieure en forme de carène, terminée en pinceau. Étamines 8, soudées en deux faisceaux égaux, adhérents aux pétales par leur base. Ovaire 1, libre. Style 1. Stigmate 1, bifide. Capsule comprimée, cordiforme, à deux loges monospermes, à déhiscence latérale. Graines velues, pendantes, arillées.

1er g^{re}. POLYGALA. — POLYGALA. (Lin. gen. 851.)

Caractères de la famille : — Capsule comprimée en cœur renversé, à valves persistantes, adhérentes à la cloison. Fleurs en grappes, à 3 bractées caduques. Feuilles entières, le plus souvent alternes.

1.	Bractées dépassant la grappe avant son développement.	COMOSA.
	Bractées ne dépassant pas la grappe.	2.
2.	Plante annuelle.	3.
	Plante vivace.	4.
3.	Ailes de la longueur de la capsule.	EXILIS.
	Ailes plus longues que la capsule.	MONSPELIACA.
4.	Ailes plus larges que la capsule.	5.
	Ailes plus étroites que la capsule.	6.

5. { Feuilles inférieures grandes, ovales, obtuses,
     fleurs éparses, en grappe peu allongée. . . . . CALCAREA.
   { Feuilles inférieures elliptiques: fleurs en grappe
     allongée, unilatérale. . . . . VULGARIS.

6. { Saveur amère. . . . . AMARA.
   { Saveur herbacée. . . . . DEPRESSA.

1. **P. VULGARIS** *Lin. sp.* 986; *Coss. et Germ. fl. par., t.* 8, *fig.* 1, 2, 3, 4, 5. — Racine dure, presque ligneuse. Tiges de 1-3 décim., faibles, nombreuses, droites, ascendantes, feuillées jusqu'à la naissance de la grappe, souvent dénudées à la base, simples ou rarement rameuses. Feuilles inférieures elliptiques, plus larges et plus courtes que les supérieures; celles-ci linéaires-lancéolées. Fleurs bleues, roses ou rarement blanches, en grappes allongées, lâches, très-souvent unilatérales, à bractées caduques, *plus courtes que les boutons.* Ailes elliptiques un peu aiguës au sommet, plus longues et plus larges que la capsule, munies de 3 nervures, dont la moyenne est très-prononcée, liées par des anastomoses nombreuses. Capsules réfléchies, cunéiformes, échancrées au sommet, entourées d'une marge étroite. Graines oblongues, noirâtres; arille blanche, à lobes latéraux aigus, prolongés jusqu'au tiers de la graine. Plante glabre ou pubescente.

Elle passe pour pectorale, incisive et un peu purgative.

Var. B, *Vestita.* — Plante pubescente, *P. pubescens Rhode.*

Var. C, *Alpestris, Koch, syn.* 99. — Grappe plus dense et plus courte.

Hab. : la var. A, dans les garrigues, à Manduel, dans le bois de Salbous: la var. B, dans le bois de Cygnan: la var. C, les prairies de l'Esperou. ♃ Fl. mai-juillet.

2. **P. COMOSA** *Schk.* 2, *t.* 296; *P. vulgaris, v. b. comosa, Coss. et Germ. ill. fl. par., t.* 8, *fig.* 6. — Cette espèce, très-voisine de la précédente, s'en distingue: par ses fleurs éparses, non unilatérales; par ses grappes de fleurs serrées vers le sommet et *dépassées par les bractées, avant leur développement;* par sa capsule aussi large que longue, non en coin à la base.

Hab. les prés, à Aigues-Mortes, aux environs du Serre-de-Bouquet, à Lussan; dans le bois de Cygnan, et une var. à fleurs blanches, dans le bois de Saint-Nicolas, près d'Uzès. ♃ Fl. avril-juillet.

3. **P. CALCAREA** *Schltz exic. cent.* 2, N° 15; *P. amara, Lois. fl. gall.* 2, p. 103; *P. amarella, Coss. et Germ. pl. par.* 56, *t.* 7. — Racine rougeâtre, sous-ligneuse. Tiges de 1-2 décim., nombreuses, étalées en cercle sur la terre, dénudées inférieurement, à 1-5 rameaux simples, sortant du centre des rosettes de feuilles *grandes, larges, ovales, obtuses,* un peu charnues. Feuilles caulinaires, linéaires-lancéolées. Fleurs bleues, plus rarement roses ou blanches, éparses en grappes courtes, lâches.

Bractées lancéolées; la moyenne plus longue que le pédicelle, non saillante au sommet de la grappe, ailes à 3 nervures; celle du centre plus prononcée, anastomosée avec les deux latérales, ovales-oblongues, plus longues et plus larges que la capsule; celle-ci marginée, dentelée. Graines oblongues, noirâtres, hérissées de poils blancs; arille blanche, à lobes latéraux aigus, se prolongeant *jusqu'aux deux tiers* de la graine.

Hab. les bois et les prairies de toute la chaîne de l'Esperou, d'Alais, d'Anduze. ♃ Fl. avril–juillet.

4. **P. DEPRESSA** *Wenderoth, Schrift. nat. Marburg.* 1, *t.* 1; *Coss. et Germ. fl. par. ill. t.* 8, *fig.* 1, 2, 3; *P. serpillacea, weihe bot. zeit.* 2, *p.* 745. — Racine très-grêle, dure, roussâtre. Tiges de 6-10 centim., grêles, *couchées,* feuillées dans toute leur longueur. Feuilles ovales-elliptiques; les inférieures *opposées;* les supérieures d'autant plus longues qu'elles sont plus près de la grappe, plus larges que les inférieures. Fleurs d'un bleu clair, peu nombreuses, en grappes courtes, lâches, souvent dépassées par une grappe latérale. Ailes oblongues, veinées, plus longues que la corolle et la capsule, et plus étroites qu'elle. Bractées très-petites, membraneuses. Pédicelles glabres, plus longs que les bractées. Capsule cordiforme. Graines brunes, couvertes de poils blancs, à arille, dont les lobes latéraux descendent jusqu'au tiers de sa longueur. Plante glabre.

Hab. les prairies de l'Esperou. ♃ Fl. mai–juin.

5. **P. AMARA** *Lin. sp.* 987; *Jacq. austr., t.* 412. — Se distingue du *P. calcarea:* par ses tiges moins nombreuses, plus souvent dressées; ses fleurs et ses capsules beaucoup plus petites; ses ailes veinées, sans être réticulées, plus étroites que la capsule et ne la dépassant jamais; sa saveur amère, même sur le sec.

Hab. les prairies de l'Esperou. ②-♃? Fl. mai–juillet.

6. **P. MONSPELIACA** *Lin. sp.* 987; *Dec. fl. fr.* 3, *p.* 457; *et ic. rar., p.* 3, *fig.* 9. — Racine grêle, oblique vers le collet. Tiges solitaires ou nombreuses, de 1-2 décim., simples, droites, glabres ou pubescentes ainsi que les feuilles; celles-ci linéaires-lancéolées, s'amincissant, dès la base, en pointe très-aiguë, assez rapprochées, serrées contre la tige et occupant la moitié inférieure de sa longueur. Fleurs blanchâtres sur les bords, à carène verdâtre, en grappe lâche, souvent unilatérales. Ailes oblongues, *deux fois plus longues que larges,* à 3 nervures, à nervilles *simples et bifurquées,* de la largeur de la capsule et la dépassant d'un tiers. Capsule subcordiforme, un peu allongée. Graines brunes, couvertes de poils blancs, couchés et dirigés en bas. Arille très-petite, *à* 3 *lobes très-courts.*

Hab. les terrains sablonneux, dans les garrigues du mas de Seine, près Saint-Nicolas. ① Fl. mai–juin.

7. **P. EXILIS** *Dec. fl. fr.* 5, *p.* 386; *Mut. fl. fr. t.* 11, *fig.* 62.
— Racine très-grêle. Tige de 10-15 centim., très-glabre, très-rameuse, filiforme. Feuilles succulentes, glabres; les radicales oblongues, les caulinaires *linéaires, obtuses,* un peu creusées en gouttière. Fleurs blanchâtres, petites, en grappes lâches. Ailes oblongues, obtuses, membraneuses sur les bords, *à une nervure simple,* dépassant la corolle, de la longueur de la capsule et beaucoup plus étroite qu'elle. Capsule cordiforme-arrondie. Graines noires, couvertes de poils blancs, couchés, dirigés en bas. Arille très-petite.

Hab. les sables entre les dunes et les pacages, au grau d'Aigues-Mortes. ① Fl. juin.

XIIe FAM. **FRANKÉNIACÉES.**

FRANKENIACEÆ. (St–Hil. mém. plac. cent., p. 39.)

Fleurs régulières, solitaires, presque sessiles. Sépales 4-5, dressés, égaux, persistants, soudés en tube à la base. Pétales 4-5, insérés sur le réceptacle, libres, à onglet membraneux sur les bords. Étamines 4-6, hypogines, à filets persistants, alternes avec les pétales. Ovaire 1, libre, sessile. Style filiforme, simple. Stigmate 3-4. Capsule à une loge, à 3-4 valves, polyspermes, à placentas pariétaux, donnant ouverture à chaque loge par le sommet. Graines nombreuses, attachées aux bords de la capsule. Plantes très-rameuses, couchées sur la terre, à feuilles opposées ou verticillées, sans stipules.

1er g^{re}. FRANKÉNIE. — FRANKENIA. (Lin. gen. 445.)

Étamines à filets larges, subulés. Style trifide. Stigmates internes.

1. **F. PULVERULENTA** *Lin. sp.* 474; *Dec. fl. fr.* 4, *p.* 766; *Lamk. ill. t.* 262, *fig.* 3. — Racine grêle. Tiges pubescentes de 1-2 décim., rameuses, étalées. Feuilles *ovales,* petites, opposées, *obtuses,* glabres, pulvérulentes en dessous, à court pétiole cilié. Fleurs purpurines, solitaires, presque sessiles, axillaires. Capsule sessile, à 5 dents et à 5 côtes. Graines petites, brunes, pointues aux deux extrémités.

Hab. les terrains salés, à Aigues-Mortes, à Bellegarde. ① Fl. juin–août.

XIIIe FAM. **SILÉNÉES.**

SILENEÆ. (Dec. prodr. 1, p. 351.)

Fleurs régulières. Calice tubuleux, gamosépale, à 5-6 dents imbriquées avant l'épanouissement. Pétales 5, alternes avec les dents du calice. Étamines 10, plus rarement 5, à filets rarement un peu soudés à la base. Styles 2-5 ; ovaire 1 , libre. Capsule stipitée, uniloculaire, polysperme, à cloisons incomplètes à sa base, s'ouvrant au sommet en autant de dents qu'il y a de styles, ou deux fois plus nombreuses qu'eux. Le fruit est rarement bacciforme, indéhiscent. Graines réniformes ou en scutelle. Plantes herbacées, annuelles ou vivaces, à tiges articulées, à feuilles opposées, sans stipules, à fleurs en têtes, en grappes ou panicules ou solitaires.

1. | Calice à nervures commissurales. . . . . 2.
   | Calice sans nervures commissurales. . . . . 6.

2. | Fruit bacciforme. . . . . 1ᵉʳ gʳᵉ. CUCUBALUS.
   | Fruit capsulaire. . . . . 3.

3. | Capsule s'ouvrant au sommet par 6 valves. 2° gʳᵉ. SILENE.
   | Capsule s'ouvrant au sommet par 5 valves. . . . . 4.

4. | Capsule à cloisons. 3° gʳᵉ. VISCARIA.
   | Capsule sans cloisons. . . . . 5.

5. | Dents du calice plus longues que la corolle. 5° gʳᵉ. AGROSTEMA.
   | Dents du calice plus courtes que la corolle. 4° gʳᵉ. LYCHNIS.

6. | Fleurs munies d'écailles à la base. . . . . 8° gʳᵉ. DIANTHUS.
   | Fleurs dépourvues d'écailles à la base. . . . . 7.

7. | Calice anguleux. . . . . 7° gʳᵉ. GYPSOPHILA.
   | Calice cylindrique. . . . . 8.

8. | Feuilles subulées. . . . . 9° gʳᵉ. VELEZIA.
   | Feuilles larges, ovales ou oblongues. . . . . 6° gʳᵉ. SAPONARIA.

1ᵉʳ gʳᵉ. CUCUBALE. — CUCUBALUS. (Gærtn. fruct., 1, 376.)

Calice campanulé, nu, à 5 dents profondes. Corolle à 5 pétales longuement onguiculés, profondément bifides, munis d'une écaille au-dessus de l'onglet, à gorge couronnée. Étamines 10. Style 3. Fruit uniloculaire bacciforme, muni de cloisons. Graines subglobuleuses.

1. **C. BACCIFERUS** *Lin. sp.* 591 ; *C. baccifer, Dec. fl. fr. 4,* *p.* 760 ; *Lob. ic.* 265. — Racine blanchâtre, très-fibreuse, divisée, à son collet, en rejets rampants, donnant naissance à des tiges de 6-12 décim., faibles, fragiles, très-rameuses, à rameaux à angles droits, couchées ou grimpantes, pubescentes ainsi que les feuilles ; celles-ci ovales, apiculées, brièvement pétiolées. Fleurs d'un blanc verdâtre, solitaires ou géminées, en panicule lâche, feuillée, brièvement pédonculées et inclinées, à calice campanulé, à 5 lobes profonds, dépourvu de calicule ; à 5 pétales à 2 lobes aigus, munis à leur base d'une dent latérale ; onglet élargi au sommet. Baie sphérique, noire, luisante à la maturité. Graines grosses, noires, lisses, luisantes.

Hab. les haies et les buissons, dans les bois, à Alais, la Chartreuse de Valbonne, Coudoulet, Saint-Nicolas. ♃ Fl. juillet-septembre.

2º g^{re}. SILÈNE. — SILENE. (Lin. gen., 567.)

Calice tubuleux ou plus ou moins ventru, nu à la base, à
5 dents. 5 pétales onguiculés, ord^t bifides, munis ou non d'é-
cailles à la gorge. 10 étamines. 3-5 styles. Capsule avec ou sans
cloison, à 3-4 loges inférieurement, s'ouvrant au sommet par
6 valves. Graines réniformes tuberculeuses.

1.	Calice renflé, vésiculeux.....................	2.
	Calice non renflé, vésiculeux.	3.
2.	Calice ovoïde ou globuleux, veiné-réticulé.......	INFLATA.
	Calice conique, strié.....................	CONICA.
3.	Calice velu ou pubescent...................	4.
	Calice glabre.........................	11.
4.	Fleurs unilatérales......................	5.
	Fleurs non unilatérales..................	7.
5.	Fleurs en grappe spiciforme...............	6.
	Fleurs en grappe lâche, penchée............	NUTANS.
6.	Calice velu ou hérissé..	GALLICA.
	Calice pubescent......................	NOCTURNA.
7.	Fleurs purpurines......................	DIURNA.
	Fleurs blanches ou verdâtres..............	8.
8.	Fleurs verticillées, spiciformes.............	OTITES.
	Fleurs ni verticillées, ni spiciformes.........	9.
9.	Plante visqueuse au sommet...............	ITALICA.
	Plantes non visqueuses..................	10.
10.	Fleurs hermaphrodites, 3 styles............	NOCTIFLORA.
	Fleurs dioïques, 5 styles.................	PRATENSIS.
11.	Plantes cespiteuses.....................	12.
	Plantes non cespiteuses..................	13.
12.	Tiges simples, uniflores.................	SAXIFRAGA.
	Tiges rameuses, pluriflores...............	RUPESTRIS.
13.	Feuilles larges; fleurs en corymbe serré.........	ARMERIA.
	Feuilles étroites: fleurs en grappes courtes, lâches.	14.
14.	Feuilles inférieures spatulées: les supérieures étroi-tes-linéaires.....................	CRETICA.
	Feuilles inférieures et supérieures étroites-linéaires.	15.
15.	Fleurs rouges........................	MUSCIPULA.
	Fleurs roses ou blanches en dessus et rouges en dessous.....................	16.
16.	Pétales nus à la gorge....................	INAPERTA.
	Pétales munis d'écailles à la gorge...........	PORTENSIS.

1. **S. INFLATA** *Sm. brit.* 467; *Dec. fl. fr.* 4, *p.* 746; *Cucu-*
balus behen., Lin. sp. 591; *Lamk. ill. t.* 377, *fig.* 2. — Racine
blanchâtre, pivotante, profonde, à souche dure, émettant plusieurs tiges droites ou ascendantes, de 3-6 décim., rameuses
dans le haut. Feuilles ovales, oblongues ou lancéolées, le plus
souvent glauques, glabres, velues ou rarement cotonneuses,
entières ou denticulées, sessiles. Fleurs blanches, rarement purpurines, en panicule dichotome, à pédoncules inégaux; le plus

long portant la fleur la plus avancée ; celle qui se trouve isolée, longuement pédonculée entre la première bifurcation. Bractées scarieuses. Calice glabre, veiné, réticulé, ovale ou globuleux, vésiculeux, souvent coloré, ombiliqué, à dents larges, triangulaires. Pétales bifides, nus ou *à 2 écailles à la gorge*. Styles très-allongés. Capsule globuleuse, stipitée, à pied épais, anguleux. Graines noirâtres, *fortement tuberculeuses*.

Cette plante est employée, dans sa jeunesse, pour les *barbouillades*. Elle est connue sous le nom de *behen ;* en patois, *courioun*.

Hab. les champs cultivés, prairies et bois, dans tout le département. ♃ Fl. mai-août.

2. **S. CONICA** *Lin. sp.* 598 ; *Dec. fl. fr.* 4, *p.* 759 ; *Clus. hist.* 1, *t.* 238. — Racine blanchâtre, pivotante. Tiges de 1-3 décim., simples ou rameuses, uniques ou partant plusieurs du collet de la racine, cendrées-pubescentes ; les latérales ascendantes. Feuilles linéaires-lancéolées, connées à la base. Fleurs roses, droites, en cime dichotome. Bractées herbacées, acuminées, striées. Calice conique, à la fin ovale-conique, largement ombiliqué, à stries fines nombreuses, à dents longues, aiguës. Pétales petits, échancrés, à 2 écailles à la gorge. Styles courts. Capsule ovale-conique, sessile, plus courte que le calice. Graines grisâtres, chagrinées, réniformes-arrondies, planes sur les faces, à dos large, déprimé.

Hab. les terrains sablonneux, dans tout le département. ① Fl. avril-juillet.

3. **S. GALLICA** *Lin. sp.* 595 ; *Vaill. bot. par.*, *t.* 16, *fig.* 12. — Racine blanchâtre, rameuse ou pivotante. Une ou plusieurs tiges de 2-5 décim., droites ou ascendantes, rameuses, hérissées. Feuilles inférieures spatulées, apiculées, hérissées ; les supérieures lancéolées-linéaires, aiguës. Fleurs en grappes étroites, allongées, souvent unilatérales, serrées contre la tige à la fructification (*S. gallica, Dec. fl. fr.* 4, *p.* 757), ou étalées, ou réfléchies inférieurement (*S. anglica et lusitanica, auct. gall.*). Bractées herbacées. Calice hispide, d'abord cylindrique, puis renflé, ovoïde, marqué de lignes vertes longitudinales, à dents aiguës. Pétales petits, obovales entiers ou échancrés, unicolores, blancs ou roses (*S. cerastoïdes, Dec. fl. fr.* 4, *p.* 758), ou tridentés (*S. tridentata, Dec. fl. fr.* 4, *p.* 758), ou tachés de pourpre au milieu (*S. quinque vulnera, Dec. fl. fr.* 4, *p.* 758), munis d'écailles à la gorge. Étamines à filets velus. Capsule ovoïde, à peine stipitée, finement chagrinée. Graines petites, noires, réniformes, planes sur le dos et sur les faces, finement chagrinées.

Hab. les champs cultivés, dans tout le département. ① Fl. mai-juillet.

4. **S. NOCTURNA** *Lin. sp.* 595 ; *Dub. bot.* 76 ; *S. spicata,*

Dec. fl. fr. 4, *p.* 759; *Magn. bot. Monsp.* 170, *ic.* — Racine blanchâtre, pivotante ou rameuse, sinueuse. Tige droite, simple ou rameuse, haute de 2-5 décim., velue dans le bas, pubescente dans le haut. Feuilles pubescentes, longuement ciliées à la base ; les inférieures spatulées ; les supérieures lancéolées-linéaires. Fleurs en grappe allongée, étroite, unilatérale, les deux inférieures écartées, toutes serrées contre la tige. Bractées herbacées, ciliées ; les supérieures membraneuses. Calice cylindrique, puis renflé, à dents aiguës, ciliées, marqué de lignes vertes se joignant par des lignes en réseau. Pétales étroits, bifides, écailleux à la gorge, blancs en dessus et livides en dessous. Étamines à filets glabres. Capsule oblongue, stipitée, à support *cannelé, pubescent.* Graines cendrées, finement chagrinées, creusées sur les faces, *canali-culées sur le dos.* Plante noctiflore.

Var. B, *Brachypetala, Dec. fl. fr.* 5, *p.* 607. Fleurs rares, un peu étalées. Pétales inclus ou peu saillants.

Hab.: la var. **A**, dans les terrains arides, les bois, les pacages sablon-neux, à Bouquet, Broussan, Pujau, Tresques, Saint-Hippolyte, environs de Nimes ; la var. **B**, au bois de Cygnan, aux bords du Gardon, au mas Charlot. (I) Fl. mai–juillet.

5. **S. PORTENSIS** *Lin. sp.* 600; *S. bicolor, Dec. fl. fr.* 4, *p.* 751, *et ic. rar. t.* 42. — Racine blanchâtre, pivotante ou rameuse. Tiges de 2-4 décim., glabres, un peu visqueuses ; la centrale droite ; les latérales ascendantes, quelquefois toutes couchées sur la terre, toutes rameuses, à rameaux alternes ra-mifiés. Feuilles linéaires, aiguës, rudes sur les bords ; les supé-rieures filiformes, canaliculées, mucronées. Fleurs blanches en dessus, rougeâtres en dessous, en panicule lâche, ouvertes le matin et fermées vers les dix heures. Bractées sétacées. Calice allongé, claviforme, *sans ombilic*, glabre, marqué de lignes pur-purines, à dents courtes, membraneuses-ciliées sur les bords. Pétales *profondément bifides*, à écailles courtes et aiguës à la gorge, à onglet à deux dents au-dessous du limbe. Capsule globuleuse, à support strié, pubescent, plus long qu'elle. Graines grisâtres, petites, tuberculeuses, à dos arrondi. Plante un peu pubescente dans le bas, visqueuse, souvent rougeâtre.

Hab. les terrains sablonneux, à Tresques, à la Capelle. (I) Fl. juin–sep-tembre.

6. **S. ARMERIA** *Lin. sp.* 601 ; *Dec. fl. fr.* 4, *p.* 751; *Clus. hist.* 1, *p.* 288, *fig.* 1. — Racine blanchâtre, rameuse, oblique. Tige droite, glabre, fistuleuse, rameuse ou bifurquée au sommet, de 2-4 décim., un peu visqueuse au sommet. Feuilles larges, glauques, glabres ; les inférieures ovales, obtuses, rétrécies en pétiole ; les supérieures cordiformes, à pointe courte. Fleurs roses, rarement blanches, droites, nombreuses, serrées, en co-

rymbe dichotome ; souvent une isolée entre les premières bifurcations. Bractées herbacées, aiguës. Calice *ombiliqué*, allongé, claviforme, glabre, à dents courtes, obtuses, membraneuses sur les bords, coloré en violet. Pétales *échancrés*, à écailles longues, acuminées à la gorge, à onglet *nu*. Capsule oblongue, obtuse, glabre, à support strié, plus long qu'elle. Graines noires, petites, planes sur les faces, *canaliculées* sur le dos, chagrinées.

On cultive cette plante pour l'ornement des jardins.

Hab. contre les rochers, au Vigan ; dans les prairies, à Concoule. ① Fl. juin–août.

7. S. INAPERTA *Lin. sp.* 600 ; *Dec. fl. fr. 5, p.* 604 ; *Dill. elth., t.* 315, *fig.* 407. — Racine blanchâtre, rameuse, sinueuse. Tige droite, raide, rameuse dès la base, visqueuse dans le haut, à rameaux alternes, dressés, haute de 2-5 décim., d'un vert prononcé, hérissée de poils raides, très-courts. Feuilles d'un vert prononcé, raides, un peu rudes ; les inférieures lancéolées-linéaires, pétiolées, portant à leur aisselle des fascicules de jeunes feuilles ; les supérieures linéaires, canaliculées, toutes subulées. Fleurs petites, roses, droites, en panicule lâche, presque nivelée. Bractées petites, acuminées. Calice oblong, glabre ou rude, un peu ombiliqué, marqué de lignes longitudinales plus foncées, à dents larges, aiguës. Pétales *échancrés*, peu saillants, *sans écailles à la gorge*. Capsule oblongue, d'une consistance faible, à support strié, pubescent, plus court qu'elle. Graines grises, petites, planes sur les faces, canaliculées sur le dos, très-légèrement chagrinées.

Hab. les sables au bord du Gardon, à Montfrin ; les bois de châtaigniers, au Vigan, à l'Esperou, à Alais. ① Fl. juin–septembre.

8. S. SAXIFRAGA *Lin. sp.* 602 ; *Dec. fl. fr. 4, p.* 749 ; *Seg. veront. 1, p.* 431, *t.* 6, *fig.* 1. — Racine presque ligneuse, divisée au collet en ramifications nombreuses, tortueuses, donnant naissance à des tiges stériles et à des tiges fertiles de 1-2 décim., feuillées, souvent uniflores, plus rarement bifurquées, ascendantes, filiformes, gazonnantes, pubescentes dans le bas. Feuilles glabres, rudes sur les bords, linéaires ou lancéolées, plus longues que les entre-nœuds dans le bas de la tige. Fleurs jaunâtres, purpurines en dessous, droites, solitaires à l'extrémité des tiges ou des bifurcations. Pédoncules allongés. Bractées aiguës, *scarieuses à la base*. Calice glabre, membraneux, ombiliqué, marqué de nervures longitudinales, conique à la floraison, renflé au sommet et déchiré à la maturité, à dents courtes, *scarieuses-ciliées*. Pétales bifides, roulés en dedans, à 2 écailles obtuses à la gorge, à onglet nu, cilié vers le milieu. Styles 3-5. Capsule glabre, *luisante*, ovale, plus longue que son support strié, glabre. Graines brunes, déprimées, à *stries rayonnantes* sur les faces, *canaliculées* et finement chagrinées sur le dos.

Hab. contre les rochers, au Serre-de-Bouquet, au Vialat, le long du Gardon. ♃ Fl. juin-août.

9. **S. RUPESTRIS** *Lin. sp.* 602 ; *Dec. fl. fr.* 4, *p.* 748 ; *Rchb. ic.* 5091. — Racine grisâtre, peu rameuse, divisée au collet en ramifications serrées, courtes, nombreuses, d'où partent des tiges nombreuses de 1-2 décim., gazonnantes, grêles, droites ou étalées, rameuses, dichotomes, à entre-nœuds courts, glabres et glauques comme les feuilles ; celles-ci linéaires-lancéolées ; les inférieures obtuses, pétiolées ; les supérieures aiguës. Fleurs blanches ou rosées, droites, petites, à long pédoncule. Bractées herbacées, aiguës. Calice membraneux, court, très-évasé au sommet, ombiliqué, marqué de nervures longitudinales, à dents étalées, courtes, obtuses, membraneuses. Pétales échancrés, à 2 écailles lancéolées à la gorge, à onglet nu. Capsule ovale, glabre, luisante, à support glabre, anguleux, beaucoup plus court qu'elle. Graines brunes, petites, *un peu canaliculées sur le dos,* finement chagrinées.

Hab. sur les rochers, à Saint-Guiral, à l'Aigual, près de l'Esperou (*Delile*). ♃ Fl. juin-août.

10. **S. CRETICA** *Lin. sp.* 601 ; *S. rubella, Dec. fl. fr.* 5, *p.* 604 ; *S. clandestina, Dub. bot.* 77 ; *Dill. elth., t.* 314, *fig.* 406. — Racine blanchâtre, pivotante. Tige de 3-5 décim., droite, rameuse dans toute sa hauteur, à rameaux alternes, à entre-nœuds écartés, renflée aux articulations, glabre et un peu visqueuse dans le haut, pubescente dans le bas. Feuilles *inférieures* pubescentes, spatulées, apiculées ; les supérieures glabres, étroites, linéaires-aiguës. Fleurs petites, roses, droites, à pédoncules allongés, en panicule lâche. Bractées linéaires acuminées. Calice ovale, court, étranglé sous les dents, très-renflé à la maturité, légèrement ombiliqué, à nervures longitudinales, vertes et saillantes, à dents aiguës, membraneuses sur les bords. Pétales bifides, à 2 écailles aiguës à la gorge, à onglet nu. Capsule renflée, *rugueuse*, ovoïde, à support glabre très-court. Graines brunes, tuberculeuses, canaliculées sur le dos.

Hab. sur les rochers à droite, entre le pont de l'Hérault et le Vigan. (1) Fl. juin-juillet.

11. **S. MUSCIPULA** *Lin. sp.* 601 ; *Dec. fl. fr.* 4, *p.* 752 ; *Clus. hist.* 1, *p.* 289, *fig.* 1. — Racine blanchâtre, pivotante, simple ou rameuse. Tige de 2-4 décim., droite, raide, rameuse dans le haut, souvent dès la base, glabre, visqueuse au sommet, à entre-nœuds courts. Feuilles d'un vert foncé, très-étalées, glabres ; les inférieures spatulées-acuminées ; les supérieures linéaires-aiguës, souvent garnies, à leur aisselle, de jeunes feuilles fasciculées. Fleurs droites, petites, rouges, à pédoncules très-

court, disposées en panicule dichotome; les unes à l'extrémité
des bifurcations, les autres à leur base. Bractées étroites-
linéaires, dépassant ou égalant la fleur, un peu membraneuses à
leur base. Calice ombiliqué, contracté au sommet, les 2/3 supérieurs renflés, *cylindrique* à la maturité, marqué de nervures
légères, bordées de veines réticulées, verdâtres, à dents aiguës,
membraneuses sur les bords. Pétales bifides, portant à la gorge
une écaille allongée divisée en deux, à onglet *auriculé.* Capsule
glabre, rugueuse, oblongue, acuminée, à support anguleux,
pubescent, beaucoup plus court qu'elle. Graines brunes, tuberculeuses et canaliculées sur le dos, planes sur les faces, à stries
rayonnantes, grenues.

Hab. les lieux arides, aux environs du Vigan (*Delile*). ① Fl. juin-juillet.

12. **S. NOCTIFLORA** *Lin. sp.* 599; *Dec. fl. fr.* 4, *p.* 755;
Lamk. ill. t. 377, *fig.* 2. — Racine blanchâtre, pivotante ou
rameuse. Tige de 1-4 décim., droite, velue, visqueuse et dichotome au sommet. Feuilles ovales-oblongues, grandes, molles,
uninerviées, ciliées-aiguës; les inférieures atténuées en long pétiole. Fleurs d'un rose tendre en dessus, jaunâtres en dessous,
droites, hermaphrodites, en panicule dichotome, lâche. Calice
florifère tubuleux, fructifère ovoïde-renflé, velu-glanduleux,
veiné, à dents allongées, *subulées,* ciliées. Pétales profondément
bifides, à 2 écailles à la gorge, à onglet auriculé. Étamines à
filets glabres. Styles 3. Capsule ovale-conique, glabre, finement
chagrinée, à dents courtes, aiguës, à support *très-court,* épais,
anguleux. Graines brunes, planes sur le dos, un peu renflées sur
les faces, à tubercules prononcés. Floraison nocturne; aspect
de la suivante.

Hab. les bois de Salbous, près d'Alzon. ① Fl. juillet-septembre.

13. **S. PRATENSIS** *Gren. et Godr. fl. fr.* 1, *p.* 216; *Lychnis
dioica, Dec. fl. fr.* 4, *p.* 762; *Till. pis. p.* 105, *t.* 41.— Racine
pivotante, blanchâtre, divisée, au collet, en ramifications couchées, donnant naissance à des tiges de 5-8 décim., velues,
glanduleuses au sommet, ascendantes, rameuses-dichotomes.
Feuilles larges, ovales-lancéolées, acuminées, souvent ondulées
sur les bords, pubescentes, nerviées en dessous; les inférieures
en pétiole. Fleurs grandes, blanches, odorantes, s'ouvrant le
soir, ord^t dioïques, inclinées, peu nombreuses. Calice ovale-
allongé dans les fleurs mâles, très-renflé ovoïde dans les fleurs
femelles, velu-glanduleux, marqué de lignes longitudinales, à
dents *linéaires-obtuses.* Pétales bifides, à 2 écailles dentelées
à la gorge, à onglet auriculé. Étamines à filets velus à la
base. Styles 5. Capsule grosse, sessile, ovale-conique, à dents
droites. Graines planes sur le dos et sur les faces, fortement

tuberculeuses. Connue sous le nom vulgaire de *compagnons blancs*.

Hab. le long des fossés et des routes, dans tout le département. ♃ Fl. avril–août.

14. **S. DIURNA** *Gren. et Godr. fl. fr.* 1, *p.* 217 ; *Lycnis sylvestris, Dec. fl. fr.* 4, *p.* 763 ; *Drèves et Hayne, pl. d'Eur., t.* 57 ; *Tabern. mont. ic.* 299, *fig.* 2. — Cette espèce diffère de la précédente : par ses fleurs constamment purpurines, inodores et diurnes, plus petites, à pédoncules plus courts ; par les dents de son calice lancéolées-aiguës ; les écailles des pétales lancéolées-aiguës ; les dents de la capsule desséchées, *roulées en dehors ;* par ses graines à tubercules aigus ; par ses tiges moins robustes, à poils non glanduleux. Connue sous le nom vulgaire de *compagnons rouges*.

Hab. les bois, au Vigan, l'Esperou, Concoule, etc. ♃ Fl. mai–juillet.

15. **S. NUTANS** *Lin. sp.* 596 ; *Dec. fl. fr.* 4, *p.* 753 ; *Flor. dan., t.* 242 ; *Drèves et Hayne, pl. d'Eur., t.* 114. — Racine dure, à souche rameuse, presque ligneuse. Une ou plusieurs tiges de 3-5 décim., fertiles, accompagnées de plusieurs tiges stériles, gazonnantes, droites ou ascendantes, inclinées à l'extrémité, pubescentes et visqueuses au sommet. Feuilles inférieures nombreuses, spatulées-aiguës ; les supérieures linéaires-lancéolées, écartées ; toutes pubescentes, ciliées à la base, d'un vert grisâtre. Fleurs blanches ou rosées, penchées, en panicule lâche, unilatérale, à rameaux courts, ord^t à 3 fleurs. Bractées lancéolées, étroites. Calice pubescent, visqueux, cylindrique, renflé et fendu à la maturité, marqué de lignes longitudinales, violettes, un peu ombiliqué, à dents aiguës. Pétales bifides, à 2 écailles aiguës à la gorge, à onglet nu. Capsule droite, ovoïde, obtuse, pubescente, à support court, anguleux, pubescent, élargi au sommet. Graines noirâtres, planes sur les faces et sur le dos, à tubercules aigus. Épanouissement nocturne.

Hab. les bords des bois et terrains arides de l'Esperou et de Concoule. ♃ Fl. juin–juillet.

16. **S. ITALICA** *Pers. syn.* 1, *p.* 498 ; *Dec. fl. fr.* 4, *p.* 753 ; *Jacq. Obs.* 4, *p.* 12, *t.* 79. — Racine dure, à souche presque ligneuse, rameuse, donnant naissance à des tiges stériles nombreuses, gazonnantes, et à des tiges fertiles de 3-5 décim., droites ou ascendantes, raides, pubescentes, visqueuses dans le haut, rameuses-trichotomes. Feuilles pubescentes, ciliées ; les inférieures spatulées, mucronées, longuement rétrécies en pétiole ; les supérieures linéaires-lancéolées, écartées. Fleurs blanches, livides en dessous, ouvertes et odorantes pendant la nuit, droites, à pédoncule court, en panicule *lâche, pyramidale.*

Bractées linéaires. Calice cylindrique allongé, resserré au sommet, claviforme à la maturité, légèrement ombiliqué, strié, pubescent, à dents courtes, membraneuses sur les bords. Pétales bifides, *à 2 rudiments d'écaille à la gorge*, à onglet auriculé, cilié vers son milieu. Capsule ovoïde acuminée, *de la longueur du support* sillonné, pubescent. Graines brunes, planes sur le dos et sur les faces, à tubercules obtus.

Hab. les terrains maigres, les bois et les garrigues, à Manduel, Cygnan, Aigues-Mortes. ♃ Fl. mai-août.

17. S. OTITES *Sm. fl. brit.* 469 ; *Dec. fl. fr. 4, p.* 752 ; *Clus. hist.* 1, *p.* 295, *fig.* 1. — Racine blanchâtre, dure, pivotante, à souche rameuse, donnant naissance à des tiges stériles, gazonnant avec les feuilles radicales des tiges fertiles, de 2-5 décim., droites, cylindriques, finement pubescentes, visqueuses au sommet, simples ou peu rameuses. Feuilles pubescentes ; les inférieures spatulées à long pétiole ; les caulinaires linéaires-lancéolées, distantes, munies à leur aisselle d'un faisceau de jeunes feuilles. Fleurs petites, verdâtres, dioïques, très-nombreuses, droites, disposées *par verticilles* en une panicule spiciforme, interrompue, à pédoncules capillaires, courts. Bractées ciliées, scarieuses à la base. Calice presque glabre, campanulé, court, strié, profondément fendu à la maturité, à dents courtes triangulaires. Pétales étroits, entiers, nus ainsi que l'onglet. Capsule ovoïde, *sessile*, glabre, dépassant un peu le calice. Graines petites, brunes, creusées sur les faces, canaliculées sur le dos, finement tuberculeuses.

Hab. les terrains arides et sablonneux, à Collias, à Corcone, aux bords du Gardon. ♃ Fl. mai-août.

3ᵉ gʳᵉ. VISCARIE. — VISCARIA. (Rœhl. deutsch. fl. 2, p. 37.)

Calice tubuleux, à 5 dents. Corolle à 5 pétales, munis d'écailles à la gorge, à onglet long non ailé. 10 étamines. 5 styles glabres, insérés *sur le prolongement des commissures du fruit*. Capsule *cloisonnée*, s'ouvrant au sommet par 5 dents. Graines réniformes, tuberculeuses.

1. V. PURPUREA *Wimm. fl. von schlesien, p.* 67 ; *Lychnis viscaria, Lin. sp.* 625 ; *Dec. fl. fr. 4, p.* 761 ; *Tabern., t* 294, *fig.* 1. — Racine pivotante, à souche dure, rameuse, donnant naissance à des tiges stériles, gazonnantes, et à des tiges fertiles de 4-6 décim., droites, fistuleuses, simples, glabres, visqueuses, rougeâtres au sommet, à entre-nœuds allongés. Feuilles linéaires-lancéolées, glabres, ciliées à la base, d'un vert obscur ; les radicales nombreuses, presque spatulées. Fleurs purpurines, à pédoncule court, disposées, par bouquets opposés, en panicule étroite, *interrompue*. Calice coloré, *ombiliqué*, un peu renflé en

massue à la maturité, glabre ou pubescent, nervié, à dents
courtes, triangulaires, aiguës. Pétales ovales *presque entiers*,
à 2 écailles longues et tronquées à la gorge, à onglet auriculé.
Capsule ovoïde, glabre, à support strié, glabre, presque aussi
long qu'elle. Graines brunes, très-petites, planes sur les faces,
canaliculées sur le dos, finement tuberculeuses.

Une variété de cette plante à fleurs doubles est cultivée dans les jardins,
sous le nom de *bourbonnaise*.

Hab. les prairies élevées, à Camprieux, à Dourbie. ♃ Fl. mai–juin.

4ᵉ gʳᵉ. LYCHNIDE. — LYCHNIS. (Lin. gen. 583, en partie.)

Calice tubuleux, à 5 dents. Corolle à 5 pétales munis d'écailles
à la gorge, à onglet long, non ailé. 10 étamines. 5 styles glabres,
insérés *sur le prolongement de la ligne médiane des valves du
fruit.* Capsule *non cloisonnée*, s'ouvrant au sommet par 5 dents.
Graines réniformes, tuberculeuses.

1. **L. FLOS-CUCULI** *Lin. sp.* 625; *Dec. fl. fr. 4, p.* 762;
Clus. hist. 1, *p.* 292, *fig.* 2. — Racine pivotante, grisâtre, à
souche rameuse, donnant naissance à des tiges stériles gazonnantes et à des tiges fertiles de 3-6 décim., droites ou ascendantes, rameuses au sommet, cannelées, rudes au toucher,
visqueuses et rougeâtres dans le haut. Feuilles glabres; les inférieures oblongues, rétrécies en pétiole, disposées en rosette; les
caulinaires sessiles, dressées, lancéolées-aiguës ou linéaires.
Fleurs purpurines-roses, rarement blanches, en panicule lâche,
trichotome. Bractées linéaires-aiguës. Calice coloré, glabre,
campanulé, non ombiliqué, marqué de 10 côtes rougeâtres, à
dents acuminées. Pétales divisés *en 4 lanières inégales, profondes*, à 2 écailles bifides, subulées à la gorge. Capsule ovale,
glabre, finement chagrinée, sans support. Graines petites, brunes,
convexes sur les faces et sur le dos, à tubercules aigus.

On cultive, dans les jardins, une var. de cette plante à fleurs doubles,
sous le nom vulgaire de *fleur de coucou*. La plante spontanée est connue
sous le nom patois de *téta-lèbré, caoulechou*.

Hab. les prairies, à Anduze, l'Esperou, etc. ♃ Fl. avril–juillet.

5ᵉ gʳᵉ. AGROSTEMME. — AGROSTEMMA. (Lin. gen. 584.)

Calice à 5 dents, longues, foliacées, muni de fortes nervures.
5 pétales nus à la gorge, à onglet ailé. 10 étamines. 5 styles velus
à la base, insérés *sur le prolongement de la ligne médiane des
valves du fruit.* Capsule uniloculaire, s'ouvrant par 5 dents.
Graines réniformes, tuberculeuses.

1. **A. GITHAGO** *Lin. sp.* 624; *Lychnis githago, Dec. fl.
fr. 4, p.* 764; *Fuchs.* 127, *ic.* — Racine simple, pivotante. Tige
de 4-9 décim., droite, peu rameuse, dichotome supérieurement,

couverte de longs poils soyeux, ainsi que les feuilles linéaires très-longues. Fleurs grandes, d'un rouge violet, rarement blanches, solitaires à l'extrémité de longs pédoncules. Calice épais, ovale, très-renflé à la maturité, soyeux, contracté au sommet, sans ombilic, à 10 côtes très-saillantes, à 5 dents foliacées *plus longues que la corolle*, caduc à la maturité; limbe des pétales ovoïde, presque entier, nu à la gorge. Capsule glabre, blanchâtre, ovale, à 10 côtes, à 5 dents dressées, dépourvues de support. Graines grosses, noires, réniformes-anguleuses, planes sur le dos, à tubercules nombreux, très-saillants, coniques.

Cette plante est connue sous le nom de *nielle*; en patois, *aniella*.

Hab. les champs cultivés, dans tout le département. ① Fl. mai-juillet.

6ᵉ gʳᵉ. SAPONAIRE. — SAPONARIA. (Lin. gen. 564.)

Calice *cylindrique*, à 5 dents, ombiliqué, nu à la base. 5 pétales à longs onglets ailés, écailleux à la gorge. 10 étamines. 2 styles. Capsule oblongue, uniloculaire, s'ouvrant au sommet par 4 valves. Graines réniformes, tuberculeuses.

1 . { Tiges droites; feuilles à 3 nervures.............. OFFICINALIS.
{ Tiges diffuses; feuilles à 1 nervure.............. OCYMOIDES.

1. S. OFFICINALIS *Lin. sp.* 584; *Dec. fl. fr.* 4, *p.* 737; *Lamk. ill., t.* 376, *fig.* 1.—Racines blanchâtres, grêles, dures, à souche stolonifère. Tiges de 3-6 décim., glabres, arrondies ou à 4 angles obtus, droites, rameuses au sommet. Feuilles ovales-lancéolées, aiguës, presque sessiles, glabres, trinerviées. Fleurs rosées, odorantes, à courts pédoncules, en panicule serrée par faisceaux. Calice cylindrique, strié, renflé au milieu à la maturité, *glabre*, verdâtre, à dents courtes, inégales, acuminées, membraneuses-ciliées à la base. Pétales ovales, entiers ou un peu échancrés, à onglet long, ailé, munis de 2 petites écailles subulées à la gorge. Capsule oblongue, glabre, à support épais, court. Graines convexes sur le dos, finement chagrinées.

Cette plante passe pour détersive, diurétique, sudorifique et dépurative; elle est employée pour laver le linge. Elle est désignée sous le nom patois de *sapounetta*.

Hab. le bord des rivières et ruisseaux, dans tout le département. ♃ Fl. mai-septembre.

2. S. OCYMOIDES *Lin. sp.* 585; *Dec. fl. fr.* 4, *p.* 738; *Lob. ic., t.* 341, *fig.* 2. — Racine épaisse, dure, à souche très-rameuse d'où partent des tiges nombreuses, stériles et fertiles, gazonnantes; les fertiles rameuses dichotomes, de 2-3 décim., plus ou moins velues. Feuilles ovales-lancéolées, rétrécies en pétiole court, ciliées, uninerviées; les supérieures plus étroites et aiguës. Fleurs d'un rose décidé, en corymbe lâche et quelquefois serré. Calice velu-visqueux, coloré, cylindrique, puis renflé, à dents obtuses, membraneuses sur les bords, souvent plus court que le pédoncule filiforme, velu. Pétales oblongs, entiers ou échancrés, rétrécis en onglet, *dépassant le calice*, à 2 petites écailles à la gorge. Capsule ovoïde, glabre, mince, à support anguleux, glabre, très-court. Graines noirâtres, réniformes, finement chagrinées.

Hab. les lieux pierreux, aux bords du Gardon, à Salbous, Margueritte ♃ Fl. avril–juillet.

7° g°. GYPSOPHYLE. — GYPSOPHYLA. (Lin. gen. 563.)

Calice à 5 dents, à 5 angles ailés, nu à la base, non ombiliqué. 5 pétales nus. 10 étamines. 2 styles. Capsule uniloculaire, à 4 valves au sommet.

1. **G. VACARIA** *Sibth. et Sm. fl. græc. prod.* 1, *p.* 279; *Saponaria vaccaria, Lin. sp.* 585; *Dec. fl. fr.* 4, *p.* 737; *Moris. hist.* 2, *s.* 5, *t.* 21, *fig.* 27. —— Racine blanchâtre, pivotante, rameuse. Tige de 3-6 décim., droite, raide, rameuse, dichotome au sommet, glabre, glauque ainsi que les feuilles, dont les inférieures oblongues en rosette, n'existant plus à la floraison; les supérieures lancéolées-aiguës, dressées, nombreuses, plus longues que les entre-nœuds, uninerviées, cordées et connées à la base. Fleurs d'un rose vif en corymbe lâche; pédoncules longs, filiformes, dilatés au sommet. Bractées petites, lancéolées, aiguës, membraneuses sur les bords. Calice renflé, pyramidal, à 5 dents très-courtes, aiguës. Pétales ovales, crénelés, dressés. Capsule oblongue, glabre, sans support, s'ouvrant au sommet en 4 dents dressées et profondes. Graines grosses, arrondies, finement tuberculeuses.

Hab. les champs cultivés, dans tout le département. ① Fl. mai–juillet.

8° g°. OEILLET. — DIANTHUS. (Lin. gen. 565.)

Calice tubuleux-cylindrique, à 5 dents, muni à la base d'é-cailles opposées, imbriquées. 5 pétales onguiculés, à limbe étalé, entier, denté ou frangé. 10 étamines. 2 styles. Capsule uniloculaire, ovale ou cylindrique, polysperme, s'ouvrant au sommet par 4 valves. Graines lenticulaires, planes d'un côté, chagrinées, à ombilic central.

1. { Calice anguleux......................... 2.
{ Calice cylindrique....................... 3.

2. { Écailles calicinales aristées............... SAXIFRAGUS.
{ Écailles calicinales obtuses, non aristées.... PROLIFER.

3. { Fleurs serrées en capitule................. 4.
{ Fleurs solitaires ou en panicule lâche....... 5.

4. { Écailles calicinales plus longues que le calice. ARMERIA.
{ Écailles calicinales plus courtes que le calice
{ ou l'égalant...................... CARTHUSIANORUM.

1. **D. saxifragus** *Lin. sp. ed.* 1re, *p.* 413; *Gypsophila saxifraga, Lin. sp. ed.* 2, *p.* 584; *Dec. fl. fr.* 4, *p.* 737; *Barr. ic.* 998. — Racine blanchâtre, dure, pivotante, à souche courtement rameuse, donnant naissance à des tiges stériles, gazonnantes, et à des tiges fertiles de 1-2 décim., glabres, nombreuses, grêles, étalées-ascendantes, rameuses, à articulations renflées, rapprochées. Feuilles linéaires-aiguës, dentelées en scie, à une nervure dorsale saillante, un peu décurrente, connées à la base, serrées contre la tige. Fleurs petites en panicule lâche, droite. Calice court pentagonal, vert sur les angles, à dents membraneuses sur les bords; écailles du calice quaternées, ovales-acuminées, membraneuses, atteignant la moitié du calice. Pétales roses, à 3 stries purpurines. Capsule ovale, glabre, élégamment chagrinée. Graines petites, ovales, finement chagrinées.

Hab. les terrains arides, aux environs de Nimes, de Manduel, de Margueritte. 2 Fl. juin-août.

2. **D. prolifer** *Lin. sp.* 587; *Dec. fl. fr.* 4, *p.* 741; *Segui. pl. veron.* 26, *t.* 7, *fig.* 1. — Racine blanchâtre, pivotante. Tige de 1-5 décim., droite, raide, glabre, simple ou rameuse, à rameaux grêles allongés. Feuilles linéaires aiguës, glabres, rudes sur les bords, connées à la base. Fleurs très-petites, purpurines, réunies en tête entourée d'écailles lisses, scarieuses, roussâtres; les intérieures obtuses, plus longues que le calice; les extérieures mucronées, plus courtes. Calice pentagonal glabre, strié à la base, vert sur les angles, à dents petites, obtuses, membraneuses. Pétales un peu plus longs que le calice, à limbe ovale, petit, dressé, un peu échancrés. Capsule elliptique s'ouvrant au sommet par 4 dents étalées, profondes, finement striées. Graines noires, oblongues, légèrement chagrinées.

Hab. les terrains arides, les prairies, dans tout le département. (1) Fl. mai-septembre.

3. **D. armeria** *Lin. sp.* 586; *Dec. fl. fr.* 4, *p.* 741; *Lob.*

ic. 448. — Racine pivotante, rameuse, blanchâtre. Tige de 2-6 décim., pubescente, raide, rude, droite ou un peu coudée à la base, rameuse au sommet, rarement dès la base. Feuilles lancéolées-linéaires, velues, rudes sur les bords, à 3 nervures écartées, la médiane plus saillante; les radicales obtuses; les caulinaires aiguës, dressées, connées à la base. Fleurs presque sessiles, fasciculées à l'extrémité de la tige et des rameaux. Bractées foliacées, appliquées, atteignant ou dépassant les fascicules. Calice cylindrique, rétréci au sommet, velu, strié, à dents étroites, très-aiguës, à écailles vertes, striées, linéaires-subulées, plus longues que le calice. Pétales velus à la gorge, rouges, à points blancs, *oblongs, dentés au sommet.* Capsule presque cylindrique, glabre, lisse, s'ouvrant au sommet par 4 dents profondes, réfléchies. Graines brunes, petites, ovales, légèrement tuberculeuses.

Hab. les lieux incultes, à Barjac, Alzon; le bois de Broussan, près Nîmes: les bords du Gardon. ② juillet-août.

4. **D. Carthusianorum** *Lin. sp.* 586; *Dec. fl. fr.* 4, *p.* 740; *Tabern. ic.* 287. — Racine brune, pivotante, à souche rameuse, donnant naissance à des tiges stériles gazonnantes et des tiges fertiles de 2-5 décim., simples, tétragones, droites ou ascendantes, glabres, simples. Feuilles linéaires-*aiguës*, nerviées, rudes sur les bords; les caulinaires longuement connées à la base, glabres. Fleurs d'un rouge vif, à court pédoncule, réunies 3-6 en capitule au sommet des tiges. Bractées oblongues, aristées, rousses, coriaces ainsi que les écailles calicinales, plus courtes que le calice; celui-ci cylindrique, strié, violet à la base, brun au sommet, à dents lancéolées-aiguës, ciliées-membraneuses sur les bords. Pétales *cunéiformes*, arrondis et irrégulièrement dentés au sommet, velus à la gorge. Capsule subcylindrique, glabre, très-finement striée, s'ouvrant au sommet par 4 dents réfléchies, très-profondes. Graines noires, finement chagrinées.

On cultive, dans les jardins, une variété de cette plante, sous le nom de *bouquet-fait.*

Hab. les bois, à Barjac; les pacages, à Lanuejols, à Alzon. ② Fl. juin-août.

5. **D. Seguieri** *Chaix in Vill. Dauph.* 1, *p.* 330 *et* 3, *p.* 594; *D. geminiflorus, Lois gall.* 1, *p.* 305; *Mut. fl. fr.* 1, *p.* 136, *t.* 12, *fig.* 70. — Racine brune, menue, à souche divisée en rameaux grêles et courts, donnant naissance à des tiges stériles gazonnantes et à des tiges fertiles de 2-4 décim., grêles, droites ou ascendantes, anguleuses. Feuilles linéaires-lancéolées, acuminées, un peu raides, minces, glabres, d'un vert gai, à 3 nervures, rudes sur les bords, connées à la base. Fleurs brièvement pédonculées, réunies 2-4 à l'extrémité des tiges. Bractées lancéolées, étroites. Calice cylindrique, *rétréci au sommet avant la*

floraison, strié dans toute sa longueur, d'un pourpre foncé, à dents profondes, aiguës, légèrement ciliées-membraneuses sur les bords. Écailles calicinales ovales, striées, contractées en une pointe subulée plus courte que le calice. Pétales roses, marqués de points purpurins à la gorge, formant un cercle sur la corolle, cunéiformes, arrondis au sommet et fortement dentés, barbus à la gorge. Capsule subcylindrique. Graines grosses, ovales, chagrinées.

Hab. les pacages, à Bagnols-les-Bains, limitrophe du Gard. ♃ Fl. juin-août.

6. **D. HIRTUS** *Vill. Dauph.* 3, *p.* 593, *t.* 46; *Dec. fl. fr.* 4, *p.* 743; *D. graniticus, Jord. Obs.* 7e *fragm., p.* 13. — Racine brune, ligneuse, à souche rameuse, donnant naissance à des tiges stériles gazonnantes et à des tiges fertiles de 1-2 décim., nombreuses, ascendantes, grêles, glabres ou pubescentes, simples ou rameuses. Feuilles raides, linéaires, acuminées, piquantes, rudes sur les bords, à 3 nervures bien prononcées, les caulinaires connées. Fleurs d'un rouge vif, moyennes, terminales, solitaires, géminées ou fasciculées. Calice cylindrique, strié, un peu atténué au sommet, à dents lancéolées, acuminées, membraneuses sur les bords et au sommet. Écailles calicinales membraneuses, oblongues, contractées en une arête subulée, rude, atteignant à peine le milieu du calice. Pétales *ovales-cunéiformes*, dentés au sommet, légèrement velu à la gorge. Capsule cylindrique un peu rétrécie au sommet. Graines ovales, finement rugueuses.

Hab. contre les rochers, à Bompérier, Valleraugue, Saint-Jean-du-Gard, l'Esperou, dans les pacages. ♃ Fl. juin-août.

7. **D. DELTOIDES** *Lin. sp.* 588; *Dec. fl. fr.* 4, *p.* 744; *Mut. fl. fr., p.* 139, *t.* 13, *fig.* 72. — Racine brune, grêle, à souche rameuse gazonnante, donnant naissance à des tiges stériles, allongées, couchées, et à des tiges fertiles de 2-3 décim., ascendantes, cylindriques, faibles, rameuses, dichotomes, un peu rudes. Feuilles des tiges stériles, oblongues, obtuses, molles ; celles des tiges fertiles linéaires-aiguës, brièvement connées ; toutes *à* 3 *nervures*, la médiane plus saillante, rudes sur les bords et la nervure du centre. Fleurs purpurines, parsemées de points blancs ou plus foncés, disposées en panicule lâche. Calice cylindrique strié, coloré, légèrement pubescent, à dents lancéolées, acuminées, membraneuses sur les bords. Écailles calicinales 2 ou 4, ovales-lancéolées, acuminées, coriaces, membraneuses, plus courtes que le calice. Pétales *ovales*, dentés au sommet, glabres ou velus à la gorge. Capsule subcylindrique. Graines petites, ovales, chagrinées.

Hab. les prairies, à l'Esperou, à Concoule. ♃ Fl. juin-septembre.

8. **D. VIRGINEUS** *Lin. sp.* 590 (*non Guan. ni Dec.*); *Godr., note sur le D. virgineus, Lin.* (1846), *p.* 15; *Dianthus caryo-*

phyllus, *Guan.*, *herb.* — Racine brune, simple, pivotante, profonde, à souche noueuse, rameuse, à divisions très-courtes, donnant naissance à des tiges stériles, serrées, gazonnantes, et à des tiges fertiles de 5 centim. à 4 décim., grêles, raides, ascendantes, un peu anguleuses, rudes à la base, simples ou rameuses dans le haut. Feuilles souvent glauques, très-étroites, raides, pliées, *subulées-triquètres*, très-aiguës, *striées en dessous*, rudes sur les bords et sur la carène; les inférieures courbées en dehors, les caulinaires plus courtes, connées; les supérieures en forme de bractées, scarieuses, brièvement apiculées, se recouvrant par les bords, non renflées à la base. Fleurs roses, odorantes, solitaires au sommet des tiges et des rameaux, formant une panicule lâche, dichotome. Calice cylindrique, atténué légèrement au sommet, *strié vers le haut*, glauque ou verdâtre, quelquefois coloré, à dents allongées, aiguës, sèches, décolorées. Écailles calicinales 4-6, beaucoup plus courtes que le calice, coriaces, arrondies, contractées en une pointe courte, verte, striée; les extérieures plus courtes. Pétales *oblongs-cunéiformes*, dentés au sommet, glabres, non ciliés. Capsule subcylindrique. Graines noires, grandes, ovales, chagrinées.

Hab. les lieux stériles, dans tout le département. ♃ Fl. juin–septembre.

9. **D. MONSPESSULANUS** *Lin. sp.* 588; *D. monspeliacus*, *Dec. fl. fr.* 4, *p.* 745; *Clus. hist.* 1, *p.* 284, *fig.* 1. — Racine fibreuse, souche à divisions grêles, radicantes, donnant naissance à des tiges stériles non gazonnantes et à des tiges fertiles de 1-4 décim., ascendantes, glabres, rameuses, à articulations un peu renflées. Feuilles linéaires-aiguës, plus longues que les entrenœuds, atténuées à leur base, planes, glabres, très-peu rudes sur les bords, nerviées en dessous, connées, souvent déjetées en bas. Fleurs grandes, purpurines ou roses, légèrement odorantes, en panicule lâche, dichotome. Calice cylindrique, allongé, *atténué au sommet*, légèrement strié dans toute sa longueur, à dents longuement acuminées-subulées, membraneuses sur les bords. Écailles calicinales lancéolées, larges et scarieuses à la base, terminées en arête, vertes, striées, tantôt plus courtes que le calice, tantôt le dépassant. Pétales ovales, non compris les laciniures profondes et étroites dont ils sont entourés. Capsule cylindrique. Graines ovales, chagrinées.

Hab. les bois et les pacages de l'Aigual, l'Esperou, Concoule, Salbous. ♃ Fl. juillet–septembre.

10. **D. SUPERBUS** *Lin. sp.* 589; *Dec. fl. fr.* 4, *p.* 744; *Clus. hist.* 1, *p.* 284, *fig.* 2. — Racine petite, noueuse, blanchâtre, à souche plus ou moins rameuse, produisant des tiges stériles gazonnantes et des tiges fertiles de 3-7 décim., droites, fermes, glabres, rameuses au sommet. Feuilles souvent glauques, glabres,

linéaires-lancéolées, acuminées, un peu rudes sur les bords; les inférieures et celles des tiges stériles moins pointues. Fleurs d'un rose pâle, très-odorantes, disposées en panicule lâche. Calice cylindrique, allongé, atténué au sommet, strié dans toute sa longueur, souvent coloré, à dents longues, acuminées-subulées, desséchées. Écailles calicinales *larges, très-courtes*, brusquement contractées en arête courte. Pétales profondément découpés en lanières multifides, hérissés de poils pourpres à la gorge. Capsule et graines comme dans l'espèce précédente.

Hab. le bord des torrents et les pacages, aux environs de l'Esperou (*Guan. herb.*). 2⸲ Fl. juillet-septembre.

On cultive en bordure, dans les jardins, sous le nom d'*œillet-plume*, de *mignardise*, le *dianthus plumarius*, Lin. Le *dianthus caryophyllus*, Lin., spontané sur les vieux murs de l'Ouest, est le type des belles variétés à fleurs doubles, que l'on cultive à grand soin dans les parterres.

9ᵉ gʳᵉ. VELEZE. — VELEZIA. (Lin. gen. 448.)

Calice tubuleux, à 5 dents, nu à la base. Corolle à 5 pétales onguiculés, échancrés, couronnés. 5-10 étamines. 2 styles. Capsule cylindrique, uniloculaire, polysperme, s'ouvrant au sommet par 4 dents. Graines peu nombreuses, sessiles, sur un placenta central, filiforme.

1. **V. RIGIDA** *Lin. sp.* 474; *Dec. fl. fr.* 4, *p.* 765; *Lamk. ill., t.* 186. — Racine grêle, blanchâtre, pivotante, rameuse. Tige de 1-3 décim., menue, droite, raide, flexueuse, pubescente dans sa jeunesse, très-rameuse dès la base, à articulations noueuses, souvent rougeâtre. Feuilles linéaires, étroites, subulées, un peu raides, striées, ciliées, conniventes; les radicales linéaires-spatulées, en rosette. Fleurs petites, roses, à pédoncule court, presque de la grosseur du calice, solitaires ou géminées à l'aisselle des feuilles, dans toute la longueur de la tige ou des rameaux. Souvent on rencontre une fleur solitaire et à pédoncule un peu plus long à la naissance des bifurcations. Calice coriace, grêle, allongé, pubescent, strié, à dents longues sétiformes. Pétales étroits, échancrés, à onglets filiformes de la longueur du calice, à 2 petites écailles pointues à la gorge. Capsule membraneuse, étroite, allongée, s'ouvrant au sommet par 4 dents droites, obtuses. Graines noires, oblongues, lisses, repliées en dedans par les bords.

Hab. les terrains sablonneux, aux bords du Gardon, au mas Charlot; au bois de Broussan, près Loubes; à Générac. ① Fl. mai-juin.

XIVᵉ FAM. **ALSINÉES.**

ALSINEÆ. (Bartl. beitr., 2, p. 159.)

Fleurs régulières. Calice à 4-5 sépales libres ou à peine soudés à la base. Pétales 4-5, blancs, rarement roses, alternes avec les sépales. Étamines égales au nombre des pétales ou deux fois plus nombreuses. Styles libres à la base. Ovaire libre. Placenta central. Capsule uniloculaire, polysperme, à autant de valves que de styles ou en nombre double.

1. { Feuilles sans stipules......................... 2.
{ Feuilles avec stipules......................... 10.

2. { Valves de la capsule entières.................. 3.
{ Valves de la capsule bifides ou bidentées........ 5.

3. { Styles 4-5; capsule à 4-5 valves......... 1ᵉʳ gʳᵉ. **SAGINA**.
{ Styles 2-3; capsule à 2-3 valves.............. 4.

4. { Styles 2; capsule à 2 valves............. 2ᵉ gʳᵉ. **BUFFONIA**.
{ Styles 3; capsule à 3 valves............. 3ᵉ gʳᵉ. **ALSINE**.

5. { Pétales bifides. .... 6.
{ Pétales entiers ou émarginés.................. 8.

6. { 3 styles. .... 6ᵉ gʳᵉ. **STELLARIA**.
{ Plus de 3 styles............................. 7.

7. { Feuilles larges, cordées à la base........ 9ᵉ gʳᵉ. **MALACHIUM**.
{ Feuilles non cordées à la base.......... 8ᵉ gʳᵉ. **CERASTIUM**.

8. { Fleurs en ombelle..................... 7ᵉ gʳᵉ. **HOLOSTEUM**.
{ Fleurs en panicules......................... 9.

9. { Capsule à 4 valves..................... 4ᵉ gʳᵉ. **MOERINGIA**.
{ Capsule à 6 valves..................... 5ᵉ gʳᵉ. **ARENARIA**.

10. { 5 styles. .... 10ᵉ gʳᵉ. **SPERGULA**.
{ 3 styles. .... 11ᵉ gʳᵉ. **SPERGULARIA**.

1ᵉʳ gʳᵉ. SAGINE. — SAGINA. (Lin. gen. 236.)

Calice à 4-5 sépales. Pétales 4-5, entiers, quelquefois avortés. Étamines 4-5-10. Styles 4-5. Capsule à 4-5 valves.

1. { Calice à 4 sépales............................. 2.
{ Calice à 5 sépales........................... **LINNÆI**.

2. { Pédoncules fructifères, courbés en crochet au sommet... **PROCUMBENS**.
{ Pédoncules droits ou un peu arqués............. 3.

3. { Feuilles subulées............................. 4.
{ Feuilles mutiques........................... **MARITIMA**.

4. { Sépales appliqués contre la capsule.............. **PATULA**.
{ Sépales étalés en croix à la maturité. .... **APETALA**.

1. S. PROCUMBENS *Lin. sp.* 185; *Dec. fl. fr. 4, p.* 768; *Lamk. ill. t.* 90. — Racine grêle, fibreuse. Tiges de 3-9 centim.-grêles, filiformes, rameuses, diffuses, étalées, radicantes, gazonnantes. Feuilles linéaires *mucronées*, glabres, *non ciliées*, munies, la plupart, d'un fascicule de feuilles à leur aisselle. Fleurs verdâtres, portées sur des pédoncules allongés, capillaires, courbés en crochet après la floraison, redressés à la maturité. Calice à 4 sépales larges, obtus, étalés à la maturité. Pétales entiers, plus courts que le calice ou l'égalant, quelquefois avortés. Styles 4. Capsule à 4 valves obtuses, plus longue que le calice.

Graines rousses, très-petites, sillonnées sur le dos, verrucu-
leuses.

Hab. les lieux humides et contre les rochers, à l'Esperou, Alzon, Aulas :
bords du Gardon, à Montfrin. ① Fl. mai–octobre.

2. S. APETALA *Lin. mant.* 159; *Dec. fl. fr.* 4, *p.* 769;
Arduin. specim. 2, *t.* 8, *fig.* 1. — Racine blanchâtre, grèle,
fibreuse. Tiges nombreuses, droites ou ascendantes, non radicantes, glabres ou hérissées de poils rares et courts, très-
rameuses, filiformes. Feuilles linéaires-subulées, aristées, ciliées à
la base, sans fascicules de feuilles à leur aisselle. Fleurs portées
sur des pédoncules droits, allongés, un peu inclinés, après la
floraison, *hérissés de poils courts et glanduleux.* Calice à 4 sépales, hérissés de quelques poils, ovales, obtus, dont 2 mucronulés. Pétales très-petits ou avortés. Styles 4. Capsule plus
longue que le calice, à 4 valves. Graines brunes, très-petites,
sillonnées sur le dos.

Hab. les champs cultivés, à Manduel : le bois de la Devèze : contre les
murs humides, à Peiremale, à Aulas. ① Fl. mai–octobre.

3. S. CILIATA *Gren. et Godr. fl. fr.* 1, *p.* 245; *S. patula, Jord.*
Obs. pl. fr. (mai 1846), *p.* 23, *t.* 3, *fig.* 1. —Cette plante, très-
ressemblante à la précédente, s'en distingue : par ses sépales
appliqués contre la capsule à la maturité; par ses pédoncules
et ses calices beaucoup moins garnis de poils glanduleux; par
sa capsule à *peine plus longue* que le calice, et par ses feuilles
rarement ciliées.

Hab. les pacages de la Sylve, près Sylveréal. ① Fl. mai–juin.

4. S. MARITIMA *Don. engl. bot.* 2195; *S. filiformis, Lois.*
gall. 1, *p.* 119. — Racine grèle, fibreuse. Tiges glabres, plus ou
moins nombreuses, dichotomes, droites ou étalées en rosette.
Feuilles linéaires, planes-convexes, *mutiques* ou *pointues*, glabres, sans fascicules de feuilles à leur aisselle. Fleurs portées sur
des pédoncules droits, allongés, filiformes, glabres, très-lisses.
Sépales ovales, *obtus*, étalés en croix à la maturité. Pétales
blancs, *lancéolés*, presque aussi longs que le calice, rarement
avortés. Capsule toujours droite, un peu plus longue que les
sépales. Graines brunes, très-petites, sillonnées sur le dos.

Hab. les dunes et les pacages de la Sylve, près de Sylveréal, d'Aigues-
Mortes et du grau d'Orgon. ① Fl. mai–août.

5. S. LINNÆI *Presl. rel. hœnk.* 2, *p.* 14; *Spergula saginoïdes,*
Lin. sp. 631; *Dec. fl. fr.* 4, *p.* 774; *Rchb. ic. caryoph.,*
fig. 4963. — Racine grèle, filiforme. Tiges grèles, réunies en
gazon, décombantes, *glabres ainsi que les feuilles;* celles-ci
linéaires-subulées, quelquefois mutiques, élargies-membraneuses
à la base, sans fascicules axillaires. Fleurs portées sur des pédon-

cules allongés, *glabres*, inclinés après la floraison, redressés à la maturité. Pétales blancs, plus courts que le calice, à 5 sépales ovales, obtus, appliqués sur la capsule. Étamines 10. Capsule à 5 valves lancéolées, dépassant le calice. Graines rousses, petites, lisses.

Hab. dans les sables des environs de Campestre (*Guan. ill.*). ♃ Fl. juillet-août.

2e g^{re}. BUFFONIE — BUFFONIA. (Lin. gen. 168.)

Calice à 4 sépales. Pétales 4, entiers ou bidentés. Étamines 4. Styles 2. Capsule comprimée, uniloculaire, à 2 valves, à 2 graines dressées, attachées au fond de la capsule.

1. | Sépales à 3 nervures confluentes vers le sommet.. TENUIFOLIA.
   | Sépales à 5 nervures non confluentes............. MACROSPERMA.

1. **B. MACROSPERMA** *Gay. monogr. ined. B. annua, Dec. fl. fr. 4, p.* 768; *B. tenuifolia, Rchb. ic. caryoph., fig.* 4899. — Racine blanchâtre, pivotante. Tige de 2-3 décim., un peu rude, très-rameuse dès la base, à rameaux inférieurs ascendants-étalés, à nœuds un peu renflés. Feuilles subulées-sétacées, élargies et connées à la base, desséchées à la floraison. Fleurs nombreuses, en grappes, formant une panicule assez fournie, réunies 2-3 au sommet de pédicelles scabres; le central plus long. Sépales subulés, *à 5 nervures non confluentes*, quelquefois à 3, membraneux sur les bords. Pétales blanchâtres, plus courts que le calice. Étamines à filets très-courts. Styles presque égaux aux filets. Capsule plus courte que les sépales. Graines oblongues, comprimées et échancrées à la base, à tubercules *très-prononcés*.

Hab. les champs sablonneux, à Campestre. ⚇ Fl. juillet-août.

2. **B. TENUIFOLIA** *Lin. sp.* 179; *Gay. monogr. ined. B. annua, Dec. fl. fr. 4, p.* 768. — Cette plante ressemble fort à la précédente. Elle en diffère : par ses sépales à 3 nervures confluentes, ses pétales beaucoup plus courts, ses étamines au nombre de 2-3, à filets plus courts; par ses graines plus petites et à tubercules bien moins prononcés.

Hab. les champs, les bords des chemins, à Manduel, à Tresques, à Beaucaire : les bois pierreux, à Saint-Nicolas, à Roque-Courbe; près de Margueritte. ⚇ Fl. juillet-septembre.

3e g^{re}. ALSINE. — ALSINE. (Wahl. fl. lap. 129.)

Calice à 5 sépales. Corolle à 5 pétales entiers. Étamines 10 ou moins. Styles 3. Capsule s'ouvrant jusqu'à la base par 3 valves. Graines réniformes, nombreuses.

1. | Pétales plus longs que le calice........ .... 2.
   | Pétales plus courts que le calice ou de sa longueur.. 3.

<table>
<tr><td rowspan="2">2.</td><td>Capsule de la longueur du calice. . . . .</td><td>STRIATA.</td></tr>
<tr><td>Capsule d'un tiers plus longue que le calice. . . . . .</td><td>BAUHINORUM.</td></tr>
<tr><td rowspan="2">3.</td><td>Fleurs en corymbe fasciculée-serrée. . . . .</td><td>JACQUINI.</td></tr>
<tr><td>Fleurs en corymbe lâche. . . . .</td><td>4.</td></tr>
<tr><td rowspan="2">4.</td><td>Plante vivace. . . . .</td><td>MUCRONATA.</td></tr>
<tr><td>Plante annuelle. . . . .</td><td>TENUIFOLIA.</td></tr>
</table>

1. **AL. TENUIFOLIA** *Crantz. inst.* 2, *p.* 407 ; *Arenaria te-nuifolia, Lin. sp.* 607 ; *Dec. fl. fr.* 4, *p.* 789 ; *Vail. bot., t.* 3, *fig.* 1. — Racine grêle, blanchâtre. Tiges de 1-2 décim., droites ou ascendantes, glabres, rameuses-dichotomes au sommet, souvent rameuses dès la base. Feuilles linéaires-subulées, brièvement mucronées, à 5 nervures à la base, brièvement connées. Fleurs en panicule lâche ou rarement serrée, dressées, portées sur des pédicelles filiformes, plus longs que les bractées foliacées, droits, puis étalés et même inclinés. Calice à sépales lancéolés, très-acuminés, scarieux sur les bords, trinerviés. Pétales blancs, plus courts que le calice. Étamines 5-10. Capsule membraneuse, égale au calice ou le dépassant. Graines rousses, très-petites, finement tuberculeuses, sillonnées sur le dos.

VAR. B, *Viscida*. Plante toute pubescente-glanduleuse. *Arenaria viscidula Thuill. par.* 219. *Ar. hybrida vill. Dauph.* 3, *p.* 634, *fig.* 17.

Hab.: la var. A, les champs cultivés, aux environs de Nîmes et du Vigan : la var. B, à Aigues-Mortes, à Aulas. ① Fl. mai-juin.

2. **AL. JACQUINI** *Koch. syn. ed.* 2, *p.* 125 ; *Arenaria fasci-culata, Dec. fl. fr.* 4, *p.* 791 ; *Hall. helv., t.* 17, *N° 870.* — Racine blanchâtre, dure. Tiges de 1-2 décim., solitaires ou nombreuses, droites ou ascendantes, raides, rameuses dès la base, à rameaux courts très-peu divergents, ordᵗ glabres, à entre-nœuds courts, un peu renflés à leur base. Feuilles sétacées, élargies, membraneuses et ciliées à la base, trinerviées, serrées contre la tige. Fleurs *en fascicules corymbiformes, serrées* au sommet de la tige, et *alternes dans sa longueur,* dépassant ou égalant les bractées ; celles naissant dans les bifurcations, solitaires, à pédicelle allongé. Calice à sépales *inégaux,* lancéolés-subulés, membraneux sur les bords, avec une nervure verte, parcourue dans son milieu par une ligne blanchâtre. Pétales blancs, plus courts que le calice. Capsule subcylindrique, membraneuse, *plus courte* que le calice. Graines petites, brunes, réniformes, à base inégale, à tubercules *très-marqués.*

Hab. les champs sablonneux, sur le plateau de Campestre, près du Capellier, aux environs d'Alzon. ① Fl. juillet-août.

3. **AL. MUCRONATA** *Lin. mant.* 358 ; *Arenaria mucronata, Dec. fl. fr.* 4, *p.* 791 ; *Sabulina rostrata, Rchb. ic. caryoph.* 4923. — Racine d'un blanc jaunâtre, dure, tortueuse, à souche très-

ramifiée, donnant naissance à un grand nombre de tiges de
1 décim. environ, gazonnantes, droites ou ascendantes. Feuilles
sétacées trinerviées, élargies, membraneuses, ciliées à la base,
brièvement connées. Fleurs droites, *en corymbe au sommet* des
tiges, portées sur des pédicelles *de la longueur* du calice et plus
longs que les bractées ; celles des bifurcations à pédicelles plus
allongés. Calice à sépales inégaux, très-aigus, blancs-scarieux sur
les bords avec une nervure verte, parcourue dans son milieu par
une ligne blanchâtre. Pétales blancs, un peu plus courts que le
calice. Capsule membraneuse, conique-cylindrique, presque de
la longueur du calice. Graines brunes, petites, réniformes, à base
inégale, à tubercules très-prononcés.

Hab. contre les rochers, au Serre-de-Bouquet, au Vigan, à Campestre,
Alzon, Montdardier, le long du Gardon. ♃ Fl. mai-août.

4. **AL. STRIATA** *Gren. mem. soc. Doubs* (1841), *p.* 33, *t.* 1,
fig. 1 ; *Arenaria laricifolia*, *var.* A, *Dec. fl. fr.* 5, *p.* 612 ;
Vill. Dauph. 3, *p.* 629, *t.* 47. — Racine dure, noirâtre, à souche
rameuse, sous-ligneuse, donnant naissance à des tiges nombreuses,
stériles et fertiles, gazonnantes ; ces dernières ascendantes, hautes
de 1 1/2 décim., pubescentes, terminées par 1-5 fleurs ; celles des
bifurcations à pédicelle plus long. Feuilles subulées, denticulées sur
les bords, trinerviées. Fleurs blanches, grandes, à sépales oblongs
obtus, *à 3 nervures bien prononcées*, membraneux au sommet
et sur les bords. Calice *presque ombiliqué*, pubescent ainsi que
les pédicelles *non renflés*. Pétales ovales, échancrés, cunéiformes,
deux fois de la longueur du calice. Capsule *de la longueur* du
calice. Graines brunes, nombreuses, finement tuberculeuses.

Hab. sur les rochers, à l'Esperou. ♃ Fl. août.

5. **AL. BAUHINORUM** *Gay monogr. ined. Alsine laricifolia,*
Gren. l. c., p. 3, *t.* 1, *fig.* 2 ; *Ar. laricifolia, var.* B, *Dec. fl.*
fr. 5, *p.* 612 ; *Ar. striata, Vill. Dauph.* 3, *p.* 630, *t.* 47. —
Racine brune, grosse, à souche ligneuse, tortueuse, rameuse,
donnant naissance à des tiges nombreuses, stériles et fertiles,
gazonnantes ; ces dernières raides, droites, ascendantes ou couchées, hautes de 1 1/2 décim., couvertes, au sommet, d'un duvet
épais et visqueux, terminées par 1-5 fleurs ; celles des bifurcations plus longuement pédicillées. Feuilles subulées, denticulées
sur les bords, uninerviées, membraneuses et connées à la base.
Fleurs grandes, blanches, à calice velu-glanduleux, à sépales
oblongs, obtus, membraneux au sommet et sur les bords, à
3 nervures *courtes*, à pétales striés, larges, cunéiformes, deux fois
de la longueur du calice. Pédicelles allongés et renflés sous le
calice. Capsule dépassant, *d'un tiers*, le calice. Graines brunes,
nombreuses, à base inégale, tuberculeuses, munies d'une *crête*
dorsale dentelée.

Hab. les pacages pierreux, à Blandas, à Saint-Michel-*dei-Sers*, limites du Gard, près d'Alzon; les bois, à Montdardier. ♃ Fl. juillet–août.

4ᵉ gʳᵉ. MERINGIE. — MOEHRINGIA. (Lin. gen. 494.)

Sépales 4-5. Pétales 4-5. Étamines 10, insérées sous l'ovaire. Styles 2-3-4. Capsule à 4-6 valves. Graines arillées à l'ombilic.

1. { Feuilles linéaires ou filiformes. . . . . 2.
   { Feuilles ovales. . . . . 3.

2. { Feuilles uninerviées. . . . . MUSCOSA.
   { Feuilles sans nervures. . . . . POLYGONOIDES.

3. { Sépales à une nervure. . . . . PENTANDRA.
   { Sépales à 3 nervures.. TRINERVIA.

1. **M. muscosa** *Lin. sp.* 515; *Dec. fl. fr.* 4, *p.* 771; *Lamk. Ill., t.* 314. — Racine fibreuse. Tiges nombreuses, très-rameuses, ténues, glabres, couchées, gazonnantes. Feuilles filiformes ou linéaires-aiguës, uninerviées, brièvement connées à la base. Fleurs très-blanches à l'extrémité de pédoncules longs, terminaux et axillaires, ord^t à 4 sépales lancéolés *très-aigus*, uninerviés, membraneux sur les bords et munis d'une ligne verte longitudinale dans son milieu, à 4 pétales elliptiques, plus longs que le calice. Capsule ovoïde, uniloculaire, polysperme, quadrivalve. Graines réniformes, noires, lisses, brillantes.

Hab. contre les rochers humides, à Sumène, de Brama-Bioou à Meyrueis (*Guan. herb.*). ♃ Fl. mai–juin.

2. **M. polygonoides** *M. et K. deutsch. fl.* 3, *p.* 272; *Arenaria polygonoides*, *Dec. fl. fr.* 4, *p.* 786; *Ar. obtusa all. sed., t.* 64, *fig.* 4. — Racines très-longues, grêles, peu rameuses. Tiges nombreuses, de 5-10 centim., couchées-gazonnantes, peu rameuses, glabres ainsi que les feuilles, à entre-nœuds courts. Feuilles linéaires un peu succulentes, sans nervures, écartées dans le bas de la tige, plus rapprochées dans le haut, opposées, sessiles. Fleurs blanches, 1-3, au sommet des rameaux, portées solitairement par des pédoncules inégaux, dont le principal est 2-4 fois de la longueur du calice, munis *de 2 petites bractées* opposées vers leur milieu. Sépales 5, ovales-lancéolés, obtus, à 3 nervures peu distinctes, membraneux sur les bords. Pétales 5, oblongs, très-entiers, dépassant peu le calice. Étamines égalant les sépales. Capsule oblongue, à 6 valves, uniloculaire, polysperme. Graines réniformes, noires, très-finement ponctuées.

Hab. à Banahu, près de l'Esperou (*Guan. herb.*). ♃ Fl. juillet.

3. **M. trinervia** *Clairv. man. d'herb.* 150; *Arenaria trinervia*, *Lin. sp.* 605; *Dec. fl. fr.* 4, *p.* 783; *Fl. dan., t.* 429. — Racines fibreuses-capillaires. Tiges faibles, grêles, très-rameuses, étalées sur la terre, longues de 1-3 décim., légèrement velues. Feuilles pétiolées, opposées, ovales, aiguës, *ciliées*. Fleurs

blanches solitaires, à l'extrémité de pédoncules allongés, axillaires, penchés à la maturité. Sépales 5, lancéolés-acuminés, membraneux sur les bords, à 3 nervures; la centrale plus prononcée, rude. Pétales beaucoup plus courts que le calice. Capsule ovale, à 5 valves, plus courte que le calice. Graines réniformes, noires, brillantes, très-finement chagrinées.

Hab. les bois et les haies humides, à Alzon, au Vigan. (!) Fl. mai–juin.

5. M. PENTANDRA *Gay* Ann. soc. nat. 1832, 26, *p.* 230. — Cette espèce ne diffère de la précédente que par ses feuilles non *ciliées* sur les bords; par ses fleurs toujours sans pétales et à 5 étamines; par ses sépales moins acuminés, uninerviés; par les filets des étamines très-courts; par sa capsule presque aussi longue que le calice, et par ses graines très-finement tuberculeuses.

Hab. les bois et les pacages de l'Esperou, sur la Tessonne (*Cambessède*). (!) Fl. mai–juin.

3ᵉ gᵉ. SABLINE. — ARENARIA. (Lin. gen. 777.)

Sépales 5. Pétales 5. Étamines 10, insérées sous l'ovaire. Styles 3. Capsule à 6 valves. Graines réniformes sans arilles.

1.	Pétales plus longs que le calice...............	2
	Pétales plus courts que le calice ou de sa longueur....................................	5.
2.	Sépales à une nervure....................	3.
	Sépales à 3–5 nervures..................	4.
3.	Feuilles lancéolées, molles...............	MONTANA.
	Feuilles subulées......................	HISPIDA.
	Feuilles lancéolées-linéaires, dures..........	GRANDIFLORA.
4.	Tiges raides, droites...................	TETRAQUETRA.
	Tiges souples étalées sur la terre..........	CILIATA.
5.	Pétales plus courts que le calice..........	SERPILLIFOLIA.
	Pétales égaux au calice.................	MODESTA.

1. AR. MONTANA *Lin.* sp. 606; *Dec. fl. fr.* 4, *p.* 784; *Vent. cels. t.* 34. — Racines blanchâtres, grêles, articulées, fibreuses à leurs articulations, produisant des tiges stériles longues et étalées, et des tiges fertiles de 1-3 décim., pubescentes, *étalées-diffuses et relevées* au sommet. Feuilles opposées, sessiles, étroitement lancéolées, aiguës, molles, uninerviées, pubescentes, brièvement *ciliées* sur les bords, un peu rudes. Fleurs blanches, grandes, portées isolément sur des pédoncules 3-4 fois plus longs que le calice, axillaires et terminaux, réfléchis à la maturité, souvent munis de 2 petites bractées vers leur milieu. Sépales ovales-lancéolés, *uninerviés*, aigus, *foliacés*, légèrement membraneux sur les bords. Pétales ovales, entiers, arrondis, 2 fois de la longueur du calice. Capsule ovale, glabre, luisante, de la longueur du calice. Graines assez grosses, noirâtres, chagrinées.

Hab. au bas des rochers, au Vigan, à Aulas, à l'Esperou, à la Grandès. ⚥ Fl. mai–juillet.

2. Ar. ciliata *Lin. sp.* 608; *Dec. fl. fr.* 4, *p.* 783; *Ar. multicaulis, Seg. veron.* 1, *t.* 5, *fig.* 2. — Racines en touffe, fibreuses. Tiges nombreuses, gazonnantes, couchées sur la terre, longues de 5-10 centim., *redressées* à l'extrémité des rameaux fleuris, couvertes, dans toute leur longueur, de poils arqués dirigés en bas. Feuilles petites, ovales, terminées en pointe, à court pétiole, tuberculeuses, légèrement nerviées, ciliées à la base. Fleurs blanches, 1-5 au sommet des rameaux, portées par des pédicelles 2 fois de la longueur du calice et munies, vers le milieu, de 2 petites bractées lancéolées-aiguës. Sépales lancéolés, aigus, à 3-5 nervures, membraneux sur les bords, un peu ciliés à la base. Pétales oblongs, dépassant le calice. Capsule ovoïde, de la longueur du calice. Graines renflées, *fortement chagrinées.*

Hab. à l'Esperou (*Guan. hort reg.*).

3. Ar. serpillifolia *Lin. sp.* 606; *Dec. fl. fr.* 4, *p.* 784; *Fuchs. hist.*, *t.* 23. — Racine grêle, fibreuse. Tiges nombreuses ou solitaires, étalées ou ascendantes, diffuses, dichotomes, pubescentes. Feuilles petites, *sessiles*, ovales, aiguës, finement ciliées, à 3 nervures peu saillantes, éloignées ou rapprochées. Fleurs blanches, en panicule, solitaires à l'extrémité de pédicelles 2 fois de la longueur du calice. Sépales pubescents, lancéolés-acuminés, trinerviés, membraneux sur les bords. Pétales petits, presque *de moitié plus courts* que le calice. Capsule ovale, à 6 dents coartes, dépassant un peu le calice. Graines petites, brunes, chagrinées.

Var. B, *Viscida. Lois. not.*, *p.* 68. Plante couverte de poils glanduleux au sommet.

Hab. les champs cultivés, les bois et les pacages, dans tout le département. ① Fl. mai–juillet.

4. Ar. hispida *Lin. sp.* 608; *Dec. fl. fr.* 4, *p.* 689. — Racine dure, presque simple. Tiges nombreuses partant du collet de la racine, tortueuses et suffruticuleuses dans le bas, diffuses ou ascendantes, di ou trichotomes, *hispides-cendrées* ainsi que toute la plante. Feuilles *subulées*, uninerviées, un peu élargies à la base. Fleurs blanches, en panicule, solitaires au sommet des pédicelles, 3-4 fois de la longueur du calice. Sépales lancéolés, aigus, membraneux sur les bords, uninerviés. Pétales cunéiformes plus longs que le calice. Capsule ovale, feutrée, dépassant le calice. Graines petites, noirâtres, à tubercules très-prononcés, surtout sur le dos.

Hab. les lieux sablonneux et contre les rochers, au Vigan, Montdardier, Campestre, Alais. ⚥ Fl. juin–août.

5. **AR. MODESTA** *Duf. in Dec. prod.* 1, *p.* 410 ; *Mut. fl. fr.* 1, *p.* 165. — Racine blanchâtre, très-grêle. Tige droite de 4-8 centim., *pubescente-visqueuse* ainsi que les pédicelles et les sépales, rameuse, en panicule dichotome. Feuilles pubescentes ; les inférieures spatulées ; les supérieures oblongues-linéaires, subulées. Fleurs blanches, solitaires, au sommet de pédicelles 2-3 fois plus longs que le calice, étalés-dressés, à la fin réfléchis. Sépales lancéolés-aigus, *sans nervures.* Pétales ovales-oblongs, de la *longueur* du calice. Capsule ovale, dépassant un peu le calice, à 6 valves. Graines rousses, à tubercules *émoussés.*

Hab. dans les sables dolomitiques, aux environs de Campestre, en société avec l'*ar. hispida.* ① Fl. mai-juin.

6. **AR. GRANDIFLORA** *All. ped. t.* 10, *fig.* 1, *et t.* 26, *fig.* 5 ; *Dec. fl. fr.* 4, *p.* 787. — Racine dure, pivotante, à souche subligneuse, très-rameuse, donnant naissance à des tiges nombreuses de 10-15 centim., formant un gazon compacte, ascendantes, pubescentes, à 1-3 fleurs. Feuilles sessiles, *lancéolées-subulées,* trinerviées, *ciliées* à la base, rapprochées au bas de la tige, portant souvent, à leur aisselle, des fascicules de jeunes feuilles. Fleurs blanches, portées sur des pédicelles allongés, droits. Sépales ovales-lancéolés, acuminés ou *aristés,* hérissés, légèrement scarieux sur les bords, à une nervure dorsale *très-saillante.* Pétales oblongs, obtus, *deux fois de la longueur du calice.* Capsule ovale, luisante, dépassant un peu le calice. Graines brunes, chagrinées.

Hab. les bois, à Saint-Guiral, près d'Alzon (*Guan. fl. monspel.*). ♃ Fl. juin-août.

7. **AR. TETRAQUETRA** *Lin. mant. all. p.* 386 ; *Dec. fl. fr.* 4, *p.* 781 ; *Ar. tetraquetra aggregata,* Gay. *Ann. soc. nat.* (septembre 1824), 4, *t.* 4. — Racine assez grosse, dure, profonde, presque simple ; souche très-rameuse, à ramifications courtes, donnant naissance à des tiges nombreuses, stériles et fertiles, gazonnantes ; les fertiles hautes de 9-15 centim., pubescentes. Feuilles lancéolées, aiguës, *calleuses* sur les bords, ciliées à la base, pliées en dedans, *recourbées au sommet,* à 3 nervures dont la médiane *très-saillante,* soudées à la base, imbriquées sur 4 rangs dans les tiges stériles, opposées et écartées dans les tiges fertiles. Fleurs blanches, 5-6, réunies en tête au sommet des tiges, presque sessiles, entourées de bractées. Sépales 5, lancéolés-aigus, raides, trinerviés, membraneux sur les bords. Pétales 5, ovales-oblongs, étroits, obtus, un peu plus longs que le calice, marqués d'une ligne dans leur milieu. Styles 3. Capsule oblongue, à 6 dents un peu recourbées en dedans, à l'extrémité, égale au calice. Graines tuberculeuses.

Hab. contre les rochers et dans le sable dolomitique de Campestre, au Vigan, à Anduze. ♃ Fl. juin-juillet.

6ᵉ gʳᵉ. **STELLAIRE. — STELLARIA.** (Lin. gen. 568.)

Sépales 5. Pétales 5, bifides. Étamines 10, insérées sous l'ovaire. Styles 3, filiformes. Capsule uniloculaire, polysperme, s'ouvrant par 6 valves profondes. Graines sans arille.

1.	Pétales plus longs que le calice..................... 2.	
	Pétales plus courts que le calice ou de sa longueur... 4.	
2.	Feuilles inférieures larges, cordiformes, pétiolées. .. **NEMORUM.**	
	Feuilles inférieures et supérieures sessiles, linéaires-lancéolées.................................. 3.	
3.	Pétales deux fois plus longs que le calice........... **HOLOSTEA.**	
	Pétales dépassant peu le calice.................... **GRAMINEA.**	
4.	Capsule plus longue que le calice.................. **MEDIA.**	
	Capsule de la longueur du calice.................. **ULIGINOSA**

1. **St. nemorum** *Lin. sp.* 603 ; *Dec. fl. fr.* 4, *p.* 793 ; *Colum. ecphr.* 1, *t.* 290. — Racines fibreuses. Tiges de 1-4 décim., ascendantes, faibles, cassantes, *pubescentes,* stolonifères à leur base. Feuilles larges, minces, cordiformes-acuminées, ciliées, à long pétiole cilié ; les deux dernières paires ovales-lancéolées, sessiles. Fleurs blanches, en panicule lâche, dichotome, solitaires à l'extrémité de pédicelles allongés, pubescents, dressés, puis étalés horizontalement, à la fin redressés, munis, à leur base, de petites bractées. Sépales lancéolés, uninerviés. Pétales profondément bifides, deux fois plus longs que le calice. Capsule oblongue, luisante, *plus longue* que le calice. Graines réniformes, à tubercules très-prononcés.

Hab. les bois et les bords des ravins, sur toute la chaîne de l'Esperou. 2ᶜ Fl. juin–juillet.

2. **St. media** *Vill. Dauph.* 3, *p.* 615 ; *Alsine media, Dec. fl. fr.* 4, *p.* 770 ; *Lamk. ill., t.* 214. — Racines fibreuses. Tiges nombreuses, de 1-4 décim., rameuses, étalées-diffuses, ascendantes ou couchées, garnies latéralement d'une ligne de poils alternant d'un nœud à l'autre, molles et succulentes comme les feuilles ; celles-ci ovales un peu acuminées, à pétiole court, cilié ; les supérieures sessiles. Fleurs blanches, axillaires et terminales ; ces dernières formant une cime multiflore ; toutes solitaires à l'extrémité de pédicelles filiformes, allongés, étalés et réfléchis à la maturité, pubescents. Sépales oblongs, lancéolés, obtus, pubescents, membraneux sur les bords. Pétales bifides, plus courts que le calice ou avortés. Étamines 5-10. Styles 3. Capsule oblongue, plus longue que le calice, à 6 valves très-minces. Graines rousses, réniformes, tuberculeuses.

Plante connue vulgᵗ sous le nom de *morgeline, mouron des oiseaux;* en patois, *bourrassoou.* Elle passe pour vulnéraire et détersive.

Hab. partout le département, dans les lieux cultivés, les bords des chemins, etc. ⊙ Fl. toute l'année.

3. **St. holostea** *Lin. sp.* 603 ; *Dec. fl. fr.* 4, *p.* 794 ; *Lamk. ill., t.* 378. — Racines fibreuses, par petits faisceaux aux articulations inférieures de la tige ; celle-ci haute de 3-6 décim., anguleuse, glabre, un peu rude au sommet, raide, cassante, ascendante, traçante. Feuilles sessiles, soudées à la base, lancéolées, longuement acuminées, raides, rudes sur les bords et la nervure dorsale. Fleurs blanches, en panicule lâche, dichotome. Pédicelles très-allongés, rudes, munis de bractées herbacées, rudes sur les bords, recourbés à la maturité. Sépales lancéolés-aigus, minces, sans nervures, bordés d'une membrane luisante. Pétales bifides, 1-2 fois plus longs que le calice. Styles 3 ordinairement. Capsule dépassant très-peu le calice, ovale, renflée, à 6 valves très-profondes. Graines rousses, réniformes, comprimées, papilleuses sur les faces, tuberculeuses sur le dos.

Hab. les haies et les bois, à Alzon, le Vigan, l'Esperou. ♃ Fl. mai–juin.

4. **St. graminea** *Lin. sp.* 604 ; *Dec. fl. fr.* 4, *p.* 795 ; *Lob. ic.* 46. — Racines fibreuses. Tige de 1-6 décim., ascendante, traçante à la base, à 4 angles, glabre, lisse, faible. Feuilles sessiles, linéaires-lancéolées, aiguës, glabres, souvent ciliées et rudes à la base, beaucoup plus petites que dans l'espèce précédente. Fleurs blanches, en panicule dichotome, divariquée, lâche. Pédicelles filiformes, allongés, *réfléchis* à la maturité. Bractées petites, aiguës, scarieuses, *ciliées*. Sépales lancéolés, aigus, glabres, légèrement ciliés, trinerviés, membraneux sur les bords. Pétales bifides, égalant ou dépassant peu le calice. Capsule oblongue, 1/3 plus longue que le calice. Graines réniformes, brunes, garnies, au sommet, d'écailles, droites, saillantes, unguiformes.

Hab. les prés, les bois, le long des ruisseaux, à Dourbie, Banahu, Concoule. ♃ Fl. juin–août.

5. **St. uliginosa** *Murr. prod. gott.* (1770), *p.* 55 ; *St. aquatica, Dec. fl. fr.* 4, *p.* 795 ; *Tabern. ic.* 712, *fig.* 2. — Racines fibreuses, grêles. Tiges très-nombreuses, de 1-4 décim., couchées à la base, ascendantes, diffuses, faibles, anguleuses, glabres, très-rameuses. Feuilles sessiles, oblongues-lancéolées, aiguës, très-glabres, rarement ciliées à la base, d'un vert cendré. Fleurs blanches, en panicules *terminales et latérales*, dichotomes, à pédicelles courts et allongés, divariqués, renflés sous la fleur, munis, à leur base, de bractées scarieuses, *glabres*. Sépales lancéolés, aigus, trinerviés, membraneux sur les bords. Pétales bifides, plus courts que le calice. Capsule ovoïde, à 6 valves, *de la longueur* du calice. Graines noires, luisantes, finement ponctuées.

Hab. les ruisseaux, à Anduze, l'Esperou, Alzon, Concoule. ① Fl. avril–juillet.

7ᵉ gʳᵉ. HOLOSTÉE. — HOLOSTEUM. (Lin. gen. 333.)

Sépales 5. Pétales 5, irrégulièrement dentés, rarement entiers. Étamines 3-5, insérées sous l'ovaire. Styles 3. Capsule unilo-culaire, polysperme, subcylindrique, s'ouvrant par 6 dents recourbées en dehors. Graines tuberculeuses, ovales, déprimées sur le dos, avec un sillon longitudinal à faces latérales concaves, séparées par un filet en carène.

1. **H. UMBELLATUM** *Lin. sp.* 130; *Alsine umbellata, Dec. fl. fr.* 4, *p.* 770; *Lamk. ill., t.* 51, *fig.* 1. — Racine grêle, pivotante. Tiges solitaires ou nombreuses, de 1-2 décim., simples, droites, pubescentes, visqueuses dans le haut, glabres dans le bas, portant 2-3 paires de feuilles, nues dans le haut. Feuilles radicales et inférieures oblongues, atténuées en pétiole; les supé-rieures sessiles, oblongues, ciliées. Fleurs blanches, en ombelle, solitaires à l'extrémité de pédoncules inégaux, dressés, pendant la floraison, puis réfléchis, à la fin égaux et redressés. Bractées scarieuses. Sépales lancéolés-aigus, membraneux sur les bords, velus-visqueux. Pétales dépassant de moitié le calice. Capsule plus longue que le calice. Graines petites, rousses. Plante plus ou moins glauque.

Hab. les champs cultivés, sablonneux, à Manduel, Comps, et sur les murs, à Nîmes. ① Fl. mars-mai.

8ᵉ gʳᵉ. CERAISTE. — CERASTIUM. (Lin. gen. 585.)

Sépales 5, plus rarement 4. Pétales 5, plus rarement 4, bifides, très-rarement entiers. Étamines 10-8 ou 5-4 par avortement. Styles 5, plus rarement 4-3. Capsule uniloculaire, polysperme, cylindrique-conique, plus longue que le calice, rarement plus courte, droite ou courbée, à 10 ou 8 dents, rarement 6. Graines nombreuses, réniformes, un peu comprimées, tuberculeuses. Feuilles opposées.

1.	Pétales plus longs que le calice.............	2.
	Pétales égaux au calice ou plus courts que lui..	7.
2.	Sépales obtus.............................	TRIGINUM.
	Sépales aigus.............................	3.
3.	Pédicelles plus courts que le calice..........	VISCOSUM.
	Pédicelles plus longs que le calice..........	4.
4.	Pédicelles droits.........................	ARVENSE.
	Pédicelles arqués ou courbés au sommet. ...	5.
5.	Bractées herbacées, barbues...............	6.
	Bractées scarieuses, non barbues..........	VULGATUM.
6.	Pétales deux fois plus longs que le calice....	LATIFOLIUM.
	Pétales dépassant peu le calice............	BRACHYPETALUM
	Pétales égaux au calice ou le dépassant seu-lement dans les premières fleurs,..........	GLUTINOSUM.

7. { Bractées scarieuses. .... 8.
   { Bractées herbacées. .... 9.

8. { Plante glabre, glauque.................... GLAUCUM.
   { Plante velue, visqueuse................... SEMIDECANDRUM.

9. { Filets des étamines glabres.............. 10.
   { Filets des étamines ciliés. .... BRACHYPETALUM.

10. { Sépales minces translucides, glabres au som-
    {   met.. RI EI.
    { Sépales un peu raides, opaques, barbus au
    {   sommet. .... VISCOSUM.

1. C. TRIGINUM *Vill. Dauph.* 3, *p.* 645, *t.* 46; *Stellaria cerastoïdes, Lin. sp.* 604; *Dec. fl. fr.* 4, *p.* 796. — Racines fibreuses,
grèles. Tiges de 1-1-1/2 décim., étalées ou couchées, en gazon
lâche, radicantes, glabres ou pubescentes, ainsi que les feuilles
oblongues, obtuses, un peu succulentes, opposées, plus longues
que les entre-nœuds, dans le bas et sur les tiges stériles. Fleurs
blanches, au nombre de 1-3 au sommet des tiges, portées sur
des pédicelles deux fois de la longueur du calice, un peu pubes-
cents-visqueux, réfléchis à la maturité. Bractées petites, vertes.
Sépales obtus, subtrinerviés. Pétales bifides, deux fois de la
longueur du calice. Étamines glabres. Capsule oblongue, deux
fois de la longueur du calice, à 6 dents obtuses, étalées ou réfléchies à la fin. Styles 3-5.

Hab. parmi les gazons, entre *Brama-Bioou* et Meyrueis (*Guan. herb.*).
♃ Fl. juillet–août.

2. C. GLAUCUM *Gren. monogr., p.* 47; *Mœnchia quaternella,
Ehrh. Beytr.* 2, *p.* 177; *Sagina erecta, Lin. sp.* 185; *Dec. fl.
fr.* 4, *p.* 769; *Vaill. bot. par., t.* 3, *fig.* 2. — Racine grèle,
fibreuse. Tiges de 5-10 centim., solitaires ou nombreuses; la
centrale droite; les latérales ascendantes, raides, simples ou
rameuses. Feuilles opposées, soudées à la base, linéaires-aiguës,
plus courtes que les entre-nœuds. Fleurs blanches, solitaires au
sommet de pédicelles dressés, très-longs. Bractées scarieuses.
Sépales 4, lancéolés-aigus, largement scarieux sur les bords.
Pétales 4, entiers, plus courts que le calice. Étamines 4. Styles 4.
Capsule oblongue, de la longueur du calice, à 8 dents droites,
obtuses. Graines petites, rousses. Plante glabre, glauque.

Hab. les bois, à Alzon, au Vigan, dans le bois de Campagne, près de
Nîmes. ① Fl. avril–juin.

3. C. VISCOSUM *Lin. sp. ed.* 2., *p.* 627; *Mut. fl. fr., t.* 14,
fig. 76; *C. vulgatum, Dec. fl. fr.* 4, *p.* 775; *Vaill. bot. par.,
t.* 30, *fig.* 3. — Racine fibreuse. Tiges solitaires ou nombreuses,
de 1-2 décim., droites, ascendantes ou couchées, rameuses-
dichotomes. Feuilles inférieures arrondies, atténuées à la base,
connées, les supérieures ovales. Fleurs blanches, terminales,
agglomérées au sommet des rameaux, à pédicelles plus courts

que le calice. Sépales lancéolés, aigus, barbus au sommet, très-peu scarieux ou pas du tout. Pétales plus courts que le calice ou le dépassant peu, quelquefois avortés, échancrés, *à onglets poilus*. Étamines 5-10, *à filets glabres*. Bractées herbacées. Capsule cylindrique, courbée, deux fois de la longueur du calice, à 10 dents étroites, droites, *repliées en dehors*. Plante velue, à panicule quelquefois lâche.

Hab. les champs cultivés, dans tout le département. ① Fl. avril–juillet.

4. **C. BRACHYPETALUM** *Desp. in Pers. syn.* 520; *Dec. fl. fr.* 4, *p.* 777; *Mut. fl. fr., t.* 14, *fig.* 80. — Racines grêles, fibreuses. Tiges solitaires ou nombreuses, de 1-3 décim., droites ou ascendantes, dichotomes, couvertes de longs poils mous, grisâtres. Feuilles inférieures spatulées; les supérieures oblongues, couvertes de poils soyeux. Fleurs blanches, en panicule lâche, à pédicelles fructifères, plus longs que le calice, un peu courbés au sommet. Sépales lancéolés, aigus, très-peu scarieux sur les bords, terminés par de *longs poils soyeux*. Pétales plus courts que le calice ou le dépassant peu, à onglets glabres. Étamines à filets ciliés à la base par des poils *longs et dressés*. Bractées herbacées, barbues. Capsule à 10 dents obtuses, plus longue que le calice. Graines petites, rousses.

Hab. les champs et les bois, dans tout le département. ① Fl. avril–juin.

5. **C. SEMIDECANDRUM** *Lin. sp.* 627; *Dec. fl. fr.* 4, *p.* 777; *Mut. fl. fr., t.* 13, *fig.* 74. — Racine grêle, peu divisée. Tiges de 5-12 centim., droites ou étalées, très-rameuses, dichotomes au sommet, velues, visqueuses, à poils courts, ainsi que les feuilles; celles-ci spatulées dans le bas, ovales, sessiles dans le haut. Fleurs blanches, en panicule un peu lâche, à pédicelles inégaux, raides; les florifères de la longueur du calice; les fructifères plus longs, courbés après la floraison, redressés à la maturité. Sépales et bractées lancéolés, largement *scarieux*, glabres et *denticulés au sommet*. Pétales échancrés, plus courts que le calice ou le dépassant peu. Étamines 5, à filets glabres. Capsule cylindrique, un peu courbée, deux fois de la longueur du calice, à 10 dents obtuses. Graines petites, rousses, presque pas tuberculeuses. Plante d'un vert pâle.

Hab. dans les sables à Sylvéréal, et les pelouses à Arphy, et probablement dans tout le département. ① Fl. avril–mai.

6. **C. GLUTINOSUM** *Fries nov. ed.* 2, *p.* 132; *C. obscurum Chaub. fl. agen.* 180, *t.* 4; *C. alsinoides, Gren. monogr.* 31 (*non lois.*). — Racine grêle, fibreuse. Tiges solitaires ou nombreuses, de 2-30 centim., droites, ascendantes ou couchées, velues-glanduleuses. Feuilles inférieures spatulées; les supérieures ovales ou oblongues, couvertes de poils courts. Fleurs

blanches, en panicule un peu lâche, à pédicelles étalés, *arqués vers le sommet*, 2-3 fois plus longs que le calice, après la floraison, horizontaux à cette époque, redressés à la maturité. Sépales lancéolés-aigus, scarieux sur les bords, et le sommet non barbu. Pétales bifides, plus courts que le calice ou aussi longs, deux fois de sa longueur seulement dans les premières fleurs. Filets des étamines glabres. Bractées herbacées ou scarieuses. Capsule cylindrique un peu courbée, à 10 dents obtuses, dépassant peu le calice.

Hab. les vignes, les champs cultivés, les pacages, dans tout le département. ① Fl. avril–mai.

7. **C. Riæi** *Desmoul. pl. exsic. hisp.; Durieu Ann. soc. nat.* 6 (1836), *p.* 348; *C. ramosissimum, Boiss. elench. Hisp.* (1838), *p.* 23, *et Voy. Esp.* (1839), *p.* 105, *t.* 31. — Racine grêle, fibreuse. Tiges de 1-1-1/2 décim., peu ou très-rameuses, dichotomes, *divariquées*, droites ou ascendantes, très-étalées. Feuilles oblongues, obtuses. Fleurs blanches, très-nombreuses, en panicules rapprochées, portées solitaires sur des pédicelles courts, à la floraison, à la fin allongés mais plus courts que la capsule et plus longs que le calice, réfléchis puis redressés à la maturité, et en *ligne droite* avec la capsule. Calice *presque ombiliqué* à la base. Sépales lancéolés, minces, presque translucides, bordés d'une membrane étroite, souvent *denticulée* vers son sommet, glabres et souvent rougeâtres aux bords et à l'extrémité, à 3 *nervures*. Pétales oblongs, entiers, nerviés, presque aussi longs que le calice. Étamines glabres. Bractées herbacées. Capsule cylindrico-conique, un peu courbée, *nerviée*, deux fois de la longueur du calice, à 10 dents obtuses, roulées seulement vers le sommet. Graines rousses. Plante d'un vert sombre, couverte de poils glanduleux et visqueux.

Hab. les champs cultivés, à Trèves et sur l'Esperou. ① Fl. mai–juin.

8. **C. vulgatum** *Lin. sp.* 627; *Mut. fl. fr.* 1, *p.* 478, *t.* 14, *fig.* 78; *C. viscosum, Dec. fl. fr.* 4, *p.* 776; *C. triviale Link., en.* 1, *p.* 433; *Coss. et Germ. fl. par. atl., t.* 4, *fig.* 1-2. — Racine dure, fibreuse. Tiges le plus souvent nombreuses, de 1-5 décim., ascendantes, poilues ainsi que les feuilles; celles-ci spatulées dans le bas, ovales-lancéolées dans le haut, toutes ciliées. Fleurs blanches, en panicule dichotome, d'abord serrée, puis lâche, à pédicelles courts, puis plus longs que le calice, un peu arqués vers le sommet. Sépales et bractées lancéolés, scarieux sur les bords. Pétales bifides, de la longueur du calice ou le dépassant peu. Capsule deux fois de la longueur du calice. Plante d'un vert foncé.

Hab. contre les murs, à la Grandès-Haute, près de Saint-Guiral, environs d'Alzon. ♃ Fl. juin–août.

9. **C. arvense** *Lin. sp.* 628; *Dec. fl. fr.* 4, *p.* 778; *C. stric-*

tum, *Dec. fl. fr.* 5, *p.* 610; *Vaill. bot. par.*, *t.* 30, *fig.* 4 et 5. —
Racine rampante. Tiges nombreuses, de 1-4 décim., ascendantes,
pubescentes, un peu raides, entremêlées de tiges stériles, feuillées
jusqu'au sommet, gazonnantes. Feuilles linéaires ou linéaires-
lancéolées, pubescentes, souvent garnies, à leur aisselle, de fascicules de feuilles plus petites. Fleurs grandes, d'un blanc éclatant, en panicule trichotome, à pédicelles allongés, *droits* ou un
peu courbés au sommet. Sépales lancéolés-aigus, largement
scarieux aux bords et au sommet. Pétales bifides, *largement
lobés, recourbés en dehors*, 1-2 fois plus longs que le calice.
Bractées herbacées, scarieuses au sommet. Capsule oblongue,
saillante, un peu courbée.

Hab. les coteaux arides et les bords des champs, au Vigan, à l'Esperou, à
Concoule. ♃ Fl. avril-juin.

10. **C. LATIFOLIUM** *Lin. sp.* 629; *Dec. fl. fr.* 4, *p.* 778;
Jacq. coll. 1, *p.* 256, *t.* 20. — Racine rampante, fibreuse. Tiges
de 5-10 centim., couchées, gazonnantes, velues-glanduleuses,
surtout au sommet. Feuilles ovales ou orbiculaires, velues, jaunâtres, étant sèches. Fleurs blanches, 1-3 au sommet des tiges,
à pédicelles 2-3 fois plus longs que le calice, droits, *réfléchis* à
la maturité. Sépales lancéolés, presque aigus, scarieux sur les
bords. Pétales larges, bifides, deux fois de la longueur du calice.
Étamines glabres. Bractées herbacées. Capsule grosse, ovale-
conique, renflée à la base, plus longue que le calice, un peu
courbée, à dents *planes, recourbées*. Graines légèrement tuberculeuses.

Hab. entre Brama-Bioou et Meyrueis (*Guan. herb.*). ♃ Fl. juillet-août.

On cultive dans les parterres le *Cer. tomentosum Lin.*, qui se reconnaît
facilement à ses tiges et à ses feuilles couvertes d'un coton argenté, et à ses
fleurs grandes, blanches.

9ᵉ gᵣᵉ. MALACHIE. — MALACHIUM. (Fries. fl. hall. 77.)

Sépales 5. Pétales 5, bifides. Étamines 10. Styles 5. Capsule
à 5 valves bifides, anguleuse.

1. **M. AQUATICUM** *Fries. hall.* 77; *Cerastium aquaticum*,
Lin. sp. 629; *Dec. fl. fr.* 4, *p.* 780; *Tabern.*, *t.* 707, *fig.* 1. —
Racines fibreuses. Tiges nombreuses, de 2-8 décim., couchées,
radicantes, grimpantes, rameuses, anguleuses, cassantes, pubescentes-glanduleuses supérieurement. Feuilles sessiles, cordiformes, ovales, acuminées, ondulées; les supérieures un peu
velues; les inférieures glabres, pétiolées. Fleurs blanches, en
panicule dichotome feuillée, à pédicelles plus longs que les feuilles
florales, réfléchis à la maturité. Sépales obtus, herbacés, glanduleux. Pétales profondément bifides, dépassant le calice. Capsule

un peu plus longue que le calice, à 5 angles, ovoïde. Graines
réniformes tuberculeuses.

Hab. le long des fossés aquatiques, à Remoulin; les lieux humides, à la
baraque de Michel, près de l'Esperou. ♃ Fl. juin–août.

10ᵉ gʳᵉ. SPARGOUTE. — SPERGULA. (Lin. gen. 586.)

Sépales 5. Pétales 5, entiers. Étamines 10, rarement 5. Styles 5.
Capsule uniloculaire, polysperme, à 5 valves profondes. Graines
renflées, lenticulaires, ailées. Feuilles linéaires.

1. | Membrane des graines étroite. . . . . **ARVENSIS.**
   | Membrane des graines large. . . . . 2.
2. | Membrane d'un blanc argenté. . . . . **PENTANDRA.**
   | Membrane d'un brun foncé. **MORISONII.**

1. **Sp. ARVENSIS** *Lin. sp.* 630; *Dec. fl. fr.* 4, *p.* 773;
Lamk. ill., t. 392, *fig.* 1. — Racine pivotante. Tiges nombreuses,
rarement solitaires, de 1-3 décim., dressées ou ascendantes,
rameuses, dichotomes, glabres ou pubescentes, visqueuses au
sommet. Feuilles linéaires-subulées, en fascicules opposés, verticillées en apparence, sillonnées longitudinalement en dessous;
stipules larges, soudées, scarieuses. Fleurs blanches, en panicule
diffuse, à pédicelles 2-3 fois plus longs que le calice, réfléchis à
la maturité. Sépales lancéolés, scarieux sur les bords. Pétales
obtus, plus courts que le calice. Bractées scarieuses. Capsule
ovoïde, un peu plus longue que le calice. Graines chargées de
papilles blanchâtres sur les faces, finement chagrinées, entourées
d'un *rebord lisse, très-étroit,* membraneux.

Hab. les champs cultivés, dans tout le département. ① Fl. juin–août

2. **Sp. PENTANDRA** *Lin. sp.* 630; *Dec. fl. fr.* 4, *p.* 773;
Lamk. ill., t. 392, *fig.* 2. — Racine grêle, pivotante. Tiges
ordᵗ nombreuses, de 1-2 décim., dressées ou ascendantes,
rameuses, dichotomes, presque glabres. Feuilles comme dans la
précédente, mais plus courtes et non sillonnées en dessous;
stipules très-petites, scarieuses. Fleurs blanches, en panicule
diffuse, à pédicelles réfléchis à la maturité. Pétales lancéolés,
aigus, plus courts que le calice. Étamines 5, rarement 10. Bractées
scarieuses. Capsule subglobuleuse, un peu plus longue que le
calice. Graines lenticulaires, *très-comprimées,* noires, lisses,
entourées d'*une membrane large, d'un blanc argenté, à stries
fines, rayonnantes.*

Hab. les champs cultivés, dans tout le département. ① Fl. avril–juillet.

3. **Sp. MORISONII** *Boreau Rev. bot.* (1847), *p.* 423; *Gren.
et Godr. fl. fr.* 1, *p.* 274. — Très-voisine de la précédente; en
diffère par ses pétales *ovales-obtus,* et par la membrane qui entoure ses graines, *d'un blanc sale sur les bords et fauve à sa base.*

Hab. dans les champs cultivés, sur toute la chaine de l'Esperou. ① Fl. juin-juillet.

11ᵉ gʳᵉ. **SPERGULAIRE. — SPERGULARIA.** (Pers. syn. 504.)

Sépales 5. Pétales 5, entiers, insérés au fond du calice. Étamines 10. Styles 3. Capsule *à 3 valves ouvertes jusqu'à la base.* Graines lenticulaires avec ou sans membrane. Feuilles linéaires, stipulées.

1. { Graines ailées......................... 2.
{ Graines nues.......................... 3.

2. { Toutes les graines ailées............... MEDIA.
{ Des graines ailées et nues dans la même
{ capsule............................... MEDIA. *V. heterosperma.*

3. { Toutes les graines nues....... .... RUBRA.
{ Des graines nues et ailées dans la même
{ capsule.............................. MEDIA. *V. heterosperma.*

1. **Sp. RUBRA** *Pers. syn.* 1, *p.* 504; *Arenaria rubra, Lin. sp.* 606; *Dec. fl. fr.* 4, *p.* 792; *Engl. bot., t.* 852; *Var. A, Campestris, Fenzl. in le deb. flor. ross.* 2, *p.* 167. — Racine blanchâtre, sinueuse. Tiges nombreuses, de 1-2 décim., étalées en rosette, redressées au sommet, rameuses, pubescentes-visqueuses dans le haut, glabres dans le bas. Feuilles linéaires, subulées, souvent fasciculées et un peu charnues. Stipules lancéolées-acuminées, membraneuses-argentées. Fleurs rougeâtres, en grappes, souvent unilatérales, à pédicelles plus longs que le calice. Sépales lancéolés-*obtus*, herbacés, scarieux sur les bords. Pétales de la longueur du calice. Capsule ovoïde-triangulaire, égalant ou dépassant peu le calice. Graines brunes, finement tuberculeuses, *non ailées.*

Hab. les champs cultivés, sablonneux, dans tout le département. ① Fl. mai-septembre.

2. **Sp. MEDIA** *Pers. syn.* 1, *p.* 504; *Arenaria marginata, Dec. fl. fr.* 4, *p.* 793, *et ic. rar. t.* 48; *Arenaria media, Lin. sp.* 606. — Racine grosse, pivotante. Tiges nombreuses, de 1-2 décim., couchées-ascendantes. Feuilles charnues, linéaires-subulées, fasciculées. Fleurs blanches, en grappes, à pédicelles courts, étalés. Sépales lancéolés-obtus, scarieux sur les bords, couverts de poils glanduleux ainsi que les pédicelles et le haut des tiges. Pétales plus longs que le calice. Bractées scarieuses, semblables aux stipules. Étamines 10-5. Capsule ovale, subtriangulaire, plus longue que le calice. Graines brunes, arrondies, planes sur les faces, entourées d'*un* rebord épais, surmonté d'*une aile blanche, scarieuse, striée, brune à la base.*

VAR. B, *Heterosperma Fenzl.* Étamines 5. Graines toutes nues, à l'exception de 2-3 ailées au fond de la capsule.

Hab. les bords de la mer, à Aigues-Mortes. ② ou ♃ Fl. mai-juillet.

XV⁰ Fᴀᴍ. **ÉLATINÉES.**

ELATINEÆ. (Camb. mém. mus. 18, p. 225.)

Fleurs hermaphrodites, régulières, à 4 sépales persistants, soudés à la base, à 4 pétales insérés sur le réceptacle. Étamines 8, libres, insérées sur le réceptacle. Styles 4, capités, persistants ; ovaire libre. Capsule polysperme, à 4 loges, à 4 valves. Graines cylindriques, un peu arquées, attachées autour d'un placenta central. Plantes glabres, herbacées, aquatiques.

1ᵉʳ gʳᵉ. ELATINE. — ELATINE. (Lin. gen. 685.)

Sépales 4. Pétales 4. Étamines 8. Styles 4. Capsule à 4 loges.

1. **E. MACROPODA** *Guss. prod. sic.* 475; *ic. sic.*, *t.* 204, *fig.* 1. *Var. B, Erecta. Gren. fl. fr.* 2, *p.* 278, *E. fabri Gren. mém. soc. Besanç.* (1839), *tab.* 2. — Racines fibreuses. Tiges grêles, droites, de 3-5 centim. Feuilles oblongues, plus longues que le pétiole. Fleurs axillaires et terminales, à pédoncules *dressés*, parallèles à la tige ou la terminant, 1-4 fois plus longs que les feuilles. Sépales étalés, herbacés, blancs-scarieux, dans la moitié inférieure. Pétales blancs. Capsule *plus courte* que le calice. Graines striées en travers.

Hab. les bords de l'étang de Campuget, près de Manduel. ⊙ Fl. mai–juin.

XVI⁰ Fᴀᴍ. **LINÉES.**

LINEÆ. (Dec. prod. 1, p. 423.)

Fleurs hermaphrodites régulières. Sépales 5, rarement 4, libres, persistants, plus rarement soudés à la base. Pétales 4-5, alternes avec les sépales, contournés avant l'épanouissement, très-caducs. Étamines 4-5, insérées sur le réceptacle, et 4-5 stériles. Anthères bilobées. Ovaire à 4-5 loges, rarement moins. Styles 4-5, libres ou soudés à la base. Capsule entourée par le calice et les étamines, à 4-5 loges bispermes, divisées par une cloison complète ou incomplète, en 2 loges monospermes. Graines comprimées, sans périsperme. Herbes ou sous-arbrisseaux à feuilles entières sans stipules.

1. { Sépales 5, pétales plus longs que le calice...... 1ᵉʳ gʳᵉ. **LINUM.**
{ Sépales 4, pétales pas plus longs que le calice.. 2ᵉ gʳᵉ. **RADIOLA.**

1ᵉʳ gʳᵉ. LIN. — LINUM. (Lin. gen. 389.)

Sépales 5. Pétales 5. Étamines 10, dont 5 stériles. Styles 5, rarement 3. Capsule subglobuleuse, à 5 loges, rarement à 3, 2 graines, séparées par une cloison incomplète. Graines lisses, comprimées.

1.	Fleurs jaunes................................	2.
	Fleurs bleues, roses ou blanches.............	5.
2.	Feuilles munies de 2 glandes à la base........	CAMPANULATUM.
	Feuilles sans glandes à la base..............	3.
3.	Fleurs 2-3 fois plus grandes que le calice.....	MARITIMUM.
	Fleurs une fois plus grandes que le calice ou à peu près.................................	4.
4.	Fleurs en panicule lâche...................	GALLICUM.
	Fleurs en panicule serrée..................	STRICTUM.
5.	Feuilles opposées........................	CATHARTICUM.
	Feuilles éparses..........................	6.
6.	Sépales tous ciliés........................	7.
	Sépales extérieurs ou tous non ciliés.........	8.
7.	Tiges presque glabres, droites, courbées à la base...................................	TENUIFOLIUM.
	Tiges pubescentes couchées................	SUFFRUTICOSUM.
8.	Tous les sépales non ciliés.................	ALPINUM.
	Sépales intérieurs ciliés...................	9.
9.	Sépales plus longs que la capsule...........	NARBONENSE.
	Sépales égaux, ou à peu près, à la capsule....	10.
10.	Tiges couchées à la base, redressées........	ANGUSTIFOLIUM.
	Tige dressée, non couchée à la base..........	USITATISSIMUM.

1. **L. CAMPANULATUM** *Lin. sp.* 400; *Dec. fl. fr.* 4, *p.* 797; *L. glandulosum, Dub. bot.* 89; *L. flavum et campanulatum, Mut. fl. fr.* 1, *p.* 184; *Barell. ic.* 820. — Racine épaisse, ligneuse, blanchâtre, à souche *ligneuse*, donnant naissance à des tiges nombreuses, de 1-2 décim., un peu anguleuses, rameuses, feuillées, glabres ainsi que les feuilles alternes, spatulées et linéaires-lancéolées, uninerviées, à bordure *cartilagineuse, transparente*, munies à leur base de 2 glandes. Fleurs très-grandes, d'un beau jaune, en corymbe, à pédoncules très-courts. Sépales linéaires acuminés, plus longs que la capsule. Pétales oblongs, souvent terminés par une pointe, atténués en onglets, soudés à la base. Étamines larges et soudées à la base. Stigmate claviforme. Capsule subglobuleuse, à 10 loges. Graines rousses, ovales, planes sur une face et convexes sur l'autre, avec un petit talus, terminé par une bordure légère du côté intérieur.

Hab. le long des chemins, des fossés, des bois, à Vaqueirole, près Nîmes, Saint-Nicolas, Anduze, Alais, Salbous. ♃ Fl. avril-juin.

2. **L. GALLICUM** *Lin. sp.* 401; *Dec. fl. fr.* 4, *p.* 796; *Ger. fl. gall. prov.*, *t.* 16, *fig.* 1. — Racine grêle, sinueuse. Tiges solitaires ou nombreuses, de 1-3 décim., grêles, glabres, droites ou ascendantes, souvent rameuses dès la base, lâchement paniculées au sommet. Feuilles alternes, étroitement lancéolées, un peu scabres aux bords. Fleurs d'un jaune pâle, petites, en corymbe paniculé subdichotome, à pédicelles droits, souvent de la longueur du calice. Sépales lancéolés-acuminés, ciliés-glanduleux, scabres au sommet, uninerviés. Pétales environ *deux fois*

de la longueur du calice. Stigmates en tête. Filets des étamines soudés à la base. Capsule sphérique, petite, plus courte que le calice. Graines rousses, luisantes, convexes sur une face et concaves sur l'autre, munies d'une légère bordure plus claire.

Hab. les lieux incultes, les bois et les prairies, à Nîmes, Alais, Saint-Ambroix, Anduze, Manduel. ① Fl. juin-juillet.

3. **L. STRICTUM** *Lin. sp.* 400; *Dec. fl. fr. 4, p.* 798; *Lob. ic.* 411, *fig.* 2. — Racine grêle, sinueuse, souvent coudée. Tige solitaire, de 2-3 décim., raide, droite, portant quelquefois 2-3 tiges stériles à la base. Feuilles linéaires-lancéolées, acuminées-aristées, raides, *très-scabres sur les bords*, à une nervure dorsale *très-prononcée*. Fleurs jaunes en corymbe serré, à pédicelles presque nuls. Sépales lancéolés-subulés, uninerviés. Pétales environ deux fois de la longueur du calice. Filets des étamines soudés à la base. Capsule pyriforme, plus grosse que dans l'espèce précédente, une fois plus courte que le calice. Graines rousses, luisantes.

Hab. les champs cultivés, à Aigues-Mortes; les bois et les bords des champs, à Tresques, à Saint-Nicolas. ① Fl. mai-juin.

4. **L. MARITIMUM** *Lin. sp.* 400; *Dec. fl. fr. 4, p.* 797; *Dod. pempt.* 534. — Racine grosse, profonde, du collet de laquelle sortent plusieurs tiges fertiles et stériles; ces dernières hautes de 1-5 décim., faibles, glabres, lisses, cylindriques, rameuses dès la base. Feuilles glabres, trinerviées; les inférieures spatulées, opposées inférieurement et sur les tiges stériles; les supérieures lancéolées-aiguës. Fleurs d'un jaune soufré, en panicule lâche, à pédicelles 1-2 fois plus longs que le calice, écartés, opposés aux feuilles florales. Sépales ovales-aigus, ciliés-glanduleux, à 3 nervures courtes. Pétales *veinés parallèlement*, dépassant 3-4 fois la longueur du calice. Étamines *incluses*. Capsule sphérique, ne dépassant pas le calice. Graines petites, brunes, sans bordures.

Hab. le bord des fossés, à Manduel; les pacages, à Aigues-Mortes; les marécages, à Saint-Gilles. ♃ Fl. juin-juillet.

5. **L. TENUIFOLIUM** *Lin. sp.* 398; *Dec. fl. fr. 4, p.* 800; *Moris. hist.* 2, *sec.* 5, *t.* 26, *fig.* 14; *Clus. hist.* 1, *p.* 318, *fig.* 2. — Racine blanchâtre, sinueuse, coudée, à souche ligneuse. Tiges nombreuses, de 1-4 décim., raides, glabres ou un peu pubescentes, ascendantes, légèrement striées, rameuses supérieurement. Feuilles éparses, linéaires-subulées, nombreuses, uninerviées, raides, un peu roulées en dessous, scabres sur les bords. Fleurs d'un rose clair, veinées, en corymbe lâche, à pédicelles ordᵗ assez courts. Sépales lancéolés-acuminés, subulés, uninerviés. Pétales ovales, élargis au sommet, brièvement *acuminés*,

2-3 fois plus longs que le calice. Filets des étamines soudés à la base. Capsule pyriforme, un peu plus courte que le calice. Graines rousses, obliquement ovales, sans bordure.

Hab. les lieux arides, à Nîmes, au Vigan, à Alais, à Uzès. ♃ Fl. mai–juillet.

6. **L. SUFFRUTICOSUM** *Lin. sp.* 400 ; *Dec. fl. fr.* 5, *p.* 616 ; *L. salsoloides*, *Dub. bot.* 90 ; *Mut. fl. fr.* 1, *p.* 182 ; *Barr. ic.* 1231 ? — Racine dure, grosse, profonde, sinueuse, à souche ligneuse. Tiges fertiles et stériles nombreuses, gazonnantes, de 1-3 décim., feuillées jusqu'au sommet, raides, *couchées, ascendantes, pubescentes, cendrées*, principalement dans les tiges stériles. Feuilles nombreuses, raides, linéaires-subulées, scabres sur les bords, glabres ou pubescentes sur les faces, très-serrées à la base et sur les jeunes rameaux. Fleurs grandes, couleur de chair, plus foncée à la base et sur les veines dont elles sont marquées, paniculées, à pédicelles un peu allongés. Sépales ovales-acuminés, *ciliés-glanduleux*. Pétales ovales, larges et *arrondis* au sommet, 3-4 fois plus longs que le calice. Capsule pyriforme, un peu plus courte que le calice. Graines rousses, sans bordure.

Hab. les lieux stériles, à Nîmes, à Uzès ; dans les pacages de Campestre, de Montdardier. ♃ Fl. juin–juillet.

7. **L. NARBONENSE** *Lin. sp.* 398 ; *Dec. fl. fr.* 4, *p.* 799 ; *Barrell. ic. t.* 1007. — Racine dure, blanchâtre, à souche ligneuse. Plusieurs tiges de 2-4 décim., droites, raides, feuillées jusqu'au sommet. Feuilles linéaires-lancéolées, aiguës, uninerviées, glabres, *scabres* sur les bords. Fleurs très-grandes, d'un beau bleu, en corymbe, à pédicelles plus courts que le calice. Sépales lancéolés, très-aigus, trinerviés, membraneux sur les bords. Pétales ovales, élargis au sommet, un peu mucronés, *longuement onguiculés*, marqués de nervures parallèles. Filets des étamines soudés à la base. Anthères très-longues. Stigmate filiforme. Capsule pyriforme, plus courte que le calice. Graines grosses, brunes, sans bordure.

Hab. les bords des bois et des chemins, à Nîmes, à Uzès, aux environs d'Alzon. ♃ Fl. mai–juillet.

8. **L. ANGUSTIFOLIUM** *Huds. angl.* 134 ; *Dec. fl. fr.* 4, *p.* 799. — Racine grêle, dure, sinueuse, pivotante, souvent coudée, à souche presque ligneuse. Plusieurs tiges, grêles, droites ou ascendantes, de 2-5 décim. Feuilles linéaires-aiguës, à 3 nervures ; les deux latérales très-courtes, un peu enroulées en dessous, *unies sur les bords*, ponctuées-transparentes. Fleurs bleues, moyennes, en panicule lâche, à pédicelles allongés. Sépales ovales acuminés ; les intérieurs *ciliés*, les extérieurs nus. Pétales veinés, courtement onguiculés, 2-3 fois plus longs que le

calice. Anthères *suborbiculaires*. Stigmates *claviformes*. Capsule pyriforme, dépassant un peu le calice. Graines luisantes, d'un brun clair.

Hab. le bord des chemins, les prairies, les bois, à Nimes, Manduel, Bellegarde. ♃ Fl. mai-juillet.

9. **L. USITATISSIMUM** *Lin. sp.* 397; *Dec. fl. fr.* 4, *p.* 798; *Moris. hist. sec.* 5, *t.* 26, *fig.* 1. — Racine grêle, simple. Tige de 4-6 décim., *solitaire*, droite, glabre, feuillée, rameuse au sommet. Feuilles éparses, linéaires-lancéolées, aiguës, à 3 nervures, à bords lisses, non roulées sur les bords. Fleurs assez grandes, bleues, en corymbe; pédicelles allongés. Sépales ovales-acuminés, à bords membraneux, trinerviés. Pétales crénelés, trois fois plus longs que le calice. Anthères *sagittées*. Capsule pyriforme, ne dépassant pas le calice. Graines brunes, sans bordure.

On tire de cette plante une filasse qui sert à faire une toile connue sous le nom de toile de lin. La graine de lin est très-mucilagineuse; elle est employée comme émollient, soit dans les cataplasmes, soit dans les lavements. On en tire une huile très-douce.

Hab. les prairies, à Alais, à Bellegarde; rarement cultivée dans le département. ① Fl. juin-juillet.

10. **L. ALPINUM** *Lin. sp.* 1672; *Gren. et Godr. fl. fr.* 1, p. 283; *L. austriacum et montanum*, *Dec. fl. fr.* 5, *p.* 615; *L. montanum et alpinum*, *Dub. bot.* 89; *L. læve, Scop. carn.*, *t.* 11. — Racine dure, pivotante, à souche ligneuse. Tiges nombreuses, gazonnantes, stériles et fertiles; celles-ci hautes de 1-2 décim., couchées à la base, ascendantes, simples, glabres, feuillées. Feuilles éparses, linéaires-lancéolées, aiguës, dressées, lisses sur les bords, serrées dans le bas, plus courtes et plus étalées que les supérieures. Fleurs grandes, d'un beau bleu, en corymbe ou en panicule, à pédicelles raides, droits, plus courts que la fleur, à la fin plus longs. Sépales extérieurs *étroits*, lancéolés; les intérieurs plus *larges*, obtus, tous trinerviés à la base et membraneux sur les bords. Pétales larges et trois fois plus longs que le calice. Capsule grosse, arrondie, deux fois de la longueur du calice. Graines brunes, largement ovales, *bordées d'un côté*.

VAR. A, *Alpicola*. Tiges droites, bordure des graines très-prononcée. *Linum alpinum*, *Jacq. austr.*, *t.* 321.

VAR. B, *Collinum*. Tiges étalées, bordure des graines peu prononcée. *Linum perenne*, *Lois. gall.*, 1, *p.* 227.

Hab.: la var. A, dans les pacages de Campestre et de Salbous, de Saint-Hippolyte; la var. B, sur les bords des chemins qui traversent les bois de Saint-Nicolas. ♃ Fl. avril-juillet.

11. **L. CATHARTICUM** *Lin. sp.* 401; *Dec. fl. fr.* 4, *p.* 801;

Barr. ic. 1165, *fig.* 1. — Racine grêle, rameuse. Tiges nombreuses, de 1-2 décim., ascendantes, grêles, rameuses-dichotomes au sommet, glabres ainsi que les feuilles ; celles-ci *opposées*, oblongues dans le bas, linéaires-lancéolées dans le haut, rudes sur les bords. Fleurs petites, blanches, penchées avant la floraison, à pédicelles allongés. Sépales obovales, aigus, uninerviés, glanduleux aux bords, dans leur jeunesse. Pétales un peu aigus, deux fois de la longueur du calice. Capsule petite, arrondie, de la longueur du calice. Graines rousses, comprimées, sans bordure.

Cette plante est amère et purgative.

Hab. les prés, les pacages et le bord des fossés, à Manduel, Uzès, le Vigan, Alzon. ① Fl. juin-juillet.

2ᵉ gʳᵉ. RADIOLE. — RADIOLA. (Gmel. syst. 1, p. 289.)

Sépales 4, soudés à la base, bi-trifides au sommet. Pétales, étamines, styles 4. Capsule à 8 loges monospermes. Graines ovales, lisses.

1. R. linoides *Gmel. l. c., Dub. bot.* 90 ; *Linum radiola, Lin. sp.* 402 ; *Dec. fl. fr.* 4, *p.* 801 ; *Vaill. bot., t.* 4, *fig.* 6. — Racine très-grêle. Tige filiforme, de 3-6 centim., souvent rougeâtre, très-rameuse-dichotome, souvent dès la base, à rameaux étalés. Feuilles opposées, sessiles, ovales-aiguës. Fleurs blanches, petites, à pédicelles courts, solitaires dans l'angle des bifurcations et agglomérées terminales. Sépales dépassés à peine par les pétales ovales, entiers. Graines rougeâtres, extrèmement petites.

Hab. les lieux humides, au Vigan, à Alzon. ① Fl. juillet-août.

XVIIᵉ Fam. TILIACÉES.

TILIACEÆ. (Juss. gen. 290, en part.)

Fleurs régulières, hermaphrodites. Sépales 4-5, caducs, contigus, avant l'épanouissement. Pétales 4-5, libres, alternes avec les sépales. Étamines en nombre indéfini, insérées, ainsi que les pétales, sur le réceptacle, à filets libres. Anthères à 2 lobes. 1 ovaire libre. 1 style. 2-5 stigmates. Capsule à 5 loges uniloculaires par avortement, indéhiscente. Arbres à feuilles simples, stipulées.

1ᵉʳ gʳᵉ. TILLEUL. — TILIA. (Lin. gen. 660.)

Sépales 5. Pétales 5. Étamines nombreuses. Ovaire globuleux, à 5 loges biovulées. Capsule ligneuse, contenant 1-2 graines. Pédoncules sortant du milieu d'une longue bractée.

1. { Feuilles velues en dessous...................... PLATYPHYLLA.
   { Feuilles glabres des deux côtés................ SYLVESTRIS

1. T. PLATYPHYLLA *Scop. carn.* 1, *p.* 373; *Dec. fl. fr.* 4, *p.* 826; *Lamk. ill., t.* 467. — Arbre élevé, de 16-20 mètres, à écorce crevassée dans le bas et lisse dans le haut, à jeunes rameaux pubescents, à feuilles alternes, inégalement en cœur à la base, arrondies, acuminées, dentées en scie, velues en dessous, plus longues que leur pétiole. Fleurs jaunâtres, grandes, odorantes, en corymbe ord^t triflore, à sépales colorés, caducs, à pétales oblongs, à pédoncule commun, inséré sur le milieu d'une bractée blanchâtre, longue, lancéolée, se prolongeant en ailes latérales jusqu'à sa base, divisée au sommet, ord^t en 3 pédicelles uniflores, plus courts que le pédoncule. Capsule pubescente, arrondie, ligneuse, *à 5 côtes saillantes.* Graines rousses, finement rugueuses.

Les fleurs de cet arbre sont employées, en infusion, comme céphaliques et antispasmodiques. Le liber est employé pour faire des cordes, le bois pour faire des paniers, et les feuilles sont émollientes.

Hab. les bois de la chartreuse de Valbonne. ♄ Fl. juillet.

2. T. SYLVESTRIS *Desf. cat.* 4. *par.* 152; *T. microphylla, Dec. fl. fr.* 4, *p.* 825; *Vent. diss. t.* 1, *fig.* 1. — Cet arbre diffère du précédent : par ses rameaux glabres; par ses feuilles plus petites, brusquement acuminées, glabres des deux côtés, *vertes* en dessus, *glauques* en dessous, et munies de faisceaux de poils roux, à la base des nervures; par ses bractées à pétiole allongé; par ses fleurs plus petites, d'un blanc sale; par sa capsule globuleuse, à côtes peu saillantes.

Hab. les bois de la chartreuse de Valbonne. ♄ Fl. juillet.

XVIIIe Fam. MALVACÉES.

MALVACEÆ. (Brown. cong. p. 8.)

Fleurs hermaphrodites, régulières, à 2 calices, rarement à un seul; l'intérieur à 5 divisions; l'extérieur ou calicule à 3-9. Corolle caduque, à 5 pétales onguiculés, soudés à la base avec le tube des étamines, contournés en spirale, avant l'épanouissement. Étamines en nombre indéfini, à filets inégaux, soudés ensemble et formant une colonne qui recouvre l'ovaire, libres dans le haut et plus courts dans le bas. Anthères réniformes, s'ouvrant transversalement. Styles en nombre égal à celui des carpelles, soudés en colonne, libres au sommet. Fruit formé de carpelles nombreux, monospermes, verticillés autour d'un placenta central, persistant, dont ils se séparent à la maturité, s'ouvrant par le côté interne, ou bien formant une capsule à plusieurs loges polyspermes, déhiscente du côté interne, persistante avec le placenta. Graines réniformes.

1. | Calice muni d'un calicule. . . . . 2.
   | Calice dépourvu de calicule. . . . . 3e g^re. **ABUTILON.**

2. | Calicule à 3 folioles libres.................... 1er g^{re}. **MALVA.**
2. | Calicule à 6-9 folioles soudées à la base....... 2e g^{re}. **ALTHÆA**

1er g^{re}. MAUVE. — MALVA. (Lin. gen. 841.)

Calice à 5 divisions. Calicule à 3 folioles libres. Pétales 5, soudés à la base ; fruit déprimé, formé par des carpelles monospermes, verticillés autour du placenta, se séparant à la maturité.

1. | Pédoncules solitaires à l'aisselle des feuilles. ... 2.
1. | Pédoncules agrégés à l'aisselle des feuilles...... 3.
2. | Carpelles ridés, glabres ou un peu velus........ **ALCEA.**
2. | Carpelles velus, lisses...................... **MOSCHATA.**
3. | Carpelles ridés........................... 4.
3. | Carpelles unis. .... **ROTUNDIFOLIA.**
4. | Pétales dépassant à peine le calice............ **PARVIFLORA.**
4. | Pétales 1-3 fois plus longs que le calice......... 5.
5. | Carpelles velus........................... **NICÆENSIS.**
5. | Carpelles glabres......................... 6.
6. | Pétales 2-3 fois plus longs que le calice. .... **SYLVESTRIS.**
6. | Pétales une fois plus longs que le calice........ **MICROCARPA.**

1. **M. ALCEA** *Lin. sp.* 971; *Dec. fl. fr.* 4, *p.* 829; *Cav. diss.* 2, *t.* 17, *fig.* 2. — Racines blanchâtres, très-profondes. Tiges de 5-10 décim., droites, cylindriques ou légèrement anguleuses, ord^t rameuses, plus ou moins velues, à poils étoilés. Feuilles rudes, pétiolées ; les inférieures cordiformes ou tronquées à la base, arrondies-anguleuses ; les caulinaires palmées, à 3-5 lobes incisés-dentés, plus ou moins profonds. Fleurs grandes, roses, solitaires à l'extrémité de pédoncules axillaires, dressés, deux fois de la longueur du calice, souvent agrégées au sommet des rameaux, où les pédoncules sont plus courts. Folioles du calicule oblongues, aiguës. Calice lâche, très-dilaté à la maturité, couvrant entièrement le fruit. Pétales 3-4 fois plus longs que le calice, échancrés. Carpelles glabres ou un peu pubescents, *arrondis sur le dos, ridés, noircissant* à la maturité. Graines brunes, lisses.

VAR. B, *Fastigiata, Koch.* Division des feuilles caulinaires peu profondes ; *M. fastigiata, Dec. fl. fr.* 5, *p.* 625; *Cav. diss.* 2, *t.* 23, *fig.* 2.

Hab. : la var. A, aux environs d'Alais ; la var. B, dans les bois de Berias, limite du département du Gard, aux environs du Vigan. ♃ Fl. juin-août.

2. **M. MOSCHATA** *Lin. sp.* 971 ; *Dec. fl. fr.* 4, *p.* 830; *Cav. diss.* 2, *t.* 18, *fig.* 1. — Racine noirâtre, profonde. Tiges de 3-6 décim., droites, rameuses, cylindriques, glabres ou hérissées de poils simples, écartés. Feuilles radicales-réniformes, crénelées, longuement pétiolées ; les caulinaires profondément découpées en 3-5 lobes divisés en segments linéaires, incisés ; quelquefois toutes les feuilles sont entières. Fleurs grandes, roses, rarement blanches, solitaires à l'extrémité de pédoncules axillaires, dressés,

deux fois de la longueur du calice ou un peu plus, souvent agrégées au sommet des rameaux. Calicule à folioles lancéolées, poilues. Calice lâche, veiné, très-dilaté à la maturité, couvrant entièrement le fruit. Pétales échancrés, à onglet large, 3-4 fois plus longs que le calice. Carpelles *velus, non ridés*, arrondis sur le dos, *noircissant* à la maturité. Graines brunes, lisses.

Hab. les prairies et les bords des champs, à Alais, le Vigan, Alzon, Dourbie, l'Espérou. ♃ Fl. juin-août.

3. **M. SYLVESTRIS** *Lin. sp.* 969 ; *Dec. fl. fr.* 4, *p.* 829 ; *Cav. diss.* 2, *t.* 26, *fig.* 2. — Racine blanche, simple, très-profonde, peu fibreuse. Tiges de 4-8 décim., droites, ascendantes ou couchées, rameuses, cylindriques, garnies, ainsi que les pétioles, les pédoncules et les calices, de poils écartés, simples et glanduleux à la base. Feuilles inférieures grandes, longuement pétiolées, arrondies, cordiformes, tronquées ou cunéiformes à la base, à 5-7 lobes obtus, peu profonds, crénelés ; les supérieures à 3-5 lobes plus profonds, obtus ou aigus, dentés. Fleurs grandes, purpurines, veinées, à la fin violettes, *trois fois plus longues que le calice.* Folioles du calicule oblongues ; divisions du calice dressées, après la floraison, couvrant le fruit incomplétement. Pétales cunéiformes, profondément échancrés. Pédoncules 3-6 à l'aisselle des feuilles, dressés, plus courts que le pétiole. Carpelles glabres, *réticulés-rugueux.* Graines brunes, finement chagrinées. Vulg* *grande mauve ;* en patois, *maoula.*

Cette plante est employée comme émolliente, laxative, adoucissante.

Hab. les bords des chemins, des fossés, les haies et les lieux incultes, dans tout le département. ♀ Fl. juin-septembre.

4. **M. NICÆENSIS** *All. ped.* 2, *p.* 40 ; *Dec. fl. fr.* 4, *p.* 828 ; *Cav. diss.* 2, *t.* 25, *fig.* 1. — Racine simple, blanchâtre, garnie de fibres. Tiges de 2-10 décim., droites, couchées ou ascendantes, simples ou peu rameuses, anguleuses, hérissées de poils raides, tuberculeux à la base. Feuilles cordiformes, à 5-7 lobes, peu profonds, obtus et crénelés ; plus profonds, aigus et dentés, dans les feuilles supérieures ; pétioles très-longs, plus courts dans le haut, hérissés. Stipules larges, membraneuses. Fleurs petites, d'un bleu clair, réunies 3-4 à l'aisselle des feuilles, solitaires au sommet de pédoncules inégaux, beaucoup plus courts que les pétioles dressés ; folioles du calicule lancéolées ; folioles du calice ne couvrant pas le fruit à la maturité. Pétales échancrés, *deux fois* de la longueur du calice. Carpelles velus, *réticulés-crevassés, marginés* sur les bords, ne noircissant pas à la maturité. Graines brunes, finement chagrinées.

Hab. les bords des chemins, les haies, à Bellegarde, Manduel, le bois de Cygnan ; autour des habitations, à Peccais, à Sylveréal, à Saint-Gilles. ♁ Fl. mai-juillet.

5. M. ROTUNDIFOLIA *Lin. sp.* 969; *Dec. fl. fr.* 4, *p.* 828;
M. vulgaris, Fries. nov. 219; *Mut. fl. fr.* 1, *p.* 193, *t.* 14, *fig.* 82.
— Racine pivotante, profonde, un peu rameuse à l'extrémité.
Tiges de 2-5 décim., étalées, rameuses, cylindriques ou anguleuses, hérissées de poils fasciculés. Feuilles cordiformes, orbiculaires, crénelées, à 5 ou 7 lobes obtus, peu prononcés. Stipules
lancéolées, membraneuses. Fleurs blanches ou rosées, à pédoncules inégaux, réfléchis à la maturité, au nombre de 2-3. Folioles
du calicule linéaires-lancéolées. Folioles du calice appliquées sur
le fruit, incomplétement couvert. Pétales échancrés, *deux fois
plus longs* que le calice. Carpelles pubescents, *lisses*, arrondis
sur le dos, *entiers sur les bords*, ne noircissant pas à la maturité.
Graines brunes, très-finement chagrinées. Vulg^t *petite mauve.*

Elle a absolument les mêmes propriétés que le N° 3.

Hab. le bord des champs cultivés et incultes, au Vigan, à Montfrin, Alzon,
Camprieux, Pont-Saint-Esprit; contre les murs, à Montdardier, à Saint-
Nicolas, Campestre. ① Fl. juin–septembre.

6. M. PARVIFLORA *Lin. sp.* 969; *Desf^{ne} fl. atl.* 2, *p.* 116;
Lamk. dict. 3, *p.* 745; *Cav. diss.* 2, *t.* 26, *fig.* 1. — Racine
pivotante. Tiges droites, rameuses; les latérales ascendantes ou
étalées, hautes de 2-5 décim., glabres ou munies de quelques
poils simples, rares. Feuilles cordiformes, arrondies, à 7 lobes
obtus, crénelés, peu profonds, à pétioles allongés, hérissés.
Fleurs d'un blanc bleuâtre, réunies 2-4 aux aisselles des feuilles,
à pédoncules étalés, courts, inégaux. Folioles du calicule *filiformes.* Calice très-développé à la maturité, à lobes larges-arron-
dis, acuminés, *très-étalés*, munis de quelques cils écartés. Pétales
échancrés, *dépassant à peine* le calice. Carpelles glabres, ne
noircissant pas à la maturité, fortement ridés transversalement,
plancs ou canaliculés sur le dos, à *bords relevés, dentés.* Graines
rousses, finement chagrinées.

Hab. les champs cultivés et incultes, à Aigues-Mortes. ① Fl. mai–juin.

7. M. MICROCARPA *Desf^{ne} cat. ed.* 1, *p.* 144; *Poirr. dict.
sup.* 3, *p.* 612. — Racine blanchâtre, pivotante, rameuse à
l'extrémité. Tiges ascendantes ou couchées, cylindriques, munies
de poils simples, étalés, glanduleux à la base, simples ou peu
rameuses, hautes de 2-5 décim. Feuilles cordiformes, arrondies,
à 7 lobes obtus, peu profonds, crénelés, à pétioles allongés,
hispides. Fleurs d'un bleu clair, réunies 2-3 à l'aisselle des feuilles,
à pédoncules inégaux, hérissés, étalés. Folioles du calicule *ovales-
lancéolées, ciliées.* Calice s'accroissant peu à la maturité, à lobes
triangulaires, aigus, ciliés, ne recouvrant pas le fruit entièrement. Pétales échancrés, *deux fois de la longueur du calice.*
Carpelles glabres, fortement réticulés, *un peu arrondis* sur le
dos, légèrement marginés sur les bords. Graines brunes, finement chagrinées.

Hab. le bord des champs et des chemins, au mas de Campagne, près de Nîmes, à Aigues-Mortes. ① Fl. avril–juin.

On cultive assez souvent dans les jardins le *M. crispa L.*, à feuilles arrondies, très-crépues, à petites fleurs agrégées, axillaires, de couleur rougeâtre.

On cultive aussi le *lavatera arborea L.*, la *mauve en arbre*, qui s'élève à 1 mèt. ou 1 mèt. 1/2.

2ᵉ gʳᵉ. GUIMAUVE. — ALTHÆA. (Lin. gen. 839.)

Calicule à 6-9 lobes *soudés inférieurement*. Calice à 5 divisions, stigmate sétacé. Fruit composé de carpelles nombreux, monospermes, verticillés autour du placenta.

1. | Carpelles tomenteux........................... OFFICINALIS.
 | Carpelles glabres.............................. 2.
2. | Folioles du calice linéaires–allongées, hérissées... HIRSUTA.
 | Folioles du calice ovales–acuminées, pubescentes. 3.
3. | Feuilles veloutées............................. NARBONENSIS.
 | Feuilles rudes................................ CANNABINA.

1. **A. OFFICINALIS** *Lin. sp.* 966; *Dec. fl. fr.* 4, *p.* 831; *Cav. diss.* 2, *t.* 30, *fig.* 2. — Racine blanche, épaisse, pivotante, mucilagineuse. Plusieurs tiges sortant de la même souche, de 6-12 décim., droites, peu rameuses, pubescentes-cotonneuses. Feuilles veloutées, blanchâtres, ovales, anguleuses, à 3-5 lobes peu prononcés, crénelés inégalement, plus longues que les pétioles et les pédoncules; les inférieures cordées. Stipules linéaires-subulées, caduques. Fleurs blanches ou rosées, en grappes courtes, axillaires. Folioles du calicule 7-9, *linéaires-lancéolées*, appliquées, plus courtes que le calice cotonneux; divisions du calice ovales-acuminées, obscurément nerviées, couvrant le fruit. Pétales échancrés, deux fois plus longs que le calice. Carpelles serrés circulairement l'un contre l'autre, et *non soudés*, presque glabres sur les faces, cotonneux sur le dos, planes, ridés et à bords obtus. Graines brunes, lisses.

Cette plante est connue sous le nom patois de *maourin*, de *maoula blanqua*. Ses fleurs, ses feuilles et sa racine sont employées comme très-émollientes et adoucissantes; sa racine est très-mucilagineuse, laxative, anodine, béchique et apéritive. On peut retirer de ses tiges une filasse propre à faire de la toile.

Hab. les marais et les bords des fossés, à Jonquières, à Bellegarde, à Manduel. ♃ Fl. juin–août.

2. **A. CANNABINA** *Lin. sp.* 966; *Dec. fl. fr.* 4, *p.* 832; *Cav. diss.* 2, *t.* 30, *fig.* 1. — Racine blanchâtre, profonde, à souche rameuse. Tiges de 1-2 mèt., cylindriques, à rameaux écartés, couvertes de poils étoilés, un peu rudes ainsi que les feuilles; celles-ci trifides dans le haut, palmées dans le bas, à lobe central très-allongé, tous à dents larges, inégales et écartées. Stipules étroites, persistantes. Fleurs roses, purpurines à la base, à pédoncules *plus longs que les feuilles*, simples ou bifurqués.

Folioles du calicule 7-9, *linéaires-lancéolées*, plus courtes que le calice. Folioles du calice *ovales-acuminées*, dressées. Pétales échancrés, 2-3 fois de la longueur du calice. Carpelles glabres, serrés circulairement l'un contre l'autre et non soudés, *ridés en travers, planes et canaliculés* sur le dos, à bords *émoussés*. Graines brunes, très-finement tuberculeuses.

Hab. les haies et les bords des bois, à la chartreuse de Valbonne; le bord des fossés, à Nîmes, Anduze, Alais. ♃ Fl. juin-août.

3. **A. NARBONENSIS** *Pourr. act. toul.* 3, *p.* 307; *Dec. fl. fr.* 4, *p.* 832; *Cav. diss.* 2, *t.* 29, *fig.* 2. — Cette plante ressemble beaucoup à la précédente, dont elle pourrait bien n'être qu'une variété. Ses différences consistent dans ses fleurs un peu plus petites, dans les divisions de son calicule plus larges et dans ses feuilles *blanchâtres-veloutées*, à divisions *moins profondes*, à dents inégales et plus rapprochées.

Hab. les bois, les bords des fossés, les haies, à Nîmes, à Corconne, à Bouquet, à Tresques. ♃ Fl. juin-août.

4. **A. HIRSUTA** *Lin. sp.* 966; *Dec. fl. fr.* 4, *p.* 832; *Moris. hist.* 2, *sec.* 5, *t.* 18, *fig.* 6. — Racine *grêle*, pivotante. Tiges de 1-4 décim., droites, rameuses; les latérales ascendantes ou étalées, hérissées de longs poils blancs, raides, très-étalés. Feuilles vertes, parsemées de quelques poils raides, presque glabres en dessus; les inférieures cordiformes, à 5 lobes peu marqués, obtus, crénelés; les supérieures moins longuement pétiolées, palmées, à 3-5 lobes profonds, oblongs, crénelés; stipules lancéolées, ciliées, *persistantes*. Fleurs bleuâtres ou blanches, solitaires au sommet de pédoncules axillaires, étalés, hérissés, plus longs que la feuille. Folioles du calicule 7-9, linéaires-lancéolées, plus courtes que le calice; celui-ci à lobes linéaires très-allongés, aigus, hérissés, droits. Pétales échancrés, de la longueur du calice ou le dépassant peu. Carpelles glabres, fortement ridés sur le dos et sur les bords, à dos arrondi, parcouru par une *petite carène*. Graines brunes, lisses.

Hab. les bois et les terrains arides, aux environs de Nîmes, d'Uzès; les bords du Gardon, près du mas Charlot. ① Fl. mai-juillet.

L'*althæa rosea* L. est cultivé dans tous les jardins, sous le nom de *passe-rose, rose-trémière, bâton-de-saint-Jacques*. L'*hibiscus syriacus* L. est cultivé aussi sous le nom d'*althæa en arbre, ketmie de jardin*. Cet arbrisseau, à fleurs blanches ou roses, fait l'ornement des bosquets.

3ᵉ gʳᵉ. **ABUTILON. — ABUTILON.** (Gærtn. fruc. t. 135.)

Calice simple, à 5 divisions. Stigmates capités. Capsules nombreuses, polyspermes, disposées circulairement, s'ouvrant au sommet intérieurement.

1. **A. AVICENNÆ** *Presl. fl. sic.* 1, *p.* 182; *Sida abutilon,*

Lin. sp. 963 ; *Dec. fl. fr.* 4, *p.* 836 ; *Cam. epit.*, *t.* 668 ; *Dod. pempt.*, *p.* 656, *ic.* — Racine blanchâtre, pivotante. Tige droite, très-rameuse, flexueuse au sommet des rameaux, haute de 1-2 mèt., cylindrique, couverte d'un duvet très-fin. Feuilles d'un vert pâle, grandes, cordiformes, arrondies, acuminées, crénelées, pendantes, veloutées, à peu près de la longueur du pétiole. Fleurs jaunes, solitaires, à pédoncules articulés près de la fleur, terminaux et axillaires conjointement avec les rameaux, plus courts que les pétioles. Calice à 5 divisions ovales-aiguës, munies d'*un pli dans leur milieu*. Pétales dépassant peu le calice. Capsules 15-30, noircissant à la maturité, velues, tronquées, à 2 valves surmontées d'une pointe, renfermant 3 graines noirâtres, apiculées, à ombilic pubescent.

Hab. le bord des roubines et des champs qui bordent l'étang de Jonquières et le bord du contre-canal, à Bellegarde. ⊕ Fl. août–octobre.

XIXe Fam. **GÉRANIÉES.**

Geraniaceæ. (Dec. fl. fr. 4, p. 838.)

Fleurs hermaphrodites, régulières, rarement irrégulières. Calice à 5 sépales libres, herbacés, persistants, imbriqués avant l'épanouissement. Pétales 5, libres, caducs, alternes avec les sépales, insérés sur le réceptacle. Étamines 10, toutes fertiles ou entremêlées de stériles, à filets plus ou moins soudés à la base. Anthères bilobées. Styles 5, soudés. Fruit à 5 coques ou carpelles, mono ou dispermes, libres, verticillés autour d'un placenta central, surmontés d'une longue arête linéaire, se séparant, à la maturité, de l'axe, de la base au sommet, en se tortillant avec élasticité et entraînant les carpelles. Graines sans périspermes, solitaires par avortement, dans chaque coque. Plantes herbacées, à feuilles plus ou moins lobées, munies de stipules, à fleurs solitaires ou en ombelle au sommet du pédoncule.

1. \{ Étamines 10, fertiles; arêtes des carpelles se détachant en arc.......................... 1er g^{re}. **GERANIUM.**
   \{ Étamines 10, dont 5 stériles: arêtes des carpelles se détachant en tire-bouchon. .... 2e g^{re}. **ERODIUM.**

1er g^{re}. GERANION. — GERANIUM. (L'herit. geran. t. 36-40.)

Sépales 5, égaux. Pétales 5, égaux. Étamines 10, fertiles, dont 5 plus courtes; les plus grandes pourvues, à leur base, d'une glande nectarifère. Arêtes des carpelles arquées à la maturité, glabres à la face interne.

1. \{ Calice serré au sommet..................... 2.
   \{ Calice lâche ou étalé...................... 3.

2. \{ Sépales ridés en travers.................... **LUCIDUM.**
   \{ Sépales non ridés .... **ROBERTIANUM.**

3. { Pétales entiers, crénelés ou tronqués. .... 4.
{ Pétales échancrés. .... 6.

4. { Fleurs grandes, plante vivace............... 5.
{ Fleurs petites, plante annuelle. .... ROTUNDIFOLIUM.

5. { Pétales largement arrondis au sommet. ...... PRATENSE.
{ Pétales tronqués ou crénelés. .... SYLVATICUM.

6. { Pétales veinés, deux fois plus longs que le ca-
{ lice........................... 7.
{ Pétales égaux au calice, le dépassant peu ou
{ une fois plus longs que lui................ 8.

7. { Carpelles pourvus d'une ride au sommet, se
{ détachant de l'arête à la maturité.......... NODOSUM.
{ Carpelles non ridés, ne se détachant pas de
{ l'arête à la maturité. .... SANGUINEUM.

8. { Pétales une fois plus longs que le calice...... PYRENAICUM.
{ Pétales égaux au calice ou le dépassant peu... 9.

9. { Pédoncules grêles très-allongés............. COLUMBINUM.
{ Pédoncules courts........................ 10.

10. { Carpelles ne se détachant pas de l'arête à la
{ maturité............................... DISSECTUM.
{ Carpelles se détachant de l'arête à la maturité. 11.

11. { Carpelles ridés, glabres................... MOLLE.
{ Carpelles non ridés, à poils appliqués........ PUSILLUM.

1. **G. PRATENSE** *Lin. sp.* 954; *Dec. fl. fr. 4, p.* 848; *Clus. hist.* 2, *p.* 100, *fig.* 1. — Racine grosse, horizontale, tronquée. Tige de 5-8 décim., droite, robuste, dichotome, anguleuse, à poils courts, réfléchis. Feuilles grandes, cordiformes à la base, à 5-7 lobes profonds, aigus, incisés-dentés, parsemées de poils couchés; les radicales longuement pétiolées; les plus supérieures sessiles, opposées. Stipules membraneuses, larges, acuminées. Fleurs très-grandes pour le genre, bleu lilas, veinées, en corymbe terminal, à pédoncules biflores, terminaux ou naissant entre les bifurcations, penchées après la floraison. Sépales larges, oblongs, longuement aristés, à 5 nervures. Pétales larges, obovés, entiers, très-ouverts, ciliés à l'onglet, deux fois de la longueur du calice ou un peu plus. Étamines filiformes, à filets *larges et ciliés* à la base. Carpelles non ridés, velus-glanduleux, ne se détachant pas de l'arête; bec du fruit de 25-30 millim., velu-glanduleux. Graines rousses, oblongues, alvéolées.

Hab. les prairies, à Anduze, à Lannejols. ♃ Fl. juin-août.

2. **G. SYLVATICUM** *Lin. sp.* 954; *Dec. fl. fr. 4, p.* 847; *Clus. hist.* 2, *p.* 99, *fig.* 2. — Racine oblique, tronquée. Tiges de 2-4 décim., semblables, ainsi que les feuilles, à celles du N° 1; solitaires ou réunies en touffe. Feuilles inférieures alternes, pétiolées; les supérieures sessiles et opposées. Fleurs purpurines, veinées, plus petites que dans l'espèce précédente, à sépales plus étroits, moins longuement aristés. Pétales tronqués ou légèrement échancrés, velus supérieurement au-dessus de l'onglet. Pédon-

cules dressés à la maturité. Graines brunes, très-finemen t
alvéolées. Cette plante se rapproche de la précédente, qui est
plus grande dans toutes ses parties.

Hab. les prairies, à l'hort de Diou; contre les rochers humides, au valat
de la Dauphine, près de l'Esperou. 2 Fl. juin–juillet.

3. **G. NODOSUM** *Lin. sp.* 953; *Dec. fl. fr. 4, p.* 847; *Car.
diss. 4, t.* 80, *fig.* 1. — Racine rousse, allongée, oblique, tronquée. Tige de 2-5 décim., droite, tétragone, renflée aux articulations, rougeâtre, presque glabre, simple ou rameuse. Feuilles
d'un vert tendre, pâles et fortement nerveuses en dessous,
munies, sur les deux faces, de petits poils couchés, plus rapprochés sur les nervures inférieures; les inférieures pétiolées, à
5 lobes ovales-dentés, à dents mucronées; les supérieures à 3 lobes,
opposées, brièvement pétiolées. Stipules membraneuses, rousses,
acuminées. Fleurs assez grandes, d'un pourpre violet; pédoncules
plus longs que les feuilles, à 1 ou 2 pédicelles, courts et inégaux,
dressés à la maturité. Bractéoles *longuement acuminées.* Sépales
oblongs, bordés d'un liseré étroit, blanchâtre, munis de quelques
poils couchés et terminés par *une pointe filiforme de 5 millim.*
Pétales veinés, cunéiformes, étalés en entonnoir, très-échancrés,
deux fois de la longueur du calice, ciliés sur l'onglet. Filet des
étamines cilié inférieurement. Carpelles pubescents, *ridés en
travers,* barbus à la base, se détachant de l'arête à la maturité;
bec du fruit de 25-30 millim., cannelé, pubescent. Graines rousses,
oblongues, alvéolées.

Hab. les bois et bords des ruisseaux, à Alais, Anduze, le Vigan, Alzon.
2 Fl. juin–juillet.

4. **G. SANGUINEUM** *Lin. sp.* 958; *Dec. fl. fr. 4, p.* 845;
Cav. diss. 4, t. 76, *fig.* 1. — Racine rousse, allongée, oblique,
tronquée. Tiges de 3-5 décim., hérissées de longs poils blancs,
étalés, diffuses, simples ou plusieurs fois bifurquées, souvent
rougeâtres. Feuilles orbiculaires, à 5-7 lobes trifides, entiers ou
incisés, linéaires-oblongs, toutes opposées et pétiolées. Stipules
membraneuses, rousses, ovales, aiguës, munies de poils blancs,
nombreux. Fleurs grandes, rouges, veinées, à pédoncules très-
allongés, axillaires ou prenant naissance au fond des bifurcations, uniflores, plus rarement biflores, munis de 2 bractéoles à
l'insertion du pédicelle avorté. Sépales ovales-acuminés, pourvus
de longs poils épars. Pétales très-étalés, échancrés ou rarement
tronqués, deux fois de la longueur du calice, ciliés sur l'onglet.
Carpelles *lisses,* un peu velus, *barbus* à la base, ne se détachant
pas de l'arête à la maturité. Bec du fruit cannelé, pubescent, de
25 millim. Graines brunes, ovales, finement alvéolées.

Hab. les bois, au Vigan, à Anduze, au Serre-de-Bouquet, à Tresques, à
la chartreuse de Valbonne, à Saint-Nicolas. 2 Fl. juin–septembre.

5. **G. COLUMBINUM** *Lin. sp.* 956 ; *Dec. fl. fr.* 4, *p.* 851 ; *Vaill. par., t.* 15, *fig.* 4. — Racine pivotante, fibreuse, grêle. Tiges de 2-5 décim., faibles, ascendantes, diffuses, rameuses, parsemées de poils réfléchis, appliqués ainsi que les feuilles et les pédoncules. Feuilles à 5-7 lobes profonds, multifides, à segments linéaires, opposées ; les inférieures longuement pétiolées. Stipules rougeâtres, lancéolées-acuminées, souvent bifides. Fleurs moyennes, purpurines, striées. Pédoncules très-allongés, beaucoup plus longs que les feuilles, axillaires, quelquefois naissant dans les bifurcations, à pédicelles géminés, inégaux, réfléchis à la maturité. Bractéoles acuminées. Sépales ovales-lancéolés, trinerviés, membraneux sur les bords, longuement aristés, munis de poils appliqués, dirigés en haut. Pétales étalés, échancrés, de la longueur du calice mais plus courts que les arêtes, à onglets ciliés. Carpelles lisses, glabres, *ciliés* à la commissure, persistant avec l'arête à la maturité. Bec du fruit court, pubescent. Graines brunes, ovales, alvéolées.

Hab. les champs arides, les haies et les bords des chemins, dans tout le département. ① Fl. mai-juillet.

6. **G. DISSECTUM** *Lin. sp.* 956 ; *Dec. fl. fr.* 4, *p.* 851 ; *Vaill. par., t.* 15, *fig.* 2. — Racine rougeâtre, pivotante. Tiges de 2-5 décim., droites ou ascendantes, rameuses, velues, à poils étalés, inégaux, glanduleux au sommet. Feuilles arrondies, à 5-7 lobes laciniés, trifides, à lanières étroites ; les inférieures longuement pétiolées ; les supérieures presque sessiles ; toutes opposées. Stipules lancéolées-acuminées. Fleurs petites, purpurines. Pédoncules biflores, plus courts que les feuilles, à pédicelles presque égaux, dressés ou réfléchis à la maturité. Bractéoles acuminées. Sépales ovales-lancéolés, trinerviés, longuement aristés, *hérissés*. Pétales échancrés, de la longueur du calice, à onglets ciliés. Carpelles lisses, hérissés, *non barbus* à la base, persistant avec l'arête à la maturité. Bec du fruit court, hérissé-glanduleux. Graines ovoïdes, *fortement alvéolées*.

Hab. les champs cultivés, les bords des champs, les haies, dans tout le département. ① Fl. avril-juillet.

7. **G. PYRENAICUM** *Lin. mant.* 257 ; *Dec. fl. fr.* 4, *p.* 850 ; *Coss. et Germ. fl. par. all., t.* 6, *fig.* F ; *Cav. diss.* 4, *t.* 79, *fig.* 2. —Racine brune, pivotante, garnie de fibres. Tiges de 3-5 décim., dichotomes, droites ou ascendantes, velues, à poils étalés. Feuilles inférieures arrondies, à 5-7 lobes, à 3-5 divisions obtuses, peu profondes, longuement pétiolées, d'un vert sombre, molles, velues ; les supérieures sessiles, à lobes moins nombreux et moins obtus ; toutes opposées. Stipules larges, bifides, membraneuses. Fleurs violacées ou lilas, à pédoncules biflores, axillaires ou naissant dans les bifurcations, grêles, plus longs que les

feuilles; pédicelles réfléchis à la maturité. Bractéoles linéaires-
aiguës. Sépales ovales, mucronulés, hérissés. Pétales échancrés,
ouverts, deux fois de la longueur du calice, à onglets ciliés.
Carpelles lisses, à poils appliqués, non barbus à la base, se détachant de l'arête à la maturité. Bec du fruit grêle, court, finement
pubescent. Graines brunes, oblongues, lisses.

Hab. le long des murs, à Lanuejols, à l'*hort de Diou*, près l'Esperou.
♃ Fl. mai–septembre.

8. **G. MOLLE** *Lin. sp.* 955; *Dec. fl. fr.* 4, *p.* 850; *Coss. et
Germ. fl. par. atl., t.* 6, *fig. E; Vaill. par., t.* 15, *fig.* 3. —
Racine rougeâtre, pivotante, garnie de fibres. Tiges de 2-3 décim.,
rougeâtres, droites, ascendantes ou diffuses, rameuses, couvertes de poils mous, longs, étalés. Feuilles molles, arrondies, à
5-7 lobes crénelés; les inférieures longuement pétiolées, quelquefois alternes; les supérieures plus petites, presque sessiles.
Stipules rouges, lancéolées. Fleurs purpurines. Pédoncules
biflores, plus courts que les feuilles inférieures et dépassant les
feuilles florales, opposés aux feuilles. Pédicelles réfléchis après la
floraison, recourbés-ascendants à l'extrémité. Sépales ovales-
aigus, mucronulés, velus, uninerviés. Pétales ouverts, *échancrés*,
dépassant le calice, ciliés sur l'onglet. Carpelles glabres, *ridés
obliquement*, non barbus à la base, se détachant de l'arête à la
maturité. Graines rousses, ovales, lisses.

Hab. le bord des champs, les vignes, dans tout le département. ① Fl.
mai–septembre.

9. **G. PUSILLUM** *Lin. sp.* 957; *Dec. fl. fr.* 4, *p.* 852; *Coss. et
Germ. fl. par. atl., t.* 6, *fig. D; Cav. diss.* 4, *t.* 83, *fig.* 1. —
Racine rougeâtre, pivotante. Tiges de 1-4 décim., grêles, droites
ou ascendantes, diffuses, rameuses, pubescentes, à poils courts,
étalés. Feuilles arrondies, à 5-7 lobes cunéiformes, incisés; les
inférieures longuement pétiolées; les supérieures presque sessiles,
à lobes moins nombreux et à incisures aiguës. Stipules herbacées,
lancéolées, quelquefois bifides. Fleurs petites, lilas pâle. Pédoncules filiformes, biflores, axillaires, plus courts que les pédicelles, plus longs que les feuilles florales. Pédicelles réfléchis après
la floraison, recourbés-ascendants à l'extrémité. Sépales ovales,
aigus, hérissés. Pétales ouverts, *échancrés*, dépassant à peine
le calice, légèrement ciliés sur l'onglet. Carpelles lisses, couverts
de poils *appliqués, non barbus* à la base, se détachant de l'arête
à la maturité. Bec du fruit grêle, court, pubescent. Graines rougeâtres, ovales, *lisses*.

Hab. les bords des champs et des chemins es haies et les bois, dans
tout le département. ① Fl. juin–septembre

10. **G. ROTUNDIFOLIUM** *Lin. sp.* 957; *Dec. fl. fr.* 4, *p.* 852;

Coss. et Germ. fl. par. atl., t. 6, fig. G; Cav. diss. 4, t. 93, fig. 2.
— Racine rougeâtre, pivotante et rameuse. Tiges de 2-4 décim.,
diffuses, droites ou ascendantes, rameuses, à rameaux divariqués, velues, un peu visqueuses. Feuilles arrondies, molles,
pubescentes, opposées, pétiolées, à 5-7 lobes peu profonds,
crénelés-obtus. Stipules rougeâtres, lancéolées. Fleurs petites,
purpurines. Pédoncules biflores, plus courts que les feuilles; les
supérieurs axillaires; les inférieurs naissant, la plupart, des
bifurcations. Pédicelles réfléchis après la floraison, recourbés,
ascendants à l'extrémité. Bractéoles lancéolées, aiguës. Sépales
hérissés, ovales, brièvement mucronés. Pétales ouverts, *entiers*,
plus longs que le calice, non ciliés sur l'onglet. Carpelles lisses,
munis de quelques poils étalés, barbus à la base, persistant, avec
l'arète, à la maturité. Bec du fruit court, cannelé, pubescent.
Graines presque globuleuses, *fortement alvéolées.*

Hab. les bords des champs et les vignes, les bois et les haies, dans tout
le département. ① Fl. avril-octobre.

11. G. LUCIDUM *Lin. sp.* 955; *Dec. fl.fr. 4, p.* 850; *Coss.
et Germ. fl. par. atl., t. 6, fig. H; Cav. diss. 4, t. 80, fig. 2.* —
Racine rougeâtre, grêle, pivotante, fourchue. Tiges de 1-3 décim.,
droites ou ascendantes, diffuses, glabres, souvent rougeâtres,
rameuses, fragiles. Feuilles arrondies, opposées, luisantes, à
5-7 lobes, un peu plus écartés que dans la précédente, crénelés-
obtus, toutes pétiolées; les supérieures plus brièvement. Stipules
lancéolées, membraneuses, caduques. Fleurs petites, roses.
Pédoncules biflores, pubescents, plus longs que les feuilles florales. Pédicelles non réfléchis. Bractéoles lancéolées, très-petites.
Sépales nerviés; les trois extérieurs ridés en travers; les deux
intérieurs lancéolés, scarieux. Pétales entiers, deux fois de la
longueur du calice. Carpelles ridés, *hérissés-glanduleux* au
sommet. Graines rousses, ovales, lisses.

Hab. au pied des rochers, au bord des haies et lieux ombragés, à Anduze,
au Vigan, l'Esperou, Alzon. ① Fl. mai-août.

12. G. ROBERTIANUM *Lin. sp.* 955; *Dec. fl. fr. 4, p.* 853;
Coss. et Germ. fl. par. atl., t. 6, fig. 1; Cav. diss. 4, t. 86, fig. 1.
— Racine rougeâtre, grêle, oblique, fourchue. Tiges de 2-5 décim.,
droites ou étalées, diffuses, plus ou moins velues, à poils étalés,
glanduleux surtout dans le haut, rameuses, renflées aux articulations. Feuilles toutes opposées, pétiolées, à limbe *polygonal,*
divisé jusqu'à la base en 3-5 segments pétiolulés, pinnatifides,
à pinnules incisées, obtuses. Fleurs purpurines, veinées de blanc.
Pédoncules biflores, dépassant les feuilles, à pédicelles souvent
dressés à la maturité, velus-glanduleux. Bractéoles très-petites,
lancéolées, ciliées. Sépales ovales-lancéolés, trinerviés, terminés
par une longue pointe rougeâtre, pourvus de longs poils étalés.

Pétales entiers, dépassant plus ou moins le calice. Carpelles ridés transversalement au sommet, réticulés sur les côtés, glabres ou pubescents, se séparant de l'arète et restant suspendus à de longs filaments soyeux. Bec du fruit de 15-18 millim., glabre inférieurement, pubescent au sommet. Graines rousses, ovales, lisses. Plante souvent rougeâtre, fétide.

Var. B, *Parviflorum*, *Vir. fl. lyb.*, *p.* 39. Fleur plus petite que dans l'espèce. Carpelles à rides, plus rapprochés. *G. purpureum*, *Vill. Dauph.*, *t.* 40.

Cette plante, connue vulg* sous le nom d'*herbe à Robert*, passe pour vulnéraire et astringente.

Hab. les haies, les bois, les vieux murs, les lieux humides, dans tout le département. ① Fl. avril–octobre.

2° g*re*. ERODION. — ERODIUM. (L'hérit. geran. t. 2-6.)

Sépales 5, égaux. Pétales 5, presque égaux. Étamines 10, dont 5 stériles à filets élargis, 5 fertiles, munies à la base d'une glande nectarifère. Style 1. Stigmates 5. Capsules ovales-linéaires, atténuées à la base, hérissées; arètes velues sur la face interne, roulées, à la maturité, en spirale dans sa moitié inférieure; la supérieure en faux. Graines brunes, lisses, oblongues, pointues à la base et élargies au sommet, munies d'un bourrelet longitudinal qui n'atteint pas l'extrémité inférieure.

<table>
<tr><td rowspan="2">1.</td><td>Feuilles ailées ou pinnatifides. . . . .</td><td>2.</td></tr>
<tr><td>Feuilles simples ou lobées. . . . .</td><td>MALACOIDES.</td></tr>
<tr><td rowspan="2">2.</td><td>Folioles décurrentes sur le pétiole. . . . .</td><td>CICONIUM.</td></tr>
<tr><td>Folioles non décurrentes. . . . .</td><td>3.</td></tr>
<tr><td rowspan="2">3.</td><td>Folioles pétiolulées; plante à odeur musquée. . . . . . .</td><td>MOSCHATUM.</td></tr>
<tr><td>Folioles décidément sessiles; plante à odeur légère, non musquée. . . . .</td><td>4.</td></tr>
<tr><td rowspan="2">4.</td><td>Tiges nulles; pétales égaux. . . . .</td><td>ROMANUM.</td></tr>
<tr><td>Tiges d'abord presque nulles, ensuite plus ou moins développées. . . . .</td><td>CICUTARIUM.</td></tr>
</table>

1. **E. MALACOIDES** *Willd. sp.* 3, *p.* 639; *Dec. fl. fr.* 4, *p.* 842; *Geranium malacoides*, *Lin. sp.* 952; *Cav. diss.* 4, *t.* 91, *fig.* 1; *Lob. ic.* 662, *fig.* 1. — Racine rougeâtre, pivotante. Tiges de 1-4 décim., partant du même collet, inégales, rameuses, droites ou couchées, hérissées. Feuilles ovales ou oblongues, cordiformes, opposées, à pétioles *inégaux*, légèrement *lobées* ou simplement crénelées, munies de quelques poils appliqués et glanduleux. Stipules sèches, scarieuses, blanchâtres, ovales-obtuses. Fleurs rougeâtres. Pédoncules multiflores, plus longs que les pétioles. Bractéoles ovales-obtuses. Sépales oblongs, striés, hérissés, glanduleux, barbus. Pétales obovés, très-étalés, plus longs que le calice. Carpelles velus, à poils blancs dirigés en haut, portant, à leur sommet, une dépression orbiculaire, glan-

duleuse, munie inférieurement d'*un pli en forme de demi-scutelle*, poils de l'arête plus longs à la base. Bec du fruit grêle, de 20-24 millim., presque glabre.

Hab. les bords des chemins, le long des murs, aux environs de la citadelle, à Nîmes; les lieux arides, à Laidenom. ①-② Fl. avril-juin.

2. **E. CICONIUM** *Willd. sp.* 3, *p.* 629; *Dec. fl. fr.* 4, *p.* 841; *Geranium ciconium, Lin. sp.* 952; *Cav. diss.* 4, *t.* 95, *fig.* 2; *Col. ecphr., t.* 135. — Racine rousse, sinueuse, profonde, robuste. Tiges de 2-5 décim., épaisses, ascendantes ou couchées, rougeâtres, velues, anguleuses, partant du même collet. Feuilles grandes, pubescentes, pétiolées, ailées, à pinnules larges; les supérieures décurrentes sur le pétiole, ord^t denté; celles du sommet confluentes, toutes incisées, à découpures obtuses. Stipules rougeâtres, larges à la base, acuminées. Fleurs lilas. Pédoncules plus longs que les feuilles, multiflores. Bractéoles 5, ovales, acuminées. Sépales oblongs, velus-glanduleux, terminés par une pointe cylindrique de 3-4 millim., munis de 3-5 nervures très-prononcées. Pétales inégaux, obovés, plus longs que le calice; les deux supérieurs *plus larges, échancrés*. Carpelles oblongs-linéaires, très-atténués inférieurement, couverts de poils blanchâtres étalés et de poils courts glanduleux; dépressions velues, *sans pli;* arêtes couvertes, sur la face interne, *de poils roux brillants;* ceux de l'extrémité de la spire *très-longs*. Bec du fruit robuste, pubescent, long de 6-8 centim.

Hab. les bords des champs et des chemins, à Nîmes, Manduel, St-Gilles, Bellegarde; dans les dunes, à Sylveréal. ① Fl. avril-juin.

3. **E. MOSCHATUM** *Willd. sp.* 3, *p.* 631; *Dec. fl. fr.* 4, *p.* 841; *Geranium moschatum, Lin. sp.* 951; *Cav. diss.* 4, *t.* 94, *fig.* 1; *Lob. ic., t.* 658, *fig.* 2. — Racine pivotante. Tiges nombreuses, partant du même collet, étalées en rosette ou ascendantes, longues de 1-4 décim., rameuses, robustes, plus ou moins velues, glanduleuses. Feuilles pubescentes, souvent maculées, opposées, pétiolées inégalement, ailées, à folioles alternes, très-brièvement *pétiolulées*, ovales ou oblongues, inégalement incisées-dentées en scie; celles du sommet sessiles, *un peu décurrentes* sur le pétiole. Stipules grandes, blanches, membraneuses, luisantes, non acuminées. Fleurs petites, roses. Pédoncules multiflores, plus longs que les feuilles. Bractéoles membraneuses, ovales-obtuses, blanches. Sépales oblongs, glanduleux, légèrement nerviés, terminés par une pointe courte, épaisse. Pétales égaux, entiers, de la longueur du calice. Carpelles couverts de poils roux, déjetés à droite et à gauche, portant, au sommet, deux dépressions circulaires à rebord, avec un pli plus bas; face interne de l'arête garnie de poils roux inégaux. Bec du fruit de 30-35 millim., grêle, anguleux, muni de quelques poils

courts, appliqués. Plante exhalant une odeur *de musc très-prononcée.*

Hab. le bord des champs, au midi du bois de Campagne, près de Nimes. ① Fl. avril–juin.

4. **E. CICUTARIUM** *l'Hérit. in. ail. h. Kew.* 2, 414; *Dec. fl. fr.* 4, *p.* 841; *Geranium cicutarium, Lin. sp.* 951. — Racine grêle ou épaisse, pivotante, souvent rameuse à l'extrémité. Tiges presque toujours nombreuses, étalées ou ascendantes, de 1-6 décim., plus ou moins velues. Feuilles pinnées, à pinnules sessiles, ovales ou oblongues, alternes ou opposées, plus ou moins profondément incisées-dentées. Stipules membraneuses, larges, lancéolées. Fleurs purpurines ou blanches. Pédoncules multiflores, plus longs que les feuilles. Bractéoles ciliées, ovales-acuminées, scarieuses. Sépales oblongs, velus-glanduleux ou ciliés, nerviés, terminés par un poil. Pétales entiers, ovoïdes, inégaux, tantôt de la longueur du calice, tantôt le dépassant. Carpelles couverts de poils roussâtres, courts, déjetés à droite et à gauche, portant au sommet deux dépressions circulaires à rebord; face interne de l'arête garnie de poils blancs, inégaux. Bec du fruit de 25-30 millim., muni de poils courts, appliqués.

Var. A, *Pimpinellæfolium, Dec. l. c.; Geranium pimpinellæfolium, Cav. diss.* 4, *t.* 126, *fig.* 1. Pétales supérieurs tachés près de l'onglet. Folioles des feuilles ovales, à incisures courtes.

Var. B, *Chærophyllum, Dec. l. c.; Geranium chærophyllum, Cav. diss.* 4, *t.* 95, *fig.* 1. Pétales non tachés, incisures des folioles profondes, linéaires-aiguës.

Var. C, *Pilosum, Dec. l. c.; Geranium pilosum, Thuil. fl. par.* Folioles à incisures profondes. Tiges et feuilles couvertes de poils blancs étalés.

Var. D, *Præcox, Dec. l. c.; Geranium præcox, Cav. diss.* 4, *t.* 126, *fig.* 2. Plante peu velue, à tiges très-courtes, à folioles peu profondément incisées, forme du premier printemps; à la fin, les tiges sont plus allongées.

Hab.: les var. A et B, dans les bois et les champs cultivés, dans tout le département: la var. C, dans les dunes, à Aigues-Mortes, dans les sables granitiques, à l'Esperou; la var. D, sur les pelouses, à Aigues-Mortes, et sur les murs, à Nimes. ① Fl. mai–octobre.

5. **E. ROMANUM** *Willd. sp.* 3, *p.* 630; *Dec. fl. fr.* 5, *p.* 628; *Geranium romanum, Lin. sp.* 951; *Cav. diss.* 4, *t.* 94, *fig.* 2.— Racine grosse, pivotante, à souche dure, rameuse, *vivace. Tiges nulles.* Feuilles à folioles ovales, à incisures pas trop profondes. Pétales égaux, deux fois de la grandeur du calice, purpurins, roses ou blancs; le reste comme dans l'espèce précédente.

Hab. les bords des chemins, les bois et les lieux arides, à Nimes, Uzès, Tresques, Bellegarde, Manduel. ♃ Fl. mars–mai.

On cultive communément de nombreuses espèces du genre *pelargonium*, que l'on distingue par leur calice irrégulier, par leurs pétales au nombre de 5, dont les 2 supérieurs plus grands, et par les étamines fertiles qui ne dépassent jamais 7.

XXᵉ FAM. **HYPÉRICINÉES.**

HYPERICINE.E. — (Dec. fl. fr. 4, p. 860.)

Fleurs hermaphrodites, régulières. Calice à 4-5 sépales, inégaux, imbriqués avant l'épanouissement. Corolle persistante, à 5-4 pétales contournés dans le bouton. Étamines nombreuses, insérées sur le réceptacle, réunies par la base des filets en 3-5 faisceaux. Anthères bilobées, oscillantes. Ovaire 1, libre, à 3-5 styles allongés, ord^t libres dès la base. Stigmate en tète. Fruit capsulaire, uniloculaire, polysperme, déhiscent, à autant de loges polyspermes qu'il y a de styles; rarement il est bacciforme indéhiscent. Graines très-petites, subcylindriques. Plantes vivaces, herbacées ou sous-frutescentes, à feuilles entières, opposées. Fleurs jaunes.

1. { Fruit bacciforme...................... 1ᵉʳ gʳᵉ. **ANDROSÆMUM.**
   { Fruit capsulaire. .... 2.

2. { Fleurs munies d'écailles pétaloïdes entre les faisceaux d'étamines............... 3ᵉ gʳᵉ. **ELODES.**
   { Fleurs dépourvues d'écailles pétaloïdes entre les faisceaux d'étamines. .... 2ᵉ gʳᵉ. **HYPERICUM.**

1ᵉʳ gʳᵉ. **ANDROSÈME. — ANDROSÆMUM.** (All. ped. 2, p. 47.)

Calice à 5 sépales inégaux. Pétales 5. Étamines en 5 faisceaux. Styles 3. Capsule *bacciforme* indéhiscente, uniloculaire, polysperme; point d'écailles pétaloïdes.

1. **A. OFFICINALE** *All. l. c., Dec. fl. fr. 4, p.* 861; *Hypericum androsæmum, Lin. sp.* 1102; *Blackw. herb., t.* 94. — Racine rameuse, oblique, à souche ligneuse. Tiges de 5-9 décim., glabres, dures, rameuses, parcourues, dans les entre-nœuds, par 2 *lignes saillantes*, opposées. Feuilles sessiles, grandes, ovales-obtuses, cordiformes, coriaces, nerveuses, veinées et glauques en dessous. Fleurs jaunes, moyennes, en corymbe terminal. Pédoncules simples, bi ou trifides, plus longs que le calice, munis inférieurement de 2 bractées petites, linéaires-aiguës. Pédicelles articulés vers le milieu, portant 2 bractéoles linéaires. Sépales persistants, ovales, obtus, entiers, verts, dépourvus de glandes noirâtres, ouverts, réfléchis après la floraison. Pétales de la longueur du calice. Étamines un peu plus longues que les pétales. Anthères orbiculaires. Styles arqués, très-courts. Capsule lisse, d'abord verte, puis rouge, à la fin noire. Graines nombreuses, brunes, petites, oblongues, cylindriques,

linement alvéolées. Plante glabre, d'un rouge foncé après la maturité.

Sa saveur est résineuse. Elle est connue sous le nom de *toute-saine*; elle passe pour vulnéraire, résolutive, vermifuge.

Hab. le bord des fossés et ruisseaux, à Anduze, Valleraugue, Gaujac. ♃ Fl. juin-juillet.

2ᵉ gʳᵉ. **MILLEPERTUIS. — HYPERICUM.** (Lin. gen. 902.)

Calice à 5 sépales, plus ou moins égaux, libres ou soudés inférieurement. Écailles pétaloïdes, *nulles*. Styles 3-5. Étamines nombreuses, en 3-5 faisceaux. Capsule sèche, à 3 loges polyspermes. Feuilles souvent ponctuées de glandes transparentes.

1. | Sépales ciliés, glanduleux.................... 2.
   | Sépales non ciliés, glanduleux.............. 8.

2. | Tiges velues ou tomenteuses.............. 3.
   | Tiges glabres. .... 4.

3. | Tiges velues............................ **HIRSUTUM**.
   | Tiges plus ou moins tomenteuses........... **TOMENTOSUM**.

4. | Feuilles orbiculaires...................... **NUMMULARIUM**.
   | Feuilles ovales, oblongues ou linéaires....... 5.

5. | Feuilles linéaires.................... 6.
   | Feuilles ovales ou oblongues.............. 7.

6. | Feuilles supérieures fasciculées à chaque nœud. **HYSSOPIFOLIUM**.
   | Feuilles supérieures non fasciculées........ **LINEARIFOLIUM**.

7. | Feuilles oblongues, vertes des deux côtés. ... **MONTANUM**.
   | Feuilles ovales, glauques en dessous........ **PULCHRUM**.

8. | Tiges à 4 angles.......................... 9.
   | Tiges à 2 angles.......................... 10.

9. | Angles des tiges ailés..................... **TETRAPTERUM**.
   | Angles des tiges non ailés................ **QUADRANGULUM**.

10. | Tiges droites........................... **PERFORATUM**.
    | Tiges couchées. .... **HUMIFUSUM**.

1. **H. PERFORATUM** *Lin. sp.* 1105, *Dec. fl. fr.* 4, *p.* 862; *Lob. ic.* 398, *fig.* 1. — Racine rameuse, oblique, à souche ligneuse, rameuse, donnant naissance à plusieurs tiges qui s'élèvent à 2-4 décim., droites ou ascendantes, raides, glabres, rameuses, parcourues d'un nœud à l'autre par *deux lignes peu saillantes*. Feuilles sessiles, ovales, oblongues-linéaires, à bords repliés en dessous, toutes parsemées de points glanduleux transparents, entremêlés de quelques points noirs, un peu glauques et trinerviées en dessous. Fleurs en corymbe très-fourni. Pédicelles de la longueur du calice ou plus courts que lui. Sépales lancéolés, entiers, aigus, ponctués, persistants. Pétales oblongs, striés, étalés, deux fois plus longs que le calice, munis de glandes noires sur les bords. Étamines nombreuses en 3 faisceaux, un peu plus courtes que les pétales. Anthères petites, jaunes, orbiculaires, marquées d'un point noirâtre. Capsule oblongue, obtusément

trigone, munie, sur chaque valve, *de 2-3 lignes rougeâtres et brillantes*, et, sur les côtés, *de glandes ovales, obliques, de la même nature que les lignes*. Graines petites, brunes, oblongues, cylindriques, un peu arquées, finement alvéolées.

Var. A, *Genuinum*. Feuilles ovales ou oblongues.

Var. B, *Angustifolium*. Feuilles linéaires, à bords repliés.

Cette plante est connue sous les noms patois de *trescalen jaoune*, d'*herba d'on murtre*, d'*ou lal*. Elle est vulnéraire, résolutive, vermifuge, etc.

Hab. les bois, les lieux incultes, dans tout le département. ♃ Fl. juin-août.

2. **H. QUADRANGULUM** *Lin. suec.* 679; *Hyp. Dubium leers herb.* 165; *Dec. fl. fr.* 4, *p.* 862; *H. delphinense*, *Vill. Dauph.* 3, *p.* 497, *t.* 44. — Racine fibreuse, rougeâtre, à souche ligneuse, à stolons rougeâtres, écailleux. Tiges de 2-6 décim., glabres, fistuleuses, droites ou ascendantes, rameuses, *à 4 angles non ailés*. Feuilles oblongues, obtuses, sessiles, un peu glauques en dessous, munies de quelques points noirs sur les bords, souvent dépourvues de points transparents, à nervures principales saillantes et translucides, ainsi que les nervures secondaires anastomosées. Fleurs en corymbe. Pédicelles simples ou bifurqués, ord[t] plus courts que le calice. Sépales *entiers, elliptiques, obtus;* les deux intérieurs un peu aigus, parsemés de quelques points noirs. Pétales elliptiques, entiers, parsemés de points noirs, plus longs que le calice et égalant les étamines réunies en 3 faisceaux. Anthères orbiculaires, marquées d'un point noirâtre. Styles 3, divergents, atteignant à peine les étamines. Capsule glabre, à 3 valves, marquées *de lignes longitudinales, nombreuses*, rougeâtres et brillantes. Graines brunes, petites, nombreuses, finement alvéolées.

On donne à cette plante les mêmes vertus qu'à la précédente, mais plus faibles.

Hab. le long des bois, à Lanuéjols. ♃ Fl. juin-août.

3. **H. TETRAPTERUM** *Fries nov.* 236; *H. quadrangulum,* *Dec. fl. fr.* 4, *p.* 862; *Camer. epit.*, *p.* 676, *ic.* — Tiges à 4 ailes très-saillantes, ponctuées de noir. Feuilles à glandes transparentes très-nombreuses et *très*-petites. Fleurs d'un jaune pâle, plus petites que dans l'espèce précédente. Sépales lancéolés-acuminés. Pétales marqués de points noirs seulement sur les bords. Le reste comme dans le N° 2.

Hab. le bord des fossés et ruisseaux, dans tout le département. ♃ Fl. juin-août.

4. **H. HUMIFUSUM** *Lin. sp.* 1105; *Dec. fl. fr.* 4, *p.* 863; *Moris. hist.* 2, *sect* 5, *t.* 6, *fig.* 3. — Racine grêle, jaunâtre, pivotante, sinueuse, fibreuse. Tiges de 1-2 décim., grêles, couchées ou

ascendantes, glabres, comprimées, parcourues par 2 *lignes très-fines*, d'un nœud à l'autre, glabres, rameuses, très-feuillées. Feuilles sessiles, oblongues-obtuses, parsemées de points transparents, très-petits, bordées de points noirs seulement dans les supérieures, à nervures peu ramifiées, transparentes, un peu pâles en dessous. Fleurs petites; les terminales en corymbe lâche, les axillaires solitaires. Pédicelles de la longueur du calice ou le dépassant. Sépales oblongs, *obtus ou mucronulés*, souvent bordés de quelques points noirs. Pétales oblongs, dépassant peu le calice, munis, sur les bords, de petits points noirs. Étamines beaucoup plus courtes que les pétales. Anthères jaunes, orbiculaires. Capsule marquée de lignes longitudinales, nombreuses. Graines très-petites, nombreuses, noirâtres, ovales-cylindriques, finement alvéolées.

Hab. les lieux humides, aux environs du Vigan. ♃ Fl. juin–septembre.

5. **H. LINEARIFOLIUM** *Vahl. symb.* 1, *p.* 65; *Dec. fl. fr.* 5, *p.* 631. — Racine rougeâtre, à divisions étalées, à souche noueuse, sans stolons, donnant naissance à plusieurs tiges de 2-4 décim., droites ou ascendantes, simples ou rameuses, subcylindriques, lisses, glabres, ord^t rougeâtres. Feuilles *linéaires*, *obtuses*, semi-amplexicaules, glauques en dessous, sans points transparents, à points noirs sur les bords enroulés, à nervures transparentes. Fleurs en corymbe lâche. Pédicelles plus longs que le calice. Sépales lancéolés, *aigus*, ponctués de noir, ciliés-glanduleux au sommet. Pétales deux fois de la longueur du calice, munis de points noirs sur les bords. Étamines plus courtes que les pétales. Capsule marquée de lignes longitudinales, nombreuses. Graines rousses, petites, striées longitudinalement.

Hab. les bords du Gardon, dans les Cévennes (*Le Coq* et *Lamotte*). ♃ Fl. juin–juillet.

6. **H. TOMENTOSUM** *Lin. sp.* 1106; *Dec. fl. fr.* 4, *p.* 865; *Moris. fl. sard.*, *t.* 21. — Racine dure, rougeâtre, à souche ligneuse, émettant des tiges grêles, radicantes, et des tiges droites ou ascendantes, robustes, de 1-4 décim., cylindriques, plus ou moins cotonneuses ainsi que les feuilles; celles-ci ovales ou oblongues, ondulées, amplexicaules, blanchâtres, criblées de points transparents, comme les nervures. Fleurs d'un jaune pâle, en corymbe. Pédicelles plus courts que le calice. Sépales lancéolés, *acuminés, ciliés-glanduleux*, ponctués de noir sur les bords. Pétales deux fois de la longueur du calice, parsemés de quelques points noirs. Étamines presque de la longueur des pétales. Anthères ovales, purpurines ou jaunes, avec un point noir. Capsule petite, plus courte que le calice, marquée de lignes longitudinales nombreuses. Graines nombreuses, petites, verdâtres, striées-alvéolées.

Hab. les lieux humides, bords des fossés et marais, à Nimes, Manduel, Corconne, Pujau, Aigues-Mortes. ♃ Fl. juin-juillet.

7. **H. HYSSOPIFOLIUM** *Vill. Dauph.* 3, *p.* 505, *t.* 44; *H. diversifolium*, *Dec. fl. fr.* 5, *p.* 631. — Racine dure, rougeâtre, à souche rameuse, ligneuse, donnant naissance à plusieurs tiges de 3-5 centim., rougeâtres, glabres, *cylindriques*, raides, droites ou ascendantes, à rameaux peu développés. Feuilles sessiles, opposées, presque aussi longues que les entre-nœuds, glauques en dessous, munies de points transparents; les inférieures *oblongues*, planes, à nervure centrale très-saillante inférieurement; les supérieures linéaires-obtuses, à bords enroulés en dessous, pourvues, à leurs aisselles, *de faisceaux de jeunes feuilles*. Fleurs en grappe *pyramidale* allongée, à pédoncules trifides. Pédicelles de la longueur du calice, munis de bractées herbacées. Sépales glabres, ovales, à cils glanduleux, noirâtres, pédicellés. Pétales ovales, obtus, deux fois de la longueur du calice, nerviés, denticulés, glanduleux au sommet. Étamines un peu plus courtes que les pétales. Anthères orbiculaires. Capsule glabre, ovale, un peu rougeâtre, munie de lignes longitudinales brillantes. Graines rousses, assez grosses, oblongues, cylindriques, couvertes de papilles.

Hab. les bois, en montant d'Avèze à Montdardier, à Salbous. ♃ Fl. juin-août.

8. **H. PULCHRUM** *Lin. sp.* 1106; *Dec. fl. fr.* 4, *p.* 865; *Lamk. ill.*, *t.* 643, *fig.* 4. — Racine dure, rougeâtre, à souche rameuse, ligneuse. Tiges de 2-5 décim., faibles, lisses, *cylindriques*, ascendantes, simples ou rameuses, souvent rougeâtres, glabres ainsi que les feuilles; celles-ci *ovales-obtuses, cordiformes, embrassantes*, glauques en dessous, parsemées de points transparents très-petits; nervure moyenne saillante. Fleurs d'un jaune doré, en grappe *lâche, pyramidale*. Pédicelles plus courts que le calice. Sépales ovales-obtus, glanduleux sur les bords. Pétales ovales-arrondis, deux fois de la longueur du calice, ciliés-glanduleux, souvent pourvus de veines rouges. Étamines un peu plus courtes que les pétales. Anthères orbiculaires, jaunes. Capsule ovale, glabre, munie de lignes nombreuses, longitudinales, brillantes. Graines verdâtres, oblongues, cylindriques, finement ponctuées.

Hab. les bois de pins du Chanet, près Bourdezach. ♃ Fl. juin-août.

9. **H. NUMMULARIUM** *Lin. sp.* 1106; *Dec. fl. fr.* 4, *p.* 866; *Lamk. ill.*, *t.* 643, *fig.* 3. — Racine dure, grêle, rougeâtre, à souche ligneuse, rameuse, stolonifère. Tiges nombreuses, menues, faibles, cylindriques, hautes de 1-3 décim., très-feuillées, ord.^t simples, droites, étalées ou diffuses, glabres, souvent rougeâtres. Feuilles *cordiformes-orbiculaires*, fermes, entières, d'un vert

foncé en dessus, blanchâtres en dessous, parsemées de quelques points transparents peu visibles et de quelques glandes noires sur les bords, *brièvement pétiolées*, munies en dessous d'une nervure peu saillante et peu ramifiée. Fleurs assez grandes, à odeur agréable, solitaires ou en corymbe pauciflore. Pédicelles plus courts ou plus longs que le calice, garnis de 2 bractées ovales-lancéolées, striées en long et dentées par des glandes noires pédicellées. Sépales elliptiques, striés, ciliés-glanduleux. Pétales oblongs, 2-3 de la longueur du calice, bordés de glandes noires dans leur moitié supérieure. Étamines un peu plus courtes que les pétales, à anthères jaunes, ovales-arrondies. Capsule glabre, ovale, munie de lignes longitudinales, nombreuses, brillantes. Graines oblongues, cylindriques, finement alvéolées, papilleuses.

Hab. contre les rochers, à l'*hort de Diou* (*Guan. herb.*). ♃ Fl. juillet-septembre.

10. **H. HIRSUTUM** *Lin. sp.* 1105; *Dec. fl. fr.* 4, *p.* 865; *Moris. hist. sect.* 5, *t.* 6, *fig.* 11. — Racine dure, rougeâtre, à souche ligneuse, rameuse. Tiges de 4-10 décim., droites, raides, cylindriques, simples ou rameuses, velues, à poils crispés et brillants, feuillées dans toute leur longueur. Feuilles *presque sessiles*, ovales-oblongues, obtuses, parsemées de très-petits points transparents, velues des deux côtés, glauques en dessous, à *nervures rougeâtres*, saillantes. Fleurs en panicule thyrsoïde, étroite. Pédicelles plus courts que le calice, munis à leur base de bractées linéaires-aiguës, ciliées par des glandes noires pédicellées. Sépales lancéolés-aigus, à glandes pédicellées. Pétales oblongs, deux fois de la longueur du calice, striés et souvent terminés par un *point noir*. Étamines un peu plus courtes que les pétales. Anthères jaunes, orbiculaires. Capsule ovale, glabre, marquée de lignes longitudinales, nombreuses, brillantes. Graines brunes, oblongues, cylindriques, striées-papilleuses.

Hab. le bord des ruisseaux et les lieux frais, au Vigan, à Camprieux, Aumessas. ♃ Fl. juin–août.

11. **H. MONTANUM** *Lin. sp.* 1105; *Dec. fl. fr.* 4, *p.* 864; *Fl. dan., t.* 173. — Racine dure, rougeâtre, à souche ligneuse, rameuse. Tiges de 4-8 décim., glabres, cylindriques, fermes, simples, droites. Feuilles oblongues, obtuses, semi-amplexicaules, opposées, très-rarement verticillées 3 à 3, glauques en dessous, à nervures un peu pubescentes et saillantes en dessous, un peu rudes et ponctuées de noir sur les bords, rapprochées dans le bas, écartées dans le haut. Fleurs en corymbe terminal, compacte. Pédicelles beaucoup plus courts que le calice, munis, à leur base, de bractées linéaires-aiguës, bordées de glandes noires pédicellées. Sépales lancéolés, aigus, striés,

ciliés-glanduleux. Pétales deux fois de la longueur du calice, ovales-lancéolés, obtus, nerviés. Étamines un peu plus courtes que les pétales. Anthères ovales, jaunes, marquées d'un point noir. Capsule ovale, marquée de lignes longitudinales, nombreuses, brillantes. Graines verdâtres, finement striées, alvéolées.

Hab. les bois et les montagnes, à la Chartreuse de Valbonne, au Vigan, à Gange, aux bords du Gardon. ♃ Fl. juin–août.

3ᵉ gʳᵉ. **ELODIE. — ELODES.** (Spach. An. soc. nat., 2ᵉ sér. 5, p. 171.)

Calice à 5 sépales presque égaux, soudés à la base. Étamines 15, en 3 faisceaux alternant avec les *écailles pétaloïdes, bifides.* Styles 3. Capsule uniloculaire, à 3 valves.

1. **E. PALUSTRIS** *Spach. l. c. Hypericum elodes, Lin. sp.* 1106; *Dec. fl. fr.* 4, *p.* 866; *Chironia uliginosa, Lapey. Abr. pyr. suppl.* 39; *Lob. ic., t.* 399, *fig.* 1. — Racines molles, rougeâtres, à souche radicante-stolonifère. Tiges de 1-3 décim., faibles, herbacées, rampantes à la base, dressées supérieurement, peu rameuses, velues, tomenteuses, blanchâtres ainsi que les feuilles; celles-ci ovales-arrondies, demi-embrassantes, parsemées de très-petits points transparents, quelquefois légèrement échancrées au sommet, munies inférieurement de 5-7 nervures partant de la base. Fleurs jaunes, en corymbe pauciflore, à pédicelles de la longueur du calice, munis de très-petites bractées glanduleuses sur les bords. Sépales ovales-aigus, ciliés-glanduleux. Pétales inégaux, obtus, trois fois de la longueur du calice, roulés ensemble en spirales. Étamines plus courtes que les pétales, à anthères jaunes, orbiculaires. Capsule ovale, marquée de quelques lignes saillantes, brillantes. Graines verdâtres, à stries longitudinales plus foncées, pointues aux deux bouts.

Hab. les marais tourbeux de la Grandès-Haute, du Lengas, environs de l'Esperou, sur la Lozère, commune de Concoule. ♃ Fl. juin-septembre.

XXIᵉ Fam. **ACERINÉES.**

ACERINEÆ. (Dec. théor. élém., p. 244.)

Fleurs hermaphrodites ou unisexuelles, régulières. Calice caduc à 5, plus rarement à 4-9 sépales, soudés à la base. Pétales autant que de sépales et alternes avec eux, insérés sur un disque charnu adhérant au réceptacle. Étamines 8, rarement 5-12, insérées sur le disque. Anthères oblongues, bilobées. Style 1. Stigmates 2. Fruit formé de 2 capsules soudées, mais séparables à la maturité, monospermes, indéhiscentes, terminées en aile membraneuse. Graines oblongues, ascendantes. Arbres à feuilles simples, lobées, opposées, sans stipules. Fleurs en grappes ou en corymbes.

1er g^{re}. ÉRABLE. — ACER. (Lin. gen., 1135.)

Fleurs polygames. Calice à 5 divisions. Corolle à 5 pétales planes, étalés. Fruit à 2 capsules ailées.

1. | Fleurs en grappes...................... 2.
   | Fleurs en corymbes. .... 3.

2. | Fleurs en grappes pendantes. .... PSEUDOPLATANUS.
   | Fleurs en grappes dressées. .... CAMPESTRE.

3. | Feuilles trilobées à lobes simples.......... MONSPESSULANUM.
   | Feuilles palmées ou à lobes incisés. .... 4.

4. | Lobes des feuilles longuement acuminés. ... PLATANOIDES.
   | Lobes des feuilles obtus. .... OPULIFOLIUM.

1. A. PSEUDOPLATANUS *Lin. sp.* 1495; *Dec. fl. fr.* 4, *p.* 868; *Clus. hist., p.* 10, *fig.* 1. — Arbre élevé, à branches étalées. Feuilles blanches en dessous, un peu *velues dans leur jeunesse*, à nervures inférieures saillantes et couvertes d'un coton roux, abondant dans leur vieillesse, cordiformes, palmées, à 5 lobes, plus ou moins acuminés, inégalement dentés; les deux extérieurs plus petits; pétioles canaliculés. Fleurs verdàtres, petites, en *grappes pendantes, pédonculées*. Étamines à filets velus à la base, dépassant les pétales. Fruit à 2 capsules pubescentes, à la fin glabres. Ailes munies de nervures nombreuses, anastomosées, très-saillantes, rétrécies à la base, peu divergentes.

Cet arbre est connu sous le nom d'*érable sycomore;* il réussit très-bien dans le plus mauvais terrains.

Hab. dans les bois de montagne, aux environs de Nîmes, de Bagnols, etc. ♄ Fl. mai, fr. juillet.

2. A. OPULIFOLIUM *Vill. Dauph.* 3, *p.* 802; *Dec. fl. fr.* 4, *p.* 869; *Rchb. ic.* 4826. — Arbre élevé, à écorce brune ou grisàtre, pointillée, à branches étalées. Feuilles blanchàtres en dessous, glabres, à nervures inférieures saillantes, cordiformes, à 5 lobes aigus ou obtus, dentés ou crénelés, peu profonds; les deux extérieurs plus petits et peu prononcés. Pétioles canaliculés, très-souvent rougeàtres. Fleurs jaunàtres, assez grandes, en corymbes làches, dressés, étalés et même pendants à la maturité, brièvement pédonculés. Étamines à filets *glabres*. Fruit à 2 capsules glabres, veinées. Ailes rétrécies à la base, peu divergentes, souvent arquées intérieurement, munies de nervures nombreuses, anastomosées, saillantes.

Hab. les bois montagneux, à l'Esperou, Campestre, Montdardier, à la Roque, près Tresques. ♄ Fl. mars-avril, fr. juin.

3. A. MONSPESSULANUM *Lin. sp.* 1497; *Dec. fl. fr.* 4, *p.* 869; *A. trifolium, Duham. Arb.* 1, *t.* 10, *fig.* 8. — Arbre peu élevé, restant souvent en buisson, à écorce rougeàtre ou grisàtre, ponctuée ou fissurée, à branches étalées. Feuilles légèrement cordiformes, à 3 lobes égaux, entiers, rarement crénelés; les deux latéraux écartés à angle obtus; glauques et pubescentes en dessous, coriaces, munies d'une nervure ramifiée, dans chaque lobe, peu saillante. Fleurs jaunâtres, en corymbes lâches, sessiles, d'abord droites, puis inclinées. Étamines à filets glabres, beaucoup plus longues que les pétales. Fruit à 2 capsules glabres, veinées, à ailes rétrécies à leur base, dirigées presque parallèlement, souvent rougeâtres, munies de nervures nombreuses, anastomosées, saillantes.

Cet arbre est connu sous le nom patois d'*agas*.

Hab. les bois, aux bords du Gardon, à Saint-Nicolas, à l'Esperou, etc. ♄ Fl. avril, fr. juillet.

4. **A. CAMPESTRE** *Lin. sp.* 1497; *Dec. fl. fr.* 4, *p.* 869; *Rchb. ic.* 4825; *Tabern., p.* 973, *fig.* 1. — Arbre médiocre, à écorce grisâtre, crevassée, subéreuse, surtout sur les jeunes branches. Feuilles cordiformes, à 5 lobes inégaux, obtus, à 3 dents obtuses au sommet, pubescentes sur les deux faces, dans leur jeunesse, puis glabres supérieurement et pubescentes sur les nervures, inférieurement, à pétioles souvent rougeâtres, pubescents. Fleurs verdâtres, velues, en grappes dressées, pédonculées, pubescentes. Étamines à filets glabres, dépassant les pétales. Fruit à 2 capsules, glabres ou pubescentes, *non veinées*, à ailes peu rétrécies à la base, *horizontalement divergentes*, munies de nombreuses nervures, anastomosées, saillantes.

On emploie cet arbre pour former des haies; il supporte très-bien la taille et devient très-touffu. Son bois, qui est dur, sert pour les tourneurs.

Cet arbre est connu sous le nom patois d'*agas*, comme le précédent.

Hab. les bois, dans tout le département. ♄ Fl. avril, fr. juillet.

5. **A. PLATANOÏDES** *Lin. sp.* 1496; *Dec. fl. fr.* 4, *p.* 868; *Camer. epit.* 63, *ic.* — Arbre élevé, à écorce lisse. Feuilles grandes, vertes et glabres sur les deux faces, cordiformes, palmées, sinuées, dentées, à dents aiguës, acuminées, à lobes peu profonds, à nervures saillantes. Fleurs jaunâtres, assez grandes, naissant avec les feuilles, en corymbes rameux, dressés, pédonculés, glabres. Étamines à filets glabres, plus courtes que les pétales. Fruit à 2 capsules *comprimées*, glabres, superficiellement veinées, à ailes très-larges, rétrécies à la base, très-divergentes, munies de nervures, anastomosées, peu saillantes.

Cet arbre, connu sous le nom de *plane, faux sycomore*, est souvent planté dans les avenues et les promenades.

Hab. les bois des Cévennes, à l'Esperou. ♄ Fl. avril, fr. juin.

XXIIe FAM. **AMPÉLIDÉES.**

AMPELIDEÆ. (Humb. Bonpl. et Kunth., Nov. gen. et sp. 5, 223.)

Fleurs hermaphrodites ou polygames, régulières. Calice monosépale, très-petit, entier ou peu denté. Corolle ord^t à 5 pétales, rarement à 4-6, alternes avec les dents du calice, quelquefois soudés en corolle rosacée, insérés sur un disque glanduleux. Étamines 5, rarement 4, opposées aux pétales. Anthères à 2 lobes. Style 1, très-court, presque nul. Stigmate simple, capité. Baie globuleuse, succulente, à une ou plusieurs loges mono ou polysperme. Graines pyriformes, très-dures. Arbrisseau sarmenteux, grimpant.

1er g^{re}. VIGNE. — VITIS. (Lin. gen. 284.)

Calice à 5 dents très-petites. Pétales 5, soudés au sommet, se détachant, par la base, en forme de coiffe. Étamines 5. Baie à 2 loges.

1. **V. VINIFERA** *Lin. sp.* 293; *Dec. fl. fr.* 4, *p.* 857; *Duham. Arbr. fruit.* 2, *t.* 1-6. —Arbrisseau flexible, à branches alternes, grimpant fort haut au moyen de vrilles opposées aux feuilles, contournées, qui l'attachent aux buissons et aux arbres qui l'avoisinent. Feuilles alternes, pétiolées, cordiformes, à 5 lobes plus ou moins profonds, sinués, dentés ou incisés, glabres supérieurement, pubescentes ou cotonneuses inférieurement. Fleurs verdâtres, odorantes, en grappes compactes, dressées, ensuite pendantes. Baies violettes ou blanches.

On se sert des tiges et des branches de cet arbrisseau pour faire des cannes, connues sous le nom de *vediganes;* il porte le nom patois de *lambrusca*.

Hab. les lieux couverts, les bords des rivières, dans tout le département, excepté dans la partie élevée. ♄ Fl. juin, fr. septembre-octobre.

La vigne est cultivée en grand, sous une foule de variétés, dans la partie basse du département.

On cultive souvent, pour couvrir les murs et les tonnelles, le *cissus quinquefolia,* Kern. vulg^t *vigne vierge*, que l'on connaît à ses fleurs en corymbes et à ses feuilles digitées, d'un vert foncé.

XXIIIe FAM. HIPPOCASTANÉES.

HIPPOCASTANE.E. (Dec. théor. élém., p. 244.)

Fleurs hermaphrodites ou polygames, irrégulières. Calice campanulé, caduc, à 5 sépales inégaux, imbriqués avant l'épanouissement. Corolle à 5 pétales, rarement 4, libres, inégaux, imbriqués dans le bouton. 7-8 étamines libres, inégales. Anthères bilobées. Style 1. Stigmate entier, aigu. Ovaire 1, libre, à 3 loges biovulées. Fruit capsulaire, charnu-coriace, souvent épineux, à 2-3 loges ord^t monospermes, s'ouvrant en 2-3 valves. Graines très-grosses, à hile très-grand, arrondi.

1er g^{re}. MARRONNIER. — ÆSCULUS. (Lin. gen. 1329.)

Calice campanulé. Pétales finement ciliés, étalés, plissés. Étamines à filets inclinés, ascendants. Fruit globuleux.

1. Æ. HIPPOCASTANUM *Lin. sp.* 488; *Dec. fl. fr.* 4, *p.* 870; *Duham. Arb.*, 2ᵉ *ed.* 2, *t.* 13-14. — Arbre très-élevé, à tête large, pyramidale, touffue, à écorce lisse, cendrée dans sa jeunesse, puis fendillée. Feuilles très-amples, opposées, à long pétiole, digitées, composées de 5-7 folioles sessiles, atténuées en coin, oblongues, doublement dentées, brusquement acuminées, à nervure principale saillante; les secondaires parallèles. Fleurs blanches, grandes, odorantes, tachées de rouge et de jaune, en panicule pyramidale très-fournie, droite. Pétales ondulés, pubescents. Étamines plus longues que les pétales, à filets velus à la base. Anthères rougeâtres. Style pubescent.

Le bois du marronnier, qui est très-blanc et tendre, sert aux menuisiers, ébénistes, tourneurs et sculpteurs; son écorce est fébrifuge; ses fruits sont un peu âcres, sternutatoires et astringents.

Cet arbre, connu sous le nom de *marronnier d'Inde*, est originaire de l'Asie. Il est cultivé dans tout le département. ♄ Fl. mai, fr. août-septembre.

XXIVᵉ FAM. MÉLIACÉES.

MELIACEÆ. (Juss. gen. 263.)

Fleurs hermaphrodites ou polygames, régulières. Calice à 4-5 sépales, plus ou moins soudés à leur base. Pétales 4-5, alternes avec les sépales, à onglets libres ou soudés. Étamines 8-10, à filets soudés en un tube allongé, denté au sommet. Anthères sessiles à la gorge du tube. Style 1, de la longueur du tube. Stigmate ovale, à 5 lobes. Ovaire 1, libre. Fruit en drupe charnue, à noyaux osseux, à plusieurs loges. Graines sans arilles. Arbres à feuilles sans stipules.

1ᵉʳ gʳᵉ. MELIE. — MELIA. (Lin. gen. 576.)

Calice petit, à 5 lobes. Pétales 5. Étamines 10. Stigmate caduc. Drupe un peu charnu, à noyau, à 5 loges monospermes.

1. M. AZEDARACH *Lin. sp.* 550; *Dec. fl. fr.* 4, *p.* 858; *Duham. Arbr.* 1, *t.* 34. — Arbre assez élevé, à tête lâche, à feuilles alternes, bipinnées, caduques, à folioles oblongues, dentées, acuminées. Fleurs lilas pâle, à tube des étamines droits, d'un pourpre foncé, en grappes nombreuses, axillaires, droites ou étalées, à pédoncules longs, mais plus courts que les feuilles. Pétales linéaires-oblongs, étalés, beaucoup plus longs que le calice et atteignant presque la longueur du tube des étamines. Drupe globuleuse, jaunâtre à la maturité, à noyau méloniforme.

La partie charnue du fruit est un poison pour l'homme, il est mortel pour les chiens; ses fleurs passent pour apéritives et dessicatives. Cet arbre est connu sous le nom de *lilas de Perse*, *lilas des Indes*.

Hab. communément cultivé dans les bosquets, par tout le département ♄ Fl. mai-juin.

On cultive, comme plante d'agrément, l'*impatiens balsamina*, *Lin.*, de la famille des balsaminées, que l'on distingue par ses feuilles lancéolées-allongées; par ses fleurs à éperon, rouges, blanches ou panachées, axillaires; par ses capsules s'ouvrant avec élasticité, en 5 valves. Cette plante porte le nom de *balsamine*, et est originaire de l'Inde.

On cultive aussi communément le *tropæolum majus*, *Lin.*, de la famille des *tropéolées*, que l'on distingue par sa tige grimpante, ses feuilles peltées, glauques: ses fleurs grandes, rouge jaunâtre, longuement éperonnées, et par son fruit à 3 carpelles, monospermes, indéhiscents. Cette plante est connue sous le nom de *capucine*; elle est originaire du Pérou. Elle est résolutive, diurétique et antiscorbutique. On jette ses boutons de fleur et ses jeunes fruits dans du vinaigre, pour s'en servir comme de câpres; on met ses fleurs dans la salade, pour lui donner du piquant.

XXVe Fam. **OXALIDÉES.**

Oxalideæ. (Dec. pr. 1, p. 689.)

Fleurs hermaphrodites régulières. 5 sépales persistants, souvent soudés à la base, imbriqués avant l'épanouissement. 5 pétales libres, égaux, quelquefois soudés à la base, insérés sur le réceptacle, imbriqués-tordus dans le bouton, alternes avec les sépales. Étamines 10, *soudées à la base;* les 5 opposées aux pétales plus courtes. Anthères bilobées. 5 styles, libres ou soudés. Stigmate entier, ou lacinié. Fruit capsulaire, membraneux, à 5 loges polyspermes, s'ouvrant en long sur les angles, en 5-10 valves. Graines pendantes, peu nombreuses, sortant, à la maturité, d'une arille qui les enveloppait dans leur jeunesse. Herbes à feuilles alternes, à 3 folioles articulées.

1er g^{re}. OXALIDE. — OXALIS. (Lin. gen. 582.)

Fleurs solitaires ou en ombelle. Plante contenant un suc plus ou moins acide.

1. | Plante caulescente, à fleurs jaunes............... CORNICULATA.
   | Plante acaule, à fleurs blanches ou rosées....... ACETOSELLA.

1. O. ACETOSELLA *Lin. sp.* 620; *Dec. fl. fr.* 4, *p.* 855; *Lamk. ill., t.* 391, *fig.* 1; *Dreves et Hayne, Pl. d'Eur., t.* 1. — Racine fibreuse, à souche traçante, *écailleuse.* Tiges *nulles.* Feuilles *radicales*, à pétioles allongés, munis, à leur base, de stipules velues et adhérentes, composées de 3 folioles obcordées, pubescentes. Fleurs blanches, veinées de violet, à pédoncules radicaux, plus longs que les feuilles, munis de 2 bractées vers son milieu. Sépales oblongs, obtus, ciliés. Pétales 2-3 fois plus longs que le calice. Styles caducs à la maturité. Stigmate *capité.* Capsule ovoïde, glabre, acuminée. Graines fauves, striées en long. Plante de 4-10 centim.

Connue sous les noms vulgaires de *pain-de-coucou, alleluia.* C'est de son suc qu'on retire le *sel d'oseille.*

Hab. les bois humides, les bords des haies, aux environs du Vigan, de l'Esperou, etc. ♃ Fl. avril-juin.

2. O. CORNICULATA *Lin. sp.* 623 ; *Dec. fl. fr.* 4, *p.* 856 ; *Clus. hist.* 2, *p.* 249, *ic.* — Racines fibreuses, rameuses. Tiges nombreuses, herbacées, rameuses, radicantes, longues de 1-2 décim., plus ou moins pubescentes, dressées ou diffuses. Feuilles pétiolées, toutes caulinaires, à 3 folioles obcordées, pubescentes, ciliées. Pétioles velus, à stipules adhérentes. Fleurs petites, jaunes, en ombelle peu fournie. Pédoncules axillaires, plus courts que les feuilles. *Pédicelles fructifères, réfléchis,* munis, à leur base, de plusieurs bractées linéaires, aiguës. Pétales échancrés, deux fois de la longueur du calice ; celui-ci à 5 sépales linéaires, aigus. Capsule pubescente, oblongue, acuminée, pentagonale. Graines brunes, ovales, comprimées, striées en travers.

Hab. les lieux cultivés, le long des murs, à Nîmes, Alais, Anduze, le Vigan. ♃ Fl. mai-septembre.

XXVI⁰ Fam. ZYGOPHYLLÉES.

ZYGOPHYLLEÆ. (R. br. gen. rem., p. 13.)

Fleurs hermaphrodites régulières. Calice à 5 sépales, libres ou un peu soudés à la base, imbriqués avant l'épanouissement. Pétales libres, insérés sur le réceptacle, alternes avec les sépales. Étamines 10, distinctes, hypogines, 5 opposées aux sépales et 5 aux pétales. Anthères bilobées. Style 1, à 5 divisions au sommet. Capsule à 5 carpelles indéhiscents, soudés entre eux, se séparant à la maturité, à plusieurs loges monospermes, rarement à une. Graines sans arille.

1ʳ gʳ. TRIBULE. — TRIBULUS. (Lin. gen. 532.)

Calice caduc. Pétales 5. Une glande à la base des étamines opposées aux sépales. Style nul ou très-court. Capsule pentagonale, déprimée, épineuse.

1. T. TERRESTRIS *Lin. sp.* 554 ; *Dec. fl. fr.* 4, *p.* 731 ; *Lamk. ill., t.* 346, *fig.* 1. — Racine blanchâtre, grêle, pivotante. Tiges rameuses, étalées sur la terre, longues de 1-4 décim., velues, à rameaux alternes, axillaires. Feuilles ailées, sans impaire, velues, soyeuses, d'un vert pâle en dessus, blanches en dessous, pétiolées, à stipules petites, caduques, alternes ou opposées, à 5-7 paires de folioles oblongues, pédicellées, opposées, inégales à la base ; les feuilles, du côté des rameaux, portant moins de folioles. Fleurs jaunes, solitaires, axillaires, à pédoncule plus court que les feuilles. Sépales ovales-lancéolés. Pétales étalés, ovales, obtus, dépassant peu le calice. Carpelles durs, osseux, cunéiformes, velus, tuberculeux, munis, aux deux extrémités latérales, de 2 fortes épines et de 2 plus faibles à la base. Graines petites, oblongues, un peu cylindriques.

Cette plante est connue sous le nom vulgaire de *croix-de-Malte*, et en patois sous celui de *garo*. Elle passe pour apéritive, vulnéraire, astringente.

Hab. les champs et les vignes, aux environs de Nîmes, d'Anduze, etc. ① Fl. juin-septembre.

XXVIIᵉ Fam. **RUTACÉES.**

RUTACEÆ. (Juss. gen. 296.)

Fleurs régulières ou irrégulières. Calice à 3-5 sépales plus ou moins soudés à la base, imbriqués avant la floraison. Pétales 3-5, alternes avec les sépales, insérés, à la base, d'un disque charnu, dont la superficie porte les étamines au nombre de 8-10. Anthères bilobées. Stigmate simple. Capsule à 3-5 carpelles, à 1-2 graines, soudés à leur base. Graines réniformes ou pyriformes.

1. ⎰ Fleurs régulières, capsule à lobes peu pro-
⎱ fonds. . . . . 1ᵉʳ gʳᵉ. **RUTA.**
Fleurs irrégulières, capsule à lobes profonds. 2ᵉ gʳᵉ. **DICTAMNUS.**

1ᵉʳ gʳᵉ. RUE. — RUTA. (Lin. gen. 523.)

Calice persistant. Pétales en nacelle, unguiculés. Étamines 8-10. Ovaire brièvement stipité, muni, à sa base, de 8-10 points nectarifères. Capsule presque sessile. Fleurs en corymbe; la centrale à 5 divisions, les autres à 4. Feuilles alternes, composées.

1. ⎰ Pétales entiers. . . . . 2.
⎱ Pétales ciliés. . . . . ANGUSTIFOLIA.

2. ⎰ Feuilles à folioles linéaires, étroites. . . . . MONTANA.
⎱ Feuilles à folioles oblongues, spatulées. . . . . GRAVEOLENS.

1. **R. MONTANA** *Clus. hist.* 2, *p.* 136; *Dec. fl. fr.* 4, *p.* 732; *R. legitima, Jacq. ic. rar.* 1, *t.* 76. — Racine blanchâtre, profonde, à souche ligneuse, épaisse, d'où sortent plusieurs tiges, droites ou coudées à la base, très-feuillées inférieurement, hautes de 2-3 décim., glabres, cylindriques, finement striées, glanduleuses, rameuses. Feuilles pétiolées, bipinnatifides, à folioles linéaires, obtuses ou aiguës, très-étroites, glabres; la foliole terminale un peu plus large. Fleurs petites, jaunes, en corymbe terminal, brièvement pédicellées, composées d'épis unilatéraux, munies, à leur base, de bractées longues, subulées. Sépales lancéolés, *longuement acuminés.* Pétales très-entiers, deux fois de la longueur du calice. Étamines dépassant un peu les pétales peu ouverts. Capsule glabre, petite, à lobes arrondis. Graines réniformes, anguleuses, scabres. Plante glanduleuse, à odeur très-forte et désagréable.

Elle est connue sous le nom patois de *ruda de la fina*. Elle a les mêmes vertus que le N° 3.

Hab. les lieux arides de la partie basse du département, à Alais, Nîmes, etc. ♃ Fl. juillet–août.

2. R. angustifolia *Pers. ench.* 1, *p.* 464; *Dec. fl. fr.* 5, *p.* 600; *Mut. fl. fr., t.* 15, *fig.* 86; *R. chalepensis, Vill. Dauph.* 3, *p.* 583. — Racine blanchâtre, profonde, à souche ligneuse, épaisse, rameuse. Plusieurs tiges de 3-4 décim., raides, d'un vert glauque, cylindriques, légèrement striées, flexueuses, rameuses, droites ou ascendantes. Feuilles glauques, pétiolées, deux fois pinnatifides, à folioles inégales, oblongues, cunéiformes; les caulinaires munies, à leur base, de folioles en forme de stipules. Fleurs jaunes, en corymbe terminal, lâche, à pédoncules fructifères, plus long que la capsule. Bractées petites, pointues, élargies à leur base. Sépales ovales, un peu pointus. Pétales étalés, concaves, *longuement ciliés*, deux fois de la longueur du calice. Capsule arrondie, à lobes acuminés. Graines brunes, réniformes, anguleuses, rugueuses. Plante glabre, glauque, glanduleuse, à odeur très-forte, insupportable.

Elle est connue sous le nom patois de *ruda*. Elle a les mêmes vertus que le N° 3.

Hab. les bois et les garrigues, aux environs de Nîmes, à Broussan, la Beaume, etc. ♃ Fl. juin–juillet.

3. R. graveolens *Lin. sp.* 548; *Dec. fl. fr.* 4, *p.* 732; *Blackw., t.* 7. — Cette plante, voisine de la précédente, en diffère : 1° par son port plus élevé; 2° par ses bractées petites, lancéolées; 3° par ses sépales *lancéolés-aigus;* 4° par ses pétales plus grands, très-entiers; 5° par sa capsule à lobes arrondis; 6° par ses feuilles à pétiole nu et à folioles plus larges.

Elle est connue sous le nom patois de *ruda*. On s'en sert en infusion pour rétablir les règles. Elle est vermifuge, sudorifique, détersive, et arrête les progrès de la gangrène. Deux poignées de cette plante, placées sous la paillasse du lit, servent pour faire fuir les punaises.

Hab. les lieux arides, à Anduze (*Le Coq* et *Lamoite*). ♃ Fl. juin–juillet.

2ᵉ gʳᵉ. **DICTAME. — DICTAMNUS.** (Lin. gen. 522.)

Corolle irrégulière. Calice caduc. 5 Pétales inégaux, planes, onguiculés. Étamines 10, à filets inégaux, dirigés en bas et remontant vers le sommet. Capsule stipitée, à 5 lobes comprimés, réunis par leur bord interne.

1. D. albus *Lin. sp.* 548; *Dec. fl. fr.* 4, *p.* 734; *Lamk. ill., t.* 344. — Racines blanches, charnues, à souche ligneuse, rameuse, donnant naissance à plusieurs tiges de 3-6 décim., droites, raides, simples, feuillées au milieu, velues et glanduleuses supérieurement, souvent rougeâtres. Feuilles alternes, à pétiole un peu ailé; les inférieures simples, ovales; les supérieures pinnées avec impaire, à folioles opposées, sessiles, ovales, denticulées, raides, luisantes en dessous, parsemées de points transparents. Fleurs roses, veinées de violet, pédonculées et disposées en grappe droite, allongée. Pédoncules d'un rouge brun, pubescents, glanduleux, visqueux, ainsi que le calice, à sépales oblongs-linéaires. Pétales ovales-lancéolés, aigus, glanduleux, 3-4 fois plus longs que le calice. Étamines à filets velus à leur base, glabres au sommet et glanduleux. Anthères ovales-tétragones. Lobes de la capsule comprimés, arrondis au sommet, réticulés, scabres, glanduleux, terminés par une pointe qui est le prolongement de leur dos. Graines pyriformes, noires, très-lisses, luisantes.

Cette plante, connue sous le nom de *fraxinelle*, a une racine amère, âcre et aromatique, qui est employée comme cordial, sudorifique et hystérique : dans les temps chauds, elle répand une vapeur inflammable.

Hab. les bois, aux environs de Nîmes, à Roque-Courbe, à la Beaume, au pont du Gard, à Coucol, près Bagnols, à Boussargues. ♃ Fl. mai-juin.

XXVIIIe Fam. CORIARIÉES.

CORIARIEÆ. (Dec. pr. 1, p. 739.)

Fleurs hermaphrodites ou polygames. Calice campanulé, à 5 divisions imbriquées avant l'épanouissement. Corolle à 5 pétales, alternes avec les lobes du calice. Étamines 10, insérées sur le réceptacle, à filets libres, capillaires ; les 5 plus courtes opposées aux pétales. Anthères oblongues, bilobées. Styles indistincts. Stigmates 5, longs, sétacés. Capsule à 5 carpelles soudés, monospermes, indéhiscents, se séparant à la maturité, presque entièrement recouverts extérieurement par les pétales, persistants, agrandis et devenus charnus. Graines réniformes, pendantes. Arbrisseau à rameaux presque tétragones, opposés, 2-3 de chaque côté.

1er g^{re}. CORROYÈRE. — CORIARIA. (Niss. acta par. 1711, t. 12.)

Caractères de la famille :

1. **C. MYRTIFOLIA** *Lin. sp.* 1467 ; *Dec. fl. fr.* 4, *p.* 920 ; *Lamk. ill., t.* 822. — Arbrisseau glabre dans toutes ses parties, à tiges de 10-12 décim., à écorce grise, à feuilles opposées, parfois alternes ou verticillées par 3, ovales-lancéolées, aiguës, très-entières, raides, trinerviées, très-brièvement pétiolées. Fleurs petites, d'un vert jaunâtre, en grappes simples à l'extrémité des rameaux, munies, à la base, de leurs pédoncules 2-3 fois plus longs que le calice, de petites bractées concaves, aiguës ; lobes du calice ovales, acuminés. Pétales plus courts que le calice. Étamines et stigmate dépassant peu la fleur. Capsule à 4-5 lobes obtus et profonds, d'abord verte, puis noire, luisante.

Plante très-astringente, employée dans la teinture et la tannerie, connue sous le nom de *redoul*.

Hab. les lieux incultes et frais, sur les bords du Gardon, à la Beaume, près d'Alais, sur la route de Saint-Ambroix et à Anduze. ♃ Fl. juin–juillet.

Cl. 2e. CALICIFLORES.

Pétales et étamines insérés sur le calice. Ovaire libre ou adhérant au tube du calice.

1. { Une corolle. . . . . 2.
   { Point de corolle. . . . . 39.

2. { Corolle polypétale. . . . . 3.
   { Corolle monopétale. 27.

3. { Ovaire supérieur. . . . . 4.
   { Ovaire inférieur. . . . . 19.

4. { Étamines soudées en 2 corps
      ou en 1 seul. . . . . XXXIIIe f. PAPILIONACÉES.
   { Étamines libres. . . . . 5.

5. { 12 étamines ou moins. . . . . 6.
   { Plus de 12 étamines. . . . . 17.

6. { Arbres ou arbustes. 7.
   { Plantes herbacées. 12.

7. { 5–10 étamines. . . . . 8.
   { 3–6 étamines. . . . . 10.

8. { Fruit en gousse. . . . . XXXIVe f. CÉSALPINIÉES.
   { Fruit en capsule. . . . . 9.

9. { Feuilles elliptiques. . . . . XXIXe f. CÉLASTRINÉES.
   { Feuilles linéaires, aiguës, imbri-
     quées. . . . . XLVe f. TAMARISCINÉES.

10. { Étamines alternes avec les pétales. . . . . 11.
    { Étamines opposées aux pétales. . XXXIe f. RHAMNÉES.

11. { Fruit en baie. . . . . XXXe f. ILICINÉES.
    { Fruit en capsule ou en drupe. . . . XXXIIe f. TÉRÉBINTHACÉES.

12. { Calice à sépales libres. . . . . LXVIIIe f. MONOTROPÉES.
    { Calice monosépale ou à sépales
      plus ou moins soudés. . . . . 13.

13. { Capsule divisée en carpelles. . . . . Le f. CRASSULACÉES.
    { Capsule non divisée en carpelles. . . . . 14.

14. { Capsule uniloculaire. . . . . 15.
    { Capsule biloculaire. 16.

15. { Capsule monosperme. . . . . XLIXe f. PARONICHIÉES.
    { Capsule polysperme. . . . . XLVIIIe f. PORTULACÉES.

16. { Calice monosépale. . . . . XLIVe f. LYTHRARIÉES.
    { Calice à 4–5 sépales. . . . . LIIe f. SAXIFRAGÉES.

17. { Étamines 15–30, calice caduc. . . XXXVe f. AMYGDALÉES.
    { Étamines en nombre indéfini,
      calice persistant ou en partie. . . . . 18.

18. { Fruit charnu ou pulpeux. . . . . . XXXVIIe f. POMACÉES.
    { Fruit couronné, à écorce épaisse. XXXVIIIe f. GRANATÉES.
    { Fruit composé de carpelles distincts ou
      cachés dans le tube du calice. . XXXVIe f. ROSACÉES.

19. { Fruit mou............................... 20.
    { Fruit sec............................... 25.

20. { 4 étamines............................. 21.
    { Plus de 4 étamines.................... 22.

21. { Fruit en drupe, plus ou moins
    {   charnu............................ LV⁰ f. CORNÉES.
    { Fruit en baie mucilagineuse..... LVI⁰ f. LORANTHACÉES.

22. { Fruit en baie très-succulente.............. 23.
    { Fruit en baie peu succulente............. 24.

23. { Plante herbacée............... XLVII⁰ f. CUCURBITACÉES.
    { Arbrisseau.................... LI⁰ f. GROSSULARIÉES.

24. { Arbrisseau grimpant............ LIV⁰ f. ARALIACÉES.
    { Arbrisseau droit, non grimpant.. XLVI⁰ f. MYRTACÉES.

25. { Style 1-2............................... 26.
    { Style nul........................ XL⁰ f. HALORAGÉES.

26. { Style 1.................. XXXIX⁰ f. ONAGRARIÉES.
    { Style 2.................. LIII⁰ f. OMBELLIFÈRES.

27. { Ovaire supérieur........................ 28.
    { Ovaire inférieur........................ 29.

28. { Style filiforme, arbrisseaux ou
    {   sous-arbrisseaux.............. LXVI⁰ f. ÉRICINÉES.
    { Style fistuleux, plantes herba-
    {   cées....................... LXVII⁰ f. PYROLACÉES.

29. { Fleurs monoïques.............. LXII⁰ f. AMBROSIACÉES
    { Fleurs hermaphrodites ou monoï-
    {   ques par avortement.................... 30.

30. { Fleurs isolées............................ 31.
    { Fleurs réunies dans un involucre commun.. 38.

31. { Fleurs régulières...................... 32.
    { Fleurs irrégulières...................... 36.

32. { Fruit capsulaire........................ 33.
    { Fruit bacciforme........................ 34.

33. { Loges du fruit monospermes.... LVIII⁰ f. RUBIACÉES.
    { Loges du fruit polyspermes..... LXIV⁰ f. CAMPANULACÉES.

34. { Feuilles opposées ou alternes.............. 35.
    { Feuilles verticillées............. LVIII⁰ f. RUBIACÉES.

35. { Feuilles opposées............. LVII⁰ f. CAPRIFOLIACÉES.
    { Feuilles alternes............. LXV⁰ f. VACCINIÉES.

36. { Fruit capsulaire....................... 37.
    { Fruit bacciforme.............. LVII⁰ f. CAPRIFOLIACÉES.

37. { Étamines insérées à la gorge du
    {   calice....................... LXIII⁰ f. LOBELIACÉES.
    { Étamines insérées dans le tube
    {   de la corolle................... LIX f. VALÉRIANÉES.

38. { Anthères 4, libres............ LX⁰ f. DIPSACÉES.
    { Anthères 4 ou 5, soudés en tube. LXI⁰ f. SYNANTHÉRÉES.

39. { Ovaire inférieur, une étamine à
    {   filet....................... XLI⁰ f. HIPPURIDÉES.
    { Ovaire supérieur........................ 40.

40. { Anthères sessiles, calice nul ou
    {   à 12 sépales................. XLIII⁰ f. CÉRATOPHYLLÉES.
    { Anthères à filets, calice à 2 sé-
    {   pales..................... XLII⁰ f. CALLITRICHINÉES.

XXIXe FAM. **CÉLASTRINÉES.**

CELASTRINEÆ. (R. Brown. gen. rem., p. 22.)

Fleurs régulières, hermaphrodites ou unisexuelles par avortement. Calice persistant, à 4-5 sépales, soudés à la base, imbriqués avant l'épanouissement. Corolle à 4-5 pétales alternes avec les sépales, libres, imbriqués avant la floraison et insérés au bord d'un disque charnu, placé sur le réceptacle et adhérant au calice. Étamines 4-5, à filets libres, opposées aux sépales, placées sur le bord du disque. Anthères bilobées. Ovaire libre, entouré, à sa base, d'un disque un peu charnu, à 3-5 loges, à 1 ou plusieurs ovules dressés. Style 1 ou 2-3, soudés. Stigmate à 2-5 lobes. Capsule cartilagineuse, à 2-5 loges mono ou bispermes, à 4-5 angles obtus ou ailés latéralement, s'ouvrant supérieurement avec élasticité. Graines ascendantes, enveloppées d'un périsperme charnu. Arbres ou arbustes à feuilles simples.

1er g^{re}. FUSAIN. — EVONYMUS. (Tourn. inst., t. 388.)

Calice plane, à 4-5 divisions. Pétales et étamines 4-5. Capsule à 3-5 loges, à 3-5 angles, à valves portant la cloison sur leur milieu. Graines 1-2 dans chaque loge.

1. { Étamines 4. Capsule à 5 angles obtus............. EUROPÆUS.
{ Étamines 5. Capsule à 5 angles ailés............. LATIFOLIUS.

1. **E. EUROPÆUS** *Lin. sp.* 286; *Dec. fl. fr.* 4, *p.* 620; *Bull. herb., t.* 135. — Arbrisseau de 2-3 mèt., glabre, très-rameux, à rameaux opposés, à écorce lisse et verdâtre, tétragone dans leur jeunesse. Feuilles glabres, ovales-lancéolées, pointues, finement dentées, opposées, à pétioles courts. Fleurs petites, verdâtres, fétides, diposées 2-4 en cime lâche sur des pédoncules bi-trifides, comprimés, axillaires, munis, à leur base, de petites bractées caduques. Calice à 4 divisions arrondies, étalées ou réfléchies. Pétales oblongs, à bords réfléchis. Étamines de la longueur du calice, à anthères rougeâtres. Capsule glabre, rougeâtre à la maturité, ord^t à 4 angles *très-prononcés, obtus.* Graines ovoïdes, enveloppées par un périsperme d'un pourpre clair.

Cet arbrisseau est connu sous les noms vulgaires de *bonnet-de-prêtre, bois-carré.* On forme des crayons de son bois, réduit en charbon, pour les dessinateurs. Ses fruits sont âcres, purgatifs et émétiques.

Hab. le long des fossés, aux environs de Nîmes; les haies et les bois, à Lanuéjols, etc. ♄ Fl. avril, fr. août–septembre.

2. **E. LATIFOLIUS** *Scop. carn.* 1, *p.* 165; *Dec. fl. fr.* 4, *p.* 621; *Clus. hist.* 1, *p.* 56, *fig.* 2. — Feuilles plus grandes et plus larges que le précédent. Pédoncules chargés de 4-6 fleurs,

allongés et filiformes, penchés à la maturité. Pédicelles divariqués. Fleurs petites, d'un pourpre pâle, à 5 pétales, plus rarement 4, *ovales-arrondis*. Étamines presque sessiles, plus courtes que le calice, à divisions courtes et brièvement ciliées. Capsule grosse, à 5 angles *ailés*, d'un rouge vif à la maturité. Arbrisseau à rameaux arrondis-comprimés dans leur jeunesse, plus élevé que le précédent.

Hab. les bois, aux environs du Serre-de-Bouquet. ♄ Fl. mai-juin, fr. septembre-octobre.

Le *staphylea pinnata, Lin.*, est souvent cultivé dans les bosquets, sous les noms de *faux pistachier, nez-coupé*. On le distingue à ses feuilles imparipinnées, à ses grappes de fleurs longues et pendantes, à ses fruits renflés, vésiculeux. Il appartient à une famille voisine.

XXXe Fam. **ILICINÉES.**

ILICINEÆ. (Brong. Ann. soc. nat. 10, p. 329.)

Fleurs régulières, hermaphrodites ou unisexuelles par avortement. Calice persistant, à 4-6 lobes soudés à la base, imbriqués avant l'épanouissement. Pétales 4-6, en roue, soudés à la base, alternes avec les lobes du calice, insérés sur le réceptacle, contournés dans le bouton. Étamines 4-6, insérées à la base de la corolle et alternes avec les pétales. Anthères bilobées. Ovaire libre, sessile, ord^t à 4 loges monospermes. Style très-court ou nul. Stigmate à 4 lobes. Baie à 4 graines osseuses. Arbrisseaux toujours verts, à feuilles simples, alternes, dentées, épineuses.

1er g^{re}. HOUX. — ILEX. (Lin gen. 172.)

Caractère de la famille :

1. **I. AQUIFOLIUM** *Lin. sp.* 181; *Dec. fl. fr.* 4, *p.* 621; *Lamk. ill., t.* 89. — Arbrisseau plus ou moins élevé, très-rameux, souvent dès la base. Feuilles d'un vert luisant, ovales-aiguës, entières, plus souvent sinueuses, épineuses, à courts pétioles, épaisses, raides, entourées d'un rebord cartilagineux. Fleurs blanchâtres, quelquefois rosées, petites, en fascicules axillaires, brièvement pédonculées, ne dépassant pas le pétiole. Corolle à lobes obtus, cochléariformes. Lobes du calice obtus, à bords pubescents. Baie d'un rouge vif, sphérique, se détachant fort tard, contenant 4 noyaux osseux, monospermes, ombiliqués au sommet.

Les racines de cet arbrisseau sont émollientes et résolutives: ses baies sont purgatives. C'est avec sa seconde écorce qu'on fait la glu. Son bois, qui est très-blanc, est employé par les ébénistes. Connu sous le nom vulgaire de *fouila-pastre*.

Hab. les bois montagneux, à Alais, Anduze, le Vigan. ♄ Fl. avril-juin, fr. octobre-novembre.

XXXIe Fam. **RHAMNÉES.**

RAMNEÆ. (R. Brown. gen. rem., p. 22.)

Fleurs régulières, hermaphrodites ou unisexuelles par avortement. Calice à 4-5 sépales, soudés inférieurement en tube persistant ; la partie supérieure caduque, non imbriquée avant l'épanouissement. Corolle à 4-5 pétales petits, libres, insérés au bord d'un disque glanduleux fixé sur le réceptacle et adhérant à la base du calice, alternes avec les sépales. Étamines 4-5, opposées aux pétales, à filets libres. Anthères bilobées. Ovaire libre, à 2-4 loges, entouré d'un disque glanduleux. Style 2-4, plus ou moins soudés. Stigmates libres ou soudés. Fruit en baie ou en drupe, charnu ou sec, à 2-3 loges monospermes. Graines osseuses, sans arilles, souvent munies d'un sillon dorsal profond. Arbres ou arbrisseaux à feuilles simples, alternes.

1. { Fruit sec, aplati, entouré d'un large rebord subéreux.................................... 2e g^{re}. PALIURUS.
   { Fruit plus ou moins charnu, oblong ou arrondi........ 2.

2. { Fruit oblong très-charnu, arbres.............. 1er g^{re}. ZIZYPHUS.
   { Fruit arrondi peu charnu, arbrisseaux........ 3e g^{re}. RHAMNUS.

1er g^{re}. JUJUBIER. — ZIZYPHUS. (Tourn. inst., t. 403.)

Calice à 5 lobes aigus, en roue. Pétales 5, concaves. Ovaire 1, enfoncé dans le disque et y adhérant, surmonté de 2 styles courts. Drupe à 2-3 noyaux, à 1-2 loges, soudés ensemble, indéhiscents. Graines solitaires dans chaque loge, sans sillon dorsal.

1. **Z. VULGARIS** *Lamk. dict. 3, p.* 316 ; *Dec. fl. fr. 4, p.* 626 ; *Lamk. ill., t.* 185, *fig.* 1 ; *Rhamnus zizyphus, Lin. sp.* 282. — Arbre moyen, à écorce brune, peu gercée, à tige tortueuse, à rameaux flexueux, munis, à chaque nœud, de 2 aiguillons, l'un droit, l'autre recourbé, arqué et plus court. Feuilles alternes, ovales-oblongues, un peu raides, à pétioles courts, obtuses, dentées, à 3 nervures saillantes. Fleurs petites, jaunâtres, presque en corymbe axillaire, à pédicelles de la longueur du calice. Calice à 5 lobes ovales, aigus. Pétales alternes avec les lobes du calice, plus étroits et plus courts qu'eux. Fruit ovale-oblong, pendant, rouge à la maturité, de la grosseur d'une olive.

Cet arbre est connu dans le pays sous le nom patois de *dindoulier*. Son fruit est employé pour les tisanes pectorales et adoucissantes.

Hab. subspontané, dans la partie basse du département, où il est souvent cultivé. ♄ Fl. juin–août, fr. septembre–octobre.

2e g^{re}. PALIURE. — PALIURUS. (Tourn. inst., t. 387.)

Calice à 5 lobes aigus, en roue. Pétales 5, concaves. Ovaire 1, enfoncé dans le disque et y adhérant, surmonté d'un style trifide , court. Fruit sec , orbiculaire , indéhiscent , entouré d'un large rebord subéreux, à 2-3 noyaux soudés ensemble, à 2-3 loges. Graines comprimées, sans sillon dorsal , solitaires dans chaque loge.

1. **P. AUSTRALIS** *Gærtn. fruct.* 1, *p.* 203, *t.* 43 ; *Paliurus aculeatus, Dec. fl. fr.* 4, *p.* 626 ; *Lamk. ill., t.* 210; *Rhamnus paliurus, Lin. sp.* 281. — Arbrisseau de 2-3 mèt., à écorce brune, unie, à tige droite, très-rameuse dès la base, à rameaux flexueux , très-étalés , munis, à leur insertion, de 2 aiguillons durs, dont 1 court et recourbé, l'autre droit et beaucoup plus long. Feuilles alternes, pétiolées, ovales, légèrement mucronées, un peu crénelées, un peu plus pâles en dessous, trinerviées et munies, à leur base, de 2 aiguillons inégaux, l'un droit, l'autre crochu. Fleurs petites, jaunes, axillaires, en grappes lâches, plus courtes que les feuilles. Pédicelles plus longs que le calice. Lobes du calice lancéolés, étalés. Pétales spatulés, insérés entre les lobes du calice. Fruit rougeâtre à la maturité, à rebord plissé, crénelé , subéreux.

Cet arbrisseau porte les noms vulgaires d'*épine-du-Christ, porte-chapeau, capelets* , et, en patois, celui d'*arnavès*.

Hab. les bords des champs arides , les lieux secs, aux environs de Nimes, Manduel, Margueritte, Beaucaire, Bellegarde. ♄ Fl. juin-juillet.

3ᵉ gʳᵉ. **NERPRUN. — RHAMNUS.** (Lin. gen. 265.)

Calice *renflé* au milieu, à 4-5 lobes étalés. Corolle nulle ou à 4-5 pétales. Étamines 4-5, saillantes, insérées devant les pétales. Ovaire *libre*. Stigmate 2-4. Fruit en baie, à 2-4 noyaux monospermes , indéhiscents. Graines oblongues, marquées d'un sillon profond.

1.	Style indivis................................	**FRANGULA.**
	Style divisé.................................	2.
2.	Feuilles opposées............................	3.
	Feuilles alternes............................	4.
3.	Lobes du calice de la longueur du tube; arbrisseau de 2-3 mèt.................................	**CATHARTICUS.**
	Lobes du calice plus longs que le tube; arbrisseau de 5-8 décim.................................	**INFECTORIUS.**
4.	Feuilles minces, à nervures latérales nombreuses, parallèles, saillantes.........................	**ALPINUS.**
	Feuilles épaisses, coriaces, à nervures latérales peu nombreuses, non saillantes..............	**ALATERNUS.**

1. **R. CATHARTICUS** *Lin. sp.* 279; *Dec. fl. fr.* 4, *p.* 622; *Lamk. ill., t.* 128, *fig.* 2. — Arbrisseau de 2-3 mèt., à tige droite, à rameaux opposés, à écorce lisse, grisàtre; les anciens se terminant par une épine très-dure. Feuilles caduques, presque alternes, pétiolées, ovales ou elliptiques, un peu acuminées,

dentées en scie, à 3 nervures latérales convergentes. Stipules subulées, pubescentes, caduques, beaucoup plus courtes que les pétioles pubescents. Fleurs jaunâtres, dioïques ou polygames, réunies en fascicules axillaires, plus courts que les pétioles. Pédoncules grêles, deux fois de la longueur du calice. Lobes du calice lancéolés, de la longueur *du tube*. Pétales 4, petits. Étamines 4. Baies globuleuses, noires à la maturité. Graines trigones, munies d'un sillon dorsal *fermé*. Bois jaunâtre.

Les baies de cet arbrisseau ont une saveur âcre; elles sont purgatives et hydragogues. C'est d'elles que l'on tire la couleur connue sous le nom de *vert de vessie*.

Hab. les bois, dans tout le département. ♄ Fl. avril–juin.

2. R. INFECTORIUS *Lin. mant.* 49; *Dec. fl. fr.* 4, *p.* 623; *Clus. hist.* 1, *p.* 111, *ic.* — Arbrisseau de 5-8 décim., irrégulier, rameux dès la base, à rameaux diffus, tortueux, à écorce d'un brun foncé, épineux à l'extrémité des rameaux anciens. Feuilles petites, caduques, presque alternes, à pétiole court, ovales ou elliptiques, un peu acuminées, inégalement et finement dentées en scie, glabres en dessus, plus pâles et pubescentes en dessous, munies de nervures peu nombreuses et peu saillantes. Stipules linéaires caduques, de la longueur du pétiole. Fleurs jaunâtres, dioïques, nombreuses, réunies en faisceaux axillaires. Calice à tube *plane* à la maturité, à 4 lobes linéaires, très-courts. Pétales très-étroits, plus courts que le calice. Baies globuleuses, noires à la maturité. Graines brunes, luisantes, portant un sillon dorsal *fermé*.

Les baies de cet arbrisseau fournissent la graine d'**Avignon**.

Hab. les lieux stériles et arides, aux environs de Nîmes, d'Alais, de Margueritte, d'Alzon, du Serre-de-Bouquet. ♄ Fl. mai, fr. juin–juillet.

3. R. ALPINUS *Lin. sp.* 280; *Dec. fl. fr.* 4, *p.* 624; *Hall. helv.*, *t.* 40. — Arbrisseau de 1-3 mèt., droit, rameux, un peu diffus, tortueux, à écorce brune, à rameaux non épineux. Feuilles ovales, un peu acuminées, souvent cordiformes, pétiolées, alternes, caduques, finement denticulées, comme plissées, munies de 12-15 *nervures* de chaque côté, parallèles, *ascendantes* et saillantes. Fleurs petites, verdâtres, dioïques, réunies en faisceaux axillaires, à pédoncules de la longueur du calice et inégaux. Calice à 4 lobes triangulaires aigus, très-petits. Pétales 4, petits, oblongs. Baies ovoïdes, noires à la maturité. Graines jaunes, luisantes, trigones, portant un sillon dorsal ouvert. Bois jaunâtre.

Hab. contre les rochers, à Alzon, Campestre, Montdardier; dans le bois de pin, à Saint-Sauveur, près de Camprieux. ♄ Fl. mai, fr. juillet.

4. R. ALATERNUS *Lin. sp.* 281; *Dec. fl. fr.* 4, *p.* 624; *Duham. Arb. ed.* 2, *vol.* 3, *t.* 14. — Arbrisseau de 2-4 mèt., à tige droite, très-rameuse dès la base, très-feuillées, à rameaux alternes, *non épineux*, à écorce lisse, verdâtre. Feuilles *persistantes*, ovales, oblongues ou lancéolées, coriaces, alternes, pétiolées, dentées en scie, mucronées, *cartilagineuses sur les bords,* un peu pubescentes sur les nervures et les pétioles. Stipules caduques. Fleurs jaunâtres, dioïques, pendantes, en grappes axillaires et terminales, très-brièvement pédicellées. Bractéoles petites, ovales, caduques. Calice en entonnoir, à 5 lobes lancéolés-aigus, *plus courts que le tube*, réfléchis dans les fleurs mâles. Pétales nuls. Baies globuleuses, rouges, à la fin noires. Graines ovales, luisantes, jaunâtres, portant un sillon dorsal brun et ouvert.

Hab. les bois et les garrigues, aux environs de Nîmes, à Saint-Nicolas, à Anduze. ♄ Fl. mars–avril.

5. **R. FRANGULA** *Lin. sp.* 280; *Dec. fl. fr.* 4, *p.* 624; *Lamk. ill., t.* 128, *fig.* 1. — Arbrisseau de 2-8 mèt., droit, rameux, à écorce brune, à rameaux alternes, pubérulents, non épineux. Feuilles ovales-elliptiques, acuminées, alternes, pétiolées, entières, glabres, caduques, à nervures nombreuses, parallèles. Stipules en alène. Fleurs verdâtres, hermaphrodites, réunies à l'aisselle des feuilles, en fascicule peu fourni, à pédoncules plus courts que les pétioles légèrement velus. Calice à 5 lobes aigus, de la longueur du tube. Pétales 5, ovales, onguiculés, plus courts que le calice. Étamines 5, très-courtes. Stigmate obtus. Baies globuleuses, rougeâtres, à la fin noires. Graines lenticulaires, profondément et transversalement échancrées sur le bord. Bois blanc et tendre.

Écorce intérieure jaunâtre, un peu gluante, amère, apéritive et purgative à l'état sec, émétique et détersive à l'état frais. Cet arbrisseau est connu sous les noms de *bourdaine, bourgène, aulne noir.*

Hab. les bois, à Alais, Anduze, la Chartreuse de Valbonne, etc. ♄ Fl. avril–juin, fr. septembre.

XXXIIIᵉ Fᴀᴍ. **TÉRÉBINTHACÉES.**

Tᴇʀᴇʙɪɴᴛᴀᴄᴇᴀᴇ. (Juss. gen. 368.)

Fleurs régulières, hermaphrodites, polygames ou dioïques. Calice d'une seule pièce, à 3-5 lobes plus ou moins profonds, imbriqués avant l'épanouissement. Pétales 3-5, alternes avec les lobes du calice, rarement nuls, imbriqués ou contigus dans le bouton, insérés au fond du calice, ou sur un disque calicinal ou entourant l'ovaire. Étamines 3-5, alternes avec les pétales, ou 6-10, tantôt libres, tantôt soudées à la base, insérées avec les pétales. Anthères bilobées. Ovaire libre ou rarement soudé avec le tube du calice. Stigmate 1-5, indivis. Fruit en drupe indéhiscent, uniloculaire, monosperme, sec ou charnu. Graines dressées ou suspendues. Arbres ou arbrisseaux à suc résineux ou balsamique, gommeux ou lactescent, à feuilles alternes sans stipules, simples ou imparipinnées.

1. { Corolle nulle, style simple.................... 1er gre. **PISTACIA**.
{ Corolle à 5 pétales, style divisé. .... 2e gre. **RHUS**.

1er gre. **PISTACHIER**. — **PISTACIA**. (Lin. gen. 1108.)

Fleurs dioïques, à corolle nulle. Étamines 5, *insérées au fond du calice*. Anthères tétragones. 3 stigmates réfléchis. Drupe sec, renfermant un noyau à une graine.

1. { Feuilles persistantes, paripinnées.............. **LENTISCUS**.
{ Feuilles caduques, imparipinnées.............. **TEREBINTHUS**.

1. P. LENTISCUS *Lin. sp.* 1455; *Dec. fl. fr.* 4, *p.* 617; *Camer. epit.* 50, *ic.* — Arbrisseau de 2-3 mèt., à écorce brune ou rougeâtre, à rameaux nombreux et touffus. Feuilles persistantes, pétiolées, ailées sans impaires, à 3-5 paires de folioles lancéolées, mucronulées, entières, glabres, d'un vert foncé et luisant en dessus, pâle en dessous. Pétiole comprimé et canaliculé en dessus, étroitement ailé. Fleurs rougeâtres, en grappes compactes, axillaires, solitaires ou géminées. Calice brun, très-petit. Anthères rouges, bilobées. Drupe très-petit, arrondi, d'abord rouge, puis noir.

Cet arbrisseau est connu sous le nom de *lentisque*, et en patois de *restencle*. Son odeur est forte, mais agréable. On emploie son bois pour faire des cure-dents et fortifier les gencives. Ses sommités, ses drupes et sa résine sont astringents, dessicatifs et stomachiques.

Hab. les bois et les garrigues, aux environs de Nimes, de Manduel, d'Uzès. ♄ Fl. avril-mai.

2. P. TEREBINTHUS *Lin. sp.* 1455; *Dec. fl. fr.* 4, *p.* 616; *Duham. Arb.* 2, *t.* 87. — Arbrisseau ou arbre d'une grandeur médiocre, à écorce brune ou rougeâtre, lisse, à rameaux dressés. Feuilles caduques, alternes, ailées avec *impaire*, pétiolées, à 4-5 paires de folioles, glabres, ovales-oblongues, obtuses, mucronulées, un peu inégales à la base, entières, d'un vert foncé et luisant en dessus, pâle en dessous. Pétiole plane en dessus, arrondi en dessous, *non ailé*. Fleurs petites, rougeâtres, en forme de thyrse lâche, axillaire. Calice brun, bordé de blanc. Anthères rouges, bilobées. Drupe sec, ovoïde, un peu comprimé, apiculé, légèrement ridé, presque sessile sur le pédoncule commun, rouge, à la fin brun.

Cet arbrisseau est connu sous le nom de *terebinthe*; en patois, de *pudis*. C'est de sa résine que l'on retire la *térébenthine*. Elle est vulnéraire, detersive et diurétique; ses drupes sont un peu astringents. Souvent un grand nombre de ses feuilles deviennent vésiculeuses par la piqûre d'un insecte.

Hab. les bois, dans tous les environs de Nimes, d'Alais, Anduze, Saint-Ambroix. ♄ Fl. avril, fr. juillet.

On cultive assez souvent le *pistacia vera*, *Lin.*, le pistachier commun, que l'on distingue à ses fruits beaucoup plus gros, à ses feuilles à 3 folioles, plus grandes, et à ses pétioles pubescents. Son amande est agréable à manger.

2ᵉ gᵣₑ. SUMAC. — RHUS. (Lin. gen. 369.)

Fleurs hermaphrodites ou dioïques. Calice à 5 parties. Pétales 5. Étamines 5, insérées avec les pétales. Styles 3, courts, ou 3 stigmates sessiles. Fruit en drupe sec ou peu charnu, à un seul noyau monosperme.

1. | Feuilles simples..................................... COTINUS.
 | Feuilles imparipinnées............................. CORIARIA.

1. **Rн. coriaria** *Lin. sp.* 379 ; *Dec. fl. fr.* 4, *p.* 615 ; *Duham.*, 2ᵉ *ed.* 2, *t.* 46. — Arbrisseau de 1-3 mèt., à rameaux nombreux, dressés ou étalés, couverts d'un duvet serré, roussâtre ; à feuilles alternes, pétiolées, velues, caduques, rougissant avant leur chute, ailées avec impaire, à 9-13 folioles, alternes ou opposées, sessiles, ovales ou oblongues, grossièrement dentées en scie, vertes en dessus, cotonneuses et pâles en dessous ; à nervures latérales, parallèles et bifurquées au sommet. Pétiole commun, velu et ailé. Fleurs blanchâtres, petites, en thyrses compactes, terminaux et latéraux, à axe velu, aussi longs que les feuilles ou plus courts qu'elles. Pédicelles plus courts que le calice, munis de 3 bractéoles. Calice à 5 lobes obtus. Pétales oblongs ciliés, dépassant le calice. Drupe sphérique-comprimé, recouvert d'un duvet rougeâtre à la maturité.

Toutes les parties de cet arbrisseau sont astringentes et rafraîchissantes ; réduites en poudre, elles servent à préparer le cuir. Il est connu sous le nom patois de *nerte de Roudou*.

Hab. les lieux rocailleux et les fentes des rochers, aux bords du Gardon, au pont du Gard, à la Beaume, à Saint-Nicolas. ♄ Fl. juin–juillet.

2. **Rн. cotinus** *Lin. sp.* 383 ; *Dec. fl. fr.* 4, *p.* 614 ; *Duham. Arbr.* 1, *t.* 78. — Arbrisseau de 2-3 mèt., à écorce lisse, droit, rameux supérieurement, à rameaux glabres, étalés, flexibles, bruns ou rougeâtres. Feuilles alternes, brièvement pétiolées, glabres, glauques en dessous, ovales, elliptiques ou orbiculaires, obtuses ou un peu échancrées au sommet, *simples*, *entières*, caduques, vertes jusqu'à leur chute, à nervures latérales parallèles et bifurquées au sommet. Fleurs verdâtres, petites, en panicules composées, lâches, terminales. Pédicelles filiformes ; les fructifères peu nombreux, s'allongeant beaucoup après la floraison, ainsi que les stériles ; ceux-ci plus nombreux, hérissés-plumeux, tous munis d'une seule bractéole. Calice petit, à 5 lobes obtus. Pétales spatulés, plus longs que le calice. Drupe obovale, glabre, réticulé, brun à la maturité, à noyau triangulaire.

Le bois, jaune et vert, de cet arbrisseau sert pour la teinture, et est employé par les luthiers, les ébénistes et les tourneurs. Il est connu sous le nom de *fustet*.

Hab. les bois, aux bords du Gardon, à Saint-Nicolas, à Anduze, à Tresques, à Nimes. ♄ Fl. mai-juillet.

On cultive, dans les parcs, le *rhus typhinum*, *Lin.*, sumac de *Virginie*, à feuilles longues, imparipinnées, à folioles nombreuses, pâles et cotonneuses en dessous, à fleurs et fruit amarantes. On plante fréquemment, sur les avenues et les promenades, l'*ailanthus glandulosa* (*Desf.*), *vernis du Japon*, vulg' *monte-au-ciel*, que l'on distingue à sa grande élévation, à ses feuilles très-longues, imparipinnées, et à ses fruits oblongs, comprimés, ailés.

XXXIIIe Fam. PAPILIONACÉES.

Papillonaceæ (Lin. ord. nat. 32). Légumineuses, Leguminosæ
(Juss. gen. 345).

Fleurs hermaphrodites, irrégulières. Calice tubuleux ou campanulé, à 5 dents souvent inégales ou à 2 lèvres. Corolle irrégulière, papilionacée, à 5 pétales insérés au fond du calice ; le supérieur plus grand (*étendard*), plié en long, avant le développement, et couvrant les autres ; les deux latéraux (*ailes*) appliqués contre les inférieurs, soudés ord^t en un seul (*carène*). Étamines 10, rarement libres, ord^t soudées par les filets en 1 ou 2 faisceaux, une libre, les autres soudées. Anthères bilobées. Ovaire libre, simple, supérieur. Style 1, filiforme, ascendant. Stigmate 1, capité, oblique ou latéral. Fruit sec (*gousse* ou *légume*), tantôt à une loge, tantôt à 2 loges longitudinales, à plusieurs graines attachées alternativement à la suture des valves se tordant sur elles-mêmes, après la déhiscence, tantôt divisé par des étranglements, en articles monospermes, séparables à la maturité ; plus rarement il est monosperme, indéhiscent. Plantes ou arbrisseaux à feuilles alternes, ord^t munies de stipules.

1. { Étamines libres. .... 1er g^{re}. ANAGYRIS.
   { Étamines soudées en 1 ou 2 faisceaux........................... 2.

2. { Feuilles simples ou à pétiole foliacé dépourvu de folioles, ou remplacées par des stipules en forme de feuille........ 3.
   { Feuilles trifoliolées ou multifoliolées. .... 8.

3. { Feuilles unifoliolées ou à pétiole foliacé dépourvu de folioles............. 4.
   { Feuilles remplacées par des stipules en forme de feuille. .... LATHYRUS APHACA.

4. { Feuilles à pétiole foliacé dépourvu de folioles. .... LATHYRUS NISSOLIA.
   { Feuilles unifoliolées. .... 5.

5. { Gousse dépassant peu le calice... 2e g^{re}. ULEX.
   { Gousse beaucoup plus longue que le calice. .... 6.

6. | Gousse cylindrique, enroulée.... 34ᵉ gʳᵉ. SCORPIURUS.
    | Gousse comprimée, dressée............ 7.

7. | Calice à une seule lèvre fendue
    | jusqu'à la base............... 4ᵉ gʳᵉ. SPARTIUM.
    | Calice à 2 lèvres................ 6ᵉ gʳᵉ. GENISTA.

8. | Feuilles multifoliolées............... 9.
    | Feuilles trifoliolées................ 27.

9. | Feuilles digitées............... 10ᵉ gʳᵉ. LUPINUS.
    | Feuilles pinnées..................... 10.

10. | Feuilles paripinnées................. 11.
    | Feuilles imparipinnées............... 17.

11. | Feuilles terminées en vrille........... 12.
    | Feuilles terminées par un filet
    | très-court................... 29ᵉ gʳᵉ. ERVILIA.

12. | Vrille simple ou fourchue............. 13.
    | Vrille rameuse....................... 14.

13. | Gousse prolongée en bec........ 30ᵉ gʳᵉ. LENS.
    | Gousse non prolongée en bec.... 28ᵉ gʳᵉ. ERVUM.

14. | Feuilles à 1-4 paires de folioles......... 15.
    | Feuilles à folioles plus nombreu-
    | ses............................. 16.

15. | Style comprimé, canaliculé à la
    | base......................... 32ᵉ gʳᵉ. PISUM.
    | Style aplani................... 33ᵉ gʳᵉ. LATHYRUS.

16. | Fleurs solitaires, géminées ou en
    | grappes peu fournies, axillaires,
    | à court pédoncule............ 26ᵉ gʳᵉ. VICIA.
    | Fleurs en grappes fournies, axil-
    | laires, à pédoncules allongés... 27ᵉ gʳᵉ. CRACCA.

17. | Gousse incluse................. 12ᵉ gʳᵉ. ANTHYLLIS.
    | Gousse exerte....................... 18.

18. | Gousse renflée....................... 19.
    | Gousse non renflée.................. 20.

19. | Gousse sessile au fond du calice. 31ᵉ gʳᵉ. CICER.
    | Gousse stipitée............... 24ᵉ gʳᵉ. COLUTEA.

20. | Gousse articulée..................... 21.
    | Gousse non articulée................ 25.

21. | Gousse à un seul article........ ONOBRYCHIS.
    | Gousse à plusieurs articles........... 22.

22. | Articles cylindriques........... 35ᵉ gʳᵉ. CORONILLA.
    | Articles comprimés.................. 23.

23. | Fleurs en grappe lâche......... 38ᵉ gʳᵉ. HEDYSARUM.
    | Fleurs en ombelle.................... 24.

24. | Gousse plus ou moins échancrée
    | sur le bord................... 37ᵉ gʳᵉ. HIPPOCREPIS.
    | Gousse non échancrée sur le bord. 36ᵉ gʳᵉ. ORNITHOPUS.

25. | Arbre à grappes de fleurs pen-
    | dantes...................... 22ᵉ gʳᵉ. ROBINIA.
    | Plantes herbacées ou à souches li-
    | gneuses, à grappe de fleurs non
    | pendantes....................... 26.

26. | Étendard orbiculaire, entier.... 23ᵉ gʳᵉ. GALEGA.
    | Étendard ovale ou oblong-échan-
    | cré....................... 20ᵉ gʳᵉ. ASTRAGALUS.

27. { Fleurs en tête.......................... 28.
{ Fleurs solitaires, géminées ou en grappe.......................... 31.

28. { Corolle caduque.......................... 29.
{ Corolle persistante............. 16e gre. **TRIFOLIUM.**

29. { Gousse monosperme............. 24e gre. **PSORALEA.**
{ Gousse polysperme.......................... 30.

30. { Plantes herbacées, style atténué au sommet................. 19e gre. **LOTUS.**
{ Plantes ligneuses, style filiforme. 17e gre. **DORYCNIUM.**

31. { Gousse en faucille ou roulée en spirale.................. 13e gre. **MEDICAGO.**
{ Gousse ni en faucille, ni en spirale........ 32.

32. { Étamines unifasciculées................. 33.
{ Étamines bifasciculées................. 39.

33. { Étendard à limbe orbiculaire, ou ovale, étalé ou redressé............ 34.
{ Étendard étroit, non redressé... 6e gre. **GENISTA.**

34. { Gousse incluse ou dépassant peu le calice................. 11e gre. **ONONIS.**
{ Gousse dépassant beaucoup le calice................. 35.

35. { Gousse velue.......................... 36.
{ Gousse glabre ou glanduleuse............ 37.

36. { Calice à 2 lèvres courtes......... 5e gre. **SAROTHAMNUS.**
{ Calice à 2 lèvres allongées....... 8e gre. **ARGYROLOBIUM.**

37. { Gousse glabre.......................... 38.
{ Gousse glanduleuse............ 9e gre. **ADENOCARPUS.**

38. { Arbuste épineux................. 3e gre. **CALYCOTOME.**
{ Arbuste non épineux............ 7e gre. **CYTISUS.**

39. { Gousse monosperme ou disperme. 15e gre. **MELILOTUS.**
{ Gousse polysperme.................. 40.

40. { Style barbu au sommet......... 25e gre. **PHASEOLUS.**
{ Style glabre.......................... 41.

41. { Style atténué ou épaissi au sommet.......................... 42.
{ Style filiforme................. 14e gre. **TRIGONELLA.**

42. { Gousse pourvue de 4 ailes membraneuses................. 18e gre. **TETRAGONOLOBUS.**
{ Gousse dépourvue d'ailes........ 19e gre. **LOTUS.**

1er gre. **ANAGYRE. — ANAGYRIS.** (Tourn. inst., t. 415.)

Calice monosépale, campanulé, persistant, à 5 dents. Corolle à 5 pétales inégaux. Étendard plus court que les ailes; celles-ci plus courtes que la carène, à 2 pétales non soudés. Étamines 10, libres. Style filiforme, droit, de la longueur des étamines. Gousse stipitée, comprimée, polysperme.

1. **A. FŒTIDA** *Lin. sp.* 534; *Dec. fl. fr.* 4, *p.* 494; *Lamk. ill., t.* 328. — Arbrisseau de 2-3 mét., à tige droite, rameuse, à écorce grisâtre. Feuilles pétiolées, alternes, caduques, à 3

folioles ovales-oblongues, entières, obtuses ou aiguës, mucronulées, sessiles, d'un vert blanchâtre, pubescentes en dessous. Stipules opposées aux pétioles et bifides au sommet. Fleurs jaunes, à étendard taché de brun en dessus, assez grandes, en forme de grappes multiflores, feuillées à la base. Pédicelles renflés au-dessous du calice et un peu plus longs que lui, disposés par verticelles de 2-3 autour du pédoncule. Bractées lancéolées, caduques. Calice à 5 dents inégales, large, pubescent-grisâtre. Corolle dépassant beaucoup le calice. Étendard un peu réfléchi en dessus. Gousses de 10-12 centim. de longueur, sur 2 de largeur, un peu arquées, pendantes, acuminées au sommet, atténuées à la base, à bord inférieur ondulé ; le supérieur épais. Graines 3-8, réniformes, bleuâtres à la maturité.

Cet arbrisseau est connu sous le nom de *bois puant*, à cause de l'odeur fétide que rendent son écorce et ses feuilles froissées entre les doigts. Ses feuilles sont regardées comme résolutives, et ses graines comme un vomitif très-puissant.

Hab. les lieux arides et abrités, aux environs de Nîmes, à Mont-Major, près d'Arles. ♄ Fl. février-mars.

2⁰ gʳᵉ. AJONC. — ULEX. (Lin. gen. 881.)

Calice persistant, à 2 divisions profondes ; la supérieure bidentée ; l'inférieure tridentée, munie, à la base, de 2 petites bractées. Corolle à pétales presque égaux, dépassant à peine le calice. Étamines soudées en un seul faisceau. Style un peu ascendant. Stigmate capité. Gousse oblongue, renflée, uniloculaire, à peu de graines, dépassant peu le calice. Graines à ombilic déprimé. Arbrisseau très-rameux et très-épineux.

1. **U. PARVIFLORUS** *Pourr. act. Toul. 3, p. 333 ; U. provincialis, Lois. fl. gal., ed. 2ᵉ, 2, p. 111, t. 27 ; Dec. fl. fr. 5, p. 546.* — Arbrisseau de 12-15 décim., à tige glabre, anguleuse, à rameaux nombreux, alternes, entrelacés. Feuilles courtes, linéaires, épineuses au sommet, creusées en dessus, portant à leur aisselle un rameau composé d'épines, raides, rousses au sommet, étalées, sillonnées. Fleurs jaunes, solitaires ou géminées, axillaires, à pédicelle pubescent, plus court que le calice ; celui-ci pubescent, à dents très-distinctes. Corolle de la longueur du calice, à ailes *plus courtes et plus étroites que la carène.* Bractées orbiculaires, de la *largeur* du pédicelle. Gousse oblongue, de la longueur du calice ou le dépassant très-peu, terminée en pointe, couverte de poils gris. Graines à ombilic *orbiculaire,* non *échancrées.*

On connaît cet arbrisseau sous le nom patois d'*argelas.*

Hab. le bois de Campagne, près de Nîmes. ♄ Fl. avril.

J'ai rencontré l'*ulex europæus* dans une haie vive, à Garon ; je pense qu'il y aura été planté. Il se distingue de l'*u. parviflorus* par ses dimensions plus grandes dans toutes ses parties.

3ᵉ grᵉ. CALYCOTOME. — CALYCOTOME.
(Link. journ. Schrad., 2, pars 2, p. 50.)

Calice court, campanulé, rompu circulairement, vers le milieu, à l'épanouissement; la partie inférieure persistante. Étendard ovale, dressé, carène courbée. Étamines unifasciculées, à filets non dilatés au sommet. Anthères inégales, glabres. Style subulé. Stigmate capité. Gousse oblongue, épaissie à la suture supérieure, où elle est munie d'un canal bordé d'une aile courte de chaque côté. Graines luisantes, lenticulaires. Arbrisseau épineux, à feuilles trifoliolées.

1. **C. spinosa** *Linck, Enum. alt. hort. berol. 2, p. 225; Cytisus spinosus, Dec. fl. fr. 4, p. 503; Spartium spinosum, Lin. sp. 997; Lob. ic. 2, t. 95.* — Arbrisseau de 10-15 décim., à tige droite très-rameuse, à rameaux striés-anguleux, glabres, alternes, étalés, terminés par une épine robuste, divisée en croix. Feuilles caduques, pétiolées, à 3 folioles ovales, élargies au sommet, parsemées, en dessous, de petits poils luisants, appliqués. Fleurs jaunes, pédonculées, latérales ou axillaires, solitaires ou réunies 2-4 en bouquet, à pédicelles pubescents, 2-3 fois plus longs que le calice, portant une bractée trifide, sessile, appliquée contre le calice, garnie de poils appliqués comme le calice; carène courbée, de la longueur de l'étendard veiné. Gousse de 3-4 centim. sur 5 millim., *glabre*, comprimée, luisante, verte, à la fin noire, terminée en pointe. Graines 4-6, petites, jaunâtres.

Cet arbrisseau porte le nom patois d'*argelas*.

Hab. les bois et les garrigues, aux environs de Nîmes, et toute la partie basse du département. ♄ Fl. mai-juin.

4ᵉ grᵉ. SPARTIUM. — SPARTIUM. (Lin. gen. 838.)

Calice scarieux, persistant, fendu supérieurement jusqu'à la base, à 5 dents. Étendard grand, orbiculaire, dressé, plus long que les ailes étalées. Carène à 2 pétales non soudés. Étamines unifasciculées. Anthères inégales, hérissées à la base. Style allongé, ascendant, courbé au sommet, glabre. Stigmate linéaire, latéral. Gousse comprimée, polysperme. Graines nombreuses, comprimées. Arbrisseau non épineux, à feuilles simples.

1. **Sp. junceum** *Lin. sp. 995; Genista juncea, Dec. fl. fr. 4, p. 495; Duham. Arbr. 1, t. 103.* — Arbrisseau de 1 mèt. à 1 mèt. 1/2, à tige ligneuse, dressée, rameuse, très-touffue, à rameaux allongés, jonciformes, d'un vert glauque, glabres, striés, cylindriques, pleins de moelle, flexibles, compressibles, peu feuillés. Feuilles lancéolées, distantes, à court pétiole, couvertes sur les deux faces de petits poils roux appliqués. Fleurs grandes, jaunes, odorantes, en grappes terminales, lâches, à pédicelles

dilatés sous le calice et presque de sa longueur, cannelés, pourvus, vers le milieu, de 2 petites bractées et d'une troisième à la base, très-caduque. Dents du calice très-petites, aiguës. Étendard glabre, apiculé. Ailes ovales, obtuses. Carène réfléchie, à pointe courbée vers le bas. Gousses bosselées, velues, presque glabres à la fin, contenant de 10-20 graines, luisantes et d'un brun noirâtre à la maturité. Graines luisantes, brunes ou rougeâtres, ovales-comprimées, à ombilic très-petit.

Cet arbrisseau est connu sous le nom de *genêt d'Espagne* ; en patois, *génest*. Ses fleurs sont purgatives, apéritives et diurétiques. On peut retirer de son écorce une filasse très-bonne à tisser.

Hab. les bois et les lieux stériles des environs de Nîmes, d'Anduze, d'Uzès et du Vigan, où il est plus rare. ♄ Fl. mai–juillet.

5ᵉ gʳᵉ. **SAROTHAMNE. — SAROTHAMNUS.**
(Wimmer, fl. schles., éd. 2, p. 148.)

Calice scarieux, à 2 lèvres écartées ; la supérieure à 2 dents, l'inférieure à 3. Corolle à étendard, grand, ovale-arrondi, obtus, dressé. Carène pendante à l'épanouissement complet. Étamines unifasciculées. Anthères égales. Style filiforme, très-long, *roulé en spirale pendant la floraison*. Stigmate capité, terminal. Gousse très-comprimée, polysperme. Arbrisseau non épineux, à feuilles trifoliolées.

1. { Gousse hérissée de longs poils sur les bords......... VULGARIS.
{ Gousse velue, mais non hérissée de longs poils sur les bords... PURGANS.

1. **S. VULGARIS** *Wimmer, fl. schles., éd. 2, p. 148 ; Spartium scoparium, Lin. sp. 996 ; Genista scoparia, Dec. fl. fr. 4, p. 497 ; Duham. Arb., t. 84.* — Arbrisseau de 1 mèt. à 1 1/2 mèt., dressé, très-rameux, à rameaux effilés, flexibles, glabres, verts, anguleux. Feuilles inférieures pétiolées, à 3 folioles ; les supérieures simples, sessiles, toutes petites, pubescentes sur les deux faces, oblongues ou ovales. Fleurs grandes, jaunes, à pédicelle grêle, 2-3 fois de la longueur du calice, solitaires ou géminées, axillaires, en grappes allongées, munies, à la base de leur pédicelle, de 2-3 folioles sessiles. Calice glabre. Ailes très-velues sur le bord inférieur. Style velu inférieurement. Gousse de 30-40 millim. de longueur sur 9 de largeur, noirâtre à la maturité, glabre sur les faces, hérissée de longs poils roux sur les sutures, à sommet obtus, apiculé. Graines verdâtres, oblongue-obtuse au sommet, tronquée à la base.

On se sert de cet arbrisseau pour faire des balais. Ses fleurs sont purgatives et vomitives, à forte dose.

Hab. les bois et les lieux incultes, aux environs du Vigan, d'Alzon, d'Alais. ♄ Fl. mai–juin.

2. **S. PURGANS** *Godr. et Gren. fl. fr. 1, p. 349 ; Genista*

purgans, Dec. fl. fr. 4, *p.* 494; *Bull. herb., t.* 115. — Arbrisseau de 4-8 décim., à tige droite, à rameaux très-touffus, verts, cylindriques, striés; les plus jeunes pubescents, soyeux-argentés au sommet. Feuilles petites, peu nombreuses, *sessiles;* les inférieures à 3 folioles; les supérieures simples, toutes soyeuses, blanchâtres en dessous. Fleurs jaunes, plus petites que celles du N° 1, pédicellées, solitaires à l'aisselle de 2-3 folioles, sessiles, souvent caduques, disposées en grappe courte au sommet des rameaux. Calice pubescent. Pétales glabres, égaux. Style glabre, filiforme, un peu arqué. Gousse ovale-oblongue, couverte de poils roux, apiculés, noire à la maturité. Graines verdâtres, peu nombreuses, oblongues, tronquées à la base.

Cet arbrisseau est connu, dans ces localités, sous le nom patois de *pudis*, vulg' *genêt griot*. Il a les mêmes propriétés que le N° 1.

Hab. les collines arides, à l'Esperou, Genolhac, Alzon, Concoule. ♄ Fl. mai–juin.

6ᵉ gʳᵉ. GENÊT. — GENISTA. (Lin. gen. 859.)

Calice persistant, à 2 lèvres; la supérieure bifide; l'inférieure à 3 dents. Corolle à étendard ovale, *non redressé*, plus court que les ailes et la carène ou aussi long qu'elle. Carène réfléchie, lâche, laissant à découvert les organes sexuels. Étamines unifasciculées, inégales, à filets filiformes. Anthères glabres. Style glabre, subulé, ascendant, à stigmate oblique, latéral. Gousse comprimée ou renflée, oblongue, polysperme. Graines ovoïdes ou comprimées. Plante, arbrisseau ou sous-arbrisseau épineux, ou sans épines, à feuilles simples ou rarement trifoliolées.

1.	Feuilles simples..........................	2.
	Feuilles trifoliolées......................	CANDICANS.
2.	Plantes épineuses.........................	3.
	Plantes non épineuses.....................	6.
3.	Étendard pubescent........................	GERMANICA.
	Étendard glabre...........................	4.
4.	Gousse comprimée..........................	SCORPIUS.
	Gousse enflée.............................	5.
5.	Gousse glabre.............................	ANGLICA.
	Gousse velue..............................	HISPANICA.
6.	Rameaux comprimés-ailés...................	SAGITTALIS.
	Rameaux non comprimés-ailés...............	7.
7.	Étendard glabre...........................	TINCTORIA.
	Étendard velu.............................	PILOSA.

1. **G. SAGITTALIS** *Lin. sp.* 998; *Dec. fl. fr.* 4, *p.* 497; *Jacq. austr., t.* 209. — Sous-arbrisseau de 1-2 décim., à tige rameuse inférieurement, traçante, à rameaux nombreux, herbacés, simples, ascendants, pubescents, comprimés, munis de 2-4 ailes foliacées, courantes, interrompues par l'insertion des feuilles; celles-ci alternes, sessiles, velues, ovales-lancéolées,

ovales dans le bas, distantes, plus rapprochées vers le sommet et la base des rameaux. Fleurs jaunes, en grappe terminale serrée. Pédicelle plus court que le calice, muni, à sa base, d'une bractée ciliée, et à son sommet de 2 plus petites. Calice velu, à 2 lèvres profondes; la supérieure bifide; l'inférieure à 3 dents. Pétales égaux. Étendard glabre. Carène ciliée. Gousse oblongue, comprimée, apiculée au sommet, velue-hérissée. Graines peu nombreuses, luisantes, verdâtres, comprimées.

Hab. les pacages, les collines sèches et les bois montagneux, à l'Esperou, Alzon, Salbous, Concoule, Génolhac. ƀ Fl. mai–juin.

2. **G. pilosa** *Lin. sp.* 999; *Dec. fl. fr.* 4, *p.* 495; *Clus. hist.* 1, *p.* 103, *fig.* 2. — Sous-arbrisseau de 3-6 décim., à tige anguleuse, très-rameuse, tuberculeuse, tortueuse, à rameaux dressés, striés, couverts de poils appliqués. Feuilles unifoliolées, à pétiole très-court, lancéolées, élargies au sommet, obtuses, pliées, à face inférieure pubescente-soyeuse, fasciculées dans le bas, alternes dans le haut. Fleurs jaunes 2-4, axillaires, à pédicelle environ de la longueur du calice, disposées en grappes lâches ou serrées, courtes ou allongées, feuillées. Calice à lèvres égales; la supérieure bifide; l'inférieure à 3 dents rapprochées, aiguës; couvert, ainsi que la partie extérieure de la corolle, de *poils soyeux appliqués.* Étendard un peu plus long que les ailes et la carène. Anthères de deux formes. Gousse oblongue, comprimée, apiculée, velue-hérissée. Graines peu nombreuses, verdâtres, un peu comprimées.

Hab. les collines arides et les pacages, à Alais, Anduze, le Vigan, Alzon, Concoule, les bords du Gardon. ƀ Fl. avril–juin.

3. **G. tinctoria** *Lin. sp.* 998; *Dec. fl. fr.* 4, *p.* 495; *Fuchs. hist.* 108, *ic. fl. dan.*, *t.* 526. — Sous-arbrisseau de 5-10 décim., à tiges rameuses ou simples, droites ou ascendantes, à rameaux dressés, cylindriques, striés-anguleux, herbacés, glabres, un peu pubescents au sommet. Feuilles simples, glabres ou légèrement pubescentes, quelquefois velues sur les bords, lancéolées, aiguës ou obtuses, plus ou moins larges, à pétiole très-court, à nervure dorsale ramifiée, transparente. Stipules petites, subulées. Fleurs jaunes, solitaires, axillaires, à pédicelle plus court que le calice, disposées en grappes courtes, assez serrées, terminales, feuillées, formant au sommet de la tige une panicule pyramidale. Calice glabre ou pubescent, à 5 dents linéaires-aiguës, presque égales. Pétales glabres, presque égaux. Carène réfléchie à l'épanouissement complet. Anthères de deux formes. Stigmate velu. Gousse linéaire-oblongue, glabre, comprimée, droite ou un peu arquée, aiguë au sommet. Graines 5-10, verdâtres, lenticulaires.

Ce sous-arbrisseau porte les noms vulgaires de *génestrol*, de *genêt des teinturiers.* C'est de ses fleurs que l'on obtient une teinture jaune. Ses propriétés sont les mêmes que celles du *sarothamnus vulgaris* et *purgans.*

Hab. les prairies, les pacages et les bois, dans tout le département. ♄
Fl. mai–septembre.

4. G. scorpius *Dec. fl. fr.* 4, *p.* 498 ; *Spartium scorpius,*
Lin. sp. 995 ; *Clus. hist.* 1, *p.* 106, *fig.* 1. — Arbrisseau de
5-10 décim., glabre, très-rameux, à rameaux serrés et diffus,
hérissés d'épines rameuses, étalées, striées. Feuilles simples,
petites, ovales-lancéolées, mucronées, plus ou moins velues,
n'existant que sur les jeunes pousses, à pétiole très-court, portant 2 petites stipules à son sommet. Fleurs jaunes, nombreuses,
réunies 3-4 sur les plus fortes épines supérieures, à l'aisselle de
2-3 feuilles formant par leur ensemble une grappe allongée,
souvent très-fournie, à pédicelle de la longueur du calice, muni,
à son sommet, de 2 petites bractéoles. Calice à 5 dents, courtes,
un peu inégales, pubescentes. Corolle glabre, à étendard dépassant un peu la carène droite, obtuse. Anthères de deux formes.
Gousse *linéaire-oblongue*, glabre, comprimée, droite ou un peu
courbée, *acuminée*, restant verte à la maturité. Graines 3-6,
verdâtres, comprimées-ovales.

Cet arbrisseau est connu sous le nom de *genêt épineux*, et, en patois,
d'*argelas*.

Hab. les bois et les garrigues, dans tous les environs de Nîmes, Anduze,
Saint-Ambroix, le Vigan, Alzon. ♄ Fl. avril–juillet.

5. G. anglica *Lin. sp.* 999 ; *Dec. fl. fr.* 4, *p.* 498 ; *Fl. dan.,*
t. 619. — Sous-arbrisseau de 2-6 décim., glabre dans toutes ses
parties, très-rameux, diffus ; rameaux anciens dépourvus de
feuilles et garnis d'épines étalées, arquées ; rameaux fleuris non
épineux. Feuilles simples, très-petites, à pétiole très-court ; celles
des rameaux fertiles, oblongues-obtuses ; celles des rameaux
stériles, linéaires ou lancéolées, très-aiguës. Fleurs petites,
jaunes, axillaires, disposées en grappes courtes, feuillées, terminales, assez lâches. Pédicelles plus courts que le calice, munis,
vers le milieu, de 2 petites bractéoles. Calice à 2 lèvres inégales ; la supérieure bifide, l'inférieure trifide. Carène plus longue
que l'étendard et les ailes. Anthères de deux formes. Gousse
courte, renflée, presque cylindrique, terminée par *une pointe*
courbée du côté supérieur. Graines 4-6, ovoïdes, noires, luisantes.

Hab. les lieux arides, les pacages secs et tourbeux, aux environs du Vigan,
de Campestre, de Génolhac, de Concoule, d'Alais. ♄ Fl. avril–juillet.

6. G. germanica *Lin. sp.* 999 ; *Dec. fl. fr.* 4, *p.* 499 ;
Fuchs. hist., p. 220, *ic.* — Arbrisseau de 3-5 décim, à tige droite,
très-rameuse, garnie d'épines ord^t rameuses, étalées, sans feuilles
à la partie inférieure, à rameaux jeunes, striés, velus, sans épines,
dressés. Feuilles simples, à pétiole très-court, lancéolées, ciliées.
Fleurs petites, jaunes, en grappes très-fournies, courtes, termi-

nales. Pédicelles plus courts que le calice. Bractées très-petites, subulées, velues, à la base du pédicelle. Calice velu, à 2 lèvres *presque égales;* la supérieure profondément bifide, l'inférieure trifide. Corolle à étendard pubescent, réfléchi en arrière, beaucoup plus court que les ailes et la carène velue, obtuse. Anthères de deux formes. Gousse courte, ovale, velue, un peu comprimée, apiculée au sommet, noire à la maturité. Graines 2-3, ovoïdes, comprimées, brunes, luisantes.

Hab. les lieux stériles, sur le versant d'une colline appelée *Ribe-Haute,* à Barjac, à l'Esperou (*Guan. herb.*). ♄ Fl. mai-juin.

7. G. HISPANICA *Lin. sp.* 999; *Dec. fl. fr. 4, p.* 499; *Lamk. ill., t.* 619, *fig.* 3. — Sous-arbrisseau de 1-2 décim., à tige étalée, très-rameuse, grisâtre, garnie, principalement sur les rameaux anciens, d'épines rameuses, anguleuses, étalées; rameaux jeunes, dressés, velus, munis d'épines faibles, dressées, axillaires. Feuilles lancéolées ou linéaires-lancéolées, simples, sessiles, velues, ciliées, portées seulement par les jeunes rameaux. Fleurs petites, jaune pâle, en têtes lâches, terminales. Pédicelles plus courts que le calice; celui-ci velu-hérissé, à 2 lèvres très-inégales; la supérieure à 2 lobes profonds, obtus; l'inférieure à 3 dents subulées; la centrale plus longue. Corolle à étendard glabre, de la longueur de la carène, droite, obtuse, pubescente. Anthères de deux formes. Gousse *ovale-rhomboïdale,* un peu renflée, velue-hérissée, terminée par *une pointe courbée du côté supérieur.* Graines 1-2, ovoïdes, un peu comprimées, brunes.

Hab. les pacages et les coteaux arides, aux environs du Vigan, d'Alzon, de Campestre, de l'Esperou. ♄ Fl. mai-juin.

8. G. CANDICANS *Lin. amœn. 4, p.* 284; *Cytisus candicans, Dec. fl. fr. 4, p.* 504; *Teline candicans, Webb. phyt. can.* 2, *p.* 36, *ic.* — Arbrisseau de 1-2 mèt., droit, rameux, à rameaux sillonnés-anguleux, sans épines, velus supérieurement. Feuilles trifoliolées, toutes pétiolées, velues sur les deux faces, blanchâtres en dessous, à folioles ovales, un peu élargies au sommet, souvent mucronulées. Stipules petites, velues. Fleurs jaunes, pas trop petites, disposées 4-6, en grappes *ombelliformes,* au sommet des petits rameaux latéraux, très-nombreux, munies, à leur base, de 2-3 feuilles presque de la longueur des fleurs. Pédicelles velus, plus courts que le calice, munis de petites bractéoles. Calice hérissé, à 2 lèvres égales; la supérieure bifide, l'inférieure à 3 dents. Corolle à étendard glabre, plus long que les ailes oblongues et la carène droite, obtuse. Anthères de deux formes. Gousse linéaire-oblongue, velue-hérissée, blanchâtre, comprimée, bosselée, droite, rarement arquée, terminée en pointe droite. Graines 4-5, brunes, ovales, comprimées.

Hab. les bois et les garrigues de Cygnan, de Broussan (près de Nîmes), de Manduel, d'Anduze. ♄ Fl. avril-juin.

7ᵉ gʳᵉ. **CYTISE. — CYTISUS.**

Calice persistant, court, campanulé ou tubuleux, à 2 lèvres écartées ; la supérieure entière ou tridentée ; l'inférieure à 3 petites dents. Corolle à étendard large, arrondi, relevé, à carène à pointe montante, renfermant les étamines unifasciculées. Filets filiformes. Anthères glabres, inégales. Style subulé, ascendant. Stigmate capité, oblique, entouré de poils. Gousse oblongue, comprimée, polysperme. Graines réniformes. Arbrisseaux ou sous-arbrisseaux à feuilles alternes, trifoliolées.

1. | Arbrisseaux à fleurs en grappes terminales, à tige droite................................... **SESSILIFOLIUS.**
Sous-arbrisseaux à fleurs en têtes terminales, à tige couchée................................. **SUPINUS.**

1. C. SESSILIFOLIUS *Lin. sp.* 1041 ; *Dec. fl. fr.* 4, *p.* 502 ; *Tabern. ic.* 1095, *fig.* 2. — Arbrisseau de 4-12 décim., droit, très-rameux, à écorce brune, à rameaux nombreux, dressés, glabres, très-feuillés. Feuilles glabres, vertes, plus pâles en dessous, trifoliolées ; les supérieures presque sessiles, les inférieures et celles des rameaux non fleuris, pétiolées, à folioles un peu raides ; celle du centre rhomboïdale acuminée ; les latérales dilatées sur les côtés, apiculées. Fleurs jaunes, assez grandes, en grappes de 6-10 fleurs pédonculées, non feuillées, terminales, dressées. Pédicelles de la longueur du calice ou plus longs que lui, se fortifiant à la maturité, munis de 2 bractées lancéolées sous le calice et d'une troisième un peu plus bas. Calice un peu coloré, glabre, à 2 lèvres un peu inégales ; la supérieure entière, obtuse ; l'inférieure à 3 petites dents. Corolle à étendard plus long que la carène terminée en bec ascendant. Stigmate *incliné*. Gousse glabre, oblongue, assez large, à 5-10 graines, bosselée, comprimée, très-étalée. Graines noires, ovales, comprimées.

Hab. les bois et les lieux arides, à Alais, Anduze, le Vigan, Alzon, les bords du Gardon. ♄ Fl. avril-juin.

2. C. SUPINUS *Lin. sp.* 1042, *var. A ; Dec. fl. fr.* 5, *p.* 549 ; *Clus. hist., p.* 96, *N*° 7, *ic.* —Petit sous-arbrisseau de 1-2 décim., à tige rameuse, couchée, tortueuse, radicante, à rameaux étalés ou dressés, grêles, très-velus, hérissés. Feuilles pétiolées, à folioles obovales, obtuses ou mucronulées, ciliées. Fleurs jaune foncé, axillaires, en têtes terminales au nombre de 2-5. Pédicelle très-court, munis de petites bractées. Calice tubuleux, à lèvre inférieure élargie au sommet, non acuminée ; la supérieure à dents très-divariquées ; velu-hérissé. Corolle à étendard orbiculaire, glabre, orangé, dépassant les ailes et la carène. Gousse linéaire-oblongue, velue-hérissée. Graines rousses, luisantes, ovales, comprimées.

Hab. les pacages, à l'Esperou (*Guan. h. reg.*). ♄ Fl. mai-juin.

8° g^{re}. ARGYROLOBE. — ARGYROLOBIUM.
(Eckl. et Zeyh. enum. 184.)

Calice persistant, à 2 lèvres profondes ; la supérieure à 2 lobes ; l'inférieure à 3, allongés, aigus. Étendard arrondi, *étalé*. Carène courbée, ascendante. Étamines unifasciculées, à filets filiformes. Anthères inégales, glabres. Style aigu, incliné au sommet. Stigmate *oblique*. Gousse linéaire-oblongue, polysperme, comprimée. Graines ovales, orbiculaires, comprimées. Sous-arbrisseau à feuilles alternes, trifoliolées.

1. **AR. LINNÆANUM** *Walpers, Linnæa, t.* 13, *p.* 508 ; *Cytisus argenteus, Lin. sp.* 1043 ; *Dec. fl. fr.* 4, *p.* 506 ; *Lobel. ic.* 2, *p.* 41, *fig.* 2. — Petit sous-arbrisseau de 1-2 décim., à racine pivotante, à tige ascendante, rameuse ; rameaux grêles, argentés, en touffe lâche, dressés. Feuilles pétiolées, soyeuses, blanchâtres, à poils appliqués. Folioles ovales-lancéolées, mucronulées, pliées. Stipules lancéolées. Fleurs jaunes, 1-4, axillaires, terminales, très-brièvement pédicellées. Bractées 1 à la base du pédicelle ; bractéoles 2 sous le calice et appliquées contre lui. Calice soyeux, plus court que la fleur. Corolle à étendard velu, à poils couchés, soyeux, plus long que les ailes ; celles-ci plus longues que la carène glabre. Gousses oblongues, comprimées, bosselées, très-velues, droites ou un peu arquées, terminées par une pointe droite ou courbée. Graines brunes.

Hab. les bois et les garrigues, aux environs de Nîmes, d'Uzès, de Beaucaire, de Cabrières. ♄ Fl. mai–juin.

9° g^{re}. ADÉNOCARPE. — ADENOCARPUS. (Dec. fl. fr. 5, p. 549.)

Calice persistant, à deux lèvres inégales ; la supérieure à 2 lobes profonds ; l'inférieure plus longue, trifide. Corolle à étendard *dressé*. Carène courbée, à pointe obtuse. Étamines unifasciculées, à filets filiformes. Anthères inégales, glabres. Style aigu. Stigmate capité, un peu incliné. Gousse oblongue, comprimée, couverte de tubercules pédicellés, glanduleux. Graines 5-10. Arbrisseau non épineux, à feuilles trifoliolées.

1. **AD. COMMUTATUS** *Guss. prod.* 2, *p.* 375 ; *Ad. telonensis, Dec. fl. fr.* 5, *p.* 550 (*en partie*) ; *Ad. cebennensis Delile, Ind. sem. hort. Monsp.,* 1838, *p.* 1. — Arbrisseau de 9-10 décim., à rameaux grêles, blanchâtres, pubescents, un peu anguleux, droits, étalés ou divariqués. Feuilles trifoliolées, à pétioles plus courts que les folioles, munies, à leurs aisselles, de 2-3 jeunes feuilles. Folioles oblongues, mucronulées, petites, pliées sur les bords, hérissées en dessus, légèrement pubescentes et ponctuées en dessous. Stipules lancéolées, acuminées. Fleurs jaunes, en grappes courtes ou allongées au sommet des rameaux. Pédicelles

plus courts que le calice, munis, vers leur sommet, de petites bractéoles ciliées, très-caduques. Calice pubescent, *non glanduleux*. Lobes de la lèvre supérieure lancéolés, acuminés ; les 3 dents de la lèvre inférieure subulées ; les deux latérales plus courtes que la centrale. Gousse à 5-10 graines bosselées, très-étalées. Graines rousses ou brunes, lisses, ovales-comprimées, échancrées à l'ombilic.

Cet arbrisseau est employé, dans ses localités, pour faire monter les vers à soie. Il est connu sous le nom patois de *galabre*.

Hab. les lieux arides et pierreux, aux environs du Vigan, à l'Esperou, Anduze, Alais, Concoule, Aujac. ♄ Fl. mai–août.

10° gre. LUPIN. — LUPINUS. (Tourn. inst. 392, t. 213.)

Calice persistant, à 2 lèvres profondes, inégales. Corolle à étendard ovale, caréné sur le dos ; les parties latérales réfléchies. Carène à pointe ascendante. Étamines unifasciculées, à filets filiformes. Anthères glabres, 5 petites et 5 grandes. Style subulé, ascendant. Stigmate en tête, entouré de poils, *un peu incliné*. Gousse oblongue, coriace, comprimée, acuminée, bosselée, à graines séparées par un tissu spongieux. Graines 3-4, ovoïdes-globuleuses ou arrondies, comprimées. Plantes à feuilles digitées, à stipules adhérentes au pétiole, à fleurs en grappes.

1 . { Fleurs blanches; lèvre supérieure du calice entière. . . . . **ALBUS.**
{ Fleurs bleues; lèvre supérieure du calice bifide. **ANGUSTIFOLIUS.**

1 . **L. ALBUS** *Lin. sp.* 1015 ; *Dec. fl. fr. 4, p.* 506 ; *Blackw., t.* 282. — Racine pivotante. Tige de 3-6 décim., droite, cylindrique, rameuse, chargée de poils étalés. Feuilles alternes, longuement pétiolées, à 5-7 folioles oblongues, obtuses, larges, rétrécies à la base, molles, glabres en dessus, velues, soyeuses en dessous et sur les bords. Stipules velues, longues, linéaires-très-étroites, aiguës. Fleurs blanches alternes, en grappes terminales droites. Pédicelles plus courts que le calice, munis, à leur base, d'une bractée linéaire, velue, caduque. Calice velu, dénué d'appendice, à 2 lèvres très-écartées, presque égales ; la supérieure entière ; l'inférieure à 3 dents peu profondes. Corolle glabre, à ailes larges, presque aussi longues que l'étendard, à carène souvent teinte de bleu à l'extrémité. Gousses larges, oblongues, dressées, épaisses, comprimées, velues, terminées en pointe droite, à sutures épaisses ; la supérieure ondulée ; l'inférieure droite. Graines 5-6, assez grandes, orbiculaires ou anguleuses, comprimées, avec une concavité sur les faces, blanchâtres, très-amères.

Cette plante est connue sous le nom patois de *loupina*. Ses graines sont une très-bonne nourriture pour les bœufs; leur farine est résolutive. Les moutons sont très-avides de ses feuilles jeunes; les chevaux et les bœufs ne les mangent pas.

Hab. cultivée en grand, pour engrais, dans les terrains maigres, à Manduel, Boillargues, Garon et aux environs de Nîmes. ① Fl. mai.

2. L. ANGUSTIFOLIUS *Lin. sp.* 1015; *Dec. fl. fr.* 4, *p.* 507 *(en partie); Riv. tetrap. irr., t.* 29. — Racine pivotante. Tige de 3-5 décim., droite, simple ou rameuse, pubescente. Feuilles nombreuses alternes, pétiolées, à 7-9 folioles *linéaires-obtuses*, presque glabres en dessus, pubescentes en dessous, à bords un peu relevés, munies en dessous d'une nervure simple, longitudinale. Stipules linéaires, très-étroites, pubescentes. Fleurs assez grandes, bleues, alternes, en grappe allongée. Pédicelles très-courts. Bractées petites, très-caduques. Calice pubescent, à 2 lèvres écartées; la supérieure bifide; l'inférieure plus longue, entière ou presque entière, acuminée, velue au sommet. Pétales rayés. Gousses larges, oblongues, dressées, comprimées, bosselées, ridées longitudinalement à la maturité, terminées en pointe droite, velues, à sutures épaisses; l'inférieure un peu arquée; la supérieure ondulée et carénée. Graines 3-4, assez grosses, ovales, un peu comprimées, d'un gris foncé, marbrées de blanc et veinées de noir, marquées, près de l'ombilic, d'une tache noire, à 3 angles aigus.

Hab. les bois et les champs, à Campagne, Broussan, près de Nîmes, Saint-Hippolyte-de-Montaigu, Tresques, Milhaud. ① Fl. avril-mai, fr. juin.

Cette plante est quelquefois cultivée pour engrais.

11ᵉ gʳᵉ. **BUGRANE. — ONONIS.** (Lin. gen. 863.)

Calice campanulé, persistant, à 5 divisions, longues et linéaires, ouvertes. Corolle à étendard ovale, ample, étalé sur les côtés, plus long que les ailes et la carène, ordᵗ strié. Carène à bec ascendant, acuminé. Étamines unifasciculées, à filets dilatés au sommet. Style subulé, coudé, ascendant. Gousse ovale ou oblongue, plus longue ou plus courte que le calice, *renflée*, à graines réniformes, peu nombreuses. Stipules adhérentes au pétiole. Herbes ou sous-arbrisseaux à feuilles trifoliolées, alternes.

1. {	Fleurs purpurines, roses ou blanches...........	2.
	Fleurs jaunes........	7.
2. {	Gousse beaucoup plus longue que le calice......	3.
	Gousse plus courte que le calice, l'égalant ou le dépassant peu.............................	4.
3. {	Feuilles pétiolées, à folioles arrondies.	ROTUNDIFOLIA.
	Feuilles sessiles, à folioles oblongues..........	FRUTICOSA.
4. {	Plante grêle, herbacée.....................	RECLINATA.
	Plante frutescente.......................	5.
5. {	Gousse égale aux divisions du calice...........	6.
	Gousse plus courte que les divisions du calice..	PROCURRENS.
6. {	Étendard émarginé égalant la carène...........	ANTIQUORUM.
	Étendard apiculé dépassant la carène..........	CAMPESTRIS.

1. **O. ROTUNDIFOLIA** *Lin. sp. ed.* 1, 719; *Dec. fl. fr.* 4, *p.* 515; *Lamk. ill., t.* 616, *fig.* 1; *Dod. pempt.* 525, *fig.* 3. — Racine ligneuse, profonde. Tiges de 2-4 décim., herbacées, solitaires ou réunies, simples ou rameuses, ascendantes, velues-glanduleuses. Feuilles alternes, pétiolées, pubescentes, à folioles ovales-arrondies, dentées, à dents écartées, à intervalles arrondis; les latérales sessiles; la centrale arrondie, longuement pétiolulée. Fleurs roses ou purpurines, réunies 2-3 au sommet de pédoncules axillaires, dépassant ou égalant la feuille, munies, à leur extrémité, d'une arête courte. Pédicelles presque de la longueur du calice. Bractéoles linéaires souvent caduques. Calice à dents longues, linéaires. Corolle beaucoup plus grande que le calice, à étendard grand, ovale-arrondi, apiculé, rayé, plus long que les ailes, dépassant la carène. Gousse oblongue, renflée, très-velue, glanduleuse, non stipitée, 3-4 fois de la longueur du calice, terminée par une pointe courte, droite. Graines 3-4, brunes, *tuberculeuses.*

Hab. à Saint-Ambroix, à Anduze (*Le Coq* et *Lamotte*). ♃ Fl. mai-juin.

2. **O. FRUTICOSA** *Lin. sp.* 1010; *Dec. fl. fr.* 4, *p.* 514; *Duham. Arb.* 1, *t.* 58. — Sous-arbrisseau de 2-5 décim., à écorce grisâtre, droit, très-rameux, à rameaux glabres, feuillés jusque sous les fleurs, réunis en touffe. Feuilles presque sessiles, souvent fasciculées, presque toujours à 3 folioles sessiles, glabres, oblongues, un peu étroites, rétrécies à la base, dentées en scie; la dent terminale un peu plus longue. Stipules vaginales scarieuses, couronnées par plusieurs arêtes filiformes. Fleurs grandes, purpurines, en grappes assez denses, droites, terminales. Pédoncules 2-3, flores pubescentes, munis, à leur base, d'une bractée ovale, engaînante à la base et terminée par 3-4 laciniures. Pédicelles inférieurs de la longueur du calice, munis d'une bractéole courte à leur base; le supérieur un peu plus long, à 2 bractéoles vers son milieu. Calice pubescent, à 5 dents étroites,

inégales. Corolle beaucoup plus longue que le calice, à étendard ovale, apiculé, dépassant les ailes et la carène. Gousse oblongue, beaucoup plus longue que le calice, stipitée, renflée, velue-glanduleuse, terminée par une pointe courte, droite. Graines brunes, finement chagrinées.

Hab. les lieux rocailleux, à Anduze (*Miergue*). ♄ Fl. juin-août.

3. **O. NATRIX** *Lin. sp.* 1008; *Dec. fl. fr.* 4, *p.* 514; *Cam. epit.* 444, *ic.* — Racine simple, ligneuse. Tige droite ou ascendante, très-rameuse, velue-glanduleuse, visqueuse, presque ligneuse. Feuilles pétiolées, à 3 folioles oblongues ou obovales, dentées en scie supérieurement, entières à la base, pubescentes-glanduleuses; la centrale pétiolulée, les autres sessiles. Fleurs jaunes, grandes ou moyennes, en grappes terminales feuillées, allongées. Pédoncules plus ou moins longs, axillaires, uniflores, terminés par une arète plus ou moins longue, à pédicelles réfléchis, plus courts que le calice. Calice nervié, à dents linéaires étroites, très-profondes. Corolle dépassant, plus ou moins, le calice, à étendard arrondi, non apiculé, marqué de veines pourpres ou unicolores, beaucoup plus long que les ailes et la carène. Gousse oblongue, très-velue-glanduleuse, inclinée, beaucoup plus longue que le calice, un peu comprimée, stipitée, terminée par une pointe filiforme inclinée vers la suture inférieure, puis repliée vers la suture supérieure avec laquelle elle est parallèle. Graines brunes, finement tuberculeuses. Plante fétide.

VAR. B, *O. arachnoïdea, Lapey. abr. pyr., p.* 409. Plante couverte de longs poils crépus, non glanduleux.

Hab. les lieux pierreux et sablonneux, aux environs de Nîmes, à Aigues-Mortes, Alzon; la var. B, aux bords du Coularon, aux environs du Vigan. ♃ Fl. juin-juillet.

4. **O. RAMOSISSIMA** *Desf. all.* 2, *p.* 142, *t.* 186; *Dec. fl. fr.* 4, *p.* 513. — Racine simple, dure. Tiges de 1-3 décim., droites, très-rameuses, un peu flexueuses, à rameaux grèles, nombreux et peu distants. Feuilles pétiolées, à 3 folioles ovales-linéaires, élargies au sommet, dentées en scie supérieurement; les latérales sessiles; la centrale brièvement pétiolulée; souvent les feuilles supérieures sont monophyles. Stipules linéaires, aiguës, entières, plus courtes que les pétioles inférieurs, égalant ou dépassant les supérieurs. Fleurs jaunes, plus petites que dans l'espèce précédente, en grappes terminales peu fleuries, garnies de feuilles. Pédoncules et arètes plus ou moins longs. Pédicelles beaucoup plus courts que le calice; dents du calice nerviées, linéaires, étroites, très-profondes. Corolle plus longue que le calice, à étendard ovale, arrondi au sommet, non apiculé, marqué de veines pourpres ou unicolores, plus long que les ailes; celles-ci étroites, plus courtes que la carène terminée par un

bec étroit, ascendant. Gousse oblongue, inclinée, stipitée, un peu comprimée, plus courte que dans l'espèce précédente, beaucoup plus longue que le calice, terminée par une pointe inclinée à sa base, ascendante dans les 2/3 de la longueur. Graines *verdâtres, très-finement tuberculeuses.* Plante pubescente, très-visqueuse.

VAR. B, *Arenaria, Gren. et Godr.; O. arenaria, Dec. fl. fr. 5, p. 550.* Plante plus touffue, moins élevée, à pédoncules de la longueur de la feuille et à arête courte.

Hab. dans les sables marins de tout le littoral du Gard. ♃ Fl. juillet-septembre.

5. **O. BREVIFLORA** *Dec. prod. 2, p. 160; Dub. bot. 119; A. viscosa, var. B, Lin. sp. 1009; Dec. fl. fr. 4, p. 513; Sibth. fl. græc., t. 678.* — Racine pivotante. Tige herbacée, de 2-4 décim., garnie de longs poils étalés et de petites glandes stipitées, un peu visqueuse, droite, rameuse, comprimée, légèrement striée. Feuilles pétiolées, d'un vert jaunâtre; les inférieures trifoliolées; les moyennes et les supérieures unifoliolées. Folioles assez grandes, elliptiques, obtuses, souvent un peu échancrées au sommet, dentées en scie; la centrale plus grande, pétiolulée. Pétiole plus court que la feuille et les stipules; celles-ci amples, ambiguës, munies de quelques dents à leur sommet. Fleurs jaunes, dressées à l'épanouissement, en grappes terminales, feuillées, *très-lâches,* solitaires sur des pédoncules très-grêles, *plus courts que la feuille,* terminés par une arête filiforme très-longue. Pédicelle plus court que le calice. Dents du calice linéaires-sétacées, trinerviées, très-profondes. Corolle *plus courte* que les dents du calice, à étendard légèrement rayé de rouge, ovale-arrondi, surmonté d'un apiculum très-court, dépassant les ailes et la carène pliée à angle droit. Gousse oblongue, renflée, velue-glanduleuse, stipitée, deux fois de la longueur du calice, terminée par une pointe capillaire, réfléchie. Graines jaunâtres, réniformes-arrondies, très-finement tuberculeuses.

Hab. dans les lieux pierreux, parmi le *quercus coccifera,* dans une petite colline au nord de la montée du chemin de Nîmes à Uzès, où passe un petit sentier pour raccourcir. ① Fl. mai–juillet.

6. **O. PUBESCENS** *Lin. mant.* 267; *Dec. fl. fr. 5, p. 551.* — Racine pivotante. Tiges de 1-3 décim., droites ou ascendantes, anguleuses, un peu flexueuses, très-rameuses, chargées de longs poils blancs étalés et d'autres plus petits glanduleux. Feuilles d'un vert jaunâtre, pétiolées, unifoliolées dans le bas et à l'extrémité de la plante, trifoliolées dans son milieu. Folioles assez grandes, ovales-oblongues, dentées en scie; les latérales sessiles; la centrale pétiolulée, plus grande; toutes velues-visqueuses.

Stipules larges, lancéolées, aiguës, entières, de la longueur du
pétiole. Fleurs jaunes, à étendard un peu rougeâtre, dressées,
solitaires, axillaires, en grappes assez denses, terminales, peu
allongées, feuillées, à pédoncule *non aristé*, beaucoup plus court
que la feuille, dilaté à l'insertion du pédicelle court et épais.
Calice à divisions larges, lancéolées, nerviées, très-profondes.
Corolle *de la longueur* du calice, à étendard ovale-arrondi,
apiculé, plus long que les ailes; celles-ci dépassées par le bec
ascendant de la carène. Gousse ovale-rhomboïdale, non stipitée,
velue, rousse, plus courte que le calice, terminée en pointe
longue, droite, repliée au-dessus de son milieu, robuste à la
base, filiforme vers le sommet, dépassant le calice. Graines 2-4,
sphéroïdes, verdâtres, marbrées, lisses.

Hab. les lieux pierreux et abrités, aux carrières de Beaucaire, dans le
bois de Broussan, près Nîmes, à Villeneuve-lez-Avignon. ① Fl. juin–juillet.

7. **O. RECLINATA** *Lin. sp.* 1011; *Dec. fl. fr. 4, p.* 512. —
Racine grêle, pivotante. Tiges de 1-2 décim., grêles, très-rameuses, à rameaux ascendants-étalés ou diffus, velues, visqueuses. Feuilles pétiolées, trifoliolées; les plus supérieures
unifoliolées. Folioles ovales, cunéiformes, à nervures saillantes,
dentées en scie supérieurement; les latérales sessiles; la centrale
pétiolulée. Stipules ovales-aiguës obscurément, dentées, nerviées, plus courtes que le pétiole. Fleurs blanches, droites, puis
penchées, à étendard rougeâtre, en grappes terminales, feuillées,
d'abord très-courtes, puis allongées. Pédoncules non aristés,
plus courts que les feuilles florales. Calice garni de longs poils
droits, à lobes linéaires-aigus, inégaux, étroits, *de la longueur
de la corolle;* celle-ci à étendard arrondi, apiculé, plus long que
les ailes et la carène à bec ascendant. Gousse oblongue, très-
velue-glanduleuse, non stipitée, réfléchie, égale au calice ou le
dépassant. Graines d'un brun verdâtre, petites, nombreuses,
réniformes, tuberculeuses.

Hab. les lieux sablonneux, à Aigues-Mortes, Sylveréal, le bois de Broussan. ① Fl. mai–juin.

8. **O. CAMPESTRIS** *Koch et Ziz.*, *cat. pal.* 22; *Gren. et
God. fl. fr. 1, p.* 373; *O. antiquorum, Dec. fl. fr. 4, p.* 509;
O. spinosa, var. B, Lin. sp. 1006; *Coss. et Germ. fl. par. all.*,
t. 11. — Racine très-profonde, difficile à extirper. Tiges de
3-6 décim., ligneuses, raides, droites, non rampantes, souvent
rougeâtres, portant une ligne de poils alterne sur les entre-
nœuds, très-rameuses, garnies d'épines, simples à l'extrémité
des rameaux ou aux nœuds, où elles sont souvent géminées,
réunies en un buisson épais. Feuilles à court pétiole, fasciculées,
plus ou moins pubescentes-glanduleuses; les inférieures à 3 folioles; les supérieures à une. Folioles petites, ovales-oblongues,

dentées en scie au sommet, cunéiformes à la base, nerviées; les latérales sessiles; la centrale très-brièvement pétiolulée. Stipules ovales-aiguës, dentées, de la longueur du pétiole. Fleurs roses, rarement blanches, solitaires, axillaires, en grappes feuillées, courtes le long des rameaux; celle de l'extrémité plus allongée. Pédicelles très-courts. Calice à lobes lancéolés, très-profonds, nerviés, pubescents. Corolle plus longue que le calice, à étendard ovale, apiculé, plus long que la carène à bec ascendant, dépassant les ailes. Gousse velue, ovale, comprimée, égale aux divisions du calice. Graines 2-3, brunes, tuberculeuses.

Cette plante est connue sous le nom vulgaire d'*arrête-bœuf*; en patois, *agavoun*. Ses racines sont apéritives et diurétiques.

Hab. les champs stériles, dans tout le département. ♃ Fl. juin–juillet.

9. **O. ANTIQUORUM** *Lin. sp.* 1006; *Gren. et Godr. fl. fr.* 1, *p.* 374; *Rchb. ic. pl. crit.* 1, *fig.* 14. — Cette plante, voisine de la précédente, en diffère par ses tiges flexueuses, moins grandes et moins robustes, pubescentes-glanduleuses; par l'absence des lignes de poils, alternes sur les entre-nœuds; par ses épines moins fortes, par ses feuilles et ses fleurs beaucoup plus petites; par son calice à poils glanduleux plus courts; par sa corolle à étendard un peu échancré et de la longueur de la carène; par sa gousse *lenticulaire* plus petite, à une seule graine, plus grosse et à tubercules plus menus.

Hab. les lieux arides, dans le bois de Broussan. ♃ Fl. juin–juillet.

10. **O. PROCURRENS** *Wallr. sched.* 381; *Gren. et Godr. fl. fr.* 1, *p.* 374; *Dub. bot.* 120. — Racine profonde, à souche rameuse, radicante. Tiges dures, de 2-6 décim., couchées, ascendantes, rameuses, plus ou moins velues-glanduleuses, à rameaux très-étalés, dépourvus ou munis d'épines. Feuilles à pétiole court, velues-glanduleuses; les supérieures simples; les inférieures à 3 folioles ovales, oblongues ou arrondies, obtuses, dentées en scie. Stipules larges, ovales, dentées, plus longues que le pétiole. Fleurs purpurines, rayées, solitaires, axillaires, à pédicelles courts, en grappes feuillées, courtes; les inférieures un peu écartées. Calice à lobes linéaires, profonds, nerviés. Corolle dépassant le calice, à étendard arrondi, apiculé, plus long que la carène et les ailes; bec de la carène coudé-ascendant. Gousse ovale, comprimée, plus courte que le calice, à 1-2 graines brunes, finement tuberculeuses. Plante fétide.

VAR. A, *Arvensis, Gren. et Godr. fl. fr.* 1, *p.* 375. Plante très-élevée, à fleurs grandes, à feuilles larges; les florales plus longues que la fleur. *O. arvensis, Dec. fl. fr.* 4, *p.* 509.

VAR. B, *Maritima, Gren. et Godr. fl. fr.* 1, *p.* 375. Plante de 1-2 décim., très-velue-visqueuse, à tiges étalées, faibles, à feuilles et fleurs petites, en grappes courtes et serrées. Feuilles florales plus courtes que le calice. *O. repens*, *Lin. sp.* 1006 ; *Dill. Elth.*, *t.* 25, *fig.* 28.

VAR. C, *Alpina*, *Gren. et Godr. fl. fr.* 1, *p.* 375. Plante de 2-3 décim., à feuilles petites et fleurs en grappes peu serrées. Feuilles florales plus courtes que la fleur. *O. caduca*, *Vill. Dauph.* 3, *p.* 428.

Hab.: la var. A, les lieux incultes, aux environs de Nîmes, du Vigan; la var. B, à Aigues-Mortes; la var. C, à l'Esperou. ♄ Fl. juin-juillet.

11. **O. STRIATA** *Guan. ill.* 47 ; *Dec. fl. fr.* 4, *p.* 511. — Racine dure, profonde, à souche très-rameuse, diffuse, couchée, stolonifère. Tiges grêles, de 1-2 décim., rameuses à la base, ascendantes ou étalées sur la terre, garnies tout autour de petites glandes pédicellées et d'une ligne de poils assez serrés, alternant d'un entre-nœud à l'autre. Feuilles pétiolées, un peu visqueuses, à 3 folioles petites, cunéiformes, arrondies et dentées en scie au sommet, à dents droites et aiguës, à stries très-prononcées ; les latérales sessiles ; la centrale pétiolulée. Stipules persistantes, lancéolées-aiguës, dentées, striées, plus courtes que le pétiole. Fleurs jaunes, à pédicelle court, solitaires, axillaires, réunies 3-5 en grappes terminales, courtes et serrées. Calice velu-glanduleux, strié, à lobes linéaires-acuminés, très-profonds, un peu plus courts que la corolle et *plus longs que la gousse*. Corolle à étendard ovale, apiculé, plus long que la carène à bec ascendant dépassant les ailes. Gousse ovale, comprimée, velue-visqueuse, terminée par une pointe repliée contre elle, renfermant 1-2 graines verdâtres, lisses.

Hab. les pacages arides, à Campestre, Alzon. ♃ Fl. juin-août.

12. **O. COLUMNÆ** *All.* 1, *p.* 318, *t.* 20, *fig.* 3 ; *O. parviflora Lamk. dict.* 1, *p.* 510 ; *Dec. fl. fr.* 4, *p.* 510. — Racine pivotante, ligneuse. Tiges nombreuses, ascendantes, droites ou étalées, quelquefois serrées en touffe, de 1-3 décim., rameuses, nues inférieurement, très-feuillées supérieurement, pubescentes, un peu glanduleuses. Feuilles pubescentes un peu visqueuses, à pétioles plus ou moins longs, trifoliolées ; les florales quelquefois unifoliolées. Folioles petites, ovales-oblongues, dentées en scie, entières à la base, à nervures nombreuses, saillantes; la centrale pétiolulée. Stipules lancéolées-acuminées, striées, dentées, *plus courtes* que le pétiole, persistantes même au bas de la tige effeuillée. Fleurs petites, jaune pâle, presque sessiles, solitaires, axillaires, en grappes terminales feuillées, *courtes*, *allongées en forme d'épi* à la fructification, dépassées par les feuilles florales. Calice velu, glanduleux, à lobes oblongs acuminés, nerviés, scarieux à la base, dépassant souvent la corolle et *égalant* la gousse. Corolle souvent avortée, à étendard ovale apiculé, dépassant les ailes et la carène. Gousse ovale, velue, terminée

par une pointe repliée contre elle, devenant nôire en mûrissant. Graines 4-6, verdâtres, orbiculaires-échancrées, un peu comprimées, finement tuberculeuses.

Hab. les terrains arides et pierreux, aux environs de Nîmes, du Vigan, sur l'aqueduc du pont du Gard. ♃ Fl. mai–juillet.

13. O. MINUTISSIMA *Lin. sp.* 1007 ; *Dec. fl. fr. 4, p. 510; Cav. ic.* 2, *t.* 153. — Racine grosse, ligneuse, tortueuse, du collet de laquelle sortent des tiges nombreuses de 1-2 décim., grêles, rameuses, diffuses, souvent rougeâtres, glabres, nues inférieurement, feuillées supérieurement, réunies en touffe étalée. Feuilles à pétioles *plus courts* que les stipules persistantes, entières, linéaires-acuminées, sétacées, striées, trifoliolées ; les supérieures souvent unifoliolées, ne dépassant pas les fleurs. Folioles *toutes sessiles,* glabres, étroites, cunéiformes, fortement nerviées et dentées supérieurement en scie. Fleurs sessiles, solitaires, axillaires, serrées en grappes courtes, terminales, feuillées. Calice glabre, scarieux à la base, à lobes profonds, *étroits, très-acérés,* plus courts que la fleur et plus longs que la gousse. Corolle jaune pâle, à étendard ovale, apiculé, plus long que la carène et les ailes. Gousse ovale, pubescente, à 4-6 graines rousses, très-finement tuberculeuses, plus petites que dans l'espèce précédente.

Hab. les fentes des rochers et les collines arides, aux environs de Nîmes, aux bords du Gardon, au Serre-de-Bouquet, à Saint-Ambroix, Anduze, Alais. ♃ Fl. avril–septembre.

12ᵉ gʳᵉ. ANTHYLLIDE. — ANTHYLLIS. (Lin. gen. 864.)

Calice à 5 dents, tubuleux, renflé, persistant. Corolle à étendard ovale, redressé, de la longueur des ailes et de la carène, obtuse ou à bec court. Étamines unifasciculées, à filets dilatés au sommet. Style subulé, courbé. Stigmate terminal, capité. Gousse ovale ou oblongue, comprimée, stipitée, renfermée dans le calice. Graines 1-2, ovoïdes ou ovales, lisses ou tuberculeuses.

1.	Pétioles membraneux, embrassants; folioles égales..	MONTANA.
	Pétioles ni membraneux, ni embrassants; folioles inégales..	2.
2.	Fleurs 3-4, sessiles, axillaires................	TETRAPHYLLA.
	Fleurs nombreuses, en capitule serré, pédonculé.	VULNERARIA.

1. A. MONTANA *Lin. sp.* 1012 ; *Dec. fl. fr. 4, p.* 516 ; *Lamk. ill., t.* 615, *fig.* 5 ; *Garid., Aix, t.* 13. — Racine assez grosse, tortueuse, ligneuse, à écorce noirâtre. Tiges nombreuses, de 1-2 décim., velues, dures, ascendantes, gazonnantes, inférieurement brunes et garnies des anciens restes des pétioles, à rameaux stériles, assez feuillés ; les fertiles beaucoup moins.

Feuilles velues-soyeuses, ailées avec impaire, à folioles petites, oblongues, nombreuses, serrées, toutes égales, excepté la terminale qui est plus large. Pétioles *striés*, élargis, embrassants à leur base. Fleurs purpurines, en têtes serrées, globuleuses, solitaires, terminales, garnies en dessous, et appliquées contre les fleurs, de 2 feuilles florales, sessiles, digitées. Pédicelles plus courts que le tube du calice ; celui-ci velu, scarieux, *non renflé*, nervié, à lobes subulés, sétacés, très-hispides, de la longueur du tube et plus courts que la fleur. Corolle à étendard ovale, oblique, plus long que les ailes et la carène, veiné, taché de violet sur le dos, onguiculé. Gousse glabre, oblongue, terminée en pointe, presque sessile, à 1-2 graines roussâtres, lisses, ovales lorsqu'elles sont solitaires, tronquées sur le côté interne lorsque la gousse en contient 2.

Hab. les lieux arides et montueux, à l'Esperou, Alzon, le Vigan, le Serre-de-Bouquet. ♃ Fl. juin–juillet.

2. **A. VULNERARIA** *Lin. sp.* 1012 ; *Dec. fl. fr.* 4, *p.* 516 ; *Lamk. ill.* 615, *fig.* 1 ; *Tabern. ic.* 524, 525. — Racine longue, perpendiculaire ou oblique, à écorce brune. Tiges de 2-4 décim., nombreuses, simples ou rameuses, étalées ou ascendantes, à poils appliqués plus ou moins abondants. Feuilles pétiolées, ailées avec impaire ; les inférieures à 1-3-5 folioles entières, oblongues ; la terminale beaucoup plus grande ; les supérieures à folioles plus nombreuses et presque égales. Pétioles inférieurs dilatés à leur base. Fleurs jaunes, blanches ou rougeâtres, en têtes serrées, terminales ou latérales, solitaires, souvent géminées, longuement pédonculées ; les latérales à pédoncules très-courts, munis à leur base, et appliquées contre les fleurs, de 2 feuilles florales sessiles, digitées. Pédicelles très-courts. Calice blanchâtre, velu, oblong, vésiculeux, presque à 2 lèvres ; la supérieure à 2 dents ovales, mucronées, courtes ; l'inférieure à 3 dents plus longues, subulées. Corolle à étendard longuement onguiculé, égalant les ailes et la carène ; celle-ci très-peu coudée. Gousse petite, glabre, ovale, apiculée, réticulée, à 1-2 graines verdâtres, lisses, subréniformes. Cette plante porte le nom vulgaire de *vulnéraire*.

Var. A, *Vulgaris, Koch.* Fleurs jaunes ou blanches. Calice non coloré au sommet.

Var. B, *Rubriflora, Dec. prod.* 2, *p.* 170. Fleurs d'un rouge vif. Calice coloré au sommet. Tiges et feuilles plus ou moins velues. *Dill. hort. elth.*, *t.* 320, *fig.* 413 ; *A. Dilleni, schulte, in herb. balb.*

Var. C, *Polyphylla, Dec. prod.* 2, *p.* 170. Fleurs d'un blanc jaunâtre. Feuilles à folioles nombreuses ; les inférieures oblongues ; les supérieures linéaires, à poils étalés. *A. Polyphylla Kit. ex bess.*

Hab. : la var. **A**, dans les prés et les pacages de l'Espérou, d'Alzon, de Montdardier ; la var. **B**, dans les terrains incultes, au Vigan, Anduze, Nîmes, Manduel, Tresques ; la var. **C**, sur la montagne de Poulverol, près d'Anduze (*Le Coq* et *Lamotte*). ♃ ou ② Fl. mai-juin.

3. **A. TETRAPHYLLA** *Lin. sp.* 1011 ; *Dec. fl. fr. 4, p.* 515 ; *Barr. ic.* 554. — Racine grêle, simple, longue. Plusieurs tiges inégales, de 1-2 décim., couchées ou un peu relevées, velues, rarement rameuses, herbacées. Feuilles alternes, brièvement pétiolées, à pétiole élargi inférieurement, composées de 4 folioles pubescentes, mucronées ; les inférieures disposées deux d'un côté du pétiole, moyennes ; une de l'autre, petite, linéaire-lancéolée ; la terminale *ovoïde, très-grande*, pétiolulée. Fleurs jaunâtres, sessiles, réunies 3-4 à l'aisselle des feuilles. Calice couvert de poils soyeux, presque cylindrique, à la fin *très-renflé-vésiculeux*, à 5 dents *égales*, subulées, peu profondes. Corolle à étendard pubescent, cilié, ovale, longuement *atténué-onguiculé*, marqué de lignes rougeâtres, plus long que les ailes ; celles-ci étroites, plus longues que la carène à bec ascendant, apiculé, purpurin. Gousse ovale ou oblongue, à sommet arrondi, terminé en pointe *étranglée au milieu*, velue, à 1-2 graines verdâtres, grosses, ovales-arrondies, finement tuberculeuses.

Hab. les bois, aux bords du Gardon, entre Saint-Nicolas et la Beaume. ① Fl. mai-juillet.

18ᵉ gʳᵉ. LUZERNE. — MEDICAGO. (Lin. gen. 899.)

Calice presque cylindrique, à 5 dents. Corolle *caduque*, à étendard plus long que les ailes et la carène ; celle-ci obtuse, bifide ou échancrée, un peu écartée de l'étendard. Étamines bifasciculées. Ovaire arqué, à style glabre, filiforme. Gousse dépassant de beaucoup le calice, *réniforme, falciforme ou contournée en spirale*, polysperme ou rarement monosperme. Herbes à 3 folioles ; la médiane *pétiolulée*. Stipules soudées inférieurement au pétiole.

1. | Gousse non épineuse...................... 2.
| Gousse épineuse......................... 7.

2. | Gousse réniforme ou falciforme........... 3.
| Gousse en spirale, à plus ou moins de tours. 4.

3. | Gousse réniforme, monosperme........... LUPULINA.
| Gousse falciforme, polysperme........... FALCATA.

4. | Fleurs jaunes, tours de spire serrés........ 5.
| Fleurs violettes, jaunâtres ou verdâtres, tours
| de spire lâches............................ 6.

5. | Gousse large, lenticulaire, à tours de spire
| minces, appliqués..................... ORBICULARIS.
| Gousse grosse, à tours de spire épais, conca-
| ves................................... SCUTELLATA.

6. | Gousse formant un tour de spire complet.... FALCATO-SATIVA.
| Gousse formant 2-3 tours de spire.......... SATIVA.

7. { Gousse percée au centre des spires.......... 8.
   { Gousse non percée....................... 9.

8. { Gousse velue, garnie, des deux côtés, d'épines
      serrées et en forme de couronne.......... CORONATA.
   { Gousse colonneuse, garnies d'épines écartées. MARINA.

9. { Folioles tachés de noir.................... MACULATA.
   { Folioles non tachées..................... 10.

10. { Gousse pubescente...................... 11.
    { Gousse glabre......................... 13.

11. { Stipules laciniées...................... PRÆCOX.
    { Stipules entières, dentées ou incisées....... 12.

12. { Stipules entières ou dentées.............. MINIMA.
    { Stipules dentées–incisées.................. GERARDI.

13. { Pédoncule aristé....................... 14.
    { Pédoncule non aristé..................... 16.

14. { Épines appliquées contre les tours de spire.. MUREX.
    { Épines étalées mais non appliquées......... 15.

15. { Gousse tournant à gauche................. LITTORALIS.
    { Gousse tournant à droite.................. BRAUNII.

16. { Gousse à spires serrées.................. GERARDI.
    { Gousse à spires lâches................... 17.

17. { Pédoncule portant 2–3 fleurs............. LAPPACEA.
    { Pédoncule portant 3–8 fleurs............. POLYCARPA.

1. **M. LUPULINA** *Lin. sp.* 1097 ; *Dec. fl. fr.* 4, *p.* 541 ;
Fuchs. hist. 819, *ic.* — Racine coriace, grêle, pivotante. Tiges
nombreuses, de 2-4 décim., droites, ascendantes, étalées ou
couchées, anguleuses, plus ou moins pubescentes. Feuilles pubescentes, pétiolées, à folioles obovales, mucronulées, denticulées
supérieurement. Stipules lancéolées, aiguës, entières ou dentées.
Fleurs très-petites, jaunes, disposées en grappes serrées, ovales
ou oblongues, portées sur des pédoncules grêles, axillaires, plus
longs que la feuille. Pédicelles très-courts. Calice persistant, à
dents subulées, assez profondes. Corolle à étendard plus long
que les ailes égales à la carène. Gousse réniforme, petite, monosperme, glabre, pubescente ou quelquefois velue-glanduleuse, à
nervures saillantes, concentriques, anastomosées, noircissant à
la maturité. Graine ovoïde-comprimée, rousse, lisse, munie d'un
petit tubercule vers l'ombilic.

Cette plante est un très-bon fourrage. On la cultive dans quelques localités. Elle porte les noms de *lupuline*, de *minette*.

Hab. les champs cultivés, les prés, les pacages, etc., dans tout le département. ① ou ② Fl. mai–septembre.

2. **M. FALCATA** *Lin. sp.* 1096 ; *Dec. fl. fr.* 4, *p.* 540 ; *Flor.*
dan., *t.* 233 ; *Clus. hist.* 2, *p.* 243, *ic.* — Racine très-profonde,
difficile à extirper, à souche dure, d'où sortent des tiges nombreuses de 3-8 décim., subligneuses, un peu anguleuses, rameuses, couchées, étalées ou ascendantes, légèrement pubescentes.
Feuilles pétiolées, à folioles oblongues, étroites, cunéiformes,

ord^t échancrées, mucronulées, denticulées supérieurement.
Stipules lancéolées, subulées, entières ; les inférieures dentées à
la base. Fleurs jaunes, plus ou moins foncées, réunies en grappes
courtes, assez serrées, portées sur des pédoncules axillaires, plus
longs que les feuilles. Pédicelles presque aussi longs que le calice.
Calice pubescent, à dents profondes, subulées. Corolle à étendard plus long que les ailes égales à la carène. Gousse pubescente, en forme de *faucille*, veinée-réticulée, à 5-8 graines réniformes, lisses, jaunâtres.

Cette plante, ainsi que la suivante, porte le nom vulgaire patois de lenta.
Hab. les bords des champs et des vignes, les lieux stériles, dans tout le
département. ♃ Fl. mai–septembre.

3. M. FALCATO-SATIVA *Rchb. fl. exc.* 504 ; *Gren. et Godr.*
fl. fr. 1, *p.* 384. — Cette plante, très-voisine de la précédente
et de la suivante, diffère de la première par sa gousse décrivant
un tour complet de spire ; de la deuxième, par ses tiges ascendantes et ses fleurs en grappes plus courtes, changeant du jaune
au violet.

Hab. les mêmes lieux que la précédente. ♃ Fl. juillet–septembre.

4. M. SATIVA *Lin. sp.* 1096 ; *Dec. fl. fr.* 4, *p.* 539 ; *Clus.*
hist. 2, *p.* 242. — Racine pivotante, robuste, très-profonde, à
souche ligneuse. Tiges nombreuses, de 3-6 décim., presque
glabres, anguleuses, droites, très-rameuses. Feuilles pétiolées,
à folioles oblongues, échancrées, mucronées, dentées supérieurement. Stipules lancéolées-subulées, entières ou dentées à la
base. Fleurs violettes ou bleuâtres, en grappes un peu allongées,
portées sur des pédoncules axillaires, plus longs que les feuilles.
Pédicelles plus courts que le calice, à dents subulées, profondes.
Corolle à étendard plus long que les ailes égales à la carène.
Gousse légèrement pubescente, peu veinée, polysperme, formant 2-3 tours de spire, tournant à droite. Graines réniformes,
jaunâtres, lisses.

Hab. cultivée partout pour la nourriture des bestiaux, souvent subspontanée sur le bord des champs et des chemins, dans tout le département.
Elle est connue sous le nom de *luzerne.* ♃ Fl. juin–septembre.

5. M. SCUTELLATA *All. ped.* 1, *p.* 315 ; *Dec. fl. fr.* 4,
p. 543 ; *Moris. hist. s.* 2, *t.* 15, *fig.* 3 ; *Dod. pempt., p.* 575,
fig. 1. — Racine pivotante. Tiges 5-8, de 2-4 décim., anguleuses, rameuses, diffuses, garnies de poils glanduleux, ainsi que
les pétioles et les feuilles. Folioles ovales ou elliptiques, dentées
en scie dans les deux tiers supérieurs. Stipules lancéolées, aiguës,
dentées à la base. Fleurs d'un jaune orangé, portées 1-3 sur
1 pédoncule axillaire, plus court que la feuille, prolongé en arête
longue. Pédicelles très-courts. Calice à dents subulées, profondes. Corolle à étendard plus long que la carène qui *dépasse*

un peu les ailes. Gousse solitaire, un peu velue-glanduleuse, grosse, hémisphérique, à 5-6 tours de spire, tournant à droite, convexes en dessous et concaves en dessus, entrant l'un dans l'autre en diminuant jusqu'au dernier, fortement réticulés-veinés sur les deux faces ; les derniers épaissis au sommet. Graines grandes, réniformes, très-échancrées à l'ombilic, lisses, rougeâtres.

Hab. le bord des salines, à Aigues-Mortes. ⊥ Fl. avril–juin.

6. **M. ORBICULARIS** *All. ped.* 1, *p.* 314 ; *Dec. fl. fr.* 4, *p.* 542 ; *Moris. fl. sard.*, *t.* 36 ; *Moris. hist. s.* 2, *t.* 15, *fig.* 1.— Racine grêle, pivotante. Tiges de 2-6 décim., anguleuses, très-rameuses, à peu près glabres, étalées sur la terre. Feuilles pétiolées, à folioles obovales-cunéiformes, quelquefois échancrées et mucronulées, dentées au sommet, glabres. Stipules à dents profondes, sétacées, nombreuses. Fleurs petites, jaunes, portées 1-3 sur 1 pédoncule axillaire, aristé, plus court que la feuille. Pédicelles plus courts que le calice ; celui-ci à dents profondes, subulées. Corolle à étendard plus long que la carène, qui dépasse un peu les ailes. Gousse glabre, large, comprimée, veinée-réticulée, à 4-5 tours de spire, tournant à droite, *minces, inégaux, très-rapprochés*. Graines subtriangulaires, comprimées, roussâtres, *tuberculeuses*.

Hab. les vignes et les champs incultes, aux environs de Nimes, Manduel, et probablement dans tout le département. ⊥ Fl. mai–juin.

7. **M. CORONATA** *Lamk. dict.* 3, *p.* 634 ; *Dec. fl. fr.* 4, *p.* 549 ; *Moris. hist. s.* 2, *t.* 15, *fig.* 16. — Racine grêle, pivotante. Tiges 3-4, de 1-2 décim., grêles, velues surtout au sommet, légèrement anguleuses, rameuses, droites ou ascendantes. Feuilles pétiolées, à folioles ovoïdes, échancrées, mucronulées, dentelées supérieurement, pubescentes. Stipules lancéolées, aiguës, dentées à la base. Fleurs petites, jaunes, portées 3-8, réunies en capitule, sur 1 pédoncule filiforme, axillaire, sans arête, beaucoup plus long que la feuille. Pédicelles très-courts. Calice à dents subulées presque de la longueur du tube. Corolle à étendard plus long que la carène, qui dépasse un peu les ailes. Gousse pubescente, tournant à droite, à 1-2 tours de spire écartés, à bord plane, garni, de chaque côté, d'une rangée d'épines subulées, droites, raides, en forme de couronne. Graines fauves, lisses, *oblongues-réniformes*.

Hab. dans les garrigues, entre Nimes et Uzès. ⊥ Fl. mai–juin.

8. **M. PRÆCOX** *Dec. cat. Monsp.* 123, *et fl. fr.* 5, *p.* 570 ; *Moris. fl. sard.*, *t.* 49. — Racine grêle, pivotante. Tiges nombreuses, de 1-3 décim., anguleuses, couchées, gazonnantes, glabres, un peu pubescentes au sommet. Feuilles pétiolées, à

folioles ovoïdes, échancrées, mucronulées, dentelées supérieurement. Stipules incisées. Fleurs très-petites, jaunes, réunies
2-3 sur 1 pédoncule axillaire, sans arête, plus court que la feuille.
Pédicelles très-courts. Calice un peu velu, à dents subulées de la
longueur du tube. Corolle à étendard plus long que la carène,
qui dépasse les ailes. Gousse glabre, tournant à droite, à 2-3 tours
de spire, écartés, *fortement veinés-réticulés* sur leur face plane,
à bord garni, de chaque côté, d'une rangée d'épines subulées,
crochues, *divergentes*, plus ou moins longues. Graines fauves,
lisses, réniformes.

Hab. le bord des chemins, des bois et des champs, à Campagne, Broussan,
Manduel, Nîmes. ① Fl. mai–juin.

9. **M. POLYCARPA** *Wild. en. Berol. suppl.* 52; *Gren. et
Godr. fl. fr.* 1, *p.* 389. — Racine rameuse ou pivotante. Tiges
droites, ascendantes ou couchées, de 2-5 décim., anguleuses,
glabres ainsi que les feuilles; celles-ci pétiolées, à folioles ovales
élargies au sommet, échancrées, mucronulées et denticulées
supérieurement. Stipules à laciniures nombreuses, sétacées, profondes. Fleurs petites, jaunes, réunies 3-8 sur 1 pédoncule axillaire, sans arête, à peu près de la longueur de la feuille. Pédicelles
très-courts. Calice glabre, à dents subulées un peu plus longues
que le tube. Corolle à étendard plus long que la carène, plus
courte que les ailes. Gousses glabres, agglomérées, tournant à
droite, à 2-3 tours de spire, lâches, fortement veinés-réticulés
sur leur face plane, bordés d'un double rang de tubercules ou
d'épines subulées, droites ou un peu arquées, divariquées, quelquefois crochues au sommet. Graines rousses, lisses, réniformes.

VAR. A, *Tuberculata*, *Gren. et Godr. fl. fr.* 1, *p.* 390. Gousse
bordée de tubercules.

VAR. B, *Apiculata*, *Gren. et Godr. l. c.* Gousse bordée d'é-
pines, courtes, non crochues. *M. apiculata, Dec. fl. fr.* 4, *p.* 548;
M. sardoa, Moris. fl. sard., t. 47.

VAR. C, *Denticulata*, *Gren. et God. l. c.* Épines de la gousse
allongées, crochues au sommet. *M. denticulata, Dec. fl. fr.* 4,
p. 548; *Rchb. fl. exc.* 503.

Hab.: la var. **A**, dans les prés, au Vigan; la var. **B**, dans les vignes et
les champs, à Nîmes, Saint-Nicolas, Blauzac, Saint-Michel, Pujaut; la
var. **C**, dans les champs, à Nîmes, Anduze, bois de Campagne, Manduel,
Cavillargues. ① Fl. avril–juillet.

10. **M. LAPPACEA** *Lamk. dict.* 3, *p.* 637. — Racine grêle,
pivotante. Tiges de 2-4 décim., anguleuses, raides, couchées ou
ascendantes, glabres ainsi que le reste de la plante. Feuilles
pétiolées, à folioles assez grandes, ovales, élargies au sommet,
échancrées, mucronulées, dentelées supérieurement. Stipules à
dents longues, étroites, aiguës. Fleurs jaunes, portées 2-3 sur

un pédoncule axillaire, sans arête, de la longueur de la feuille ou la dépassant. Pédicelles très-courts. Calice à dents subulées, un peu plus longues que le tube. Corolle à étendard plus long que la carène plus courte que les ailes. Gousse discoïde ou subconique, tournant à droite, à 2-5 tours de spire, lâches, fortement veinés-réticulés sur les faces planes, bordés d'épines, distiques, plus ou moins longues, subulées ou crochues au sommet, droites ou étalées. Graines rousses, lisses, oblongues, échancrées à l'ombilic.

VAR. A, *Tricycla*, Gren. *et Godr. fl. fr.* 1, *p.* 390. Gousse à 2-4 tours de spire, à épines plus ou moins longues. *M. lappacea*, Dec. *fl. fr.* 5, *p.* 569 ; *Moris. fl. sard.*, *t.* 48.

VAR. B, *Pentacycla*, Gren. *et Godr. l. c.* Gousse à 5 tours de spire, à épines longues. *M. pentacycla*, *Dec. cat. Monsp.* 124, à épines courtes. *M. terebellum*, *Wild. sp.* 3, *p.* 1416.

Hab. : la var. A, les bords des champs, à Aigues-Mortes ; la var. B, aux environs de Manduel. ① Fl. mai-juin.

11. **M. MACULATA** *Willd. sp.* 3, *p.* 1412 ; *Dec. fl. fr.* 4, *p.* 547 ; *Moris. fl. sard.*, *t.* 50. — Racine pivotante. Tiges de 3-5 décim., rameuses, anguleuses, faibles, couchées ou ascendantes, garnies de poils rares, longs, épars. Feuilles pétiolées, à folioles cunéiformes à la base, échancrées, dentées et mucronulées supérieurement, ord^t tachées de brun en dessus. Stipules semi-sagittées, incisées-dentées. Fleurs jaunes, réunies 1-5 au sommet de pédoncules axillaires, aristés, deux fois plus courts que la feuille. Pédicelles très-courts. Corolle à étendard plus long que la carène qui dépasse les ailes. Gousse glabre, à faces planes, blanchâtres, *peu nerveuses*, presque arrondies, tournant à droite, à 4-5 tours de spire, à bord canaliculé, muni, de chaque côté, d'un rang d'épines subulées, arquées, réfléchies, creusées d'un sillon longitudinal. Graines rousses, lisses, oblongues, à ombilic muni, sur le bord, d'une petite protubérance.

Hab. les champs, les prés et les lieux herbeux, dans tout le département. ① Fl. mai-juin.

12. **M. MINIMA** *Lamk. dict.* 3, *p.* 636 ; *Dec. fl. fr.* 4, *p.* 545 ; *Moris. hist. s.* 2, *t.* 15, *fig.* 15, *fl. dan.*, *t.* 211. — Racine grêle, pivotante. Tiges de 1-3 décim., grêles, rameuses, couchées ou ascendantes, pubescentes ainsi que les feuilles ; celles-ci pétiolées, à folioles ovales, élargies et dentées supérieurement, souvent échancrées en cœur, mucronulées. Stipules lancéolées, très-entières ou dentelées à la base, à nervures parallèles. Fleurs petites, jaunes, réunies 2-6 au sommet de pédoncules axillaires non aristés, de la longueur de la feuille ou la dépassant. Pédicelles très-courts. Calice à dents subulées, de la longueur du tube. Corolle à étendard plus long que la carène qui dépasse les

ailes. Gousse glabre ou pubescente, petite, *arrondie*, tournant à droite, à 4-5 tours de spire, lâches, *très-peu veinés* sur les faces, à bord *non canaliculé*, garni, de chaque côté, d'un rang d'épines, plus ou moins longues, subulées, crochues au sommet, droites ou étalées, creusées d'un sillon longitudinal. Graines rousses, lisses, oblongues, un peu arquées.

Hab. les champs, les vignes et les garrigues, dans tout le département. ① Fl. mai–juin.

13. M. marina *Lin. sp.* 1097 ; *Dec. fl. fr.* 4, *p.* 546 ; *Moris. hist. sect.* 2, *t.* 15, *fig.* 10 ; *Clus. hist.* 2, *p.* 243, *fig.* 2. — Racine dure, rameuse, à souche ligneuse. Tiges de 2-4 décim., rameuses, couchées, couvertes, ainsi que les feuilles, calices et gousses, d'un coton blanc abondant. Feuilles pétiolées, à folioles ovales, cunéiformes à la base, élargies, obtuses, dentelées et mucronulées au sommet. Stipules lancéolées, aiguës, dentées, plus souvent entières, nerviées. Fleurs jaunes, assez grandes, réunies 6-10 en grappe très-courte au sommet de pédoncules axillaires, non aristés, aussi longs que les feuilles ou les dépassant. Pédicelles très-courts. Calice à dents subulées de la longueur du tube. Corolle à étendard beaucoup plus long que la carène, qui est plus courte que les ailes. Gousse comprimée, tournant à droite, à 2-3 tours de spire serrés, à bord épais, obtus, garni d'épines écartées, assez robustes, courtes, droites ou arquées, ou crochues. Graines brunes, lisses, réniformes-allongées, munies, sur le bord de l'ombilic, d'une petite protubérance.

Hab. dans les dunes, à Aigues-Mortes. ♃ Fl. mai–juillet.

14. M. littoralis *Rhode in Lois. not.* 118 ; *Dec. fl. fr.* 5, *p.* 568. — Racine grêle, profonde, pivotante. Tiges de 1-4 décim., couchées, rameuses, glabres ou pubescentes, ainsi que les feuilles ; celles-ci pétiolées, à folioles petites, cunéiformes, en cœur, denticulées au sommet, striées, apiculées. Stipules lancéolées, acuminées, incisées-dentées. Fleurs jaunes, moyennes, réunies 2-4 au sommet de pédoncules axillaires, aristés, un peu plus longs que les feuilles. Pédicelles très-courts. Calice à dents subulées, un peu plus longues que le tube. Corolle à étendard plus long que la carène, qui dépasse à peine les ailes. Gousses glabres, petites, comprimées, veinées-réticulées sur les faces, tournant à gauche, à 3-5 tours de spire égaux, à bord épais, obtus, garni d'épines écartées, plus ou moins nombreuses et plus ou moins longues, raides, subulées, crochues ou seulement arquées. Graines rousses, lisses, oblongues, arquées, munies, sur le bord de l'ombilic, d'une petite protubérance.

Hab. les pacages sablonneux, aux environs d'Aigues-Mortes, dans le bois de Broussan. ① Fl. mai–juin.

15. M. Braunii *Gren. et God. fl. fr.* 1, *p.* 393 ; *M. littoralis* *ten. fl. nap. prod.* 45. — Cette plante pourrait bien n'être qu'une variété de la précédente, dont elle ne diffère, d'après les échantillons que j'ai sous les yeux, que par sa gousse tournant à droite. Elle habite les mêmes lieux et fleurit aux mêmes époques ①.

16. **M. Gerardi** *Willd. sp.* 3, *p.* 1415; *M. villosa, Dec. fl. fr.* 4, *p.* 545; *Moris. fl. sard., t.* 43; *Moris. hist.* 2, *sect.* 2, *t.* 15, *fig.* 18, 20, 21. — Racine pivotante ou rameuse. Tiges de 1-4 décim., rameuses, anguleuses, couchées, pubescentes ainsi que les feuilles; celles-ci pétiolées, à folioles cunéiformes à la base, élargies et denticulées au sommet, souvent échancrées et mucronulées. Stipules à laciniures sétacées. Fleurs jaunes, réunies 2-4 au sommet de pédoncules axillaires, sans arête, souvent plus longs que les feuilles. Pédicelles très-courts. Calice à dents subulées, un peu plus longues que le tube. Corolle à étendard plus long que la carène, qui dépasse les ailes. Gousse cotonneuse, ovoïde-subcylindrique, tournant à droite, à 5-6 tours de spire, serrés, unis sur les faces, à bord épais, obtus, garni d'épines écartées, élargies à la base et creusées d'un sillon longitudinal, subulées, crochues au sommet, plus ou moins longues, peu divergentes. Graines rousses, lisses, oblongues, subréniformes, munies, sur le bord de l'ombilic, d'une petite protubérance.

Hab. les champs, les vignes et les bords des chemins, aux environs de Nîmes, Manduel, Cabrière, les bords du Gardon. ① Fl. mai–juillet.

17. **M. murex** *Willd. sp.* 3, *p.* 1410; *M. tribuloïdes, var. B, Dec. fl. fr.* 5, *p.* 568, *et prod.* 2, *p.* 180; *Gren. et Godr. fl. fr.* 1, *p.* 394. — Racine grêle, pivotante. Tiges de 2-3 décim., pubescentes, anguleuses, couchées ou ascendantes. Feuilles pétiolées, à folioles cunéiformes à la base, élargies, tronquées et dentelées supérieurement, souvent apiculées; les inférieures échancrées. Stipules lancéolées, aiguës, incisées-dentées. Fleurs jaunes, disposées 1-2 au sommet de pédoncules axillaires, aristés, plus courts que les feuilles ou les dépassant peu. Pédicelles très-courts. Calice à dents subulées, plus longues que le tube. Corolle à étendard plus long que la carène, qui dépasse les ailes. Gousse glabre, cylindrique, tournant à droite, à 5 tours de spire, serrés, égaux, unis sur les faces ou légèrement veinés, à bord épais, plane, garni, de chaque côté, d'épines épaisses, coniques, subulées, courtes, appliquées, entrecroisées. Graines rousses, lisses, comprimées, arquées.

Hab. les pacages, à Aigues-Mortes. ① Fl. mai–juin.

On doit trouver, dans les environs d'Aigues-Mortes, le *M. tribuloïdes* (*Lamk. dict.* 3, *p.* 635), que l'on rencontre fréquemment dans les voisinages du département du Gard. Il diffère du *M. murex*, par sa gousse tournant à gauche et par ses épines plus longues, un peu crochues au sommet, divergentes mais non appliquées.

14ᵉ gʳᵉ. TRIGONELLE. — TRIGONELLA. (Lin. gen. 898.)

Calice campanulé, à 5 dents. Corolle *caduque*. Carène très-courte, obtuse. Ailes étalées. Étamines bifasciculées, à filets courts, filiformes. Style glabre, simple, filiforme. Stigmate simple. Gousse polysperme, *linéaire*, comprimée, droite ou un peu arquée, terminée en pointe. Graines tuberculeuses. Plantes herbacées, à feuilles trifoliolées; la centrale plus longuement pétiolulée.

1. { Fleurs solitaires ou géminées, sessiles à l'aisselle des feuilles. .... 2.
{ Fleurs en ombelles ou en grappes........... 3.

2. { Tiges droites, gousse de 10-15 centim....... FOENUM-GRÆCUM.
{ Tiges couchées, gousse de 3-5 centim....... GLADIATA.

3. { Fleurs en ombelles sessiles................ MONSPELIACA.
{ Fleurs en grappes pédonculées............. CORNICULATA.

1. **T. FŒNUM-GRÆCUM** *Lin. sp.* 1095; *Dec. fl. fr.* 4, *p.* 551; *Lamk. ill., t.* 611, *fig.* 1; *Fuchs. hist.* 798, *ic.* — Racine pivotante, sinueuse, blanchâtre. Tige de 2-4 décim., droite, presque simple, pubescente, cannelée, creuse. Feuilles pétiolées, à pétiole ailé, à folioles oblongues, cunéiformes, obtuses ou tronquées, dentelées supérieurement, souvent mucronulées, glabres, pâles en dessous. Stipules entières, lancéolées, aiguës, velues. Fleurs d'un jaune pâle, solitaires ou géminées, sessiles, axillaires. Calice persistant, membraneux, velu, à dents subulées plus courtes que le tube. Corolle à étendard, dépassant les ailes plus longues que la carène, obtuse. Gousse glabre ou pubescente, linéaire très-longue, arquée, comprimée, couverte, sur les deux faces, de nervures longitudinales anastomosées, terminées par une pointe très-longue, renfermant 15-20 graines brunes ou jaunâtres, trapézoïdales, comprimées, échancrées à l'ombilic.

Cette plante est connue sous le nom de *fenu-grec*. Ses graines exhalent une odeur forte mais agréable; elles sont émollientes, laxatives et maturatives.

Hab. cultivée en grand, quelquefois spontanée dans les champs, à Montfrin, Aimargues. ① Fl. juin-juillet.

2. **T. GLADIATA** *Stev. cat. h. Gorenk.* (1810), *p.* 112; *T. prostrata, Dec. fl. fr.* 5, *p.* 571; *Moris. fl. sard.* 1, *p.* 455, *t.* 54; *J. Bauh. hist.* 2, *p.* 365, *fig.* 1. — Racine pivotante. Tiges de 1-3 décim., grêles, pubescentes; la centrale droite, les latérales couchées, souvent toutes couchées, simples, rarement rameuses. Feuilles cunéiformes, échancrées, dentées au sommet, ciliées. Stipules velues, entières, acuminées. Fleurs très-petites, d'un jaune pâle, solitaires, sessiles, axillaires. Calice persistant,

velu, à dents aiguës plus courtes que le tube. Corolle à étendard plus long que les ailes. Carène courte, obtuse, dépassée par les ailes. Gousse velue, couverte, sur les deux faces, de nervures anastomosées très-prononcées, beaucoup plus courte que dans la précédente, arquée, peu comprimée, terminée par une pointe presque aussi longue qu'elle, renfermant 3-8 graines roussâtres, imparfaitement arrondies, échancrées à l'ombilic.

Hab. les terrains pierreux, dans les vignes, près du bois des Espèces et du chemin d'Uzès, aux environs de Nimes, à la Tessonne, près du Vigan. ① Fl. mai–juin.

3. T. MONSPELIACA *Lin. sp.* 1095; *Dec. fl. fr. 4, p. 552; Waldst. et Kit. pl. hung. 2, t. 142; J. Bauh. hist. 2, p. 373, fig. 1.* — Racine pivotante, divisée inférieurement, grêle, blanchâtre. Tiges nombreuses, de 1-3 décim., droites ou couchées, simples ou rameuses, pubescentes ainsi que les feuilles; celles-ci à pétiole canaliculé, à folioles ovales-cunéiformes, denticulées supérieurement, nerviées et plus pâles en dessous. Stipules linéaires, subulées, entières ou dentées. Fleurs petites, d'un jaune pâle, réunies 8-10 en faisceaux, *sessiles*, axillaires. Calice à dents subulées, *plus longues* que le tube. Corolle à étendard plus long que les ailes. Carène *obtuse*, plus courte que les ailes. Gousses plus ou moins pubescentes, arquées, *divergentes*, étroites, terminées par une petite pointe oblique, marquées de nervures *transversales, arquées*, contenant 5-6 graines verdâtres, cylindriques, obtuses ou tronquées tantôt d'un seul côté, tantôt des deux.

Hab. les champs sablonneux ou pierreux, incultes ou cultivés, à Manduel, Corconne, Montfrin, Quissargues, Aigues-Mortes, bois de Broussan, près de Nimes. ① Fl. mai–juillet.

4. T. CORNICULATA *Lin. sp.* 1094; *Dec. fl. fr. 4, p. 550; Moris. hist. s. 2, t. 16, fig. 11; J. Bauh. hist. 2, p. 372, fig. infér.* — Racine rameuse, quelquefois pivotante. Tiges de 2-6 décim., glabres, presque cylindriques, fistuleuses, droites, rameuses; les latérales ascendantes. Feuilles pétiolées, à folioles ovales ou oblongues, presque cunéiformes à la base, arrondies à leur sommet, dentées en scie dans leur moitié supérieure. Stipules lancéolées-subulées; les inférieures profondément dentées; les supérieures presque entières. Fleurs assez grandes, jaunes, disposées 10-20 en grappes au sommet de pédoncules deux fois de la longueur des feuilles. Calice à dents lancéolées, *inégales;* les inférieures plus courtes que le tube; les deux supérieures plus longues, munies, ainsi que la plus inférieure, d'une nervure dorsale. Corolle à étendard dépassant les ailes et *égal* à la carène obtuse. Gousses glabres, arquées, réfléchies, à sommet ascendant, terminé par une pointe sétacée, nerviées-réticulées en travers. Graines 6-8, rousses, oblongues, finement tuberculeuses, échancrées à l'ombilic.

Hab. les champs cultivés, les vignes, à Nîmes, Manduel, Tresques, Uzès, les bords du Gardon, au pont du Gard. ① Fl. mai–juillet.

15ᵉ gʳᵉ. **MELILOT.** — **MELILOTUS.** (Tourn. inst. 406, t. 229.)

Calice persistant, campanulé, à 5 dents presque égales. Corolle *caduque*. Étendard plus long que les ailes ou les égalant. Carène obtuse. Étamines bifasciculées, libres, à filets filiformes. Style filiforme, glabre. Gousse à 1-2 graines, ovale ou arrondie, plus longue que le calice, à peine déhiscente. Herbes à feuilles pétiolées, trifoliolées; la foliole centrale plus longuement pétiolulée. Stipules adhérentes, inférieurement, au pétiole. Fleurs jaunes, rarement blanches, en grappes.

1. { Fleurs blanches............................... **ALBA**.
{ Fleurs jaunes............................... 2.

2. { Pédoncules aristés........................... 3.
{ Pédoncules non aristés...................... **NEAPOLITANA**.

3. { Gousses réticulées-rugueuses sur les faces...... 4.
{ Gousses munies de côtes saillantes sur les faces.. 6.

4. { Fleurs très-petites, en grappes très-serrées...... **PARVIFLORA**.
{ Fleurs moyennes, en grappes un peu lâches..... 5.

5. { Gousses glabres, à suture supérieure obtuse..... **OFFICINALIS**.
{ Gousses pubescentes, à suture supérieure en ca-
{ rène aiguë................................. **MACRORHIZA**.

6. { Côtes des faces serrées, concentriques.......... **SULCATA**.
{ Côtes des faces onduleuses, irrégulières......... **ITALICA**.

1. **M. SULCATA** *Desf. all.* 2, *p.* 193; *Dec. fl. fr.* 4, *p.* 538; *Moris. fl. sard.* 1, *p.* 463, *t.* 59. — Racine grêle, blanchâtre, pivotante. Tiges de 1-3 décim., rameuses, droites; les latérales ascendantes, non fistuleuses. Feuilles à folioles oblongues, dentées en scie aux deux tiers de la longueur, cunéiformes à la base, glabres en dessus, pubescentes en dessous. Stipules lancéolées-acuminées, incisées-dentées à la base. Fleurs jaunes, très-petites, en grappes serrées, plus longues que les feuilles. Pédoncule aristé. Pédicelles très-courts, munis, à leur base, d'une petite bractée. Calice à dents aiguës, *égales*, munies d'une nervure dorsale, non déchiré à la maturité. Corolle à étendard plus court ou égal à la carène. Ailes très-courtes. Gousse glabre, monosperme, réfléchie, non stipitée, presque *arrondie-comprimée, non sillonnée sur le dos, à côtes serrées, concentriques* sur les faces. Graine brune, ovoïde, comprimée, échancrée à l'ombilic, finement tuberculeuse.

Hab. les champs sablonneux, aux environs de Nîmes, Aigues–Mortes, Sylvéréal, Bellegarde, les bords du Rhône, à la Reyranglade. ① Fl. avril–juin.

2. **M. ITALICA** *Lamk. dict.* 4, *p.* 67; *Dub. bot.* 129; *Tenor.*

fl. nap., *t.* 176, *fig.* 3 ; *Moris. hist. s.* 2, *t.* 16, *fig.* 4 *(sauf les folioles non dentées).* — Racine blanchâtre, pivotante. Tige de 2-5 décim, fistuleuse, anguleuse, droite, rameuse, glabre ainsi que les feuilles ; celles-ci à folioles grandes, élargies sur les côtés, obtuses, dentées-sinuées au sommet, mucronulées, cunéiformes à la base, pâles en dessous. Stipules inférieures lancéolées, incisées-dentées à la base ; les supérieures linéaires-subulées, entières. Fleurs moyennes, d'un jaune pâle, en grappes lâches, plus longues que les feuilles. Pédoncule aristé. Pédicelles très-courts, munis d'une bractée à leur base. Calice déchiré à la maturité, à dents subulées *peu inégales,* un peu plus longues que le tube, *à* 10 *nervures inégales.* Corolle à étendard plus long que la carène égale aux ailes. Gousse glabre, presque sphérique, réfléchie, non stipitée, mucronulée, munie, sur le dos, de 3 côtes et couverte, sur les faces, de *nervures saillantes, sinueuses, irrégulières.* Graine solitaire, rousse ou brune, ovoïde-comprimée, finement tuberculeuse.

Hab. les pacages, à Aigues-Mortes. ① Fl. avril-mai.

3. **M. PARVIFLORA** *Desf. atl.* 2, *p.* 192 ; *Dec. fl. fr.* 4, *p.* 538 ; *Moris. fl. sard., t.* 56. — Racine grêle, pivotante ou rameuse. Tiges grêles, rameuses, droites ; les latérales ascendantes, anguleuses, glabres ainsi que les feuilles ; celles-ci à folioles ovales-oblongues, cunéiformes à la base, dentelées supérieurement, mucronulées ; les inférieures obtuses, presque tronquées, moins dentelées. Stipules lancéolées-subulées, entières ou dentées à la base. Fleurs jaunes, très-petites, en grappes très-serrées dépassant les feuilles. Pédoncules filiformes, terminés par une arête très-courte. Pédicelles très-courts, munis d'une bractée à leur base. Calice non déchiré à la maturité, à 5 dents *peu inégales,* un peu plus longues que le tube, munies d'*une nervure dorsale.* Corolle à étendard dépassant peu les ailes égales à la carène. Gousses glabres, très-petites, presque sphériques, réfléchies, ridées, réticulées sur les faces, non stipitées. Graine solitaire, rousse, obovée, finement tuberculeuse.

Hab. les champs incultes, à Nîmes, Manduel, Aigues-Mortes. ① Fl. mai-juin.

4. **M. NEAPOLITANA** *Tenor. fl. nap. prod. suppl.* 1, *p.* 56 ; *M. Gracilis, Dec. fl. fr.* 5, *p.* 56 ; *Tenor. fl. nap., t.* 176, *fig.* 1. — Racine blanchâtre, pivotante, sinueuse. Tiges faibles, de 1-3 décim., rameuses, droites ; les latérales ascendantes. Feuilles à folioles ovales, cunéiformes à la base ; les supérieures plus étroites, toutes dentelées au sommet. Stipules sétacées, entières. Fleurs d'un jaune pâle, en grappes lâches, dépassant beaucoup les feuilles. Pédoncules filiformes, sans arête. Pédicelles très-courts, munis d'une petite bractée à leur base. Calice non déchiré,

à dents aiguës, un peu plus longues que le tube, peu inégales, munies d'une nervure dorsale. Corolle à pétales de la même longueur. Gousses ascendantes, pubescentes, à la fin glabres, non stipitées, sphériques, apiculées, ridées-réticulées sur les faces. Graine brune, *sphérique*, finement tuberculeuse.

Hab. les pacages et les champs cultivés, au Vigan, Campestre, l'Esperou, les bords du Gardon, la Beaume. ① Fl. juin–juillet.

5. M. OFFICINALIS *Lamk. dict.* 4, *p.* 63 ; *Gren. et Godr. fl. fr.* 1, *p.* 402 ; *M. Kochiana, Dec. fl. fr.* 5, *p.* 564 ; *Drèves et Hayne, Choix des pl., t.* 44. — Racine profonde, grosse, rameuse. Tiges de 3-8 décim., très-rameuses, droites ou ascendantes, anguleuses, glabres ainsi que les feuilles ; celles-ci à folioles ovales ou oblongues, denticulées, obtuses. Stipules supérieures sétacées-subulées, entières ; les inférieures élargies et dentées à leur base. Fleurs jaunes, odorantes, en grappes plus ou moins serrées, très-allongées, beaucoup plus longues que les feuilles. Pédoncules terminés par une arête courte. Pédicelles très-courts. Calice non déchiré à la maturité, à dents subulées presque égales, munies d'une nervure dorsale. Corolle à étendard dépassant les ailes plus longues que la carène. Gousses *glabres*, ovales, réfléchies, brièvement stipitées, mucronées, ridées-réticulées sur les faces, ne noircissant pas à la maturité, *obtuses sur le dos*. Graine ordinairement solitaire, ovoïde, lisse, presque pas échancrée à l'ombilic.

Cette plante est regardée comme émolliente, digestive et calmante.

Hab. les champs cultivés et les pacages, dans tout le département. ② Fl. juin–septembre.

6. M. MACRORHIZA *Pers. syn.* 2, *p.* 348 ; *Gren. et Godr. fl. fr.* 1, *p.* 402 ; *M. officinalis, Dec. fl. fr.* 5, *p.* 563 ; *Trifolium macrorhizum, Waldst. et Kit., pl. rar. hung.* 1, *t.* 26. — Cette plante diffère de la précédente par son port plus élevé, par ses pétales égaux, sa gousse pubescente dans la jeunesse, noire à la maturité, à carène dorsale tranchante, et par ses graines ponctuées, échancrées à l'ombilic.

Hab. les prairies humides, les bords des fossés, au Vigan, à Aigues-Mortes, au pont du Gard, à Tresques, à Pujaut. ② Fl. juin–septembre.

7. M. ALBA *Lamk. dict.* 4, *p.* 63 ; *M. leucantha, Dec. fl. fr.* 5, *p.* 564 ; *Coss. et Germ. fl. par. atl., t.* 11, *fig. H* ; *Sturm. Germ. fasc. XV, t.* 2. — Racine blanchâtre, grosse, pivotante ou rameuse, profonde. Tige de 1-2 mèt., droite, très-rameuse, glabre ainsi que les feuilles, anguleuse, à rameaux ascendants. Feuilles à folioles obtuses, dentées en scie ; les inférieures obovales ; les supérieures oblongues, plus étroites. Stipules sétacées, entières. Fleurs blanches, inodores, en grappes allongées, 5-6 *fois* *plus longues que les feuilles.* Pédoncules terminés par une arête très-courte. Pédicelles très-courts, munis d'une petite bractée à leur base. Calice non déchiré à la maturité, à dents subulées, presque égales, un peu plus longues que le tube, munies d'une nervure dorsale. Corolle à étendard plus long que la carène égale aux ailes. Gousses glabres, réfléchies, non stipitées, ovales-obtuses, mucronées, ridées-réticulées sur les faces, obtuses sur le dos. Graine ordinairement solitaire, jaunâtre, lisse, ovale, très-légèrement échancrée à l'ombilic.

Cette plante est une nourriture substantielle pour les bestiaux. On en retirerait un très-grand avantage en la cultivant. Elle est connue sous le nom patois de *luzerna bastarda.*

Hab. les vignes et les bords des champs, dans tout le département. ② Fl. juillet-septembre.

16ᵉ gʳᵉ. **TRÈFLE. — TRIFOLIUM.** (Lin. gen. 896; Tournef. inst. 228.)

Calice tubuleux, persistant, à 5 divisions, presque à 2 lèvres. Corolle persistante, desséchée, à étendard plus long que les ailes et la carène ou les égalant. Carène obtuse, plus courte que les ailes. Étamines bifasciculées, à filets légèrement dilatés au sommet. Style glabre, filiforme. Gousse très-petite, exserte ou incluse, à 1-4 graines, à peine déhiscente. Herbes à feuilles trifoliolées, à folioles sessiles ou presque sessiles. Stipules adhérents au pétiole par leur base. Fleurs en têtes ou en épis.

1.	Calice vésiculeux............................	2.
	Calice non vésiculeux.......................	4.
2.	Calice prolongé en cône....................	RESUPINATUM.
	Calice globuleux............................	3.
3.	Pédoncules plus longs que la feuille..........	FRAGIFERUM.
	Pédoncules plus courts que la feuille.........	TOMENTOSUM.
4.	Fleurs jaunes...............................	5.
	Fleurs purpurines, roses, blanches ou d'un blanc jaunâtre............................	9.
5.	Fleurs nombreuses en capitules serrés.......	6.
	Fleurs peu nombreuses en capitules lâches...	8.
6.	Feuilles toutes alternes.....................	7.
	Feuilles supérieures opposées...............	SPADICEUM.
7.	Foliole centrale sessile.....................	AUREUM.
	Foliole centrale pétiolulée..................	AGRARIUM.
8.	Foliole centrale sessile ou presque sessile.....	FILIFORME.
	Foliole centrale pétiolulée..................	PROCUMBENS.
9.	Gousses exsertes...........................	10.
	Gousses incluses...........................	13.
10.	Folioles linéaires-lancéolées................	ALPINUM.
	Folioles ovoïdes............................	11.
11.	Tiges radicantes............................	REPENS.
	Tiges non radicantes.......................	12.
12.	Fleurs blanches............................	NIGRESCENS.
	Fleurs roses...............................	ELEGANS.

13. {Tube du calice glabre à l'extérieur ou très-peu velu........................... 14.
Tube du calice velu à l'extérieur............. 19.

14. {Capitules globuleux ou ovoïdes............. 15.
Capitules cylindriques-oblongs.............. RUBENS.

15. {Dents du calice plus courtes que le tube...... 16.
Dents du calice plus longues que le tube...... 17.

16. {Capitules ovoïdes......................... MARITIMUM.
Capitules globuleux........................ GLOMERATUM.

17. {Calice muni de 20 nervures................. LAPPACEUM.
Calice muni de 10 nervures................. 18.

18. {Feuilles toutes pétiolées................... MEDIUM.
Feuilles supérieures sessiles................ PRATENSE.

19. {Capitules tous terminaux................... 20.
Capitules, les uns terminaux, les autres axillaires........................... 28.
Capitules tous axillaires................... SUBTERRANEUM.

20. {Calice à 10 nervures....................... 21.
Calice à 20 nervures....................... 26.

21. {Capitules spiciformes...................... 22.
Capitules globuleux ou ovoïdes............. 24.

22. {Folioles larges, obovées................... INCARNATUM.
Folioles linéaires-lancéolées................ 23.

23. {Corolles plus longues que le calice.......... PURPUREUM.
Corolles plus courtes que le calice.......... ANGUSTIFOLIUM.

24. {Fleurs d'un blanc jaunâtre................. OCHROLEUCUM.
Fleurs roses.............................. 25.

25. {Dents du calice plus courtes que le tube...... MARITIMUM.
Dents du calice beaucoup plus longues que le tube.................................. STELLATUM.

26. {Capitules entourés, à la base, par des stipules très-dilatées........................... 27.
Capitules entourés, à la base, par 2 feuilles... ALPESTRE.

27. {Tiges droites............................. HIRTUM.
Tiges étalées sur la terre................... CHERLERI.

28. {Capitules pédonculés...................... 29.
Capitules sessiles......................... 30.

29. {Dents du calice plus longues que la corolle; fleurs roses, en capitules oblongs........... ARVENSE.
Dents du calice plus courtes que la corolle; fleurs blanches, en capitules globuleux...... MONTANUM.

30. {Tiges de 2-5 centim., couchées, gazonnantes.. SUFFOCATUM.
Tiges de 1-3 décim., droites ou ascendantes, rarement couchées......................... 31.

31. {Nervures latérales des folioles arquées en dehors....................................... SCABRUM.
Nervures latérales des folioles non arquées en dehors.................................... 32.

32. {Stipules supérieures dilatées................ STRIATUM.
Stipules supérieures non dilatées............ BOCCONI.

1. **T. STELLATUM** *Lin. sp.* 1083; *Dec. fl. fr.* 4, *p.* 530;
Barr. ic., t. 860. — Racine blanchâtre, grêle, pivotante. Tiges

nombreuses, de 1-2 décim., droites ou ascendantes, simples ou peu rameuses, striées, cylindriques, souvent rougeâtres, couvertes de longs poils mous, étalés. Feuilles petites, cunéiformes à la base, échancrées et dentées au sommet, velues; celles des tiges distantes. Stipules ovales, *larges*, veinées-réticulées, dentées. Fleurs roses, rarement blanches, réunies en capitules ovales-globuleux, solitaires, terminaux, à pédoncules allongés. Calice presque cylindrique, velu, soyeux, à 10 nervures, à dents égales, lancéolées-subulées, striées, élargies à l'entrée du tube, qui est couverte d'une *touffe de poils serrés et crépus*, rougeâtres intérieurement, étalés en étoile à la maturité. Corolle plus courte que les divisions du calice, à étendard étroit. Gousse à 2 valves et à 2 graines rousses, ovales, lisses, dont une souvent avortée.

Hab. les terrains maigres, aux environs de Nîmes, Manduel, St-Gilles, Anduze. (I) Fl. mai-juillet.

2. **T. ANGUSTIFOLIUM** *Lin. sp.* 1083; *Dec. fl. fr. 4, p.* 529; *Barr. ic., t.* 698. — Racine grêle, pivotante. Tiges droites ou ascendantes, feuillées dans toute leur longueur, raides, simples, rarement rameuses, cylindriques, à poils appliqués ainsi que les feuilles; celles-ci à folioles *linéaires-lancéolées, aiguës*. Stipules membraneuses, nerviées, embrassantes, longuement adhérentes au pétiole; la partie supérieure libre, *longue, sétacée*. Fleurs roses en épis denses, de 4-6 centim., solitaires, terminaux, à pédoncule plus court que la feuille ou la dépassant rarement. Calice tubuleux, velu-soyeux, à 10 nervures, à orifice fermé par deux callosités, à dents raides, étroites, subulées, ciliées, dont une plus longue, très-étalées à la maturité. Corolle plus courte que les divisions du calice, à étendard étroit, aigu ou tridenté. Gousse à 2 valves et à 2 graines rousses, ovales, lisses, dont une souvent avortée.

Hab. les côteaux arides, aux environs de Nîmes, de Manduel; les pacages à Aigues-Mortes. (I) Fl. mai-juillet.

3. **T. INCARNATUM** *Lin. sp.* 1083; *Dec. fl. fr. 4, p.* 528; *Barr. ic., t.* 697. — Racine grêle, pivotante. Tiges de 2-4 décim., droites, simples, fistuleuses, cylindriques, très-pubescentes ainsi que les autres parties de la plante. Feuilles distantes, à folioles ovales-arrondies, cunéiformes à la base, souvent échancrées en cœur, dentelées au sommet. Stipules membraneuses, nerviées, sur la partie adhérente; la partie libre *herbacée, ovale, obtuse ou aiguë, dentelée*. Fleurs d'un blanc jaunâtre, ou rosé dans la plante spontanée, d'un rouge incarnat dans la plante cultivée, disposées en épis denses, oblongs-cylindriques, solitaires, terminaux, pédonculés. Calice tubuleux, à 10 nervures, velu extérieurement et à l'orifice; dents linéaires-subulées, ciliées, *presque égales*, étalées à la maturité, égales à la fleur ou un peu plus

courte qu'elle. Corolle à étendard étroit, allongé, aigu. Gousse à 2 valves et à 2 graines rousses, ovales, luisantes, dont une souvent avortée.

Hab. les prairies et les pacages, aux environs de Nîmes, d'Alais, d'Anduze, du Vigan, de l'Esperou, au bords du Gardon, à Saint-Nicolas. La var. à fleur rouge incarnat est cultivée, pour fourrage, à Manduel, Bellegarde, St-Gilles, etc. ① Fl. avril–juillet.

4. T. PURPUREUM *Lois. fl. gall.* 2, *p.* 125, *t.* 14; *Dec. fl. fr.* 5, *p.* 557. — Racine grêle, pivotante. Tiges droites ou ascendantes, raides, très-rameuses, pleines, striées, cylindriques, couvertes, ainsi que les autres parties de la plante, de longs poils étalés, feuillées dans toute leur longueur. Feuilles à folioles linéaires-lancéolées, aiguës; les inférieures obtuses. Stipules membraneuses, nerviées, embrassantes, longuement adhérentes au pétiole; la partie supérieure libre, *longue, sétacée.* Fleurs pourpres, en épis denses, ovales-oblongs, solitaires, terminaux, à pédoncule plus court que la feuille ou la dépassant rarement. Calice tubuleux, à 10 nervures, *fermé à l'orifice par 2 callosités, hérissées;* dents raides, subulées, étroites, ciliées, dont une plus longue, étalées à la maturité. Corolle beaucoup plus longue que les divisions du calice, à étendard oblong, acuminé-*tronqué.* Gousse à 2 valves et à 2 graines jaunes, ovales, luisantes, dont une souvent avortée.

Hab. les bois, les vignes et les terrains maigres, aux environs de Nîmes, de Saint-Gilles, de Beaucaire, de Manduel. ① Fl. juin–août.

5. T. RUBENS *Lin. sp.* 1081; *Dec. fl. fr.* 4, *p.* 525; *Jacq. fl. aust., t.* 385. — Racine brune, épaisse, longue, à souche gazonnante, d'où sortent des tiges de 2-4 décim., les unes droites, les autres ascendantes, feuillées dans toute leur longueur, ridées, pleines, striées, cylindriques, simples ou rarement un peu rameuses, glabres ainsi que les feuilles; celles-ci à folioles coriaces, lancéolées-oblongues, obtuses, mucronulées, à nervures latérales *fines et rapprochées, arquées en dehors,* bordées de très-petites dents aiguës et rapprochées. Stipules membraneuses, embrassantes, nerviées, très-longuement adhérentes au pétiole; la partie supérieure herbacée, libre, lancéolée-aiguë, un peu dentée; les inférieures plus courtes; les supérieures plus longues que le pétiole et plus amples que les autres. Fleurs assez grandes, purpurines, en épis gros, cylindriques, obtus, denses, terminaux, solitaires ou géminés, à pédoncule plus ou moins long. Calice tubuleux, glabre ou peu velu extérieurement, à orifice velu et ouvert, *à 20 nervures* et à dents sétacées, ciliées, non étalées; une ou deux inférieures beaucoup plus longues que les autres, presque de la longueur de la corolle, la dépassant quelquefois. Corolle à étendard oblong, mucronulé, un peu plus long que les ailes. Gousse à 2 valves et à 2 graines rousses, ovales, lisses, dont une souvent avortée.

Hab. les bois, les pacages, les garrigues, à Bouquet, au mas de Seine, à la Chartreuse de Valbonne, Tresques, Boussargues. 2̸ Fl. juin–juillet.

6. **T. ALPESTRE** *Lin. sp.* 1082 ; *Dec. fl. fr.* 4, *p.* 527 ; *Jacq. aust., t.* 433. — Racine brune, dure, à souche gazonnante d'où sortent des tiges de 2-3 décim., droites, raides, pleines, simples ou rarement peu rameuses, striées, cylindriques, velues. Feuilles à pétiole velu, allongé dans les inférieures, court dans les supérieures, à folioles lancéolées-oblongues, fermes, à nervures latérales rameuses, fines et rapprochées, arquées en dehors, bordées de très-petites dents, glabres en dessus, velues en dessous. Stipules membraneuses, embrassantes, nerviées ; la partie supérieure libre, linéaire-subulée, velue. Fleurs rouges, rarement blanches en capitules terminaux, *ovales ou arrondis*, solitaires ou géminés, sessiles, entourés, à leur base, de 2 feuilles sessiles, opposées, à stipules dilatées. Calice tubuleux, velu extérieurement, à orifice entouré d'un bourrelet velu, à 20 nervures, à dents filiformes, ciliées, droites ; l'inférieure beaucoup plus longue que les autres, plus courte que la corolle. Corolle à étendard de la longueur de la carène. Gousse à 2 valves et à 2 graines rousses, ovales, lisses, dont une avortée.

Hab. les bois montagneux, à Valbonne, Serre-de-Bouquet, Salbous, Boussargues. 2̸ Fl. juin–août.

7. **T. HIRTUM** *All. auct.* 20 ; *T. hispidum Desf. atl.* 2, *t.* 209, *fig.* 1 ; *Dec. fl. fr.* 4, *p.* 524. — Racine blanchâtre, pivotante. Tiges isolées ou réunies, droites ou étalées, de 2-4 décim., raides, rameuses, à rameaux très-étalés, fistuleuses, striées, cylindriques, couvertes de poils longs, étalés. Feuilles pétiolées ; les deux supérieures sessiles sous le capitule, dont une sans folioles. Folioles ovales, cunéiformes à la base, obtuses, mucronulées, à nervures latérales rameuses, fines et serrées, finement dentelées supérieurement, velues. Stipules médiocres, membraneuses, nerviées, embrassantes ; la partie supérieure libre, linéaire, sétacée, ciliée ; les supérieures très-dilatées. Fleurs rouges en capitules arrondis, solitaires, terminaux, sessiles. Calice tubuleux, très-velu, à 20 nervures, à orifice ouvert, velu. Dents sétacées, ciliées, *presque égales*, un peu plus courtes que la fleur. Corolle à étendard acuminé, allongé. Gousse à 2 valves et à 2 graines rousses, lisses, striées à la base ; l'une d'elles souvent avortée. Plante d'un vert jaunâtre.

Hab. les vignes et le bord des champs incultes, à Aigues-Mortes, Sumène, Broussan, Saint-Gilles. 2̸ Fl. mai–juillet.

8. **T. CHERLERI** *Lin. sp.* 1081 ; *Dec. fl. fr.* 4, *p.* 524 ; *Moris. fl. sard.* 1, *p.* 480, *t.* 61 ; *Barr. ic., t.* 859. — Racine

blanchâtre, pivotante. Tiges nombreuses, de 10-15 centim.,
ascendantes, plus souvent étalées en gazon sur la terre, simples,
rarement rameuses, couvertes de poils étalés, blancs. Feuilles
pétiolées, à folioles ovoïdes-cordiformes, nerviées, très-légèrement dentées au sommet, garnies de poils luisants, couchés ; les
trois supérieures sessiles à la base du capitule, munies de stipules
larges, arrondies; une d'elles dépourvue de folioles. Stipules
courtes, membraneuses, embrassantes, nerviées ; la partie supérieure libre, lancéolée, aiguë. Fleurs blanchâtres, en capitules
arrondis-déprimés, solitaires, terminaux, sessiles, très-caducs.
Calice court, tubuleux, à 20 nervures, couvert de poils blancs
nombreux, à orifice ouvert, à dents égales, sétacées, ciliées,
beaucoup plus longues que la corolle. Gousse à 2 valves et à
2 graines rousses, ovales, lisses ; l'une d'elles avortée. Plante
d'un vert blanchâtre.

Hab. les lieux arides, aux environs de Nîmes, de Manduel, les bois de
Cygnan et de Campagne, Aigues-Mortes. ① Fl. mai-juin.

9. **T. MEDIUM** *Lin. suec.,* 2ᵉ *ed.* 558 ; *Dec. fl. fr.* 4, *p.* 526 ;
T. flexuosum, Jacq. aust., ed. 2ᵉ, *t.* 386. — Racine vivace, à
souche rameuse, traçante. Tiges de 2-4 décim., velues ou presque
glabres, droites, ascendantes, quelquefois couchées, anguleuses,
flexueuses, simples ou rameuses. Feuilles à pétiole d'autant plus
court qu'il s'approche du sommet, à folioles ovales-oblongues ou
elliptiques, pubescentes et un peu glauques en dessous, à peine
denticulées, à nervures latérales, fines et serrées, rameuses.
Stipules embrassantes, nerviées ; la partie supérieure herbacée,
libre, lancéolée-linéaire, entière, divergente. Fleurs grandes,
rouges, en capitules gros, *ovales* ou *arrondis,* terminaux, solitaires ou géminés, plus ou moins pédonculés, munis, à leur
base, de 2 feuilles florales opposées. Calice tubuleux, à 10 nervures, glabre extérieurement, velu à l'orifice, à dents inégales
filiformes, ciliées, peu étalées ; l'inférieure la plus longue, beaucoup plus courte que la corolle. Étendard dépassant peu la carène.
Gousse à 2 valves et à 2 graines rousses, ovales, lisses ; l'une
d'elles avortée.

Hab. les bois, à Alais, Anduze, le Vigan, la Chartreuse de Valbonne.
♃ Fl. juin-juillet.

10. **T. PRATENSE** *Lin. sp.* 1082 ; *Dec. fl. fr.* 4, *p.* 526 ;
Fuchs. hist., p. 817, *ic.* — Racine pivotante, à souche gazonnante, écailleuse, rameuse. Tiges de 2-5 décim., striées, cylindriques, velues ou glabrescentes, droites ou ascendantes, pleines
ou fistuleuses, simples ou rameuses. Feuilles longuement pétiolées dans le bas, moins dans le milieu, presque sessiles au
sommet, à folioles ovales ou oblongues, entières ou presque
entières, obtuses ou échancrées, pubescentes, ciliées, souvent

tachées. Stipules embrassantes, nerviées, amples; la partie supérieure libre, courte, triangulaire, aristée; les supérieures plus larges. Fleurs d'un rouge violet, très-rarement blanches, en capitules ovales ou arrondis, solitaires, plus rarement géminés, terminaux, brièvement pédonculés au centre de 2 feuilles florales opposées. Calice tubuleux, à 10 nervures, glabre, quelquefois un peu velu extérieurement, velu à l'orifice et entouré intérieurement d'un bourrelet, à dents inégales, filiformes, sétacées, ciliées, beaucoup plus courtes que la corolle tubuleuse à la base. Étendard plus long que les ailes qui dépassent un peu la carène, échancré au sommet. Gousse *en boîte à savonnette*, à 1-2 graines roussâtres, ovales, lisses. La plante cultivée est plus robuste; celle qui croît dans les terrains arides est maigre et plus petite.

Hab. dans tout le département. On la cultive souvent comme fourrage. ♃ Fl. avril–septembre.

11. **T. OCHROLEUCUM** *Lin. syst.* 3, *p.* 233; *Dec. fl. fr.* 4, *p.* 528; *Jacq. aust.*, *t.* 40. — Racine épaisse, coriace, pivotante, à souche brune, ligneuse, rameuse, gazonnante. Tiges de 2-4 décim., ascendantes, simples ou peu rameuses, plus ou moins velues, à entre-nœuds, surtout le supérieur, très-allongés. Feuilles pétiolées, plus longuement dans les inférieures, à folioles oblongues dans le haut, ovales dans le bas et échancrées, très-pubescentes, molles, finement striées, entières. Stipules nerviées; la partie supérieure libre, lancéolée-subulée, ciliée, non divariquée; celles des feuilles florales plus courtes et plus larges. Fleurs d'un blanc jaunâtre, en capitules arrondis, à la fin oblongs, solitaires, terminaux, sessiles ou pédonculés. Calice tubuleux, à 10 nervures, velu extérieurement, à orifice fermé par 2 *lèvres calleuses*, à dents lancéolées-subulées, subtrinerviées, ciliées, raides; l'inférieure beaucoup plus *longue* que les autres, *réfléchie après la floraison*, beaucoup plus courte que la corolle. Étendard *acuminé*, dépassant beaucoup les ailes et la carène. Gousse striée en long, en boîte à savonnette, à une graine brune, ovoïde, lisse.

Hab. les bois, les pacages et les rives, dans tout le département. ♃ Fl. juin–juillet.

12. **T. MARITIMUM** *Huds. angl.* 1ᵉ, *ed.* 284; *T. irregulare*, *Dec. fl. fr.* 4, *p.* 531; *T. rigidum Savi, fl. pis.*, *t.* 1, *fig.* 1; *Moris. hist.* 2, *s.* 2, *t.* 14, *fig.* 1. — Racine grêle, pivotante. Tiges de 2-4 décim., droites ou étalées, rameuses, à rameaux allongés, étalés-ascendants, velus, *dépassant l'entre-nœud supérieur*. Feuilles pétiolées, à folioles ovales-oblongues; les supérieures plus étroites, obtuses, souvent échancrées, mucronulées, pubescentes-ciliées, entières ou presque dentées au sommet. Stipules embrassantes, nerviées; la partie supérieure libre, her-

bacée, lancéolée-aiguë, ciliée, plus longue que la partie inférieure. Fleurs d'un rose clair, en capitules ovales-coniques, solitaires, terminaux, sessiles ou peu pédonculés, accompagnés de 2 feuilles opposées. Tube du calice en cône renversé, à 10 nervures, presque glabre, à orifice fermé par 2 lèvres calleuses, pubescentes. Dents raides, lancéolées-subulées, ciliées, étalées; l'inférieure, la plus longue, à 3 nervures, *recourbée à la maturité;* les autres à une. Corolle dépassant le calice. Gousse striée en long, en boîte à savonnette, à une graine rousse, ovoïde, striée.

Hab. les prairies, pacages et bords des champs; à Aigues-Mortes, Bellegarde, Saint-Gilles, Manduel, Beaucaire. ① Fl. mai-juillet.

13. T. LAPPACEUM *Lin. sp.* 1082; *Dec. fl. fr.* 4, *p.* 525; *Moris. fl. sard.* 1, *p.* 482, *t.* 62, *fig.* 1; *Barr. ic.* 871. — Racine grêle, pivotante. Tiges de 1-4 décim., faibles, un peu flexueuses, droites ou ascendantes, très-rameuses, à rameaux écartés, ascendants, parsemées de quelques poils étalés, écartés. Feuilles brièvement pétiolées dans le haut, à folioles ovales ou oblongues, rétrécies à leur base, obtuses ou échancrées, finement nerviées, dentelées supérieurement, velues, ciliées. Stipules embrassantes, nerviées, étroites, courtes; la partie supérieure libre, verte, lancéolée-subulée, longuement ciliée. Fleurs rosées, en capitules arrondis ou un peu ovales, solitaires, sessiles ou pédonculés, pourvus, à leur base, de 2 feuilles opposées. Calice campanulé, à 20 nervures, glabre, à *orifice velu*, à la fin *très-ouvert*, à dents *filiformes-subulées*, élargies et nerviées à leur base, presque égales, longuement ciliées, à peine dépassant la corolle. Gousse non striée, monosperme, stipitée. Graine rousse, ovoïde, marquée de 2-3 sillons peu profonds.

Hab. les champs, les pacages, à Nîmes, Manduel, Saint-Gilles, Aigues-Mortes, Tresques. ① Fl. mai-juin.

14. T. ARVENSE *Lin. sp.* 1083; *Dec. fl. fr.* 4, *p.* 530. *Barr. ic., t.* 901. — Racine grêle, pivotante. Tige de 1-4 décim., droite, flexueuse, très-rameuse, quelquefois simple, grêle, velue, souvent rougeâtre. Feuilles brièvement pétiolées, à folioles *oblongues-linéaires*, obtuses ou tronquées, denticulées au sommet, mucronulées. Stipules nerviées; la partie supérieure libre, *longue*, sétacée. Fleurs blanches ou rosées, en capitules nombreux, oblongs ou cylindriques, obtus, solitaires, très-velus, grisâtres, soyeux, à pédoncules courts. Calice très-velu, campanulé, à 10 nervures, à orifice velu. Dents sétacées-subulées, plumeuses, presque égales, dépassant la corolle. Étendard arrondi au sommet. Gousse presque ronde, à une graine jaunâtre, ovale, lisse.

Cette plante est vulg^t connue sous le nom de *pied-de-lièvre*.

Hab. les champs cultivés et sablonneux, dans tout le département. ① Fl. juin-septembre.

15. T. Bocconi *Savi, att. acad. ital.* 1, *p.* 191, *fig.* 1 ; *Dec. fl. fr.* 5, *p.* 560 ; *Bocc. mus., t.* 104. — Racine grêle, pivotante. Tiges de 1-2 décim., droites ou ascendantes, rameuses, pubescentes. Feuilles brièvement pétiolées, à folioles oblongues, obtuses, cunéiformes, pubescentes, ciliées, denticulées supérieurement, à nervures latérales *très-prononcées, non arquées.* Stipules petites, à 2 *nervures très-saillantes ;* les autres moins prononcées ; la partie supérieure libre, sétacée, ciliée. Fleurs rougeâtres, en capitules ovales ou oblongs, cylindriques ; les inférieures solitaires, axillaires ; les terminaux géminés, dont un plus petit, presque sessiles, munis, à leur base, d'une feuille presque sessile. Calice velu extérieurement, à 10 nervures, à orifice velu, non fermé. Dents subulées, presque égales, droites ; l'inférieure plus longue, égale au tube et à la corolle ; celle-ci adhérente au réceptacle. Gousse à une graine jaune, ovale, lisse.

Hab. au bas des rochers, au nord du grand chemin vis-à-vis Tessan, près du Vigan, le bord des fossés, sur la route de Nîmes à Saint-Gilles, à droite, avant d'arriver au bois de Cygnan. ⓘ Fl. juin-juillet.

16. T. striatum *Lin. sp.* 1085 ; *Dec. fl. fr.* 4, *p.* 532 ; *Vaill. bot. par., t.* 33, *fig.* 2. — Racine blanchâtre, grêle, pivotante. Tiges de 1-4 décim., droites ou ascendantes, velues, peu rameuses. Feuilles à folioles ovales-oblongues, cunéiformes à la base, denticulées au sommet ; les inférieures plus courtes, cordiformes, toutes pubescentes-soyeuses sur les deux faces, à nervures latérales non arquées. Stipules membraneuses, nerviées ; la partie supérieure herbacée, libre, lancéolée, acuminée, ciliée ; les supérieures plus *élargies.* Fleurs rose pâle, en capitules ovales ou oblongs, coniques, sessiles ou brièvement pédonculés, axillaires ; ceux du sommet géminés, munis, à leur base, d'une feuille presque sessile. Calice velu extérieurement et calleux à l'orifice, à 10 nervures, *renflé et étranglé* à la maturité. Dents inégales, lancéolées-aristées, droites, puis étalées, plus longues ou plus courtes que la corolle ; celle-ci *très-caduque.* Gousse à une graine jaune, ovale, lisse. Plante d'un vert blanchâtre.

Hab. les prairies, pacages, bois, dans tout le département. ① Fl. mai-juillet.

17. T. scabrum *Lin. sp.* 1084 ; *Dec. fl. fr.* 4, *p.* 532 ; *Vaill. bot. par., t.* 33, *fig.* 1 ; *Barr. ic., t.* 870. — Racine grêle, pivotante, un peu rameuse. Tiges de 1-2 décim., raides, couchées ou ascendantes, rameuses, quelquefois flexueuses, couvertes de poils appliqués. Feuilles à folioles raides, ovales ou oblongues, un peu en coin à la base, denticulées supérieurement, à nervures latérales très-prononcées, nombreuses, bi ou trifurquées, courbées en dehors au sommet. Stipules presque membraneuses, à 2 nervures prolongées sur le pétiole, très-saillantes ; les autres moins prononcées; la partie supérieure libre, courte, lancéolée, mucronée, ciliée; les supérieures non élargies. Fleurs blanchâtres, en capitules ovales, s'allongeant un peu après la floraison, solitaires, sessiles, axillaires. Calice cylindrique, un peu élargi sous les dents, coriace, velu, à 10 nervures, à orifice fermé par 2 *lèvres calleuses, violettes.* Dents lancéolées, subulées, inégales, raides, piquantes, *recourbées* après la floraison; l'inférieure la plus longue dépassant la corolle; celle-ci *adhérente au réceptacle.* Gousse à une graine jaune, ovale, lisse.

Hab. les côteaux secs et sablonneux, vignes et garrigues, dans tout le département. ① Fl. mai–juin.

18. **T. SUBTERRANEUM** *Lin. sp.* 1080; *Dec. fl. fr.* 4, *p.* 522; *Barr. ic., t.* 881. — Racine grèle, pivotante ou rameuse. Tiges de 1-3 décim., rameuses, flexueuses, couchées sur la terre, couvertes de longs poils blancs, mous, étalés. Feuilles longuement pétiolées, à folioles molles, velues, cordiformes, courtes, à peine denticulées au sommet, souvent tachées. Stipules larges, ovales-lancéolées, aiguës, presque membraneuses, nerviées. Fleurs blanches, assez grandes, en capitules tous axillaires, arrondis, à pédoncules allongés, composés de fleurs fertiles recouvertes par les fleurs stériles, s'enfonçant en terre après la floraison. Calices fertiles, renflés à la maturité; les autres stériles, allongés, étroits, réfléchis sur les premiers et les enveloppant, à 10 nervures, à dents filiformes, ciliées, plus courtes que la corolle, raides et divariquées après la floraison. Gousse à une graine noire, grosse, arrondie, comprimée.

Hab. les lieux herbeux et le bord des bois, dans tout le département. ① Fl. avril–mai.

19. **T. FRAGIFERUM** *Lin. sp.* 1086; *Dec. fl. fr.* 4, *p.* 534; *Vaill. bot. par., t.* 22, *fig.* 2. — Racine épaisse, dure, pivotante, grisâtre, à souche très-rameuse. Tiges de 1-4 décim., gazonnantes, couchées, radicantes, rameuses, glabres ou velues. Feuilles à folioles ovales, obtuses ou un peu échancrées, finement nerviées, entourées de très-petites dents cuspidées, presque glabres. Pétiole velu. Stipules membraneuses, légèrement nerviées, engaînantes; la partie libre lancéolée, subulée. Fleurs roses, en capitules serrés, globuleux ou ovales, munis, à la base, d'un *involucre bractéiforme, formé de folioles lancéolées, aiguës, plus ou moins soudées à leur base,* nerviées, membraneuses sur les bords, de la longueur des calices. Pédoncules velus, axillaires, beaucoup plus longs que les feuilles. Calice à 2 lèvres; la supérieure à 2 dents, l'inférieure à 3; toutes sétacées, beaucoup plus courtes que la corolle; le fructifère membraneux, vésiculeux, nervié, réticulé, velu; les 2 dents supérieures réfléchies. Corolle à étendard dressé. Gousse sessile, à 2 valves, à 1 ou 2 graines ovales-arrondies, rousses, tachées de brun.

Hab. les prairies, pacages et bords des champs et des chemins, dans tout le département. 2.' Fl. juin–octobre.

20. T. RESUPINATUM *Lin. sp.* 1086 ; *Dec. fl. fr. 4, p.* 534 ; *J. Bauh.* 2, *p.* 379, *fig.* 2 ; *Barr. ic.*, *t.* 872. — Racine grêle, pivotante ou rameuse. Tiges de 1-4 décim., droites, ascendantes ou couchées, gazonnantes, nombreuses, rameuses, striées, fistuleuses, glabres ainsi que les feuilles ; celles-ci à folioles ovales, élargies au sommet, cunéiformes à la base, finement nerviées, dentées en scie. Stipules membraneuses, un peu nerviées ; la partie libre linéaire-lancéolée, subulée. Fleurs d'un rose foncé, en capitules presque globuleux ; les fructifères sphériques, entourés, à leur base, de *rudiments de bractéole.* Pédoncules axillaires, plus longs que la feuille. Pédicelles *très-courts.* Calice strié, à 2 lèvres ; la supérieure à 2 dents sétacées ; l'inférieure à 3, lancéolées, plus courtes que la corolle ; le fructifère membraneux, nervié-réticulé, velu, vésiculeux, terminé *en cône* droit, portant à son sommet 2 dents sétacées, divariquées. Corolle renversée, à étendard allongé. Gousse sessile, ovale, à 2 valves, à 1-2 graines rougeâtres, ovales, lisses, luisantes.

Cette plante, qui est un fourrage délicat pour les bestiaux, est connue sous le nom vulgaire de *lampourdetta.*

Hab. les pacages et les lieux incultes, à Nîmes, Saint-Gilles, Anduze, Saint-Ambroix, Aigues-Mortes, Manduel, Bellegarde. ① Fl. mai–juin.

21. T. TOMENTOSUM *Lin. sp.* 1086 ; *Dec. fl. fr. 4, p.* 534 ; *Moris. fl. sard.* 1, *p.* 495, *t.* 64 ! *Barr. ic.*, *t.* 864. — Racine blanchâtre, pivotante ou rameuse. Tiges de 5-15 centim., *couchées en cercle* sur la terre, simples ou peu rameuses, gazonnantes, *non radicantes,* glabres ainsi que les pétioles et les feuilles ; celles-ci à folioles ovales, rétrécies à la base, obtuses, denticulées sur les bords, à nervures latérales fines, non arquées. Stipules membraneuses, nerviées ; la partie libre lancéolée, cuspidée. Fleurs très-petites, roses, en capitules petits, sphériques et grossis à la maturité, axillaires, presque sessiles ou à pédoncules ne dépassant pas la feuille, entourés, à leur base, de *rudiments de bractéole.* Calice presque sessile, strié, à 2 lèvres ; l'inférieure à 3 dents plus courtes que la corolle ; la supérieure cotonneuse, nerviée, réticulée, membraneuse, *vésiculeuse-arrondie* à la maturité, terminée par 2 petites dents *non saillantes.* Corolle à demi renversée. Gousse sessile, ovale et à 1-2 graines petites, rousses, ovales, lisses, luisantes.

Hab. les lieux herbeux, les bords des champs et des chemins, à Nîmes, Saint-Gilles, Manduel, Caissargues. ① Fl. mai–juin.

22. T. GLOMERATUM *Lin. sp.* 1084 ; *Dec. fl. fr. 4, p.* 522 ; *Barr. ic.*, *t.* 882. — Racine grêle, pivotante ou peu rameuse. Tiges de 1-3 décim., nombreuses, droites, ascendantes ou couchées, rameuses, glabres ainsi que toutes les autres parties de la plante. Feuilles à folioles obovales, petites, cunéiformes à la base ; les inférieures obtuses ou échancrées ; les supérieures un peu aiguës, à nervures latérales très-prononcées, bordées de très-petites dents aiguës. Stipules scarieuses, nerviées ; la partie libre sétacée. Fleurs petites, rosées, en capitules globuleux, solitaires, rarement géminés au sommet des tiges, sessiles ou subsessiles, écartés, axillaires et terminaux. Calice sessile, à 10 nervures très-saillantes, non renflé, à dents égales, lancéolées-subulées, réfléchies à la maturité, plus courtes que la corolle, à orifice nu. Étendard dressé, beaucoup plus long que les ailes. Gousse oblongue, sessile, à 2 valves et à 2 graines rousses ou brunes, arrondies, comprimées, finement tuberculeuses.

Hab. les champs, les vignes et les terrains pierreux, dans tout le département. ① Fl. mai–juin.

23. T. SUFFOCATUM *Lin. mant.* 276 ; *Dec. fl. fr.* 4, *p.* 522 ; *Jacq. hort. vind.* 1, *t.* 60. — Racine grêle, pivotante ou rameuse. Tiges de 2-6 centim., rameuses, étalées sur la terre en rosettes, gazonnantes, souvent cachées par les capitules serrés et nombreux qui les couvrent. Feuilles à pétioles plus longs que les tiges, à folioles ovales élargies au sommet, cunéiformes, tronquées ou un peu échancrées, légèrement nerviées, dentées en scie supérieurement. Stipules membraneuses, étroites, lancéolées, aiguës. Fleurs blanchâtres, en capitules ovales-coniques, solitaires, sessiles, axillaires et terminaux, peu distants, *souvent contigus*. Calice un peu velu, à 10 nervures, sessile, non renflé, à dents presque égales, lancéolées, aiguës, trinerviées, courbées en dehors après la floraison, beaucoup plus longues que la corolle. Etendard dressé, plus long que les ailes. Gousse sessile, oblongue, à 2 valves et à 2 graines jaunes, petites, arrondies, échancrées. Plante toute glabre.

Hab. les lieux secs et sablonneux, à Manduel, à Tresques (*Gonnet*), dans les bois et les bords des chemins, à Broussan, Campagne, aux environs de Nîmes. ① Fl. avril–mai.

24. T. MONTANUM *Lin. sp.* 1087 ; *Dec. fl. fr.* 4, *p.* 529 ; *J. Bauh. hist.* 2, *p.* 380, *fig.* 2 *(mauvaise)*. — Racine grosse, *filandreuse*, profonde, à souche dure, ligneuse, plus ou moins divisée, d'où sortent des feuilles et des tiges de 2-4 décim., droites ou ascendantes, presque simples, raides, velues, presque cotonneuses, fistuleuses, striées, cylindriques. Feuilles radicales longuement pétiolées ; les caulinaires écartées, à court pétiole. Folioles oblongues-lancéolées, mucronulées, à nervures latérales très-prononcées, nombreuses et serrées, dentelées en scie, glabres en dessus, pubescentes et plus pâles en dessous. Stipules vaginantes, nerviées ; la partie libre lancéolée, acuminée-aristée, dépassant le pétiole. Fleurs blanches en capitules subglobuleux, serrés, solitaires, axillaires et terminaux, longuement pédonculés. Calice campanulé, légèrement pubescent, à 10 nervures, très-brièvement pédicellé, réfléchi après la floraison, à dents iné-gales, lancéolées-subulées, droites, beaucoup plus courtes que la corolle. Étendard allongé, étroit, beaucoup plus long que les ailes. Gousse sessile, ovale, pubescente, à 2 valves et à 2 graines rousses, ovoïdes, lisses.

Hab. les bois, à la Chartreuse de Valbonne, au Serre-de-Bouquet, à l'Esperou, à Salbous, et les localités montagneuses du département. ♃ Fl. mai–juillet.

25. T. ALPINUM *Lin. sp.* 1080 ; *Dec. fl. fr.* 4, *p.* 519 ; *Sturm. fl. germ.* 1, *fasc.* 15, *t.* 9 ; *J. Bauh. hist.* 2, *p.* 376, *fig.* 1. — Souche épaisse, flexible, filandreuse, très-rameuse, souterraine, abondamment couverte de fibres grisâtres, sèches, produisant des feuilles et des hampes de 10-15 centim., nues, faibles, striées, plus longues qu'elles. Feuilles pétiolées, à folioles *linéaires-lan-céolées*, à nervures latérales nombreuses, fines, bordées de très-petites dents. Stipules très-longues, nerviées ; la partie libre linéaire-aiguë, nerviée, un peu scarieuse sur les bords. Fleurs purpurines, rarement blanches, en capitule lâche, biombellé ; chaque ombelle entourée, à la base, *de petites écailles acuminées.* Calice campanulé, à tube court, bossu à la base, à 10 nervures, non renflé, à dents inégales, linéaires-lancéolées, subulées, *plus longues que le tube, plus courtes que la corolle.* Pédicelles droits, *réfléchis* après la floraison. Corolle longue de 2 centim., à éten-dard allongé, obtus, beaucoup plus long que les ailes. Gousse assez grande, *stipitée, exserte*, oblongue, *étranglée au milieu,* à 2 valves et à 2 graines assez grosses, arrondies, comprimées, échancrées.

Cette plante est connue sous le nom vulgaire de *réglisse des Alpes,* à cause de la saveur de sa racine, semblable à celle de la réglisse.

Hab. les pacages du sommet de l'Aigual, près de l'Esperou. ♃ Fl. juin-août.

26. T. REPENS *Lin. sp.* 1080 ; *Dec. fl. fr.* 4, *p.* 520 ; *Lob. ic. par.* 2, *t.* 33, *fig.* 1. — Racine pivotante, à souche rameuse. Tiges de 1-3 décim., faibles, *couchées-radicantes*, glabres, gazon-nantes, rameuses, ascendantes à leur partie supérieure. Feuilles longuement pétiolées, à folioles obovales-arrondies, obtuses ou échancrées, finement dentelées en scie, finement nerviées, gla-bres sur leurs deux faces, souvent tachées de blanc. Stipules membraneuses, nerviées ; la partie libre lancéolée, subulée. Fleurs blanches ou rosées, en capitules globuleux, longuement pédonculés. Calice glabre, campanulé, non renflé, à 10 nervures, à dents lancéolées, courtes, inégales, colorées, égales au tube et plus courtes que la moitié de la corolle, pédicellé, réfléchi après la floraison. Corolle à étendard allongé, beaucoup plus long que les ailes. Gousse non stipitée, *bosselée*, dépassant le calice, à 2 valves, à 3-4 graines jaunes, presque triangulaires.

Cette plante est connue sous le nom vulgaire de *triolet*. Ses fleurs passent pour astringentes et vulnéraires. On la sème dans les terrains maigres, pour pacage.

Hab. les prairies, les bords des bois et des chemins, dans tout le département. ♃ Fl. mai-septembre.

27. T. NIGRESCENS *Viv. frag. ital., p.* 12, *t.* 13 ; *T. hybridum, Dub. bot.* 133 ; *T. pallescens, Dec. fl. fr.* 5, *p.* 555. — Racine blanchâtre, grêle, pivotante ou fibreuse. Tiges de 1-3 décim., couchées ou ascendantes, *non rampantes*, simples ou rameuses, glabres, pleines, striées. Feuilles à folioles glabres, cunéiformes, obtuses et dentelées en scie supérieurement. Stipules membraneuses, nerviées, *brusquement* et *étroitement acuminées*. Fleurs blanches, odorantes, en capitules arrondis au sommet de pédoncules axillaires, deux fois aussi longs que les feuilles. Calice pédicellé et réfléchi à la maturité, glabre, campanulé, non renflé, à 10 nervures, à dents inégales, lancéolées-aiguës ; les supérieures un peu plus longues, plus courtes que la corolle et de la longueur du tube. Corolle à étendard étroit et allongé au sommet. Gousse *non stipitée*, très-saillante hors du calice, *linéaire, bosselée, denticulée dans la longueur du bord inférieur*, à 2 valves, à 3-4 graines petites, jaunes, arrondies, lisses.

Hab. les bois, les pacages, les vignes, aux environs de Nîmes, à St-Gilles, Bellegarde, Aigues-Mortes, Manduel, bois de Broussan, bois de Campagne, au Vigan, Anduze. ① Fl. avril-juin.

28. T. ELEGANS *Savi, bot. etr.* 4, *p.* 42 ; *Dec. fl. fr.* 5, *p.* 554 ; *Vaill. bot. par., t.* 22, *fig.* 1. — Racine blanchâtre, assez robuste, rameuse. Tiges de 2-4 décim., étalées, ascendantes, *non radicantes*, pleines, striées, presque glabres, rameuses. Feuilles à folioles obovales, glabres, finement dentées en scie, à nervures latérales peu prononcées, quelquefois un peu échancrées au sommet. Stipules membraneuses, nerviées, pourvues de quelques dents à la base; la partie libre herbacée, linéaire-lancéolée, aristée. Fleurs roses, en capitules globuleux au sommet de pédoncules axillaires, 2-3 fois plus longs que les feuilles. Calice pédicellé et réfléchi à la maturité, glabre, campanulé, non renflé, à 10 nervures, à dents lancéolées-aiguës ; les supérieures un peu plus longues, plus courtes que la corolle et presque *deux fois plus longues que le tube*. Gousse stipitée, linéaire, bosselée, non denticulée, saillante hors du calice, à 2 valves et à 2-4 graines brunes, orbiculaires, comprimées, échancrées.

Hab. les bords de la Cèze, à Peyremale. ♃ Fl. juin-août.

29. T. FILIFORME *Lin. sp.* 1088 *(non Dec.); T. micran-thum, Viv. fl. lib., p.* 45, *t.* 19, *fig.* 3. — Racine très-grèle, rameuse. Tiges de 1-3 décim., filiformes, rameuses, ascendantes, se soutenant à l'aide des plantes voisines, glabres ainsi que les autres parties de la plante. Feuilles très-brièvement pétiolées, à folioles petites, obovales, dentelées et souvent échancrées au sommet, toutes presque sessiles dans les feuilles inférieures; la centrale un peu pétiolulée dans les supérieures. Stipules membraneuses, nerviées, oblongues, ciliées au sommet, dépassant le pédoncule. Fleurs 2-8, d'un jaune pâle, puis brunes, en capitules lâches, à pédicelles *très-grèles*, plus longs que le tube du calice. Pédoncules un peu hérissés, *capillaires*, axillaires plus longs que les feuilles. Calice à orifice nu, évasé, à 5 nervures, non renflé, réfléchi après la floraison. Dents inégales, linéaires-aiguës; les inférieures, plus longues que les supérieures et que le tube, sont plus courtes que la corolle; celle-ci à étendard non strié, plié-caréné, dépassant peu les ailes, un peu courbé au sommet. Style très-court. Gousse stipitée, *trapézoïdale*, saillante hors du calice, à 2 valves et à 1-2 graines rousses, ovoïdes, lisses.

Hab. les lieux frais et humides, au *trou du Perussas*, dans le bois de Broussan. ① Fl. mai–juillet.

30. T. PROCUMBENS *Lin. sp.* 1088; *T. filiforme, Dec. fl. fr.* 4, *p.* 536; *Dub. bot.* 136; *Lois. gall.* 2, *p.* 127; *Sturm Deutsch. fl., fasc.* 16, *t.* 15. — Racine grèle, rameuse. Tiges de 1-3 décim., glabres ou un peu pubescentes, étalées, couchées ou ascendantes, droites lorsqu'elles sont soutenues par les plantes voisines, grèles, rameuses, flexueuses. Feuilles à pétioles courts, à folioles obovales, cunéiformes, échancrées et denticulées au sommet, à nervures latérales parallèles, fines, translucides; la centrale pétiolulée dans les feuilles supérieures. Stipules membraneuses, ovales, aiguës, ciliées, plus courtes que le pétiole. Fleurs 3-15, jaunes, puis roussâtres, en capitules un peu lâches, hémisphériques pendant la floraison, globuleux après. Pédoncules filiformes, droits, raides, plus longs que les feuilles, axillaires et terminaux. Calice glabre, à orifice nu, évasé, à 5 nervures, non renflé, à pédicelles très-courts, réfléchi après la floraison, à dents inégales, linéaires, aiguës; les supérieures courtes; les inférieures plus longues que le tube et plus courtes que la corolle. Étendard très-légèrement strié, plié-caréné, plus long que les ailes, courbé au sommet. Style très-court. Gousse ovale, stipitée, saillante hors du calice, à 2 valves, à une graine rousse, ovoïde, luisante, recouverte d'un tégument stipité au fond de la gousse.

Hab. les prairies et les pacages, au Vigan, à Saint-Gilles, à Bellegarde, à Concoule, aux bords du Gardou, au pont du Gard. ① Fl. mai–octobre.

31. T. AGRARIUM *Lin. sp.* 1087; *T. procumbens, Dec. fl.*

fr. 4, *p.* 535; *Vaill. bot. par.*, *t.* 22, *fig.* 3. — Racine grêle, pivotante ou rameuse. Tiges de 2-3 décim., droites ou ascendantes, flexueuses, raides, très-rameuses, à rameaux très-étalés, un peu pubescentes. Feuilles glabres, à pétioles courts, à folioles ovales-cunéiformes, obtuses ou échancrées, à nervures latérales, parallèles, plus ou moins prononcées, dentelées supérieurement; la centrale pétiolulée. Stipules subherbacées, nerviées, ovales-lancéolées ou acuminées, ciliées, plus courtes que le pétiole. Fleurs jaunes, puis roussâtres, en capitules pyramidaux, avant l'épanouissement complet, à la fin ovales ou elliptiques, *imbriqués*. Pédoncules axillaires et terminaux, droits, fermes, plus longs que les feuilles. Calice glabre, à orifice nu, évasé, à 5 nervures, non renflé, brièvement pédicellé, réfléchi après la floraison, à dents inégales, linéaires-aiguës; les supérieures courtes; les inférieures plus longues que le tube, plus courtes que la corolle. Étendard *strié*, non plié en carène, courbé au sommet. Style très-court. Gousse ovale, stipitée, saillante hors du calice, à 2 valves, à une graine jaunâtre, ovoïde, luisante.

Cette plante est connue sous le nom patois de *triboul-t.*

Hab. les champs et les vignes, dans tout le département. ① Fl. mai-octobre.

32. T. AUREUM *Poll. pal.* 2, *p.* 344; *T. agrarium, Dec. fl. fr.* 4, *p.* 535; *Sturm, Deutsch. fl., fasc.* 16, *t.* 10. — Racine rameuse. Tiges de 2-4 décim., droites, rameuses, un peu flexueuses, raides, un peu pubescentes. Feuilles brièvement pétiolées, glabres, à folioles toutes sessiles, ovales-oblongues, tronquées ou échancrées, dentelées supérieurement. Stipules herbacées, lancéolées, aiguës, non soudées à la base, plus longues ou plus courtes que le pétiole. Fleurs d'un beau jaune, puis rousses, puis brunes, nombreuses, *plus grandes que dans les deux espèces précédentes*, en capitules axillaires et terminaux, ovales-elliptiques au sommet de pédoncules raides, renforcés, égalant la feuille ou la dépassant. Calice glabre, à orifice nu, évasé, non renflé, à 5 nervures, très-brièvement pédicellé, réfléchi après la floraison, à dents un peu inégales; les inférieures les plus longues, linéaires-aiguës, plus courtes que la corolle, plus longues que le tube. Étendard strié obliquement, presque plane, courbé au sommet, beaucoup plus long que les ailes divergentes. Style de la *longueur de la gousse;* celle-ci ovale, stipitée, saillante hors du calice, à 2 valves et à une graine brune, subglobuleuse, lisse.

Hab. les bois et les prairies, à Trèves. ① Fl. juin-juillet.

33. T. SPADICEUM *Lin. sp.* 1087; *Dec. fl. fr.* 5, *p.* 561; *Schreb. in Sturm Deutsch. fl., fasc.* 16, *t.* 11. — Racine grêle, rameuse. Tiges de 2-4 décim., droites, grêles, peu velues, simples ou peu rameuses. Feuilles toutes pétiolées; les deux supérieures opposées. Folioles sessiles, ovales-oblongues, tronquées ou échancrées, denticulées, à nervures latérales parallèles. Stipules herbacées, lancéolées, aiguës, finement nerviées, entières ou dentelées, ord^t plus courtes que le pétiole. Fleurs d'un jaune vif, à la fin d'un brun foncé, nombreuses, imbriquées, en capitules *ovales-cylindriques*, denses, axillaires et terminaux, réfléchies après la floraison, à pédicelles *beaucoup plus courts que le tube du calice*. Pédoncules droits, couverts de poils appliqués, grêles, égaux à la feuille ou la dépassant peu. Calice glabre, à orifice nu, évasé, non renflé, à 5 nervures, à dents très-inégales; les supérieures très-courtes, triangulaires; les inférieures linéaires, velues au sommet, quatre fois plus longues que les autres et deux fois plus longues que le tube, plus courtes que la corolle. Étendard strié, échancré et courbé au sommet, plus long que les ailes divergentes. Style très-court. Gousse ovale, stipitée, saillante hors du calice, à 2 valves, à une graine ovale, rousse, lisse.

Hab. les prairies de l'Esperou et de Concoule. ① Fl. juin-août.

17e g^re. DORYCNIE. — DORYCNIUM. (*Tourn.* inst. 391, t. 211, fig. 3.)

Calice à 5 dents, presque bilabié. Corolle caduque. Ailes unies par leurs bords antérieurs. Carène courbée, aiguë au sommet. Étamines bifasciculées, inégales; les plus longues à filets dilatés au sommet. Style glabre, filiforme. Stigmate capité. Gousse à 2-4 graines, renflée, ovoïde ou oblongue, exserte, s'ouvrant par 2 valves non élastiques. Plantes herbacées ou suffrutescentes, à feuilles sessiles, à 3 folioles accompagnées de stipules libres semblant 2 folioles.

<table>
<tr><td rowspan="4">1.</td><td>Capitules dirigés du même côté, fleurissant successivement.........................</td><td>SUFFRUTICOSUM.</td></tr>
<tr><td>Capitules dirigés en tous sens, fleurissant presque en même temps.......................</td><td>DECUMBENS.</td></tr>
</table>

1. D. suffruticosum *Vill. Dauph.* 3, *p.* 416; *Dec. fl. fr.* 4, *p.* 557; *Jord. Obs. pl. France,* 3e *frag., p.* 64, *t.* 4, *fig. B; Lotus dorycnium, Lin. sp.* 1093; *Lobel. ic.* 2, *t.* 51, *fig.* 1. — Sous-arbrisseau de 2-3 décim., à racine dure, un peu rameuse, à tiges ligneuses, basses, très-rameuses, tortueuses et couchées à la base; rameaux velus, nombreux, dressés, touffus. Feuilles à folioles soyeuses, blanchâtres, linéaires-lancéolées; les inférieures courtes, obtuses, épaisses, rétrécies inférieurement; les supérieures plus allongées, toutes mucronulées. Stipules insérées sur le pétiole commun qui est presque nul, faisant paraître la feuille 5 foliolée. Fleurs petites, blanches, à carène d'un pourpre noir au sommet, réunies 6-12 en capitules dirigés en tous sens, assez longuement pédonculés, solitaires, axillaires et terminaux, dressés, étalés, dépourvus ou munis, un peu en dessous, d'une ou de plusieurs folioles. Pédicelles très-courts. Calice soyeux, à tube campanulé, à dents lancéolées, aiguës, *plus courtes* que le tube. Corolle deux fois de la longueur du calice, à étendard étalé, ovale-arrondi, *apiculé, resserré* au-dessus de l'onglet large, cunéiforme. Ailes plus courtes et plus étroites que l'étendard, laissant à découvert une partie de la carène. Gousse ovale-arrondie, carénée sur les sutures, contenant une graine olivâtre, assez grosse, presque globuleuse, lisse.

Hab. les terrains arides, dans les garrigues, aux environs de Nîmes, de Margueritte, de Manduel, de Beaucaire, d'Auduze, de Bessége. ♄ Fl. juin-juillet.

2. **D. decumbens** *Jord. Obs. pl. de France,* 3ᵉ *frag., p.* 60, *t.* 4, *fig. A.* — Racine simple, très-longue, oblique, à souche ligneuse, très-compacte. Tiges de 6-8 décim., rameuses, très-nombreuses, *un peu herbacées,* striées, cylindriques, ascendantes, diffuses, tombantes, redressées supérieurement, à rameaux peu étalés, dirigés d'un même côté. Feuilles à 3-4 folioles linéaires-lancéolées, rétrécies inférieurement, un peu épaisses, dressées. Stipules semblables aux folioles. Fleurs rosées, blanchâtres, à carène bleuâtre, réunies 15-20 en capitules presque globuleux, solitaires, axillaires et terminaux, assez longuement pédonculés, fleurissant successivement, munis, à leur base, d'une ou de plusieurs folioles. Pédicelles très-courts. Calice à tube campanulé, à dents linéaires-acuminées, de la longueur du tube, plus courtes que la corolle ; celle-ci à étendard étalé, ovale-arrondi, apiculé, *resserré au-dessus de l'onglet* large, cunéiforme. Ailes très-petites, étroites, deux fois plus courtes que l'étendard. Carène entièrement couverte par les ailes. Gousse oblongue, légèrement carénée sur les sutures osseuses. Graine ordᵗ solitaire, oblongue, olivâtre, lisse, à ombilic petit, presque orbiculaire. Plante d'un aspect cendré, couverte de poils appliqués.

Hab. les pacages, à Aigues-Mortes, les îles du Rhône, à Vallabrègues, à Beaucaire. ♃ Fl. mai-juillet.

18ᵉ gʳᵉ. TETRAGONOLOBE. — TETRAGONOLOBUS.
(Scop. carn. 2, p. 87.)

Calice tubuleux-campanulé, à 5 divisions égales. Corolle caduque, à étendard plus long que les ailes rapprochées par leur bord supérieur. Carène terminée en bec ascendant. Étamines bifasciculées, inégales ; les plus longues à filets dilatés. Style glabre, flexueux, épais au sommet. Stigmate canaliculé. Gousse polysperme, cylindrique, *à 4 ailes longitudinales, foliacées,* à 2 valves élastiques, se roulant en spirale à la déhiscence. Feuilles à 3 folioles. Stipules foliacées.

1. **T. SILIQUOSUS** *Roth. tent. Germ.* 1, *p.* 323 ; *Lotus sili-quosus, Lin. sp.* 1089 ; *Dec. fl. fr.* 4, *p.* 553 ; *J. Bauh.* 2, *p.* 359, *fig.* 2. — Racine brune, grosse, pivotante ou rameuse, très-profonde, souvent garnie de fibres parsemées de petits tubercules réniformes, à souche dure, épaisse. Tiges nombreuses de 2-4 décim., étalées ou ascendantes, simples ou rameuses. Feuilles brièvement pétiolées, à folioles assez amples, obovales-cunéiformes, entières, aiguës ou obtuses. Stipules ovales, obliques, embrassantes, larges, aiguës, plus longues que le pétiole. Fleurs grandes, jaune pâle, solitaires, axillaires, sur un pédoncule *très-long*. Calice grand, à dents lancéolées-aiguës, une fois plus courtes que le tube, muni, à sa base, d'une feuille florale plus courte que lui. Corolle à étendard souvent veiné de brun, ample, échancré, beaucoup plus long que les ailes; celles-ci très-larges, enveloppant la carène. Gousse droite, longue de 5-6 centim., glabre. Graines globuleuses, olivâtres, souvent tachetées de noir. Plante un peu glauque, couverte de longs poils, et dont la racine exhale une *odeur de truffe très-prononcée*, en la froissant dans la main.

VAR. B, *Maritimus. Dec. fl. fr.* Plante glabre, à feuilles succulentes.

Hab. : la var. **A**, les prés et les pacages humides, aux environs de Nîmes, d'Uzès, d'Alais, d'Aigues-Mortes ; la var. **B**, sur le sable, à Aigues-Mortes. ♃ Fl. avril–juin.

19ᵉ gʳᵒ. LOTIER. — LOTUS. (Lin. gen. 879.)

Calice tubuleux-campanulé, à 5 dents presque égales. Corolle caduque, à ailes libres, conniventes, presque de la longueur de l'étendard, à carène ascendante, obtuse ou rostrée. Étamines bifasciculées, inégales; les plus longues à filets dilatés. Style glabre, droit, *subulé*. Gousse oblongue ou linéaire-allongée, comprimée ou cylindrique, polysperme, non ailée, à 2 valves élastiques, se roulant ordᵗ en spirale à la déhiscence. Plantes herbacées ou ligneuses, à feuilles trifoliolées, à stipules grandes, libres, foliacées, à pédoncules solitaires, axillaires, pluriflores.

1.	Carène droite, obtuse......................	2.
	Carène ascendante, rostrée.................	3.
2.	Gousse oblongue, renflée, ne se roulant pas à la déhiscence............................	HIRSUTUS.
	Gousse linéaire, non renflée, se roulant en spirale à la déhiscence........................	RECTUS.
3.	Dents du calice plus longues que le tube : plante annuelle................................	4.
	Dents du calice égalant le tube; plante vivace..	5.
4.	Gousse très-grêle, assez longue..............	ANGUSTISSIMUS.
	Gousse un peu épaisse, pas trop longue.......	HISPIDUS.
5.	Tiges de 4-8 décim., stolonifères...........	ULIGINOSUS.
	Tiges de 1-4 décim., non stolonifères........	6.

6. { Pédoncules épais, portant 3-6 fleurs ; dents du
     calice égalant le tube...................... CORNICULATUS.
     Pédoncules filiformes, ne portant jamais 6 fleurs ;
     dent du calice plus courtes que le tube....... TENUIS.

1. **L. RECTUS** *Lin. sp.* 1092 ; *Dec. fl. fr.* 4, *p.* 557 ; *Dorycnium rectum, Dec. prod.* 2, *p.* 208 ; *Barr. ic.* 544. — Racine grosse, longue, ligneuse, garnie de fibres. Tiges de 10-15 décim., un peu ligneuses, très-rameuses, à rameaux étalés, droites, anguleuses, couvertes de poils mous, étalés. Feuilles à folioles assez grandes, ovales-rhomboïdales, cunéiformes à la base, molles, cendrées en dessous, velues, mucronulées, brièvement pétiolulées. Stipules larges, ovales, presque cordiformes, aiguës, pétiolulées, égalant ou dépassant le pétiole. Fleurs petites, d'un blanc rosé, à carène d'un rouge foncé, réunies, 20 et plus, en capitules compactes, presque globuleux, sur des pédoncules deux fois de la longueur de la feuille, munis, à leur base, d'une feuille florale. Calice à pédicelles plus longs que lui ou l'égalant, à tube velu, évasé, à dents profondes, subulées, beaucoup plus longues que le tube et plus courtes que la corolle. Étendard arrondi au sommet, dépassant les ailes. Carène un peu plus courte que les ailes. Gousses de 1-1 1/2 centim., étroites, mucronées, un peu comprimées, carénées sur les sutures, à valves *se roulant en spirale* à la déhiscence, noire à la maturité. Graines petites, brunes, globuleuses, lisses.

Hab. les lieux humides, à Vallescure, Bellegarde, Broussan, bords du Gardon, à la Beaume. ♄ Fl. mai-juillet.

2. **L. HIRSUTUS** *Lin. sp.* 1091 ; *Dec. fl. fr.* 4, *p.* 556 ; *Dorycnium hirsutum, Dec. prod.* 2, *p.* 208 ; *Barr. ic.* 1033. — Racine ligneuse, grosse, profonde, perpendiculaire, simple ou rameuse, garnie de fibres. Tiges nombreuses, de 2-5 décim., ligneuses, très-rameuses dès la base, droites ou ascendantes, *cylindriques*, striées, velues. Feuilles à pétiole très-court un peu élargi, à folioles ovales-lancéolées, mucronulées, semblables aux stipules, velues, presque lanugineuses. Fleurs grandes, d'un blanc rosé, à carène rouge, réunies 5-10 en capitules lâches, sur des pédoncules plus longs ou plus courts que les feuilles, munis, à leur base, d'une feuille florale. Calice campanulé, très-velu, un peu rougeâtre, à dents subulées, plus longues que le tube et plus courtes que la corolle. Pédicelles très-courts. Étendard étroit, obtus, beaucoup plus long que les ailes. Carène plus courte que les ailes. Gousse *courte, oblongue, renflée*, mucronée, légèrement carénée sur les sutures, *dépassant très-peu* le calice, à valves osseuses, *non roulées en spirale* à la déhiscence, renfermant 2-4 graines globuleuses-réniformes, olivâtres, *marbrées de noir.* Plante d'un aspect cendré.

Hab. les bois et les garrigues, aux environs de Nîmes, de Manduel, Margueritte, Beaucaire. ♄ Fl. mai-juillet.

3. **L. angustissimus** *Lin. sp.* 1090, *Dec. fl. fr.* 5, *p.* 573; *L. diffusus, Dec. l. c.; L. gracilis, Waldst. et Kit., pl. hung.* 3, *p.* 254, *t.* 229 ; *J. Bauh. hist.* 2, *p.* 356, *fig.* 2. — Racine grêle, pivotante ou rameuse. Tiges très-grêles, de 1-3 décim., rameuses, droites ou ascendantes, couvertes de longs poils fins, très-étalés, blanchâtres. Feuilles brièvement pétiolées ; les inférieures à folioles petites, ovales, élargies au sommet ; les supérieures à folioles plus grandes, oblongues-lancéolées, aiguës, toutes velues. Stipules lancéolées, élargies à la base et dilatées extérieurement, plus longues que le pétiole. Fleurs jaunes, réunies 1-2, rarement 3, sur un pédoncule filiforme, plus long que la feuille, muni, au sommet, d'une feuille florale uni ou trifoliolée. Calice velu, *à dents sétacées*, ciliées, plus longues que le tube, plus courtes que la corolle. Étendard presque aussi long que la carène rostrée, et *conservant sa même couleur étant desséché.* Ailes *arrondies et élargies supérieurement.* Gousse *très-grêle, droite, allongée*, un peu comprimée, mucronée, brune, glabre, carénée sur les sutures, à valves *se roulant en spirale* à la déhiscence. Graines fauves, petites, globuleuses, lisses.

Hab. les lieux incultes, les bois, à Broussan, au *trou du Perussas*, au Vigan, Vézenobre, Augeac, Robiac, Avèze, l'Esperou. ① Fl. mai–juillet.

4. **L. hispidus** *Desf. cat. hort. par.* 190 ; *Lois. fl. gall.* 2, *p.* 137, *t.* 16. — Cette espèce diffère de la précédente : par sa racine très-rameuse, *tuberculeuse ;* ses tiges plus fortes ; ses feuilles d'un vert moins foncé ; ses fleurs plus grandes, plus nombreuses (2-4 sur chaque pédoncule), à étendard *verdissant* par la dessication, à ailes *amincies et arrondies au sommet ;* par les filets des étamines plus longs ; sa gousse rousse, *plus épaisse*, plus courte ou de la même longueur ; son style plus long, plus robuste et moins persistant.

Hab. les bords des champs sablonneux, à Generac ; les bois, à Poulx. ① Fl. mai–juillet.

5. **L. corniculatus** *Lin. sp.* 1092 ; *Dec. fl. fr.* 4, *p.* 555 ; *J. Bauh.* 2, *p.* 355 ; *Moris. hist. s.* 2, *t.* 18, *fig.* 11 ; *Lob. ic.* 2, *p.* 44; *Barr. ic.* 1023. — Racine dure, profonde, pivotante, brune, parsemée de petits tubercules, à souche ligneuse, vivace. Tiges nombreuses, de 1-3 décim., glabres ou plus ou moins velues, simples, plus souvent rameuses, ascendantes ou étalées, anguleuses. Feuilles brièvement pétiolées, souvent glauques en dessous, à folioles obovales ou linéaires-aiguës, glabres ou velues. Stipules semblables aux folioles, plus longues que le pétiole. Fleurs grandes, jaunes, à étendard souvent rougeâtre, réunies 3-6 en capitule déprimé, sur un pédoncule dressé, beaucoup plus long que la feuille, muni, au sommet, d'une feuille florale. Calice à dents lancéolées, *élargies à la base*, subulées, de la longueur

du tube, *conniventes avant l'épanouissement*. Étendard arrondi, verdissant par la dessication, dépassant peu les ailes ; celles-ci *élargies au milieu*, atteignant presque la longueur de la carène coudée à angle droit et rostrée. Gousse de 2-3 centim., épaisse, subcylindrique, droite, mucronée, atténuée à la base, carénée sur les sutures, brune à la maturité, à valves se roulant en spirales à la déhiscence. Graines ovales, brunes, lisses.

Cette plante polymorphe est connue sous le nom patois de *jaounetta*.

Hab. les prairies, les champs, les bois, les pacages, dans tout le département. ♃ Fl. mai–octobre.

6. **L. tenuis** *Kit. in Willd. en. Berol.* 797 ; *L. tenuifolius pol. pall.* N° 711 ; *Engl. bot., t.* 2615. — Racine comme la précédente. Tiges nombreuses, de 2-4 décim., très-grêles, glabres ou très-peu velues. Feuilles à folioles *linéaires, aiguës ainsi que les stipules*. Fleurs *peu nombreuses*, sur des pédoncules filiformes. Pédicelles un peu plus courts que le tube du calice, qui est plus long que les dents. Corolle à ailes oblongues, étroites. Gousses étroites, mucronées. Graines brunes, suborbiculaires, un peu comprimées, lisses.

Hab. les prairies et les pacages humides, aux environs de Nîmes, de Manduel, d'Aigues–Mortes. ♃ Fl. juin–août.

7. **L. uliginosus** *Schkuhr. Handb.* 2, *p.* 412, *t.* 211 ; *L. corniculatus, var. B., Dec. fl. fr.* 4, *p.* 555 ; *L. major scop. carn.* 2, *p.* 86. — Racine pivotante, à souche gazonnante, vivace, *rampante, stolonifère*. Tiges de 5-8 décim., glabres ou velues, fistuleuses, droites ou ascendantes. Feuilles à pétiole un peu dilaté, à folioles assez amples, ovales-oblongues, obtuses ou aiguës, ciliées, glauques en dessous. Stipules ovales, dilatées du côté extérieur, dépassant peu le pétiole. Fleurs jaunes, assez grandes, réunies 8-12 en capitules presque globuleux sur des pédoncules très-longs. Calice à dents lancéolées-linéaires, égales au tube ou plus courtes que lui, ciliées, *recourbées avant la floraison*. Corolle à étendard ovale, dressé supérieurement, à ailes *ovales, arrondies au sommet, verdissant par la dessication*, à carène *peu coudée*, entièrement couverte par les ailes, atténuée en bec au sommet. Gousse linéaire, de 2-3 centim., droite, un peu comprimée, mucronée, carénée sur les sutures, brune à la maturité, à valves se roulant en spirale à la déhiscence. Graines brunes, petites, globuleuses, déprimées, lisses.

Hab. les prairies humides, les bords des fossés, aux environs de Nîmes, de Bellegarde, Saint–Gilles. ♃ Fl. juillet–août.

20° g^{re}. **ASTRAGALE. — ASTRAGALUS.** (Lin. gen. 892.)

Calice à 5 dents. Corolle à étendard étroit, ovale ou oblong, plus long que les ailes, à carène obtuse, mutique, plus courte que les ailes. Étamines bifasciculées. Gousse polysperme, arquée ou ovoïde, à 2 loges longitudinales plus ou moins complètes, formées par la *suture inférieure repliée et rapprochée intérieurement de la suture supérieure*. Graines réniformes. Plantes herbacées, à feuilles imparipinnées, à fleurs en grappes ou en capitules.

<pre>
1. | Plante caulescente...................... 2.
   | Plante subacaule........................ 6.
2. | Fleurs purpurines....................... PURPUREUS.
   | Fleurs blanchâtres, jaunâtres ou bleuâtres. 3.
3. | Gousse ovale, vésiculeuse............... CICER.
   | Gousse cylindrique ou subtrigone.......... 4.
4. | Gousse cylindrique, arquée en faucille...... HAMOSUS.
   | Gousse subtrigone peu arquée............. 5.
5. | Fleurs blanchâtres ou bleuâtres........... STELLA.
   | Fleurs jaunes ou verdâtres............... GLYCYPHYLLOS.
   | Feuilles à 6-9 paires de folioles, velues-soyeu-
   | ses; fleurs ord‡ blanches................. INCANUS.
6. | Feuilles à 15-20 paires de folioles pubescen-
   | tes; fleurs purpurines.................... MONSPESSULANUS.
</pre>

1. Ast. stella *Guan. ill., p.* 50; *Dec. fl. fr.* 4, *p.* 568; *Tabern. ic.* 512, *fig.* 2. — Racine grêle, pivotante. Tiges de 1-3 décim., rameuses, étalées-diffuses, striées, velues-blanchâtres. Feuilles à 9-10 paires de folioles petites, ovales, obtuses ou légèrement échancrées; garnies de poils blancs appliqués. Stipules libres, *n'atteignant pas les premières folioles*, ovales-lancéolées, aiguës. Fleurs bleuâtres réunies 10-15 en capitules serrés, subglobuleux au sommet de pédoncules égalant ou dépassant les feuilles. Bractées lancéolées-aiguës, presque aussi longues que le tube du calice; celui-ci velu-blanchâtre, à dents subulées, vertes et garnies de poils noirs, de la longueur du tube, très-brièvement pédicellé. Corolle à étendard étroit, échancré, apiculé. Ailes étroites, obtuses. Gousses subtrigones, de 10-15 millim., souvent *disposées en étoiles*, amincies en pointe oblique ou courbée, abondamment couvertes de poils blancs couchés, sillonnées inférieurement. Graines brunes, luisantes, presque carrées, comprimées, échancrées. Plante blanchâtre.

Hab. les terrains argileux, dans le bois de Broussan, près Nîmes, aux carrières de Beaucaire. ① Fl. mai-juin.

2. Ast. hamosus *Lin. sp.* 1067; *Dec. fl. fr.* 4, *p.* 572; *Lamk. ill., t.* 622, *fig.* 4; *Clus. hist.* 2, *p.* 234, *fig.* 2. — Racine grêle, pivotante. Tiges nombreuses, de 2-5 décim., étalées ou ascendantes, fistuleuses, striées, un peu velues, blanchâtres. Feuilles à 19-27 folioles elliptiques, tronquées ou échancrées au sommet, glabres supérieurement, couvertes inférieurement de poils blanchâtres appliqués. Stipules lancéolées-aiguës, élargies et soudées à la base. Fleurs petites, d'un blanc jaunâtre, réunies 3-10 en grappes courtes, un peu allongées à la maturité au sommet de pédoncules plus courts que les feuilles ou les dépassant. Pédicelles très-courts. Bractées scarieuses, linéaires-aiguës, un peu plus longues que le tube du calice ; celui-ci velu, à poils blancs courts, entremêlés de poils noirs appliqués, à dents subulées de la longueur du tube. Corolle à étendard oblong, échancré, apiculé, beaucoup plus long que les ailes linéaires, obtuses. Gousse de 2-4 centim., cylindriques, réfléchies, arquées en hameçon, garnies de petits poils appliqués dont elle est dépourvue à la maturité, sillonnée peu profondément à la suture inférieure. Graines brunes, presque carrées, comprimées, un peu échancrées à l'ombilic, lisses. Plante blanchâtre.

Hab. les terrains incultes, les bords des chemins, aux environs de Nîmes, de Manduel, Bellegarde. (I) Fl. avril-mai.

3. AST. GLYCYPHYLLOS *Lin. sp.* 1067 ; *Dec. fl. fr.* 4, *p.* 572 ; *Engl. bot.,* *t.* 203 ; *Riv. tetr.,* *t.* 103. — Racine grosse, blanchâtre, profonde, rameuse, à souche divisée en rameaux rampants, très-longs. Tiges de 5-10 décim., couchées ou ascendantes, anguleuses, flexueuses, glabres ou pubescentes, rameuses dès la base. Feuilles à 11-13 folioles amples, ovales, obtuses ou à peine émarginées, mucronulées, glabres en dessus, pâles et parsemées de quelques poils appliqués en dessous. Stipules ovales-lancéolées, acuminées, libres, presque dentelées ; l'une d'elles quelquefois bifide, plus courte que la distance inférieure du pétiole. Fleurs assez grandes, d'un jaune verdâtre, étalées, réfléchies après la floraison, en grappes ovales, puis oblongues, assez serrées au sommet de pédoncules étalés beaucoup plus courts que les feuilles. Bractées membraneuses, lancéolées-subulées, dépassant beaucoup les pédicelles. Calice campanulé, glabre, à dents linéaires-aiguës, plus courtes que le tube. Corolle à étendard ovale, échancré, dépassant peu les ailes. Gousses longues, de 2-3 centim., glabres ou un peu pubescentes, stipitées, *renflées, arquées, dressées, serrées,* subtrigones, terminées en pointe, profondément sillonnées à la suture inférieure. Graines rousses, lisses, réniformes.

Cette plante est connue sous les noms vulgaires de *réglisse sauvage, de montagne.* Sa racine est diurétique, astringente et dessicative.

Hab. les bois, les haies, les lieux humides, au Vigan, Alzon, Trèves, la Chartreuse de Valbonne, Tresques (*Gouuel*), Alais, Anduze. ♃ Fl. mai-juillet.

4. AST. CICER *Lin. sp.* 1067 ; *Dec. fl. fr.* 4, *p.* 573 ; *Jacq. aust.,* *t.* 251 ; *All. ped.,* *t.* 41, *fig.* 2. — Racine grosse, profonde, noirâtre, à souche très-rameuse, à rameaux très-longs, rampants. Tiges nombreuses, de 4-8 décim., couchées, ascendantes au sommet, rameuses, flexueuses, cannelées, pubescentes. Feuilles à 21-27 folioles ovales-oblongues, obtuses, quelquefois légèrement échancrées, mucronulées, un peu velues, pourvues de veines réticulées, translucides. Stipules petites, lancéolées ou linéaires-lancéolées, libres ou soudées. Fleurs jaunâtres, dressées, en grappes compactes, ovales, puis un peu allongées, portées sur des pédoncules étalés, plus courts que la feuille ou l'égalant. Bractées petites, velues, dépassant le pédicelle très-court. Calice blanchâtre, garni de petits poils noirs appliqués, à dents lancéolées-aiguës, beaucoup plus courtes que le tube. Corolle à étendard ovale, échancré, à ailes obtuses. Gousses sphériques ou ovales, *vésiculeuses*, noires à la maturité, couvertes de poils noirs courts et de poils blancs plus longs, sillonnées sur les deux sutures, terminées en bec court, recourbé. Graines d'un roux clair, lisses, réniformes.

Hab. les îles et les bords du Rhône, à **Pont-Saint-Esprit**, à **Coudoulet**. ♃ Fl. juin-juillet.

5. **Ast. purpureus** *Lamk. dict.* 1, *p.* 314 ; *Dec. fl. fr.* 4, *p.* 569 ; *Astrag., t.* 12. — Racine dure, profonde, à souche divisée sous la terre, à divisions rampantes, donnant naissance à des tiges nombreuses, ascendantes, de 1-1-1/2 décim., velues, simples ou peu rameuses. Feuilles à 19-27 folioles, ovales-oblongues, échancrées ou bidentées, velues. Stipules lancéolées, assez longues, *engaînantes*, non adhérentes au pétiole. Fleurs 10-12, purpurines, en grappes *denses*, *presque globuleuses*, au sommet de pédoncules velus, dépassant peu la feuille. Bractées linéaires, hérissées de poils noirs, dépassant le tube du calice. Calice tubuleux, hérissé de poils noirs, à dents sétacées, plus courtes que le tube. Corolle à étendard *oblong*, échancré au sommet, beaucoup plus long que les ailes oblongues, obtuses, entières. Gousses longues, de 12 millim., dressées, *ovales-trigones*, élargies à la base, terminées par une pointe réfléchie, profondément sillonnées à la suture inférieure, couverte de poils blancs, longs. Graines noirâtres, lisses, réniformes, 3-4 dans chaque loge.

Hab. les bois et les bords des chemins, à **Seine**, près du **Serre-de-Bouquet**. ♃ Fl. mai-juillet.

6. **Ast. monspessulanus** *Lin. sp.* 1072 ; *Dec. fl. fr.* 4, *p.* 576 ; *Scop. carn.* 2, *t.* 45 ; *Camer. epit., t.* 929. — Racine épaisse, ligneuse, peu rameuse, à souche divisée, produisant des tiges très-courtes, couchées, garnies de feuilles nombreuses formant, avec les pédoncules, un gazon très-épais. Folioles 21-41, ovales ou ovales-lancéolées, décroissantes en remontant, obtuses ou aiguës, quelquefois légèrement échancrées, pubescentes et glauques inférieurement. Stipules très-longues, lancéolées-linéaires, adhérentes au pétiole à leur base. Fleurs purpurines, violettes,

dressées, réunies en grappe ovale un peu lâche, s'allongeant après la floraison, au sommet d'un pédoncule, presque radical, dépassant les feuilles. Bractées membraneuses, lancéolées, plus longues que les pédicelles. Calice tubuleux, parsemé de petits poils noirs appliqués, à dents linéaires un peu plus longues que la moitié du tube. Corolle à étendard oblong, échancré au sommet, *dépassant de beaucoup* les ailes linéaires, presque aiguës, *avec une dent au-dessous du sommet.* Gousse de 2-3 centim., presque glabre, non stipitée, subcylindrique, *arquée*, terminée par une pointe allongée, *légèrement sillonnée* à la suture inférieure. Graines 8-12 dans chaque loge, brunes, quadrangulaires, comprimées, un peu échancrées. Plante de 1-2 décim.

Hab. les lieux arides et herbeux, dans tout le département. ♃ Fl. avril-mai.

7. **Ast. incanus** *Lin. sp.* 1072; *Dec. fl. fr.* 4, *p.* 576; *Magn. bot., p.* 32, *ic.* — Racine épaisse, dure, à souche rameuse, grosse, entourée d'écailles imbriquées, restes d'anciennes feuilles, tortueuse, ligneuse, formant des tiges de 4-5 centim. appliquées, en rosette incomplète, sur la terre, ainsi que les feuilles et les pédoncules; folioles 13-19, ovales ou oblongues, mucronulées, couvertes, sur les deux faces, de poils blancs appliqués. Stipules membraneuses, très-longues, lancéolées-linéaires, adhérentes au pétiole inférieurement. Fleurs blanchâtres, plus rarement purpurines, dressées, réunies en grappe ovale, dense, puis lâche, à la fin allongée, au sommet d'un pédoncule garni de poils couchés, rude au toucher, couché ou ascendant, un peu plus long que la feuille. Bractées membraneuses, linéaires, dépassant le pédicelle. Calice tubuleux, parsemé de petits poils noirs appliqués, à dents linéaires-aiguës beaucoup plus courtes que la moitié du tube. Corolle à étendard oblong, échancré au sommet, dépassant de beaucoup les ailes oblongues, obtuses, dépourvues de dents. Gousse de 2-2-1/2 centim., très-caduque, un peu étalée, pubescente-blanchâtre, non stipitée, subcylindrique, arquée, carénée supérieurement, légèrement sillonnée à la suture inférieure, terminée par une pointe courbée. Graines 4-5 dans chaque loge, rousses, tantôt oblongues, tantôt subquadrangulaires, échancrées. Plante blanchâtre.

Hab. les lieux arides, les bois et les garrigues, à Vaquerole, au bois des Espèces, près Nîmes, et dans tous les environs de la ville. ♃ Fl. avril-mai.

21ᵉ gʳᵉ. **BAGUENAUDIER. — COLUTEA.** (Lin. gen. 880.)

Calice campanulé, à 5 dents. Corolle à étendard large, redressé, plus grand que la carène à bec court tronqué. Étamines bifasciculées. Style arqué, cilié. Stigmate capité, latéral au-dessous du sommet. Gousse stipitée, uniloculaire, polysperme, grande, renflée, vésiculeuse, membraneuse. Arbrisseau à feuilles imparipinnées, à stipules libres, à fleurs jaunes en grappes axillaires.

1. C. ARBORESCENS *Lin. sp.* 1045, *Dec. fl. fr.* 4, *p.* 561; *Lamk. ill., t.* 624, *fig.* 1; *Duham. Arb. ed. nov.* 1, *t.* 22. — Arbrisseau de 2-3 mètres, à écorce grise, rameux, à jeunes rameaux pubescents, souvent rougeâtres. Feuilles à 9-11 folioles ovales, obtuses ou un peu échancrées, submucronulées, pubescentes et glauques en dessous. Stipules petites, lancéolées. Fleurs grandes, jaunes, peu nombreuses, en grappes pédonculées, plus courtes que les feuilles. Bractées petites, plus courtes que les pédicelles. Calice chargé de poils appliqués, à dents très-inégales, plus courtes que le tube. Corolle à étendard orbiculaire échancré, taché de rouge à la base, un peu plus long que les ailes; celles-ci étroites, plus courtes que la carène. Gousse grande, oblongue, terminée en pointe recourbée, fermée, éclatant avec bruit par la pression. Graines brunes, lisses, suborbiculaires-comprimées. Les feuilles et les gousses sont purgatives.

Hab. les bois, les haies, à la Chartreuse de Valbonne, Boussargues, Serre-de-Bouquet, le Vigan, Anduze, Saint-Ambroix, Saint-Nicolas. ♄ Fl. mai-juillet.

22ᵉ gʳᵉ. ROBINIER. — ROBINIA. (Dec. prod. 2, p. 261.)

Calice campanulé, à 5 dents lancéolées; les deux supérieures plus courtes, rapprochées. Corolle à étendard ample, dépassant peu les ailes, redressé, à carène obtuse ou aiguë. Étamines bifasciculées, caduques. Style velu au sommet. Stigmate terminal, pubescent. Gousse stipitée, allongée, comprimée, à 2 valves, polysperme, bosselée, bordée à la suture inférieure. Graines comprimées.

1. R. PSEUDACACIA *Lin. sp.* 1043; *Dec. fl. fr.* 4, *p.* 561; *Lamk. ill., t.* 606, *fig.* 1. — Arbre élevé, à rameaux garnis d'épines robustes à la place de stipules. Feuilles imparipinnées, à 15-25 folioles oblongues, pétiolulées, opposées et alternes, entières, souvent échancrées, pubescentes dans leur jeunesse, glabres à la fin. Fleurs blanches, très-odorantes, en grappes axillaires, pendantes, très-allongées, lâches, plus courtes que les feuilles. Calice pubescent, à dents courtes; les trois inférieures acuminées. Corolle à étendard orbiculaire, de la longueur de la carène. Ailes étroites, obtuses.

Hab. cultivé sur les promenades, les avenues, subspontané le long du canal à Bellegarde. ♄ Fl. mai-juin.

23ᵉ gʳᵉ. GALÉGA. — GALEGA. (Tourn. inst., t. 222.)

Calice campanulé, à 5 dents subulées, presque égales. Étendard oblong. Carène obtuse. Style glabre, filiforme. Stigmate capité.

Gousse linéaire, subcylindrique, toruleuse, polysperme, à 2 valves, striée obliquement. Graines oblongues. Herbes à feuilles imparipinnées, à stipules libres.

1. **G. officinalis** *Lin. sp.* 1062; *Dec. fl. fr.* 4, *p.* 560; *Tourn. l. c.* — Racine ligneuse, peu profonde, garnie de fibres. Tiges de 6-8 décim., droites, glabres, striées, fistuleuses, simples ou rameuses. Feuilles à 15-17 folioles oblongues-lancéolées, mucronées, veinées, glabres; la foliole impaire presque toujours échancrée. Stipules en demi-fer de flèche, larges à la base. Fleurs blanches ou bleuâtres, réfléchies, en grappes axillaires très-fournies, oblongues, pédonculées, plus longues que les feuilles. Bractées subulées, plus longues que les pédicelles. Calice glabre, à dents subulées, plus longues que le tube. Étendard dressé, de la longueur de la carène. Ailes oblongues, munies d'une dent longue et étroite, dirigée vers l'onglet, un peu plus courtes que la carène. Gousse étalée-dressée, acuminée. Graines brunes.

Cette plante passe pour sudorifique, utile dans l'épilepsie et les convulsions des enfants. Elle est vulg' connue sous les noms de *vanèze*, de *rue des chèvres*.

Hab. les bords des fossés, à la Chartreuse de Valbonne. ♃ Fl. juillet-août.

24° gre. PSORALIER. — PSORALEA. (Lin. gen. 894.)

Calice campanulé, à 5 dents profondes, inégales; l'inférieure plus longue. Corolle à étendard arrondi, redressé, échancré. Ailes petites. Carène obtuse. Étamines bifasciculées. Anthères arrondies. Style subulé, ascendant. Stigmate capité. Gousse non stipitée, dépassant peu les dents du calice, membraneuse, monosperme, indéhiscente. Graine réniforme. Herbe à feuilles trifoliolées.

1. **Ps. bituminosa** *Lin. sp.* 1075; *Dec. fl. fr.* 4, *p.* 518; *Lamk. ill.*, *t.* 614, *fig.* 1. — Racine étroite, longue, dure. Tiges droites, flexueuses, rameuses, cylindriques, striées, pubescentes, glanduleuses ainsi que les feuilles; celles-ci pétiolées, à 3 folioles lancéolées ou oblongues, tantôt larges, tantôt étroites, mucronées; la centrale pétiolulée. Stipules velues, subulées. Fleurs bleuâtres, en capitules subglobuleux, munis, à leur base, de 2 bractées nerviées, à 3 lobes aigus, ciliés, portés par des pédoncules axillaires, striés, 3-4 fois plus longs que les feuilles. Calice velu, à poils blancs mêlés de poils noirs, nervié, à dents lancéolées-sétacées, à peu près de la longueur du tube, renflé à la maturité. Corolle à étendard muni, un peu au-dessous de son limbe, de 2 petites dents dirigées en bas. Ailes plus courtes que l'étendard, plus longues que la carène qu'elles couvrent entièrement. Gousse velue, comprimée, surmontée d'un bec un peu

courbé, deux fois plus long qu'elle. Graine jaune, grosse, lisse, réniforme.

Cette plante exhale une *odeur très-forte de bitume*.

Hab. les lieux arides et pierreux, aux environs de Nîmes, de St-Ambroix, d'Alais, d'Anduze, du Pont-St-Esprit, de Bagnols, de Tresques, de la Chartreuse de Valbonne. ♃ Fl. juillet-août.

25ᵉ gʳᵉ. HARICOT. — PHASEOLUS. (Lin. gen. 866.)

Calice campanulé, à 2 lèvres; la supérieure à 2 dents, l'inférieure à 3. Carène contournée en spirale avec les étamines bifasciculées et le style barbu au sommet. Gousse comprimée ou subcylindrique, uniloculaire, polysperme, à 2 valves. Graines séparées par des cloisons spongieuses, celluleuses. Ombilic linéaire. Herbes volubiles, à feuilles trifoliolées, à stipules non adhérentes au pétiole.

1. **PH. VULGARIS** *Lin. sp.* 1016; *Dec. fl. fr.* 4, *p.* 558; *Lob. ic.* 2, *t.* 59, *fig.* 2. — Racine grêle, pivotante. Tige de 1-1-1/2 mèt., grimpante, pubescente, anguleuse, rameuse. Feuilles à 3 folioles rudes, ovales-trapéziformes acuminées, à nervures saillantes, pétiolulées, la centrale l'étant plus longuement, munies de stipelles. Pétiole canaliculé, épaissi à la base. Fleurs blanches, jaunâtres ou violettes, en grappes courtes, axillaires, pédonculées, moins longues que les feuilles. Pédicelles géminés. Bractées plus courtes que le calice. Corolle à étendard large, orbiculaire, de la longueur des ailes. Gousse longue, pendante, légèrement arquée, toruleuse, lisse, terminée en pointe. Graines oblongues-réniformes, un peu comprimées, blanches, rougeâtres ou violettes, lisses. La farine de haricot est émolliente, résolutive.

VAR. B, *Ph. nanus, Lin. sp.* 1017; *Dec. fl. fr.* 4, *p.* 559. Tige basse, non volubile. Bractées plus grandes que le calice.

Hab. cultivés en grand dans les jardins potagers. ① Fl. juillet-août.

On cultive aussi le *Ph. multiflorus Willd.*, tant pour l'usage que pour l'agrément. Il se distingue par ses grappes de fleurs allongées, d'un rouge éclatant.

26ᵉ gʳᵉ. VESCE. — VICIA. (Lin. gen. 873, en partie.)

Calice à 5 dents, les 2 supérieures plus courtes. Corolle trèssaillante, à étendard à limbe ovale, échancré, rabattu sur les côtés. Étamines uni ou bifasciculées, à tube oblique au sommet. Style filiforme, barbu au sommet, sous le stigmate, formant un angle droit avec l'ovaire. Stigmate terminal, obtus. Gousse sessile ou stipitée, oblongue, polysperme, à 2 valves se roulant en spirale à la déhiscence. Suture supérieure directement prolongée en bec. Graines globuleuses ou presque globuleuses. Hile ovale ou linéaire. Plantes herbacées, annuelles, bisannuelles ou vivaces, à feuilles paripinnées, terminées en vrilles simples ou rameuses, à fleurs solitaires, géminées ou en grappes courtes, axillaires.

1. { Fleurs solitaires ou géminées, sessiles ou brièvement pédonculées...................... 2.
{ Fleurs en grappe obtuse, portée sur un pédoncule plus ou moins long............ 7.

2. { Gousse stipitée...................... 3.
{ Gousse non stipitée...................... 5.

3. { Fleurs purpurines; gousse à poils appliqués. PEREGRINA.
{ Fleurs jaunes, quelquefois avec l'étendard purpurin; gousse à poils étalés............ 4.

4. { Étendard glabre; poils de la gousse tuberculeux à leur base.................... LUTEA.
{ Étendard velu; poils de la gousse non tuberculeux................................ HYBRIDA.

5. { Gousse bosselée...................... SATIVA.
{ Gousse unie...................... 6.

6. { Gousse velue; plante de 3-5 décim.......... ANGUSTIFOLIA.
{ Gousse glabre; plante de 1-2 décim.......... LATHYROIDES.

7. { Feuilles à 1-3 paires de folioles............ 8.
{ Feuilles à plus de 3 paires de folioles....... 10.

8. { Fleurs blanches maculées sur les ailes....... FABA.
{ Fleurs purpurines...................... 9.

9. { Calice à dents égales: style court.......... BITHYNICA.
{ Calice à dents inégales: style allongé........ NARBONENSIS.

10. { Feuilles terminées en vrille.............. 11.
{ Feuilles dépourvues de vrille.............. OROBUS.

11. { Grappes de fleurs plus longues que les feuilles. ONOBRYCHIOIDES.
{ Grappes de fleurs plus courtes que les feuilles. 12.

12. { Gousse glabre, noircissant à la maturité..... SEPIUM.
{ Gousse velue, jaunâtre à la maturité........ PANNONICA.

1. **V. SATIVA** *Lin. sp.* 1037; *Dec. fl. fr. 4, p.* 593 *(excl. les var.); Camer. epit., p.* 320, *icon.* — Racine grêle. Tiges de 2-8 décim., velues ou pubescentes, anguleuses, flexueuses, grimpantes, rameuses dans le bas. Feuilles à 6-12 folioles entières; les inférieures peu nombreuses, presque cordiformes; les supérieures plus nombreuses, oblongues, *tronquées ou échancrées,* toutes mucronées. Rachis terminé en vrille rameuse. Stipules semi-sagittées, dentées, marquées d'une tache noirâtre. Fleurs solitaires ou géminées, violettes-rougeâtres, presque sessiles. Calice tubuleux-campanulé, déchiré par l'accroissement de la gousse, à dents égales, droites, linéaires-subulées, de la longueur du tube. Gousse dressée ou étalée, linéaire-oblongue, *un peu toruleuse,* veinée-réticulée, pubescente, ne noircissant pas à la maturité, contenant 6-10 graines *globuleuses, comprimées,* brunes ou blanches, quelquefois marbrées, lisses.

VAR. B, *Macrocarpa, Moris. fl. sard. 1, p.* 554. Gousse plus large et plus longue que dans la var. A; folioles plus larges.

La vesce est un excellent fourrage; elle sert aussi pour engrais. Ses graines servent de nourriture aux pigeons.

Hab., cultivée en grand et quelquefois spontanée, dans les champs et les bois, dans tout le département. ① Fl. mai-juillet.

2. **V. ANGUSTIFOLIA** *Roth. tent. fl. germ.* 1, *p.* 310; *Gren. et Godr., fl. fr.* 1, *p.* 459. — Racine grêle, pivotante ou rameuse. Tige de 3-5 décim., faible, anguleuse, rameuse, dressée ou étalée, grimpante, presque glabre. Feuilles à 8-12 folioles, obovales ou oblongues, échancrées, mucronées, ou les supérieures linéaires, étroites. Vrille rameuse. Stipules semi-sagittées, dentées, maculées ou non. Fleurs violettes, rarement blanches, solitaires ou géminées, axillaires, brièvement pédicellées. Calice à dents droites lancéolées-subulées, de la longueur du tube, souvent plus courtes que lui. Gousse linéaire, subcylindrique, dressée ou étalée, presque unie, *noire et glabre à la maturité*. Graines sphériques, brunes ou verdâtres, marbrées, lisses.

Elles portent le nom patois de *ressaro.*

VAR. A, *Segetalis, Koch, syn. ed.* 2, *p.* 217. *V. segetalis, Thuill. par.* 367; *Dec. fl. fr.* 5, *p.* 579; *Sturm. fasc.* 32, *t.* 2. Feuilles supérieures oblongues-lancéolées. Calice fendu à la maturité.

VAR. B, *Bobartii, Koch, l. c.; V. angustifolia, Dec. fl. fr.* 5, *p.* 579; *Sturm. fasc.* 31, *t.* 11. Feuilles supérieures à folioles étroites, linéaires. Calice non fendu à la maturité.

VAR. C, *Sylvæ-realis.* Feuilles presque toutes à folioles étroites. Fleurs blanches. Calice fendu à la maturité.

Hab. : la var. A, les champs cultivés, les prés, à Manduel, l'Esperou, le Vigan, les îles du Rhône, à Coudoulet, les bois de Broussan, de la Devèze; la var. B, dans les bois de Cygnan, de l'Esperou, d'Alzon; la var. C, les pacages de la Sylve, au bord du canal, près Capette. ① Fl. mai-juin.

3. **V. LATHYROIDES** *Lin. sp.* 1037; *Dec. fl. fr.* 4, *p.* 594; *Lamk. ill., t.* 634, *fig.* 2. — Racine grêle. Tiges de 1-3 décim., faibles, rameuses, étalées, peu grimpantes, presque glabres. Feuilles inférieures terminées en arête; les supérieures en vrille simple ou rameuse, à 4-8 folioles obovales ou oblongues, obtuses ou échancrées, mucronulées; les supérieures plus étroites. Stipules entières, semi-sagittées. Fleurs très-petites, purpurines-violettes, axillaires, solitaires, très-brièvement pédicellées. Calice non fendu à la maturité, à dents droites, lancéolées-aiguës, un peu plus courtes que le tube. Gousse glabre, linéaire-oblongue, unie, comprimée, dressée ou étalée, *noire à la maturité.* Graines brunes, petites, anguleuses, tuberculeuses-ponctuées.

Hab. les terrains sablonneux, aux environs de Nîmes, dans les bois de Broussan, des Espèces, de Cygnan, à Tresques. ① Fl. avril-juin.

4. **V. PEREGRINA** *Lin. sp.* 1038; *Dec. fl. fr.* 5, *p.* 580; *Sturm. flor. germ. fasc.* 32, *ic.* — Racine grêle. Tiges de 4-6 décim.,

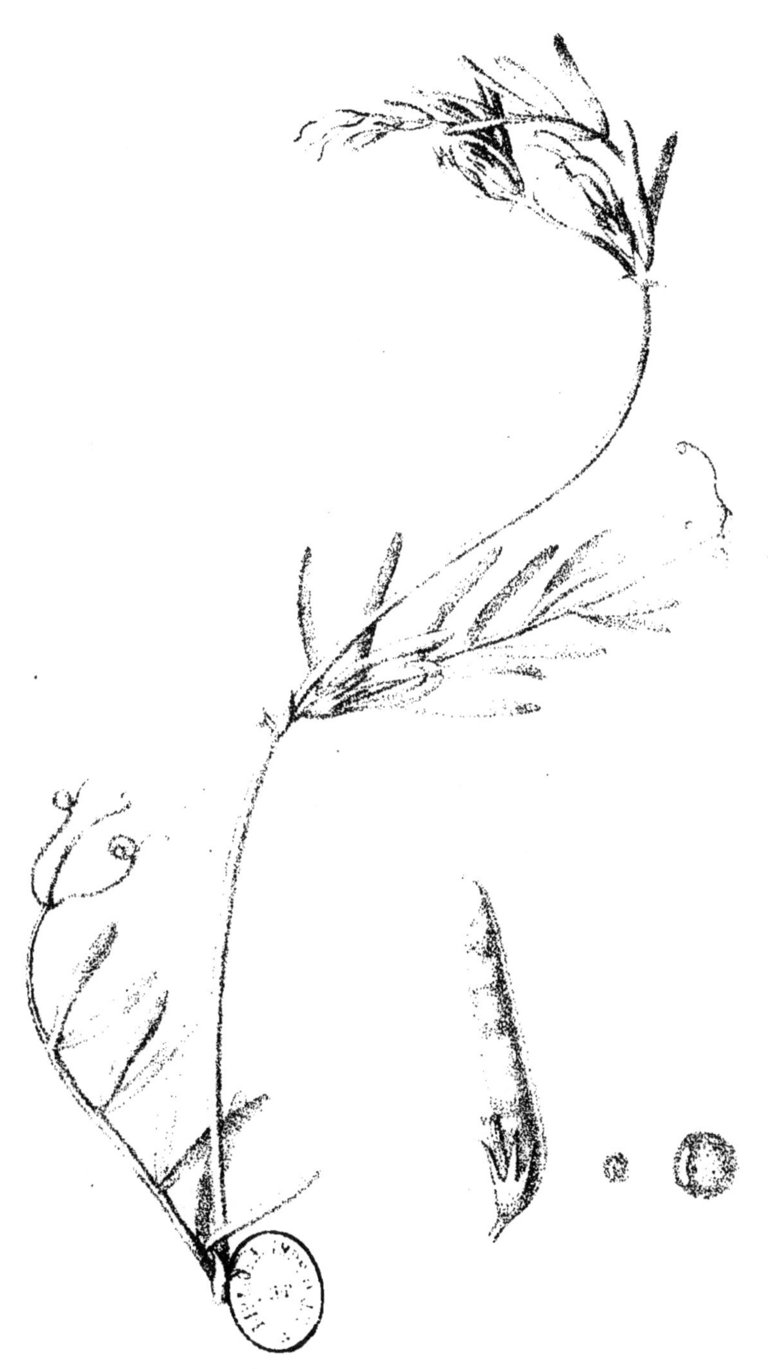

VICIA AGUSTIFOLIA.

grêles, anguleuses, grimpantes, presque glabres. Feuilles à
8-14 folioles linéaires, échancrées, mucronulées. Vrilles rameuses. Stipules petites, à deux divisions linéaires, entières. Fleurs
purpurines, axillaires, solitaires, presque sessiles. Calice irrégulier, velu, à dents lancéolées-aiguës; les deux supérieures plus
courtes; l'inférieure de la longueur du tube. Corolle à étendard
dressé, glabre, beaucoup plus long que la carène. Gousse large,
oblongue, stipitée, non bosselée, couverte de *poils courts appliqués*, pendante et fauve, marbrée de noir à la maturité. Graines
grosses, anguleuses, comprimées, verdâtres ou brunes, marbrées,
lisses.

Elles sont connues sous le nom patois de *carnabioou*.

Hab. les champs cultivés, aux environs de Nimes, à Manduel, St-Gilles,
Anduze, le Vigan. ① Fl. mai-juin.

5. V. LUTEA *Lin. sp.* 1037; *Dec. fl. fr.* 4, *p.* 596; *Moris.
hist. s.* 2, *t.* 21, *fig.* 5. — Racine grêle. Tiges de 2-4 décim.,
anguleuses, rameuses dès la base, dressées, quelquefois grimpantes, peu velues, souvent très-hérissées ainsi que les feuilles;
celles-ci à vrilles rameuses, à 8-16 folioles elliptiques ou linéaires-
oblongues, mucronées. Stipules inférieures souvent tridentées;
les supérieures entières ou bilobées, marquées d'une tache
brune, glanduleuse. Fleurs jaunes, à étendard veiné, souvent
rougeâtres, axillaires, solitaires ou géminées, presque sessiles.
Calice irrégulier, glabre ou peu velu, à dents lancéolées-subulées; les supérieures plus courtes; l'inférieure plus longue que
le tube. Corolle à étendard *glabre*, beaucoup plus long que la
carène. Gousse stipitée, large, oblongue, *fortement hérissée de
poils renflés à la base*, réfléchie et noire à la maturité. Graines
sphériques, brunes, marbrées de noir, lisses.

Hab. les champs cultivés, à Cabrière, Bouillargues, Manduel, Anduze; le
bord des fossés et du Vistre, aux environs de Nimes; parmi les oliviers, à
Uzès, etc. ① Fl. mai-juin.

6. V. HYBRIDA *Lin. sp.* 1037; *Dec. fl. fr.* 4, *p.* 596; *Jacq.
Vind.* 2, *t.* 146. — Cette plante, très-voisine de la précédente,
en diffère par ses folioles tronquées ou échancrées, à lobes de
l'échancrure aigus; par ses stipules non tachées; par ses fleurs
constamment solitaires, à étendard *très-velu;* par ses gousses
couvertes de poils *non renflés à la base,* fauves, veinées-réticulées
à la maturité; par le hile de sa graine, de moitié plus court.

Hab. les mêmes localités. ① Fl. mai-juin.

7. V. FABA *Lin. sp.* 1039; *Faba vulgaris, Dec. fl. fr.* 4,
p. 598; *Blackw., t.* 19. — Racine assez grosse, rameuse, garnie
de fibres. 2-3 tiges de 4-8 décim., simples ou peu rameuses,
droites, épaisses, anguleuses, fistuleuses, glabres ainsi que le
reste de la plante. Feuilles à 2-4 folioles ovales, grandes, très-

entières, mucronées, succulentes, un peu glauques. Feuilles
supérieures terminées par une *vrille courte*, simple, canaliculée.
Stipules semi-sagittées, larges, tachées, un peu dentées. Fleurs
grandes, blanches, tachées de noir sur les ailes, réunies 2-5 en
grappes axillaires, beaucoup plus courtes que les feuilles. Calice
à dents inférieures lancéolées-acuminées; les supérieures conniventes plus courtes. Gousse non stipitée, grosse, longue, un peu
charnue, pubérulente, un peu bosselée, noire et ridée à la maturité. Graines *grandes*, *oblongues*, *comprimées*, roussâtres. Hile
linéaire de toute la longueur du bord supérieur.

En usage comme aliment, pour l'homme et les bestiaux, cette plante est
connue sous le nom de *fève*, en patois *fava*.

Hab. cultivée en grand, dans les potagers et dans les champs. Elle est
originaire de l'Asie. ① Fl. mai-juillet.

8. V. NARBONENSIS *Lin. sp.* 1038; *Dec. fl. fr.* 4, *p.* 597.—
Racine courte, pivotante, un peu sinueuse. 2-3 tiges simples,
de 2-5 décim., ascendantes, anguleuses, striées, épaisses, velues.
Feuilles à folioles grandes, ovales, élargies supérieurement,
souvent échancrées, pubescentes principalement sur les bords,
plus longues que le pétiole, à peine mucronulées; les inférieures
à 2 folioles; les supérieures à 4, écartées, terminées par une
vrille bifurquée. Stipules larges, semi-sagittées, entières, plus
courtes que le pétiole; les supérieures légèrement ondulées,
souvent tachées. Fleurs purpurines, moyennes, de 1-5, en grappes
très-courtes, beaucoup plus courtes que les feuilles. Calice à
dents ovales-lancéolées, droites; les supérieures plus courtes.
Gousse non stipitée, large, oblongue, un peu comprimée, raide,
dressée, noire à la maturité, glabre sur les faces, veinée, ciliée
sur les sutures. Graines brunes, *sphériques*, *comprimées*. Hile
oblong. Plante d'un vert sombre.

VAR. A, *Genuina*, *Gren. et Godr. fl. fr.* 1, *p.* 463. Folioles
entières. Stipules entières ou ondulées. *V. narbonensis*, *Guss.
syn.* 2, *p.* 281; *Riv. tetr. irr.*, *t.* 58.

VAR. B, *Serratifolia*, *Koch. syn. ed.* 2, *p.* 215. Folioles
dentées; les inférieures au nombre de 4; les supérieures de 6.
Rachis terminé en vrille trifide. Stipules incisées. Gousses hérissées, sur les bords, de poils fortement tuberculeux à leur base.
V. serratifolia, *Jacq. austr. app.*, *t.* 8.

Hab., les deux var., le bord des fossés, à Bellegarde, le bois de Cygnan,
le long du Vistre. ① Fl. mai-juin.

9. V. BITHYNICA *Lin. sp.* 1038; *Dec. fl. fr.* 4, *p.* 597;
Lathyrus bithynicus, *Lamk. dict.* 2, *p.* 706; *All. ped.*, *t.* 26,
fig. 2. — Racine grêle. Tiges de 2-4 décim., droites ou grimpantes, rameuses, anguleuses, velues. Feuilles inférieures à
2 folioles ovales ou oblongues, quelquefois à 4; les supérieures

à 4, rarement à 6 folioles lancéolées, plus ou moins étroites,
toutes mucronées. Pétiole à vrille rameuse. Stipules assez grandes,
semi-sagittées, à dents profondes, aiguës. Fleurs purpurines-
violettes, à ailes et carène blanchâtres, réunies 1-3 sur un pédoncule plus ou moins allongé, mais plus court que la feuille ou
l'égalant rarement. Calice à dents *droites, égales,* lancéolées,
acuminées. Corolle dépassant beaucoup le calice. Style court,
très-barbu. Gousse non stipitée, oblongue, large, velue, rétrécie
au sommet, en bec arqué, ne noircissant pas à la maturité.
Graines brunes-marbrées, *sphériques.* Port et aspect des *lathyrus.*

Hab. le bord des champs, aux environs de Nîmes, au mas de Campagne.
① Fl. mai-juin.

10. **V. SEPIUM** *Lin. sp.* 1038 ; *Dec. fl. fr.* 4, *p.* 596 ; *Fl.
dan., t.* 699 ; *Tabern., t.* 506, *fig.* 2. — Racine vivace, à souche
rameuse, *stolonifère.* Tiges de 3-6 décim., presque glabres, peu
rameuses, faibles, anguleuses, droites, grimpantes. Feuilles à
8-14 folioles, un peu velues, ovales ou oblongues, élargies inférieurement, tronquées, rarement échancrées au sommet, mucronées, finement veinées. Vrilles rameuses. Stipules petites, semi-
sagittées, entières ; les inférieures dentées, souvent marquées
d'une tache brune. Fleurs purpurines-violacées, rarement blanches, réunies 2-6 en grappes axillaires, *beaucoup plus courtes
que les feuilles.* Calice à dents inégales, subulées ; les supérieures
plus courtes, conniventes. Corolle à étendard *glabre,* dépassant
le calice. Gousses stipitées, dressées ou étalées, oblongues-
linéaires, un peu comprimées, unies, glabres, rétrécies au sommet,
en bec arqué, *noires* à la maturité. Graines subsphériques, fauves,
maculées en noir, lisses à la maturité. Hile linéaire entourant
les deux tiers de la graine.

Hab. les haies, le bord des bois, au Vigan, à Alzon, au Serre-de-Bouquet.
♃ Fl. mai-juillet.

11. **V. PANNONICA** *Jacq. austr., t.* 34 ; *V. purpurascens,
Dec. fl. fr.* 5, *p.* 580. — Racine grêle, pivotante ou rameuse.
Tiges de 3-6 décim., rameuses dès la base, anguleuses et grimpantes, presque glabres. Feuilles à 10-20 folioles oblongues,
obtuses, tronquées ou échancrées, mucronées, pubescentes-
cendrées, veinées. Vrilles rameuses ou simples. Stipules petites,
semi-sagittées, *entières,* marquées d'une tache brune. Fleurs
purpurines pâles, jamais jaunes, réfléchies, réunies 2-4 en grappes
axillaires, *beaucoup plus courtes que les feuilles.* Calice à dents
inégales, droites, subulées ; les supérieures plus courtes. Corolle
à étendard velu. Gousses stipitées, oblongues, réfléchies, velues-
soyeuses, ne noircissant pas. Graines subsphériques, noirâtres-
marbrées, lisses. Hile oblong.

Hab. les champs cultivés, aux environs de Nîmes, à Calvisson, à Bagnols,
à Tresques, à Alais, à Anduze. ① Fl. avril-juillet.

12. V. ONOBRYCHIOIDES *Lin. sp.* 1036; *Dec. fl. fr.* 4, *p.* 591 ; *All. ped., t.* 42, *fig.* 1. — Racine dure, à souche épaisse, ligneuse. Tiges simples ou rameuses, grimpantes, anguleuses, presque glabres, hautes de 5-10 décim. Feuilles à 12-16 folioles linéaires-allongées, obtuses, tronquées ou échancrées, ou très-étroites, aiguës, mucronées, pétiolulées. Vrilles rameuses. Stipules petites, semi-sagittées, dentées à la base. Fleurs assez grandes, bleu de ciel ou violettes, à carène blanchâtre, réunies 6-12 en grappes très-lâches, presque unilatérales, étalées, brièvement pédicellées. Pédoncules dressés, beaucoup plus longs que les feuilles. Calice un peu velu, à dents très-inégales ; les deux supérieures très-courtes, *convergentes ;* les trois inférieures linéaires-lancéolées, atteignant le tiers de la corolle, à étendard glabre. Gousses stipitées, glabres, un peu comprimées, atténuées à la base et au sommet, brunes à la maturité. Graines subsphériques, comprimées, noires, marbrées.

Hab. les prés et les pacages, à Alzon, au Vigan, à l'Esperou, à Saint-Nicolas. ♃ Fl. mai-août.

13. V. OROBUS *Dec. fl. fr.* 5, *p.* 577 ; *Gren. et Godr. fl. fr.* 1, *p.* 467 ; *V. cassubica, fl. dan., t.* 98 *(non Lin.).* — Racine dure, brune, à souche compacte, rameuse, *non stolonifère.* Tiges de 2-5 décim., réunies en touffe, droites, rameuses, anguleuses, couvertes de poils mous, étalés ainsi que les feuilles, beaucoup moins abondants vers le sommet. Feuilles à 12-30 folioles serrées, décroissantes, pétiolulées, oblongues, arrondies au sommet, mucronées, un peu élargies inférieurement, *garnissant, jusqu'à sa base,* le pétiole commun, canaliculé et terminé par une *pointe courte.* Stipules semi-sagittées, assez grandes, entières ou dentées. Fleurs purpurines, bleuâtres ou blanches, réunies unilatéralement 10-20 en grappes serrées, *plus longues que les feuilles.* Calice velu, à dents inégales, subulées ; les deux supérieures beaucoup plus courtes ; la plus longue des trois inférieures de la longueur du tube, atteignant presque le tiers de la corolle ; celle-ci à étendard glabre, à onglet *élargi.* Gousses oblongues, inclinées, stipitées, terminées en bec droit ou un peu courbé, glabres, d'un roux clair à la maturité. Graines subsphériques-comprimées, noires, *lisses.* Hile linéaire plus court que la moitié de la cir-conférence de la graine.

Hab. les bois et les prairies humides, sur la Lozère, commune de Con-coule, et à Gourdouze. ♃ Fl. mai-juillet.

27ᵉ gʳᵉ. **CRACCA.** — **CRACCA.** (Riv. tetrap. irr. 49.)

Calice oblique, à 5 dents inégales. Corolle saillante. Étamines bifasciculées. Style filiforme non barbu. Gousse stipitée, oblon-gue, polysperme, *non bosselée,* à 2 valves se roulant en spirale

à la déhiscence. Suture supérieure directement *prolongée en bec.*
Graines sphériques. Hile linéaire. Plantes herbacées, à feuilles
paripinnées, à vrilles rameuses, à fleurs unilatérales, toujours en
grappes axillaires, pédonculées, multiflores, rarement pauciflores.

1. | Grappes portant 15-30 fleurs..................... 2.
1. | Grappes portant 1-8 fleurs...................... 4.

2. | Fleurs s'ouvrant successivement de bas en haut.... 3.
2. | Fleurs s'ouvrant toutes ensemble. .... VARIA.

3. | Graines noires, non marbrées.................... TENUIFOLIA.
3. | Graines brunes, marbrées. .... MAJOR.

4. | Fleurs solitaires sur les pédoncules.............. MONANTHOS.
4. | Fleurs 3-8 sur les pédoncules. .... MINOR.

1. Cr. major *Frank en. specul., p.* 11; *Gren. et Godr.,
fl. fr.* 1, *p.* 468; *Vicia cracca, Lin. sp.* 1035; *Coss. et Germ.,
fl. par., p.* 141, *atl., t.* 11, *fig. K, fl. dan., t.* 804. — Racines
entremêlées, dures. Tiges de 5-10 décim., anguleuses, sillonnées,
rameuses, tantôt glabres, tantôt un peu velues, grimpantes.
Feuilles à folioles nombreuses, ovales-oblongues ou lancéolées,
ou linéaires, obtuses ou les supérieures aiguës, mucronulées,
pubescentes. Vrilles rameuses. Stipules linéaires, aiguës, entières,
semi-sagittées. Fleurs courtes, d'un bleu violet, souvent mêlé
de blanc, très-nombreuses, s'épanouissant successivement de
bas en haut, disposées en grappes serrées, unilatérales, de la
longueur de la feuille ou plus longues qu'elle. Calice à dents
supérieures très-courtes, convergentes; les inférieures linéaires-
subulées, de la longueur du tube ou un peu plus courtes que lui.
Corolle à étendard relevé, un peu échancré, rétréci vers son
milieu; la partie inférieure *plus large que la supérieure.* Gousses
glabres, oblongues, étalées ou réfléchies, ne noircissant pas à
la maturité, non atténuées vers leur base. Graines sphériques,
brunes, marbrées. Hile occupant le tiers de la circonférence.

Hab. les prairies, à Genolhac, les bords des fossés et des champs, à Nîmes,
Manduel, Montfrin, Alzon. ♃ Fl. juin-août.

2. Cr. tenuifolia *Godr. et Gren., fl. fr.* 1, *p.* 469; *Coss.
et Germ., fl. par., p.* 141, *atl., t.* 11, *fig. L.* — Cette plante,
très-voisine de la précédente, s'en distingue : par sa tige plus
élevée; par ses fleurs plus longues, en grappes moins serrées,
beaucoup plus longues que les feuilles; par les dents inférieures
du calice, toujours plus courtes que le tube; par son étendard
rétréci au-dessous de son milieu, à partie inférieure à peu près
de la même largeur que la supérieure; par ses gousses atténuées
inférieurement, et, enfin, par ses graines plus grosses, noires,
non marbrées, à hile moins prolongé.

Hab. les champs cultivés, les prairies et les bois, au Vigan, Campestre,
Lannéjols, Condoulet, Saint-Nicolas, Cygnan, Manduel. ♃ Fl. mai-juillet

3. **CR. VARIA** *Godr. et Gren., fl. fr.* 1, *p.* 469; *Vicia pseudocracca, Merat fl. par. ed.* 3, *t.* 2, *p.* 472, *Rchb. ex. ic.* 2223. —Racine grêle. Tiges faibles, étalées ou grimpantes, anguleuses, cannelées, rameuses, fistuleuses, hautes de 3-12 décim., plus ou moins velues. Feuilles à 10-14 folioles velues, linéaires-oblongues, obtuses ou aiguës, mucronées. Rachis canaliculé supérieurement, sillonné inférieurement, insensiblement atténué jusqu'au sommet, terminé en vrille rameuse. Stipules entières, semi-sagittées. Fleurs violettes-bleues au sommet, blanchâtres à la base, *étalées*, *non pendantes*, disposées 16-25 en grappes lâches, non rétrécies au sommet, dépassant peu les feuilles, beaucoup plus allongées à la maturité; épanouissement non successif. Calice coloré, *bossu* à la base, à dents subulées; les trois inférieures presque de la longueur du tube; les supérieures très-courtes. Corolle à étendard dressé, relevé sur les côtés, échancré au sommet, de la longueur des ailes, à onglet *aussi large et deux fois plus long que le limbe* rétréci à sa base. Gousse *velue*, oblongue, plus large que dans les deux espèces précédentes, brusquement stipitée, terminée par un bec court recourbé, qui est le prolongement direct de la suture supérieure, jaunâtre à la maturité. Graines 4-6, sphériques, comprimées, brunes, à hile très-court.

Hab. les champs cultivés, à Manduel, à Broussan, à Campagne. ① Fl. mai-juillet.

4. **CR. MONANTHOS** *Godr. et Gren. fl. fr.* 1, *p.* 471; *Ervum monanthos, Lin. sp.* 1040; *Vicia monantha, Dec. fl. fr.* 4, *p.* 592; *Sturm. fl. Germ.* 1, *fasc.* 32, *ic.* — Racine grêle. Tiges de 3-6 décim., glabres, droites ou ascendantes, rameuses dès la base, un peu grimpantes. Feuilles à 10-14 folioles linéaires, tronquées ou échancrées, mucronées; les inférieures plus larges et plus courtes, glabres. Vrilles rameuses. Stipules *inégales;* l'une *sessile, linéaire, aiguë, entière;* l'autre pétiolulée, divisée en lanières fines et profondes, en forme de digitation. Fleurs moyennes, blanchâtres, à carène tachée de pourpre au sommet, solitaires sur des pédoncules articulés un peu au-dessous de la fleur, souvent aristés, rarement plus longs que les feuilles. Calice à dents linéaires, subulées, *plus longues que le tube.* Corolle *deux fois de la longueur du calice*, à étendard non redressé. Gousse oblongue, assez large, glabre, bosselée, ondulée sur la suture supérieure, presque sessile, jaunâtre à la maturité. Graines 3-4, grosses, sphériques-comprimées, rousses, un peu marbrées.

Hab. les lieux cultivés, au Vigan, à Alzon. ① Fl. avril-juin.

5. **CR. MINOR** *Riv. tetr. irr., t.* 53, *fig.* 2; *Ervum hirsutum, Lin. sp.* 1039; *Dec. fl. fr.* 4, *p.* 599. — Racine très-grêle. Tiges

grimpantes, glabres, grêles, faibles, anguleuses, rameuses.
Feuilles à 12-18 folioles presque glabres; les supérieures linéaires, tronquées ou échancrées, mucronées; les inférieures courtes,
ovales, velues. Vrilles rameuses. Stipules *linéaires, incisées-
sétacées;* les supérieures entières ou peu incisées. Fleurs très-
petites, bleuâtres, unilatérales, réunies 3-8 au sommet de pédoncules brièvement aristés, égalant ou dépassant les feuilles. Calice
velu, à dents *presque égales*, linéaires-subulées, *plus longues
que le tube, un peu plus courtes que la corolle.* Gousses étalées
ou inclinées, sessiles, oblongues, velues, bosselées, noires à la
maturité, à 2 graines sphériques, comprimées, brunes ou jaunâtres, lisses, unies ou un peu marbrées.

Hab. dans les bois à Manduel, au bord du canal à Capette, au bord du
Gardon, au pont du Gard, au Vigan. ☉ Fl. avril–juillet.

28ᵉ gʳᵉ. ERS. — ERVUM. (Lin. gen. 874.)

Calice oblique, à 5 dents; les deux supérieures profondes,
écartées entre elles. Corolle saillante. Étamines bifasciculées.
Style filiforme, non barbu. Gousse stipitée, linéaire, comprimée,
à 2 valves se roulant en spirale à la déhiscence, légèrement
bosselée, terminée en bec très-petit. Graines 4-6, sphériques.
Hile linéaire ou ovale. Plantes grêles, à pédoncules à 1-5 fleurs,
à feuilles paripinnées.

1. 〈 Fleurs très-petites, 1-2 sur chaque pédoncule.
     Vrilles simples ou bifurquées.............. TETRASPERMUM.
     Fleurs moyennes, 2-5 sur chaque pédoncule.
     Vrilles rameuses, quelquefois simples....... GRACILE.

1. **Er. TETRASPERMUM** *Lin. sp.* 1039; *Dec. fl. fr.* 4,
p. 599; *J. Bauh.* 2, *p.* 315, *fig.* 2. — Racine très-grêle. Tiges
de 2-6 décim., grêles, anguleuses, rameuses, grimpantes, presque
glabres ainsi que les feuilles; celles-ci à 6-10 folioles linéaires,
mucronulées; les inférieures oblongues. Vrilles simples ou bifurquées. Stipules linéaires, semi-sagittées, entières. Fleurs très-
petites, d'un blanc lilas, disposées 1-2 au sommet de pédoncules
filiformes *non aristés*, plus longs que les feuilles. Calice velu, à
dents inégales, *plus courtes que le tube;* les supérieures plus
courtes, triangulaires; les inférieures linéaires-subulées, atteignant la moitié de la corolle. Gousse étalée ou pendante, oblongue-
comprimée, glabre, rousse à la maturité, à 3-5 graines sphériques un peu comprimées, olivâtres, lisses. Hile *oblong.*

Hab. les champs cultivés, à Manduel, à Tresques: les bois, à Valbonne,
à Campagne, au Vigan. ☉ Fl. mai–juillet.

2. **Er. GRACILE** *Dec. hort. Monsp.*, *p.* 109; *fl. fr.* 5, *p.* 581;
Vicia gracilis, Lois. fl. gall. 2, *p.* 148, *t.* 12. — Racines grêles.
Tiges plus raides que dans la précédente, hautes de 3-6 décim.,

grimpantes, anguleuses, rameuses, garnies de petits poils appliqués. Feuilles à 6-10 folioles linéaires, étroites, allongées, aiguës, mucronées; les inférieures plus courtes. Vrilles simples, bifurquées ou rameuses. Stipules entières, linéaires-semi-sagittées, aiguës. Fleurs moyennes, bleuâtres, unilatérales, étalées ou réfléchies, disposées 2-5 au sommet de pédoncules filiformes, aristés, beaucoup plus longs que les feuilles. Calice velu, à dents lancéolées-aiguës *presque égales*, *plus courtes que le tube*, n'atteignant pas la moitié de la longueur de la corolle. Gousses oblongues un peu comprimées, glabres, étalées, rousses à la maturité, à 4-6 graines sphériques, brunes, marbrées de noir. Hile ovale-court.

Hab. les champs cultivés, à Manduel : les bords des roubines, à Capette, à Sylveréal. ① Fl. mai–juillet.

29° g^re. ERVILIER. — ERVILIA. (Link. enum. hort. berol. 2, p. 240.)

Calice oblique, à 5 dents presque égales. Corolle très-peu saillante. Étamines bifasciculées. Style filiforme, subulé, non barbu. Ovaire ondulé, plissé. Gousse stipitée, oblongue, toruleuse, à 2 valves se roulant en spirale à la déhiscence, terminée par un bec court central. Graines subsphériques. Hile ovale. Plante à feuilles paripinnées dépourvues de vrilles.

1. Er. sativa *Link. l. c.; Ervum ervilia, Lin. sp.* 1040; *Vicia ervilia, Dec. fl. fr.* 4, *p.* 593; *Camer. epit.* 215, *ic.* — Racine pivotante. Tige de 2-4 décim., droite, raide, flexueuse, anguleuse, très-rameuse, glabre ou un peu pubescente. Feuilles à 12-24 folioles oblongues ou linéaires, tronquées ou échancrées, mucronulées, à rachis terminé par une arête courte. Stipules semi-sagittées, incisées. Fleurs blanchâtres-violacées, disposées 1-3 étalées ou réfléchies, au sommet de pédoncules aristés, beaucoup plus courts que les feuilles. Calice à dents linéaires-subulées, plus longues que le tube, dépassant la moitié de la longueur de la corolle. Étendard non échancré, rayé de violet. Gousses réfléchies, oblongues, glabres, renflées, fortement toruleuses, à 2-4 graines subsphériques, grises-rougeâtres.

Cette plante est cultivée en grand sous le nom d'*erse;* en patois, *esse.* Ses graines servent de nourriture à la volaille; on la donne aussi aux chevaux. Leur farine est résolutive et maturative.

Hab. souvent spontané dans les champs, à Manduel, Campestre. ① Fl. mai–juillet.

30° g^re. LENTILLE. — LENS. (Tourn. inst., t. 210.)

Calice oblique, à 5 dents égales, de la longueur de la corolle. Étamines bifasciculées. Style filiforme, comprimé, glabre sur une face et portant sur l'autre une ligne de poils. Gousse stipitée, pendante, comprimée, *rhomboïdale, courte, large,* légèrement bosselée, à suture supérieure *prolongée, presque directement, en bec,* à 1-2 graines lenticulaires. Hile ovale ou oblong. Plantes à feuilles paripinnées, à fleurs peu nombreuses, en grappes pédonculées, axillaires.

1. { Feuilles à 10-14 folioles et terminées en vrille...... **ESCULENTA.**
{ Feuilles à 4-6 folioles et dépourvues de vrilles...... **NIGRICANS.**

1. L. ESCULENTA *Mœnch, meth., p.* 131; *Godr. et Gren. fl. fr.* 1, *p.* 476; *Ervum lens, Lin. sp.* 1039; *Fuchs. hist.* 859, *ic.* — Racine pivotante, sinueuse. Tiges de 2-3 décim., droites, anguleuses, rameuses, pubescentes ainsi que les feuilles; celles-ci à 10-14 folioles ovales-oblongues dans le bas, oblongues-linéaires dans le haut, obtuses, mucronulées. Vrilles simples ou bifurquées. Stipules lancéolées, entières. Fleurs petites, bleuâtres, disposées 1-3 au sommet de pédoncules aristés de la longueur, environ, des feuilles. Calice velu, à dents linéaires-subulées, beaucoup plus longues que le tube et de la longueur de la corolle. Gousses glabres. Graines brunes, lisses.

Les graines de cette plante, connues sous le nom de *lentille,* sont fort employées comme aliment: leur farine est résolutive.

Hab. cultivée dans tout le département, et souvent subspontanée. ① Fl. juin–juillet.

2. L. NIGRICANS *Godr. fl. de lorr.* 1, *p.* 173; *Godr. et Gren. fl. fr.* 1, *p.* 476; *Ervum nigricans, Moris. fl. sard.* 1. *p.* 572, *t.* 71, *fig.* 2. — Racine grêle. Tiges de 1-2 décim., droites ou étalées, un peu anguleuses, rameuses, pubescentes. Feuilles dépourvues de vrilles; les supérieures terminées par *une petite pointe,* à 4-6 folioles velues, mucronulées; les inférieures ovales; les supérieures oblongues-linéaires. Stipules semi-sagittées, dentées à la base. Fleurs bleuâtres disposées 1-2, un peu inclinées, unilatérales au sommet de pédoncules filiformes, aristés, dépassant les feuilles. Calice velu, à dents linéaires-subulées, ciliées, beaucoup plus longues que le tube. Gousse glabre, rousse à la maturité. Graines *reloutées, d'un brun rougeâtre, légèrement marbrées de brun foncé.*

Hab. les coteaux pierreux, à la Foux près d'Alzon, à l'Esperou. ① Fl. avril–juin.

31ᵉ gʳᵉ. CICHE. — CICER. (Lin. gen. 1189.)

Calice à 5 dents égales presque de la longueur de la corolle; les quatre supérieures rapprochées; l'inférieure écartée. Étamines bifasciculées à tube court, à filets alternativement épaissis sous le sommet. Style filiforme, glabre au sommet. Gousse grosse, courte, subrhomboïdale, renflée, non bosselée, à suture supérieure terminée presque directement en bec, à 2 valves, à

2 graines anguleuses, gibbeuses, ridées, terminées en pointe
obtuse, recourbée. Plante herbacée, à feuilles imparipinnées, à
pédoncules uniflores.

1. **C. ARIETINUM** *Lin. sp.* 1040; *Dec. fl. fr. 4, p.* 600;
Lamk. ill., t. 632; *Cam. epit.* 204, *ic.* — Racine pivotante.
Tige de 3-5 décim., droite, rameuse, flexueuse, anguleuse, velue-
visqueuse ainsi que les feuilles; celles-ci à 13-15 folioles ovales
ou oblongues, aiguës, dentées en scie. Stipules incisées-dentées.
Fleurs purpurines ou blanches, solitaires sur des pédoncules plus
courts que les feuilles, articulés et munis de 2 bractéoles vers
leur milieu; la partie supérieure réfléchie après la floraison.
Calice à dents lancéolées, beaucoup plus longues que le tube,
presque de la longueur de la corolle, velues, ciliées. Gousse velue,
à poils articulés, rousse à la maturité. Graines rousses, blanchâtres ou rarement noirâtres, à hile ovale.

Cette plante est connue sous les noms vulgaires de *pois chiche, pois
pointu*: en patois, de *cese*. Les graines sont fort en usage comme aliment
et sont préférables aux pois et aux lentilles: leur farine est émolliente et
résolutive: torréfiées, elles sont en usage en guise de café.

Hab. cultivé en grand dans tout le département, et souvent subspontané.
(I) Fl. juin–juillet.

32ᵉ gʳᵉ. POIS. — PISUM. (Lin. gen. 870.)

Calice campanulé, à 5 dents foliacées; les deux supérieures
plus courtes et plus amples. Corolle à étendard large, réfléchi,
à 2 bosses calleuses à la base. Étamines bifasciculées, à tube
tronqué horizontalement. Style comprimé, genouillé à la base,
velu en dessus, canaliculé en dessous. Gousse oblongue non
stipitée, polysperme, à suture supérieure terminée, presque
directement, en bec court recourbé. Graines globuleuses. Hile
suborbiculaire. Plantes herbacées, grimpantes, à feuilles paripinnées, terminées en vrille rameuse, à stipules très-amples.

1.	Fleurs rouges-violettes: graines anguleuses.......... **ARVENSE.**	
	Fleurs blanchâtres ou rosées: graines globuleuses..... 2.	
2.	Graines finement granuleuses, marbrées............. **ELATIUS.**	
	Graines lisses, unicolores..................... **SATIVUM.**	

1. **P. SATIVUM** *Lin. sp.* 1026; *Lamk. ill., t.* 633. — Racine
grêle, oblique. Tige de 8-15 décim., faible, grimpante, flexueuse,
anguleuse, fistuleuse, glabre et glaucescente comme les feuilles
et les stipules. Feuilles à 4-6 folioles oblongues, obtuses ou légèrement échancrées, mucronées, entières, ondulées. Vrilles rameuses. Stipules foliacées, plus grandes que les folioles, sans
taches, à oreillettes arrondies, dentées. Fleurs grandes, blanches,
avec les ailes violet noir, disposées 1-3 sur des pédoncules aristés,
plus longs que les stipules. Gousse glabre, veinée, réticulée,

comprimée ou subcylindrique. Graines *globuleuses*, lisses, *unicolores*, blanches ou carnées.

Les gousses vertes de cette plante fournissent une bonne nourriture, mais les graines mûres sont difficiles à digérer. Les pois verts, mangés crus, soulagent les scorbutiques. Le pois est connu sous le nom patois de *pesé*.

Hab. Cultivé dans les potagers, sous plusieurs variétés, et rarement subspontané. (†) Fl. mai-juillet.

2. P. ARVENSE *Lin. sp.* 1027 ; *Dec. fl. fr. 4, p.* 585 ; *Moris. hist. s.* 2, *t.* 1, *fig.* 4. — Racine grêle. Tige de 3-8 décim., grêle, flexueuse, anguleuse, fistuleuse, grimpante, glabre, un peu glauque comme les feuilles ; celles-ci à 2-4 folioles oblongues, mucronées, entières ou dentées supérieurement. Vrilles rameuses. Stipules foliacées, plus grandes que les folioles, souvent tachées à la base, à oreillettes arrondies, dentées. Fleurs bleuâtres avec les ailes d'un pourpre foncé, disposées 1-2 au sommet de pédoncules aristés, plus longs que les stipules. Gousse glabre, comprimée, veinée-réticulée. Graines verdâtres, marbrées de brun, lisses, *déprimées sur les côtés*.

Cette plante est connue sous le nom de *pois de pigeon*. Ses graines servent pour la nourriture de la volaille, principalement des pigeons.

Hab. cultivé en plein champ, souvent subspontané dans les moissons. (†) Fl. mai-juillet.

3. P. ELATIUS *Bieb. taur. cauc.* 2, *p.* 151 ; *Godr. et Gren. fl. fr.* 1, *p.* 478. — Racine grêle, oblique. Tige de 10-15 décim., robuste, flexueuse, anguleuse, fistuleuse, grimpante, glabre et glaucescente comme le reste de la plante. Feuilles à 4-6 folioles oblongues, obtuses ou légèrement échancrées, mucronées, entières ou munies de quelques dents peu saillantes. Vrilles rameuses. Stipules sans tache, foliacées, plus grandes que les folioles, à oreillettes arrondies, dentées. Fleurs grandes, lilacées, disposées 1-2 au sommet de pédoncules aristés lorsqu'ils ne portent qu'une fleur, égalant la longueur des feuilles. Gousse longue de 1 décim. et large de 2 centim., comprimée, veinée-réticulée, quelquefois un peu verruqueuse. Graines grises, marbrées de brun, *finement granuleuses*.

Hab. les lieux pierreux, au bord du Gardon, entre Saint-Nicolas et la Beaume, au Serre-de-Bouquet, à Arfi, près du Vigan. (†) Fl. mai-juin.

33ᵉ gʳᵉ. **GESSE. — LATHYRUS.** (Lin. gen. 872.)

Calice campanulé, à 5 dents ; les deux supérieures plus courtes. Étamines uni ou bifasciculées, à tube tronqué horizontalement. Style *comprimé, dilaté et barbu au sommet*. Gousse rarement stipitée, oblongue ou linéaire, polysperme, à suture supérieure terminée, presque directement, en bec recourbé. Graines globuleuses, anguleuses ou tronquées. Hile ovale ou linéaire. Plantes herbacées, ordᵗ grimpantes, à feuilles paripinnées, avec ou sans

vrille, quelquefois réduites à un simple pétiole, à fleurs disposées
en grappes axillaires pédonculées, plus ou moins fournies, rarement uniflores.

1. { Pétioles dépourvus de folioles............... 2.
   { Pétioles pourvus de folioles................. 3.

2. { Fleurs jaunes; stipules très-amples; pétioles
   {   filiformes............................... APHACA.
   { Fleurs rouges; stipules très-petites: pétioles
   {   foliacés................................. NISSOLIA.

3. { Pétioles terminés en pointe subulée ou foliacée. 4.
   { Pétioles terminés en vrille simple ou rameuse. 8.

4. { Fleurs jaunâtres; pétioles terminés en pointe
   {   foliacée................................. ASPHODELOIDES.
   { Fleurs bleues, rouges ou lilas: pétioles non
   {   foliacés au sommet....................... 5.

5. { Feuilles à une paire de folioles............. INCONSPICUUM.
   { Feuilles à 2-6 paires de folioles............ 6.

6. { Tiges ailées................................ MACRORHIZUS.
   { Tiges anguleuses, non ailées................ 7.

7. { Folioles ovales, longuement acuminées....... VERNUS.
   { Folioles elliptiques ou oblongues, non acumi-
   {   nées..................................... NIGER.

8. { Feuilles à 2-3 paires de folioles............ 9.
   { Feuilles à une paire de folioles............. 10.

9. { Pétioles ailés: plante robuste.............. HETEROPHYLLUS.
   { Pétioles non ailés; plante faible........... PALUSTRIS.

10. { Fleurs jaunes.............................. 11.
    { Fleurs purpurines, violettes ou blanches.... 12.

11. { 1-3 fleurs sur chaque pédoncule............ ANNUUS.
    { 4-12 fleurs sur chaque pédoncule........... PRATENSIS.

12. { Pédoncules uniflores...................... 13.
    { Pédoncules pluriflores.................... 18.

13. { Gousses velues............................ HIRSUTUS.
    { Gousses glabres........................... 14.

14. { Gousses stipitées......................... SETIFOLIUS.
    { Gousses non stipitées..................... 15.

15. { Gousses larges oblongues.................. 16.
    { Gousses étroites linéaires................ 17.

16. { Fleurs rouges............................. CICERA.
    { Fleurs blanches ou bleuâtres.............. SATIVUS.

17. { Pédoncules articulés au sommet, plus longs
    {   que les pétioles......................... ANGULATUS.
    { Pédoncules articulés vers le milieu, plus courts
    {   que les pétioles......................... SPHÆRICUS.

18. { Feuilles à folioles oblongues............. TUBEROSUS.
    { Feuilles à folioles très-allongées........ 19.

19. { Pétioles ailés: gousses glabres........... 20.
    { Pétioles non ailés: gousses velues........ HIRSUTUS.

20. { Gousses à 3 côtes dorsales, denticulées, peu
    {   saillantes............................... SYLVESTRIS.
    { Gousses à 3 côtes dorsales unies, dont la cen-
    {   trale saillante.......................... LATIFOLIUS.

1. **L. APHACA** *Lin. sp.* 1029 ; *Dec. fl. fr.* 4, *p.* 577 ; *Engl. bot.*, *t.* 1167 ; *Moris. hist. s.* 2, *t.* 4, *fig.* 7. — Racine pivotante. Tiges de 2-5 décim., nombreuses, grêles, anguleuses, rameuses, couchées ou grimpantes. Pétioles filiformes, à vrille simple ou rameuse, dépourvus de folioles. Stipules très-grandes, foliacées, sessiles, ovales, sagittées. Fleurs jaunes, moyennes, solitaires au sommet de pédoncules plus longs que les stipules, très-brièvement aristés à la base du pédicelle. Calice à dents lancéolées, aiguës, 2-3 fois de la longueur du tube, presque aussi longues que la corolle. Étendard à 2 bosses calleuses à la base. Gousses glabres, oblongues, arquées, comprimées, bosselées, veinées-réticulées, fauves à la maturité. Graines suborbiculaires, comprimées, brunes, lisses. Hile ovale. Plante glabre et un peu glauque.

Elle est connue sous le nom vulgaire de *pois de serpent ;* en patois, *amarun.* Ses graines sont très-amères.

Hab. les moissons, dans tout le département. ① Fl. mai–juillet.

2. **L. NISSOLIA** *Lin. sp.* 1029 ; *Dec. fl. fr.* 4, *p.* 578 ; *Magn. hort. reg.*, *p.* 112, *ic.* — Racine grêle, blanchâtre, fibreuse. Tiges 3-4, de 4-10 décim., grêles, raides, droites, simples, anguleuses, non grimpantes, presque glabres. Pétioles très-longs, foliacés, linéaires-lancéolés, aigus, demi-embrassants, sans folioles et sans vrille, nerviés parallèlement. Stipules nulles ou très-petites, subulées. Fleurs rougeâtres portées sur des pédoncules, souvent pubescents, uni ou biflores, grêles, plus courts que les pétioles. Calice à dents lancéolées-subulées, velues, de la longueur du tube ; l'inférieure un peu plus longue. Corolle dépassant beaucoup le calice. Gousses oblongues-linéaires, non arquées, comprimées, glabres ou pubérulentes, veinées en long, roussâtres à la maturité. Graines subsphériques, brunes, verruqueuses. Hile ovale.

Hab. le bord des fossés, à Bellegarde, et probablement dans tout le département. ① Fl. mai–juillet.

3. **L. HIRSUTUS** *Lin. sp.* 1032 ; *Dec. fl. fr.* 4, *p.* 582 ; *Riv. tétrap.*, *t.* 41 ; *J. Bauh.*, *p.* 305, *ic.* — Racine grêle, pivotante, sinueuse. Tiges de 4-8 décim., ailées, étalées ou grimpantes, rameuses, presque glabres. Feuilles à pétiole bordé, à 2 folioles oblongues-lancéolées, obtuses, mucronées. Vrilles rameuses. Stipules entières, semi-sagittées, lancéolées, aiguës. Fleurs d'un bleu rosé, portées 1-3 sur des pédoncules munis de quelques poils écartés, *beaucoup plus longs que les feuilles.* Calice à dents ovales, acuminées, un peu plus longues que le tube, atteignant le milieu de la corolle. Gousses oblongues, enflées, carénées sur le dos, rousses à la maturité, hérissées de poils renflés à la base. Graines brunes, sphériques, *très-rugueuses.* Hile ovale.

Hab. les champs cultivés, à Condoulet, les bords des fossés et les prairies, à Bellegarde, Capette, etc. ② Fl. juin–juillet.

4. L. CICERA *Lin. sp.* 1030 ; *Dec. fl. fr.* 4, *p.* 579 ; *Jacq. f. ecl.*, *t.* 115 ; *Dod. pempt. p.* 523, *fig.* 1. — Racine pivotante, brune. Tiges de 3-6 décim., étroitement ailées, étalées ou grimpantes, glabres ainsi que le reste de la plante. Feuilles à pétiole bordé, à folioles oblongues-lancéolées, aiguës ou linéaires, étroites. Vrilles rameuses. Stipules larges, semi-sagittées, aiguës, ciliées, de la longueur du pétiole. Fleurs rouges, solitaires, portées sur des pédoncules plus longs que le pétiole et plus courts que la feuille. Calice à dents peu inégales, lancéolées, acuminées, *beaucoup plus longues que le tube*, atteignant les deux tiers de la corolle. Gousses oblongues, comprimées, à suture supérieure *canaliculée*, légèrement veinées-réticulées sur les faces, glabres, roussâtres à la maturité. Graines grosses, anguleuses, *lisses*, brunes ou verdâtres, un peu marbrées de noir. Hile ovale, court.

Hab. les champs cultivés, à Nimes, Alais, Saint-Ambroix, Campestre, Manduel. ① Fl. avril-juin.

5. L. SATIVUS *Lin. sp.* 1030 ; *Dec. fl. fr.* 4, *p.* 579 ; *Bot. mag.*, *t.* 115 ; *Fuchs. hist.*, *p.* 571, *ic.* — Racine grêle. Tiges de 3-6 décim., ailées, anguleuses, étalées ou grimpantes, glabres ainsi que le reste de la plante. Feuilles à pétiole bordé ou étroitement ailé, à 2 folioles linéaires-lancéolées, aiguës. Vrilles simples ou rameuses. Stipules semi-sagittées, lancéolées, aiguës, souvent ciliées, plus courtes que les pétioles. Fleurs grandes, blanches, rosées ou bleuâtres, solitaires sur des pédoncules dépassant le pétiole. Pédicelles munis, à leur base, de 2 bractéoles aiguës. Calice à dents peu inégales, lancéolées-acuminées, *beaucoup plus longues que le tube*, atteignant la moitié de la corolle. Gousses larges, ovales-oblongues, comprimées, veinées-réticulées, portant 2 *ailes saillantes sur le bord supérieur*. Graines blanchâtres ou jaunâtres, presque carrées, *comprimées en forme de coin*. Hile ovale, au milieu de deux lignes noires en forme de V.

Cette plante est connue sous le nom vulgaire de *pois carré*; en patois, *jaïssa*. Dans quelques contrées du département, on mange ses graines comme les pois : les vaches en sont friandes.

Hab. cultivée à Montfrin, Tresques, Bagnols, et dans une grande partie du département, souvent subspontanée dans les moissons. ① Fl. mai-juillet.

6. L. ANNUUS *Lin. sp.* 1032 ; *Dec. fl. fr.* 4, *p.* 581 ; *Buxb. cent.* 3, *t.* 42, *fig.* 1 ; *Riv. tétrap. irr.*, *t.* 44. — Racine pivotante. Tiges de 4-8 décim., ailées, grimpantes, glabres ainsi que le reste de la plante, simples ou rameuses. Feuilles à pétiole ailé ou bordé, à 2 folioles fort longues, ensiformes, lancéolées, acuminées, nerviées longitudinalement. Vrilles rameuses. Stipules semi-sagittées, linéaires, plus courtes que le pétiole. Fleurs assez grandes, jaunes, disposées 1-2, rarement 3, sur des pédoncules munis d'une bractéole aiguë à la base de chaque pédicelle, *plus courts que les feuilles*. Calice à dents lancéolées, acuminées, *de la longueur du tube*, beaucoup plus courtes que la corolle. Gousses oblongues, *canaliculées* sur la suture supérieure, peu comprimées, veinées-réticulées sur les faces, fauves à la maturité. Graines anguleuses ou arrondies-comprimées, brunes ou cendrées, tuberculeuses. Hile oblong.

Hab. les champs cultivés et incultes, à Nimes, Manduel, Laidenom, la Calmette, Montfrin, Vic-le-Fesq, etc. ① Fl. avril-juin.

7. L. SYLVESTRIS *Lin. sp.* 1033; *Dec. fl. fr.* 4, *p.* 583; *Curt. lond.* 6, *t.* 52; *Moris. hist. s.* 2, *t.* 2, *fig.* 4. — Racine profonde, à souche souterraine très-rameuse. Tiges de 1-1 1/2 mèt., *largement ailées*, grimpantes, glabres ainsi que le reste de la plante. Feuilles à pétiole *largement ailé*, à 2 folioles allongées, lancéolées, mucronées, nerviées. Vrilles rameuses. Stipules semi-sagittées, lancéolées, à oreillettes linéaires-aiguës, plus courtes que le pétiole. Fleurs grandes, roses, à carène blanchâtre, réunies 5-10 en grappes lâches, pédonculées, plus longues que les feuilles. Calice à dents peu inégales, lancéolées-subulées, plus courtes que le tube; les supérieures triangulaires plus courtes. Corolle à étendard dressé, un peu échancré, plus large que long. Gousses oblongues-linéaires, *comprimées*, veinées-réticulées, à 3 côtes dorsales *denticulées*, rousses à la maturité. Graines subglobuleuses, brunes, marbrées, *légèrement tubercu-leuses*. Hile entourant *la moitié de la graine*.

Hab. les bois au Vigan, à Corconne, à Alais, etc. ♃ Fl. juin-août.

8. L. HETEROPHYLLUS *Lin. sp.* 1034; *Dec. fl. fr.* 4, *p.* 583; *Godr. et Gren. fl. fr.* 1, *p.* 483; *Rchb. exsic.* 1466. — Tiges grimpantes, largement ailées. Feuilles à pétiole largement ailé à sa première articulation, beaucoup moins à la seconde; les inférieures à 2 folioles; les supérieures à 4, quelquefois à 6; une des folioles supérieures souvent remplacée par une vrille. Stipules beaucoup plus grandes que dans l'espèce précédente. Fleurs plus petites, portées sur des pédoncules une fois plus longs que les feuilles. Calice à dents inférieures plus longues que le tube. Gousses très-allongées. Graines brunes, unies, à hile entourant le tiers de leur circonférence. Plante glauque. Les autres carac-tères comme dans le N° 7.

Hab. les bois, à Campestre (*Guan. herbor.,* p. 184). ♃ Fl. juillet-août.

9. L. LATIFOLIUS *Lin. sp.* 1033; *Dec. fl. fr.* 4, *p.* 383; *Engl. bot., t.* 1108; *Cam. epit.* 712, *ic.* — Racine profonde, à souche souterraine très-rameuse. Tiges de 1-1 1/2 mèt., rameuses, largement ailées, grimpantes. Feuilles à pétiole largement ailé, à 2 folioles larges, oblongues, obtuses, mucronées, à 5 nervures.

Vrilles rameuses. Stipules larges, lancéolées, semi-sagittées, plus courtes que le pétiole. Fleurs grandes, d'un rose vif, à carène blanchâtre, disposées 8-15 en grappes lâches, pédonculées, beaucoup plus longues que les feuilles. Calice à dents lancéolées, environ de la longueur du tube; les supérieures plus courtes. Corolle à étendard très-large, un peu échancré, relevé. Gousses allongées, étroites, presque cylindriques, légèrement veinées-réticulées, roussâtres à la maturité, à 3 côtes dorsales; celle du centre *tranchante*, non denticulée. Graines subglobuleuses; celles des deux extrémités cylindriques, *très-ruqueuses*, brunes, à hile à 2 sillons entourant le tiers de leur circonférence.

Var. B, *Angustifolius*, Godr. et Gren. fl. fr. 1, p. 484; *L. sylvestris a. ensifolius*, Dec. prod. 2, p. 369; *L. monspeliensis*, *Delile!* Folioles très-allongées, très-étroites.

Hab. les bois et les buissons: la var. A, à Broussan, Alzon, Anduze, Saint-Ambroix; la var. B, à Manduel, Campagne, Tresques (*Gonnet*), Alais, Anduze. ♃ Fl. juin-août.

10. **L. TUBEROSUS** *Lin. sp.* 1033; *Dec. fl. fr.* 4, p. 582; *Riv. tetr. irr., t.* 42; *Lob. ic.* 2, p. 70, *fig.* 2. — Souche grêle, profonde, rampante, rameuse, portant, à la naissance des ramifications, des tubercules pyriformes ou arrondis, plus ou moins gros. Tiges de 3-6 décim., faibles, rameuses, diffuses ou grimpantes, anguleuses, non ailées, glabres ainsi que le reste de la plante. Feuilles à pétiole *non ailé*, à 2 folioles oblongues, obtuses, mucronées. Vrilles rameuses. Stipules semi-sagittées, lancéolées-acuminées, de la longueur du pétiole. Fleurs grandes, d'un rouge vif, odorantes, disposées 3-6 en grappes lâches, pédonculées, beaucoup plus longues que les feuilles. Pédicelles munis, à leur base, d'une bractéole linéaire. Calice à dents lancéolées; l'inférieure, plus étroite et plus longue, égalant le tube. Corolle à étendard relevé, échancré, plus large que long. Gousses étroites-oblongues, *renflées*, veinées-réticulées, à 3 côtes dorsales *peu saillantes*. Graines subglobuleuses, brunes, lisses, à hile *très-court*.

Cette plante est un peu glauque. Elle est connue sous le nom patois de *pésé r auge*.

Hab. les champs cultivés, les bords des bois et des fossés, dans tout le département. ♃ Fl. juin-août.

11. **L. VERNUS** *Wimmer. fl.* 166; *Godr. et Gren. fl. fr.* 1, p. 485; *Orobus vernus, Lin. sp.* 1028; *Dec. fl. fr.* 4, p. 587; *Lamk. ill., t.* 633, *fig.* 2. — Racines grêles, à souche noueuse, non stolonifère. Tiges de 3-4 décim., droites, anguleuses, simples. Feuilles à 4-8 folioles, larges, *ovales*, *acuminées en pointe longue* mucronée, très-finement ciliées, minces, d'un vert un peu pâle, en dessous, et luisant, à pétiole canaliculé supérieu-

rement, *aristé* au sommet. Stipules semi-sagittées, ovales-aiguës, plus courtes que la première articulation du pétiole. Fleurs assez grandes, pourpres, à la fin bleuâtres, disposées 3-8 en grappes lâches, pédonculées, dépassant les feuilles. Pédicelles munis, à leur base, d'une bractéole très-petite, souvent caduque. Calice un peu coloré et bossu supérieurement, à dents lancéolées, à peine de la longueur du tube; les supérieures beaucoup plus courtes. Corolle très-saillante, à étendard échancré. Gousses étroites, oblongues-allongées, atténuées aux deux extrémités, un peu comprimées, veinées-réticulées, *brunes* à la maturité. Graines subsphériques, lisses, jaunâtres, un peu marbrées. Hile linéaire, entourant le quart de la graine. Plante glabre.

Hab. les bois montagneux et frais, à Salbous, à la Chartreuse de Valbonne. ♃ Fl. avril–mai.

12. L. PALUSTRIS *Lin. sp.* 1034; *Dec. fl. fr.* 4, *p.* 584; *fl. dan.*, *t.* 399; *Tabern. ic.* 500, *fig.* 2. — Souche simple ou rameuse. Tiges de 3-5 décim., faibles, *ailées*, simples ou peu rameuses, flexueuses, peu grimpantes, glabres ainsi que le reste de la plante. Feuilles à 4-6 folioles oblongues, lancéolées, mucronées, à pétiole canaliculé supérieurement, *non ailé*, terminé en vrille simple ou rameuse. Stipules semi-sagittées, lancéolées, acuminées, à peu près de la longueur du pétiole. Fleurs moyennes, bleuâtres, disposées 2-8 en grappes lâches pédonculées, dépassant peu les feuilles. Calice un peu coloré à la base, à dents lancéolées à peine de la longueur du tube, atteignant le tiers de la corolle; les supérieures beaucoup plus courtes. Corolle à étendard dressé, échancré. Pédicelles munis, à leur base, d'une bractéole subulée. Gousses pendantes, oblongues, comprimées, atténuées à la base, veinées-réticulées, *noires* à la maturité. Graines subsphériques, lisses, brunes, marbrées de noir. Hile linéaire, court.

Hab. les marécages, à Saint-Gilles, Bellegarde, Franquevcau. ♃ Fl. mai–août.

13. L. MACRORHIZUS *Wimmer. fl.*, *p.* 166; *Godr. et Gren. fl. fr.* 1, *p.* 487; *Orobus tuberosus*, *Lin. sp.* 1028; *Dec. fl. fr.* 4, *p.* 587; *fl. dan.*, *t.* 781; *Læs. pruss.*, *t.* 37. — Souche rameuse, *tuberculeuse*, fibreuse, rampante. Tiges de 2-4 décim., ascendantes, simples ou très-peu rameuses, étroitement ailées, glabres ainsi que le reste de la plante. Feuilles à 4-6 folioles oblongues-lancéolées, plus ou moins obtuses, mucronées, d'un vert sombre, glauques en dessous, marquées de 4-6 nervures longitudinales, parallèles, à pétiole canaliculé supérieurement, *aristé* au sommet. Stipules semi-sagittées, ovales-lancéolées, acuminées, environ de la longueur du pétiole, entières ou munies d'une à deux dents à la base. Fleurs moyennes, rouges, puis bleu livide, disposées 3-5 sur des pédoncules dépassant ordinairement les feuilles. Calice à dents lancéolées plus courtes que le tube; les supérieures très-courtes. Gousses oblongues-linéaires, peu comprimées, insensiblement élargies vers le sommet, *noires* à la maturité. Graines sphériques rougeâtres, lisses. Hile linéaire entourant le *tiers* de la graine.

VAR. B, *Tenuifolius*. *Dec. l. c.* Folioles linéaires-lancéolées.

Hab. les bois, à l'Esperou, Campestre, la Chartreuse de Valbonne, etc. ♃ Fl. avril-juillet.

14. **L. NIGER** *Wimmer, fl., p.* 166; *Godr. et Gren. fl. fr.* 1, *p.* 488; *Orobus niger, Lin. sp.* 1028; *Dec. fl. fr.* 4, *p.* 586; *fl. dan., t.* 1170; *Clus. hist.* 2, *p.* 230, *fig.* 2. — Racines *fasciculées*, à souche oblique, épaisse, ligneuse, *dépourvue de tubercules.* Tiges de 3-6 décim., légèrement anguleuses, droites, très-rameuses, un peu flexueuses, glabres comme le reste de la plante. Feuilles à 6-12 folioles pétiolulées, ovales-oblongues ou elliptiques, obtuses, mucronées, veinées et glauques en dessous, à pétiole canaliculé supérieurement, *aristé* au sommet. Stipules semi-sagittées, linéaires-acuminées, environ de la longueur du pétiole. Fleurs purpurines-violacées, puis bleu livide, disposées 4-8 sur des pédoncules grêles plus longs que les feuilles. Calice garni de quelques poils blancs, à dents subulées plus courtes que le tube; les supérieures très-courtes. Gousses oblongues-allongées, un peu comprimées, papilleuses, légèrement veinées, atténuées aux deux extrémités, à 3 nervures dorsales peu saillantes, *noires* à la maturité. Graines verdâtres, subanguleuses, comprimées. Hile linéaire à 2 sillons, entourant le tiers de la graine. Plante noircissant par la dessication.

Hab. les bois montagneux, à la Chartreuse de Valbonne, Boussargues, Serre-de-Bouquet, l'Esperou. ♃ Fl. mai-juillet.

15. **L. PRATENSIS** *Lin. sp.* 1033; *Dec. fl. fr.* 4, *p.* 583; *fl. dan., t.* 527; *Moris. hist. s.* 2, *t.* 2, *fig.* 2. — Souche grêle, rameuse, rampante. Tiges de 4-8 décim., rameuses, anguleuses, faibles, étalées ou grimpantes, plus ou moins pubescentes ainsi que le reste de la plante. Feuilles à 2 folioles oblongues ou lancéolées, aiguës, mucronées, trinerviées, à pétiole canaliculé supérieurement, terminé en vrille rameuse. Stipules sagittées, amples, ovales-lancéolées, acuminées, égalant ou dépassant le pétiole. Fleurs jaunes à étendard marqué de 5-6 lignes inégales, violettes, disposées 4-10 en grappes pas trop lâches, pédonculées, dépassant les feuilles. Calice à dents toutes linéaires-subulées, de la longueur du tube; l'inférieure un peu plus longue. Gousses étalées oblongues-linéaires, comprimées, garnies de veines obliques, glabres ou pubescentes, noires à la maturité. Graines subglobuleuses, brunes, lisses. Hile linéaire *très-court.*

Hab. les bords des fossés, les prairies et les haies, dans tout le département. ♃ Fl. mai-juillet.

16. L. ASPHODELOIDES *Godr. et Gren. fl. fr.* 1, *p.* 488; *Orobus albus, Lin. fil. suppl., p.* 327; *Dec. fl. fr.* 4, *p.* 588; *Or. pannonicus, Jacq. aust., t.* 39; *Clus. hist.* 2, *p.* 231, *fig.* 1. — Racine composée d'*un faisceau de tubercules épais, fusiformes,* à souche noueuse, courte. Tiges grêles ou raides, dressées, anguleuses, simples ou rameuses dès la base, glabres ainsi que le reste de la plante. Feuilles à 2-4 folioles linéaires-lancéolées ou étroites-linéaires, mucronées, nerviées, à pétiole *ailé*, terminé en pointe *lancéolée-linéaire.* Stipules semi-sagittées, entières, étroites, aiguës, environ de la longueur du pétiole. Fleurs blanchâtres, disposées 4-8 en grappes pas trop lâches, pédonculées, beaucoup plus longues que les feuilles. Calice à dents plus courtes que le tube; les supérieures très-courtes. Gousses oblongues-linéaires, comprimées, légèrement veinées, atténuées aux deux extrémités, rousses à la maturité. Graines anguleuses, comprimées, brunes, lisses. Hile très-*court.*

Hab. les rochers, à Campestre; les bois et les pacages, à Luc, à Salbous (*Dufour*). ♃ Fl. mai-juin.

17. L. ANGULATUS *Lin. sp.* 1031; *Dec. fl. fr.* 4, *p.* 580; *Godr. et Gren. fl. fr.* 1, *p.* 490. — Racine grêle, pivotante. Tiges de 1-3 décim., nombreuses, grêles, anguleuses, droites ou ascendantes, rameuses dès la base, glabres ainsi que le reste de la plante. Feuilles brièvement pétiolées, à 2 folioles étroites, linéaires-aiguës, nerviées; les inférieures plus courtes et plus étroites. Vrilles simples dans le bas de la plante, bi ou trifides dans le haut. Stipules semi-sagittées, linéaires, portant une dent à la base, plus longues que le pétiole. Fleurs moyennes, d'un rouge bleuâtre, solitaires, sur des pédoncules grêles, articulés à la base de l'arête filiforme qui les termine, *beaucoup plus longs que les feuilles.* Calice à dents subulées, de la longueur du tube. Gousses étroites, linéaires, allongées, étalées horizontalement, *bosselées et veinées légèrement,* rousses à la maturité. Graines petites, brunes, *anguleuses, verruqueuses.* Hile ovale, court.

Hab. les champs cultivés, à Anduze; les garrigues, à Manduel; les bois de Broussan. (†) Fl. mai-juin.

18. L. SPHÆRICUS *Retz, Obs.* 3, *p.* 39; *Dec. fl. fr.* 4, *p.* 380, *et ic. rar., t.* 32. — Racine grêle, pivotante. Tiges nombreuses de 1-4 décim., un peu raides, anguleuses, rameuses dès la base, droites, glabres ainsi que le reste de la plante. Feuilles à 2 folioles lancéolées-linéaires, allongées, aiguës, nerviées. Pétiole court, bordé, terminé en pointe courte dans le bas de la plante, et en vrille simple, allongée, dans le haut. Stipules semi-sagittées, linéaires-étroites, portant une petite dent à la base, plus longues

que le pétiole ou l'égalant. Fleurs rouges, solitaires sur des
pédoncules raides, articulés souvent au-dessus de leur milieu,
renflés au-dessous du calice et munis d'une arête filiforme, partant
de l'articulation et souvent plus longue que la fleur. Calice à
dents lancéolées, acuminées, plus longues que le tube et la moitié
de la corolle. Gousses lancéolées-linéaires, très-allongées, comprimées, bosselées, longuement atténuées au sommet, *garnies
de nervures épaisses et saillantes*, jaunâtres à la maturité.
Graines 8-12, sphériques, brunes, lisses. Hile linéaire, très-court.

Hab. les champs cultivés, à Nimes, Manduel: les bois, à Broussan,
Cygnan, Chartreuse de Valbonne; dans les châtaigneraies, à Alzon (*Dufour*),
à Anduze. (1) Fl. mai-juin.

19. L. INCONSPICUUS *Lin. sp.* 1030; *L. axillaris, Lamk.
dict.* 2, *p.* 706; *Dec. fl. fr.* 5, *p.* 574; *Jacq. hort. vind.* 1, *t.* 86.
— Cette espèce, voisine de la précédente, s'en distingue : par
son port moins élevé, ses pétioles non bordés, terminés par une
pointe, jamais par une vrille; par ses stipules sans dents à la
base, plus longues que les pédoncules et les pétioles; par ses
pédoncules beaucoup plus courts, mutiques et articulés à leur
base; par ses fleurs roses très-petites, dépassant à peine les dents
du calice, et, enfin, par ses graines cylindriques, brunes, obscurément tachetées de noir, à hile très-petit, orbiculaire.

Hab. le versant *est* du Serre-de-Bouquet (*Gonnet*).

20. L. SETIFOLIUS *Lin. sp.* 1031; *Dec. fl. fr.* 4, *p.* 581;
J. Bauh. 2, *p.* 308, *ic.* — Racine grêle, oblique ou pivotante.
Tiges anguleuses presque ailées, faibles, étalées ou grimpantes,
longues de 3-6 décim., glabres ainsi que le reste de la plante.
Feuilles à 2 folioles très-étroites, allongées, linéaires-subulées,
nerviées, à pétiole court, terminé en vrille simple ou rameuse.
Stipules semi-sagittées, linéaires, plus longues que le pétiole.
Fleurs moyennes, purpurines, solitaires sur des pédoncules
articulés vers le sommet, filiformes, non aristés, plus courts que
les feuilles, plus longs que les pétioles. Calice à dents subulées
de la longueur du tube, atteignant le milieu de la corolle. Gousses
inclinées ou ascendantes, stipitées, dont la longueur égale environ deux fois la largeur, à suture inférieure en demi-cercle,
veinées-réticulées, jaunâtres à la maturité. Graines 2-3, grosses,
sphériques, comprimées, brunes, tachetées de noir, *verruqueuses*.
Hile ovale.

Hab. les lieux arides et pierreux, à Nimes, Manduel, Margueritte, Alais,
le Vigan, Anduze. (1) Fl. avril-juin.

On cultive, dans les parterres, le *lathyrus odoratus* (*Lin. sp.*), sous le
nom de *pois de senteur*. Il se distingue par ses tiges hérissées-scabres: par
ses folioles larges, ovales-oblongues: par ses fleurs grandes, très-odorantes,
variées, réunies 2-3 sur chaque pédoncule, et par ses gousses oblongues
très-hérissées.

34ᵉ gʳᵉ. **SCORPIURE. — SCORPIURUS.** (Lin. gen. 876.)

Calice campanulé, à 5 dents; les deux supérieures soudées presque jusqu'au sommet. Carène peu ventrue, terminée en bec, divisée en deux parties à la base. Étamines bifasciculées ; les cinq intermédiaires à filets épaissis au sommet. Gousse presque cylindrique, roulée en spirale, sillonnée longitudinalement, à côtes hérissées d'épines, à articles transversaux, monospermes, indéhiscents. Graines oblongues, arquées. Hile dorsal. Plante annuelle, à feuilles simples rétrécies en pétiole, à fleurs jaunes.

1. **Sc. subvillosa** *Lin. sp.* 1050; *Dec. fl. fr. 4, p.* 602; *Moris. hist. s. 2, t. 11, fig. 2.* — Racine pivotante. Tiges de 1-4 décim., couchées ou ascendantes, rameuses inférieurement, légèrement velues ainsi que les feuilles; celles-ci allongées-spatulées, aiguës, mollement ciliées, nerviées, rétrécies en long pétiole. Stipules adhérentes au pétiole à la base, linéaires, allongées, acuminées, ciliées, membraneuses sur les bords. Fleurs jaunes, à étendard quelquefois rougeâtre, disposées 3-5 en ombelle sur des pédoncules beaucoup plus longs que les feuilles. Pédicelles velus, dilatés au sommet, de la longueur du tube du calice dont les dents, lancéolées-subulées, sont plus longues que le tube. Gousses glabres, à articles arqués, atténués aux deux extrémités, hérissés, sur la partie saillante, d'épines rudes, droites ou crochues. Graines brunes, *amincies aux deux extrémités.*

Cette plante porte le nom de *chenillette.*

Hab. les bords des champs et des fossés, à Nîmes, Vaquerolle, Manduel; les bois de Broussan et Campagne, Anduze. ① Fl. mai-juin.

35ᵉ gʳᵉ. **CORONILLE. — CORONILLA.** (Neck. elem. Nᵒ 1319.)

Calice court, campanulé, à 5 dents; les deux supérieures soudées presque jusqu'au sommet. Carène peu ventrue, terminée en bec. Étamines bifasciculées, inégales ; les plus longues à filets épaissis au sommet. Gousse plus ou moins allongée, droite ou arquée, anguleuse ou presque cylindrique, divisée transversalement en articles oblongs, monospermes, indéhiscents. Graines ovales ou oblongues. Plantes herbacées ou sous-ligneuses, ou arbrisseaux à feuilles imparipinnées, à fleurs jaunes ou lilacées.

1.	Fleurs jaunes...	2.
	Fleurs lilacées......................................	VARIA.
2.	Feuilles à 3 folioles: plantes herbacées...........	SCORPIOIDES.
	Feuilles à plus de 3 folioles: plantes frutescentes.	3.
3.	Pédoncules égalant les feuilles ou plus courts qu'elles..	EMERUS.
	Pédoncules au moins une fois plus longs que les feuilles...	4.
4.	Plante sous-ligneuse de 1-2 décim.................	MINIMA.
	Arbrisseau de 6-10 décim..........................	GLAUCA.

1. **C. EMERUS** *Lin. sp.* 1046; *Dec. fl. fr.* 4, *p.* 606; *Mill. ic., t.* 132, *fig.* 1; *Clus. hist.* 1, *p.* 97, *fig.* 1. — Arbrisseau de 1-1 1/2 mèt., glabre dans toutes ses parties, très-rameux, à rameaux verdâtres, un peu anguleux, droits, sinueux. Feuilles à 7-9 folioles obovales, obtuses ou échancrées légèrement, mucronulées, vertes en dessus, plus pâles en dessous, à pétiole canaliculé, nu inférieurement. Stipules petites, non adhérentes au pétiole, marcescentes. Fleurs assez grandes, jaunes, à étendard rayé en rouge, disposées 2-3 sur des pédoncules grêles ne dépassant jamais les feuilles. Pédicelles plus courts que le calice; celui-ci un peu velu sur les bords, à 5 dents très-courtes. Corolle à étendard ovale, dressé, échancré, à carène rostrée. Onglets des pétales 2-3 *fois plus longs que le calice*. Gousses linéaires, étroites, allongées, non arquées, dressées ou étalées, presque cylindriques, striées, à articulations peu prononcées et tenaces. Graines brunes ou verdâtres, cylindriques. Ombilic petit, circulaire, avec une tache noire sur le bord.

Cette plante porte les noms de *séné bâtard*, *faux baguenaudier*.

Hab. les bois et les coteaux, à Alais, Saint-Ambroix, Anduze, Alzon; les bords du Gardon, à la Beaume, à Saint-Nicolas, à Tresques. ♄ Fl. avril-juin.

2. **C. GLAUCA** *Lin. sp.* 1047; *Dec. fl. fr.* 4, *p.* 507; *Mill. ic., t.* 289, *fig.* 2. — Arbrisseau de 1-1 1/2 mèt., entièrement glabre, très-touffus, à rameaux nombreux, un peu flexueux, ligneux, à écorce grisâtre ou rougeâtre. Feuilles à 5-7 folioles ovales-cunéiformes, obtuses ou échancrées, à peine mucronulées, un peu charnues, glauques; la foliole impaire plus grande, à pétiole canaliculé, nu inférieurement. Stipules petites, non adhérentes au pétiole, lancéolées, caduques. Fleurs moyennes, jaunes, odorantes pendant le jour, verdissant par la dessication, disposées 7-8 en ombelle sur des pédoncules plus longs que les feuilles. Pédicelles plus longs que le calice; celui-ci très-court, à 5 dents très-courtes. Corolle à étendard dressé, arrondi, à carène rostrée. Onglets des pétales un peu plus longs que le calice. Gousses de 2-3 centim., droites ou un peu arquées, étalées ou réfléchies, à 2-5 articles très-prononcés, se détachant facilement, légèrement comprimés, à 2 angles, à une graine brune, oblongue, comprimée, échancrée à l'ombilic.

Cet arbuste est connu sous le nom vulgaire de *trifolium*.

Hab. les bords du Gardon, dans les bois, entre la Beaume et St-Nicolas. ♄ Fl. avril-juin.

3. **C. MINIMA** *Lin. sp.* 1048; *Godr. et Gren. fl. fr.* 1, *p.* 496. — Souche ligneuse, très-rameuse. Tiges nombreuses, réunies en touffe, étalées-ascendantes ou diffuses, herbacées, ligneuses à la base, très-rameuses, glabres et glauques ainsi que les

feuilles; celles-ci à 7-9 folioles obovales-obtuses, mucronulées, un peu épaisses, transparentes, cartilagineuses sur les bords; les deux inférieures insérées à la base du pétiole, très-rapprochées de la tige. Stipules membraneuses, persistantes, *opposées aux feuilles, réunies en une seule bifide.* Fleurs jaunes, disposées 6-12 en ombelle sur des pédoncules 2-4 fois de la longueur des feuilles. Pédicelles environ de la longueur du calice; celui-ci très-court, à dents presque nulles. Corolle à étendard dressé, obovale, à carène rostrée. Onglets des pétales *dépassant peu le calice.* Gousses réfléchies, non arquées, subtétragones, à 2-4 articles se détachant facilement, à une graine brune, oblongue, un peu comprimée, presque pas échancrée à l'ombilic.

Var. A, *Genuina, Godr. et Gren. l. c.* Plante basse, souvent couchée, à folioles obovales. *C. minima, Dec. fl. fr.* 4, *p.* 608; *Mut. fl. fr., t.* 15, *fig.* 90.

Var. B, *Australis, Godr. et Gren. l. c.* Plante plus haute, plus droite, à folioles oblongues. *C. coronata, Dec. fl. fr.* 4, *p.* 608; *Mut. fl. fr., t.* 15, *fig.* 91.

Hab. les lieux arides, aux environs du Vigan; la var. B, les lieux secs et les fentes des rochers, à Saint-Nicolas, la Beaume, Roque-Courbe, près Margueritte, Bagnols, Alais, le Vigan, Anduze, la Foux, près d'Alzon. ♃ Fl. avril–juin.

4. **C. varia** *Lin. sp.* 1048; *Dec. fl. fr.* 4, *p.* 608; *Clus. hist.* 2, *p.* 237, *fig.* 2. — Racine rampante. Tiges de 4-8 décim., herbacées, tombantes, rameuses, diffuses, striées, fistuleuses, sinueuses. Feuilles à 15-25 folioles glabres, glauques en dessous, ovales-oblongues, obtuses, mucronulées, pétiolulées; les deux inférieures rapprochées de la tige dans les feuilles supérieures. Stipules non adhérentes au pétiole, petites, subherbacées, lancéolées-aiguës, réfléchies, persistantes. Fleurs bigarrées de blanc, de rose et de lilas, disposées 10-20 en ombelle sur des pédoncules plus longs que les feuilles. Pédicelles plus longs que le calice. Calice court, à dents inférieures larges à la base, acuminées; les deux supérieures soudées, bifides. Corolle à étendard dressé, ovale, à carène terminée en bec violet. Onglets des pétales plus longs que le calice. Gousses non arquées, un peu flexueuses, dressées à la maturité, à 3-6 articles tétragones, terminées en bec allongé. Graines brunes, oblongues, peu comprimées, presque pas échancrées à l'ombilic.

Cette plante pourrait fournir un bon fourrage, si on la cultivait.

Hab. les bois, les bords des ruisseaux et des rivières, dans tout le département. ♃ Fl. mai–juillet.

5. **C. scorpioides** *Koch, deutsch. fl.* 5, *p.* 201; *Godr. et Gren. fl. fr.* 1, *p.* 497; *Ornithopus scorpioides, Lin. sp.* 1049; *Dec. fl. fr.* 4, *p.* 603; *Arthrolobium scorpioides, Dec. prod.* 2,

p. 311; *Dodon. pempt., p.* 71, *fig.* 3. — Racine pivotante. Tiges
de 1-4 décim., dressées; les latérales ascendantes, herbacées,
raides, flexueuses, rameuses. Feuilles inférieures simples, oblongues, spatulées; les supérieures à 3 folioles entières, épaisses,
glabres, glauques; les deux latérales petites, arrondies, sessiles;
la terminale *très-grande*, ovale, pétiolulée. Stipules petites,
scarieuses, soudées en une seule bifide opposée aux feuilles.
Fleurs petites, d'un jaune pâle, disposées 2-4 sur des pédoncules
dépassant ord^t les feuilles. Pédicelles très-courts, dilatés au
sommet, à la maturité. Calice à dents très-courtes; les deux
supérieures soudées presque jusqu'au sommet. Corolle à étendard dressé, arrondi, à carène peu ventrue, terminée en bec
obtus. Onglets des pétales dépassant peu le calice. Gousses
arquées, tétragones, étroites, penchées ensemble horizontalement, à 4-8 articles assez longs, terminés par une pointe conique,
munis d'*un rebord circulaire à leur jonction*. Graines brunes,
oblongues, comprimées, presque pas échancrées à l'ombilic.

Cette plante est connue, dans le département, sous le nom vulgaire d'*a-
marèles;* en patois, d'*amarun.*

Hab. les champs cultivés, dans tous les environs de Nîmes, à Alais,
Saint-Ambroix, Anduze. ① Fl. mai-juin.

36e g^ro. ORNITHOPE. — ORNITHOPUS. (Desv. Journ. 3, p. 121.)

Calice tubuleux-campanulé, à 5 dents presque égales. Carène
obtuse. Étamines bifasciculées; les cinq intermédiaires à filets
épaissis au sommet. Gousse linéaire arquée, articulée, comprimée,
à articles monospermes, indéhiscents, se séparant à la maturité.
Graines oblongues. Plantes herbacées, à feuilles imparipinnées,
à fleurs en ombellules à 3-5 fleurs, axillaires pédonculées.

<table>
<tr><td rowspan="4">1.</td><td>Fleurs blanchâtres mêlées de rose; gousse termi-
née en pointe courte non crochue.............. PERPUSILLUS.</td></tr>
<tr><td>Fleurs jaunes; gousse terminée en pointe longue
et crochue..................................... COMPRESSUS.</td></tr>
</table>

1. **OR. PERPUSILLUS** *Lin. sp.* 1049; *Dec. fl. fr.* 4, *p.* 602;
Fl. dan., t. 730.— Racine pivotante. Tiges de 1-3 décim., grêles,
rameuses, étalées ou ascendantes, diffuses, pubescentes ainsi que
les autres parties de la plante. Feuilles à 15-21 folioles petites,
oblongues. Stipules petites, membraneuses, lancéolées, tachées à
la pointe. Fleurs blanchâtres mêlées de rose et de jaune, disposées
2-4 sur des pédoncules dépassant les feuilles, *munis, au-dessous des
fleurs, d'une feuille en forme de bractée, plus longue qu'elles.*
Pédicelles presque nuls, pourvus, à leur base, de bractéoles
tachées à la pointe. Calice à dents *beaucoup plus courtes que le
tube.* Corolle à étendard plus long que les ailes; celles-ci plus
longues que la carène, saillante hors du calice. Gousses à 4-8
articles courts, *très-prononcés,* à nervures réticulées sur les faces,

terminées par une pointe courte un peu courbée. Graines verdàtres comprimées, lisses, tachées à l'ombilic.

Hab. les bois et les pacages, au Vigan, Alzon. ① Fl. mai–juillet.

2. **Or. compressus** *Lin. sp.* 1049; *Dec. fl. fr.* 4, *p.* 603; *Berg. phist.*, *t.* 191; *Moris. hist. s.* 2, *t.* 10, *fig.* 15. — Racine pivotante. Tiges de 1-5 décim., droites ou ascendantes, assez raides, pubescentes comme le reste de la plante. Feuilles à folioles nombreuses, rapprochées, oblongues ou ovales-lancéolées, mucronulées; les feuilles supérieures sessiles et dépourvues de stipules. Fleurs petites, jaunes, disposées 3-4 sur des pédoncules égalant ou dépassant les feuilles, *munis, au-dessous des fleurs, d'une feuille en forme de bractée, plus longue qu'elles.* Pédicelles très-courts, pourvus, à leur base, de bractéoles tachées à la pointe, dilatés au sommet, surtout après la floraison. Calice à dents subulées, un peu plus courtes que le tube. Corolle à carène beaucoup plus courte que les ailes dépassées par l'étendard, non saillante hors du calice. Gousses réfléchies, à 6-10 articles *peu prononcés*, courts, à nervures réticulées sur les faces, terminés par une pointe courbée, crochue, plus longue que le dernier article. Graines brunes, comprimées, lisses, tachées à l'ombilic.

Hab. les bois et les bords des champs, au mas de Campague, de Broussan, à la Capelle, à Anduze, au Vigan, à l'Esperou. ① Fl. avril–juin.

37ᵉ gʳᵉ. HIPPOCREPIDE. — HIPPOCREPIS. (Lin. gen. 885.)

Calice court, campanulé, à 5 dents aiguës; les deux supérieures n'en formant qu'une bifide au sommet. Corolle à carène atténuée en bec. Étamines bifasciculées; les cinq intermédiaires à filets épaissis au sommet. Gousse comprimée, plus ou moins arquée, à échancrures plus ou moins profondes, à articles monospermes, indéhiscents. Graines courbées ou presque annulaires, attachées par la partie concave. Plantes à feuilles imparipinnées, à fleurs jaunes.

1. | Fleurs solitaires sessiles. . . . . UNISILIQUOSA.
    | Fleurs réunies sur un pédoncule. . . . . 2.

2. | Gousse étroite, à échancrures peu prouoncées. . . GLAUCA.
    | Gousse large, à échancrures très-profondes. . . . . . 3.

3. | Échancrures circulaires; plante annuelle. . . . . CILIATA.
    | Échancrures semi–circulaires; plante vivace. . . . . COMOSA.

1. **H. comosa** *Lin. sp.* 1050; *Dec. fl. fr.* 4, *p.* 605; *Jacq. aust.*, *t.* 431; *Moris. hist. s.* 2, *t.* 10, *fig.* 3. — Souche brune, ligneuse, très-rameuse. Tiges nombreuses, de 1-3 décim., en touffes ascendantes, un peu flexueuses, simples, raides, sillonnées, glabres ainsi que les feuilles; celles-ci à 9-15 folioles ovales-oblongues, obtuses, mucronulées; les supérieures à folioles plus étroites. Stipules presque herbacées, petites, souvent réfléchies.

Fleurs *inclinées*, disposées 6-10 en ombelles sur des pédoncules sillonnés, *très-longs*. Pédicelles courts, velus, entourés, à leur base, d'un rebord glanduleux portant des bractéoles membraneuses. Calice chargé de quelques poils couchés. Corolle à étendard orbiculaire à long onglet. Gousses de 2-3 centim., courbées, *à échancrures semi-circulaires*, situées *sur le bord externe de la courbure*, rousses et couvertes de glandes rougeâtres sur l'emplacement des graines, composées de 3-8 articles très-comprimés dans les intervalles qui les séparent. Graines verdâtres, semi-circulaires, presque pas comprimées, lisses, tachées de noir à l'ombilic.

Hab. les lieux arides un peu élevés, à Tresques (*Gonnet*), le Vigan, l'Esperou, le Serre-de-Bouquet, etc. ♃ Fl. avril–juillet.

2. H. glauca *Tenore fl. nap.* 2, *p.* 165, *t.* 69; *H. comosa, var. scorpioides, Duby, bot.* 1, *p.* 147. — Souche brune, ligneuse, très-rameuse. Tiges de 1-2 décim., grêles, étalées ou ascendantes, rameuses à la base, légèrement striées, un peu anguleuses, parsemées de quelques poils courts, couchés. Feuilles à 9-15 folioles, glabres, velues et glauques en dessous; les inférieures ovales, échancrées; les supérieures linéaires-obtuses, toutes mucronulées. Stipules petites, lancéolées-aiguës. Fleurs inclinées, disposées 5-8 en ombelle sur des pédoncules striés, beaucoup plus longs que les feuilles. Pédicelles courts, velus, entourés, à leur base, d'un rebord portant des bractéoles membraneuses. Calice chargé de quelques poils couchés. Corolle à étendard orbiculaire, à long onglet. Gousses de 3-4 centim., droites ou arquées, dressées ou réfléchies, *très-étroites*, un peu comprimées, *à échancrures peu prononcées*, brunes, garnies, sur l'emplacement des graines, de petites glandes papilleuses, blanchâtres, divisées en 6-8 articles. Graines verdâtres, peu arquées, étroites, lisses.

Hab. les terrains maigres, les garrigues et les bois, aux environs de Nîmes, au bois des Espèces, de Cygnan, de Saint–Nicolas, de Roque-Courbe. ♃ Fl. mai–juin.

3. H. ciliata *Willd. mag. not. ges. Berol* (1808), *p.* 173; *Dub. bot.* 147; *Moris, fl. sard.* 1, *p.* 544, *t.* 67; *Moris. hist. s.* 2, *t.* 10, *fig.* 2, *sauf les feuilles.* — Racine grêle, sinueuse. Tiges de 1-2 décim., grêles, simples, flexueuses, étalées sur la terre, presque glabres. Feuilles à 7-9 folioles un peu glauques, finement ponctuées en dessus, munies de quelques poils couchés en dessous; les inférieures à folioles obovales échancrées, linéaires, tronquées, cunéiformes dans les supérieures. Stipules petites, subherbacées, lancéolées, aiguës, munies d'une glande noirâtre à leur base, du côté externe. Fleurs pendantes ou droites, disposées 2-4 sur des pédoncules plus courts que les feuilles, les égalant ou les dépassant peu. Pédicelles très-courts, entourés, à leur base, d'un rebord glanduleux, portant des bractéoles membraneuses. Calice muni de quelques poils couchés, à dents lancéolées dépassant un peu la longueur du tube. Corolle à étendard orbiculaire, onguiculé. Gousses de 2-3 centim., larges, courbées, roussâtres, plus longues que le pédoncule, étalées ou réfléchies, à échancrures *à peu près circulaires*, placées *sur le bord interne de la courbure*, garnies, à l'emplacement des graines, de papilles rougeâtres très-saillantes, composées de 5-8 articles très-comprimés dans les intervalles qui les séparent. Graines jaunâtres, étroites, lisses, courbées *en cercle presque complet, tachées à l'ombilic.*

Hab. les lieux arides, à Villeneuve-lez-Avignon, dans le bois de Broussan. ① Fl. avril-mai.

4. **H. UNISILIQUOSA** *Lin. sp.* 1049; *Dec. fl. fr.* 4, *p.* 604; *Lamk. ill., t.* 630, *fig.* 3.—Racine fibreuse. Tiges de 1-2 décim., couchées ou ascendantes, simples, un peu anguleuses, presque glabres. Feuilles à 9-15 folioles pétiolulées, obovales échancrées dans les feuilles inférieures, linéaires tronquées dans les supérieures; toutes mucronulées. Stipules petites, subherbacées, lancéolées, aiguës. Fleurs *solitaires droites*, presque sessiles dans chaque aisselle. Calice à dents aiguës presque de la longueur du tube. Corolle à étendard orbiculaire onguiculé. Gousses de 2-4 décim., larges, dressées, droites ou un peu courbées, glabres ou un peu papilleuses à l'emplacement de la graine, blanchâtres, ridées, à échancrures *circulaires*, placées tantôt sur le bord interne de la courbure, tantôt sur son bord externe, composées de 4-8 articles très-comprimés dans les intervalles qui les séparent. Graines jaunâtres, étroites, lisses, courbées en cercle presque complet.

Cette plante est vulgairement connue sous le nom de *fer-à-cheval*.

Hab. les terrains pierreux, les garrigues, à Bellegarde, à Campestre (*Guan. herb.*). ① Fl. mai-juin.

38ᵉ gʳᵉ. SAINFOIN. — HEDYSARUM. (Lin. gen. 887, esp. excl.)

Calice à 5 dents presque égales. Corolle à ailes plus courtes que l'étendard, étendard plus court que la carène tronquée presque à angle droit. Étamines bifasciculées, à filets subulés. Gousses *à plusieurs articles* monospermes, indéhiscents, arrondis, comprimés, étranglés également entre les articles. Graines réniformes, comprimées. Plante à feuilles imparipinnées, à fleurs en grappes axillaires ou terminales.

1. **H. HUMILE** *Lin. sp.* 1058; *Dec. fl. fr.* 4, *p.* 610; *J. Bauh. hist.* 2, *p.* 336, *fig.* 2. — Racine épaisse, noirâtre, à souche ligneuse, rameuse. Tiges de 2-3 décim., droites ou étalées,

simples ou peu rameuses, presque glabres. Feuilles à 15-21 folioles oblongues ou linéaires obtuses, cendrées, velues en dessous. Stipules *sèches, opposées aux feuilles, soudées, bifides au sommet,* velues. Fleurs assez grandes, purpurines, en grappes lâches sur des pédoncules plus longs que les feuilles. Pédicelles de la longueur du calice, munis, à leur base, d'une bractée linéaire et, au-dessous du calice, de deux petites bractéoles. Calice velu, à dents acuminées, barbues au sommet, *de la longueur du tube.* Corolle à étendard oblong, échancré, à ailes *très-petites et étroites.* Gousses à 2-3 articles, rarement à 1, cotonneux dans leur jeunesse, renflés au centre, munis de nervures saillantes, subradiées, portant des pointes presque épineuses, plus ou moins longues, étroitement bordés. Graines brunes, ovales, comprimées.

Hab. les garrigues et les terrains maigres, à Montagnac. ♃ Fl. mai-juin.

On cultive dans les jardins, comme plante d'agrément et sous le nom de *sainfoin d'Espagne,* l'*hedysarum coronarium, Lin sp.* Il se distingue par sa tige haute de 6-8 décim., ses folioles larges, ovales, ses fleurs d'un beau rouge en grappes oblongues, serrées.

39ᵉ gʳᵉ. **ESPARCETTE.** — **ONOBRYCLIS.** (Tourn. inst., t. 211.)

Calice à 5 dents presque égales. Corolle à ailes très-courtes, à carène obliquement tronquée. Étamines bifasciculées, à filets subulés. Gousse à un seul article indéhiscent, monosperme, fortement ridé en fossettes, souvent hérissé de pointes sur les rides et sur la suture externe. Graines réniformes. Plantes herbacées, à feuilles imparipinnées, à fleurs en grappes axillaires.

1.
- Fleurs en grappes multiflores, 2-3 fois plus longues que les feuilles................................ 2.
- Fleurs en grappes pauciflores, environ de la longueur des feuilles............................ **CAPUT-GALLI.**

2.
- Gousse épineuse sur la crête, rude sur les faces; tiges dressées. .... **SATIVA.**
- Gousse épineuse sur la crête et sur les faces; tiges couchées. .... **SUPINA.**

1. **O. SATIVA** *Lamk. fl. fr.* 2, *p.* 652 ; *Dec. fl. fr.* 4, *p.* 611 ; *Hedysarum onobrychis, Lin. sp.* 1059 ; *Jacq. austr., t.* 352. — Racine brune, pivotante, profonde, à souche courte, rameuse. Tiges de 3-6 décim., droites ou ascendantes, simples, cannelées, glabres ou pubescentes. Feuilles à folioles nombreuses, un peu velues en dessous, oblongues ou elliptiques, obtuses ou échancrées, mucronées, dans les feuilles supérieures linéaires aiguës ; toutes à nervures latérales rapprochées, parallèles, montantes. Stipules scarieuses, lancéolées acuminées, ordᵗ soudées en une seule bifide, opposée à la feuille. Fleurs purpurines, rarement blanches, à étendard strié, disposées en grappes multiflores sur

des pédoncules beaucoup plus longs que les feuilles. Pédicelles velus, très-courts, pourvus, à leur base, d'une bractée scarieuse, étroite, subulée, arrivant jusqu'aux dents du calice. Calice velu, à dents étroites, subulées, avec une nervure dorsale *deux fois de la longueur du tube*. Corolle à étendard oblong, échancré, un peu plus long que la carène ou l'égalant, à ailes plus courtes que le calice. Gousses dressées. Graines grosses, verdâtres ou brunes, peu comprimées.

On connaît cette plante sous les noms de *sainfoin*, d'*esparcette*; en patois, *espersé*. C'est un des meilleurs fourrages et un des plus économiques, puisqu'il croît dans toutes sortes de terrains, sans engrais; ses feuilles passent pour résolutives.

Hab. cultivée en grand, dans tout le département. ♃ Fl. mai-juillet.

2. **O. SUPINA** *Dec. fl. fr. 4, p.* 612; *Hedysarum supinum, Vill. Dauph.* — Racine brune, profonde, à souche grosse, très-rameuse. Tiges couchées ou ascendantes, cylindriques, cannelées, simples, plus ou moins velues. Feuilles à folioles nombreuses, à nervures latérales rapprochées, parallèles, linéaires ou oblongues, brièvement mucronulées, velues en dessous et sur les bords. Stipules opposées aux feuilles, lancéolées-acuminées, soudées en une seule bifide scarieuse. Fleurs rosées, striées, moins grandes que dans l'espèce précédente, disposées en grappes serrées, à la fin allongées, sur des pédoncules beaucoup plus longs que les feuilles. Pédicelles très-courts, pourvus, à leur base, d'une bractée scarieuse, étroite, subulée, arrivant jusqu'à l'orifice du calice ou le dépassant. Calice à dents subulées, étroites, avec une nervure dorsale, très-velues, *trois fois de la longueur du tube;* l'inférieure plus courte. Corolle à étendard oblong, échancré, plus long que la carène, *à ailes plus courtes que le calice.* Gousses dressées, pubescentes, armées d'épines subulées sur la crête et sur les faces, plus longues que dans l'espèce précédente. Graines petites, brunes ou verdâtres.

VAR. B, *Intermedia, Le Coq et Lamotte, cat., p.* 141. Tiges raides, dressées. Folioles oblongues. Gousses assez grosses, à épines courtes.

Hab.: la var. **A**, les garrigues et les pacages, dans tous les environs de Nîmes, au bois des Espèces, de St-Nicolas; la var. **B**, dans le Gard (*Le Coq et Lamotte*).

3. **O. CAPUT-GALLI** *Lamk. fl. fr. 2, p.* 651; *Dec. fl. fr. 4, p.* 613; *Hedysarum caput-galli, Lin. sp.* 1059; *Sibth. fl. grecœ, t.* 723. — Racine pivotante, blanchâtre. Tiges de 1-4 décim., couchées ou ascendantes, peu rameuses ou simples, striées, grêles, un peu velues. Feuilles à 11-15 folioles oblongues ou linéaires, obtuses, mucronulées, pétiolulées, couvertes, en dessus, de petits points noirs glanduleux, velues sur les bords et en dessous,

à nervures latérales parallèles, montantes, peu rapprochées. Stipules scarieuses, opposées aux feuilles, ovales-acuminées, soudées en une seule bifide. Fleurs très-petites, rougeâtres, disposées 3-8 en grappes étroites, lâches, sur des pédoncules de la longueur des feuilles ou plus longs qu'elles. Pédicelles très-courts, pourvus, à leur base, d'une bractée scarieuse, dépassant un peu la base du calice, lancéolée-aiguë. Calice cannelé, à dents linéaires-subulées, avec une nervure dorsale, *égales à la corolle*. Corolle à étendard plus long que la carène, oblong, échancré, apiculé, à ailes étroites, plus courtes que la carène. Gousses étalées-dressées, pubescentes, à fossettes profondes, munies, sur leurs bords, d'épines crochues et subulées, *plus longues sur la suture externe*. Suture interne large, presque plane. Graines brunes, comprimées, à hile petit, circulaire.

Hab. les terrains arides et marneux, à Montagnac, à Tresques (*Gonnet*), à Villeneuve-lez-Avignon. ⏾ Fl. juin-juillet.

L'Onobrychis saxatilis all. ped., indiqué à Nîmes par Delaveau, n'a pas, à notre connaissance, été retrouvé dans les environs de cette ville. Il est très-abondant sur les Alpines, près de Saint-Remy. Il se distingue par sa souche ligneuse, à divisions très-serrées; par ses tiges droites, très-courtes; ses feuilles à folioles nombreuses, étroites, linéaires-aiguës, soyeuses, cendrées; par ses pédoncules raides, 2-3 fois plus longs que les feuilles; ses fleurs blanchâtres, purpurines au sommet, et ses gousses non épineuses dépassant peu les dents du calice.

XXXIVᵉ Fam. CÉSALPINIÉES.

CÆSALPINIÆ. (R. Brown, gen. rem., p. 19.)

Fleurs hermaphrodites. Calice monosépale à 5 dents. Corolle irrégulière papilionacée. Étamines 10, libres, inégales. Style subulé. Stigmate capité. Ovaire libre. Gousse oblongue polysperme, très-comprimée, s'ouvrant par la suture inférieure. Graines attachées à la suture supérieure.

1ᵉʳ gʳᵉ. GAINIER. — CEREIS. (Lin. gen. 510.)

Calice bossu, à 5 dents obtuses. Corolle à pétales libres. Gousse très-mince, à suture supérieure ailée. Graines ovoïdes comprimées. Arbre élevé, à feuilles alternes cordiformes.

1. C. SILIQUASTRUM *Lin. sp.* 534; *Dec. fl. fr. 4, p.* 490; *Lamk. ill., t.* 328. — Arbre de 3-6 mèt., à écorce brune ou rougeâtre sur les jeunes pousses, un peu gercée, à rameaux étalés. Feuilles glabres, très-entières, arrondies, cordiformes, quelquefois échancrées au sommet, à pétiole plus court que leur largeur, nerviées-palmées. Stipules oblongues, membraneuses, très-caduques. Fleurs d'un pourpre rose éclatant, disposées en grappes courtes, nombreuses, rapprochées le long des rameaux, paraissant avant les feuilles. Pédicelles plus longs que le calice ; celui-ci campanulé, à dents courtes et larges, caduc. Corolle à étendard plus court que les ailes et la carène obtuse, dépassant les ailes. Gousses oblongues assez larges, stipitées, atténuées en pointe au sommet, à nervures transversales peu saillantes. Graines 7-10, d'un brun rougeâtre, ovoïdes comprimées.

Cet arbre est connu sous les noms d'*arbre de Judée*, d'*arbre de feu*. On le cultive, comme arbre d'agrément, dans les parterres et les bosquets.

Hab. naturellement à Sauve, le long du Gardon, à la Beaume, St-Privat, le pont du Gard. ♄ Fl. avril–mai.

XXXVe Fam. AMYGDALÉES.

AMYGDALEÆ. (Juss. gen. 340.)

Fleurs hermaphrodites, régulières. Calice caduc, à tube non adhérent à l'ovaire, à limbe divisée en 5 parties imbriquées dans le bouton. Corolle à 5 pétales caducs, imbriqués avant l'ouverture de la fleur. Étamines 15-30, libres, presque égales, insérées avec les pétales à la gorge du calice. Ovaire libre, à une loge, à 2 ovules. Style 1, filiforme. Stigmate capité. Fruit (drupe) oblong-comprimé ou globuleux, plus ou moins charnu, velouté ou glabre, à 1 seul noyau ligneux, à 1, rarement à 2 graines suspendues. Arbres ou arbrisseaux à feuilles simples, à stipules libres, caduques.

1. { Noyau marqué, sur les faces, de fissures étroi-
    tes ou de crevasses...................... 1er g^{re}. AMYGDALUS
    Noyau lisse sur les faces.................. 2e g^{re}. PRUNUS.

1er g^{re}. AMANDIER. — AMYGDALUS. (Lin. gen. 619.)

Drupe globuleuse ou oblongue-comprimée, succulente ou charnue-coriace, pubescente-veloutée. Noyau oblong ou obovale, sillonné ou crevassé. Feuilles pliées longitudinalement avant leur développement complet.

1. { Drupe oblongue comprimée, charnue-coriace, déhis-
    cente ; noyau fissuré........................... COMMUNIS.
    Drupe globuleuse, charnue-succulente, indéhiscente ;
    noyau crevassé.............................. PERSICA.

1. **A. COMMUNIS** *Lin. sp.* 677 ; *Dec. fl. fr.* 4, *p.* 486 ; *Lamk. ill., t.* 420. — Arbre de 6-10 mèt., à écorce cendrée, raboteuse sur le tronc, lisse, verte, souvent rougeâtre sur les jeunes rameaux, à branches formant une cime lâche ou touffue. Feuilles glabres, pétiolées, lancéolées-aiguës, dentées en scie, à dents inférieures glanduleuses. Fleurs blanches ou rosées, naissant avant les feuilles, presque sessiles, solitaires ou géminées, éparses le long des rameaux. Calice campanulé, à 10 nervures, à divisions obtuses, de la longueur du tube. Pétales ovales-

oblongs, obtus. Fruit vert à la maturité, s'ouvrant par une fente longitudinale ou se déchirant irrégulièrement. Noyau oblong, lisse, fissuré, dur ou fragile. Graine douce, comestible ou amère.

Les amandes douces fournissent, par l'expression, une huile douce et très-anodine. Elles servent à faire les dragées et une liqueur appelée *orgeat*, qui est adoucissante et rafraîchissante; les amères passent pour vénéneuses.

Hab. cultivé et subspontané, dans toute la région des vignes. ♄ Fl. février-mars, fr. août-septembre.

2. **A. persica** *Lin. sp.* 676; *Persica vulgaris, Dec. fl. fr.* 4, *p.* 487; *Tournef. inst., t.* 400. — Arbre peu élevé, à écorce grise, lisse, verte ou rougeâtre sur les jeunes pousses, à branches peu serrées. Feuilles glabres à court pétiole, lancéolées-aiguës, dentées en scie, à dents sétacées. Fleurs d'un rose vif, presque sessiles, ordt solitaires, éparses le long des rameaux, naissant avant les feuilles. Pétales oblongs, obtus. Fruit gros, très-succulent, d'un vert jaunâtre ou rougeâtre, souvent d'un rouge prononcé sur une face, couvert d'un duvet velouté facile à détacher par le frottement, rarement glabre, plus ou moins profondément sillonné sur un côté. Noyau obovale, crevassé, adhérent à la chair ou s'en séparant facilement. Graine amère.

Cet arbre est connu sous les noms de *pêcher*, lorsque le noyau se détache; de *pavie* ou *alberge*, lorsqu'il est adhérent, et de *brugnon*, lorsque le fruit est glabre. Ses fleurs sont purgatives et vermifuges.

Hab. cultivé, sous une foule de variétés, dans toute la région des vignes. ♄ Fl. février-mars, fr. août-septembre.

2ᵉ gʳᵉ. PRUNIER. — PRUNUS. (Lin. gen. 620.)

Fruit ovale, oblong ou globuleux, succulent, glabre, couvert ou dépourvu d'efflorescence, glauque, plus rarement pubescent-velouté. Noyau ovale comprimé ou presque globuleux, lisse sur les faces. Arbres ou arbrisseaux épineux ou sans épines, à feuilles roulées longitudinalement avant leur développement complet, à fleurs blanches ou rosées.

1.	Fleurs solitaires ou géminées,......................	2.
	Fleurs en corymbe ou en fascicule ombelliforme. ..	5.
2.	Fruit glabre...	3.
	Fruit pubescent-velouté..........................	ARMENIACA.
3.	Arbrisseau très-épineux; fruit dressé, ordt solitaire.	SPINOSA.
	Arbre ou arbrisseau sans épines ou peu épineux; fruit penché.	4.
4.	Jeunes rameaux pubescents......................	INSITITIA.
	Jeunes rameaux glabres.........................	DOMESTICA.
5.	Fleurs en grappes corymbiformes..................	MAHALEB.
	Fleurs en fascicules ombelliformes...............	AVIUM.

1. **Pr. armeniaca** *Lin. sp.* 679; *Armeniaca vulgaris, Dec. fl. fr.* 4, *p.* 486; *Lois. nouv. Duham.* 5, *t.* 49. — Arbre peu élevé, à écorce brune, à rameaux ascendants ou étalés.

Feuilles ovales-arrondies, acuminées, presque cordiformes, dentelées, fermes, glabres, luisantes, à pétiole long, rougeâtre, un peu glanduleux. Fleurs ord^t solitaires, rapprochées le long des rameaux, naissant avant les feuilles, d'un blanc rosé. Pédoncules épais, plus courts que les bractées qui l'entourent. Fruit globuleux un peu comprimé, pubescent-velouté, profondément sillonné sur un côté, jaune ou rougeâtre sur une de ses faces, d'une saveur sucrée, agréable. Noyau rugueux sur les faces, muni de 3 côtes tranchantes sur le bord ventral. Amande amère, plus rarement douce.

Cet arbre est connu sous le nom d'*abricotier*.

Hab. cultivé, sous plusieurs variétés, dans les jardins et les vignes. ♄ Fl. février–mars, fr. juillet.

2. **Pr. domestica** *Lin. sp.* 680; *Dec. fl. fr.* 4, *p.* 484; *Lois. nouv. Duham.* 5, *t.* 55-58. — Arbre médiocrement élevé, à écorce brune et cendrée, à branches étalées, à rameaux non épineux, *glabres dans leur jeunesse.* Feuilles oblongues-aiguës, crénelées-dentées, luisantes en dessus, un peu pubescentes en dessous, à nervures très-saillantes, transparentes à travers la clarté. Stipules *pubescentes.* Fleurs blanches, naissant en même temps que les feuilles. Pédoncules solitaires, *plus souvent géminés*, plus ou moins pubescents. Calice *velu* intérieurement et sur le limbe. Pétales oblongs-ovales. Fruit oblong ou ovale, pendant, assez gros, glabre, couvert d'une efflorescence glauque, rougeâtre, jaunâtre ou violet, légèrement sillonné sur un côté. Noyau rugueux sur les faces, avec un sillon sur le dos et une carène sillonnée sur les côtés du bord du ventre.

Les fruits secs du prunier sont rafraîchissants et laxatifs, pris en décoction.

Hab. cultivé, sous plusieurs variétés, dans tout le département. ♄ Fl. mars–avril, fr. juillet-septembre.

3. **Pr. insititia** *Lin. sp.* 680; *P. domestica, Dec. fl. fr.* 4, *p.* 484; *Blackw., t.* 305. — Arbrisseau élevé, à écorce cendrée ou rougeâtre, à rameaux anciens épineux, étalés, *pubescents dans leur jeunesse.* Feuilles elliptiques ou oblongues-aiguës, finement dentées en scie, pubescentes en dessous. Stipules linéaires, pubescentes. Fleurs blanches, naissant avec les feuilles, géminées, rarement solitaires, à pédoncule finement pubescent ou glabre. Pédicelles fructifères, plus courts que le fruit. Calice glabre intérieurement. Fruit assez gros, penché, globuleux, noirâtre, violet ou jaunâtre. Noyau rugueux.

Hab. dans les haies, au bord du Gardon, à la Beaume, et dans les pacages, près du petit Rhône, entre le mas du Juge et le grau d'Orgon. ♄ Fl. mars–avril, fr. juillet-septembre.

4. **Pr. spinosa** *Lin. sp.* 681; *Dec. fl. fr.* 4, *p.* 484; *Lois. n. Duham.* 5, *t.* 54, *fig.* 1; *Lob. ic.* 2, *t.* 176, *fig.* 1.—Arbrisseau

de 1-2 mèt., très-épineux, très-rameux, à rameaux étalés, à
angle droit, pubescents dans leur jeunesse. Feuilles ovales-oblongues ou lancéolées, dentées en scie, pubescentes, puis glabres.
Fleurs blanches, naissant avant les feuilles, solitaires, géminées
ou fasciculées, à pédoncules glabres. Calice glabre intérieurement. Pétales ovales. Fruit globuleux, dressé, bleuâtre à la
maturité, couvert d'une efflorescence glauque, plus petit qu'une
cerise, à pédoncule plus court que lui, d'une saveur très-acerbe.
Noyau rugueux.

L'écorce, les feuilles et les fruits de cet arbrisseau sont astringents. Il est
connu vulg‷ sous le nom de *prunellier;* en patois, d'*agruniè.*

Hab. le bord des fossés, des champs et des bois, dans tout le département. ♄ Fl. mars–avril, fr. septembre–octobre.

5. **Pr. avium** *Lin. sp.* 680 ; *Cerasus avium, Dec. fl. fr. 4,
p.* 482 ; *Blackw.,* t. 425 ; *Tabern. ic.* 986, *fig.* 2. — Arbre de
10-12 mèt., à épiderme blanchâtre, à filaments circulaires,
très-rameux, à branches et rameaux étalés-dressés. Feuilles
ovales-oblongues, acuminées, dentées en scie, pubescentes en
dessous, pliées longitudinalement, à pétiole plus court que la
feuille, muni, vers son sommet, *de 1-3 glandes rougeâtres.*
Fleurs blanches longuement pédonculées, naissant avec les
feuilles, disposées par fascicules le long des rameaux, sessiles et
entourés, à leur base, d'écailles *scarieuses,* glanduleuses. Pétales
oblongs-cunéiformes, échancrés au sommet. Fruit petit, globuleux ou ovoïde, glabre, dépourvu d'efflorescence, rouge ou
noir, d'une saveur douce un peu amère, à chair adhérente au
noyau. Noyau subglobuleux, légèrement caréné sur le dos, à
3 côtes sur le ventre; la médiane canaliculée.

Cet arbre est connu sous le nom de *merisier;* en patois, de *cérié sauvage.*
Hab. les bois montagneux, au Vigan, Alzon, Alais, au Serre–de–Bouquet.
♄ Fl. avril–mai, fr. juin–juillet.

Le cerisier est cultivé, dans tout le département, sous une foule de
variétés. Son bois est employé par les ébénistes et les tourneurs.

6. **Pr. mahaleb** *Lin. sp.* 678 ; *Cerasus mahaleb, Dec. fl.
fr.* 4, *p.* 480 ; *Lois. nouv. Duham.* 5, t. 2 ; *Camer. epit. p.* 91, *ic.*
— Arbrisseau peu élevé à l'état sauvage, à écorce brune ou grisâtre, très-rameux, à rameaux étalés. Feuilles petites, glabres,
luisantes, raides, fasciculées, arrondies, peu cordées à la base,
terminées en pointe courte et obtuse, denticulées-glanduleuses,
à pétiole court, rarement pourvu de 1-2 glandes à son sommet.
Fleurs blanches odorantes, naissant avec les feuilles, disposées
en corymbe dressé, épars le long des rameaux, et terminaux
garnis, à leur base, de quelques petites feuilles. Calice à dents
réfléchies. Pédicelles 2-3 fois plus longs que les calices, la plupart
caducs après la floraison. Pétales oblongs. Fruit petit, arrondi,

noir, d'une saveur acerbe, dépourvu d'efflorescence. Noyau subglobuleux, légèrement caréné sur le dos, à 3 côtes peu saillantes sur le ventre.

Cet arbrisseau est connu sous le nom vulgaire de *bois de Sainte-Lucie;* en patois, de *cérié bouscas* ou *amarel.* Son bois est employé chez les ébénistes et les tourneurs. Ses fruits fournissent une couleur pourpre.

Hab. les bois montagneux, les haies et les bords des chemins, au Vigan, à Anduze, Saint-Ambroix, Alzon, Sauve, les bords du Gardon, au pont du Gard, à la Beaume. ♄ Fl. avril–mai, fr. juillet–août.

On cultive fréquemment le *Pr. laurocerasus, Lin.,* vulg[t] *laurier-cerise, laurier-amande,* qui se distingue par ses feuilles persistantes, épaisses, coriaces, luisantes, exhalant, par le froissement, une odeur d'amande amère, munies, vers leur base, de 2 glandes; par ses fleurs en grappes, plus courtes que les feuilles.

XXXVIe FAM. **ROSACÉES.**

ROSACEÆ. (Juss. gen. 334, en partie.)

Fleurs hermaphrodites régulières. Calice persistant, non soudé avec l'ovaire, à 5 sépales, rarement 4, soudés simplement à leur base ou soudés en tube plus ou moins long, munis ord[t] de stipules placées en dehors et très-peu en dessous de la base de l'angle de leur division. 5 pétales, rarement 4, libres, caducs, insérés à la base des divisions du calice, imbriqués avant l'épanouissement. Étamines nombreuses, ord[t] libres, insérées sur le calice. Anthères à 2 loges. Ovaire libre. Carpelles distincts, ord[t] nombreux, rarement 1-2. Styles latéraux, rarement terminaux, tantôt libres et distincts, tantôt et plus rarement soudés en colonne. Fruit formé par la réunion de carpelles nombreux, secs ou succulents, tantôt en capitule sur le réceptacle, tantôt renfermés dans le tube du calice, monospermes indéhiscents ou polyspermes déhiscents. Graines suspendues ou dressées, sans périspermes. Plantes herbacées ou arbrisseaux à feuilles alternes, pinnatifides ou palmées, rarement entières, ord[t] munies de stipules. Fleurs en cime, en corymbe ou en grappes spiciformes.

1. { Carpelles renfermés dans le tube du calice.. 2.
{ Carpelles non renfermés dans le tube du calice, disposés sur un réceptacle.............. 6.

2. { Carpelles nombreux, tube du calice charnu............................... 7e g[re]. **ROSA.**
{ Carpelles 1-3, tube du calice presque ligneux.. 3.

3. { Étamines 1-4.................................... 4.
{ Étamines 12-30.................................. 5.

4. { Calice turbiné à 4 divisions............. 10e g[re]. **SANGUISORBA.**
{ Calice urcéolé à 8-10 divisions.......... 11e g[re]. **ALCHEMILLA.**

5. { Calice à 5 divisions, chargé d'épines crochues; fleurs en épi allongé............ 8e g[re]. **AGRIMONIA.**
{ Calice à 4 divisions, non épineux; fleurs en épi court et serré................. 9e g[re]. **POTERIUM.**

6. { Carpelles peu nombreux, déhiscents, dis-
    posés en un seul verticille............ 1er g^{re}. SPIRÆA.
    Carpelles nombreux, indéhiscents, dispo-
    sés sur un réceptacle....................... 7.

7. { Calice sans stipules, carpelles succulents. 6e g^{re}. RUBUS.
    Calice pourvu de stipules, carpelles secs......... 8.

8. { Carpelles surmontés d'un style allongé,
    terminal, genouillé................... 2e g^{re}. GEUM.
    Carpelles surmontés d'un style latéral,
    court.. 9.

9. { Réceptacle charnu, succulent, à la fin ca-
    duc...................................... 5e g^{re}. FRAGARIA.
    Réceptacle sec, persistant..................... 10.

10. { Fleurs pourpres....................... 4e g^{re}. COMARUM.
     Fleurs jaunes ou blanches.............. 3e g^{re}. POTENTILLA.

1er g^{re}. SPIRÉE. — SPIRÆA. (Lin. gen. 630.)

Calice à 5 divisions sans stipules. 5 pétales. Styles terminaux.
Carpelles peu nombreux, disposés en un seul verticille, secs,
déhiscents par le bord interne, à 2-6 graines. Étamines peu nombreuses.

1. { Plante ligneuse, feuilles entières............. **HYPERICIFOLIA**.
    Plante herbacée, feuilles pinnées............. 2.

2. { Feuilles à pinnules larges, carpelles tortillés... **ULMARIA**.
    Feuilles à pinnules étroites, carpelles dressés.. **FILIPENDULA**.

1. S. FILIPENDULA *Lin. sp.* 702 ; *Dec. fl. fr.* 4, *p.* 478 ;
Lamk. ill., *t.* 439, *fig.* 1 ; *Dod. pempt.*, *t.* 56, *fig.* 1. — Racines
brunes, garnies de fibres renflées, près de leur extrémité, en
tubercules pyriformes. Tige de 2-6 décim., droite, simple,
glabre, nue supérieurement. Feuilles pinnées, glabres, étalées
en rosette au bas de la tige, à pinnules nombreuses, petites,
oblongues, incisées-dentées, opposées, sessiles ; les deux supérieures confluentes avec la terminale, à intervalles garnis de
folioles rudimentaires. Stipules dentées, herbacées, adhérentes
au pétiole, embrassantes. Fleurs blanches, rougeâtres en dehors,
disposées en panicule terminale un peu serrée, presque ombelliforme, un peu odorantes. Calice réfléchi. Pétales obovés, à
onglet très-court. Étamines *plus courtes* que les pétales. Carpelles
velus, dressés, non contournés. Graines jaunâtres, oblongues-
comprimées.

Les racines de cette plante sont astringentes et nourrissantes. Elles sont
recommandées contre la gravelle. Les fleurs donnent un goût agréable au
lait. Elle est connue sous le nom de *filipendule.*

Hab. les bois, les garrigues et les prairies, dans tout le département.
♃ Fl. mai-juillet.

2. S. ULMARIA *Lin. sp.* 702 ; *Dec. fl. fr.* 4, *p.* 478 ; *Clus.*
hist. 2, *p.* 198, *fig.* 1. — Racine brune, à fibres non tubercu-

leuses. Tige de 8-12 décim., droite, peu rameuse, anguleuse, glabre, raide, souvent rougeâtre. Feuilles glabres, en dessus blanchâtres et cotonneuses en dessous ou entièrement glabres, pinnées, à pinnules larges, sessiles, ovales-lancéolées, acuminées, doublement dentées, quelquefois lobées, à intervalles garnis de folioles rudimentaires ; les supérieures confluentes avec la terminale. Stipules demi-circulaires ou ovales acuminées-dentées. Fleurs blanches, petites, odorantes, en panicule terminale. Calice réfléchi, pubescent. Pétales arrondis, distinctement onguiculés. Étamines dépassant les pétales. Carpelles glabres, comprimés, réunis 5-8, contournés ensemble en spirale.

Cette plante est connue sous les noms de *reine-des-prés, ulmaire.* Elle est vulnéraire, astringente, tonique et sudorifique. Il y a peu de temps qu'elle était préconisée comme spécifique contre l'hydropisie.

Hab. les prairies humides, le bord des ruisseaux, au Vigan, Alzon, toute la chaîne de l'Aigual. ♃ Fl. juin-août.

3. S. HYPERICIFOLIA *Lin. sp.* 701; *Dec. fl. fr.* 5, *p.* 645; *Barr. ic.* 564. — Arbrisseau à souche traçante. Tiges de 4-10 décim., ascendantes, très-rameuses, à rameaux grêles, rougeâtres, effilés. Feuilles simples, obovales, *entières* ou *crénelées au sommet,* rétrécies en pétiole, vertes et glabres en dessus, finement pubescentes, glauques et veinées en dessous, dépourvues de stipules. Fleurs blanches en ombelles, sessiles, disposées le long des rameaux et terminales, pourvues de petites feuilles à leur base. Calice à dents non réfléchies. Pétales arrondis, non onguiculés. Étamines presque aussi longues que les pétales. Carpelles glabres, comprimés, terminés par une pointe courbée en dehors, *non contournés en spirale.*

On cultive fréquemment, sous le nom de *corchorus,* le *kerria japonica,* Dec. Il se distingue à ses rameaux souples et élancés, à ses feuilles ovales-lancéolées, acuminées, grossièrement et inégalement dentées, et à ses fleurs jaunes, doubles.

Hab. parmi les tas de pierres, à Pradines, près de Lanuejols; indiquée à la Chartreuse de Valbonne. ♄ Fl. mai.

2ᵈ gʳᵉ. BENOITE. — GEUM. (Lin. gen. n. 636.)

Calice à 5 sépales, munis de stipules alternant avec eux. Pétales 5. Étamines nombreuses. Styles terminaux, persistants, allongés, articulés-genouillés, à article supérieur caduc. Carpelles nombreux, secs, poilus, monospermes, indéhiscents, disposés, en tête ovale ou globuleuse, sur un réceptacle sec, cylindrique, hérissé, persistant. Graine ascendante. Plantes vivaces, herbacées, à souche épaisse, à feuilles radicales ailées ; les caulinaires trilobées. Fleurs jaunes.

1. { Sépales réfléchis après la floraison, ou étalés...... 2.
{ Sépales dressés, appliqués................... **RIVALE**.

2. {
Pétales petits, dépassant peu le calice. Style articulé au-dessus de son milieu...................... URBANUM.
Pétales grands, dépassant beaucoup le calice. Style articulé vers son milieu...................... SYLVATICUM.
}

1. G. URBANUM *Lin. sp.* 716; *Dec. fl. fr.* 4, *p.* 470; *Lob. ic.* 693. — Souche brune, courte, tronquée, aromatique. Tiges de 4-6 décim., droites, velues, rameuses, rarement simples. Feuilles velues; les radicales ailées, à 5-7 folioles très-inégales, lobées ou dentées-incisées; les latérales très-petites; les terminales très-grandes, trilobées; les caulinaires trilobées; les supérieures simples. Stipules grandes, herbacées, incisées ou dentées. Fleurs solitaires, dressées au sommet de pédoncules allongés. Divisions du calice réfléchies après la floraison. Pétales 5, ovales-cunéiformes, dépassant peu le calice. Carpelles oblongs, terminés par le style courbé en dehors, à 2 articles; l'inférieur glabre et plus long que le supérieur pubescent, tortillé et caduc.

Les racines et les feuilles de cette plante sont sudorifiques, vulnéraires et un peu astringentes. Elle est connue sous le nom vulgaire d'*herbe de Saint-Benoît*.

Hab. les haies, les broussailles, le long des murs, dans tout le département. ♃ Fl. juin-août.

2. G. RIVALE *Lin. sp.* 717; *Dec. fl. fr.* 4, *p.* 471; *Fl. dan.*, *t.* 722; *Lob. ic.*, *t.* 694. — Souche brune, souterraine, oblique. Tiges de 4-8 décim., simples ou peu rameuses, droites, velues, peu feuillées, rougeâtres supérieurement. Feuilles velues; les radicales ailées, à folioles latérales petites, peu nombreuses, à intervalles garnis de folioles rudimentaires; la terminale très-grande, lobée, dentée; les caulinaires à 3 lobes dentés, aigus, à pétioles courts. Stipules petites, ovales-aiguës, dentées ou incisées. Fleurs d'un jaune rougeâtre, solitaires, au sommet des pédoncules, *un peu penchées*. Calice rougeâtre, dressé après la floraison. Pétales *longuement onguiculés*, à limbe cunéiforme, large, obtus ou un peu échancré, peu ouverts, dépassant peu le calice. Capitules des carpelles *stipités*. Carpelles ovales, très-velus, terminés par le style déjeté en dehors, à 2 articles; l'inférieur velu à sa base; le supérieur velu presque dans toute sa longueur, tortillé, caduc. Réceptacle cylindrique, velu-hérissé.

Plante vulnéraire et un peu astringente.

Hab. les prés aquatiques, à l'Esperou, à Banahu, à la baraque de Michel. ♃ Fl. mai-juin.

3. G. SYLVATICUM *Pourr. act. Toul.*, *vol.* 3, *p.* 319; *Dec. fl. fr.* 5, *p.* 544; *G. atlanticum, Desf. atl.* 1, *p.* 401. — Souche brune, oblique, à fibres grosses, nombreuses. Tiges droites, de 1-4 décim., peu feuillées, très-velues, simples, uniflores. Feuilles velues-soyeuses; les radicales ailées, à folioles latérales petites, peu nombreuses; la terminale beaucoup plus grande, ovale-cordiforme, lobulée, toutes crénelées-dentées; les caulinaires simples, profondément dentées, presque sessiles. Stipules ovales-aiguës, incisées, adhérentes au pétiole. Fleurs droites ou légèrement penchées. Calice ni réfléchi, ni appliqué. Pétales plus grands que le calice, arrondis-cunéiformes, échancrés au sommet. Capitule des carpelles *longuement stipité.* Carpelles ovales, velus, terminés par le style, à 2 articles; l'inférieur velu à sa base; le supérieur plus court, *glabre,* tortillé, caduc. Réceptacle velu-hérissé.

Hab. les bois, à Montdardier, Palière, Montvaillant, Toiras, près Anduze, au petit mas de Seine, près Nimes. 2⟋ Fl. juin–juillet.

3ᵉ gʳᵉ. POTENTILLE. — POTENTILLA. (Lin. gen. 634.)

Calice à 5 sépales, rarement à 4, munis de stipules alternant avec eux. Pétales 5, rarement 4, obtus ou échancrés. Étamines nombreuses. Styles latéraux courts, caducs. Carpelles nombreux, monospermes, secs, disposés sur un réceptacle persistant, convexe, sec, poilu. Graines pendantes. Plantes herbacées, vivaces, rarement annuelles, à feuilles pinnées ou palmées, à fleurs jaunes ou blanches.

1.	Fleurs blanches...........................	2.
	Fleurs jaunes............................	6.
2.	Feuilles pinnées..........................	RUPESTRIS.
	Feuilles palmées..........................	3.
3.	Tiges fermes, à fleurs nombreuses, en corymbe serré.........................	CAULESCENS.
	Tiges grêles, couchées ou ascendantes, pauciflores.............................	4.
4.	Pétales plus longs que le calice.............	5.
	Pétales plus courts que le calice............	MICRANTHA.
5.	Feuilles radicales à 3 folioles dentées dans leur moitié supérieure..................	FRAGARIASTRUM.
	Feuilles radicales à 5 folioles dentées seulement au sommet......................	ALBA.
6.	Feuilles ailées...........................	7.
	Feuilles palmées..........................	8.
7.	Folioles nombreuses, soyeuses-argentées...	ANSERINA.
	Folioles peu nombreuses, vertes, presque glabres................................	SUPINA.
8.	Pétales 4................................	TORMENTILLA.
	Pétales 5................................	9.
9.	Tiges non radicantes......................	11.
	Tiges radicantes..........................	10.
10.	Tiges très-longues, presque filiformes; pédoncules très-longs......................	REPTANS.
	Tiges courtes, gazonnantes; pédoncules peu allongés..............................	VERNA.

11.	Tiges raides, élevées, droites ou dressées... 14.	
	Tiges grêles peu élevées, étalées ou couchées. 12.	
12.	Feuilles à 3 folioles...................... SUBACAULIS.	
	Feuilles à plus de 3 folioles................. 13.	

13.	Carpelles ridés, rugueux; tiges très-grêles, à poils très-étalés...................... OPACA.
	Carpelles lisses; tiges un peu épaisses, à poils étalés-dressés........................... VERNA.

14.	Feuilles blanchâtres, argentées en dessous.. ARGENTEA.
	Feuilles vertes sur les 2 faces.............. 15.

15.	Tige de 3-5 décim., à feuilles ciliées, pubescentes sur les 2 faces..................... RECTA.
	Tige de 1-3 décim., à feuilles hérissées de longs poils blancs abondants............ HIRTA.

1. P. FRAGARIASTRUM *Ehrh. herb.* 146; *P. fragaria, Dec. fl. fr.* 4, *p.* 468; *Fragaria sterilis, Lin. sp.* 709; *Lob. ic., t.* 698, *fig.* 1. — Racine épaisse, oblique ou horizontale, *stolonifère*. Tiges de 5-12 centim., étalées ou ascendantes, grêles, à peine feuillées, *un peu plus longues que les feuilles*, à 1-2 ou 3 fleurs, très-velues. Feuilles toutes à 3 folioles, pubescentes en dessus, soyeuses en dessous, ovales-arrondies; les latérales presque sessiles; la centrale distinctement pétiolulée, cunéiforme à sa base, toutes dentées dans leur moitié supérieure, à dents larges; la terminale plus petite. Stipules membraneuses, lancéolées-acuminées. Fleurs blanches. Stipules calicinales plus petites que les sépales. Pétales échancrés au sommet, cunéiformes à la base, dépassant peu le calice. Carpelles ovales, glabres, velus à l'ombilic, *ridés* à la maturité. Réceptacle velu.

Hab. les bois, au Vigan. ♃ Fl. avril-mai.

2. P. MICRANTHA *Ramond, in Dec. fl. fr.* 4, *p.* 467. — Cette plante est très-voisine de la précédente. Elle en diffère : 1° par sa racine non stolonifère; 2° par ses tiges beaucoup plus courtes que les feuilles; 3° par ses folioles toutes ovales, dentées presque jusqu'à la base; 4° par sa feuille caulinaire *simple;* 5° par ses stipules rousses plus larges; 6° par ses stipules calicinales *presque de la longueur des sépales;* 7° par ses pétales *obtus* ou *peu échancrés*, plus courts que le calice; 8° par ses carpelles ridés-rugueux.

Hab. au bas des rochers et souvent dans leurs fentes, à Alzou. ♃ Fl. avril-juin.

3. P. ALBA *Lin. sp.* 713; *Dec. fl. fr.* 4, *p.* 466; *Clus. hist., p.* 105, *fig.* 1. — Racine brune, assez épaisse, à souche peu divisée. Tiges de 10-15 centim., filiformes, ascendantes, plus courtes que les feuilles ou les égalant, portant ord^t 3 fleurs longuement pédonculées et 1-2 feuilles à 3 folioles; l'une placée à l'insertion des pédoncules, l'autre vers leur base, couvertes, ainsi que les pédoncules et les pétioles, de longs poils soyeux dressés ou appliqués. Feuilles radicales *à 5 folioles oblongues, étroites, allongées, sessiles,* dentées au sommet, à dents conniventes, la terminale très-petite, quelquefois peu apparentes à cause des poils soyeux qui les cachent; face supérieure des feuilles *glabres;* l'inférieure couverte *de poils soyeux, argentés, couchés.* Stipules brunes, lancéolées-acuminées. Stipules calicinales un peu plus petites que les sépales. Pétales blancs, plus longs que le calice, échancrés au sommet. Étamines glabres. Carpelles glabres, non ridés, velus à l'ombilic. Réceptacle très-velu.

Hab. les prés montagneux, à l'Esperou (*Guan. hort. reg. et herbor.*). ♃ Fl. juin-août.

4. **P. CAULESCENS** *Lin. sp.* 713; *Dec. fl. fr.* 4, *p.* 464; *Jacq. aust., t.* 220. — Racine grosse, noirâtre, à souche épaisse, rameuse, garnie des restes des feuilles de l'année précédente. Tiges de 1-2 décim., inclinées ou ascendantes, raides, cassantes, plus ou moins garnies de poils longs, soyeux, ainsi que le bord des feuilles et les pétioles. Feuilles longuement pétiolées, à 5 folioles sessiles ou pétiolulées, oblongues, atténuées à la base; les caulinaires à 5 et à 3 folioles, toutes pubescentes, à 11, 5 ou 3 dents aiguës à leur sommet. Stipules lancéolées longuement acuminées. Fleurs blanches, nombreuses, réunies au sommet des tiges, en corymbe serré. Stipules calicinales, lancéolées-acuminées comme les sépales, plus étroites et de même longueur qu'eux. Pétales oblongs, étroits, cunéiformes, *presque entiers,* dépassant le calice. Étamines à filets hérissés. Carpelles petits, ovoïdes, lisses, *très-velus.* Réceptacle très-velu. Plante un peu visqueuse, gazonnante.

Hab. les fentes des rochers, à Anjeou, près Montdardier, à la Foux, près d'Alzon (*Dufour*). ♃ Fl. juillet-août.

5. **P. SUBACAULIS** *Lin. sp.* 715; *Dec. fl. fr.* 4, *p.* 463; *P. grandiflora, Scop. carn., t.* 22; *Clus. hist.* 2, *p.* 106, *fig.* 2. — Racine dure, épaisse, noirâtre, à souche rameuse, noirâtre. Tiges de 5-12 centim., couchées-ascendantes, couvertes de poils étalés, plus ou moins longs, plus longues que les feuilles. Feuilles à 3 folioles ovales-cunéiformes, dentées presque dans les deux tiers supérieurs de la longueur, à dents larges presque toujours obtuses, épaisses, couvertes, surtout en dessous, *d'un duvet blanchâtre, cotonneux, très-serré, entremêlé de poils plus longs;* la face supérieure verdâtre; l'inférieure à nervures très-prononcées. Stipules lancéolées-acuminées. Fleurs jaunes, disposées 2-3, assez longuement pédonculées au sommet des tiges. Stipules calicinales plus étroites, plus obtuses et un peu plus courtes que les sépales. Pétales ovales-cunéiformes, obtus ou le plus souvent

échancrés, tantôt dépassant peu le calice, tantôt deux fois de sa longueur. Carpelles jaunâtres, ovoïdes, lisses, glabres. Réceptacle poilu.

Hab. les rochers, au Serre-de-Bouquet; les lieux pierreux, à Pouzillac (*Gonnet*). ♃ Fl. mai–juillet.

6. **P. OPACA** *Lin. sp.* 713; *Dec. fl. fr. 4, p. 460; Clus. hist. 2, p. 106, fig. 3.* — Racine brune, dure, à souche brune, rameuse. Tiges de 1-2 décim., grêles, ascendantes, couvertes de très-longs poils blancs étalés, à pédoncules *filiformes*, allongés, dressés, *à la fin recourbés*. Feuilles à pétiole filiforme, long, hérissé de longs poils *très-étalés*, peu serrés, à 5-7 folioles oblongues-cunéiformes, incisées-dentées supérieurement, à dents presque obtuses; la terminale un peu plus petite; celle de la tige à 3 folioles; les plus supérieures à 1. Stipules *ovales-lancéolées*. Fleurs jaunes, disposées, au sommet des tiges, en panicule lâche, feuillée. Stipules calicinales plus petites que les sépales. Pétales légèrement échancrés, un peu plus longs que le calice. Carpelles glabres, *ridés-rugueux*. Réceptacle poilu.

Hab. les lieux pierreux, au valat de la Dauphine, près de l'Esperou, à Banahu. ♃ Fl. mai–juin.

7. **P. VERNA** *Lin. sp.* 712; *Dec. fl. fr. 4, p. 459, et 5, p. 542; Pot. filiformis, Dec. fl. fr. 5, p. 542; Engl. bot. 1, t. 37; Clus. hist. 2, p. 106, fig. 3.* — Racine noirâtre, dure, à souche très-rameuse. Tiges de 1-2 décim., nombreuses, *couchées* circulairement, quelquefois un peu radicantes, gazonnantes, à sommet ascendant, plus ou moins hérissées. Feuilles inférieures à 5, rarement à 7 folioles; les supérieures à 3 ou à 1, obovales-cunéiformes, incisées-dentées dans les deux tiers supérieurs, à dents presque obtuses; la terminale un peu plus petite; velues sur les deux faces, surtout sur l'inférieure. Pétioles hérissés de longs poils étalés ou dressés. Stipules *linéaires, longuement acuminées*. Fleurs jaunes, disposées en panicule lâche. Stipules calicinales plus petites que les sépales. Pétales échancrés, souvent tachés à l'onglet, deux fois de la longueur du calice ou le dépassant peu. Carpelles jaunâtres, *lisses*. Réceptacle poilu.

Hab. les pelouses, les pacages, les coteaux secs, dans tout le département. ♃ Fl. mars–mai.

8. **P. TORMENTILLA** *Nestl. pot.* 65; *Tormentilla erecta, Lin. sp.* 716; *Dec. fl. fr. 4, p. 454; Lamk. ill., t. 444; Camer. epit., p. 685, ic.* — Racine tubéreuse, courte, épaisse, dure, oblique, brune, rougeâtre en dedans. Tiges de 1-3 décim., grêles, rameuses, dichotomes, très-feuillées, radicantes ordinairement, légèrement velues, étalées, diffuses ou ascendantes. Feuilles radicales pétiolées, souvent détruites à la floraison; celles de la

tige *sessiles*, toutes à 3 folioles ovales-oblongues , cunéiformes , incisées-dentées dans les deux tiers supérieurs, à dents aiguës; la terminale plus longue ; pubescentes surtout sur les bords et en dessous, vertes sur les deux faces. Stipules foliacées, incisées-digitées. Fleurs petites, jaunes, solitaires sur des pédoncules filiformes, axillaires, beaucoup plus longs que les feuilles. Stipules calicinales 4, plus étroites et un peu plus courtes que les sépales lancéolés-aigus, au nombre de 4. Pétales 4, très-rarement 5, un peu échancrés, dépassant peu le calice. Carpelles verdâtres, ridés, glabres. Réceptacle velu.

Cette plante est astringente et vulnéraire, autant les feuilles que la racine. Elle est connue sous le nom patois de *tormentille*.

Hab. les bois et les prairies de la plaine et de la montagne, dans tout le département. 2˜ Fl. mai-juillet.

9. **P. REPTANS** *Lin. sp.* 714 ; *Dec. fl. fr.* 4, *p.* 461 ; *Fuchs. hist.* 624, *ic.* — Racine épaisse, noirâtre, oblique. Tiges longues de 3-8 décim., grêles, très-flexibles, *simples*, *rampantes*, *radicantes*, souvent rougeâtres, à entre-nœuds écartés, glabres ou pubescentes. Feuilles 2-5 à chaque articulation, longuement et inégalement pétiolées, ordᵗ à 5 folioles inégales, obovales-oblongues, arrondies au sommet, cunéiformes à la base, dentées presque dès la base, à dents très-prononcées, *presque obtuses;* la terminale plus courte que les autres; plus ou moins garnies de poils couchés, souvent soyeux, surtout en dessous. Stipules entières, dentées ou incisées. Fleurs jaunes, solitaires sur des pédoncules axillaires, solitaires, rarement géminés, plus longs que les feuilles. Stipules calicinales 5, lancéolées, semblables aux 5 sépales, tantôt un peu plus grandes, tantôt un peu plus petites. Pétales 5, larges, échancrés, plus longs que le calice. Carpelles ovales, glabres, granuleux. Réceptacle velu.

La racine et les feuilles de cette plante sont vulnéraires et astringentes ; elle cause le pissement de sang aux brebis qui la mangent. Elle est connue sous le nom vulgaire de *quintefeuilles ;* en patois, *cinquena.*

Hab. les champs cultivés, les prairies, les pacages, le bord des chemins et des bois, dans tout le département. 2˜ Fl. mai-août.

10. **P. ANSERINA** *Lin. sp.* 710 ; *Dec. fl. fr.* 4, *p.* 455 ; *Dreves et Hayne, chx. pl. d'Europe, t.* 35 ; *Cam. epit., t.* 758. — Racine brune, épaisse, un peu oblique. Tiges longues, de 2-4 décim., grêles, couchées-radicantes, un peu velues, à entre-nœuds écartés. Feuilles ailées, *à folioles nombreuses* (15-25), oblongues, fortement dentées dans toute leur circonférence, à dents aiguës dirigées vers le haut, vertes et presque glabres en dessus, soyeuses-argentées en dessous, à intervalles *garnis de folioles rudimentaires, entières ou incisées;* stipules des feuilles radicales scarieuses, lancéolées-acuminées; celles des feuilles caulinaires incisées, engaînantes. Fleurs grandes, jaunes, soli-

taires au sommet de pédoncules axillaires, allongés. Stipules calicinales, incisées ou entières, aussi longues que les sépales. Pétales ovales, beaucoup plus longs que le calice. Carpelles ovales, glabres, lisses, légèrement sillonnés sur le dos, très-gros. Réceptacle velu.

Cette plante passe pour astringente, vulnéraire et dessicative. Elle est connue sous le nom vulgaire d'*argentine*; en patois, *patta-doussa*.

Hab. les bords des bois, du Rhône, au Saint-Esprit; les bords du canal, à Bellegarde, à Sylveréal, et probablement dans tout le département. ♃ Fl. mai-juillet.

11. **P. RUPESTRIS** *Lin. sp.* 711; *Dec. fl. fr.* 4, *p.* 464; *Jacq. aust.*, *t.* 114; *Clus. pann.*, *p.* 431, *ic.* — Racine brune, épaisse, à souche rameuse. Tiges de 1-3 décim., dressées, rameuses-dichotomes au sommet, très-velues. Feuilles radicales étalées en rosette, longuement pétiolées, à 5-7 folioles grandissant en remontant, ovales ou arrondies, doublement dentées presque dans tout leur contour; la terminale pétiolulée, entière et atténuée à la base; couvertes, sur les deux faces, de poils appliqués, luisants. Feuilles caulinaires sessiles, à 3 folioles. Stipules ovales-aiguës, entières ou peu dentées. Fleurs grandes, blanches, en panicule lâche. Stipules calicinales plus étroites et et plus courtes que les sépales. Pétales arrondis, légèrement échancrés au sommet, dépassant le calice. Carpelles rougeâtres, petits, ovales, légèrement ridés et carénés sur le dos, glabres. Réceptacle peu velu. Plante d'un vert sombre, très-velue, un peu visqueuse.

Hab. les lieux pierreux des montagnes et les fentes des rochers, à l'Esperou, au Vigan, à l'Arche, près d'Anduze. ♃ Fl. avril-juillet.

12. **P. SUPINA** *Lin. sp.* 711; *Dec. fl. fr.* 4, *p.* 456; *Clus. hist.* 2, *p.* 107, *fig.* 2. — Racine grêle, fusiforme. Tiges longues, de 1-4 décim., très-rameuses, presque glabres, couchées, non radicantes. Feuilles ailées, à pétiole allongé dans les inférieures, beaucoup plus court dans les supérieures, à 3-11 folioles peu velues, ovales ou oblongues cunéiformes, incisées-dentées; celles des feuilles supérieures décurrentes. Stipules ovales-lancéolées, entières. Fleurs petites, d'un jaune pâle, solitaires sur des pédoncules axillaires assez courts, inclinés à la maturité. Stipules calicinales lancéolées, semblables aux sépales mais plus longues, entières, rarement dentées. Pétales ovales, cunéiformes, très-légèrement échancrés, plus courts que le calice. Carpelles ovoïdes, petits, jaunâtres, ridés, glabres. Réceptacle velu.

Hab. les champs où l'eau a séjourné pendant l'hiver, aux bords de l'étang de Jonquières, aux bords du Rhône et dans les iles, à Beaucaire. ① Fl. juin-octobre.

13. **P. ARGENTEA** *Lin. sp.* 712; *Dec. fl. fr.* 4, *p.* 461; *Cam. epit.*, *p.* 760, *ic. tabern.*, *t.* 122, *fig.* 1. — Racine noirâtre,

dure, pivotante, à souche courte, presque ligneuse, rameuse. Tiges de 2-4 décim., ascendantes ou étalées-couchées, raides, rougeâtres sous le coton blanc qui la couvre, rameuses supérieurement. Feuilles radicales longuement pétiolées ; les inférieures à pétiole peu allongé ; les supérieures sessiles, à 5 folioles étroites, oblongues, longuement atténuées vers la base, profondément incisées en lobes linéaires ; le terminal dépassant les latéraux, à bord *repliés en dessous, vertes en dessus, blanches cotonneuses en dessous*. Stipules étroites, acuminées, ord^t entières, rarement incisées. Fleurs jaunes, petites, disposées en corymbe lâche terminal. Stipules calicinales un peu plus étroites et un peu plus courtes que les sépales. Pétales légèrement échancrés, dépassant peu le calice. Carpelles petits, ovoïdes, légèrement ridés, glabres. Réceptacle velu.

Hab. les lieux secs, les bois, les bords des chemins, dans tout le département. ♃ Fl. mai-juillet.

14. **P. RECTA** *Lin. sp.* 711 ; *Dec. fl. fr.* 4, *p.* 457 ; *Nestl. monogr. pot., t.* 6. — Racine brune, pivotante, à souche courte, rameuse, presque ligneuse. Tiges de 3-5 décim., plus ou moins robustes, raides, droites, rameuses supérieurement, souvent rougeâtres, couvertes de poils courts, glanduleux à leur base, entremêlés de poils plus longs, tuberculeux, très-étalés. Feuilles d'autant plus brièvement pétiolées qu'elles s'approchent du sommet ; les inférieures à 5-7 ; les plus supérieures à 3 folioles oblongues, atténuées à la base, incisées-dentées presque dans toute leur circonférence, ciliées, garnies *de poils couchés sur les faces ;* l'inférieure nerviée. Stipules lancéolées, acuminées, entières, quelquefois dentées. Fleurs d'un jaune pâle, assez grandes, disposées en corymbe plus ou moins lâche ; celles qui naissent dans les bifurcations, solitaires sur leur pédoncule plus allongé que les autres. Stipules calicinales lancéolées, tantôt plus longues, tantôt un peu plus courtes que les sépales. Pétales obovales échancrés, plus grands que le calice. Carpelles ovoïdes, roux, *ridés*, entourés d'*un rebord étroit, membraneux.* Réceptacle velu.

Hab. les bois et les garrigues, les prés et les pacages, à Cyguan, Campagne, près de Nîmes, à Manduel, à Alais, à Bedouce, sur la route d'Aujac. ♃ Fl. mai-juillet.

15. **P. HIRTA** *Lin. sp.* 712, *Dec. fl. fr.* 4, *p.* 457 ; *P. pilosa, Dec. fl. fr.* 5, *p.* 540 ; *P. pedata nestl. pot., t.* 7. — Racine dure, noirâtre, pivotante, à souche courte, rameuse, presque ligneuse. Tiges de 1-3 décim., nombreuses, droites ou le plus souvent ascendantes, très-feuillées, rougeâtres, hérissées *de longs poils blancs*, plus ou moins abondants, ainsi que le reste de la plante. Feuilles radicales plus longuement pétiolées que

celles de la tige, dont le pétiole est d'autant plus court qu'elles
s'approchent du sommet, à 5 folioles ; les plus supérieures à 3,
*étroites, oblongues, cunéiformes, incisées-dentées supérieure-
ment*, à 3-5 dents presque aiguës ; la terminale dépassant les
autres. Stipules lancéolées, entières ou incisées. Fleurs grandes,
d'un jaune doré, disposées en corymbe presque lâche ; la centrale
sur un pédoncule allongé, latéral. Stipules calicinales lancéolées,
presque égales aux sépales mais plus étroites. Pétales obovales,
échancrés, plus grands que le calice. Carpelles ovoïdes, bruns,
ridés, entourés d'*un rebord étroit, membraneux*. Réceptacle
velu. Plante moins élevée et moins robuste que la précédente,
à poils plus abondants, non entremêlés de poils courts, et à
carpelles plus gros.

Var. B, *Angustifolia, Godr. et Gren. fl. fr.* 1, *p.* 534 ; *P. angustifolia, Dec. fl. fr.* 5, *p.* 540. Feuilles très-étroites, à 3-5
dents au sommet.

Hab. les lieux secs et pierreux, garrigues et bois, aux environs de Nîmes,
à Campagne, à Bouquet, à Anduze. ♃ mai-juillet.

4° g^{re}. COMARET. — COMARUM. (Lin. gen. 638.)

Stipules calicinales 5. Sépales 5, colorés, alternant avec les
stipules. Pétales 5, plus courts que le calice. Étamines nombreuses. Styles latéraux, marcescents. Carpelles secs, lisses.
Réceptacle hémisphérique, persistant, velu, *spongieux*. Graines
pendantes. Plante vivace, herbacée, à feuilles pinnées, à fleurs
rouges incluses.

1. **C. palustre** *Lin. sp.* 718 ; *Dec. fl. fr.* 4, *p.* 469 ; *Poten-
tilla comarum, Lamk. ill., t.* 444. — Racines longues, rampantes, garnies de fibres nombreuses, à souche dure, brune.
Tiges de 2-4 décim., ascendantes, pubescentes. Feuilles longuement pétiolées, à 5-7 folioles rapprochées au sommet du pétiole,
oblongues, dentées en scie presque dans toute leur circonférence, à dents mucronulées, un peu coriaces, vertes en dessus,
blanchâtres et pubescentes sur les nervures en dessous. Stipules
inférieures entièrement adhérentes au pétiole, vaginantes ; les
supérieures libres à leur sommet. Fleurs disposées en cime lâche,
irrégulière, peu fournie. Stipules calicinales étroites, réfléchies
ou étalées, beaucoup plus courtes que les sépales, larges, ovales-
acuminés, rougeâtres. Pétales *oblongs, acuminés*, beaucoup
plus courts que le calice. Carpelles roux, ovoïdes, lisses. Réceptacle velu.

Hab. les prairies tourbeuses, élevées, à Gourdouse, près de Concoule, à
l'Esperou. ♃ Fl. juin-juillet.

5ᵉ gʳᵉ. **FRAISIER.** — **FRAGARIA.** (Lin. gen. 633.)

Calice persistant, à 5 sépales et à 5 stipules calicinales. Pétales 5,
ovales-arrondis. Étamines nombreuses. Carpelles secs, à style
latéral marcescent, insérés sur un réceptacle arrondi ou conique,
charnu-succulent, accru depuis la floraison, glabre, caduc à la
maturité. Plantes herbacées, stolonifères, à feuilles trifoliolées,
à fruit aromatique et agréable au goût.

1. { Calice étalé ou réfléchi à la maturité................... **VESCA.**
   { Calice appliqué contre le fruit. .... **COLLINA.**

1. **Fr. vesca** *Lin. sp.* 709 ; *Dec. fl. fr.* 4, *p.* 468 ; *Lamk.
ill.* 442 ; *Dod. pempt.* 672, *fig.* 2. — Racine brune, fibreuse.
Souche à stolons nombreux. Tiges de 1-2 décim., souvent plus
courtes que les feuilles, les dépassant rarement, nues ou garnies
de 2 feuilles dont la supérieure est simple, couvertes, ainsi que
les pétioles, de longs poils grisâtres, abondants, étalés. Feuilles
à folioles ovales-arrondies ou oblongues-ovales, dentées à grosses
dents, un peu plissées, velues-blanchâtres en dessous ; les latérales presque sessiles ; la centrale pétiolulée. Stipules oblongues-
lancéolées. Fleurs blanches, peu nombreuses, disposées en
cime lâche. Calice *étalé* à la maturité, souvent *réfléchi*. Pétales
plus longs que le calice. Pédicelles à poils presque appliqués.
Fruit presque globuleux ou presque conique, rougeâtre. Carpelles roux, petits, ovoïdes, lisses, un peu carénés sur le dos,
garnissant le réceptacle jusqu'à la base.

Hab. les bois et les garrigues, les haies, dans tout le département. ♃ Fl.
avril–juin.

2. **Fr. collina** *Ehrh. beitr.* 7, *p.* 26 ; *Dec. fl. fr.* 5, *p.* 513 ;
Hayne arzng. 4, *t.* 30. — Racine brune, fibreuse, à souche à
stolons rares ou nuls. Tiges de 1-2 décim., plus longues que les
feuilles, nues ou munies d'une feuille florale unifoliolée, couvertes, ainsi que les pétioles et les pédicelles, de poils étalés,
quelquefois dressés sur les pédicelles. Feuilles à folioles ovales
ou ovales-oblongues, plissées, surtout dans leur jeunesse, vertes
et peu velues en dessus, couvertes, en dessous, de poils soyeux,
couchés, argentés, dentées, à grosses dents ; la terminale plus
courte que les autres ; les folioles latérales presque sessiles ; la
centrale pétiolulée. Stipules des feuilles radicales, membraneuses ; celles des feuilles florales herbacées ; toutes lancéolées-
acuminées. Fleurs blanches, peu nombreuses, disposées en cime
lâche. Calice *appliqué sur le fruit.* Pétales plus longs que le
calice. Fruit d'un rouge vif, oblong ou globuleux, *rétréci à la
base*, un peu tenace au fond du calice. Carpelles roux, ovoïdes,
lisses, *n'occupant pas la base du réceptacle.*

Hab. les bois, les garrigues, les haies, dans tout le département. ♃ Fl. avril–juin.

Les variétés de fraisiers que l'on cultive dans les jardins sont si nombreuses, qu'il serait trop long de les énumérer ici avec quelques détails; nous nous bornerons à citer le fraisier *ananas, Frag. grandiflora* (*Ehrh.*), le plus généralement cultivé, qui se distingue par ses feuilles grandes, vertes, raides, presque glabres en dessus; par les poils des pétioles et des pédoncules dressés, et par ses fruits très-gros, à calice appliqué.

Les fraises ont une odeur agréable et une saveur exquise; elles sont rafraîchissantes, apéritives, diurétiques et astringentes. Les racines et les feuilles de fraisier sont astringentes.

6ᵉ gʳᵉ. RONCE. — RUBUS. (Lin. gen. 632.)

Calice persistant, à 5 sépales dépourvus de stipules calicinales. 5 pétales. Étamines nombreuses. Style presque terminal. Carpelles nombreux, pulpeux, renfermant une graine dure, ridée; soudés, par leur base, en baie globuleuse sur un réceptacle conique, concave en dessous, facilement séparable du calice à la maturité. Arbrisseau à tiges sarmenteuses, armées d'aiguillons, à feuilles palmées ou pinnées, à fleurs en panicule. Connus vulgᵗ sous le nom patois d'*arounze;* leur fruit, sous ceux d'*amoura de bouissoun* ou de *pétarin.*

1.	Fruit pubescent, rouge à la maturité............	IDÆUS.
	Fruit glabre, noir à la maturité...............	2.
2.	Calice dressé après la floraison...............	3.
	Calice réfléchi après la floraison.	4.
3.	Tiges de 5–15 décim.: fruit couvert d'une efflorescence glauque........................	CÆSIUS.
	Tiges de 2–3 mèt.: fruit dépourvu d'efflorescence.	GLANDULOSUS.
4.	Pétiole commun, presque plane en dessus, non canaliculé.	COLLINUS.
	Pétiole commun, plus ou moins canaliculé.....	5.
5.	Plante très-velue, glanduleuse.	HIRTUS.
	Plante non glanduleuse......................	6.
6.	Pétales échancrés au sommet.................	NEMOROSUS.
	Pétales entiers ou dentelés au sommet.	7.
7.	Fleurs en grappes serrées....................	8.
	Fleurs en grappes lâches....................	9.
8.	Pétales étroits, dentelés au sommet...........	TOMENTOSUS.
	Pétales larges, entiers au sommet............	DISCOLOR.
9.	Pétales oblongs, atténués à la base.	THYRSOIDEUS.
	Pétales orbiculaires, brusquement contractés en onglet court.	RHAMNIFOLIUS.

1. R. cæsius *Lin. sp.* 706; *Dec. fl. fr. 4, p.* 474; *Weih. et Nées, Rub. germ., p.* 102, *t.* 16, *1.* — Arbrisseau à tiges longues de 5–15 décim., presque cylindriques, ordᵗ glauques, faibles, tombantes ou couchées, s'enracinant souvent à l'extrémité, garnies d'aiguillons très-petits, faibles, non vulnérants, la plupart droits, portant, à leur partie inférieure, des rameaux fleuris,

dressés, flexueux, un peu anguleux au sommet. Feuilles *toutes*
à 3 folioles, veloutées en dessous ou presque glabres, doublement
dentées ; les deux latérales presque sessiles, souvent bilobées
inégalement ; la terminale plus grande, un peu cordiforme.
Pétiole commun canaliculé, parsemé de petits aiguillons rares.
Stipules lancéolées, acuminées, nerviées. Fleurs blanches, en
panicules lâches, terminales ou axillaires. Pédoncules dressés.
Pédicelles munis d'une bractée lancéolée à leur base. Calice
tomenteux, grisâtre, inerme, parfois un peu glanduleux, à
sépales ovales-lancéolés, acuminés, *appliqués sur le fruit*. Pétales
ovales, échancrés, chiffonnés, étalés. Fruit d'un noir bleuâtre,
couvert d'une efflorescence glauque, d'une saveur légèrement
acide, composé de 6-8 carpelles gros.

Var. A, *Umbrosus*, *Wallr.* Feuilles vertes, minces, presque
glabres.

Var. B, *Agrestis*, *Weih. et Nées.* Feuilles raides, plissées,
veloutées, un peu grisâtres en dessous.

Cette plante, connue, ainsi que son fruit, sous le nom patois de *pétarin*,
est astringente, détersive, dessicative. Ses fruits, agréables au goût, sont
astringents et rafraîchissants.

Hab. les champs cultivés, les vignes et les hermes, dans tout le département. ♄ Fl. mai-août.

2. **R. NEMOROSUS** *Hayn. !arzn. 3, t. 10 ; R. corylifolius.
Dec. fl. fr. 4, p. 475 ; R. Dumetorum, var. Sylvestris, Godr.
monog., p. 13.* — Arbrisseau polymorphe, à tiges de 1-3 mèt.,
grêles ou robustes, un peu glauques, plus ou moins anguleuses,
arrondies à la base, glabres ou pubescentes, non glanduleuses,
à aiguillons rares ou nombreux, droits ou arqués au sommet,
à base élargie, vulnérants, portant, à leur partie inférieure, des
rameaux fleuris, dressés, arrondis à leur base, un peu anguleux
au sommet, à feuilles ternées, souvent quinées à leur base,
munis, surtout vers le sommet, d'aiguillons courts et courbés,
rares ou abondants. Feuilles des tiges à 5 folioles ovales, acuminées, un peu cordiformes ; les deux moyennes un peu pétiolulées ; les deux inférieures presque sessiles, souvent lobulées
extérieurement dans les feuilles à 3 folioles ; la terminale plus
grande, longuement pétiolulée ; pubescentes en dessous, doublement dentées. Pétiole commun canaliculé, à aiguillons faibles
et courbés. Stipules lancéolées. Fleurs blanches, plus rarement
rosées, assez grandes, disposées en panicules lâches, terminales,
simples ou un peu rameuses. Pédoncules dressés, épineux. Pédicelles souvent épineux, munis d'une bractée lancéolée à leur base.
Calice tomenteux, grisâtre, à sépales ovales-acuminés, *réfléchis
après la floraison*. Pétales ovales, échancrés, chiffonnés. Fruit
noir, globuleux, formé de carpelles gros, peu nombreux, sans
efflorescence.

Hab. les bois, à la Rougerie, près d'Alzon, et probablement dans beaucoup d'autres localités du département. ♄ Fl. mai–juillet.

3. **R. GLANDULOSUS** *Bellard app. fl. ped.* 24, *Dec. fl. fr.* 4, *p.* 474, *et* 5, *p.* 544; *R. Bellardi, Weih et Nées, R. germ., p.* 27, *t.* 44. — Arbrisseau à tiges de 2-3 mètr., assez robustes, cylindriques, couchées, s'enracinant souvent à l'extrémité, striées, glanduleuses, à aiguillons grêles, droits ou arqués; portant, à leur partie inférieure, des rameaux fleuris, allongés, dressés, flexueux, cylindriques à la base, anguleux au sommet, couverts de poils entremêlés de poils violets, glanduleux au sommet, et d'aiguillons très-grêles. Feuilles *toutes à* 3 *folioles*, larges, ovales ou ovales-arrondies, molles, vertes sur les deux faces, pubescentes, veloutées en dessous; la centrale brusquement acuminée, un peu cordiforme; les latérales presque sessiles, lobulées extérieurement, doublement dentées. Pétiole commun non canaliculé, glanduleux et *muni de petits aiguillons faibles*, non courbés. Fleurs blanches ou rosées, disposées en panicules amples, lâches, feuillées inférieurement, à pédoncules étalés-dressés, velus-glanduleux, parsemés d'aiguillons droits. Calice tomenteux, vert, glanduleux et muni de petits aiguillons, à sépales ovales-lancéolés, longuement acuminés, bordés de blanc, appliqués contre le fruit. Pétales *oblongs*, échancrés, non chiffonnés. Fruit noir, luisant, subglobuleux, composé de carpelles petits, nombreux.

Hab. les bois, aux environs de Lanuejols, de Meyrueis. ♄ Fl. juin–juillet.

4. **R. HIRTUS** *Weih et Nées, Rub. germ., p.* 95, *t.* 43, *Godr. monog., p.* 22; *Godr. et Gren. fl. fr.* 1, *p.* 543. — Arbrisseau à tiges de 1-2 mètr., assez robustes, arrondies à la base; anguleuses supérieurement, striées, arquées-tombantes, velues, glanduleuses, à aiguillons assez forts, vulnérants, élargis à la base, droits, inclinés ou arqués, portant, à leur partie inférieure, des rameaux fleuris, dressés, arrondis à la base, un peu anguleux au sommet, à feuilles ternées, rarement quinées à leur base, velus-glanduleux, parsemés d'aiguillons subulés, *droits, inclinés.* Feuilles des tiges à 3-5 folioles, vertes sur les deux faces ou cendrées à la face inférieure, un peu raides, doublement dentées en scie, ovales; les latérales pétiolulées, dilatées, souvent lobulées extérieurement; la terminale acuminée, souvent un peu cordiforme. Pétiole commun, légèrement canaliculé vers la base, velu, glanduleux, à aiguillons grêles, droits ou arqués. Stipules linéaires-étroites. Fleurs blanches, disposées en panicules amples, lâches, feuillées inférieurement. Pédoncules étalés-dressés, velus-glanduleux, parsemés d'aiguillons droits. Pédicelles munis, à leur base, d'une bractée étroite, allongée. Calice tomenteux, vert, glanduleux et muni de petits aiguillons,

à sépales longuement acuminés, bordés de blanc, réfléchis après la floraison. Pétales *oblongs*, *atténués à la base*, entiers ou dentelés au sommet, non chiffonnés. Fruit noir, luisant, sans efflorescence, subglobuleux, composé de carpelles petits, nombreux.

Hab. les bois, à l'Esperou, à Lanuejols, à Salbous: les haies, au Prunaret, à Aumessas. ♄ Fl. juin-juillet.

5. **R. TOMENTOSUS** *Villd. sp. 2, p.* 1083 ; *Weih et Nées, Rub. germ., p.* 27, *t.* 8 ; *R. canescens, Dec. H. monsp., p.* 139. — Arbrisseau à tiges de 1-2 mètr., plus ou moins robustes, arquées-tombantes, anguleuses, à faces planes inférieurement, canaliculées supérieurement, à aiguillons courts, ord^t robustes, élargis à leur base, droits ou arqués, portant, à leur partie infé-rieure, des rameaux fleuris, dressés, allongés, anguleux-cana-liculés, tomenteux, munis de glandes rares et d'aiguillons, soit arqués, soit crochus, à feuilles ternées très-rarement, quelques-unes quinées. Feuilles des tiges à 5 folioles obovales, inégalement dentées, pubescentes, verdâtres en dessus, parfois glabres, tomenteuses-blanchâtres en dessous ou souvent sur les deux faces; la terminale ovale-aiguë, quelquefois obtuse; les latérales pétiolulées, souvent ovales-arrondies et lobulées extérieurement. Pétiole commun, canaliculé, garni d'aiguillons crochus. Stipules étroites-linéaires. Fleurs blanches, assez petites, disposées en panicules serrées, allongées, couvertes de petits aiguillons. Pédoncules courts, étalés. Pédicelles munis, à leur base, d'une bractée lancéolée, étroite. Calice tomenteux-blanchâtre, ne portant ni glandes, ni aiguillons, à sépales ovales brièvement acuminés, réfléchis après la floraison. *Pétales ovales-oblongs, atténués vers la base*, chiffonnés, dentelés au sommet. Fruit petit, noir, dépourvu d'efflorescence, globuleux, composé de carpelles petits, nombreux.

Hab. les terrains incultes, les bords des vignes, les bois, aux environs de Nîmes, de Saint-Gilles, de Bouquet, de Manduel, de l'Esperou. ♄ Fl. mai-juillet.

6. **R. COLLINUS** *Dec. H. monsp., p.* 139, *et fl. fr.* 5, *p.* 545 ; *Godr. et Gren. fl. fr.* 1, *p.* 545. — Cet arbrisseau, très-voisin du précédent, s'en distingue : par ses rameaux fleuris, arrondis à la base, puis anguleux, puis canaliculés au sommet, velus, *non glanduleux*, portant, vers la base, des feuilles à 5 folioles, dont les latérales oblongues-aiguës ; par ses pétioles presque pas canaliculés ; par ses fleurs un peu plus grandes ; par ses pétales *ovales-orbiculaires, à onglet court*, et, enfin, par ses fruits com-posés de carpelles plus gros et moins nombreux.

Hab. les lieux arides, au Vigan, Montdardier, l'Esperou, le bois de Salbous, Saint-Ambroix, Anduze, Alais, Manduel, la Chartreuse de Valbonne. ♄ Fl. juin-juillet.

7. **R. DISCOLOR** *Weih. et Nées, rub. germ.*, p. 46, t. 20, *God. et Gren. fl. fr.* 1, p. 546; *Godr. monog.*, p. 25. — Arbrisseau à tiges de 1-3 mètr., robustes, *fortement anguleuses dans toute leur longueur*, striées, d'un brun violet, glabres ou un peu velues, souvent glauques, se ramifiant quelquefois au sommet, munies d'aiguillons robustes, rapprochés, vulnérants, élargis à leur base, *crochus*, placés sur les angles de la tige, portant, à la partie inférieure, des rameaux fleuris, dressés, anguleux au sommet, à feuilles, ou toutes à 3 folioles ou les inférieures à 5, munis d'aiguillons crochus, larges à leur base. Feuilles des tiges à 5 folioles glabres en dessus, couvertes, en dessous, d'un duvet blanc très-court, coriaces, doublement dentées, ovales, élargies au sommet; la terminale plus grande, acuminée, presque cordiforme; les latérales pétiolulées. Pétiole commun, muni d'aiguillons crochus, presque aplani en dessus. Stipules très-étroites. Fleurs blanches ou rosées, disposées en panicules allongées, un peu lâches. Pédoncules étalés, pluriflores. Pédicelles munis de bractées. Calice tomenteux-blanchâtre, presque sans aiguillons, à sépales ovales brièvement acuminés, réfléchis après la floraison. Pétales *larges*, *obovales*, entiers, chiffonnés, pubescents à l'extérieur. Fruit globuleux assez gros, noir, dépourvu d'efflorescence, composé de carpelles petits, nombreux.

Cet arbrisseau est commun sous les noms patois de *bouissoun*, d'*arounze*, de *bartas*; les fruits, sous celui d'*amoura de bouissoun*; ils ont une saveur douce, acidulée, qui est agréable. Ils sont astringents, diurétiques, rafraîchissants. Ses feuilles sont astringentes, détersives, dessicatives.

Hab. les bords des champs, des fossés et des chemins, dans tout le département. ♃ Fl. juin-juillet.

8. **R. THYRSOIDEUS** *Wimm. fl. von. schles.*, p. 131, *Godr. et Gren. fl. fr.* 1, p. 547; *R. fruticosus*, *Weih. et Nées, rub. germ.*, p. 24, t. 7. — Arbrisseau à tiges de 2-4 mèt., robustes, peu arquées, striées, *anguleuses*, *canaliculées dans toute leur longueur*, glabres, munies d'aiguillons forts, vulnérants, droits ou courbés-arqués, élargis à leur base, placés sur les angles, portant, à la partie inférieure, des rameaux fleuris, pubescents, non glanduleux, arrondis à leur base, anguleux au sommet, dressés, à feuilles à 3 et 5 folioles, à aiguillons crochus. Feuilles des tiges vertes en dessus, couvertes, en dessous, d'un coton court et blanchâtre, à 5 folioles peu raides, à grosses nervures, à grosses dents profondes, oblongues, élargies au sommet, cunéiformes; les latérales pétiolulées; la terminale acuminée, un peu échancrée à la base. Stipules très-étroites. Pétiole commun, légèrement canaliculé en dessus, à aiguillons crochus, assez forts. Fleurs blanches en panicules étroites, allongées, un peu lâches. Pédoncules dressés. Calice cotonneux-blanchâtres, dépourvu de glandes et d'aiguillons, à sépales ovales, terminés

en pointe courte et obtuse, réfléchis après la floraison. Pétales ovales, cunéiformes, dentelés au sommet, chiffonnés, un peu pubescents en dessous. Fruit arrondi, noir, dépourvu d'efflorescence, composé de carpelles assez gros, peu nombreux.

Hab. les bois, à Broussan, et probablement dans beaucoup d'autres localités du département. ♄ Fl. juin-juillet.

9. R. RHAMNIFOLIUS *Weih et Nées, rub. germ.*, *p.* 21, *t.* 5; *Godr. et Gren. fl. fr.* 1, *p.* 548. — Arbrisseau à tiges anguleuses, *canaliculée seulement dans sa partie supérieure*, moins élevées et plus arquées que dans le précédent, dont il diffère, en outre : par ses folioles non cunéiformes, la terminale quelquefois ovale-arrondie, échancrée à la base ; par ses panicules moins étroites et plus fournies, à pédoncules plus étalés, et par ses pétales orbiculaires, à onglet court.

Hab. les haies, les bois, et les bords des champs et des chemins, à Saint-Nicolas, dans les Cévennes. ♄ Fl. juin-juillet.

10. R. IDÆUS *Lin. fl. suec. ed.* 2ᵃ, *p.* 172 ; *Dec. fl. fr.* 4, *p.* 476 ; *Fl. dan.*, *t.* 788 ; *Dod. pempt.*, *p.* 743, *fig.* 1. — Arbrisseau de 1-2 mètr., à racines traçantes, à tiges dressées, un peu flexueuses, cylindriques, légèrement striées, très-glauques, couvertes d'aiguillons faibles, droits, non vulnérants, à rameaux grêles, allongés, arqués, parsemés de petits aiguillons. Feuilles pinnées, à 3-5 folioles ovales-aiguës, doublement dentées, à dents principales profondes, vertes et glabres en dessus, tomenteuses-argentées en dessous ; les latérales pétiolulées ; la terminale plus grande, souvent lobulée, acuminée, cordiforme. Fleurs petites, blanches, disposées en panicules lâches, peu garnies, axillaires et terminales, droites puis penchées. Calice tomenteux-blanchâtre, principalement sur les bords, aculéolé, à sépales lancéolés, longuement acuminés, étalés après la floraison, réfléchis à la maturité. Pétales étroits, oblongs, atténués à la base, entiers, presque de la longueur du calice, non chiffonnés, dressés. Fruit subglobuleux, odorant, d'une saveur agréable, rouge à sa maturité.

Cet arbrisseau est connu sous le nom de *framboisier*, et son fruit sous celui de framboise; ses feuilles sont astringentes, détersives, dessicatives; ses fruits sont rafraîchissants: on les mange comme les fraises, on en fait des confitures et de l'eau de framboise.

Hab. les b is montagneux de toute la chaîne de l'Esperou. ♄ Fl. mai-juin.

7ᵉ gʳᵉ. ROSIER. — ROSA. (Lin. gen. 631.)

Calice urcéolé, resserré au sommet, à 5 divisions dont 3 pinnatifides, rarement toutes entières. Corolle très-grande, caduque, à pétales imbriqués-contournés dans le bouton, en cœur renversé. Étamines nombreuses. Carpelles nombreux, monospermes, de forme irrégulière, soyeux, osseux, indéhiscents, renfermés dans le tube du calice, devenant charnu en mûrissant, garni intérieurement de poils raides, abondants. Styles saillants hors du tube du calice, libres et courts ou soudés en colonne allongée. Arbrisseaux à tige ordinairement chargée d'aiguillons droits ou courbés; feuilles imparipinnées, à stipules presque entièrement adhérentes à la base du pétiole.

1. { Styles libres, plus courts que les étamines.. 2.
    { Styles soudés en colonne, presque de la longueur des étamines...................... 10.

2. { Divisions du calice décidément pinnatifides.. 3.
    { Divisions du calice entières ou faiblement pinnatifides.......................... 6.

3. { Folioles doublement dentées.............. 4.
    { Folioles simplement dentées.............. 5.

4. { Feuilles tomenteuses-cendrées en dessous, souvent sur les 2 faces : fruit globuleux..... TOMENTOSA.
    { Feuilles glabres ou pubescentes, vertes ou rougeâtres, très-glanduleuses en dessous; fruits non globuleux................... RUBIGINOSA.

5. { Sommet des tiges rougeâtre : fruit globuleux. RUBRIFOLIA.
    { Sommet des tiges non rougeâtre : fruit non globuleux........................... CANINA.

6. { Divisions du calice décidément entières..... 7.
    { Divisions du calice faiblement pinnatifides... 9.

7. { Aiguillons droits....................... 8.
    { Aiguillons courbés..................... RUBRIFOLIA.

8. { Folioles moyennes, elliptiques, à dents glanduleuses......................... ALPINA.
    { Folioles petites, ovales ou arrondies, à dents non glanduleuses..................... PIMPINELLIFOLIA.

9. { Folioles d'un vert sombre en dessous, à dents acuminées, fortement denticulées.......... TRACHYPHYLLA.
    { Folioles d'un vert peu foncé en dessous, à dents ovales, souvent entières............ HYBRIDA.

10. { Styles soudés en colonne glabre............ 11.
     { Styles soudés en colonne velue............ SEMPERVIRENS.

     { Divisions du calice entières ou presque entières............................. ARVENSIS.
     { Divisions du calice décidément pinnatifides.. STYLOSA.

1. **R. TRACHYPHYLLA** *Rau. énum.* 124; *Godr. et Gren. fl. fr.* 1, *p.* 552. — Arbrisseau de 10-15 décim., à racine rampante, à tiges nombreuses, glabres, munies d'aiguillons rares, un peu arqués, élargis à leur base. Feuilles à 5 folioles, rarement à 7, coriaces, ovales-arrondies ou ovales-aiguës, glabres, d'un vert foncé en dessus, plus pâle en dessous, à dents très-saillantes, acuminées, simples ou denticulées, peu glanduleuses. Stipules supérieures très-larges, munies, sur leur bord, ainsi que les

inférieures, de glandes peu nombreuses; pétiole commun, portant
des aiguillons crochus. Fleurs grandes, rosées ou blanches, réunies par 3 en corymbes, rarement solitaires; pédoncules et tube du
calice glabres; divisions du calice pinnatifides, réfléchies après
la floraison, caduques à la maturité. Styles libres, plus courts que
les étamines. Fruit ovale ou globuleux; carpelles sessiles. Les
différences qui existent dans les individus de notre localité, et que
nous venons de signaler, n'étant pas des caractères constants,
nous n'avons pas cru devoir les séparer du *r. trachyphylla*.

Hab. les bois et les buissons à Broussan, à Aulas, près du Vigan. ♄ Fl.
juin.

2. **R. HYBRIDA** *Gaud. in ser. mel.* 1, *p.* 39; *Godr. et Gren.
fl. fr.* 1, *pag.* 553; *R. glandulosa, Bor. fl. cent. p.* 139; *Dec. fl.
fr.* 5, *p.* 539. — Arbrisseau de 10-15 décim., grêle, à aiguillons
écartés, souvent géminés au bas des feuilles, droits, faibles, comprimés, à base allongée, étroite, à rameaux glabres ou très-glan-
duleux. Feuilles à 5-7 folioles, ovales-arrondies ou aiguës, glabres
ou pubescentes, et un peu pâles en dessous, doublement ou tri-
plement dentées, à dents glanduleuses; stipules glanduleuses sur
les bords, à oreillettes divergentes; pétioles souvent pubescents-
glanduleux. Fleurs grandes, rosées, solitaires ou en corymbes
peu fournis; pédoncules et calices hispides-glanduleux; divisions
du calice pinnatifides ou entières, terminées par un appendice
foliacé, réfléchies, après la floraison. Styles libres, courts, glabres
ou velus. Fruit arrondi droit.

Hab. les bois à Alais, à la Chartreuse de Valbonne. ♄ Fl. juin.

3. **R. PIMPINELLIFOLIA** *Dec. prod.* 2, *p.* 608; *Godr. et Gren.
fl. fr.* 1, *p.* 553. —Arbrisseau de 5-10 décim., à tiges rougeâtres,
très-rameuses, à aiguillons rares ou très-nombreux, très-inégaux,
grêles, subulés ou sétacés, droits, rarement courbés, lorsqu'ils
sont peu nombreux. Feuilles à 5-11 folioles, petites, arrondies
ou ovales, pâles en dessous, glabres ou glanduleuses, simplement
dentées, à dents non glanduleuses; stipules étroites, semblables,
à oreillettes divergentes, celles des feuilles florales quelquefois un
peu plus larges. Fleurs blanches ou roses, à onglet jaune,
odorantes, solitaires le long des rameaux; les terminales souvent
rapprochées; pédoncules dressés, glabres ou hispides. Calice à
tube glabre, à sépales entiers, lancéolés-acuminés, persistants,
réfléchis après la floraison, redressés à la maturité, plus courts
que la corolle. Styles libres, velus, plus courts que les étamines.
Fruit globuleux-déprimé, coriace, d'un rouge noirâtre à la
maturité.

Var. B, *Intermedia Godr. et Gren. fl. fr.* 1, *p.* 554; *R. pim-
pinellæfolia Lin. sp.* 703; *Red. ros.* 1, *p.* 83 et 85, *ic.; Clus.*

hist. p. 116 , *fig.* 1 , 2. Aiguillons très-nombreux ; pédoncules glabres.

Var. C, *Spinosissima Godr. et Gren. fl. fr.* 1, *p.* 554 ; *R. spinosissima Lin. sp.* 705 ; *Red. ros.* 1, *p.* 102, *ic.* Aiguillons très-nombreux, pédoncules hispides.

Var. D, *Adenophora Godr. et Gren. fl. fr.* 1 , *p.* 554 ; *R. myriacantha Dec. fl. fr.* 4, *p.* 439 ; *Red. ros.* 3, *p.* 11, *ic.* Feuilles très-glanduleuses en dessous et sur les dents ; pédoncules et calices très-hispides glanduleux.

Var. E, *Aigualensis nob.* Arbrisseau très-peu élevé, tout glabre, à aiguillons rares ; les supérieurs droits, les inférieurs *recourbés ;* sépales *réfléchis.*

Hab. les lieux arides : la var. A, aux environs du Vigan : la var. B, dans les bois de St-Nicolas et du Serre-de-Bouquet ; la var. C, à Campestre ; la var. D, à Manduel ; la var. E, à l'Aigual. ♄ Fl. juin.

4. **ARVENSIS** *Huds. angl. ed.* 2, *p.* 219 ; *Dec. fl. fr.* 4, *p.* 438 ; *Red. ros.* 1 , *p.* 89, *ic; J. Bauh.* 2, *p.* 44, *fig.* 1. — Arbrisseau de 1-2 mètres, à rameaux allongés, arqués. Aiguillons disséminés, plus ou moins robustes, courbés, élargis et comprimés à la base, presque égaux. Feuilles à 5-7 folioles, glabres, pâles en dessous, ovales, oblongues, ou arrondies, simplement dentées, à dents larges, mucronulées, non glanduleuses ; stipules oblongues-étroites, à oreillettes acuminées, non divergentes. Fleurs blanches, solitaires ou en corymbes ; sépales courts, ovales-lancéolés, entiers ou légèrement incisés, réfléchis après la floraison, caducs à la maturité ; pédoncules glabres ou hispides. Styles soudés en colonne *étroite, glabre,* presque de la longueur des étamines. Fruit oblong ou globuleux, rouge à la maturité.

Var. A, *Prostrata ; R. prostrata Dec. cat. h. monspel. p.* 138 *et fl. fr.* 5, *p.* 536. Tiges étalées sur le sol.

Var. B, *Bracteata Godr. et Gren. fl. fr.* 1, *p.* 555. *R. Bibracteata Dec. fl. fr.* 5, *p.* 537. Tiges dressées ; pédoncules nombreux, en corymbe violacé, muni à la base de plusieurs bractées larges.

Hab. le long des bois à Alais, à Cavillargues (Gonnet) ; la var. B, contre les rochers à Aulas, près du Vigan (Dioméde). ♄ Fl. juin.

5. **R. SEMPERVIRENS** *Lin. sp.* 704 ; *Dec. fl. fr.* 4, *p.* 446, *et* 5 , *p.* 533 ; *Red. ros.* 2 , *p.* 15 *ic.; Dill. Elth. t.* 246, *fig.* 318. — Arbrisseau de 1-2 mètres, grimpant à l'appui des arbres et des buissons, à rameaux allongés, arqués, glabres, à aiguillons disséminés, blanchâtres, très-forts, recourbés, dilatés et comprimés à la base. Feuilles *persistantes,* à 5-7 folioles d'un vert *foncé, luisant sur les 2 faces,* quelquefois un peu pâle à la face inférieure, coriaces, glabres, ovales-lancéolées, acuminées, dentées

en scie, à dents petites, mucronulées, *non glanduleuses ;* stipules assez amples, dentées, à oreillettes dressées ; pétiole commun, armé de petits aiguillons courbés. Fleurs moyennes, blanches, odorantes, disposées en corymbe terminal ; pédicelles et calices glanduleux, réunis presque en ombelle au sommet des pédoncules ; munis, à leur base, de bractées ovales-lancéolées, acuminées, glanduleuses sur les bords. Sépales ovales, brièvement acuminés, réfléchis, non persistants, beaucoup plus courts que la corolle. Styles soudés en colonne *hérissée*, un peu plus courte que les étamines. Fruit ovale ou globuleux, glabre ou glanduleux, dressé.

Var. B, *Microphylla* Dec. cat. h. monsp. p. 138, *et fl. fr. 5*, p. 533. Tiges couchées, à folioles 3-4 fois plus petites que dans la var. A, à pédoncules ord[t] solitaires.

Hab. les haies au bord du Gardon, le long des bois à Alais, Anduze, St-Ambroix, Alzon, le Vigan, Uzès, Manduel ; la var. B, Manduel, Pouls. ♄ Fl. juin.

6. **R. STYLOSA** *Desv. journ.* 1809, 2, *p.* 317, *et* 1813, *p.* 113, *t.* 14 ; *Dec. fl. fr. 5*, *p.* 536. — Arbrisseau de 8-12 décim., à rameaux dressés, à aiguillons assez robustes, presque droits, à base peu dilatée et peu comprimée. Feuilles à 5-7 folioles ovales-arrondies ou aiguës, simplement dentées, non glanduleuses, à dents aiguës, d'un vert pâle, un peu plus clair en dessous, pubescentes sur la surface inférieure ; stipules inférieures étroites ; les supérieures des rameaux fleuris plus larges, oreillettes dressées ; pétiole commun pubescent, muni de petits aiguillons. Fleurs blanches à onglet jaunâtre, odorantes-musquées, solitaires ou en corymbe ; pédoncules glabres ou hispides. Sépales légèrement pinnatifides, à appendice foliacé, réfléchis, non persistants, de la longueur des pétales. Styles soudés en *colonne glabre*, plus ou moins allongée. Fruit dressé ovale-oblong, glabre, rouge à la maturité.

Hab. les haies et le bord des bois dans tout le département. ♄ Fl. juin.

7. **R. ALPINA** *Lin. sp.* 703 ; *Dec. fl. fr. 4, p.* 446 ; *Red. ros. 2*, *p.* 111, *ic. ; J. Bauh. 2, p.* 39, *fig.* 2. — Arbrisseau de 6-10 décim. à tiges rougeâtres, à aiguillons très-rares, plus nombreux ou manquant entièrement sur les jeunes rameaux, droits ou légèrement penchés, presque pas comprimés ; à rameaux nombreux, dressés, peu allongés, un peu rougeâtres au sommet. Feuilles à 7-9, quelquefois 11 folioles, d'un vert clair, plus pâles en dessous, glabres, ovales, doublement dentées en scie, à dents *acuminées-glanduleuses ;* stipules des rameaux florifères cunéiformes, à oreillettes dilatées au sommet, ciliées-glanduleuses ; pétiole commun, hispide-glanduleux ou glabre. Fleurs d'un rose décidé, solitaires, rarement géminées ; sépales entiers, persistants, dres-

sés, souvent rougâtres avec une bordure blanchâtre, lancéolés, terminés par un appendice foliacé, souvent plus long que la corolle; pédoncules glabres ou hérissés-glanduleux, souvent munis d'une bractée à la base, recourbés avant la floraison, dressés pendant l'épanouissement, recourbés à la maturité. Fruit subglobuleux ou oblong, rouge à la maturité.

VAR. A, *Nuda* Godr. *et Gren. fl. fr.* 1, *p.* 556. Arbrisseau entièrement glabre.

VAR. C, *Intermedia* Godr. *et Gren. l. c.* Pédoncules hérissés-glanduleux; tube du calice glabre.

VAR. D, *Pyrenaica*, *R. pyrenaica* Guan *ill.* 31, *t.* 19; Dec. *fl. fr.* 4, *p.* 446. Pédoncules et tube du calice hispides-glanduleux. Fruit ovale ou oblong.

Hab. le bord des bois à l'Esperou, sur la Lozère, commune de Concoule ♃ Fl. juin.

8. R. RUBRIFOLIA *Vill. dauph.* 3, *p.* 549; *Dec. fl. fr.* 4, *p.* 445; *Red. ros.* 1, *p.* 31, *ic.* — Arbrisseau de 2-3 mètres, plus ou moins *rougeâtre dans toutes ses parties*, recouvertes d'une poussière glauque, à aiguillons disséminés, dilatés et comprimés à la base, légèrement courbés-arqués, à rameaux dressés ou étalés, glabres. Feuilles à 5-7 folioles ovales ou oblongues, obtuses ou aiguës, glabres sur les deux faces, minces, simplement dentées, à dents très-aiguës, dirigées vers leur sommet; stipules supérieures des rameaux florifères oblongues, très-amples; les inférieures moins, à oreillettes divergentes; pétiole commun, glabre, armé de petits aiguillons recourbés. Fleurs assez grandes, rouges, en *corymbe* ou rarement solitaires. Sépales entiers ou légèrement pinnatifides, glabres ou hispides-glanduleux, terminés par un appendice foliacé, plus long que la fleur, non persistante; pédoncules dressés, courts, glabres, rarement hispides-glanduleux. Styles courts, libres, hérissés. Fruit globuleux, rouge à la maturité.

Hab. au bord de la grotte de *Brama-Biaou*, près de Camprieux, dans le bois de Longues-Feuilles, à Concoule et probablement sur toute la chaîne de l'Esperou. ♃ Fl. juin.

9. R. CANINA *Lin. sp.* 704. — Arbrisseau de 1-3 mètres, très-rameux, à rameaux dressés ou étalés, à aiguillons des anciennes tiges robustes, dilatés et comprimés à la base, à pointe recourbée. Feuilles à 5-7 folioles ovales, oblongues ou arrondies, souvent acuminées, raides, glabres ou pubescentes, simplement ou doublement dentées, à dents étroites-acuminées, quelquefois un peu glanduleuses; stipules supérieures dilatées, acuminées, dressées; pétiole commun, glabre ou pubescent, armé de petits aiguillons recourbés. Fleurs odorantes, roses ou blanches, solitaires ou plus rarement en corymbe. Sépales pinnatifides, de la longueur de la corolle ou la dépassant, réfléchis après la floraison, caducs à la maturité, terminés par un appendice foliacé. Pédoncules et calices glabres ou hispides-glanduleux. Styles libres, courts, hérissés. Fruit ovale ou subglobuleux, dressé, d'un beau rouge à la maturité.

Ce rosier est connu sous le nom vulgaire d'églantier, de kinorrodon.

Var. A, *Vulgaris*. Pédoncule, tube du calice et feuilles glabres, folioles d'un vert luisant. *R. nitens. Desv. journ.* 1813, *p.* 114.

Var. B, *Dumetorum*. Pédoncule et tube du calice glabres, pétioles pubescents, folioles pubescentes en dessous ou sur les deux faces. *R. collina Dec. fl. fr.* 4, *p.* 441.

Hab.: la var. A, dans les bois à Concoule ; la var. B, dans tout le département. ♄ Fl. juin–juillet.

10. **R. TOMENTOSA** *Smith, fl. brit.* 2, *p.* 539 ; *Dec. fl. fr.* 4, *p.* 440 ; *Red. ros.* 2, *p.* 39 *et* 3, *p.* 63, *ic.* — Arbrisseau de 1-2 mètres ; rameaux dressés ou étalés, à aiguillons des anciennes tiges cylindriques-subulés, droits horizontaux, très-peu dilatés à leur base, quelquefois très-robustes, recourbés, comprimés et très-dilatés à leur base. Feuilles à 5-7 folioles ovales ou oblongues, obtuses ou aiguës, doublement dentées, grisâtres-tomenteuses sur les deux faces, souvent moins en dessus, quelquefois glanduleuses en dessous ; stipules supérieures dilatées, acuminées, dressées, tomenteuses, ainsi que le pétiole commun. Fleurs roses plus ou moins foncées, solitaires ou en corymbes pauciflores. Sépales pinnatifides, réfléchis, *caducs* à la maturité, terminés par un appendice foliacé peu allongé. Pédoncule et tube du calice hispides-glanduleux. Fruit ovale, orangé, coriace et *dressé à la maturité*.

Hab. les haies et le bord des ruisseaux à St-Sauveur, à Concoule. ♄ Fl. juin.

11. **R. RUBIGINOSA** *Lin. mant.* 564 ; *Dec. fl. fr.* 4, *p.* 445 ; *Red. ros.* 1, *p.* 93 ; 2, *p.* 23 ; 3, *p.* 95 ; *Jacq. fl. aust. t.* 50. — Arbrisseau de 1-2 mètres, très-rameux, touffu, à rameaux étalés, souvent rougeâtre au sommet, à aiguillons des anciennes tiges *robustes*, dilatés et comprimés à la base, recourbés, souvent mêlés avec d'autres plus courts et moins forts, presque droits. Feuilles à 5-7 folioles ovales ou arrondies, glabres ou pubescentes, couvertes inférieurement de glandes rougeâtres qui lui font exhaler, par le froissement, une odeur pénétrante de pomme de reinette, doublement dentées, à dents aiguës, ouvertes, ciliées-glanduleuses ; stipules planes, ciliées-glanduleuses, à oreillettes dressées ; pétiole commun hérissé-glanduleux, armé de petits aiguillons droits ou peu recourbés. Fleurs odorantes, d'un rose vif, solitaires ou en corymbe. Sépales pinnatifides, réfléchis, caducs avant la maturité, de la longueur de la

corolle ; pédoncules plus ou moins hispides-glanduleux. Styles libres, courts. Fruit ovale ou elliptique, dressé, lisse, d'un beau rouge à la maturité.

VAR. *B. sepium* Godr. et Gren. *fl. fr.* 1, *p.* 560 ; *R. sepium* Dec. *fl. fr.* 5, *p.* 538. — Pédoncule et tube du calice glabres ; feuilles aiguës atténuées à la base.

Hab. les bois et les bords des chemins dans tout le département. ♃ Fl. juin-juillet.

En général, tous les rosiers sauvages du département, mais plus particulièrement celui-ci, portent le nom vulgaire d'*églantier*, en patois *galancié*, *grala-quiou*. Les fleurs de cette espèce sont purgatives : leur sirop et la conserve qu'on prépare avec ses fruits sont astringents. Les excroissances, couvertes par des filaments touffus, roux, allongés, que l'on trouve souvent sur ses branches et qu'on désigne sous le nom de bedegar, proviennent de la piqûre d'un insecte. Elles sont employées contre les goitres et sont en outre détersives et apéritives.

Le rosier est cultivé fréquemment, comme ornement, sous de nombreuses espèces ou variétés, parmi lesquelles nous citerons le *R. centifolia* (vulg. rosier à cent feuilles), *R. muscosa* (R. mousseuse), *R. pomponia* R. pompon), *R. damascena* (R. de tous les mois), *R. indica* (R. du Bengale), etc.

8ᵐᵉ gʳᵉ AIGREMOINE. — AGRIMONIA. (Lin. gen. 607.)

Fleurs hermaphrodites. Calice turbiné à 5 lobes persistants, resserrés, dressés après la floraison, à tube herbacé, endurci à la maturité, *sillonné*, hérissé, au sommet, *d'épines inégales, subulées, crochues*, persistantes. 5 pétales. 12-20 étamines, insérées avec les pétales sur le bord resserré de la gorge du calice. 2 ovaires à style terminal. 1-2 carpelles renfermés dans le tube du calice, monospermes, indéhiscents ; graines subcylindriques, ou planes du côté adhérent lorsqu'elles sont géminées. Plantes vivaces, herbacées, à feuilles alternes ailées avec impaire, interrompues, à stipules adhérentes à la base du pétiole, à fleurs jaunes, en épi long et étroit, terminal, munies de bractées à leur base.

1. | Feuilles tomenteuses en dessous............ .... EUPATORIA.
   | Feuilles pubescentes et glanduleuses en dessous..... ODORATA.

1. **A. EUPATORIA** *Lin. sp.* 643 ; *Dec. fl. fr.* 4, *p.* 450 ; *Lamk. ill. t.* 409, *fig.* 1 ; *Lob. ic.* 692, *fig.* 2. — Racine épaisse, brune, fibreuse. Tiges de 4-6 décim., droites, anguleuses, ordᵗ simples, velues, souvent rougeâtres. Feuilles à 5-9 folioles ovales-oblongues, profondément dentées jusqu'à la base, à dents larges, velues en dessus, cotonneuses-grisâtres en dessous, entremêlées de folioles rudimentaires, entières ou dentées ; stipules foliacées, amples, embrassantes, profondément incisées-dentées. Fleurs jaunes en épi allongé, dense au sommet, lâche à la base. Calice fructifère en cône renversé, *à* 10 *sillons profonds, prolongés jusqu'à la base*, à épines extérieures *très-étalées*, pendant, ne renfermant ordᵗ *qu'un carpelle ;* pédoncule dressé court, articulé

vers son sommet, muni d'une bractée lancéolée à la base et de 2 plus petites, opposées à son articulation. Graines rousses, lisses, déprimées, avec une petite pointe centrale.

Cette plante est vulnéraire, astringente, apéritive, détersive, tonique.

Hab. les haies, les bords des bois et des chemins dans tout le département. ♃ Fl. juin–septembre.

2. **A. ODORATA** *Mill. dict. n° 3 ; Dec. fl. fr. 4, p. 451 ; Barr. ic. 611.* — Cette plante, très-ressemblante avec la précédente, en diffère par sa racine rampante, par ses tiges plus élevées, par ses folioles *pubescentes-glanduleuses* et légèrement cendrées en dessous, *très-odorantes par le froissement*, par le tube du calice renfermant 2 carpelles et dont les sillons sont moins profonds, ne se prolongeant pas jusqu'à la base.

Hab. les prairies et les bords des ruisseaux à Aumessas, près du Vigan. (M. Martin, docteur.) ♃ Fl. juin–juillet.

9ᵐᵉ gʳᵉ. **PIMPRENELLE. — POTERIUM.** (Lin. gen. 1069.)

Fleurs polygames. Calice à 4 sépales caducs, à tube rétréci au sommet et à la base, où il est muni de 2-3 bractéoles, tétragone, plus ou moins réticulé-rugueux, endurci, renfermant 2 carpelles, rarement 3, séparés par des cloisons. Pétales nuls. Étamines 20-30 insérées sur la gorge du calice. Styles 2, rarement 3, terminaux, filiformes ; stigmates pénicillés. Fruit (tube du calice) à 2 graines, rarement à 3. Plantes vivaces, herbacées, à feuilles alternes imparipinnées, à fleurs en épi subglobuleux ou ovale, très-compacte ; fleurs supérieures fertiles ; les inférieures mâles et hermaphrodites.

1.
- Fruits à angles obtus, marginés : les faces à rugosités peu profondes...................... DICTYOCARPUM.
- Fruit à angles portant une crête tranchante : les faces à rugosités profondes denticulées sur les bords.. MURICATUM.
- Fruits à angles portant une crête épaisse : les faces à rugosités profondes obtuses, égalant ou dépassant la crête............................... MAGNOLII.

1. **P. DICTYOCARPUM** *Spach. pot. Ann. soc. nat. 1846 ; Godr. et Gren. fl. fr. 1, p. 562 ; P. sanguisorba Lin. sp. 1411 ; Lamk. ill. t. 777, fig. 1.* — Racine pivotante ou rameuse, à souche courte, dure, brune. Tiges de 2-6 décim., dressées ou étalées, quelquefois couchées sur la terre, rameuses, anguleuses, fistuleuses, glabres ou velues vers la base, à rameaux allongés. Feuilles odorantes à 11-17 folioles pétiolulées, assez petites, ovales-arrondies ou oblongues, cordées ou tronquées à la base, glabres, à dents profondes, larges, la supérieure plus petite, glauques inférieurement. Fleurs herbacées ; les mâles à étamines beaucoup plus longues que les sépales, droites, puis pendantes. Sépales

étalés, oblongs, obtus, souvent bordés de rouge. Styles rougeâtres, de la longueur des sépales. Fruits (tube du calice) presque sessiles, tétragones, atténués aux deux extrémités, à angles obtus, *marginés sur les bords*, à faces *plus ou moins rugueuses ;* graines pyriformes.

Hab. les champs cultivés, les prés et les bois dans tout le département. ♃ Fl. mai-septembre.

2. **P. muricatum** *Spach. pot. Ann. soc. nat.* 1846 *, p.* 36 ; *Godr. et Gren., fl. fr.* 1*, p.* 563 ; *P. sanguisorba. Lin. sp.* 1411. —Fruit (tube du calice) tétragone, atténué aux deux extrémités, à angles portant une crête tranchante, entière, rarement denticulée ; à faces couvertes de *rugosités profondes, denticulées sur les bords dépassés par les crêtes.* Le reste comme la précédente.

Hab. les mêmes lieux dans tout le département, comme la précédente. ♃ Fl. mai-septembre.

3. **P. Magnolii** *Spach, pot. Ann. soc. nat.* 1846 *, p.* 38 ; *Godr. et Gren. fl. fr.* 1*, p.* 563 ; *Magn. bot. Monspell., p.* 205*, Subpimpinella.* — Fruit (tube du calice) tétragone, atténué aux deux extrémités, à angles portant une *crête épaisse*, profondément crénelée, à faces couvertes de tubercules épais, obtus, tronqués, souvent percés au sommet, égalant ou dépassant les crêtes. Le reste comme les deux précédentes.

Hab. les champs cultivés et les terrains arides aux environs de Nîmes, de Villeneuve-lez-Avignon, Fournès, bois de Cygnan, de Broussan, de Campagne, près Nîmes. ♃ Fl. mai-septembre.

La primprenelle est connue, dans le pays, sous le nom patois de *pimpanella*. Elle est cultivée dans les jardins pour assaisonner la salade et la rendre agréable au goût. Elle passe pour vulnéraire, astringente, et est considérée comme un bon fourrage pour les bœufs et les brebis : elle répugne aux chevaux à cause de son amertume trop forte.

10ᵐᵉ gʳᵉ. **SANGUISORBE. — SANGUISORBA.** (Lin. gen. 146.)

Fleurs hermaphrodites. Calice à 4 sépales colorés, caducs, à tube tétragone, à angles ailés vers le sommet, atténué à la base, où il est muni de 2-3 bractéoles. Pétales nuls. Etamines 4, opposées aux sépales et insérées sur la gorge du calice. Style solitaire terminal ; stigmate en tête, papilleux ou brièvement pectiné. Carpelle unique, renfermé dans le tube du calice endurci en forme de capsule. Graines pyriformes. Plante vivace, herbacée, à feuilles alternes, imparipinnées, à fleurs disposées en épi très-compacte, ovale ou oblong.

1. **S. officinalis** *Lin. sp.* 169 ; *Dec. fl. fr.* 4*, p.* 450 ; *Lamk. ill. t.* 85 ; *Dod. pempt. p.* 105*, fig.* 2. — Racine noirâtre, rampante, à souche épaisse, dure, rameuse. Tiges de 3-7 décim., droites ou ascendantes, raides, un peu anguleuses, peu feuillées

et rameuses supérieurement, glabres. Feuilles glabres, à 7-13 folioles, coriaces, d'un vert luisant en dessus, glauques en dessous, oblongues, cordiformes, pétiolulées, régulièrement dentées, quelquefois munies à leur base de 2 stipelles; stipules foliacées. Fleurs d'un pourpre foncé, en épi à l'extrémité de pédoncules allongés. Bractées linéaires-aiguës, de la longueur des fleurs ou les dépassant. Calice à sépales oblongs. Étamines égales aux sépales. Fruit (tube du calice) lisse sur les faces.

Cette plante a les mêmes vertus que la pimprenelle.

Hab. les prairies humides et tourbeuses, au Caylar, à Candilhac, près Nimes, à Concoule, à l'Esperou, au Vigan. ♃ Fl. juin–septembre.

11me g^{re}. **ALCHIMILLE. — ALCHEMILLA.** (Tournef. inst. t. 289.)

Fleurs hermaphrodites. Calice tubuleux, contracté au sommet, divisé en 4 lobes intérieurs et 4 extérieurs plus petits, soudés avec le tube du calice, alternant avec les intérieurs. Pétales nuls. Étamines 1-4 insérées sur le calice. Style court inséré à la base du carpelle; stigmate en tête. Carpelles 1-2 renfermés dans le tube du calice persistant. Graines pyriformes. Plantes annuelles ou vivaces, herbacées, à feuilles palmatilobées, à fleurs en corymbes terminaux ou axillaires, ou en fascicules sessiles.

1. { Fleurs en fascicules sessiles, opposés aux feuilles...... **ARVENSIS.**
   { Fleurs en corymbes terminaux ou latéraux............. 2.

2. { Feuilles argentées-soyeuses en dessous, à lobes très-
   {   profonds.. **ALPINA.**
   { Feuilles vertes sur les deux faces, à lobes peu profonds **VULGARIS.**

1. **A. ALPINA** *Lin. sp.* 179, *var. A.; Dec. fl. fr.* 4, *p.* 452; *Camer. epit. p.* 909, *ic.* — Racine assez grosse, d'un brun rougeâtre, à souche épaisse, presque ligneuse, brune. Tiges nombreuses, droites, ascendantes ou étalées, simples ou peu rameuses supérieurement, pubescentes. Feuilles radicales longuement pétiolées, à 5-7 lobes très-distincts, disposés en forme de digitation, ovales-oblongs, atténués à la base, dentés au sommet, verts en dessus, couverts en dessous de poils abondants couchés, argentés, soyeux; les caulinaires presque sessiles; stipules tubuleuses. Fleurs herbacées brièvement pédicellées, petites, nombreuses, disposées *par petits corymbes* sessiles ou presque sessiles, *étagés aux extrémités des tiges et des rameaux et formant un épi interrompu* Lobes intérieurs du calice *beaucoup plus longs et plus larges que les lobes extérieurs.*

Hab. les pacages de l'Aigual et de toute la chaîne de l'Esperou, de la Lozère, commune de Concoule. ♃ Fl. juin–août.

2. **A. VULGARIS** *Lin. sp.* 178; *Dec. fl. fr.* 4, *p.* 451; *Lamk. ill. t.* 86, *fig.* 1. — Racine grosse, brune, profonde, garnie de fibres, à souche brune, épaisse, presque ligneuse. Tiges de 1-3

décim., grêles, cylindriques, dressées ou ascendantes, rameuses,
glabres ou velues ainsi que les pétioles, à poils étalés. Feuilles
glabres ou pubescentes, nerveuses en dessous, plissées, *réniformes*,
à 5-9 lobes, arrondis supérieurement, peu profonds, dentés, à
dents ovales, mucronulées, bordées de poils courts ; les radicales
à pétioles très-allongés ; les caulinaires presque sessiles. Stipules
vaginales ; les inférieures scarieuses, entières ; les supérieures
foliacées, dentées, à tube court, évasé. Fleurs d'un jaune verdâtre, petites, disposées en petits corymbes, au sommet des tiges
et des rameaux. Lobes intérieurs du calice ovales, presque égaux
avec les extérieurs ; tube campanulé un peu hérissé, à 8 nervures
longitudinales.

Cette plante, connue vulg* sous le nom de *pied-de-lion*, est vulnéraire et
astringente.

Var. B, *Subsericea Godr. et Gren. fl. fr.* 1, *p.* 565 ; *A. vulgaris,
var. B.; Hybrida Dec. fl. fr.* 4, *p.* 451. — Feuilles couvertes de
poils soyeux.

Hab. les pacages et les bois au Vigan, à l'Esperou, Alzon. ♃ Fl. mai-août.

3. **A. arvensis** *Scop. carn.* 1, *p.* 115 ; *Dec. fl. fr.* 4, *p.* 453 ;
Aphanes arvensis Lin. sp. 179 ; *Lamk. ill. t.* 87 ; *col. ecphr.* 1,
t. 146. — Racine grêle, fibreuse, brune ou rougeâtre. Tiges
nombreuses, de 6-15 décim., ascendantes ou étalées, simples ou
rameuses, pubescentes, feuillées jusqu'au sommet. Feuilles pubescentes atténuées en pétiole court, divisées en 3 lobes cunéiformes,
divisés en 3-5 segments ; les radicales desséchées ou manquant
lors de la floraison ; stipules foliacées, incisées, en tube embrassant
le fascicule de fleurs. Fleurs très-petites, verdâtres, réunies en
glomérules sessiles, opposés aux feuilles, alternes jusqu'au sommet des tiges. Calice à lobes intérieurs ovales, les extérieurs ne
formant que de très-petites dents ; à tube court, évasé, hérissé.
Graines brunes, pyriformes, comprimées.

Hab. les champs cultivés ou incultes, sur les vieux murs, dans tout le
département. ① Fl. mai-juillet.

XXXVIIe Fam. **POMACÉES.**

Pomaceæ. (Barthl. ord. p. 399 : Rosacearum trib. 1. Juss. gen. 334.)

Fleurs hermaphrodites régulières. Calice à tube campanulé ou
urcéolé, charnu à la maturité, à 5 sépales soudés à leur base,
en tube adhérent à l'ovaire, persistants ou caducs. Corolle à 5
pétales caducs, imbriqués dans le bouton, insérés avec les
étamines à la gorge du calice. Étamines 20-30 libres. Ovaire à
2-5 loges, bi-polyspermes. Styles 5 ou moins par avortement,
libres ou soudés à leur base ; stigmate simple. Fruit charnu ou
pulpeux, couronné par le calice ou par la cicatrice qui est restée

après sa chute, à 5 loges ou moins par avortement, monospermes ou bispermes, rarement polyspermes. Endocarpe membraneux ou cartilagineux, s'entr'ouvrant du côté interne, ou bien osseux, partagé en loges indéhiscentes, séparées à la maturité (nucules). Graines ascendantes. Arbres ou arbrisseaux inermes ou rarement épineux, à bourgeons écailleux, à feuilles éparses ou fasciculées, simples ou rarement ailées, à stipules libres, souvent caduques, à fleurs en grappes peu fournies, en corymbes ou en forme d'ombelle. Fruit souvent édule.

1. { Fruit à noyaux............. .... 2.
{ Fruit à pepins............................... 4.

2. { Sépales foliacés: fleurs solitaires........ 1er gre. **MESPILUS.**
{ Sépales courts. fleurs en corymbes............. 3.

3. { Noyaux du fruit saillants au-dessus du
{   disque............................... 3e gre. **COTONEASTER.**
{ Noyaux du fruit non saillants............. 2e gre. **CRATAEGUS.**

4. { Fruit cotonneux à 10-15 graines dans chaque
{   loge............................. 4e gre. **CYDONIA.**
{ Fruit glabre au moins à la maturité, à 1-2
{   graines dans chaque loge.................. 5.

5. { Pétales lancéolés-allongés: fruit d'un noir
{   bleuâtre à la maturité................ 7e gre. **AMELANCHIER.**
{ Pétales arrondis: fruit rougeâtre, rouge ou
{   jaunâtre à la maturité.................... 6.

6. { Fleurs en corymbe rameux multiflore..... 6e gre. **SORBUS.**
{ Fleurs fasciculées, ombelliformes........ 5e gre. **PYRUS.**

1er gre. NÉFLIER. — MESPILUS. (Lin. 625 en partie.)

Calice à 5 sépales foliacés, persistants. Pétales 5 arrondis. Styles 5 libres. Fruit arrondi-déprimé, couronné par les sépales *accrus, connivents,* à sinus arrondis autour d'un disque ombiliqué, aussi large que sa surface, à 5 loges convexes extérieurement, contenant chacune un noyau monosperme, très-dur. Arbre ou arbrisseau épineux, à fleurs solitaires, à feuilles entières.

1. **M. GERMANICA** *Lin. sp.* 684; *Dec. fl. fr. 4, p.* 434; *Lamk. ill. t.* 435, *fig.* 1; *Dod. pempt. p.* 801, *fig.* 1.—Arbre médiocre ou arbrisseau tortueux, à rameaux un peu épineux, pubescents dans leur jeunesse. Feuilles velues en dessous, oblongues-obtuses ou un peu acuminées, finement denticulées, à pétiole court; stipules caduques. Fleurs grandes, blanches, solitaires, terminales, brièvement pédonculées, à bractées linéaires persistantes. Calice tomenteux à la floraison, à sépales plus longs que le tube, égalant ou dépassant les pétales concaves un peu ondulés. Fruit gros, d'un brun rougeâtre, pubescent, charnu, très-âpre, pulpeux à la maturité, édule, connu sous le nom de *nèfle;* il est un peu astringent.

Hab. les bois à leuzet, au Serre-de-Bouquet, à l'Esperou, au Vigan. ♄ Fl. mai : fr. septembre.

2me g^{re}. ALISIER. — CRATÆGUS. (Lin. gen. 622.)

Calice persistant, à 5 sépales courts, étalés ou réfléchis sur le fruit, à tube urcéolé. Pétales 5 orbiculaires, ouverts. Styles 1-5. Fruit pulpeux, ovale ou subglobuleux, couronné par les lobes du calice, ombiliqué au centre d'un disque rétréci, à 1-5 loges renfermant chacune un noyau osseux monosperme.

1.	Feuilles et jeunes rameaux glabres; fruit de la grosseur d'un pois....................	2.
	Feuilles pubescentes, jeunes rameaux velus-tomenteux: fruit 2-3 fois plus gros qu'un pois........	AZAROLUS.
2.	Fruit à 2-3 noyaux......................	OXYACANTHA
	Fruit à un seul noyau....................	MONOGYNA.

1. **C. OXYACANTHA** *Lin. sp.* 683; *Mespilus oxyacanthoides Dec. fl. fr. 4, p. 433; Jacq. austr. t. 292, fig. 2.* — Arbrisseau touffu, très-épineux, rarement arbre. Feuilles pétiolées, glabres, pubescentes sur les bords, raides, d'un vert luisant en dessus, souvent glauques en dessous, obovales, cunéiformes, à 3-7 lobes plus ou moins profonds, dentés ou incisés supérieurement; pétioles pubescents; stipules foliacées, dressées, en forme de faux, fortement dentées extérieurement, entières sur les rameaux fleuris. Fleurs blanches, odorantes, quelquefois rosées, pédicellées, disposées en corymbes rameux, latéraux, à bractées caduques; pédoncules glabres. Sépales ovales-aigus, *glabres*, très-étalés. Pétales arrondis, concaves, brièvement et brusquement onguiculés. Styles 2-3. Fruit mûr de la grosseur d'un pois, subglobuleux, d'un rouge plus ou moins foncé, farineux-pulpeux, d'une saveur fade, renfermant 2-3 noyaux.

Cet arbrisseau, connu sous le nom vulgaire d'*aubépine*, en patois, de *peirélié, d'aubrespin*, est employé pour former des haies.

Hab. les bords des fossés, des bois et des chemins dans tout le département ♄ Fl. mai, fr. septembre-octobre.

2. **C. MONOGYNA** *Jacq. austr. t. 292, fig. 1; Mespilus oxyacantha Dec. fl. fr. 4, p. 433.* — Cet arbrisseau a l'aspect et le port du précédent; il en diffère par ses feuilles à lobes plus nombreux, plus profonds et plus aigus, par ses calices pubescents, à sépales lancéolés-acuminés, réfléchis sur le fruit qui ne renferme *qu'un seul noyau*, et par sa floraison, qui a lieu quinze jours plus tard.

Hab. les mêmes lieux et porte les mêmes noms vulgaires que le précédent. ♄ Fl. avril.

3. **C. AZAROLUS** *Lin. sp.* 683; *Mespilus azarolus Dec. fl. fr. 4, p. 434; J. Bauh. hist. 1, p. 67.* — Arbrisseau ou arbre de 6-7 mètres, à écorce grisâtre, à branches peu épineuses, irrégulières, à rameaux jeunes *velus-cotonneux*. Feuilles pétiolées, *pubescentes*, cotonneuses à la base du pétiole, cunéiformes élargies au sommet, à 3-5 lobes profonds, entiers, ou à 1-3 dents au

sommet. Fleurs blanches en corymbes rameux latéraux et terminaux. Calices et pédoncules *cotonneux*. Sépales triangulaires-
aigus, réfléchis sur le fruit. Pétales ovales-arrondis, concaves
brusquement et brièvement onguiculés. Styles 1-2. Fruits mûrs
rouges ou jaunâtres, pulpeux, d'une saveur acidulée très-agréable,
ovales, 2-3 fois plus gros qu'un pois, à 1-2 noyaux.

Le fruit de cet arbre est connu sous le nom vulgaire d'*azerole*, en patois,
rougeirola, poumella de dous classes. Il est édule : on le vend publiquement
dans les marchés, où il est recherché pour en faire une confiture très-
agréable.

Hab. les bois aux environs de Nîmes, notamment à Vaqueirole. ♄ Fl. mai,
fr septembre.

3ᵐᵉ gʳᵉ. **COTONEASTER. — COTONEASTER.** (Medik. Dec. prod. 2.
p. 632.)

Fleurs souvent polygames. Calice turbiné, à 5 sépales courts,
dressés. Pétales 5, droits. Étamines de la longueur des sépales.
Styles 2-5 courts. Fruit charnu turbiné, contenant 2-5 noyaux
osseux, adhérents entre eux, saillants, à nu, au-dessus du tube
du calice. Arbrisseaux inermes ou épineux, à feuilles entières
ou crénelées, à fleurs en corymbe, solitaires ou ternées.

1. | Fleurs à 5 styles, arbrisseau épineux............. **PYRACANTHA**.
   | Fleurs à 2-3 styles, arbrisseau inerme............ 2.
2. | Calices et pédoncules glabres.................... **VULGARIS**.
   | Calices et pédoncules cotonneux.................. **TOMENTOSA**.

1. **C. PYRACANTHA** *Spach hist. veg. phan.* 2, *p.* 73 ; *Godr.
et Gren. fl. fr.* 1, *p.* 568 ; *Mespilus pyracantha Lin. sp.* 685 ;
Dec. fl. fr. 4, *p.* 434 ; *Barr. ic.* 874. — Arbrisseau de 1-1 1/2
mètre, épineux, à écorce d'un brun rougeâtre, à rameaux nombreux, rapprochés en buisson. Feuilles ovales ou lancéolées, à
pétiole court, crénelées, persistantes, coriaces, luisantes en
dessus, pâles, nerveuses en dessous et quelquefois pubescentes,
surtout dans leur jeunesse. Fleurs blanches en corymbes rameux,
très-rapprochés, terminaux et latéraux. Calice turbiné, à sépales
obtus, velu ainsi que les pédoncules et les pédicelles. Pétales
arrondis, concaves, entiers, plus longs que les sépales et de la
longueur des étamines. Styles 5. Fruit globuleux dressé, d'un
rouge vif à la maturité, couronné par les sépales, contenant 5
noyaux.

Cet arbrisseau, connu sous le nom de buisson ardent, est fréquemment
cultivé pour agrément.

Hab. spontané dans les bois et les haies à St-Jean-du-Pin, près d'Alais,
à Bouquet. ♄ Fl. mai, fr. septembre.

2. **C. VULGARIS** *Lindl. trans. linn. soc.* 13, *p.* 101 ; *Mespilus
cotoneaster Lin. sp.* 686 ; *Dec. fl. fr.* 4, *p.* 435 ; *Clus. hist.* 1,
p. 60, *fig.* 2. — Arbrisseau de 5-6 décim., à écorce d'un brun

rougeâtre, non épineux, tortueux. Feuilles ovales un peu aiguës, arrondies à la base, très-entières, vertes, glabres en dessus, lâchement tomenteuses-blanchâtres en dessous, à pétiole court. Fleurs d'un blanc verdâtre, solitaires, géminées ou rarement ternées, axillaires, à pédoncule plus court que la feuille, *un peu pubescent*, dressé puis courbé. Calice *glabre*, à sépales larges, obtus, munis d'une petite bractée rouge à la base. Pétales ovales, concaves, dépassant peu les sépales. Styles ord.^t 3. Fruits ovales ou globuleux, de la grosseur d'un pois, *glabres*, d'un rouge sombre, réfléchis à la maturité, contenant 3 noyaux.

Hab. contre les rochers à l'Aigual, *l'Hort de Dieu*, la Lozère, près Concoule. ♃ Fl. mai–juin, fr. août.

3. C. tomentosa *Lindl. trans. linn. soc.* 13, *p.* 101 ; *Mespilus eriocarpa Dec. fl. fr.* 5 , *p.* 532. — Cet arbrisseau diffère du précédent, auquel il ressemble beaucoup, par son port plus élevé, par ses feuilles plus grandes, pubescentes en dessus, moins blanches en dessous, par *ses calices et pédoncules velus-tomenteux ;* par ses fleurs plus nombreuses, réunies *en corymbes dressés*, et par ses fruits un peu plus gros, *non réfléchis.*

Hab. dans les bois de la Roquette, à Corconne et sur la Lozère, près Concoule. ♃ Fl. mai, fr. août.

4.me g.^{re}. **COIGNASSIER. — CYDONIA.** (Tournef. inst. p. 632, t. 405.)

Calice à 5 sépales foliacés, dentés en scie, réfléchis, persistants; tube campanulé. Pétales 5, ovales-arrondis. Étamines dressées. Styles 5. Fruit charnu, pyriforme, cotonneux, ombiliqué au sommet et surmonté par les sépales accrus, à 5 loges à cloisons cartilagineuses, contenant chacune 10-15 graines mucilagineuses. Arbre ou arbrisseau non épineux, à feuilles entières, à fleurs solitaires.

1. C. vulgaris *Pers. syn.* 2 , *p.* 40 ; *Pyrus cydonia Lin. sp.* 687 ; *Dec. fl. fr.* 4, *p.* 430 ; *Jacq. aust. t.* 342 ; *Lob. ic. p.* 152. — Arbrisseau ou arbre de 4-5 mètres, à écorce brune, à tronc et rameaux tortueux ; les plus jeunes pubescents, rameux dès la base, lorsqu'il croît en haie. Feuilles à pétiole court, ovales ou oblongues, très-entières, arrondies ou légèrement cordiformes à la base, obtuses ou un peu acuminées au sommet, pubescentes en dessus, tomenteuses-blanchâtres en dessous ainsi que les pétioles, les pédoncules et les calices ; stipules membraneuses lancéolées, glanduleuses sur les bords, caduques. Fleurs grandes, blanches et rosées, solitaires, brièvement pédonculées. Calice à sépales ovales-lancéolés aigus, dentés-glanduleux. Pétales oblongs, échancrés, deux fois plus longs que les étamines, cotonneux à l'onglet. Styles cotonneux. Fruit très-gros, couvert d'un coton très-épais dans leur jeunesse, jaune et odorant à la maturité, d'une saveur âpre. Bractées petites, glanduleuses, caduques.

Cet arbre est connu sous le nom patois de *coudounié* : il est souvent employé pour former des haies. Son fruit est astringent, stomachique ; on en fait des confitures et des liqueurs : le mucilage des graines, dissous dans l'eau, est très-adoucissant.

Hab. cultivé dans les jardins et subspontané dans les haies, dans tout le département. ♄ Fl. mai, fr. septembre.

5me g^{re}. POIRIER. — PYRUS. (Lin. gen. 626.)

Calice urcéolé, à 5 sépales. Pétales 5 arrondis. Styles 5. Fruit pyriforme ou subglobuleux, charnu, surmonté par les sépales persistants, à 5 loges, à cloisons cartilagineuses, contenant, chacune, 1-2 graines. Arbres épineux à l'état sauvage, à feuilles simples, à fleurs disposées en bouquets ombelliformes.

1. (Styles soudés à la base : fruits ombiliqués à l'insertion du pédoncule.................... 2.
(Styles libres : fruits non ombiliqués à l'insertion du pédoncule...................... 3.

2. (Pédoncules et calices glabres ou pubescents ; fruits acerbes......................... ACERBA.
(Pédoncules et calices cotonneux ; fruits doux. MALUS.

3. (Pétales glabres sur l'onglet : limbe des feuilles environ de la longueur du pétiole........ COMMUNIS.
(Pétales pubescents sur l'onglet : limbe des feuilles beaucoup plus long que le pétiole... AMYGDALIFORMIS.

1. **P. COMMUNIS** *Lin. sp.* 686 ; *Dec. fl. fr.* 4, *p.* 430 ; *Duh. ed. nouv.* 6, *t.* 59. — Arbre élevé, pyramidal, à écorce lisse et rougeâtre sur les jeunes rameaux, terminés par une épine dans leur vieillesse. Feuilles ovales ou oblongues, finement dentées ou crénelées, un peu plus longues que le pétiole, pubescentes ou cotonneuses en dessous, plus tard glabres, luisantes, coriaces. Fleurs assez grandes, blanches, longuement pédicellées, réunies en faisceaux feuillés à leur base ; pédicelles cotonneux ou glabres ainsi que les calices. Pétales glabres sur l'onglet. Styles libres, un peu pubescents à la base, aussi longs que les étamines. Fruit glabre, petit, sphérique ou atténué vers sa base, très-âpre.

Cette espèce est le type des innombrables variétés qui sont cultivées dans nos jardins, et qui nous fournissent des fruits plus ou moins gros et d'une saveur très-agréable.

Le bois du poirier est rougeâtre, il est employé par les tourneurs et les ébénistes : ses fruits servent à faire une liqueur fermentée, connue sous le nom de poirée.

Var. A, *Achras wallr. sched.* 213. Fruit prolongé sur le pédoncule.

Var. B, *Pyraster wallr. l. c.* Fruit arrondi à la base.

Hab. : la var. A, sur le plateau de Blandas, dans les environs d'Alzon, du Vigan et de Lanuejols ; la var. B, dans les bois, au Serre-de-Bouquet. ♄ Fl. avril-mai, fr. septembre.

2. **P. AMYGDALIFORMIS** *Vill. cat. Strasb.* 322 ; *Dec. fl. fr.* 5, *p.* 531. — Arbre de 3-5 mètres, à écorce cendrée ou un peu rougeâtre, à rameaux courts, épineux. Feuilles oblongues-lancéolées, étroites, obtuses ou aiguës, épaisses, très-entières ou légèrement denticulées, 2-5 *fois plus longues que le pétiole*, pubescentes en dessus, blanchâtres-cotonneuses en dessous, dans leur jeunesse, à la fin glabres ou presque glabres, coriaces. Fleurs blanches en corymbes latéraux et terminaux, composés de 6-12 fleurs à pédicelles cotonneux, 3-4 fois plus longs qu'elles, munies, vers leur base, de bractées caduques. Calice tomenteux. Pétales ovales ou arrondis, *pubescents* sur l'onglet. Styles libres, plus courts que les étamines, laineux à la base. Fruit petit, presque globuleux, plus ou moins prolongé sur le pédoncule, d'une saveur très-acerbe.

Var. B, *Heterophylla. nob.* Rameaux couverts de feuilles finement dentées, simples et *à 3 lobes*, dont le supérieur beaucoup plus grand.

Ce poirier est connu dans le pays sous le nom patois de *perussas*.

Hab. : la var. A, à Alais, St-Ambroix, Anduze, Montfrin, les bois de St-Nicolas, le long du Gardon : la var. B, à Villeneuve-lez-Avignon. ♄ Fl. avril-mai, fr. septembre.

3. **P. MALUS** *Lin. sp.* 686 ; *Dec. prod.* 2, *p.* 635 ; *Godr. et Gren. fl. fr.* 1, *p.* 571. — Arbre de 4-5 mètres, à racine rameuse robuste, à rameaux épineux, à feuilles ovales courtement acuminées, crénelées, 2-3 fois plus longues que le pétiole, tomenteuses-blanchâtres en dessous, au moins dans leur jeunesse. Fleurs blanches, roses en dehors, à pédoncules réunis en ombelle, *tomenteux* ainsi que les calices. Pétales ovales, onguiculés, assez grands. Styles velus et soudés à la base. Fruit plus ou moins gros, globuleux ou un peu déprimé, ombiliqué à la base et au sommet, d'une saveur douce.

Cette espèce est le type des nombreuses variétés que l'on cultive, et qui nous fournissent des pommes douces et acides. — Les pommes sont rafraîchissantes, antiputrides ; on en fait des compotes, des gelées, des confitures.

Hab. les bois aux environs du Vigan et les lieux élevés du département. ♄ Fl. mai, fr. août-septembre.

4. **P. ACERBA** *Dec. pr.* 2, *p.* 635 ; *Malus acerba merat. fl. par. ed.* 1, *p.* 187 ; *Dec. fl. fr.* 5, *p.* 530. — Ce pommier ressemble beaucoup au précédent : il en diffère par sa racine courte, pivotante, par ses feuilles glabres, au moins à l'état adulte, par ses pédoncules glabres, quelquefois pubescentes, ainsi que le tube du calice, par ses pétales arrondis moins grands et par ses fruits très-acerbes, même à la maturité.

C'est cette espèce qui est le type du pommier à cidre.

Hab. les bois aux environs du Vigan, à la Chartreuse de Valbonne. ♄ Fl. avril-mai, fr. septembre.

6me g^re. SORBIER. — SORBUS. (Lin. gen. 638.)

Calice à 5 sépales persistants. Corolle à 5 pétales arrondis ou oblongs. Styles 2-5. Fruit charnu, globuleux ou turbiné, ombiliqué au sommet, non à l'insertion du pédoncule, à 1-5 loges inégales, monospermes par avortement, à cloisons minces, fragiles. Graines comprimées, à test cartilagineux. Arbres inermes, à feuilles simples, lobées, pinnatifides ou ailées, à fleurs en corymbe rameux.

1. { Pétales étalés........................... 2.
   { Pétales dressés......................... CHAMÆMESPILUS.

2. { Feuilles imparipinnées.................... 3.
   { Feuilles lobées, dentées ou pinnatilobées..... 4.

3. { Styles 5; fruit assez gros, turbiné.......... DOMESTICA.
   { Styles 3; fruit petit, globuleux............. AUCUPARIA.

4. { Feuilles pinnatilobées.................... HYBRIDA.
   { Feuilles dentées ou lobées................ 5.

5. { Feuilles adultes glabres et luisantes sur les 2
   {   faces.............................. TORMINALIS.
   { Feuilles adultes couvertes, en dessous, d'un
   {   coton très-blanc...................... ARIA.

1. **S. DOMESTICA** *Lin. sp.* 684; *Dec. fl. fr. 4, p.* 436; *Jacq. aust. t. 447; Lob. ic. 2, t. 106, fig. 2.* — Arbre pyramidal de 8-12 mètres, à tronc très-droit, à tête régulière, à bourgeons *glabres, glutineux.* Feuilles imparipinnées à 15-17 folioles sessiles, opposées, plus longues que les entre-nœuds, oblongues, acuminées, dentées en scie, cotonneuses-blanchâtres en dessous, à la fin presque glabres; pétiole commun garni de 2 glandes à la base des folioles. Fleurs blanches en corymbes rameux, plus courts que les feuilles. Sépales étalés sur le fruit. Pétales arrondis. Étamines presque aussi longues que la corolle. Styles 5, laineux. Fruit *turbiné*, assez gros (*Krantz, austr. t. 2, fig. 3.*), à 5 loges, verdâtre ou rougeâtre, très-âpre avant sa fermentation, qui le rend brun et mou, alors d'une saveur agréable.

Les fruits de cet arbre, connus sous le nom vulgaire de *sorbes, sorba* en patois, sont astringents; ils sont employés à la fabrication du cidre.

Hab. les bois dans tout le département. ♄ Fl. avril-mai; fr. septembre.

2. **S. AUCUPARIA** *Lin. sp.* 683; *Dec. fl. fr. 4, p.* 436; *Lamk. ill. t.* 434; *Math. valgr.* 1565, *p.* 262, *ic.* — Arbre médiocre, à écorce lisse et grisâtre, droit, rameux, à bourgeons *tomenteux-grisâtres.* Feuilles imparipinnées, à 13-17 folioles opposées, sessiles, oblongues-lancéolées, pointues, plus longues que les entre-nœuds, dentées en scie, velues-soyeuses en dessous, à la fin glabres; pétiole commun garni de 2 glandes à la base des folioles. Fleurs blanches en corymbes rameux, plus courts que les feuilles, latéraux et terminaux. Pédoncules et calices pubescents, glabres à la fructification; sépales dressés, puis *recourbés en dedans.*

Pétales arrondis. Styles 3 , rarement 2-4 , hérissés à la base.
Fruits *globuleux, un peu plus gros qu'un pois*, pulpeux, ombiliqués au sommet, d'un rouge très-vif à la maturité, d'une saveur âpre
et amère , à 3 loges inégales , rarement à 4 , renfermant chacune 1
graine brune, comprimée, ovale, aiguë au sommet, cartilagineuse.

Cet arbre est connu sous le nom vulgaire de *sorbier des oiseleurs*; ses fruit[s]
sont diurétiques, très-astringents , ainsi que ses feuilles et son écorce : ils
sont employés comme appât pour prendre certains oiseaux.

Hab. les bois montueux aux environs du Vigan , d'Alais, de l'Esperou.
♄ Fl. mai-juin ; fr. septembre-octobre.

3. **S. HYBRIDA** *Lin. sp.* 684 ; *fl. dan. t.* 30 ; *Pyrus pinnatifida
engl. bot. t.* 2331. — Arbre médiocre, à écorce brune ou grisâtre,
à rameaux dressés. Feuilles oblongues, lobulées-dentées supérieurement, pinnatifides au milieu , à 1-2 paires de folioles un
peu distantes à la base , blanchâtres-tomenteuses en dessous,
vertes et glabres en dessus. Fleurs blanches en corymbes rameux,
très-amples ; calice tomenteux, presque lanugineux ; pétales
ovales, lanugineux à l'onglet. Étamines de la longueur des pétales.
Styles 2 , hérissés à la base. Fruits globuleux-elliptiques , d'un
rouge jaunâtre à la maturité, un peu acides.

Hab. les bords rocailleux de la rivière de Dourbie , près du village de ce
nom, où les *sorbus aria* et *aucuparia* abondent. ♄ Fl. juin, fr. septembre.

4. **S. ARIA** *Crantz, aust. fasc.* 2 , *p.* 86 ; *Cratægus aria A.
Lin. sp.* 681 ; *Dec. fl. fr.* 4, *p.* 432 ; *fl. dan. t.* 302. — Arbrisseau
de 3-5 mètres, rarement arbre, à écorce grisâtre. Feuilles ovales,
pétiolées , entières et cunéiformes à la base , simples , dentées ou
lobulées dans leurs deux tiers supérieurs, *très-blanches-tomenteuses
en dessous*, vertes, glabres et luisantes en dessus. Fleurs blanches
en corymbe rameux, presque nivelé. Calice et pédoncules très-
cotonneux. Pétales ovales, cotonneux à l'onglet; styles 2 , très-
velus à la base. Fruits ovales-globuleux , d'un rouge orangé à la
maturité, de la grosseur d'une prunelle, à pulpe jaunâtre, d'une saveur acidule.

Cet arbrisseau est connu sous les noms vulgaires d'*alisier,* d'*allouchier*;
son bois, qui est très-blanc et très-dur, est recherché par les tourneurs et
les menuisiers, qui en font les manches de leurs outils.

Hab. les bois montagneux aux environs du Vigan, de Concoule, à la Chartreuse de Valbonne. ♄ Fl. mai, fr. septembre.

5. **S. TORMINALIS** *Crantz. aust.* 85 ; *Cratægus torminalis
Lin. sp.* 681 ; *Dec. fl. fr.* 4, *p.* 431 ; *Math. valg.* (1545), *p.* 263,
ic. — Arbre médiocre, à écorce du tronc grisâtre, celle des
rameaux rougeâtre. Feuilles ovales, tronquées, arrondies, ou
cordées à la base , à 5-7 lobes acuminés, dentés en scie ; les
inférieurs très-ouverts, *glabres et luisants sur les deux faces.*
Fleurs blanches en corymbes rameux. Calices et pédoncules
cotonneux. Pétales ovales, à onglet pubescent ou glabre. Styles

2-5 *glabres*. Fruits assez petits, ovales, bruns à la maturité, d'une saveur acidule.

Cet arbre est connu vulg[t] sous le nom d'alisier faux sycomore ; son bois est employé comme le précédent.

Hab. les bois montagneux du département. ♄ Fl. avril-mai, fr. septembre.

6. **S. CHAMÆMESPILUS** *Crantz, aust.* 83 ; *Cratœgus chamœmespilus Jacq. aust. t.* 231 ; *Dec. fl. fr.* 4, *p.* 432 ; *Clus. hist.* 1, *p.* 63, *fig.* 1. — Arbrisseau de 6-8 décim., à écorce noirâtre, celle des rameaux rougeâtre ; très-rameux, tortueux. Feuilles simples, ovales-aiguës, atténuées, entières à la base, irrégulièrement dentées en scie dans le reste de leur pourtour, glabres et luisantes en dessus, pâles en dessous, pubescentes sur leurs nervures, brièvement pétiolées. Fleurs d'un blanc rougeâtre, à court pédicelle, disposées en corymbes peu lâches, terminaux, munis de feuilles dressées à sa base, les dépassant. Calices et pédicelles rougeâtres et cotonneux sur le bord des sépales. Pétales oblongs, dressés, à onglet velu. Styles 2, velus à la base. Fruits petits, ovales, d'un jaune rougeâtre à la maturité.

Hab. les hautes montagnes entre *Brama-Bioou* et Meyrueis. (Guan. herb.) ♄ Fl. juin ; fr. septembre.

7me g[re]. **AMELANCHIER**. — **AMELANCHIER**. (Mœnch., meth. 682.)

Calice à 5 sépales persistants. Corolle à 5 pétales *lancéolés, dressés.* Étamines un peu plus courtes que les sépales. Styles 5, soudés à la base. Fruit charnu, subglobuleux, couronné par les sépales, à 5 loges bispermes, partagées chacune en 2 loges incomplètes. Graines cartilagineuses. Arbrisseau inerme, à feuilles simples, à fleurs peu nombreuses en grappes terminales.

1. **A. VULGARIS** *Mœnch. meth.* 682 ; *Cratœgus amelanchier Dec. fl. fr.* 4, *p.* 432 ; *Clus. hist.* 1, *p.* 62, *fig.* 2 ; *Lob. ic.*, 2, *t.* 191, *fig.* 2. — Arbrisseau de 6-8 décim., à écorce d'un brun rougeâtre, très-rameux. Feuilles pétiolées, ovales-arrondies, dentées en scie, glabres en dessus, couvertes en dessous d'un coton blanc très-épais, puis glabres et coriaces à l'état adulte. Fleurs blanches en grappes peu fournies, axillaires et terminales, au centre de fascicules de jeunes feuilles. Pédoncules et calices cotonneux, à la fin glabres, sépales subsubulés. Pétales assez grands, allongés, lancéolés-obtus, cunéiformes à la base. Fruit dressé, un peu plus gros qu'un pois, d'un noir bleuâtre à la maturité, glabre, lisse, cotonneux sur le disque, d'une saveur douceâtre.

VAR. B, *Lineata.* Pétales marqués d'une ligne rose longitudinale.

Hab. les bois et les rochers : la var. A, aux environs du Vigan, le long du Gardon, dans les bois de St-Nicolas, à Anduze, Ganges, Alais : la var. B, aux carrières de *Léques*, près de Nimes. (Boyer.) ♄ Fl. avril-mai, fr. août.

XXXVIIIᵉ Fᴀᴍ. **GRANATÉES.**

Gʀᴀɴᴀᴛᴇᴀᴇ. (Don. in Jameson Edinb. phil. journ. 1826, p. 134.)

Fleurs hermaphrodites, régulières. Calice à tube turbiné, à 5-7 lobes, coriace. Corolle à 5-7 pétales alternes avec les lobes du calice et insérés sur son orifice. Étamines indéterminées, à filets libres; anthères biloculaires s'ouvrant par deux fentes longitudinales. Style 1, filiforme; stigmate capité. Fruit gros, sphérique, couronné, indéhiscent, divisé intérieurement en 2 parties séparées par un diaphragme horizontal; la supérieure à 5-9, l'inférieure à 3 loges polyspermes, à cloisons membraneuses. Graines nombreuses, pulpeuses, transparentes-cristallines. Cotylédons foliacés, roulés en spirale. Arbrisseau, rarement arbre médiocre, un peu épineux, à feuilles entières, opposées, alternes ou fasciculées, caduques, à fleurs terminales presque sessiles.

1ᵉʳ gʳᵉ. GRENADIER. — PUNICA. (Tourn. inst. t. 401.)
Caractères de la famille.

1. **P. ɢʀɴᴀᴛᴜᴍ** *Lin. sp.* 676; *Dec. fl. fr.* 4, p. 427; *Lamk. ill. t.* 415. — Arbrisseau ou arbre de 2-4 mètres, à écorce cendrée, à rameaux nombreux, opposés, étalés-dressés, glabres, tétragones dans leur jeunesse, à écorce rougeâtre. Feuilles lancéolées, luisantes, rougeâtres dans leur jeunesse, coriaces, brièvement pétiolées. Fleurs solitaires, grandes, d'un beau rouge, quelquefois réunies 2-4 au sommet des rameaux. Calice rouge, coriace, à lobes lancéolés-aigus. Pétales obovales, ondulés ou chiffonnés. Fruit resserré au sommet en un col terminé par les divisions du calice, d'un vert rougeâtre à la maturité. Graines roses, pyriformes-anguleuses.

Cet arbrisseau, connu sous le nom patois de *miougranié*, et son fruit sous celui de *miougrana*, est employé à former des haies. Ses fleurs, nommées *balaustes*, sont astringentes; l'écorce de la *grenade* l'est beaucoup plus. La pulpe de ses graines, acide dans l'espèce sauvage, douce dans l'espèce cultivée, rafraîchit et désaltère; la seconde écorce des racines a été employée avec succès contre le ver solitaire.

Hab. les lieux pierreux aux environs du Vigan, entre Bessége et Saint-Ambroix, à Alais et dans la plaine, servant de haies. ♄ Fl. juin–juillet, fr. septembre.

XXXIXᵉ Fᴀᴍ. **ONAGRARIÉES.**

Oɴᴀɢʀᴀʀɪᴇᴀᴇ. (Juss. ann. muss. 3, p. 315 en partie.)

Fleurs hermaphrodites, régulières ou un peu irrégulières. Calice à tube adhérent plus ou moins à l'ovaire, et souvent prolongé au-dessus de lui, à 4 lobes, rarement à 2-3, contigus avant la floraison. Corolle à 4 pétales, raremᵗ nulle, alternes avec les lobes du calice, imbriqués ou contournés dans le bouton. Étamines 2-10 insérées avec les pétales à l'orifice du tube du calice, anthères bilobées, 1 seul ovaire infère. Style 1, filiforme; stigmate en massue ou en croix. Fruit capsulaire à 4 loges polyspermes, déhiscent, raremᵗ à 2 loges monospermes, indéhiscent; placentas centraux, libres après la déhiscence. Graines ascendantes ou pendantes, nombreuses, raremᵗ solitaires, nues ou couronnées par une aigrette, membraneuses ou crustacées, lisses ou rugueuses. Herbes à feuilles simples, ordinairement opposées.

1. { Capsules linéaires-allongées ou oblongues........... 2.
   { Capsules courtes, subtétragones ou pyriformes...... 4.

2. { Limbe du calice caduc............................... 3.
   { Limbe du calice persistant.................. 3ᵉ gʳᵉ. JUSSIÆA.

3. { Capsules oblongues, fleurs jaunes.... ...... 2ᵉ gʳᵉ. OENOTHERA.
   { Capsules linéaires; fleurs purpurines ou rosées. 1ᵉʳ gʳᵉ. EPILOBIUM.

4. { Fleurs solitaires, opposées, axillaires........ 4ᵉ gʳᵉ. ISNARDIA.
   { Fleurs en grappe terminale.................. 5ᵉ gʳᵉ. CIRCÆA.

1ᵉʳ gʳᵉ ÉPILOBE. — EPILOBIUM. (Lin. gen. 471.)

Calice caduc après la floraison, peu prolongé au-dessus de l'ovaire, à 4 lobes. Pétales 4. Étamines 8. Capsule linéaire-allongée-tétragone, à 4 loges et à 4 valves, polyspermes, s'ouvrant du sommet à la base, divergentes-arquées. Graines terminées par une aigrette soyeuse.

1. { Étamines et pistils réfléchis; pétales entiers
   {   ou peu échancrés................... ...... 2.
   { Étamines et pistils dressés; pétales bilobés. 3.

2. { Stigmates à 4 lobes roulés en dehors : brac-
   {   tées très-courtes à la base des pédicelles.. SPICATUM.
   { Stigmates dressés; bractées foliacées, portées
   {   sur les pédicelles................... ROSMARINIFOLIUM.

3. { Stigmates soudés en massue.............. 4.
   { Stigmates libres......................... 8.

4. { Tiges dépourvues de lignes saillantes....... PALUSTRE.
   { Tiges offrant des lignes saillantes.......... 5.

5. { Boutons penchés...................... 6.
   { Boutons dressés...................... 7.

6. { Graines aiguës à la base................. VIRGATUM.
   { Graines arrondies à la base.............. TETRAGONUM.

7. { Feuilles toutes pétiolées................. ROSEUM.
   { Feuilles moyennes et supérieures sessiles... TRIGONUM.

8. { Boutons dressés...................... 9.
   { Boutons penchés...................... 10.

9. { Feuilles un peu décurrentes; fleurs grandes. HIRSUTUM.
   { Feuilles non décurrentes; fleurs petites ou
   {   moyennes......................... PARVIFLORUM.

10. { Divisions du calice lancéolées, un peu obtuses;
    {   feuilles arrondies à la base.............. MONTANUM.
    { Divisions du calice aiguës-mutiques; feuilles
    {   cunéiformes à la base................. LANCEOLATUM.

1. **E. PALUSTRE** *Lin. sp.* 495; *Dec. fl. fr.* 4, *p.* 422; *Cosson et Germain, fl. par. all. t.* 12, *fig. G.; Tabern. ic.* 856, *fig.* 1. — Racine fibreuse rampante, émettant des rejets allongés, filiformes. Tiges solitaires ou peu nombreuses de 1-6 décim., dressées ou ascendantes, cylindriques, *dépourvues de lignes saillantes*, simples, rarement rameuses, glabres inférieurement, pubescentes supérieurement. Feuilles d'un vert sombre, glabres ou un peu pubescentes, lancéolées, étroites, atténuées-obtuses, *cunéiformes à la base*, entières, sinuées ou légèrement denticulées, la plupart opposées, sessiles. Fleurs rosées, petites, en grappes, boutons *penchés*. Lobes du calice lancéolés, un peu aigus. Pétales bilobés. Stigmates en massue. Capsules pubescentes. Graines lisses, atténuées à la base.

Var. A, *Genuinum Godr. et Gren. fl. fr.* 1, *p.* 578. Tige simple, pauciflore; feuilles étroites, presque glabres.

Var. B, *Majus Fries, nov. mant. all.* 22. Tige très-rameuse, multiflore, plus élevée; feuilles étroites, pubescentes.

Var. C, *Schmidtianum Koch, syn.* 266. Tige simple, basse, pauciflore; feuilles plus larges, dentées.

Hab. les marais tourbeux sur toute la chaîne de l'Aigual, sur la Lozère, commune de Concoule. ♃ Fl. juin-août.

2. **E. VIRGATUM** *Fries, nov. succ. p.* 115; *Godr. et Gren. fl. fr. p.* 578 : *E. obscurum Rchb. exsic.* 358; *Mut. fl. fr. all. t.* 17, *fig.* 102. — Racine rameuse, radicante, émettant des rejets filiformes très-allongés, à feuilles petites, pétiolées, écartées. Tige dressée ou ascendante de 2-6 décim., raide, souvent rougeâtre, rameuse dès la base, offrant 2-4 lignes saillantes, partant de la base de la feuille et se réunissant en une seule de chaque côté de la tige. Feuilles lancéolées, atténuées de la base au sommet, un peu obtuses, sessiles, *arrondies à la base;* les inférieures subsessiles, dentées. Fleurs purpurines, petites, disposées en grappes ou en panicules, feuillées. Boutons dressés. Lobes du calice lancéolés-linéaires, aigus; pétales bilobés. Stigmates en massue. Capsules pubescentes. Graines petites, obovées, atténuées à la base, un peu aiguës, finement tuberculeuses.

Hab. les marais et les bords des fossés aux environs du Vigan, de Nîmes, etc. ♃ Fl. juin-août.

3. **E. TETRAGONUM** *Lin. sp.* 494; *Dec. fl. fr.* 4, *p.* 422; *Coss. et Germ. fl. p.* 190, *all. t.* 12, *fig. E.; Mut. fl. fr. t.* 17, *fig.* 103. — Racine rameuse. Tige de 3-6 décim., droite, raide, luisante, d'un vert souvent rougeâtre, glabre, légèrement pubescente au sommet, très-rameuse, marquée de quatre lignes saillantes qui la rendent tétragone en se prolongeant dans les entrenœuds, portant à la base des rosettes serrées, dressées, presque

sessiles, formées de feuilles ovales pétiolées. Feuilles glabres, luisantes, longues et étroites, atténuées de la base au sommet, obtuses, à dents plus ou moins rapprochées, très-marquées ; les inférieures opposées presque pétiolées ; les moyennes alternes, *sessiles, un peu décurrentes.* Fleurs petites, purpurines, solitaires, axillaires, disposées en grappes ou en panicules feuillées. Boutons dressés. Lobes du calice lancéolés-linéaires, acuminés, aigus. Pétales bilobés. Stigmates en massue. Capsules pubescentes. Graines petites, oblongues, non atténuées à la base, finement tuberculeuses.

Hab. les lieux humides, les bords des ruisseaux et des fossés dans tout le département. ⚥ Fl. juin–août.

4. **E. ROSEUM** *Schreb. spicil.* 147 ; *Godr. et Gren. fl. fr.* 1, p. 580 ; *Coss. et Germ. fl. par.* p. 191, *atl. t.* 12, *fig. F.*; *Mut. fl. fr. t.* 17, *fig.* 101. — Racine rameuse sans stolons. Tige de 3-6 décim., droite, finement pubescente au sommet, presque simple ou très-rameuse, marquée de 2-4 lignes saillantes partant de la base du pétiole, se réunissant en une seule ou se prolongeant jusqu'à l'articulation inférieure. Feuilles glabres, opposées ou alternes, *toutes pétiolées,* larges, lancéolées, *non acuminées,* atténuées *à la base,* dentées, à dents inégales. Fleurs petites, rosées, à veines d'un rose foncé, en grappes ou en panicules feuillées. Boutons penchés, *ovoïdes, brusquement acuminés.* Lobes du calice lancéolés-acuminés. Pétales bilobés. Stigmates en massue. Capsules pubescentes. Graines luisantes, très-légèrement tuberculeuses, oblongues, atténuées-obtuses à la base.

Hab. les fossés et le bord des ruisseaux à Alzon, Aulas, Alais, etc. ⚥ Fl juillet–août.

5. **E. TRIGONUM** *Schrank, baier. fl.* 1, p. 644 ; *Godr. et Gren. fl. fr.* 1, p. 580 ; *E. alpestre Rchb. ic.* 2, *t.* 200 ; *Mut. fl. fr. t.* 17, *fig.* 100. — Racine fibreuse non stolonifère. Tige de 2-8 décim., munie d'écailles à la base, droite, simple, fistuleuse, pubescente au sommet, portant 2-4 lignes peu marquées, pubescentes, descendant des bords de la feuille, jusqu'à l'articulation inférieure. Feuilles opposées, ternées ou quaternées, ovales ou oblongues-lancéolées, *acuminées, arrondies à la base, sessiles,* à dents très-prononcées, écartées, minces, luisantes, pubescentes sur les nervures. Fleurs purpurines assez grandes, en grappes ou en panicules. Lobes du calice linéaires-lancéolés. Pétales bilobés. Stigmates en massue. Boutons penchés, *atténués aux deux bouts.* Capsules pubescentes. Graines lisses, oblongues, atténuées-obtuses à la base.

Hab. les prairies et les bords des ruisseaux à Aulas, près du Vigan. (Diomède.) ⚥ Fl. juillet–août.

6. **E. MONTANUM** *Lin. sp.* 494; *Dec. fl. fr.* 4, *p.* 423; *Coss. et Germ. fl. par. atl. t.* 12, *fig. D.; Mut. fl. fr. t.* 16, *fig.* 98. — Racine tronquée, fibreuse. Tige de 1-8 décim., cylindrique, droite, pubescente, simple ou rameuse. Feuilles glabres ou pubescentes sur les nervures, ovales-lancéolées, larges, *arrondies à la base, brièvement pétiolées*, opposées, rarement verticillées par trois, dentées, à dents très-prononcées, écartées, inégales. Fleurs assez petites, rosées, en grappes ou en panicules feuillées; boutons ovoïdes, mamelonnés au sommet. Lobes du calice linéaires-obtus. Pétales bilobés; stigmates en croix. Capsules pubescentes. Graines rugueuses, oblongues, atténuées-obtuses à la base.

Var. B, *Collinum Koch. syn.* 266. Plante grêle de 1 décim. et moins, à feuilles petites, ovales, rapprochées, souvent alternes; fleurs petites.

Hab. les bois des montagnes : la var. A, aux environs du Vigan, Alzon, Alais, etc.: la var. B, sur toute la chaîne de l'Aigual. ♃ Fl. juillet-août.

7. **E. LANCEOLATUM** *Sebast. et Maur. fl. rom. prod. p.* 138, *t.* 1, *fig.* 2; *Godr. et Gren. fl. fr.* 1, *p.* 581. — Cette espèce diffère de la précédente : par sa racine rameuse, non tronquée; par ses feuilles radicales étalées en rosette sur la terre, lorsque la plante est jeune, jamais dressées; par ses feuilles caulinaires, *plus longuement pétiolées, cunéiformes et non dentées à la base*, portant à leur aisselle des faisceaux de jeunes feuilles, et par ses graines obovales, arrondies aux deux bouts.

Hab. les bords des bois et des murs à St-Guiral, à Aumessas. ♃ Fl. juillet-septembre.

8. **E. PARVIFLORUM** *Schreb. spic. p.* 146; *E. Molle Dec. fl. fr.* 4, *p.* 422; *Coss. et Germ. fl. par. atl. t.* 12, *fig. C.; E. pubescens Lois. fl. gall.* 1, *p.* 278. — Racine rameuse-fibreuse, *sans stolons*. Tige de 3-12 décim., droite, cylindrique, dépourvue de lignes saillantes, simple ou plus ou moins rameuse, très-velue. Feuilles opposées et alternes, mollement pubescentes, surtout en dessous, oblongues-lancéolées, lâchement denticulées, arrondies à la base; les inférieures *un peu pétiolées*. Fleurs petites ou moyennes, d'un rose ou violet pâle, disposées en grappes ou en panicules feuillées. Boutons dressés, ovoïdes, mamelonnés. Lobes du calice lancéolés, presque obtus. Pétales bilobés. Stigmates distincts, étalés. Capsules pubescentes. Graines oblongues, arrondies à la base, presque lisses.

Hab. les prairies humides, les bords des ruisseaux et des fossés, dans tout le département. ♃ Fl. juin-août.

9. **E. HIRSUTUM** *Lin. sp.* 494 *(excl. var. B.); Dec. fl. fr.* 4, *p.* 421; *Coss. et Germ. fl. par. atl. t.* 12, *fig. B.; Fuchs hist.* 491, *ic.* — Racine *stolonifère*, rameuse. Tige de 10-15 décim., cylin-

drique, couverte de longs poils blancs étalés, quelquefois très-serrés, droite, ordinairement très-rameuse, dépourvue de lignes saillantes. Feuilles velues, oblongues-lancéolées, dentées, mucronulées, *embrassantes*, légèrement décurrentes, opposées, alternes supérieurement. Fleurs les plus grandes du genre, d'un beau rose, disposées en grappes ou en panicules feuillées. Boutons dressés, ovales, apiculés. Lobes du calice lancéolés, *fortement mucronés*. Pétales bilobés. Stigmates étalés en croix. Capsules pubescentes. Graines ovales, chagrinées.

Hab. le long des fossés et des rivières dans tout le département. ♃ Fl. juin-juillet.

10. **E. SPICATUM** *Lamk. Dict.* 2, *p.* 373 ; *Dec. fl. fr.* 4, *p.* 420 ; *E. angustifolium. Lin. sp.* 493, *var. B. Lois. fl. gall.* 1, *p.* 278 ; *Lamk. ill. t.* 278, *fig.* 1 ; *Coss. et Germ. fl. par. atl. tab.* 12, *fig. A.* — Racine stolonifère. Tige de 5-15 décim., droite, cylindrique, glabre, souvent rougeâtre, ordinairement simple. Feuilles éparses, rapprochées, longuement lancéolées, entières ou munies de quelques dents écartées, plus ou moins larges, très-brièvement pétiolées, glabres, un peu glauques en dessous, veinées-anastomosées, à nervures latérales alternes, étalées, presque à angle droit. Fleurs d'un rouge violet, disposées en grappes terminales allongées, à pédicelles courts, sortant de l'aisselle d'une bractée, petite, étroite, *insérée sur l'axe*. Boutons penchés, ovales, mamelonnés, puis acuminés. Calice coloré, à lobes linéaires-lancéolés, acuminés. Corolle irrégulière, à pétales obovales, entiers ou peu échancrés. Étamines penchées ; pistil *penché*, plus long que les étamines ; stigmates cruciformes, roulés en dehors. Capsules à pubescence courte appliquée. Graines oblongues, atténuées à la base, lisses.

On regarde cette plante comme vulnéraire, détersive : elle est connue sous le nom vulgaire de *laurier St-Antoine, herbe de St-Antoine.*

Hab. les bois et contre les rochers humides, le long du valat de *Brama-Bioau*, de la *Dauphine*, près de l'*Esperou* et de *Camprieux*. ♃ Fl. juillet-septembre.

11. **E. ROSMARINIFOLIUM** *Hœncke in Jacq. coll.* 2, *p.* 50 ; *Dec. fl. fr.* 4, *p.* 421 ; *E. Dodonœi mut. fl. fr. atl. t.* 16, *fig.* 96 et 97 ; *Waldst. et Kit. rar. hung. t.* 76. — Racine stolonifère. Tiges 3-4 partant de la souche, de 4-6 décim., glabres ou légèrement pubescentes, droites ou ascendantes, cylindriques, simples ou rameuses, très-feuillées, souvent rougeâtres. Feuilles éparses et fasciculées, nombreuses, *linéaires-étroites*, entières ou légèrement sinuées-dentées, *non veinées*, calleuses au sommet. Fleurs assez grandes, purpurines, disposées en grappes courtes, peu fournies, terminales. Boutons ovales, mamelonnés, droits, penchés au moment de l'épanouissement. Lobes du calice colorés, lan-

céolés-linéaires. Pétales entiers, *non échancrés*, elliptiques, atténués à la base, presque égaux. Étamines penchées, pistil penché, *de la longueur des étamines ;* style *velu inférieurement*, stigmates cruciformes, dressés ou étalées. Bractées foliacées, *insérées sur les pédicelles*, aussi longues ou plus longues qu'eux. Capsules couvertes, dans leur jeunesse, d'une pubescence blanchâtre. Graines oblongues, glabres, très-finement chagrinées.

Hab. le long des ruisseaux, torrents et rivières, au Vigan, à Alzon, Ganges, Alais, Anduze, la Chartreuse de Valbonne. ♃ Fl. juillet-septembre.

2e g^{re}. ONAGRE. — OENOTHERA. (Lin. gen. 469.)

Calice à tube beaucoup plus long que l'ovaire, caduc après la floraison, à 4 lobes réfléchis. Pétales 4, échancrés, insérés à l'orifice du calice. Étamines 8. Capsule coriace, oblongue, subtétragone, à 4 valves et à 4 loges polyspermes, s'ouvrant supérieurement par la séparation des 4 valves persistantes. Graines nombreuses, sans aigrettes.

1. **Œ. BIENNIS** *Lin. sp.* 492 ; *Dec. fl. fr. 4, p. 419 ; Lamk. ill. t.* 279, *fig.* 1. — Racines assez grosses, charnues, fibreuses. Tige de 6-12 décim., droite, simple ou rameuse, poilue, un peu rude, fistuleuse, subanguleuse. Feuilles radicales pétiolées, étalées sur la terre en rosette, *ovales ou oblongues, mucronées,* sinuées-dentées à leur base, desséchées à la floraison ; les caulinaires éparses, lancéolées-aiguës, entières ou sinuées-dentées, brièvement ciliées, atténuées en pétiole, toutes légèrement pubescentes, munies d'une nervure longitudinale blanche. Fleurs jaunes, grandes, odorantes, s'ouvrant après le coucher du soleil, disposées en grappes feuillées, très-allongées après la floraison. Lobes du calice lancéolés-aigus. Pétales échancrés, *plus longs que les étamines* et de la longueur de la moitié du tube. Capsules sessiles, appliquées contre la tige, épaisses, obtuses, un peu velues. Graines brunes, anguleuses.

Cette plante est connue sous le nom vulgaire d'*herbe aux ânes*. Elle est detersive, vulnéraire.

Hab. les lieux sablonneux, les décombres, à Aigues-Mortes, au Vigan ; les bords du Rhône, à Aramont, Coudoulet ; les bords du Gardon, à St-Nicolas, etc. ② Fl. juin-juillet.

3e g^{re}. JUSSIE. — JUSSIÆA. (Lin. gen. 538 ; Lamk. ill. t. 280.)

Calice à 5 lobes persistants, à tube non prolongé au-dessus de l'ovaire. Pétales 5, étalés. Étamines 10, caduques avec les pétales. Style 1, simple, court, filiforme ; stigmate capité, à 4-5 stries. Capsule oblongue, anguleuse, à 4-5 loges polyspermes, s'ouvrant par les angles. Graines très-nombreuses, petites, sans aigrettes. Herbes aquatiques, à feuilles alternes, entières, à fleurs axillaires, solitaires, sessiles.

1. J. GRANDIFLORA *Michx. fl. bor. amer.* 1 , *p.* 267 ; *Sims. bot. mag. t.* 2122. — Racines fibreuses. Tiges de 1-5 décim. , radicantes à la base, dressées supérieurement, fistuleuses, rameuses, rougeâtres, couvertes de poils blanchâtres très-étalés. Feuilles alternes, pubescentes , atténuées en pétiole , les inférieures spatulées ; les supérieures lancéolées , plus longues et plus étroites , toutes entières. Fleurs grandes, d'un beau jaune, dépassées par les feuilles, penchées et même réfléchies, avant la floraison. Tube du calice velu ; sépales lancéolés, acuminés , velus. Pétales obovales, plus ou moins profondément échancrés , deux fois plus longs que les sépales.

Hab. subspontané dans une branche morte du Rhône, à Vallabrègues. ♃ ou ① Fl. août-septembre.

4ᵉ gʳᵉ. ISNARDE. — ISNARDIA. (Lin. gen. 469.)

Calice campanulé, à 4 lobes persistants. Pétales 4, souvent nuls. Étamines 4 , opposées aux lobes du calice. Style caduc filiforme. Stigmate capité. Capsule courte, subtétragone , à 4 loges polyspermes, à 4 valves, s'ouvrant par les loges. Plante herbacée , aquatique.

1. I. PALUSTRIS *Lin. sp.* 175 ; *Dec. fl. fr.* 4 , *p.* 419 ; *Lamk. ill. t.* 77. — Racines fibreuses. Tiges de 1-4 décim. , tétragones , glabres, souvent rougeâtres, radicantes à la base, flottantes ou dressées supérieurement, simples ou rameuses. Feuilles d'un vert luisant, un peu succulentes, opposées, ovales-aiguës, rétrécies en pétiole, glabres , souvent rougeâtres au sommet. Fleurs petites, rosées, opposées, solitaires, axillaires, sessiles ou très-brièvement pédonculées. Lobes du calice triangulaires, aigus. Capsule turbinée, jaunâtre, à 4 angles verts. Graines nombreuses, très-petites, oblongues, jaunes, lisses.

Hab. les fossés à Manduel, où elle abonde. ♃ Fl. juillet-septembre.

5ᵉ gʳᵉ. CIRCÉE. — CIRCÆA. (Lin. gen. 24.)

Calice à tube filiforme , prolongé au-dessus de l'ovaire , caduc avec le limbe bilobé. Pétales 2 , imbriqués dans le bouton. Etamines 2. Stigmate subbilobé. Capsule ovale-pyriforme , indéhiscente , à 2 loges monospermes. Plantes herbacées, à feuilles opposées, à fleurs en grappes.

1. { Feuilles opaques faiblement dentées : pétiole canaliculé.. **LUTETIANA.**

{ Feuilles minces, transparentes, fortement dentées ; pétiole ailé, non canaliculé.................... **ALPINA.**

1. C. LUTETIANA *Lin. sp.* 12 ; *Dec. fl. fr.* 4 , *p.* 417 ; *Lamk. ill. t.* 16 , *fig.* 1 ; *Lob. ic.* 266 , *fig.* 2. — Racine rameuse, rampante , à stolons écailleux. Tige de 4-6 décim. , droite ou ascendante, simple ou rameuse, plus ou moins pubescente. Feuilles ovales-aiguës, légèrement cordiformes à la base ou tronquées, lâchement et légèrement dentées, pubescentes, à pétiole allongé, pubescent, *canaliculé* supérieurement. Fleurs rosées ou blanches, pédicellées, alternes, *sans bractées*, disposées en grappe lâche, effilée, souvent rameuse, très-droite. Limbe du calice à 2 lobes ovales-aigus, réfléchis, un peu velus, souvent rougeâtres. Pétales égaux au calice, très-brièvement onguiculés, bifides, arrondis à la base. Capsule *pyriforme*, couverte de longs poils crochus, réfléchie à la maturité. Graines rousses, oblongues, atténuées à la base, lisses.

Cette plante porte le nom vulgaire d'*herbe de St-Étienne, herbe aux magiciens;* en patois, *herba dé St-Estienne;* elle est résolutive.

Hab. les bois humides et les bords des ruisseaux, aux environs du Vigan, d'Alais, d'Anduze, etc. ♃ Fl. juin-août.

2. C. ALPINA *Lin. sp.* 12; *Dec. fl. fr.* 4, *p.* 117 *(excl. la var. B.); Lamk. ill. t.* 16, *fig.* 2; *C. minima Column. ecphr. p.* 80, *ic.* — Racine fibreuse, rampante, à stolons écailleux. Tige de 5-20 centim., grêle, ascendante, simple ou rameuse, glabre. Feuilles glabres, minces, luisantes, transparentes, *cordiformes* à la base, aiguës; à dents assez distantes, très-prononcées, aiguës; à pétiole allongé, plane, ailé-membraneux, souvent plus long que la feuille. Fleurs très-petites, rosées ou blanches, pédicellées, alternes, disposées en grappe grêle, souvent rameuse, légèrement pubescente. Pédoncules munis, à leur base, d'une *bractée sétacée*, étalés à angle droit, quelquefois réfléchis, après la floraison. Limbe du calice coloré, membraneux, à 2 lobes ovales-aigus, réfléchis, très-glabres. Pétales bifides, *atténués à la base*, plus courts que le calice. Capsule *pyriforme, allongée, un peu étroite*, couverte de poils blancs, mous et crochus. Graines lisses, rousses, oblongues, atténuées à la base.

Hab. le long du valat de *Brama-Bioou* et de celui en descendant de la Cercirède, à Banahu. ♃ Fl. juin-août.

XLᵉ FAM. **HALORAGÉES.**

HALORAGEÆ. (R. Brown in flind. voy. 2, p. 549.)

Fleurs régulières, monoïques. Calice d'une seule pièce, persistant, à tube soudé avec l'ovaire, à limbe à 4 divisions ou presque nul. Corolle à 4 pétales insérés au sommet du tube du calice, alternes avec ses lobes, quelquefois nulle ou rudimentaire dans les fleurs femelles. Étamines 8; anthères bilobées. Ovaire infère unique; stigmates 4, sessiles, très-gros, persistants, à papilles très-saillantes. Capsule formée de 4 carpelles monospermes, indéhiscents.

1er g^{re}. **VOLANT-D'EAU.—MYRIAPHYLLUM.** (Vaill. act. acad. par.
t. 2, fig. 3.)

Caractères de la famille. Plantes aquatiques, à inflorescence émergée.

1. { Épis de fleurs munis de feuilles florales........ **VERTICILLATUM.**
   { Épis de fleurs dépourvus de feuilles florales.... **SPICATUM.**

1. M. VERTICILLATUM *Lin. sp.* 1410 ; *Dec. fl. fr.* 4, *p.* 417 ; *Engl. bot. t.* 218 ; *Clus. hist.* 2 , *p.* 252, *fig.* 1. — Tige de longueur variable, rameuse, faible, nageante, dressée supérieurement et fleurissant hors de la surface de l'eau ; la partie inférieure couchée , émettant des faisceaux de racines fibreuses à chaque nœud. Feuilles verticillées par 4 ou 5 à chaque nœud, pectinées , à segments capillaires allongés dans les feuilles submergées, beaucoup plus courts dans les feuilles florales. Fleurs petites, verdâtres, disposées en épis formés de *verticilles* sessiles , très-rapprochés vers son sommet, munis à leur base de feuilles florales *pectinées*, dépassant plus ou moins les fleurs. Anthères jaunes. Graines roussâtres, pyriformes, lisses.

VAR. B, *Pectinatum wallr. sched.* 489. *M. pectinatum Dec. fl. fr.* 5, *p.* 529. Feuilles florales dépassant peu les fleurs.

Hab. les fossés à Manduel , dans le Vistre , aux environs de Nîmes, etc. ; la var. B, à Bellegarde, à St-Gilles et dans tous ses environs. ♃ Fl. juin-août.

2. M. SPICATUM *Lin. sp.* 1409 ; *Dec. fl. fr.* 4, *p.* 416 ; *Lamk. ill. t.* 775. — Cette espèce diffère de la précédente par ses fleurs rosées, disposées en épis effilés, dépourvus de feuilles florales ; par ses verticilles munis de bractées *entières et plus courtes que les fleurs* dans les supérieures , *dentées et plus longues* dans les inférieures.

Hab. les fossés et les canaux à Bellegarde, à Franqueveau, aux environs de Tresques, etc. ♃ Fl. juillet-septembre.

XLIe FAM. **HIPPURIDÉES.**
HIPPURIDE.E. (Link. hort. berol. 1, p. 5.)

Fleurs hermaphrodites , régulières. Calice d'une seule pièce, persistant, à tube soudé avec l'ovaire, à limbe presque entier, très-court. Corolle nulle. Étamine 1, insérée sur le bord extérieur du tube du calice. Anthère bilobée. Ovaire 1, infère. Style filiforme, latéral , appliqué dans le sillon de l'anthère. Capsule uniloculaire , monosperme, indéhiscente , un peu charnue , à noyau osseux. Graine suspendue. Plante aquatique , à feuilles verticillées , à fleurs axillaires.

1er g^{re}. **PESSE. — HIPPURIS.** (Lin. gen. 11.)

Caractères de la famille.

1. **H. VULGARIS** *Lin. sp.* 6; *Dec. fl. fr.* 4, *p.* 415; *Lamk. ill. t.* 5, *fig.* 1; *Drèves et Hayne, t.* 93. — Tige de 2-5 décim., droite, simple, fistuleuse, feuillée dans toute sa longueur, striée, cylindrique, glabre, articulée; la partie inférieure couchée, rameuse, émettant des faisceaux de racines fibreuses à chaque nœud. Feuilles nombreuses, linéaires, entières, verticillées, décroissantes en remontant, plus longues que les entre-nœuds, très-courts; les submergées plus minces, réfléchies; les aériennes dressées et étalées. Fleurs d'un blanc rosé, très-petites, nombreuses, sessiles, axillaires, verticillées. Capsules dressées, verdâtres ou noirâtres, ovales, lisses.

Cette plante passe pour légèrement astringente: elle est broutée par les chèvres seulement.

Hab. les roubines, marais, étangs, à St-Gilles, Bellegarde, etc. ♃ Fl. mai-août.

XLIIᵉ Fam. **CALLITRICHINÉES.**

CALLITRICHINE.E. (Link. enum. hort. berol. 1821, 1, p. 7.)

Fleurs hermaphrodites ou unisexuelles, munies à la base d'un involucre formé de 2 bractées opposées, membraneuses, transparentes, persistantes ou caduques. Calice et corolle nuls. Étamines 1-2, insérées sur le réceptacle, alternes avec les bractées; filet filiforme, beaucoup plus long que les bractées; anthère réniforme, uniloculaire. Ovaire 1, libre. Styles 2, subulés, à stigmate entier. Fruit capsulaire, membraneux, à 4 angles, composé de 4 carpelles monospermes, indéhiscents, se séparant à la maturité. Graines suspendues. Plantes aquatiques à feuilles opposées, à fleurs solitaires, axillaires, très-petites.

1ᵉʳ gʳᵉ. CALLITRICHE. — CALLITRICHE. (Lin. gen. 13.)

Caractères de la famille.

1.	Feuilles toutes obovales, oblongues ou linéaires-étroites....................................	2.
	Feuilles supérieures obovales, les inférieures linéaires..	3.
2.	Feuilles toutes obovales ou oblongues.............	**STAGNALIS.**
	Feuilles toutes linéaires...............................	**HAMULATA.**
3.	Bractées courbées en faux, conniventes au sommet; styles persistants, allongés.......................	**PLATICARPA**
	Bractées droites, non conniventes: styles caducs, courts..	**VERNA.**

1. **C. STAGNALIS** *Scop. carn.* 2, *p.* 251; *Godr. et Gren. fl. fr.* 1, *p.* 590; *Rchb. iconog. fig.* 1184-1186; *Mut. fl. fr. t.* 18, *fig.* 106. — Tiges d'une longueur proportionnée à la hauteur des eaux, rameuses, filiformes, glabres, couchées inférieurement, émettant, à la base de chaque feuille submergée, des racines fibreu-

ses, très-longues. Feuilles *toutes obovales ;* les supérieures diposées en rosette à la surface de l'eau. Bractées *persistantes*, un peu élargies vers leur milieu, en faux, *conniventes au sommet.* Styles persistants, beaucoup plus longs que les bractées, dépassant l'étamine, droits, puis *réfléchis.* Capsule presque aussi longue que large, très-brièvement pédonculée, plus grosse que dans les autres espèces, à angles ailés, cartilagineux.

Hab. les fossés et les ruisseaux dans tout le départem‘. ♃ Fl. mai-septemb.

2. C. PLATICARPA *Kützing. linnœa, t. 7, p. 174 ; Godr. et Gren. fl. fr. 1, p. 591 ; Rchb. iconog. fig. 1179-1183 ; Mut. fl. fr. t. 18, fig. 107-109.* — Feuilles supérieures obovales, disposées en rosette à la surface de l'eau ; les autres *linéaires.* Bractées un peu élargies sous le sommet. Capsule aussi longue que large, à angles cartilagineux un peu obtus, rapprochés. Tout le reste comme dans l'espèce précédente.

Hab. les mêmes lieux que la précédente. ♃ Fl. mai-septembre.

3. C. VERNA *Kützing. linnœa, t. 7, p. 174 ; Godr. et Gren. fl. fr. 1, p. 591 ; Mut. fl. fr. t. 18, fig. 105.* — Cette espèce diffère de la précédente par ses bractées *obtuses, droites, non conniventes ;* par ses styles courts, *dressés, caducs,* avant la maturité du fruit ; par sa capsule plus petite, plus longue que large, à angles obtus, rapprochés par paire.

Hab. les mêmes lieux que la précédente. ♃ Fl. mai-septembre.

4. C. HAMULATA *Kützing. in Koch. syn.* 1ʳᵉ *ed.* 246 ; *Godr. et Gren. fl. fr. 1, p. 591 ; C. autumnalis Kützing. linnœa, t. 7, p. 186 ; Rchb. iconog. fig. 1200-1220 ; Mut. fl. fr. t. 18, fig. 110-113.* — Racines fibreuses. Tiges très-rameuses, radicantes. Feuilles *toutes linéaires,* atténuées à la base, rétrécies et ordinairement échancrées au sommet, d'un vert sombre, submergées. Bractées *caduques,* souvent inégales, petites, *courbées en bec.* Étamine à filet court. Styles persistants, très-longs, divergents, à la fin *réfléchis sur le fruit.* Capsule médiocre, brièvement pédonculée, aussi longue que large, à angles tranchants, membraneux sur les bords.

VAR. A, *Homoïophylla, Godr. et Gren. l. c.* Plante submergée.

VAR. B, *Terrestris.* Feuilles un peu épaisses, plante étalée sur la vase.

Hab. : la var. **A**, dans les eaux du Vigan, de l'Esperou : la var. **B**, sur la vase des ruisseaux, aux Pises. ♃ Fl. mai-septembre.

XLIIIᵉ FAM. **CÉRATOPHYLLÉES.**

CERATOPHYLLEÆ. (Gray, arr. 2, p. 554.)

Fleurs monoïques. Calice et corolle nuls. Involucre à 10-12

lobes linéaires, égaux, entiers ou incisés, persistants. Fleurs mâles. 10-25 étamines rapprochées et insérées au fond de l'involucre; anthères sessiles, à 3 pointes au sommet, bilobées, à lobes s'ouvrant, au sommet, par une ouverture commune. Fleurs femelles. Ovaire libre, solitaire, entouré par l'involucre; style filiforme, terminal, arqué au sommet; stigmate latéral, simple. Fruit (nucule) coriace, ovale, à épines ou sans épines, monosperme, indéhiscent, surmonté du style persistant, plus ou moins allongé. Graine suspendue. Plantes aquatiques, submergées, à feuilles verticillées, dichotomes-filiformes.

1er gre. CORNIFLE.—CERATOPHYLLUM. (Lin. gen. 1065.)

Caractères de la famille.

1. { Fruit à 3 cornes: feuilles à lobes fortement dentés... DEMERSUM.
{ Fruit sans cornes; feuilles à lobes très-légèrement denticulés.... .... SUBMERSUM.

1. **C. SUBMERSUM** *Lin. sp.* 1409; *Dec. fl. fr. 4, p. 413; Lamk. ill. t. 775, fig. 1.* — Tiges de longueur variable, grêles, rameuses, nageantes, fragiles. Feuilles bi-trichotomes, sétacées, *à peine dentées,* très-serrées au sommet des rameaux. Fleurs presque sessiles, solitaires, axillaires. Fruit corné, verdâtre, ovoïde, un peu comprimé, légèrement tuberculeux, *dépourvu d'épines à la base,* terminé par le style persistant, *très-court.*

Hab. très-communément dans les fossés à Manduel et aux environs de Nîmes. ♃ Fl. juin-août.

2. **C. DEMERSUM** *Lin. sp.* 1409; *Dec. fl. fr. 4, p. 413; Lamk. ill. t. 775, fig. 2.* — Cette espèce diffère de la précédente par ses feuilles toujours dichotomes, à segments linéaires, fortement dentés; par ses fruits *à trois pointes,* dont deux latérales, dirigées vers la base, et une terminale, *plus longue que lui ou de sa longueur.*

Hab. les eaux du Vistre près de Nîmes, celles du contre-canal de Beaucaire à Aigues-Mortes. ♃ Fl. juillet-septembre.

XLIVe Fam. **LYTHRARIÉES.**

LYTHRARIEÆ. — (Juss. dict. sc. nat. t. 27, p. 453.)

Fleurs hermaphrodites, régulières ou presque régulières. Calice d'une seule pièce, libre, tubuleux ou campanulé, persistant, à 8-12 dents disposées sur deux rangs; les intérieures non imbriquées. Corolle à 4-6 pétales, caducs, rarement nuls, insérés au sommet du tube du calice, alternes avec ses dents intérieures, imbriqués dans le bouton. Étamines 6-12, rarement plus ou moins, insérées sur le tube du calice, plus bas que les pétales; anthères bilobées. Style 1; stigmate capité. Ovaire 1, libre, supère.

Fruit capsulaire membraneux, à 2-4 loges polyspermes, déhiscent, à placentas centraux. Graines nombreuses, petites, réfléchies, horizontales ou ascendantes. Plantes herbacées, à feuilles entières, alternes ou opposées, sans stipules, à fleurs axillaires ou en épis.

1. { Tube du calice cylindrique, plus ou moins allongé ; pétales beaucoup plus longs que le calice ; style filiforme 1er gre **LYTHRUM**.
Tube du calice campanulé, court; pétales très-petits, souvent nuls; stigmate presque sessile.. 2e gre **PEPLIS**.

1er gre. SALICAIRE. — LYTHRUM. (Lin. gen. 604.)

Calice *tubuleux-cylindrique*, plus ou moins allongé, à 8-12 dents, sur deux rangs; les intérieures plus longues, filiformes. Pétales 4-6, insérés à la base ou vers le milieu du tube du calice; style filiforme. Capsule *cylindrique ou oblongue*, renfermée dans le tube du calice, à deux loges polyspermes.

1. { Fleurs fasciculées, disposées en long épi inter-rompu à la base......................... **SALICARIA**.
Fleurs solitaires ou géminées, axillaires........ 2.

2. { Fleurs géminées, calice court................ **GEMINIFLORUM**.
Fleurs solitaires, calice allongé............... 3.

3. { Feuilles presque toutes alternes, lisses........ **HYSSOPIFOLIA**.
Feuilles éparses, rudes sur le dos et les bords... 4.

4. { Bractées insérées à la base du calice.......... **THYMIFOLIA**.
Bractées insérées au sommet des pédoncules... **BIBRACTEATUM**.

1. **L. SALICARIA** *Lin. sp.* 640 ; *Dec. fl. fr.* 4, *p.* 409; *Lamk. ill. t.* 408, *fig.* 1; *Clus. hist.* 2, *p.* 51, *fig.* 1. — Racine épaisse, ligneuse. Tige de 6-12 décim., droite, raide, tétragone, simple ou plus souvent rameuse au sommet, un peu pubescente. Feuilles opposées, rarement verticillées par trois, sessiles, cordiformes à la base, lancéolées-aiguës, finement pubescentes, nerviées et un peu pâles en dessous. Fleurs d'un rouge violet, presque sessiles, réunies 4-8 à l'aisselle de bractées foliacées cordiformes, aiguës, disposées en épi allongé terminal. Pédoncules nus ou munis quelquefois de 1-2 bractées filiformes. Calice velu, fortement strié, à 12 dents, les 6 extérieures plus longues que les intérieures, dépourvu de bractéole à la base. Corolle à 6 pétales oblongs-obtus, un peu plus longs que le calice. Étamines 12, dont 6 plus courtes; toutes un peu plus courtes que les pétales. Style saillant ou inclus. Capsule glabre, ovoïde, s'ouvrant en 2 valves, couverte par le tube du calice. Graines petites, ovales, amincies au sommet, jaunâtres, lisses.

VAR. B, *Canescens nob*. Plante toute couverte de poils blan-châtres.

Cette plante est vulnéraire et astringente. Vulgairement *lysimachie rouge*.

Hab. les bords des fossés, des ruisseaux, les prairies humides, dans tout le département; la var. B, à Tresques (Gonnet). ♃ Fl. juillet-septembre.

2. **L. HYSSOPIFOLIA** *Lin. sp.* 642 ; *Dec. fl. fr.* 4, *p.* 410;

Jacq. Austr. t. 133 ; *J. Bauh. hist.* 3, *p.* 792 , *fig.* 1. — Racine blanchâtre, grêle, pivotante. Tige de 1-5 décim., glabre, droite ou quelquefois étalée, rameuse dès la base, rarement simple, anguleuse, à rameaux étalés. Feuilles glabres, d'un vert cendré, éparses ou alternes, sessiles, linéaires-lancéolées, aiguës ou obtuses, plus ou moins atténuées à la base. Fleurs petites, purpurines, presque sessiles, *solitaires,* rarement géminées, axillaires, disposées en épi allongé, lâche, grêle, feuillé jusqu'au sommet. Pédoncules pourvus, à leur sommet, de 2 bractéoles *scarieuses,* très-petites. Calice glabre, strié, allongé, tubuleux, cylindrique, à 12 dents ; les 6 extérieures *linéaires-aiguës,* plus longues que les intérieures. Pétales 6, ovales, cunéiformes, *de moitié plus courts que le calice.* Style plus court que les étamines ; celles-ci, au nombre ordinairement de 6, de la longueur des dents du calice. Capsule un peu bosselée, lisse, dépassant un peu le calice. Graines très-petites, ovoïdes, jaunâtres, lisses.

Hab. les lieux humides, les bords des fossés dans tout le département. ① Fl. juin–septembre.

3. **L. BIBRACTEATUM** *Salzm. in Dec. prod.* 3, *p.* 81 ; *Godr. et Gren. fl. fr.* 1, *p.* 575 ; *L. Salzmanni, jord. observ.* 5ᵐᵉ *fragm.,* *p.* 42 , *t.* 2, *fig.* B. *Barrel. ic.* 773 , *fig.* 2. — Racine grêle, rameuse. Tige de 1-2 décim. , droite ou étalée sur la terre, très-rameuse dès la base, un peu anguleuse, glabre, un peu rude au sommet, à rameaux très-étalés ; les inférieurs très-longs, souvent couchés sur la terre ; les supérieurs d'autant plus courts qu'ils approchent du sommet. Feuilles éparses ou alternes, sessiles, peu distantes, uninerviées, glabres, d'un beau vert, souvent rougeâtres, un peu rudes sur les bords et la nervure dorsale ; les inférieures linéaires, obtuses, rétrécies vers la base, réfléchies ; les supérieures dressées ou étalées. Fleurs petites, purpurines, très-brièvement pédonculées, solitaires à l'aisselle des feuilles et des rameaux, formant, par leur rapprochement, des épis assez épais et feuillés. Pédoncules portant vers leur sommet 2 bractées linéaires-lancéolées, *foliacées,* plus courtes ou un peu plus longues que le calice grêle, allongé-tubuleux, cylindrique, glabre, souvent rougeâtre, strié, à 10-12 dents très-courtes ; les intérieures membraneuses, arrondies ; les extérieures *triangulaires, obtuses.* Corolle à 5-6 pétales petits, oblongs, atténués en onglet blanchâtre, *de moitié plus courts que le calice.* Étamines plus courtes que le tube du calice. Style très-court. Capsule oblongue-linéaire, obtuse, de la longueur du calice, glabre, un peu bosselée. Graines très-petites, jaunâtres, oblongues.

Hab. les lieux où l'eau a séjourné, au bord de l'étang de Jonquières, à Manduel, à la Capelle (Gonnet), à Marsillargues, Aigues-Mortes. ① Fl. juin–septembre.

4. **L. THYMIFOLIA** *Lin. sp.* 642; *Dec. fl. fr.* 4 , *p.* 410;
J. Bauh. hist. 3, *p.* 792, *fig.* 3. — Racines fibreuses. Tige de
5-12 centim., glabre , grêle, anguleuse, plus ou moins rameuse,
dressée, à rameaux *tous dressés-étalés,* souvent opposés. Feuilles
d'un vert cendré, très-rapprochées, éparses, sessiles, uninerviées,
rudes au toucher, linéaires-étroites, obtuses; les supérieures
aiguës, toutes dressées. Fleurs très-petites, purpurines, très-brièvement pédonculées, solitaires, axillaires le long des rameaux et
formant des épis feuillés, moins épais que dans l'espèce précédente. Calice grêle, allongé-tubuleux, cylindrique, strié, muni à
sa base de 2 bractées linéaires-lancéolées, *foliacées,* de la longueur
du calice, à 8 dents; les 4 internes rudimentaires; les 4 externes
étroites, linéaires, aiguës, très-rudes, de la longueur du tiers du
tube. Corolle à 4 pétales, *un peu saillants hors du calice.*
Etamines et style renfermés dans le calice. Capsule cylindrique,
glabre, un peu bosselée, obtuse, dépassée par les dents du calice,
moins longue que dans l'espèce précédente. Graines ovoïdes, très-
petites, jaunâtres.

Hab. les lieux où l'eau a séjourné, dans le bois de Broussan, près de Nîmes,
au trou du *Perussas,* à la cabane d'*Igonnet,* à l'étang de Jonquières, aux environs de Beauvoisin, à Aigues-Mortes. ① Fl. juin-juillet.

5. **L. GEMINIFLORUM** *Bertol. fl. ital.* 5, *p.* 16; *God. et Gren.*
fl. fr. 1, *p.* 597; *Jord. obs.* 5me *frag. p.* 40, *t.* 2, *f.* **A.** — Racine
pivotante, rameuse. Tige de 2-3 décim., droite, glabre, angu-
leuse, rameuse, principalement dès la base , à rameaux grêles,
allongés, feuillés jusqu'au sommet; les inférieurs ascendants; les
supérieurs très-étalés , souvent rougeâtres. Feuilles éparses , sessiles, souvent déjetées, glabres, un peu glauques en dessous, à une
nervure, légèrement denticulées sur les bords, étroites, linéaires,
aiguës , un peu élargies vers leur milieu. Fleurs petites, purpurines , à pédoncule court , géminées à l'aisselle de presque toutes
les feuilles; pédoncules plus courts que le calice, munis à leur
base de 2 bractéoles scarieuses, linéaires, plus courtes qu'eux.
Calice *campanulé-tubuleux,* court, strié, subcylindrique , à 8-12
dents; les internes larges , courtes, aiguës; les externes lancéolées-aiguës , dressées, beaucoup plus longues. Corolle à 4-6 pétales
un peu saillants hors du calice, obovés, à onglet court. Etamines
et style renfermés dans le calice. Capsule oblongue, obtuse, surmontée par le style, égale au calice. Graines ovoïdes, très-petites,
jaunâtres.

Hab. les terres humides, autour de l'étang de Jonquières, et entre Tresques
et Connaud (Gonnet). ① Fl. août-septembre.

2ᵉ gre. PÉPLIDE. — PEPLIS. (Lin. gen. 446.)

Calice court, campanulé, à tube plus court ou plus long que la
capsule, à 10-12 dents sur 2 rangs. Pétales 5-6, insérés sur le bord

interne du tube du calice, caducs ou nuls. Étamines insérées avec les pétales. Capsule globuleuse ou obovale, à 2 loges polyspermes.

1. { Tube du calice plus court que la capsule............... PORTULA.
{ Tube du calice plus long que la capsule............... 2.

2. { Dents internes du calice conniventes après la floraison.. TIMEROYI
{ Dents internes du calice dressées après la floraison.. .. ERECTA.

1. P. PORTULA *Lin. sp.* 474; *Dec. fl. fr.* 4, *p.* 412; *Lamk. ill. t.* 262; *Vaill. bot. t.* 15, *fig.* 5. — Racines fibreuses. Tiges nombreuses de 5-15 centim., grêles, glabres, un peu anguleuses, simples ou rameuses, couchées, radicantes à la base, souvent rougeâtres ainsi que les feuilles; celles-ci très-glabres, toutes opposées, obovales ou spatulées, rétrécies en pétiole assez long. Fleurs d'un blanc rosé, très-petites, presque sessiles, solitaires, axillaires à chaque feuille. Pédoncules munis à leur base de 2 bractéoles scarieuses, subulées. Calice à tube court, campanulé, glabre, souvent rougeâtre, à 12 nervures, à 12 dents; les extérieures plus étroites, subulées, souvent plus longues que les intérieures, droites ou courbées en dedans. Pétales petits, ovales-arrondis, très-caducs, souvent nuls; style très-court. Stigmate capité, à papilles courtes. Capsule globuleuse plus longue que le tube du calice, bosselée. Graines très-petites, ovoïdes, rousses.

Hab. les lieux humides, les bords des ruisseaux et des mares, à Dourbie, aux environs du Vigan et dans toute la partie élevée du département. ① Fl. juin-septembre.

2. P. ERECTA *Req. in Benth. cat. p.* 111; *P. nummulariæfolia Jord. observ.* 3me *fragm. p.* 85, *t.* 5, *fig. D; Lythrum nummulariæfolium, Lois. not.* 74. — Racines fibreuses. Tiges nombreuses ou solitaires, dressées, anguleuses, lisses inférieurement, brièvement hispides vers le sommet, simples ou rameuses, rarement ascendantes et radicantes. Feuilles opposées, ou un peu alternes vers le sommet de la tige et des rameaux, plus ou moins rapprochées, obovales, arrondies au sommet, sessiles; les inférieures elliptiques, cunéiformes à la base, ondulées, brièvement ciliées, rudes en dessous. Fleurs rougeâtres, sessiles ou presque sessiles, solitaires, à l'aisselle des feuilles supérieures. Pédoncules munis, à leur base, de 2 bractéoles subulées, scarieuses. Calice oblong, cylindrique, strié, glabre ou un peu hispide, à 10-12 dents courtes, égales; les inférieures ovales-acuminées, dressées; les extérieures linéaires-aiguës, très-étalées, arquées en dehors. Pétales 6, petits, caducs, ovales, à onglets très-courts. Style filiforme, plus long que les étamines, saillant hors du calice; stigmate à papilles allongées. Capsule elliptique, *couverte par le tube du calice.* Graines très-petites, ovoïdes, rousses.

Hab. les lieux humides, au trou du *Perussas*, dans le bois de Broussan, près de la cabane d'*Igonnet*, dans une mare entre Beauvoisin et Vauvert. ① Fl. juin-juillet.

3. P. timeroyi *Jord. observ.* 3me *frag. p.* 83 , *t.* 5 , *fig. C ;*
Godr. et Gren. fl. fr. 1 , *p.* 599. — Cette espèce diffère de la précédente : par ses feuilles oblongues, *toutes alternes ;* par son calice
plus court, ovoïde-campanulé, à dents intérieures *conniventes,*
après la floraison, couvrant presque l'orifice du tube ; par son
style plus court ; par les papilles du stigmate très-courtes et par
sa capsule presque de la longueur du tube du calice.

Hab. aux bords des mares à Aigues-Mortes. ① Fl. mai-septembre.

XLVe Fam. **TAMARISCINÉES.**

Tamariscineæ. (A. St-Hil. mém. du mus. 2, p. 205.)

Fleurs hermaphrodites régulières. Calice persistant à 5 divisions soudées à la base. Corolle à 5 pétales marcescents, égaux,
insérés à la base du calice, alternes avec ses divisions, imbriqués
avant l'épanouissement. Étamines 5-10, à filets soudés à leur base
et insérés sur le réceptacle ; anthères bilobées. Ovaire libre, supérieur, trigone. Capsule trigone, ordinairement à 3 valves, uniloculaire, polysperme, déhiscente. Placentas pariétaux. Graines
nombreuses, dressées ou ascendantes, munies d'une aigrette au
sommet. Arbrisseaux ou arbres à rameaux effilés, à feuilles
alternes, très-petites, en forme d'écailles, persistantes, à fleurs en
épis.

1. { Styles 3 ; aigrette sessile.................... 1er gre. **TAMARIX.**
{ Style nul ; aigrette stipitée................. 2e gre. **MYRICARIA.**

1er gre **TAMARISQUE. — TAMARIX.** (Lin. gen. 405.)

Calice à 5 sépales. Étamines 5-10, égales, à filets presque libres.
Styles 3 ; stigmates 3 , obliques au sommet du style. Graines
dressées, insérées au fond de la capsule, munies à leur sommet
d'une aigrette sessile.

1. { Épis de fleurs grêles, un peu lâches ; bractées ovales,
{   acuminées.................................... **GALLICA.**
{ Épis de fleurs épais, serrés ; bractées oblongues, obtuses
{   ou aiguës................................... **AFRICANA.**

1. T. gallica *Lin. sp.* 386 ; *Dec. fl. fr.* 4 , *p.* 399 ; *Godr. et
Gren. fl. fr.* 1 , *p.* 600 ; *Lamk. ill. t.* 213 , *fig.* 1. — Arbrisseau
de 2-3 mètres ou arbre de 5-10 mètres, à écorce glabre, d'un brun
rougeâtre, à rameaux grêles, nombreux, épars, souvent fastigiés,
dressés ou pendants du sommet de l'arbre. Feuilles d'un vert
cendré, glabres, courtes, imbriquées, embrassantes, acuminées,
serrées contre les rameaux, puis étalées, entières, *opaques.* Fleurs
blanches ou rosées, petites, *globuleuses avant l'épanouissement,*
disposées en épis nombreux, grêles, un peu lâches ; bractées

ovales, longuement acuminées, embrassantes à leur base. Sépales
ovales-aigus. Pétales oblongs, obtus, concaves, ouverts. Etamines
saillantes; anthères cordiformes. Capsule *triangulaire-pyramidale*, rosée, 3-4 fois plus longue que le calice. Graines petites,
oblongues, jaunâtres.

L'écorce de la racine de cet arbrisseau est diurétique, sudorifique, apéritive;
son bois est sudorifique.

Hab. les lieux humides de toute la plaine, plus particulièrement dans les
salants, depuis Beaucaire jusqu'à Aigues-Mortes. ♄ Fl. mai–août.

2. **T. AFRICANA** *Poir. voy.* 2. *p.* 189; *Dec. fl. fr.* 5, *p.* 527.
— Arbrisseau de 2-3 mètres, à écorce grise; tige et rameaux comme
dans l'espèce précédente. Feuilles vertes, étalées, translucides sur
les bords et au sommet. Fleurs grandes, ovoïdes, avant l'épanouissement, disposées en épis nombreux, épais, serrés; bractées
oblongues, obtuses ou aiguës. Sépales oblongs. Pétales oblongs,
obtus. Etamines non saillantes; anthères ovales, *mutiques*. Capsule courte, *trigone*, un peu pyramidale. Graines comme dans le
N°. 1.

Ces deux espèces sont connues sous le nom patois de *tamarissa*.

Hab. les bords de l'étang de Jonquières, aux environs de Sylveréal. ♄ Fl.
mai–août.

2ᵉ gʳᵉ. MYRICAIRE. —MYRICARIA. (Desv. ann. soc. nat. 1ʳᵉ, ser. 4, p. 349.)

Sépales et pétales 5. Étamines 10, dont 5 plus courtes, à filets
soudés jusqu'au-dessus de leur milieu, en tube inséré sur le
réceptable. Styles nuls; stigmate capité. Graines ascendantes,
surmontées d'une aigrette stipitée.

1. **M. GERMANICA** *Desv. l. c. Godr. et Gren. fl. fr.* 1, *p.* 601;
Tamarix germanica Dec. fl. fr. 4, *p.* 399; *Lamk. ill. t.* 213,
fig. 2. — Arbrisseau de 4-10 décim., glabre, glauque, droit, très-
rameux, à rameaux dressés-étalés, grêles, un peu anguleux, à
écorce blanchâtre ou rougeâtre. Feuilles linéaires-lancéolées,
obtuses, peu imbriquées, sessiles, petites, un peu épaisses, finement ponctuées. Fleurs blanchâtres ou rosées, pédicellées, disposées en épis raides, terminaux, interrompus à la base, allongés-
pyramidaux, denses au sommet; pédicelles munis, à leur base,
d'une bractée ovale, acuminée; les égalant ou les dépassant;
scarieuse à la base. Sépales linéaires-lancéolés, scarieux sur les
bords. Pétales lancéolés, de la longueur du calice. Etamines non
saillantes, à anthère cordiforme. Capsule triangulaire-pyramidale,
3-4 fois plus longue que le calice. Graines oblongues, atténuées à
la base, jaunâtres.

Hab. dans les îles du Rhône, à Beaucaire, à Valabrègues. ♄ Fl. mai–
juillet.

XLVIe Fam. **MYRTACÉES.**

1er gre. MYRTACEÆ. (R. Brown, in flind. voy. **2**, p. 546.)

Fleurs hermaphrodites, régulières. Calice turbiné, adhérent à l'ovaire, à 5, rarement 4 sépales, non imbriqués au bouton. Pétales 5, rarement 4, alternes avec les sépales, imbriqués dans le bouton. Étamines nombreuses, insérées avec les pétales à l'orifice du calice, libres ou peu cohérentes ; anthères bilobées. Style 1 ; stigmate simple. Ovaire infère, adhérent. Fruit (baie) multiloculaire, polysperme. Placenta central. Graines dressées.

1er gre. MYRTHE. — MYRTUS. (Tourn. inst. t. 409.)

Calice à tube subglobuleux, à 5 sépales persistants. Pétales 5. Fruit à 2-3 loges polyspermes.

1. **M. communis** Lin. sp. 673 ; *Dec. fl. fr.* 4, *p.* 426 ; *Lamk. ill. t.* 419. — Arbrisseau de 2-3 mètres, à écorce grisâtre, à tige droite très-rameuse, à rameaux dressés-étalés, tétragones, un peu pubescents vers le sommet, très-chargés de feuilles ; celles-ci opposées, persistantes, rapprochées, ovales-lancéolées, acuminées-aiguës, presque sessiles, dures, luisantes, couvertes sur les deux faces de points glanduleux. Fleurs blanches, solitaires, axillaires, opposées ; pédoncules plus courts que les feuilles. Calice à sépales ovales, à tube muni, à sa base, de deux bractéoles très-caduques. Pétales arrondis, concaves, dépassant les sépales. Étamines presque de la longueur des pétales. Baies subglobuleuses, ombiliquées, d'un bleu foncé, couvertes d'une efflorescence glauque. Graines réniformes, osseuses.

Fleurs et feuilles aromatiques ; on en retire une huile essentielle aromatique. Les baies passent pour très-astringentes.

Hab. les terrains arides, à Anduze, Cannes, Cériguac, et dans tous les environs d'Anduze. ♄ Fl. mai–juin.

On cultive fréquemment dans les jardins le seringat odorant (*philadelphus coronarius* Lin.), remarquable par ses rameaux opposés, ses feuilles ovales, aiguës, opposées, et par ses fleurs blanches très-odorantes et disposées en grappes terminales. On le trouve subspontané dans les haies, aux environs d'Anduze. (Lecoq et Lamothe.)

XLVIIe Fam. **CUCURBITACÉES.**

CUCURBITACEÆ. (Juss. gen. 393.)

Fleurs monoïques ou dioïques régulières. Calice à 5 sépales, adhérent à l'ovaire par le tube. Corolle desséchée, caduque, à 5 pétales soudés plus ou moins profondément, alternes avec les sépales, plissés ou chiffonnés avant l'épanouissement. Étamines 5,

alternes avec les pétales, insérées à la base du tube de la corolle,
1 libre, les 4 autres soudées deux à deux ; anthères uni-bilobées, à
lobes linéaires, très-longs, plissés, flexueux. Style court, à 3 stigmates épais, bilobés. Ovaire inférieur. Fruit charnu, à 3-5 loges.
Graines horizontales, nombreuses, logées dans une pulpe gélati-
neuse qui devient membraneuse en se desséchant. Plantes herbacées, rampantes ou grimpantes, à feuilles alternes, hispides, ordinairement munies de vrilles.

1. { Fruit petit, arrondi, lisse, rouge à la maturité: plante
     munie de vrilles...................... 1ᵉʳ gʳᵉ. **BRYONIA**.
    Fruit assez gros, hérissé, oblong, jaunâtre à la
     maturité; plante dépourvue de vrilles...... 2ᵒ gʳᵉ. **ECBALLIUM**.

1ᵉʳ gʳᵉ **BRYONE**. — **BRYONIA**. (Lin. gen. 1093.)

Fleurs mâles. Calice campanulé, à 5 dents. Corolle à 5 lobes.
Étamines 5 dont 1 libre, les autres soudées deux à deux par les
filets et les anthères unilobées. Fleurs femelles. Calice à tube subglobuleux, rétréci au-dessus de l'ovaire en un col étroit, à limbe
campanulé, à 5 dents. Style trifide; stigmates subbifides. Baies
globuleuses, lisses. Graines 5-6, ovoïdes-comprimées. Plantes
grimpantes, munies de vrilles.

1. **B. DIOICA** *Jacq. aust.* 2, *p.* 59, *t.* 199; *Dec. fl. fr.* 3,
p. 689; *Lamk. ill. t.* 796, *fig.* 1; *Dod. pempt.* 400, *ic.* — Racine
très-épaisse, charnue, napiforme, souvent rameuse, blanchâtre,
d'un goût amer et désagréable. Tiges de 2-4 mètres, grêles, anguleuses, rameuses, grimpantes, plus ou moins rudes, à poils courts,
glanduleux à la base. Feuilles pétiolées, cordiformes, hérissées,
sur les deux faces et souvent sur le pétiole, de poils raides, courts;
à 5 lobes anguleux, sinués-dentés; le terminal plus grand, plus
aigu; vrilles extra-axillaires, simples, grêles, roulées en spirale
supérieurement. Fleurs dioïques; les mâles en petites grappes
axillaires, longuement pédonculées; les femelles presque sessiles,
plus petites que les mâles. Corolle à lobes oblongs, ciliés, d'un
blanc sale, veinée-verdâtre, beaucoup plus longue que le calice.
Étamines à filets courts et velus. Baies rouges à la maturité, à suc
visqueux. Graines roussâtres, tachetées de noir, entourées d'une
bordure étroite.

Cette plante est connue sous le nom vulgaire de *couleuvrée*, en patois *cou-
gᵒuriè saouvagé, houbloun*; sa racine est purgative, hydragogue et diurétique.
Hab. les haies dans tout le département. ♃ Fl. mai–août.

2ᵉ gʳᵉ **MOMORDIQUE.** — **ECBALLIUM.** (Rich. dict. class. d'hist. nat. t. 6,
p. 19.)

Fleurs monoïques. Fleurs mâles: calice campanulé à 5 divisions,
à tube court. Étamines 5, dont une libre, les autres soudées deux à
deux. Anthères flexueuses. Fleurs femelles: calice à tube rétréci au

dessus de l'ovaire, à limbe campanulé, à 5 divisions ; 3 étamines sans anthères ; style trifide ; stigmates bifides. Baie oblongue, se détachant du pédoncule à la maturité, en laissant à sa base une ouverture d'où partent avec éclat et élasticité une partie des graines et du mucilage qu'elle renferme. Graines nombreuses, ovoïdes ou oblongues, comprimées. Plantes étalées, dépourvues de vrilles.

1. **Ec. ELATERIUM** *Rich. l. c. Godr. et Gren. fl. fr.* 1, *p.* 604 ; *Momordica elaterium Lin. sp.* 1434 ; *Dec. fl. fr.* 3, *p.* 690 ; *Cam. epit.* 946, *ic.* — Racine épaisse, charnue, blanchâtre, rameuse. Tiges de 2-6 décim., épaisses, succulentes, anguleuses, rameuses, couchées, très-rudes au toucher. Feuilles d'un vert grisâtre en dessus, blanches, cotonneuses en dessous, épaisses, couvertes de poils raides, courts, tuberculeux, grandes, alternes, pétiolées, triangulaires, obtuses, cordées à la base, sinuées dans leur pourtour ou sublobées ou confusément dentées. Fleurs jaunâtres, veinées ; les mâles pédicellées, en grappe simple, lâche au sommet d'un pédoncule axillaire, souvent plus long que le pétiole ; quelquefois, à la base de la grappe, naît une fleur femelle. Fleurs femelles axillaires, souvent solitaires, à pédoncule beaucoup plus court que celui des fleurs mâles, hérissé de poils tuberculeux. Sépales linéaires-lancéolés. Corolle pubescente, à lobes mucronés, beaucoup plus longs que les sépales. Fruit oblong, pendant, pubescent et hérissé de poils tuberculeux à leur base. Graines brunes entourées d'une berdure étroite.

Cette plante, qui occupe un rang parmi les plantes vénéneuses, et qui par conséquent doit être administrée avec prudence, est un violent purgatif ; elle est aussi employée comme hydragogue et emménagogue. Son suc épaissi se nomme *elaterium*. Elle porte les noms vulgaires de *concombre sauvage, concombre d'âne ;* en patois, *councoumbré saouvagé, councoumbré d'asé.*

Hab. les lieux incultes, le bord des habitations, à Nîmes, St-Gilles, St-Nicolas et dans toute la plaine. ♃ Fl. mai-août.

On cultive communément dans les potagers le melon, *cucumis melo Lin.* : le concombre cornichon, *cuc. sativus Lin.* ; la pastèque, *cuc. citrulus Lin.* : la courge potiron, *cucurbita maxima Duch.* ; la citrouille ou giraumon, *cucurb. pepo Duch.* ; la calebasse ou gourde, *cucurb. lagenaria Lin.* Plusieurs variétés de ces espèces sont aussi cultivées.

XLVIIIᵉ FAM. **PORTULACÉES.**

PORTULACEÆ. (Juss. gen. 312, excl. gen.)

Fleurs hermaphrodites, régulières ou peu irrégulières. Calice à 2, rarement à 3-5 sépales, persistants ou caducs au sommet, imbriqués dans le bouton. Corolle à 4-5-6 pétales insérés à la base du calice, libres ou plus ou moins soudés entre eux, imbriqués dans le bouton. Étamines 3-12, rarement plus, opposées aux pétales, insérées à la base du calice et adhérentes avec eux ; anthères bilobées. Style filiforme, à 3-5 lobes. Ovaire 1, libre ou soudé au calice par sa base. Fruit capsulaire, membraneux, uniloculaire, polysperme, à déhiscence transversale ou longitudinale en 3 valves. Graines ascendantes ou réfléchies, fixées à un placenta central. Herbes succulentes, à feuille opposées ou alternes, sans stipules, à fleurs axillaires ou terminales.

1. { Capsule à plusieurs graines, s'ouvrant circulairement : fleurs jaunes.......................... 1er gre PORTULACA.
{ Capsule à 3 graines, s'ouvrant longitudinalement en 3 valves ; fleurs blanches.......... 2e gre MONTIA.

1er gre. POURPIER. — PORTULACA. (Tourn. inst. 118.)

Calice soudé avec l'ovaire, à 2 sépales caducs au sommet. Pétales ordinairement 5, insérés sur le calice, libres ou un peu soudés à la base, quelquefois inégaux. Etamines 6-12, un peu adhérentes à la base des pétales. Style divisé ordinairement en 5 lobes stigmatifères. Capsule s'ouvrant circulairement par le milieu. Graines petites, nombreuses.

1. **P. OLERACEA** *Lin. sp.* 638 ; *Dec. fl. fr.* 4, *p.* 402 ; *Excl. var. pl. grass. t.* 123 ; *Fuchs. hist. p.* 113, *ic.* — Racine rameuse, blanchâtre ou rougeâtre. Tiges de 1-3 décim., rameuses, couchées, glabres, tendres, succulentes, mucilagineuses, souvent rougeâtres. Feuilles sessiles, oblongues, cunéiformes, charnues, lisses, luisantes ; les inférieures opposées ; les supérieures éparses ou alternes, plus serrées au sommet des rameaux. Fleurs jaunes, sessiles, axillaires, solitaires ou agrégées. Calice comprimé, à sépales inégaux, carénés, obtus, enveloppant la capsule en forme d'éteignoir. Pétales obovales. Capsule ovoïde-trigone. Graines petites, subréniformes, noires, luisantes, finement tuberculeuses.

Cette plante, connue sous le nom patois de *bourtoulaïga*, se mange en *salade* et en *barbouillade ;* elle fournit une nourriture rafraîchissante et elle passe pour diurétique, vermifuge, antiscorbutique.

Hab. les champs cultivés et les vignes, dans tout le département. ⓓ Fl. mai–septembre.

On en cultive une variété sous le nom de pourpier doré, *portulaca sativa* *Dec. prod.*

2e gre. MONTIE. — MONTIA. (Lin. gen. 101.)

Calice libre, à 2-3 sépales obtus, persistants. Pétales 5, dont 3 plus étroits, soudés inférieurement et insérés sur le calice à la base de l'ovaire. Etamines 3, rarement plus, insérées à la gorge de la corolle et soudées à la base des pétales étroits. Style trifide. Capsule recouverte par le calice, à 3 valves s'ouvrant en long. Graines 3, tuberculeuses.

1. { Tiges naines, droites, non radicantes............... MINOR.
{ Tiges allongées, tombantes, radicantes............ RIVULARIS.

1. **M. minor** *Gmel. bad.* 1 , *p.* 301 ; *Godr. et Gren. fl. fr.* 1 , *p.* 606 ; *M. fontana Lin. sp.* 129 (*en partie*); *Dec. fl. fr. 4, p.* 402, *var. A ; Mich. gen. t.* 13 , *fig.* 2. — Racine fibreuse. Tiges de 3-12 centim. , droites, dichotomes, succulentes, glabres, réunies en touffe. Feuilles opposées, ovales-oblongues ou spatulées, les supérieures plus étroites, un peu charnues, très-glabres, entières, d'un vert très-pâle, embrassantes à leur base. Fleurs petites, blanches, pédonculées, droites, puis penchées, réunies 2-4 en cimes latérales, axillaires et terminales ; celles-ci pourvues, à la base, de pédoncules, d'une *bractée scarieuse, opposée à une feuille*. Sépales arrondis. Pétales un peu plus longs que le calice. Capsule subglobuleuse-trigone, un peu déprimée, à valves arrondies, enroulées, après la chute des graines noires , orbiculaires-subréniformes, *très-tuberculeuses.*

Hab. les lieux frais et humides, aux environs du Vigan, et les lieux élevés du département. ① Fl. avril–mai.

2. **M. rivularis** *Gmel. bad.* 1 , *p.* 302 ; *Godr. et Gren. fl. fr.* 1, *p.* 606; *M. fontana Lin. sp.* 129 (*en partie*); *Dec. fl. fr. 4, p.* 402 , *var. B ; Mich. gen. t.* 13 , *fig.* 1. — Cette espèce diffère de la précédente par ses tiges plus longues, plus grêles, couchées et radicantes à leur base ; par ses feuilles plus grandes et d'un vert plus décidé ; par ses fleurs toujours pourvues , à la base de leur pédoncule, de 2 *feuilles opposées et égales ;* et enfin, par ses capsules et ses graines plus petites.

Dans sa localité, on mange cette plante en salade.

Hab. les eaux des terrains granitiques du département. ♃ Fl. avril–septembre.

XLIXᵉ Fam. **PARONYCHIÉES.**

Paronychieæ. (St-Hil. mem. mus. 2 , p. 276.)

Fleurs hermaphrodites. Calice à 5 sépales, rarement 4, persistants, libres presque jusqu'à la base ou soudés à la base en tube de longueur variable, imbriqués dans le bouton. Pétales en nombre égal à celui des sépales, libres, souvent filiformes, rudimentaires, quelquefois nuls, insérés à la base du calice, alternes avec les sépales, souvent persistants Etamines 5-4, rarement 1-3, insérées à la base des sépales et opposées à eux ; anthères bilobées. Ovaire libre. Styles 2-3, courts, soudés ou filiformes libres. Stigmates 2-3. Capsule couverte par le calice, monosperme, indéhiscente ou polysperme, déhiscente par 3 valves. Plantes herbacées très-rameuses, à feuilles entières, petites, opposées ou alternes , avec ou sans stipules, à fleurs axillaires ou en cimes terminales.

1. { Capsule polysperme........................... **2.**
   { Capsule monosperme........................... **4.**

2. { Fleurs axillaires, solitaires ou géminées; feuilles
       sétacées .... 2ᵉ gʳᵉ. **LOEFLINGIA.**
   { Fleurs en cimes terminales; feuilles ovales
       ou oblongues........................ **4.**

3. { Feuilles opposées ou verticillées; pétales
       plus courts que le calice............... 1ᵉʳ gʳᵉ. **POLYCARPON.**
   { Feuilles alternes; pétales aussi longs que le
       calice........................ 3ᵉ gʳᵉ. **TELEPHIUM.**

4. { Stigmates 3..................... 7ᵉ gʳᵉ. **CORRIGIOLA.**
   { Stigmates 2..................... **5.**

5. { Feuilles alternes............... 9ᵉ gʳᵉ. **POLYCNEMUM.**
   { Feuilles opposées ou verticillées.......... **6.**

6. { Feuilles subulées, sans stipules.......... 8ᵉ gʳᵉ. **SCLERANTHUS.**
   { Feuilles ovales ou lancéolées, pourvues de
       stipules........................ **7.**

7. { Bractées scarieuses, argentées........... **8.**
   { Bractées herbacées................. 6ᵉ gʳᵉ. **HERNIARIA.**

8. { Fleurs en capitules terminaux ou latéraux. 4ᵉ gʳᵉ. **PARONICHIA.**
   { Fleurs verticillées................. 5ᵉ gʳᵉ. **ILLECEBRUM.**

1ᵉʳ gʳᵉ. **POLYCARPE.** — **POLYCARPON.** (Lœfl. in Lin. gen. 105.)

Calice à 5 sépales profonds, *entiers, concaves*, carénés, mucronés, membraneux sur les bords. Pétales 5, en forme d'écaille. Étamines 3-5. Styles 3, courts. Capsule uniloculaire, polysperme, s'ouvrant par 3 valves. Graines très-petites, réniformes. Feuilles opposées et verticillées, à stipules.

1. **P. TETRAPHYLLUM** *Lin. fil. suppl.* 116; *Dec. fl. fr. 4, p.* 767; *Lamk. ill. t.* 51; *Barr. ic.* 534. — Racine grêle, pivotante. Tiges de 5-10 centim., grêles, très-rameuses, di-trichotomes, cylindriques, presque glabres, étalées ou dressées. Feuilles glabres, obovales-spatulées, quaternées-inégales, souvent opposées au sommet des rameaux et à la base des tiges; stipules ovales-acuminées, blanches, scarieuses, presque argentées. Fleurs très-petites, verdâtres, pédicellées, nombreuses, en cimes terminales, bifurquées, avec une fleur solitaire dans chaque bifurcation, dont le pédicelle est plus long que les autres. Bractées opposées, à la base des bifurcations, scarieuses, argentées. Sépales ovales, mucronés, pubescents, scarieux sur les bords, presque aussi longs que la capsule. Pétales échancrés, plus courts que les sépales. Capsule ovoïde, luisante, finement striée. Graines blanchâtres, très-finement tuberculeuses.

VAR. B, *Alsinoïdes*. Feuilles un peu charnues, légèrement crénelées-cartilagineuses. Fleurs à 5 étamines. *P. alsinœfolium Dec. prodr.* 3, *p.* 376; *Bocc. sic. t.* 38.

Hab. les lieux cultivés, les bords des haies, dans tout le département; la var. B, dans les sables maritimes, à Aigues-Mortes. ① Fl. mai–août.

2ᵉ grᵉ. **LOEFLINGIE. — LOEFLINGIA.** (Lin. act. holm. 1758. p. 15, t. 1, fig. 1.)

Calice à 5 sépales, dont 3 externes plus longs, apiculés, tous munis de 2 appendices membraneux, soudés à leur base, terminés en pointe ciliée, un peu plus courte que le calice. Pétales 3-5, très-petits, insérés au fond du calice. Étamines 3-5, alternes avec les pétales. Style 1, trifide. Capsule uniloculaire, polysperme, à 3 valves. Graines très-petites, ovoïdes, atténuées en bec. Feuilles opposées, munies de stipules.

1. **L. HISPANICA** *Lin. sp.* 50 ; *Dec. fl. fr.* 5, *p.* 608 ; *Lœfl. it.* 113, *t.* 1, *fig.* 1. — Racine grêle, pivotante. Tiges de 5-15 centim., très-rameuses, couchées ou ascendantes, cassantes, souvent rougeâtres. Feuilles opposées, linéaires-subulées, élargies à leur base ; stipules soudées aux feuilles, à partie libre, courte, pointue. Fleurs sessiles, axillaires, solitaires, géminées ou ternées, formant de petites grappes nombreuses par leur rapprochement. Plante pubescente, un peu visqueuse.

Hab. les lieux sablonneux, au bois de Broussan, près Nîmes; aux bords du Gardon, à St-Nicolas, à Manduel, à la Capelle. ① Fl. mai–juin.

3ᵉ grᵉ. **TELEPHE. — TELEPHIUM.** (Lin. gen. 377.)

Sépales et pétales 5, persistants. Étamines 5, opposées aux sépales, insérées au fond du calice avec les pétales. Styles 3, étalés-recourbés, épaissis à la base. Capsule trigone-pyramidale à 3 valves, à 3 loges à la base et à une au sommet, par l'absence des cloisons ; plusieurs graines dans chaque loge. Plante herbacée, à souche ligneuse, à feuilles *alternes*, stipulées, à fleurs en corymbe terminal.

1. **T. IMPERATI** *Lin. sp.* 388 ; *Dec. fl. fr.* 4, *p.* 400 ; *Lamk. ill. t.* 213 ; *Clus. hist.* 2, *p.* 67, *fig.* 2. — Racine épaisse, brune, profonde, à souche épaisse, brièvement rameuse, donnant naissance à des tiges nombreuses de 2-3 décim., couchées, gazonnantes, très-glabres, grêles, cylindriques, un peu anguleuses au sommet, simples ou rameuses. Feuilles alternes, ovales, atténuées en pétiole très-court, glabres, glauques, un peu épaisses, occupant toute la longueur de la tige ; stipules petites, membraneuses. Fleurs blanches, en corymbe serré des tiges. Sépales oblongs-aigus, carénés sur le dos, bordés d'une membrane étroite, blanche. Pétales oblongs, de la longueur du calice. Capsule dépassant un peu le calice. Graines noires, réniformes, très-finement ponctuées.

Hab. parmi les débris des rochers, au Serre-de-Bouquet? (Delav.); il est abondant aux Alpines, près de Saint-Remy. ♃ Fl. juin–août.

4ᵉ grᵉ. **PARONIQUE. — PARONYCHIA.** (Tourn. inst. t. 288.)

Calice persistant, à 5 sépales herbacés ou scarieux, mucronés, voûtés ou dressés, non épaissis sur le dos. Pétales nuls ou en forme d'écailles linéaires. Étamines 5 ou moins. Style 1, bifide; stigmates 2, capités. Capsule couverte par le calice, monosperme, indéhiscente ou s'ouvrant par la base en 5 valves, soudées au sommet. Plantes herbacées, à feuilles opposées, à stipules scarieuses-argentées, à fleurs en cimes ou en capitules.

1. Sépales largement membraneux-scarieux au sommet .... **CYMOSA**.
Sépales membraneux-scarieux sur les bords, ou herbacés .... 2.

2. Sépales membraneux sur les bords .... 3.
Sépales dépourvus de membranes .... 4.

3. Bractées largement ovales, brièvement acuminées .... **ARGENTEA**.
Bractées lancéolées, longuement acuminées... **POLYGONIFOLIA**.

4. Sépales égaux, linéaires-obtus .... **CAPITATA**.
Sépales inégaux, linéaires-aigus .... **NIVEA**.

1. **P. CYMOSA** *Lamk. dict.* 5, *p.* 26; *Dec. fl. fr.* 3, *p.* 402; *Illecebrum cymosum Lin. sp.* 299; *Vill. in Schrad. journ.* (1801), *p.* 402, *t.* 4. — Racine très-grêle. Tige droite, de 3-8 centim. filiforme, pubescente, très-rameuse, à rameaux opposés ou verticillés, très-étalés. Feuilles linéaires, épaisses, presque cylindriques, aristées, verticillées aux articulations, pubescentes; stipules très-petites. Fleurs blanchâtres, solitaires, sessiles à l'aisselle d'une petite bractée scarieuse, disposées en 3 petites grappes formant une panicule serrée, pédonculée, très-glabre. Sépales terminés par une membrane large, blanche-scarieuse, prolongée en pointe acérée, divergente, ce qui donne à la panicule un aspect hérissé. Graines très-petites, blanchâtres, ovales-atténuées aux bouts.

Hab. les terrains schisteux, à Genolhac, à Aulas; sur la route du Vigan, à l'Espérou, au Ranquet. ① Fl. juillet-août.

2. **P. ARGENTEA** *Lamk. fl. fr.* 3, *p.* 230; *Dec. fl. fr.* 3, *p.* 404; *Illecebrum paronychia Lin. sp.* 299; *Barr. ic.* 726. — Racine pivotante. Tiges nombreuses, de 2-3 décim., faibles, articulées, rameuses, pubescentes, couchées sur la terre. Feuilles ovales-lancéolées, mucronées, brièvement ciliées, presque glabres, opposées à chaque articulation; stipules scarieuses, argentées, ovales-acuminées, plus courtes que les feuilles. Fleurs réunies en têtes serrées, axillaires et terminales, plus ou moins rapprochées; bractées scarieuses-argentées, largement ovales-aiguës, *couvrant entièrement les fleurs*, entremêlées de feuilles qui les dépassent un peu. Calice court, ovale, à sépales oblongs, scarieux sur les bords, *voûtés, surmontés d'une pointe rousse ou brune, élargie à la base*. Capsule déhiscente à la base. Graines petites, rousses, luisantes, subtriangulaires, munies d'une petite rainure sur un

angle, et d'un petit bourrelet terminé en pointe sur le bord de l'ombilic sur les deux autres.

Hab. les lieux pierreux, sur la montagne de St–Roman, entre Jonquières et Beaucaire (Audibert). ♃ Fl. juin

3. **P. POLYGONIFOLIA** *Dec. fl. fr.* 3, *p.* 403 ; *Illecebrum polygonifolium Vill. Dauph.* 2, *p.* 557, *t.* 16. — Racine pivotante, blanchâtre. Tiges très-nombreuses, de 2-3 décim., grèles, articulées, rameuses, couchées sur la terre et formant un gazon touffu. Feuilles ovales-lancéolées, un peu pétiolées, glabres ; stipules ovales - lancéolées, scarieuses-argentées, plus courtes que les feuilles. Fleurs réunies en tête, plus petites que dans l'espèce précédente, latérales et terminales ; bractées scarieuses-argentées, couvrant entièrement les fleurs, ovales-lancéolées, acuminées, entremèlées de feuilles plus longues qu'elles. Calice un peu velu, à sépales obtus, voûtés, membraneux sur les bords, à 3 nervures très-prononcées au sommet ; celle du milieu terminée par une pointe. Capsule déhiscente à la base. Graines très-petites, globuleuses, comprimées, brunes, luisantes.

Hab. les terrains granitiques, à l'Espérou, à Alzon, et toute la chaîne jusqu'à St-Guiral ; sur la Lozère près Concoule. ♃ Fl. juin-septembre.

4. **P. CAPITATA** *Lamk. fl. fr. p.* 229 ; *Dec. fl. fr.* 3, *p.* 404 ; *Illecebrum capitatum Lin. sp.* 299 ; *Lob. ic.* 420, *fig.* 2. — Racine rameuse. Tiges de 5-8 centim., nombreuses, ascendantes ou couchées, raides, un peu ligneuses à la base, rameuses, pubescentes. Feuilles lancéolées, aiguës ou obtuses, ciliées, plus ou moins velues sur les deux faces, plus longues que les entre-nœuds ; stipules scarieuses-argentées, lancéolées-aiguës, dépassant souvent les feuilles. Fleurs en têtes serrées, terminales, entièrement cachées par des bractées scariées-argentées, très-grandes et très-larges, ovales, dilatées d'un côté, dépassant les feuilles qui y sont entremèlées. Sépales égaux, linéaires, mutiques, ni membraneux sur les bords, ni voûtés, couverts de poils blancs appliqués. Capsule indéhiscente à la base. Graines rousses-ovales, un peu comprimées, entourées d'un bourrelet étroit, terminées en pointe au bord de l'ombilic.

Hab. les collines pierreuses, le long du Gardon, entre Saint-Nicolas et la Beaume, à Blauzac. ♃ Fl. mai-juin.

5. **P. NIVEA** *Dec. dict. enc.* 5, *p.* 25 ; *Prodr.* 3, *p.* 371 ; *Bar. ic.* 687 ; *Hacq. alp. carn. t.* 2, *fig.* 1. — Cette espèce ressemble beaucoup à la précédente : elle en diffère cependant par ses feuilles plus longues, ovales-lancéolées, aiguës ; par ses sépales très-inégaux, poilus, beaucoup plus longs, bordés de cils plus longs et terminés par un poil.

Hab. les collines pierreuses, le long du Gardon, entre Saint-Nicolas et la

Beaume, à Blauzac, à Villeneuve-lez-Avignon (Palun). ♃ Fl. avril-juin.
Elle est plus abondante, dans ces localités, que la précédente.

5ᵉ gʳᵉ. **ILLÉCÈBRE. — ILLECEBRUM.** (Lin. gen. 290, en part.)

Calice divisé jusqu'à la base en 5 parties cartilagineuses, très-
blanches, concaves intérieurement, terminées en capuchon,
surmonté d'une arète finement aiguë. Pétales 5, filiformes. Etamines 5. Stigmates 2, sessiles, capités. Capsule oblongue, monosperme, incluse, s'ouvrant en 5-10 valves. Graines très-petites,
luisantes.

1. **IL. VERTICILLATUM** *Lin. sp.* 298 ; *Paronychia verticillata
Dec. fl. fr.* 3, *p.* 403 ; *Lamk. ill. t.* 180 ; *Vill. in Schrod. journ.*
(1801), *t.* 4. — Racines fibreuses, très-grêles. Tiges de 1-2 décim.,
nombreuses, filiformes, simples ou rameuses, couchées sur la
terre, garnies de fleurs dans toute la longueur, quelquefois radicantes, glabres, ainsi que les feuilles ; celles-ci ovales, presque
rondes, entières, rétrécies en pétiole très-court ; stipules 2 à la
base de chaque feuille, scarieuses, très-petites. Fleurs blanches
ou rosées, fasciculées, axillaires, sessiles, en forme de verticilles
plus ou moins rapprochés, garnies à leur base de petites bractées
scarieuses. Graines brunes, ovales.

Hab. les terrains sablonneux, frais, les sables granitiques, aux environs
du Vigan, à Alzon, et dans toute la partie granitique et schisteuse du département. ① ou ② Fl. juillet-septembre.

6ᵉ gʳᵉ. **HERNIAIRE. — HERNIARIA.** (Tourn. inst. t. 288.)

Calice à 5 divisions un peu concaves et un peu colorées intérieurement. Pétales 5, filiformes. Etamines 5, opposées aux
sépales. Styles 2, très-courts, libres ou soudés à la base. Capsule
monosperme, indéhiscente, membraneuse, oblongue, couverte
par le calice persistant. Graines petites, noires, luisantes. Plantes
herbacées, à fleurs très-petites, agglomérées, axillaires, à tiges
couchées.

1.	Plante toute glabre..	**GLABRA.**
	Plantes toutes velues...	2.
2.	Fleurs pédicellées, racine épaisse.......................	**INCANA.**
	Fleurs sessiles, racine grêle...............................	3.
3.	Tiges ascendantes, poilues, cendrées...................	**CINEREA.**
	Tiges entièrement appliquées sur la terre, poilues, non cendrées..	**HIRSUTA.**

1. **H. GLABRA** *Lin. sp.* 317 ; *Dec. fl. fr.* 3, *p.* 405 ; *Fl. dan.
t.* 529 ; *Dod. pempt. p.* 114, *ic.* — Racine grêle, la première année
de sa végétation, puis épaisse, rameuse. Tiges de 1-2 décim.,
grêles, très-rameuses, très-nombreuses, appliquées sur la terre,
glabres, ainsi que les autres parties de la plante. Feuilles oblon-

gues, entières, rétrécies à leur base ; les inférieures opposées, les supérieures alternes ; stipules petites, scarieuses, ciliées. Fleurs très-petites, herbacées, sessiles, disposées en glomérules oblongs, alternes, opposés aux feuilles. Calice à sépales obtus, glabres, jaunâtres intérieurement. Graines ovoïdes.

Cette plante, connue sous le nom vulgaire de *turquette*, en patois d'*herba de la gravella*, passe pour astringente, diurétique, antiherniaire, anticalculeuse.

Hab. les terrains sablonneux dans tout le département. 2⟋ Fl. juin–septembre.

2. **H. HIRSUTA** *Lin. sp.* 317 ; *Dec. fl. fr.* 3, *p.* 405 ; *Paronychia pubescens Dec. fl. fr.* 3, *p.* 403 ; *Zanich. ic.* 284. — Racine comme la précédente. Tiges de 1-2 décim., nombreuses, rameuses, grêles, appliquées sur la terre, velues-hérissées, ainsi que les feuilles ; celles-ci oblongues, rétrécies à leur base, longuement ciliées. Calice velu-hérissé, à sépales jaunâtres intérieurement, terminés par une longue soie, plus gros que dans la précédente. Graines noires, luisantes, sublenticulaires.

Cette plante, prise en décoction, a été récemment employée avec un grand succès contre la gravelle.

Hab. les terrains sablonneux dans tout le département. 2⟋ Fl. juin–septembre.

3. **H. CINEREA** *Dec. fl. fr.* 5, *p.* 375 ; *Godr. et Gren. fl. fr.* 1, *p.* 612. — Cette espèce diffère de la précédente : par ses tiges un peu plus dures, moins appliquées sur la terre, presque toujours ascendantes, à sommets redressés ; par les poils plus nombreux et plus longs qui la couvrent et qui lui donnent un aspect cendré. Ses rameaux sont quelquefois disposés unilatéralement, du côté intérieur.

Hab. les terrains sablonneux dans toute la plaine ; les terrains granitiques à l'Espérou, à Aumessas (Martin). ① ou ② Fl. juin–août.

4. **H. INCANA** *Lamk. dict.* 3, *p.* 124 ; *Dec. fl. fr.* 5, *p.* 375. — Racine épaisse, dure. Tiges de 2-4 décim., ligneuses, fruticuleuses à la base, nombreuses, très-rameuses, couvertes de poils *blanchâtres*, ainsi que les feuilles et les calices, couchées et étalées sur la terre en touffe très-épaisse, molle. Feuilles ovales-oblongues ou oblongues-lancéolées, rétrécies vers leur base. Fleurs *un peu pédicellées*, réunies en petits paquets axillaires, lâches et peu fournis, très-rapprochés au sommet des rameaux. Calice beaucoup plus gros que dans les espèces précédentes. Graines noires, luisantes, sublenticulaires, plus grosses que celles de l'*H. hirsuta*. Mêmes vertus que les précédentes.

Hab. les lieux incultes ; les bords des chemins aux environs de Nîmes, d'Aramon, de Corconne, et presque dans toute la partie basse du département. 2⟋ Fl. juin–août.

7ᵉ gʳᵉ. **CORRIGIOLE. — CORRIGIOLA.** (Lin. gén. 373.)

Calice persistant, à 5 divisions concaves. Pétales 5, persistants, un peu plus longs que le calice, alternes avec les sépales. Etamines 5. Stigmates 3, sessiles. Capsule ovoïde-trigone, monosperme, indéhiscente, couverte par le calice. Plantes herbacées, à feuilles alternes, stipulées.

1. Rameaux fleuris dépourvus de feuilles; plante vivace .... TELEPHIIFOLIA.
Rameaux fleuris garnis de feuilles; plante annuelle .... LITTORALIS.

1. **C. LITTORALIS** *Lin. sp.* 388; *Dec. fl. fr.* 4, *p.* 401; *Lamk. ill. t.* 213; *Barr. ic.* 532. — Racine pivotante. Tiges nombreuses, grêles, rameuses, couchées en cercle sur la terre, glabres et glauques, ainsi que les feuilles ; celles-ci oblongues-lancéolées, obtuses, rétrécies vers leur base, munies de stipules scarieuses-argentées, semi-sagittées. Fleurs très-petites, blanches, plus rarement rosées, pédicellées, disposées en glomérules multiflores, terminaux et latéraux, feuillés. Calice souvent rougeâtre, à sépales scarieux-blanchâtres sur les bords, presque obtus. Pétales un peu échancrés. Capsule ovoïde. Graine noire, ovoïde-trigone, légèrement verruqueuse, connivente avec le calice.

Hab. les terrains sablonneux dans tout le département. ① Fl. juin–septembre.

2. **C. TELEPHIIFOLIA** *Pourr. act. toul.* 3, *p.* 316; *Dec. fl. fr.* 5, *p.* 527. — Cette espèce diffère de la précédente par sa racine vivace, ses tiges beaucoup plus longues, ses rameaux fleuris entièrement, dépourvus de feuilles; par ses feuilles, dont les radicales sont longues et étroitement spatulées, et les caulinaires ovales ou oblongues, toutes un peu charnues; par ses fleurs et ses capsules beaucoup plus grosses, ses sépales obtus et ses graines plus fortement tuberculeuses. Cette plante acquiert souvent une dimension de 6-8 décim.

Hab. les terrains sablonneux, aux bords des ruisseaux, à Aulas (Diomède) et à Alzon, ♃ Fl. mai–septembre.

8ᵉ gʳᵉ. **GNAVELLE. — SCLERANTHUS.** (Lin. gen. 562.)

Calice resserré à la gorge, à tube campanulé ou urcéolé, à 5 sépales. Pétales 5, filiformes, plus courts que les sépales. Etamines 5, insérées à la gorge du calice. Styles 2, filiformes, libres. Capsule petite, membraneuse, monosperme, indéhiscente, renfermée dans le tube du calice persistant et très-adhérent. Graine suspendue. Plantes herbacées, à feuilles linéaires-subulées, opposées, sans stipules.

1. Sépales étalés à la maturité .... 2.
Sépales dressés ou fermés à la maturité .... 3.

SCLERANTHUS HAMOSUS nob.

2. { Sépales terminés en pointe recourbée............. HAMOSUS.
  { Sépales aigus, non recourbés au sommet.......... ANNUUS.

3. { Sépales largement bordés, fermés à la maturité... PERENNIS.
  { Sépales étroitement bordés, dressés à la maturité.. POLYCARPOS.

1. S. ANNUUS *Lin. sp.* 580 ; *Dec. fl. fr.* 4, *p.* 403 ; *Fl. dan.
t.* 504 ; *Tabern. t.* 835, *fig.* 1. — Racine grêle, pivotante. Tiges nombreuses, de 5-15 centim., étalées, ascendantes, rameuses, souvent dichotomes supérieurement, pubescentes d'un côté. Feuilles linéaires-subulées, connées et ciliées à la base, nerviées en dessous. Fleurs verdâtres, presque sessiles, disposées en fascicules plus ou moins serrés, axillaires et terminaux, munis de feuilles florales. Calice à 10 nervures, à sépales *lancéolés-linéaires, aigus*, munis d'une nervure dorsale, très-étroitement scarieux sur les bords, de la longueur du tube, divergents à la maturité. On trouve souvent sur les tiges des fascicules de feuilles axillaires.

Hab. les lieux cultivés dans tout le département. ① Fl. mai–septembre.

2. S. HAMOSUS *Nob. t.* 3. — Cette espèce se distingue de la précédente par ses tiges plus robustes, plus raides, moins élevées ; par ses rameaux divariqués, ses fascicules de fleurs moins fournis, presque toujours terminaux ; par son calice hérissé de poils courts, hyalins, crochus, et par ses sépales terminés par une pointe recourbée en hameçon du côté intérieur.

Hab. sur le sable au bord des torrents, aux environs de Dourbie (Martin); au bord des chemins, à l'Espérou (Diomède). ① Fl. juillet–août.

3. S. POLYCARPUS *Dec. prodr.* 3, *p.* 378 ; *Col. ecph.* 1, *t.* 294. — Racines et tiges plus grêles que dans les deux espèces qui précèdent. Fleurs beaucoup plus petites, plus nombreuses, serrées en bouquets terminaux, jamais axillaires ; sépales *dressés* à la maturité, bordés d'une membrane très-étroite. Plante de 3-4 centim.

Hab. les pacages au bord de la mer, au grau d'Orgon, près d'Aigues-Mortes. ① Fl. mai.

4. S. PERENNIS *Lin. sp.* 580 ; *Dec. fl. fr.* 4, *p.* 403 ; *Lamk. ill. t.* 374 ; *Fl. dan. t.* 563 ; *Vall. bot. t.* 1, *fig.* 5. — Racine pivotante. Tiges nombreuses de 5-15 centim., très-rameuses, dichotomes au sommet, entièrement couchées ou dressées, formant un gazon épais, un peu pubescentes. Feuilles linéaires-subulées, un peu réunies par leur base élargie, ciliée. Fleurs blanches, en cimes terminales, plus ou moins serrées. Sépales lancéolés, *obtus*, bordés d'une membrane large, blanche, scarieuse, munis d'une nervure dorsale très-saillante, fermés à la maturité. Plante glauque, portant souvent des fascicules de feuilles axillaires.

Hab. les terrains granitiques et les champs sablonneux de l'Espérou et de Concoule. ♃ Fl. juin-octobre.

9ᵉ gʳⁿ. **POLYCNÈME. — POLYCNEMUM.** (Lin. gen. 58.)

Fleurs hermaphrodites. Calice scarieux, à 5 sépales égaux,
persistants, munis, à la base, de 2 bractées scarieuses. Étamines
ordinairement 3, à filets filiformes, soudés à la base. Styles 2,
un peu soudées à la base. Capsule comprimée, membraneuse,
monosperme, indéhiscente, renfermée dans le calice. Graine
dressée.

1. **P. ARVENSE** *Lin. sp.* 50 ; *Dec. fl. fr.* 3, *p.* 398 ; *Lamk.
ill. t.* 29 ; *Jacq. aust. t.* 365. — Racine simple ou rameuse. Tiges
de 1-3 décim., anguleuses, très-rameuses, presque glabres, raides,
couchées sur la terre, en rosette très-incomplète ; quelquefois la
tige centrale est dressée. Feuilles alternes, nombreuses, raides,
dressées, triquètres-subulées, mucronées, presque piquantes,
élargies à la base, étroitement scarieuses aux bords. Fleurs verdâtres, très-petites, solitaires, rarement géminées, axillaires,
sessiles. Bractées blanches, acuminées, égalant ou dépassant la
fleur ; sépales ovales, acuminés. Graine lenticulaire-réniforme,
noire, luisante, ponctuée.

VAR. B, *Majus, Dec. prodr.* 13, 2ᵐᵉ *partie, p.* 335. — Plante
plus robuste, à tiges plus longues, à rameaux plus nombreux.
Capsule dépassant le calice, plus grosse que dans l'espèce ; elle a
beaucoup de ressemblance avec le *salsola kali* jeune. *Polycn.
majus al. Braun in Koch, syn.,* 2ᵃ *ed., p.* 695.

Hab. les terrains sablonneux dans tout le département. ① Fl. juillet-
octobre.

Lᵉ FAM. **CRASSULACÉES.**

CRASSULACEÆ. (Dec. bul. phil. (1801), Nᵒ 49.)

Fleurs hermaphrodites, régulières. Calice persistant, ordinairement à 5 sépales, rarement à 3-20, plus ou moins soudés à la
base. Pétales en nombre égal à celui des sépales, alternant avec
eux, libres ou soudés en corolle monopétale, caducs ou marcescents. Étamines en nombre égal à celui des pétales ou double,
insérées avec eux à la base des sépales, quelquefois soudées à la
base des pétales ; anthères bilobées. Ovaire libre. Carpelles en
nombre égal à celui des pétales, munis à la base d'une écaille
glanduleuse. Autant de styles persistants que de carpelles ; stigmates presque terminaux. Fruits composés de carpelles distincts
jusqu'à la base, secs, polyspermes, s'ouvrant par la suture interne.
Graines fixées sur la suture. Plantes herbacées, à feuilles charnues, sans stipules, à fleurs ordinairement en cime, rarement en
épi.

1. { Étamines 3-4, très-petite plante......... 1ᵉʳ gʳᵉ. **TILLÆA.**
　{ Étamines 5-18 ou davantage.................. 2.

2. { Corolle monopétale ; feuilles presque toutes
    peltées.............................. 4e g^{re}. UMBILICUS.
{ Corolle polypétale ; feuilles non peltées......... 3.

3. { Pétales 4-5, rarement 6-8; autant d'ovaires. 2e g^{re}. SEDUM.
{ Pétales 6-20, autant d'ovaires.......... 3e g^{re}. SEMPERVIVUM.

1er g^{re}. TILLÉE. — TILLÆA. (Mich. nov. gen. 22, t. 20.)

Sépales 3. Pétales 3, libres. Étamines 3. Écailles nulles ou très-petites. Carpelles 3, à 2 graines, contractés au milieu.

1. **T. MUSCOSA** *Lin. sp.* 186 ; *Dec. fl. fr.* 4, *p.* 385 ; *Lamk. ill. t.* 90, *fig.* 2 ; *Mich. nov. gen.*, *t.* 20. — Racines fibreuses-capillaires. Tiges de 2-5 centim., très-grêles, simples ou rameuses dès la base, couchées ou ascendantes, rarement radicantes, formant souvent de petits gazons touffus, glabres et rougeâtres, ainsi que les feuilles ; celles-ci connées, ovales-aiguës, concaves, peu succulentes. Fleurs blanchâtres, solitaires, sessiles, axillaires, disposées dans toute la longueur des tiges et des rameaux. Sépales ovales, mucronés.

Hab. les terrains sablonneux, aux environs de Nîmes, du Vigan, etc. (1) Fl. avril–juin.

2me g^{re}. ORPIN. — SEDUM. (Dec. bul. fil., N° 49.)

Calice à 5 sépales, rarement à 4-8. Pétales libres, en nombre égal à celui des sépales. Étamines ordinairement en nombre double. Écailles ovales, très-courtes, entières ou peu échancrées. Carpelles polyspermes, autant que de sépales.

1. { Feuilles planes............................ 2.
  { Feuilles cylindriques........................ 5.

2. { Feuilles opposées ou verticillées............. 3.
  { Feuilles éparses............................ 4.

3. { Fleurs jaunâtres ; feuilles amples, dentées...... MAXIMUM.
  { Fleurs rosées ; feuilles étroites, entières....... CEPÆA.

4. { Feuilles ovales-oblongues, dentées............ TELEPHIUM.
  { Feuilles cunéiformes ou spatulées, entières..... ANACAMPSEROS.

5. { Fleurs blanches ou rosées................... 6.
  { Fleurs jaunes............................. 13.

6. { Fleurs rosées............................. 7.
  { Fleurs blanches........................... 9.

7. { Plantes glabres, à feuilles imbriquées......... CÆSPITOSUM.
  { Plantes pubescentes ou glanduleuses, à feuilles
    non imbriquées............................ 8.

8. { Fleurs sessiles le long des rameaux............ RUBENS.
  { Fleurs pédicellées en corymbe............... VILLOSUM.

9. { Plante velue-glanduleuse.................... HIRSUTUM.
  { Plante glabre............................. 10.

10. { Feuilles oblongues-linéaires, presque cylindri-
    ques.................................... 11.
   { Feuilles obovées, gibbeuses ou presque sphéri-
    ques.................................... 12.

<table>
<tr><td rowspan="2">11.</td><td>Feuilles des tiges stériles dressées ; fleurs très-petites.......................................</td><td>MICRANTUM.</td></tr>
<tr><td>Feuilles des tiges stériles étalées; fleurs assez grandes..</td><td>ALBUM.</td></tr>
<tr><td rowspan="2">12.</td><td>Feuilles sphéroïdes, très-rapprochées sur les tiges stériles..</td><td>BREVIFOLIUM.</td></tr>
<tr><td>Feuilles obovées-gibbeuses, non trop rapprochées sur les tiges stériles.................</td><td>DASYPHYLLUM.</td></tr>
<tr><td rowspan="2">13.</td><td>Feuilles mutiques ; capsules étalées............</td><td>14.</td></tr>
<tr><td>Feuilles cuspidées; capsules dressées..........</td><td>16.</td></tr>
<tr><td rowspan="2">14.</td><td>Sépales prolongés à la base ; plante d'une saveur âcre...</td><td>ACRE.</td></tr>
<tr><td>Sépales non prolongés à la base; plante d'une saveur insipide.............................</td><td>15.</td></tr>
<tr><td rowspan="2">15.</td><td>Tiges terminées par 1-2 épis ; plante annuelle...</td><td>ANNUUM.</td></tr>
<tr><td>Tiges terminées par plus de 2 épis ; plante vivace.</td><td>BOLONIENSE.</td></tr>
<tr><td rowspan="2">16.</td><td>Fleurs en corymbe peu fourni ; feuilles membraneuses, embrassantes........................</td><td>AMPLEXICAULE.</td></tr>
<tr><td>Fleurs en corymbe très-fourni ; feuilles ni membraneuses ni embrassantes.................</td><td>17.</td></tr>
<tr><td rowspan="2">17.</td><td>Fleurs d'un beau jaune.........................</td><td>18.</td></tr>
<tr><td>Fleurs d'un jaune pâle.........................</td><td>19.</td></tr>
<tr><td rowspan="2">18.</td><td>Feuilles cylindriques-aiguës, mucronées, non ponctuées.......................................</td><td>REFLEXUM.</td></tr>
<tr><td>Feuilles comprimées, longuement cuspidées, ponctuées..</td><td>ELEGANS.</td></tr>
<tr><td rowspan="2">19.</td><td>Épis de fleurs presque dressés ; tiges peu élevées.</td><td>ANOPETALUM.</td></tr>
<tr><td>Épis de fleurs fortement recourbés ; tiges élevées.</td><td>ALTISSIMUM.</td></tr>
</table>

1. **S. MAXIMUM** *Suter. fl. helv.* 1, *p.* 270; *Hoffm. germ.* 1, *p.* 156. *S. telephium, var. E., Lin. sp.* 616; *Mut. fl. fr. t.* 19, *fig.* 114; *Clus. hist.* 2, *p.* 66, *fig.* 1. — Racine à tubercules fasciculés, napiformes. Tiges de 3-4 décim., robustes, droites ou ascendantes, ordinairement simples, glabres. Feuilles larges, planes, succulentes, oblongues ou ovales, obtuses, irrégulièrement dentées, opposées ou verticillées, *cordiformes*, *embrassantes, auriculées* dans le bas de la tige et sur les jeunes pousses. Fleurs jaunâtres, en corymbes terminaux, serrés, trichotomes. Sépales lancéolés-aigus. Pétales très-ouverts, droits, dépassant beaucoup les sépales, terminés par *un petit cornet acuminé, comprimé*. Étamines insérées *à la base* des pétales. Carpelles étroits, acuminés.

Hab. les lieux rocailleux à Alzon, aux environs du Vigan, à Corconne, aux bords du Gardon. ♃ Fl. juillet-août.

2. **S. TELEPHIUM** *Lin. sp* 616; *Fuchs. hist.* 800; *Dec. pl. grass. t.* 92. — Racines et tiges comme la précédente. Feuilles éparses, plus rarement opposées ou verticillées, sessiles ou atténuées à la base ; dans les inférieures, ovales ou oblongues, dentées en scie, *non auriculées*, garnissant la tige jusqu'à la base du corymbe. Fleurs purpurines, rarement blanches, en corymbe

serré, rameux et terminal, à rameaux alternes. Sépales lancéolés-aigus. Pétales lancéolés-aigus, étalés-recourbés. Étamines insérées *un peu au-dessus de la base des pétales.* Carpelles étroits, acuminés, creusés d'un sillon sur le dos.

Cette plante, connue sous le nom vulgaire de *reprise,* est anodine, rafraîchissante, émolliente, vulnéraire, résolutive, anticancéreuse.

Hab. les terrains rocailleux aux environs de Nimes, du Vigan, d'Alzon, de l'Espérou. ♃ Fl. juin–septembre.

3. **S. ANACAMPSEROS** *Lin. sp.* 616; *Dec. fl. fr.* 4, *p.* 387; *Pl. gr. t.* 33; *Clus. hist.* 2, *p.* 67, *fig.* 2. — Racine à fibres épaisses non renflées, émettant des rhizomes allongés d'où sortent les tiges. Tiges de 2 décim., nombreuses, simples, cylindriques, glabres, *un peu couchées à la base.* Feuilles moyennes, éparses, *ovales-arrondies, cunéiformes à la base, entières,* prolongées au-dessous de leur insertion, succulentes, glabres, glauques-bleuâtres, très-rapprochées sur les tiges stériles, au sommet desquelles elles forment des rosettes serrées. Fleurs purpurines, brièvement pédicellées, disposées en corymbe serré, terminal. Sépales lancéolés. Pétales planes, ovales, dépassant le calice. Carpelles oblongs, acuminés, couverts, dans leur jeunesse, d'une efflorescence granuleuse.

Hab. les montagnes entre Ganges et Sumène. (Guau. herb.) ♃ Fl. juillet-août.

4. **S. CEPÆA** *Lin. sp.* 617; *Dec. fl. fr.* 4, *p.* 389; *S. galioïdes all. ped. t.* 65, *fig.* 3; *Clus. hist.* 2, *p.* 68, *ic.* — Racine grêle, fibreuse. Tiges de 1-4 décim., plus ou moins nombreuses ou solitaires, simples ou rameuses, feuillées, ascendantes, pubescentes, souvent un peu purpurines. Feuilles planes, glabres, succulentes, étalées, éparses, opposées ou verticillées, spatulées, très-entières; les supérieures oblongues-linéaires. Fleurs d'un blanc rosé, pédicellées, disposées *par petites grappes* le long de la tige, *en panicule étroite et allongée.* Sépales lancéolés-aigus, pubescents-glanduleux, ainsi que les pédoncules et les pédicelles. Pétales lancéolés, aristés, à carène purpurine, environ deux fois plus longs que le calice. Carpelles dressés, oblongs, acuminés, légèrement striés et rugueux. Graines ovoïdes, ruguleuses.

Hab. les lieux frais et ombragés, les haies et buissons, les bords des ruisseaux, aux environs du Vigan, de Valleraugue, d'Aujac. ① Fl. juin-juillet.

5. **S. RUBENS** *Lin. sp.* 619; *Crassula rubens Lin. syst. reg.* 253; *Dec. fl. fr.* 4, *p.* 386; *Pl. gr. t.* 55. — Racine rameuse-fibreuse. Tige de 4-12 centim., très-rameuse dès la base, dressée, à rameaux ascendants, rougeâtre, pubescente-glanduleuse au sommet. Feuilles sessiles, éparses, étalées, oblongues, obtuses, demi-cylindriques, succulentes, glabres, glauques, souvent rougeâtres. Fleurs d'un blanc rosé, à nervure dorsale purpurine,

sessiles, unilatérales le long des épis réunis en cime *pubescente-glanduleuse*. Sépales courts, triangulaires. Pétales lancéolés-acuminés, beaucoup plus longs que le calice. Carpelles oblongs acuminés, finement striés, tuberculeux, étalés. Graines brunes, ovales, striées longitudinalement.

Hab. les terrains sablonneux dans tout le département. ① Fl. avril-juin.

6. S. CÆSPITOSUM *Dec. pr.* 3, *p.* 405; *Crassula magnolii Dec. fl. fr.* 5, *p.* 522; *Crassula cœspitosa Cav. ic. t.* 69, *fig.* 2; *Magn. bot. p.* 237, *ic.* — Racine fibreuse. Tiges de 2-5 centim., droites, simples ou rameuses dès la base, nues jusqu'au milieu de leur hauteur, à l'époque de la floraison, garnies dans la moitié supérieure de feuilles oblongues-obtuses, épaisses, imbriquées en spirale, glabres et rougeâtres comme les tiges; les tiges grêles ont les feuilles écartées. Fleurs d'un blanc rosé, presque sessiles le long de 2 épis courts, glabres, qui terminent la tige. Sépales ovales-aigus, submembraneux. Pétales *glabres*, lancéolés, brièvement acuminés, *plus courts que les carpelles*, à carène purpurine. Carpelles étroits-lancéolés, brièvement acuminés, *plissés, glabres et lisses*. Graines ovales, rousses ou brunes, confusément striées en long.

Hab. les terrains sablonneux, les garrigues des bords du Gardon, les bois de Broussan, de Cygnan, près de Nimes, et presque dans toute la plaine. ① Fl. avril-mai.

7. S. ANNUUM *Lin. sp.* 620; *S. saxatile Dec. fl. fr.* 4, *p.* 394; *All. ped. t.* 65, *fig.* 6. — Racine grêle, rameuse. Tiges simples ou rameuses dès la base, bi ou trifurquées au sommet, glabres, ainsi que les autres parties de la plante. Feuilles oblongues, obtuses, subcylindriques, un peu aplaties en dessus, non imbriquées, un peu étalées. Fleurs jaunes, presque sessiles et unilatérales le long de 2-3 épis scorpioïdes qui terminent les tiges. Sépales ovales, très-obtus. Pétales lancéolés-aigus, carénés, dépassant le calice de moitié. Carpelles oblongs-aigus, étalés, souvent rougeâtres.

Hab. les pacages et les rochers à l'Espérou, l'Aigual, l'*Hort-dé-Diou.* ① Fl. juin-août.

8. S. VILLOSUM *Lin. sp.* 620; *Dec. fl. fr.* 4, *p.* 392; *Pl. grass., t.* 70; *Clus. hist.* 2, *p.* 59, *fig.* 3. — Racine composée d'un faisceau de fibres serrées à la base de la tige. Tiges de 5-12 centim., formant, à la base, un coude d'où sortent quelques fibres, solitaires, droites, simples ou rameuses dès la base, souvent rougeâtres, *pubescentes-glanduleuses*. Feuilles sessiles, dressées, éparses sur les tiges et les rameaux, linéaires-oblongues, obtuses, rétrécies vers la base, semi-cylindriques, pubescentes-glanduleuses. Fleurs d'un blanc rosé, pédicellées, disposées en corymbe irrégulier. Sépales ovales-obtus. Pétales lancéolés-aigus, non aristés, environ deux fois plus longs que le calice et plus courts que le pédicelle. Carpelles dressés, oblongs, terminés par le style divergent, *pubescent-glanduleux*. Graines ovales, rousses, finement striées en long.

Hab. les bords des ruisseaux, à l'Aigual, à l'*Hort-dé-Diou*. ② Fl. juillet-août.

9. S. HIRSUTUM *All. ped. 2, p. 122, t. 65, fig. 5; Dec. fl. fr. 4, p. 392.* — Racine fibreuse. Tiges de 5-8 centim., nombreuses, réunies en gazon épais, les unes fertiles, peu feuillées; les autres stériles, courtes, garnies de feuilles serrées en rosettes terminales, presque globuleuses. Feuilles sessiles, oblongues, plus ou moins rétrécies à la base, semi-cylindriques, obtuses, éparses, *velues-hérissées*. Fleurs blanches, à nervure rosée, pédicellées, disposées en corymbe pubescent, lâche et peu garni. Pétales ovales-lancéolés, *aristés*, environ deux fois plus longs que le calice et plus courts que le pédicelle. Carpelles dressés, oblongs, terminés par le style, pubescents-glanduleux. Graines comme la précédente.

Hab. contre les rochers, aux environs du Vigan et dans toutes les Cévennes. ♃ Fl. juin-juillet.

10. S. ALBUM *Lin. sp. 619; Dec. fl. fr. 4, p. 390; Pl. grass. t. 22; Clus. hist. 2, p. 59, fig. 1; Moris. ox. sect. 12, t. 7, fig. 23.* — Racine fibreuse. Tiges nombreuses, gazonnantes, rameuses, radicantes à la base; les unes fertiles, hautes de 1-1 1/2 décim., ascendantes, glabres; les autres stériles, courtes, à feuilles en rosettes, peu serrées. Feuilles glabres, sessiles, éparses, assez écartées sur les tiges fertiles, très-étalées, oblongues-linéaires, obtuses, cylindracées, un peu planes en dessus. Fleurs blanches, quelquefois rosées, ainsi que les tiges et les feuilles, pédicellées, disposées en corymbe terminal, dichotome. Sépales courts, obtus, 2-3 fois plus courts que les pétales, oblongs-lancéolés, non aristés; anthères brunes. Carpelles oblongs, acuminés, dressés. Graines rousses, ovales, striées en long.

Cette plante est connue sous le nom vulgaire de *trique-madame*: elle est adoucissante et rafraîchissante.

Hab. les champs arides, pierreux, les vieux murs, dans tout le département. ♃ Fl. juin-août.

11. S. MICRANTUM *Bast. in Dec. fl. fr. 5, p 523; Godr. et Gren. fl. fr. 1, p. 623; Clus. hist. 2, p. 59, fig. 2; Moris. ox. sect. 12, t. 7, fig. 24.* — Cette espèce diffère de la précédente, à laquelle elle ressemble beaucoup, par ses feuilles ovales, épaisses, *plus courtes*, plus rapprochées sur les tiges fertiles; par ses tiges stériles plus développées, à feuilles *dressées*, et par ses fleurs *de moitié plus petites*.

Hab. les rochers schisteux au pont de Montdardier, à Avèze (Diomède.) ♃. Fl. juin-juillet.

12. **S. DASYPHYLLUM** *Lin. sp.* 618; *Dec. fl. fr.* 4, *p.* 391; *Pl. grass. t.* 93; *Bull. herb. t.* 11. — Racines grêles, fibreuses. Tiges nombreuses, gazonnantes, très-rameuses, faibles, filiformes, souvent radicantes à la base; les unes fertiles, hautes de 5-10 centim., ascendantes, glabres; les autres stériles, courtes, à feuilles imbriquées. Feuilles sessiles, *non prolongées* à la base, courtes, ovales, renflées, bossues sur le dos, très-succulentes, glauques, glabres, la plupart *opposées* sur les tiges fertiles. Fleurs blanches, à carène purpurine, pédicellées, disposées en grappes lâches, réunies en corymbe subdichotome, glabre ou pubescent-glanduleux. Pétales ordinairement 6, ovales-obtus, quelquefois aigus, non aristés, beaucoup plus longs que le calice. Carpelles 5-6, dressés, glabres ou pubescents-glanduleux. Graines rousses, ovales, striées en long.

Cette plante est connue sous le nom patois de *riz bastar.*

Hab. les vieux murs et les lieux rocailleux dans tout le département. ♃ Fl. juin–juillet.

13. **S. BREVIFOLIUM** *Dec. rapp.* 2, *p.* 79; *Fl. fr.* 5, *p.* 524. — On distingue cette espèce de la précédente, avec laquelle on ne saurait la confondre, par ses tiges *ligneuses* et tortueuses à leur base; par ses feuilles *presque sphériques*, souvent rougeâtres, fermes, opposées et très-rapprochées sur les tiges stériles, éparses et écartées sur les tiges fertiles; par ses sépales plus étroits, moins obtus, blanchâtres sur les bords, et enfin par ses pétales ovales, toujours obtus. Plante glabre dans toutes ses parties.

Hab. contre les rochers à l'*Hort-dé-Diou*, près de l'Aigual. ♃ Fl. juin-août.

14. **S. ACRE** *Lin. sp.* 619; *Dec. fl. fr. fr.* 4, *p.* 393; *Pl. grass. t.* 117; *Dod. pempt.* 129, *fig.* 3. — Racines fibreuses, grêles. Tiges nombreuses, gazonnantes, rameuses, radicantes à la base; les unes fertiles, hautes de 8-10 centim., glabres, ascendantes; les autres stériles, courtes, à feuilles éparses, imbriquées, ou disposées sur 6 rangs. Feuilles sessiles, ovoïdes, courtes, bossuées, arrondies et prolongées à la base. Fleurs jaunes, brièvement pédicellées le long d'épis peu fournis, disposés 2-3 en corymbe terminal. Sépales oblongs, obtus, prolongés à la base, moitié plus courts que les pétales *étalés*, linéaires, *aigus.* Capsule ovale-oblongue, très-divergente, *dilatée à la base, intérieurement.* Graines brunâtres, non striées.

VAR. B, *Sexangulare Godr.* Saveur presque insipide; feuilles des tiges fertiles, serrées, imbriquées; fleurs moins nombreuses et bien plus petites. *S. sexangulare Lin. sp.* 620; *Camer. epit.* 856, *ic.*

Cette plante, d'une saveur très-âcre, est connue sous le nom de *vermiculaire âcre* ou *orpin brûlant;* elle est vénéneuse et a été employée comme détersive sur les cancers

Hab. les lieux pierreux, les vieux murs dans tout le dépt. ♃ Fl. mai-juillet.

15. S. BOLONIENSE *Lois. not.* 71; *Mut. fl. fr.* 1, *p.* 393, *t.* 19, *fig.* 119; *S. sexangulare Dec. fl. fr.* 4, *p.* 394. — Racines fibreuses, grêles. Tiges nombreuses, en gazon un peu lâche, rameuses, radicantes à la base; les unes fertiles, hautes de 10-15 centim., glabres, ascendantes, très-feuillées; les autres stériles, assez allongées, à feuilles irrégulièrement imbriquées sur 6 rangs. Feuilles sessiles, dressées, cylindriques, linéaires, obtuses, à base un peu prolongée, glabres. Fleurs jaunes, brièvement pédicellées, disposées 6-10 le long de 2-3 épis feuillés, réunis en corymbe terminal. Sépales *cylindriques*, obtus, à base non prolongée, de moitié plus courts que les pétales linéaires-lancéolés-*aigus*, étalés. Carpelles oblongs, longuement acuminés, non *ventrus à la base*. Graines *tuberculeuses*.

Pour fixer l'attention des botanistes sur cette espèce, nous l'avons rapportée ici, puisqu'elle croît souvent mêlée au *sedum acre*, qui abonde dans le département. ♃ Fl. juin–juillet.

16. S. REFLEXUM *Lin. sp.* 618; *Dec. fl. fr.* 4, *p.* 394; *Pl. grass. t.* 116; *Cluss. hist.* 2, *p.* 60. — Racine pivotante ou rameuse. Tiges nombreuses, rameuses, et radicantes à la base; les unes fertiles, hautes de 2-4 décim., ascendantes, glabres, glauques, souvent rougeâtres; les autres stériles, dressées ou couchées, beaucoup plus courtes, garnies de feuilles éparses, serrées, dressées ou étalées. Feuilles souvent rougeâtres, sessiles, très-charnues, presque cylindriques, linéaires, aiguës, mucronées, prolongées, arrondies à la base. Fleurs d'un jaune pâle, presque sessiles, disposées le long d'épis ordinairement bifurqués, recourbés, réunis en corymbe terminal, réfléchi avant la floraison. Sépales lancéolés, *épaissis au sommet* et sur les bords, *déprimés au centre*, de moitié plus courts que les pétales linéaires-aigus, étalés. Carpelles oblongs-linéaires, acuminés, dressés. Graines à stries longitudinales très-prononcées.

VAR. B, *Rupestre Godr. et Gren. fl. fr.* 1, *p.* 626; *S. rupestre Lin. sp.* 618. *Dec. pl. grass. t.* 115. Plante plus robuste, feuilles épaisses, fusiformes.

Hab. les vieux murs, les coteaux pierreux, aux environs de Nîmes, de l'Espérou, du Vigan: la var. B, les mêmes lieux. ♃ Fl. juillet-août.

17. S. ELEGANS *Lej. fl. spa.* 2, *p.* 205; *Coss. et Germ. fl. par.* 159; *Godr. et Gren. fl. fr.* 1, *p.* 626. — Cette espèce diffère de la précédente : par ses feuilles plus étroites, un peu *comprimées*, à éperon plus long, à pointe plus allongée, plus *serrées et nivelées* au sommet des tiges stériles, plus caduques et toujours glauques; par ses fleurs plus petites, d'un *jaune éclatant;* par ses sépales obtus, plus courts, non épaissis au bord ni au sommet; par ses capsules plus petites et ses graines presque lisses.

Hab. les vieux murs, les rochers et les lieux rocailleux, à Concoule. ♃ Fl. juin-août.

18. **S. ALTISSIMUM** *Lamk. dict.* 4, *p.* 634; *Dec fl. fr.* 4, *p.* 395; *Pl. grass. t.* 40; *Mut. fl. fr. t.* 19, *fig.* 123. — Racine épaisse, dure, rameuse. Tiges peu nombreuses, de 3-4 décim., droites, portant à la base des rameaux stériles, peu allongés, *ligneuses* dans le bas, raides, droites, ascendantes. Feuilles glauques, oblongues-fusiformes, aiguës, mucronées, arrondies, prolongées à la base, rapprochées au bas des tiges fertiles, imbriquées, serrées sur les stériles. Fleurs d'un jaune pâle, presque sessiles, très-rapprochées le long d'épis bifurqués, recourbés, réunis en corymbe terminal compacte. Sépales ovales, obtus ou aigus, un peu renflés au bord et au sommet, déprimés au milieu, environ trois fois plus courts que les pétales étalés, linéaires, obtus ou presque obtus. Étamines à filets subulés, élargis à la base et garnis *de petits poils hyalins.* Carpelles à 3 angles plus ou moins saillants, dressés, oblongs, acuminés. Graines brunes, oblongues, fortement striées en long.

Hab. les vieux murs et les terrains pierreux, aux environs de Nîmes, de Beaucaire, de St-Nicolas, du Vigan, etc. ♃ Fl. juin-juillet.

19. **S. ANOPETALUM** *Dec. fl. fr.* 5, *p.* 526; *Mut. fl. fr. t.* 19, *fig.* 122; *S. hispanicum Dec. fl. fr.* 4, *p.* 395 (*non Lin.*). — Racine un peu épaisse, pivotante ou rameuse. Tiges de 1-3 décim., plus ou moins nombreuses, couchées, tortueuses, *fruticuleuses* et rameuses à la base d'où naissent des rameaux stériles, courts, à feuilles imbriquées, serrées, dressées. Feuilles *ovales-oblongues*, aiguës, mucronées, *renflées* en dehors, prolongées à la base en éperon non arrondi, rapprochées à la base des tiges fertiles. Fleurs d'un jaune très-pâle, presque sessiles le long d'épis ordinairement bifurqués, peu ou point recourbés, disposés en corymbe terminal, plus ou moins lâche. Sépales lancéolés-aigus, *de moitié plus courts* que les pétales linéaires, aigus, *toujours dressés.* Filets des étamines glabres. Carpelles à 3 angles, plus ou moins prononcés, lancéolés, longuement acuminés, dressés. Graines noires, oblongues, fortement striées en long.

Hab. les lieux pierreux aux environs de Nîmes, du Vigan, à Villeneuve-lez-Avignon. ♃ Fl. juin-août.

20. **S. AMPLEXICAULE** *Dec. fl. fr.* 5, *p.* 526; *Godr. et Gren. fl. fr.* 1, *p.* 628. — Racine fibreuse, tortueuse, un peu dure. Tiges 2-3 ou solitaires, de 6-12 centim., ascendantes ou droites, glabres, portant, à la base, des rameaux stériles très-courts, souvent nus inférieurement et feuillés supérieurement. Feuilles des tiges fertiles éparses, cylindriques-linéaires, aiguës, écartées, très-caduques, prolongées à la base; celles du bas de la tige et des rameaux stériles, serrées, imbriquées, linéaires, longuement subulées, *dilatées à leur base en une membrane blanchâtre embrassante, persistantes.* Fleurs jaunes, brièvement pédicellées,

excepté la dernière qui l'est plus longuement, très-peu nombreuses et écartées, le long de 1-2 épis droits ou très-peu inclinés, réunis en corymbe terminal ; on trouve des tiges qui n'ont qu'une fleur. Sépales lancéolés-aigus, de moitié plus courts que les pétales, à carène purpurine et dont le nombre est de 6-7, linéaires-lancéolés, un peu obtus. Filet des étamines glabres. Carpelles oblongs, acuminés, très-finement ridés, un peu rugueux. Graines oblongues, striées en long.

Hab. les champs sablonneux et pierreux entre la baraque de Michel et Camprieux, et à St-Guiral (Dufour). 2 Fl. juin-juillet.

3me g^{re}. JOUBARBE. — SEMPERVIVUM. (Lin. gen. 612.)

Sépales 6-20. Pétales 6-20, marcescents, brièvement soudés à la base entre eux et le filet des étamines, rarement libres. Étamines en nombre double de celui des pétales. Écailles dentées ou lacérées, insérées sur le réceptacle. Carpelles 6-20, uniloculaires, polyspermes. Graines très-petites, oblongues, atténuées au sommet. Plantes vivaces, à feuilles planes, épaisses-charnues, en rosette sur les jeunes pousses.

1.	Fleurs roses.................................	2.
	Fleurs jaunes...............................	GLOBIFERUM.
2.	Rosettes couvertes de fils blancs en forme de toile d'araignée.............................	ARACHNOIDEUM.
	Rosettes dépourvues de fils blancs............	3.
3.	Tiges de 3-6 décim.; fleurs d'un rose pâle......	TECTORUM.
	Tiges de 10-15 centim.; fleurs d'un rose vif.....	ARVERNENSE.

1. **S. TECTORUM** *Lin. sp.* 664; *Dec. fl. fr. 4, p.* 396; *Pl. grass. t.* 104; *Fuchs. hist. t.* 32. — Racine un peu épaisse, rameuse, allongée. Tige de 3-6 décim., dressée, cylindrique, simple, feuillée, velue-glanduleuse, surtout supérieurement, à rejets radicaux nombreux, étalés, terminés par des rosettes subglobuleuses ou ouvertes, serrées et largement amoncelées, à feuilles imbriquées, planes, charnues, très-finement striées, glabres sur les faces, bordées de cils raides, ovales-oblongues, acuminées-mucronées ; celles de la tige éparses, sessiles, acuminées ; les supérieures pubescentes-glanduleuses. Fleurs rose pâle, velues-glanduleuses, brièvement pédicellées, unilatérales, le long d'épis recourbés, disposés en corymbe terminal. Sépales linéaires-lancéolés, de moitié plus courts que les pétales linéaires-lancéolés, pubescents. Écailles *très-courtes, glanduliformes.* Carpelles oblongs-acuminés, pubescents-glanduleux, dressés-divergents, diposés circulairement, laissant un centre vide.

Cette plante, connue sous le nom vulgaire d'*artichaud bâtard*, en patois, *artichaou sauvagé*, est rafraîchissante, très-anodine: on s'en sert pour amollir les cors des pieds.

Hab. sur les vieux murs et sur les toits, aux environs de Nîmes, du Vigan, etc. 2 Fl. juillet-août.

2. S. ARVERNENSE *Lecoq et Lamotte, cat.* 179; *Godr. et Gren. fl. fr.* 1, *p.* 629. — Racine pivotante ou rameuse. Tige de 10-15 centim., dressée, velue-glanduleuse, donnant naissance, à sa base, à des rejets radicaux, terminés par des rosettes ouvertes, à feuilles courtes, oblongues, brusquement acuminées, carénées, glabres sur les faces, ciliées, munies au sommet de quelques poils blancs, caducs. Feuilles caulinaires supérieures velues-glanduleuses, longuement ciliées et acuminées, jamais obtuses comme dans le *S. montanum*. Fleurs d'un rose plus foncé et *de moitié plus petites* que celles du *S. Tectorum*. Pétales linéaires, acuminés, ciliés-glanduleux, une fois et demie plus longs que le calice. Feuilles et rosettes beaucoup plus petites que celles de l'espèce précédente.

Hab. les rochers granitiques de l'Aigual, d'Aire-de-Caoulé, du Grand-Lirou, et probablement sur toutes les montagnes élevées du département. ♃ Fl. juin-septembre.

3. S. ARACHNOIDEUM *Lin. sp.* 665; *Dec. fl. fr.* 4, *p.* 397; *Pl. grass. t.* 106; *Barr. ic. t.* 393. — Racine pivotante ou rameuse. Tiges de 5-12 centim., droites, velues-glanduleuses, donnant naissance, à la base, à des rejets radicaux, terminés par des rosettes qui, par leur réunion, forment des gazons épais et étendus, et dont les feuilles sont obovales ou oblongues, un peu aiguës, couvertes de poils courts, glanduleux sur les faces, terminées par une *petite touffe de poils blancs*, d'où partent *des fils blancs entrecroisés, en forme de toile d'araignée.* Feuilles des tiges fleuries aiguës, pubescentes-glanduleuses. Fleurs d'un rose vif, brièvement pédicellées, unilatérales, le long de 2-3 épis recourbés, disposés en corymbe terminal, court, glanduleux. Sépales 9-12, oblongs-lancéolés, à peine soudés à la base, de moitié plus courts que les pétales lancéolés, aigus, glabres ou ciliés. Écailles à 4 angles peu prononcés, dentées au sommet. Carpelles oblongs, brusquement terminés en pointes divergentes, un peu rugueux.

Hab. les rochers du sommet de l'Aigual, près de l'Espérou. ♃ Fl. juin-août.

4. S. GLOBIFERUM *Lin. sp.* 665; *Dec. fl. fr.* 4, *p.* 397; *Jacq. austr. t.* 40; *Mut. fl. fr. t.* 20, *fig.* 124. — Racine rameuse. Tiges de 1-2 décim., droites, velues-glanduleuses, surtout au sommet, garnies dans toute leur longueur de feuilles oblongues, aiguës, glabres sur les faces, ciliées sur les bords. Rosettes nombreuses, d'abord globuleuses, puis étalées, à feuilles ovales-aiguës, glabres et ciliées, légèrement carénées, souvent rougeâtres, à l'aisselle desquelles naissent *des rosettes globuleuses, fixées par une fibre grêle, peu tenace.* Fleurs jaunâtres, brièvement pédicellées, dressées le long d'épis peu ou point recourbés, réunis en corymbe

lâche, terminal. Sépales oblongs, obtus, ciliés. Pétales lancéolés-
linéaires, dentés, bifurqués au sommet, ciliés-glanduleux, *trois
fois de la longueur du calice*, très-étalés. Ecailles subquadrangulaires, légèrement échancrées au sommet. Carpelles oblongs,
acuminés, dressés, un peu divergents au sommet. Graines brunes,
oblongues, atténuées supérieurement.

Hab. les rochers du sommet de l'Aigual. ♃ Fl. juin–août.

4º gre. **OMBILIC. — UMBILICUS**. (Dec. bul. phil. (1801), Nº 49.)

Calice à 5 sépales. Corolle à 5 pétales *soudés en tube*, à 5 lobes
courts. Etamines 10, *insérées sur la corolle*. Ecailles 5, ovales ou
cunéiformes. Carpelles 5, uniloculaires, polyspermes, subulés.
Plante herbacée.

1. **UMB. PENDULINUS** *Dec. pl. grass. t.* 156, *fl. fr. 4, p.* 383;
Cotyledon umbilicus Lin. sp. 615; *Clus. hist.* 2, *p.* 63, *fig.* 1. —
Racine tubéreuse, blanche. Tige de 1-3 décim., simple, rarement
rameuse, solitaire, droite ou ascendante, cylindrique, fistuleuse,
glabre. Feuilles succulentes, glabres ; les radicales nombreuses,
pétiolées, peltées, orbiculaires, crénelées, ombiliquées ; les
caulinaires alternes, peu nombreuses, dentées, cunéiformes.
Fleurs jaune pâle, verdâtres, quelquefois rougeâtres, pédicellées, penchées, rapprochées en *grappe allongée*. Bractées lancéolées-linéaires, entières, de la longueur des pédicelles. Sépales 4,
lancéolés. Corolle tubuleuse, persistante, à 4 lobes courts, ovales,
aigus, environ trois fois plus longue que les sépales, et un peu
plus longue que les pédicelles. Carpelles 5, inclus, oblongs,
brièvement acuminés. Graines très-petites, brunes, oblongues.

Cette plante, connue sous les noms vulgaires de *nombril-de-Vénus, cou-
coumèle*, est rafraîchissante, anodine, et passe pour diurétique.

Hab. les vieux murs et les rochers humides dans tout le département.
♃ Fl. mai–juin.

Dans la famille des ficoïdées, on cultive assez fréquemment, dans les jardins, sous le nom vulgaire de *glaciale*, le *mesembryanthemum cristallinum*
(Lin. sp.): on le distingue par ses tubercules cristallins rapprochés et ré-
pandus sur toutes les parties de la plante, et par ses feuilles larges, ondulées,
épaisses et molles.

LIᵉ. FAM. **GROSSULARIÉES.**

GROSSULARIEÆ. (Dec. fl. fr. 4, p. 405.)

Fleurs hermaphrodites ou unisexuelles par avortement, régulières. Calice à 4-5 sépales soudés à la base, adhérents à l'ovaire,
à partie libre, souvent colorée. Pétales 4-5, égaux, insérés à la
gorge du calice et alternes avec les sépales. Etamines 4-5, égales,
insérées entre les pétales ; anthères bilobées. Styles ordinaire-

ment 2, rarement 3-4, libres ou soudés ; stigmates simples, obtus. Fruit (baie) uniloculaire, polysperme, pulpeux, globuleux, couronné par le limbe persistant du calice. Placentas 2, pariétaux, opposés. Graines mucilagineuses extérieurement, à tégument intérieur mince, membraneux, adhérent au périsperme. Arbrisseaux épineux ou inermes, à feuilles alternes

1er g^{re}. GROSEILLER. — RIBES. (Lin. gen. 281.)

Calice à 5 sépales. Corolle à 5 pétales petits, plus courts que le calice. Étamines 5, incluses. Baie globuleuse. Graines oblongues, anguleuses, un peu comprimées.

1. { Fleurs solitaires ou géminées; arbrisseau épineux... **UVA-CRISPA**.
{ Fleurs en grappes; arbrisseau non épineux........ **ALPINUM**.

1. R. UVA-CRISPA *Lin. sp.* 292 ; *Dec. fl. fr.* 4, *p.* 408 ; *Math. com. valgr. p.* 151, *ic.* — Arbrisseau très-rameux, de 8-12 décim., à branches diffuses, munies d'épines ternées robustes au-dessous des fascicules de feuilles, disposés alternativement dans toute leur longueur. Feuilles velues-pubescentes, à 3-5 lobes obtus, crénelés, à pétiole court, velu. Fleurs verdâtres ou rougeâtres, solitaires ou géminées au sommet d'un pédoncule axillaire court ; pédicelles munis de bractées à la base. Calice à tube velu, à sépales rougeâtres, velus, réfléchis, oblongs, obtus, beaucoup plus longs que les pétales obovales, poilus inférieurement, dressés. Baies verdâtres, glabres ou velues, globuleuses ou subglobuleuses.

Les baies de cet arbrisseau sont astringentes et rafraîchissantes, étant vertes; à leur maturité on les mange, et elles sont regardées comme laxatives.

On cultive une variété de cette espèce, à fruit gros, glabre ou hérissé, rougeâtre ou jaunâtre, à feuilles plus larges, glabres et luisantes en dessus, sous le nom vulgaire de *groseiller à maquereaux. R. grossularia Lin. sp.* 291.

Hab. les haies, les bords des bois et lieux pierreux des environs de l'Espérou, d'Alzon et toute cette chaîne de montagnes élevées. ♄ Fl. mars-mai; fr. juillet-août.

2. R. ALPINUM *Lin. sp.* 291 ; *Dec. fl. fr.* 4, *p.* 407 ; *J. Bauh. hist.* 2, *p.* 98, *ic.* — Arbrisseau très-rameux, de 10-15 décim., à écorce blanchâtre, inerme. Feuilles fasciculées, alternativement le long des rameaux, munies, à la face supérieure, de quelques poils écartés, appliqués, glabres et pâles en dessous, un peu échancrées en cœur à la base, à 3-5 lobes subaigus ou obtus, dentés, à pétiole court, velus. Fleurs verdâtres, pédicellées, disposées en grappes dioïques, d'abord *dressées*, puis un peu courbées, axillaires ; axe velu-glanduleux ; fleurs des grappes mâles beaucoup plus nombreuses que celles des grappes femelles ; bractées lancéolées, membraneuses, glabres ou *ciliées-glanduleuses, plus longues que les pédicelles.* Calice glabre, à sépales oblongs, obtus, planes. Pétales étroits, spatulés, très-courts. Baies petites, rougeâtres, insipides.

Hab. les haies, les bords des bois et des chemins, à l'Espérou, Alzon, Concoule. ♄ Fl. mai: fr. août.

On cultive dans tout le département le *ribes rubrum* (Lin. sp. 290), connu sous le nom patois de *grouséie*, de *prévineta*, remarquable par ses grappes de fleurs pendantes et par ses baies d'un beau rouge, rarement blanches, d'une saveur acide agréable. On s'en sert comme aliment, soit crus, soit en gelée, et comme boisson en forme de sirop; elles sont très-rafraîchissantes. On cultive aussi, mais plus rarement, sous le nom vulgaire de *cassis*, le *ribes nigrum* (Lin. sp. 291), remarquable par son odeur forte et par ses baies assez grosses, noires, ponctuées de jaune, d'une saveur aromatique; elles sont toniques, cordiales, stomachiques.

LIIe Fam. **SAXIFRAGÉES.**

SAXIFRAGEÆ. (Juss. gen. 308.)

Fleurs hermaphrodites régulières, quelquefois incomplètes. Calice à 5, rarement 4 sépales persistants, plus ou moins soudés, libres ou adhérents à l'ovaire, rarement caducs. Corolle à 5, rarement 4 pétales ou nuls, insérés au sommet du tube du calice, libres, caducs, imbriqués dans le bouton. Etamines 8-10 libres, insérées sur le tube avec les pétales; anthères bilobées. Ovaire libre ou adhérent au calice. Styles 2 persistants. Stigmates 2 larges. Fruit (capsule) à 2 loges, rarement à 1, polyspermes, terminé par 2 pointes entre lesquelles la déhiscence a lieu, soit de la base au sommet, soit par un trou. Graines nombreuses, très-petites. Plantes herbacées ou fruticuleuses, à feuilles alternes, rarement opposées, à fleurs en cimes ou en corymbes.

1. { Fleurs à calice et corolle; capsule à 2 loges.................................... 1er g^{re}. SAXIFRAGA.
{ Fleurs sans corolle; capsule à 1 loge. 2e g^{re}. CHRYSOSPLÉNIUM.

1er g^{re}. SAXIFRAGE. — SAXIFRAGA. (Lin. gen. 559.)

Calice à 5 sépales, à tube libre ou adhérent à l'ovaire. Pétales 5, étalés, entiers. Etamines 10. Styles 2. Capsule biloculaire, à 2 pointes, s'ouvrant par un trou entre les deux.

1. { Ovaire libre.................................... 2.
{ Ovaire adhérent au calice en entier ou à moitié. 6.

2. { Feuilles entières.................................... ASPERA.
{ Feuilles crénelées ou dentées.,.................. 3.

3. { Feuilles cunéiformes à la base; sépales réfléchis à la maturité.................................... 4.
{ Feuilles réniformes-cordées; sépales non réflé-chis.................................... ROTUNDIFOLIA.

4. { Feuilles coriaces, très-glabres; tiges nues...... CUNEIFOLIA.
{ Feuilles un peu charnues, plus ou moins velues; tiges portant peu de feuilles.................... 5.

5. { Pétales égaux: plante presque glabre, feuilles dentées au sommet.................................... STELLARIS.
{ Pétales inégaux; plante velue, visqueuse, feuilles dentées dès le milieu.................... CLUSII.

6. { Feuilles toutes entières, crénelées ou dentées,
        disposées en rosettes serrées................ AIZOON.
     { Feuilles, la plupart, lobées ou incisées......... 7.

7. { Fleurs jaunes........................... MUSCOIDES.
     { Fleurs blanches............................ 8.

8. { Racines garnies de tubercules................ GRANULATA.
     { Racines non tuberculeuses................... 9.

9. { Tiges stériles, produisant des bourgeons com-
        pactes, axillaires. .... HYPNOIDES.
     { Tiges ne produisant pas de bourgeons axillaires. 10.

10. { Pétales onguiculés............................ 11.
      { Pétales sans onglets........................... 12.

11. { Plante grêle, isolée, annuelle................. TRIDACTYLITES
      { Plante raide, gazonnante, vivace.............. PROSTII.

12. { Souche couverte par les anciennes feuilles des-
         séchées; sépales obtus..................... PUBESCENS.
      { Souche non couvertes par les anciennes feuilles
         desséchées; sépales aigus.................. HYPNOIDES.

1. S. STELLARIS *Lin. sp.* 572 ; *Dec. fl. fr. 4, p.* 379 ; *Scop. carn. ed.* 2, *t.* 13. — Racine grêle. Hampes de 1-2 décim., glabres ou pubescentes, très-peu feuillées. Feuilles radicales, oblongues, cunéiformes, munies au sommet de quelques dents larges et profondes, presque glabres, un peu charnues, disposées en rosettes plus ou moins lâches. Fleurs blanches, marquées de 2 points rougeâtres à la base des pétales, disposées en corymbe lâche, terminal ; pédicelles ascendants, 2-3 fois plus longs que la fleur. Sépales oblongs, obtus, réfléchis. Pétales égaux, lancéolés, étroits, rétrécis aux deux extrémités, ouverts, environ 2 fois de la longueur des sépales. Etamines à anthères orangées, atteignant le milieu des pétales. Capsule glabre, surmontée de 2 pointes courtes un peu recourbées. Graines brunes.

Hab. les lieux humides élevés, à Concoule, à l'Espérou. 2 Fl. juin-août.

2. S. CLUSII *Guan. ill. p.* 28 ; *Dec. fl. fr.* 4, *p.* 380 ; *S. leucanthemifolia Lap. fl pyr. t* 25. — Racines fibreuses. Hampes de 1-2 décim., droites, flexueuses, striées, poilues-glanduleuses, très-fragiles. Feuilles radicales nombreuses, assez grandes, longuement spatulées, fortement dentées dès le milieu, entières inférieurement, velues-glanduleuses, d'un vert jaunâtre, disposées en rosettes dressées ; celles de la hampe petites, cunéiformes, dentées supérieurement; les florales linéaires. Fleurs blanches, disposées en corymbes lâches, terminaux et latéraux; pédicelles très-étalés, 2-3 fois plus longs que la fleur. Sépales oblongs, subaigus, réfléchis, nerviés. Pétales petits, inégaux, dont 3 plus grands, sans onglets, dressés, marqués à leur base d'une tache orangée, et 2 plus petits, onguiculés, non tachés, réfléchis, tous plus longs que le calice. Etamines de moitié plus courtes que les

pétales. Capsule à 2 pointes, droites ou presque pas recourbées.
Graines brunes.

Hab. les lieux humides et ombragés, contre les rochers, sur la route de la
Salle à Valleraugue, au Martinet. ♃ Fl. juin-août.

3. **S. CUNEIFOLIA** *Lin. sp.* 574; *Dec. fl. fr.* 4, *p.* 377;
Schmidel, fasc. t. 12, Nº 37; *J. Baul. hist.* 3, *p.* 684, *fig.* 2. —
Racine grêle, noirâtre, fibreuse. Souche donnant naissance à 2-3
rosettes, peu écartées et disposées l'une au-dessus de l'autre; du
centre de la supérieure s'élève une hampe de 1-2 décim., pubescente, droite, fragile, nue. Feuilles disposées en rosettes ou
verticillées, coriaces, très-glabres, souvent violettes inférieurement, chagrinées sur les faces, obovales-cunéiformes, rétrécies
en pétiole plus ou moins allongé, glabre, tronquées, crénelées
au sommet, entourées d'un rebord cartilagineux, blanchâtre,
très-étroit. Fleurs blanches en panicule lâche; pédoncules allongés, ascendants, pauciflores, munis à leur base d'une bractée
étroite, obtuse. Sépales oblongs, subaigus, glabres. Pétales
oblongs, réfléchis, ouverts, tachés de jaune à leur base, 2 fois
de la longueur du calice. Anthères orangées. Capsule environ 2
fois aussi longue que le calice, terminée par 2 pointes divergentes. Graines chagrinées.

Hab. les bois de *Longefeuille,* à Concoule. ♃ Fl. juin-juillet.

4. **S. ROTUNDIFOLIA** *Lin. sp.* 576; *Dec. fl. fr.* 4, *p.* 368;
Schmidel, fasc. t. 10, Nº 25; *Com. epit.* 764. — Racine brune,
courte, oblique, garnie de fibres. Tige de 2-5 décim., droite,
cylindrique, fistuleuse, légèrement striée, hérissée, feuillée.
Feuilles arrondies, réniformes, entourées de dents larges, triangulaires ou arrondies, apiculées, vertes en dessus, plus pâles en
dessous, parsemées sur les faces de quelques poils rares et couchés, entourées d'un rebord étroit, cartilagineux, imparfaitement
cilié; limbe non décurrent, quelquefois décurrent sur le pétiole;
les radicales grandes, très-longuement pétiolées; les supérieures
plus petites, brièvement pétiolées; pétiole grêle, comprimé, velu.
Fleurs blanches en panicule lâche; pédicelles ordinairement 1-2
fois plus longs que la fleur, pauciflores, munis, à leur base, d'une
petite bractée subulée. Calice velu, quelquefois glanduleux,
entièrement libre, à sépales ovales-aigus, dressés. Pétales lancéolés, ouverts, ponctués en rouge ou jaune, 3-4 fois plus longs
que les sépales. Capsule élargie à la base, rétrécie au sommet
terminé par 2 pointes, pas trop longues, divergentes. Graines
ovales, chagrinées, ridées en long.

Hab. les lieux frais et humides, à l'Aigual, Dourbie, le long de la route de
St-Ambroix à Villefort. Fl. juin-juillet.

5. **S. ASPERA** *Lin. sp.* 575; *Dec. fl. fr.* 4, *p.* 363; *Schmidel,*

fasc. t. 6, *N°* 27; *Scheuchz. it.* 2, *t.* 20, *fig.* 3. — Racines brunes, grêles, à souche très-rameuse, stolonifère, donnant naissance à des tiges fertiles et stériles, plus ou moins serrées; les tiges fertiles de 1-2 décim., droites ou ascendantes, grêles, dures, cylindriques, feuillées, munies souvent de faisceaux de petites feuilles axillaires. Feuilles sessiles, linéaires-lancéolées, subulées, raides, glabres sur leurs faces, à 3-4 nervures longitudinales, bordées de cils raides, longs, écartés; les inférieures très-rapprochées; les supérieures distantes. Fleurs d'un blanc jaunâtre, 3-4 en panicule terminale; pédoncules plus ou moins longs, munis à leur base de petites bractées subulées. Sépales ovales, mucronés, glabres, *appliqués contre les pétales;* ceux-ci ovales-oblongs, *étalés-dressés*, marqués à leur base d'une tache d'un jaune foncé, environ 2 fois plus longs que les sépales et *un tiers* plus longs que les étamines. Ovaire *supère, libre.* Capsule ovale, rétrécie au sommet, terminée par 2 pointes courtes, divergentes, plus longue que le calice.

Hab. contre les rochers à l'Espérou, à l'Aigual. (Guan., fl. monspel.) ♃ Fl. juillet–août.

6. **S. granulata** *Lin. sp.* 576; *Dec. fl. fr.* 4, *p.* 368; *Lamk. ill. t.* 372, *fig.* 1; *Cam. epit. p.* 719, *ic.*; *Matth. comm.* 694, *ic.* — Racine fibreuse, chargée, au collet, de *bulbilles agglomérés.* Tige ordinairement solitaire, de 2-5 décim., droite, pubescente-visqueuse, nue supérieurement, garnie inférieurement de 2-3 feuilles distantes. Feuilles radicales, longuement pétiolées, réniformes, à limbe un peu prolongé sur le pétiole, lobées-crénelées, un peu succulentes, veinées, disposées en rosette lâche; les caulinaires brièvement pétiolées, cunéiformes, à découpures profondes, pointues; pétiole velu, canaliculé. Fleurs blanches assez grandes, disposées en *corymbe* terminal, lâche ou un peu serré. Pédoncules ascendants, plus ou moins longs que la fleur. Calice adhérent à l'ovaire, dans sa partie inférieure; sépales lancéolés-obtus. Pétales ovales, longuement atténués à la base, larges et arrondis au sommet, marqués de nervures verdâtres, environ 2 fois de la longueur du calice. Etamines de moitié plus courtes que les pétales. Capsule un peu plus longue que le tube du calice, surmontée par 2 styles longs, peu divergents, à stigmate capité. Graines ovales, tuberculeuses, rousses.

Cette plante est connue sous les noms vulgaires de *casse-pierre,* de *perce-pierre;* elle passe pour apéritive, diurétique, et bonne contre la gravelle.

Hab. les prés des montagnes, à Anduze, à l'Espérou, à Concoule. ♃ Fl. avril–juin.

7. **S. tridactylites** *Lin. sp.* 578; *Dec. fl. fr.* 4, *p.* 369; *Moris. hist. s.* 12, *t.* 9, *fig.* 31. — Racine très-grêle, fibreuse. Tige de 5-15 centim., grêle, droite, simple, ou le plus souvent

rameuse dès la base, pubescente-visqueuse, ordinairement rougeâtre. Feuilles un peu succulentes; les radicales, spatulées, entières ou à 3 lobes inégaux, obtus ou aigus, celui du centre plus allongé, les latéraux divergents; disposées en rosette lâche; les caulinaires sessiles, les plus supérieures linéaires, toutes pubescentes-visqueuses, souvent rougeâtres. Fleurs petites, blanches, disposées en corymbe lâche irrégulier; pédicelles filiformes, inégaux, uniflores, allongés, munis à leur base de 2 petites bractées. Tube du calice urcéolé, court, entièrement adhérent à l'ovaire; sépales dressés, ovales-obtus. Pétales ovales-cunéiformes, obtus ou un peu échancrés, uninerviés, 2 fois de la longueur des sépales. Capsule recouverte par le calice, terminée par 2 pointes courtes, divergentes. Graines brunes, oblongues, chagrinées. Plante connue sous le nom vulgaire de *perce-pierre*.

Hab. les champs sablonneux, les vieux murs, dans tout le département. ① Fl. mars–mai.

8. **S. Prostii** *Sternberg, revis. saxifr. suppl. p.* 84, *t.* 19, *fig.* 1; *S. geranioides Dec. fl. fr.* 5, *p.* 520; *S. cuspidata Schleick.* — Racine brune, à souche très-rameuse, presque ligneuse, donnant naissance à des tiges stériles et fertiles, droites, réunies en gazon large et touffus. Tiges fertiles de 1-2 décim., glabres ou pubescentes, un peu visqueuses, portant, à leur base, des rameaux non fleuris. Feuilles inférieures disposées en rosette serrée, brièvement pétiolées; celles des rameaux et des tiges non fleuries longuement pétiolées, à limbe décurrent sur le pétiole, découpé en 3-5 lanières, *linéaires-aiguës, mucronées*, disposées en pédale, *multinerviées;* quelquefois les lanières supérieures et moyennes des feuilles des tiges stériles sont munies, vers leur sommet, d'une petite dent ou de deux opposées. Pétiole velu-cotonneux, plus ou moins largement ailé dans toute sa longueur. Fleurs d'un blanc pur, disposées en panicule dressée, médiocre. Sépales *lancéolés, acuminés,* dressés. Pétales larges, contigus, ou étroits séparés, spatulés, nerviés, rétrécis en onglet, environ 2 fois de la longueur des sépales; pédicelles de longueur variable. Etamines de moitié plus courtes que les pétales. Capsule entièrement recouverte par le tube du calice adhérent, terminée par 2 styles de la longueur des sépales, un peu divergents; stigmates capités. Graines noirâtres, oblongues, chagrinées.

Hab. contre les rochers et les vallons pierreux, à l'Espérou, à Concoule. ♃ Fl. juin-juillet.

9. **S. pubescens** *Pourr. act. toul.* 3, *p.* 327; *Dec. fl. fr.* 4, *p.* 375; *S. mixta Lap. fl. pyr. t.* 20. — Racine brune, à souche très-rameuse, à ramifications serrées en gazon épais, pulviné, couvertes inférieurement par les anciennes feuilles imbriquées, réfléchies, terminées par des rosettes dont la plupart donnent

naissance à des tiges florales de 5-10 centim., centrales, pubescentes-visqueuses. Feuilles inférieures persistantes, pubescentes-
visqueuses, cunéiformes, plus ou moins allongées, *fortement
nerviées*, terminées par 3-5 lobes *dressés, linéaires-obtus ;* les
caulinaires 3-5, entières, linéaires-obtuses. Fleurs très-blanches,
pauciflores, courtes. Calice urcéolé, adhérent, à sépales ovales,
obtus. Pétales ovales, arrondis, à 3 nervures, non onguiculés,
environ 2 fois de la longueur des sépales. Etamines persistantes,
à la fin pourpres, de moitié plus courtes que les pétales. Pédicelles
plus ou moins allongés. Capsule recouverte par le calice, terminée
par 2 pointes courtes, divergentes. Graines brunes, oblongues,
lisses.

Hab. contre les rochers d'Enjeou, près de Montdardier; de la Tessonne,
près du Vigan. ♃ Fl. juin-juillet.

10. **S. MUSCOIDES** *Wulf. in Jacq. misc.* 2, *p.* 125; *Dec. fl.
fr.* 4, *p.* 376; *S. cæspitosa scop. carn. t.* 14; *Seg. ver. t.* 9,
fig. 4. — Racine brune, à souche très-rameuse, à ramifications
serrées en gazon souvent épais, pulviné, couvertes inférieurement par les anciennes feuilles desséchées, imbriquées, réfléchies,
terminées par des rosettes dont la plupart donnent naissance à
des tiges florales de 5-10 centim., centrales, glabres ou pubescentes-visqueuses, à feuilles peu nombreuses, linéaires-obtuses,
entières ou dentées. Feuilles inférieures et celles des tiges stériles,
entières ou à 3 lobes linéaires-obtus, sans nervures, à l'état de
fraicheur, presque insensiblement nerviées à l'état sec. Fleurs
d'un jaune citrin, 1-9 en panicule lâche ou serrée, lorsqu'elles
sont nombreuses. Sépales ovales-obtus. Tube du calice urcéolé,
adhérent à l'ovaire. Pétales ovales ou oblongs, écartés, dépassant
d'un tiers les sépales. Etamines un peu plus longues que les
sépales et un peu plus courtes que les pétales. Capsule recouverte
par le calice, à 2 pointes divergentes, de la longueur des étamines. Graines brunes, oblongues. Plante glabre ou pubescente-
visqueuse.

Hab. contre les rochers à St-Guiral (Gouan, herb.), à l'Espérou (Guan.
hort. reg. *sub nomine* S. cæspitosa). ♃ Fl. juillet-août.

11. **S. HYPNOIDES** *Lin. sp.* 579; *Dec. fl. fr.* 4, *p.* 376; *Vill.
dauph. t.* 45; *Lap. fl. pyr. t.* 32. — Racine grêle, garnie de
fibres, à souche très-rameuse, donnant naissance à un grand
nombre de tiges fertiles de 1-2 décim., droites ou ascendantes,
et de tiges stériles allongées, tombantes, radicantes, toutes serrées
en gazon large et épais. Feuilles inférieures des tiges fertiles à
3-5 lobes linéaires, acuminés, à pétiole allongé, membraneux
sur les bords, dans les plus inférieures, ciliés-cotonneux ; les plus
supérieures entières, linéaires ; celles des tiges stériles écartées ;
les unes trifides, les autres linéaires, munies de bourgeons com-

pactes, axillaires, toutes nerviées. Fleurs assez grandes, blanches, plus ou moins nombreuses, en panicule lâche. Sépales ovales, aigus, mucronés. Pétales ovales-obtus, à 3 nervures verdâtres, 2-3 fois de la longueur des sépales. Étamines égales aux sépales et aux styles. Capsule adhérente au calice et recouverte par lui, à 2 pointes courtes, divergentes. Graines noirâtres, oblongues, rugueuses.

VAR. B, *Deficiens*. Tiges stériles, dépourvues de bourgeons. *Moris hist. S.* 12, *t.* 9, *fig.* 26.

Hab. les rochers et les murs à l'Espérou, à Aulas : la var. B, à Aulas. (Diomède.) ♃. Fl. avril–juin.

12. **S. AIZOON** *Jacq. aust.* 5, *p. et tab.* 438 ; *Dec. fl. fr.* 4, *p.* 360 ; *S. recta lap. fl. pyr. t.* 15 ; *Barr. ic.* 1309, 1311, 1312. — Souche brune, rameuse, garnie de fibres grêles, donnant naissance à plusieurs rosettes réunies en gazon large, serré ; du centre de la plupart sortent des tiges fleuries de 1-2 décim., *poilues-glanduleuses.* Feuilles des rosettes nombreuses, serrées, oblongues, de 2-3 centim., obtuses ou un peu aiguës, très-coriaces, glabres sur les 2 faces, ciliées, non glanduleuses à la base, bordées de dents blanches, cartilagineuses, triangulaires-aiguës, dirigées vers le sommet ; les caulinaires petites, éparses, distantes, oblongues ou spatulées, dentées supérieurement, ciliées-glanduleuses à la base. Fleurs blanches, d'abord en corymbe, puis en panicule peu allongée ; pédoncule ne portant que 2-3 fleurs, naissant vers le sommet de la tige, velus, glanduleux, ainsi que les calices ; ceux-ci campanulés, adhérents à l'ovaire, à sépales courts, ovales-triangulaires, aigus. Pétales obovales-obtus, 2 fois de la longueur du calice, à 3 nervures verdâtres, munis de 2-3 cils à la base. Étamines de moitié plus courtes que les pétales, à filets subulés. Capsule recouverte par le calice, terminée par les 2 styles courts, divergents, à stigmate subglobuleux. Graines noires, triquètres, chagrinées.

Hab. les rochers à l'*Hort-dé-Diou* et à l'Aigual. ♃ Fl. juin–juillet.

La *saxifraga bulbifera Lin.* indiquée à l'Hort–de–Diou par Guan., dans ses herborisations ; la *S. ascendens Lin. et aizoides Lin.*, à l'Espérou, dans son *Hort. reg.*, n'ont pas encore, à notre connaissance, été retrouvées dans ces localités.

2ᵉ gʳᵒ. DORINE. — CHRYSOSPLENIUM. (Lin. gen. 558.)

Tube du calice adhérent à l'ovaire. Sépales 4, étalés, colorés intérieurement. Corolle nulle. Étamines 8, insérées sur l'ovaire à la base des sépales. Styles 2. Capsule uniloculaire, polysperme, terminée par les styles persistants, à 2 valves planes, s'ouvrant jusqu'au milieu. Graines nombreuses, oblongues, petites, noires, luisantes, fixées à des placentas pariétaux. Plantes herbacées, succulentes, vivaces, à feuilles alternes ou opposées, à fleurs en corymbe terminal. Rarement les calices ont 5 sépales, et les étamines sont au nombre de 10.

1. { Feuilles opposées...................... OPPOSITIFOLIUM.
    { Feuilles alternes...................... ALTERNIFOLIUM.

1. C. ALTERNIFOLIUM *Lin. sp.* 569; *Dec. fl. fr.* 4, *p.* 381; *Lamk. ill. t.* 374. — Racine fibreuse, grêle. Tige de 1-2 décim., dressée ou ascendante, *triquètre*, succulente, fragile, pubescente dans le bas, glabre dans le haut, produisant à sa base des rhizomes grêles, dichotome au sommet. Feuilles orbiculaires, réniformes, *fortement crénelées*, à crénelures tronquées ou échancrées, munies à la face supérieure de quelques poils écartés; les radicales à pétioles longs, velus, plus grandes que les caulinaires; celles-ci *alternes*, brièvement pétiolées, peu nombreuses; toutes pâles en dessous. Fleurs jaunes en corymbe dichotome, comme posées sur les feuilles florales et les bractées arrondies, inégales. Sépales arrondis, dont 2 plus petits et opposés.

Hab. les rochers humides aux environs du Vigan et de Valleraugue. ♃ Fl. mars-avril.

2. S. OPPOSITIFOLIUM *Lin. sp.* 569; *Dec. fl. fr.* 4, *p.* 381; *Lob. ic.* 612, *fig.* 2. — Cette espèce diffère de la précédente : par ses tiges *quadrangulaires*, rapprochées en touffe, plus élevées, plus faibles, *radicantes* à leur base; par ses feuilles *opposées*, *toutes brièvement pétiolées*, à limbe semi-orbiculaire, *légèrement crénelé ou sinué, décurrent sur le pétiole ailé;* par son corymbe plus petit, ses fleurs moins grandes, et enfin par ses graines plus grosses et plus longues.

Hab. les rochers humides et le bord des ruisseaux aux environs du Vigan, d'Alzon, etc. ♃ Fl. avril-juin.

LIIIᵉ Fᴀᴍ. **OMBELLIFÈRES.**

Oᴍʙᴇʟʟɪꜰᴇʀᴇ. (Juss. gen. 218.)

Fleurs hermaphrodites ou polygames, rarement dioïques, régulières ou à pétales inégaux. Calice adhérent à l'ovaire, à limbe à 5 dents ou à 5 lobes persistants ou caducs, souvent nuls. Corolle à 5 pétales libres, caducs, imbriqués ou contigus dans le bouton, échancrés ou bifides, planes ou terminés par une petite pointe réfléchie en dedans, insérés à la gorge du calice, alternes avec ses dents, les extérieurs souvent plus grands. Étamines 5, insérées avec les pétales et alternes avec eux; anthères bilobées. Ovaire inférieur, à 2 loges uniovulées. Styles 2, dilatés à la base et soudés avec un disque (*stylopode*) couronnant l'ovaire, très-divergents, ordinairement persistants. Fruit sec, composé de 2 carpelles *méricarpes*, se séparant, à la maturité, de la base au sommet, et soudés chacun à une moitié du calice, restant suspendus au sommet d'une colonne centrale (*columelle, carpophore*); carpelles monospermes, indéhiscents, réunis par leur face interne (*commissure*), plane ou concave, munis extérieurement de 5 côtes ou nervures plus ou moins saillantes, quelquefois d'ailes membraneuses ou épineuses; l'intervalle d'une côte à l'autre se nomme *vallecule*. Par la coupe horizontale des carpelles on voit des canaux résinifères, ordinairement colorés (*bandelettes*), développés dans l'épaisseur du péricarpe, dirigés, un ou plusieurs, de la base au sommet, rarement indistincts ou nuls. Graines suspendues, adhérentes au péricarpe, rarement libres. Plantes herbacées, rarement ligneuses, à feuilles alternes, souvent composées, à fleurs en ombelles, simples ou composées, rarement en capitules ou en verticilles.

1. { Feuilles simples.................... 2.
   { Feuilles digitées, ternées, ailées, pinnatifides ou composées........... 3.

2. { Fleurs jaunes: feuilles entières.................... 24ᵉ gʳᵉ. **BUPLEVRUM.**
   { Fleurs blanches; feuilles crénelées.................... 47ᵉ gʳᵉ. **HYDROCOTYLE**

3. { Feuilles et bractées épineuses....... 4.
   { Feuilles et bractées non épineuses........................... 5.

4. { Fleurs en capitules munis de paillettes.................. 48ᵉ gʳᵉ. **ERYNGIUM.**
   { Fleurs en ombelles........... 43 gʳᵉ. **ECHINOPHORA.**

5. { Feuilles palmées: fleurs sessiles en capitules.......... 49ᵉ gʳᵉ. **SANICULA.**
   { Feuilles ternées, ailées, pinnatifides ou composées; fleurs pédicellées dans les ombelles....... 6.

6. { Fleurs jaunes, jaunâtres ou verdâtres...................... 7.
   { Fleurs blanches ou rosées........... 20.

7. { Fruit muni d'ailes membraneuses........................... 8.
   { Fruit dépourvu d'ailes membraneuses.. 10

8. { Involucre nul ou monophylle. 7ᵉ gʳᵉ. **THAPSIA.**
   { Involucre polyphylle.............. 9.

9. { Ombelle centrale grande, à 30–40 rayons............. 42ᵉ gʳᵉ. **MOLOPOSPERMUM.**
   { Ombelle petite, à 6-12 rayons. 9ᵉ gʳʳ. **LEVISTICUM.**

10. { Fruit comprimé par le dos, entouré d'une bordure........... 11.
    { Fruit comprimé par le côté, sans bordure.................. 15.

11. { Feuilles à segments linéaires ou filiformes...................... 13.
{ Feuilles à segments larges, lobés........................... 12.

12. { Feuilles tomenteuses-blanchâtres en dessous; fruit échancré au sommet............. HERACLEUM-LECOKII.
{ Feuilles glabres, vertes en dessous; fruit non échancré au sommet................. 14e gre. PASTINACA.

13. { Un involucre...................... 14.
{ Point d'involucre............ 11e gre. ANETHUM.

14 { Feuilles raides à segments ovales, 3-5 fides ou linéaires, allongés, très-étroits...... 12e gre. PEUCEDANUM.
{ Feuilles molles à segments linéaires, peu allongés..... 13e gre. FERULA.

15. { Feuilles à segments linéaires-lancéolés ou filiformes............ 16.
{ Feuilles à segments ovales, crénelés, incisés ou dentés....... 18.

16. { Fruit gros, lisse, spongieux... 46e gre. CACHRYS.
{ Fruit petit, à côtes, non spongieux........................... 17.

17. { Ombelles et ombellules munies de collerettes; segments des feuilles lancéolés.......... 18e gre. SILAUS.
{ Ombelles et ombellules sans collerettes; segments des feuilles filiformes........ 21e gre. FOENICULUM.

18. { Fruit orbiculaire, noir à la maturité, à côtes saillantes, inégales................. 44e gre. SMYRNIUM.
{ Fruit ovale ou presque globuleux, ne noircissant pas à la maturité, à côtes peu saillantes, égales.................... 19.

19. { Involucre à 2-3 folioles...... 36e gre. PETROSELINUM.
{ Involucre nul............... 37e gre. APIUM.

20. { Fruit hérissé d'épines ou de soies raides piquantes........... 21.
{ Fruit sans épines................. 28.

21. { Folioles de l'involucre pinnatifides.................... 1er gre. DAUCUS.
{ Folioles de l'involucre entières ou nulles...................... 22.

22. { Aiguillons du fruit crochus au sommet ou glochidiés........... 23.
{ Aiguillons du fruit droits ou courbés, non glochidiés ni crochus...................... 27.

23. { Aiguillons crochus................. 24.
{ Aiguillons glochidiés.............. 25.

24. { Involucre polyphylle........ 2e gre. ORLAYA.
{ Involucre nul ou monophylle. 4e gre. CAUCALIS

25. { Involucre polyphylle............... ORLAYA MARITIMA.
     { Involucre nul ou monophylle....... 26.

26. { Ombelles pédonculées............. CAUCALIS LEPTOPHYLLA.
     { Ombelles sessiles................. TORILIS NODOSA.

27. { Aiguillons droits............ 3e g^{re}. TURGENIA.
     { Aiguillons courbés.......... 5e g^{re}. TORILIS.

28. { Fruit à ailes membraneuses........ 29.
     { Fruit non ailé.................... 30.

29. { Involucre polyphylle ; pétales
     {   échancrés.............. 8e g^{re}. LASERPITIUM.
     { Involucre nul ou monophylle;
     {   pétales lancéolés, acumi-
     {   nés................... 10e g^{re}. ANGELICA.

30. { Fruit comprimé par le dos.......... 31.
     { Fruit globuleux, oblong ou
     {   comprimé par le côté.......... 33.

31. { Fruit entouré d'une bordure
     {   plane..................... 32.
     { Fruit entouré d'une bordure
     {   épaisse, rugueuse........ 16e g^{re}. TORDYLIUM.

32. { Feuilles pubescentes, blan-
     {   châtres en dessous; invo-
     {   lucre caduc.............. 15e g^{re}. HERACLEUM.
     { Feuilles glabres; involucre
     {   persistant............... 12e g^{re}. PEUCEDANUM.

33. { Fruit globuleux............ 6e g^{re}. CORIANDRUM.
     { Fruit non globuleux............. 34.

34. { Fruit pyramidal, atténué au
     {   sommet ou prolongé en bec....... 35.
     { Fruit oblong ou ovoïde........... 38.

35. { Fruit prolongé en bec plus ou
     {   moins long.................... 36.
     { Fruit atténué au sommet, non
     {   prolongé en bec.............. 37.

36. { Bec beaucoup plus long que la
     {   partie qui renferme la graine. 38e g^{re}. SCANDIX.
     { Bec plus court que la partie
     {   qui renferme la graine..... 39e g^{re}. ANTHRISCUS.

37. { Fruit ovoïde............... 40e g^{re}. CONOPODIUM.
     { Fruit linéaire-oblong........ 41e g^{re}. CHÆROPHYLLUM.

38. { Pétales entiers................... 39.
     { Pétales échancrés................. 42.

39. { Segments des feuilles ovales-
     {   lancéolés............... 34e g^{re}. HELOSCIADIUM.
     { Segments des feuilles linéai-
     {   res, filiformes ou capillaires....... 40.

40. { Plante très-velue-blanchâtre. 19e g^{re}. ATHAMANTA.
     { Plantes glabres, vertes ou
     {   glauques...................... 41.

41. { Lanières des feuilles capillai-
     {   res, d'un vert gai......... 17e g^{re}. MEUM.
     { Lanières des feuilles linéaires,
     {   glauques.................. 35e g^{re}. TRINIA

42. | Fruit à côtes épaisses, saillan-
tes ou obtuses.................... 43.
| Fruit à côtes filiformes............. 46.

43. | Limbe du calice à 5 dents ou
lobes persistants, rarement
caducs........................... 44.
| Limbe du calice oblitéré............ 45.

44. | Côtes du fruit presque égales, 20ᵉ gʳᵉ. SESELI.
| Côtes marginales du fruit évi-
demment plus développées. 23ʳ gʳʳ. OENANTHE.

45. | Vallécules sans bandelettes;
involucre à 3-5 folioles.... 45ᵉ gʳᵉ. CONIUM.
| Vallécules à une bandelette;
involucre nul ou mono-
phylle................... 22ᵉ gʳʳ. ÆTHUSA.

46. | Plantes aquatiques................. 47.
| Plantes terrestres.................. 48.

47. | Méricarpes à bords contigus;
ombelles terminales, à pédoncules allongés........ 25ʳ gʳᵉ. SIUM.
| Méricarpes à bords entrebâil-
lés; ombelles latérales, à
pédoncules courts........ 26ʳ gʳʳ. BERULA.

48. | Folioles de l'involucre trifides
ou pinnatifides............. 30ʳ gʳʳ. AMMI.
| Folioles entières ou nulles.......... 49.

49. | Involucelles polyphylles............ 50.
| Involucelles nulles ou à 2-3
folioles......................... 52.

50. | Plante velue-blanchâtre...... 19ʳ gʳᵉ. ATHAMANTA
| Plantes glabres.................... 51.

51. | Segments des feuilles linéai-
res-lancéolés, finement den-
tés en scie.............. 32ᵉ gʳʳ. FALCARIA.
| Segments des feuilles capil-
laires ou linéaires, non den-
tés..................... 28ᵉ gʳᵉ. BUNIUM.

52. | Involucelles nuls................. 53.
| Involucelles à 1-5 folioles.......... 54.

53. | Feuilles radicales triternées.. 29ᵉ gʳᵉ. ÆGOPODIUM
| Feuilles radicales ailées...... 27ᵉ gʳᵉ. PIMPINELLA.

54. | Styles réfléchis .... 55.
| Styles étalés.............. 31ᵉ gʳᵉ. SISON.

55. | Fruit étroit, oblong........ 33ᵉ gʳᵉ. PTYCHOTIS.
| Fruit ovoïde................... BUNIUM-CARVI.

1ᵉʳ gʳᵉ. CAROTE. — DAUCUS. (Lin. gen. 333.)

Calice à 5 dents. Pétales obovales, échancrés avec une pointe
courbée en dedans; les extérieurs rayonnants et bifides. Fruit
légèrement comprimé par le dos, ovale ou oblong. Carpelles à
côtes primaires filiformes et hérissées, à côtes secondaires développées en *aiguillons très-saillants,* soudés à la base; une bandelette correspondante à chaque côté secondaire. Carpophore libre

bifide. Involucre et involucelles polyphylles ; le premier à folioles pinnatifides, presque aussi longues que l'ombelle.

1. {
  Ombelles très-grandes, à rayons courbés en dedans à la maturité : fleur centrale purpurine............. CAROTA.
  Ombelles petites, à rayons dressés à la maturité: point de fleur purpurine au centre.................... MARITIMUS.
}

1. **D. carota** *Lin. sp.* 348 ; *Dec. fl. fr.* 4, *p.* 327 ; *Coss. et Germ. fl. par. atl. t.* 13, *fig.* 9 *et* 10. — Racine fusiforme. Tige de 4-8 décim., droite, sillonnée, hispide ou rude, rarement glabre, rameuse. Feuilles 2-3 fois pinnées ; les inférieures à folioles ovales ou oblongues incisées ; les supérieures à pétiole court, large et engaînant, à folioles linéaires ou lancéolées, mucronées. Fleurs blanches, rarement toutes purpurines ; la centrale stérile, d'un pourpre noirâtre, en ombelle ample, longuement pédonculée, plane, à rayons nombreux, un peu hispides, très-inégaux, recourbés en dedans à la maturité. Involucre à folioles scarieuses sur les bords vers la base, dépassant l'ombelle ou plus courtes qu'elle, à lanières linéaires, acuminées-subulées ; involucelle formée de folioles linéaires-aiguës, membraneuses sur les bords et quelques-unes trifides, égalant ou dépassant l'ombellule. Fruit ovale, à aiguillons subulés, égalant presque sa largeur.

Cette plante porte le nom patois de *gironia*.

Var. B, *exiguus Hermann*. Plante naine, à folioles de l'involucre linéaires et trifides.

Hab. : la var. **A**, dans tout le département ; la var. **B**, les lieux arides, à Cervillère, près de Lannejols. ② Fl. juin–octobre.

On cultive, dans les potagers, plusieurs variétés de cette plante, comme alimentaires ; elles se distinguent par leur racine grosse, charnue, longue ou courte, jaune ou rougeâtre : elles sont apéritives, diurétiques, adoucissantes, désobstruantes et anticancéreuses ; les semences sont carminatives et diurétiques.

2. **D. maritimus** *Lamk. dict.* 1, *p.* 634 ; *Dec. fl. fr.* 4, *p.* 329. — Cette espèce se distingue de la précédente : par sa tige grêle et effilée, rude au sommet, glabre inférieurement ; par ses feuilles luisantes, glabres, parfois rougeâtres ; les supérieures à gaine plus étroite, à segments linéaires-acuminés, subulés ; par ses fleurs très-petites, les extérieures non rayonnantes ; par l'absence de la fleur stérile, purpurine, centrale ; par ses ombelles très-petites, à rayons peu nombreux, grêles, *dressés, non courbés en dedans*, à la maturité ; par son involucre constamment plus court que l'ombelle, ordinairement trifide ; par ses involucelles à folioles toutes entières ; et enfin par ses fruits plus petits, à aiguillons grêles, *serrés, non soudés à la base, épaissis* au sommet, rarement *glochidiés*.

Hab. les pacages de tout le littoral du département. ② Fl. mai-août.

2ᵉ gʳᵉ. ORLAYE. — ORLAYA. (Hoffm. umb. 1, p. 58.)

Calice à 5 dents. Pétales obovales, échancrés avec une pointe
courbée en dedans; les extérieurs plus grands, bifides, rayonnants. Fruit ovale ou oblong, comprimé par le dos; carpelles à
côtes primaires filiformes hérissées, à côtes secondaires, à 2-3
rangs d'aiguillons subulés ou glochidiés, très-saillants; une bandelette correspondante à chaque côte secondaire. Carpophore
libre, bifide. Involucre et involucelles à plusieurs folioles entières.

1.
- Involucre à folioles membraneuses sur les bords : rayons des ombelles presque égaux .... 2.
- Involucre à folioles herbacées : rayons des ombelles très-inégaux .... MARITIMA.

2.
- Ombelles à 5-8 rayons .... GRANDIFLORA.
- Ombelles à 2-3 rayons .... PLATYCARPOS.

1. **OR. GRANDIFLORA** *Hoffm. umb.* 1, p. 58 ; *Dec. prod.* 4,
p. 209 ; *Caucalis grandiflora Dec. fl. fr.* 4, p. 330 ; *Lamk. ill.
t.* 192. — Racine pivotante. Tige de 2-4 décim., droite, glabre,
anguleuse, sillonnée, rameuse dès la base, à rameaux ouverts-
ascendants. Feuilles glabres, tripinnées, à segments courts,
linéaires-aigus; les supérieures munies, à leur base, d'une gaine à
bords membraneux. Fleurs blanches, en ombelles longuement
pédonculées, opposées aux feuilles, à 5-8 rayons presque égaux.
Involucre et involucelles à folioles cuspidées, blanchâtres-sca-
rieuses sur les bords. Pétales extérieurs très-grands, rayonnants.
Fruit obovale, terminé en pointe ; côtes primaires munies de
petites pointes courbées ; côtes secondaires à aiguillons *crochus*,
commissure *concave*.

Hab. les champs et les vignes dans tout le département. Ⅾ Fl. juin-août.

2. **OR. PLATYCARPOS** *Koch. umb.* p. 79 ; *Caucalis platycarpos Lin. sp.* 347 ; *Dec. fl. fr.* 4, p. 331 ; *Mut. fl. fr. t.* 24, *fig.*
199, *(fruit)* ; *Moris. hist. sect.* 9, t. 14, *fig* 2. — Racine pivotante.
Tige de 2-3 décim., anguleuse, dressée, rameuse. à rameaux
très-souvent divergents, chargée de quelques poils écartés.
Feuilles hérissées, bi-tripinnatifides, à segments courts, peu
distants; les inférieures pétiolées; les supérieures au sommet
d'une gaine bordée d'une membrane. Fleurs blanches ou un peu
rougeâtres, en ombelle, ordinairement à pédoncule allongé, opposé
aux feuilles, à 2-3 rayons ; involucre à autant de folioles que de
rayons, lancéolées, entières, rarement à 3 divisions incisées,
bordées d'une *large membrane*. Fruit oblong assez gros; côtes
primaires munies de petites pointes courbées ; côtes secondaires
à aiguillons *rougeâtres*, égalant la largeur du carpelle, *crochus*
au sommet, aplatis, dilatés et soudés à la base. Commissure
pubescente, plane, oblongue-acuminée.

Hab. les champs et les vignes dans toute la plaine, aux environs du Vigan, de Blandas, d'Alzon. ① Fl. mai–juillet.

3. Or. maritima *Koch. umb. p.* 47; *Dec. prodr.* 4, *p.* 209; *Caucalis maritima Lois. gall.* 1, *p.* 210; *Ger. gall. prov. t.* 10; *Moris. hist. sect.* 9, *t.* 14, *fig.* 7. — Racine pivotante blanche. Tige de 5-10 centim., rameuse dès la base, à rameaux inégaux, étalés-divariqués, presque cylindrique, velue, ainsi que les autres parties de la plante. Feuilles toutes pétiolées, engaînantes à la base, bi-tripinnatifides, à segments courts, obtus, mucronés, rapprochés. Fleurs blanches ou rougeâtres, très-petites, en ombelles plus ou moins longuement pédonculées, opposées aux feuilles, paraissant souvent sortir de la racine, à 2-7 rayons, très-inégaux. Involucre à folioles inégales, linéaires, entières, rarement à 3 divisions, *dépourvues de bordure membraneuse.* Pétales presque égaux. Fruit oblong; côtes primaires hérissées; côtes secondaires à aiguillons aplatis, dilatés à la base, *hérissés en étoile* au sommet, plus courts que le carpelle ou de sa longueur. Commissure *plane, oblongue.*

Hab. les sables maritimes sur tout le littoral du département. ① Fl. mai–juin.

3ᵉ gʳᵉ. TURGÉNIE. — TURGENIA. (Hoffm. umb. 59.)

Calice à 5 dents sétacées. Pétales obovales, échancrés, avec une pointe courbée en dedans; les extérieurs rayonnants, bifides. Fruit comprimé latéralement. Carpelles à 9 côtes, dont 2 marginales tuberculeuses, et les 7 autres à 2-3 rangs d'aiguillons égaux, une bandelette correspondante à chaque côte secondaire. Carpophore libre, bifide. Involucre et involucelles polyphylles.

1. T. latifolia *Hoffm. umb.* 59; *Caucalis latifolia Lin. syst.* 2, *p.* 205; *Dec. fl. fr.* 4, *p.* 330; *Mut. fl. fr. t.* 25, *fig.* 203, *(fruit); Moris. hist. sect.* 9, *t.* 14, *fig. seconde.* — Racine pivotante. Tige de 2-5 décim., droite, anguleuse, sillonnée, rameuse, hispide, rude. Feuilles pinnées, scabres, brièvement pétiolées, à folioles oblongues, incisées-dentées, plus ou moins décurrentes sur le pétiole; gaîne scarieuse sur les bords. Fleurs blanches, plus souvent rougeâtres, en ombelle à longs pédoncules opposés aux feuilles, à 3-4 rayons raides, hérissés, inégaux. Involucre et involucelles à folioles égales, ovales-lancéolées, acuminées, bordées d'une membrane très-large, scarieuse. Fruit assez gros, plus long que le pédicelle, ovale-acuminé, à aiguillons droits, scabres. Commissure étroite, linéaire. Je possède un échantillon à **3** méricarpes.

Hab. les champs cultivés, aux environs de Nîmes, du Vigan, d'Alzon. ① Fl. juin–juillet.

4ᵉ gʳᵉ. **CAUCALIDE. — CAUCALIS.** (Hoffm. umb. 49.)

Calice à 5 dents lancéolées. Pétales obovales, échancrés, avec une pointe courbée en dedans ; les extérieurs un peu plus grands, rayonnants, bifides. Fruit un peu comprimé latéralement ; carpelles à 5 côtes primaires, filiformes, hérissées de soies ; à 4 côtes secondaires, *plus saillantes, à 1 seul rang d'aiguillons,* subulés, non soudés à la base ; une bandelette correspondante à chaque côte secondaire. Carpophore libre, bifide. Involucre presque nul ; involucelles à plusieurs folioles.

1. { Aiguillons des côtes secondaires sur un seul rang, subulés, crochus au sommet................. **DAUCOIDES.**
{ Aiguillons des côtes secondaires sur 2-3 rangs, droits et glochidiés au sommet............... **LEPTOPHYLLA.**

1. C. DAUCOIDES *Lin. sp.* 346 ; *Dec. fl. fr.* 4, *p.* 332 ; *Mut. fl. fr. t.* 25, *fig.* 202 ; *Jacq. aust. t.* 157. — Racine pivotante. Tige de 1-3 décim., droite, raide, anguleuse, sillonnée, rameuse, à rameaux divariqués ; glabre ou parsemée de quelques poils raides, étalés, écartés ; hispide à la base. Feuilles bi-tripinnatifides, à segments courts, rapprochés. Fleurs blanches ou roses, en ombelles, pédonculées, à 2-3 rayons raides, inégaux, anguleux ; involucre nul ou à 1-3 folioles inégales, linéaires, hérissées-ciliées. Fruit oblong, atténué aux deux extrémités ; côtes secondaires épaisses, canaliculées, à aiguillons lisses et crochus au sommet.

Hab. les champs et les vignes dans tout le département. ① Fl. juin-juillet.

2. C. LEPTOPHYLLA *Lin. sp.* 347 ; *C. parviflora Dec. fl. fr.* 4, *p.* 332 ; *Mut. fl. fr. t.* 24, *fig.* 201, *(fruit)*; *C. humilis Jacq. hort. vind.* 2, *t.* 195. — Cette espèce diffère de la précédente : par ses tiges plus effilées, couvertes de poils appliqués, dirigés en bas ; par ses feuilles moins découpées, à segments un peu plus allongés, mucronés ; par ses ombelles brièvement pédonculées, ordinairement à 2 rayons ; par ses fruits beaucoup plus petits ; par les aiguillons des côtes secondaires plus serrés et sur 2-3 rangs, *droits, très-rudes* et *glochidiés* au sommet.

Hab. les champs et les lieux arides aux environs de Nîmes, du Vigan, de Villeneuve. ① Fl. mai-juin.

5ᵉ gʳᵉ. **TORILIS. — TORILIS.** (Hoffm. umb. 49, t. 1, fig. 18.)

Calice à 5 dents lancéolées. Pétales obovales, échancrés, avec une pointe courbée en dedans ; les extérieurs un peu plus grands, bifides, rayonnants. Fruit comprimé latéralement ; carpelles à 5 côtes primaires, filiformes, hérissées de soies raides ; à 4 côtes secondaires, couvertes de nombreux aiguillons, remplissant les vallécules. Une bandelette sous chaque côte secondaire. Carpo-

phore libre, bifide. Involucre à 1-5 folioles; involucelle polyphylle.

1. { Involucre à 5 folioles ; aiguillons du fruit cour-
      bés, terminés en pointe dressée............ ANTHRISCUS.
      Involucre nul ou monophylle ; aiguillons droits,
      glochidiés au sommet.................... 2.

2. { Ombelles sessiles ou presque sessiles........ NODOSA.
      Ombelles longuement pédonculées............ 3.

3. { Feuilles supérieures simples ou à 3 segments li-
      néaires, allongés......................... HETEROPHYLLA.
      Feuilles inférieures et supérieures bipinnatifides. HELVETICA.

1. T. ANTHRISCUS *Gmel. fl. bad.* 1, *p.* 615; *Dec. prod.* 4,
p. 218 ; *Mut. fl. fr. t.* 25, *fig.* 204; *Jacq. aust. t.* 261. — Racine
pivotante-sinueuse. Tige de 4-8 décim., droite, raide, élancée,
rameuse, striée, rude, couverte de poils couchés, dirigés en bas.
Feuilles rudes, pinnées, à segments pinnatifides ; le terminal
lancéolé, beaucoup plus long que les autres. Fleurs petites, blanches ou rougeâtres, en ombelles convexes, longuement pédonculées, à 5-10 rayons ; involucre à 5 folioles linéaires, hérissées ;
involucelles à plusieurs folioles de la longueur des pédicelles.
Fleurs extérieures *presque régulières*. Styles glabres très-étalés.
Fruit petit, obovale, à aiguillons scabres, courbés, terminés en
pointe dressée. Faces internes des carpelles *lancéolées*, concaves, munies d'une bordure glabre. Graines à face interne,
presque plane, à bords *non repliés en dedans*.

Hab. les haies et les bords des fossés et des chemins dans tout le département. ② Fl. mai–août.

2. T. HELVETICA *Gmel. fl. bad.* 1, *p.* 617; *Dec. prod.* 4, *p.* 219;
T. infesta wallr. sched. 120; *Caucalis helvetica Jacq. hort. vind.*
3, *t.* 16. — Racine pivotante-sinueuse. Tige de 1-2 décim., à rameaux divariqués, raide, striée, couverte de poils couchés,
dirigés en bas. Feuilles rudes, pinnées, couvertes de poils couchés, à segments pinnatifides, ovales ou lancéolés ; le terminal
plus long que les autres, dans les feuilles supérieures. Fleurs
blanches, en ombelles planes, à 2-8 rayons, dressées avant la
floraison, longuement pédonculées ; involucre *nul ou à une foliole très-courte;* involucelles à 3-5 folioles linéaires-subulées,
hérissées, plus longues que les pédicelles. Pétales extérieurs plus
grands, rayonnants. Styles étalés, ascendants, courts, hérissés
à la base. Fruit oblong, un peu plus gros que ceux de l'espèce
précédente, d'un vert foncé, à aiguillons *droits*, scabres, *épaissis* et *glochidiés au sommet*. Face interne des carpelles *linéaire*,
canaliculée à bords velus. Graines à bords repliés en dedans.

VAR. A, *Divaricata Dec. prod.* 4, *p.* 219. Plante basse, à rameaux nombreux, divariqués.

Var. B, *Antriscoides Dec. prod.* 4, *p.* 219. Plante de 3-5 décim., droite, simple ou rameuse, à rameaux dressés, très-allongés. *Scandix infesta Lin. syst.* 2, *p.* 732.

Hab. comme la précédente; la var. **A dans les champs arides.** ② Fl. juin-août.

3. **T. HETEROPHYLLA** *Guss. prod. fl. sic.* 1, *p.* 326; *Dec. prodr.* 4, *p.* 219; *Godr. et Gren. fl. fr.* 1, *p.* 676. — Cette espèce diffère de la précédente : par sa tige effilée, moins rameuse, à rameaux ascendants; par ses feuilles supérieures simples ou à 3 folioles *linéaires, entières ou munies de quelques dents écartées, la terminale beaucoup plus longue que les latérales ;* par ses fleurs très-petites, *presque régulières* à la circonférence, de moitié plus courtes que l'ovaire; par ses ombelles penchées, avant la floraison, à 2-4 rayons et à pédoncules plus allongés; par ses ombellules bien plus petites, à rayons moins nombreux; par ses fruits moins gros, mais aussi longs; par ses carpelles dont un à aiguillons, de *deux tiers plus courts* que ceux de l'autre, et enfin par le carpophore presque entier.

Hab. les bois et les garrigues aux environs de Nîmes, du Vigan, etc. ① Fl. mai-juin.

4. **T. NODOSA** *Gœrtn. fruct.* 1, *p.* 82, *t.* 20, *fig.* 6; *Dub. bot.* 217; *Caucalis nodiflora Dec. fl. fr.* 4, *p.* 334; *Jacq. aust. app. t.* 24; *Moris. hist. sect.* 9, *t.* 14, *fig.* 10. — Racine pivotante, un peu rameuse à l'extrémité. Tige de 1-3 décim., dressée ou couchée, diffuse, souvent flexueuse, peu rameuse, couverte de poils couchés, dirigés en bas. Feuilles bipinnées, à folioles incisées-dentées, velues, scabres. Fleurs petites, blanches ou rosées, en ombelles petites, à 2-3 rayons très-courts, presque sessiles, latérales, agglomérées, opposées aux feuilles; involucre *nul ;* involucelles à plusieurs folioles linéaires, hérissées. Pétales égaux, *réguliers.* Styles glabres, dressés, courts. Fruits obovales ; les intérieurs tuberculeux, dépourvus d'aiguillons ; les extérieurs tuberculeux sur le carpelle interne et hérissés, sur l'externe, *d'aiguillons* droits, rudes, *glochidiés au sommet.* Face interne des carpelles linéaire-canaliculée, à bords velus ; carpophore entier. Graines à bords *fortement repliés en dedans.*

Hab. les bois et le bord des champs aux environs de Nîmes, de St-Gilles, du Vigan. ① Fl. mai-août.

6ᵉ gʳᵉ. **CORIANDRE. — CORIANDRUM.** (Lin. gen. 356, en partie.)

Calice à 5 dents inégales, linéaires-aiguës, persistantes. Pétales obovales, échancrés avec une pointe courbée en dedans; les extérieurs plus grands, bifides, rayonnants sur chaque ombellule. Fruit *globuleux,* à carpelles hémisphériques, se séparant avec peine, à 5 côtes primaires, déprimées, filiformes , flexueuses ; à 4 côtes secondaires , saillantes , carénées , non ailées ; vallécules sans bandelettes. Commissure *à* 2 *bandelettes.* Carpophore bifide, soudé à la base et au sommet avec les carpelles. Faces internes des graines concaves. Involucre nul ou à une foliole.

1. C. sativum *Lin. sp.* 367 ; *Dec. fl. fr.* 4 *, p.* 292 ; *Mut. fl. fr. t.* 25, *fig.* 205 ; *Cam. epit.* 523, *ic.* — Racine pivotante. Tige de 4-6 décim. , droite, striée , rameuse supérieurement , glabre , ainsi que les autres parties de la plante. Feuilles à odeur fétide , luisantes ; les inférieures pétiolées, pinnatifides, à folioles ovales-cunéiformes , lobulées , incisées-dentées ; les supérieures presque sessiles , bi-tripinnatifides , à lanières étroites, linéaires , aiguës. Fleurs blanches ou rosées, en ombelles à 3-5 rayons étalés ; ombellules très-fournies ; involucelles unilatéraux à 3-5 folioles ou davantage, environ de la longueur des pédicelles. Dents du calice lancéolées-aiguës. Styles divergents, courbés. Fruits aromatiques, à la maturité.

Cette plante est connue sous le nom patois de *couïandra :* ses fruits sont stomachiques et carminatifs ; les confiseurs en font des dragées sphériques , tuberculeuses. Quelques propriétaires en mettent dans leur vin pour lui donner un goût agréable.

Hab., cultivé en grand, dans les champs et les jardins, souvent subspontané dans les moissons. ① Fl. juin-juillet.

7° gʳᵉ. THAPSIE. — THAPSIA. (Tournef. inst. 321, t. 171.)

Calice à 5 dents. Pétales lancéolés , entiers, à pointe recourbée en dedans. Fruit comprimé par le dos ; carpelles à 5 côtes primaires filiformes , à 4 côtes secondaires , 2 dorsales filiformes, 2 latérales *largement ailées,* membraneuses ; une bandelette correspondante à chaque côte secondaire. Carpophore libre , bifide. Face interne des carpelles plane. Involucre et involucelles nuls ou à peu de folioles caduques.

1. Th. villosa *Lin. sp.* 375 ; *Dec. fl. fr.* 4 *, p.* 342 ; *Lamk. ill. t.* 206 ; *Clus. hist.* 2 *, p.* 192 *, ic.* — Racine épaisse , un peu noueuse , jaunâtre , blanche intérieurement , perpendiculaire , munie à l'extrémité de fascicules de fibres. Tige de 5-10 décim. , robuste, cylindrique , finement striée , lisse , glabre , à rameaux rares vers le sommet , entourée à la base de fibres abondantes qui sont les restes des anciennes feuilles. Feuilles radicales pétiolées, très-amples, rapprochées, couchées en rosette sur la terre , bi-tripinnatifides , à segments oblongs, grossièrement dentés , décurrents, à dents mucronées, velues sur les 2 faces, cendrées en dessous ; les caulinaires presque toujours nulles, mais réduites à une gaîne ample, jaunâtre, membraneuse. Fleurs jaunes en ombelles ; la centrale très-grande , fructifère , à 5-20 rayons de 5-8

centim., lisses et glabres ; les latérales plus petites, ordinairement
stériles. Styles courts, réfléchis. Fruit ovale, à ailes jaunàtres,
brillantes. Plante très-âcre, surtout la racine : les moutons sont
friands de ses feuilles.

Hab. les bois et les garrigues au chemin d'Uzès, aux environs du Vigan.
♃ Fl. juillet-août.

8ᵉ gʳᵉ. LASER. — LASERPITIUM. (Lin. gen. 344.)

Calice à 5 dents. Pétales obovales, *échancrés* avec une pointe
recourbée en dedans. Fruit comprimé par le dos ; carpelles à 5
côtes primaires, filiformes, à 4 côtes secondaires, *toutes largement ailées*, membraneuses. Une bandelette correspondante à
chaque côte secondaire. Carpophore libre, bifide. Involucre et
involucelles à plusieurs folioles.

1. { Involucre persistant.......................... 2.
   { Involucre caduc............................... NESTLERI.
2. { Segments des feuilles à lanières linéaires courtes... 3.
   { Segments des feuilles ovales ou lancéolés.......... 4.
3. { Segments cunéiformes, trifides ; plante glabre...... GALLICUM
   { Segments simples, non cunéiformes ; plante hispide. PANAX.
4. { Segments lancéolés, très-entiers................. SILER.
   { Segments ovales, dentés........................ LATIFOLIUM.

1. **L. LATIFOLIUM** *Lin. sp.* 356 ; *Dec. fl. fr.* 4, *p.* 312 ; *Mut.
fl. fr. t.* 24, *fig.* 196 *(fruit)* ; *Jacq. austr. t.* 146 ; *Lob. ic. t.* 704,
fig. 2. — Racine brune, épaisse, longue. Tige de 8-12 décim.,
droite, robuste, cylindrique, pleine, *finement* striée, glabre,
rameuse supérieurement, entourée à la base par les nervures
persistantes des anciennes feuilles. Feuilles un peu raides, glauques et veinées-réticulées en dessous, bipinnées, à folioles larges,
ovales-obtuses, *obliquement cordées à la base* dentées, à dents
larges, mucronées, la terminale *souvent trilobée*, la plupart
pétiolulées ; les inférieures très-amples, à pétiole long, *comprimé
sur les côtés* ; les supérieures plus petites au sommet d'une gaîne
large et enflée. Fleurs blanches en ombelle ample, très-fournie, à
rayons striés, un peu rudes du côté interne. Involucre à plusieurs
folioles linéaires, allongées, acuminées, réfléchies, persistantes,
munies d'une bordure blanche, étroite ; involucelles à folioles
linéaires, sétacées. Pétales en cœur renversé. Styles réfléchis.
Fruit ovale à ailes égales, souvent ondulées, crépues, plus larges
que le fruit.

VAR. A, *Glabrum Soy.-Will.*, *obs.* 154. Feuilles grabres. *Las.
glabrum Crantz, austr.* 181.

VAR. B, *Asperum Soy.-Will. l. c.* Feuilles garnies en dessous
et sur les pétioles de poils courts et un peu raides. *Las. asperum
Crantz, l. c.*

Hab. les bois et les rochers : la var. **A**, à Concoule : la var. **B**, à l'Espérou, à Lafoux, près d'Alzon. ♃ Fl. juin-août.

2. **L. Nestleri** *Soy.-Will. obs.* 87 ; *L. aquilegifolium Dec. flr. fr.* 5, *p.* 510 ; *L. trilobum Mut. fl. fr.* 2, *p.* 62. — Racine épaisse, longue, brune. Tige de 8-12 décim., droite, cylindrique, pleine, finement striée, glabre, rameuse, entourée à la base par les nervures persistantes des anciennes feuilles. Feuilles vertes en dessus, pâles en dessous ; les inférieures amples, à pétiole long, *comprimé sur les côtés*, triternées, à folioles minces, souvent *cordiformes* à la base, ou *cunéiformes*, un peu décurrentes, simples ou lobées, incisées-dentées, à dents inégales, mucronées, quelquefois pubescentes en dessous ; les supérieures plus petites, moins divisées, au sommet d'une gaîne large et enflée. Fleurs blanches, en ombelles grandes ; à rayons sillonnés, rudes du côté interne. Involucre et involucelles *très-caducs*. Pétales cunéiformes, échancrés. Styles réfléchis. Fruit oblong, à 8 ailes égales, souvent ondulées, crépues, brillantes, plus larges que le fruit, rougeâtres avant la maturité.

Hab. les bois montagneux et les terrains pierreux, à Alzon, Campestre, Camprieux, Salbous. ♃ Fl. juin-juillet.

3. **L. gallicum** *Lin. sp.* 537 ; *Dec. fl. fr.* 4, *p.* 312 ; *J. Bauh.* 3, *p.* 137, *fig.* 1. — Racine épaisse, très-profonde. Tige de 4-8 décim., droite, robuste, raide, striée, pleine, rameuse, entourée à la base des restes des anciennes feuilles. Feuilles très-amples, très-divisées, glabres, à pétiole arrondi, 3-4 fois terné ; la 3me ou la 4me division, portant les folioles pinnatifides ou bipinnatifides ; pinnules et folioles *opposées*, un peu épaisses, d'un vert sombre et luisantes en dessus, pâles en dessous, plus ou moins larges, *cunéiformes, entières ou à 2-5 lobes mucronés ;* feuilles supérieures peu nombreuses, d'autant plus petites qu'elles sont près du sommet, portées sur une gaîne courte, *non enflée.* Fleurs blanches, en ombelles très-amples et très-fournies, à rayons de 10-12 centim., striés, pubescents. Involucre et involucelles à plusieurs folioles linéaires-lancéolées, acuminées, entières ou à 2-3 lobes, membraneuses et ciliées sur les bords, persistantes et réfléchies. Styles réfléchis. Fruit ovale, tronqué *à la base et au sommet,* glabre, à ailes larges, ondulées ou crispées, rarement planes ; celles de la commissure *plus larges* et égalant presque la largeur du carpelle.

La racine de cette plante est échauffante, hystérique, carminative, diurétique et détersive : elle porte le nom patois d'*angelicassa.*

Hab. les montagnes arides, aux bords du Gardon, aux environs de Nîmes, au Serre-de-Bouquet, à Navacelle, près d'Alzou, aux environs du Vigan. ♃ Fl. juillet-août.

4. **L. siler** *Lin. sp.* 357 ; *Dec. fl. fr.* 4, *p.* 313 ; *Jacq. austr.*

t. 145 ; *Moris. hist. s.* 9, *t.* 3, *fig.* 1. — Racine épaisse, blanchâtre. Tige de 6-12 décim., robuste, droite, striée, pleine, rameuse, glabre, ainsi que le reste de la plante, entourée, à la base, des restes des anciennes feuilles. Feuilles raides ; les inférieures très-amples, à pétiole comprimé sur les côtés, tripinnatifides, à folioles *lancéolées*, mucronées, *cunéiformes* à la base, très-entières, munies de veines réticulées, *translucides ;* les supérieures au sommet d'une gaîne enflée. Fleurs blanches, en ombelle ample et bien fournie, à rayons inégaux, pubérulents, striés. Involucre et involucelles non réfléchis, à folioles linéaires-lancéolées, longuement acuminées, membraneuses sur les bords. Pétales onguiculés. Styles réfléchis. Fruit *oblong*, étroitement ailé, luisant, très-odorant.

Hab. les lieux pierreux et contre les rochers aux environs du Vigan, à Montdardier, à Lafoux. ♃ Fl. juin-août.

5. **L. PANAX** *Guan. ill. p.* 13 ; *L. hirsutum Dec. fl. fr.* 4, *p.* 313 ; *Hall. ic. helv. t.* 19 ; *Col. ecphr. t.* 86. — Racine épaisse, rugueuse, d'un blanc jaunâtre. Tige de 3-4 décim., droite, striée, glabre inférieurement, un peu rude au sommet, simple ou portant 1-2 rameaux simples, entourée à la base des restes des anciennes feuilles. Feuilles très-divisées, hérissées-grisâtres, à folioles *courtes et linéaires-étroites*, mucronulées ; les inférieures amples, à pétiole court, *comprimé sur les côtés*, vaginant à la base ; les supérieures rares, plus petites, portées sur une gaîne *non enflée*. Fleurs blanches, en ombelle assez ample, à rayons dressés, de 5-6 centim., striés, pubérulents. Involucre persistant, réfléchi, à folioles nombreuses, lancéolées, acuminées, rarement trifides, membraneuses, ciliées sur les bords ; involucelles à folioles plus étroites. Pétales obovales, peu échancrés. Styles étalés-dressés. Fruit ovale, *glabre, échancré à la base et au sommet*, à ailes minces, blanchâtres, planes, environ de la largeur des carpelles.

Hab. les bois de l'Aigual. (*Guan. herb.*) ♃ Fl. juin-juillet.

9ᵉ gʳᵉ. LIVÈCHE. — LEVISTICUM (Koch. umb. p. 101, fig. 41.)

Calice à dents presque nulles. Pétales *arrondis-aigus*, à pointe courbée en dedans. Fruit un peu comprimé par le dos ; carpelles à 5 côtes ailées ; *les marginales 2 fois plus larges*, à bords un peu ouverts, à face interne plane. 1 bandelette correspondante à chaque vallécule. Carpophore libre, bifide. Involucre et involucelles à plusieurs folioles.

1. **L. OFFICINALE** *Koch. umbel. p.* 101, *fig.* 41 ; *Angelica levisticum All. ped.* 2, *p.* 10 ; *Dec. fl. fr.* 4, *p.* 306 ; *Ligusticum levisticum Lin. sp.* 359 ; *Levisticum vulgare Mut. fl. fr. t.* 24,

fig. 185; *Moris. hist. s.* 9, *t.* 3, *fig.* 1 ; *Camer. epit. p.* 529, *ic.* — Racine épaisse, charnue, noirâtre, rameuse et fibreuse. Tige de 1-2 mètres, robuste, glabre, lisse, luisante, striée, fistuleuse, rameuse au sommet. Feuilles amples, glabres, luisantes, bi ou tripinnées, à folioles larges, cunéiformes, incisées supérieurement et lobées. Fleurs jaune pâle, en ombelles médiocres, à 8-10 rayons inégaux de 2-3 centim.; involucre réfléchi, à folioles lancéolées-acuminées, munies, de chaque côté, d'une large bordure blanche, membraneuse. Fruit oblong, un peu arqué.

Cette plante est connue sous le nom vulgaire d'*ache de montagne* : elle a une odeur aromatique ; elle est incisive, carminative, emménagogue, sudorifique, vulnéraire.

Hab. les pacages et les prairies à l'Espérou (Guan. h. reg.), dans une île du Rhône, vis-à-vis Vallabrègues. ♃ Fl. juillet-août.

10° g^re. **ANGELIQUE. — ANGELICA.** (Lin. gen. 347, en partie.)

Calice à dents presque nulles. Pétales lancéolés, acuminés, entiers, à pointe droite ou courbée en dedans. Fruit comprimé par le dos ; carpelles à bords un peu ouverts, à face interne plane, à 5 côtes ; 3 *dorsales saillantes, filiformes ;* 2 latérales, *largement ailées-membraneuses ;* 1 bandelette correspondante à chaque vallécule ; carpophore libre, bifide. Involucre nul ou à 1-3 folioles; involucelles polyphylles.

1.
(Segments des feuilles larges, ovales ; folioles des involucelles réfléchies........................... **SYLVESTRIS.**
) Segments des feuilles linéaires-étroits ; folioles des involucelles non réfléchies....................... **PYRENÆA.**

1. **A. sylvestris** *Lin. sp.* 361 ; *Imperatoria sylvestris Dec. fl. fr.* 4, 286 ; *Mut. fl. fr. t.* 24, *fig.* 182 *(pétales et fruit) ; Dodon. pempt.* 318, *fig.* 2. — Racine épaisse, blanchâtre, rameuse. Tige de 6-12 décim., droite, grosse, très-fistuleuse, striée, glabre, un peu pubescente au sommet, souvent violacée, rameuse supérieurement. Feuilles glauques en dessous ; les radicales longuement pétiolées, très-amples, tripinnées, à segments *larges, ovales, acuminés,* inégalement dentés en scie, sessiles ou un peu pétiolulés ; le terminal souvent trifide ; les latéraux quelquefois lobés extérieurement, glabres ou portant quelques poils rares en dessous ; les supérieures à segments plus petits, à pétiole très-ample, en forme de gaîne enflée, souvent colorée. Fleurs blanches, rosées dans leur jeunesse, en ombelles amples, à rayons nombreux, inégaux, de 6-8 centim., striés, pubérulents. Involucre nul ou à 1-3 folioles caduques ; involucelles à plusieurs folioles sétacées, réfléchies. Pétales lancéolés, acuminés, *ascendants.* Fruit *ovale-arrondi,* échancré légèrement à la base ; bandelettes de la commissure *distinctes* à la face interne des carpelles.

Var. B , *Elatior Wahlenb. carp. p.* 84. Folioles supérieures
décurrentes à leur base. *A. montana Gaud. helv.* 2 , *p.* 341 ;
Imperatoria montana Dec. fl. fr. 5, *p.* 504.

Hab. les prés humides et les bords des ruisseaux au Vigan , à Aumessas,
l'Aigual, bords du Gardon. ♃. Fl. juin-août.

On cultive fréquemment l'angélique des jardins , *Archangelica officinalis
Hoffm., Angelica archangelica Lin. sp.* 360. On la distingue à ses tiges grosses
et succulentes, à ses feuilles très-amples , à segments larges-ovales , acuminés , souvent trilobés , à son odeur aromatique et à sa saveur agréable ;
elle est cordiale , stomachique. Les confiseurs l'emploient pour la confire.

Cette plante est cordiale, emménagogue , apéritive , diurétique; elle passe
pour antiépileptique et résolutive.

2. A. pyrenæa *Spreng. umb.* 62 ; *Seseli pyrenæum Lin.
sp.* 374 ; *Selinum pyrenæum Guan. ill. p.* 11, *t.* 5 ; *Dec. fl. fr.* 4,
p. 323. — Racine simple , épaisse , cylindrique , pourvue de
quelques fibres grêles. Tige de 3-6 décim. , droite , simple ou à
peine rameuse, *cannelée* , glabre , ainsi que le reste de la plante.
Feuilles bipinnatifides , à folioles découpées en lobes *linéaires-
aigus;* les radicales , à pétiole long , membraneux , élargi à la
base, souvent violacées ; les caulinaires, au nombre de 1-2, sur un
pétiole assez court , dilaté , membraneux. Fleurs blanches , en
ombelle peu fournie, à rayons très-inégaux, sillonnés ; involucre
à une foliole linéaire caduque, involucelles à plusieurs folioles
subulées. Pétales lancéolés , à pointe courbée en dedans. Fruit
ovale, à ailes marginales moins larges que la graine ; bandelettes
de la commissure *distinctes* à la face interne des carpelles.

Hab. les prairies tourbeuses de l'Espérou et de Concoule. ♃ Fl. juillet-
août.

11ᵉ gʳᵉ. ANETH. —ANETHUM. (Hoffm. umb. 1, p. 117, t. 1, fig. 13.)

Calice à dents presque nulles. Pétales entiers , arrondis , à
pointe presque carrée, tronquée , échancrée , *courbée en dedans.*
Fruit comprimé par le dos ; carpelles non bâillants, à 5 côtes ;
les 3 dorsales saillantes, filiformes, *carénées ;* les latérales en aile
plane ; vallécules à 1 bandelette de leur largeur. Carpophore libre,
bifide. Involucre et involucelles nuls.

1. A. graveolens *Lin. sp.* 377 ; *Duby. bot.* 220 ; *Fl. dan.
t.* 1572 ; *Lob. ic.* 776. — Racine grêle , pivotante, blanche. Tige
de 4-8 décim. , droite , cylindrique , striée , très-glabre , rameuse
supérieurement. Feuilles glabres, un peu glauques, 2-3 fois ailées,
à folioles allongées , filiformes , trichotomes ; les supérieures
portées sur une gaine plus courte qu'elles. Fleurs jaunes , en
ombelles très-amples , à rayons nombreux. Styles réfléchis,
courts. Fruit ovale-elliptique, largement bordé.

Cette plante, connue sous le nom vulgaire de *fenouil bâtard* ou *puant*, est
carminative, incisive, diurétique, hystérique et résolutive.

Hab., cultivée, dans les champs, puis, spontanée, dans les moissons de la plaine du département. ① Fl. juillet–août.

12ᵉ gʳᵉ. PEUCÉDANE. — PEUCEDANUM. (Koch. umb. 92, fig. 28 et 29.)

Calice à 5 dents, quelquefois presque nulles. Pétales obovales, échancrés ou entiers, avec une pointe courbée en dedans. Fruit ovale ou oblong, comprimé par le dos, entouré d'un rebord aplati, plus ou moins large. Carpelles à 5 côtes ; 3 dorsales filiformes, et 2 latérales dilatées en ailes, plus ou moins épaisses ; 1-3 bandelettes correspondantes à chaque vallécule. Carpophore libre, bifide. Involucre nul, ou à peu de folioles, ou à folioles nombreuses ; involucelles nuls ou polyphylles.

1. | Involucre nul ou à 1-3 folioles.................. 2.
   | Involucre à folioles nombreuses................. 3.

2. | Segments des feuilles largement ovales.......... OSTRUTIUM.
   | Segments des feuilles linéaires–allongés......... OFFICINALE.

3. | Fleurs jaunes................................... ALSATICUM.
   | Fleurs blanches................................. 4.

4. | Involucre réfléchi.............................. 5.
   | Involucre non réfléchi.......................... VENETUM.

5. | Fruit orbiculaire, échancré au sommet.......... OREOSELINUM.
   | Fruit ovale non échancré....................... CERVARIA.

1. **P. OFFICINALE** *Lin. sp.* 353 ; *Dec. fl. fr.* 4, *p.* 336 ; *Lob. ic.* 782. — Racine épaisse, charnue, fusiforme, quelquefois divisée inférieurement, profonde, brune extérieurement. Tige de 6-12 décim., droite, cylindrique, glabre, striée, pleine, rameuse supérieurement, entourée à la base des restes peu nombreux des anciennes feuilles. Feuilles raides, glabres, 4-5 fois ternées, à folioles *linéaires-allongées, atténuées aux deux extrémités,* plus ou moins étroites ; les radicales à pétiole long, arrondi, cannelé, élargi et embrassant, à la base ; les plus supérieures, ternées au sommet d'une gaîne courte, souvent terminée par une seule foliole. Fleurs jaunâtres, en ombelles très-grandes, très-fournies, à rayons inégaux, glabres, striés, peu étalés, très-longs. Involucre à 2-3 folioles subulées, caduques ; involucelles à folioles nombreuses, sétacées, inégales. Styles *courts,* arqués-divergents. Fruit ovale-oblong, entouré d'une bordure blanchâtre, épaisse, étroite ; pédicelles filiformes, inégaux, 2-3 *fois plus longs* que lui. 1 bandelette correspondante à chaque vallécule, 2-4 superficielles, à la commissure.

Cette plante, connue sous le nom vulgaire de *fenouil de porc,* contient un suc résineux d'une odeur très-forte ; elle passe pour incisive, emménagogue, diurétique.

Hab. les bois, à Beaucaire, le long du chemin de fer, près du tunnel ; le bois de la Devèze, près St–Vincent. ♃ Fl. août-septembre.

2. **P. CERVARIA** *Lapeyr. abr. pyr.* 149 ; *Athamanta cervaria*

Lin. sp. 352 ; *Selinum cervaria Dec. fl. fr.* 4 , *p.* 319 ; *Crantz.
aust. fasc.* 3 , *t.* 3 , *fig.* 1 ; *Lamk. ill. t.* 200 , *fig.* 2 ; *Fuchs.
hist.* 233 , *ic.* — Racine brune , épaisse, simple ou divisée à
l'extrémité. Tige de 6-10 décim., droite, cylindrique, striée,
rameuse, glabre, ainsi que le reste de la plante ; entourée à la
base des restes des anciennes feuilles. Feuilles inférieures amples,
bi-tripinnées, longuement pétiolées ; à folioles raides, coriaces,
larges, ovales ou lancéolées, lobées-dentées en scie ; à dents
mucronées, presque piquantes, *glauques* et *veinées* en dessous ;
les supérieures rudimentaires, au sommet d'une gaîne assez
longue, non enflée. Fleurs blanches moyennes, à rayons presque
égaux. Involucre et involucelles polyphylles, ordinairement
réfléchis, à folioles linéaires-subulées. Fruit ovale, échancré à la
base. 1 bandelette correspondante à chaque vallécule, 2 superficielles à la commissure, *arquées, presque parallèles.*

La racine de cette plante est âcre, aromatique.

Hab. les bois dans tout le département. ♃ Fl. juillet-septembre.

3. **P. OREOSELINUM** *Mœnch. meth.* 82 ; *Athamanta oreoselinum L. sp.* 152 ; *Selinum oreoselinum Dec. fl. fr.* 4 , *p.* 319 ;
Jacq. aust. t. 68 , *Dod. pempt.* 696 , *ic.* — Racine noirâtre ,
épaisse, simple ou divisée, âcre, aromatique. Tige de 4-8 décim.,
droite, cylindrique, striée, rameuse, glabre, ainsi que le reste de
la plante, entourée, à la base, des restes des anciennes feuilles.
Feuilles inférieures amples, bi-tripinnées, à pétiole très-long,
flexueux, arqué, à divisions longuement pétiolulées, *étalées,
divariquées,* souvent réfléchies, à folioles ovales ou cunéiformes,
pinnatifides ou incisées, à lobes mucronulés, vertes sur les 2 faces ;
les supérieures petites, au sommet d'une gaîne assez courte.
Fleurs blanches, en ombelles larges, à rayons presque égaux,
nombreux. Involucre et involucelles à plusieurs folioles linéaires,
acuminées, étroitement membraneuses sur les bords, ordinairement réfléchies. Fruit *ovale-arrondi,* échancré au sommet ;
1 bandelette correspondante à chaque vallécule, 2 superficielles
à la commissure, *arquées, rapprochées du bord.*

Hab. les bois aux environs du Vigan, dans le bois de Salbous, près d'Alzon.
♃ Fl. juillet-septembre.

4. **P. ALSATICUM** *Lin. sp.* 354 ; *Dec. fl. fr.* 4 , *p.* 337 ; *Jacq.
aust. t.* 70. — Racine brune, épaisse, dure, simple ou rameuse.
Tige de 8-12 décim., droite, flexueuse, sillonnée, anguleuse au
sommet, fistuleuse à la base, à rameaux nombreux, en panicule
pyramidale, presque toujours rougeâtre, entourée à la base des
restes des anciennes feuilles, glabre, ainsi que le reste de la
plante. Feuilles 2-3 fois pinnées, à folioles ovales, pinnatifides,
à lobes lancéolés, mucronés, rudes sur les bords, à pétiole plus

ou moins long, à divisions étalées à angle droit; les supérieures pinnées, au sommet d'une gaine courte, souvent rudimentaire. Fleurs jaunâtres, en ombelles nombreuses, petites, à rayons glabres, courts, inégaux; involucre et involucelles à plusieurs folioles *étalées*, lancéolées, subulées, étroitement membraneuses sur les bords. Styles *courts, réfléchis*. Fruit ovale, échancré et rétréci à la base; 1 bandelette correspondante à chaque val- lécule, 2 superficielles à la commissure, *peu arquées, plus près du milieu que du bord*.

Hab. les prairies à Méjane, les bords du Rhône à Coudoulet. ♃ Fl. juillet septembre.

5. **P. VENETUM** *Koch. syn. ed.* 1, *p.* 305; *God. et Gren. fl. fr.* 1, *p.* 689; *Selinum venetum Spreng. umb. p.* 73. — Cette espèce diffère de la précédente : par sa tige fistuleuse dans toute sa longueur; par ses feuilles pâles en dessous, à folioles cunéi- formes; par ses fleurs *blanches*, un peu plus grandes; par les rayons de ses ombelles rudes, du côté interne, et par ses styles beaucoup plus longs.

Hab. les bois à la chartreuse de Valbonne, à Pouzillac, les bords du Rhône à Coudoulet. ♃ Fl. août-octobre.

6. **P. OSTRUTIUM** *Koch. umb.* 95; *Imperatoria ostrutium Lin. sp.* 371; *Dec. fl. fr.* 4, *p.* 286; *Lamk. ill. t.* 199, *fig.* 1; *Mut. fl. fr. t.* 24, *fig.* 190 *(fruit)*; *Fuchs. hist.* 763, *ic.* — Racine noirâtre, assez épaisse, noueuse. Tige de 4-6 décim., droite, fistuleuse, cylindrique, striée, rameuse au sommet, assez ro- buste, glabre ainsi que le reste de la plante. Feuilles d'un vert tendre, pâle en dessous; les inférieures amples, à pétiole très- long, ternées, à folioles pétiolulées, ovales-dilatées, profondé- ment trilobées, acuminées, à lobes inégalement dentés en scie, souvent lobulées, à dents mucronées. Les caulinaires petites, au sommet d'une gaine assez large, ordinairement rougeâtre. Fleurs blanches, petites, en ombelles amples, à rayons nombreux, inégaux, striés. Involucre et involucelles nuls. Pétales échan- crés. Styles réfléchis. Fruit petit, ovale-arrondi, un peu échan- cré aux deux extrémités, à ailes assez larges, minces, à côtes serrées, 4-5 fois plus courts que les pédicelles très-inégaux. 1 bandelette correspondante à chaque vallécule, 2 superficielles à la commissure.

Cette plante, dont la racine est aromatique, âcre et amère, est stoma- chique, carminative, incisive, emménagogue, sudorifique. Vulgairement. *benjoin français*.

Hab. les prairies et les bords des ruisseaux à Concoule, les bois à l'Aigual. ♃ Fl. juin-juillet.

13ᵉ gʳᵉ. FÉRULE. — FERULA. (Tournef. inst. 321, t. 170.)

Calice à 5 dents courtes, Pétales entiers, ovales-acuminés,

courbés en dedans par la pointe. Fruit oblong, comprimé par le dos; carpelles à 5 côtes, 3 dorsales filiformes, 2 latérales peu saillantes, munies d'une bordure étroite, plane. 3 bandelettes correspondantes à chaque vallécule et superficielles, 4 à la commissure. Carpophore libre, profondément bifide. Involucre nul ou monophylle. Involucelles nuls.

1. **F. NODIFLORA** *Lin. sp.* 356 ; *Godr. et Gren. fl. fr.* 1, *p.* 692; *var. B. monspeliensis; F. glauca Dec. fl. fr.* 5, *p.* 514 ; *Lob. ic.* 778. — Racine blanchâtre, épaisse, profonde, rameuse. Tige de 1-2 mètres, grosse, droite, raide, cylindrique, fistuleuse, finement striée, glauque, rameuse, à rameaux supérieurs opposés ou verticillés. Feuilles très-amples, *molles, vertes en dessus, glauques en dessous*, surdécomposées, *à lanières linéaires très-étroites*, mucronulées, décurrentes ; les supérieures réduites à une gaîne enflée, très-ample, quelquefois terminée par une feuille rudimentaire. Fleurs jaunes, en ombelles assez grandes, à rayons de 3-4 centim. , presque égaux, striés, cylindriques; l'ombelle du centre fertile, à pédoncule court; les latérales plus petites, souvent stériles, à pédoncules beaucoup plus longs. Styles réfléchis. Fruit *oblong*, arrondi au sommet et à la base, 2 fois de la longueur des rayons de l'ombellule.

Hab. les lieux pierreux et escarpés, au bord du Gardon, au moulin de la Beaume, à Anduze, à St-Nicolas. ♃ Fl. juin-août.

14ᵉ gʳᵉ. **PANAIS. — PASTINICA.** (Lin. gen. 362.)

Calice à dents peu distinctes. Pétales entiers, égaux, ovales-arrondis, à pointe tronquée, courbée en dedans. Fruit plane, comprimé, ovale ou arrondi, entouré d'un bord aplani; carpelles à 5 côtes, 3 dorsales filiformes, 2 latérales écartées et rapprochées du bord ; 1 bandelette *plus courte que les côtes*, correspondante à chaque vallécule; carpophore libre, bifide. Involucre et involucelles nuls ou à 1-2 folioles.

1. | Ombelle centrale plus grande que les latérales............ **SATIVA.**
   | Ombelles toutes égales................................. **URENS.**

1. **P. SATIVA** *Lin. sp.* 376 ; *Dec. fl. fr.* 4, *p.* 341; *Mut. fl. fr.* 1, *t.* 24, *fig.* 192 ; *Lamk. ill. t.* 206. — Racine pivotante, plus ou moins épaisse. Tige de 8-12 décim., droite, sillonnée-anguleuse, rameuse, glabre ou pubescente, quelquefois rude. Feuilles glabres ou pubescentes, surtout en dessous, pinnées, à 5-11 folioles pétiolulées, largement ovales ou oblongues-lancéolées, quelquefois trilobées et décurrentes, inégalement dentées ou crénelées, à dents mucronulées; les caulinaires à pétiole raide, pubescent, au sommet d'une gaîne souvent plus longue que lui; les raméales à une seule foliole entière ou dentée. Fleurs jaunes en ombelles, à rayons inégaux; la centrale plus grande que les

latérales, qui la dépassent. Fruit de l'ombelle centrale plus gros que ceux des ombelles latérales, tous ovales ; 2 bandelettes courtes à la commissure.

Var. A, *Sylvestris Dec. prod.* 4, *p.* 189. Racine peu renflée ; feuilles pubescentes à la face inférieure. *P. sylvestris Fl. dan. t.* 1206.

Var. B, *Edulis Dec. l. c.* Racine charnue, très-épaisse, feuilles glabres, luisantes. *P. domestica Lob. ic.* 709.

Hab. : la var. **A**, le long des champs, le long des haies dans tout le département; la var. **B**, cultivée dans les champs et les jardins potagers, comme alimentaire : celle-ci est connue sous le nom vulgaire de *pastenade,* en patois, *pastanarga.* ② Fl. juillet-août.

2. P. urens *Requien in litt. Godr. et Gren. fl. fr.* 1 , *p.* 694. — Cette espèce diffère de la précédente : par sa tige moins élevée, *subcylindrique, striée,* très-rameuse; par ses feuilles d'un vert cendré ; par ses ombelles *toutes égales,* à rayons grêles, courts, moins nombreux , presque égaux , et par les fruits des ombelles latérales aussi gros que ceux de l'ombelle centrale.

Cette plante, connue au Vigan sous le nom patois de *flassadelle,* contient un suc *âcre.* Lorsqu'elle est cueillie avec la rosée, elle occasionne, par son contact, des ampoules douloureuses, soit aux mains, soit aux autres parties du corps.

Hab. les prairies et les bords des ruisseaux, au Vigan et dans ses environs, à Sauve. ② Fl. juillet-octobre.

15ᵉ gʳᵉ. BERCE. — HERACLEUM. (Lin. gen- 345.)

Calice à 5 dents. Pétales ovales-échancrés, avec une pointe courbée en dedans ; les extérieurs égaux ou rayonnants, bifides. Fruit comprimé par le dos, ovale, arrondi ou cordiforme, entouré d'un rebord mince, aplani, un peu large; carpelles à 5 côtes capillaires, 3 dorsales, 2 latérales, faisant corps avec les ailes. 1 *bandelette plus courte que les côtes,* en massue, correspondante à chaque vallécule; 2 bandelettes courtes à la commissure ; carpophore libre, bifide. Involucre caduc , involucelles à plusieurs folioles linéaires, sétacées.

<table>
<tr><td rowspan="2">1 .</td><td>Fleurs jaunâtres, égales, non rayonnantes.......</td><td>LECOKII.</td></tr>
<tr><td>Fleurs blanches, celles de la circonférence plus grandes, rayonnantes......................</td><td>SPHONDYLIUM.</td></tr>
</table>

1. H. Lecokii *Godr. et Gren. fl. fr.* 1, *p.* 695 ; *H. sibiricum Lecoq et Lamotte, cat.* 196 (non Lin.) ; *H. flavescens Dec. prod.* 4, *p.* 191 (*en partie*). — Racine blanchâtre, simple ou rameuse. Tige droite, robuste, de 6-12 décim. , fistuleuse, fortement sillonnée, anguleuse, rameuse supérieurement , velue-hérissée , rude à la base. Feuilles pinnées, à 3-5 folioles; les inférieures pétiolulées, celles du milieu sessiles, la terminale trilobée, en cœur à la base, largement ovales, aiguës, lobées, dentées, à dents inégales,

mucronulées, d'un vert sombre et pubescentes en dessus, cotonneuses-blanchâtres en dessous ; les caulinaires plus petites, à
lobes plus aigus, moins nombreux, au sommet d'une gaîne enflée,
assez longue. Fleurs jaunâtres, égales, non rayonnantes, en
ombelle ample, à rayons inégaux, rudes, striés. Pétales obovales,
brièvement onguiculés, légèrement échancrés au sommet avec
une pointe courbée en dedans, marqués de lignes rougeâtres.
Ovaire presque glabre. Fruit large, glabre, obovale, élargi et
échancré au sommet ; bandelettes des vallécules plus courtes que
celles de la commissure.

Var. B, *Angustifolium.* Feuilles découpées en lobes étroits,
lancéolés. *H. angustifolium Vill. dauph.* 2, *p.* 639 (*non Lin.*).

Hab. : la var. A, dans les prairies, aux environs du Vigan, à Montdardier,
Alzon, Aumessas, Concoule ; la var. B, à Concoule. ④ Fl. juin-août.

2. H. SPHONDYLIUM *Lin. sp.* 358 ; *Dec. fl. fr.* 4, *p.* 315 ;
Mut. fl. fr. t. 24, *fig.* 191 *(fruit); Camer. epit.* 518, *ic.* — Racine
blanchâtre, simple ou rameuse. Tige de 6-12 décim., droite,
fistuleuse, fortement sillonnée, anguleuse, rameuse supérieurement, rude, hérissée, robuste. Feuilles grandes, pinnées, à 3-5
folioles, largement ovales, aiguës ou obtuses ; les inférieures
pétiolulées, celles du milieu sessiles, la terminale trilobée, cordiforme, lobulées, dentées, à dents mucronulées, rudes, hérissées
en dessus et sur les bords, tantôt vertes sur les 2 faces, tantôt
pubescentes-cendrées en dessous ; les feuilles supérieures plus
petites, sessiles sur une gaîne ample, enflée. Fleurs blanches en
ombelle large, à rayons inégaux, pubescents, striés. Pétales
inégaux ; les extérieurs plus grands, en coin à la base, profondément bifides, divergents, avec une pointe courbée en dedans.
Ovaire pubescent. Fruit glabre, ovale-arrondi, échancré au
sommet.

Cette plante porte le nom vulgaire de *branc-ursine ;* ses feuilles passent
pour émollientes, sa racine et ses semences sont incisives et carminatives.
Elle détruit les prairies où elle est abondante.

Hab. les prairies à Concoule, où elle est rare. ④ Fl. juin-octobre.

16ᵉ gʳᵉ. **TORDYLE. — TORDYLIUM** (Lin. gen. 330.)

Calice à 5 dents. Pétales obovales-échancrés, avec une pointe
courbée en dedans ; les extérieurs plus grands, rayonnants,
bifides. Fruit orbiculaire ou suborbiculaire, comprimé par le dos,
entouré d'un bourrelet épais, rugueux, tuberculeux, *très-saillant*
sur les 2 faces ; carpelles à côtes peu apparentes. *Une bandelette*
par vallécule ; carpophore libre, bifide. Involucre et involucelles
à plusieurs folioles.

1. T. MAXIMUM *Lin. sp.* 345 ; *Dec. fl. fr.* 4, *p.* 335 ; *Mut. fl.*

fr. t. 24 , *fig.* 194 ; *Jacq. aust. t.* 142. — Racine épaisse, dure, presque simple. Tige de 3-9 décim., droite, raide, flexueuse, sillonnée, anguleuse, hérissée de poils réfléchis, feuillée, rameuse. Feuilles velues, rudes, pinnées, à folioles ovales, oblongues ou lancéolées, incisées-dentées, la terminale plus allongée, quelquefois trilobée. Fleurs blanches en ombelles longuement pédonculées, très-compactes à la maturité, à rayons courts, dressés, raides, hérissés, très-inégaux. Involucre à folioles linéaires-subulées, plus courtes que les rayons de l'ombelle ; involucelle à folioles plus longues que les ombelles. Lobes des pétales rayonnants, égaux dans le pétale du centre, inégaux dans les 2 latéraux. Fruit suborbiculaire, *beaucoup plus long* que le pédicelle, grisâtre et hispide au centre, à bord blanchâtre, hispide, ondulé ; 2 *bandelettes* à la commissure.

Hab. les lieux incultes, les haies, les bords des champs, dans tout le département. ① Fl. juillet–août.

17ᵉ gʳᵉ. MEUM. — MEUM. (Tournef. inst. 312, t. 165.)

Calice à dents oblitérées. Pétales *atténués aux deux bouts.* Fruit oblong ; carpelles à 5 côtes écartées, en carène aiguë, *très-saillantes,* égales ; plusieurs bandelettes par vallécule, 6 à la commissure. Carpophore libre, bifide. Involucre nul ; involucelles à plusieurs folioles.

1. **M. ATHAMANTICUM** *Jacq. aust. t.* 303 ; *Athamanta meum Lin. sp.* 353 ; *Ligusticum meum Dec. fl. fr.* 4 , *p.* 310 ; *Clus. hist.* 2 , *p.* 198 , *fig.* 2. — Racine fibreuse. Tiges de 2-4 décim., sortant de la souche, droites, striées, fistuleuses, à 1-2 feuilles, peu rameuses, entourées à la base par les restes des anciennes feuilles. Feuilles d'un vert foncé, *allongées,* bi-tripinnées, à folioles découpées en *lanières capillaires, très-nombreuses ;* les radicales nombreuses, pétiolées ; les caulinaires, au sommet d'une gaîne étroite, beaucoup plus petites. Fleurs blanches en ombelles petites, à rayons inégaux, striés, dressés, serrés à la maturité. Involucelles à folioles linéaires-subulées. Plante toute glabre.

Elle est connue, dans sa localité, sous le nom patois de *cistré.* Sa racine est aromatique et est un peu âcre au goût ; elle passe pour incisive, apéritive et hystérique ; elle est estimée à cause de l'excellent fourrage qu'elle fournit.

Hab. les prairies et les pacages, à l'Espérou et aux environs de Concoule. ♃ Fl. juin–août.

18ᵉ gʳᵒ. SILAUS. — SILAUS. (Besser, in Schult. syst. 6, p. 86.)

Calice à dents presque nulles. Pétales *ovales-oblongs,* élargis à la base, *à pointe à peine échancrée,* courbée en dedans. Fruit oblong ; carpelles à 5 côtes écartées, *en carène aiguë, égales, très-saillantes ;* plusieurs bandelettes par vallécule ; 6 à la commissure ; carpophore libre, bifide. Involucre nul, involucelles à plusieurs folioles.

1. **S. PRATENSIS** *Bess. l. c. ; Peucedanum silaus Lin. sp.* 354 ; *Dec. fl. fr.* 4, *p.* 337 ; *Mut. fl. fr. t.* 24, *fig.* 177 *(fruit) ; Lob. ic.* 738, *fig.* 1. — Racines simples ou fasciculées, profondes, noirâtres. Tige de 5-8 décim., droite, striée, anguleuse, surtout sous les bifurcations, peu feuillée supérieurement, rameuse, glabre, ainsi que le reste de la plante, garnie à la base des restes peu nombreux des anciennes feuilles. Feuilles bi-tripinnées, à folioles divisées en lobes lancéolés, mucronulés, un peu rudes sur les bords, quelquefois décurrents, munis d'une nervure longitudinale et de nervures latérales translucides. Fleurs d'un jaune pâle, en ombelles peu garnies, à rayons inégaux ; involucre nul ou à 1-3 *folioles.* Involucelles à folioles linéaires-aiguës, à bordure blanche, environ de la longueur des pédicelles. Pétales munis sur le dos d'une nervure pubescente. Styles réfléchis. Fruit glabre.

Cette plante passe pour diurétique et bonne contre la gravelle.

Hab. les prés dans tout le département. ♃ Fl. juillet–septembre.

19e g^{re}. ATHAMANTE. — ATHAMANTA. (Koch, umb. p. 106, t. 49 et 50.)

Calice à 5 dents. Pétales entiers ou en cœur renversé, à pointe courte, courbée en dedans. Fruit oblong, aminci au sommet, un peu comprimé par les côtés ; carpelles à 5 côtes égales, obtuses, filiformes ; 2-3 bandelettes par vallécule, 4 à la commissure ; carpophore bifide. Involucre à folioles peu nombreuses, involucelles polyphylles.

1. **A. CRETENSIS** *Lin. sp.* 352 ; *Dec. fl. fr.* 4, *p.* 318 ; *Mut. fl. fr. t.* 23, *fig.* 180 ; *Jacq. aust. t.* 62 ; *Camer. epit.* 536, *ic.* — Racine noirâtre, épaisse, profonde, à souche rameuse, donnant naissance à plusieurs tiges de 1-3 décim., droites ou ascendantes, cylindriques, finement striées, simples ou rameuses inférieurement, munies à leur base des restes des anciennes feuilles. Feuilles tripinnées, à folioles courtes, linéaires, obtuses, mucronulées ; les inférieures à pétioles dilatés à la base ; les supérieures au sommet d'une gaîne étroite. Fleurs blanches en ombelles médiocres, à rayons peu inégaux, striés. Involucre à 2-3 folioles inégales, caduques ; involucelles à folioles lancéolées, acuminées, largement scarieuses. Pétales pubescents à la face externe. Styles subulés, divergents, assez allongés. 2 bandelettes à chaque vallécule. Plante *veluc-grisâtre dans toutes ses parties*, à saveur âcre et aromatique ; les fruits ont une odeur agréable.

Elle est incisive, apéritive, carminative, emménagogue.

Hab. sur les rochers, à l'Espérou et sur la route de Meyrueix. ♃ Fl. juin-juillet.

20ᵉ gʳᵉ. SÉSÉLI. — SESELI. (Lin. gen. 360.)

Calice à 5 dents épaisses. Pétales obovales, échancrés, avec une pointe courbée en dedans. Styles réfléchis. Fruit oblong ou obovale ; carpelles à 5 côtes *épaisses*, les latérales souvent un peu plus larges ; ordinairement 1 bandelette par vallécule, 2 peu visibles, à la commissure ; carpophore bifide. Involucre variable, involucelle à plusieurs folioles.

1. {
Involucre nul ou à peu de folioles ; feuilles à segments linéaires. . . . . 2.
Involucre à folioles nombreuses ; feuilles à segments ovales ou oblongs. . . . . **LIBANOTIS.**

2. {
Ombelle à 3-10 rayons : involucelle plus courte que l'ombellule. . . . . 3.
Ombelle à 15-30 rayons : involucelle plus longue que l'ombellule fleurie. **COLORATUM.**

3 {
Tige épaisse, raide, flexueuse. . . . . **TORTUOSUM.**
Tige grêle, élancée. . . . . 4.

4. {
Ombelle à 3-6 rayons lâches, filiformes. . . . . **ELATUM.**
Ombelle à 6-12 rayons serrés, un peu épais. . . . . **MONTANUM.**

1. **S. TORTUOSUM** *Lin. sp.* 373 ; *Dec. fl. fr.* 4, *p.* 285 ; *J. Bauh. hist.* 3, *pars.* 2, *p.* 16, *ic.* — Racine blanchâtre, épaisse, pivotante, profonde. Tige de 3-5 décim., droite, glabre, striée, raide, épaisse, flexueuse, à entre-nœuds courts, à rameaux *diffus, divariqués, serrés en buisson.* Feuilles glabres, glauques ; les inférieures à pétiole *canaliculé en dessus,* engaînant à la base, strié, bi-tripinnées, à folioles linéaires, raides, canaliculées, mucronées, rudes sur les bords et sur la carène ; les caulinaires plus petites, au sommet d'une gaîne courte, bordée d'une membrane blanche, étroite ; les plus supérieures rudimentaires. Fleurs blanches ou rougeâtres, en ombelles nombreuses, presque petites, à rayons très-inégaux, raides, fortement striés, scabres du côté interne, peu nombreux ; involucre nul ; involucelles à plusieurs folioles, lancéolées, acuminées, pubescentes, bordées de blanc, dépassant un peu les pédicelles. Calice à dents courtes, aiguës. Styles arqués, divergents. Fruit obovale, pubescent, à côtes épaisses. 2 bandelettes superficielles à la commissure.

Hab. les lieux arides et pierreux, aux environs de Nîmes, de Beaucaire, St-Gilles, Villeneuve-lez-Avignon. ♃ Fl. juillet-septembre.

2. **S. ELATUM** *Lin. sp.* 375 ; *Dec. fl. fr.* 4, *p.* 284 ; *Gouan. ill. p.* 16, *t.* 8 ; *S. Gouani Koch. syn. ed.* 1ᵃ, *p.* 294. — Racine blanchâtre, simple ou rameuse. Tige de 3-8 décim., droite, *grêle,* cylindrique, finement striée, rameuse dès la base, à rameaux étalés, dichotomes, glabre, ainsi que les feuilles, portant à sa base les débris des feuilles de l'année précédente. Feuilles souvent

un peu glauques, moyennes, 4-5 fois trichotomes, à folioles *linéaires-filiformes, allongées*, écartées, mucronulées, *planes en dessus* ; les inférieures ramassées au bas de la tige, à pétiole court, cylindrique ; les caulinaires à folioles moins nombreuses, portées sur une gaîne allongée, bordée d'une membrane blanche, étroite, serrée contre la tige ; les plus supérieures à une seule foliole. Fleurs blanches en ombelles petites, à 3-6 rayons *filiformes*, peu inégaux, de 1-1 1/2 centim. Involucre nul ; involucelles à plusieurs folioles petites, acuminées, à bordure étroite, blanche, environ de la longueur des pédicelles. Calice à dents courtes, aiguës. Styles courts, divergents. Fruit obovale, pubescent, tuberculeux, rarement glabre, même à la maturité, à côtes épaisses ; carpophore libre, profondément bifide. 2 bandelettes, non superficielles, à la commissure.

Hab. les lieux pierreux et rocailleux, aux bords du Gardon, à Nîmes, Uzès, Tresques, Bagnols, Beaucaire, Anduze, St-Ambroix, Alais. ② Fl. juillet-octobre.

3. **S. montanum** *Lin. sp.* 372 ; *Dec. prod.* 4, *p.* 146 ; *Fl. fr.* 4, *p.* 284 ; *S. glaucum St.-Am. agen.* 121 ; *Vaill. bot. t.* 5, *fig.* 2 ; *S. multicaule Jacq. hort. vind. t.* 129. — Racine pivotante ou rameuse, à souche *rameuse, tortueuse*, un peu épaisse, donnant naissance *à plusieurs tiges* de 3-6 décim., droites ou ascendantes, simples ou peu rameuses supérieurement, raides, striées, entourées à leur base des restes des feuilles anciennes. Feuilles glauques, bi-tripinnées, la plupart radicales, à folioles linéaires, mucronées, munies d'une nervure dorsale, un peu rudes sur les bords, plus ou moins allongées, selon la localité, à pétiole canaliculé en dessus, dilaté en gaîne à la base, strié ; les caulinaires plus petites, au sommet d'une gaîne allongée, serrée contre la tige, bordées d'une membrane étroite, blanche ; les plus supérieures à folioles rudimentaires. Fleurs rougeâtres, puis blanches, en ombelles petites, serrées, à rayons courts, raides, pubescents, striés. Involucre presque toujours nul ; involucelles à plusieurs folioles lancéolées, aiguës, à *bordure étroite, blanche*, environ de la longueur des pédicelles. Calice à dents courtes, aiguës. Styles réfléchis. Fruit obovale, pubescent, un peu plus allongé à la maturité, à côtes épaisses ; 2 bandelettes superficielles à la commissure. Carpophore libre, bifide.

Hab. les lieux secs et pierreux dans tout le département. ♃ Fl. août-octobre.

4. **S. coloratum** *Ehrh. herb.* 113 ; *S. annuum Lin. sp.* 373 ; *Selinum dimidiatum Dec. fl. fr.* 4, *p.* 323, *et* 5, *p.* 503 ; *Jacq. aust. t.* 55 ; *Lamk. ill. t.* 202, *fig.* 1. — Racine noire extérieurement, *pivotante* ou peu rameuse, dure. Tige *solitaire*, de 4-9 décim., droite, striée, peu rameuse supérieurement, glabre ou

pubérulente, souvent violette, entourée, à la base, des restes des feuilles de l'année précédente. Feuilles glabres, bi-tripinnées, à folioles linéaires, étroites, rudes sur les bords, mucronulées, divergentes, à pétiole canaliculé; les supérieures plus réduites, sessiles sur une gaine un peu ventrue, membraneuse sur les bords, auriculée au sommet. Fleurs rougeâtres, puis blanches, en ombelles à rayons nombreux, dressés à la maturité, striés, rudes et canaliculés du côté interne. Involucre nul; involucelles à folioles lancéolées, acuminées, *largement membraneuses* et ciliées sur les bords, plus longues que les ombellules fleuries. Styles réfléchis, arqués. Fruit oblong, glabre à la maturité, à côtes épaisses; carpophore libre, bifide; 2 bandelettes superficielles à la commissure.

Hab. les bois à la Chartreuse de Valbonne, à Pouzillac. ② Fl. août-octobre.

5. **S. LIBANOTIS** *Koch. umb. p.* 111; *Athamanta libanotis Lin. sp.* 351; *Dec. fl. fr.* 4, *p.* 317; *Libanotis montana Mut. fl. fr. t.* 23, *fig.* 176; *Fl. dan. t.* 754; *All. ped. t.* 62. — Racine pivotante. Tige de 5-10 décim., droite, anguleuse, robuste, presque simple, glabre, garnie, à sa base, des restes des feuilles de l'année précédente. Feuilles bipinnées, à folioles toutes opposées, oblongues, pinnatifides, plus pâles en dessous; les supérieures confluentes, la terminale cunéiforme, à 3 lobes, à 2·3 dents; les inférieures en croix autour du pétiole allongé canaliculé. Feuilles caulinaires plus petites, pinnées, sessiles au sommet d'une gaine courte, enflée, membraneuse au bord, auriculée au sommet. Fleurs blanches en ombelles grandes, serrées, convexes, à rayons nombreux, dressés à la maturité, striés, pubescents. Involucre persistant, réfléchi, à folioles lancéolées-subulées, bordées de blanc et ciliées sur les bords; folioles des involucelles semblables, environ de la longueur des pédicelles. Styles réfléchis. Fruit obovale, à côtes épaisses, obtuses, *hérissées;* 2 bandelettes superficielles à la commissure.

Hab. les bois à Salbous et à Campestre. (Goan herb.) ② Fl. juillet-août.

21ᵉ gʳᵉ. **FENOUIL. — FŒNICULUM.** (Hoffm. umb. p. 120, t. 1.)

Calice à bord épaissi, non denté. Pétales obovales, entiers, tronqués, courbés en dedans. Fruit ovale ou oblong; carpelles à côtes saillantes, obscurément carénées; les latérales plus larges; une bandelette par vallécule; commissure à 2 bandelettes; carpophore adhérent, bifide. Involucre et involucelles nuls.

1. **F. VULGARE** *Gœrtn. fruct.* 2, *p.* 105, *t.* 23; *F. officinale all. ped.* 2, *p.* 25; *Anethum fœniculum Lin. sp.* 377; *Dec. fl. fr.* 4, *p.* 340. — Racine épaisse, blanche. Tiges réunies, de 1-2

mètres , grosses , cylindriques , striées, luisantes, rameuses , à
rameaux peu écartés de la tige , glabre et un peu glauque , ainsi
que les feuilles ; celles-ci décomposées en folioles allongées ,
linéaires-subulées, munies d'une gaîne longue, auriculée au som·
met ; les supérieures plus courtes que la gaîne qui les supporte.
Fleurs jaunes , régulières , en ombelles petites, nombreuses , à
6-10 rayons glabres. Odeur aromatique, saveur agréable.

Cette plante est apéritive, diurétique, carminative et stomachique.

Hab. les lieux arides et pierreux dans tout le département. ♃ Fl. juillet-
septembre.

On cultive en grand , dans les champs , le *fenouil doux*, *fœniculum dulce*
C. *Bauh. pin.* 147; *Lob. ic.* 775, *fig.* 2. — Il diffère du précédent : par son port
moins élancé , ses feuilles radicales , distiques , à folioles plus fines et plus
longues ; par ses ombelles plus grandes, ses fruits plus gros, plus comprimés;
par sa floraison plus précoce. Ses fruits sont employés pour faire l'anisette ;
ils entrent dans la composition de l'absinthe et sont employés par les confiseurs pour remplacer l'anis, dont ils portent le nom.

22ᵉ gʳᵉ. ÉTHUSE. — ÆTHUSA. (Lin gen. 141, excl. sp.)

Calice à dents presque nulles. Pétales *obovales, échancrés,* avec
une pointe courbée en dedans ; les extérieurs un peu rayonnants.
Fruit ovale-globuleux ; carpelles à 5 côtes *saillantes, épaisses,*
carénées ; les latérales *un peu plus larges, à carène étroite, presque
ailée,* la face interne des carpelles plane ; une bandelette par
vallécule , 2 bandelettes arquées à la commissure ; carpophore
libre , bifide. Involucre nul ou à une foliole ; involucelles à 3
folioles unilatérales, très-étalées.

1. **Æ. CYNAPIUM** *Lin. sp.* 367 ; *Dec. fl. fr.* 4, *p.* 293 ; *Lamk.
ill. t.* 196 ; *Lob. ic.* 2,280, *fig.* 2. — Racine pivotante. Tige de
2-8 décim., droite, fistuleuse, striée, rameuse, ordinairement un
peu glauque. Feuilles pétiolées , glabres , d'un vert foncé, triangulaires , bi-tripinnées , à folioles rhomboïdales-triangulaires,
profondément lobées, incisées, à lanières linéaires, mucronées; les
feuilles supérieures plus petites , au sommet d'une gaîne courte,
étroite, munie d'une bordure membraneuse, blanche, prolongée
en oreillette. Fleurs blanches en ombelles , longuement pédonculées, opposées aux feuilles , à 8-20 rayons très-inégaux, striés,
rudes du côté interne. Involucelles à folioles sétacées, plus longues
que l'ombellule. Fruit glabre.

Cette plante , connue sous le nom vulgaire de *petite ciguë*, est employée
extérieurement comme résolutive et fondante ; mais elle est dangereuse
étant prise intérieurement.

Hab. les champs cultivés, les haies, les décombres, aux environs du Vigan,
d'Alzon, d'Aulas. ① Fl. juillet-octobre.

23ᵉ gʳᵉ. OENANTHE. — OENANTHE. (Lin. gen. 352.)

Calice à 5 dents , s'accroissant après la floraison. Pétales obo-

vales échancrés, à pointe courbée en dedans. Fruit cylindracé,
ovale ou oblong; styles allongés, dressés; carpelles à côtes saillantes, obtuses; les latérales un peu plus larges; une bandelette
par vallécule; carpophore indistinct. Involucre nul ou presque
nul, involucelles à plusieurs folioles.

1. { Fleurs des ombellules toutes pédicellées; feuilles découpées en lobes très-petits, nombreux. **PHELLANDRIUM.**
Fleurs des ombellules presque sessiles dans le
centre; feuilles caulinaires à lobes linéaires-
allongés.......................... 2.

2. { Ombelles à 2-4 rayons................... **FISTULOSA.**
Ombelles à plus de 5 rayons............... 3.

3. { Involucre nul ou à 1-3 folioles caduques; fibres
de la racine renflées à l'extrémité inférieure. **PIMPINELLOIDES.**
Involucre des ombelles fleuries à plusieurs
folioles; fibres de la racine sessiles, napiformes.................................. 4.

4. { Fruit oblong, égal aux styles, atténué au sommet et à la base, à côtes nombreuses....... **PEUCEDANIFOLIA.**
Fruit oblong, plus long que les styles, atténué
seulement à la base, à côtes peu nombreuses. **LACHENALII.**

1. **Œ. PIMPINELLOIDES** *Lin. sp.* 366; *Dec. fl. fr.* 4, *p.* 297;
Œ. chærophilloides Pourr. act. toul. 3, *p.* 323; *Jacq. aust.*
t. 394; *Camer. epit.* 610, *ic.* — Racine formée d'un faisceau de
fibres très-allongées, épaissies à l'extrémité, *en tubercules ovales*
ou arrondis, prolongés par une fibrille filiforme. Tige de 5-8
décim., droite, rameuse, fistuleuse, sillonnée-anguleuse, glabre,
ainsi que les autres parties de la plante. Feuilles radicales bi-tripinnées, à folioles ovales, cunéiformes, incisées-dentées, à dents
mucronées; les caulinaires à folioles étroites, linéaires, très-
allongées. Fleurs blanches en ombelles, longuement pédonculées,
à 5-12 rayons *épaissis*, serrés, dressés à la maturité. Involucre
à plusieurs folioles subulées, caduques; involucelles à folioles
environ de la longueur des pédicelles. Fleurs de la circonférence
pédicellées, à pétales rayonnants, plus grands; les centrales
presque sessiles, fertiles. Fruit presque cylindrique, entouré d'un
rebord calleux à la base, à côtes saillantes, obtuses, plus long
que le pédicelle épaissi, et de la longueur des styles.

Hab. les prairies et les bois de Cygnan, de Campagne de Candillac, à
Anduze. ♃ Fl. mai-juin.

2. **Œ. LACHENALII** *Gmel. bad.* 1, *p.* 678; *Œ. rhenana Dec.*
fl. fr. 5, *p.* 506; *Œ. pimpinelloides Eng. bot. t.* 347. — Racine
formée d'un faisceau de fibres charnues, allongées en massue ou
en fuseau. Tige droite, non fistuleuse, sillonnée, rameuse, haute
de 6-10 décim., glabre, ainsi que le reste de la plante. Feuilles
radicales pinnées ou bipinnées, à folioles obovales, longuement
cunéiformes, bi ou trifides; les supérieures à folioles linéaires,

aiguës, allongées, entières ou bi-trifides. Fleurs blanches, en
ombelles à 7-15 rayons, grossis à la maturité. Pétales extérieurs
rayonnants, arrondis, échancrés jusqu'au milieu, brièvement
onguiculés. Involucre nul ou à plusieurs folioles caduques ; involucelles à folioles linéaires-aiguës, plus courtes que les pédicelles
extérieurs. Fruit oblong, plus long que les styles, à côtes épaisses,
obtuses, atténué à la base, *sans rebord calleux* et *sans étranglement* sous les dents du calice.

Hab. les marais et les prairies aquatiques, à St-Laurent, Bellegarde, St-
Gilles. ♃ Fl. juin-juillet.

3. **Œ. PEUCEDANIFOLIA** *Poll. palat.* 1, *p.* 289, *fig.* 3 ; *Dec.
fl. fr.* 4, *p.* 297 ; *Lob. ic.* 729, *fig.* 2. — Racine formée de fibres
sessiles, fasciculées, charnues, fusiformes, longuement atténuée.
Tige de 5-8 décim., droite, rameuse supérieurement, fistuleuse,
sillonnée-anguleuse, glabre, ainsi que le reste de la plante. Feuilles
bipinnées, *toutes à folioles linéaires*, écartées. Fleurs assez grandes,
blanches, en ombelles à 6-9 rayons *grêles ;* ombellules serrées,
a pétales extérieurs rayonnants, beaucoup plus grands que les
intérieurs, *longuement atténués en onglet, échancrés jusqu'au
tiers de leur longueur ;* involucre nul ou à 1-3 folioles ; involucelle à folioles linéaires-lancéolées, aiguës, plus courtes que les
pédicelles. Fruit oblong, *atténué à la base, sans rebord calleux,
resserré sous les dents du calice,* à côtes nombreuses, obtuses, de
la longueur des styles ou un peu plus longs.

Hab. les prairies humides à Genolhac, à Concoule. ♃ Fl. juin-juillet.

4. **Œ. FISTULOSA** *Lin. sp.* 365 ; *Dec. fl. fr.* 4, *p.* 295 ; *Mut.
fl. fr. t.* 23, *fig.* 174 ; *Lamk. ill. t.* 203, *fig.* 1. — Racine composée de fibres grêles et de fibres *charnues*, oblongues ou fusiformes. Tige de 5-8 décim., *stolonifère* à la base, faible, droite,
fistuleuse, très-compressible, striée, rameuse, flexueuse, glabre
et un peu glauque, ainsi que les feuilles. Feuilles toutes *à pétiole
long* et *fistuleux ;* les radicales bipinnées, à folioles ovales,
obtuses, cunéiformes, entières ou à 3 lobes courts ; les caulinaires
rares, pinnées, à folioles petites, linéaires-lancéolées, simples ou
trifides, à pétiole plus long que la feuille. Fleurs blanches, en
ombelles ordinairement à 3 rayons striés, fistuleux ; les terminales
fructifères, à rayons épaissis ; les latérales *stériles ;* ombellules
globuleuses à la maturité. Pétales extérieurs plus grands, échancrés, rayonnants. Involucre nul, involucelles à plusieurs folioles
linéaires-lancéolées, aiguës, un peu plus courtes que les pédicelles.
Fruit turbiné, anguleux, très-serré, *de la longueur des styles,* à
côtes épaisses. Plante très-vénéneuse.

Hab les marais et les fossés dans toute la plaine du département. ♃ Fl.
mai-juillet.

5. Œ. PHELLANDRIUM *Lamk. fl. fr.* 3, *p.* 432 ; *Dec. fl. fr.* 4, *p.* 295 ; *Bull. herb. fr. t.* 147 ; *Lob. ic. t.* 735 , *fig.* 1. — Racine très-grosse, fusiforme. Tige de 6-12 décim., souvent de la grosseur du bras à la base, droite, sillonnée, creuse, à rameaux nombreux, étalés, feuillés, couchée à la base, quelquefois radicante, garnie, à chaque nœud inondé, de fibres filiformes, nombreuses, verticillées. Feuilles bi-tripinnées, très-amples, à folioles petites divariquées, ovales incisées-pinnatifides, à lobes courts, mais plus étroits et plus allongés dans les feuilles inondées. Fleurs blanches, en ombelles moyennes, nombreuses, à pédoncule court, à 8-15 rayons grêles, striés ; fleurs des ombellules toutes pédicellées. Pétales de la circonférence échancrés, un peu plus grands, rayonnants ; involucre nul, involucelles à folioles linéaires, sétacées. Fruit oblong, atténué au sommet, beaucoup plus long que les styles ; carpelles un peu bâillants.

Cette plante, connue sous le nom vulgaire de *ciguë aquatique*, est très-vénéneuse ; elle passe pour utile contre le squirrhe, le cancer et la gangrène.

Hab. les marais et les fossés, à Nîmes, Manduel, Aigues-Mortes, etc. ♃ Fl. mai–août.

Je présume que l'*œnanthe crocata* et la *globulosa* existent dans le département ; mais jusqu'à présent je n'y ai pu constater leur existence : je signale ces deux plantes pour attirer sur elles l'attention des botanistes.

24ᵉ gʳᵉ. BUPLÈVRE. — BUPLEVRUM. (Lin. gen. 328.)

Calice à dents presque nulles. Pétales ovales-arrondis, entiers, courbés en dedans. Fruit comprimé par le côté ; carpelles à 5 côtes égales, ailées ou filiformes, quelquefois à peines distinctes ; vallécules avec ou sans bandelettes ; carpophore libre, bifide, rarement simple ; face interne des carpelles plane. Involucre nul ou polyphylle ; involucelle à plusieurs folioles. Herbes ou arbrisseaux à feuilles simples, à fleurs jaunes, en ombelles composées.

1.	Plante ligneuse arborescente.................	FRUTICOSUM.
	Plante herbacée...........................	2.
2.	Feuilles caulinaires perfoliées...............	3.
	Feuilles caulinaires non perfoliées...........	4.
3.	Feuilles caulinaires ovales-arrondies : fruit lisse.	ROTUNDIFOLIUM.
	Feuilles caulinaires oblongues-allongées : fruit tuberculeux............................	PROTRACTUM.
4.	Involucelles dressés.......................	ARISTATUM.
	Involucelles étalés........................	5.
5.	Feuilles à une nervure marginale.............	6.
	Feuilles sans nervure marginale.............	7.
6.	Feuilles raides, coriaces, à nervures très-prononcées...............................	RIGIDUM.
	Feuilles un peu fermes, à nervures peu saillantes..................................	FALCATUM.
7.	Fruit ovoïde, lisse.........................	8.
	Fruit subglobuleux, tuberculeux.............	9.

8. { Folioles de l'involucelle ovales ou elliptiques... **RANUNCULOIDES**.
{ Folioles de l'involucelle linéaires–lancéolées... **JUNCEUM**.

9. { Côtes du fruit distinctes.................... **TENUISSIMUM**
{ Côtes du fruit presque nulles................ **GLAUCUM**.

1. B. ROTUNDIFOLIUM *Lin. sp.* 340 ; *Dec. fl. fr.* 4 , *p.* 345 ; *Math. ed. valgr. p.* 1156, *ic. ; Lob. ic.* 396, *fig.* l. — Racine pivotante blanchâtre. Tige de 2-5 décim., droite, rameuse supérieurement, glabre, un peu glauque, ainsi que les feuilles ; celles-ci larges, obtuses, mucronées, à nervures rayonnantes et à bordure étroite, translucides ; les inférieures rétrécies à leur base, oblongues, embrassantes ; les supérieures *ovales-arrondies, perfoliées*. Ombelles terminales, à 4-8 rayons courts. Involucre nul ; involucelles à folioles larges, ovales, acuminées-mucronées, jaunâtres, *redressées et fermées* à la maturité, beaucoup plus longues que les ombellules. Pétales petits. Fruit noir, oblong. strié, non granuleux, brièvement pédicellé. Bandelettes nulles.

Cette plante, connue sous le nom vulgaire d'*oreille-de-lièvre*, de *percefeuille*, est vulnéraire et astringente.

Hab. les champs cultivés, aux environs du Vigan, d'Ieuset, de St-Laurent. ① Fl. juin–juillet.

2. B. PROTRACTUM *Link. et Hoffm. fl. portug.* 2 , *p.* 387 ; *B. rotundifolium, var. intermedium, Lois. not.* 45; *Dec. fl. fr.* 5, *p.* 514 ; *Mut. fl. fr. t.* 22 , *fig.* 155. — Cette espèce diffère de la précédente : par sa tige rameuse dès la base ; par ses rameaux divariqués, plus étalés ; par ses feuilles *toutes oblongues*, à nervures opaques, très-saillantes ; par ses ombelles à 2-3 rayons ; par ses involucelles toujours étalés et ouverts, d'un beau jaune ; par ses fruits plus gros, à vallécules *verruqueuses*.

Hab. les moissons, aux environs de Nîmes, d'Anduze, d'Uzès. ① Fl. juin-juillet.

3. B. RANUNCULOIDES *Lin. sp.* 342 ; *Dec. fl. fr.* 4 , *p.* 348; *Mut. fl. fr. t.* 23 , *fig.* 163 ; *Moris. hist. s.* 9 , *t.* 12 , *fig.* 6. — Racine dure, noirâtre, rameuse, *à souche rameuse*, donnant naissance à plusieurs tiges de 1-7 décim., droites, cylindriques, striées, raides, simples ou rameuses supérieurement, *feuillées jusqu'au sommet*, glabres, munies à leur base des restes des anciennes feuilles. Feuilles raides, à plusieurs nervures, dépourvues de nervures marginales ; les inférieures longues, linéaires-aiguës, réunies en gazon, rétrécies en long pétiole à nervures peu nombreuses, saillantes ; les supérieures plus larges, d'autant plus courtes qu'elles approchent du sommet, élargies et embrassantes à leur base. Fleurs petites, en ombelles dressées, à 4-9 rayons presque égaux. Involucre à 1-3 folioles inégales, lancéolées-acuminées, mucronées; involucelles ordinairement à 5 folioles *obovales ou lancéolées, mucronées*, étalées, jaunâtres, dépassant quelquefois les ombellules. Styles étalés. Fruit ovale, brunâtre, lisse, à côtes *aiguës;* vallécules à une bandelette.

Hab. contre les rochers d'Anjeou, près de Montdardier. ♃ Fl. juillet-août.

4. B. JUNCEUM *Lin. sp.* 343 ; *Dec. fl. fr. 4, p.* 351 ; *Mut. fl. fr. t.* 23, *fig.* 168 ; *Moris. hist. s.* 9, *t.* 12, *fig.* **3.** — Racine pivotante, un peu oblique, rameuse à l'extrémité. Tige de 3-10 décim., glabre, striée, droite, très-rameuse au sommet, à rameaux *rapprochés, très-étalés.* Feuilles linéaires-aiguës, glabres, embrassantes, à 5-7 nervures fines, munies d'une bordure très-étroite, cartilagineuse, finement denticulée. Ombelles nombreuses, à 2-3 rayons grêles, inégaux ; involucre à 2-3 folioles *lancéolées-acuminées;* involucelles à 3-5 folioles lancéolées, cuspidées, de la longueur des ombellules, beaucoup plus courtes qu'elles à la maturité. Style très-court, étalé. Fruit *obovale,* assez gros, brun, *lisse,* beaucoup plus long que le pédicelle, à côtes *aiguës,* dépourvu de bandelettes.

Hab. les lieux secs et stériles, aux environs du Vigan, à Blandas, Saint-Ambroix, Alais, au Serre-de-Bouquet, au pont du Gard. ① Fl. juin-août.

5. B. TENUISSIMUM *Lin. sp.* 343 ; *Dec. fl. fr. 4, p.* 350 ; *Mut. fl. fr. t.* 22, *fig.* 154 ; *Col. ecphr. t.* 247. — Racine pivotante, rameuse. Tige de 1-5 décim., faible, tombante, rarement droite, très-rameuse dès la base, à rameaux très-étalés, flexueux, rapprochés dans le bas, quelquefois simple, alors moins élevée. Feuilles peu nombreuses, linéaires-lancéolées, aristées, étroites, trinerviées ; les inférieures rétrécies vers la base. Fleurs très-petites, en ombelles nombreuses; les terminales à 2-4 rayons grêles et très-inégaux, les latérales incomplètes, disposées le long des rameaux. Involucre à 2-3 folioles inégales ; involucelles à 3-5 folioles *linéaires, cuspidées,* dépassant les fleurs et égalant les fruits. Styles très-courts, très-étalés. Fruit presque sessile, *subglobuleux, grenu, comme muriqué,* à côtes *saillantes, crénelées-crispées;* vallécules sans bandelettes. Plante glabre, d'un vert sombre, glaucescente.

Hab. les lieux stériles aux environs de Nimes, de Générac, de Blauzac, de Tresques. d'Aigues-Mortes. ① Fl. juillet-septembre.

6. B. GLAUCUM *Rob. et Cast. in Dec. fl. fr. 5, p.* 515 ; *Mut. fl. fr. t.* 22, *fig.* 152 ; *Rchb. ic.* 2, *t.* 178. — Racine *grêle,* rameuse. Tige de 1-2 décim., grêle, flexueuse, droite ou ascendante, rameuse dès la base, à rameaux diffus, très-glauque, ainsi que le reste de la plante. Feuilles linéaires-lancéolées, cuspidées, à 3-5 nervures ; les inférieures souvent courbées. Fleurs très-petites, en ombelles petites, à 3-5 rayons filiformes, très-inégaux, celui du centre sessile. Involucre et involucelles à 5 folioles *linéaires-lancéolées, cuspidées,* rudes sur les bords et la nervure principale, dépassant les fleurs et les fruits. Styles étalés. Fruit noir, *arrondi, grenu, à côtes non distinctes;* 3 bandelettes.

Hab. les pacages sablonneux, à Aigues-Mortes, à la Fosse, près St-Gilles, parmi les *salicornes.* ① Fl. mai–juin.

7. B. ARISTATUM *Bartling. in Rchb. ic.* 2 , *p.* 70 , *t.* 178 ; *B. odontites Dec. fl. fr.* 4 , *p.* 349 ; *Mut. fl. fr. t.* 22 , *fig.* 157 ; *Colum. ecphr. t.* 247 , *fig.* 1. — Racine grêle, sinueuse. Tige de 1-4 décim., droite, flexueuse, à rameaux très-ouverts, glabre, ainsi que le reste de la plante. Feuilles linéaires-lancéolées, très-aiguës, à 3 nervures centrales et 2 marginales; les inférieures rétrécies vers la base. Fleurs petites en ombelles, à 2-5 rayons courts et inégaux. Involucre à 3-5 folioles dressées, lancéolées, acuminées en arête, presque égales à l'ombelle; involucelles à 5 folioles, semblables à celles de l'involucre, mais plus courtes et plus jaunâtres, surtout à la maturité, appliquées contre les om-bellules, les couvrant entièrement et les dépassant, entourées d'une bordure étroite, membraneuse, un peu rude, à 3-5 nervures très-saillantes, ramifiées. Fruit obovale, noir, lisse, luisant, à côtes fines; carpophore simple. Vallécules à une bandelette.

Hab. les lieux arides aux environs du Vigan, à l'Espérou, à Nîmes, à Aigues-Mortes. ① Fl mai–août.

8. B. RIGIDUM *Lin. sp.* 342 ; *Dec. fl. fr.* 4 , *p.* 349 ; *Dod. pempt.* 633, *fig.* 2. — Racine pivotante, à souche brune, briè-vement rameuse. Tige de 4-8 décim., droite, raide, flexueuse, à rameaux nombreux, très-étalés. Feuilles *coriaces,* la plupart réunies au bas de la tige; les inférieures assez larges, oblongues-lancéolées, aiguës, rétrécies, en pétiole dilaté à la base, à ner-vures très-prononcées, dont 2 marginales, veinées entre les distances; les caulinaires supérieures plus écartées, petites, linéaires. Fleurs en ombelles petites, à 2-4 rayons filiformes, presque égaux; involucre et involucelles étalés, à folioles linéaires-aiguës, beaucoup plus courtes que les ombellules. Styles *très-courts,* étalés. Fruit oblong, lisse, à côtes très-peu saillantes; vallécules *à une bandelette.* Plante glabre, regardée comme vulnéraire.

Hab. les lieux secs et stériles, les bois et les garrigues, aux environs de Nîmes, du Vigan, d'Anduze. ♃ Fl. juillet-août.

9. B. FALCATUM *Lin. sp.* 341 ; *Dec. fl. fr.* 4 , *p.* 347 ; *Jacq. aust. t.* 158 ; *Mut. fl. fr. t.* 23 , *fig.* 169 *(fruit); Lob. ic.* 456 , *fig.* 1. — Racine pivotante, à souche rameuse, donnant naissance à des tiges de 4-8 décim., droites, flexueuses, rameuses supérieu-rement, à rameaux étalés, glabres, ainsi que le reste de la plante. Feuilles *un peu raides,* souvent courbées en faux, ondulées, mucronées; les inférieures oblongues ou lancéolées, rétrécies en pétiole, finement nerviées, à 2 nervures marginales, munies, dans les intervalles, de veines fines ; les supérieures sessiles, linéaires-lancéolées. Fleurs petites en ombelles, à 5-10 rayons filiformes , peu inégaux. Involucre à 1-5 folioles petites, inégales; involucelles à 5 folioles lancéolées, cuspidées, plus courtes que les ombellules. Styles courts, étalés. Fruit obovale, brun, strié, à côtes saillantes, tranchantes ; vallécules à 3 *bandelettes ;* carpophore simple.

Hab. les fentes des rochers aux environs du Vigan, à Salbous , à Bramabioou, à Dourbie. ♃ Fl. août-octobre.

10. B. fruticosum *Lin. sp.* 343 ; *Dec. fl.* 4, *p.* 345 ; *Duham. arbr.* 1, *t.* 43 ; *Moris. hist. s.* 9, *t.* 6, *fig.* 1. — Arbrisseau de 1-2 mètres, à écorce grisàtre ; celle des rameaux rougeâtre, à tige ligneuse, droite, rameuse. Feuilles non caduques, coriaces, ovales-oblongues, alternes ou éparses, rapprochées, traversées longitudinalement par une nervure saillante , terminée par un mucron , veinées-réticulées , bordées d'un liseret étroit, translucide, sessiles, un peu atténuées à la base, glauques en dessous. Fleurs en ombelles terminales, à 6-20 rayons égaux, raides, dressés ; involucre et involucelles à plusieurs folioles réfléchies, caduques à la maturité , plus courtes que les rayons et les pédicelles. Styles dressés, très-courts. Fruit oblong, brun, luisant, à côtes saillantes, aiguës ; vallécule à une bandelette.

Toutes les parties de cette plante exhalent une odeur forte en la froissant entre les doigts. Ses fruits sont recommandés comme un remède spécifique contre la morsure des bêtes venimeuses.

Hab. les lieux stériles , montagneux, dans tout le département. ♄ Fl. avril-août.

25° g^{re}. BERLE. — SIUM. (Lin. gen. 348, excl. sp.

Calice à 5 dents courtes. Pétales *obovales* échancrés, avec une pointe courbée en dedans. Fruit subglobuleux, un peu comprimé par le côté ; styles réfléchis; carpelles à 5 côtes épaisses, obtuses, égales ; vallécules à 3 bandelettes distinctes ; carpophore bifide, soudé aux carpelles par ses divisions. Face interne des carpelles plane. Involucre réfléchi à plusieurs folioles. Herbe aquatique.

1. S. latifolium *Lin. sp.* 361 ; *Dec. fl. fr.* 4, *p.* 299 ; *Jacq. aust. t.* 66 ; *Dod. pempt.* 589, *fig.* 2 ; *Moris. hist. s.* 9 , *t.* 5 , *fig.* 1. — Racine stolonifère, fibreuse. Tige de 6-12 décim., droite, robuste, très-fistuleuse, cannelée-anguleuse, rameuse supérieurement, glabre, ainsi que le reste de la plante. Feuilles imparipinnées, d'un vert pâle en dessous; les inférieures très-grandes, à pétiole fistuleux, à 9-13 folioles larges, oblongues-lancéolées, sessiles, opposées, régulièrement dentées en scie, à dents mucronulées, inégales à la base; la terminale souvent trilobée ; les primordiales bi-tripinnées, à segments dentés en scie. Fleurs blanches, en ombelles terminales, grandes, longuement pédonculées, à rayons nombreux, presque égaux, striés. Involucre à folioles inégales, en nombre variable, rétrécies à la base, souvent dentées ou incisées; involucelles à folioles linéaires-acuminées, plus courtes que les pédicelles. 6 bandelettes à la commissure.

Cette plante passe pour apéritive et antiscorbutique; on la dit nuisible aux bestiaux qui la mangent.

Hab. les fossés à Bellegarde, à St-Gilles et dans le Vistre. ♃ Fl. juillet-août.

26ᵉ gʳᵉ. BÉRULE. — BERULA. (Koch deutsch. fl. 2, p. 433.)

Calice à 5 dents. Pétales obovales échancrés, avec une pointe courbée en dedans. Fruit ovoïde, comprimé par le côté ; carpelles *entrebâillés*, à côtes filiformes égales ; les latérales un peu éloignées du bord des carpelles ; vallécules à plusieurs bandelettes cachées sous le péricarpe ; carpophore bifide, soudé aux carpelles par ses divisions. Face interne des carpelles convexe. Involucre à plusieurs folioles.

1. **B. ANGUSTIFOLIA** *Koch. l. c.; Sium angustifolium Lin. sp.* 1672; *Dec. fl. fr.* 4, *p.* 299; *Mut. fl. fr. t.* 21, *fig.* 151 *(fruit); Jacq. aust. l.* 67. — Racine stolonifère, fibreuse. Tige de 5-8 décim., droite, subcylindrique, striée, très-fistuleuse, rameuse, très-feuillée, glabre, ainsi que le reste de la plante. Feuilles luisantes, imparipinnées ; les inférieures très-grandes, à pétiole allongé, fistuleux, à folioles nombreuses, larges, ovales ou oblongues, ordinairement aiguës, inégalement dentées en scie, munies de 1-2 petits lobes à leur base inégale ; la terminale souvent trilobée ; les supérieures au sommet d'une gaine en forme de pétiole, à folioles plus petites, moins nombreuses, plus profondément dentées ou incisées ; les radicales bi-tripinnées, à segments dentés en scie. Fleurs blanches en ombelles latérales, à pédoncule court, opposé aux feuilles, à rayons inégaux, striés; involucre à folioles nombreuses, réfléchies, inégales, entières ou incisées. Styles réfléchis. Fruit petit, subglobuleux.

Cette plante, connue sous le nom patois de *béria,* a les mêmes vertus que le *sium latifolium.*

Hab. les fossés dans tout le département. ♃ Fl. juillet-août.

27ᵉ gʳᵉ. BOUCAGE. — PIMPINELLA. (Lin. gen. 366.)

Calice à dents presque nulles. Pétales obovales échancrés, avec une pointe courbée en dedans. Fruit ovale, comprimé par le côté. Styles réfléchis ; carpelles non entre-bâillés, à 5 côtes filiformes ; vallécules et commissure *à plusieurs bandelettes ;* carpophore libre, bifide. Face interne des carpelles plane. Involucre et involucelles nuls.

1. | Fruits tomenteux........................... **TRAGIUM.**
   | Fruits glabres........ .... 2.
2. | Styles plus longs que l'ovaire ; tige anguleuse........ **MAGNA,**
   | Styles plus courts que l'ovaire ; tige cylindrique, striée. **SAXIFRAGA.**

1. **P. MAGNA** *Lin. mant.* 217 ; *Dec. fl. fr. 4, p.* 281 ; *Jacq. aust. t.* 396 ; *Dod. pempt.* 315, *fig.* 1. — Racine blanche, épaisse, fusiforme. Tige de 6-9 décim., droite, *feuillée, anguleuse-sillonnée*, fistuleuse, rameuse supérieurement, glabre, rarement pubérulente. Feuilles pinnées, à folioles amples, d'un vert luisant en dessus, pâles en dessous ; les inférieures pétiolées, à 5-9 folioles ovales ou lancéolées, *aiguës*, dentées ou incisées-lobées ; la paire inférieure pétiolulée ; la terminale trilobée ; feuilles caulinaires supérieures au sommet d'une gaîne en forme de pétiole, à folioles plus étroites, moins nombreuses. Fleurs blanches, rarement roses, en ombelles moyennes, nombreuses, terminales, penchées avant la floraison, à 9-20 rayons inégaux, filiformes, striés, glabres. Styles *réfléchis, plus longs* que l'ovaire. Fruit oblong, *glabre*.

Cette plante est vulnéraire, apéritive, incisive, stomachique. Vulgairement, *grande saxifrage, grand persil de bouc*.

Hab. les bois de Salbous et des environs d'Alzon. ♃ Fl. juin-août.

2. **P. SAXIFRAGA** *Lin. sp.* 378 ; *Dec. fl. fr. 4, p.* 281 ; *Mut. fl. fr. t.* 21, *fig.* 150 ; *Jacq. aust.* 395 ; *Barrel. ic.* 738. — Racine fusiforme. Tiges de 2-6 décim., grêles, *cylindriques, finement striées*, plus ou moins rameuses, *peu feuillées*, pubérulentes, grisâtres, rarement glabres. Feuilles pinnées, pubescentes, rarement glabres ; les radicales longuement pétiolées, à folioles sessiles, *ovales ou arrondies*, dentées ; la terminale trilobée ; celles de la tige incisées, lobées, à lobes linéaires ; les plus supérieures plus petites, souvent réduites à une gaîne sans feuilles. Fleurs blanches en ombelles terminales, penchées avant la floraison, à rayons grêles, striés. On rencontre quelquefois 1-2 folioles à l'involucre. Styles *plus courts* que l'ovaire. Fruits petits, glabres.

Cette plante est connue sous le nom patois de *princinetta*, de *petit persil de bouc*, de *pied-de-chèvre, petite saxifrage* ; elle est apéritive, détersive, sudorifique, vulnéraire, tonique.

Hab. les bois, les pelouses et les bords des chemins, dans tout le département. ♃ Fl. juin-septembre.

3. **P. TRAGIUM** *Vill. dauph.* 2, *p.* 605 ; *Dec. fl. fr. 5, p.* 501 ; *P. canescens Lois. fl. gal.* 1, *p.* 186, *t.* 25. — Racine longue, fusiforme, dure, à souche rameuse, *frutescente*, épaisse, d'où sortent des tiges de 1-4 décim., nombreuses, droites ou ascen-

dantes, rameuses, flexueuses, cylindriques, finement striées, pubescentes, cendrées, garnies à leur base des restes d'anciennes feuilles. Feuilles un peu raides, pubescentes, cendrées; les inférieures réunies et rapprochées au bas des tiges, pinnées ou bipinnées, à 5-7 folioles ovales, cunéiformes, incisées ou dentées; les caulinaires rares, petites, pinnées; les plus supérieures rudimentaires, au sommet d'une gaîne, souvent nulles. Fleurs blanches en ombelles, souvent nombreuses, à 6-15 rayons presque égaux, filiformes, striés, légèrement hérissés, penchés avant la floraison. Styles filiformes, *divergents*, plus longs que l'ovaire. Fruits petits, subglobuleux, *tomenteux-cendrés*.

Hab. les bois de St-Nicolas, de la Chartreuse de Valbonne. ♃ Fl. juin-juillet.

On cultive quelquefois, en grand, l'*anis (pimpinella anisum Lin.).* pour ses fruits aromatiques, cordiaux, stomachiques et digestifs. Les confiseurs en forment de petites dragées agréables au goût. On le distingue à sa racine annuelle, à ses feuilles radicales, simples ou trilobées, et à ses fruits pubescents.

28e g^{re}. TERRENOIX. — BUNIUM. (Lin. gen. 332.)

Calice à dents presque nulles. Pétales obovales, échancrés avec une pointe courbée en dedans. Fruit ovale ou oblong, comprimé par le côté; styles réfléchis; carpelles *non entre-bâillés*, à 5 côtes filiformes, égales; vallécules à 1-3 bandelettes, commissure plane; carpophore libre, bifide. Involucre nul, monophylle ou polyphylle.

1.	Involucre nul ou à 1 foliole..................	**CARVI.**
	Involucre polyphylle......................	**2.**
2.	Racine fibreuse; folioles des feuilles courtes, capillaires, verticillées..................	**VERTICILLATUM.**
	Racine bulbiforme; folioles des feuilles allongées, linéaires, non verticillées..........	**BULBOCASTANUM.**

1. **B. VERTICILLATUM** *Godr. et Gren. fl. fr.* 1, *p.* 729; *Sison verticillatum Lin. sp.* 363; *Sium verticillatum Dec. fl. fr.* 4, *p.* 302; *Dalech. hist. ed. franc.* 1, *p.* 617, *ic.* — Racine formée *d'un faisceau de fibres* charnues, un peu renflées à l'extrémité. Tige de 3-5 décim., droite, glabre, cylindrique, fistuleuse, finement striée, peu feuillée, peu rameuse, entourée à la base par les restes des feuilles anciennes. Feuilles presque toutes radicales, *étroites, allongées*, pinnées, à folioles *courtes*, découpées en lanières *capillaires*, comme verticillées, plus longues vers le milieu de la feuille. Fleurs blanches, en ombelles assez grandes, terminales, longuement pédonculées, à rayons nombreux, filiformes, glabres, striés, presque égaux. Involucre et involucelles à plusieurs folioles courtes, linéaires, apiculées. Styles réfléchis. Fruit glabre, *oblong;* vallécule à une bandelette.

Hab. les prairies tourbeuses, les bois humides , à l'Espérou , à Concoule.
2 Fl. juin–septembre.

2. B. Carvi *Bieb. fl. taur.-cauc.* 1, *p.* 211; *Carum Carvi Lin.
sp.* 378; *Seseli Carvi Dec. fl. fr.* 4, *p.* 285 ; *Mut. fl. fr. t.* 21, *fig.*
147 *(fruit)*; *Camer. epit.* 516, *ic.*—Racine simple, épaisse, *fusiforme*, odorante. Tige de 4-5 décim. , droite, anguleuse, striée,
rameuse, à rameaux dressés. Feuilles bipinnées, à folioles découpées en lanières *courtes, linéaires, aiguës,* confluentes ; les
folioles inférieures en croix autour du pétiole commun ; les
feuilles inférieures à pétiole court , élargi vers la base ; les supérieures au sommet d'une gaine membraneuse sur les bords ,
auriculée , blanchâtre au sommet , munie à sa base de 2 appendices à lanières filiformes. Fleurs blanches, en ombelles, à 8-16
rayons inégaux, dressés, glabres, striés ; involucre et involucelles
nuls ou presque nuls. Styles réfléchis, assez longs. Fruit oblong ;
vallécules à une bandelette. Plante glabre, d'un vert tendre.

Sa racine et ses fruits sont incisifs, carminatifs, diurétiques, stomachiques;
toute la plante fournit un excellent fourrage. Vulgairement, *cumin des prés*.

Hab. les prairies et les champs cultivés sur toute la chaine de l'Espérou, à
Concoule. 2 Fl. mai–septembre.

3. B. bulbocastanum *Lin. sp.* 349 ; *Dec. fl. fr.* 4, *p.* 325 ;
Mut. fl. fr. t. 21, *fig.* 149 *(fruit)*; *Lamk. ill. t.* 197; *Dod.
pempt.* 334, *fig.* 1. — Racine formée par un bulbe *arrondi,* muni
de quelques fibres simples, noir en dehors, blanc en dedans, de
la grosseur d'une cerise. Tige de 2-5 décim. , droite, cylindrique,
striée, rameuse, à rameaux étalés ou dressés. Feuilles bi-tripinnées, à folioles linéaires , aiguës , écartées ; les radicales pétiolées,
dilatées à la base ; les caulinaires au sommet d'une gaine scarieuse sur les bords , sans appendices laciniés à sa base. Fleurs
blanches, en ombelles terminales, à 12-20 rayons presque égaux,
striés, rudes du côté interne. Involucre et involucelles à plusieurs
folioles lancéolées , acuminées , scarieuses sur les bords. Fruit
oblong ; vallécules à une bandelette. Plante glabre dans toutes
ses parties.

Ses bulbes sont bons à manger, ils fournissent de l'amidon ; ses fruits
sont âcres et aromatiques. La plante est connue sous le nom patois de
nissdou.

Hab. les champs et les prairies, aux bords du Gardon, à la Beaume, à Uzès,
à Alzon, au Vigan. 2 Fl. juin–juillet.

29ᵉ gʳᵉ. ÉGOPODE. — ÆGOPODIUM. (Lin. gen. 368.)

Calice à dents presque nulles. Pétales obovales , échancrés ,
avec une pointe courbée en dedans. Fruit oblong , comprimé par
le côté ; carpelles non entre-bâillés, à 5 côtes filiformes ; vallécules
dépourvues de bandelettes ; carpophore libre, sétacé, bifurqué au

sommet ; commissure plane. Styles allongés, réfléchis. Involucre
et involucelles nuls.

1. **Æ. PODAGRARIA** *Lin. sp.* 379 ; *Dec. fl. fr.* 4, *p.* 280 ;
Mut. fl. fr. t. 21, *fig.* 146 *(fruit)* ; *Fl. dan. t.* 607 ; *Dod. pempt.*
320, *fig.* 2. — Racine longue, rampante. Tige de 5-9 décim.,
droite, robuste, cannelée, fistuleuse, rameuse supérieurement,
glabre, ainsi que le reste de la plante. Feuilles d'un vert clair,
pâles en dessous ; les radicales et inférieures très-longuement
pétiolées, biternées, à folioles larges, ovales-oblongues, acuminées, inégalement dentées en scie, à dents mucronées ; la centrale
souvent trilobée ; feuilles caulinaires ternées, au sommet d'une
gaîne courte, ample, auriculée au sommet. Fleurs blanches, en
ombelles terminales ; les latérales souvent opposées, stériles ; la
principale fertile ; toutes à 12-25 rayons grêles, striés, rudes du
côté interne.

Cette plante est connue sous les noms vulgaires d'*herbe aux goutteux*,
de *petite angélique* ; en patois, d'*herba dé la goutta*. Elle a été indiquée
contre la goutte ; inusitée.

Hab. les bois de Salbous, de l'Espérou ; les haies à Ganges, à Sumène, au
Vigan. ⚥ Fl. mai-août.

30ᵉ gᵉ. AMMI. — AMMI. (Tourn. inst. 304, t. 159.)

Calice à dents presque nulles. Pétales obovales, échancrés, à
2 lobes inégaux, à pointe courbée en dedans. Fruit oblong,
comprimé par le côté ; carpelles à 5 côtes égales, filiformes, *non
entre-bâillés* ; vallécules *à une bandelette* ; carpophore *libre,
bifide; commissure plane*. Involucre et involucelles polyphylles ;
le premier à folioles trifides ou pinnatifides.

| | Rayons de l'ombelle contractés à la maturité............ **VISNAGA**.
| | Rayons de l'ombelle non contractés à la maturité....... **MAJUS**.

1. **A. MAJUS** *Lin. sp.* 349 ; *Dec. fl. fr.* 4, *p.* 326 ; *Lamk. ill.
t.* 193 ; *Lob. ic.* 721, *fig.* 1. — Racine blanchâtre, fusiforme ou
rameuse. Tige de 5-8 décim., droite, anguleuse, sillonnée, striée
supérieurement, très-rameuse, glabre, un peu glauque. Feuilles
glaucescentes, glabres ; les inférieures pinnées ou bipinnées, à
folioles oblongues-lancéolées, dentées en scie, à dents mucronées,
cartilagineuses ; les supérieures plus découpées, à folioles linéaires, dentées. Fleurs blanches, en ombelles amples, à rayons
nombreux, grêles, même à la maturité, étalés, insérés sur un
réceptacle non élargi à la maturité. Involucre à folioles étalées,
linéaires, très-étroites, 3-5 fides ; involucelles à folioles nombreuses, filiformes, réfléchies à la maturité. Fruit petit, ovale, à côtes
filiformes, saillantes, pubescent dans les intervalles.

VAR. B, *Glaucifolium Noulet. fl. sous-pyr.* 280 ; *A. glaucifol.*

Lin. sp. 349 ; *Dec. fl. fr.* 4 , *p.* 326. — Feuilles toutes bipinnées,
à folioles linéaires, entières, mucronées, à pointe blanche.

Cette plante est aromatique, âcre et piquante au goût, stomachique, emménagogue, diurétique, et un excellent carminatif.

Hab. les champs cultivés, aux environs de Nîmes, de Manduel, d'Anduze.
(+) Fl. juin-août.

2. **A. visnaga** *Lamk. dict.* 1 , *p.* 132 ; *Dec. fl. fr.* 4 , *p.* 327 ;
Daucus visnaga Lin. sp. 348 ; *Jacq. vind. t.* 26 ; *Math. valg.*
525, *ic.* — Racine pivotante. Tige de 3-8 décim., robuste, droite,
cylindrique, sillonnée, lisse, feuillée, rameuse. Feuilles nombreuses, au sommet d'une gaîne courte, bi-tripinnées, à folioles
linéaires, étroites, cuspidées, canaliculées. Fleurs blanches, en
ombelles composées de rayons nombreux, *très-contractés et en-
durcis à la maturité*, fortement striés, insérés sur un réceptacle
dilaté, arrondi. Involucre étalé ou réfléchi, à folioles divisées
en lanières très-étroites, linéaires. Fruit ovale.

Cette plante est entièrement glabre ; elle est connue sous le nom vulgaire
d'*herbe aux cure-dents ;* elle passe pour apéritive, diurétique, emménagogue :
les rayons de ses ombelles servent à fabriquer des cure-dents.

Hab. les terrains salants à Bellegarde, à St-Gilles et à Aigues-Mortes.
(+) Fl. juin-septembre.

31e gre. SISON. — SISON. (Lagasc. amæn. nat. 2, p. 103.)

Calice à dents presque nulles. Pétales ovales-arrondis, profondément échancrés, courbés, avec une pointe roulée en dedans.
Fruit petit, ovale-arrondi, à styles très-courts, courbés ; carpelles
non entre-bâillés, à côtes filiformes, égales ; vallécules à 1 bandelette courte, en massue ; carpophore libre, bifide. Commissure
plane. Involucre et involucelles à peu de folioles.

1. **S. amomum** *Lin. sp.* 362 ; *Dec. prod.* 4 , *p.* 110 ; *Sium
amomum Dec. fl. fr.* 4 , *p.* 304 ; *Mut. fl. fr. t.* 21, *fig.* 145 ; *Barr.
ic. t.* 1190. — Racine fusiforme. Tige de 4-8 décim., droite,
finement striée, très-rameuse, flexueuse, glabre, ainsi que le
reste de la plante, à rameaux grêles, divergents. Feuilles pinnées,
d'un vert foncé en dessus, plus pâles en dessous ; les radicales
pétiolées, à 5-7-9 folioles ovales ou oblongues, lobulées, dentées
en scie, à dents mucronées, la foliole terminale trilobée ; les
caulinaires plus petites, au sommet d'une gaîne étroite, un peu
longue, à folioles incisées, peu nombreuses. Fleurs blanches,
en ombelles latérales et terminales, petites, nombreuses, à 3-5
rayons filiformes, très-inégaux. Ombellules à 3-5 fleurs, dont
les centrales presque sessiles ; involucre et involucelles à folioles
courtes, linéaires, aiguës, rarement pinnatifides.

Les fruits et la racine de cette plante exhalent une odeur aromatique : ils
sont carminatifs et diurétiques. Vulgairement, *faux amome.*

Hab. les haies et les lieux humides et ombragés, à St-Gilles, à Villeneuve-lez-Avignon, aux environs du Vigan. ⚥ Fl. juillet-août.

32° g^re. FAUCILLÈRE. — FALCARIA. (Riv. pemptap. N° 48.)

Fleurs polygames. Calice à 5 dents, tube nul dans les fleurs stériles. Pétales obovales, courbés, largement échancrés, avec une pointe courbée en dedans. Fruit oblong, allongé, comprimé par le côté, non entre-bâillé ; carpelles à 5 côtes filiformes, égales ; vallécules à une bandelette filiforme ; carpophore libre, bifide. Commissure plane. Involucre et involucelles à plusieurs folioles.

1. **F. Rivini** *Haust. aust.* 1, *p.* 381 ; *Dec. prod.* 4, *p.* 110 ; *Sium falcaria Lin. sp.* 362 ; *Dec. fl. fr.* 4, *p.* 301 ; *Jacq. aust. t.* 257 ; *Lob. ic.* 2, *t.* 24, *fig.* 1. — Racine blanche, fusiforme, très-profonde. Tige de 3-5 décim., droite, cylindrique, finement striée, très-rameuse, à rameaux étalés, flexueuse, glabre et glauque, ainsi que le reste de la plante. Feuilles un peu raides ; les radicales pétiolées, simples ou ternées ; les caulinaires, au sommet d'une gaîne membraneuse sur les bords, pinnatifides, toutes à lobes *très-allongés*, linéaires-lancéolés, souvent un peu arqués, bordées de dents fines, très-rapprochées, mucronées-cartilagineuses. Fleurs petites, blanches, en ombelles nombreuses, terminales, moyennes, à 15-20 rayons filiformes, légèrement striés ; involucre et involucelles à folioles linéaires-sétacées. Styles réfléchis.

Hab. les champs cultivés, les bords des bois et des chemins, aux environs de Nîmes, à Caveirac, à St-Nicolas, à Beaucaire. ⚥ Fl. juillet-août.

33e g^re. PTYCHOTIS. — PTYCHOTIS. (Koch. umb. p. 124.)

Calice à 5 dents. Pétales obovales, échancrés-bifides, marqués, au milieu, d'un pli transversal, avec une pointe courbée en dedans. Fruit oblong, comprimé par le côté, non entre-bâillé ; carpelles à 5 côtes filiformes, égales ; vallécules à une bandelette ; carpophore bifide ; commissure plane. Styles réfléchis. Involucre nul ou à 1 foliole ; involucelles à 2-3 folioles.

1. **Pt. heterophylla** *Koch. umb. p.* 124 ; *Dec. prod.* 4, *p.* 108 ; *Seseli saxifragum Dec. fl. fr.* 5, *p.* 503 ; *Æthusa bunius Dec. fl. fr.* 4, *p.* 293 ; *Ptychotis bunius Mut. fl. fr. t.* 21, *fig.* 144 *(pétales et fruit)* ; *Jacq. vind. t.* 198. — Racine blanche, pivotante. Tige de 3-8 décim., droite, striée, très-rameuse, flexueuse, à rameaux grêles, divariqués. Feuilles radicales, pinnées, à 5-7 folioles ovales ou arrondies, incisées, dentées ou lobulées ; la terminale trilobée ; les caulinaires, au sommet d'une gaîne courte, membraneuse sur les bords, très-découpées, en lanières courtes, linéaires-sétacées, divariquées. Fleurs blanches, en ombelles

nombreuses, petites, penchées avant la floraison, à 5-9 rayons inégaux, courts, filiformes, striés ; involucelles à folioles sétacées. Fruit glabre, droit, à côtes fines, tranchantes. Plante entièrement glabre.

Hab. les lieux arides et pierreux, à Roque-Courbe; près de Margueritte, à Villeneuve-lez-Avignon, à Alais, à St-Ambroix. ② Fl. juillet-septembre.

34e gre. HELOSCIADIE. — HELOSCIADIUM. (Koch. umb. p. 125.)

Calice à 5 dents, quelquefois très-courtes. Pétales *ovales entiers,* à pointe droite ou courbée. Fruit ovale, comprimé par le côté, non entre-bâillé ; carpelles à 5 côtes filiformes, égales, saillantes ; vallécules à une bandelette ; carpophore simple, libre ; commissure plane. Styles réfléchis. Involucre nul ou à 1-2 folioles. Plantes aquatiques.

1. $\left\{\begin{array}{l}\text{Ombelles brièvement pédonculées; involucre nul} \\ \text{ou à folioles caduques...................... \textbf{NODIFLORUM}.} \\ \text{Ombelles à pédoncule allongé : involucre à folioles} \\ \text{persistantes.............................. \textbf{REPENS}.}\end{array}\right.$

1. **H. NODIFLORUM** *Koch. umb. p.* 126; *Dec. prod.* 4, *p.* 104; *Sium nodiflorum Lin. sp.* 362; *Dec. fl. fr.* 4, *p.* 300; *Ingl. bot. t.* 639; *Moris. hist. s.* 9, *t.* 5, *fig.* 3. — Racines fibreuses. Tige de 2-8 décim., faible ou robuste, dressée ou tombante, striée, fistuleuse, très-rameuse, rampante à la base. Feuilles pinnées, d'un vert luisant, à folioles *ovales-lancéolées,* aiguës, inégales à la base, sessiles, opposées, dentées en scie ; la paire inférieure écartée ; les inférieures à folioles plus nombreuses et plus grandes, à pétiole arrondi, non fistuleux ; les supérieures, au sommet d'une gaine courte et membraneuse sur les bords. Fleurs d'un blanc sale, en ombelles nombreuses, sessiles ou à pédoncule *plus court que l'ombelle* et opposé aux feuilles, à 6-15 rayons anguleux, un peu âpres. Involucre à folioles *longues,* membraneuses aux bords, *caduques ;* involucelles à folioles lancéolées, *à bordure blanche,* persistantes. Fruit ovoïde, à côtes blanchâtres. Plante glabre.

Hab. les fossés et les ruisseaux dans tout le département. ♃ Fl. juillet-août.

2. **H. REPENS** *Koch. umb. p.* 126; *Sium repens Lin. fil. suppl.* 182; *Dec. fl. fr.* 4, *p.* 300; *Jacq. aust. t.* 260. — Cette espèce diffère de la précédente : par ses tiges couchées, radicantes dans toute leur longueur ; par ses feuilles d'un vert clair, toutes pétiolées, à folioles ovales-arrondies, inégalement dentées et lobées ; par ses ombelles *plus courtes que leur pédoncule ;* par ses involucres à 3-5 folioles *persistantes* et par ses fruits arrondis.

Hab. le long de la rivière de Sumène. ♃ Fl. juillet-septembre.

35° g^re. TRINIE. — TRINIA. (Hoffm. umb. 92)

Fleurs dioïques, rarement monoïques. Calice à dents presque nulles. Fleurs mâles à pétales lancéolés, à pointe roulée en dedans; fleurs femelles *ovales*, à pointe courte, courbée en dedans. Fruit ovale, comprimé par le côté; carpelles non entre-bàillés, à 5 côtes filiformes égales; vallécules à bandelettes nulles ou peu apparentes; carpophore libre, plane, bifide; commissure plane. Styles réfléchis. Involucre et involucelles nuls ou presque nuls.

1. **T. VULGARIS** *Dec. prod. p.* 4, 103; *Pimpinella dioïca Lin. mant.* 357; *Dec. fl. fr.* 4, *p.* 282; *Trinia glauca Mut. fl. fr. t.* 21, *fig.* 143; *Jacq. aust. t.* 28; *Clus. hist.* 2, *p.* 200, *fig.* 1. — Racine napiforme. Tige de 1-4 décim., droite, anguleuse, striée, flexueuse, très-rameuse dès la base, à rameaux divergents, plus ou moins glauques, ainsi que les feuilles, entourée à la base des restes roussàtres des feuilles de l'année précédente. Feuilles inférieures bi-tripinnées, à folioles linéaires, mucronulées, un peu épaisses; les supérieures au sommet d'une gaine courte, membraneuse sur les bords. Fleurs petites, blanches, en ombelles petites, nombreuses, à pédoncules quelquefois opposés, à 3-9 rayons filiformes, striés, inégaux; les ombellules florifères, souvent compactes, globuleuses. Fruit glabre, noir, à côtes obtuses.

Hab. les terrains arides, les garrigues, dans tout le département. ② Fl. mai–juillet.

33° g^re. PERSIL. — PETROSELINUM (Hoffm. umb. 1. p. 78, t. 1, fig. 1.)

Calice à dents presque nulles. Pétales arrondis, courbés, entiers ou à peine échancrés, à pointe obtuse, courbée en dedans. Fruit ovale, comprimé par le côté; carpelles non entre-bàillés, à 5 côtes filiformes, égales; vallécules à une bandelette, dilatée au milieu, de la longueur du fruit; carpophore libre, bifide; commissure plane. Styles dressés ou réfléchis. Involucre à 1-3 folioles; involucelles polyphylles.

1. | Feuilles bi–tripinnées; fleurs jaunâtres............... SATIVUM.
  | Feuilles pinnées; fleurs blanches.................... SEGETUM.

1. **P. SEGETUM** *Koch. umb.* 128; *Dec. prod.* 4, *p.* 102; *Sison segetum Lin. sp.* 362; *Sium segetum Dec. fl. fr.* 4, *p.* 303; *Jacq. vind. t.* 134; *Moris. hist. s.* 9, *t.* 5, *fig.* 6, *sinist.* — Racine pivotante. Tige de 4-8 décim., dressée, cylindrique, légèrement striée, rameuse dès la base, à rameaux effilés, presque nus, glabre, ainsi que le reste de la plante. Feuilles *pinnées;* les radicales à 13-19 folioles ovales ou lancéolées, incisées-dentées, lobulées, sessiles; les supérieures plus petites, à folioles plus étroites et plus découpées, celles des sommets quelquefois avortées, toutes pétiolées. Fleurs blanches ou rougeâtres, en ombelles longuement

pédonculées, à 2-6 rayons *dressés, très-inégaux,* penchées avant
la floraison ; ombellules à rayons *dressés, très-inégaux;* involucre
à 2-5 folioles linéaires, aiguës. Styles dressés, courts.

Hab. les champs cultivés et humides, à Bellegarde, St-Gilles. ⊙. Fl. juillet-
août.

2. P. sativum *Hoffm. umb.* 1, *p.* 78 ; *Apium petroselinum*
Lin. sp. 379; *Dec. fl. fr.* 4, *p.* 338; *Lamk. ill. t.* 196, *f.* 1 ;
Lob. ic. 706, *fig.* 2 ; *Trag.* 460 , *ic.* — Racine blanchâtre, pivotante ou rameuse. Tige de 3-8 décim., droite, striée, très-rameuse.
Feuilles d'un vert luisant; les inférieures pétiolées, bi-tripinnées,
à folioles ovales-cunéiformes, incisées-dentées, lobées ; les supérieures ordinairement à 3 folioles entières, linéaires-lancéolées,
atténuées à la base, à gaine membraneuse sur les bords. Fleurs
jaunâtres, en ombelles longuement pédonculées, à rayons plus
ou moins nombreux, presque égaux. Involucre et involucelles à
folioles linéaires-subulées; celles des involucelles très-courtes.
Styles réfléchis. Plante toute glabre.

Ses racines sont apéritives, diurétiques, nourrissantes ; ses fruits sont
diurétiques et aromatiques comme les feuilles et surtout les racines ; on en
fait usage pour la cuisine. C'est un poison pour les petits oiceaux et les
perroquets. En patois, *jourer*.

Hab. subspontané dans les fentes des rochers, aux bords du Gardon, au
mas Charlot, à Sauve ; elle est généralement cultivée sous plusieurs variétés.
② Fl. juin-juillet.

37ᵉ gᵣᵉ. ACHE. — APIUM. (Hoffm. umb. 1, p. 75, t. 1, fig. 8.)

Calice à dents presque nulles. Pétales entiers, arrondis, à pointe
enroulée ou courbée en dedans. Fruit arrondi, *didyme,* comprimé par le côté; carpelles *non entre-bâillés,* à 5 côtes filiformes
égales ; vallécules à une bandelette, les latérales à 2-3 ; carpophore *simple ;* commissure *plane.* Involucre et involucelles nuls.

1. A. graveolens *Lin. sp.* 379 ; *Dec. fl. fr.* 4, *p.* 339 ;
Mut. fl. fr. t. 20, *fig.* 140 *(fruit)*; *Fusch. hist.* 744, *ic.* — Racine
blanchâtre, fusiforme, rameuse. Tige de 4-8 décim., droite,
anguleuse-cannelée, fistuleuse, rameuse, glabre, ainsi que les
autres parties de la plante. Feuilles luisantes ; les inférieures
pétiolées, pinnées, à 5 folioles larges, trilobées, dentées au sommet, cunéiformes ou tronquées à la base; la paire inférieure
pétiolulée ; les supérieures à 3 folioles simples, plus petites, dentées, au sommet d'une gaine courte, membraneuse sur les bords.
Fleurs petites, blanchâtres, en ombelles nombreuses, latérales,
sessiles ou brièvement pédonculées, à 4-12 rayons courts, inégaux.
Styles réfléchis. Fruit petit, brun , à côtes blanches.

Plante très-odorante, regardée comme très-suspecte ; son suc passe pour
sudorifique et fébrifuge : sa racine est très-diurétique.

Hab. les prairies humides et marécageuses de St-Gilles, Bellegarde, Aigues-Mortes. ② Fl. juillet–septembre.

On cultive dans les potagers, pour l'usage domestique, une variété que la culture a rendue douce, et qui est connue sous le nom vulgaire de céleri.

38ᵉ grᵉ. SCANDIX. — SCANDIX. (Gærtn. fruct. 2, p. 33, t. 85.)

Calice à dents presque nulles. Pétales obovales, tronqués ou légèrement échancrés, avec une pointe courbée en dedans. Fruit comprimé par le côté, terminé par un bec très-allongé; carpelles à 5 côtes obtuses, égales; vallécules à bandelettes nulles ou peu apparentes; carpophore libre, simple ou un peu fourchu au sommet. Commissure canaliculée. Involucre nul ou à une foliole; involucelles à plusieurs folioles.

1. | Bec du fruit comprimé par le dos............ 2.
   | Bec du fruit comprimé par les côtés......... **AUSTRALIS.**

2. | Folioles des involucelles bi-trifides, dressées
   | ou étalées.............................. **PECTEN-VENERIS.**
   | Folioles des involucelles simples, réfléchies.. **HISPANICA.**

1. S. PECTEN-VENERIS *Lin. sp.* 368 ; *Dec. fl. fr.* 4, *p.* 291 ; *Jacq. aust. t.* 263 ; *Lob. ic.* 726, *fig.* 2. — Racine pivotante. Tige de 1-3 décim., dressée, plus ou moins rameuse dès la base, à rameaux étalés, finement striée, plus ou moins hérissée ou pubescente. Feuilles pubescentes, bi-tripinnées, à folioles découpées en lobes étroits, linéaires, aigus, à pétiole canaliculé en dessus, dilaté à la base en gaîne embrassante, membraneuse, blanche sur les bords. Fleurs blanches, à pétales extérieurs plus grands, rayonnants, en ombelles à 2-3 rayons, rarement simples; involucelles à folioles larges, dressées ou étalées, ciliées, bi-trifides, quelquefois multifides. Styles dressés. Fruit oblong-linéaire, rude, à vallécules colorées, surmonté d'un bec comprimé par le dos, à face *plane*, striée, scabre sur les bords; 4 *fois plus long* que les carpelles, et atteignant ordinairement 6 centim.

Cette plante porte le nom vulgaire de *peigne-de-Vénus*; en patois, *aguietta*.
Hab. les champs cultivés dans tout le département. ① Fl. avril–juin.

2. S. HISPANICA *Boiss. ann. soc. nat. ser.* 3, *t.* 2, *p.* 57 ; *Godr. et Gren. fl. fr.* 1, *p.* 740. — Cette espèce diffère de la précédente : par son port moins élevé ; par les rayons de l'ombelle beaucoup plus courts; par les folioles des involucelles oblongues-linéaires, *simples, réfléchies;* par ses styles beaucoup plus courts; par ses fruits entièrement couverts d'aspérités, à bec plus étroit et plus court, *convexe* sur les faces.

Hab. les champs cultivés à Villeneuve-lez-Avignon, à la descente de Pouls, à la Beaume. ① Fl. mai–juin.

3. S. AUSTRALIS *Lin. sp.* 569 ; *Dec. fl. fr.* 4, *p.* 292 ; *Sibth. fl. græc. t.* 285 ; *Col. ecphr.* 1, *p.* 90, *ic.* — Racine pivotante.

Tige de 1-3 décim., grêle, striée, dressée, flexueuse, rameuse dès
la base, souvent rougeâtre à la maturité, velue inférieurement.
Feuilles bi-tripinnées, à folioles découpées en lobes capillaires,
mucronulés, à pétiole canaliculé en dessus, velu jusqu'à la base
engaînante. Fleurs petites, blanches, en ombelles simples ou à
2-3 rayons grêles, allongés; involucelles à folioles ovales, aiguës,
entières ou rarement à 2-3 dents au sommet, ciliées, scarieuses
aux bords, dressées, plus longues que les pédicelles. Styles très-
courts, dressés. Fruit linéaire, rude sur toute sa surface, à bec
comprimé par le côté, un peu hérissé sur le dos, grêle, 2 fois de
la longueur des carpelles, environ de la longueur de 15 millim.

Hab. les champs cultivés maigres et les vignes aux environs de Nîmes, à
Campestre. ① Fl. mai–juin.

39ᵉ gʳᵉ. ANTHRISQUE. — ANTHRISCUS. (Hoffm. umb. 1, p. 38.)

Calice à dents presque nulles. Pétales ovales, tronqués ou
échancrés, avec une pointe courbée en dedans. Fruit comprimé
par le côté, terminé par un bec à 10 côtes et plus court que lui;
carpelles lisses ou hérissés, dépourvus de côtes et de bandelettes;
carpophore libre, bifide au sommet; commissure canaliculée.
Involucre nul; involucelles à plusieurs folioles.

1. { Fruit hérissé............................... VULGARIS.
   { Fruit lisse................................. 2.

2. { Ombelles presque sessiles, à 3–5 rayons.......... CEREFOLIUM.
   { Ombelles longuement pédonculées, à plus de 5
   {   rayons.................................... SYLVESTRIS.

1. **A. VULGARIS** *Pers. syn.* 1, *p.* 320; *Scandix anthriscus
Lin. sp.* 368; *Caucalis scandicina Dec. fl. fr.* 4, *p.* 334; *Mut. fl.
fr. t.* 20, *fig.* 134 *(fruit); Jacq. aust. t.* 154; *Column. ecphr.* 1,
p. 112, *ic.* — Racine grêle, pivotante. Tige de 3-6 décim., droite,
faible, striée, fistuleuse, rameuse, glabre. Feuilles molles, velues,
tripinnées, à folioles très-petites, incisées, à lobes courts, mucronulés, ciliés; les inférieures à pétiole velu, canaliculé en
dessus, dilaté à la base en gaîne membraneuse, ciliée sur les
bords; les supérieures au sommet d'une gaîne courte. Fleurs
blanches, en ombelles latérales et terminales, *brièvement pédon-
lées*, opposées aux feuilles, à 3-6 rayons filiformes, glabres,
égaux ou à peu près; involucelles à folioles lancéolées, acuminées, ciliées. Styles très-courts, courbés face à face. Fruit
ovale-oblong, entouré de poils blancs à la base, *chargé d'aiguillons
crochus-subulés, blanchâtres;* bec conique-anguleux, 3-4 *fois
plus court* que les carpelles.

Hab. les lieux frais, le voisinage des habitations, aux environs du Vigan, à
la Grandès-Basse, près de St-Guiral. ① Fl. mai–juin.

2. **A. CEREFOLIUM** *Hoffm.* umb. 41; *Scandix cerefolium*

Lin. sp. 368 ; *Chœrophyllum salivum Dec. fl. fr.* 4, *p.* 291 ;
Jacq. aust. t. 390 ; *Lob. ic.* 2, *p.* 280, *fig.* 1. — Racine pivotante.
Tige de 4-8 décim., droite, striée, enflée sous les nœuds et
pubescente au-dessus, rameuse. Feuilles d'un vert tendre, glabres
ou parsemées en dessous de quelques poils ; les inférieures à
pétiole allongé, canaliculé en dessus, bi-tripinnées, à folioles
ovales, incisées-pinnatifides, à lobes mucronulés ; les supérieures
au sommet d'une gaîne courte, membraneuse sur les bords,
auriculée. Fleurs blanches, très-petites, en ombelles latérales,
brièvement pédonculées, et les inférieures sessiles, à 35 rayons
pubescents, grêles ; involucelles à 1-3 folioles linéaires-lancéolées,
acuminées, ciliées, placées au même côté: Styles courts, droits,
un peu courbés au sommet. Fruit *linéaire* allongé, noir, ponctué,
un peu rude, 2 *fois de la longueur du bec.*

Cette plante, connue sous le nom vulgaire de *cerfeuil*, est aromatique,
incisive, apéritive, diurétique, emménagogue, résolutive et antihydropique.

Hab., cultivée, dans les jardins, pour l'usage domestique ; quelquefois subspontanée dans le voisinage des habitations. (1) Fl. mai–juin.

3. **A. SYLVESTRIS** *Hoffm. umb. p.* 40 ; *Chœrophyllum sylvestre Lin. sp.* 369 ; *Dec. fl. fr.* 4, *p.* 288, *Mut. fl. fr. t.* 20,
fig. 135 ; *Jacq. aust. t.* 149. — Racine épaisse, pivotante. Tige
de 5-10 décim., droite, cannelée, fistuleuse, rameuse supérieurement, un peu renflée sous les nœuds, velue inférieurement,
glabre supérieurement. Feuilles luisantes ; les inférieures grandes,
à pétiole très-long, velu, tripinnées ; les supérieures bipinnées,
au sommet d'une gaîne à auricules membraneuses, velues ; toutes
à folioles oblongues-lancéolées, aiguës, incisées-pinnatifides, à
lobes brièvement ciliés, mucronulés, un peu velues sur les nervures inférieures. Fleurs blanches, en ombelles terminales et
axillaires, *toutes longuement pédonculées*, à 8-15 rayons glabres,
lisses, inégaux ; involucelles à folioles lancéolées, acuminées,
ciliées, réfléchies. Styles droits, un peu divergents, caducs. Fruit
oblong, atténué au sommet, lisse, luisant, *très-finement ponctué,*
brun à la maturité, entouré de poils blancs à la base, à bec *très-
court.*

VAR. B, *Alpestris Koch. syn.* 346. Feuilles bi-tripinnées, à
folioles peu découpées, à lobes plus larges. *Chœrophyllum tor-
quatum Dec. fl. fr.* 5, *p.* 505.

Cette plante passe pour résolutive: son odeur est très-désagréable.

Hab. les bois, les prairies humides : la var. A, au pont du Gard, à la
Beaume, au Vigan, à l'Espérou ; la var. B, à Aulas (Diomède). 2 Fl. mai–
juin.

40ᵉ gʳᵉ. **CONOPODE. — CONOPODIUM.** (Dec. coll. mém. 5, p. 41.)

Calice à dents presque nulles. Pétales obovales, égaux, échancrés, avec une pointe courbée en dedans. Fruit oblong, atténué au sommet, comprimé par le côté, dépourvu de bec; styles dressés, élargis en cône à la base ; carpelles non entre-bâillés, à côtes filiformes, égales ; vallécules à 2-3 bandelettes; carpophore libre, bifide ; commissure canaliculée. Involucre nul ou à 1-2 folioles ; involucelles à 2-3 folioles.

1. **C. DENUDATUM** *Koch. umb.* 118; *Bunium denudatum Dec. fl. fr. 4, p.* 325; *Engl. bot. t.* 988. — Racine formée par un bulbe arrondi, muni de quelques fibres simples, noir en dehors, blanc en dedans. Tige de 2-5 décim., grêle, droite, striée, longuement atténuée, sinueuse jusqu'au bulbe, où elle est filiforme, nue inférieurement, un peu rameuse au sommet, glabre. Feuilles radicales, à pétiole allongé, sinueux, atténué à la base, souvent détruites à la floraison, bipinnées, à folioles pinnatifides, à lobes linéaires ou oblongs, mucronulés; les divisions primaires et secondaires pétiolulées; les caulinaires à lobes allongés très-étroits, au sommet d'une gaine courte membraneuse; toutes glabres. Fleurs blanches, en ombelles à 8-15 rayons grêles, glabres, un peu anguleux. Involucre et involucelles à folioles linéaires subulées. Fruit noir à la maturité, glabre, luisant, 2 fois de la longueur des styles.

Cette plante jouit des mêmes propriétés que le *bunium bulbocastanum*.

Hab. les bois et les prés secs, au Vigan, l'Aigual, Alzon, Alais, Anduze. ♃ Fl. juin–juillet.

41° gre. CERFEUIL. — CHÆROPHYLLUM. (Lin. gen. 358.)

Calice à dents presque nulles. Pétales obovales, échancrés, avec une pointe courbée en dedans. Fruit linéaire-oblong, légèrement atténué au sommet, comprimé par le côté, dépourvu de bec. Carpelles non entre-bâillés, à 5 côtes égales, obtuses; vallécules à 1 bandelette: commissure canaliculée ; carpophore libre, bifide. Involucre nul ou à 1-2 folioles ; involucelles à plusieurs folioles réfléchies.

1. { Pétales glabres ; styles réfléchis ou courbés en dehors. 2.
{ Pétales ciliés; styles dressés, peu divergents......... HIRSUTUM.

2. { Racine vivace, dure; gaine des feuilles membraneuses auriculées.. AUREUM.
{ Racine bisannuelle, grêle; gaine des feuilles membraneuses non auriculées............................ TEMULUM.

1. **CH. AUREUM** *Lin. sp.* 370 ; *Dec. fl. fr. 4, p.* 289 ; *Jacq. aust. t.* 64 ; *Lob. ic.* 734, *fig.* 2. — Racine rameuse, à souche noire, *rameuse.* Tige droite, anguleuse, striée, un peu renflée sous les nœuds, simple ou rameuse, glabre ou peu velue, souvent tachetée de pourpre, haute de 6-8 décim. Feuilles plus ou moins velues, à poils appliqués, d'un vert jaunâtre ; les inférieures à

long pétiole, tripinnées, à folioles ovales-lancéolées, pinnatifides
à la base, dentées en scie au sommet, à lobes et à dents aigus,
ciliés; les supérieures plus petites, mais semblables, au sommet
d'une gaine courte, largement membraneuse, auriculée. Fleurs
blanches, quelquefois rosées, en ombelles terminales, à 15-20
rayons grêles, inégaux, striés; involucelles à folioles ovales,
acuminées, ciliées, membraneuses sur les bords. *Pétales glabres.*
Styles *réfléchis à la maturité.* Fruit oblong, d'un beau jaune à la
maturité. Carpophore *fendu au sommet.*

Hab. les bois et les prairies sur la Lozère, commune de Concoule, et dans
l'île de la Barandonne, au Pont-St-Esprit. ♃ Fl. juin-juillet.

2. CH. HIRSUTUM *Lin. sp.* 371; *Dec. fl. fr.* 4, *p.* 289; *Dub.
bot.* 238; *Anthriscus cicutaria Dub. bot.* 239; *Jacq. aust. t.* 148,
— Racine épaisse, pivotante, fibreuse, à souche *rameuse.* Tige
de 4-8 décim., droite, égale sous les nœuds, ou peu renflée,
striée, fistuleuse, rameuse, plus ou moins hérissée de poils
réfléchis. Feuilles grandes, un peu hérissées, bi-tripinnées, à
folioles ovales-lancéolées, incisées, dentées ou pinnatifides, à
lobes mucronés; les inférieures très-longuement pétiolées, les
supérieures plus petites, au sommet d'une gaine courte, largement membraneuse et auriculée supérieurement. Fleurs blanches,
quelquefois rosées, en ombelles, penchées avant la floraison, à
9-20 rayons presque égaux, striés, dressés à la maturité. Involucelles à folioles *inégales,* lancéolées-acuminées, largement
membraneuses sur les bords, *ciliées,* réfléchies après la floraison.
Pétales ciliés. Styles *dressés, très-longs,* un peu divergents.
Fruit linéaire, étroit, long de 12 millim. Carpophore *fourchu
au sommet.*

Hab. les prairies humides, les bords des ruisseaux, à Valleraugue, à l'Aigual, à Alzon, à Concoule. ♃ Fl. juin-août.

3. CH. TEMULUM *Lin. sp.* 370; *Dec. fl. fr.* 4, *p.* 290; *Jacq.
aust. t.* 65; *Tabern. ic.* 94, *fig.* 1. — Racine *grêle, fusiforme.*
Tige de 6-8 décim., dressée, striée, à peine fistuleuse, très-
rameuse, ordinairement renflée sous les nœuds, velue, hispide,
surtout inférieurement, parsemée de taches d'un rouge brun,
surtout dans le bas. Feuilles d'un vert sombre, plus pâles en
dessous, velues; les inférieures pétiolées, bipinnées, à folioles
assez larges, ovales-oblongues, obtuses, incisées, lobées ou pinnatifides; les supérieures pinnées, au sommet d'une gaine étroite,
bordée d'une membrane blanche, étroite, ciliée. Fleurs blanches,
en ombelles penchées avant la floraison, à 6-12 rayons hispides;
involucelles à folioles lancéolées, acuminées, *ciliées.* Pétales
glabres. Styles courts, un peu divergents, *réfléchis à la maturité.*
Fruit oblong-linéaire; carpophore fourchu au sommet.

Hab. les haies, les lieux incultes, les décombres, dans tout le département.
♃ Fl. juin–juillet.

42ᵉ gᵉ. MOLOPOSPERME. — MOLOPOSPERMUM. (Koch. umb. 108.)

Calice à 5 dents foliacées. Pétales lancéolés, entiers, longuement acuminés, à pointe ascendante. Fruit ovale, comprimé par
le côté ; carpelles non entre-bàillés, à 5 côtes ailées, inégales ; les
latérales de moitié plus étroites ; vallécules à 1 large bandelette ;
carpophore bifide. Graine tétragone, à 3 sillons sur le côté opposé
à la commissure. Involucre à plusieurs folioles.

1. **M. cicutarium** *Dec. prod.* 4, *p.* 230 ; *Ligusticum pelopo-
nesiacum Lin. sp.* 360 ; *Ligusticum peloponense Dec. fl. fr.* 4 ,
p. 307 ; *Jacq. aust. app. t.* 13 ; *Math. valgr.* 753 , *ic.* — Racine
grosse, charnue, rameuse. Tige de 1-1 1/2 mètre, droite, très-
grosse, striée ou cannelée, fistuleuse, rameuse supérieurement, à
rameaux opposés on verticillés. Feuilles d'un vert tendre, plus
pâles en dessous, extrêmement grandes, pétiolées, tripinnées, à
folioles lancéolées, allongées en pointe, pinnatifides à la base,
dentées au sommet, décurrentes ; les supérieures beaucoup plus
petites, au sommet d'une gaine courte, un peu ventrue. Fleurs
d'un blanc jaunâtre, en ombelles longuement pédonculées ; la
centrale grande, fructifère, à 30-40 rayons serrés, presque égaux,
de 5 centim. de longueur ; les latérales au nombre de 3-4,
plus petites, verticillées, stériles. Ombellules compactes, à
rayons très-courts ; involucre à folioles nombreuses, inégales,
larges, lancéolées, allongées, presque membraneuses, entières,
souvent 1-2 dentées ou incisées. Styles courbés, divariqués.

Plante entièrement glabre, connue sous le nom vulgaire patois d'*angélica
de mountagna*, de *couscouils*.

Hab. les rochers escarpés de l'Aigual, le bois de Longuefeuille, à Concoule. ♃ Fl. juin-août.

43ᵉ gᵉ. ÉCHINOPHORE. — ECHINOPHORA. (Tournef. inst. 656, t. 423.)

Fleurs extérieures des ombellules pédicellées, mâles ; la centrale
sessile, femelle. Calice à 5 dents. Pétales obovales, échancrés,
avec une pointe courbée en dedans. Styles 2-3 allongés, dressés.
Fruit oblong, renfermé dans le réceptacle, à bec court, saillant ;
carpelles à 5 côtes déprimées, striées-ondulées, égales ; vallécules
à une bandelette, couverte par une membrane en toile d'araignée.
Graines enroulées-serrées. Involucre et involucelles à plusieurs
folioles.

1. **E. spinosa** *Lin. sp.* 344 ; *Dec. fl. fr.* 4 , *p.* 352, *et coll.
de mem.* 6, *t.* 16 ; *Lamk. ill. t.* 190, *fig.* 1 ; *Lob. ic.* 710, *fig.* 2.
— Racine grosse, profonde. Tige de 2-7 décim., glauque, presque
glabre, ainsi que les feuilles, épaisse, raide, cannelée, très-

rameuse , à rameaux corymbiformes, divariqués. Feuilles oblongues, épaisses, raides, à pétiole court, pinnée, à folioles pinnatifides, à lobes épineux, canaliculés en dessus, carénés en dessous ; les supérieures plus petites, au sommet d'une gaîne striée, membraneuse, ciliée sur les bords. Fleurs blanches, quelquefois rougeâtres, en ombelles à 5-8 rayons étalés, inégaux, courts, anguleux, pubescents, épaissis au sommet à la maturité. Involucre à folioles linéaires-lancéolées, épineuses, carénées, membraneuses, ciliées sur les bords, tantôt dressées, tantôt réfléchies, atteignant presque la longueur de l'ombelle ; involucelles à folioles plus petites. Calice à dents raides, épineuses.

La racine de cette plante est comestible.

Hab. les sables maritimes, à Aigues-Mortes, au Grau. ♃ Fl. juillet-septembre.

44ᵉ grᵉ. MACERON. — SMYRNIUM. (Lin. gen. 863, excl. sp.)

Calice à dents presque nulles. Pétales lancéolés, entiers, à pointe un peu courbée en dedans. Fruit comprimé par le côté, didyme ; carpelles réniformes-globuleux, non entre-bâillés, à 5 côtes: 3 dorsales, saillantes ; 2 marginales, peu apparentes. Vallécules à 1 bandelette ; carpophore en 2 parties. Graine enroulée. Involucre nul.

1. **Sm. olusatrum** *Lin. sp.* 376 ; *Dec. fl. fr.* 4 , *p.* 340 ; *Lamk. ill. t.* 204 ; *Lob. ic.* 708 , *fig.* 2. — Racine épaisse , *rameuse.* Tige de 5-10 décim., droite, cannelée-anguleuse, rameuse, robuste. Feuilles d'un vert clair et luisant, un peu pâles en dessous ; les radicales pétiolées, *triternées*, à folioles assez amples, dentées ou crénelées ; la terminale ordinairement, et souvent les latérales, trilobées ; les supérieures *ternées*, au sommet d'une gaîne large, largement membraneuse et un peu cotonneuse sur les bords. Fleurs jaunâtres, en ombelles à 8-15 rayons anguleux. Involucelles à folioles très-petites, triangulaires. Styles grêles, longs, réfléchis. Fruit assez gros, noir à la maturité, suborbiculaire, à côtes dorsales tranchantes, comme plissés dans les intervalles. Plante glabre, à odeur forte.

Sa racine et ses fruits sont diurétiques et emménagogues.

Hab. les lieux ombragés, à Anduze, à Corconne, aux environs de Nimes. ♂ Fl. avril-mai.

45ᵉ grᵉ CIGUE. — CONIUM. (Lin. gen. 469.)

Calice à dents presque nulles. Pétales obovales un peu échancrés, avec une pointe courbée courte en dedans. Fruit subglobuleux, comprimé par le côté ; carpelles entre-bâillés, à 5 côtes *égales, saillantes, ondulées-crénelées* ; vallécules striées, sans bandelettes ; carpophore bifide au sommet ; commissure à un sillon profond. Involucre à 3-5 folioles; involucelles à 2-3 folioles.

1. **C. MACULATUM** *Lin. sp.* 349; *Cicuta major Dec. fl. fr. 4, p.* 324; *Mut. fl. fr. t.* 20, *fig.* 129 *(fruit); Lamk. ill. t.* 195, *fig.* 1; *Dod. pempt.* 461. — Racine épaisse, blanchâtre, pivotante ou rameuse. Tige de 1-1 1/2 mètre, glabre, ainsi que les autres parties de la plante, droite, robuste, striée, fistuleuse, très-rameuse, glaucescente, parsemée, surtout dans sa partie inférieure, de taches d'un pourpre violacé. Feuilles molles, luisantes, d'un vert sombre; les radicales amples, à pétiole cylindrique, fistuleux, 3-4 fois pinnées, à folioles ovales-oblongues, incisées-dentées, aiguës; les supérieures bipinnées, au sommet d'une gaine courte, bordée de blanc. Fleurs blanches, en ombelles terminales, à 12-20 rayons grêles, striés. Involucre à folioles petites, lancéolées-acuminées, réfléchies; involucelles à folioles tournées en dehors. Plante à odeur forte et fétide.

Elle est connue, dans ses localités, sous le nom patois de *jaoubertassa;* en général, sous celui de *grande ciguë.* Elle est très-vénéneuse prise intérieurement; à l'extérieur, elle est employée comme emménagogue, anti-cancéreuse, antiscrofuleuse: on l'emploie aussi contre la goutte et les rhumatismes.

Hab. les décombres, le voisinage des habitations, aux environs du Vigan, à Alzon, à Camprieux, à la Bruyère, etc. ② Fl. juillet-août.

46e gre. **ARMARINTE. — CACHRYS**. (Tournef. inst. t. 172.)

Calice à dents presque nulles. Pétales ovales-lancéolés, entiers, à pointe courbée en dedans. Fruit obovale, comprimé par le côté, épais, *fongueux.* Carpelles non entre-bâillés, à 5 côtes *très-larges, épaisses,* obtuses, à peine distinctes. Carpophore libre, bifurqué au sommet. Graine enroulée, couverte par les bandelettes. Involucre et involucelles à folioles peu nombreuses.

1. **C. LÆVIGATA** *Lamk. dict.* 1, *p.* 259; *Dec. fl. fr. 4, p.* 344; *C. libanotis Gouan. ill. p.* 12; *Garid. aix. t.* 113. — Racine blanche, très-grosse, longue. Tige de 4-6 décim., droite, pleine, épaisse, striée, très-rameuse dès la base, garnie à sa base des restes des anciennes feuilles, à rameaux supérieurs opposés ou verticillés, glabre ainsi que le reste de la plante. Feuilles inférieures amples, à pétiole brusquement dilaté à la base embrassante, plane supérieurement, décomposées en lanières capillaires, mucronulées; les supérieures opposées, plus petites, au sommet d'une gaine étroite, en forme de pétiole canaliculé. Fleurs jaunes, en ombelles terminales, à 6-15 rayons striés. Involucre et involucelles à folioles linéaires-sétacées. Styles allongés, filiformes, arqués. Fruit de la grosseur d'une jujube, jaunâtre, très-obtus.

Hab. les fentes des rochers aux bords du Gardon, entre St-Nicolas et le

mas Charlot, et le long de la Grand'Combe, près le mas de Scines. ♃ Fl.
avril–juin.

47e gre. HYDROCOTYLE. — HYDROCOTYLE. (Tournef. inst. t. 173.)

Calice à dents presque nulles. Pétales ovales, entiers, aigus,
non courbés. Fruit très-comprimé par le côté, orbiculaire, à 2
lobes; carpelles à 5 côtes, la dorsale plus saillante, en carène;
les 2 latérales arquées, saillantes; les 2 marginales non distinctes;
vallécules sans bandelettes. Graine comprimée, carénée du côté
de la commissure. Ombelles simples; involucre à folioles peu
nombreuses.

1. **H. VULGARIS** *Lin. sp.* 338; *Dec. fl. fr. 4, p. 358; Lamk.
ill. t.* 188, *fig.* 1; *Rich. monog. hydr. t.* 52, *fig.* 1; *Lob. ic.* 387,
fig. 1. — Tige de 1-2 décim., blanchâtre, très-grêle, rampante,
rameuse, produisant, à chaque nœud, 1-3 feuilles, 1-2 pédoncules,
et des racines fibreuses fasciculées. Feuilles peltées-orbiculaires,
largement crénelées, un peu épaisses et tendres, glabres, à nervures rayonnantes, à pétiole très-long, parsemé de poils courbés,
plus ou moins abondants. Fleurs très-petites, blanches ou rosées,
disposées 4-6, presque sessiles, en verticilles superposés, un peu
écartés, au nombre de 1-4, sur un pédoncule très-grêle, glabre,
3-4 fois plus court que les pétioles. Fruit échancré à la base et
au sommet, plus large que haut, verruqueux, rougeâtre dans
les vallécules.

Cette plante porte le nom vulgaire d'*écuelle-d'eau*.

Hab. les prairies aquatiques, les marais, à St-Gilles, à Bellegarde, à l'étang
de Pujaut. ♃ Fl. juillet–août.

48e gre. PANICAUT. — ERYNGIUM. (Lin. gen. 324.)

Calice à 5 divisions foliacées, épineuses, persistantes. Fleurs
sessiles, disposées en tête globuleuse ou elliptique, sur un réceptacle garni de paillettes épineuses plus longues qu'elles; pétales
connivents, oblongs, échancrés, avec une pointe de leur longueur,
brusquement pliée en dedans. Fruit ovale-oblong; carpelles dépourvus de côtes et de bandelettes, couverts d'écailles dressées;
carpophore adhérent aux carpelles dans toute sa longueur. Capi
tules entourés d'un involucre épineux.

1. {
Feuilles inférieures bipinnées; bractées linéaires
épineuses.. CAMPESTRE.
Feuilles inférieures dentées ou lobées; bractées extérieures à 3 pointes............................ MARITIMUM.
}

1. **E. CAMPESTRE** *Lin. sp.* 337; *Dec. fl. fr. 4, p.* 355;
Lamk. ill. t. 187, *fig.* 1; *Fuchs. hist.* 297, *ic.* — Racine épaisse,
blanchâtre, simple, très-profonde, perpendiculaire. Tige de 3-5
décim., droite, robuste, pleine, sillonnée, blanchâtre, très-

ERYNGIUM CAMPESTRE. L. p. var. megacephalum.

rameuse, à rameaux étalés, formant, par leur ensemble, une sphère. Feuilles raides, coriaces, un peu glauques, à nervures réticulées, saillantes, bipinnées, à lobes pinnatifides, froncés aux bords, à dents terminées par une épine robuste ; les inférieures à pétiole allongé, embrassant à la base ; les caulinaires inférieures largement décurrentes sur un pétiole court ; les supérieures sessiles, embrassantes, auriculées. Fleurs blanches, en capitules arrondis ou oblongs, pédonculés ; involucre à folioles inégales, *étalées*, coriaces, linéaires-lancéolées, terminées en épine, *entières ou munies au bord de quelques petites épines*, dépassant le capitule. Dents du calice *dressées* à la maturité. Écailles du fruit membraneuses, acuminées. Plante glabre.

Var. B, *Megacephalum*. Capitules allongés, pyramidaux.

Le panicaut est connu sous le nom vulgaire de *chardon roland*, de *chardon à cent têtes;* en patois, *panicaou, pan-blan d'asé*. Sa racine passe pour diurétique, apéritive, emménagogue ; ses feuilles, en poudre, sont bonnes contre l'hydropisie.

Hab.: la var. **A**, les lieux arides dans tout le département: la var. **B** a été trouvée une seule fois à Villeneuve-lez-Avignon par M. Palun ; depuis elle est cultivée au jardin des plantes à Avignon. ♃ Fl. juillet-septembre.

2. **E. maritimum** *Lin. sp.* 337 ; *Dec. fl. fr.* 4, *p.* 355 ; *Fl. dan. t.* 718 ; *Camer. epit.* 448, *ic.* — Racine épaisse, profonde, blanchâtre, à souche rampante, *stolonifère*. Tige de 3-6 décim., droite, cylindrique, sillonnée, robuste, rameuse, à rameaux plus ou moins étalés, glabre et glauque, ainsi que les feuilles, souvent violacée vers le sommet, avec les involucres et les paillettes. Feuilles épaisses, très-coriaces, à nervures très-saillantes sur les 2 faces, plissées, lobées et dentées, fortement épineuses ; les inférieures, à pétiole allongé, embrassant à sa base, sillonné, à limbe *arrondi ou lobé*, amples, bordées de fortes dents épineuses ; les supérieures opposées, sessiles, simples ou trilobées, très-larges à la base. Fleurs azurées, en capitules arrondis, puis obovales, pédonculés ; involucre à 3-5 folioles foliacées, *étalées*, *rhomboïdales*, profondément dentées, épineuses, plus longues que les capitules ; paillettes extérieures à 3 pointes. Dents du calice lancéolées, acuminées, épineuses, *étalées* à la maturité. Fruit assez gros, comprimé, couvert d'écailles membraneuses, *étroites*, *acuminées*. Graine plane du côté interne. Racine d'une saveur aromatique.

Hab. les sables maritimes sur tout le littoral du département. ♃ Fl. juin-septembre.

49ᵉ gᵉ. SANICLE. — SANICULA. (Tournef. inst. t. 173.)

Calice à 5 lobes foliacés, persistants. Pétales oblongs, à pointe pliée, atteignant la base du pétale. Fruit ovale globuleux ; carpelles dépourvus de côtes, munis de bandelettes, couverts de *longues épines crochues*, non séparables à la maturité; carpophore non distinct. Graines semi-globuleuses. Ombelle irrégulière; ombellules en capitules. Involucre et involucelles à plusieurs folioles.

1. **S. europæa** *Lin. sp.* 339; *Dec. fl. fr.* 4, *p.* 354; *Lamk. ill. t.* 191, *fig.* 1; *Mut. fl. fr. t.* 20, *fig.* 126; *Dod. pempt.* 140, *fig.* 1. — Racine oblique, noueuse, fibreuse. Tige de 2-5 décim., droite, striée, grêle, nue ou à 1-2 feuilles, ordinairement simple, glabre. Feuilles radicales, longuement pétiolées, palmées, à 3-5 lobes cunéiformes, trifides; les 2 extérieures simples ou bifides, incisées-dentées, à dents subulées, glabres, d'un vert sombre, luisantes, veinées-réticulées-translucides. Fleurs blanches ou rougeâtres, en ombelles simples ou composées, à rayons des ombelles générales et partielles très-inégaux, allongés après la floraison, portant à leur sommet les fleurs serrées en globules, composés de fleurs mâles pédicellées et de fleurs hermaphrodites sessiles. Involucre et involucelles à folioles incisées, aristées. Calice à dents lancéolées, aristées. Fruit rougeâtre à la maturité.

Cette plante est connue sous le nom vulgaire d'*herbe de St-Laurent;* elle est très-vulnéraire, astringente et détersive.

Hab. les bois et les prairies humides, aux environs du Vigan, à la Chartreuse de Valbonne. ♃ Fl. avril–juin.

LIVᵉ Fam. **ARALIACÉES.**

ARALIACEÆ. (Juss. dict. sc. nat. 2, p. 348.)

Fleurs hermaphrodites régulières. Calice à 5 sépales soudés en tube adhérent à l'ovaire; la partie libre à 5 dents persistantes ou marcescentes, très-courtes. Pétales 5-10, alternes avec les dents du calice, libres et contigus dans le bouton. Étamines 5-10, libres, insérées, avec les pétales, au sommet du tube du calice; anthères bilobées. Styles plusieurs, libres ou soudés en un seul; stigmate simple. Fruit bacciforme, à 5 loges ou moins, monosperme, couronné par les cicatrices des lobes du calice détruits. Graines suspendues. Arbrisseau sarmenteux-grimpant, à feuilles alternes, pétiolées, entières ou palmées, sans stipules, à fleurs en ombelles terminales ou en corymbes.

1ᵉʳ gʳᵉ. LIERRE. — HEDERA. (Lin. gen. 238.)

Calice à 5 petites dents, à tube adhérent à l'ovaire. Pétales 5-10, libres, étalés. Étamines 5-10. Styles libres ou soudés ensemble. Fruit à 5 loges ou moins, monospermes.

1. **H. helix** *Lin. sp.* 292; *Dec. fl. fr.* 4, *p.* 278; *Lamk. ill. t.* 145; *Lob. ic.* 614, *fig.* 1. — Arbrisseau à tiges rameuses, sar-

menteuses, grimpantes ou rampantes, d'une hauteur variable,
s'attachant aux arbres et aux vieux murs par des radicules dont
la face appliquée est garnie. Feuilles persistantes, coriaces, lisses,
luisantes; les caulinaires cordiformes à la base, anguleuses ou à
5 lobes triangulaires; le terminal plus grand; celles des rameaux
florifères ovales-acuminées, entières. Fleurs d'un jaune verdâtre,
en ombelles globuleuses, pédonculées, à rayons courts, nombreux, pubescents. Pétales lancéolés, pubescents, univerviés.
Baies globuleuses, noires, succulentes, couronnées par le limbe
du calice et surmontées par les styles.

Cet arbrisseau porte le nom patois d'*éouré*; ses feuilles servent pour
couvrir les cautères; ses fruits sont très-purgatifs et émétiques.

Hab. le long des vieux murs et contre les arbres dans tout le département.
♃ Fl. septembre–octobre.

LVe Fam. **CORNÉES.**

CORNEÆ. (Dec. prod. 4, p. 271.)

Caractères des araliacées, si ce n'est le fruit qui est un drupe
à noyau osseux, ordinairement biloculaire, plus rarement triloculaire ou uniloculaire.

1er gre. CORNOUILLER. — CORNUS. (Lin. gen. 149.)

Calice à 4 dents très-courtes, à tube adhérent à l'ovaire. Pétales 4.
Étamines 4. Styles soudés en un seul. Fruit drupacé, à noyau
osseux, à 2 loges monospermes. Feuilles opposées.

1. { Fleurs jaunes, paraissant avant les feuilles; drupe
     oblong, rouge à la maturité...................... MAS.
   { Fleurs blanches, paraissant après les feuilles; drupe
     globuleux, noir à la maturité.................. SANGUINEA.

1. **C. mas** *Lin. sp.* 171; *Dec. fl. fr.* 4, *p.* 277; *Lamk. ill.
t.* 74, *fig.* 1; *Lob. ic.* 2, *p.* 169, *fig.* 1. — Arbrisseau ou arbre
de moyenne grandeur, à écorce grisâtre, à rameaux pubescents,
tétragones au sommet. Feuilles ovales-oblongues, acuminées, à
pétiole court, pubescent, à face inférieure finement pubescente et
plus pâle que la supérieure, munie de nervures saillantes, parallèles, convergentes. Fleurs *jaunes*, naissant *avant* les feuilles,
en ombelles petites, opposées, à court pédoncule, à rayons courts,
dépassant à peine l'*involucre*, formé de 4 folioles ovales, concaves. Pétales réfléchis, lancéolés-aigus. Fruit oblong, assez
gros, ombiliqué au sommet, d'un beau rouge à la maturité, édule,
acidulé.

Cet arbre est vulgairement connu sous le nom de *cornier*, et ses fruits
sous celui de *cornia*: ceux-ci ont une vertu astringente; on les emploie pour
faire de la gelée.

Hab. les bois montueux, à Alais, au Serre-de-Bouquet, à la Beaume, à la Chartreuse de Valbonne, au bord du Gardon. ♄ Fl. mars-avril; fr. septembre.

2. S. sanguinea *Lin. sp.* 171; *Dec. fl. fr. 4, p. 278; Lamk. ill. t. 74, fig. 2; Math. valg. 260, ic.; Tabern. ic. 1046, fig. 1.* — Arbrisseau très-rameux, de la hauteur de 1-1 1/2 mètre, à rameaux dressés, pubescents, bruns ou rougeâtres. Feuilles brièvement pétiolées, ovales, acuminées, entières, plus pâles et pubescentes en dessous, munies de nervures saillantes, parallèles-convergentes. Fleurs *blanches*, naissant *après* les feuilles, assez grandes, en *cimes composées*, terminales et axillaires, pédoncu-lées, *dépourvues d'involucres.* Pétales lancéolés, pubescents en dessous, très-étalés. Fruit globuleux, de la grosseur d'un pois, noir, parsemé de petites lignes blanches, étroitement couronné par le limbe du calice, d'une saveur amère.

Cet arbrisseau est connu sous le nom de *cornouiller sanguin;* en patois, *sanguin.* On en retire une huile propre à brûler.

Hab. le long des fossés, les haies et les bois dans tout le département. ♄ Fl. mai-juin; fr. septembre.

LVIᵉ Fam. **LORANTHACÉES.**

Loranthe.e. (Juss. et Rich. ann. mus. 12, p. 292.)

Fleurs unisexuelles, régulières. Calice à tube adhérent à l'ovaire et à limbe presque entier. Corolle à 4 pétales, insérés au sommet du tube du calice, contigus dans le bouton. Étamines en même nombre que les pétales, opposées et soudées à eux. Style filiforme ou nul. Fruit bacciforme-mucilagineux, uniloculaire, mono-sperme. Graine dressée. Périsperme charnu. Plante parasite sur les arbres, à suc visqueux, à tiges dichotomes, à feuilles oppo-sées, sans stipules.

1ᵉʳ gʳᵉ. GUI. — VISCUM. (Tournef. inst. t. 380.)

Fleurs dioïques et monoïques. Calice à 4 divisions; corolle nulle; étamines 4, à anthères sessiles sur les divisions du calice, dans les fleurs mâles; les fleurs femelles ont un calice soudé avec l'ovaire, à limbe *presque entier,* une corolle à 4 *pétales* charnus, en forme d'écaille, élargis à la base. Baie sessile, globuleuse, mucilagineuse intérieurement.

1. V. album *Lin. sp.* 1451; *Dec. fl. fr. 4, p. 273; Rich. ann. mus. 12, t. 27; Lamk. ill. t. 807; Math. valg. p. 806, ic.* — Arbrisseau parasite, à tiges de 2-4 décim., à écorce herbacée, verdâtre, dichotomes, articulées, réunies en touffe globuleuse. Feuilles opposées, épaisses, coriaces, oblongues, obtuses, à 3-5 nervures effacées vers le sommet, un peu saillantes à la base. Fleurs jaunâtres, très-petites, réunies 3-5 en petites têtes, sessiles au sommet et dans les bifurcations des rameaux. Fruit sphérique, translucide, rempli d'une gélatine blanche.

Anciennement on se servait de cette plante pour faire de la glu.

Hab., parasite, sur les pommiers, les frênes, au Vigan, à Alzon, à Milhau. ♄ Fl. mars–avril; fr. août–novembre.

LVIIᵉ Fam. **CAPRIFOLIACÉES.**

Caprifoliaceæ. (A. Rich. dict. class. 3, p. 172.)

Fleurs hermaphrodites, régulières ou irrégulières. Calice adhérent à l'ovaire, à 2-5 dents très-courtes. Corolle monopétale insérée au sommet du tube du calice, à 4-5 lobes imbriqués dans le bouton, tubuleuse-bilabiée, campanulée ou rotacée. Étamines 5, rarement 4, insérées sur le tube de la corolle, libres et alternes avec ses lobes. Filets des étamines quelquefois bifides. Anthères bilobées. Styles 1-3-5 ou nuls; stigmates 3-5, sessiles ou au sommet de styles libres; quelquefois le style est simple, alors l'anthère est trilobée. Fruit bacciforme, à 3-5 loges monospermes ou oligospermes, quelquefois à une seule loge par la destruction des cloisons. Graines suspendues. Herbes ou arbrisseaux quelquefois sarmenteux-volubiles, à feuilles opposées.

1. | Corolle rotacée; 3-5 stigmates sessiles ou portés sur des styles distincts......................... 2.
   | Corolle tubuleuse-infundibuliforme, à limbe bilabié; style 1, filiforme................... 4ᵉ gʳᵉ. **LONICERA.**

2. | Styles 4-5, libres; filets des étamines divisés jusqu'à la base; plante grêle............... 1ᵉʳ gʳᵉ. **ADOXA.**
   | Styles nuls; stigmates 3-5, sessiles; filets des étamines indivis; plantes robustes, souvent ligneuses... 3.

3. | Baie à 3-5 graines; feuilles pinnées.......... 2ᵉ gʳᵉ. **SAMBUCUS.**
   | Baie à 1 seule graine; feuilles simples ou lobées. 3ᵉ gʳᵉ. **VIBURNUM.**

1ᵉʳ gʳᵉ. ADOXE. — ADOXA. (Lin. gen. 501.)

Calice à 2-3 lobes étalés, beaucoup plus courts que la corolle, grandissant après la floraison. Corolle rotacée, à tube très-court, à 4-5 divisions planes. Étamines 4-5, à filets divisés jusqu'à la base, portant sur chaque division un des lobes de l'anthère, ce qui les fait paraître en nombre double, alternes deux à deux avec les lobes de la corolle. Styles 4-5, distincts. Fruit bacciforme, charnu, couronné par les lobes du calice, accrus, persistants, à 4-5 loges monospermes, ou moins par avortement.

1. A. MOSCHATELINA *Lin. sp.* 527; *Dec. fl. fr. 4, p. 382; Lamk. ill. t. 320; Tabern. 39, fig. 2.* — Souche blanche, hori-

zontale, bulbeuse, écailleuse, d'où sort une tige florifère et des
rhizomes longs, filiformes, munis de bulbilles. Tige très-grêle,
de 10-15 centim., droite, simple, anguleuse, glabre, ne portant
qu'une paire de feuilles au-dessus de son milieu. Feuilles glabres,
luisantes, très-tendres, un peu pâles en dessous, biternées, à
folioles profondément incisées, à lobes obtus, mucronulés; les
radicales longuement pétiolées, presque aussi longues que la tige.
Fleurs d'un vert jaunâtre, à odeur de musc, sessiles, réunies 4-5
en petit capitule, au sommet d'un pédoncule allongé, incliné à la
maturité; la centrale à 4 divisions; les latérales à 5. Calice à
dents obtuses, de moitié plus courtes que la corolle. Fruit verdâtre. Graines comprimées, entourées d'un rebord membraneux.

Hab. les lieux frais et ombragés aux environs du Vigan, sur toute la chaîne
de l'Espérou. ♃ Fl. avril–juin.

2ᵉ gʳᵉ. **SUREAU. — SAMBUCUS**. (Tournef. inst. 376; Lin. gen. 372.)

Calice à 5 dents très-petites. Corolle rotacée, à 5 lobes étalés,
puis réfléchis. Etamines 5. Stigmates 3, sessiles. Fruit bacciforme,
succulent, à 3-5 loges monospermes ou à une loge à 3-5 graines
par la destruction des cloisons.

1. { Tige herbacée .... **EBULUS**.
   { Tige ligneuse... **2**.

2. { Fleurs en corymbe plane; baies noires.............. **NIGRA**.
   { Fleurs en thyrse; baies d'un beau rouge............. **RACEMOSA**.

1. **S. EBULUS** *Lin. sp.* 385; *Dec. fl. fr.* 4, *p.* 276; *Blackw.*
t. 488; *Math. valg.* 1270, *ic.* — Racine rampante. Tige de 8-12
décim., *herbacée*, droite, peu rameuse, souvent simple, robuste,
glabre, cannelée. Feuilles imparipinnées, à 5-9 folioles, glabres,
oblongues-lancéolées, finement dentées en scie; les inférieures
pétiolulées; stipules *foliacées*, inégales, oblongues-aiguës, dentées.
Fleurs blanches, quelquefois rougeâtres en dehors, en corymbe
nivelé, droit, pédonculé, *à 3 divisions principales, subdivisées;*
fleurs pédicellées. Fruit noir, luisant, arrondi, couronné par les
lobes du calice.

Cette plante est connue sous le nom vulgaire d'*hièble;* en patois, *sambu
bastard, eoussé;* elle a une odeur forte et désagréable. Ses fleurs sont sudorifiques; sa racine, sa seconde écorce et ses feuilles sont purgatives et anti-
hydropiques. Les bestiaux ne la mangent pas; on la détruit difficilement.

Hab. les bords des chemins, des fossés et quelquefois les champs cultivés,
dans tout le département. ♃ Fl. juin–juillet; fr. septembre–octobre.

2. **S. NIGRA** *Lin. sp.* 385; *Dec. fl. fr.* 4, *p.* 276; *Lamk. ill.*
t. 211; *Math. valgr.* 1268, *ic. et comm.* 873, *fig.* 1. — Arbre
ou arbrisseau élevé, à écorce cendrée, verruqueuse sur les tiges,
verte et lisse sur les jeunes rameaux, à moelle blanche, très-
abondante. Feuilles imparipinnées, à 5-9 folioles pétiolulées,
ovales-lancéolées, acuminées, dentées en scie, entières à la base

et à la pointe; stipules *nulles* ou *très-petites*. Fleurs blanches, jaunissant par la dessiccation, très-odorantes, en corymbe nivelé, très-fourni, pédonculé, *à 5-6 divisions principales,* subdivisées. Fleurs pédicellées; les latérales *sessiles.* Fruit noir, luisant, globuleux.

Cet arbrisseau est connu sous le nom patois de *sambu.* Ses fleurs sont sudorifiques et résolutives, on s'en sert pour donner au vin un goût de muscat; ses feuilles sont résolutives et diaphorétiques; sa seconde écorce est purgative et hydragogue, on l'emploie contre l'hydropisie; ses fruits sont purgatifs et antidysentériques.

Hab. les haies, les bois, dans tout le département. ♄ Fl. mai–juin; fr. septembre.

La var. *laciniata,* cultivée dans nos jardins sous le nom de *sureau à feuilles de persil,* est remarquable par ses feuilles découpées en lanières étroites et pointues.

3. **S. RACEMOSA** *Lin. sp.* 386 ; *Dec. fl. fr. 4, p.* 277 ; *Jacq. ic. rar.* 1, *t.* 59 ; *Math. valg.* 1267, *ic. et comm.* 873, *fig.* 2. — Arbrisseau plus ou moins élevé, à écorce cendrée, verruqueuse, à rameaux souvent rougeâtres, à moelle *jaunâtre,* très-abondante. Feuilles imparipinnées, à 3-7 folioles pétiolulées, ovales-lancéolées, acuminées, dentées en scie ; stipules *nulles ou très-petites.* Pétioles munis d'une verrue à leur base. Jeunes rameaux conservant à leur base les écailles du bourgeon. Fleurs blanchâtres, *en thyrses ou en panicules ovales, serrés,* pédonculés, dressés. Fleurs *toutes pédicellées.* Fruit *d'un beau rouge* à la maturité, globuleux, couronné par les lobes du calice.

Les propriétés de cette espèce sont les mêmes que celles du *sambucus nigra.*

Hab. les bois sur toute la chaîne de l'Espérou. ♄ Fl. avril–juin; fr. août–septembre.

3ᵉ gʳᵉ. VIORNE. — VIBURNUM. (Lin. gen. 370.)

Calice à 5 dents très-petites. Corolle rotacée ou presque campanulée, à 5 lobes. Étamines 5. Stigmates 3, sessiles. Fruit bacciforme, comprimé, uniloculaire et monosperme par avortement. Feuilles opposées.

1. { Feuilles très-entières; fruit couronné par les dents du calice... TINUS.
    { Feuilles dentées ou lobées-incisées; fruit non couronné. 2

2. { Feuilles glabres sur les 2 faces, lobées-incisées........ OPULUS.
    { Feuilles tomenteuses en dessous, dentées............. LANTANA.

1. **V. TINUS** *Lin. sp.* 383 ; *Dec. fl. fr.* 4, *p.* 274 ; *Tournef. inst.* 3, *t.* 377 ; *Dod. pempt.* 850, *ic.* — Arbrisseau de 1-2 mètres, droit, à écorce grisâtre, à jeunes rameaux velus, tétragones, souvent rougeâtres. Feuilles coriaces, persistantes, pâles et velues-glanduleuses en dessous, *ovales-aiguës, très-entières,* ciliées, à pétiole court, velu-glanduleux, dépourvu de stipules. Fleurs

blanches ou rosées au bouton, peu odorantes, en cime serrée, terminale, à pédoncule court et à 5-6 divisions principales, subdivisées, anguleux, pubescents, glanduleux; bractées et bractéoles petites, dents du calice ovales-aiguës. Corolle à lobes *égaux*, arrondis, 4 fois plus longs que le calice; baies subglobuleuses, couronnées par les dents du calice, bleuâtres à la maturité. Graine obovale, osseuse, à 2 sillons opposés.

Les baies de cet arbrisseau sont très-purgatives; on le cultive pour l'ornement des jardins et des bosquets.

Hab. les lieux pierreux et les bois, aux bords du Gardon, à la Beaume, au pont du Gard, au Vigan, à Auduze. ♄ Fl. avril-mai; fr. septembre.

2. **V. LANTANA** *Lin. sp.* 384; *Dec. fl. fr.* 4, *p.* 275; *Tournef. inst.* 3, *t.* 377; *Jacq. aust. t.* 341; *Camer. epit.* 122, *ic.* — Arbrisseau de 1-2 mètres, droit, à écorce grisâtre, à rameaux très-flexibles, tétragones et couverts, au sommet, d'un coton épais pulvérulent, entremêlé de poils étoilés, comme dans les feuilles; celles-ci brièvement pétiolées, ovales ou oblongues, obtuses ou aiguës, un peu *cordiformes* à la base, dentées-mucronulées, à nervures saillantes, blanchâtres en dessous, à pétiole canaliculé en dessus, dépourvu de stipules. Fleurs blanches, odorantes, en cimes serrées, terminales, nivelées, à pédoncule court et à 5-6 divisions principales, subdivisées, couvertes d'un coton épais. Calice à dents courtes, *obtuses*. Corolle à lobes *égaux*, arrondis, 4 fois plus longs que le calice. Etamines plus longues que la corolle. Baies ovales comprimées, surmontées des dents persistantes du calice, d'abord vertes, puis rouges, à la fin noires. Graine *cornée, ovale, très-comprimée*, marquée, sur chaque face, de 2 *sillons courbés l'un vers l'autre;* quelquefois elles portent 3 sillons sur l'une de ses faces, alors celui du centre est droit.

Cet arbrisseau est connu sous le nom vulgaire de *mancienne;* en patois, *pata-mola, mila-flous.* Ses baies et ses feuilles passent pour astringentes et rafraîchissantes; son bois sert à faire des tuyaux de pipe.

Hab. les bois dans tout le département. ♄ Fl. avril-mai; fr. août.

3. **V. OPULUS** *Lin. sp.* 384; *Dec. fl. fr.* 4, *p.* 275; *Fl. dan. t.* 661; *Camer. epit.* 977, *ic.*; *Dod. pempt.* 846, *ic.*—Arbrisseau de 2-3 mètres, à écorce d'un gris cendré, à rameaux faibles, cassants, *glabres*, allongés. Feuilles glabres ou presque glabres en dessus, pubescentes et plus pâles en dessous, à pétiole canaliculé en dessus, glanduleux au sommet, ordinairement à 3 lobes, profonds, lâchement et inégalement dentés, acuminés, presque cordiformes à la base; stipules linéaires-subulées. Fleurs blanches, en cimes nivelées, terminales, pédonculées, un peu lâches, à 5-7 divisions principales, subdivisées, glabres, munies de bractées et bractéoles linéaires-subulées. Dents du calice très-petites, obtuses. Corolles de la circonférence *irrégulières*, plus grandes, stériles,

horizontales, rayonnantes ; celles du centre *campanulées*, *régulières*, fertiles. Baies globuleuses, succulentes, d'un rouge vif à la maturité. Graines obovales *unies*.

On cultive dans les jardins une var. de cet arbrisseau sous le nom de *boule-de-neige;* ses fleurs sont toutes stériles et disposées en cimes globuleuses.

Hab. les haies, les bois aux environs de Nimes, les bords du Vistre, au moulin du Pin. ♃ Fl. avril-juin ; fr. septembre.

4° g^re. CHEVREFUILLE. — LONICERA. (Lin. gen. 233.)

Calice à 5 dents très-petites. Corolle tubuleuse, infundibuliforme ou irrégulièrement campanulée, à limbe en 2 lèvres, la supérieure à 4 lobes, l'inférieure entière. Étamines 5. Style 1, filiforme, à stigmate trilobé. Fruit bacciforme, succulent, à 2-3 loges bi-trispermes ou à 1 seule loge par la destruction des cloisons. Arbrisseaux à feuilles simples, opposées, sans stipules.

1. { Fleurs géminées axillaires...................... 2.
   { Fleurs réunies en bouquet terminal... .... 4.

2. { Baies géminées, distinctes.................... 3.
   { Baies géminées, soudées en une seule......... ALPIGENA.

3. { Fleurs de la longueur du pédoncule; feuilles velues............................... XYLOSTEUM.
   { Fleurs 3-4 fois plus courtes que le pédoncule; feuilles glabres........................... NIGRA.

4. { Feuilles toutes distinctes jusqu'à la base....... PERICLYMENUM.
   { Feuilles supérieures largement soudées ensemble par la base.............................. 5.

5. { Bouquets de fleurs sessiles au centre des 2 dernières feuilles............................ IMPLEXA.
   { Bouquets de fleurs pédonculés au centre des 2 dernières feuilles....................... ETRUSCA.

1. L. IMPLEXA *Act. hort. kew.* 1, *p.* 131 ; *L. balearica viv. cors. p.* 4 ; *Dec. fl. fr.* 5, *p.* 499 ; *Garid. aix. t.* 20 ; *Dod. pempt.* 411, *fig.* 2. — Arbrisseau de 1-2 mètres, entièrement glabre, à rameaux cylindriques, sarmenteux, à écorce grisâtre, quelquefois violette. Feuilles *persistantes*, *très-coriaces*, glauques en dessous, luisantes en dessus, parcourues par des veines réticulées et entourées d'une bordure étroite transparente, oblongues, très-entières, obtuses avec une petite pointe ; celles des rameaux stériles presque sessiles ; celles des rameaux florifères soudées à leur base avec une échancrure de chaque côté de l'adhérence ; celles qui entourent les fleurs, plus larges et presque arrondies. Fleurs jaunâtres, rougeâtres en dehors, odorantes, sessiles, disposées en 1 seul verticille ou en 3-4, l'un au-dessus de l'autre et tous accompagnés de feuilles florales. Calice à dents très-petites, obtuses. Corolle pubescente, à tube plus long que le limbe, non arqué ; lèvre supérieure à 4 lobes obtus ; lèvre inférieure entière, plus longue. Style hérissé. Baies ovales, non soudées, d'un beau rouge à la maturité.

Cet arbrisseau porte le nom patois de *saouva-maïré*.

Hab. les bois, contre les rochers, aux environs de Nîmes, du Vigan, d'Anduze, de St-Ambroix, de Tresques, d'Uzès. ♄ Fl. mai–juin; fr. août.

2. **L. ETRUSCA** *Sancti viagg.* 1, *p.* 113, *t.* 1; *Dec. fl. fr.* 5, *p.* 500. — Arbrisseau de 1-2 mètres, à rameaux sarmenteux, *pubescents*, rarement glabres, cylindriques, rougeâtres. Feuilles caduques, obovales, *pubescentes*, *ciliées*, rarement glabres, glauques en dessous, parcourues par des veines réticulées transparentes, entières; les inférieures des rameaux florifères brièvement pétiolées, les moyennes sessiles, les supérieures perfoliées. Fleurs odorantes, rougeâtres en dehors, jaunâtres en dedans, quelquefois mélangées, sessiles, verticillées en têtes ternées, *longuement pédonculées*, terminales et axillaires. Calice à dents petites, un peu pointues. Corolle glabre, à tube plus long que le limbe; lèvre supérieure à 4 lobes obtus, les 2 latéraux profonds; lèvre inférieure étroite, entière. Style glabre. Baies ovales, d'un beau rouge à la maturité.

Hab. les haies et les bois dans tout le département. ♄ Fl. mai–août.

3. **L. PERICLYMENUM** *Lin. sp.* 247; *Dec. fl. fr.* 4, *p.* 270; *Blackw. t.* 25; *Lob. ic.* 633, *fig.* 1. — Arbrisseau de 1-2 mètres et plus, à rameaux sarmenteux, grimpants, rougeâtres, pubescents au sommet. Feuilles caduques, glabres ou un peu pubescentes, un peu pâles en dessous, *ovales-lancéolées*, *aiguës*, toutes *libres;* les florales sessiles, les inférieures brièvement pétiolées. Fleurs odorantes, jaunâtres, rougeâtres en dehors, sessiles, verticillées en têtes terminales et axillaires, à pédoncule *allongé*, pubescent. Calice à dents petites, aiguës. Corolle longue, pubescente, arquée avant la floraison, à tube plus long que le limbe; lèvre supérieure à 4 lobes profonds; lèvre inférieure étroite, entière. Style glabre. Baies ovales, d'un beau rouge à la maturité, couronnées par le calice.

Les fleurs et les baies de cette espèce sont diurétiques; ses feuilles sont vulnéraires et détersives.

Hab. les haies et les bois dans tout le département. ♄ Fl. juin–août.

4. **L. XYLOSTEUM** *Lin. sp.* 248; *Dec. fl. fr.* 4, *p.* 271; *Duham. arbr.* 2, *t.* 54; *Lob. ic.* 633, *fig.* 2. — Arbrisseau de 1-2 mètres, à tige droite, rameuse, non grimpante, à écorce grisâtre, à jeunes rameaux velus, brunâtres. Feuilles brièvement pétiolées, *ovales-aiguës*, entières, mollement pubescentes, principalement en dessous, où elles sont plus pâles. Fleurs d'un blanc jaunâtre, géminées, au sommet d'un pédoncule axillaire, velu, *aussi long qu'elle*. Calice à dents courtes, obtuses, persistantes, muni, à sa base, de 2 bractées subulées. Corolle trèsvelue, à tube plus court que le limbe, bossu à la base; lèvre supé-

rieure à 4 lobes obtus, profonds ; lèvre inférieure entière, plus étroite. Filets des étamines et styles hérissés. Baies globuleuses, un peu soudées à la base, glabres, d'un beau rouge à la maturité.

Hab. les haies, les bois des montagnes, au Vigan, Alzon, Montdardier, Alais, Anduze, etc. ♄ Fl. mai-juin; fr. juillet-septembre.

5. **L. NIGRA** *Lin. sp.* 247 ; *Dec. fl. fr. 4, p.* 271 ; *Jacq. aust. t.* 314 ; *Schmid. hist. pl. cent. pr. t.* 8, N° 48. — Arbrisseau de 1 mètre environ, à tige droite, rameuse, à rameaux opposés, très-étalés, nombreux, très-glabres. Feuilles minces, *oblongues, pointues*, très-entières, glabres, pubescentes en dessous sur les nervures, dans leur jeunesse, à nervures latérales, parallèles, ascendantes, opaques, toutes brièvement pétiolées. Fleurs rosées extérieurement, blanches intérieurement, glabres, géminées, au sommet d'un pédoncule grêle, glabre, axillaire, 3-4 *fois plus long* qu'elles. Calice à dents courtes, persistantes, muni à sa base de 2 bractées très-petites, ovales. Corolle à tube large, très-bossu à la base, plus court que ses divisions ; lèvre supérieure à 4 lobes obtus ; lèvre inferieure entière, plus étroite. Filets des étamines et styles hérissés à la base. Baies obovales, *noires* à la maturité, un peu soudées à la base.

Hab. les bois de Longues-Feuilles, près Concoule, et de l'Aigual, près l'Espérou. ♄ Fl mai-juin.

6. **L. LAPIGENA** *Lin. sp.* 248 ; *Dec. fl. fr. 4, p.* 272 ; *Duham. arbr.* 2ᵐᵉ *ed.* 1, *p.* 54, *t.* 16 ; *Schmid. hist. pl. cent. pr. t.* 14, N° 43-44. — Arbrisseau de 1 mètre environ, à tige droite, rameuse, à écorce cendrée. Feuilles plus grandes que celles des espèces ci-dessus, d'un vert sombre, un peu plus pâles en dessous, pétiolées, ovales-lancéolées, *acuminées*, entières, ciliées, parsemées inférieurement de quelques poils couchés, glanduleuses en dessus sur la nervure principale. Fleurs rougeâtres, velues à la gorge, géminées au sommet d'un pédoncule glabre, 3-4 *fois plus long* qu'elles. Calice à dents très-courtes, muni à sa base de 2 bractées linéaires, beaucoup plus longues que lui. Corolle à tube *court*, très-bossu à la base ; lèvre supérieure à 2 dents ; lèvre inférieure étroite, entière. Filets des étamines et styles hérissés inférieurement. Baies obovales, soudées en une seule, *rouges* à la maturité.

Hab. le bois de Longues-Feuilles, près Concoule. ♄ Fl. mai-juin.

Le *lonicera-cærulea Lin.*, indiqué par Guan. herb., entre Brama-Bioou et Meyrueis, n'a pas encore, à notre connaissance, été trouvé dans cette localité.

LVIIIᵉ FAM. **RUBIACÉES.**
RUBIACEÆ. (Juss. gen. 196, en partie.)

Fleurs régulières hermaphrodites, rarement unisexuelles. Calice à 4-6 sépales soudés en tube à la base, adhérent à l'ovaire ; sépales peu apparents, caducs ou persistants. Corolle régulière, monopétale, insérée au sommet du tube du calice, rotacée, infundibuliforme ou campanulée, caduque, à 4-6 lobes contigus dans le bouton. Étamines en nombre égal à celui des lobes de la corolle et alternant avec eux ; anthères bilobées. Ovaire simple ou à 2 loges. Styles 2, soudés à la base ou jusqu'au sommet ; stigmates 2. Fruit sec, rarement charnu, formé de 2 carpelles arrondis, monospermes, indéhiscents, séparables à la maturité, rarement réduit à un seul carpelle par avortement. Graines ordinairement dressées. Plantes herbacées, à feuilles entières verticillées, sans stipules.

1. { Corolle infundibuliforme........................ 2.
{ Corolle rotacée ou campanulée................. 3.

2. { Fleurs en épis.......................... 6ᵉ gʳᵉ. CRUCIANELLA.
{ Fleurs en corymbes ou en capitules....... 4ᵉ gʳᵉ. ASPERULA.

3. { Fruit couronné par 3 cornes raides....... 3ᵒ gʳᵉ. VAILLANTIA.
{ Fruit non cornu............................. 4.

4. { Fruit charnu.......................... 1ᵉʳ gʳᵉ. RUBIA.
{ Fruit sec................................... 5.

5 { Calice à 6 dents profondes, accrescentes,
{   couronnant le fruit..... .... 5ᵉ gʳᵉ. SHERARDIA.
{ Calice à 4 dents très-courtes ; fruit non cou-
{   ronné................................. 2ᵉ gʳᵉ. GALIUM.

1ᵉʳ gʳᵉ. GARANCE. — RUBIA. (Lin. gen. 127.)

Calice à dents presque nulles. Corolle rotacée-plane, à 4-5 lobes. Étamines 4-5, non saillantes, hors de la corolle. Fruit charnu, non couronné, formé de 2 carpelles arrondis, dont un avorte souvent.

1. { Feuilles annuelles, à nervures saillantes en dessous ;
{   lobes de la corolle insensiblement pointus......... PEREGRINA
{ Feuilles persistantes, à nervures indistinctes en des-
{   sous ; lobes de la corolle brusquement pointus..... TINCTORUM.

1. **R. PEREGRINA** *Lin. sp.* 158 ; *Dec. fl. fr.* 4, *p.* 267 ; *Lamk. ill. t.* 60, *fig.* 2 ; *Moris. hist. s.* 9, *t.* 21, *fig.* 2. — Racine rougeâtre, longue, rampante. Tiges de 3-12 décim., glabres, très-rudes, accrochantes, très-rameuses, diffuses, grimpantes, réunies en touffe, à 4 angles, *persistantes en entier ou en partie.* Feuilles persistantes en partie, obovales ou lancéolées, pointues, larges ou étroites, glabres, luisantes, très-coriaces, munies de dents crochues sur les bords et sur la nervure dorsale, à face inférieure *non veinée,* verticillées 4-6. Fleurs d'un blanc jaunâtre, en grappes opposées, axillaires et terminales, di-trichotomes, formant, par leur ensemble, une pani ule feuillée. Lobes de la corolle terminés en arête. Anthères *suborbiculaires.* Stigmate capité. Baies de la grosseur d'un pois, noires à la maturité.

VAR. A, *Latifolia*. Feuilles larges, obovales ou oblongues. *R. lucida Lin. syst.; Dec. fl. fr.* 4, *p.* 268.

VAR. B, *Intermedia*. Feuilles ovales ou lancéolées. *R. peregrina* de presque tous les auteurs.

Hab. les bords des fossés et les lieux pierreux aux environs de Nîmes, d'Alais, de St-Ambroix, d'Anduze, du Vigan, de Concoule, d'Aigues-Mortes. ♃ Fl. mai-juillet.

2. **R. TINCTORUM** *Lin. sp.* 158; *Dec. fl. fr.* 4, *p.* 267; *Math. valg.* 920, *ic.; Moris. hist. s.* 9, *t.* 21, *fig.* 1. — Racine rougeâtre, longue, rampante. Tiges de 5-15 décim., couchées ou grimpantes, glabres, rameuses, à 4 angles chargés d'aspérités crochues, *non persistantes*. Feuilles subpétiolées, moins coriaces que dans la précédente, ovales ou lancéolées-aiguës, à nervures *saillantes à la face inférieure*, glabres, caduques, munies de dents crochues sur les bords et la nervure dorsale, verticillées 4-6, les florales opposées. Fleurs d'un blanc jaunâtre, en grappes opposées, axillaires et terminales, trichotomes, formant, par leur ensemble, une panicule feuillée. Lobes de la corolle terminés en arête. Anthères *linéaires-oblongues*. Stigmate *claviforme*. Baies de la grosseur d'un pois, noires à la maturité.

La racine de la garance est d'un grand usage pour la teinture en rouge des laines; elle est employée en médecine comme apéritive, diurétique, anti-rachitique. Les os des animaux qui mangent de cette racine deviennent et restent rouges.

Hab., cultivée en grand, dans les champs; de là, subspontanée, dans les haies, dans toute la plaine du département. ♃ Fl. mai-juillet.

2e g^{re}. GAILLET. — GALIUM. (Lin. gen. 125.)

Calice à 4 dents nulles ou très-petites. Corolle rotacée-plane, à 4 lobes. Fruit sec, formé de 2 carpelles arrondis, soudés ensemble, se séparant à la maturité, sans avoir conservé aucun reste des dents du calice.

1.	Fleurs jaunes............................	2.
	Fleurs blanches, blanchâtres, jaunâtres ou rougeâtres............................	4.
2.	Feuilles ovales ou lancéolées, verticillées par 4; fleurs axillaires..................	3.
	Feuilles linéaires, verticillées par 6-12; fleurs en panicule....................	VERUM.
3.	Pédoncules munis de bractées; feuilles ovales-obtuses.....	CRUCIATA.
	Pédoncules dépourvus de bractées; feuilles ovales-oblongues aiguës..............	PEDEMONTANUM.
4.	Corolle tubuleuse.......................	GLAUCUM.
	Corolle rotacée........................	5.
5.	Feuilles à 3 nervures, verticillées par 4...	ROTUNDIFOLIUM.
	Feuilles à 1 nervure, verticillées par 5-10.	6.
6.	Fleurs plus ou moins rougeâtres.........	7.
	Fleurs blanches, blanchâtres ou jaunâtres.	10.

7. { Tiges pubescentes...................... PROSTII.
   { Tiges pourvues d'aiguillons réfléchis...... 8.

8. { Panicule très-ample , à rameaux allongés,
   {   très-grêles........................... DIVARICATUM
   { Panicule étroite, à rameaux courts....... 9.

9. { Corolle très-petite, style écarté : tiges très-
   {   grêles............................... PARISIENSE.
   { Corolle moyenne , style dressé : tiges un
   {   peu raides.......................... DECIPIENS.

10. { Fleurs axillaires, soit en grappes, soit soli-
    {   taires, géminées ou ternées............ 11.
    { Fleurs en panicule pyramidale ou étalée.. 16.

11. { Pédoncules réfléchis à la maturité........ 12.
    { Pédoncules dressés ou étalés............ 13.

12. { Fruits gros, arrondis; plante robuste..... TRICORNE
    { Fruits petits, subcylindriques; plante grêle. MURALE.

13. { Pédoncules rameux..................... 14.
    { Pédoncules solitaires ou géminés........ 15.

14. { Fruits hérissés ou rarement glabres, tuber-
    {   culeux.. .... APARINE.
    { Fruits hérissés ou glabres , non tubercu-
    {   leux.............................. SPURIUM.

15. { Fruits étalés, hérissés d'aiguillons crochus;
    {   feuilles ovales-elliptiques, étalées.... .. SPURIUM, *var. tenerum.*
    { Fruits dressés , hérissés d'aiguillons non
    {   crochus; feuilles lancéolées-linéaires ,
    {   très-réfléchies.. .... VERTICILLATUM.

16. { Tiges raides , dressées ou ascendantes ;
    {   panicule pyramidale dressée........... 17.
    { Tiges grêles, décombantes; panicule étalée,
    {   diffuse............................ 19.

17. { Feuilles larges , obovales ou oblongues ;
    {   panicule ample, pédicelles divariqués... ELATUM.
    { Feuilles étroites , oblongues ou linéaires ;
    {   panicule étroite , pédicelles dressés ou
    {   étalés............................ 18.

18. { Feuilles herbacées, verticillées par 8 , à
    {   nervure étroite.. .... ERECTUM.
    { Feuilles luisantes, un peu argentées, verti-
    {   cillées par 6, à nervure très-large....... CORRUDÆFOLIUM.

19. { Lobes de la corolle aristés.............. MYRIANTHUM.
    { Lobes de la corolle aigus ou mutiques.... 20.

20. { Plantes des marais ou des lieux humides . 21.
    { Plantes des lieux secs.................. 24.

21. { Fruits tuberculeux..................... DEBILE.
    { Fruits chagrinés...................... 22.

22. { Lobes de la corolle ovales-aigus.......... ULIGINOSUM
    { Lobes de la corolle ovales.............. 23.

23. { Feuilles munies d'un seul rang d'aiguillons;
    {   plante de 2-4 décim................. PALUSTRE.
    { Feuilles souvent munies de 2 rangs d'ai-
    {   guillons; plante de 10-12 décim........ ELONGATUM.

24. { Tiges rudes, hispides ou pubescentes..... 25.
    { Tiges lisses et glabres................. 28.

25. | Feuilles longuement aristées............ **PUSILLUM.**
| Feuilles aiguës mucronées.............. 26.

26. | Bords des feuilles lisses ou presque lisses. 27.
| Bords des feuilles hérissés de petits aiguil-
| lons................................... **SCABRIDUM.**

27. | Feuilles verticillées par 8-10, d'un vert un
| peu cendré, à nervure peu saillante..... **COLLINUM.**
| Feuilles verticillées par 6-9, jaunâtres, à
| nervure saillante...................... **IMPLEXUM.**

28. | Panicule ovale ou oblongue, à rameaux
| nombreux.............................. 29.
| Panicule corymbiforme, à rameaux peu
| nombreux.............................. 30.

29. | Rameaux dressés, étalés, souvent déjetés
| d'un seul côté......................... **TIMEROYI.**
| Rameaux très-divariqués, quelquefois ré-
| fléchis................................. **INTERTEXTUM.**

30. | Fleurs agglomérées au sommet des ra-
| meaux................................ **SYLVESTRE.**
| Fleurs non agglomérées................ 31.

31. | Panicule multiflore, pédicelles courts..... **COMMUTATUM.**
| Panicule pauciflore, pédicelles allongés.... **MONTANUM.**

1. G. CRUCIATA *Scop. carn.* 1, *p.* 100; *Dec. fl. fr.* 4, *p.* 250;
Coss. et Germ. fl. par. 361, *t.* 22, *fig. A; Valantia cruciata*
Lin. sp. 1491; *Vaillantia cruciata Lamk. ill. t.* 843, *fig.* 1;
Lob. ic. 804, *fig.* 2. — Racine fibreuse, rougeâtre. Tiges de 3-6
décim., nombreuses, simples, à 4 angles, faibles, dressées ou
ascendantes, couvertes, ainsi que les feuilles et les pédoncules, de
longs poils blancs étalés. Feuilles ovales ou oblongues, obtuses,
ciliées, trinerviées, sessiles, verticillées par 4, d'un vert jaunâtre,
veinées-réticulées. Fleurs jaunes, polygames, en grappes axillaires, plus courtes que les feuilles; pédoncules *munis de bractées*
foliacées, arqués, réfléchis après la floraison et cachant les fruits
sous les feuilles réfléchies. Fruits assez gros, glabres, lisses.

Cette plante porte le nom vulgaire de *croisette*. L'odeur de ses fleurs est
miellée ; ses vertus sont astringentes et vulnéraires. Ses racines teignent en
rouge comme la garance.

Hab. les haies et les prairies dans toute la partie élevée du département.
♃ Fl. avril-juin.

2. G. PEDEMONTANUM *All. auct. p.* 2; *Dec. fl. fr.* 4, *p.* 250;
Valantia pedemontana Bell. app. ad. fl. ped. p. 252, *t.* 7. —
Racine très-grêle. Tige de 3-4 décim., simple, faible, dressée ou
ascendante, garnie, ainsi que les feuilles et les pédoncules, de
longs poils étalés, à 4 angles, parcourus par des aiguillons à
pointe dirigée en bas. Feuilles oblongues-lancéolées, ciliées,
uninerviées, sessiles, verticillées par 4, d'un vert jaunâtre,
veinées-réticulées. Fleurs jaunes, polygames, en grappes très-
courtes, axillaires; pédoncules *dépourvus de bractées*, arqués-
réfléchis après la floraison, et cachant les fruits sous les feuilles

réfléchies, qui les dépassent de beaucoup. Fruits petits, glabres, lisses.

Hab. les anfractuosités des rochers à l'ouest du cap de Coste, en montant du côté d'Arphy. ① Fl. juin–juillet.

3. **G. ROTUNDIFOLIUM** *Lin. sp.* 156; *Dec. fl. fr. 4, p.* 266; *Bocc. sic. t.* 6, *fig.* 1; *Moris. hist. s.* 9, *t.* 21, *fig.* 5. — Racines fibreuses, rougeâtres. Tiges de 2-3 décim., nombreuses, dressées ou couchées, radicantes à leur base, simples, *grêles*, fragiles aux articulations, un peu velues à la base, glabres au sommet. Feuilles *ovales-oblongues ou ovales-arrondies*, larges, trinerviées, bordées de cils raides, espacés, presque sessiles, verticillées par 4; les verticilles supérieurs plus écartés. Fleurs blanches, en corymbe allongé, bi-trichotome, terminal, *lâche, étalé.* Fruits subglobuleux, hérissés de poils crochus.

Hab. le bois de St-Sauveur, non loin de Camprieux. ♃ Fl. mai–juin.

4. **G. GLAUCUM** *Lin. sp.* 156; *Dec. fl. fr.* 4, *p.* 252; *G. campanulatum Vill. dauph.* 2, *p.* 326, *t.* 7; *Jacq. aust. t.* 81; *Asperula galioïdes Dec. prod.* 4, *p.* 585.—Racine dure, rameuse. Tige de 4-8 décim., droite, à 4 angles peu prononcés, très-lisse, renflée aux articulations, rameuse supérieurement, glabre, ainsi que les autres parties de la plante, rarement pubescente à la base. Feuilles linéaires-mucronées, pourvues d'aiguillons sur les bords enroulés, raides, glauques, à nervure dorsale saillante, portant un sillon à la face supérieure, 6-8 par verticille, étalé ou réfléchi. Fleurs blanches, presque en corymbes terminaux et axillaires; pédicelles allongés, dressés. Corolle à tube saillant, à limbe plane. Fruits lisses.

Hab. les bois à la Chartreuse de Valbonne, près Bagnols. ♃ Fl. juin–juillet.

5. **G. VERUM** *Lin. sp.* 155; *Dec. fl. fr.* 4, *p.* 248; *Coss. et Germ. fl. pars.* 362, *t.* 22, *B; Dod. pempt.* 355, *fig.* 1. — Racine rougeâtre, fibreuse. Tiges de 3-5 décim., dressées ou ascendantes, simples ou rameuses, raides, à 4 angles *peu saillants*, glabres ou pubescentes, surtout supérieurement. Feuilles *étroites-linéaires*, souvent mucronées, glabres, luisantes et souvent rudes en dessus, où elles sont munies d'un sillon, *pubescentes, blanchâtres* en dessous, à nervure saillante, verticillées par 6-12, étalées ou réfléchies, d'un vert obscur, noircissant par la dessication. Fleurs d'un beau jaune, à odeur miellée, disposées en panicule serrée, allongée, très-rameuse, feuillée; pédicelles très-étalés à la fructification. Corolle à lobes obtus. Fruits petits, lisses, ordinairement glabres.

Cette plante est connue sous le nom vulgaire de *caille-lait jaune;* en patois, *herba dé St-Jan.* Elle est dessicative, astringente, vulnéraire et anti-spasmodique; ses sommités fleuries font cailler le lait.

Hab. Les prairies, les bords des champs, les pacages dans tout le département. ♃ Fl. juin–juillet.

6. G. ELATUM *Thuil. fl. par.* 76; *Jord.* 3ᵐᵉ *frag. p.* 103; *G. mollugo Coss. et Germ. fl. par.* 362, *t.* 22, *C*; *Lin. sp.* 155 *en partie; Dec. fl. fr.* 4, *p.* 254, *var. C.*; *Lob. ic.* 802, *fig.* 2. — Racines rougeâtres, fibreuses, à souche grêle, rameuse, radicante. Tiges de 9-12 décim., plus ou moins robustes, couchées ou ne s'élevant qu'à l'aide des soutiens qui les avoisinent, à 4 angles, glabres, lisses, rarement velues, *renflées* aux articulations, très-rameuses, à rameaux *divariqués*. Feuilles *larges, obovales ou oblongues-lancéolées*, mucronées, veinées, à nervure dorsale saillante, bordées de petits aiguillons ascendants, verticillées par 6-8, étalées et réfléchies, d'un beau vert, souvent luisantes, Fleurs blanchâtres, petites, très-nombreuses, en panicule *très-ample, à rameaux étalés;* pédicelles *très-courts, très-divariqués* à la fructification. Corolles à lobes apiculés, étalés. Anthères ovales. Fruits petits, arrondis, glabres, chagrinés.

Cette plante est un antiépileptique précieux; sa racine est astringente et dessicative. Elle teint en rouge comme la garance.

Hab. les haies, les prairies et les bois dans tout le département. ♃ Fl. juillet–août.

7. G. ERECTUM *Huds. angl.* 68; *Dec. fl. fr.* 4, *p.* 255; *G. mollugo Lin. sp.* 155, *en partie; Fuchs. hist.* 281; *Lob. ic.* 802, *fig.* 1. — Racine rougeâtre, fibreuse, à souche grêle, rameuse, radicante. Tiges de 3-6 décim., *dressées,* ascendantes, quelquefois couchées, lisses et glabres, rarement velues, renflées et blanchâtres au-dessus des articulations, simples ou rameuses, à rameaux *dressés, étalés inférieurement.* Feuilles *oblongues ou linéaires,* un peu dilatées au sommet, un peu aiguës, mucronées, à nervure dorsale très-saillante à la base, bordées de petits aiguillons rares, dressés, verticillées par 8-9, étalées ou réfléchies, opaques. Fleurs blanches, assez grandes, en panicule lâche, à rameaux dressés-étalés, les inférieurs à angle droit; pédicelles un peu longs, *dressés-étalés.* Corolle à lobes terminés en pointe assez longue, très-étalés, *puis renversés.* Anthères oblongues. Fruits un peu gros, roussâtres, arrondis, légèrement chagrinés.

VAR. B, *Rigidum Godr. Gren. fl. fr.* 2, *p.* 23. Tiges raides; feuilles linéaires, luisantes. *G. rigidum Vill. dauph.* 2, *p.* 319; *Gal. lucidum de plus. aut. (non all.)*

Mêmes vertus que la précédente.

Hab. particulièrement les terrains incultes et secs dans tout le département: la var. B, contre les murs à Molière, près du Vigan (Diomède). ♃ Fl. mai–juin.

8. G. CORRUDÆFOLIUM *Vill. dauph.* 2, *p.* 320; *G. tenuifolium Dec. fl. fr.* 4, *p.* 256; *Gal. lucidum. all. ped.* 1, *p.* 5, *t.* 77, *fig.* 2. — Racine rougeâtre, à souche épaisse, ligneuse, d'où sortent des tiges nombreuses, disposées en cercle, hautes de 3-5 décim., arquées-ascendantes, à 4 angles, *raides*, lisses, glabres, quelquefois pubescentes à la base. Feuilles *linéaires*, raides, épaisses, *subulées*, brièvement mucronées, à nervure dorsale *très-large et déprimée*, un peu rudes sur les bords, glabres, luisantes, d'un vert cendré, un peu argentées, ordinairement dressées, un peu arquées supérieurement, verticillées par 6-8, brunissant parfois par la dessication. Fleurs blanchâtres, en panicule étroite, *à la fin unilatérale*, à rameaux *dressés;* pédicelles *courts*, *dressés*. Corolle à lobes très-étalés, mucronés. Fruit assez gros, noir, chargriné.

Hab. les lieux secs et arides, contre les murs et les rochers, à Manduel, Nîmes, Gaujac, Campestre, Montdardier, Serre-de-Bouquet, St–Ambroix. ♃ Fl. juin–juillet.

9. **G. Prostii** *Jord. obs. sept.* 1846, *p.* 123; *G. purpureum B. Dec. fl. fr.* 5, *p.* 496; *G. rubrum B. pilosum Dub. bot.* 248. — Racine rougeâtre, fibreuse, à souche grêle, rameuse. Tiges de 2-4 décim., grêles, dressées-ascendantes, à 4 angles peu prononcés, *pubescentes dans le bas*, glabres au sommet, rameuses presque dès la base. Feuilles d'un vert clair, *linéaires-oblongues*, mucronées, minces, *un peu larges*, à nervure dorsale fine, saillante à la base, effacée au sommet; les inférieures velues, ciliées; les supérieures glabrescentes, verticillées *par* 8-10, étalées, souvent réfléchies; les intermédiaires plus longues. Fleurs rougeâtres, en panicule ample, lâche, dressée, ovale-oblongue, à rameaux allongés; les inférieurs très-étalés, longuement dénudés, terminés par des grappes corymbiformes, diffuses. Pédicelles plus longs que le fruit, très-étalés, divergents. Corolle petite, à lobes oblongs acuminés. Fruits très-petits, brunâtres, finement chagrinés.

Hab. les bois et les lieux pierreux, à Salbous, près d'Alzon, le long du valat de Brama–Bioou. ♃ Fl. juillet–août.

10. **G. myriantum** *Jord. obs. sept.* 1846, *p.* 123; *Godr. et Gren. fl. fr.* 2, *p.* 27; *G. obliquum Vill. dauph.* 2, 320-320 *bis (en partie); G. mucronatum Lamk. dict.* 2, *p.* 581 *(en partie).* Cette espèce, très-voisine de la précédente, en diffère : par les rameaux de sa panicule, moins dénudés à leur base et terminés par une panicule composée de petits corymbes terminaux, moins diffus; par ses pédicelles plus courts et moins divergents; par sa corolle jaunâtre, à lobes un peu plus longuement acuminés, et par ses fruits du double plus gros, moins bruns et plus évidemment chagrinés. Lorsque la plante est petite, la panicule est plus fournie et plus serrée que dans les petits individus de la plante en comparaison.

Hab. le long du valat de Brama–Bioou, près Camprieux. ♃ Fl. juin–juillet.

11. G. COLLINUM *Jord. l. c. p.* 135 ; *Godr. et Gren. fl. fr.* 2, *p.* 30. — Racine fibreuse, rougeâtre, à souche non radicante. Tiges de 1-2 décim., nombreuses, couchées, diffuses, entremêlées, souvent celles du centre dressées, à 4 angles, glabres ou couvertes d'une pubescence courte qui lui donne un aspect cendré et poudreux. Feuilles linéaires, aiguës-mucronées, courtes, d'un *vert clair un peu cendré*, glabres ou finement pubescentes, à nervure dorsale peu saillante, à l'état frais, à bords lisses ou munis de très-petits aiguillons, verticillées par 7-10, très-étalées, quelquefois réfléchies et courbées en dessus. Fleurs blanches, petites, en panicule diffuse, oblongue, à rameaux dressés-étalés, terminés en corymbes *très-fournis, diffus ;* pédicelles courts, étalés. Corolle à lobes terminés par une pointe courte. Fruits grisâtres, puis brunâtres, à 2 carpelles réniformes, chagrinés.

Hab. les terrains incultes et secs, à Alais, Uzès, Manduel, Tresques; les terrains granitiques, sur la route du Vigan à l'Espérou. ♃ Fl. juin-juillet.

12. G. SCABRIDUM *Jord. l. c. p.* 136 ; *Godr. et Gren. fl. fr.* 2, *p.* 30. — Racine grêle, brunâtre, à souche radicante. Tiges grêles, de 1-1 1/2 décim., en touffe peu serrée, souvent stériles, dressées ou couchées, à 4 angles *saillants*, glabres, luisantes, un peu rudes. Feuilles linéaires, aiguës-mucronées, courtes, glabres et luisantes, à nervure dorsale épaisse et saillante, garnies sur les bords et sur la face supérieure de *petits aiguillons* étalés ou dirigés vers la base, *d'un vert un peu jaunâtre*, verticillées par 8-10, étalées, les anciennes réfléchies. Fleurs très-petites, blanchâtres, en panicule diffuse, elliptique, à rameaux *courts*, étalés-dressés, rapprochés et très-fournis; les inférieures souvent avortées; pédicelles très-courts, étalés à la maturité. Corolle à lobes à pointe courte. Fruits petits, bruns, chagrinés.

Hab. les terrains secs et arides aux environs du Vigan. ♃ Fl. juin-juillet.

13. G. TIMEROYI *Jord. l. c. p.* 138, *pl.* 6, *fig. A ; Godr. et Gren. fl. fr.* 2, *p.* 30. — Racine filiforme, brunâtre, à souche grêle. Tiges de 2-4 décim., grêles, nombreuses, diffuses, couchées, ascendantes supérieurement non radicantes, flexueuses, à 4 angles saillants, *glabres et lisses*. Feuilles linéaires, aiguës-mucronées, assez courtes, à nervure saillante à l'état sec, *presque pas sur le frais*, scabres en dessus et sur les bords, de bas en haut, *glabres* et luisantes, d'un vert clair un peu jaunâtre, très-étalées, les inférieures souvent réfléchies. Fleurs blanchâtres, en panicule diffuse, oblongue, à rameaux très-divisés, dressés-étalés, souvent déjetés d'un seul côté; pédicelles courts, *très-étalés*, à la fructification. Corolle très-petite, à lobes à pointe courte. Fruits petits, gris-brunâtres, presque lisses.

Hab. les terrains arides aux environs de Nîmes, à Manduel, au Vigan , à Alzon. ♃ Fl. juin–juillet.

14. G. IMPLEXUM *Jord. l. c. p.* 141 ; *Godr. et Gren. fl. fr.* 2, *p.* 31. — Cette espèce , très-voisine de la précédente , s'en distingue : par sa racine et sa souche plus épaisses ; par ses tiges moins couchées et bien plus mêlées, *pubescentes ainsi que les feuilles*, rarement glabres ; par ses feuilles moins nombreuses, verticillées *par* 6-9, un peu plus longues , à consistance plus mince , à nervure dorsale *plus saillante*, à bords *lisses* ou munis de petits aiguillons très-rares , *changeant un peu leur couleur* par la dessication ; par les lobes de sa corolle aigus , mais dépourvus de pointe ; par ses pédicelles moins étalés et ses fruits *plus gros*.

Hab. les collines sèches aux environs de Nîmes, d'Alais, et dans les fentes des rochers, à la Tessone, à Molière (Diomède) , la var. glabre. ♃ Fl. juin-août.

15. G. INTERTEXTUM *Jord. l. c. p.* 142 ; *Godr. et Gren. fl. fr.* 2, *p.* 32. — Racine brunâtre , filiforme , à souche compacte, non radicante. Tiges de 1-2 décim. , très-nombreuses, plus ou moins entrecroisées , étalées-dressées , un peu raides , à articulations rapprochées , quelquefois géniculées , lisses , glabres, luisantes, à 4 angles très-prononcés. Feuilles courtes , linéaires, mucronées, à nervure *épaisse, saillante*, munies sur les bords de très-petits aiguillons ascendants , glabres , d'un vert *clair-blanchâtre*, paraissant couvertes de *petites papilles blanches* , *luisantes*, verticillées par 7-9 , étalées ou réfléchies. Fleurs *très-blanches*, en panicule ample , diffuse , plus longue que la partie inférieure de la tige , à rameaux nombreux , très-divariqués, à angles droits ou réfléchis ; pédicelles *beaucoup plus longs que le fruit, un peu étalés*, non divariqués. Corolle à lobes à pointe très-courts. Fruits de moyenne grosseur, gris-bruns, peu chagrinés.

Hab. les collines sèches, au bois de Broussan, près Nîmes , au Serre-de-Bouquet, Montdardier, Genolhac. ♃ Fl. juin-août.

16. G. SYLVESTRE *Poll. pal.* 1 , *p.* 151 ; *Jord. l. c. p.* 145 ; *G. Bocconi Dec. fl. fr.* 4 , *p.* 257 *(non all.) ; Coss. et Germ. fl. par. t.* 22, *D ; Bocc. mus. t.* 101. — Racine filiforme, fibreuse, à souche grêle. Tiges de 1-3 décim., grêles , diffuses , ascendantes, souvent réunies en gazon, rameuses, glabres ou pubescentes, surtout à la base , à 4 angles très-fins. Feuilles linéaires, mucronées, minces, à nervure dorsale *étroite et saillante*, bordées ou non de petits aiguillons , toutes glabres ou toutes pubescentes , ou les supérieures glabres et les inférieures pubescentes, d'un vert gai , réunies 7-8 , en verticilles étalés. Fleurs blanches , en panicule corymbiforme étalée, courte , à rameaux dressés-étalés, écartés , peu nombreux , terminés par les fleurs *agglomérées-serrées* ;

pédicelles assez courts, dressés-étalés. Corolle à lobes aigus. Fruits brunâtres, très-finement chagrinés.

Hab. les coteaux arides, les rochers, à Trèves, au cap de Coste, près de l'Espérou, aux environs de Concoule. ♃ Fl. juin-juillet

17. G. COMMUTATUM *Jord. l. c. p.* 149; *Godr. et Gren. fl. fr.* 2, *p.* 33. — Quoique cette espèce soit très-ressemblante avec la précédente, les différences de caractère qui existent entre elles ne permettent pas de les confondre : les tiges du *G. commutatum* sont *lisses* et *luisantes*, plus redressées et plus basses que dans le *G. sylvestre ;* ses feuilles plus *étroites*, plus courtes et *plus épaisses*, à nervure *large, non saillante à l'état frais ;* ses fleurs plus nombreuses, *séparées* et *non agglomérées;* sa corolle plus petite, à lobes terminés par une pointe plus prononcée, un peu plus déprimée à son ombilic; ses anthères d'un jaune plus pâle et moins arrondies, et ses stigmates de moitié plus petits.

Hab. les collines sèches et les bois, au cap de Coste, près l'Espérou, à St-Sauveur. ♃ Fl. juin-juillet.

18. G. MONTANUM *Vill. dauph.* 2, *p.* 317 *bis, t.* 7; *Godr. et Gren. fl. fr.* 2, *p.* 33; *G. læve Thuill. fl. par. p.* 77; *Dec. fl. fr.* 4, *p.* 256 *(excl. var.); G. umbellatum, var. A, Lamk. dict., p.* 579. — Racine d'un brun rougeâtre, à souche grêle, radicante. Tiges de 1-2 décim. et plus, lorsque la plante croît dans les prairies, grêles, diffuses, ascendantes, redressées, *glabres et très-lisses*, tantôt peu nombreuses, tantôt réunies en touffes larges. Feuilles linéaires ou lancéolées-linéaires, mucronées, atténuées à la base, minces, à nervure dorsale *étroite et saillante vers le bas*, lisses sur les bords ou munies de quelques cils, d'un vert gai, ordinairement très-glabres, verticillées par 6-7, étalées ou réfléchies. Fleurs assez grandes, très-blanches, en panicule corymbiforme très-peu fournie, à rameaux dressés-étalés, *pauciflores ;* pédicelles un peu allongés, *dressés, un peu étalés.* Corolle à lobes à pointe très-courte. Fruit assez gros, d'un gris noirâtre à la maturité, légèrement chagriné.

Hab. les bords des champs et des bois à l'Espérou, Valleraugue, Aumessas, Salbous; dans les prairies, à Dourbie, à Concoule. ♃ Fl. juin-juillet.

19. G. PUSILLUM *Lin. sp.* 154; *Vill. dauph.* 2, *p.* 224, *t.* 8; *G. pumilum Dec. fl. fr.* 4, *p.* 260; *Lamk. ill. t.* 60, *fig.* 2; *Jord. l. c. t.* 6, *fig. D.* — Racine d'un brun rougeâtre, rameuse, à souche compacte. Tiges de 3-6 centim., très-nombreuses, réunies en gazon large et épais, couchées à la base et redressées, à angles très-*fins*, glabres, lisses ou munies de quelques aiguillons écartés. Feuilles *linéaires-subulées*, presque de la longueur des entre-nœuds, étalées, à nervure dorsale épaisse, très-saillante, terminées par une arête longue et fine, ordinairement *hispides*, bordées de *petits aiguillons* étalés et inclinés en bas, verticillées par 7. Fleurs blanches, en panicule ombelliforme, à rameaux dressés, pauciflores ; pédicelles étalés-dressés. Corolle à lobes aigus. Fruits d'un brun verdâtre, très-peu chagrinés.

Hab. au pied des rochers, à Villeneuve-lez-Avignon (Palun). ♃ Fl. juin-juillet.

Cette plante est très-commune aux Alpines, près de St-Remy (Bouches-du-Rhône).

20. G. PALUSTRE *Lin. sp.* 153 ; *Dec. fl. fr.* 4, *p.* 254 *(en partie) ; Coss. et Germ. fl. par.* 363, *t.* 23 *A ; Fl. dan. t.* 423. — Racines filiformes ; souche grêle, rameuse et radicante. Tiges de 2-4 décim., grêles, très-nombreuses, diffuses, couchées et un peu rampantes à la base, à 4 angles, légèrement rudes de bas en haut, rarement lisses. Feuilles oblongues-linéaires ou obovales, élargies au sommet, obtuses, mutiques, à nervure très-mince, un peu rudes, glabres, veinées-réticulées, noircissant par la dessication, verticillées par 4, rarement par 5-6. Fleurs blanches, en panicule grêle, allongée, à rameaux écartés, diffus, dressés, puis étalés, à angle droit, à la fin réfléchis, composés de petits corymbes presque nivelés, dressés, ensuite *diffus-divariqués ;* pédicelles *très-étalés* à la fructification. Corolle à lobes ovales ou oblongs. Anthères rougeâtres. Fruits petits, bruns, presque lisses.

Hab. les marais et les fossés dans tout le département. ♃ Fl. juin-juillet.

21. G. ELONGATUM *Presl. fl. sic.* 1, *p.* 59 ; *Godr. et Gren. fl. fr.* 2, *p.* 39 ; *Jord. l. c. p.* 170 ; *G. maximum Moris. stirp. sard. el.* 1, *p.* 55 ; *Engl. bot. t.* 1857 ; *Fl. dan. t.* 423. — Cette espèce diffère de la précédente : par sa souche moins grêle et plus radicante ; par ses tiges beaucoup plus *épaisses,* quoique faibles, s'élevant jusqu'à 10 *décim.,* plus longuement rampantes à la base, en touffe *moins serrée ;* par ses feuilles plus grandes et plus allongées, elliptiques, souvent très-rudes sur les bords ; par la présence de 2 *rangs d'aiguillons,* dirigés les uns vers la base, les autres vers le sommet, à nervure plus forte et plus saillante ; par ses fleurs presque 2 *fois aussi grandes ;* par sa panicule plus ample, plus raide, à rameaux *étalés,* mais *jamais réfléchis ;* par ses fruits 2 *fois plus gros,* fortement chagrinés, et enfin par l'époque de sa floraison, qui a lieu trois semaines plus tard.

Hab. les fossés et le contre-canal à Bellegarde, à St-Gilles. ♃ Fl. juillet-août.

22. G. DEBILE *Desv. obs. pl. agen. p.* 134 (1818) ; *Gren. et Godr. fl. fr.* 2, *p.* 40 ; *G. constrictum Chaub. fl. agen. p.* 67, *pl.* 2. — Racines filiformes ; souche grêle, rameuse et radicante.

Tiges de 3-5 décim., grêles, *droites, assez raides*, à 4 angles un peu rudes, quelquefois lisses. Feuilles *linéaires, très-étroites*, mutiques ou presque mutiques, à bords un peu roulés en dessous et munis de très-petits aiguillons dirigés en haut; les inférieures verticillées par 6; les supérieures et les raméales par 4, inégales, réfléchies à la fructification. Fleurs blanches, rougeâtres en dessous, en panicule lâche, à rameaux allongés, étalés-dressés, 8-10 fois plus longs que les bractées; pédicelles *très-courts, dressés*. Corolle un peu concave, à lobes ovales, aigus. Fruits agrégés, noirs, couverts de *tubercules très-prononcés*. Cette plante noircit plus ou moins par la dessication.

Hab. dans les fossés à Manduel, à Tresques (Gonnet). ♃ Fl. juin–août.

23. G. ULIGINOSUM *Lin. sp.* 153; *Dec. fl. fr. 4, p.* 259; *Coss. et Germ. fl. par.* 363, *t.* 23, *fig. B.* — Racines filiformes. Tiges de 3-6 décim., faibles, tombantes ou dressées, se soutenant sur les plantes voisines, rameuses, à 4 angles, chargés de petits aiguillons accrochants de bas en haut. Feuilles d'un vert clair luisant, linéaires-lancéolées, mucronées, légèrement atténuées à la base, à nervure mince, saillante, dépourvues d'aiguillons, que l'on retrouve en 2 rangs sur les bords, l'un *dirigé en bas* et l'autre *en haut*, verticillées par 5-7, étalées plus ou moins. Fleurs blanches, en panicule allongée, grêle, composée de petites grappes corymbiformes, pauciflores, écartées, axillaires et terminales; pédicelles *divariqués*. Corolle à lobes ovales - aigus. Anthères jaunes. Fruit petit, glabre, finement tuberculeux. Cette espèce ne noircit pas par la dessication.

Hab. les prairies humides et tourbeuses aux environs de la Dourbie et dans les haies fraîches à Camprieux. ♃ Fl. juin–août.

24. G. DIVARICATUM *Lamk. dict.* 2, *p.* 580; *Dec. fl. fr. 4, p.* 259, *et ic. rar. t.* 24. — Racine annuelle, grêle, rougeâtre, simple ou rameuse inférieurement. Tiges de 1-2 décim., très-grêles, dressées, très-rameuses, un peu rudes inférieurement, lisses vers le sommet, solitaires ou nombreuses. Feuilles linéaires ou oblongues-linéaires, aiguës, mucronées, à nervure dorsale fine, bordée de petits aiguillons ascendants, verticillées ordinairement par 7, *dressées, puis étalées*, non réfléchies, noircissant par la dessication. Fleurs petites, un peu rougeâtres, en panicule *lâche, très-ample*; à rameaux *filiformes, allongés, très-rameux, étalés-dressés*, terminés par de petites grappes à ramifications capillaires, pauciflores, allongées, inclinées en bas; pédicelles ordinairement *courts*. Corolle à lobes ovales-aigus. Fruits très-petits, noirâtres, finement chagrinés, *glabres* ou rarement hérissés de poils courts.

Hab. les bois de Cygnan, près Nîmes; les pacages et les rochers humides à l'Espérou, Montdardier, Molière, Aumessas, Alzon. ⚀ Fl. mai–juin.

25. G. PARISIENSE *Lin. sp.* 157 ; *Godr. et Gren. fl. fr.* 2, *p.* 42 ; *Jord. l. c. p.* 175 ; *Barr. ic. t.* 58. — Racine annuelle, grêle, rougeâtre, simple ou rameuse inférieurement. Tiges de 1-4 décim. , souvent rougeâtres, grêles, ordinairement très-nombreuses, étalées-diffuses, rarement dressées, souvent disposées en touffe, très-rameuses dès la base, à 4 angles munis de petits aiguillons qui les rendent rudes de bas en haut. Feuilles linéaires-aiguës, mucronées, à nervure dorsale fine, à bords garnis de petits aiguillons dirigés de bas en haut, verticillées ordinairement *par* 6, *étalées*, *puis réfléchies*, ne noircissant pas par la dessication. Fleurs petites, un peu rougeâtres, en panicule *étroite*, *allongée*, à rameaux nombreux, *courts*, étalés, formés de petites grappes feuillées, penchées, inégalement trifurquées; pédicelles un peu plus longs que le fruit, dressés-étalés. Corolle à lobes étalés, ovales-aigus. Styles écartés. Fruits très-petits, noirâtres, très-finement chagrinés, glabres ou hérissés de poils blancs étalés et courbés au sommet.

Var. A, *Nudum Godr. et Gren. fl. fr.* 2, *p.* 42. Fruit glabre. *G. parisiense Lamk. dict.* 2, *p.* 584 ; *G. anglicum Dec. fl. fr.* 4, *p.* 258 ; *Coss. et Germ. fl. p.* 363, *t.* 23, *fig. C.*

Var. B, *Vestitum Godr. et Gren. fl. fr.* 2, *p.* 42. Fruit hérissé. *G. parisiense Lois. gal.* 1, *p.* 113 ; *G. litigiosum Dec. fl. fr.* 4, *p.* 263, *et ic. rar. t.* 26.

Hab. : la var. **A**, les lieux secs dans tout le département ; la var. **B**, dans les champs cultivés, maigres, aux environs de Nîmes, de Manduel, d'Uzès, du Vigan, d'Alzon. ① Fl. juin-juillet.

26. G. DECIPIENS *Jord. obs. sept.* 1846, *p.* 178 ; *Godr. et Gren. fl. fr.* 2, *p.* 42. — Cette espèce diffère de la précédente, avec laquelle elle a beaucoup d'affinité : par ses tiges plus robustes, beaucoup plus allongées et plus scabres, à rameaux moins étalés, à divisions moins écartées ; par ses feuilles *plus larges*, à pointe plus courte, se brunissant par la dessication ; par ses pédicelles 2-3 fois plus longs que le fruit ; par sa corolle plus grande, ses anthères livides, ses styles *dressés*, ses stigmates beaucoup plus larges, et enfin par ses fruits plus gros, hérissés de poils, plus décidément courbés au sommet, rarement *glabres*.

Hab. les terrains sablonneux et incultes aux environs de Nîmes, de Manduel, de Tresques, du Vigan, de Montdardier. ① Fl. juin-juillet.

27. G. APARINE *Lin. sp.* 157 ; *Dec. fl. fr.* 4, *p.* 263 ; *Coss. et Germ. fl. par. t.* 23, *fig. D* ; *Lob. ic.* 800, *fig.* 2. — Racines capillaires. Tiges de 6-12 décim. , solitaires ou nombreuses, faibles, tombantes ou se soutenant dans les haies, presque filiformes à la base, très-rameuses, à 4 angles pourvus d'aiguillons assez forts, courbés en bas, accrochants, *renflées* aux articulations et velues au-dessus. Feuilles *lancéolées linéaires* ou *linéaires-oblon-*

gues, fortement mucronées, rétrécies vers la base, assez longues, hérissées, en dessus, d'aiguillons grêles, dressés, et, sur la nervure dorsale et les bords, d'aiguillons plus forts, dirigés vers la base, verticillées par 6-8, étalées, rarement réfléchies. Fleurs d'un blanc verdâtre, disposées en grappes pauciflores, axillaires, à pédoncules *dressés-étalés, plus longs que les feuilles;* pédicelles allongés, divariqués. Corolle beaucoup plus étroite que le fruit, à sa maturité. Fruits gros, *hérissés* de poils crochus, *tuberculeux* à la base, rarement glabres.

Cette plante, connue sous le nom vulgaire de *gratteron,* en patois *arapaman,* passe pour incisive et apéritive; on la dit bonne contre les écrouelles.

Hab. les haies et le bord des fossés dans tout le département. ① Fl. mai-août.

28. G. SPURIUM *Lin. sp.* 154; *Dec. fl. fr. 4, p.* 262; *Godr. et Gren. fl. fr. 2, p.* 44. — Cette espèce diffère de la précédente : par ses tiges plus grêles, moins rudes et moins élevées, à articulations *ni renflées, ni velues;* par ses feuilles *plus étroites* et *obovales* dans la var. C; par ses fruits *beaucoup plus petits,* noirâtres, *chagrinés,* glabres ou hérissés, *non tuberculeux.*

VAR. A, *Genuina Godr. et Gren. l. c.* Fruit glabre; feuilles sublinéaires. *Coss. et Germ. fl. par. t.* 23, *D,* 5-6.

VAR. B, *Vaillantii Godr. et Gren. l. c.* Fruit hispide; feuilles sublinéaires. *Gal. Vaillantii Dec. fl. fr. 4, p.* 263; *Vaill. bot. t. 4, fig.* 4; *Coss. et Germ. fl. par. t.* 23, *D,* 3-4.

VAR. C, *Tenerum Godr. et Gren. l. c.* Fruit hispide; tiges très-grêles, de 1-2 décim., quelquefois un peu velues aux articulations; feuilles obovales. *G. tenerum Schl. in Gaud. helv.* 1, *p.* 442.

Hab. : les var. A et B, aux bords des roubines parmi les broussailles, aux environs de St-Gilles; la var. C, dans les pacages salants, au pied des salicornes, à la campagne de la Fosse, près St-Gilles. ① Fl. mai-septembre.

29. G. TRICORNE *With. brit. ed.* 2, *p.* 153; *Dec. fl. fr. 4, p.* 262; *Vaill. bot. t. 4, fig.* 3, *A; Coss. et Germ. fl. par. t.* 23, *fig. E.* — Racine grêle. Tiges de 1-4 décim., solitaires ou peu nombreuses, *ascendantes ou tombantes;* raides, simples, à 4 angles chargés d'aiguillons crochus, courbés en bas. Feuilles linéaires-oblongues, non hérissées en dessus, cuspidées ou mucronées, munies, sur les bords et la nervure dorsale, d'aiguillons à pointe dirigée vers la base, verticillées par 6-8, dressées ou étalées. Fleurs blanches, disposées en grappes, ordinairement triflores, latérales, axillaires, dressées-recourbées, *plus courtes que les feuilles;* pédoncules et pédicelles aiguillonnés. Fruits gros, *très-tuberculeux.*

VAR. B, *Microcarpa Godr.* Fruit de moitié plus petit.

Hab. les champs cultivés dans tout le département; la var. B, aux environs du Vigan. ① Fl. mai-juillet.

30. G. VERTICILLATUM *Danth. in Lamk. dict.* 2 , *p.* 585 ; *Dec. fl. fr.* 5, *p.* 498 ; *Lois. fl. gal.* 2ᵉ *éd. t.* 24. — Racine grêle, simple. Tiges de 1-2 *décim.*, raides, *dressées*, simples ou un peu rameuses, portant quelquefois 2-3 rameaux étalés en dessus du collet, à 4 angles chargés de très-petits aiguillons, *hispides sur les faces.* Feuilles oblongues-lancéolées ou ovales-lancéolées, mucronées, hérissées et bordées d'aiguillons dirigés vers le haut, verticillées par 6 dans le bas, par 4 au milieu, opposées au sommet, *réfléchies, appliquées contre la tige.* Fleurs très-petites, jaunâtres, à pédicelles axillaires, uniflores, toujours dressés, plus courts que les feuilles, verticillés par 3-5. Corolle un peu concave, à lobes ovales mutiques, *pubescentes extérieurement.* Fruits *ovales,* couverts d'aiguillons raides, droits ou très-légèrement oncinulés.

Hab. les terrains arides, contre les rochers, à Blandas, près du Vigan, à Villeneuve-lez-Avignon. ④ Fl. avril–juin.

31. G. MURALE *All. ped.* 1, *p.* 8, *t.* 77, *fig.* 1 ; *Dec. fl. fr.* 4, *p.* 264 ; *Jord. obs.* 1846, *t.* 6, *fig. F ; Sherardia muralis Lin. sp.* 149. — Racine grêle, rougeâtre. Tiges de 5-10 centim., grêles, menues, rameuses, étalées en gazon lâche, presque glabres, à 4 angles, à rameaux partant du collet de la racine, simples ou ramifiés. Feuilles obovales ou oblongues-lancéolées, rétrécies en pétiole, mucronulées, garnies, sur les bords, de petits aiguillons dirigés en haut, verticillées par 5 inférieurement, par 3 au milieu, opposées au sommet, étalées-dressées. Fleurs très-petites, jaunâtres, solitaires ou géminées sur chaque pédoncule ; pédoncules, au nombre de 2 , axillaires, courts, dressés, puis réfléchis arqués à la maturité, de sorte que les fruits se trouvent au-dessous des verticilles des feuilles. Corolle à lobes mutiques, courbés en dedans. Fruits *oblongs,* couverts de longs poils raides, crochus, étalés, très-épais au sommet.

Hab. les pacages salants au pied des salicornes, à Aigues-Mortes, à Sylveréal, à la Fosse, près St-Gilles. ① Fl. avril-mai.

VAILLANTIE. — VAILLANTIA. (Dec. fl. fr. 4, p. 266.)

Fleurs polygames, la centrale hermaphrodite, les 2 latérales mâles. Corolle *rotacée,* les mâles *trifides,* les hermaphrodites *quadrifides.* Étamines 3-4 , non saillantes. Styles 2. Stigmate capité. Fruit formé *par* 3 *ovaires soudés, à* 3 *cornes ;* les 2 latérales stériles, la centrale ordinairement monosperme par avortement.

1. V. MURALIS *Lin. sp.* 1490 ; *Dec. fl. fr.* 4, *p.* 266 ; *Mich. gen. t.* 7 ; *Colum. ecph. t.* 297. — Racines grêles, simples ou rameuses. Tiges de 5-10 centim., ordinairement très-rameuses à la base, ascendantes ou étalées sur la terre, à rameaux simples, allongés, glabres ou hérissées supérieurement. Feuilles obovales, obtuses, mutiques, à nervure dorsale fine, peu saillante, épaisses, quaternées, glabres, réfléchies à la maturité. Fleurs d'un jaune verdâtre, ternées, axillaires, à pédoncules très-courts, disposées en grappes allongées, feuillées, spiciformes. Calice persistant, à lobes inégaux. Fruits étalés, à 2-3 cornes inégales, frangées.

Hab. les lieux pierreux et sur les murs aux environs de Nîmes, de Bellegarde, d'Aigues-Mortes, de St-Nicolas, du Vigan, d'Alais, d'Anduze. ① Fl. avril-juin.

ASPÉRULE. — ASPERULA. (Lin. gen. 121.)

Calice à 4 dents très-courtes, caduques. Corolle *infundibuli-forme* ou *campanulée*, à 4 lobes étalés. Fruit sec, non couronné par le limbe du calice, composé de 2 carpelles globuleux, dont 1 avorte souvent.

1.	Fleurs blanches ou rosées.....................	2.
	Fleurs bleues................................	ARVENSIS.
2.	Feuilles oblongues ou oblongues-linéaires ; fruit hérissé..............................	ODORATA.
	Feuilles linéaires ; fruit lisse ou tuberculeux, glabre.	3.
3.	Fruit tuberculeux : tiges étalées, diffuses.........	CYNANCHICA.
	Fruit lisse ; tiges dressées.....................	TINCTORIA.

1. **A. ODORATA** *Lin. sp.* 150 ; *Dec. fl. fr.* 4, *p.* 245 ; *Lamk. ill. t.* 61 ; *Dod. pempt.* 355. — Racines fibreuses ; souche traçante, souvent stolonifère. Tiges de 1-2 décim., dressées, simples, à 4 angles, glabres, lisses. Feuilles assez larges, oblongues-lancéolées, mucronées, minces, luisantes, glabres, ciliées-scabres sur les bords, uninerviées ; les inférieures plus petites, verticillées par 4-6, les supérieures par 4-8 ; chaque verticille muni, au-dessous de la base, d'un anneau de poils. Fleurs blanches, en corymbe terminal, lâche, à divisions assez longuement pédonculées. Corolle campanulée. Fruit hérissé de poils blancs, raides, crochus, noirs au sommet.

Cette plante est connue sous le nom vulgaire de *muguet des bois*, de *petit muguet* ; elle exhale une odeur agréable en séchant. On l'emploie pour parfumer le linge ; elle est vulnéraire, tonique, apéritive, emménagogue.

Hab. les bois sur toute la chaîne de l'Espérou et les montagnes voisines. ♃ Fl. mai-juin.

2. **A. CYNANCHICA** *Lin. sp.* 151 ; *Dec. fl. fr.* 4, *p.* 246 ; *Engl. bot. t.* 33 ; *J. Bauh. hist.* 3, *p.* 723, *ic.*—Racine rougeâtre rameuse, fibreuse, à souche rameuse, à rameaux nombreux, serrés. Tiges de 2-5 décim., nombreuses, grêles, raides, très-rameuses, ascendantes, diffuses, lisses, glabres ou pubescentes dans le bas, à 4 angles. Feuilles étroites, linéaires, brusquement mucronées, glabres, lisses ou un peu rudes sur les bords, uninerviées, inégales, verticillées par 4, les supérieures opposées.

Fleurs blanches, rosées en dehors, pédonculées, disposées en cime ou en corymbe, au sommet des tiges et des rameaux; bractées linéaires-lancéolées, mucronées. Corolle infundibuliforme, *rugueuse* en dehors, à lobes un peu plus courts que le tube. Fruit glabre, finement tuberculeux, *papilleux*.

Cette plante est connue sous le nom vulgaire d'*herbe à l'esquinancie*; en patois, d'*herba dè l'esquinensa*. Elle est un peu astringente et vantée dans l'esquinancie.

Hab. les pelouses sèches dans tout le département. ♃ Fl. juin–août.

3. A. TINCTORIA *Lin. sp.* 150 ; *Dec. fl. fr.* 4 , *p.* 245 ; *Tabern. hist. t.* 733. — Cette plante diffère de la précédente : par sa racine *rampante* ; par ses tiges moins nombreuses, plus élevées, toujours *dressées* ; par ses feuilles plus longues, verticillées par 6 au milieu de la tige ; par sa corolle *glabre,* souvent *à* 3 *lobes* ; par ses bractées larges, ovales, non mucronées, et par ses fruits *lisses.*

Sa racine teint en rouge.

Hab. le bois de Salbous, près d'Alzon. ♃ Fl. juin-juillet.

4. A. ARVENSIS *Lin. sp.* 150 ; *Dec. fl. fr.* 4, *p.* 244 ; *Lob. ic.* 801, *fig.* 2. Racine rougeâtre, pivotante. Tiges de 2-3 décim., rameuses, dichotomes, dressées, souvent coudées à la base, un peu anguleuses, légèrement rudes sur les angles. Feuilles inférieures obovales, opposées ou verticillées par 4 ; les supérieures linéaires-obtuses, glabres, à nervure dorsale, munie, ainsi que les bords, de petits aiguillons ascendants. Fleurs bleues, presque sessiles, en capitules terminaux, entourées à leur base d'un involucre composé de folioles nombreuses, inégales, linéaires-obtuses, longuement ciliées, dont les extérieures dépassent le capitule. Corolle infundibuliforme-tubuleuse. Fruits glabres, très-finement rugueux, assez gros.

La racine de cette plante donne une belle couleur rouge.

Hab. les champs cultivés dans tout le département. ① Fl. mai-juin.

SHERARDE. — SHERARDIA. (Lin. gen. 120.)

Calice à 6 dents profondes, persistantes et accrescentes. Corolle infundibuliforme, à tube allongé, cylindrique, à limbe étalé, à 4 lobes. Étamines 4, saillantes. Style 1, bifide au sommet. Stigmate capité. Fruit sec, formé de 2 carpelles, couronnés chacun par 3 des dents du calice.

1. S. ARVENSIS *Lin. sp.* 149 ; *Dec. fl. fr.* 4 , *p.* 243 ; *Lamk. ill. t.* 61 ; *Fl. dan. t.* 439. — Racine rougeâtre, pivotante, fibreuse. Tiges de 2-3 décim., grêles, simples ou rameuses, étalées, diffuses, glabres, très-rudes. Feuilles raides, lancéolées-aiguës ou acuminées, étalées, hispides en dessus, glabres en dessous, scabres sur les bords et la nervure dorsale ; les inférieures opposées , obovales , obtuses ; les moyennes verticillées par 4 , acuminées ; les supérieures par 6. Fleurs blanches ou bleuâtres, presque sessiles, réunies 4-8 en capitules terminaux et latéraux , entourés d'un involucre les dépassant, glabre, composé de folioles lancéolées-acuminées , rudes sur les bords , soudées à la base. Calice à dents dressées, subulées, ciliées-rudes. Corolle à tube grêle, à lobes oblongs , plus courts que lui. Fruits couverts de poils raides, courts, appliqués.

Hab. les champs cultivés dans tout le département. ① Fl. avril-septembre.

CRUCIANELLE. — CRUCIANELLA. (Lin. gen. 126.)

Limbe du calice presque nul. Corolle infundibuliforme , à tube filiforme allongé, à limbe connivent, à 4-5 lobes courts, courbés en dedans, terminés par une pointe sétacée, entourée à la base de 2-3 bractées en forme d'involucre ou de calice. Fruit sec, à 2 carpelles oblongs, accolés, non couronnés par le calice. Fleurs imbriquées en épi.

1. | Feuilles lancéolées, verticillées par 4........... **MARITIMA.**
   | Feuilles linéaires, verticillées par 6............. **ANGUSTIFOLIA.**

1. **C. MARITIMA** *Lin. sp.* 158 ; *Dec. fl. fr.* 4 , *p.* 248 ; *Lob. ic.* 799, *fig.* 2 ; *Barr. ic.* 355. — Racine rougeâtre, dure, épaisse, longue, rampante. Tiges de 1-4 décim. , nombreuses, presque ligneuses, persistantes, rameuses , étalées , anguleuses, glabres , lisses , un peu rudes au sommet, feuillées dans toute leur longueur. Feuilles raides, coriaces, courtes, lancéolées, mucronées, uninerviées , d'un vert glauque , bordées de blanc , rudes sur les bords, verticillées par 4, dressées, imbriquées sur les jeunes tiges. Fleurs jaunes, solitaires, disposées en épis serrés , plus ou moins allongés, terminaux et latéraux , brièvement pédonculés. Corolle à tube allongé , dépassant beaucoup les bractées , à 5 lobes terminés par une pointe recourbée en dedans pendant le jour, étalée pendant la nuit. Etamines et style bifide inclus ; anthères linéaires. Bractées 3 ; une extérieure ovale, aiguë, mucronée, entourée d'une bordure blanche, membraneuse, denticulée, plus large que les feuilles ; 2 intérieures , pliées et soudées jusqu'au milieu en forme de calice , du centre duquel sort la corolle. Fruit oblong.

Hab. les sables maritimes à Aigues-Mortes. ♃ Fl. juin-juillet.

2. **C. ANGUSTIFOLIA** *Lin. sp.* 157 ; *Dec. fl. fr.* 4, *p.* 247 ; *Lamk. ill. t.* 61 ; *Barr. ic.* 550. — Racine rougeâtre, dure, tortueuse, rameuse. Tiges de 2-3 décim. , dressées ou ascendantes , ordinairement nombreuses, grêles, rameuses, quadrangulaires, glabres , un peu rudes. Feuilles *linéaires-subulées* , univerviées,

un peu rudes sur les bords, verticillées par 6, dressées, glaucescentes. Fleurs jaunâtres, solitaires, disposées en épis serrés,
quadrangulaires, terminaux et latéraux, plus ou moins longuement pédonculés. Corolle à tube filiforme, à peine plus long que
les bractées, à limbe à 4 lobes très-courts, terminés par une pointe
recourbée en dedans ou contournée. Bractées 3 à chaque fleur;
les extérieures opposées, imbriquées en croix, lancéolées-acuminées, vertes sur le dos, bordées d'une large membrane blanche,
à nervure dorsale *très-saillante*, un peu rude; les intérieures un
peu plus courtes, lancéolées-linéaires, *libres*, carénées. Fruit
oblong.

Hab. les lieux stériles aux environs de Nîmes, du Vigan, d'Uzès, de St-
Gilles. (1) Fl. juin–juillet.

Quoique la *C. latifolia* soit indiquée dans le Languedoc et dans les dépar-
tements voisins, nous n'avons pas pu constater son existence dans le Gard;
elle se distingue par ses feuilles larges, lancéolées–linéaires, et par ses épis
linéaires très–longs, non quadrangulaires.

LIXe FAM. VALÉRIANÉES.

VALERIANE.E. (Dec. fl. fr. 4, p. 232.)

Fleurs hermaphrodites, rarement unisexuelles par avortement,
plus ou moins irrégulières. Calice à tube adhérent à l'ovaire, à
limbe roulé en dedans, avant et pendant la floraison, divisé en
lanières sétiformes, accrescentes, se déroulant en aigrette après
la floraison, ou à limbe dressé, à 3-10 dents, s'accroissant après
la floraison, plus rarement à une seule dent, quelquefois pas.
Corolle monopétale, tubuleuse, insérée sur l'ovaire, à limbe à 3-5
lobes un peu inégaux, à tube régulier, bossu ou éperonné à la
base. Étamines 1-5, insérées au-dessous du milieu du tube, à
filets libres; anthères bilobées. Style 1, filiforme. Stigmate
indivis, bifide ou trifide. Fruit sec, indéhiscent, surmonté par les
dents ou l'aigrette du calice, monosperme, tantôt uniloculaire
par l'oblitération de 2 loges, tantôt triloculaire, à 2 loges stériles.
Graine suspendue. Plantes herbacées, annuelles ou vivaces, à
rhizomes souvent charnus, odorants; à feuilles opposées, sans
stipules; à fleurs en corymbe, en panicule ou en tête, ou solitaires dans les bifurcations de la tige.

1. { Corolle prolongée en éperon à la base ou près de la gorge......	**CENTRANTHUS.**
{ Corolle sans éperon......	2.
2. { Fruit surmonté d'une aigrette plumeuse......	**VALERIANA.**
{ Fruit dépourvu d'aigrette plumeuse......	**VALERIANELLA.**

CENTRANTHE. — CENTRANTHUS. (Dec. fl. fr. 4, 238.)

Calice à limbe enroulé pendant la floraison, se déroulant en
aigrette à la maturité. Corolle tubuleuse, infundibuliforme, à 5

lobes, éperonnée à la base ou près de la gorge, en forme de bosse. Étamine 1. Fruit uniloculaire, monosperme, couronné par une aigrette plumeuse. Plantes herbacées, très-glabres, à fleurs en cimes axillaires et terminales, formant, par leur réunion, un corymbe plus ou moins allongé.

1. | Feuilles pinnatifides......................... CALCITRAPA.
   | Feuilles entières............................ 2.

2. | Feuilles linéaires ou linéaires-lancéolées; éperon de la longueur de l'ovaire.................... ANGUSTIFOLIA.
   | Feuilles ovales ou ovales-lancéolées; éperon beaucoup plus long que l'ovaire.................. RUBER.

1. **C. ANGUSTIFOLIUS** *Dec. fl. fr.* 4, *p.* 239; *Valeriana angustifolia Cav. ic.* 4, *t.* 353; *Moris. hist. s.* 7, *t.* 14, *fig.* 16; *Valeriana rubra B. Lin. sp.* 44. — Racine blanchâtre, assez épaisse, rameuse, odorante. Tiges de 3-6 décim., lisses, cylindriques, fistuleuses, simples ou rameuses, dressées, glauques, ainsi que les feuilles; celles-ci très-entières, *linéaires-lancéolées* ou *linéaires*, allongées, presque conniventes à leur base. Fleurs roses ou blanches. Corolle à 5 lobes égaux, à éperon environ de la longueur de l'ovaire et beaucoup plus court que le tube. Fleurs odorantes.

Cette plante est connue sous le nom patois de *lachéta*.

Hab. les collines pierreuses, les fentes des rochers, à Corconne, Anduze, Alais, Gange, St-Hippolyte, au Vigan. ♃ Fl. mai-août.

2. **C. RUBER** *Dec. fl. fr.* 4, *p.* 239; *Valeriana rubra A. Lin. sp.* 44; *Lamk. ill. t.* 24, *fig.* 2; *Math. comm. p.* 40, *ic.* — Racine blanchâtre, épaisse, rameuse, odorante. Tiges de 4-8 décim., dressées, lisses, cylindriques, fistuleuses, simples ou rameuses, d'un vert glauque, ainsi que les feuilles; celles-ci épaisses, *ovales ou ovales-lancéolées*, souvent dilatées à leur base, entières ou un peu dentées; les inférieures pétiolées; les supérieures sessiles. Fleurs roses ou blanches. Corolle à 5 lobes égaux, à éperon 2 fois de la longueur de l'ovaire, beaucoup plus court que le tube.

Hab., subspontané, sur les murs et dans les fentes des rochers, à l'Espérou, à la Chartreuse de Valbonne. ♃ Fl. mai-août.

Elle est souvent cultivée dans les parterres sous le nom vulgaire de *valériane rouge* de *barbe-de-Jupiter*.

3. **C. CALCITRAPA** *Dufr. val.* 39; *Dec. fl. fr.* 5, *p.* 492; *Valeriana calcitrapa Lin. sp.* 44; *Dec. fl. fr.* 4, *p.* 238; *Cluss. hist.* 2, *p.* 54, *fig.* 2. — Racine pivotante. Tige de 2-5 décim., lisse, cylindrique, fistuleuse, simple ou rameuse, finement striée. Feuilles radicales pétiolées, entières ou *lyrées*; les caulinaires sessiles, *pinnatifides*, à lobes incisés ou dentés, le terminal plus grand; les plus supérieures, à lobes entiers, toutes molles, d'un

vert clair, à pétiole canaliculé. Fleurs rougeâtres, quelquefois
blanches, disposées en corymbe paniculé, peu allongé, à rameaux
opposés, dichotomes, dressées, sessiles, rapprochées, distiques et
unilatérales, munies, à leur base, d'une bractéole linéaire-
subulée, membraneuse sur les bords. Corolle à 5 lobes, presque
égaux, lancéolés, plus courts que le tube, munie d'une petite
bosse sous la gorge.

Hab. les lieux arides au **Vigan**, à **Alais**, **Anduze**, **St-Ambroix**, **Nimes**,
Aigues-Mortes. ① Fl. mai-juin.

VALÉRIANE. — VALERIANA. (Lin. gen. 44.)

Calice à limbe enroulé pendant la floraison, se déroulant en
aigrette à la maturité. Corolle tubuleuse, infundibuliforme, à 5
lobes, à tube uni ou légèrement bossu à la base. Étamines 3.
Fruit uniloculaire, monosperme, couronné par une aigrette plumeuse. Plantes herbacées vivaces, à fleurs en cimes axillaires et
terminales, formant un corymbe lâche ou serré, à fruit comprimé, à 2 faces, l'une un peu convexe et à 3 côtes filiformes,
l'autre plane à 1 côte.

1.	Feuilles toutes pinnées; fleurs hermaphrodites.....	**OFFICINALIS.**
	Feuilles radicales entières; fleurs dioïques ou poly-games........................	**2.**
2.	Feuilles inférieures en cœur; les supérieures à 3 folioles....................................	**TRIPTERIS.**
	Feuilles inférieures ovales ou oblongues; les supé-rieures à plus de 3 folioles....................	**3.**
3.	Racine grêle, munie de stolons...................	**DIOICA.**
	Racine tubéreuse, sans stolons..................	**TUBEROSA.**

1. **V. OFFICINALIS** *Lin. sp.* 45 ; *Dec. fl. fr.* 4, *p.* 233 ; *Lamk.*
ill. t. 24, *fig.* 1 ; *Fuchs. his.* 857, *ic.; Lob. obs.* 411, *fig. inf. sin.*
— Racine formée d'un faisceau de fibres épaisses, à souche ordinairement stolonifère, très-odorante. Tige de 5-10 décim., droite,
sillonnée, fistuleuse, simple ou peu rameuse, glabre ou pubescente. Feuilles *toutes pinnées,* glabres ou pubescentes, à folioles
nombreuses, lancéolées, entières ou inégalement dentées, à nervures saillantes ; les supérieures confluentes. Fleurs blanches ou
rosées, odorantes, hermaphrodites, en corymbe trichotome,
ample, sessiles, munies à leur base d'une bractéole linéaire-subulée,
scarieuse et ciliée sur les bords, ainsi que les bractées. Stigmate
trifide. Fruit glabre, ovale-allongé, atténué vers le sommet.

Cette plante est connue sous le nom patois de *valeriana;* elle est fébrifuge,
antiépileptique, antihystérique, sudorifique ,diurétique et emménagogue; son
odeur attire les chats.

Hab. les bois humides, les bords des ruisseaux, au Vigan, à Alzon, à
l'Espérou, à Anduze, et toute la partie élevée du département. ♃ Fl. mai-
juillet.

2. **V. DIOICA** *Lin. sp.* 44 ; *Dec. fl. fr.* 4, *p.* 238 ; *Poit. et*

Turp. fl. par. t. 41 ; *Camer. epit.* 23 , *ic.* — Racine grêle, oblique, *radicante, stolonifère.* Tige de 2-4 décim., dressée, fistuleuse, striée, glabre, un peu velue aux nœuds, simple. Feuilles inférieures *ovales ou oblongues, entières,* longuement pétiolées ; les caulinaires inférieures lyrées ; les supérieures pinnatifides, à lobes peu nombreux, oblongs, entiers, obtus, inégaux ; le terminal beaucoup plus grand. Fleurs d'un blanc rosé, dioïques, en corymbe trichotome ; les femelles plus petites et plus serrées ; bractéoles linéaires-subulées, scarieuses sur les bords. Stigmate bi-trifide. Fruit glabre, ovale, un peu atténué vers le sommet.

Hab. les prairies tourbeuses de l'Espérou, St-Guiral, baraque de Michel, Concoule. ♃ Fl. mai–juin.

3. **V. TUBEROSA** *Lin. sp.* 46 ; *Dec. fl. fr.* 4 , *p.* 235 ; *Math. valg.* 35, *ic.* ; *Dalech. hist. ed. gal.* 1, *p.* 804, *ic.* ; *Imper. hist. nat. p.* 659, *ic.* ; *Lob. ic.* 717, *fig.* 2. — Racine *épaisse, tubereuse,* oblique, arrondie ou cylindrique, tronquée, très-odorante, non stolonifère. Tige de 1-3 décim., droite, glabre, striée, simple, fistuleuse. Feuilles radicales pétiolées, ovales ou elliptiques, entières, obtuses ; les caulinaires peu nombreuses, pinnatifides, à lobes linéaires, entiers ; le terminal plus grand et plus allongé. Fleurs rougeâtres, odorantes, polygames, en corymbe trichotome serré ; bractées linéaires, conniventes, scarieuses à leur base ; bractéoles linéaires-aiguës, un peu scarieuses sur les bords. Stigmate bi-trifide, étamines saillantes. Fruit ovale, glabre, muni *de chaque côté* de 4 lignes de poils soyeux.

Hab. les lieux stériles, les garrigues, aux environs de Nîmes, du pont du Gard, les pacages à Campestre. ♃ Fl. mai–juin.

4. **V. TRIPTERIS** *Lin. sp.* 45 ; *Dec. fl. fr.* 4 , *p.* 234 ; *Jacq. aust. t.* 3 ; *Barr. ic. t.* 742 ; *C. Bauh. prod. p.* 86 , *ic. ; Moris. hist. s.* 7, *t.* 14 , *fig.* 10. — Racine dure, allongée, à souche ligneuse, rameuse, sans stolons, donnant naissance à des tiges fertiles et stériles ; les premières de 2-3 décim., dressées, peu feuillées, glabres, cylindriques, striées, fistuleuses. Feuilles d'un vert clair, *glaucescentes ;* les radicales arrondies, à pétiole court ; celles des tiges stériles à pétiole allongé, triangulaires, cordiformes à la base, toutes lâchement dentées ; les caulinaires ordinairement à 3 *folioles* lancéolées, confluentes ; la centrale plus grande et plus allongée, inégalement dentée ou quelquefois incisée. Fleurs roses ou blanches, polygames, en corymbe trichotome. Bractéoles allongées, linéaires-aiguës, scarieuses sur les bords. Étamines saillantes. Stigmate bi-trifide. Fruit ovale, un peu atténué vers le sommet, glabre.

Hab. les fentes des rochers à Arphi, à Alzon, à l'Espérou, aux environs d'Anduze, à Concoule. ♃ Fl. mai–juillet.

Obs. Dans nos herborisations à Banahu, nous n'avons pas pu découvrir les *valeriana phu* et *montana*, indiquées dans cette localité par *Guan. herb.*

La *valeriana globulariofolia*, indiquée à tort par Mutel aux environs de Nimes, n'a pas été trouvée dans le département.

VALERIANELLE. —VALERIANELLA. (Poll. pal. 1, p. 29.)

Limbe du calice régulier ou irrégulier, rarement peu apparent, non enroulé pendant la floraison. Corolle infundibuliforme, à 5 lobes, à tube ni bossu, ni éperonné. Etamines 3, rarement 2. Style 1. Fruit à 3 loges, dont 2 stériles, couronné par le limbe du calice accrescent ou stationnaire. Fleurs solitaires dans les angles des bifurcations de la tige, et rapprochées en cimes ou en glomérules compactes, munis de bractées. Plantes herbacées, à tiges dichotomes.

1.	Limbe du calice cyathiforme, membraneux, à 6-12 dents crochues au sommet	2.
	Limbe du calice presque nul ou à une ou plusieurs dents droites, inégales	3.
2.	Limbe du calice glabre à l'intérieur	CORONATA.
	Limbe du calice velu à l'intérieur	DISCOIDEA.
3.	Pédoncules des corymbes très-dilatés vers le sommet	ECHINATA.
	Pédoncules peu ou point dilatés	4.
4.	Loges stériles du fruit contiguës, plus grandes que la loge fertile	5.
	Loges stériles du fruit non contiguës, plus petites que la loge fertile	8.
5.	Limbe du calice nul ou presque nul	6.
	Limbe du calice très-saillant	AURICULA.
6.	Fruit plus large que long, un peu ridé en travers	OLITORIA.
	Fruit subtétragone ou subglobuleux, non ridé	7.
7.	Bractées lancéolées-aiguës, largement scarieuses aux bords	PUMILA.
	Bractées linéaires-oblongues, obtuses, non scarieuses	CARINATA.
8.	Limbe du calice nervié en réseau, aussi large et aussi long que le fruit	ERIOCARPA.
	Limbe du calice non nervié, plus étroit et beaucoup plus court que le fruit	9.
9.	Bractées nombreuses, plus longues que les fruits	10.
	Bractées peu nombreuses, plus courtes que les fruits	MORISSONII.
10.	Bractées appliquées, finement ciliées	MICROCARPA
	Bractées dressées, non ciliées	PUBERULA.

1. **V. OLITORIA** *Poll. pal. 1, p. 30; Dec. fl. fr. 4, p. 240, et Mem. val. t. 3, fig. 2; Mut. fl. fr. t. 25, fig. 206 (fruit); Coss. et Germ. fl. par. t. 24, fig. A (fruit); Valeriana locusta A. olitoria Lin. sp. 47; Lob. ic. 717, fig. 1.* — Racine grêle, pivotante-fibreuse. Tige de 1-2 décim., droite, rameuse-dichotome, un peu rude sur les angles. Feuilles oblongues ou spatulées,

ciliées; les supérieures plus étroites, aiguës, souvent dentées à leur base. Fleurs blanches ou bleuâtres, réunies en corymbes nivelés, à rameaux étalés; bractées étalées, oblongues-linéaires, obtuses, ciliées, scarieuses à la base. Calice à dents peu distinctes sur le fruit, inégales. Fruit plus large que long, glabre ou légèrement pubescent, comprimé, un peu ridé transversalement sur les faces, creusé d'un sillon sur le bord ventral et muni de 2 côtes sur chaque côté; loges stériles contiguës, plus grandes que la loge fertile, spongieuse sur le dos.

Cette plante est connue sous le nom vulgaire de *mâche, doucette*; en patois, *greissetta*. Elle est adoucissante et rafraîchissante; on la mange fréquemment en salade, quand elle est jeune, et, pour cet usage, on la cultive souvent.

Hab. les moissons dans tout le département. ① Fl. avril–juin.

2. **V. carinata** *Lois. not.* 149; *Dec. fl. fr.* 5, *p.* 492, *et Mem. val. t.* 3, *fig.* 10; *Mut. fl. fr. t.* 25, *fig.* 208; *Coss. et Germ. t.* 24, *fig. B.* — Racine grêle, pivotante. Tige de 1-2 décim., droite, rameuse-dichotome, un peu velue sur les angles, à rameaux étalés. Feuilles oblongues-obtuses, entières; les supérieures plus étroites, dentées ou incisées à leur base. Fleurs cendrées ou bleuâtres, réunies en corymbe nivelé, à rameaux étalés, bractées étalées, oblongues-linéaires, obtuses, ciliées. Calice à dents peu distinctes sur le fruit. Fruit oblong, ordinairement glabre, profondément creusé en nacelle d'un côté, et, de l'autre, muni d'une côte en forme de carène, portant, sur chaque face latérale, un sillon longitudinal, profond, et une côte filiforme; loges stériles contiguës, plus grande que la loge fertile, ni épaissie, ni spongieuse sur le dos. La section transversale du fruit forme un demi-cercle.

Hab. les champs cultivés aux environs de Nîmes, du Vigan. ① Fl. avril-mai.

3. **V. auricula** *Dec. fl. fr.* 5, *p.* 492; *Prodr.* 4, *p.* 627, *et Mem. val. t.* 3, *fig.* 6; *Mut. fl. fr. t.* 25, *fig.* 212; *Coss. et Germ. fl. par. t.* 24, *fig. C; V. dentata Dec. prodr.* 4, *p.* 627. — Racine grêle, pivotante. Tige de 2-3 décim., droite, dichotome au sommet, à rameaux ouverts, un peu rude sur les angles. Feuilles lancéolées entières, rudes sur les bords; les supérieures souvent dentées ou pinnatifides à la base. Fleurs rosées, en petits corymbes un peu lâches, nivelés, à pédoncules grêles, à rameaux étalés; bractées étalées, linéaires-aiguës, scarieuses aux bords, un peu ciliées. Fruit glabre ou pubescent, renflé, subglobuleux, marqué, sur le ventre, d'un sillon longitudinal et d'une côte filiforme sur le dos et sur les côtés, couronné par une dent *saillante en forme d'auricule*, ordinairement obtuse au sommet, munie à sa base de 2-4 dents peu distinctes; loges stériles contiguës, plus grandes que la loge fertile.

Hab. les champs cultivés, à Aigues-Mortes, Bellegarde, au Vigan, à Alzon. ① Fl. mai–juillet.

4. **V. PUMILA** *Dec. fl. fr.* 4, *p.* 242, *et* 5, *p.* 494 ; *Dufr. val. p.* 57, *t.* 3, *fig.* 7 ; *V. membranacea Lois. fl. gal.* 1, *p.* 26 ; *Mut. fl. fr.* 2, *p.* 98, *t.* 25, *fig.* 216 ; *Moris. hist. s.* 7, *t.* 16, *fig.* 32. — Racine grêle, pivotante. Tige de 1-3 décim., droite, dichotome au sommet, un peu rude sur les angles, à rameaux ouverts. Feuilles linéaires-oblongues, entières ou dentées, un peu rudes sur les bords ; les supérieures linéaires-lancéolées, aiguës, dentées ou pinnatifides à la base, souvent entières. Fleurs rosées, en petits corymbes nivelés, à pédoncules grêles, à rameaux étalés ; bractées lancéolées-aiguës, étalées, scarieuses-ciliées sur les bords, velues sur le dos. Fruit glabre ou légèrement pubescent sur les angles, à face dorsale convexe, divisée en 3 parties *par un sillon de chaque côté de la loge fertile, saillante et munie d'une côte sur son dos,* à face ventrale, presque plane, profondément creusée, au milieu, d'un sillon longitudinal ; couronné par 3 *dents, dont* 2 *latérales presque indistinctes, et la médiane un peu saillante, tronquée ;* loges stériles contiguës, plus grandes que la loge fertile.

Comme la *var. olitoria,* elle porte le nom vulgaire de *doucette :* en patois, *greissetta.* On la mange aussi en salade.

Hab. les champs cultivés à Nîmes, au Vigan, à Anduze, etc. ① Fl. avril-juin.

5. **V. ECHINATA** *Dec. fl. fr.* 4, *p.* 242 ; *Dufr. val. p.* 61, *t.* 3, *fig.* 10 ; *Mut. fl. fr. t.* 26, *fig.* 220 ; *Valeriana echinata Lin. sp.* 47 ; *Column. ecphr.* 206 ; *Garid. aix. t.* 94. — Racine pivotante. Tige de 1-2 décim., droite, glabre, lisse, un peu épaisse, striée, presque anguleuse, dichotome ordinairement dès la base, à rameaux supérieurs dressés. Feuilles glabres ; les radicales spatulées, largement dentées ; les caulinaires oblongues-lancéolées, obtuses, sinuées, dentées ou incisées. Fleurs rosées en petits corymbes nivelés, à pédoncules insensiblement dilatés vers leur sommet ; une fleur avortée entre les dernières bifurcations. Bractées dressées, lancéolées, obtuses, glabres, très-étroitement scarieuses sur les bords, de la longueur du fruit. Fruit glabre, oblong, subtétragone, à angles saillants, ondulés-rugueux, à 3 sillons, dont 2 latéraux et 1 entre les 2 loges stériles, couronné par 3 pointes subulées, épaisses à la base, arquées en faucille en dehors ; la plus longue terminant la loge fertile, les 2 autres les loges stériles, qui sont plus petites et contiguës.

Hab. les champs cultivés aux environs de Nîmes, du Vigan, de Villeneuve-lez-Avignon. ① Fl. avril-mai.

6. **V. PUBERULA** *Dec. prodr.* 4, *p.* 627 ; *Godr. et Gren. fl. fr.* 2, *p.* 62 ; *V. microcarpa Soy. Vil. arch. de bot.* 2, *p.* 162,

fig. 6. — Racine grêle, pivotante. Tige glabre ou pubérulente, rameuse-dichotome dès la base, à rameaux nombreux, très-dilatés, diffus. Feuilles oblongues, entières; les supérieures linéaires-lancéolées, munies ordinairement de quelques petites dents écartées vers leur base. Fleurs rosées en petits corymbes serrés nivelés ; bractées *dressées*, linéaires-aiguës, très-rapprochées, scarieuses sur les bords, non ciliées, dépassant les fruits. Fruit très-petit, *obovale, renflé à la base,* couvert de poils courts appliqués, muni d'une côte très-fine sur le dos, et, sur chaque côté, d'une petite côte un peu plus saillante, entouré au sommet par le limbe du calice, *entier,* en forme d'auricule obtuse, plus étroite et plus courte que le fruit; loges stériles non contiguës, en forme de bourrelet, plus petites que la loge fertile, et entourant la face ventrale plane, un peu convexe, traversée, au milieu, par une petite nervure longitudinale.

Hab. les terrains sablonneux, au mas de **M. Donzel**, près de la route de St-Gilles. ① Fl. avril-mai.

7. **V. MICROCARPA** *Lois. fl. gal.* 1, *p.* 26, *excl. syn.; Godr. et Gren. fl. fr.* 2, *p.* 62 ; *Mut. fl. fr. t.* 25, *fig.* 211 ; *Val. mixta Dec. prodr.* 4, *p.* 627. — Racine pivotante. Tige de 5-10 centim., rameuse, dichotome dès la base, glabre ou pubérulente à la base, à rameaux étalés. Feuilles presque glabres, oblongues-linéaires, obtuses; les caulinaires munies de quelques dents écartées à la base; les plus supérieures linéaires, souvent entières. Fleurs rosées en petits corymbes serrés, nivelés ; bractées *appliquées,* linéaires-aiguës, un peu dilatées et dentelées à la base, à bords scarieux, ciliés, *dépassant les fruits.* Fruit petit, obovale-conique, couvert de poils arqués, étalés, assez longs, muni d'une côte fine sur le dos, et, de chaque côté, d'une côte plus épaisse ; entouré, au sommet, par le limbe du calice *entier* ou *dentelé,* en forme d'auricule *aiguë, ciliée,* beaucoup plus étroit et 3 fois plus court que le fruit ; loges stériles non contiguës, en forme de bourrelet, plus petites que la loge fertile et entourant la face ventrale ovale, plane, un peu convexe.

Nous avons rapporté ici cette espèce, présumant son existence dans les environs d'Aigues-Mortes, d'après un échantillon, sans étiquette, provenant d'un herbier formé dans le Gard.

8. **V. MORISSONII** *Dec. prodr.* 4, *p.* 627; *Godr. et Gren. fl. fr.* 2, *p.* 63 ; *Mut. fl. fr.* 2, *p.* 96, *t.* 5, *fig.* 209 ; *V. dentata Soy. Vill. val. p.* 163, *fig.* 4-5 ; *Moriss. hist. s.* 7, *t.* 16, *fig.* 35. — Racine grêle, pivotante. Tige de 2-4 décim., droite, anguleuse, rude sur les angles, dichotome au sommet, à rameaux ouverts. Feuilles oblongues-lancéolées, entières, rudes sur les bords; les supérieures linéaires, ordinairement munies de quelques dents à leur base. Fleurs d'un rose pâle, en petits corymbes lâches,

nivelés ; bractées *étalées*, linéaires-aiguës, à bords scarieux, ciliés, environ de la longueur des fruits. Fruit hérissé de poils courbés vers son sommet, ovoïde-conique, muni d'une côte fine sur le dos, et, sur chaque côté, d'une côte un peu plus prononcée, couronné par le limbe du calice *dentelé*, en forme d'auricule *très-aiguë*, beaucoup plus étroite que le fruit et 2 fois plus courte que lui ; loges stériles non contiguës, en forme de bourrelet, plus petites que la loge fertile, et entourant la face ventrale ovale-oblongue, plane, un peu convexe, traversée au milieu par une petite nervure longitudinale.

Nous n'avons pas rencontré, dans le département, la var. à fruit glabre.

Hab. les champs cultivés aux environs du Vigan, d'Alzon, d'Arphy, d'Aumessas. ① Fl. juin–juillet.

9. **V. ERIOCARPA** *Desv. journ. bot.* 2, *p.* 314, *t.* 11, *fig.* 2 ; *Lois fl. gal. ed.* 2da 1, *p.* 25, *t.* 23 ; *Dec. fl. fr.* 5, *p.* 493. — Racine pivotante ou rameuse. Tige de 4 centim. à 3 décim., rude, hispide sur les angles, souvent très-rameuse, dichotome dès la base, à rameaux nombreux, entre-croisés, divariqués, rarement dressés. Feuilles oblongues entières, brièvement ciliées, un peu hérissées sur la côte dorsale ; les supérieures ordinairement dentées à leur base. Fleurs rosées, en petits corymbes compactes, nivelés ; pédoncules et pédicelles anguleux, s'épaississant insensiblement de la base au sommet ; bractées dressées, lancéolées, aiguës, à bords scarieux, ciliés, environ de la longueur des fruits. Fruit ovoïde, plus ou moins hérissé de poils droits ou courbés, dirigés en haut, souvent disposés par lignes longitudinales, convexe sur le dos, où il est marqué de 1-3 nervures fines, peu distinctes, et muni sur chaque côté d'une côte saillante, couronné par le limbe du calice évasé, nervié-réticulé, à 6 dents, dont 3 plus longues, très-aiguës, *aussi large* et *aussi long que le fruit ;* loges stériles non contiguës, en forme de bourrelet, plus petites que la loge fertile et entourant la face ventrale ovale, un peu convexe, traversée au milieu par une petite nervure longitudinale.

Hab. les champs cultivés dans tout le département. ① Fl. mai–juin.

10. **V. CORONATA** *Dec. fl. fr.* 4, *p.* 241 ; *Soy. Vill. arch. de bot.* 2, *p.* 165, *fig.* 9 ; *Mut. fl. fr. t.* 26, *fig.* 218 ; *Coss. et Germ. fl. par. t.* 24, *fig.* F ; *Moris. hist. s.* 7, *t.* 16, *fig.* 30 ; *V. hamata Dec. fl. fr.* 5, *p.* 494. — Racine pivotante, divisée à l'extrémité. Tige de 2-4 décim., pubérulente, rude sur les angles, rameuse-dichotome au sommet, souvent dès la base, à rameaux ouverts. Feuilles un peu ciliées, souvent un peu pubescentes en dessous, oblongues, entières ou dentées, les supérieures linéaires ou lancéolées-linéaires, ordinairement pinnatifides à la base. Fleurs rosées, en petits corymbes compactes, un peu convexes, presque sphériques à la maturité ; bractées *appliquées,* lancéolées, aiguës,

scarieuses, ciliées sur les bords, un peu plus courtes que les fruits.
Fruit hérissé, ovoïde, presque tétragone, convexe sur le dos, où
il est marqué *d'une nervure fine* et muni, sur chaque côté, d'une
côte saillante, couronné par le limbe du calice *en forme de coupe*,
membraneux-réticulé, de la longueur du fruit et *plus large que
lui*, glabre sur les 2 faces, *à 6 dents triangulaires, terminées par
une arête crochue au sommet ;* loges stériles non contiguës, en
forme de bourrelet, égalant, presque chacune, la loge fertile, et
entourant la face ventrale, présentant une cavité longitudinale
par leur saillie.

Hab. les champs cultivés aux environs de Nimes, d'Aigues-Mortes, d'Alais,
d'Anduze, de St-Ambroix, du Vigan. ① Fl. mai-juin.

11. **V. DISCORDEA** *Lois. not.* 148 ; *Dec. fl. fr. 5, p.* 493 ;
Mut. fl. fr. t. 25 , *fig.* 219 ; *Moris. hist. s.* 7 , *t.* 16 , *fig.* 29. —
Cette espèce diffère de la précédente : par sa tige moins élevée
et plus forte ; par le limbe de son calice très-ouvert, velu intérieurement et extérieurement, à 6, souvent à 12 dents, toutes
terminées par une arête crochue au sommet ; par son fruit plus
gros et plus court.

Hab. comme la précédente. ① Fl. mai-juin

<h2 style="text-align:center">LXe Fam. DIPSACÉES.</h2>

DIPSACEÆ. (Dec. fl. fr. 4, p. 221.)

Fleurs hermaphrodites, plus ou moins irrégulières, sessiles sur
un réceptacle commun, hémisphérique, conique ou cylindrique,
nu ou garni de soies ou de paillettes, entouré à la base d'un
involucre à plusieurs folioles, munies chacune de 2 calices persistants ; l'intérieur adhérent à l'ovaire, rétréci supérieurement
en col étroit, brusquement dilaté en un limbe persistant ou caduc,
accrescent, cupuliforme, entier, denté ou en forme d'aigrette ;
l'extérieur libre, à limbe scarieux, entier ou lobé, à tube marqué
de plusieurs fossettes, renfermant le fruit. Corolle monopétale,
tubuleuse, infundibuliforme, insérée sur le tube du calice intérieur, divisée en 4-5 lobes inégaux, imbriqués avant l'épanouissement. Étamines 4, libres, insérées sur le tube de la corolle ;
anthères bilobées. Style filiforme ; stygmate simple ou bilobé.
Fruit sec, indéhiscent, uniloculaire, monosperme, couronné par
le limbe du calice intérieur. Graine suspendue, soudée au
péricarpe. Plantes herbacées, à feuilles opposées.

<table>
<tr><td rowspan="2">1.</td><td>Réceptacle garni de paillettes..................... 2.</td></tr>
<tr><td>Réceptacle garni de soies, dépourvu de
paillettes............................. 3e g^{re}. KNAUTIA.</td></tr>
<tr><td rowspan="2">2.</td><td>Tige, feuilles et involucre munis d'aiguil-
lons.. 1er g^{re}. DIPSACUS.</td></tr>
<tr><td>Tige, feuilles et involucre dépourvus d'aiguil-
lons.......... .... 3.</td></tr>
</table>

3. { Réceptacle garni de paillettes dures, à pointes épineuses; fruit tétragone........... 2ᵉ gʳᵉ. **CEPHALARIA**.
Réceptacle garni de paillettes non épineuses;
fruit cylindrique...................... 4ᵉ gʳᵉ. **SCABIOSA**

1ᵉʳ gʳᵉ. CARDÈRE. — DIPSACUS. (Tournef. inst. 265.)

Involucre général à plusieurs folioles épineuses et garnies d'aiguillons, plus longues que les paillettes coriaces, brusquement terminées par une longue pointe dont le réceptacle est garni. Calice extérieur tétragone, à 8 côtes, terminé par 4 petites dents très-courtes ou presque nulles ; l'intérieur à limbe tétragone, en forme de coupe , tronqué ou à 4 lobes ciliés. Corolle à 4 lobes. Stigmate simple, longitudinal. Plantes bisannuelles, à tiges garnies d'aiguillons.

1. { Paillettes du réceptacle droites..................... 2.
Paillettes du réceptacle arquées en dehors.......... **FULLONUM**.

2. { Feuilles entières ou dentées..................... **SYLVESTRIS**.
Feuilles profondément découpées................. **LACINIATUS**.

1. D. SYLVESTRIS *Mill. dict.* Nᵒ 2 ; *Dec. fl. fr.* 4, *p.* 222 ; *D. fullonum var. A. Lin. sp.* 140 ; *Math. valg.* 662 , *ic. ; Moris. hist. s.* 7, *t.* 36, *fig.* 3 ; *Fuchs. hist.* 225. — Racine blanche, épaisse, napiforme, parfois divisée inférieurement. Tige de 8-12 décim., droite, robuste, raide, fistuleuse, rameuse supérieurement, cannelée-anguleuse, glabre, hérissée d'aiguillons inégaux, courts, robustes. Feuilles glabres , hérissées d'aiguillons sur la nervure dorsale, *rares sur les bords*, inégalement dentées, coriaces, entières, rarement pinnatifides ; les radicales oblongues, atténuées en pétiole ; les caulinaires *oblongues-lancéolées*, sessiles ou connées-perfoliées, et formant, par leur large soudure, une cuvette profonde. Fleurs lilas, disposées en capitule gros, ovale, droit, entouré, à la base, d'un involucre à folioles linéaires, subulées, *arquées-ascendantes*, quelques-unes dépassant le capitule, raides, chargées d'aiguillons et munies d'une côte dorsale, blanche, épaisse et saillante. Réceptacle garni de paillettes serrées, imbriquées, pliées en gouttière, coriaces, scarieuses, oblongues , brusquement terminées en pointe subulée, ciliée, *droite*, beaucoup plus longue que la corolle. Calice extérieur pubescent, justement appliqué sur le calice intérieur, dont le limbe est dilaté en forme de coupe velue, tétragone, caduque. Fruit oblong.

Hab. les bords des fossés et les lieux incultes dans tout le département. ② Fl. juillet–septembre.

2. D. LACINIATUS *Lin. sp.* 141; *Dec. fl. fr.* 4, *p.* 222; *Lamk. ill. t.* 56 ; *Moris. hist. s.* 7, *t.* 36 , *fig.* 4. — Cette espèce diffère de la précédente : par ses aiguillons *plus petits et moins forts ;* par ses feuilles caulinaires *laciniées*, ciliées, dépourvues d'aiguillons sur les bords, et par ses fleurs *toujours blanchâtres.*

Cette espèce, comme la précédente, porte le nom vulgaire de *verge-à-pasteur*.

Hab. les bords des ruisseaux à Alzon. ② Fl. juillet-septembre.

3. **D. FULLONUM** *Mill. dict.* N° 1 ; *Dec. fl. fr.* 4, *p.* 222 ; *Lamk. ill. t.* 56, *fig.* 1 ; *Math. valg.* 661, *ic.; Lob. ic.* 2, *t.* 17, *fig.* 2. — Cette espèce, voisine des deux précédentes, en diffère : par ses tiges, ses feuilles *toujours entières* et ses involucres *peu garnis d'aiguillons;* par les folioles de son involucre *plus courtes* que le capitule et par ses paillettes de la longueur des corolles, et dont la pointe est *arquée en dehors.*

Cette plante porte les noms vulgaires de *chardon à foulon, chardon à bonnetier.* C'est avec ses capitules que les drapiers peignent les draps et les couvertures.

Hab., cultivé en grand, dans toute la plaine du département, souvent subspontané. ② Fl. juillet-août.

2ᵉ gᵉ. CÉPHALAIRE. — CEPHALARIA. (Schrad. cat. sem. h. Göt. 1814.)

Involucre du capitule à plusieurs folioles imbriquées, simples, obtuses ou terminées en pointe, dépourvues d'aiguillons, plus courtes que les paillettes du réceptacle ou de leur longueur. Réceptacle garni de paillettes coriaces, obtuses ou terminées en pointe. Calice extérieur tétragone, à 8 côtes, couronné par 4-8 dents. Calice intérieur à limbe caduc, tétragone, en forme de coupe. Corolle à 4 lobes. Stigmate longitudinal. Plantes herbacées, annuelles ou vivaces, différentes des *dipsacus* par leur involucre plus court que les paillettes, et par leurs tiges dépourvues d'aiguillons robustes.

1. (Capitules ovoïdes, garnis de paillettes à pointes allongées; fleurs bleues........................... SYRIACA.
(Capitules globuleux, garnis de paillettes obtuses ou presque obtuses; fleurs blanches.............. LEUCANTHA.

1. **C. SYRIACA** *Schrad. cat. sem. h. gott.* 1814 ; *Coull. dips.* 25, *t.* 1, *fig.* 7 ; *Scabiosa syriaca Lin. sp.* 141 ; *Dec. fl. fr.* 5, *p.* 187 ; *Moris. hist. s.* 6, *t.* 14, *fig.* 14 ; *Clus. hist. lib.* 4, *p.* 4, *fig.* 2. — Racine pivotante. Tige de 2-4 décim., droite, raide, rude-hérissée, anguleuse-striée supérieurement, rameuse, à rameaux dressés. Feuilles *oblongues-lancéolées*, entières ou dentées, glabres ou garnies, sur leurs 2 faces, de poils rares et couchés, ciliées, à nervure dorsale rude; les radicales à peine pétiolées, étalées sur la terre; les caulinaires connées à la base, longues d'environ 10 centim. Fleurs lilas, en capitules ovoïdes, dressés, longuement pédonculés, quelquefois presque sessiles dans les bifurcations; involucre à folioles ovales, brusquement terminées en pointe assez longue, coriaces, velues, *semblables aux paillettes* dont la pointe un peu plus longue égale ou dépasse

les fleurs; calice extérieur hérissé, couronné par 8 *dents inégales,* subulées, dont les 4 plus longues *dépassent* le limbe en coupe velue du calice intérieur. Corolle à lobes égaux. Étamines saillantes; anthères rougeâtres. Fruit subquadrangulaire, à 8 côtes, dont les intermédiaires peu saillantes, un peu atténué à la base.

Hab. les champs cultivés aux environs d'Anduze, à Blauzac. ① Fl. juin-juillet.

2. **C. LEUCANTHA** *Schrad. l. c.; Scabiosa leucantha Lin. sp.* 142; *Dec. fl. fr.* 4, *p.* 225; *Mut. fl. fr. t.* 28, *fig.* 229; *Moris. hist. s.* 6, *t.* 13, *fig.* 12; *Lob. ic.* 538, *fig.* 2. — Racines profondes, rameuses, blanchâtres, à souche très-rameuse, compacte, *ligneuses,* d'où sortent des tiges *nombreuses* de 5-8 décim., raides, dressées, rameuses, striées-anguleuses, glabres ou hérissées surtout à la base. Feuilles 1-2 fois pinnatifides, à pinnules lancéolées ou linéaires, la terminale plus grande et plus longue, glabres ou velues, d'un vert clair, à nervure principale très-blanche; les radicales simples, oblongues, dentées en scie, détruites lorsque la plante fleurit. Fleurs blanches, en capitules globuleux, dressés; involucre à écailles, marquées sur le dos de 3-4 nervures longitudinales, plus ou moins saillantes, *entièrement semblables* aux paillettes, beaucoup plus courtes que la fleur, dressées, scarieuses, ovales, presque obtuses, pubescentes. Calice extérieur hérissé, *denticulé-cilié, atteignant* la base du limbe du calice intérieur, velu et porté sur un col pyramidal, à 8 côtes très-prononcées. Corolle à lobes extérieurs un peu plus grands. Étamines très-saillantes; anthères blanches. Fruit subquadrangulaire un peu atténué à la base, à 8 côtes, dont les intermédiaires peu saillantes.

Hab. les lieux montueux et pierreux aux environs de Nîmes, d'Alais, d'Anduze, de St-Ambroix, du Vigan, de Beaucaire. ♃ Fl. juillet-septembre.

3ᵉ gʳᵉ. **KNAUTIE. — KNAUTIA.** (Coult. dips. 28.)

Involucre du capitule à plusieurs folioles simples. Réceptacle garni *de soies, sans paillettes.* Calice extérieur brièvement stipité, subtétragone-comprimé, terminé par 4 dents inégales. Calice intérieur à limbe caduc, en forme de coupe, couronné par 6-8 dents aristées, inégales, ou par des poils argentés. Corolle à 4-5 lobes. Étamines 4. Stigmate bilobé. Plantes herbacées, annuelles ou vivaces.

1. { Limbe du calice intérieur couronné par 8 dents longues, aristées...................................... 2.
{ Limbe du calice intérieur couronné par des poils argentés.. **HYBRIDA.**

2. { Feuilles fermes, pinnatifides, rarement entières, d'un vert pâle.. 3.
{ Feuilles minces, lancéolées, acuminées, d'un beau vert en dessus, cendrées en dessous........... **DIPSACIFOLIA.**

3. {
Feuilles presque toutes radicales, pinnatifides, à lobes obtus.................................... COLLINA.
Feuilles caulinaires entières et pinnatifides, à lobes acuminés..................................... ARVENSIS.
}

1. K. HYBRIDA *Coult. dips.* 30; *Scabiosa hybrida All. auct. p.* 9; *Dec. fl. fr.* 4, *p.* 227. — Racine pivotante. Tige de 3-7 décim., cylindrique, fistuleuse, rameuse, velue, rude, à poils inclinés et souvent renflés à leur base, surtout dans le bas. Feuilles velues-rudes; les radicales étalées en rosette, tantôt toutes lyrées, tantôt les unes lyrées, les autres oblongues, obtuses, rétrécies en pétiole; les caulinaires lyrées ou pinnatifides; les supérieures lancéolées ou linéaires. Fleurs lilas ou roses ; les extérieures très-rayonnantes, réunies en capitule presque nivelé au sommet de pédoncules allongés. Involucre à 10-12 folioles lancéolées-acuminées et linéaires, longuement ciliées, dépassant les fruits. Calice externe hérissé, terminé *par 2 réunions de dents inégales au sommet des 2 faces étroites*, de la longueur du limbe du calice interne, en forme de coupe couronnée par des poils argentés de sa longueur ou un peu plus courts. Corolle pubescente en dehors. Fruit tétragone comprimé.

Vulgairement *scabiousa*.

VAR. B, *Integrifolia*. Feuilles toutes simples. *Scabiosa integrifolia Lin. sp.* 142; *Lob. obs.* 291, *fig. inf.*

Hab., les 2 var, les champs cultivés aux environs de Nîmes, de Villeneuve-lez-Avignon, du Vigan, d'Anduze : elle est rare dans ces deux dernières localités. ① Fl. mai–juin.

2. K. ARVENSIS *Koch. syn. ed.* 2, *p.* 376; *Scabiosa arvensis Lin. sp.* 142; *Dec. fl. fr.* 4, *p.* 226; *Fuchs. hist.* 716 *ic.*; *Drèves et Hayne. pl. d'Europe, t.* 34. — Racine un peu épaisse, courte, oblique. Tige de 3-6 décim., dressée, rameuse supérieurement, rarement simple, fistuleuse, rude, hérissée de poils raides, quelquefois glanduleux, noirâtres à leur base. Feuilles *d'un vert grisâtre*, un peu épaisses, plus ou moins garnies de poils appliqués ; les inférieures rétrécies en pétiole, oblongues-lancéolées, entières, dentées, incisées ou pinnatifides ; les caulinaires pinnatifides, à lobes lancéolés ou linéaires, entiers, décurrents ; le terminal plus grand et plus allongé, quelquefois denté. Fleurs rosées ou bleuâtres, rarement blanches, disposées en capitule presque nivelé, au sommet de pédoncules étalés, allongés. Corolles extérieures *très-rayonnantes*, plus grandes que les intérieures. Involucre à folioles lancéolées, ciliées, plus courtes que les fleurs. Calice externe hérissé, un peu rétréci au sommet. Calice interne à limbe en forme de volant, *brièvement stipité*, à 8 dents en arête partant de la base, presque égales et presque *aussi longues que le fruit*.

Cette plante, connue sous le nom patois de *scabiousa*, passe pour détersive, sudorifique, expectorante, vulnéraire et astringente, sa saveur est amère.

Hab. les champs cultivés, les prairies aux environs du Vigan, de l'Espérou, de Genolhac, d'Alais. ♃ Fl. juillet-août.

3. **K. DIPSACIFOLIA** *Host. aust.* 1, *p.* 191; *K. sylvatica Dub. bot.* 257 *(en partie)*; *Scabiosa sylvatica Lin. sp.* 142; *Dec. fl. fr.* 4, *p.* 227; *Jacq. obs. t.* 72; *Lob. ic.* 538, *fig.* 1. — Racine épaisse, souvent oblique. Tige de 5-10 décim., droite, cylindrique, fistuleuse, rameuse au sommet, glabre ou hérissée de poils réfléchis, principalement dans le bas, quelquefois glanduleux, noirâtres à leur base. Feuilles lancéolées-acuminées en pointe entière, dentées ou crénelées, minces, d'un beau vert, glabres ou peu velues en dessus, cendrées et finement pubescentes en dessous, à nervures nombreuses et saillantes; les inférieures rétrécies en pétiole embrassant à la base; les supérieures sessiles ou presque sessiles embrassantes; les florales lancéolées, plus étroites, entières. Fleurs purpurines ou bleuâtres; les extérieures plus grandes, peu rayonnantes, disposées en capitules convexes, au sommet de pédoncules allongés, étalés, plus ou moins velus. Involucre à folioles lancéolées, ciliées, presque aussi longues que les fleurs. Calice externe hérissé, un peu rétréci au sommet. Calice interne à limbe *très-distinctement stipité*, en forme de volant, à 8 dents en arête, partant de sa base, presque égales, *de moitié plus courtes* que le fruit oblong.

Hab. les bois et le bord des ruisseaux des montagnes, à l'Espérou, *au ralat de la Dauphine*, à Dourbie et à Rocavie. ♃ Fl. juillet-août.

4. **K. COLLINA** *Godr. et Gren. fl. fr.* 2, *p.* 75; *Scabiosa collina Reg. in Guer. vaucl. ed.* 2, *p.* 248; *Dec. fl. fr.* 5, *p.* 487; *K. arvensis B. collina Duby. bot.* 1, *p.* 257. — Racine un peu épaisse, dure, courte, oblique. Tiges de 3-5 décim., garnies de poils dressés, solitaires ou réunies plusieurs ensemble. Feuilles velues, presque toutes radicales, lyrées, oblongues, la plupart pinnatifides, à pétiole court, à lobes oblongs, obtus, entiers ou peu dentés; les caulinaires rares, pinnatifides. Fleurs rougeâtres, disposées en capitules convexes, au sommet de pédoncules allongés; les latéraux plus courts que le central, quelquefois bifurqués, couverts de poils courts, *glanduleux*, entremêlés de poils simples, plus longs et moins nombreux. Involucre à folioles lancéolées, plus courtes que les fleurs, dont les extérieures sont rayonnantes. Calice externe hérissé, rétréci au sommet. Calice interne à limbe *très-distinctement stipité*, muni de quelques poils courts, à 8 dents en arête, partant de sa base, beaucoup plus longues que lui. Corolle à lobes oblongs, obtus. Fruit oblong.

Hab. les bois et les champs incultes, à la Chartreuse de Valbonne, à St-Michel, à la Bruyère, à Tresques, au Serre-de-Bouquet. ♃ Fl. juin-juillet.

4ᵉ gʳᵉ **SCABIEUSE**. — **SCABIOSA**. (Lin. gen. 114, en partie.)

Involucre du capitule à plusieurs folioles simples. Réceptacle hérissé ou presque glabre, *garni de paillettes*. Calice externe sessile, *cylindrique*, à 8 côtes, ordinairement dans toute sa longueur, terminé par un limbe scarieux, campanulé ou en coupe. Calice interne à limbe stipité, terminé par 5 arêtes étalées en étoile, à la maturité. Corolle à 4-5 lobes. Stigmate bilobé. Plantes vivaces, herbacées.

1.	Calice externe à tube dépourvu de côtes à la base, profondément crevassé au sommet	STELLATA.
	Calice externe à tube muni de 8 côtes, de la base au sommet..............................	2.
2.	Corolle à 4 lobes; feuilles entières..............	SUCCISA.
	Corolle à 5 lobes: feuilles découpées.............	3.
3.	Limbe du calice externe spongieux, courbé en dedans.............................	MARITIMA.
	Limbe du calice externe membraneux, dressé......	4.
4.	Soies du calice interne 3-4 fois de la longueur du limbe du calice externe.....................	COLUMBARIA.
	Soies du calice interne dépassant peu le limbe du calice externe.............................	GRAMUNTIA.

1. **Sc. stellata** *Lin. sp.* 144; *Dec. fl. fr.* 4, *p.* 231; *Sc. monspelliensis Jacq. rar.* 1, *t.* 24; *Sc. simplex Dec. fl. fr.* 4, *p.* 231; *Desf. atl.* 1, *p.* 125, *t.* 39, *fig.* 1. — Racine pivotante. Tige de 1-4 décim., simple ou rameuse, droite, feuillée dans toute sa longueur. Feuilles hérissées, d'un vert blanchâtre, profondément pinnatifides, à folioles décurrentes, cunéiformes ou lancéolées, entières ou dentées au sommet; à lobes terminaux confluents, plus grands; les radicales ovales-oblongues, dentées ou incisées, rétrécies en pétiole. Fleurs rosées réunies en capitule devenant globuleux à la maturité, au sommet de pédoncules allongés. Involucre réfléchis à la maturité, à folioles linéaires-lancéolées, quelquefois bi-trilobées, hérissées. Calice externe hérissé, à la maturité, de longs poils blancs ou roux, qui couvrent toute la base et se prolongent quelquefois jusqu'à la base de la couronne; celle-ci ample, scarieuse, crispée entre les nombreuses nervures dont elle est pourvue, très-ouverte, plus longue que le tube crevassé au sommet, et *plus courte que les arêtes du calice interne*. Corolles à 5 lobes, velues; les extérieures rayonnantes. Réceptacle *subglobuleux*, petit, pourvu de paillettes rares, lancéolées, scarieuses, ciliées.

Hab. sur les hauteurs pierreuses à Villeneuve-lez-Avignon. ① Fl. mai-juin.

2. **Sc. maritima** *Lin. sp.* 144; *Dec. fl. fr.* 5, *p.* 490; *Mut fl. fr. t.* 26, *fig.* 222 *(capitules fructifères)*. — Racine pivotante. Tige de 3-10 décim., droite, peu feuillée, glabre ou pubescente,

simple ou plus ou moins rameuse, dichotome, à rameaux étalés. Feuilles glabres ou pubescentes ; les radicales pétiolées, oblongues, dentées ou incisées à la base ; les caulinaires pinnatifides, à lobes linéaires, entières ou dentées ; le terminal plus grand et plus long ; les supérieures linéaires, très-entières. Fleurs lilas, roses ou blanches, réunies en capitule nivelé, ovale ou oblong à la maturité, au sommet de pédoncules allongés. Involucre à folioles lancéolées-linéaires, étalées ou réfléchies après la floraison. Calice externe à tube ovale, marqué de 8 côtes velues inférieurement, se divisant vers le milieu en 2 côtes convergentes et contiguës au sommet, laissant entre chacune d'elles une fossette peu profonde, à limbe formé de 2 membranes : l'une externe, en coupe scarieuse, courbée en dedans ; l'autre interne, entourant le stipe allongé du calice interne, dont le limbe se divise en 5 arêtes sétacées, rudes, roussâtres. Corolles à 5 lobes, celles de la circonférence rayonnantes. Réceptacle oblong, garni de paillettes linéaires, ciliées.

Hab. toute la plaine et les montagnes peu élevées du département. ①–② Fl. juin–juillet.

La *Sc. atropurpurea Lin. sp.* 144 ; *Dec. fl. fr.* 4, p. 231, est souvent cultivée, dans les parterres, sous le nom vulgaire de *veuve* ; elle se distingue de la précédente, dont elle n'est qu'une variété, par ses fleurs très-grandes, d'un pourpre foncé.

3. **Sc. columbaria** *Lin. sp.* 143 ; *Dec. fl. fr.* 4, p. 228 ; *Mut. fl. fr. t.* 27, *fig.* 226 ; *Clus. hist.* 2, p. 2, *fig.* 2. — Racine brune, pivotante, à souche rameuse. Tige de 3-8 décim., dressée, raide, ordinairement rameuse, glabre ou pubescente, ainsi que les feuilles ; celles-ci obovales ou oblongues, obtuses, crénelées ou lyrées, rétrécies en pétiole ; les caulinaires pinnatifides ou bipinnatifides, à segments linéaires, entiers ou incisés, plus étroits et plus longs dans les supérieures ; le terminal plus allongé. Fleurs bleuâtres, réunies en capitule presque nivelé, devenant ovale ou globuleux à la maturité. Involucre à folioles sur un seul rang, linéaires-lancéolées, plus courtes que les fleurs, réfléchies après la floraison. Réceptacle ovale, garni de paillettes linéaires, étroites, un peu élargies et velues au sommet, de la longueur du fruit. Calice externe un peu velu, marqué, dans toute la longueur du tube, de 8 côtes très-saillantes ; terminé par un limbe en coupe, scarieux, ouvert, plus court que les arêtes noirâtres, allongées, sans nervure à leur face supérieure, qui forment le limbe du calice interne. Corolles à 5 lobes inégaux ; celles de la circonférence très-rayonnantes. Fruit obovale.

Hab. les prés, les bois, les bords des ruisseaux. au Vigan, à l'Espérou, à Alzon, à Concoule. ♃ Fl. juin–septembre.

4. **Sc. gramuntia** *Lin. sp.* 143 ; *Dec. fl. fr.* 5, p. 488. —

Cette espèce diffère de la précédente : par ses feuilles ordinairement plus découpées dans la var. *agrestis*, plus velues et moins découpées dans la var. *mollis ;* par ses capitules fructifères plus petits, et par les arêtes du calice interne étalés, tantôt un peu plus longues que le limbe du calice externe, tantôt 2 fois de sa longueur, et tantôt *si courtes qu'elles paraissent à peine au fond du limbe.*

Var. A, *Agrestis Godr. et Gren. fl. fr.* 2, *p.* 79. Plante presque glabre ou un peu pubescente. *Sc. agrestis W. et Kit., hung. t.* 204.

Var. B, *Mollis Godr. et Gren. fl. fr.* 2, *p.* 79. Feuilles inférieures et souvent les supérieures mollement velues. *Sc. mollis Wild. en. suppl. p.* 7 ; *Mut. fl. fr.* 2, *p.* 103, *t.* 27, *fig.* 225.

Hab. les lieux secs et arides aux environs de Nîmes, à Tresques, à Manduel, à Comps, à Alais, aux environs du Vigan. ♃ Fl. juillet–octobre.

5. **Sc. succisa** *Lin. sp.* 142 ; *Dec. fl. fr.* 4, *p.* 226 ; *Succisa pratensis Mœnhc. meth.* 489 ; *Moris. hist. s.* 6, *t.* 13, *fig.* 7 ; *Math. valg.* 623, *ic.* ; *Fuchs. hist.* 715, *ic.* — Racine noirâtre, tronquée, très-courte, à fibres épaisses, nombreuses. Tige de 1-10 décim., dressée, cylindrique, raide, peu rameuse, plus ou moins pubescente supérieurement. Feuilles ovales-lancéolées, entières, glabres ou velues, à poils couchés, ciliées incomplétement, un peu luisantes en dessus, pétiolées, soudées et engaînantes à leur base, les supérieures plus étroites, quelquefois dentées. Fleurs bleues, rarement blanches ou roses, réunies en capitules presque globuleux, au sommet de pédoncules dont les latéraux plus courts que le central. Involucre à folioles sur 2-3 rangs ; celles du rang extérieur plus grandes, lancéolées-aiguës, ciliées, plus courtes que les fleurs. Réceptacle garni de paillettes lancéolées, acuminées, ciliées, herbacées supérieurement, scarieuses, filiformes à la base, dépassant le fruit. Calice externe à 8 côtes, velu, à limbe *dressé, à 4 dents*, de moitié plus court que les arêtes sétacées, noirâtres, du calice interne. Corolles *non rayonnantes, égales*, à 4 lobes égaux. Fruit oblong.

Cette plante, connue sous le nom vulgaire de *mors-du-diable,* passe pour sudorifique et vulnéraire : tous les bestiaux la mangent.

Hab. les prairies et les pacages humides, le bord des fossés, dans tout le département. ♃ Fl. août–septembre.

La S·. *ochroleuca Lin. sp.* 146 ; *Dec. fl. fr.* 4, *p.* 230, indiquée à l'Espérou par *Guan. hort. reg.,* n'a pas encore, à notre connaissance, été trouvée dans cette localité.

LXIᵉ Fam. **SYNANTHÉRÉES.**

Synanthereæ. (C. Rich. in Marth. cat. hort. bot. 1801, p. 85.)

Fleurs hermaphrodites, unisexuelles ou neutres par avortement, réunies en capitules (*fleurs composées Lin. calathide mirb. Anthode. ehr.*), sessiles sur un réceptacle commun, plane, conique ou plus rarement filiforme, nu ou garni de soies ou de paillettes, entouré d'un involucre à plusieurs folioles (*calice commun Lin. pericline cass.*), très-rarement munies chacune d'un involucre particulier et formant, par leur réunion, une tête sphérique. Calice d'une seule pièce, adhérent à l'ovaire, à limbe nul ou membraneux, ou formé d'écailles, d'arètes ou d'une aigrette poilue. Corolle insérée au sommet du tube du calice, monopétale, tubuleuse, régulière, à 5 dents, rarement à 4, non imbriquées dans le bouton (*fleurons*), ou irrégulières, prolongées en languette plane (*demi-fleurons*). Etamines 5, rarement 4, insérées sur le tube de la corolle, alternant avec ses dents, à filets libres, articulés au-dessus de leur milieu; anthères linéaires, bilobées, soudées en tube, s'ouvrant longitudinalement à l'intérieur, pourvues d'un appendice au sommet et souvent de 2 à la base. Style 1, à 2 divisions planes en dedans, portant sur leurs bords 2 lignes de papilles composant les stigmates. Ovaire infère, uniloculaire, monosperme. Fruit (akène) sec, indéhiscent, souvent prolongé en bec, nu ou couronné par le limbe du calice en forme d'aigrette soyeuse, d'arète, d'écaille ou d'un simple rebord. Graine dressée.

Plantes herbacées, rarement ligneuses, à feuilles alternes, rarement opposées, à fleurs en capitules, tantôt composés uniquement de fleurons (*flosculeuses, cynarocéphales*), tantôt uniquement de demi-fleurons (*semi-flosculeuses, cichoracées*), et tantôt de fleurons au centre (*disque*) et de demi-fleurons à la circonférence (*rayon*) (*radiées, corymbifères*).

1.
{ Capitules à fleurons tous tubuleux ou seulement ceux du centre (*tubuliflores*)......... 2
{ Capitules à fleurons tous en languette (*liguliflores, cichoracées*)..................... 64.

2.
{ Capitules à fleurons de 2 sortes ; ceux du centre tubuleux, ceux de la circonférence en languette (*corymbifères, radiées*)............. 3.
{ Capitules à fleurons tous tubuleux (*cynarocéphales, flosculeuses*)................... 44.

3. **CORYMBIFÈRES.**
{ Réceptacle entièrement garni de paillettes ou seulement à la circonférence.......... 4.
{ Réceptacle nu............... 15.

4.
{ Réceptacle garni de paillettes seulement à la circonférence........................ 5.
{ Réceptacle entièrement garni de paillettes.... 7.

5.
{ Akènes dépourvus d'aigrette........ 40ᵉ gʳᵉ. **EVAX.**
{ Akènes munis d'aigrette................... 6.

6.
{ Akènes tous libres. .... 37ᵉ gʳᵉ. **FILAGO.**
{ Akènes les plus extérieurs enveloppés par les folioles intérieures de l'involucre........................ 38ᵉ gʳᵉ **LOGFIA.**

<table>
<tr><td>42.</td><td>Réceptacle conique ou filiforme; plante basse</td><td>43.</td></tr>
<tr><td></td><td>Réceptacle plane ou un peu convexe; plantes élevées</td><td>15e g^{re}. ARTEMISIA.</td></tr>
</table>

42.	Réceptacle conique ou filiforme; plante basse	43.
	Réceptacle plane ou un peu convexe; plantes élevées	15ᵉ gʳᵉ. **ARTEMISIA**.
43.	Capitules globuleux, agglomérés, tomenteux, axillaires et terminaux; réceptacle filiforme	39ᵉ gʳᵉ. **MICROPUS**.
	Capitules hémisphériques, solitaires au sommet de la tige, glabres ou velus; réceptacle conique	11ᵉ gʳᵉ. **BELLIS**.
44. CYNAROCÉPHALES.	Capitule globuleux composé de fleurons munis chacun d'un involucre	42ᵉ gʳᵉ. **ECHINOPS**.
	Capitules composés de fleurons dépourvus d'involucre	45.
45.	Filets des étamines soudés entièrement	46.
	Filets des étamines libres	47.
46.	Fleurs de la circonférence plus grandes, stériles	43ᵉ gʳᵉ. **GALACTITES**.
	Fleurs toutes égales, fertiles	44ᵉ gʳᵉ. **SILYBUM**.
47.	Akènes à aigrette paléiforme	48.
	Akènes à aigrette poilue	52.
48.	Paillettes du réceptale trifides	62ᵉ gʳᵉ. **XERANTHEMUM**.
	Paillettes du réceptacle sétacées ou piliformes	49.
49.	Écailles extérieures de l'involucre coriaces ou scarieuses	50.
	Écailles extérieures de l'involucre herbacées	51.
50.	Akènes lisses, dépourvus de côtes	51ᵉ gʳᵉ. **CENTAUREA**.
	Akènes munis de côtes fines	52ᵉ gʳᵉ. **MICROLONCHUS**.
51.	Akènes cylindriques, cannelés	54ᵉ gʳᵉ. **CNICUS**.
	Akènes subtétragones, non cannelés	53ᵉ gʳᵉ. **KENTROPHYLLUM**.
52.	Aigrettes persistantes	53.
	Aigrettes caduques	54.
53.	Akènes velus, dépourvus de côtes	55ᵉ gʳᵉ. **CRUPINA**.
	Akènes glabres, comprimés, à 1 côte sur chaque face	56ᵉ gʳᵉ. **SERRATULA**.
54.	Poils de l'aigrette libres jusqu'à la base	61ᵉ gʳᵉ. **LAPA**.
	Poils de l'aigrette soudés à leur base en anneau ou par faisceaux	55.
55.	Plantes épineuses	56.
	Plantes non épineuses	62.
56.	Écailles intérieures de l'involucre étalées-rayonnantes	60ᵉ gʳᵉ. **CARLINA**.
	Écailles de l'involucre non rayonnantes	57.

57. { Filets des étamines glabres......... 45ᵉ gʳᵉ. ONOPORDON.
{ Filets des étamines velus, papilleux
ou denticulés............................ 58.

58. { Poils de l'aigrette plumeux................. 59.
{ Poils de l'aigrette denticulés, non plu-
meux.................................... 49ᵉ gʳᵉ. CARDUUS.

59. { Écailles de l'involucre terminées par
une épine simple...................... 60.
{ Écailles de l'involucre terminées par
une épine pennée.................... 47ᵉ gʳᵉ. PICNOMON.

60. { Akènes à insertion latérale................ 61.
{ Akènes à insertion basilaire......... 48ᵉ gʳᵉ. CIRSIUM.

61. { Réceptacle garni de paillettes courtes ;
plantes de 5-20 centim........... 50ᵉ gʳᵉ. CARDUNCELLUS.
{ Réceptacle garni de poils longs et
abondants ; plante de 3-8 décim... 46ᵉ gʳᵉ. CYNARA.

62. { Akènes quadrangulaires, atténués à
la base........................... 57ᵉ gʳᵉ. JURINEA.
{ Akènes obovés ou fusiformes.............. 63.

63. { Capitules gros, conoïdes............. 58ᵉ gʳᵉ. LEUZEA.
{ Capitules petits, cylindriques........ 59ᵉ gʳᵉ. ST. EHELINA.

64. CICHORACÉES. { Feuilles et involucre
épineux.......... 91ᵉ gʳᵉ. SCOLIMUS.
{ Feuilles et involucre
non épineux............. 65.

65. { Réceptacle garni de paillettes caduques...................... 70ᵉ gʳᵉ. HYPOCHOERIS.
{ Réceptacle dépourvu de paillettes........... 66.

66. { Akènes nus ou couronnés par une
membrane ou par des écailles............. 67.
{ Akènes couronnés par une aigrette de
poils................................. 73.

67. { Fleurs bleues ou blanches................. 68.
{ Fleurs jaunes............................ 69.

68. { Involucre à folioles scarieuses, argentées, imbriquées................ 63ᵉ gʳᵉ. CATANANCHE.
{ Involucre à folioles herbacées, sur
deux rangs...................... 64ᵉ gʳᵉ. CICHORIUM.

69. { Akènes extérieurs enveloppés, à la
maturité, par les folioles de l'involucre............................... 70.
{ Akènes tous toujours libres.............. 71.

70. { Akènes étalés en étoile............. 67ᵉ gʳᵉ. RHAGADIOLUS.
{ Akènes dressés, resserrés.......... 66ᵉ gʳᵉ. HEDYPNOIS.

71. { Involucre à folioles sur plusieurs
rangs ; les extérieures filiformes,
très-étalées.................... 65ᵉ gʳᵉ. TOLPIS.
{ Involucre à folioles sur un seul rang,
muni d'écailles courtes à la base.......... 72.

72. { Akènes surmontés d'un rebord membraneux très-court ; feuilles toutes
radicales..................... 68ᵉ gʳᵉ. ARNOSERIS.
{ Akènes entièrement nus ; tige feuillée. 69ᵉ gʳᵉ. LAMPSANA.

<table>
<tr><td>73.</td><td>Aigrettes à poils plumeux, au moins les intérieures.................... 74.
Aigrettes à poils simples.................. 81.</td></tr>
<tr><td>74.</td><td>Poils de l'aigrette inégaux : les plus longs dépourvus de barbes au sommet.................... 75.
Poils de l'aigrette égaux, plumeux jusqu'au sommet.................... 77.</td></tr>
<tr><td>75.</td><td>Akènes portés sur un pédicelle creux et renflé : feuilles pinnatifides..... 77e g^{re}. PODOSPERMUM.
Akènes sessiles sur le réceptacle : feuilles simples.................... 76.</td></tr>
<tr><td>76.</td><td>Involucre à folioles égales, sur un seul rang, soudées à la base.......... 78e g^{re}. TRAGOPOGON.
Involucre à folioles nombreuses, inégales, libres, imbriquées sur plusieurs rangs.................... 76e g^{re}. SCORZONERA.</td></tr>
<tr><td>77</td><td>Akènes de la circonférence couronnés par une membrane lacérée....... 71e g^{re}. THRINCIA.
Akènes tous à aigrette plumeuse........... 78.</td></tr>
<tr><td>78.</td><td>Involucre à folioles sur un seul rang, soudées à la base............... 75e g^{re}. UROSPERMUM.
Involucre à folioles libres sur 2 ou plusieurs rangs.................... 79.</td></tr>
<tr><td>79.</td><td>Akènes striés en long............... 72e g^{re}. LEONTODON.
Akènes striés ou plissés transversalement.................... 80.</td></tr>
<tr><td>80.</td><td>Folioles de l'involucre sur 2 rangs : les extérieures foliacées, épineuses... 74e g^{re}. HELMINTHIA
Folioles de l'involucre imbriquées, ni foliacées, ni épineuses........... 73e g^{re}. PICRIS.</td></tr>
<tr><td>81.</td><td>Akènes amincis au sommet ou prolongés en bec.................... 82.
Akènes non prolongés en bec.............. 86.</td></tr>
<tr><td>82.</td><td>Akènes muriqués-épineux au sommet........ 83
Akènes non muriqués-épineux au sommet.................... 84.</td></tr>
<tr><td>83.</td><td>Feuilles et pédoncules radicaux..... 80e g^{re}. TARAXACUM.
Feuilles et pédoncules sur une tige rameuse......... .... 79e g^{re}. CHONDRILLA</td></tr>
<tr><td>84.</td><td>Akènes de 2 formes : ceux du disque terminés en bec : ceux du bord plus gros, privés de bec.................... PTEROTHECA.
Akènes tous uniformes.................... 85.</td></tr>
<tr><td>85.</td><td>Akènes comprimés, munis d'une ou plusieurs côtes sur les faces...... 81e g^{re}. LACTUCA.
Akènes arrondis ou peu comprimés, munis de stries nombreuses...... 87e g^{re}. CREPIS.</td></tr>
<tr><td>86.</td><td>Fleurs purpurines.................. 82e g^{re}. PRENANTHES.
Fleurs jaunes.................... 87.</td></tr>
<tr><td>87.</td><td>Akènes de 2 formes : ceux du disque presque cylindriques : les extérieurs bossus : aigrettes latérales........ 85e g^{re}. ZACINTHA.
Akènes conformes : aigrettes terminales.................... 88.</td></tr>
</table>

88. { Réceptacle garni de soies aussi longues que les akènes.................. 90° g**. **ANDRYALA**.
{ Réceptacle non garni de soies.............. 89.

89. { Akènes subcylindriques.................... 90.
{ Akènes comprimés ou à 4 angles saillants................................ 91.

90. { Réceptacle à alvéoles glabres........ 88° g**. **SOYERIA**.
{ Réceptacle à alvéoles courtement fimbriées sur les bords.............. 89° g**. **HIERACIUM**.

91. { Folioles de l'involucre membraneuses aux bords; akènes tétragones..... 84° g**. **PICRIDIUM**.
{ Folioles de l'involucre non membraneuses; akènes comprimés........ 83° g**. **SONCHUS**.

1re DIV. **CORYMBIFÈRES**. — CORYMBIFERÆ. (Juss. gen. 177.)

Fleurons du centre tubuleux, réguliers, hermaphrodites ; ceux de la circonférence femelles, quelquefois stériles, ligulés, rarement tubuleux. Style ni articulé ni renflé en nœud vers le sommet. Fleurs souvent disposées en corymbe.

1er g**. EUPATOIRE — EUPATORIUM. (Lin. gen. 935.)

Involucre oblong-cylindrique, à folioles peu nombreuses, imbriquées. Fleurons peu nombreux, hermaphrodites, tous tubuleux, *infundibuliformes, à 5 dents.* Style très-allongé, bifide, à branches cylindracées. Réceptacle plane, nu. Akènes subcylindriques, munis de côtes, surmontés d'une aigrette sessile, à poils simples, dentelés, disposés *sur un seul rang.* Feuilles opposées.

1. **E. CANNABINUM** *Lin. sp.* 1173 ; *Dec. fl. fr.* 4, *p.* 129 ; *Fl. dan. t.* 745 ; *Moris. hist. s.* 7, *t.* 13, *fig.* 1. — Racine oblique, à fibres blanchâtres. Tige de 8-12 décim., droite, raide, ordinairement rameuse, pubescente, souvent rougeâtre, un peu anguleuse, striée, à rameaux opposés, axillaires. Feuilles opposées, pétiolées, à 3-5 lobes pétiolulés, lancéolés, acuminés, plus ou moins profondément dentés, celui du centre plus grand, pubescentes, ponctuées-pellucides, quelquefois un peu glanduleuses en dessous. Fleurs rougeâtres, odorantes, réunies 3-5 en capitules petits, cylindriques, disposés en corymbe ample, très-rameux, serré, terminal. Involucre à folioles inégales, caduques, rougeâtres, scarieuses sur les bords. Corolle un peu glanduleuse. Style très-saillant hors de la corolle, hérissé à la base. Akènes noirs à la maturité, glanduleux, à 5 côtes saillantes, couronnés d'une aigrette blanche ou roussâtre, *plus longue qu'eux.*

Var. B, *Indivisum Dec. prod.* 5, *p.* 180. Feuilles toutes simples.

Cette plante, connue sous le nom vulgaire d'*eupatoire d'Avicenne*, est purgative, émétique, fébrifuge (dans ces cas, c'est la racine qu'on emploie) ses feuilles sont vulnéraires, détersives et apéritives : elles ont été employées avec succès contre l'hydropisie.

Hab. les bords des fossés, les pacages marécageux , dans tout le département ; la var. **B** , au bord du Rhône, au pont St-Esprit. 2⟋ Fl. juillet-septembre.

2ᵉ gᵣ. **ADENOSTYLE.—ADENOSTYLES**. (Cass. dict. sc. nat. 1, suppl. 59.)

Involucre à folioles peu nombreuses, sur un seul rang. Fleurons hermaphrodites, tous tubuleux. Corolle *filiforme à la base, campanulée au sommet*, à limbe à 4 dents. Etamines 4. Style à 2 branches demi-cylindriques, très-saillantes hors de la corolle, arquées, divergentes, papilleuses-glanduleuses. Akènes cylindriques-fusiformes, striés ; aigrette sessile , à poils scabres , disposés sur plusieurs rangs. Réceptacle plane, nu. Feuilles alternes.

1. **A. ALBIFRONS** *Rchb. fl. excurs. p.* 278 ; *Cacalia albifrons Lin. fil. suppl.* 353 ; *C. tomentosa Jacq. aust. t.* 235 ; *C. petasites Dec. fl. fr. 4, p.* 127. — Racine brune , oblique , écailleuse , à fibres très-longues. Tige de 8-15 décim. , droite , cylindrique , souvent rougeâtre , cannelée , pubescente. Feuilles glabres en dessus, *blanchâtres*, *cotonneuses en dessous ;* les radicales longuement pétiolées , très-amples , à limbe arrondi , réniforme ou sublobé, profondément cordiformes à la base , entouré de *dents profondes et inégales ;* les caulinaires à pétioles plus courts , munis, à leur base , de 2 oreillettes arrondies qui embrassent la tige ; dans toutes, le pétiole s'élargit au fond de l'échancrure. Fleurs rougeâtres, réunies 3-6 en capitules cylindriques, disposés en corymbe nivelé, serré ; 1-3 petites bractéoles vers le sommet du pédicelle. Involucre à 4-5 folioles oblongues , obtuses, appliquées. Akènes bruns , glabres , à aigrette blanche , plus longue qu'eux. Réceptacle étroit, tuberculeux .

Cette plante est connue, dans sa localité, sous le nom patois de *rougourlie ;* je l'ai vu cueillir, par des herboristes, pour du *cabaret.*

Hab. les bords des ruisseaux et les lieux humides des montagnes , sur toute la chaîne de l'Aigual , et sur la Lozère , commune de Concoule. 2⟋ Fl. juin-août.

3ᵉ gᵣᵉ. **PETASITE. — PETASITES**. (Tournef. inst. 451, t. 258.)

Plante presque dioïque ; tantôt, sur une tige, les capitules sont composés de fleurons nombreux, femelles, et de quelques fleurons mâles au centre ; tantôt, sur une autre, ils sont composés de fleurons nombreux , mâles , et de quelques fleurons femelles à la circonférence. Involucre à folioles très-inégales, imbriquées sur 2 rangs ; les fleurons mâles tubuleux-campanulés, à 5 dents ; fleurons femelles à tube filiforme, tronqués obliquement au sommet. Style filiforme, demi-cylindrique , bifide au sommet , couvert de papilles, saillant dans les fleurs femelles , court dans les fleurs

mâles. Akènes cylindriques-fusiformes, striés; aigrette à poils
scabres, sur plusieurs rangs, moins nombreux dans les fleurs
mâles. Réceptacle alvéolé.

1. **P. OFFICINALIS** *Mœnch. meth.* 568 ; *P. vulgaris Dec.
prodr. 5, p.* 206; *Tussilago petasites Dec. fl. fr. 4, p.* 158 ;
Lamk. ill. t. 674, *fig.* 1 *et* 2; *Clus. hist.* 2, *p.* 116, *fig.* 1 *et* 2.
— Racine épaisse, charnue, noirâtre, rampante et fibreuse.
Tiges de 2-5 décim., droites, épaisses, simples, pubescentes,
cotonneuses, paraissant avant les feuilles radicales ; celles-ci très-
amples, à pétiole très-long, vertes et glabres en dessus, pubescentes dans leur jeunesse, blanchâtres-cotonneuses en dessous,
réniformes, arrondies ou sublobées, largement et inégalement
dentées, profondément cordiformes à la base, à pétiole élargi
au fond de l'échancrure, où il est *bordé par une nervure;* les
caulinaires avortées, réduites à des pétioles larges, embrassants,
souvent rougeâtres, quelquefois terminés par une feuille rudimentaire, plus rapprochées et plus larges sur les pieds mâles.
Fleurs rougeâtres, en capitules disposés en thyrse ovale ou paniculé, spiciforme, plus lâches et plus longuement pédonculés dans
la plante femelle, pourvue de bractées plus étroites. Involucre
à folioles intérieures oblongues, violettes et scarieuses sur les
bords ; les extérieures plus courtes.

Cette plante est connue sous le nom vulgaire de *chapelière, d'herbe aux
teigneux;* ses racines sont amères, aromatiques, antivermineuses, sudorifiques, astringentes. Leur infusion est un excellent remède contre les fièvres
pernicieuse, rémittente, scarlatine.

Hab. le bord des ruisseaux, les bois et les prairies humides, à l'Espérou,
près de la Careirède, à Aulas. ♃ Fl. mars–mai.

Le *petasites fragrans Presl.*, vulgairement *héliotrope d'hiver*, n'a pas été
trouvé aux environs de Nîmes, comme l'indique Mut., d'après Delav. Il
est cultivé dans beaucoup de jardins, à cause de l'odeur suave de ses fleurs,
qui paraissent vers la fin de décembre. Ses feuilles paraissent avant la fleur,
et persistent après la floraison.

4ᵉ gʳᵉ. TUSSILAGE. — TUSSILAGO. (Lin. gen. 952.)

Involucre à folioles disposées sur 2 rangs. Capitules composés
de fleurons mâles, peu nombreux, tubuleux, placés au centre, et
de fleurons femelles *étroitement ligulés*, placés *sur plusieurs
rangs,* à la circonférence, très-nombreux. Style filiforme, bifide
au sommet, quelquefois simple, demi-cylindrique, obtus,
papilleux. Akènes cylindriques, fusiformes, striés, couronnés
d'une aigrette de poils presque pas denticulés. Réceptacle presque
plane, alvéolé. Capitules solitaires terminaux.

1. **T. FARFARA** *Lin. sp.* 1214; *Dec. fl. fr. 4, p.* 157; *Fl.
dan.* 595; *Lob. ic.* 589. — Racine épaisse, tendre, blanche,
traçante. Tiges nombreuses, partant de la même souche, hautes

de 1-2 décim., droites, simples, cotonneuses, inégales ; les fructifères plus allongées, paraissant longtemps avant les feuilles ;
celles-ci disposées en rosette sur la terre, pétiolées, à la fin très-
amples, épaisses, vertes et glabres en dessus, blanchâtres-cotonneuses en dessous, ainsi que sur les pétioles, anguleuses, cordiformes, inégalement dentées ; les caulinaires avortées, réduites
à des pétioles minces en forme d'écailles appliquées, demi-embrassantes, souvent rougeâtres. Fleurs jaunes, en capitules
penchés avant la floraison, puis dressés ; fleurons femelles 2 fois
aussi longs que ceux du disque. Involucre cylindrique un peu
épaissi à la base, à folioles oblongues, obtuses, membraneuses et
violettes sur les bords ; les extérieures plus courtes et plus étroites.
Akènes bruns, glabres, à aigrette soyeuse très-blanche, 2-3 fois
plus longue qu'eux.

Cette plante est connue sous le nom vulgaire de *pas-d'âne*, *d'herbe de
St-Quirin*: en patois, *tussilagé*, *paoula-d'azé*. Ses feuilles, ses fleurs et
ses racines sont adoucissantes et pectorales.

Hab. les terrains humides et argileux dans tout le département. 2¿ Fl.
mars–avril.

5ᵐᵉ gʳᵉ. SOLIDAGE. — SOLIDAGO. (Lin. gen. 955.)

Involucre ovoïde, à plusieurs rangs de folioles imbriquées.
Fleurons de la circonférence femelles, peu nombreux, ligulés,
sur un seul rang, ceux du disque hermaphrodites, tubuleux, à 5
dents, tous de la même couleur. Style linéaire bifide, à branches
comprimées, arrondies au sommet, pubescentes. Akènes *cylindriques-fusiformes*, *striés*, couronnés d'une aigrette à poils simples, à peine denticulés, disposés sur un seul rang. Réceptacle
nu, presque plane, à alvéoles membraneuses, dentées. Feuilles
alternes.

<table>
<tr><td rowspan="2">1.</td><td>Capitules disposés en grappes oblongues, à
rameaux dressés,........................</td><td>VIRGA-AUREA.</td></tr>
<tr><td>Capitules disposés en panicule pyramidale,
à rameaux très-étalés, arqués en dehors.</td><td>2.</td></tr>
<tr><td rowspan="2">2.</td><td>Demi-fleurons allongés; plante pubescente.</td><td>LITHOSPERMIFOLIA.</td></tr>
<tr><td>Demi-fleurons courts; plante glabre........</td><td>GLABRA.</td></tr>
</table>

1. **S. VIRGA-AUREA** *Lin. sp.* 1235 ; *Dec. prodr.* 5, *p.* 338 ;
fl. dan. t. 663 ; *Math. comm. p.* 712, *fig. inf.* ; *Lob. ic. p.* 299,
fig. 1. — Racine brune, garnie de fibres longues, à souche
simple ou rameuse. Tiges de 4-6 décim., dressées, raides, un
peu anguleuses, striées, pubescentes ou glabres, simples ou rameuses supérieurement. Feuilles un peu raides, rudes sur les bords,
ovales ou lancéolées, acuminées, rétrécies en pétiole; les radicales elliptiques, obtuses, *dentées en scie, ainsi que les caulinaires
inférieures;* les supérieures souvent *entières*. Fleurs jaunes, en
capitules nombreux, courtement pédicellés, disposés en grappes

oblongues, feuillées, à rameaux étalés-dressés ; pédicelles munis
de petites bractées linéaires. Involucre à folioles inégales, lâches,
linéaires-lancéolées, d'un vert jaunâtre, à bords scarieux ; demi-
fleurons rayonnants , 2 fois de la longueur des folioles internes
de l'involucre. Akènes jaunâtres, hérissés.

Cette plante, connue sous le nom vulgaire de *verge-d'or*, est amère,
astringente, vulnéraire, détersive, diurétique.

Hab. les bois et les pacages montagneux, aux environs du Vigan, de l'Espérou, etc. ♃ Fl. juin-septembre.

2. S. GLABRA *Desf. cath. h. par. ed.* 3, *p.* 402 ; *Dec. prod.* 5,
p. 331 ; *S. serotina ait. Kew. ed.* 1 , *vol.* 3 , *p.* 211. — Racine
blanchâtre, garnie de fibres très-longues. Tige droite, raide,
cylindrique, finement striée, glabre, lisse, simple, garnie de
feuilles dans toute son étendue, haute de 8-12 décim. Feuilles
glabres, *dentées en scie dans leur moitié supérieure*, lancéolées-
linéaires, acuminées, rétrécies en pétiole court, rudes sur les
bords, à 3 nervures, dont les 2 latérales partent de la moitié
inférieure de la médiane, qui longe toute la feuille. Fleurs jaunes,
en petits capitules *unilatéraux, dressés*, disposés en panicule
pyramidale, à rameaux rapprochés, *très-étalés et arqués en
dehors*. Involucre à folioles inégales, linéaires, d'un vert jaunâtre,
à bords scarieux ; les extérieures lâches, simulant des bractéoles
dont le pédicelle est garni. Demi-fleurons courts, oblongs, obtus.
Akènes hérissés.

Hab. les bords du Gardon à Anduze. ♃ Fl. août.

3. S. LITHOSPERMIFOLIA *Willd. enum.* 891 ; *Dec. prodr.* 5,
p. 339 ; *Godr. et Gren. fl. fr.* 2, *p.* 93. — Racine comme la
précédente. Tige de 8-12 décim. , droite, très-feuillée, simple ,
cylindrique, plus ou moins pubescente, un peu rude, légèrement
striée. Feuilles lancéolées, acuminées, rétrécies en pétiole court,
très-entières, rarement dentées en scie, pubescentes, scabres sur
les bords et sur les faces, à 3 nervures, dont les 2 latérales partent de la moitié inférieure de la médiane , qui longe toute la
feuille. Fleurs jaunes, en petits capitules presque unilatéraux,
la plupart dressés, disposés en panicule pyramidale, à rameaux
rapprochés, *étalés-dressés*, un peu courbés en dehors au sommet.
Involucre à folioles très-inégales, lâches, linéaires-aiguës, d'un
vert jaunâtre, à bords scarieux, distinctes des bractéoles portées
sur les pédicelles. Demi-fleurons linéaires, allongés. Akènes
hérissés.

Hab. sur les bords du Rhône, au Pont-St-Esprit (Garaizo), et dans une
île du Rhône, à Coudoulet. ♃ Fl. septembre.

6° gr. LINOSYRIS. — LINOSYRIS (Lob. hist. 223.)

Involucre à 2-3 rangs de folioles imbriquées. Fleurons tous

hermaphrodites, tubuleux, à 5 dents profondes. Style court, à branches dressées. Akènes oblongs-comprimés, unis ; aigrettes toutes semblables, à poils scabres, disposés sur 2 rangs. Réceptacle dépourvu de paillettes, un peu convexe, profondément alvéolé, à bords des alvéoles membraneux, dentés. Feuilles alternes.

1. **L. VULGARIS** *Dec. prodr.* 5, *p.* 352 ; *Godr. et Gren. fl. fr.* 2, *p.* 94 ; *Chrysocoma linosyris Lin. sp.* 1178 ; *Dec. fl. fr.* 4, *p.* 141 ; *Clus. hist.* 1, *p.* 325, *fig.* 2 ; *Col. ecphr. t.* 82. — Racine dure, noirâtre, à fibres filiformes, à souche ligneuse, rameuse, un peu traçante. Tiges de 2-5 décim., dressées, grêles, raides, cylindriques, striées, simples, glabres. Feuilles éparses, très-nombreuses, rapprochées, linéaires-aiguës, dressées, glabres, rudes sur les bords et à la face inférieure. Fleurs d'un beau jaune, en capitules hémisphériques, réunis en corymbe terminal. Involucre à folioles linéaires-aiguës, inégales, lâchement imbriquées, les extérieures se réunissant aux bractéoles dont les pédicelles sont garnis. Fleurons à divisions linéaires, étalées, dépassant longuement l'involucre. Akènes blanchâtres, oblongs, comprimés, hérissés ; aigrettes blanches, puis roussâtres.

Hab. les coteaux pierreux, à la Chartreuse de Valbonne, à St-Michel, à Boussargues. ♃ Fl. septembre-octobre.

7ᵉ gʳᵉ. **PHAGNALON.** — **PHAGNALON.** (Cass. bull. phil. 1819, p. 174.)

Involucre à folioles scarieuses imbriquées. Fleurons tous tubuleux ; ceux de la circonférence *filiformes*, sur plusieurs rangs, les femelles souvent avortés ; ceux du disque hermaphrodites, à 5 dents. Style filiforme, bifide au sommet. Akènes cylindriques, unis, hérissés ; aigrettes toutes semblables, à poils scabres, sur un seul rang. Réceptacle plane, *nu*.

1. **PH. SORDIDUM** *Dec. prodr.* 5, *p.* 396 ; *Godr. et Gren. fl. fr.* 2, *p.* 94 ; *Gnaphalium sordidum Lin. sp.* 1193 ; *Conyza sordida Dec. fl. fr.* 1, *p.* 140 ; *Barr. ic. t.* 277 *et* 368. — Racine brune, épaisse, ligneuse. Tiges frutescentes inférieurement, peu élevées, dressées, très-rameuses dès la base, à rameaux ascendants, de 1-2 décim., grêles, blancs-cotonneux. Feuilles étroites, linéaires, très-entières, à bords roulés en dessous, blanchâtres, cotonneuses, surtout en dessous. Fleurs d'un brun jaunâtre, en capitules presque sessiles, ordinairement ternés au sommet de pédoncules allongés, axillaires, munis de bractéoles à la base des capitules. Involucre ovoïde, à folioles inégales, glabres, *appliquées ;* les intérieures oblongues-lancéolées ; les extérieures ovales, un peu aiguës, toutes luisantes, d'un vert jaunâtre, largement fauves-scarieuses au bord et au sommet. Akènes petits, hérissés.

Hab. contre les rochers et les vieux murs aux environs de Nimes, au pont du Gard, à Uzès, la Roque, le Vigan, St-Hippolyte, Anduze, St-Ambroix. ♃ Fl. mai–juin.

8° g^{re}. **CONYZE. — CONYZA.** (Less. syn. 203.)

Involucre à folioles imbriquées, sur plusieurs rangs. Fleurons de la circonférence femelles, sur plusieurs rangs, *filiformes, tronqués ou à 2-3 dents courtes;* ceux du disque hermaphrodites, peu nombreux, tubuleux, à 5 dents. Akènes linéaires, *comprimés,* atténués à la base, *unis;* aigrettes *toutes semblables,* unisériées, à poils à peine scabres. Réceptacle plane ou convexe, *ponctué.* Feuilles alternes.

1. **C. AMBIGUA** *Dec. fl. fr. 5, p.* 468; *Godr. et Gren. fl. fr. 2, p.* 96; *Erigeron linifolium Willd. sp. 3, p.* 1955. — Racine blanchâtre, pivotante ou rameuse, très-fibreuse, souvent coudée au sommet. Tige de 3-6 décim., droite, anguleuse, simple ou rameuse supérieurement, un peu rude, hérissée de poils dilatés à leur base, qui donnent à la plante un aspect grisâtre, à rameaux latéraux, dépassant celui du centre. Feuilles linéaires-lancéolées, très-entières, hérissées, rudes, brièvement ciliées, mucronées, uninerviées; les inférieures spatulées, souvent munies de quelques dents, détruites au moment de la floraison. Fleurs blanches, en capitules hémisphériques, disposés en grappes oblongues, terminales; pédoncules axillaires, étalés-dressés. Involucre à folioles inégales, linéaires-acuminées, hispides; les intérieures scarieuses aux bords. Akènes un peu hérissés; aigrettes rousses.

Hab. les champs cultivés aux envitons de Nimes, de Vallabrègues. ♃ Fl. juillet-novembre.

9° g^{re}. **VERGERETTE.—ERIGERON.** (Lin. gen. 951.)

Involucre à folioles imbriquées sur plusieurs rangs. Fleurons de la circonférence femelles, disposés sur plusieurs rangs, tous en languette ou les intérieurs *filiformes, tubuleux;* ceux du centre tubuleux, à 5 dents, hermaphrodites. Akènes oblongs, comprimés, velus, *unis;* aigrettes toutes semblables, à poils un peu scabres, sur un seul rang. Réceptacle presque plane, dépourvu de paillettes, alvéolé. Feuilles alternes.

1. { Capitules assez gros, solitaires ou peu nombreux au sommet des rameaux: fleurons ligulés purpurins.. **ACRIS.**
{ Capitules petits, en grappes latérales, fournies; fleurons ligulés, d'un blanc jaunâtre.............. **CANADENSIS.**

1. **E. CANADENSIS** *Lin. sp.* 1210; *Dec. fl. fr. 4, p.* 144; *Barrel. ic.* 1164; *Bocc. sic. t.* 46. — Racine blanchâtre, pivotante, sinueuse. Tige de 4-12 décim., droite, raide, hérissée,

cylindrique, cannelée, solitaire, ou naissant souvent 3-4 du collet
de la racine, simple inférieurement, rameuse au sommet. Feuilles
velues, un peu rudes, ciliées, lancéolées ou linéaires, rétrécies
à la base et au sommet, entières, ou les inférieures dentées en
scie ; les radicales plus larges et plus courtes, obtuses. Fleurs
blanchâtres, en capitules très-petits, très-nombreux, disposés en
grappes latérales, souvent rameuses, rapprochées et formant au
sommet de la tige une panicule très-longue. Involucre à folioles
lâches, linéaires-acuminées, scarieuses sur les bords ; pédicelles
courts, munis de petites bractées. Fleurons de la circonférence
blanchâtres, *tous ligulés*, dressés, égalant ou dépassant peu
l'involucre ; ceux du centre jaunes. Akènes jaunâtres, hérissés,
de moitié plus courts que l'aigrette ; celle-ci peu fournie, fragile,
d'un blanc sale.

Hab. les champs cultivés dans tout le département. ① Fl. juillet-septembre.

2. E. ACRIS *Lin. sp.* 1211 ; *Dec. fl. fr. 4, p. 142 ; Lamk. ill.
t. 681, fig. 1 ; Drèves et Hayne, pl. d'Eur. t. 27 ; Dod. pempt. 641,
fig. inf. dext.* — Racine brunâtre ou jaunâtre, dure, rameuse.
Tiges de 2-4 décim., solitaires ou naissant 3-4 du collet de la
racine, cylindriques, striées, droites ou ascendantes, raides, souvent rougeâtres, hérissées, un peu rudes, rameuses au sommet.
Feuilles pubescentes-hérissées, oblongues-lancéolées, ordinairement entières ; les radicales nombreuses, rétrécies en pétiole ailé,
obtuses et plus grandes, disposées en rosettes ; les caulinaires
sessiles, un peu aiguës, quelquefois ondulées. Capitules peu nombreux, solitaires, rarement 2-3 au sommet des rameaux, *disposés
en corymbe* lâche, terminal ; rameaux grêles, plus ou moins
allongés, munis de bractéoles subulées. Involucre pubescent ou
velu, à folioles linéaires-aiguës ; les extérieures beaucoup plus
courtes, serrées. Fleurons de la circonférence ligulés, très-étroits,
d'un bleu violet, égalant ou dépassant le disque ; ceux du disque
jaunes. Akènes roux, un peu hérissés, avec une bordure orangée.
Aigrettes blanches ou rousses, 2 fois de la longueur des akènes.

Hab. les lieux arides dans tout le département. ② Fl. juin-août.

IIIe g^{re}. ASTER. — ASTER. (Nées. ast. 16.)

Involucre à folioles lâches, imbriquées sur plusieurs rangs.
Fleurons de la circonférence ligulés, femelles, disposés sur un
seul rang, bleus ou violets ; ceux du disque tubuleux, hermaphrodites, jaunes. Akènes obovales ou oblongs, comprimés, plus
ou moins hérissés, dépourvus de côtes ; aigrettes toutes semblables, à poils scabres, disposés sur plusieurs rangs. Réceptacle
presque plane, nu, alvéolé ; alvéoles bordées d'une membrane
dentée. Feuilles alternes.

1. { Tige uniflore de 1-2 décim.............................. ALPINUS.
   { Tige pluriflore de 3-12 décim...................... 2.

2. { Folioles de l'involucre obtuses...................... 3.
   { Folioles de l'involucre aiguës .... 4.

3. { Feuilles charnues, lisses sur les faces; folioles de
     l'involucre presque sur un seul rang............ TRIPOLIUM.
   { Feuilles non charnues, rudes sur les faces; folioles
     de l'involucre sur plusieurs rangs............... AMELLUS.

4. { Feuilles linéaires, ponctuées, atténuées aux deux
     extrémités... ACRIS.
   { Feuilles lancéolées, non ponctuées, embrassantes.. 5.

5. { Feuilles auriculées: fleurs en panicule............. BRUMALIS.
   { Feuilles non auriculées: fleurs presque en corymbe. NOVI-BELGII.

1. **A. ALPINUS** *Lin. sp.* 1226; *Dec. fl. fr. 4, p.* 144; *Jacq. aust. 1.* 88; *Clus. hist. 2, p.* 15, *fig.* 2. — Racine brune, garnie de fibres longues et simples, à souche rameuse, ligneuse, quelquefois simple, donnant naissance à des tiges de 1-2 décim., droites, simples, fistuleuses, un peu dilatées sous le capitule, plus ou moins velues. Feuilles entières, un peu rudes, plus ou moins velues, ciliées; à 3 *nervures;* les latérales peu saillantes, les radicales ovales-oblongues, obtuses, rétrécies en pétiole ailé; les caulinaires peu nombreuses, linéaires, *rétrécies à leur base*, d'autant plus étroites qu'elles sont supérieures. Capitule grand, *solitaire, terminal.* Involucre à folioles presque égales, aiguës, velues, ciliées, scarieuses au sommet et sur les bords, surtout les intérieures. Fleurons de la circonférence ligulés, violets. Aigrette d'un blanc roussâtre.

Hab. contre les rochers, près du Capellier, sur la route du Vigan, à Saint-Jean-du-Bruel. ♃ Fl. juin-septembre.

2. **A. AMELLUS** *Lin. sp.* 1226; *Dec. fl. fr. 4, p.* 145, *et 5, p.* 469; *Jacq. aust. t.* 435; *Cluss. hist. 2, p.* 16, *fig.* 1. — Racine brune, garnie de fibres longues et simples, à souche rameuse, ligneuse, donnant naissance à des tiges de 3-6 décim., dressées, simples ou peu rameuses, légèrement anguleuses, pubescentes, rudes, quelquefois rougeâtres. Feuilles pubescentes-rudes, entières, rarement dentées, un peu raides, *nerviées*, oblongues-lancéolées, *rétrécies à la base;* les inférieures oblongues, plus larges, obtuses, rétrécies en pétiole ailé, desséchées à la floraison. Capitules en *corymbe* terminal, simple ou rarement composé. Involucre à folioles inégales, oblongues, obtuses, raides, ciliées; les extérieures *élargies au sommet*, vertes et *courbées en dehors;* les intérieures dressées, scarieuses et rougeâtres au sommet et sur les bords. Fleurons de la circonférence d'un bleu lilas. Akène roussâtre, très-velu; aigrette d'un blanc roussâtre.

Cette plante est connue sous le nom vulgaire d'*œil-de-Christ.*

Hab. les bois de Salbous, près Campestre, les fentes des rochers à Lanuejols (Diomède). ♃ Fl. août-septembre.

3. **A. TRIPOLIUM** *Lin. sp.* 1226; *Dec. fl. fr.* 4, *p.* 145; *Fl. dan. t.* 615; *Gmel. sib.* 2, *t.* 80, *fig.* 2; *Dod. pempt.* 379. — Racine pivotante, sinueuse, souvent rameuse. Tige dressée, rameuse, souvent dès la base, glabre ou pubescente, cannelée, ordinairement rougeâtre. Feuilles *charnues*, très-glabres, lisses, rudes sur les bords, entières ou rarement dentées; les inférieures pétiolées, elliptiques, obtuses, à 3 nervures; les supérieures peu nombreuses, linéaires-lancéolées, *rétrécies à la base et au sommet*. Capitules disposés en *corymbes lâches*, au sommet des rameaux, simples ou divisés, à pédoncules munis de petites bractées linéaires-aiguës. Involucre à folioles presque sur un rang; les extérieures peu nombreuses, ovales-obtuses, *non étalées*, beaucoup plus courtes que les intérieures; celles-ci oblongues, obtuses, scarieuses et rougeâtres sur les bords et au sommet. Fleurons de la circonférence violets ou purpurins. Akènes roussâtres, lâchement hérissés; aigrette à poils longs, blancs, soyeux.

Hab. les prairies humides, les pacages et les marais salants, à St-Gilles, Bellegarde, Aigues-Mortes. ♃ Fl. août-octobre.

4. **A. BRUMALIS** *Nées. ast.* 70; *Dec. prodr.* 5, *p.* 236; *Ast. Novi-Belgii Willd. sp.* 3, *p.* 2048. — Tige de 6-9 décim., droite, glabre ou un peu pubescente, garnie de feuilles jusqu'au sommet, cylindrique, striée, raide. Feuilles lancéolées, acuminées, *embrassantes, prolongées à la base, en 2 oreillettes arrondies*, glabres, nerviées, scabres sur les bords; les inférieures munies de quelques dents étalées; celles des rameaux plus petites, très-entières. Capitules solitaires au sommet des rameaux, disposés en *panicule pyramidale, garnie de feuilles*, simple ou divisée. Involucre à folioles lâches, égales, *linéaires-mucronées*, bordées d'une membrane blanche, étroite, plus large à la base. Fleurons de la circonférence lilas clair. Akènes lâchement hérissés; aigrettes d'un blanc sale.

Hab. les bords du Rhône au pont St-Esprit, le bord des ruisseaux Valbel, à Aulas. ♃ Fl. septembre-octobre.

5. **A. NOVI-BELGII** *Lin. sp.* 1231; *Dec. prodr.* 5, *p.* 238; *Ast. serotinus Willd. sp.* 3, *p.* 2049. — Cette espèce diffère de la précédente : par ses feuilles moins larges, embrassantes, *non prolongées, à la base en oreillettes*; par les dents de ses feuilles inférieures plus petites et appliquées; par ses rameaux garnis de petites feuilles, terminés par plusieurs capitules et disposés en *corymbe*.

Hab. les bords du Rhône près d'Aramon. ♃ Fl. août-septembre.

6. **A. ACRIS** *Lin. sp.* 1228; *Dec. fl. fr.* 4, *p.* 146, *et* 5, *p.* 469; *Ast. hyssopifolius Cav. ic.* 3, *p.* 17, *t.* 232; *Galatella punctata Dec. prodr.* 5, *p.* 255; *Garid. aix. t.* 11; *Barr. ic.* 606. —

Racine brune, garnie de fibres, à souche rameuse, ligneuse-
Tiges de 3-5 décim., droites, raides, striées, glabres ou pubes.
centes, rudes, garnies de feuilles dans toute leur étendue. Feuilles
rapprochées, linéaires ou linéaires-lancéolées, rétrécies au sommet
et à la base, raides, *fortement ponctuées*, scabres sur les bords,
portant souvent à leurs aisselles des faisceaux de feuilles plus
petites; les inférieures *à 3 nervures, dont les 2 latérales un peu
visibles seulement à la base ;* celles des rameaux très-nombreuses,
courtes, linéaires-aiguës. Capitules en corymbe divisé, serré, plus
ou moins ample, à pédoncules garnis de petites bractées. Involucre à folioles imbriquées, linéaires-lancéolées, étroitement scarieuses sur les bords ; les intérieures plus longues, rougeâtres et
largement scarieuses sur les bords. Fleurons de la circonférence
d'un bleu lilas. Akènes couverts de poils ascendants; aigrette
roussâtre.

Hab. les bois et les garrigues, aux environs de Nîmes, au pont du Gard,
à la Chartreuse de Valbonne, à Aigues-Mortes. 2 Fl. août-octobre.

On cultive dans nos jardins un grand nombre d'espèces d'aster, entre
autres l'*aster chinensis Lin.*, vulgairement *reine-marguerite* qui se distingue
par sa durée annuelle, par sa tige hispide, ses rameaux terminés par un
capitule très-ample, à fleurons de la circonférence de couleur très-variée,
très-longs, à folioles de l'involucre foliacées, ciliées: par ses feuilles pétiolées,
ovales, à larges dents: les supérieures lancéolées et sessiles.

11ᵉ gᵉ. PAQUERETTE. — BELLIS. (Lin. gen. 962.)

Capitules radiés, à fleurons de la circonférence ligulés, femelles
sur un rang; ceux du centre tubuleux, hermaphrodites. Involucre
à folioles égales, sur 2 rangs. Akènes obovales, comprimés,
entourés d'une bordure saillante obtuse, dépourvus de côtes,
de couronne membraneuse et d'aigrette. Réceptacle conique,
dépourvu de paillettes.

1. { Feuilles en rosette presque radicale............... 2.
   { Feuilles éparses sur la moitié inférieure de la tige.. **ANNUA**.

2. { Feuilles uninerviées, souvent glabres............. **PERENNIS**.
   { Feuilles trinerviées, jamais glabres............. **SYLVESTRIS**.

1. **B. ANNUA** *Lin. sp.* 1249; *Dec. fl. fr. 4, p.* 186; *Bocc. mus.
t.* 35. — Racine formée d'un faisceau de fibres capillaires, roussâtres. Tige de 5-15 centim., *rameuse dès la base*, tantôt dressée
ou ascendante, tantôt à rameaux étalés en rosette, *feuillés dans
leur moitié inférieure*, nus supérieurement; velue dans le bas,
pubescente dans le haut. Feuilles pubescentes, molles, ciliées,
ovales, spatulées, rétrécies en pétiole ailé, obtuses, dentées ou
crénelées au sommet. Capitules solitaires au sommet des rameaux,
plus petits que dans les deux espèces suivantes. Involucre à
folioles oblongues, vertes, étroitement membraneuses sur les
bords, ciliées au sommet. Fleurons de la circonférence nombreux,
blancs, très-souvent roses en dessous, étroits, 2 fois plus longs

que le disque, dont les fleurons sont jaunes. Akènes très-petits, finement velus.

Hab. les terrains salants, les pacages, à **Aigues-Mortes**, **St-Gilles**, **Belle-garde**, **Sylvéréal**. ♃ Fl. mars-juin.

2. **B. perennis** *Lin. sp.* 1248 ; *Dec. fl. fr.* 4, *p.* 185; *Lamk. ill. t.* 677 ; *Drèves et Hayne, chx. des pl. d'Eur. t.* 8 ; *Fuchs. hist.* 147, *ic.* — Souche brune, tronquée, ordinairement rameuse, dépourvue de fibres blanchâtres, assez longues, à rameaux courts, souterrains ou aériens. Tige *simple*, en forme de hampe. Feuilles *ovales-spatulées*, rétrécies en pétiole ailé, crénelées supérieurement, un peu épaisses, *uninerviées*, disposées en rosette au bas de la tige, *paraissant toutes radicales.* Capitule solitaire, terminant la tige beaucoup plus longue que les feuilles. Involucre à folioles oblongues-lancéolées, *obtuses*, herbacées, hérissées. Fleurons de la circonférence nombreux, blancs, souvent rouges en dessous, 2 fois de la longueur du disque; ceux du centre jaunes. Akènes finement velus. Plante tantôt glabre, tantôt velue.

Cette plante, connue sous le nom vulgaire de *petite marguerite*, en patois *margarideta*, est vulnéraire, émolliente, résolutive, détersive, diurétique.

Hab. les prairies, les pelouses, les pacages, dans tout le département. ♃ Fl. mars-novembre.

On cultive souvent dans les jardins plusieurs variétés de cette espèce, doubles ou prolifères.

3. **B. sylvestris** *Cyr. pl. rar.* 2, *p.* 12, *t.* 4 ; *Dec. fl. fr.* 5, *p.* 478 ; *Dod. pempt.* 265, *fig.* 1. — Cette espèce diffère de la précédente : par ses tiges plus élevées et plus robustes; par ses feuilles *oblongues-lancéolées, insensiblement rétrécies en pétiole*, toujours couvertes d'un duvet grisâtre, *à* 3 *nervures*, dont la médiane translucide; par ses capitules plus grands; par les folioles de son involucre un peu aiguës et d'un vert sombre; enfin, par sa fleuraison toujours automnale. Elle a le port et l'aspect du *bellidiastrum Michelii*, dont elle diffère par ses akènes dépourvus d'aigrette.

Hab. les bois, les prairies, les lieux herbeux, aux environs de Nîmes, de St-Gilles, de Tresques, du pont du Gard, du Vigan. ♃ Fl. septembre-novembre.

12° g°. **DORONIS. — DORONICUM.** (Lin. gen. 959.)

Capitules radiés, à fleurons de la circonférence femelles, ligulés, sur un rang ; ceux du centre hermaphrodites, tubuleux. Involucre hémisphérique ou presque plane, à folioles presque égales, disposées sur 2-3 rangs. Stigmates des fleurons du centre capités, surmontés d'une pointe velue. Akènes oblongs-cylindriques, sillonnés; ceux de la circonférence sans aigrette; ceux du centre à aigrette sessile, à poils disposés sur plusieurs rangs. Réceptacle un peu convexe, dépourvu de paillettes ou velu. Feuilles alternes. Fleurs jaunes.

1.
- Feuilles radicales profondément échancrées en cœur à la base; les caulinaires contractées et auriculées.......................... 2.
- Feuilles radicales non échancrées en cœur: les caulinaires non auriculées.................. PLANTAGINEUM.

2.
- Feuilles caulinaires écartées; pédoncules peu nombreux.......................... PARDALIANCHES.
- Feuilles caulinaires rapprochées: pédoncules nombreux en corymbe.................. AUSTRIACUM.

1. **D. PLANTAGINEUM** *Lin. sp.* 1247; *Dec. fl. fr. 4, p.* 174; *Lob. ic.* 648, *fig.* 2, *médiocre; Moris. hist. s.* 7, *t.* 24, *fig.* 9, *médiocre.* — Souche *épaisse, rampante, noueuse,* terminée en un bulbe arrondi, garni de poils laineux, à fibres radicales, blanchâtres, assez épaisses. Tige de 4-7 décim., droite, faible, fistuleuse, striée, presque toujours simple, peu feuillée, pubescente, un peu glanduleuse vers le sommet. Feuilles presque glabres ou pubescentes, très-nerveuses; les radicales larges, ovales ou ovales-elliptiques, *plus ou moins décurrentes sur leur pétiole allongé,* sinuées, largement dentées; les caulinaires atténuées en pétiole ailé, *sans auricule à la base;* les supérieures lancéolées, demi-embrassantes. Capitule ordinairement solitaire, terminal. Réceptacle à folioles linéaires-sétacées, velues, ciliées. Fleur jaune, à rayons nombreux, tridentés. Akènes hérissés. Réceptacle velu.

Hab. les lieux ombragés et frais, aux bords du Gardon, à St-Nicolas, au pont du Gard, sur l'Espérou, aux environs de Brama-Bioou (Guan. herb.). ♃ Fl. avril—mai.

2. **D. PARDALIANCHES** *Willd. sp.* 3, *p.* 2113; *Dec. fl. fr. 4, p.* 173; *Jacq. austr. t.* 350; *Clus. hist.* 2, *p.* 16, *fig.* 2. — Souche comme la précédente. Tige de 4-7 décim., droite, faible, fistuleuse, striée, rarement simple, hérissée. Feuilles pubescentes, sinuées-dentées; les radicales à pétiole allongé, *hérissé, à limbe large, ovale, arrondi, profondément cordé;* les caulinaires contractées en pétiole ailé, largement dilaté à la base, *en oreillettes arrondies,* dentées, *embrassantes;* les supérieures oblongues, embrassantes. Capitules grands, solitaires, terminant les tiges et les rameaux. Réceptacle à folioles linéaires-sétacées, glanduleuses, ciliées. Fleurs jaunes, à rayons nombreux, tridentés. Akènes de la circonférence glabres; ceux du centre velus. Réceptacle velu.

Hab. les bois de Salbous et de l'Espérou ♃ Fl. juin—juillet.

3. **D. AUSTRIACUM** *Jacq. austr.* 2, *p.* 18, *t.* 130; *Dec. fl. fr.* 5, *p.* 475; *Clus. hist.* 2, *p.* 19, *ic.* — Souche courte, tronquée, *non rampante.* Tige de 8-10 centim., droite, plus ou moins velue, sillonnée-anguleuse, rameuse, fistuleuse. Feuilles brièvement

pubescentes, rarement glabres, dentelées ; les radicales pétiolées, ovales-obtuses, *profondément cordiformes à la base*, plus petites que les autres ; les caulinaires nombreuses, rapprochées, amples, oblongues-lancéolées, acuminées, contractées en pétiole largement ailé, prolongé *en 2 oreillettes larges, arrondies, embrassantes*, dentées ; les supérieures oblongues ou lancéolées, embrassantes, sans oreillettes. Capitules grands, à rayons allongés, disposés en forme de corymbe ; pédoncules uniflores, plus ou moins allongés ; celui du centre plus court. Réceptacle à folioles linéaires-sétacées, velues, ciliées. Fleurs jaunes, à rayons nombreux, tridentés. Akènes velus ; ceux de la circonférence glabres. Réceptacle *garni de poils*.

Hab. les bois et les bords des ruisseaux des montagnes, sur toute la chaîne de l'Espérou, dans le bois de *Longuesfeuilles*, près Concoule. ♃ Fl. juin–août.

13ᵉ gʳᵉ. ARNIQUE. — ARNICA. (Lin. gen. 958, excl. sp.)

Capitules radiés, à fleurons de la circonférence femelles, ligulés, sur un rang ; ceux du centre hermaphrodites, tubuleux. Involucre campanulé, *à 2 rangs de folioles, égales, imbriquées*. Stigmates des fleurs du centre renflés, surmontés d'une pointe pubescente. Akènes cylindriques, sillonnés, *tous pourvus d'une aigrette à poils simples et rudes, disposés sur un seul rang*. Réceptacle nu. Feuilles entières, opposées.

1. **A. montana** *Lin. sp.* 1245 ; *Dec. fl. fr. 4, p.* 175 ; *Fl. dan. t.* 53 ; *Drèves et Hayne, pl. d'Eur. t.* 107. — Souche brune, oblique, garnie de fibres allongées, un peu épaisses. Tige de 3-5 décim., droite, raide, cylindrique, striée, simple ou peu rameuse au sommet, couverte, surtout vers le haut, de poils glanduleux, un peu raides, à rameaux presque opposés. Feuilles obovales ou oblongues, obtuses, entières, sessiles, nerviées, pubescentes en dessus et sur les bords, souvent glabres en dessous ; les radicales en rosette ; les caulinaires plus petites, peu nombreuses, opposées, distantes. Capitules grands, solitaires, terminant la tige et les rameaux. Involucre à folioles dressées, lancéolées-aiguës, velues, ciliées. Fleurs d'un beau jaune orangé, à rayons étalés, larges, oblongs, veinés, tridentés. Akènes brunâtres, hérissés, à aigrette blanchâtre, de sa longueur.

Cette plante, connue vulgairement sous le nom de *tabac des montagnes*, de *bétoine de montagne*, est tonique, vulnéraire, résolutive et un peu vomitive ; sa poudre est un violent sternutatoire.

Hab. les prairies élevées et humides, sur toute la chaîne de l'Espérou, à Concoule. ♃ Fl. juin–juillet.

14ᵉ gʳᵉ. SENEÇON. — SENECIO. (Lessing, 391.)

Capitules radiés, rarement discoïdes ; fleurons de la circon-

férence ligulés, femelles, quelquefois nuls ; ceux du centre tubuleux, hermaphrodites. Involucre cylindrique ou campanulé , *à
un seul rang de folioles soudées à leur base*, tachées de noir ou
de brun au sommet, *muni, à sa base, d'écailles accessoires,
courtes*. Stigmate des fleurs du centre tronqué et velu au sommet.
Akènes cylindriques , sillonnés, munis *d'une aigrette à poils
simples, mous, disposés sur plusieurs rangs*. Réceptacle nu,
alvéolé-membraneux. Feuilles alternes ; fleurs jaunes.

1. { Feuilles entières ou dentées.................. 2
{ Feuilles plus ou moins découpées.............. 7.

2. { Tige et feuilles glabres ou presque glabres...... 3.
{ Tige et dessous des feuilles cotonneux-blanchâtres. 5.

3. { Feuilles caulinaires un peu décurrentes sur la tige. **DORIA.**
{ Feuilles non décurrentes.................. 4.

4. { Folioles de l'involucre glabres ; corymbe serré... **SARACENICUS.**
{ Folioles de l'involucre pubescentes ; corymbe
   lâche............................ **JACQUINIANUS.**

5. { Capitules de 1–5, plante de 2–5 décim......... 6.
{ Capitules nombreux ; plante de 8–10 décim...... **PALUDOSUS.**

6. { Écailles accessoires de la longueur de l'involucre ;
   tige à plusieurs fleurs d'un jaune vif......... **DORONICUM.**
{ Écailles accessoires beaucoup plus courtes que
   l'involucre ; tige à une fleur d'un jaune pâle. . **GERARDI.**

7. { Demi-fleurons nuls ou courts, roulés en dehors. 8.
{ Demi-fleurons étalés, rayonnants............. 11.

8. { Demi-fleurons nuls...................... **VULGARIS.**
{ Demi-fleurons courts, roulés en dehors........ 9.

9. { Plante très-visqueuse ; akènes glabres.......... **VISCOSUS.**
{ Plante non visqueuse ; akènes velus............ 10.

10. { Feuilles profondément pinnatifides ; capitules
    nombreux en corymbe serré................. **SYLVATICUS.**
{ Feuilles sinuées-dentées ; capitules peu nombreux
    en corymbe très-lâche................... **LIVIDUS.**

11. { Feuilles multifides, à lanières filiformes........ **ADONIDIFOLIUS.**
{ Feuilles pinnatifides ou lyrées, à lanières non fi-
    liformes............................ 12.

12. { Akènes de la circonférence glabres ; ceux du centre
    hérissés............................ 13.
{ Akènes tous hérissés..................... 15.

13. { Feuilles pinnatifides, à lobes à peu près égaux ;
    pédoncules dressés..................... **JACOBÆA.**
{ Feuilles lyrées, à lobe terminal très-ample ;
    pédoncules divariqués.................. 14.

14. { Feuilles à lobes latéraux obliques, le terminal
    oblong............................ **AQUATICUS.**
{ Feuilles à lobes latéraux étalés à angle droit, le
    terminal en cœur à la base, arrondi au sommet. **ERRATICUS.**

15. { Akènes noirs ; plante flexible, annuelle , de 1–4
    décim............................ **GALLICUS.**
{ Akènes grisâtres ; plante raide, vivace, de 6–10
    décim............................ **ERUCIFOLIUS.**

1. **S. VULGARIS** *Lin. sp.* 1216 ; *Dec. fl. fr. 4, p.* 161 ; *Fl.*

dan. t. 513; *Drèves et Hayne, pl. d'Eur. t.* 26; *Fuchs. hist.* 286, *ic.* — Racine pivotante ou oblique, courte, garnie de fibres nombreuses. Tige de 2-5 décim., dressée, tendre, rameuse, fistuleuse, striée, glabre ou pubescente, couverte quelquefois de poils floconneux. Feuilles molles, un peu succulentes, sinuées-pinnatifides, à lobes égaux, écartés, sinués-dentés, décurrents; les inférieures rétrécies en pétiole; les supérieures sessiles, auriculées, embrassantes. Capitules cylindriques, petits, ordinairement nombreux, en corymbes assez amples, au sommet des tiges et des rameaux. Involucre à folioles linéaires, *glabres*, scarieuses sur les bords, barbues au sommet, à écailles accessoires *très-courtes,* appliquées, à pointe noirâtre. Fleurons ligulés, ordinairement nuls. Akènes grisâtres ou bruns, velus.

Cette plante est connue sous le nom vulgaire d'*herbe au charpentier;* en patois, de *signassoun,* de *cardeca :* elle est émolliente, rafraîchissante. Les petits oiseaux sont très-friands de ses fruits.

Hab. les lieux cultivés dans tout le département. ① Fl. toute l'année.

2. **S. viscosus** *Lin. sp.* 1217; *Dec. fl. fr.* 4, *p.* 161; *Dill. elth. t.* 258, *fig.* 336. — Cette espèce diffère de la précédente : par les poils glanduleux-visqueux qui la couvrent; par son odeur désagréable; par ses feuilles à lobes plus profonds et moins distants, à bords un peu roulés; par ses capitules beaucoup plus gros, en corymbe plus lâche; par les folioles de son involucre *glanduleuses* sur le dos; par ses écailles accessoires moins courtes et moins tachées; par l'existence des demi-fleurons courts et roulés en dehors, et enfin par ses akènes *glabres* et plus gros.

Hab. les lieux pierreux, les bois, dans tout le département. ① Fl. juin-octobre.

3. **S. sylvaticus** *Lin. sp.* 1217; *Dec. fl. fr.* 4, *p.* 161; *Dill. elth. t.* 258, *fig.* 337; *Tabern. ic.* 169, *fig.* 1. — Racine pivotante ou oblique, courte, garnie de fibres. Tige de 4-8 décim., dressée, *ferme,* cylindrique, striée, pubescente, très-rameuse supérieurement. Feuilles pinnatifides, à lobes étroits, inégaux, dentés, ascendants; les radicales et les inférieures rétrécies en pétiole; les caulinaires auriculées, embrassantes. Capitules petits, nombreux, en corymbe au sommet de la tige et des rameaux. Involucre cylindracé, à folioles *non glanduleuses,* glabres ou pubescentes, étroites, linéaires-aiguës, scarieuses sur les bords, à écailles accessoires *très-courtes,* appliquées, à pointe non tachée. Fleurons de la circonférence ligulés, courts, roulés en dehors. Akènes petits, noirs, velus.

Hab. les bois et les bords des chemins aux environs du Vigan, à l'Espérou et dans toute la partie élevée du département. ① Fl. juin-septembre.

4. **S. lividus** *Lin. sp.* 1216; *Dec. fl. fr.* 5, *p.* 472; *S. nebro-*

densis Dec. fl. fr. 4, *p.* 162 *(non Lin.)* ; *S. fœniculaceus tenore,*
Fl. nap. 2 , *p.* 216 , *t.* 78. — Racine oblique , fibreuse. Tige de
2-6 décim. , dressée, cylindrique, striée , un peu ferme , plus ou
moins velue-glanduleuse, simple ou lâchement rameuse. Feuilles
molles , souvent violettes en dessous, sinuées-dentées ou pinnatifides , à lobes peu profonds , dentés , presque égaux ; les inférieures obovales, rétrécies en pétiole ; les supérieures lancéolées,
obtuses à leur sommet, très-élargies à leur base, prolongées en 2
oreillettes embrassantes. Capitules peu nombreux , un peu plus
gros que dans le *S. vulgaris,* disposés en corymbes terminaux ,
lâches et peu fournis. Involucre cylindracé, à folioles pubescentes-
glanduleuses , scarieuses sur les bords, quelquefois tachées au
sommet, linéaires, aiguës ; écailles accessoires appliquées , sétacées , *beaucoup plus courtes* que l'involucre. Fleurons de la circonférence ligulés, très-courts , roulés en dehors. Akènes noirs.
velus.

Plante à odeur de fenouil.

Hab. les lieux incultes au Vigan, à Aulas, à la Grand'Combe, près d'Alais ;
à Pallière , près d'Anduze. ① Fl. avril–septembre.

5. **S. GALLICUS** *Vill. dauph.* 3 , *p.* 230 ; *Dec. prodr.* 6 ,
p. 346 ; *S. squalidus Dec. fl. fr.* 4, *p.* 162 ; *S. laxiflorus viv. Fl.*
lib. 55, *t..*11, *fig.* 3 ; *Bocc. sic.* 76, *t.* 41, *fig.* 1 ; *Barr. ic. t.* 262,
fig. 2. — Racine pivotante, courte, garnie de fibres nombreuses.
Tige de 2-4 décim. , dressée, glabre ou munie de poils lâches ,
légèrement striée , rameuse dès la base. Feuilles un peu succulentes , pinnatifides , à lobes plus ou moins écartés , dentés ou
pinnatifides, à bords souvent roulés en dessous; il existe souvent
de petits lobules ou dents dans l'intervalle des lobes. Feuilles
radicales et inférieures pétiolées ; les supérieures dilatées à leur
base en oreillettes *incisées ,* embrassantes. Capitules peu nombreux , en corymbe lâche ; pédoncules munis de petites bractées
aiguës , demi-embrassantes. Involucre campanulé , à folioles
linéaires , subulées, scarieuses sur les bords , souvent tachées au
sommet, réfléchies à la maturité; 1-2 écailles accessoires. Fleurons de la circonférence assez longs , d'abord étalés , rayonnants,
puis roulés en dehors. Akènes bruns, brièvement velus.

Hab. les champs et les vignes dans tout le département. ① Fl. avril-août.

6. **S. ADONIDIFOLIUS** *Lois. fl. gall. ed.* 1 , *p.* 566 , *et ed.* 2,
t. 19 ; *S. artemisiœfolius Dec. fl. fr.* 5 , *p.* 472 ; *S. tenuifolius*
Dec. fl. fr. 4, *p.* 164. — Racine dure, garnie de fibres longues, à
souche *un peu rampante,* simple ou rameuse. Tige de 4-8 décim.,
droite, raide, cylindrique, striée, quelquefois rougeâtre, ordinairement simple ou rameuse au sommet , glabre, ainsi que le reste
de la plante. Feuilles d'un beau vert, *bi-tripinnées ,* à lobes
étroits , linéaires-aigus , entiers ou incisés ; les radicales et les

inférieures pétiolées, à pétiole *garni*, *dans toute sa longueur, de petits lobes simples dans le bas, incisés dans le haut;* les supérieures sessiles, embrassant la tige par ses lobes inférieurs. Capitules assez petits, nombreux, en corymbes terminaux *composés* et *compactes;* pédoncules munis de petites bractées subulées, entières ou incisées. Involucre obovale, souvent coloré, luisant, *cannelé à la maturité,* à folioles linéaires-aiguës, étroitement bordées de blanc, barbues au sommet, toujours dressées; écailles accessoires 2-3, appliquées. Fleurons de la circonférence ovales-oblongs, étalés-rayonnants. Akènes glabres.

Cette plante est connue, dans sa localité, sous le nom patois de *fenouillas,* les montagnards se servent de ses feuilles pour fumer, en remplacement du tabac.

Hab. les terrains granitiques et schisteux aux environs du Vigan, de l'Espérou, d'Alzon, de Concoule. 2- Fl. juin-août.

7. S. AQUATICUS *Huds. angl.* 366; *Dec. fl. fr.* 4, *p.* 163; *Engl. bot. t.* 1131; *Clus. hist.* 2, *p.* 23, *fig.* 1. —Racine épaisse, courte, oblique, garnie de fibres longues. Tige de 4-8 décim., droite, ordinairement simple inférieurement, rameuse au sommet, anguleuse, striée, à rameaux étalés-ascendants, glabre ou pubescente-aranéeuse, souvent rougeâtre. Feuilles quelquefois violettes en dessous, ordinairement glabres; les radicales et les inférieures pétiolées, ovales ou oblongues, dentées ou lyrées, à lobe terminal très-grand, *non arrondi;* les supérieures lyrées ou pinnatifides, embrassant la tige par 2 oreillettes incisées, à lobes latéraux *obliques, linéaires ou oblongs, sinués ou dentés.* Capitules assez gros, en corymbe terminal, assez lâche; pédoncules un peu renflés au sommet, *étalés-dressés,* munis de bractées linéaires, subulées. Involucre campanulé, hémisphérique, à folioles oblongues-acuminées, glabres, bordées d'une membrane large, scarieuse, pubescentes et souvent tachées au sommet; écailles accessoires 2-5, linéaires, subulées, plus courtes de moitié que l'involucre, plus ou moins appliquées. Fleurons de la circonférence étalés-rayonnants, à la fin roulés en dehors au sommet. Akènes grisâtres; *ceux de la circonférence glabres;* ceux du centre *un peu velus* au fond des cannelures.

Hab. les bords des fossés, à Montfrin, au Cailar, à la Calmette, etc. ② Fl. juin-octobre.

8. S. ERRATICUS *Bertol. amœnit. ital.* 92; *Godr. et Gren. fl. fr.* 2, *p.* 115; *Dec. prodr.* 6, *p.* 349; *Mut. fl. fr. t.* 29, *fig.* 239. — Cette espèce, très-ressemblante à la précédente et dont elle pourrait bien n'être qu'une variété, en diffère : par ses feuilles la plupart lyrées, à lobe terminal, surtout des feuilles inférieures, très-grand, elliptique, *cordé à la base, obtus-arrondi au sommet,* à lobes latéraux *profonds,* oblongs ou ovales, dentés, très-étalés ; par ses capitules plus petits ; par ses pédoncules et ses rameaux *divariqués.*

Hab. les bords des fossés, les prés aquatiques, à St-Gilles, au Caylar, à la Calmette, etc. ② Fl. juin-septembre.

9. **S. JACOBÆA** *Lin. sp.* 1219 ; *Dec. fl. fr.* 4, *p.* 163 ; *Engl. bot.* 1130 ; *Fuchs. hist.* 742, *ic.* ; *Clus. hist.* 2, *p.* 22, *fig.* 1 ; *Camer. epit.* 870, *ic.* — Racine épaisse, tronquée, oblique, garnie de fibres longues. Tige de 5-10 décim., droite, raide, cylindracée, striée, plus ou moins rameuse, glabre ou pubescente-aranéeuse, souvent rougeâtre. Feuilles glabres ou un peu ara-néeuses, quelquefois rougeâtres en dessous ; les radicales et les inférieures pétiolées, lyrées ou pinnatifides, à lobe terminal quelquefois très-grand, ovale ou oblong, inégalement denté ou incisé ; les supérieures pinnatifides, à lobes oblongs, *divariqués, incisés* ou *dentés*, munies, à leur base, de 2 oreillettes embrassantes, laciniées. Capitules assez gros, en corymbe terminal, tantôt lâche, tantôt serré, à *rameaux et pédoncules dressés.* Involucre campanulé hémisphérique, à folioles oblongues-lancéolées, scarieuses sur les bords, à 1-3 nervures dorsales, pubescentes et tachées au sommet ; écailles accessoires 2-5, très-courtes, un peu appliquées. Fleurons de la circonférence étalés-rayonnants, à la fin un peu roulés en dehors au sommet. Akènes grisâtres ; *ceux de la circonférence glabres, ceux du centre velus.*

Cette plante est connue sous le nom vulgaire de *jacobée, herbe de Saint-Jacques.* Sa saveur est âcre et amère.

Hab. les bords des fossés, des chemins, les lisières des bois, dans tout le département. ② Fl. juin-août.

10. **S. ERUCIFOLIUS** *Lin. sp.* 1218 ; *Dec. fl. fr.* 4, *p.* 164 ; *Barr. ic.* 153 ; *Loësel, pruss.* 129, *N°* 35, *ic.* — Racine *rampante.* Tige de 5-10 décim., droite, raide, striée, ordinairement pubescente-aranéeuse, rameuse au sommet. Feuilles d'un vert cendré, un peu raides, pubescentes ou cotonneuses en dessous, ovales, dentées ou plus ou moins profondément lobées, souvent lyrées ; à lobes oblongs ou linéaires, incisés ou dentés, ascendants ou étalés ; les inférieurs plus petits ; feuilles radicales et inférieures pétiolées ; les supérieures embrassant la tige par les lobes inférieurs en forme d'oreillette. Capitules ordinairement nombreux, en corymbe terminal, plus ou moins fourni, à pédoncules et rameaux *dressés.* Involucre campanulé hémisphérique, pubescent, à folioles oblongues-acuminées, scarieuses sur les bords ; écailles accessoires nombreuses, lâches, de moitié plus courtes que l'involucre. Fleurons de la circonférence étalés-rayonnants, puis un peu roulés en dehors au sommet. Akènes grisâtres, *tous velus.*

Hab. les bois, les bords des fossés et des chemins, dans tout le département. ♃ Fl. juin-août.

11. S. PALUDOSUS *Lin. sp.* 1220 ; *Dec. fl. fr.* 4 , *p.* 166 ; *Engl. bot. t.* 650 ; *Fl. dan. t.* 385 ; *Moris. hist. s.* 7, *t.* 19 , *fig.* 22. — Racine un peu rampante. Tiges de 8-10 décim. , droites, robustes, cylindracées, sillonnées, fistuleuses, simples, rameuses au sommet, légèrement cotonneuses, solitaires ou réunies en touffe large. Feuilles lancéolées-acuminées , dentées en scie, à dents très-aiguës *ascendantes*, couvertes en dessous d'un coton blanchâtre ; les radicales rétrécies en pétiole ; les caulinaires sessiles, demi-embrassantes. Capitules assez gros, en corymbes plus ou moins fournis, à rameaux étalés-dressés, d'autant plus courts qu'ils sont supérieurs. Involucre campanulé, *hémisphérique*, légèrement pubescent, à folioles linéaires-aiguës , un peu membraneuses sur les bords, velues au sommet ; écailles accessoires nombreuses, lâches, *plus courtes que l'involucre*. Fleurons de la circonférence *nombreux*, étalés-rayonnants, linéaires-oblongs. Akènes bruns, *glabres*, plus courts que l'aigrette.

Les chevaux, les vaches et les brebis ne mangent pas cette plante.

Hab. les prés marécageux, au mas de Bourry, près le Caylar. ♃ Fl. juin-juillet.

12. S. SARACENICUS *Lin. sp.* 1221 *(en partie); Dec. fl. fr.* 4, *p.* 167 ; *S. Fuchsii Gmel. fl. bad.* 3, *p.* 444 ; *Solidago saracenica Fuchs. hist. p.* 728 *ic.* — Racine *oblique, substolonifère.* Tige de 6-12 décim. , droite, quelquefois flexueuse, un peu anguleuse , presque glabre, souvent rougeâtre, simple , rameuse au sommet. Feuilles lancéolées ou elliptiques-lancéolées, acuminées, inégalement dentées en scie, à petites dents cartilagineuses sur les bords, glabres ou pubescentes en dessous et sur les bords, *toutes rétrécies en pétiole* muni, à sa base, de 3-5 côtes décurrentes sur la tige, dont les 2 latérales sont les plus saillantes. Capitules nombreux, en corymbe terminal, composé, plus ou moins fourni, feuillé ; pédicelles courts, munis de bractées linéaires. Involucre campanulé, *subcylindrique*, glabre, à folioles *peu nombreuses*, linéaires, scarieuses sur les bords, *tachées de noir au sommet;* écailles accessoires lâches, subulées, ordinairement plus courtes que l'involucre, quelquefois le dépassant. *Fleurons de la circonférence 4-5, étalés, rayonnants, linéaires.* Akènes *glabres*, grisâtres. Fleurs d'un jaune pâle, odorantes.

VAR. A, *Ovatus Dec. prodr.* 6, *p.* 353 ; *S. ovatus Willd. sp.* 3, *p.* 2004. Feuilles ovales-lancéolées.

VAR. B, *Angustifolius Spenn. fl. frib.* 1, *p.* 525 ; *S. salicifolius Wallr. sched. p.* 478 *(non pers.).* Feuilles lancéolées étroites.

Hab. : la var. A, au bas des rochers, à Brama-Bioou , près Camprieux , e dans le bois de Longuesfeuilles, près Concoule : la var. B, dans les prairies tourbeuses de Gourdouse, sur la Lozère. ♃ Fl. juin-août.

13. S. JACQUINIANUS *Rchb. fl. exc.* 245 ; *Godr. et Gren. fl.*

fr. 2, *p.* 119 ; *S. nemorensis Jacq. austr.* 2, *p.* 50, *t.* 184 ; *Dec. fl. fr.* 4, *p.* 167. — Cette espèce diffère de la précédente, à laquelle elle ressemble beaucoup : par ses feuilles inférieures brusquement rétrécies en pétiole ailé, muni à sa base de 4-5 côtes décurrentes sur la tige, et dont la médiane est la plus saillante ; par ses feuilles supérieures *sessiles, embrassantes* ; par ses capitules plus gros, en corymbe moins dense ; par ses involucres pubescents, à folioles plus étroites et plus longues ; par ses fleurs d'un jaune vif, et enfin par ses akènes plus allongés.

Hab. les bois montagneux sur la chaîne des Cévennes (*Godr. et Gren. fl. fr.*). ♃ Fl. juillet-août.

14. **S. DORIA** *Lin. sp.* 1221 ; *Dec. fl. fr.* 4, *p.* 167 ; *Jacq. austr. t.* 185 ; *J. Bauh. hist.* 2, *p.* 1064, *fig.* 1. — Racine épaisse, courte, rameuse. Tige de 10-15 décim., robuste, raide, droite, anguleuse-sillonnée, simple ou rameuse au sommet, à rameaux dressés, glabre, ainsi que les feuilles ; celles-ci coriaces, un peu épaisses, glaucescentes, crénelées ou dentées ; les inférieures largement ovales ou oblongues-lancéolées, rétrécies en pétiole long, ailé ; celles du milieu *sessiles, embrassantes, un peu décurrentes ;* celles du sommet petites, lancéolées, acuminées. Capitules petits, en corymbe terminal très-fourni, assez serré, à pédoncules courts, munis de bractées pubescentes, courtes, acuminées, élargies à leur base, un peu embrassantes. Involucre campanulé, pubescent à la base, à 10-12 folioles *linéaires-lancéolées*, membraneuses sur les bords ; écailles accessoires inégales, *très-courtes*, ciliées, appliquées. Fleurons de la circonférence peu nombreux, étalés-rayonnants, à languette oblongue-linéaire, courte. Akènes roux, hérissés, de moitié plus courts que l'aigrette.

On emploie les feuilles fraîches de cette plante comme détersives.

Hab. les pacages à Aigues-Mortes, les bords du Rhône dans les sables, à Beaucaire, à Bellegarde. ♃ Fl. juin-juillet.

15. **S. DORONICUM** *Lin. sp.* 1222 ; *Dec. fl. fr.* 4, *p.* 168 ; *Jacq. austr. app. t.* 45 ; *Clus. hist.* 2, *p.* 17, *fig.* 1. — Racine épaisse, rameuse, garnie de fibres dures et longues. Tige de 2-5 décim., solitaire, cylindrique, striée, un peu anguleuse au sommet, simple, peu garnie de feuilles, pubescente ou cotonneuse. Feuilles épaisses, un peu rudes, glaucescentes, presque glabres en dessus, garnies en dessous d'un coton blanc, entières, sinuées, inégalement dentées ou crénelées ; les inférieures ovales ou oblongues, *rétrécies en pétiole ailé ;* les supérieures lancéolées ou lancéolées-linéaires, *sessiles.* Capitules très-grands, ordinairement 2-5 au sommet de la tige, plus rarement solitaires, à pédoncules courts, munis, vers le sommet, de petites bractées linéaires allongées. Involucre campanulé, glabre ou cotonneux, à folioles *linéaires, acuminées,* à nervure longitudinale et à pointe dessé-

chée ; écailles accessoires nombreuses, sétacées, *aussi longues que l'involucre, quelquefois le dépassant.* Fleurons de la circonférence *nombreux*, étalés, rayonnants, à languette allongée, linéaire. Akènes glabres, roussâtres, un peu plus courts que l'aigrette. Fleurs d'un jaune orangé.

Hab. les bois de la Tessonne, près du Vigan et de Montdardier. ♃ Fl. juin-juillet.

16. **S. Gerardi** *Godr. et Gren. fl. fr.* 2, *p.* 122 ; *S. lanatus Lecoq et Lamotte, cat.* 232 ; *Ger. gallo-prov. t.* 7. — Cette espèce diffère de la précédente : par sa tige plus faible, plus élevée, toujours simple ; par ses feuilles plus minces, non rudes ; par ses fleurs d'un jaune pâle, en capitules plus petits, toujours solitaires ; par ses écailles accessoires plus larges, *beaucoup plus courtes que l'involucre.* Très-rarement la tige porte 2 capitules.

Hab. les bois à la campagne de Vaqueirole, près Nimes ; au Serre de Bouquet, près d'Uzès ; aux bords du Gardon, au pont du Gard, à la Chartreuse de Valbonne. ♃ Fl. mai-juin.

Malgré nos recherches scrupuleuses et réitérées, nous n'avons pas pu rencontrer le *senecio cineraria Dec. prodr., cineraria maritima Dec. fl. fr.,* indiqué à Aigues-Mortes par *Godr. et Gren. fl. fr.*

Nous n'avons pas été plus heureux pour le *senecio incanus Lin. sp.,* indiqué par *Guan. herb.,* sur le versant méridional de l'Aigual.

On cultive dans les parterres le *S. elegans Lin. sp.,* remarquable par ses fleurs d'un pourpre violet.

15ᵉ gʳᵉ. ARMOISE. — ARTEMISIA. (Lin. gen. 945.)

Involucre globuleux, oblong ou ovoïde, à folioles imbriquées. Réceptacle glabre ou velu, dépourvu de paillettes. Fleurons tous tubuleux ; ceux de la circonférence presque filiformes, femelles, tridentés, sur un seul rang ; ceux du centre hermaphrodites ou stériles, à 5 dents. Style des fleurs du centre bifide, à branches allongées, linéaires, barbues vers le sommet. Akènes obovales, comprimés, *sans côtes* et *sans aigrette,* arrondis au sommet. Plantes vivaces, amères-aromatiques, à feuilles pinnatifides, à fleurs jaunes, en grappes.

1.	Lobes des feuilles larges, lancéolés..............	2.
	Lobes des feuilles très-étroits, linéaires.........	3.
2.	Feuilles d'un vert foncé en dessus, blanches en dessous...................................	VULGARIS.
	Feuilles d'un vert blanchâtre sur les deux faces...	ABSINTHIUM.
3.	Involucre glabre.............................	4.
	Involucre tomenteux.........................	5.
4.	Plante visqueuse............................	GLUTINOSA.
	Plante non visqueuse........................	CAMPESTRIS.
5.	Involucre hémisphérique, à folioles presque égales.	CAMPHORATA.
	Involucre étroit, oblong, à folioles très-inégales..	GALLICA.

1. **A. absinthium** *Lin. sp.* 1188 ; *Dec. fl. fr.* 4, *p.* 189 ;

Blackw. herb. t. 17 ; *Camer. epit. t.* 45. — Racine épaisse, dure, rameuse, garnie de fibres, à souche ligneuse, produisant des tiges fertiles et des tiges stériles. Tiges fertiles de 5-9 décim., dressées, dures, pubescentes, blanchâtres, anguleuses, sillonnées, à rameaux disposés en panicule. Feuilles molles, blanchâtres, soyeuses sur les 2 faces, argentées en dessous, bi-tripinnées, à lobes planes, lancéolés, obtus ; les florales entières. Pétioles *non auriculés*, d'autant plus courts qu'ils sont plus supérieurs. Capitules penchés, à pédoncule très-court, muni de bractées entières ou à 3 lobes, disposés unilatéralement en grappes composées, formant ensemble *une panicule longue, feuillée ; rameaux étalés, arqués au sommet.* Involucre globuleux, tomenteux, à folioles un peu scarieuses au sommet ; les intérieures sur les bords. Akènes très-petits, glabres. Réceptacle hérissé de longs poils.

Cette plante, connue sous le nom vulgaire d'*absinthe*, a une odeur un peu forte et une saveur aromatique et très-amère ; elle est tonique, stomachique, fébrifuge, vermifuge. C'est de cette espèce que l'on tire le sel d'absinthe.

Hab. les lieux incultes aux environs du Vigan, à Camprieux, à Alzon, quelquefois sur les bords des chemins, dans la plaine. ♃ Fl. juillet–août.

2. **A. CAMPHORATA** *Vill. dauph.* 3, *p.* 242 ; *A. corymbosa Lamk. dict.* 1, *p.* 265 ; *Dec. fl. fr.* 4, *p.* 190 ; *Lob. ic.* 769, *fig.* 1. — Racine dure, rameuse, à souche très-rameuse, ligneuse, un peu rampante, donnant naissance à des tiges stériles tombantes, et à des tiges fertiles ascendantes, de 4-8 décim., réunies en touffe plus ou moins fournies, *raides*, anguleuses, pubescentes, souvent rougeâtres. Feuilles blanchâtres-pubescentes dans leur jeunesse, à la fin vertes et glabres, *ponctuées*, découpées en segments linéaires, aigus ou obtus, divariqués, toutes pétiolées, *munies, à la base de leur pétiole, de 2 oreillettes linéaires, caduques ;* les feuilles florales entières ou trifides. Capitules brièvement pédicellés, penchés, disposés en petites grappes dressées, formant ensemble *une panicule étroite, allongée,* assez fournie. Involucre globuleux, un peu tomenteux, à folioles presque égales, *ovales,* obtuses, *concaves,* scarieuses sur les bords, souvent rougeâtres au sommet, muni à sa base d'une bractée linéaire-obtuse, plus longue que lui. Fleurons glabres, à tube glanduleux. Akènes glabres, oblongs, rétrécis à la base. Réceptacle convexe, hérissé de poils crépus, caducs. Odeur forte, camphrée.

Hab. les lieux secs et pierreux au Serre-de-Bouquet, près d'Uzès, à St-Hippolyte. ♄ Fl. août–octobre.

3. **A. VULGARIS** *Lin. sp.* 1188 ; *Dec. fl. fr.* 4, 195 ; *Fuchs. hist.* 44, *ic.* ; *Lob. ic. t.* 764, *fig.* 2. — Racine dure, longue, garnie de fibres, à souche ligneuse, cespiteuse, produisant des tiges de 10-15 décim., raides, dressées, sillonnées, rougeâtres,

glabres dans le bas, pubescentes dans le haut, rameuses supérieurement. Feuilles glabres et d'un vert sombre en dessus, blanches-tomenteuses en dessous, ovales, pinnatifides, à nervures principales vertes, à lobes lancéolés-aigus, incisés, dentés ou entiers; les inférieurs plus courts, les supérieurs confluents; les inférieures pétiolées; les supérieures *sessiles*, *auriculées à la base*; les florales lancéolées, entières. Capitules *ovoïdes* ou *oblongs*, presque sessiles, en petites grappes le long des rameaux, formant ensemble une panicule longue, pyramidale. Involucre tomenteux, à folioles inégales, un peu concaves, les intérieures scarieuses sur les bords et au sommet; muni à sa base d'une petite bractée subulée. Fleurons *glabres*, à tube allongé, glanduleux. Akènes glabres, oblongs. Réceptacle glabre. Saveur amère.

Cette plante, connue sous le nom vulgaire d'*artémise*, d'*herbe de St-Jean*, est emménagogue, apéritive, stimulante, antihystérique, antispasmodique: extérieurement, elle est vulnéraire et détersive.

Hab. les lieux incultes aux environs du Vigan, à Lanuéjols, à Camprieux, le long des haies à Coudoulet. ♃ Fl. juin–septembre.

4. **A. campestris** *Lin. sp.* 1185; *Dec. fl. fr.* 4, *p.* 191; *Fl. dan. t.* 1175; *Camer. epit.* 597, *ic.* —Racine dure, rameuse, à souche ligneuse, cespiteuse, produisant des tiges de 5-10 décim., dures, souvent rougeâtres, glabres, sillonnées, ascendantes, à rameaux grêles, nombreux, et des tiges stériles en gazon. Feuilles d'abord pubescentes-blanchâtres, puis vertes et glabres, bi-tripinnatifides, à lobes linéaires très-étroits, mucronés, divariqués; les inférieures pétiolées; les caulinaires sessiles, ordinairement auriculées; les florales entières. Capitules *ovoïdes*, presque sessiles, dressés ou penchés, disposés en grappes étroites, formant ensemble une panicule lâche, très-ample, pyramidale, *non visqueuse*. Involucre glabre, luisant, à folioles inégales, d'un vert jaunâtre, scarieuses sur les bords, muni à sa base d'une petite bractée linéaire. Fleurons entièrement glabres. Akènes glabres, oblongs. Réceptacle glabre. Saveur âcre, un peu aromatique.

Hab. les lieux arides dans tout le département. ♃ Fl. juillet–septembre.

5. **A. glutinosa** *Gay, in bess. mem. peterbs. sav. etr.* 4, *p.* 478, *t.* 11; *Godr. et Gren. fl. fr.* 2, *p.* 134. — Cette espèce diffère de la précédente: par ses tiges *frutescentes*, *dressées dès la base*; par ses feuilles glabres et luisantes, à lobes un peu épais, canaliculés; par ses capitules *plus petits*, dressés, disposés par petites grappes le long des rameaux *dressés*, formant ensemble une panicule pyramidale, serrée, *très-visqueuse*; par les folioles intérieures de son involucre munies d'une nervure dorsale rougeâtre, et par ses fleurons à tubes *glanduleux*.

Hab. les sables maritimes aux environs d'Aigues-Mortes. ♄ Fl. août–septembre.

6. **A. GALLICA** *Willd. sp.* 3, *p.* 1834; *Dec. fl. fr.* 4, *p.* 197, *Fl. dan. t.* 2119; *J. Bauh. hist.* 3, *p.* 177, *ic.* — Souche rameuse, ligneuse, produisant des tiges stériles, en gazon, et des tiges fertiles de 2-4 décim., dures, raides, droites, pubescentes-blanchâtres, souvent rougeâtres, rameuses supérieurement, cannelées. Feuilles couvertes d'un coton blanchâtre, qui disparaît, en grande partie, sur les feuilles anciennes, bipinnatifides, à lobes linéaires, courts, obtus; les feuilles inférieures à pétiole élargi à la base, celles du milieu auriculées à la base de leur pétiole; les supérieures sessiles, entières ou trifides. Capitules *oblongs*, *dressés*, petits, sessiles, disposés en petites grappes serrées le long des rameaux, formant ensemble *une panicule ample, pyramidale, à rameaux nombreux, dressés*. Involucre à folioles très-inégales; muni, à sa base, d'une bractée petite, courte; les extérieures tomenteuses, plus courtes, ovales; les intérieures linéaires, en gouttière, scarieuses sur les bords, jaunâtres. 2-3 fleurons dans chaque capitule, glabres, à tube glanduleux. Akènes obovales, bruns, glabres. Réceptacle glabre. Saveur âcre et amère.

Cette plante est tonique, stomachique, apéritive, vermifuge.

Hab. les sables maritimes et les terrains salants aux environs d'Aigues-Mortes, de St-Gilles, de Bellegarde. ♃ Fl. août-septembre.

On cultive dans les jardins l'*A. dracunculus Lin. sp.*, vulgairement *estragon*, qui se distingue : par ses feuilles vertes, lancéolées, entières; par sa saveur agréable, aromatique et piquante. Elle est très-incisive, apéritive, stomachique, antiscorbutique; on l'emploie comme assaisonnement dans les salades.

16ᵉ gʳᵉ. **TANAISIE. — TANACETUM.** (Less. syn. 264.)

Involucre hémisphérique, à folioles imbriquées. Réceptacle convexe, glabre, dépourvu de paillettes. Fleurons tous tubuleux; ceux de la circonférence presque filiformes, femelles, tridentés, sur un seul rang; ceux du centre hermaphrodites, à 5 dents, à tube cylindrique. Style des fleurons du centre bifides, à branches allongées, linéaires, barbues vers le sommet. Akènes sessiles, cylindriques, un peu coniques, *munis de côtes*, couronnés par *une membrane courte, entière*. Plantes vivaces ou annuelles, à feuilles alternes, bipinnatifides, à fleurs jaunes.

1. {	Feuilles blanchâtres, à segments linéaires, entiers ou trifides; plante annuelle...................... **ANNUUM.**
	Feuilles vertes, à segments lancéolés, pinnatifides; plante vivace. .... **VULGARE.**

1. **T. VULGARE** *Lin. sp.* 1184; *Dec. fl. fr.* 4, *p.* 189; *Lamk. ill.* 696, *fig.* 1; *Fuchs. hist.* 46, *ic.* — Racine courte, oblique, garnie de fibres, à souche rameuse, cespiteuse. Tiges de 8-12 décim., dressées, glabres ou légèrement pubescentes, raides, sillonnées, souvent rougeâtres, simples, réunies en touffe. Feuilles

bipinnatifides, à lobes décurrents sur le pétiole commun, *dentés en scie*, ponctuées de noir sur les deux faces, d'un vert foncé ; les inférieures pétiolées ; les supérieures sessiles, auriculées, demi-embrassantes, toutes glabres ou pubescentes sur le rachis. Capitules nombreux, disposés en corymbe composé, compacte, terminal. Involucre à folioles glabres, inégales, *obtuses*, scarieuses au sommet. Akènes glabres, à 5 côtes.

Cette plante est connue sous les noms vulgaires d'*herbe de St-Marc*, d'*herbe aux vers*, de *barbotine* : en patois, de *tanarida*. Elle est amère, odorante, tonique, vermifuge, astringente, emménagogue, fébrifuge.

Hab. les lieux incultes, les décombres aux environs du Vigan, près du Serre-de-Bouquet, à Montpezat, dans les îles du Rhône, à Coudoulet. ♃ Fl. juin-août.

2. T. annuum *Lin. sp.* 1184 ; *Dec. prodr.* 6, *p.* 131 ; *Balsa-mita annua Dec. fl. fr.* 4, *p.* 187 ; *Dod. pempt.* 326, *fig.* 1. — Racine pivotante. Tige droite, raide, striée, coudée à la base, ordinairement rameuse supérieurement, rarement dès la base. Feuilles ponctuées sur les deux faces, pubescentes, blanchâtres, nombreuses et rapprochées le long de la tige, fasciculées ou ayant à leur aisselle de petits rameaux stériles ; les radicales pétiolées, *bipinnatifides ;* les caulinaires sessiles, pinnatifides, auriculées à leur base ; toutes *à lobes linéaires, acérés, entiers ou trifurqués.* Capitules à pédoncules courts, munis d'une petite bractée subulée à leur base, réunis en petits corymbes serrés au sommet de la tige et des rameaux, formant ensemble un corymbe ample ; les rameaux latéraux étalés-dressés, dépassant souvent le corymbe central. Involucre à folioles très-inégales ; les extérieures *petites, lancéolées-aiguës ;* les intérieures plus grandes, oblon-gues, scarieuses, obtuses au sommet. Akènes très-petits, grisâtres, à 5 côtes. Plante odorante, aromatique.

Hab. les champs cultivés à Beaucaire, St-Gilles, Bellegarde. ① Fl. octobre.

On cultive fréquemment, dans les jardins, le *tanacetum balsamita Lin. sp.*, sous le nom vulgaire de *menthe-coq*, à cause de son odeur agréable ; elle est stomachique, carminative. Ses feuilles sont vulnéraires et ses graines vermifuges.

17ᵉ gᵉ. LEUCANTHÈME. — LEUCANTHEMUM. (Tournef. inst. 492.)

Involucre ombiliqué ou hémisphérique, à folioles imbriquées, scarieuses sur les bords et au sommet. Réceptacle nu, plane ou convexe. Fleurons de la circonférence femelles, ligulés, sur un seul rang ; ceux du centre hermaphrodites, tubuleux, comprimés, à 5 dents. Style des fleurons du centre à branches linéaires, barbues vers le sommet. Akènes tous semblables, subcylindriques ou subtrigones, cannelés, nus ou surmontés d'une couronne membraneuse complète ou incomplète, ou seulement ceux du centre. Plantes à feuilles alternes, à fleurs de deux couleurs, à disque jaune et rayons blancs.

1. { Feuilles simples........................... 2.
{ Feuilles bipinnatifides...................... 6.

2. { Feuilles caulinaires oblongues ou lancéolées, dentées ou incisées............................. 3.
{ Feuilles caulinaires linéaires, étroites, presque entières.................................... GRAMINIFOLIUM.

3. { Folioles de l'involucre à bordure brune........ 4.
{ Folioles de l'involucre sans bordure brune.... PALLENS.

4. { Akènes de la circonférence couronnés d'une membrane.................................. 5.
{ Akènes tous dépourvus de couronne membraneuse.................................... VULGARE.

5. { Feuilles charnues et cassantes; tige de 5-6 décim.; capitules très-grands.............. MAXIMUM.
{ Feuilles non charnues; tige de 3-4 décim.; capitules médiocres....................... MONTANUM.

6. { Feuilles divisées en lanières étroites, linéaires, divariquées, entières ou incisées............ PALMATUM.
{ Feuilles divisées en lobes larges, lancéolés, pinnatifides............................... 7.

7. { Fenilles toutes pétiolées, à 3-7 paires de segments; involucre à la fin ombiliqué......... PARTHENIUM.
{ Feuilles supérieures sessiles, à 8-15 paires de segments; involucre non ombiliqué......... CORYMBOSUM.

1. **L. VULGARE** *Lamk. fl. fr. 2, p.* 137; *Chrysanthemum leucanthemum Lin. sp.* 1251; *Dec. fl. fr. 4, p.* 178; *Fl. dan. t.* 994; *Dod. pempt.* 265, *fig. infer.; Fuchs. hist.* 148, *ic.; Moris. hist. s.* 6, *t.* 8, *fig.* 1. — Racine noire, dure, à souche rameuse, un peu rampante. Tiges de 3-5 décim., dressées ou ascendantes, solitaires ou réunies plusieurs ensemble, anguleuses, glabres, pubescentes ou velues, simples ou plus ou moins rameuses supérieurement, à rameaux allongés, disposés en corymbes lâches. Feuilles glabres ou pubescentes, non charnues, crénelées, dentées ou incisées, quelquefois pinnatifides; les radicales et les inférieures *obovales-spatulées* ou *oblongues*, rétrécies en pétiole allongé; celles du milieu rétrécies en pétiole denté à la base; les supérieures *oblongues*, rarement linéaires, sessiles, embrassantes, *inégalement dentées ou pinnatifides jusqu'à la base*, à dents ou lobes obtus ou aigus. Capitules assez grands, solitaires au sommet de la tige et des rameaux. Involucre ombiliqué à la maturité, à folioles inégales, étroitement bordées de brun; les intérieures plus longues, largement scarieuses au sommet. Tube des fleurons du centre *non prolongé sur l'ovaire*. Akènes noirâtres, à 10 côtes filiformes, blanches, *tous dépourvus de couronne*.

Cette plante est connue sous le nom vulgaire de *grande marguerite*.

Hab. les prés, les bois et les coteaux arides, dans tout le département. ♃ Fl. juin-juillet.

2. **L. PALLENS** *Dec. prodr.* 6, *p.* 47; *Godr. et Gren. fl. fr. 2, p.* 140; *Chrysanthemum pallens Gay. ann. bot.* 1833, *t.* 2,

p. 545. — Cette espèce diffère de la précédente : par sa souche non *rampante;* par les feuilles moyennes de sa tige oblongues-cunéiformes, dentées en scie supérieurement, rétrécies en pétiole ailé, muni à sa base de 2-3 paires de dents, *petites, écartées, très-aiguës, non embrassantes;* par ses feuilles supérieures non dentées jusqu'à la base; par les folioles de son involucre dépourvues de bordure brune; par les fleurons du centre dont le tube *se prolonge sur l'ovaire,* et enfin par ses akènes dont ceux de la circonférence sont surmontés *d'une couronne membraneuse, dentée et divisée en deux.*

Hab. les terrains arides à Alais, aux bains de Fonsange, près du Vigan ♃ Fl. mai–juin.

3. **L. maximum** *Dec. prodr.* 6, *p.* 46; *Godr. et Gren fl. fr.* 2, *p.* 141; *Chrysanthemum maximum Dec. fl. fr.* 4, *p.* 178; *All. ped. t.* 37, *fig.* 2; *Dodart. ic. t.* 65. — Racine brune, *oblique,* à souche rameuse. Tiges de 4-8 décim., dressées, solitaires ou réunies plusieurs ensemble, sillonnées, toujours simples et uniflores, dépourvues de feuilles dans leur tiers supérieur, glabres, ainsi que les feuilles; celles-ci charnues et cassantes; les inférieures *spatulées-cunéiformes,* longuement rétrécies en pétiole, *dentées seulement dans la moitié supérieure;* celles du milieu à pétiole ailé, dentées dans toute leur longueur, à dents longues, mucronées, dressées-étalées, quelquefois serrées et plus petites à la base embrassante; les supérieures peu nombreuses, distantes, *lancéolées-linéaires,* aiguës, sessiles, peu dentées ou entières. Capitule très-ample. Involucre ombiliqué à la maturité, à folioles inégales, étroitement bordées de brun, scarieuses sur les bords; les intérieures plus longues, largement scarieuses au sommet. Fleurons du disque à tube *non prolongé sur l'ovaire.* Akènes noirâtres, à 10 côtes blanches; *ceux du centre nus;* ceux de la circonférence surmontés d'une couronne dentée, complète ou *incomplète.*

Hab. les pacages des montagnes, sur la Tessone, près du Vigan; à Concoule, à Anduze. ♃ Fl. juin–juillet.

4. **L. montanum** *Dec. prodr.* 6, *p.* 48; *Godr. et Gren. fl. fr.* 2, *p.* 141; *Chrysanthemum montanum Lin. sp.* 1252. — Cette espèce diffère de la précédente : par ses dimensions plus petites; par ses feuilles à bordure translucide, plus caractérisée; par ses feuilles caulinaires à dents *inégales,* fines, mucronées, *plus longues et plus rapprochées à la base;* par ses feuilles supérieures dont le sommet est souvent entier ou muni de dents rudimentaires; et par les akènes de la circonférence surmontés d'une couronne *entière et complète.*

Hab. les bois et les coteaux arides aux environs du Vigan, sur la Tessone, à l'Espérou, à Alais, à Anduze. ♃ Fl. juin–juillet.

5. **L. GRAMINIFOLIUM** *Lamk. fl. fr.* 2, *p.* 137 ; *Chrysanthemum graminifolium Lin. sp.* 1252 ; *Dec. fl. fr.* 4, *p.* 179 ; *Jacq. obs.* 4, *t.* 92 ; *Mag. hort. t.* 31. — Racine brune, oblique, garnie de fibres, à souche rameuse. Tiges de 1-4 décim., droites et ascendantes, grèles, striées, simples, uniflores, nues supérieurement, ordinairement réunies plusieurs ensemble, glabres, souvent rougeâtres à la base. Feuilles radicales et celles des tiges stériles, gazonnantes, cunéiformes ou spatulées, rétrécies en pétiole, dentées en scie au sommet ; les caulinaires très-étroites, linéaires, subulées, très-entières ou *munies, vers leur base, de quelques petites dents subulées,* dont les supérieures sont dépourvues. Capitules de moyenne grandeur. Involucre un peu ombiliqué à la maturité, à folioles inégales, étroitement bordées de brun, scarieuses sur les bords ; les intérieures plus longues, à sommet très-obtus, scarieux, frangé. Fleurons du centre à tube *non prolongé sur l'ovaire.* Akènes noirâtres, à 10 côtes blanches, filiformes ; ceux du centre nus ; ceux de la circonférence *surmontés d'une couronne dentée, complète.*

Hab. les coteaux pierreux à Campestre, Montdardier, St-Guilhem-du-Désert. ♃ Fl. juin-juillet.

6. **L. PALMATUM** *Lamk. fl. fr.* 2, *p.* 138 ; *L. cebennense Dec. prodr.* 6, *p.* 48 ; *Chrysantemum monspelliense Lin. sp.* 1252 ; *Dec. fl. fr.* 4, *p.* 180, *et* 5, *p.* 476 ; *Jacq. obs.* 4, *t.* 93. — Racine brune, dure, oblique, à souche rameuse, *à branches dressées.* Tiges de 2-4 décim., glabres, striées, quelquefois rougeâtres à la base, dressées ou ascendantes, simples ou rameuses, soit inférieurement, soit supérieurement, à rameaux allongés, souvent uniflores, nus supérieurement. Feuilles glabres, *pinnatifides,* à lanières distantes, étalées, linéaires, entières ou incisées ; les inférieures et celles des tiges non fleuries, à pétiole grèle, nu ou portant dans sa longueur quelques petites feuilles écartées ; les supérieures sessiles. Capitules grands. Involucre ombiliqué à la maturité, à folioles inégales, étroites, à bordure brune, munies d'une nervure longitudinale verte ; les intérieures plus longues, obtuses et scarieuses au sommet. Fleurons du centre *à tube un peu prolongé sur l'ovaire.* Akènes noirâtres, à 10 côtes blanches, obtuses ; ceux du centre nus ; ceux de la circonférence *surmontés d'une demi-couronne.*

Hab. contre les rochers à Saint-Jean-du-Gard, à l'Espérou, au valat de la Dauphine, à Valleraugue, à Peiremale. ♃ Fl. juin-septembre.

7. **L. CORYMBOSUM** *Godr. et Gren. fl. fr.* 2, *p.* 145 ; *Chrysanthemum corymbiferum Lin. sp.* 1251 ; *Pyrethrum corymbosum Dec. fl. fr.* 4, *p.* 183 ; *Jacq. austr. t.* 379 ; *Clus. hist.* 1, *p.* 338, *fig.* 1-2. — Racine brune, dure, oblique, *rampante.* Tiges de 3-8 décim., nombreuses ou solitaires, droites, raides, anguleuses,

striées, *simples*, presque glabres ou velues, quelquefois rougeâtres. Feuilles glabres en dessus, pubescentes, grisâtres en dessous,
pinnées, à folioles oblongues-lancéolées, nombreuses, pinnatifides, à lobes aigus, incisés-dentés, mucronés ; les supérieures
décurrentes sur le pétiole ; les feuilles radicales et inférieures
longuement pétiolées ; les supérieures sessiles, à folioles de la
base *rapprochées, embrassant la tige*. Capitules plus ou moins
nombreux, disposés en corymbe terminal, presque nivelé, plus
ou moins lâche. Involucre hémisphérique, un peu concave à la
maturité, à folioles inégales, à bordure étroite, brune ; les intérieures plus longues, largement scarieuses au sommet. Akènes
blanchâtres, finement chagrinés, à 5 côtes ; ceux du centre surmontés d'une couronne courte ; ceux de la circonférence munis
d'une couronne membraneuse, rousse au sommet, dentelée, de la
longueur du tube de la corolle. Réceptacle convexe.

Hab. les bois montueux dans tout le département. ♃ Fl. juin–juillet.

8. L. PARTHENIUM *Godr. et Gren. fl. fr.* 2, *p.* 145 ; *Pyre-*
thrum parthenium Dec. fl. fr. 4, *p.* 183 ; *Bull. herb. t.* 203 ;
Fuchs. hist. 45, *ic.* — Racine oblique, garnie de fibres nombreuses. Tiges de 3-6 décim., droites, anguleuses, très-rameuses,
surtout vers le sommet. Feuilles pubescentes, molles, *toutes*
pétiolées, ailées, à folioles pinnatifides, à segments incisés-dentés,
larges ; les inférieurs petits, distants ; les supérieurs largement
confluents. Capitules nombreux, ordinairement disposés en corymbe lâche, terminal. Involucre hémisphérique, *ombiliqué à la*
maturité, à folioles inégales, carénées ; les extérieures aiguës,
scarieuses sur les bords, blanchâtres ; les intérieures plus longues,
obtuses, scarieuses-frangées au sommet. Languettes des fleurons
de la circonférence courtes. Akènes bruns, à 5-7 côtes blanches,
tous couronnés par une membrane très-courte, étalée, dentée.
Réceptacle convexe.

Plante à odeur très-forte, connue sous le nom vulgaire de *bouton d'argent*,
et en patois, de *pudenta ;* employée comme stomachique, emménagogue,
hystérique et vermifuge. On cultive dans les parterres une variété de cette
espèce, à fleur double, sous le nom de *bouton d'argent*.

Hab. les vieux murs, le voisinage des habitations, dans toute la partie élevée
du département. ♃ Fl. juin–août.

Nous n'avons pas rencontré le *leucanthemum alpinum Lamk. fl. fr.*, dans
nos herborisations aux environs de l'Espérou, où Gouan l'indique dans le
Fl. monspel.

18ᵉ gʳᵉ. **CHRYSANTHÈME. — CHRYSANTHEMUM.** (Tournef. inst. 491.)

Involucre ombiliqué, à folioles imbriquées. Réceptacle un peu
convexe, dépourvu de paillettes. Fleurons de la circonférence
femelles, ligulés, sur un seul rang ; ceux du centre tubuleux,
hermaphrodites, à 4-5 dents. Akènes *dissemblables ;* ceux de la

circonférence à 3 angles, dont 2 dilatés en ailes latérales et l'intermédiaire peu saillant; ceux du centre cylindriques, *à côtes égales*. Tous dépourvus de couronne membraneuse. Plante herbacée, à feuilles alternes, à fleurs jaunes.

1. **Ch. segetum** *Lin. sp.* 1254; *Dec. fl. fr.* 4, *p.* 181; *Drèves et Hayne*, *pl. d'Eur. t.* 102; *Cluss. hist.* 1, *p.* 334, *fig.* 2. — Racine oblique ou perpendiculaire. Tige de 2-3 décim., glabre, striée, dressée, rameuse, tantôt dès la base, tantôt au sommet. Feuilles glabres, un peu glauques, un peu charnues, oblongues, inégalement incisées-lobées, ordinairement élargies et trifides au sommet; les radicales et les inférieures rétrécies en pétiole; les supérieures embrassantes. Capitules assez grands, solitaires au sommet de la tige et des rameaux, à pédoncules *renflés supérieurement*. Involucre à folioles inégales, d'un vert jaunâtre; les extérieures étroitement scarieuses sur les bords; les intérieures plus longues, largement scarieuses dans leur moitié supérieure. Fleurons du centre *à tube comprimé-ailé;* ceux de la circonférence à languette oblongue; tous d'un beau jaune. Akènes roussâtres; ceux du centre turbinés; ceux de la circonférence *aussi larges que longs*.

Cette plante porte le nom vulgaire de *marguerite dorée;* elle passe pour vulnéraire et donne une teinture jaune.

Hab. les bords des chemins et les champs cultivés à St-Hippolyte, à Avèze, près du Vigan. ① Fl. mai-août.

Le *Ch. miconis Lin. sp.* ne se trouve point à Nîmes.

Le *pyrethrum sinense Dec. prodr.* est cultivé dans tous les jardins, sous une foule de variétés et sous le nom de *marguerite d'automne*, de *multipliante*.

19e g^{re} MATRICAIRE. — MATRICARIA. (Lin. gen. 967.)

Involucre plane ou concave, à folioles imbriquées. Fleurons de la circonférence femelles, ligulés, sur un seul rang; ceux du centre tubuleux, cylindriques, hermaphrodites, à 4-5 dents. Akènes semblables, coniques, *à* 3-5 *côtes sur la face interne*, nus sur la face externe, surmontés d'une couronne membraneuse très-courte. Réceptacle nu, allongé en cône creux ou plein. Plantes herbacées, à feuilles alternes, à lanières linéaires, à disque jaune, à rayons blancs.

1. | Réceptacle creux; fleurs odorantes.............. CHAMOMILLA.
  · | Réceptacle plane; fleurs inodores............... INODORA.

1. **M. chamomilla** *Lin. sp.* 1266; *Dec. fl. fr.* 4, *p.* 184; *Drèves et Hayne*, *pl. d'Eur. t.* 124; *Lob. ic.* 170, *fig.* 1. — Racine pivotante ou rameuse. Tige de 2-4 décim., dressée, ascendante ou diffuse, striée, glabre, souvent rougeâtre à la base, rameuse supérieurement ou dès la base. Feuilles glabres, bi-tri-

pinnatifides, à lanières capillaires allongées, étalées, un peu
mucronées. Capitules moyens, d'une odeur agréable, nombreux,
solitaires au sommet des rameaux, disposés en corymbe. Involucre à folioles presque égales, oblongues, obtuses, largement
scarieuses, blanchâtres. Fleurons de la circonférence à languette
oblongue, étalée, puis réfléchie. Akènes petits, d'un blanc jaunâtre, *à 5 côtes* sur la face interne, *lisses* sur la face externe,
ne présentant pas de points glanduleux au-dessous du sommet,
terminés par un rebord obtus ou par une couronne dentée,
membraneuse. Réceptacle creux intérieurement.

Cette plante est amère, stomachique, fébrifuge, résolutive et carminative:
elle peut remplacer la camomille romaine.

Hab. les pacages, les champs cultivés, dans tout le département. ① Fl.
mai–juillet.

2. **M. inodora** *Lin. fl. suec.* 2, *p.* 765; *Chrysanthemum
inodorum Lin. sp.* 1253; *Pyrethrum inodorum Dec. fl. fr.* 4,
p. 184; *Fl. dan. t.* 696; *Drèves et Hayne, pl. d'Eur. t.* 125;
Fuchs. hist. 144, *ic.* — Racine pivotante ou rameuse, souvent
oblique. Tige de 2-5 décim., droite ou étalée, striée, glabre,
souvent rougeâtre, rameuse supérieurement dès la base. Feuilles
glabres, bi-tripinnatifides, à lanières linéaires-filiformes, allongées,
étalées, un peu mucronées. Capitules moyens, solitaires au sommet des rameaux, disposés en corymbe lâche. Involucre un peu
concave, à folioles inégales, obtuses; les extérieures lancéolées,
entourées d'une bordure étroite, scarieuse, brune ou jaunâtre;
les intérieures plus longues, oblongues, largement scarieuses au
sommet. Fleurons de la circonférence à languette oblongue,
étalée, puis réfléchie. Akènes d'un brun noirâtre *rugueux*, à 3
côtes blanches très-prononcées du côté interne, munis en dehors,
au-dessous du sommet, de 2 *glandes jaunâtres*, noires et enfon-
cées à la maturité, terminés par un rebord court, tranchant.
Réceptacle plein, obtus, allongé. Plante à odeur presque nulle.

Hab. les champs cultivés aux environs du Vigan et sur toute la chaine de
l'Espérou. ① Fl. juin–octobre.

20ᵉ gʳᵉ. **CAMOMILLE. — CHAMOMILLA.** (Godr. fl. lorr. 2, p. 19.)

Involucre concave ou hémisphérique, à folioles imbriquées.
Fleurons de la circonférence femelles, ligulés, sur un seul rang;
ceux du centre tubuleux, à 5 dents égales, hermaphrodites, *à
tube cylindrique, élargi à la base en une coiffe régulière ou unilatérale,* prolongée sur l'ovaire. Style des fleurons du centre à
branches linéaires, barbues vers le sommet. Akènes très-caducs,
*presque cylindriques, arrondis au sommet, à 3 côtes filiformes du
côté interne, lisses ou obscurément striées en long sur la face
externe.* Réceptacle *conique à la maturité,* garni de paillettes

caduques au sommet. Plante herbacée, à feuilles alternes, à disque jaune, à rayons blancs.

1. **Cu. mixta** *Godr. et Gren. fl. fr.* 2, *p.* 151; *Anthemis mixta Lin. sp.* 1260; *Dec. fl. fr.* 4, *p.* 204; *Mich. gen. t.* 30, *fig.* 1; *Moris. hist. s.* 6, *t.* 12, *fig.* 15. — Racine pivotante. Tige de 2-5 décim., pubescente-velue, rougeâtre, dressée, très-rameuse, souvent dès la base, à rameaux étalés, souvent diffus. Feuilles pubescentes, oblongues, pinnatifides, à lobes incisés ou dentés, d'autant plus petits qu'ils sont rapprochés de la base; les inférieures rétrécies en pétiole; les caulinaires sessiles. Capitules solitaires au sommet des rameaux. Involucre à folioles pubescentes, inégales; les intérieures scarieuses-blanchâtres sur les bords et au sommet. Fleurons de la circonférence à languette blanche, tachée de jaune à la base, étalée, puis réfléchie. Pédoncules renflés au sommet. Akènes très-petits, verdâtres, ovales-cunéiformes, un peu comprimés, arrondis au sommet, sans bordure. Paillettes linéaires-lancéolées, *aiguës*, carénées, rougeâtres sur le dos, barbues au sommet.

Hab. les champs sablonneux à Aigues-Mortes, St-Gilles, Bellegarde. ⓘ Fl. mai–août.

21ᵉ gʳᵉ. ANTHEMIDE. — ANTHEMIS. (Lin. gen. 645, part.)

Involucre concave, à folioles imbriquées. Fleurons de la circonférence femelles, ligulés, sur un seul rang; ceux du centre tubuleux, à 5 dents égales, hermaphrodites, *à tube comprimé, non prolongé sur l'ovaire*. Styles comme dans le genre précédent. Akènes presque cylindriques ou subtétragones, *entourés de côtes*, pourvus ou non de couronne membraneuse. Réceptacle conique ou convexe à la maturité, à paillettes persistantes. Plantes à feuilles alternes, à disque jaune, à rayons blancs.

1.	Lobes des feuilles fins et aigus......................	2.
	Lobes des feuilles épais et obtus....................	3.
2.	Côtes des akènes lisses; odeur légèrement suave.....	ARVENSIS.
	Côtes des akènes tuberculeuses; odeur fétide........	COTULA.
3.	Tiges ordinairement simples; plante des lieux rocailleux..	MONTANA.
	Tiges rameuses; plante des sables marins............	MARITIMA.

1. **A. arvensis** *Lin. sp.* 1261; *Dec. fl. fr.* 4, *p.* 206; *Fl. dan. t.* 1179; *Sturm, deustch. fl.* 1, *t.* 19, *fig.* 2. — Racine ondulée, rameuse. Tiges de 2-4 décim., solitaires ou nombreuses, dressées ou ascendantes, simples ou rameuses, souvent rougeâtres à la base, pubescentes-blanchâtres, ainsi que les feuilles; celles-ci bipinnatifides, à segments rapprochés, courts, linéaires, aigus. Capitules solitaires au sommet de pédoncules nus supérieurement, souvent dilatés. Involucre à folioles presque égales,

munies d'une côte longitudinale saillante, largement scarieuses au sommet. Fleurons de la circonférence oblongs, étalés, puis réfléchis; ceux du centre à tube dilaté à la base. Akènes blanchâtres ou brunâtres, très-inégaux, ombiliqués au sommet à la maturité, à dix côtes lisses; ceux du centre couronnés par un bord tranchant, puis épaissi en bourrelet plissé, plus épais dans ceux de la circonférence. Paillettes carénées, lancéolées, brusquement acuminées en pointe raide, environ de la longueur des fleurons du centre. Odeur faible.

Var. A, *Genuina Godr. et Gren. fl. fr.* 2, *p.* 153; *A. arvensis Dec. prodr.* 6, *p.* 6. Pédoncules non dilatés à la maturité.

Var. B, *Incrassata Boiss. voy. esp.* 894; *A. incrassata Lois. not.* 129; *Dec. fl. fr.* 5, *p.* 482. Pédoncule dilaté à la maturité.

Cette plante, connue sous le nom vulgaire de *camomille*, en patois, de *margarida, coucoumilla*, est fébrifuge, anthelmintique, carminative, résolutive, anodine.

Hab.: la var. A, les champs cultivés, dans tout le département; la var. B, les terrains sablonneux aux environs de Nîmes, de Bellegarde, St-Gilles, Aigues-Mortes. ① Fl. mai-septembre.

2, **A. COTULA** *Lin. sp.* 1261; *Dec. fl. fr.* 4, *p.* 206; *Anth. fœtida Lamk. fl. fr.* 2, *p.* 164; *Fl. dan. t.* 1179; *Lob. ic.* 773, *fig.* 2. — Racine verticale, rameuse. Tiges de 2-4 décim., solitaires ou nombreuses, droites; les latérales ascendantes, très-rameuses dès la base ou supérieurement, glabres, rarement pubescentes. Feuilles bipinnées, à lanières linéaires, allongées, subulées, étalées, entières ou bi-trifides, glabres ou pubescentes. Capitules solitaires au sommet de pédoncules grêles, striés. Involucre glabre, à folioles presque égales, obtuses, scarieuses sur les bords et au sommet, munies d'une côte verte, dorsale, longitudinale, peu saillante. Fleurons de la circonférence stériles, à languette oblongue, étalée, puis réfléchie; ceux du centre dilatés à la base. Akènes grisâtres ou brunâtres, à 10 côtes égales, *tuberculeuses, non ombiliqués, presque sans rebord au sommet.* Paillettes *linéaires sétacées*, caduques, plus courtes que les fleurons du centre. Odeur fétide, désagréable.

Cette plante porte les noms vulgaires de *maroute* et de *camomille puante*; elle est fondante, résolutive, fébrifuge, vermifuge, carminative et antihystérique.

Hab. les champs cultivés dans tout le département. ① Fl. mai-septembre.

3. **A. MARITIMA** *Lin. sp.* 1259; *Dec. fl. fr.* 4, *p.* 203; *J. Bauh. hist. p.* 1ᵃ, *p.* 122, *fig.* 1. — Racine brune, profonde, garnie de fibres longues. Tiges de 1-3 décim., nombreuses, ordinairement glabres, étalées, couchées ou ascendantes, *subligneuses à la base*, plus ou moins rameuses. Feuilles glabres, charnues, *ponctuées en creux*, étroites, pinnatifides, à lobes lancéolés,

entiers ou cunéiformes, dentés au sommet. Capitules solitaires
au sommet de pédoncules striés, pubescents, quelquefois un peu
dilatés au sommet. Involucre à folioles inégales, lancéolées,
pubescentes, vertes au milieu et scarieuses sur les bords et au
sommet. Fleurons de la circonférence à languette large, oblongue,
étalée, puis réfléchie ; ceux du centre à tube dilaté à la base.
Akènes blanchâtres, un peu arqués, à 10 côtes obtuses et intervalles *chagrinés*, ombiliqués au sommet et surmontés, *du côté
interne*, d'une *couronne membraneuse, tranchante et dentée*.
Paillettes *oblongues, lancéolées*, carénées, scarieuses, environ de
la longueur des fleurons du centre, terminées par une pointe raide,
dont la base est dépassée de chaque côté par le prolongement de
la membrane.

Hab. les sables maritimes aux environs d'Aigues-Mortes. ♃ Fl. mai-août.

4. **A. montana** *Lin. sp.* 1261 ; *Dec. fl. fr.* 4, *p.* 207 ; *Ger.
gallo prov. t.* 8. — Racine brune, dure, à souche rameuse,
subligneuse, donnant naissance à des tiges de 2-3 décim., nombreuses, ascendantes, simples, uniflores, nues supérieurement,
striées, pubescentes-blanches, ainsi que les feuilles ; celles-ci un
peu épaisses, pinnatifides, à lobes allongés, un peu obtus ; les
supérieurs bi-trifides ; les inférieurs entiers. Capitules assez grands
au sommet de pédoncules allongés, non renflés. Involucre à
folioles inégales, lancéolées, un peu tomenteuses ; les supérieures
aiguës ; les intérieures plus grandes, obtuses, scarieuses au sommet, toutes pâles ou étroitement bordées de brun. Fleurons de
la circonférence à languette oblongue, étalée, puis réfléchie ;
ceux du disque glanduleux, à tube dilaté à la base. Akènes
blanchâtres, à côtes lisses, obtuses, couronnés d'une membrane
courte, tranchante. Paillettes linéaires-lancéolées, scarieuses,
carénées, environ de la longueur des fleurons du centre, terminées par une pointe courte dont la base est dépassée de chaque
côté par le prolongement de la membrane.

Hab. les fentes des rochers à l'Aigual, l'Hort–de–Diou, à Bonpérier, entre
la Salle et Valleraugue. ♃ Fl. juin-septembre.

22ᵉ gʳˢ. COTA. — COTA. (Gay, in guss. syn. 2, p. 866.)

Involucre concave, à folioles imbriquées. Fleurons de la circonférence femelles, lancéolés, sur un seul rang ; ceux du centre
hermaphrodites, tubuleux, à 5 dents égales, *à tube comprimé-ailé*.
Style comme dans le genre précédent. Akènes tétragones-com-
primés, élargis et tronqués au sommet, avec ou sans ailes sur les
angles latéraux, à 5-10 côtes peu prononcées, sur les deux faces
principales, couronnés par une membrane courte, tranchante.
Réceptacle convexe, à écailles persistantes. Plantes herbacées,

annuelles ou vivaces, à feuilles alternes, à fleurons jaunes, à
rayons blancs ou jaunes.

1. { Fleurons du centre et de la circonférence jaunes.. TINCTORIA.
   { Fleurons du centre jaunes; ceux de la circonférence
     blancs... 2.

2. { Pédoncules épaissis à la maturité; akènes à 10
     stries sur chaque face......................... ALTISSIMA.
   { Pédoncules non épaissis; akènes à 5 stries sur
     chaque face.................................. TRIUMPHETTI.

1. C. ALTISSIMA *Gay. in Guss. syn.* 2, *p.* 867; *Anthemis
altissima Lin. sp.* 1259; *Dec. fl. fr.* 4, *p.* 203, *et* 5, *p.* 481;
Anth. peregrina Dec. fl. fr. 5, *p.* 482; *Lamk. ill. t.* 683, *fig.* 1.
— Racine *pivotante.* Tige de 6-10 décim., droite, striée, très-
rameuse, à rameaux étalés, glabre ou un peu velue, ordinairement
rougeâtre. Feuilles bipinnatifides, velues, à rachis ailé, à lobes
incisés-dentés, à dents *cuspidées,* raides. Capitules assez grands,
solitaires au sommet de pédoncules assez courts, striés, *dilatés
au sommet* à la maturité. Involucre à folioles inégales, pubescentes, lancéolées, munies, vers leur sommet, d'une nervure
verte, peu saillante, scarieuses sur les bords; les extérieures
aiguës; les intérieures plus grandes, obtuses, largement scarieuses
au sommet. Fleurons de la circonférence à languette blanche,
oblongue, *un peu plus longue que les folioles de l'involucre.*
Akènes bruns, ailés, à 10 stries sur chaque face, munis au sommet
d'une *bordure courte, tranchante,* blanche intérieurement. Paillettes très-tenaces, *lancéolées, tronquées, surmontées d'une arête
raide, spiniforme, de la longueur de la paillette et plus longue
que les fleurons du centre.*

Hab. les lieux cultivés et stériles dans tout le département. ① Fl. mai-
juillet.

2. C. TINCTORIA *Gay. in Guss. syn.* 2, *p.* 867; *Anthemis
tinctoria Lin. sp.* 1263; *Dec. fl. fr.* 4, *p.* 208; *Fl. dan. t.* 741;
Lœs. pruss. t. 9; *Clus. hist.* 1, *p.* 332, *fig.* 2. — Racine dure,
rougeâtre, à souche rameuse. Tiges de 3-5 décim., solitaires ou
nombreuses, dressées ou ascendantes, rameuses, pubescentes-
blanchâtres, dures, rougeâtres inférieurement. Feuilles pubescentes, blanchâtres en dessous, nombreuses, pinnatifides, à lobes
linéaires-oblongs, dentés ou incisés, à dents terminées *en pointe
courte,* à rachis large, munis de *dents ou lobules entre les intervalles des lobes.* Capitules solitaires au sommet de pédoncules
nus supérieurement, striés, *non épaissis au sommet.* Involucre à
folioles inégales, lancéolées; les extérieures aiguës, scarieuses
sur les bords; les intérieures plus longues, obtuses, scarieuses
au sommet et ciliées. Fleurons de la circonférence à languette
jaune, oblongue, *environ de la longueur de l'involucre.* Akènes
blanchâtres, *ailés,* à 5 lobes sur chaque face, couronnés d'une

membrane courte. Paillettes linéaires , *à pointe raide*, de la longueur des fleurons du centre.

Cette plante est vulnéraire, apéritive et détersive ; c'est de ses fleurs qu'on
obtient une teinture jaune.

Hab. dans les îles du Rhône , à Vallabrègues, les sables marins, au grau
d'Orgon. ⚥ Fl. juin–août.

3. C. Triumphetti *Gay. in Guss. syn.* 2, *p.* 867 ; *Anthemis
austriaca Dec. fl. fr.* 4, *p.* 206 ; *Anth. Triumphetti Dec. fl. fr.* 5,
p. 483 ; *Icon. taur.* 27 , *t.* 19 ; *Triumf. obs. t.* 80. — Racine
brune, courte, épaisse, à souche rameuse. Tiges de 4-8 décim. ,
solitaires ou plus ou moins nombreuses, droites, raides, rameuses
supérieurement, striées, glabres ou pubescentes. Feuilles pubescentes-grisâtres, bipinnatifides, à lobes oblongs, incisés ou dentés,
à dents terminées *en pointe courte,* à rachis large, muni de dents
ou lobules entre les intervalles des lobes. Capitules solitaires au
sommet de pédoncules striés, longuement nus, *non épaissis au
sommet.* Involucre à folioles inégales ; les extérieures lancéolées-
aiguës , scarieuses sur les bords ; les intérieures plus larges et
plus longues , scarieuses au sommet et ciliées. Fleurons de la
circonférence à languette blanche, oblongue , 2 *fois de la longueur des folioles de l'involucre.* Akènes fauves, *très-étroitement
ailés*, pas trop comprimés , à 5 stries sur chaque face, couronnés
l'une membrane dentée assez longue. Paillettes linéaires, *à pointe
raide*, *plus courte qu'elles*, et de la longueur des fleurons du
centre.

Hab. les bois de Salbous, près Campestre, et entre Vissec et Lafoux.
⚥ Fl. juin-août.

23e g^{re}. **ANACYCLE. — ANACYCLUS.** (Pers. syn. 2, p. 464.)

Involucre hémisphérique, à folioles imbriquées. Fleurons de la
circonférence femelles ou stériles , ligulés , sur un seul rang ;
ceux du centre hermaphrodites, à tube comprimé-ailé, à 5 dents,
dont 2 dressées, plus larges. Akènes comprimés , à faces unies ,
bordées d'une aile prolongée au-dessus du sommet en forme
d'auricule, souvent surmontés, du côté interne, d'une membrane
irrégulièrement dentée. Réceptacle convexe , garni de paillettes
adhérentes. Plantes herbacées, annuelles, à feuilles alternes , à
fleurons jaunes, à rayons blancs ou jaunes.

1. { Fleurons du centre et de la circonférence jaunes...... **RADIATUS.**
   { Fleurons du centre jaunes ; ceux de la circonférence
   { blancs... **CLAVATUS.**

1. A. clavatus *Pers. syn.* 2, *p.* 465 ; *Dec. fl. fr.* 5, *p.* 481 ;
A. tomentosus Dec. fl. fr. 5 , *p.* 481 ; *Anthemis biaristata Dec.
fl. fr.* 4 , *p.* 204 ; *Iconogr. taur.* 26 , *t.* 55. — Racine pivotante-
sinueuse. Tige de 2-3 décim. , velue ou pubescente-blanchâtre,

dressée ou ascendante, rameuse supérieurement ou dès la base, à rameaux plus ou moins étalés. Feuilles bipinnatifides, à lanières linéaires étroites, entières, bi ou trifides, mucronées, pubescentes ou velues-blanchâtres ; les caulinaires munies à leur base de 2 oreillettes laciniées, embrassantes. Capitules assez grands, solitaires au sommet de pédoncules striés, dilatés au sommet à la maturité. Involucre velu, à folioles inégales, lancéolées, étroitement entourées d'une bordure scarieuse ; les extérieures aiguës; les intérieures plus longues, obtuses, souvent tachées de noir au sommet. Fleurons de la circonférence à languette blanche, *exserte*, ovale, rayonnante, puis réfléchie. Akènes très-comprimés, presque cordiformes, parsemés, sur les faces, de petites lignes courtes, noires; les extérieurs concaves du côté interne, munis de chaque côté d'une aile large, membraneuse, prolongée, au-dessus du sommet, en oreillette *dressée;* surmontés, du côté interne, d'une membrane dentée ; les intérieurs dépourvus d'ailes et de membrane. Paillettes cunéiformes, obtuses au sommet, glabres ou ciliées.

Hab. les champs incultes aux environs d'Aigues-Mortes. ② Fl. juillet-août.

2. **A. RADIATUS** *Lois. fl. gall. ed.* 1, *p.* 583 ; *Dec. fl. fr.* 5, *p.* 481 ; *A. purpurascens Dec. fl. fr.* 5, *p.* 481 ; *Anthemis valentina Lin. sp.* 1262. — Racine pivotante. Tige de 2-5 décim., dressée, très-feuillée, rameuse supérieurement, à rameaux peu nombreux, étalés, velue, rougeâtre. Feuilles velues, bipinnatifides, à lanières linéaires, mucronées ; les inférieures atténuées en pétiole garni de folioles décroissantes jusqu'à sa base, élargie, embrassante ; les supérieures munies, à leur base, de 2 oreillettes laciniées, embrassantes. Capitules assez grands, solitaires au sommet de pédoncules striés, nus, peu allongés, renflés à la maturité. Involucre à folioles velues, presque égales, linéaires-lancéolées, bordées d'une membrane scarieuse, étroite, rousse, *contractée au sommet, puis dilatée, arrondie, déchirée.* Fleurons de la circonférence à languette jaune, souvent purpurine en dessous, oblongue, *exserte.* Akènes comme dans l'espèce précédente. Paillettes cunéiformes, planes, très-aiguës au sommet, très-glabres.

Hab. les bords des champs et des roubines aux environs d'Aigues-Mortes. ① Fl. mai-août.

24ᵉ gʳᵉ. — **SANTOLINE. — SANTOLINA.** (Tournef. inst. 260.)

Involucre hémisphérique, à folioles inégales, imbriquées, appliquées. Fleurons de la circonférence femelles, à languette presque nulle, sur un seul rang ; ceux du centre *à tube comprimé ailé,* à 5 dents, *dilaté à la base et prolongé sur le sommet de l'ovaire.* Akènes *subtétragones,* élargis et *tronqués* au sommet, dépourvus d'ailes et de couronne. Réceptacle *hémisphérique*, garni de paillettes.

1. **S. CHAMÆCYPARISSUS** *Lin. sp.* 1179; *Dec. prodr.* 6, *p.* 35; *v. B. Squarrosa Godr. et Gren. fl. fr.* 2, *p.* 160; *Dec. prodr.* 6, *p.* 35; *S. squarrosa Dec. fl. fr.* 5, *p.* 479; *Clus. hist. p.* 341, *ic. Capitules de la plante plus gros.* — Racine roussâtre, dure, rameuse. Tige de 2-4 décim., frutescente, à rameaux ascendants, nombreux à la base, arrivant tous presque à la même hauteur, raides, striés, pubescents, grisâtres, feuillés presque jusqu'au sommet. Feuilles alternes, souvent unilatérales, un peu épaisses, un peu pubescentes, d'un vert blanchâtre, linéaires, pétiolées, à rachis épais, garni, dans toute sa longueur, de *dents oblongues, obtuses,* plus ou moins rapprochées, courtes, disposées *sur 4 rangs.* Capitules arrondis, de grosseur différente, solitaires au sommet de pédoncules, un peu épaissis sous le capitule. Involucre glabre, un peu concave à la maturité, à folioles extérieures *lancéolées, acuminées,* carénées; les intérieures plus longues, obtuses, scarieuses, déchirées au sommet. Fleurons glanduleux. Akènes un peu comprimés. Paillettes *glabres*, linéaires-oblongues, concaves.

Cette plante, connue sous le nom vulgaire de *garde-robe* par son odeur forte, écarte des étoffes les mites qui les rongent; elle est un excellent vermifuge.

Hab. les coteaux arides aux environs de Nîmes, de Beaucaire, d'Uzès. ♄ Fl. juillet-août.

25ᵉ gʳᵉ. **ACHILLÉE. — ACHILLEA.** (Lin. gen. 646.)

Involucre hémisphérique, ovale ou oblong, à folioles imbriquées. Fleurons de la circonférence femelles, à languette courte, sur un seul rang; ceux du centre hermaphrodites, à 5 dents, *à tube comprimé-ailé.* Akènes glabres, oblongs, comprimés, lisses sur les faces, étroitement marginés, nus au sommet. Réceptacle étroit, plane ou convexe, garni de paillettes transparentes.

1. { Fleurons de la circonférence jaunes............. 2.
{ Fleurons de la circonférence blancs ou purpurins. 3.

2. { Feuilles simples, dentées en scie.............. **AGERATUM.**
{ Feuilles bipinnatifides...................... **TOMENTOSA.**

3. { Feuilles linéaires-lancéolées, dentées en scie... 4.
{ Feuilles bipinnatifides...................... 5.

4. { Tiges anguleuses, dressées dès la base; feuilles
{   ponctuées superficiellement................ **PTARNICA.**
{ Tiges non anguleuses, couchées à la base: feuilles
{   ponctuées en creux....................... **PYRENAICA.**

5. { Rachis des feuilles entier................... 6.
{ Rachis des feuilles plus ou moins denté supé-
{   rieurement............................... 7.

6. { Rachis non ailé............................ **MILLEFOLIUM.**
{ Rachis étroitement ailé..................... **ODORATA.**

7. { Rachis étroit, à dents nombreuses dans sa moitié
    { supérieure................................ NOBILIS.
    { Rachis large, muni d'une petite dent à la base
    { des segments supérieurs................. TANACETIFOLIA.

1. **A. TOMENTOSA** *Lin. sp.* 1264; *Dec. fl. fr.* 4, *p.* 210;
Curt. bot. mag. tab. 498; *Clus. hist.* 1, *p.* 330, *fig.* 2. — Racine
dure, brunâtre, à souche courte, rameuse, donnant naissance à
des tiges *stériles gazonnantes* et à des tiges fertiles de 1-4 décim.,
ascendantes, simples, raides, très-cotonneuses, blanchâtres,
ainsi que les feuilles, les pédoncules et les involucres. Feuilles
caulinaires, *linéaires-oblongues*, bipinnatifides, à lobes très-
serrés, bi-trifides ou entiers, à lobes linéaires, mucronés; rachis
non denté. Capitules serrés en petit corymbe composé. Involucre
obovale, à folioles ovales, carénées, bordées d'une membrane
étroite, roussâtre, scarieuse. Fleurons de la circonférence à languette plus courte que l'involucre, jaunes, ainsi que ceux du
centre. Akènes très-petits, bruns, bordés de blanc, cunéiformes,
arrondis au sommet. Paillettes obovales-oblongues, carénées,
acuminées, subulées.

Hab. les coteaux arides, aux environs de Nîmes, de Beaucaire, de Laudun,
aux bords du Gardon, près du mas Charlot, à St-Ambroix. ♃ Fl. mai-juin.

2. **A. ODORATA** *Lin. sp.* 1268; *Dec. fl. fr.* 5, *p.* 486; *Jacq.
coll.* 1, *t.* 21; *Barr. ic.* 992. — Racine dure, à souche ligneuse,
noueuse-tortueuse, rampante. Tiges de 1-3 décim., droites ou
ascendantes, simples, rarement un peu rameuses au sommet,
velues, cannelées; tiges stériles gazonnantes. Feuilles velues-
cendrées, *oblongues*, bipinnatifides, à lobes courts, rapprochés,
presque égaux, mucronés, à rachis *ailé*, *entier*. Capitules en
corymbes terminaux, serrés, composés. Involucre petit, obovale,
à folioles inégales, pubescentes, carénées, oblongues, obtuses,
entourées d'une bordure étroite, scarieuse, fauve. Fleurs *blanchâtres;* celles de la circonférence à languette, plus courtes que
l'involucre. Akènes petits, bruns, bordés de blanc, cunéiformes,
arrondis au sommet. Paillettes lancéolées - aiguës, carénées,
pubescentes, dentelées au sommet. Odeur aromatique par le
froissement.

Hab. le bord des bois et les lieux arides aux environs de Nîmes, du Vigan,
d'Alzon. ♃ Fl. juin-août.

3. **A. MILLEFOLIUM** *Lin. sp.* 1267; *Dec. fl. fr.* 4, *p.* 215;
Fl. dan. t. 737; *Drèves et Hayne, pl. d'Eur. t.* 23; *Dod. pempt.*
100, *fig.* 1. — Racine brune, à souche lisse, rougeâtre, *rampante*.
Tiges de 3-6 décim., dressées, fermes, anguleuses, sillonnées, pubescentes ou velues, ordinairement simples. Feuilles plus ou moins
velues ou pubescentes, d'un vert plus ou moins foncé, *oblongues-
linéaires ou lancéolées*, bi-pinnatifides, à lobes nombreux, rap-

prochés, ascendants, découpées en lanières linéaires, mucronées, à rachis *entier, non ailé.* Capitules nombreux en corymbe serré, composé. Involucre obovale, petit, à folioles inégales, oblongues, obtuses, carénées, pubescentes, entourées d'une bordure étroite, scarieuse, pâle ou brune. Fleurs *blanches ou purpurines ;* fleurons de la circonférence à languette plus courte que l'involucre. Akènes blanchâtres, oblongs, cunéiformes, *tronqués au sommet.* Paillettes linéaires-lancéolées, carénées, apiculées.

VAR. A, *Genuina Godr. et Gren. fl. fr.* 2, *p.* 162. Feuilles à lobes un peu écartés, à lanières linéaires.

VAR. B, *Setacea Koch, syn.* 411. Lobes des feuilles plus courts, plus serrés, à lanières plus nombreuses et plus étroites ; capitules beaucoup plus petits. *A. setacea Waldst. et Kit. rar. hung.* 1, *p.* 82, *t.* 80.

Cette plante, connue sous le nom vulgaire de *millefeuille,* d'*herbe au char-penlier ;* en patois, de *mila-fleuia,* — est vulnéraire, astringente, résolutive, antihémorrhagique.

Hab. les lieux incultes, les bords des chemins et des champs, dans tout le département : la var. B, aux environs de Nîmes, à Uzès, à Broussan, à Tres-ques. ♃ Fl. juin-septembre.

4. **A. TANACETIFOLIA** *All. ped.* 1, *p.* 183 ; *Dec. fl. fr.* 4, *p.* 214 ; *Moris. hist. s.* 6, *t.* 11, *fig.* 3 ; *Roch. bann. p.* 72, *t.* 32, *fig.* 68 *et* 69. — Racine dure, noirâtre, à souche *peu rampante.* Tiges de 4-8 décim., dressées, raides, anguleuses-sillonnées, simples, pubescentes vers le sommet. Feuilles d'un vert gai ; les caulinaires *lancéolées,* sessiles, bipinnatifides, à lobes nombreux bipinnatifides, à lanières linéaires, mucronées, *munies d'une dent à leur base, du côté externe, seulement dans les lobes supérieurs ;* rachis *ailé, presque sans dents ;* les radicales pétiolées, longues de 2 décim. Capitules en corymbe serré, rameux. Involucre obovale, pubescent, à folioles inégales, oblongues, obtuses, carénées, entourées d'une bordure scarieuse, brune. Fleurs *ordinairement rougeâtres.* Fleurons de la circonférence à languette plus courte que l'involucre. Akènes blanchâtres, oblongs-cunéiformes, *tronqués au sommet.* Paillettes carénées, lancéolées, subulées.

Hab. les prairies aux environs d'Alzon, à l'embouchure de l'Ardèche, près du pont St-Esprit. ♃ Fl. juillet-août.

5. **A. NOBILIS** *Lin. sp.* 1268 ; *Dec. fl. fr.* 4, *p.* 216 ; *Schkuhr. handb. t.* 255 ; *Moris. s.* 6, *t.* 11, *fig.* 4. — Racine brune, dure, courte, à souche ligneuse, rameuse, *non rampante.* Tiges de 2-5 décim., dressées, ascendantes, raides, un peu anguleuses-sillonnées, pubescentes, très-feuillées, rameuses au sommet. Feuilles étalées, d'un vert clair, brièvement velues ; les radicales pétiolées, oblongues, tri-pinnatifides ; les caulinaires sessiles, ovales,

bipinnatifides, à lobes inégaux, écartés; tantôt ceux du centre, tantôt ceux de la base les plus longs; tous à lanières étroites, *dentées en scie,* à dents mucronées ; rachis très-étroitement ailé, *denté supérieurement.* Capitules petits, en corymbes terminant les rameaux, qui, par leur disposition, forment un corymbe général, presque nivelé. Involucre obovale, à folioles velues, oblongues, obtuses, carénées, entourées d'une bordure étroite, blanche, scarieuse. *Fleurs blanches;* fleurons de la circonférence à languette plus courte que l'involucre. Akènes très-petits, cunéiformes, *arrondis au sommet,* bruns, bordés de blanc. Paillettes lancéolées, aiguës, carénées, membraneuses et denticulées au sommet. Odeur aromatique.

Hab. les lieux arides, les bois, les bords des chemins, à Nimes, Beaucaire, la Roque, Alais, Anduze, St-Ambroix. ♃ Fl. juin-août.

6. **A. AGERATUM** *Lin. sp.* 1264 ; *Dec. fl. fr.* 4, *p.* 209 ; *Math. valg.* (1555), *p.* 1049, *ic. ; Lob. ic. t.* 489, *fig.* 2. — Racine dure, blanchâtre, garnie de fibres longues, à souche ligneuse, rameuse. Tiges de 2-5 décim., dressées, striées, simples ou rameuses, glabres ou presque glabres. Feuilles *oblongues,* obtuses; les radicales incisées, à incisures *profondément dentées en scie,* longuement rétrécies en pétiole grèle ; les caulinaires ponctuées, souvent visqueuses, *dentées en scie,* à dents entières ou dentées, rétrécies en un court pétiole, portant à leur aisselle un faisceau de jeunes feuilles. Capitules petits, en corymbe serré, composé. Involucre obovale, à folioles inégales, carénées, pubescentes, entourées d'une bordure étroite, scarieuse, de la même couleur ; les extérieures lancéolées-aiguës; les intérieures plus longues, oblongues. *Fleurs jaunes;* fleurons de la circonférence à languette beaucoup plus courte que l'involucre. Akènes blanchâtres, très-petits, cunéiformes, *arrondis au sommet.* Paillettes lancéolées-aiguës, carénées. Odeur aromatique.

Cette plante porte le nom vulgaire d'*herbe au charpentier.*

Hab. les bords des chemins, les pacages, les lieux pierreux et humides, aux environs de Nimes, de St-Gilles, d'Aramon, de Bellegarde, d'Anduze. ♃ Fl. juillet-octobre.

7. **A. PTARNICA** *Lin. sp.* 1266; *Dec. fl. fr.* 4, *p.* 211 ; *Ptarnica vulgaris Dec. prodr.* 6, *p.* 23 ; *Fl. dan. t.* 643 ; *Lob. ic. t.* 455, *fig.* 2. — Racine brune, à souche rampante. Tiges de 3-6 décim., *dressées dès la base,* raides, anguleuses, simples ou peu rameuses, presque glabres. Feuilles coriaces, glabres, luisantes, *ponctuées superficiellement,* linéaires-lancéolées, aiguës, dentées en scie, à dents mucronées, cartilagineuses sur les bords, bordées extérieurement de très-petites dents. Capitules en corymbes lâches, terminaux, rameux. Involucre hémisphérique, à folioles velues, lancéolées, carénées, étroitement bordées d'une

membrane brune, scarieuse. Fleurs blanches; fleurons de la
circonférence à languette de la longueur des folioles de l'involucre.
Akènes cunéiformes, tronqués au sommet, bruns, bordés de
blanc. Paillettes lancéolées-aiguës, carénées, frangées et velues
au sommet.

Cette plante est connue sous le nom vulgaire d'*herbe à éternuer*: elle est
inodore. Ses fleurs et ses feuilles, mises en poudre, sont sternulatoires.

Hab. les prairies, les pacages, à l'Espérou, à Trèves. ♃ Fl. juin–septembre.

8. A. PYRENAICA *Sibth in h. l'herit. ex Dec. fl. fr.* 4, *p.* 211 ;
Godr. et Gren. fl. fr. 2, *p.* 166; *Ptarnica vulgaris v. B. pubescens Dec. prodr.* 6, *p.* 23. — Cette espèce diffère de la précédente :
par ses tiges *couchées à la base*, ascendantes, pubescentes,
cylindriques ; par ses feuilles moins allongées, *ponctuées en creux;*
par ses capitules plus gros, peu nombreux, à pédicelles plus longs,
disposés en corymbe, presque toujours simple.

Hab. les bords de la rivière aux Lopies, au Prunaret, près de Dourbie
(Martin). ♃ Fl. juillet–septembre.

26e g^{re}. BIDENT. — BIDENS (Lin. gen. 932, excl. sp.)

Involucre hémisphérique, à folioles disposées sur 2 rangs ; les
extérieures foliacées, inégales, étalées, dépassant ordinairement
le capitule ; les intérieures membraneuses, égales, dressées.
Fleurons tous tubuleux, hermaphrodites, rarement ceux de la
circonférence ligulés, neutres. Styles des fleurons du centre à
branches linéaires, barbues vers le sommet. Akènes *oblongs-
comprimés, cunéiformes-allongés, tronqués au sommet*, à bords
garnis de petits aiguillons recourbés, munis, sur chaque face,
d'une côte saillante, et, à son sommet, de 2-5 arêtes, raides,
subulées, garnies de petites pointes dirigées de haut en bas.
Réceptacle plane ou un peu convexe, alvéolé, garni de paillettes
scarieuses. Plantes herbacées, à feuilles et rameaux opposés et à
fleurs jaunes.

1. | Akènes à 2-3 arêtes; feuilles à 3-5 folioles........ **TRIPARTITA.**
   | Akènes à 4-5 arêtes ; feuilles simples............. **CERNUA.**

1. B. TRIPARTITA *Lin. sp.* 1165 ; *Dec. fl. fr.* 4, *p.* 219;
Engl. bot. t. 1113 ; *Dod. pempt.* 595, *ic.* — Racine pivotante.
Tige de 2-5 décim., dressée, subtétragone ou cylindrique, cannelée, rameuse dès la base, ordinairement rougeâtre, glabre.
Feuilles presque glabres, *à* 3, *rarement à* 5 *folioles* lancéolées,
dentées en scie, la terminale plus grande que les latérales,
décurrentes sur un pétiole *court, ailé ;* souvent, dans les individus nains, les feuilles sont simples. Capitules assez gros,
dressés, solitaires au sommet de pédoncules dilatés sous l'involucre. Involucre à folioles extérieures, scabres sur les bords ; les
intérieures plus courtes, brunes, striées, ovales-lancéolées, à

bordure étroite, jaune, scarieuse. Fleurons tous tubuleux. Akènes bruns, garnis, sur les bords, de petits aiguillons recourbés, rapprochés, munis, au sommet, de 2 arêtes, rarement 3. Réceptacle plane, garni de paillettes linéaires-lancéolées, veinées de jaune.

Cette plante est connue sous les noms vulgaires de *chanvre d'eau*, de *cornuet* ; elle est détersive et sternutatoire. Elle donne une teinture jaune.

Hab. les lieux humides et les fossés à Bellegarde, St-Gilles, Jonquières, le Caylar. ① Fl. juin-octobre.

2. **B. cernua** *Lin. sp.* 1165 ; *Dec. fl. fr. 4 , p. 219 ; Engl. bot. t. 1114 ; Lob. adv. p. 227, ic. ; Loës. pruss. p. 54 , Nᵒ 11.* — Racine formée de fibres longues. Tige de 1-5 décim., glabre ou parsemée de petits aiguillons étalés, subtétragone ou cylindrique, sillonnée, dressée, simple ou rameuse, souvent rougeâtre. Feuilles longues, lancéolées, dentées en scie, à dents distantes, *sessiles, légèrement connées à la base*, glabres, rudes sur les bords. Capitules très-grands dans la plante élevée, très-petits quand elle est naine, *ordinairement penchés*, solitaires au sommet de pédoncules dilatés sous l'involucre. Involucre à folioles externes, scabre sur les bords ; les internes plus courtes, largement ovales, noirâtres, striées, à bordure jaune, scarieuse. Fleurons tous tubuleux, ou ceux de la circonférence ligulés. Akènes bruns, terminés par 4-5 arêtes. Réceptacle un peu convexe, garni de paillettes linéaires-oblongues, veinées de noir.

Cette plante est âcre ; elle donne une teinture jaune.

Hab. les marais tourbeux des environs de l'Espérou et de la Lozère, commune de Concoule ; à St-Gilles (Req.). ① Fl. juillet-septembre.

27ᵉ gʳᵉ. KERNERIE. — KERNERIA. (Mœnch. meth. 595.)

Involucre campanulé, à folioles inégales, sur 2 rangs ; les extérieures herbacées ; les intérieures plus longues, scarieuses sur les bords. Fleurons tous tubuleux et hermaphrodites, ou ceux de la circonférence ligulés, neutres, sur un seul rang. Akènes tétragones, un peu comprimés, chagrinés, légèrement atténués aux deux extrémités, munis de côtes et à la base d'un support court, blanc, aussi large que l'akène circulaire, oblique, terminé par 2-3 arêtes garnies de petits aiguillons dirigés de haut en bas. Réceptacle un peu convexe, alvéolé, garni de paillettes scarieuses. Feuilles opposées ; fleurs jaunes.

1. **K. bipinnata** *Godr. et Gren. fl. fr. 2 , p. 169 ; Bidens bipinnata Lin. sp.* 1166 ; *Dec. fl. fr. 5, p. 486 ; Moris. hist. s. 6, t. 7, fig. 23.* — Racine fibreuse. Tige de 3-8 décim., droite, très-rameuse, anguleuse, sillonnée, glabre, ordinairement rougeâtre. Feuilles glabres ou un peu pubescentes, rudes sur les

bords, pétiolées, bipinnatifides, à lobes lancéolés, incisés. Capitules florifères petits, solitaires au sommet de pédoncules grêles, allongés, terminaux et axillaires. Involucre à folioles externes, linéaires-aiguës, ciliées, étalées, puis réfléchies; les internes linéaires-lancéolées, noirâtres, striées, bordées d'une membrane étroite, scarieuse, jaunâtre. Fleurons de la circonférence peu nombreux, à languette courte. Akènes bruns, étroits, très-saillants hors de l'involucre, munis d'une seule côte entre les angles. Réceptacle garni de paillettes linéaires, jaunes, veinées de noir.

Hab. les lieux humides au Vigan, à Anduze; les champs et les vignes, à Sumène, à Sauve. ① Fl. août–septembre.

En 1832 j'ai trouvé, près de Beaucaire, le *tagetes glandulifera* (Schrank, pl. rar.) en grande abondance, dans un champ situé au bord du Rhône. Les graines de cette plante, échappées des jardins, y auront été apportées par les eaux.

On cultive fréquemment le *coreopsis tinctoria* (Nutt.), remarquable par ses rayons, tachés de brun à la base; le *tagetes erecta* (Lin. sp.), sous le nom d'*œillet d'Inde*; le *tagetes patula* (Lin. sp.), sous le nom de *passe-velours*, et, sous une foule de variétés de couleurs, le *dahlia variabilis* (Desf.), remarquable par les nuances très-variées de ses couleurs.

Trois espèces d'*hélianthe* sont aussi cultivées dans nos champs et dans nos jardins :

La première, *helianthus annuus* (Lin. sp.), sous les noms vulgaires de *soleil, fleur de soleil* et *tournesol*, remarquable par sa taille élevée et la grandeur de ses capitules. Ses graines sont oléagineuses et utiles pour la nourriture de certains oiseaux; elle est originaire du Pérou.

La deuxième, *hel. tuberosus* (Lin. sp.), sous les noms vulgaires de *topinambour, poire de terre*, à cause de sa racine produisant des tubercules pyriformes, alimentaires. Ses capitules sont moyens et disposés en corymbes; elle nous est venue du Brésil.

La troisième, *hel. multiflorus* (Lin. sp.), vulgairement *soleil vivace*, comme plante d'agrément. Ses capitules sont assez grands, souvent doubles, et durent longtemps; elle est originaire de la Virginie.

28ᵉ gʳᵉ. ASTÉRISQUE. — ASTERISCUS. (Mœnch. mett. 592.)

Involucre hémisphérique, à folioles imbriquées sur plusieurs rangs; les extérieures foliacées, rayonnantes; les intérieures appliquées, beaucoup plus courtes. Fleurons tous fertiles; ceux de la circonférence ligulés, femelles, disposés sur 1-2 rangs, à tube triangulaire; ceux du centre hermaphrodites, tubuleux, réguliers. Anthères munies, à leur base, de deux appendices filiformes allongés. Style à branches linéaires, pubescentes au sommet. Akènes triquètres-comprimés; ceux de la circonférence plus larges; ceux du centre oblongs, atténués à la base, tous surmontés d'une membrane frangée, en forme de couronne ou de demi-couronne. Réceptacle garni de paillettes carénées. Plantes annuelles ou bisannuelles, à feuilles alternes et à fleurs jaunes.

1. { Folioles de l'involucre épineuses au sommet........ **SPINOSUS**.
   { Folioles de l'involucre non épineuses.............. **AQUATICUS**

1. **A. AQUATICUS** *Mœnch. meth.* 592; *Dec. prodr.* 5, *p.* 486; *Buphthalmum aquaticum Lin. sp.* 1274; *Dec. fl. fr.* 4, *p.* 217; *Barrel. ic. t.* 552; *Seba. thes.* 1, *t.* 29, *fig.* 7; *Zan. hist. t.* 24. — Racine blanchâtre, pivotante ou rameuse. Tige de 2-3 décim., velue et très-feuillée, droite ou dressée, striée, anguleuse au sommet, rameuse supérieurement, à rameaux allongés, très-étalés, 1-2 fois bifurqués, naissant de la base des capitules. Feuilles oblongues, entières, obtuses, rétrécies en pétiole *dilaté et demi-embrassant à sa base*, velues et ciliées. Capitules assez gros, solitaires, les uns sessiles, les autres au sommet des rameaux, *pourvus, à leur base, de quelques feuilles florales*. Involucre ombiliqué, à folioles herbacées; les extérieures linéaires-lancéolées, dépassant le capitule, *non épineuses*; les intérieures plus courtes, ovales, *obtuses*. Fleurons de la circonférence à tube velu, ceux du centre glabres. Akènes velus, à poils couchés, argentés; ceux de la circonférence *dépourvus d'ailes*. Réceptacle à paillettes tronquées au sommet.

Hab. les lieux humides et argileux aux environs de Nîmes, aux bords du Gardon, à Fournès, à Montfrin. ⓧ Fl. juin-août.

2. **A. SPINOSUS** *Godr. et Gren. fl. fr.* 2, *p.* 172; *Buphthalmum spinosum Lin. sp.* 1274; *Dec. fl. fr.* 4, *p.* 217; *B. astroideum Viv. fl. lyb. sp. p.* 57, *t.* 25, *fig.* 2; *Palenis spinosa Cass. dict.* 37, *p.* 276; *Barr. ic. t.* 551; *Cluss. hist.* 2, *p.* 13, *fig.* 2. — Racine pivotante ou rameuse. Tige de 2-4 décim., dressée, velue, anguleuse au sommet, striée, *rameuse supérieurement*, solitaire ou partant plusieurs de la même souche. Feuilles oblongues-lancéolées, entières, terminées par *une petite pointe;* les radicales sinuées, dentelées, rétrécies en pétiole, étalées en rosette; les caulinaires *sessiles, demi-embrassantes*, subauriculées, toutes velues, ciliées. Capitules *pédonculés, dépourvus de feuilles florales*, solitaires au sommet de pédoncules, dont les latéraux dépassent de beaucoup celui du centre. Involucre à folioles raides, *épineuses au sommet;* les extérieures lancéolées, à nervures très-saillantes, rayonnantes, beaucoup plus longues que le capitule; les intérieures ovales, *cuspidées*, vertes au sommet. Fleurons de la circonférence à tube velu, ailé, à languette linéaire; ceux du centre glabres, ailés du côté interne. Akènes de la circonférence presque glabres, *largement ailés, ciliés* sur les bords, presque cordiformes, surmontés d'une demi-couronne; ceux du centre subconiques, velus, non ailés, surmontés d'une couronne. Réceptacle garni de paillettes tronquées-cuspidées.

Hab. les bords des chemins et des fossés, aux environs de Nîmes, du Vigan, d'Alais, de St-Ambroix, d'Anduze. ⓧ Fl. mai-août.

29e g^{re}. **CORVISARTIE.—CORVISARTIA.** (Mérat. fl. par. ed. 2, t 2, p. 261.)

Involucre hémisphérique, à folioles imbriquées, sur plusieurs rangs ; les extérieures larges, foliacées ; les intérieures coriaces, linéaires, sur un seul rang. Fleurons de la circonférence femelles, longuement ligulés, disposés sur un seul rang ; ceux du centre hermaphrodites, tubuleux. Anthères munies, à leur base, de 2 appendices filiformes. Styles à branches non barbues. Akènes glabres, *striés*, *tétragones*, *tronqués au sommet*, à aigrette *à poils simples*, un peu rudes. Réceptacle nu. Plante robuste, à taille élevée, à feuilles alternes, à fleurs jaunes.

1. **C. HELENIUM** *Merat. l. c.* ; *Inula helenium Lin. sp.* 1236 ; *Dec. fl. fr.* 4, *p.* 148 ; *Fl. dan. t.* 728 ; *Fuchs. hist.* 242, *ic.* — Racine épaisse, charnue, brune, amère, aromatique. Tige de 1 mètre et plus, robuste, rameuse supérieurement, dressée, cannelée, anguleuse au sommet, velue ou pubescente. Feuilles très-amples, épaisses, dentées inégalement, vertes et un peu rudes en dessus, cotonneuses-blanchâtres en dessous, à nervures saillantes ; les radicales très-longues et très-larges, ovales-lancéolées, rétrécies en un long pétiole ; les caulinaires ovales-aiguës, irrégulièrement cordiformes, embrassantes, un peu décurrentes. Capitules gros, solitaires, terminaux, disposés en corymbe irrégulier, peu fourni ; pédoncules peu allongés. Involucre à folioles extérieures larges, ovales, lâches ; les intérieures spatulées. Fleurons de la circonférence nombreux, plus longs que l'involucre. Akènes bruns, glabres, à aigrette roussâtre.

Cette plante est connue sous le nom vulgaire d'*aunée*, d'*énule campane* : sa racine est tonique, alexitère, stomachique, incisive, vermifuge, détersive et résolutive.

Hab. les prairies humides au Boultou, près de l'Espérou : parmi les oliviers à Aujargues, où on la cultive : au bord des fossés près de Manduel : elle est rare partout. ♃ Fl. juillet-août.

30ᵉ gʳᵉ. INULE. — INULA. (Lin. gen. 956, en partie.)

Involucre hémisphérique, à folioles imbriquées sur plusieurs rangs. Fleurons de la circonférence femelles, quelquefois stériles, disposés sur un seul rang, à languette allongée, dépassant beaucoup les fleurons du centre, ou très-courte et atteignant à peine leur longueur ; fleurons du centre tubuleux, hermaphrodites. Anthères munies, à leur base, de 2 appendices filiformes. Style à branches barbues. Akènes cylindriques, striés, tronqués ou un peu rétrécis au sommet, à aigrette à poils simples, un peu rudes. Réceptacle plane, dépourvu de paillettes. Plantes à feuilles simples, alternes, à fleurs jaunes.

1. { Fleurons ligulés, ne dépassant pas l'involucre..... 2.
  { Fleurons ligulés, dépassant l'involucre............ 3.

2. { Feuilles raides, décurrentes sur la tige ; plante visqueuse.. **BIFRONS.**
  { Feuilles ni raides, ni décurrentes sur la tige ; plante non visqueuse................................. **CONYZA.**

3. { Feuilles charnues, linéaires, souvent tridentées.... **CRITHMOIDES.**
   { Feuilles oblongues ou lancéolées, non charnues.... 4.

4. { Akènes glabres : feuilles fermes ou coriaces........ 5.
   { Akènes velus : feuilles molles.................... 6.

5. { Fleurons ligulés, dépassant peu l'involucre ; co-
   {   rymbe à 8-15 capitules........................ **SPIRÆIFOLIA.**
   { Fleurons ligulés, dépassant beaucoup l'involucre ;
   {   corymbe à 2-3 capitules....................... **SALICIFOLIA.**

6. { Tige simple, uniflore ; feuilles caulinaires sessiles.. **MONTANA.**
   { Tige pluriflore, rameuse au sommet ; feuilles cauli-
   {   naires embrassantes.......................... **BRITANNICA.**

1. **I. CONYZA** *Dec. prodr.* 5, *p.* 464 ; *Conyza squarrosa Lin.
sp.* 1205 ; *Dec. fl. fr.* 4, *p.* 139 ; *Lamk. ill. t.* 697, *fig.* 1 ; *Drèves
et Hayne, pl. d'Eur. t.* 56 ; *Math. valgr.* 870, *ic.* — Racine assez
grosse, rameuse. Tige de 6-12 décim., droite, raide, anguleuse dans
le haut, couverte d'une pubescence épaisse, souvent rougeâtre,
rameuse supérieurement, à rameaux nombreux. Feuilles oblongues, un peu amples, molles, pubescentes, denticulées, *sessiles* ;
les radicales et les inférieures rétrécies en pétiole. Capitules
nombreux, serrés au sommet des rameaux axillaires et terminaux ;
les supérieurs en corymbe compacte. Involucre à folioles inégales ;
les extérieures courtes, ovales-aiguës ou lancéolées, *brièvement
ciliées*, recourbées au sommet, souvent rougeâtres, les intérieures
linéaires-aiguës, scarieuses, rougeâtres au sommet, ciliées, presque aussi longues que les fleurons, non recourbées. Fleurons d'un
jaune pâle ; ceux de la circonférence à languette très-courte, de
la longueur des fleurons du centre. Akènes bruns, velus, à
aigrette d'un blanc sale. Plante d'un vert pâle, à odeur forte et
désagréable.

Elle est connue sous le nom vulgaire d'*herbe aux mouches* ; elle est vulnéraire, carminative et emménagogue. Son odeur tue les mouches.

Hab. les coteaux arides dans tout le département. ② Fl. juin-octobre.

2. **I. BIFRONS** *Lin. sp.* 1236 ; *Dec. fl. fr.* 4, *p.* 155 ; *Garid.
aix. t.* 23 ; *Bocc. mus.* 1, *t.* 121. — Racine épaisse, rameuse ou
simple. Tige de 3-6 décim., solitaire ou partant plusieurs de la
même souche, droite, presque glabre, souvent d'un rouge violet,
visqueuse. Feuilles minces, raides, oblongues, mucronées, dentées, glanduleuses, rudes sur les bords et sur la face inférieure,
nerviées, réticulées ; les radicales rétrécies en pétiole ; les caulinaires contractées, puis dilatées à la base, *embrassantes et décurrentes sur la tige*. Capitules plus petits qu'au N° 1, presque
sessiles, serrés au sommet de rameaux disposés en corymbe
feuillé, plus ou moins compacte. Involucre à folioles inégales,
ciliées, linéaires-aiguës, *glanduleuses* sur le dos, étalées ou recourbées au sommet ; les intérieures plus étroites, plus longues,
blanchâtres, presque scarieuses, acuminées, atteignant presque

les fleurons. Fleurons de la circonférence à languette très-courte, de la longueur des fleurons du centre. Akènes bruns, brièvement hérissés sur les côtes. Plante odorante.

Hab. les coteaux arides aux rochers de Beaucaire , au Serre-de-Bouquet. ② Fl. juillet-août.

3. **I. SPIRÆIFOLIA** *Lin. sp.* 1238 ; *I. squarrosa Lin. sp.* 1240; *Dec. fl. fr.* 4 , *p.* 150 ; *I. germanica Dec. fl. fr.* 4 , *p.* 150 *(non Lin.); Aster bubonium scop. carn.* 2, *p.* 173, *t.* 58 ; *J. Bauh.* 2 , *p.* 1049 , *fig.* 2. — Racine brune , rameuse , à souche rameuse, courte. Tiges de 2-5 décim. , droites, raides, anguleuses, surtout au sommet, striées, rudes, très-feuillées, glabres ou peu velues, ordinairement simples inférieurement , rameuses au sommet. Feuilles fermes , *coriaces* , veinées-réticulées, oblongues , ovales ou lancéolées , mucronées , denticulées , rudes sur les bords , *glabres* ou munies de quelques poils sur la nervure principale , dressées, *demi-embrassantes*. Capitules ordinairement nombreux, rarement solitaires , à pédoncules feuillés jusqu'au sommet , disposés en corymbe serré , le central dépassé par les latéraux. Involucre à folioles inégales , lancéolées , appliquées , glabres , blanchâtres , finement ciliées , *vertes et recourbées au sommet.* Fleurons de la circonférence à languette étroite , à 3 dents profondes , un peu plus longues que l'involucre. Akènes *glabres.*

Hab. les coteaux pierreux aux environs de Nîmes, de Beaucaire, à la Chartreuse de Valbonne, au Vigan, à Alais, St-Ambroix, Anduze, Tresques, Bagnols. ♃ Fl. juillet-août.

4. **I. SALICINA** *Lin. sp.* 1238 , *Dec. fl. fr.* 4, *p.* 151 ; *Fl. dan. t.* 786 ; *Clus. hist.* 2 , *p.* 14 , *fig.* 1. — Racine brune , à souche rameuse , un peu rampante. Tige de 3-6 décim. , dressée, raide, anguleuse , striée , simple inférieurement , un peu rameuse au sommet , feuillée dans toute son étendue , glabre ou presque glabre. Feuilles moins raides que dans l'espèce précédente et plus finement veinées-réticulées , glabres, luisantes en dessus; *un peu velues en dessous* , scabres sur les bords , finement denticulées , lancéolées, *cordiformes à la base et demi-embrassantes* , étalées, souvent pliées en long et arquées en dehors. Capitules 2-5 , disposées en corymbes lâches , rarement solitaires , celui du centre plus gros, dépassé par les latéraux. Involucre à folioles *inégales;* les extérieures lancéolées , herbacées , glabres , rudes , ciliées, *recourbées au sommet;* les intérieures plus longues, plus étroites, scarieuses, ciliées, non recourbées. Fleurons de la circonférence à languette étroite , linéaire , beaucoup plus longue que dans l'espèce précédente, dépassant beaucoup l'involucre. Akènes *glabres.*

Plante nutritive pour le cheval, le bœuf, le mouton, la chèvre.

Hab. les bois et les pacages montagneux, dans tout le département. ♃ Fl. juin-août.

5. **I. CRITHMOIDES** *Lin. sp.* 1240; *Dec. fl. 4, p.* 154; *Engl. bot. t.* 68; *Math. valg. p.* 491, *ic.*; *Lob. ic. t.* 395, *fig.* 2. — Racine longue, souvent simple, du collet de laquelle partent des tiges nombreuses de 4-6 décim., formant de larges touffes, *subligneuses à leur base*, glabres, droites ou ascendantes, simples ou rameuses, très-feuillées. Feuilles *charnues*, *glabres*, *linéaires*, obtuses, portant à leur aisselle des rameaux courts, non développés; les inférieures et celles de la base des rameaux à 3 pointes ou à 3 dents; les supérieures entières. Capitules solitaires au sommet de pédoncules allongés, dilatés sous l'involucre, parsemés de petites feuilles bractéiformes, disposés en corymbe simple, lâche, irrégulier. Involucre à folioles *inégales*, linéaires, acuminées, *dressées*; les extérieures plus petites, vertes; les intérieures vertes sur le dos, largement scarieuses, blanchâtres aux bords. Fleurons de la circonférence à languette linéaire, une fois plus longue que l'involucre, marquée, en dessous, de 5 lignes rouges. Akènes hérissés.

Hab. les pacages et terrains salants sur tout le littoral, depuis l'embouchure du petit Rhône jusqu'à celle du Vidourle. ♃ Fl. juillet-septembre.

6. **I. MONTANA** *Lin. sp.* 1241; *Dec. fl. fr. 4, p.* 154; *Garid. aix. t.* 10; *Tabern. ic. t.* 338, *fig.* 2. — Racine pivotante, à souche rameuse. Tiges de 1-4 décim., droites ou ascendantes, ordinairement simples, rarement munies, vers le sommet, d'un ou de deux rameaux courts, un peu anguleuses, velues, quelquefois rougeâtres. Feuilles entières, veinées, *velues soyeuses*, *surtout en dessous*; les inférieures lancéolées, obtuses, rétrécies en pétiole; les supérieures peu nombreuses, sessiles, plus petites. Capitules grands, solitaires au sommet de la tige. Involucre à folioles *inégales*; les extérieures oblongues, tomenteuses, vertes, non recourbées; les intérieures plus longues, pubescentes, aiguës, jaunâtres, munies d'une nervure longitudinale. Fleurons de la circonférence à languette étroite, une fois plus longue que l'involucre. Akènes brièvement hérissés.

Hab. les coteaux arides aux environs de Nimes, du Vigan, d'Anduze, de St-Ambroix, de Beaucaire. ♃ Fl. juin-août.

7. **I. BRITANNICA** *Lin. sp.* 1237; *Dec. fl. fr. 4, p.* 149; *Fl. dan. t.* 413; *Dalech. hist. ed. franc. 1, p.* 946 *fig.* 2; *Lob. ic. t.* 293, *fig.* 1; *Moris. hist. s. 7, t.* 19, *fig.* 8. — Racine composée de fibres dures, blanchâtres. Tige de 3-5 décim., dressée, simple inférieurement, rameuse au sommet, anguleuse, velue. Feuilles *lancéolées*, entières ou un peu dentées, *molles*, velues surtout en dessous, rudes sur les bords; les radicales rétrécies en pétiole; les caulinaires *embrassantes*. Capitules assez gros, plus ou moins nombreux, disposés en corymbe lâche, irrégulier; rameaux inférieurs très-allongés, dépassant souvent les fleurs du centre.

Involucre à folioles étroitement linéaires, acuminées ; les extérieures velues-soyeuses, *lâches*, égalant les intérieures blanchâtres, ciliées. Fleurons de la circonférence à languette très-étroite, beaucoup plus longue que l'involucre. Akènes hérissés.

Hab. les lieux humides, les bords des fossés, aux environs de Nimes, de Beaucaire, Manduel, Jonquières, St-Gilles, Bellegarde, Aigues-Mortes, et probablement dans tout le département. ♃ Fl. juin-septembre.

31ᵉ gʳᵉ. **PULICAIRE. — PULICARIA.** (Gærtn. fruct. 2, p. 461, t. 173, fig. 7.)

Akènes hérissés, à aigrette double ; l'intérieure à poils simples ; l'extérieure très-courte, en forme de couronne scarieuse, crénelée ou profondément laciniée. Les autres caractères, comme dans le genre précédent.

1. { Fleurons ligulés, étalés, plus longs que l'involucre; plante vivace. . . . . **DYSENTERICA.**
  { Fleurons ligulés, dressés, ne dépassant pas l'involucre ; plante annuelle. . . . . 2.

2. { Feuilles un peu larges, molles, ondulées ; akènes bruns. . . . . **VULGARIS.**
  { Feuilles étroites, rudes, à bords roulés en dessous ; akènes blanchâtres . . . . **SICULA.**

1. **P. DYSENTERICA** *Gærtn. fruct.* 2, *p.* 461 ; *Inula dysenterica Lin. sp.* 1237 ; *Dec. fl. fr.* 4, *p.* 149 ; *Fl. dan. t.* 410 ; *Drèves et Hayne, pl. d'Eur. t.* 31 ; *Fuchs. hist.* 436, *ic.* — Racine épaisse, brune, garnie de fibres, à souche rameuse, à rameaux souterrains, allongés, garnis de turions. Tiges de 3-6 décim., dressées ou ascendantes, pubescentes-tomenteuses, rameuses supérieurement. Feuilles oblongues-lancéolées, *auriculées et embrassantes à la base,* molles, ondulées, dentelées, un peu rudes en dessus, couvertes, en dessous, d'un coton blanchâtre, court, épais. Capitules solitaires au sommet de pédoncules *nus ou munis d'une petite bractée,* réunis en corymbe au sommet des rameaux qui forment un corymbe général, dont les rameaux latéraux supérieurs dépassent celui du centre. Involucre à folioles inégales, linéaires-subulées, velues, glanduleuses, ciliées, molles et lâches. Fleurons de la circonférence étroits, rayonnants, *beaucoup plus longs que les fleurons du centre.* Akènes bruns.

Cette plante porte le nom vulgaire d'*herbe de St-Roch:* sa racine est mucilagineuse, d'une saveur âcre et amère. Linnée la cite comme ayant été employée avec avantage dans une dysenterie épidémique.

Hab. les fossés, les bords des eaux dans tout le département. ♃ Fl. juin-septembre.

2. **P. VULGARIS** *Gærtn. fruct.* 2, *p.* 461 ; *Inula pulicaria Lin. sp.* 1238 ; *Dec. fl. fr.* 4, *p.* 150 ; *Fl. dan. t.* 613 ; *Dod. pempt. p.* 52, *fig. infer.; Moris. hist. s.* 7, *t.* 20, *fig.* 30. —

Racine sinueuse, pivotante ou rameuse. Tige de 1-3 décim.,
dressée, velue, souvent rougeâtre, ordinairement très-rameuse
dès la base et au sommet, à rameaux ascendants. Feuilles oblongues-lancéolées, ondulées, entières ou munies de quelques petites
dents, molles, velues-grisâtres en dessous, un peu rudes en
dessus; les supérieures *sessiles*, demi-embrassantes; les inférieures rétrécies en pétiole. Capitules petits, solitaires, terminaux
et latéraux; les latéraux presque sessiles. Pédoncules *portant
quelques petites feuilles*. Rameaux presque dichotomes, dépassant
beaucoup les capitules du centre. Involucre à folioles inégales,
linéaires-subulées, molles et lâches, velues, ciliées, à pointe rougeâtre. Fleurons de la circonférence à languette *dressée, environ
de la longueur de l'involucre*. Akènes bruns.

Nutritive pour le mouton.

Hab. les lieux où l'eau a séjourné, les bords des fossés, dans tout le département. ① Fl. juin–septembre.

3. **P. SICULA** *Moris. fl. sard.* 2, *p.* 363; *Erigeron siculum
Lin. sp.* 1210; *Conyza sicula Willd. sp.* 3, *p.* 1931; *Dec. fl.
fr.* 4, *p.* 139; *Lamk. ill. t.* 680, *fig.* 3; *Bocc. sic. t.* 31, *fig.* 4;
Magn. bot. monsp. 76, *ic.*; *Moris. hist. s.* 7, *t.* 20, *fig.* 28. —
Racine pivotante ou rameuse. Tige de 2-5 décim., dressée, très-
rameuse dès la base, un peu anguleuse, striée, légèrement pubescente, rougeâtre. Feuilles linéaires-lancéolées, étroites, *sessiles,
demi-embrassantes*, rudes et pubescentes en dessus, velues en
dessous, entières ou presque dentées; les inférieures plus larges,
rétrécies en pétiole, toutes à bords roulés en dessous. Capitules
petits, solitaires au sommet de pédoncules *grêles, légèrement
dilatés sous l'involucre*, pubescents, *munis de bractées petites,
étroites*, disposés en corymbes lâches et peu fournis au sommet
des rameaux. Involucre à folioles inégales, pubescentes, lâches;
les extérieures linéaires-aiguës; les intérieures plus longues,
acuminées, à pointe rougeâtre, à bordure scarieuse. Fleurons de
la circonférence à languette *dressée, environ de la longueur de
l'involucre*. Akènes blanchâtres.

Hab. les champs humides, les fossés où l'eau a séjourné, à St-Gilles,
Aigues-Mortes, Bellegarde. ① Fl. août–octobre.

32e gre. **CUPULAIRE. — CUPULARIA.** (Godr. et Gren. fl. fr. 2, p. 180.)

Involucre campanulé. Akènes cylindriques-oblongs, dépourvus
de côtes, contractés, au sommet, en un col très-court; aigrette
double; l'extérieure courte, membraneuse, cupuliforme, très-
finement crénelée sur les bords. Alvéoles du réceptacle bordés
d'une membrane dentée; les autres caractères comme dans le
genre *inula*.

1. { Folioles externes de l'involucre herbacées, un peu
plus courtes que les internes: feuilles linéaires
entières; plante annuelle...................... GRAVEOLENS.
Folioles externes de l'involucre scarieuses aux bords,
beaucoup plus courtes que les internes ; feuilles
lancéolées, sinuées-dentées: plante vivace...... VISCOSA.

1. C. GRAVEOLENS *Godr. et Gren. l. c.; Erigeron graveolens
Lin. sp.* 1210 ; *Solidago graveolens Dec. fl. fr.* 4 , *p.* 156; *Lob.
ic.* 346 ; *Barr. ic. t.* 370 , *fig. dext.* — Racine pivotante-tor-
tueuse. Tige de 3-6 décim. , dressée, raide , cylindrique, striée ,
couverte de poils glanduleux, visqueux, très-rameuse dès la base,
à rameaux grêles, étalés. Feuilles entières ou un peu denticulées,
linéaires-aiguës, rudes , *pubescentes-glanduleuses*, *sessiles*, très-
étalées; les inférieures plus larges, obtuses, rétrécies à la base.
Capitules petits, très-nombreux , à pédicelles courts, uniflores,
disposés alternativement le long des rameaux et du sommet de la
tige, formant ensemble une vaste panicule pyramidale. Involucre
à folioles peu inégales , linéaires-aiguës, lâches ; les extérieures
herbacées, glanduleuses; les intérieures scarieuses, à nervure
verte. Fleurons ligulés, courts, dépassant peu l'involucre. Akènes
blanchâtres, velus. Aigrette rougeâtre. Plante à odeur forte et
désagréable.

Hab. les champs cultivés, humides, dans tout le département. ① Fl.
août-octobre.

2. C. VISCOSA *Godr. et Gren. fl. fr.* 2 , *p.* 181 ; *Erigeron
viscosum Lin. sp.* 1209 ; *Inula viscosa Dec. fl. fr.* 4 , *p.* 153 ;
Jacq. hort. vind. 2, *t.* 165; *Clus. hist.* 2, *p.* 20, *fig.* 1. — Racine
épaisse, dure, brunâtre. Tiges de 6-12 décim., droites, raides ,
ligneuses à la base, rameuses supérieurement, cylindriques,
striées, pubescentes-visqueuses, rougeâtres, réunies en buisson.
Feuilles raides , rapprochées, velues, glanduleuses-visqueuses,
lancéolées, dentées en scie, *cordiformes*, *demi-embrassantes à
leur base*, rudes sur les bords; les inférieures rétrécies à la base.
Capitules plus gros que dans l'espèce précédente; tantôt solitaires
au sommet de pédoncules allongés, feuillés; tantôt disposés
alternativement le long des rameaux et brièvement pédicellés,
axillaires et terminaux, formant ensemble une panicule pyramidale, simple ou composée. Folioles de l'involucre lâches, très-
inégales ; les extérieures linéaires-aiguës, pubescentes, visqueuses, *à bords scarieux*; les intérieures plus longues, scarieuses, à
nervure verte, acuminées, ciliées au sommet. Fleurons ligulés ,
dépassant amplement l'involucre. Akènes blanchâtres, velus.
Aigrette roussâtre. Plante à odeur forte.

Hab. les pacages et les lieux incultes, à Nîmes, Beaucaire, Aigues-
Mortes, Bellegarde, Alzon. ♃ Fl. août-septembre.

33ᵉ gᵉ. JASONIE. — JASONIA. (Dec. prodr. 5, p. 476.)

Involucre campanulé, à folioles imbriquées sur plusieurs rangs. Fleurons de la circonférence ligulés, femelles, sur un seul rang ; ceux du centre tubuleux, hermaphrodites, ou tous tubuleux hermaphrodites. Anthères munis à leur base de 2 appendices filiformes. Styles à branches non barbues. Akènes oblongs-cylindriques, atténués aux deux bouts, entourés de côtes. Aigrette double ; l'externe à poils très-courts ; l'interne à poils rudes, sur un seul rang, égalant presque les fleurons. Réceptacle nu, plane, subalvéolé. Plante à feuilles alternes, à fleurs jaunes.

1. **J. TUBEROSA** *Dec. prodr. 5, p. 476* ; *Erigeron tuberosum Lin. sp.* 1212; *Inula tuberosa Dec. fl. fr. 4, p.* 153; *Lob. ic. t.* 250, *fig.* 3 ; *Moris. hist. s. 7, t. 19, fig.* 20 , *et t.* 20, *fig.* 15 ; *J. Bauh. hist. 2, p.* 1055, *fig.* 3. — Racine noire, dure, *en tubercule épais, tronqué*. Tige de 1-3 décim., droite, raide, presque ligneuse à la base, rameuse au sommet, velue-glanduleuse, souvent rougeâtre. Feuilles nombreuses, linéaires ou linéaires-lancéolées, un peu raides, entières, rarement munies de quelques petites dents, glanduleuses, scabres et pourvues de quelques poils sur les bords, à nervure dorsale, glabre ou velue. Capitules solitaires au sommet de pédoncules un peu renflés au sommet, disposés en corymbe simple, lâche. Involucre à folioles inégales, linéaires ; les externes lâches, vertes et recourbées au sommet ; les internes vertes au sommet, scarieuses sur les bords. Fleurons de la circonférence peu nombreux, à languette plus longue que l'involucre. Akènes bruns, hérissés ; aigrette rousse.

Hab. les terrains pierreux, argileux et humides, aux environs de Nimes, d'Uzès, d'Alais, de St-Ambroix, de Bouquet, du Vigan, de Montdardier, de Tresques. ♃ Fl. juin-août.

34ᵉ gᵉ. — HÉLICHRYSE. — HELICHRYSUM. (Dec. prodr. 6, p. 169.)

Involucre campanulé, à folioles scarieuses, imbriquées sur plusieurs rangs, dressées, colorées. Fleurons tous tubuleux, à 5 dents ; ceux du centre hermaphrodites ; ceux de la circonférence filiformes, femelles, *sur un seul rang*. Anthères munies, à leur base, de 2 appendices filiformes. Styles à branches obtuses, non barbues. Akènes cylindriques-oblongs, dépourvus de côtes. Aigrette à poils fins, scabres, sur un seul rang. Réceptacle plane, nu. Plantes ligneuses à la base, à feuilles alternes, à fleurs jaunes.

1. { Folioles internes de l'involucre dilatées au sommet, velues sur le dos.................................... ST/ECHAS.
{ Folioles internes de l'involucre non dilatées au sommet, glanduleuses sur le dos...................... SEROTINUM.

1. **H. STÆCHAS** *Dec. fl. fr. 4, p.* 132 ; *Gnaphalium stœchas Lin. sp.* 1193 ; *Barr. ic. t.* 410. — Racines grêles, noirâtres. Tiges de 1-4 décim., ligneuses et très-rameuses à la base, à

rameaux simples, dressés, feuillés, cotonneux. Feuilles linéaires-obtuses, cotonneuses en dessous, moins en dessus, *à bords roulés en dessous*, universiées, *odorantes* par le froissement ; celles des rameaux stériles, plus rapprochées et plus blanchâtres ; celles des fertiles, lâches dans la partie supérieure, serrées inférieurement et moins cotonneuses. Capitules pédonculés, *en corymbe serré, composé, convexe ;* pédoncules pourvus de petites bractées. Involucre *subglobuleux*, à folioles luisantes, d'un jaune doré ou citrin ; les extérieures ovales, un peu aiguës, scarieuses, quelquefois brunies, velues à leur base ; les intérieures oblongues, *dilatées* et scarieuses au sommet, velues sur le dos vers la base. Akènes petits, bruns, glanduleux.

Cette plante est vulgairement connue sous le nom d'*immortelle jaune*.

Hab. les terrains arides et sablonneux aux environs de Nimes, Beaucaire, St-Gilles, Aigues-Mortes, Tresques, Alais, Anduze, St-Ambroix, le Vigan. ♃ Fl. mai-juillet.

2. H. SEROTINUM *Boiss. voy. Espagne, p.* 328 ; *Godr. et Gren. fl. fr.* 2, *p.* 184. — Cette espèce diffère de la précédente : par ses feuilles beaucoup plus longues, arquées, vertes et luisantes en dessus ; par ses capitules plus petits, d'un jaune plus clair ; par les folioles externes de son involucre jamais brunies ; les internes *étroites, non dilatées au sommet, glanduleuses sur le dos vers la base ;* par ses akènes *non glanduleux.*

Hab. contre les rochers aux environs du Vigan, à Valleraugue, Aumessas, sur les rochers de Bonperiers. ♃ Fl. juin-août.

Il n'est pas à notre connaissance que l'*helichrysum arenarium* ait été trouvé aux environs du Vigan ni au cap de Coste, où l'indique Gouan dans ses herborisations.

35ᵉ gʳᵉ. **GNAPHALE. — GNAPHALIUM.** (Don. mem. wern. soc. 5, p. 563.)

Involucre campanulé, à folioles imbriquées sur plusieurs rangs, scarieuses, souvent colorées, *étalées en étoile* à la maturité. Fleurons du centre tubuleux, à 5 dents, hermaphrodites ; ceux de la circonférence femelles, filiformes, denticulés au sommet, *disposés sur plusieurs rangs.* Anthères munies, à leur base, de 2 appendices filiformes. Styles à branches obtuses, non barbues. Akènes *cylindriques-oblongs*, dépourvus de côtes. Aigrette à poils fins, scabres, sur un seul rang. Réceptacle plane, nu. Plantes annuelles et vivaces, cotonneuses, à feuilles alternes.

1.	Capitules en groupes terminaux, disposés en corymbe....................................... 2.	
	Capitules en groupes axillaires, disposés en épi allongé.......................................	**SYLVATICUM.**
2.	Groupes de fleurs entourés de feuilles qui les dépassent.......................................	**ULIGINOSUM.**
	Groupes de fleurs non feuillés.......................	**LUTEO-ALBUM.**

1. **G. LUTEO-ALBUM** *Lin. sp.* 1196, *Dec. fl. fr.* 4, *p.* 133; *Fl. dan. t.* 1763; *Barr. ic. t.* 367. — Racine pivotante, simple ou rameuse, donnant naissance à plusieurs tiges de 2-5 décim.; la centrale droite; les latérales ascendantes, simples ou rameuses supérieurement, souvent dépourvues de feuilles au sommet, très-cotonneuses, blanchâtres, ainsi que les feuilles, celles-ci *uniner-viées*; les inférieures spatulées, obtuses; les supérieures linéaires-aiguës, *demi-embrassantes*. Capitules très-brièvement pédicellés, abondamment cotonneux à leur base, agglomérés en têtes serrées, terminales, rapprochées en corymbe non feuillé. Involucre à folioles presque égales, luisantes, d'un jaune paille, oblongues, obtuses. Akènes très-petits, bruns, glabres, *finement tuberculeux*. Fleurs jaunâtres.

Hab. les lieux humides et sablonneux dans tout le département. ⚥ Fl. mai-août.

2. **G. SYLVATICUM** *Lin. sp.* 1200; *Dec. fl. fr.* 4, *p.* 134; *var. B, Fl. dan. t.* 1229; *Scop. carn. t.* 56. — Racine oblique, courte, tronquée, garnie de fibres noirâtres, donnant naissance à des tiges tomenteuses blanchâtres de 1-4 décim., fertiles, dressées ou ascendantes, raides, ordinairement simples, feuillées dans toute la longueur, et à des tiges stériles en touffe et couchées à la base. Feuilles vertes et presque glabres en dessus, *uninerviées* et tomenteuses blanchâtres en dessous; les inférieures longues, linéaires-lancéolées; les caulinaires *décroissantes*, plus étroites, *toutes rétrécies à leur base*. Capitules presque sessiles, solitaires ou en épis axillaires, disposés en forme d'*épi allongé*. Involucre à folioles inégales, dressées, scarieuses, rousses ou brunes supé-rieurement; les extérieures plus courtes, ovales; les intérieures linéaires. Akènes grisâtres, *un peu pubescents*. Fleurs roussâtres.

Hab. les bois montagneux dans toute la partie élevée du département. ♃ Fl. juillet-septembre.

3. **G. ULIGINOSUM** *Lin. sp.* 1200; *Dec. fl. fr.* 4, *p.* 135; *Fl. dan. t.* 859; *Dod. pempt. p.* 66, *fig.* 3. — Racine pivotante, sim-ple ou rameuse. Tiges de 1-2 décim., ordinairement nombreuses, très-rameuses dès la base, quelquefois simples, étalées-ascen-dantes, rarement dressées, feuillées dans toute la longueur, molles, couvertes d'un coton blanc, très-abondant vers le sommet. Feuilles lancéolées-linéaires, *rétrécies à la base*, mucronulées, *uninerviées*, molles, tomenteuses blanchâtres, rarement vertes et presque glabres. Capitules sessiles, agglomérés au sommet des rameaux *en têtes compactes*, entourées et entremêlées de feuilles les dépassant peu ou beaucoup. Involucre à folioles inégales, brunes ou d'un blanc jaunâtre, étalées, glabres et carieuses supérieurement; les externes plus courtes, ovales-obtuses; les

internes linéaires-aiguës. Akènes roux, *brièvement hérissés*. Fleurs jaunâtres.

Hab. les champs humides aux environs du Vigan, de l'Espérou, d'Alzon, etc.; les bords de l'étang de la Capelle. ① Fl. juillet–septembre.

36ᵉ gʳᵉ. **ANTENNAIRE. — ANTENNARIA.** (R. Brown, in Lin. trans. 12, p. 122.)

Plante dioïque. Involucre à folioles inégales, imbriquées sur plusieurs rangs, planes, scarieuses au sommet. Fleurons tous tubuleux, à 5 dents; les femelles filiformes, à style bifide au sommet, dépassant le tube; les mâles à style simple. Akènes *subcylindriques*. Aigrette des fleurs femelles à poils filiformes; celle des fleurs mâles à poils en massue, tous disposés sur un seul rang. Réceptacle nu, convexe, alvéolé. Plante à feuilles alternes, à fleurs blanches ou roses.

1. **A. DIOICA** *Gœrtn. fruct.* 2, *p.* 410, *t.* 167, *fig.* 3; *Gnaphalium dioïcum Lin. sp.* 1199; *Dec. fl. fr.* 4, *p.* 137; *Bull. herb. t.* 325; *Garid. aix. t.* 30; *Fuchs. hist.* 606, *ic.; Clus. hist.* 1, *p.* 330, *fig.* 1. — Souche *stolonifère radicante*, très-rameuse, garnie de fibres noirâtres, donnant naissance à des rosettes de feuilles et à des tiges fleuries, largement étendues en gazon. Tiges fleuries de 1-2 décim., droites, très-simples, blanchâtres-cotonneuses. Feuilles vertes en dessus, blanches tomenteuses en dessous; les inférieures et celles des rosettes *obovales-spatulées*, *arrondies au sommet, mucronulées;* les caulinaires supérieures, linéaires ou lancéolées, dressées, presque appliquées contre la tige. Capitules 3-9, à pédoncules ordinairement courts, plus rarement allongés, disposés en corymbe terminal, compacte, simple, rarement composé. Involucre campanulé, à folioles luisantes, scarieuses supérieurement, oblongues-obtuses; celles des fleurs mâles blanches, plus courtes que les aigrettes; celles des fleurs femelles roses, plus étroites, plus longues que les aigrettes. Akènes glabres et lisses.

Cette plante, connue vulgairement sous le nom de *pied-de-chat*, est très-estimée dans les maladies de poitrine, comme fortifiant.

Hab. les pacages et les prairies sur toute la chaîne de l'Aigual. ♃ Fl. mai-juin.

37ᵉ gʳᵉ. **COTONNIÈRE. — FILAGO.** (Tournef. inst. 259.)

Involucre conique, à 5 angles, à folioles imbriquées sur plusieurs rangs; les extérieures laineuses sur le dos; les intérieures scarieuses, tenant lieu de paillettes. Fleurons tous tubuleux; ceux de la circonférence femelles, à tube filiforme, légèrement dentés, disposés sur plusieurs rangs et placés entre les folioles internes de l'involucre; ceux du centre peu nombreux, hermaphrodites, à 4-5 dents. Anthères munies de 2 appendices filiformes. Style à branches obtuses, non barbues. Akènes tous libres, obovales-comprimés, dépourvus de côtes, garnis de petites papilles trans-lucides. Aigrette caduque, à poils sétiformes, sur plusieurs rangs; nulle ou à poils sur un seul rang dans les akènes de la circon-férence. Réceptacle presque filiforme ou aplani au sommet, nu au centre, pourvu de paillettes à la circonférence. Plantes à feuilles alternes, plus ou moins tomenteuses blanchâtres, connues sous le nom vulgaire d'*herbe à coton*, en patois, *herba d'ou tarnagas*.

1. { Capitules agglomérés en têtes globuleuses; folioles de l'involucre cuspidées, non étalées en étoile à la maturité...................................... 2.
Capitules réunis en faisceaux; folioles de l'involucre non cuspidées, étalées en étoile à la maturité.... 3.

2. { Têtes de fleurs entourées à leur base de feuilles florales qui les dépassent; capitules à 5 angles très-saillants............................... **SPATULATA.**
Têtes de fleurs nues ou pourvues de 2 feuilles flo-rales très-courtes; capitules à 5 angles peu sail-lants.................................. **GERMANICA.**

3. { Capitules à 5 angles saillants, obtus; folioles de l'involucre tomenteuses-soyeuses à la base, gla-bres au sommet, carénées.................... **MINIMA.**
Capitules à 8 angles peu prononcés; folioles de l'in-volucre très-laineuses jusqu'au sommet, non carénées. .... **ARVENSIS.**

1. **F. SPATULATA** *Presl. delic. prag. p.* 93; *Jord. obs. pl. de France*, 3me *frag. p.* 199, *t.* 7, *fig. C.; F. Jussiœi Coss. et Germ. fl. par. p.* 406, *t.* 26, *fig. A.* — Racine pivotante ou rameuse, tortueuse. Tige de 1-3 décim., rameuse dès la base, rarement simple, dressée, irrégulièrement dichotome, à rameaux étalés ou divariqués, couverte d'un coton soyeux blanchâtre. Feuilles oblongues, spatulées, submucronées, obtuses, coton-neuses-blanchâtres, planes, plus ou moins étalées, rapprochées. Capitules divergents au sommet, nombreux, réunis *en têtes glo-buleuses*, sessiles, axillaires et terminales, entourées à leur base de feuilles florales étalées, plus longues qu'elles, rarement plus courtes ou de leur longueur. Involucre ovoïde-conique, à 5 angles aigus, très-saillants, à folioles elliptiques, pliées longitudinale-ment, appliquées sur 5 rangs, terminées par une arète longue subulée, jaunâtre, étalée extérieurement; les folioles internes obtuses ou très-brièvement mucronulées; *un coton épais entoure la base des capitules*. Akènes bruns, finement glanduleux. Fleurs jaunâtres.

Hab. les champs cultivés, les vignes, dans tout le département. ① Fl. mai-août.

1. **F. GERMANICA** *Lin. sp.* 1311; *Coss. et Germ. fl. par.* 407, *t.* 26, *fig. B,* 1-3; *Fuchs. hist. p.* 222, *ic.* — Racine pivotante

ou rameuse. Tige de 1-4 décim. , droite, ordinairement simple , rameuse, dichotome au sommet, quelquefois rameuse à la base, à rameaux dressés, rarement étalés, couverte, ainsi que les feuilles, d'un coton blanc, jaunâtre ou verdâtre. Feuilles lancéolées-aiguës, mucronées, rarement obtuses, dressées, rapprochées, ondulées, à bords un peu roulés en dessous; celles de la tige *non rétrécies à la base*. Capitules nombreux , réunis en têtes *globuleuses* , sessiles, axillaires et terminales, nues à leur base ou pourvues de 1-2 folioles florales très-courtes. Involucre ovoïde-conique , *à 5 angles très-peu saillants*, à folioles oblongues-lancéolées, lâches, sur 5 rangs, pliées longitudinalement, tomenteuses à la base , scarieuses, luisantes, jaunâtres ou blanchâtres supérieurement, terminées par une arête longue, subulée, dressée, jaunâtre ou rougeâtre; les folioles internes obtuses ou très-brièvement mucronulées; *un coton épais entoure les capitules jusqu'à leur milieu*. Akènes bruns, finement glanduleux. Fleurs jaunâtres ou blanchâtres.

Cette plante est un peu astringente et vulnéraire; les pies grièches en forment leur nid.

Hab. les champs cultivés dans tout le département. ① Fl. mai–août.

3. **F. ARVENSIS** *Lin. sp.* 1312 ; *Gnaphalium arvense Dec. fl. fr.* 4, *p.* 136; *Coss. et Germ. fl. par. t.* 26 , *fig. D,* 1-2 ; *Fl. dan. t.* 1275. —Racine oblique, simple ou rameuse. Tige de 2-4 décim., dressée, simple, rameuse supérieurement , souvent dès la base, à rameaux décroissant vers le sommet et formant une panicule pyramidale, dressés , souvent simples, couverts, ainsi que la tige et les feuilles, d'un coton blanc très-abondant. Feuilles linéaires ou oblongues-lancéolées, aiguës, dressées, rapprochées, *arrondies à la base*. Capitules presque sessiles, presque entièrement couverts d'un coton très-épais, réunis en glomérules terminaux et latéraux le long de la tige et des rameaux , munis à leur base de feuilles florales, *les dépassant ou les égalant*. Involucre ovoïde-conique , à 8 angles très-peu saillants, à folioles sur 2 rangs, non cuspidées, non *carénées;* les externes linéaires , très-étroites, aiguës; les internes beaucoup plus longues, *plus nombreuses* , glabres, blanchâtres, scarieuses sur les bords et un peu au sommet, cotonneuses sur le dos , toutes étalées en étoile à la maturité. Réceptacle court, élargi et aplani au sommet. Akènes roux , parsemés de petits tubercules arrondis. Fleurs blanchâtres.

Hab. les champs cultivés dans tout le département. ⑤ Fl. mai–août.

4. **F. MINIMA** *Fries. nov. p.* 268 ; *F. montana Lin. sp.* 1311 ; *Dec. fl. fr.* 4, *p.* 136, *Coss. et Germ. fl. par.* 408 , *t.* 26, *fig. C,* 1-2; *Sturm. deutsch. fl. helf.* 38 , *t.* 9. — Racine pivotante ou rameuse. Tige de 1-2 décim. , raide, dressée, rameuse à la base, à rameaux nombreux ascendants, obscurément dichotomes supé-

rieurement, couverte, ainsi que les feuilles, d'un coton blanc, court, soyeux. Feuilles rapprochées, appliquées contre la tige, linéaires-lancéolées, aiguës. Capitules sessiles, réunis en petits glomérules peu fournis, axillaires, latéraux et terminaux, *dépassant les feuilles*. Involucre ovoïde-conique, à folioles carénées, sur 4 rangs, tomenteuses, obtuses, glabres, luisantes, jaunâtres, scarieuses au sommet; les externes ovales; les internes plus longues, oblongues, toutes étalées en étoile à la maturité. Akènes grisâtres, parsemés de petits tubercules *arrondis*. Réceptacle court, élargi et aplani au sommet. Fleurs d'un blanc jaunâtre.

Var. B, *Supina Dec. fl. fr.* 4, *p.* 136. Tige faible, rameuse, étalée sur la terre. Feuilles très-molles.

Hab. : la var. A, les lieux montagneux dans tout le département : la var. B, les lieux où l'eau a séjourné, à l'Espérou, Camprieux, Alzon, Concoule. (1) Fl. juin–septembre.

38ᵉ grᵉ. LOGFIA. — LOGFIA. (Cass. bul. phil. 1819, p. 143.)

Fleurons de la circonférence femelles, disposés *sur 2 rangs et placés entre les folioles internes de l'involucre*. Akènes du rang interne libres; ceux du rang extérieur *enveloppés par les folioles moyennes de l'involucre, soudées à la base par les bords*. Réceptacle court, épaissi et aplani au sommet; les autres caractères sont les mêmes que ceux du genre précédent. Plante cotonneuse, blanchâtre, à feuilles alternes.

1. **L. SUBULATA** *Cass. dict.* 27, *p.* 116; *Logf. gallica Coss. et Germ. fl. par.* 409, *t.* 26, *fig. E,* 1-4; *Filago gallica Lin. sp.* 1312; *Gnaphalium gallicum Dec. fl. fr.* 4, *p.* 136; *Engl. bot. t.* 2369. — Racine pivotante, sinueuse. Tige de 1-3 décim., dressée, rameuse supérieurement, à rameaux étalés-dressés, dichotomes, souvent rameuse dès la base, à rameaux les plus inférieurs ascendants, couverte, ainsi que les feuilles, d'un coton court, soyeux. Feuilles linéaires-étroites, subulées, à bords roulés en dessous, serrés contre la tige. Capitules sessiles, réunis en petits glomérules axillaires, latéraux et terminaux, longuement dépassés par les feuilles florales. Involucres ovoïdes-coniques, à 5 angles saillants, obtus, à folioles tomenteuses-soyeuses, non cuspidées, glabres, scarieuses-jaunâtres supérieurement; les extérieures ovales, très-courtes, toutes étalées en étoile à la maturité. Akènes grisâtres, très-petits; les internes parsemés de papilles translucides.

Hab. les champs cultivés et les coteaux arides dans tout le département. (1) Fl. juin-août.

39ᵉ grᵉ. MICROPE. — MICROPUS. (Lin. gen. 996.)

Involucre globuleux, à folioles disposées sur 2 rangs; celles du rang externe lâches, planes; les internes plus nombreuses, membraneuses, recourbées en dedans. Fleurons tous tubuleux ; ceux du rang externe femelles, filiformes, aussi nombreux que les folioles internes de l'involucre ; ceux du centre mâles, à 5 dents. Anthères munies de 2 appendices filiformes. Style à branches non barbues. Akènes obovales, comprimés, arqués, sans côtes et sans aigrette, enveloppés par les folioles internes de l'involucre et caducs avec elles. Réceptacle étroit, à sommet plane, dépourvu de paillettes. Plante annuelle très-cotonneuse, blanchâtre, à feuilles alternes, à fleurs jaunâtres.

1. **M. ERECTUS** *Lin. sp.* 1313 ; *Dec. fl. fr.* 4, *p.* 199 ; *Lamk. ill. t.* 694, *fig.* 2. — Racine pivotante ou rameuse, onduleuse. Tiges de 1-2 décim., rarement solitaires, dressées et rameuses supérieurement, ordinairement nombreuses ; les latérales étalées ou ascendantes. Feuilles sessiles, oblongues-lancéolées, obtuses, entières, un peu ondulées sur les bords. Capitules sessiles, disposés en glomérules axillaires, latéraux et terminaux, couverts *d'un coton blanc, très-épais, dépassés par les feuilles florales* dont ils sont pourvus à leur base. Involucre à folioles externes très-petites, linéaires, tomenteuses, molles, glabres et jaunâtres à la face interne ; les internes plus nombreuses et plus longues, comprimées latéralement, courbées en voûte et soudées vers leurs bords, enveloppant les akènes ; ceux-ci roussâtres, rugueux.

Hab. les champs maigres et pierreux et les coteaux arides dans tout le département. ① Fl. mai-août.

40ᵉ gʳᵉ. **EVAX.** — EVAX. (Gærtn. fruct. 2, p. 393, t. 165.)

Involucre hémisphérique, à folioles sur 1-2 rangs, appliquées, *planes*, acuminées en arête. Fleurons tous tubuleux, à 4 crénelures ; ceux de la circonférence femelles, filiformes, *sur plusieurs rangs ;* ceux du centre peu nombreux, mâles. Anthères munies, à leur base, de 2 appendices filiformes. Style à branches obtuses, non barbues. Akènes *libres*, obovales, comprimés, sans aigrette. Réceptacle allongé, conique, nu au centre, *garni de paillettes inférieurement entre les fleurs femelles.* Plante annuelle, naine, blanche-cotonneuse, à feuilles alternes, à fleurs jaunâtres.

1. **E. PYGMEA** *Pers. syn.* 2, *p.* 422 ; *Filago pygmæa Lin. sp.* 1311 ; *Micropus pygmœus Dec. fl. fr.* 4, *p.* 199 ; *Lamk. ill. t.* 694, *fig.* 1 ; *Barr. ic., t.* 127, *N°* IV. — Racine pivotante ou rameuse. Tige de 1-5 centim., simple et courte dans les terrains secs, plus élevée et rameuse dès la base dans les terrains gras et frais. Feuilles oblongues-obtuses, imbriquées, serrées dans les tiges courtes, plus lâches dans les tiges allongées ; les supérieures plus longues et plus larges que les inférieures. Capitules ovoïdes, réunis en glomérules terminaux, très-serrés, presque aplanis,

munis à leur base de feuilles florales nombreuses, obovées, très-obtuses, disposées en rosette autour d'eux, les dépassant beaucoup. Involucre à folioles inégales, lancéolées, *très-étalées au sommet*, velues sur le dos, terminées par une arête glabre, luisante, jaunàtre. Réceptacle à paillettes *acuminées*. Akènes verdàtres, rudes, surtout aux bords.

Hab. les terrains salants, où l'eau a séjourné, dans la Sylve, près Sylveréal. ① Fl. mai–juillet.

41ᵉ gʳᵉ. SOUCI. — CALENDULA. (Neck. elem., Nᵒ 75.)

Involucre hémisphérique, à folioles égales, sur 2 rangs. Fleurons de la circonférence ligulés, femelles, sur 2 rangs; ceux du centre tubuleux, màles. Anthères munies, à leur base, de 2 appendices filiformes, courts. Style brièvement bifide, à lobes un peu renflés, velus du côté extérieur. Akènes dissemblables, rostrés, sans aigrette; les externes arqués, épineux sur le dos; les internes courbés en anneau, muriqués. Réceptacle nu, tuberculeux. Plante annuelle, à feuilles alternes, à fleurs jaunes.

1. **C. arvensis** *Lin. sp.* 1303; *Dec. fl. fr. 4, p.* 177; *Gœrtn. fruct.* 2, *t.* 168; *Bull. herb. fr. t.* 239; *Moris. hist. s.* 6, *t.* 4, *fig.* 6. — Racine pivotante. Tige de 1-3 décim., dressée, rameuse, à rameaux dressés, étalés ou divergents, souvent rameuse, diffuse dès la base, pubescente, ainsi que les feuilles; celles-ci entières ou sinuées-dentées; les inférieures oblongues-spatulées; les supérieures oblongues-lancéolées, sessiles, demi-embrassantes, à base arrondie. Capitules solitaires au sommet de pédoncules axillaires et terminaux. Involucre à folioles lancéolées, acuminées, pubescentes, d'un vert pàle, scarieuses aux bords, souvent rougeàtres au sommet. Fleurons ligulés, hérissés à la base, rayonnants, plus longs que l'involucre. Akènes extérieurs blanchàtres, moins courbés et plus longs que les intérieurs; ceux-ci grisàtres, munis à chaque extrémité d'un appendice large, aplati; les uns et les autres souvent creusés en nacelle par la dilatation des bords. Odeur forte et désagréable; saveur amère.

Cette plante était employée autrefois comme sudorifique, résolutive, antiscorbutique, hépathique, ophthalmique, emménagogue; son suc a été recommandé contre les écrouelles. Les bœufs et les moutons la mangent; les cochons n'en veulent pas.

Hab. les champs cultivés et les vignes, dans tout le département. ♃ Fl. presque toute l'année.

On cultive fréquemment le *calendula officinalis Lin.* Il diffère du précédent: par ses dimensions plus grandes; par ses feuilles inférieures longuement rétrécies en pétiole; par ses akènes tous courbés en anneau et concaves en nacelle. Souvent il est à fleurs doubles; il a les mêmes vertus que le précédent.

2ᵐᵉ DIV. **CYNAROCEPHALES**. — CYNAROCEPHALÆ.
(Juss. gen. 171.)

Fleurons tous tubuleux ; ceux du centre hermaphrodites, réguliers ; ceux de la circonférence semblables à ceux du centre ou stériles, plus grands et rayonnants. Style des fleurons hermaphrodites, renflés et articulés dans sa partie supérieure. Hile basilaire.

42ᵉ gʳᵉ. ÉCHINOPE. — ECHINOPS. (Lin. gen. 999.)

Capitules uniflores, réunis en tête globuleuse, munie à sa base d'un involucre court et réfléchi. Réceptacle commun subglobuleux. Involucre partiel oblong-anguleux, à folioles nombreuses, imbriquées, linéaires, acuminées, carénées, entourées, à leur base, de poils sétiformes ou paléacés. Fleurons hermaphrodites, fertiles. Étamines à filets grabres, soudés à la base. Anthères dépourvus d'appendices filiformes. Akènes subcylindriques, velus-soyeux, couronnés par une membrane courte, frangée. Plante vivace, à feuilles alternes épineuses, à fleurs bleues.

1. **E. RITRO** *Lin. sp.* 1314 ; *Dec. fl. fr.* 4, *p.* 71 ; *Mill. ic. t.* 130 ; *Barr. ic. t.* 413, 414. — Racine perpendiculaire, profonde. Tige de 1-5 décim., droite, raide, cannelée, cotonneuse, rameuse supérieurement. Feuilles raides, vertes, glabres en dessus, blanches-cotonneuses en dessous ; les inférieures bipinnatifides ; les supérieures pinnatifides, à lobes dentés épineux. Involucre à 5 angles, entouré, à sa base, de poils paléacés, très-courts, à folioles très-inégales, *glabres*, carénées, presque entièrement bleues, longuement ciliées vers le milieu, à poils dressés, rétrécies et blanchâtres à la base, allongées en pointe presque épineuse. Akènes en cône renversé, couverts de poils roux, appliqués, terminés par une couronne formée de poils plumeux, *soudés à leur base, dépassés par les poils supérieurs de l'akène.*

Cette plante porte le nom vulgaire de *boulette.*

Hab. les lieux arides, les bords des chemins dans tout le département. ♃ Fl. juillet–août.

43ᵉ gʳᵉ. GALACTITE. — GALACTITES. (Mœnch. meth. 558.)

Capitules multiflores. Involucre à folioles nombreuses, imbriquées, simples, terminées en pointe trigone, spinescentes. Fleurons inégaux, à 5 dents ; ceux du centre hermaphrodites ; ceux de la circonférence neutres, plus grands, rayonnants. Étamines à filets entièrement soudés ; anthères dépourvues, à leur base, d'appendices filiformes et munies, au sommet, d'un appendice unciné. Akènes *comprimés*, finement striés, terminés, au sommet, par une bordure obtuse, cornée, et par un petit mamelon central.

Aigrette caduque, à poils longs, plumeux, nus et un peu épaissis
en fuseau au sommet, disposés sur plusieurs rangs et soudés en
anneau à la base. Réceptacle plane, garni de paillettes peu nombreuses, capillaires et caduques. Plante à feuilles épineuses,
décurrentes, à fleurs purpurines, roses ou blanches.

1. **G. TOMENTOSA** *Mœnch. meth.* 558; *Dec. fl. fr.* 4, *p.* 110;
Centaurea galactites Lin. sp. 1300; *Cav. ic. t.* 231; *J. Bauh.
hist.* 3, *par.* 1, *pag.* 54, *fig.* 1. — Racine pivotante. Tige de 3-6
décim., droite, cannelée, cotonneuse - blanchâtre, rameuse.
Feuilles vertes, presque glabres en dessus, tachées de blanc,
blanches-cotonneuses en dessous, molles, longues, pinnatifides,
à lobes étalés, épineux au sommet et sur les bords; les caulinaires décurrentes sur la tige en aile grossement dentée-épineuse.
Capitules assez gros, solitaires au sommet des rameaux, disposés
en corymbe lâche, souvent irrégulier. Involucre obovale, laineux,
à folioles lancéolées, longuement acuminées, à pointe longée par
une nervure blanchâtre, saillante, à bords verts, scabres, les
extérieures plus courtes. Fleurons de la circonférence profondément découpés en lanières très-étroites. Akènes oblongs,
roussâtres, glabres. Hile basilaire, très-petit, oblong. Aigrette
blanche, 2 fois de la longueur de l'akène.

Hab. les bords des chemins et des fossés aux environs de Nimes, à
Milhaud, Uchaud, Aubord, Bouillargues, Quissargues. ② Fl. juin-août.

44ᵉ gʳᵉ. **SILYBE. — SILYBUM**. (Vaill. act. acad. par. 1718, p. 172.)

Capitules multiflores. Involucre à folioles imbriquées, serrées,
appliquées; les extérieures dilatées en appendices ovales, bordées
d'épines et terminées par une longue pointe raide, épineuse; les
plus intérieures entières, lancéolées. Fleurons tous égaux, hermaphrodites. Étamines à filets entièrement soudés, papilleux;
anthères dépourvues, à leur base, d'appendices filiformes, et
munies, à leur sommet, d'un appendice très-court. Akènes *oblongs,
comprimés*, à insertion basilaire, elliptique, terminés par un
rebord court, entier, corné, dépassé par un mamelon central,
ombiliqué. Aigrette caduque, à poils longs, très-scabres, sur plusieurs rangs, soudés en anneau à leur base. Réceptacle charnu,
garni de paillettes sétacées. Plante robuste, à feuilles épineuses,
embrassantes, à fleurs purpurines, rarement blanches.

1. **S. MARIANUM** *Gœrtn. fruct.* 2, *p.* 378, *t.* 162, *fig.* 2;
Carduus marianus Lin. sp. 1153; *Dec. fl. fr.* 4, *p.* 78; *Engl.
bot. t.* 976; *Math. op. omn. p.* 503, *fig.* 1; *Lob. ic.* 2, *p.* 7, *fig.* 2.
— Racine pivotante, épaisse, succulente. Tige de 4-12 décim.,
robuste, droite, cannelée, rameuse supérieurement, presque
glabre. Feuilles amples, glabres et luisantes en dessus, pubes-

centes en dessous, surtout sur les nervures, marbrées de blanc, sinuées-pinnatifides, à lobes courts, larges, ovales, sinués-dentés, inégalement épineux ; les radicales rétrécies en pétiole ; les caulinaires ovales-lancéolées, dilatées à la base en 2 oreillettes embrassantes. Capitules très-gros, ventrus inférieurement, solitaires, terminaux. Involucre concave à la base, à folioles munies d'un appendice foliacé, étalé. Akènes gros, luisant, légèrement ridés en travers, marbrés de noir. Aigrette blanche-soyeuse.

Cette plante est connue sous les noms vulgaires de *chardon Marie, chardon argenté, chardon Notre-Dame* ; en patois, *carchoffa*. On se sert de sa racine pour faire des ragoûts et de la confiture ; ses jeunes feuilles se mangent en salade. En médecine, la racine, l'herbe et les graines sont apéritives, diurétiques, sudorifiques, fébrifuges. Les graines sont regardées, par quelques auteurs, comme un spécifique contre l'hydrophobie.

Hab. les lieux incultes, les bords des chemins, dans la plaine du département. ① Fl. mai–août.

45ᵉ gʳᵉ. ONOPORDE. — ONOPORDUM. (Vaill. act. aead., par. 1718, p. 152.)

Capitules multiflores. Involucre ovale-globuleux, à folioles inégales, imbriquées, terminées en pointe épineuse, trigone. Fleurons égaux, hermaphrodites. Etamines à filets libres, glabres; anthères à 2 lobes aigus inférieurement, surmontées d'un appendice subulé. Akènes ovales-comprimés, subtétragones, ridés-ondulés en travers, à insertion subbasilaire, obliques, marqués, à leur sommet, d'un canal presque circulaire, où était insérée l'aigrette avant sa chute. Aigrette caduque, à poils ciliés jusqu'au sommet, disposés sur plusieurs rangs, soudés en anneau à la base. Réceptacle charnu, dépourvu de paillettes, à alvéoles profondes, membraneuses-dentées. Plantes grandes, robustes, épineuses, à feuilles décurrentes, à fleurs purpurines, rarement blanches.

<table>
<tr><td rowspan="4" style="vertical-align:middle">1.</td><td>Folioles de l'involucre lancéolées-étroites, à pointe</td></tr>
<tr><td> très-étalée; fleurons glabres.................... ACANTHIUM.</td></tr>
<tr><td>Folioles de l'involucre ovales-lancéolées, à pointe</td></tr>
<tr><td> réfléchie; fleurons glanduleux.................. ILLYRICUM.</td></tr>
</table>

1. **O. ACANTHIUM** *Lin. sp.* 1158 ; *Dec. fl. fr.* 4, *p.* 74 ; *Fl. dan. t.* 909 ; *Fuchs. hist.* 57, *ic.* ; *Math. valg. p.* 671, *ic.* — Racine presque fusiforme, blanche, tendre, charnue, assez grosse. Tige de 5-15 décim., droite, robuste, raide, *largement ailée dans toute sa longueur*, rameuse ordinairement vers le sommet, pubescente ou blanchâtre, cotonneuse, ainsi que les feuilles ; celles-ci amples, oblongues, sinuées-pinnatifides, décurrentes, à lobes triangulaires, peu profonds, très-épineux ; les radicales rétrécies en pétiole. Capitules gros, globuleux, solitaires au sommet de la tige et des rameaux allongés ou courts. Involucre *aranéeux*, à folioles lancéolées-étroites, rudes sur les bords, terminées en épine raide, piquante ; les extérieures courbées en dehors. Fleu-

rons glabres. Akènes grisâtres, marbrés de noir. Aigrette roussâtre, plus longue que l'akène.

Cette plante est connue sous les noms vulgaires de *pédane, épine blanche,
chardon acanthin, artichaut sauvage.* On mange ses réceptacles avant la
floraison ; ses graines sont oléagineuses ; sa racine, en décoction, est regardée
comme spécifique dans les gonorrhées commençantes. L'âne seul est friand
de cette plante ; les autres animaux la négligent.

Hab. les lieux incultes, les bords des chemins dans tout le département.
② Fl. juin–septembre.

2. O. ILLYRICUM *Lin. sp.* 1158 ; *Dec. fl. fr.* 4, *p.* 74 ; *Lamk.
ill. t.* 664 ; *Lob. ic.* 2, *t.* 1, *fig.* 2. — Racine presque fusiforme ,
forte , blanchâtre , charnue. Tige de 3-15 décim. , droite , raide ,
robuste, *ailée dans toute sa longueur,* rameuse supérieurement ,
à rameaux courts, disposés alternativement le long de la tige, plus
ou moins blanchâtre-cotonneuse, ainsi que les feuilles ; celles-ci,
oblongues-lancéolées, pinnatifides, décurrentes, à lobes lancéolés,
dentés , fortement épineux ; les radicales plus larges , pétiolées.
Capitules gros , solitaires , terminant la tige et les rameaux.
Involucre subglobuleux, *aranéeux à la base,* à folioles coriaces,
rudes sur les bords, lancéolées, larges à la base, terminées par une
épine *réfléchie* au sommet ; les intérieures plus longues et plus
étroites, dressées-étalées, toutes rougeâtres au sommet. Fleurons
glanduleux. Akènes bruns, tachetés de noir, à angles plus prononcés que dans l'espèce précédente. Aigrette d'un blanc roussâtre, 2 *fois de la longueur de l'akène.*

On a reconnu que la racine de cette plante est vénéneuse ; elle est connue
sous le nom vulgaire patois d'*artichaou bastard.*

Hab. le bord des chemins et les lieux arides aux environs de Nîmes , de
Beaucaire, de St-Gilles, d'Aigues-Mortes, du Vigan , d'Uzès. ② Fl. juin-
août.

46ᵉ gⁿᵉ. ARTICHAUT.— CYNARA. (Vaill. act. ac., par. 1718, p. 155.)

Involucre à folioles inégales , imbriquées, coriaces, charnues,
atténuées en épine. Fleurons égaux , hermaphrodites. Étamines
à filets libres , papilleux ; anthères sans appendices à leur base ,
terminées en appendice très-obtus. Akènes obovales-comprimés ,
tétragones, lisses. Aigrette caduque, à poils longs, plumeux, sur
plusieurs rangs , soudés en anneau à la base. Réceptacle charnu,
abondamment garni de soies. Plante vivace , à feuilles très-amples, pinnatifides, épineuses, à fleurs bleues, rarement blanches.

1. C. CARDUNCULUS *Lin. sp.* 1159 ; *Dec. fl. fr.* 4 , *p.* 108 ;
C. scolymus B. Gouan, hort. 425 ; *C. horrida Sibth. et Sm. fl.
græc. t.* 834 ; *Clus. hist.* 2 , *p.* 153 , *fig.* 3. — Racine noirâtre ,
grosse , simple ou rameuse. Tige de 4-10 décim. , dressée, cannelée, rameuse supérieurement, cotonneuse-blanchâtre. Feuilles
d'un vert blanchâtre et presque glabres en dessus, cotonneuses-

blanchâtres en dessous, pinnées, à lobes pinnatifides, décurrents, portant, à la base et au sommet, une longue épine jaunâtre très-vulnérante ; le lobe terminal allongé, épineux au
sommet ; les supérieures un peu décurrentes. Capitules très-gros,
solitaires, terminant la tige et les rameaux. Involucre subglobuleux, à folioles lancéolées, élargies à la base, atténuées en une
épine très-longue et robuste, étalée ; les intérieures plus étroites,
faiblement épineuses au sommet. Akènes marbrés de brun.
Aigrette blanche, beaucoup plus longue que l'akène.

Hab. les bords des champs, parmi le gazon, au mas de Broussan, près
Bellegarde. ♃ Fl. juillet–août.

Cette plante, connue sous les noms vulgaires de *carde*, *cardon*, acquiert,
par la culture, un grand développement. La tige, les pétioles et les côtes des
feuilles deviennent très–épais et succulents ; ce sont ces parties qui sont
employées comme aliment et dont les estomacs délicats doivent faire usage.
Ses racines sont diurétiques et apéritives.

L'*artichaut*, *cynara scolymus Lin.*, est cultivé pour l'usage de la cuisine ;
les capitules sont seuls en usage.

47ᵉ gʳᵉ. **PICNOMON.** — **PICNOMON.** (Lob. ic. 2, t. 14, fig. 2.)

Involucre entouré de feuilles florales dentées-épineuses, dépassant les capitules, à folioles inégales, imbriquées, appliquées,
terminées par une épine pinnée. Fleurons égaux, hermaphrodites.
Étamines à filets libres, velus ; anthères sans appendices à leur
base, terminées en appendice subulé. Akènes oblongs, comprimés,
lisses, à insertion basilaire très-étroite, terminés par un rebord
court, épais, entier, corné, dépassé par un nectaire central, à 5
lobes, stipité, caduc. Aigrette caduque, à poils plumeux, sur
plusieurs rangs, soudés en anneau à la base. Réceptacle garni de
soies. Plante très-épineuse, à fleurs purpurines.

1. **P. acarna** *Cass. dict.* 40, *p.* 188 ; *Carduus acarna Lin.
sp. ed.* 1, *p.* 820 ; *Cnicus acarna Lin. sp. ed.* 2, *p.* 1158 ;
Cirsium acarna Dec. fl. fr. 4, *p.* 111 ; *Cav. ic.* 1, *t.* 53 ; *Clus.
hist.* 2, *p.* 155, *fig.* 1. — Racine pivotante. Tige de 2-5 décim. ;
dressée, munie d'ailes bordées de petits aiguillons, rameuse supérieurement, à rameaux très-étalés, disposés en forme de corymbe.
Feuilles plus ou moins blanches-tomenteuses, linéaires-lancéolées,
dentées, à dents et sommet terminés par une épine forte, jaunâtre, bordées de petits aiguillons dans les intervalles des dents ;
les radicales pétiolées ; les caulinaires décurrentes, toutes nerviées-réticulées. Capitules coniques-oblongs, presque sessiles,
solitaires ou réunis au sommet de la tige et des rameaux. Involucre à folioles aranéeuses sur le dos, brusquement terminées en
épine ailée, grêle ; les intérieures plus longues, membraneuses,
terminées par une petite épine faible. Akènes brun clair, luisants. Aigrette blanche, 3 fois de la longueur de l'akène.

Hab. les coteaux arides aux environs de Nimes, de Beaucaire, d'Aramon, de Corconne, du Vigan, à Blandas. ① Fl. juin–septembre.

48e g^{re}. **CIRSE. — CIRSIUM.** (Tournef. inst. t. 255.)

Involucre à folioles imbriquées, plus ou moins épineuses au sommet. Fleurons tous égaux, hermaphrodites. Étamines à filets libres, velus ; anthères sans appendices à leur base, terminées en appendice linéaire-subulé, scarieux. Akènes oblongs, comprimés, lisses, à insertion basilaire, terminés par un rebord entier. Aigrette caduque, à poils plumeux, sur plusieurs rangs, soudés en anneau à la base. Réceptacle garni de soies. Plantes à feuilles entières ou pinnatifides, épineuses ou ciliées-épineuses, à fleurs purpurines, blanches ou jaunes.

1.	Feuilles hérissées-spinuleuses à la face supérieure........ 2.
	Feuilles non hérissées-spinuleuses en dessus. 4.
2.	Capitules moyens ; feuilles caulinaires décurrentes..................... LANCEOLATUM
	Capitules gros ; feuilles caulinaires non décurrentes..................... 3.
3.	Involucre fortement aranéeux ; fleurs ordinairement purpurines..................... ERIOPHORUM.
	Involucre presque glabre ; fleurs ordinairement blanches..................... FEROX.
4.	Feuilles presque entières................. MONSPESSULANUM.
	Feuilles pinnatifides.................... 5.
5.	Fleurs jaunes......................... 6.
	Fleurs purpurines..................... 7.
6.	Capitules entourés de feuilles florales à leur base..................... OLERACEUM.
	Capitules dépourvus de feuilles florales à leur base..................... ERISITHALES.
7.	Feuilles décurrentes..................... PALUSTRE.
	Feuilles non décurrentes................. 8.
8.	Capitules sessiles ou brièvement pédonculés, agglomérés au sommet de la tige......... 9.
	Capitules solitaires au sommet de la tige et des rameaux .... 10.
9.	Tige très-rameuse ; fleurons unisexuels dans chaque capitule..................... ARVENSE.
	Tige simple ou peu rameuse ; fleurons hermaphrodites..................... RIVULARE.
10.	Plante acaule ou de 1-2 décim............. 11.
	Plante de 3-5 décim. ; racine formée de fibres fusiformes..................... BULBOSUM.
11.	Fleurons à limbe plus court que le tube ; tige nulle ou de 5-15 centim................. ACAULE.
	Fleurons à limbe plus long que le tube ; tige de 1-2 décim..................... BULBOSO-ACAULE.

1. **C. LANCEOLATUM** *Scop. carn.* 2, *p.* 130 ; *Dec. fl. fr.* 4, *p.* 111 ; *Carduus lanceolatus Lin. sp.* 1149 ; *Fl. dan. t.* 1173 ;

Tabern. ic. 699 , *fig.* 1. — Racine bisannuelle, formée de 3-4
branches radicales, simples, dures, profondes. Tige de 6-15
décim., droite, robuste, anguleuse-sillonnée, ailée-épineuse,
très-rameuse, aranéeuse. Feuilles à face supérieure couverte de
petits aiguillons couchés, vertes ou blanchâtres-cotonneuses en
dessous, lancéolées, pinnatifides, à lobes un peu distants, divisés
en 2 segments inégaux, divergents, terminés par une épine robuste ; les radicales rétrécies en pétiole ; les caulinaires *décurrentes, d'une feuille à l'autre,* en aile lobée-épineuse. Capitules
solitaires ou réunis 2-3 au sommet de la tige et des rameaux,
assez gros, obovales-coniques, souvent munis à leur base de 2-3
folioles florales plus courtes qu'eux. Involucre légèrement pubescent-aranéeux, à folioles appliquées, étalées et épineuses supérieurement ; les intérieures subulées, molles, plus étroites et plus
longues. Fleurons purpurins. Akènes luisants, grisâtres.

Var. A , *Genuinum Godr. et Gren. fl. fr.* 2 , *p.* 209. Feuilles
vertes sur les deux faces.

Var. B, *Hypoleucum Dec. prodr.* 6, *p.* 636. Feuilles blanches-
cotonneuses en dessous.

Hab. les bords des chemins et les lieux incultes dans tout le département.
② Fl. juin–septembre.

2. **C. ferox** *Dec. fl. fr.* 4 , *p.* 120 ; *Cnicus ferox Lin. mant.*
109 ; *All. ped.* 1 , *p.* 155, *t.* 50 ; *Lob. ic.* 2 , *p.* 10, *fig.* 1. —
Racine blanchâtre, pivotante ou rameuse, peu profonde. Tige de
5-10 décim., droite, robuste, cannelée, laineuse-aranéeuse, très-
rameuse. Feuilles raides, coriaces, d'un vert clair, couvertes, à la
surface supérieure, de petits aiguillons, blanches, aranéo-laineuses
en dessous, à bords repliés en dessous, lancéolés, pinnatifides, à
lobes un peu distants, divisés en 2 segments profonds, inégaux,
divergents ; le terminal très-allongé, tous terminés par une forte
épine jaunâtre ; les radicales rétrécies en pétiole, étalées en
rosette ; les caulinaires peu distantes, auriculées, embrassantes.
Capitules gros, réunis au sommet de la tige et des rameaux, qui,
par leur réunion, forment un corymbe très-ample. Involucre
obovale arrondi, un peu concave à la base et entouré de *feuilles
florales qui le dépassent,* presque glabre, à folioles appliquées,
scabres aux bords, linéaires-lancéolées, munies d'une nervure
dorsale qui se termine *en épine faible.* Fleurons presque toujours
blancs. Akènes roussâtres, luisants, parsemés de linéoles noires.

Hab. les coteaux pierreux et montueux aux environs de Nîmes, Beaucaire,
Manduel, Tresques, le Vigan, Alzon, Anduze, Sauve. ② Fl. juillet-
septembre.

3. **C. eriophorum** *Scop. carn.* 2 , *p.* 130 ; *Dec. fl. fr.* 4 , *p.*
120 ; *Carduus eriophorus Lin. sp.* 1153 ; *Jacq. aust. t.* 171 ; *Lob.
ic.* 2, *p.* 9, *fig.* 2. —Racine brune, profonde, épaisse, peu garnie

de fibres. Tige de 8-15 décim., droite, robuste, cannelée, laineuse-
aranéeuse, très-rameuse. Feuilles raides, couvertes, à la face supérieure, de très-petits aiguillons couchés, blanches-tomenteuses
en dessous, à bords repliés en dessous, profondément pinnatifides,
à lobes un peu distants, divisés en 2 segments profonds, lancéolés,
entiers, divergents, inégaux ; le terminal très-allongé, tous terminés par une épine jaunâtre, ciliés aux bords ; les radicales
très-grandes, pétiolées, étalées sur la terre, en rosette ; les caulinaires écartées, auriculées, embrassantes. Capitules très-gros,
globuleux, solitaires, terminaux. Involucre garni d'une laine
aranéeuse très-abondante, très-rarement glabre, nu ou pourvu,
à sa base, *de plusieurs feuilles florales plus courtes que lui*, à
folioles appliquées, *scabres sur les bords*, linéaires-lancéolées,
obtuses, brusquement terminées en épine, vertes ou rougâtres,
très-étalées supérieurement. Fleurons presque toujours purpurins.
Akènes roussâtres, luisants, parsemés de linéoles noires.

Vulgairement *chardon aux ânes ;* en patois, *cardoussés.* Cette plante est
apéritive ; elle passe pour anticancéreuse. Les habitants des localités mangent le réceptacle.

Hab. les lieux pierreux et incultes, montueux, aux environs du Vigan,
et toute la partie élevée du département. ② Fl. juin-septembre.

4. **C. PALUSTRE** *Scop. carn.* 2, *p.* 128 ; *Dec. fl. fr.* 4, *p.* 111 ;
Engl. bot. t. 974 ; *Carduus palustris Lin. sp.* 1151 ; *Moris. hist.*
s. 7, *t.* 32, *fig.* 13, *mauvaise.* — Racine composée de fibres
radicales, étroites, brunes. Tige de 6-10 décim., droite, flexible,
cannelée, ailée-épineuse dans toute sa longueur, velue, plus ou
moins rameuse supérieurement, quelquefois simple. Feuilles
minces, d'un vert foncé et pubescentes en dessus, ordinairement
blanchâtres-lanugineuses en dessous, longues, étroites-lancéolées,
pinnatifides, à lobes divisés en 2 ou 3 segments inégaux, épineux
au sommet, à bords ciliés-spinuleux, ainsi que les intervalles,
décurrentes en aile épineuse, lobée, souvent interrompue ; les
radicales rétrécies en pétiole, plus ou moins ailé, spinuleux.
Capitules petits, presque sessiles, agglomérés au sommet de la
tige et des rameaux, réunis en grappe ou en corymbe compacte.
Involucre un peu cotonneux, à folioles appliquées, *calleuses-
noires* au sommet ; les extérieures ovales-lancéolées, mucronées,
dressées ; les intérieures plus longues, plus étroites, moins raides,
acuminées en membrane purpurine. Fleurons purpurins, rarement blancs. Akènes blanchâtres.

On mange, dans les localité où il croît, ses jeunes pousses en salade ;
plante nutritive pour le cheval, le bœuf et le cochon.

VAR. B, *Torphaceum Godr. et Gren. fl. fr.* 2, *p.* 212. Plante
grêle, à pédoncules non ailés. *C. Chailleti Gaud. helv.* 5, *p.* 182.

Hab. les prairies humides et tourbeuses, les bords des ruisseaux sur toute
la chaîne de l'Aigual, au Vigan, à Alzon. ② Fl juin-août.

5. C. MONSPESSULANUM *All. ped.* 1, *p.* 152 ; *Dec. fl. fr.* 4, *p.* 112 ; *Math. valg. p.* 1174 ; *Camer. epit. p.* 903, *ic.* — Racine épaisse, *stolonifère.* Tige de 8-15 décim., dressée, flexible, cannelée, verte inférieurement, un peu cotonneuse et un peu rameuse au sommet. Feuilles lancéolées, *légèrement sinuées*, vertes et glabres, bordées de cils inégaux, spinuliformes, faibles ; les radicales rétrécies en pétiole ailé, cilié ; les caulinaires inférieures largement décurrentes dans toute la distance ; celles du milieu semi-décurrentes ; les supérieures sessiles. Capitules petits, brièvement pédonculés, réunis au sommet de la tige et des rameaux, disposés en corymbe lâche ou serré ; pédoncules nus, tomenteux. Involucre pubescent, à folioles appliquées, *scabre sur les bords,* oblongues-lancéolées, terminées en pointe spinescente, étalée, marquées, vers le sommet, *d'une ligne noire ;* les intérieures plus longues, terminées en pointe faible, noire, allongée, dressée. Fleurons purpurins. Akènes roux, luisants.

Hab. les bords des fossés à Bellegarde, à Tresques, St-Gilles. ♃ Fl. juillet-août.

6. C. OLERACEUM *Scop. carn.* 2, *p.* 124 ; *Dec. fl. fr.* 4, *p.* 114 ; *Cnicus oleraceus Lin. sp.* 1156 ; *Fl. dan. t.* 860 ; *Lob. ic.* 2, *p.* 11, *fig.* 1. — Souche *à fibres simples, grêles.* Tige de 6-10 décim., droite, cannelée, presque glabre, peu rameuse, *feuillée dans toute sa longueur.* Feuilles glabres ou finement pubescentes, bordées de cils spinuleux, inégaux ; les radicales rétrécies en pétiole allongé, un peu ailé, ordinairement pinnatifides, à lobes plus ou moins profonds, *oblongs ou lancéolés, dentés-étalés,* ciliés, quelquefois entières, très-amples ; les caulinaires non décurrentes, entières, dentées ou pinnatifides, *cordiformes, embrassantes ;* les florales sessiles. Capitules assez gros, peu nombreux, presque sessiles, *réunis* au sommet de la tige et des rameaux, munis, à leur base, de *feuilles florales, oblongues-lancéolées, ciliées, jaunâtres, les couvrant et les dépassant.* Involucre à folioles pubescentes, lancéolées, acuminées à pointe faible, scabres aux bords, *étalées au sommet ;* les intérieures plus étroites, scarieuses supérieurement. Fleurons jaunes, rarement rougeâtres. Akènes blanchâtres, luisants, marqués de quelques linéoles noires.

Les chevaux, les chèvres et les cochons mangent cette plante ; les moutons la rejettent.

Hab. dans les bois humides de l'Aigual. (*Guan. herb.*) ♃ Fl. juillet-août.

7. C. ERISITHALES *Scop. carn.* 2, *p.* 125 ; *C. ochroleucum Dec. fl. fr.* 4, *p.* 115 ; *C. glutinosum Dec. fl. fr.* 5, *p.* 464 ; *Cnicus erisithales Lin. sp.* 1157 ; *Jacq. aust. t.* 310. — Souche brune, à fibres *simples, épaisses.* Tige de 4-8 décim., droite, cannelée, glabre ou pubescente-roussâtre, peu rameuse, à rameaux dressés, allongés. Feuilles distantes, amples, pâles en dessous, parsemées, sur les deux faces, de petits poils, à bords ciliés-spinuleux, pinnatifides, à lobes *oblongs ou lancéolés, dentés, spinuleux, très-rapprochés, décurrents par le bord supérieur très-étalé;* les inférieurs dirigés en bas, pourvus de *trois nervures principales, presque parallèles.* Feuilles radicales pétiolées, à pétiole ailé, denté-spinuleux; les caulinaires *dilatées à la base en 2 oreilles dentées, embrassantes;* les plus supérieures sessiles, auriculées. Capitules *penchés,* solitaires au sommet de la tige et des rameaux, nus inférieurement, munis, vers le sommet, de 1-2 petites feuilles florales. Involucre subglobuleux, concave à la base, glutineux, à folioles glabres, scabres sur les bords, étalées; les externes linéaires-aiguës, *brièvement spinuleuses, réfléchies supérieurement,* toutes munies, un peu au-dessous du sommet, d'une *saillie oblongue, noire, luisante;* les internes plus longues et plus étroites, scarieuses aux bords, à pointe molle. Fleurons jaunâtres, à limbe plus long que le tube. Akènes roussâtres, luisants.

Hab. les bois le long du valat de Brama-Bioou, près de Camprieux. ♃ Fl. juillet-août.

8. **C. BULBOSUM** *Dec. fl. fr.* 4, *p.* 118; *Cirsium tuberosum All. ped.* 1, *p.* 151; *Carduus tuberosus Vill. dauph.* 3, *p.* 16; *Engl. bot. t.* 2562; *Moris. hist. s.* 7, *t.* 29, *fig.* 27-28; *Clus.* 2, *p.* 149, *fig.* 2. — Souche brune, courte, épaisse, oblique, garnie de fibres assez nombreuses, *épaisses, fusiformes.* Tige de 3-8 décim., dressée, grêle, sillonnée, cotonneuse, simple ou divisée en 2-5 pédoncules *allongés,* uniflores, munis de 1-2 très-petites folioles. Feuilles pubescentes en dessus, grisâtres, plus ou moins cotonneuses en dessous, pinnatifides, à lobes étalés, bi-trilobés supérieurement, ciliés, terminés en épine faible ou un peu forte; les radicales pétiolées; les caulinaires rares, auriculées, embrassantes; les plus supérieures *non auriculées.* Capitules moyens, solitaires, nus à leur base. Involucre subglobuleux, un peu aranéeux, à folioles *appliquées,* rudes sur les bords, munies, vers le sommet, d'une tache brunâtre et *d'une nervure dorsale légère,* et terminées par une petite pointe non piquante; les intérieures plus étroites et plus longues, rouges au sommet. Fleurons purpurins, *à limbe plus long que le tube.* Akènes roussâtres, luisants.

Hab. les prairies et les bois aux environs de Nimes, à Manduel, St-Gilles, Uzès, le Vigan, Alzon, Anduze, St-Ambroix. ♃ Fl. juin-août.

9. **C. RIVULARE** *Link. enum. hort. berol.* 2, *p.* 301; *C. tricephalodes Dec. fl. fr.* 4, *p.* 116; *Carduus crisithales Vill. dauph.* 3, *p.* 20; *Carduus rivularis Jacq. austr. p.* 57, *t.* 91. — Souche brune, épaisse, oblique, garnie de *fibres filiformes.* Tige de 4-6 décim., dressée, anguleuse-cannelée, pubescente, blanchâ-

tre-cotonneuse au sommet, fistuleuse, simple, portant rarement
un rameau latéral, feuillée dans toute sa longueur. Feuilles d'un
vert sombre en dessus, pubescente sur les 2 faces, pinnatifides,
à lobes plus ou moins profonds, *lancéolés-étalés, ciliés-spinuleux,
dentés principalement au bord supérieur ;* les radicales rétrécies
en pétiole ailé, bordé d'épines faibles ; les caulinaires *embrassantes, un peu décurrentes.* Capitules réunis 3-4 *au sommet de la
tige ;* le terminal deux fois plus gros que les latéraux, sessiles ou
brièvement pédonculés, axillaires, munis à leur base d'une petite
bractée linéaire, entière. Involucre subglobuleux, *un peu concave
à la base,* à folioles *appliquées,* lancéolées, un peu étalées,
pubescentes, finement ciliées, *noirâtres, visqueuses* supérieurement, terminées en une pointe très-courte ; les intérieures plus
longues, plus étroites, atténuées en pointe molle, d'un rouge
brun. Fleurons purpurins, *à limbe plus long que le tube.* Akènes
jaunâtres.

Hab. les prairies humides à Concoule. ♃ Fl. juin–juillet.

10. **C. ACAULE** *All. ped.* 1, *p.* 153 ; *Dec. fl. fr.* 4, *p.* 119 ;
Carduus acaulis Lin. sp. 1156 ; *Engl. bot. t.* 161 ; *Clus. hist.* 2,
p. 156, *fig.* 1. — Souche dure, perpendiculaire ou oblique,
tronquée, garnie de *fibres filiformes,* brunes. Tige *presque nulle*
ou de 5-20 centim., glabre ou pubescente. Feuilles raides, glabres
en dessus, pubescentes sur les nervures inférieures ; les radicales
pétiolées, étalées en rosette, pinnatifides, à lobes étalés, sinués
ou trifides, bordés de fortes épines ; les caulinaires petites, très-
étroites, presque entières, et d'autant plus nombreuses et écartées que la tige est élevée. Capitules *solitaires* au sommet de
pédoncules tantôt très-courts, tantôt allongés, partant toujours
de la souche. Involucre obovale, presque glabre, à folioles *appliquées,* lancéolées-aiguës, *brièvement mucronées ;* les intérieures
jaunâtres, plus longues, aiguës, non mucronées, scarieuses, rougeâtres au sommet. Fleurons purpurins, *à limbe plus court que
le tube.* Akènes blanchâtres.

Hab. les lieux incultes, les pelouses, les bords des chemins, dans tout le
département. ♃ Fl. juin–septembre.

11. **C. BULBOSO-ACAULE (?)** *Negœli, in Koch. syn. p.* 1003 ;
C. medium All. ped. 1, *p.* 149, *t.* 49, *fig.* 2 ; *Carduus pumilus
Vill. dauph.* 3, *p.* 17, *t.* 20. — Souche dure, brune, oblique,
tronquée, garnie de fibres très-longues, simples, *épaisses, cylindriques.* Tige de 1-2 décim., dressée, striée, pubescente, simple
ou peu rameuse, *nue et blanche-cotonneuse supérieurement.*
Feuilles raides, à nervures pubescentes, pinnatifides, à lobes
trifides, terminés en épine jaunâtre ; les inférieures brièvement
pétiolées, à pétiole étroitement ailé, spinuleux ; les supérieures
sessiles. Capitule assez gros, obovale, solitaire, terminant la

tige, et quelquefois des rameaux *dépourvus de feuilles florales*. Involucre à folioles *appliquées*, ciliées, lancéolées, brièvement mucronées, *à 3 stries vers le sommet;* les intérieures plus longues, aiguës, non mucronées, rougeâtres au sommet. Fleurons purpurins, *à limbe plus long que le tube.* Akènes blanchâtres.

Hab. les pacages et les lieux stériles à Campestre, au bois de Salbous. ♃ Fl. juillet-août.

Nous avons rapporté cette espèce avec doute, nos exemplaires étant dépourvus de racine.

12. **C. ARVENSE** *Scop. carn.* 2, *p.* 126; *Dec. fl. fr.* 4, *p.* 119; *Serratula arvensis Lin. sp.* 1149; *Engl. bot. t.* 975; *Fl. dan. t.* 644; *Tabern. mont. p.* 700, *fig.* 1; *Col. ecphr.* 1, *p.* 46, *ic.; Moris hist. s.* 7, *t.* 32, *fig.* 14. — Racine profonde, rampante, cylindrique, tendre à l'extérieur. Tige de 4-6 décim., droite, cannelée-anguleuse, glabre inférieurement, un peu tomenteuse au sommet, très-rameuse supérieurement. Feuilles raides, presque glabres en dessus, souvent un peu tomenteuses-blanchâtres en dessous, pinnatifides ou sinuées-dentées, épineuses sur les bords, à lobes oblongs, inégalement épineux, très-étalés; les radicales rétrécies en pétiole court, les caulinaires sessiles, souvent auriculées-embrassantes. Capitules assez petits, obovales, brièvement pédonculés, réunis au sommet des rameaux, disposés en corymbe paniculé, feuillé. Involucre à folioles appliquées, lancéolées-aiguës, brièvement mucronées, munies supérieurement d'une nervure dorsale, souvent noirâtre; les intérieures plus longues, linéaires-aiguës, non mucronées, scarieuses au sommet. Fleurons purpurins, rarement blancs, unisexuels dans chaque capitule, à limbe beaucoup plus court que le tube. Akènes brunâtres, oblongs, étroits.

Cette plante est connue sous le nom vulgaire de *chardon hémorrhoïdal;* en patois, *coussida.* Elle est apéritive et résolutive.

Hab., dans tout le département, les champs et les vignes, qu'elle infeste; il est très-difficile de la détruire à cause de ses racines profondes. ♃ Fl. juillet-août.

49ᵐ gʳʳ. **CHARDON. — CARDUUS.** (Gærtn. fruct. 2, p. 377, t. 162.)

Mêmes caractères que dans le genre *cirsium*, excepté l'aigrette, dont les poils sont denticulés et non plumeux.

1.	Capitules oblongs-cylindriques, agglomérés au sommet de la tige et des rameaux .... 2. Capitules presque globuleux, ordinairement solitaires............................ 3.
2.	Rameaux allongés, étroitement ailés, ordinairement dépourvus de feuilles florales....... PYCNOCEPHALUS. Rameaux peu allongés, largement ailés, munis, au sommet, de feuilles florales larges....... TENUIFLORUS.

<table>
<tr><td rowspan="2">3.</td><td>Capitules très-penchés; involucre à folioles lancéolées, terminées en épine vulnérante...</td><td>NUTANS.</td></tr>
<tr><td>Capitules dressés ou peu penchés; involucre à folioles linéaires, terminées en épine non vulnérante.............................</td><td>4.</td></tr>
<tr><td rowspan="2">4.</td><td>Folioles de l'involucre toutes allongées et carénées dans toute leur longueur.............</td><td>5.</td></tr>
<tr><td>Folioles extérieures de l'involucre courtes, carénées seulement au sommet...........</td><td>VIVARIENSIS.</td></tr>
<tr><td rowspan="2">5.</td><td>Folioles extérieures de l'involucre vertes, toutes arquées et réfléchies......................</td><td>NIGRESCENS.</td></tr>
<tr><td>Folioles extérieures et moyennes de l'involucre jaunes à la base, étalées-dressées.........</td><td>HAMULOSUS.</td></tr>
</table>

1. **C. TENUIFLORUS** *Dec. fl. fr.* 4, *p.* 79; *Engl. bot. t.* 412; *Mut. fl. fr.*, *t.* 32, *fig.* 254; *Moris. hist. s.* 7, *t.* 31, *fig.* 13. — Racine pivotante. Tige de 4-10 décim., droite, simple ou rameuse, largement ailée-épineuse, cannelée, blanchâtre-cotonneuse, à rameaux *ailés dans toute leur longueur*. Feuilles larges, décurrentes, à décurrence lobée épineuse, pubescentes, grisâtres en dessus, quelquefois veinées de blanc, blanches-cotonneuses en dessous, sinuées-pinnatifides, à lobes peu profonds, larges, anguleux, dentés, à dents terminées par une épine jaunâtre, courte; les radicales atténuées en pétiole ailé, dilaté à la base. Capitules petits, cylindracés, allongés, *sessiles, nombreux, agglomérés* au sommet de la tige et des rameaux, quelquefois quelques-uns sont solitaires et axillaires au-dessous des glomérules, munies, à leur base, de feuilles florales, environ de leur longueur. Involucre ordinairement pubescent-aranéeux, à folioles lâches, lancéolées, d'un vert blanchâtre, *scarieuses sur les bords* et terminées en une pointe triquètre, épineuse, non scabre, canaliculée en dessus, l'angle inférieur se prolongeant jusqu'au milieu de la foliole plane inférieurement, arquée-étalée au sommet; folioles internes dressées, linéaires, terminées en pointe faible, scarieuse, *dépassant les fleurons*. Fleurons purpurins, rarement blancs, peu nombreux, à limbe *de la longueur du tube*. Akènes roussâtres, striés en long, finement chagrinés, portant au centre du disque un nectaire stipité à 5 lobes.

Hab. les bords des chemins, des murs et décombres, dans tout le département. ① ou ② Fl. avril-août.

2. **C. PYCNOCEPHALUS** *Lin. sp.* 1151; *Dec. fl. fr.* 4, *p.* 79; *Jacq. hort. vind. p.* 17, *t.* 44. — Rameaux très-allongés, étroitement ailés-épineux. Capitules ordinairement pédonculés, tantôt *solitaires,* tantôt *réunis* 2-3 *au sommet de pédoncules courts, nus au sommet,* ordinairement sans feuilles florales. Involucre à folioles *non scarieuses aux bords,* à pointe épineuse, scabre sur les bords et sur le dos; les intérieures terminées *en pointe courte, n'atteignant pas la hauteur des fleurons.* Akènes grisâtres,

visqueux. Les autres caractères comme dans l'espèce précédente.
Capitules et akènes plus gros.

Hab. les lieux incultes, les bords des champs et des murs aux environs de
Nîmes, d'Anduze, d'Uzès, et dans toute la partie basse du département.
① ou ② Fl. mai–août.

3. C. NUTANS *Lin. sp.* 1150; *Dec. fl. fr.* 4, *p.* 80; *Fl. dan.*
675; *Barr. ic. t.* 1116; *Moris. hist. s.* 7, *t.* 31, *fig.* 6. — Racine
brune, pivotante. Tige de 2-6 décim., droite, cannelée, velue-
laineuse, plus au moins rameuse, ailée-interrompue, épineuse,
à rameaux courts ou allongés, *nus et cotonneux supérieurement.*
Feuilles d'un vert pâle, à nervures blanchâtres, pubescentes,
surtout en dessous, lancéolées, pinnatifides, *à lobes profonds,*
très-étalés, anguleux, dentés, à dents fortement épineuses; les
caulinaires étroitement décurrentes. Capitules gros, presque globuleux, *penchés, solitaires,* au sommet de pédoncules dépourvus
de feuilles florales. Involucre lanugineux, concave à la base, à
folioles lancéolées, souvent rougeâtres en dedans, terminées par
une épine piquante, *rudes aux bords, carénées au sommet,*
recourbées en dehors; les intérieures scarieuses et rougeâtres au
sommet, prolongées en pointe faible, un peu arquées en dehors,
n'atteignant pas la hauteur des fleurons. Fleurs odorantes, à
fleurons purpurins, quelquefois blancs, à limbe de la longueur
du tube. Akènes d'un gris roux, luisants, profondément striés
en long, finement chagrinés, portant au centre du disque un
nectaire *stipité à 5 lobes.*

Hab. les lieux incultes aux environs du Vigan, et toute la partie élevée
du département. ② Fl. juillet–août.

4. C. NIGRESCENS *Vill. dauph.* 3, *p.* 5, *t.* 20 *(excl. syn.);*
Dec. fl. fr. 5, *p.* 458; *Jord. obs. pl. France, frag.* 3, *p.* 214,
t. 8, *fig.* B.—Racine pivotante ou rameuse. Tige de 3-6 décim.,
droite, cannelée, aranéeuse-ailée, souvent très-rameuse supérieurement, à rameaux plus ou moins allongés, dressés-étalés, *sou-*
vent ailés jusqu'au sommet, plus rarement nus, blancs-tomenteux,
quelquefois rougeâtres. Feuilles raides, d'un vert très-sombre,
pubescentes en dessus, plus ou moins laineuses en dessous,
pinnatifides, à lobes ovales ou triangulaires, ondulés, lobulés,
bordés d'épines inégales et terminés par une épine plus longue
et plus forte; les caulinaires décurrentes en ailes étroites, interrompues, épineuses; les radicales allongées, étroites, atténuées
vers la base. Capitules assez gros, solitaires, terminaux, *dressés*
ou légèrement inclinés. Involucre subglobuleux, concave à la
base, presque glabre, à folioles linéaires, *allongées, carénées,*
acuminées en épine assez longue, faible, non piquante, *arquées*
en dehors; les extérieures plus courtes, *réfléchies.* Fleurons roses.
Akènes luisants, d'un roux grisâtre, profondément striés en long,

finement chagrinés, portant, au centre du disque, un nectaire
stipité, à 5 lobes peu prononcés.

Hab. les lieux cultivés et incultes dans tout le département. ② Fl. juin–
juillet.

5. **C. VIVARIENSIS** *Jord. obs. pl. France, fragm.* 3, *p.* 212,
t. 8, *fig. A; Godr. et Gren. fl. fr.* 2, *p.* 232. — Racine pivotante
ou rameuse. Tige de 4-8 décim., droite, cannelée, pubescente,
ailée, rameuse supérieurement, à rameaux très-allongés, étalés-
dressés, *longuement nus et cotonneux au sommet.* Feuilles raides,
d'un vert sombre, lâchement velues sur les deux faces, étroites,
pinnatifides, à lobes ovales ou triangulaires, très-étalés, lobulés,
bordés d'épines inégales et terminés par une épine plus longue et
plus forte ; les caulinaires décurrentes en ailes étroites, interrompues, épineuses ; les radicales allongées, étroites, atténuées
vers la base. Capitules moins gros que dans le précédent, *un peu
incliné après la fleuraison,* solitaires, terminaux. Involucre subglobuleux, concave à la base, presque glabre, à folioles souvent
rougeâtres au sommet, *décroissantes inférieurement,* étroites,
linéaires, terminées par une pointe courte, faible, non piquante,
*dépourvues de nervure dans leur moitié inférieure, toutes cour-
bées en dehors,* seulement au sommet ; celles du bas beaucoup
plus que celles du haut. Fleurons d'un rouge vif. Akènes grisâtres, luisants, très-finement striés et chagrinés, portant, au centre
du disque, un nectaire petit, à 5 lobes obtus.

Hab. les lieux incultes aux environs du Vigan, de l'Espérou, d'Alais, de
St-Jean-du-Gard. ② Fl. juin–août.

6. **C. HAMULOSUS** *Ehrh. beitr.* 7, *p.* 164; *Godr. et Gren. fl.
fr.* 2, *p.* 233; *C. spinigerus Jord. obs. pl. France, fragm.* 3,
p. 215, *t.* 8, *fig. C; Waldst et Kit. pl. rar. hung. t.* 233. —
Racine pivotante ou rameuse. Tige de 4-8 décim., droite, pubescente, cannelée, ailée, rameuse supérieurement, à rameaux
allongés, peu étalés, *cotonneux et longuement nus au sommet.*
Feuilles d'un vert peu foncé, pubescentes en dessus, plus ou
moins aranéeuses en dessous, étroites, sinuées-pinnatifides, à
lobes ovales ou triangulaires, très-étalés, lobulés, dentés, bordés
d'épines inégales et terminés par une épine plus longue et plus
forte ; les caulinaires décurrentes en ailes étroites, épineuses,
interrompues dans le haut de la tige et au bas des rameaux ; les
radicales atténuées vers la base. Capitules assez gros, *solitaires,*
terminaux, *dressés ou un peu inclinés.* Involucre subglobuleux,
glabre ou aranéeux, à folioles *linéaires-allongées,* carénées dans
toute leur étendue, *presque planes,* acuminées en une épine
allongée, raide et piquante, jaunâtres à la base, vertes ou rougeâtres au sommet; les extérieures et les intermédiaires *un peu
arquées en dehors;* les intérieures un peu plus longues, jaunes,

scarieuses et *réfléchies au sommet*. Fleurons d'un rouge vif. Akènes jaunâtres, luisants, striés en long et finement chagrinés, portant, au centre du disque, un nectaire tantôt conique subanguleux, tantôt stipité, à 5 lobes.

Hab. les lieux stériles aux environs de Nimes, de Tresques, du Vigan, de Blandas. ② Fl. mai–juillet.

50° g^{re}. CARDONCELLE. — CARDUNCELLUS. (Adans. fam. 2, p. 116.)

Involucre à folioles imbriquées; les extérieures larges, foliacées, à peine épineuses ou pinnatifides-épineuses; les intérieures minces, entières, terminées par un appendice scarieux, lacéré. Fleurons tous égaux, hermaphrodites, à 5 dents. Étamines à filets libres, mais collés entre eux par des poils visqueux intermédiaires; anthères sans appendice à leur base, munies d'un appendice à leur sommet. Akènes tétragones, à insertion basilaire, oblique, terminés par une bordure légèrement dentée. Aigrette caduque, à poils raides, ciliés, disposés sur plusieurs rangs, soudés en anneau court à leur base. Réceptacle garni de poils courts, soyeux. Plantes vivaces, subacaules ou caulescentes, monocéphales, à feuilles pinnatifides, plus ou moins épineuses, à fleurs bleues, rarement blanches.

1. { Feuilles et folioles externes de l'involucre fortement épineuses.................... MONSPELLIENSIUM.
Feuilles et folioles externes de l'involucre à peine épineuses..................... MITISSIMUS.

1. **C. MITISSIMUS** *Dec. fl. fr.* 4, *p.* 73; *Carthamus mitissimus Lin. sp.* 1164. — Racine brune, courte, rameuse, parfois stolonifère. Tige simple, presque nulle ou rarement de 1-2 décim., droite ou ascendante, pubescente, feuillée. Feuilles un peu fermes, d'un vert clair, un peu velues, rétrécies en pétiole, presque toutes radicales, nombreuses, disposées en rosette sur la terre; les premières souvent indivises, oblongues, dentées; les supérieures profondément pinnatifides, à lobes oblongs ou lancéolés, un peu décurrents, entiers, dentés ou pinnatifides, entremêlés de lobes plus petits, tous terminés par une petite épine non piquante. Capitule terminal, assez gros, oblong-conique. Involucre à folioles larges, *munies de nervures fines longitudinales;* les extérieures lancéolées, jaunâtres à la base, vertes au sommet, entières ou munies de quelques petites dents *appliquées*, quelquefois ciliées-spinuleuses, toujours terminées par une *épine courte, non piquante;* les intérieures jaunâtres, plus étroites, munies au sommet d'un appendice scarieux, fauve, arrondi, lacéré. Akènes glabres, *courts*, épais, *élargis au sommet, à angles lisses,* à insertion petite, en losange. Aigrette blanchâtre, *très-longue.*

Hab. les pacages aux environs du Vigan, à Campestre, Lannejols, Alais, Anduze, St-Ambroix. ♃ Fl. juin-juillet.

2. **C. Monspelliensium** *All. ped.* 1, *p.* 154; *Dec. fl. fr.* 4,
p. 73; *Carthamus carduncellus Lin. sp.* 1164; *Lob. adv. p.* 374,
ic. et ic. 2, *t.* 20, *fig.* 1; *J. Bauh. hist.* 3, *p.* 93, *fig.* 1. —
Racine brune, rameuse, tortueuse, stolonifère. Tige de 5-20
centim., dressée, simple, feuillée, ordinairement glabre, quelquefois presque nulle. Feuilles d'un vert un peu glauque, raides,
glabres ou un peu pubescentes en dessous, à nervures saillantes,
toutes profondément pinnatifides, à lobes étroits-lancéolés,
incisés ou dentés, à dents et sommet prolongés en épine raide et
piquante; les radicales étalées en rosette, les caulinaires distantes. Capitule terminal oblong-conique, un peu moins gros
que dans l'espèce précédente. Involucre glabre, à folioles larges;
les extérieures jaunâtres à la base, dentées ou pinnatifides,
épineuses au sommet vert pâle, *étalé*, terminé par une épine
assez forte, piquante; les internes plus étroites, entières, munies
de stries fines dans le haut et terminées par un appendice scarieux, jaunâtre, ovale, frangé. Akènes fauves, glabres, *oblongs*,
élargis au sommet, *ponctués en creux sur les angles*, à insertion
petite, ovale. Aigrette blanchâtre, *très-longue*.

Hab. les coteaux arides et montueux, à Campestre, Sommières, Montpezat. 2 Fl. juin-juillet.

On cultive en grand, pour la teinture, mais rarement dans le département
du Gard, le *carthamus tinctorius Lin.*, connu sous le nom vulgaire de *safran
bâtard*, remarquable par la belle couleur rouge-orangée de ses fleurons. Ses
graines sont un violent purgatif; les perroquets en sont friands, ce qui leur
a fait donner le nom de *graines de perroquet*.

51° g^{re}. **CENTAURÉE. — CENTAUREA.** (Lin. gen. 984, part.)

Involucre à folioles imbriquées, terminées par un appendice
scarieux, mutique ou corné, épineux. Fleurons du centre hermaphrodites; ceux de la circonférence stériles, infundibuliformes,
rayonnants, ordinairement plus grands. Étamines à filets libres,
papilleux. Akènes lisses, comprimés, à insertion latérale, barbue
ou imberbe, couronnés par un rebord entier, dépourvus d'aigrette
ou munis d'une aigrette courte, persistante, à poils courts, scabres, inégaux, disposés sur plusieurs rangs; les intérieurs plus
courts, connivents. Réceptacle garni de poils paléiformes. Plante
annuelle, bisannuelle ou vivace, à feuilles indivises ou pinnatifides, ou bipinnatifides, non épineuses, à fleurs purpurines,
bleues ou jaunes, rarement blanches.

<table>
<tr><td>1.</td><td>Folioles de l'involucre terminées par une épine forte et piquante.............. 2.
Folioles de l'involucre sans épine piquante. 7.</td></tr>
<tr><td>2.</td><td>Fleurons jaunes; feuilles décurrentes.... 3.
Fleurons purpurins; feuilles non décur-
rentes................................. 4.</td></tr>
</table>

3. { Épine des folioles moyennes de l'involucre robustes, très-longues, très-piquantes; fleurons non glanduleux.............. **SOLSTICIALIS.**
Épine des folioles moyennes de l'involucre fines, peu piquantes, d'une longueur médiocre: fleurons glanduleux........ **MELITENSIS.**

4. { Épine terminale des folioles de l'involucre de la longueur des latérales.......... **MYACANTHA.**
Épine terminale plus longue que les latérales............................. 5.

5. { Épine terminale canaliculée à sa base intérieure; aigrette nulle................ **CALCITRAPA.**
Épine terminale non canaliculée à sa base intérieure; une aigrette............. 6.

6. { Folioles de l'involucre à appendice non contracté à sa base, à épines latérales de moitié plus courtes que la terminale. **ASPERO-CALCITRAPA.**
Folioles de l'involucre à appendice contracté à sa base, à épines latérales 4–5 fois plus courtes que la terminale..... **CALCITRAPO-ASPERA.**

7. { Involucre à folioles scarieuses entières, frangées ou ciliées..... .... 8.
Involucre à folioles terminées par un appendice épineux–palmé............ **ASPERA.**

8. { Folioles de l'involucre à appendice scarieux, tous entiers ou lacérés, ou seulement les supérieurs................ 9.
Folioles de l'involucre à appendice cilié.. 11.

9. { Folioles de l'involucre à appendice tous entiers ou lacérés.. .... **AMARA.**
Folioles de l'involucre à appendice cilié, seulement dans les folioles inférieures. 10.

10. { Appendices orbiculaires, plus larges que les folioles; les folioles ciliées peu nombreuses....................... **JACEA.**
Appendices ovales ou lancéolés: les folioles ciliées nombreuses.............. **NIGRESCENS.**

11. { Folioles de l'involucre arquées en dehors ou réfléchies....................... 12.
Folioles de l'involucre appliquées ou étalées............................. 15.

12. { Folioles de l'involucre bordées d'une bande noire............................ **PULLATA.**
Folioles de l'involucre non bordées de bandes noires...................... 13.

13. { Appendice des folioles arqués en dehors, non réfléchis..................... **MICROPTILON.**
Appendice des folioles réfléchis en dehors. 14.

14. { Plante dressée, simple, monocéphale.... **NERVOSA.**
Plante étalée, rameuse, polycéphale..... **PECTINATA.**

15 { Feuilles indivises, dentées ou pinnatifides. 16.
Feuilles bipinnatifides................. 20.

16. { Fleurons jaunes....................... **COLLINA.**
Fleurons purpurins, bleus ou blancs..... 17.

17.	Feuilles caulinaires linéaires-allongées : fleurons ordinairement bleus..........	**CYANUS.**
	Feuilles caulinaires lancéolées ou bipinnatifides : fleurons purpurins ou blancs.	18.
18.	Appendices des folioles de l'involucre à cils brièvement plumeux ; insertion des akènes non barbue....................	**NIGRA.**
	Appendices à cils non plumeux ; insertion des akènes barbue....................	19.
19.	Feuilles non décurrentes, une ou deux fois pinnatifides....................	**SCABIOSA.**
	Feuilles décurrentes, lancéolées.........	**MONTANA.**
20.	Feuilles de l'involucre marquées, au sommet, d'une tache brune ou fauve, plus ou moins foncée....................	21.
	Folioles de l'involucre sans tache........	**PANICULATA.**
21.	Folioles de l'involucre fortement nerviées sur le dos ; appendices terminés en pointe plus courte que les cils.........	**MACULOSA.**
	Folioles de l'involucre faiblement nerviées ; appendices terminés en pointe plus longue que les cils....................	**COERULESCENS.**

1. **C. AMARA** *Lin. sp.* 1292 ; *Dec. fl. fr.* 4, *p.* 90 ; *Bocc. mus. t.* 17 ; *Lob. ic. t.* 548, *fig.* 2. — Racine brune, épaisse, munie de fibres longues, à souche rameuse. Tiges de 1-8 décim., droites, ascendantes ou tombantes, raides, anguleuses, rameuses, à rameaux feuillés, *allongés, étalés-dressés.* Feuilles lancéolées ou linéaires, raides, rudes, mucronées, trinerviées, entières ou dentées, rarement pinnatifides, verdâtres ou blanchâtres, un peu cotonneuses ; les radicales pétiolées ; les caulinaires plus étroites, sessiles, pourvues de 2 dents plus ou moins prononcées à leur base. Capitules obovales, solitaires au sommet de la tige et des rameaux, munis à leur base de feuilles florales inégales. Involucre à folioles couvertes par les appendices scarieux, luisants, blancs, fauves ou bruns, *entiers ou lacérés, orbiculaires, concave, appliqué*, plus grand que la foliole. Fleurons purpurins ; ceux de la circonférence un peu plus grands, rayonnants. Akènes blanchâtres, un peu pubescents, oblongs, nus, à insertion non barbue.

Cette plante est très-variable ; elle est bonne contre les fièvres intermittentes. Ses fleurs caillent le lait ; les bêtes à corne en sont friandes.

Hab. les coteaux secs dans tout le département. ♃ Fl. août-septembre.

2. **C. JACEA** *Lin. sp.* 1293 ; *Dec. fl. fr.* 4, *p.* 91 ; *Fl. dan. t.* 519 ; *J. Bauh.* 3, *p.* 28, *ic.* — Racine brune, épaisse, munie de fibres longues, à souche rameuse. Tiges de 3-8 décim., solitaires ou plus ou moins nombreuses, dressées, raides, anguleuses, simples ou rameuses supérieurement, pubescentes-aranéeuses, à rameaux *épaissis au sommet, étalés-dressés*, un peu rudes, rarement glabres. Feuilles un peu raides, rudes, jamais blanchâtres, lancéolées, entières, dentées ou sinuées, rarement pinna-

tifides, mucronées ; les inférieures rétrécies en un pétiole allongé ; les supérieures sessiles, souvent pourvues de quelques dents plus ou moins prononcées. Capitules subglobuleux, solitaires au sommet de la tige et des rameaux, rarement géminés, munis à leur base de quelques feuilles florales. Involucre à folioles terminées par un appendice scarieux, luisant, brun ou fauve, entier ou lacéré, ou *pectiné-cilié, surtout aux folioles inférieures, orbiculaire, concave, appliqué*, plus grand que la foliole ; les appendices couvrant entièrement les folioles. Fleurons purpurins ; ceux de la circonférence ordinairement stériles, plus grands et rayonnants. Akènes blanchâtres, un peu pubescents, oblongs, nus, à insertion non barbue.

Cette plante porte le nom vulgaire de *jacée, d'herbe du centaure.*

Hab. les prés, les pacages et les bois aux environs du Vigan, au bois de Salbous, près de Campestre ; à Aulas, à Anduze, à Tresques, etc. ♃ Fl. juin–août.

3. **C. nigrescens** *Willd. sp.* 3, *p.* 2288 ; *Godr. et Gren. fl. fr.* 2, *p.* 241 ; *Schultz. exsicc.* 467. — Racine, tiges et feuilles comme dans l'espèce précédente. Appendices de l'involucre *dressés, ovales-triangulaires ou lancéolés, à cils* dont la longueur est presque égale à leur largeur, plus petits et assez espacés pour laisser, plus ou moins, à découvert les folioles. Fleurons purpurins ; ceux de la circonférence plus grands, rayonnants, rarement tous égaux. Akènes nus ou couronnés par un léger rudiment d'aigrette.

Hab. les prairies à Concoule. ♃ Fl. juillet.

4. **C. microptilon** *Godr. et Gren. fl. fr.* 2, *p.* 242 ; *C. vulgaris, var. microptilon, Godr. fl. lorr.* 2, *p.* 54 ; *C. nigrescens, var. intermedia, Gaud. helv.* 5, *p.* 397. — Racine et tige comme les deux précédentes. Feuilles mucronées, lâchement et finement dentées ; les inférieures rétrécies en pétiole allongé, sinuées ou lyrées ; les supérieures sessiles, lancéolées, acuminées, entières à la base ou munies de quelques dents. Capitules ovoïdes, médiocres, solitaires, terminant la tige et les rameaux, munis, à leur base, de quelques feuilles florales inégales. Involucre à folioles terminées par des appendices plus étroits qu'elles, *planes, lancéolés-allongés, arqués en dehors*, bruns, à cils un peu plumeux, un peu plus longs que leur largeur, laissant les folioles à découvert. Fleurons purpurins, tous fertiles et égaux, rarement ceux de la circonférence stériles, plus grands, rayonnants. Akènes nus, petits, atténués à la base, grisâtres, pubescents, à insertion non barbue.

Hab. les prairies à Concoule. ♃ Fl. août-septembre.

5. **C. nigra** *Lin. sp.* 1288 ; *Dec. fl. fr.* 4, *p.* 91 ; *Fl. dan.*

t. 906. — Racine brune, épaisse, munie de fibres longues, à souche rameuse. Tiges de 3-8 décim., *droites*, raides, anguleuses, rameuses supérieurement, glabres ou pubérulentes, à rameaux épaissis au sommet, étalés-dressés. Feuilles pubescentes, un peu rudes, un peu plus pâles en dessous, lancéolées, denticulées, mucronées; les inférieures rétrécies en pétiole allongé, simples ou munies, à leur base, de quelques lobes; les supérieures *sessiles*. Capitules subglobuleux, assez gros, solitaires, terminant la tige et les rameaux, munis à leur base de quelques feuilles florales inégales. Involucre à folioles terminées par un appendice *ovale* ou *lancéolé*, *appliqué*, dressé, noir ou brun, lacéré dans les folioles les plus supérieures, pectiné-cilié dans toutes les autres, à cils plumeux, 2-3 fois plus longs que la largeur de l'appendice; appendices *couvrant entièrement les folioles*. Fleurons purpurins, rarement blancs, tous fertiles et égaux, rarement ceux de la circonférence stériles, plus grands, rayonnants. Akènes oblongs, grisâtres, pubescents, à insertion non barbue, à aigrette très-courte.

Hab. les bois et les prairies aux environs du Vigan, à Aulas, Arphy, l'Espérou, Camprieux, Anduze, Concoule. ♃ Fl. juin–septembre.

6. **C. PECTINATA** *Lin. sp.* 1287 ; *Guan. ill. p.* 72 ; *Dec. fl. fr.* 4, *p.* 93 ; *Reich. ic. crit. t.* 642. — Racine brune, dure, munie de fibres longues, à souche rameuse. Tiges de 1-4 décim., *ascendantes-tombantes*, rameuses, anguleuses, cotonneuses-blanchâtres, à rameaux très-étalés, souvent diffus, épaissis au sommet. Feuilles *cotonneuses-cendrées*, à la fin *presque glabres ;* les inférieures pétiolées, lyrées ou pinnatifides; les supérieures oblongues, entières, dentées ou pinnatifides, mucronées, ainsi que les lobes, sessiles, *auriculées*, *embrassantes*, très-étalées et même réfléchies. Capitules moyens, ovales, solitaires, terminant la tige et les rameaux, munis à leur base de quelques feuilles florales inégales. Folioles de l'involucre lâchement imbriquées, à appendice *très-long*, *filiforme*, sétacé, brun ou fauve, réfléchi, pectiné-cilié, à cils allongés, plumeux. Fleurons purpurins, tous égaux, rarement ceux de la circonférence rayonnants. Akènes oblongs, grisâtres, pubescents, à insertion non barbue, à aigrette très-courte.

Hab. les coteaux arides, aux environs de Nîmes, d'Alais, d'Anduze, d'Aigues-Mortes, de l'Espérou. ♃ Fl. juillet–août.

7. **C. NERVOSA** *Willd. enum. hort. berol.* 2, *p.* 925; *C. phrygia Vill. dauph.* 3, *p.* 49; *Dec. fl. fr.* 4, *p.* 92; *Reich. pl. crit. t.* 554. — Racine brune, épaisse, dure, noueuse, munie de fibres filiformes, à souche rameuse. Tiges de 1-3 décim., réunies en touffe, droites, striées, pubescentes, feuillées dans toute la longueur, *toujours simples et monocéphales*. Feuilles *pubescentes-*

grisâtres, un peu glanduleuses en dessus, rudes sur les bords, munies d'une nervure longitudinale blanche, oblongues-lancéolées, allongées, finement mucronées ; les inférieures pétiolées, sinuées-dentées ; les supérieures plus étroites, sessiles, dentées, quelquefois munies, à leur base, *de 2 oreillettes embrassantes*, rarement pinnatifides inférieurement. Capitules globuleux, plus gros que dans l'espèce précédente, munis à leur base de quelques feuilles florales inégales. Involucre à folioles internes, terminées par un appendice scarieux, ovale, entièrement cachées par les folioles externes terminées par un appendice *très-long*, filiforme, sétacé, brun ou fauve, réfléchi, pectiné-cilié, à cils allongés, plumeux, arqués, jaunâtres. Fleurons purpurins ; ceux de la circonférence plus grands, stériles, rayonnants. Akènes oblongs, roux, pubescents, à insertion non barbue, à aigrette très-courte.

Hab. les prairies à l'Aigual, entre Ganges et Sumène. (Guan. herb.) ⚥ Fl. juillet-août.

8. **C. PULLATA** *Lin. sp.* 1288 ; *Dec. fl. fr.* 4, *p.* 94 ; *Reich. pl. crit. cent.* 4, *t.* 373, *fig.* 551 *et* 552 ; *Lob. adv.* 235, *fig.* 1. — Racine pivotante, épaisse, profonde. Tige de 5-20 centim., quelquefois presque nulle, simple ou un peu rameuse, tantôt au sommet, tantôt dès la base, cotonneuse-grisâtre. Feuilles rudes, grisâtres, couvertes de poils articulés, pétiolées, embrassantes, pinnatifides ou lyrées, à lobes entiers, peu profonds ; les radicales disposées en rosette sur la terre. Capitules ovales, gros, solitaires, terminaux, munis, à leur base, de feuilles florales qui les dépassent souvent. Involucre à folioles inégales, lancéolées, rétrécies vers le sommet, planes, sans nervure dorsale, verdâtres, avec une bordure noire, irrégulièrement dentée, rarement dépourvues de bordure, terminées par un appendice court, réfléchi, cilié, à cils jaunâtres, assez longs. Fleurons purpurins, rarement blancs ; ceux de la circonférence grands, rayonnants. Akènes blanchâtres, légèrement pubescents, oblongs, dilatés au sommet, à insertion non barbue, cruciforme, noire, à aigrette blanche, presque autant que l'akène.

Hab. les pacages à Campestre. ⚥ Fl. mai-juin.

9. **C. MONTANA** *Lin. sp.* 1289 ; *Godr. et Gren. fl. fr.* 2, *p.* 248 ; *Jord. obs.*, 5me *fragm. t.* 3, *fig. C* ; *Jacq. austr. t.* 371 ; *Math. valg.* 507, *ic.* ; *Lob. obs. p.* 296, *fig.* 2. — Racine brune, dure, garnie de fibres longues, épaisses, à souche *stolonifère*. Tiges de 2-4 décim., dressées, solitaires ou réunies, simples, plus rarement rameuses, blanchâtres, cotonneuses, cannelées. Feuilles *décurrentes*, molles, cotonneuses-blanchâtres, principalement sur les bords, à la fin presque glabres, oblongues-lancéolées, entières, acuminées ; les radicales atténuées en pétiole ailé. Capitules gros, solitaires, terminaux. Involucre à folioles d'un vert jaunâtre, appliquées, bordées de noir, incisées-ciliées, à cils pas trop longs,

rapprochés, planes, roux ou bruns. Fleurons purpurins; ceux de la circonférence beaucoup plus grands, rayonnants, bleus. Akènes assez gros, grisâtres, pubescents, oblongs, à insertion barbue, à aigrette blanche ou rousse, *beaucoup plus courte que l'akène*.

Hab. les bois et les pacages des montagnes, au chemin d'Uzès, près Nîmes ; au Serre-de-Bouquet, à Barjac, à Blauzac, à la Chartreuse de Valbonne, à Salbous. ♃ Fl. mai–août.

10. **C. CYANUS** *Lin. sp.* 1289 ; *Dec. fl. fr.* 4, *p.* 95 ; *Bull· herb. t.* 221 ; *Fuchs. hist. p.* 428, *ic.* — Racine pivotante. Tige de 3-6 décim., droite, anguleuse, rameuse, à rameaux grêles, allongés, dressés, simples ou divisés, garnie, ainsi que les feuilles, d'un coton blanc floconneux. Feuilles molles, *non décurrentes*, linéaires, finement mucronées ; les inférieures pinnatifides, à lobes latéraux petits, linéaires ; le terminal lancéolé-allongé ; les moyennes dentées à la base ; les supérieures entières, sessiles. Capitules assez petits, ovoïdes, solitaires, terminant la tige, les rameaux et ses ramifications, dépourvus de feuilles florales. Involucre à folioles inégales, *verdâtres*, appliquées, munies d'un appendice scarieux, décurrent, blanc ou brun, incisé-cilié, à cils *planes*, courts ; les extérieures pubescentes, ciliées sur les bords ; les intérieures glabres, beaucoup plus longues, entières, incisées au sommet seulement. Fleurons bleus, rarement violets, roses ou blancs, grands, rayonnants ; ceux du centre purpurins. Akènes grisâtres, pubescents, oblongs, à insertion barbue, à aigrette rousse, *un peu plus courte que l'akène*.

Cette plante est connue sous les noms vulgaires de *bluet*, de *barbeau*, d'*aubifoin*, de *casse-lunette;* en patois, *mounina*. Ses fleurs passent pour ophthalmiques.

Hab. les moissons dans tout le département. ② Fl. juin-juillet.

11. **C. SCABIOSA** *Lin. sp.* 1291 ; *Dec. fl. fr.* 4, *p.* 97 ; *Fl· dan. t.* 1231 ; *Moris. hist. s.* 7, *t.* 28, *fig.* 10 ; *Math. valgr· p.* 969, *ic.* — Racine brune, épaisse, rameuse, à souche *dure*, à rameaux lâches, rampants. Tige de 4-8 décim., droite, raide, anguleuse-sillonnée, rameuse supérieurement, à rameaux dressés-étalés, quelquefois monocéphale, glabre ou pubescente, rude. Feuilles *d'un vert sombre*, très-variables, raides, scabres, surtout sur les bords, velues en dessous, rarement glabres, ordinairement une ou deux fois pinnatifides, à lobes *étalés et réfléchis*, mucronulés ; les inférieures pétiolées ; les supérieures sessiles, *non décurrentes*. Capitules globuleux, gros, solitaires, terminaux, dépourvus de feuilles florales. Involucre à folioles verdâtres, appliquées, à appendice scarieux, décurrent, noir, incisé-cilié, à cils *flexueux*, un peu plumeux, *roussâtres au sommet, pas plus longs que la largeur de la bordure*, laissant à découvert la partie verte des folioles. Fleurons purpurins, rarement blancs ; ceux de

la circonférence plus grands, rayonnants. Akènes grisâtres, puis bruns, oblongs, luisants, pubescents, à insertion barbue, à aigrette rousse, de la longueur de l'akène.

Cette plante est nutritive pour le cheval, le mouton, le cochon, la chèvre.

Hab. les champs cultivés aux environs du Vigan, d'Alzon, de Blandas, etc. ♃ Fl. juillet-août.

12. **C. MACULOSA** *Lamk.! dict.* 1, *p.* 669; *Dec. fl. fr.* 4, *p.* 96; *Jord. obs.* 5me *fragm. p.* 61, *fig. D*; *Gmel. sib.* 2, *t.* 44, *fig.* 1. — Racine brune, *pivotante.* Tige de 3-6 décim., droite, raide, anguleuse, pubescente, grisâtre, très-rameuse supérieurement, à rameaux étalés ou dressés, simples ou divisés, disposés en panicule large ou étroite, quelquefois corymbiforme. Feuilles cendrées-verdâtres, scabres, ponctuées; les radicales et celles de la première année en touffe dressée, ou étalées en rosette, bipinnatifides, à lobes linéaires, mucronés, très-étalés; les caulinaires distantes, moins divisées, à lobes *roulés en dessous.* Capitules moyens subglobuleux, solitaires, terminant la tige, les rameaux et leurs divisions. Involucre à folioles appliquées, ovales, à 5 nervures très-prononcées, à appendice d'un brun plus ou moins foncé, triangulaire, terminé en pointe robuste, spinuliforme, pectiné-cilié, à cils blanchâtres au sommet, flexueux, dépassant la largeur de l'appendice et *la longueur de la pointe.* Fleurons purpurins ou blancs; ceux de la circonférence rayonnants. Akènes petits, oblongs, grisâtres, pubescents, à insertion non barbue, à aigrette blanche, plus courte que la moitié de l'akène.

Hab. les bois et les coteaux aux environs du Vigan, à Montdardier, Valleraugue, bois de Broussan, près Nîmes; à Berias, une variété à petits capitules, à fleurs blanches; à Anduze, une autre variété à fleurs blanches, à capitules plus gros. ② Fl. juillet-août.

13. **C. CŒRULESCENS** *Willd. sp.* 3, *p.* 2319; *Dec. prod.* 6, *p.* 583; *Jord. obs.* 5me *fragm. p.* 62, *t.* 4, *fig. E.* — Racine pivotante, brune. Tige de 2-5 décim., droite, raide, anguleuse, pubescente-cendrée, rameuse tantôt supérieurement, tantôt dès le milieu, tantôt dès la base, à rameaux étalés-dressés, simples, le plus souvent divisés, disposés en panicule corymbiforme. Feuilles scabres, pubescentes-cendrées, ponctuées; les radicales pétiolées, bipinnatifides, à lobes linéaires, étalés, mucronés, disposées en rosette étalée; les caulinaires sessiles, moins divisées, à lobes roulés en dessous; les plus supérieures linéaires, entières. Capitules ovoïdes, plus petits que dans l'espèce précédente, solitaires, terminant la tige, les rameaux et leurs divisions. Involucre à folioles appliquées, ovales, à 5 nervures peu saillantes, à appendice brun ou fauve, terminé en pointe spinuliforme, raide, pectiné-cilié, à cils blanchâtres au sommet, flexueux, dépassant la largeur de l'appendice et *plus courts que la pointe.*

Fleurons purpurins ; ceux de la circonférence grêles, rayonnants.
Akènes oblongs, grisâtres, pubescents, rétrécis à la base, à
insertion non barbue, à aigrette blanche, *de la longueur du quart
de l'akène.*

Hab. les bois et les terrains arides aux environs du Vigan, à Blandas, à
Aulas. ② Fl. juillet-août.

14. **C. PANICULATA** *Lin. sp.* 1289 ; *Dec. fl. fr. 4, p. 97 ;
Jord. obs. 5ᵐᵉ fragm. p. 65, t. 4, fig. G, Moris. hist. s. 7, t. 28,
fig. 15.* — Racine brune, pivotante, *profonde.* Tige de 2-6
décim., d'un vert cendré, souvent un peu cotonneuse, droite,
effilée, raide, anguleuse, très-rameuse, souvent dès la base, à
rameaux grêles, très-étalés, simples ou peu divisés, disposés *en
panicule allongée, lâche.* Feuilles d'un vert cendré, souvent un
peu cotonneuses, ponctuées ; les radicales et celles de la première
année disposées en rosette, étalées ou dressées, pétiolées, bipinnatifides, à lobes linéaires, entiers ou dentés, mucronés ; les
caulinaires pinnatifides, à lobes plus étroits, *roulés en dessous ;*
les plus supérieures linéaires, entières. Capitules petits, ovoïdes-
oblongs, *un peu atténués à la base,* solitaires, terminant la tige,
les rameaux et leurs divisions courtes. Involucre à folioles cendrées, munies de 3-5 nervures, terminées par un appendice petit,
roussâtre, triangulaire, *appliqué,* pectiné-cilié, terminé en une
pointe épaisse, environ de la longueur des cils, peu nombreux,
roussâtres, plus longs que la largeur de l'appendice. Fleurons
purpurins ; ceux de la circonférence grêles, rayonnants. Akènes
oblongs, pubescents, d'un vert foncé, luisant, obscurément striés,
marqués de 3 nervures rousses, longitudinales, à insertion non
barbue, à aigrette blanche, de moitié plus courte que l'akène.

Hab. les terrains incultes aux environs de Nîmes, de Manduel, de Villeneuve-lez-Avignon, d'Anduze, d'Alais, de St-Ambroix. ② Fl. juillet-octobre.

15. **C. COLLINA** *Lin. sp.* 1298 ; *Dec. fl. fr. 4, p. 105 ; Lob.
obs. 483, fig. 1, et ic. 2, t. 12, fig. 2.* — Racine blanchâtre, un
peu épaisse, profonde. Tige de 3-6 décim., droite, anguleuse,
rameuse supérieurement, rarement simple, à rameaux étalés,
dressés, presque glabre, souvent entourée à sa base de quelques
fibres, reste des anciennes feuilles. Feuilles d'un vert clair, un
peu raides, âpres au toucher, garnies, sur les deux faces, de poils
courts, quelquefois un peu cotonneuses, surtout sur le rachis
canaliculé supérieurement ; les radicales pétiolées, étalées en
rosette, lyrées ou bipinnatifides, à lobes des pinnules du second
ordre inégaux, ovales ou lancéolés, entiers ou dentés, mucronulés ; les caulinaires sessiles, pinnatifides, à lobes plus étroits.
Capitules gros, solitaires, globuleux, terminaux, munis de 1-2
feuilles florales un peu au-dessous de leur base. Involucre glabre ou
pulvérulent à la base, rarement cotonneux, à folioles très-inégales,

glabres, d'un vert jaunâtre, obscurément nerviées, à appendice
décurrent, brun clair, pectiné-cilié, à cils raides, jaunâtres, et
terminé par une pointe raide, piquante, *étalée*, environ de la
longueur des cils. Fleurons jaunes, non rayonnants. Akènes
noirs, comprimés, oblongs, luisants, presque glabres, à insertion
longuement barbue, à aigrette rousse ou noire, de la longueur
de l'akène.

Hab. les champs cultivés et les vignes aux environs de Nimes, Mauduel,
Aigues-Mortes, Alais, Anduze, St-Ambroix, le Vigan. ♃ Fl. juin-août.

16. **C. ASPERA** *Lin. sp.* 1296; *Dec. fl. fr.* 4, *p.* 98, *et* 5,
p. 461; *Bocc. mus. t.* 26. — Racine fauve, épaisse, très-profonde,
à souche largement rameuse. Tiges de 3-8 décim., droites ou
ascendantes, anguleuses, *scabres*, glabres ou pubescentes, souvent rougeâtres, très-rameuses, à rameaux grêles, allongés,
étalés, souvent diffus, entremêlés. Feuilles *rudes sur les faces et
sur les bords*; les inférieures et celles des tiges non fleuries,
pétiolées, disposées en rosette dressée, lancéolées, un peu étroites,
sinuées-dentées; les supérieures oblongues-linéaires, sinuées-
dentées, mucronées, sessiles, quelquefois auriculées. Capitules
petits ou moyens, ovoïdes ou globuleux, solitaires, terminaux.
Involucre arrondi à la base, ordinairement glabre, à folioles
verdâtres, souvent rougeâtres au sommet, unies, terminées par
un appendice corné en demi-cercle, non décurrent, réfléchi, surmonté de 3-5 épines piquantes, presque égales, *digitées*, courtes,
jaunâtres. Fleurons purpurins; ceux de la circonférence un peu
plus grands. Akènes blanchâtres, bruns ou marbrés, oblongs,
luisants, à insertion non barbue, à aigrette blanche ou rousse,
moitié plus courte que l'akène.

Cette plante est connue sous le nom patois de *cabassuda*.

Hab. les champs incultes, le bord des chemins et les vignes, dans tout le
département. ♃ Fl. juin-septembre.

17. **C. ASPERO-CALCITRAPA** *Godr. et Gren. fl. fr.* 2, *p.* 260;
C. hybrida Chaix in Vill. dauph. 1, *p.* 366, *et t.* 3, *p.* 54 ? —
Racine brune, épaisse, pivotante ou rameuse, à souche lâchement
rameuse. Tiges de 3-6 décim., faibles, anguleuses, pubescentes,
très-rameuses, à rameaux étalés, souvent diffus. Feuilles d'un
vert clair, molles, pubescentes, rétrécies à la base, pinnatifides
ou sinuées-dentées, à lobes et dents mucronés; les plus supérieures ordinairement entières, linéaires. Capitules *oblongs-
coniques*, solitaires, terminant la tige et les rameaux plus ou
moins allongés, garnis de feuilles jusque sous les capitules, où
elles sont plus rapprochées. Involucre glabre, à folioles d'un
vert jaunâtre, unies, à appendice jaunâtre, corné, non décurrent, *sans contraction à la base*, prolongé en une épine piquante,
pennée, épineuse à la base, *non canaliculée*, peu étalée, de moitié

plus courte que la foliole, moins forte et beaucoup moins longue que dans les deux espèces suivantes. Fleurons purpurins égaux. Akènes avortés, à insertion non barbue, munis d'une *aigrette blanche*.

Hab. les bords des champs et des chemins, à Tresques, Montfrin, Manduel. ② Fl. juin–septembre.

18. **C. CALCITRAPO - ASPERA** *Godr. et Gren. fl. fr. 2*, *p. 260; C. Pouzini Dec. fl. fr. 5, p. 462.* — Cette espèce diffère de la précédente : par ses feuilles presque toutes pinnatifides; les caulinaires munies, à leur base, d'un appendice denté, embrassant; par ses rameaux plus constamment allongés; par ses capitules *plus allongés ;* par les folioles de son involucre à appendice *contracté à sa base* et terminé par une épine forte et piquante, *très-étalée et plus longue que la foliole.*

Hab. les bords des champs et des chemins à Nîmes, Manduel, Bellegarde, Comps, Montfrin. ② Fl. juin–octobre.

19. **C. CALCITRAPA** *Lin. sp. 1297; Dec. fl. fr. 4, p. 100; Gaertn. fruct. 2, t. 163, fig. 2; Math. com. p. 504, ic.; Clus. hist. 2, p. 7, fig. 3.* — Racine pivotante, épaisse. Tige de 4-6 décim., droite, sillonnée, pubescente ou velue, très-rameuse, en buisson, à rameaux très-divergents, diffus. Feuilles molles, velues; les radicales rétrécies en pétiole, grandes, étalées en rosette, détruites au moment de la fleuraison, pinnatifides, à lobes oblongs-lancéolés, dentés, décurrents; le terminal plus grand, tous apiculés; la rosette de la première année portant un capitule central non fleuri ; les caulinaires sessiles, à lobes plus étroits; celles des rameaux supérieurs simples, linéaires, dentées-spinuleuses. Capitules ovoïdes-oblongs, très-nombreux, terminaux et latéraux, pourvus de feuilles florales à leur base ; les latéraux presque sessiles, tantôt disposés le long des rameaux, tantôt placés un peu au-dessus des bifurcations. Involucre glabre, à folioles d'un vert jaunâtre, ovales, unies, coriaces, terminées par un appendice *contracté à sa base*, pinnatifide, à épine terminale, blanchâtre, quelquefois rougeâtre inférieurement, *robuste*, très-piquante, *canaliculée, très-étalée, plus longue que les fleurons;* ceux-ci purpurins, rarement blancs, tous égaux. Akènes petits, ovoïdes-comprimés, luisants, blancs ou marbrés de brun, à insertion non barbue, *dépourvus d'aigrette.*

Cette plante, connue sous les noms vulgaires de *chausse-trappe,* de *chardon étoilé,* en patois, *cauqua-treppa,* est apéritive, diurétique, vulnéraire et fébrifuge. Sa racine et ses graines sont employées contre la gravelle.

Hab. les lieux incultes, les bords des champs et des chemins dans tout le département. ② Fl. juillet-septembre.

20. **C. MYACANTHA** *Dec. fl. fr. 4, p. 101, et icon. rar. pl. p. 8, t. 23.* — Racine pivotante. Tige de 1-3 décim., droite,

faible, striée, pubescente, très-rameuse, en buisson, à rameaux très-divergents et diffus. Feuilles glabres, un peu scabres ; les caulinaires linéaires, atténuées à la base, apiculées, dentées, spinuleuses. Capitules oblongs, petits, nombreux, pourvus de feuilles florales à leur base, solitaires, terminant tantôt des rameaux un peu allongés, très-garnis de feuilles, tantôt des rameaux courts, placés un peu au-dessus des bifurcations. Involucre à folioles glabres, d'un vert très-clair, unies, terminées par un appendice jaunâtre, épais, corné, *contracté à sa base*, à épines très-courtes, renforcées, *arquées en dehors, la terminale presque aussi courte que les latérales*. Fleurons égaux, purpurins. Akènes petits, ovoïdes, comprimés, grisâtres, marbrés de brun, luisants, à insertion non barbue, *dépourvus d'aigrette*.

Hab. le bord des bois à Vallescure, sur la route de Bellegarde à Beaucaire. ② Fl. juin–août.

21. **C. MELITENSIS** *Lin. sp.* 1297 ; *C. apula Dec. fl. fr.* 4, *p.* 104 ; *Bocc. sic. t.* 35. — Racine pivotante ou rameuse. Tige de 2-8 décim., droite, un peu oblique à la base, anguleuse, scabre, rameuse, souvent dès la base, à rameaux dressés, ouverts. Feuilles d'un vert sombre, scabres, ponctuées, quelquefois un peu laineuses, blanchâtres ; les radicales lyrées pinnatifides, à lobes écartés, obtus ; les caulinaires linéaires, dentées, mucronées, décurrentes, à décurrence étroite, souvent n'arrivant que jusqu'au milieu de l'intervalle des feuilles. Capitules moyens, sub-globuleux, pourvus de feuilles florales à leur base, solitaires ou agrégés au sommet de la tige et des rameaux ; souvent quelques-uns sont presque sessiles à l'aisselle des feuilles inférieures de la tige. Involucre glabre ou laineux à la base, à folioles d'un vert clair, obscurément nerviées, terminées par une épine faible, non vulnérante, très-étalée, *plus longue que la foliole*, munie infé-rieurement de petites épines latérales, d'autant plus petites qu'elles sont supérieures ; quelquefois les folioles internes sont rougeâtres au sommet. Fleurons jaunes tous égaux, *glanduleux*. Akènes d'un gris verdâtre, ovales, pubescents, légèrement striés, à insertion non barbue, à aigrette blanche ou rousse, à peu près de la longueur de l'akène.

Hab. les terrains argileux, dans le bois de Broussan, près Nimes : à Roque–Courbe, près Marguerite. ① Fl. juin-août.

22. **C. SOLSTICIALIS** *Lin. sp.* 1297 ; *Dec. fl. fr.* 4, *p.* 103 ; *Moris. hist. s.* 7, *t.* 34, *fig.* 29 ; *Dod. pempt.* 374, *fig.* 1 ; *Lob. ic.* 2, *p.* 12, *fig.* 1. — Racine grêle, pivotante, garnie de fibres nombreuses. Tige de 2-6 décim., dressée, rameuse, à rameaux nombreux, étalés, souvent partant de la base. Feuilles tomen-teuses-blanchâtres, rudes sur les bords ; les inférieures pétiolées, lyrées-pinnatifides, à lobes oblongs, presque entiers, mucronés,

décurrents sur le rachis, à décurrence large, ondulée ; les supérieures linéaires, entières, brièvement mucronées, étroitement décurrentes, à décurrence ondulée, de toute la longueur des entre-nœuds. Capitules ovoïdes-globuleux, moyens, solitaires, terminaux. Involucre plus ou moins laineux, à folioles d'un vert jaunâtre, ovales-oblongues, unies, terminées par un appendice corné, jaunâtre, palmé et court dans les folioles inférieures ; dans les intermédiaires, prolongé en une épine raide, très-piquante, très-étalée, *cylindrique*, pinnatifide à la base, *plus longue que les fleurons;* les supérieures oblongues-lancéolées, membraneuses au sommet. Fleurons jaunes, *non glanduleux;* ceux de la circonférence plus courts que les autres. Akènes petits, obovales, comprimés, glabres, luisants ; ceux du centre grisâtres, pourvus d'une aigrette blanche, plus longue qu'eux ; ceux de la circonférence noirâtres, obscurément marbrés de blanc, dépourvus d'aigrette.

Cette plante est connue sous le nom vulgaire patois *d'ouriola.*

Hab. les champs cultivés dans tout le département ; plus abondante dans la plaine. ① Fl. juillet-septembre.

32ᵉ gʳᵉ. **MICROLONQUE. — MICROLONCHUS.** (Dec. prodr. 6, p. 562.)

Involucre à folioles inégales, imbriquées, *coriaces*, terminées par *un petit appendice spinuliforme, réfléchi, caduc.* Fleurons de la circonférence stériles, rayonnants ; ceux du centre fertiles, hermaphrodites. Étamines à filets libres, papilleux ; anthères sans appendice à leur base. Akènes oblongs, *comprimés, munis de côtes dont les intervalles sont ridés transversalement*, à insertion latérale, grande, non barbue, à rebord calleux, terminés *par une bordure entière* et munis d'une aigrette persistante, double ; l'extérieure *à poils paléiformes, dentelés*, libres, disposés sur plusieurs rangs ; l'intérieure *à poils concrétés en écaille unilatérale*, presque plus longue que l'aigrette externe. Réceptacle garni de poils soyeux.

1. **M. SALMANTICUS** *Dec. prodr.* 6, *p.* 563 ; *Centaurea salmantica Lin. sp.* 1299 ; *Dec. fl. fr.* 4, *p.* 106 ; *Jacq. hort. vind. t.* 64 ; *Lob. ic.* 1, *p.* 543, *fig.* 2. — Racine brune, épaisse, pivotante ou rameuse, à souche rameuse. Tiges de 3-8 décim., dressées, anguleuses, grêles, raides, velues vers leur base, glabres supérieurement, rameuses dès leur base, à rameaux quelquefois très-nombreux, allongés-effilés, nus au sommet, étalés-dressés. Feuilles radicales d'un vert sombre, molles, velues, un peu scabres, pétiolées, pinnatifides, à lobes ovales, dentés-spinuleux, disposées en rosette sur la terre, décroissantes vers le centre ; celles des tiges florifères détruites à l'époque de la fleuraison ; les feuilles caulinaires glabres, linéaires, dentées-spinuleuses,

Capitules moyens, obovales-coniques, très-resserrés au sommet, solitaires, terminaux. Involucre à folioles d'un vert jaunâtre, glabres, finement ponctuées et ciliées, tachées de brun au sommet, quelques-unes terminées par une petite épine ordinairement réfléchie, caduque. Fleurons purpurins, rarement blancs. Akènes glabres, d'un gris foncé, à aigrette rousse, un peu moins longue que l'akène.

Hab. les lieux incultes aux environs de Nîmes, d'Aigues-Mortes, du Vigan, d'Alais, d'Anduze, de St-Ambroix. ⚥ ou ♃ Fl. juillet-août.

53ᵉ gʳᵉ. CENTROPHYLLE.—KENTROPHYLLUM. (Neck. elem., N° 155.)

Involucre à folioles imbriquées; les extérieures *foliacées, pinnatifides, à lobes épineux; les intérieures coriaces, lancéolées, entières, terminées en pointe épineuse.* Fleurons tous égaux, fertiles, hermaphrodites. Étamines à filets libres, portant un faisceau de poils vers leur milieu. Akènes épais, courts, *irrégulièrement tétragones,* à insertion latérale, à bord supérieur *irrégulièrement denté;* ceux de la circonférence sans aigrette; ceux du centre à aigrette persistante, composée de *poils paléiformes dentelés,* libres, sur plusieurs rangs; les plus intérieures *très-courts, connivents.* Réceptacle garni de poils soyeux.

1. **K. LANATUM** *Dec. in Dub. bot.* 293; *Godr. et Gren. fl. fr.* 2, *p.* 265; *Carthamus lanatus Lin. sp.* 1163; *Centaurea lanata Dec. fl. fr.* 4, *p.* 102; *Dod. pempt.* 376, *ic.; Cam. epit.* 561, *ic.; Colum. ecphr.* 1, *t.* 23. — Racine pivotante ou rameuse. Tige de 4-6 décim., droite, raide, sillonnée, pubescente, garnie de feuilles jusque sous les capitules, rameuse supérieurement. Feuilles raides, coriaces, *un peu visqueuses,* pubescentes, à nervures très-saillantes, pinnatifides, à lobes incisés-dentés-épineux; les inférieures rétrécies en pétiole; les supérieures embrassantes. Capitules assez gros, obovales, terminaux, pédonculés et disposés en corymbe ample, irrégulier. Involucre aranéeux à la base et entre les folioles extérieures; celles-ci étalées, cartilagineuses à la base. Fleurons jaunes. Akènes grisâtres, à 4 angles, dont un plus saillant arqué, partant du bord inférieur de l'ombilic, *à faces ridées dans le haut, lisses et luisantes dans le bas;* aigrette d'un roux clair, plus longue que l'akène.

Plante odorante, à suc rougeâtre, connue sous le nom vulgaire de *chardon béni des Parisiens,* d'une saveur amère. Elle passe pour fébrifuge et sudorifique.

Hab. les lieux stériles dans tout le département. ① Fl. juillet-août.

54ᵉ gʳᵉ. CNIQUE. — CNICUS. (Vaill. act. acad. Paris (1718), p. 163.)

Involucre à folioles imbriquées; les extérieures *foliacées, très-grandes;* les intérieures *coriaces,* terminées *en épine dure, pinnée.*

Fleurons tous égaux ; ceux de la circonférence stériles ; ceux du centre fertiles, hermaphrodites. Étamines à filets libres, papilleux. Akènes *cylindriques, cannelés,* contractés au sommet, au-dessous d'une *couronne membraneuse dentée, à dents égales ;* aigrette tenace, mais caduque, double ; l'extérieure *formée de 10 soies raides, longues,* finement denticulées, à peine soudées en anneau à la base ; l'intérieure formée de soies *glanduleuses, non conniventes, beaucoup plus courtes que les extérieures, avec lesquelles elles alternent.* Réceptacle garni de poils soyeux, ondulés.

1. **Cn. benedictus** *Lin. sp. ed.* 1, *p.* 826 ; *Gærtn. fruct.* 2, *t.* 162, *fig.* 5 ; *Centaurea benedicta Lin. sp. ed.* 2, *p.* 1296 ; *Dec. fl. fr.* 4, *p.* 102 ; *Math. com.* 594, *ic.; Camer. epit.* 562, *ic.* — Racine grêle, pivotante. Tige de 2-4 décim., dressée, anguleuse, laineuse, ordinairement rougeâtre, très-rameuse dès la base, à rameaux étalés, divariqués, beaucoup plus allongés que la tige. Feuilles d'un vert jaunâtre, minces, pubescentes, à nervures blanches et saillantes en dessous ; les radicales atténuées en pétiole, sinuées-pinnatifides, non épineuses, étalées en rosette, détruites à la floraison ; les caulinaires sessiles, presque décurrentes, oblongues, dentées ou pinnatifides, à lobes aigus, dentés, faiblement épineux. Capitules assez gros, ovales-campanulés, terminaux. Involucre à folioles externes ovales-lancéolées, dentées, épineuses, couvrant et dépassant le capitule ; les intérieures coriaces, jaunâtres, aranéeuses, terminées en épine forte, pubescente, lâchement pinnée. Fleurons jaunes, peu nombreux. Akènes roux ou verdâtres, luisants, à cannelures tranchantes. Poils du réceptacle se détachant en masse à la maturité, entraînant avec eux le fond du réceptacle, auquel ils sont très-adhérents.

Cette plante porte le nom vulgaire de *chardon bénit ;* elle est amère, et toutes ses parties, excepté la racine, sont employées comme sudorifique et fébrifuge.

Hab. les champs cultivés, sablonneux, dans toute la plaine du département. ⓛ Fl. mai-juillet.

53ᵉ gʳᵉ. CRUPINE. — CRUPINA. (Cass. dict. 44, p. 39 et 50, p. 239.)

Capitule oblong, peu fleuri. Involucre à folioles imbriquées, appliquées, lancéolées-aiguës, très-entières, sans appendice. Fleurons tous égaux ; ceux de la circonférence stériles ; ceux du centre fertiles, hermaphrodites, à tube barbu au sommet. Étamines à filets libres, papilleux. Akènes épais, courts, ovales-cylindriques, tronqués au sommet, *couverts de petits poils appliqués,* très-obscurément striés, à insertion basilaire, à sommet non bordé, mais muni au centre d'un prolongement cyathiforme. Akènes de la circonférence sans aigrette ; ceux du centre à aigrette double, persistante ; l'extérieure *à poils bruns, denticulés,* libres, imbriqués, très-inégaux ; l'intérieure composée *de*

10 *petites écailles ovales ou lancéolées, placées circulairement.*
Réceptacle garni de poils soyeux.

1. **C. VULGARIS** *Cass. dict.* 44, *p.* 39; *Dec. prodr.* 6,
p. 565; *Centaurea crupina Lin. sp.* 1285 *(en partie)*; *Dec. fl.
fr.* 4, *p.* 89; *Lob. ic. t.* 231, *fig.* 1; *Barr. ic. t.* 1136. — Racine
grêle, pivotante. Tige de 2-6 décim., dressée, faible, anguleuse,
glabre, simple ou plus ou moins rameuse au sommet, quelquefois
dès la base, à rameaux grêles, d'autant plus allongés qu'ils sont
inférieurs, très-peu feuillés, étalés-dressés. Feuilles hérissées en
dessous et bordées de petites dents raides; les radicales petites,
entières ou dentées, oblongues, rétrécies vers la base, souvent
détruites à l'époque de la fleuraison; les caulinaires rapprochées
au bas de la tige, écartées dans le haut, pinnatifides, à lobes
distants, étroits, linéaires, allongés, dentés. Capitules petits,
solitaires, terminaux, quelquefois rapprochés au sommet de la
tige et des rameaux. Involucre glabre, *atténué à la base*, à folioles
inégales, vertes ou violettes, scarieuses sur les bords, striées sur
le dos. Fleurons purpurins, rarement blancs, 3-5 dans chaque
capitule. Akènes bruns, arrondis à la base, à insertion *grande;*
aigrette rousse ou brune, presque 2 fois de la longueur de l'akène.
Plante souvent rougeâtre inférieurement.

Hab. les lieux stériles aux environs de Nîmes, à Labeaume, Alais, Anduze, Uzès, le Vigan, Alzon. ① Fl. juin-août.

56ᵉ gʳᵉ. **SARRÈTE. — SARRETULA.** (Dec. prodr. 6, p. 667.)

Capitule ovale ou oblong. Involucre à folioles inégales, imbriquées, appliquées; les extérieures aiguës; les intérieures plus
longues, scarieuses au sommet. Fleurons tous égaux, ordinairement tous hermaphrodites. Étamines à filets libres, papilleux.
Akènes oblongs, *glabres*, comprimés, striés, à insertion basilaire
très-oblique, terminés par une bordure peu apparente, non dentée;
aigrette persistante, à poils inégaux, *scabres*, non soudés à la
base, disposés sur plusieurs rangs; *les extérieurs plus courts.*
Réceptacle garni de poils soyeux.

1. | Tige monocéphale.............................. **NUDICAULIS.**
   | Tige polycéphale.......... .... **TINCTORIA.**

1. **S. TINCTORIA** *Lin. sp.* 1144; *Dec. fl. fr.* 4, *p.* 85; *Fl. dan.
t.* 281; *Math. com.* 672, *fig.* 3; *Camer. epit.* 682. — Racine
brune, dure, courte, garnie de quelques fibres peu profondes.
Tiges de 2-8 décim., solitaires ou partant plusieurs de la même
souche, droites, raides, anguleuses-cannelées, glabres, plus ou
moins rameuses supérieurement, à rameaux dressés, entourées à
leur base des débris des feuilles anciennes. Feuilles glabres ou un
peu rudes en dessous, coriaces, dentées en scie; les inférieures
pétiolées, ovales ou lancéolées, quelquefois cordiformes ou un

peu pinnatifides ; les caulinaires presque sessiles, tantôt toutes
entières, tantôt toutes pinnatifides, à lobes dentés en scie ; le
terminal plus grand. Capitules oblongs, petits, subcylindriques,
pédonculés, disposés en corymbe irrégulier. Involucre ordinairement glabre, un peu atténué vers la base, à folioles lancéolées-
aiguës, violettes au sommet, mucronulées ; les intérieures
linéaires, très-allongées. Fleurons purpurins. Akènes glabres,
grisâtres, luisants, finement striés ; aigrette roussâtre, environ
de la longueur de l'akène.

Cette plante passe pour vulnéraire et détersive. Son suc donne une teinture jaune, plus belle et plus solide que celle de la gaude et du genêt. Elle
n'est pas avantageuse dans les prairies : il n'y a que la chèvre qui la mange.

Hab. Les bois et les prairies dans tout le département, plus rarement
dans la plaine. 2 Fl. juillet–septembre.

2. **S. NUDICAULIS** *Dec. fl. fr.* 4, *p.* 86 ; *Centaurea nudicaulis*
Lin. sp. 1300 ; *Ger. gallo-prov. t.* 5 ; *Bocc. mus. t.* 48, *fig.* 1,
et t. 55, *fig.* 1 ; *Barr. ic.* 1218. — Racine brune, garnie de fibres
longues. Tige de 2-4 décim., droite, simple, glabre, sillonnée,
presque nulle, monocéphale. Feuilles radicales ovales, entières,
pétiolées, glabres, un peu velues sur les bords ; les caulinaires
rares, lancéolées, étroites, sessiles, dentées ; les plus supérieures
entières. Capitules assez gros, subglobuleux. Involucre à folioles
triangulaires, acuminées, striées au sommet, tachées de noir et
prolongées en une pointe *arquée en dehors ;* les intérieures plus
longues, subulées, scarieuses au sommet terminé en pointe
molle. Fleurons purpurins. Akènes bruns, glabres, striés ;
aigrette roussâtre, environ de la longueur de l'akène.

Hab. dans un pacage à St-Michel-dei-Sers. 2 Fl. juin-juillet.

57ᵉ gʳ. **JURINÉE. — JURINEA.** (Cass. dict. 24, p. 287.)

Involucre à folioles imbriquées, *sans appendice.* Fleurons
tous égaux, fertiles, hermaphrodites. Étamines à filets libres,
subpapilleux, insérés vers la base de la corolle ; anthères surmontées d'un appendice obtus et prolongées, à leur base, *de 2 appendices filiformes, un peu incisés au sommet.* Akènes *tétragones,
élargis de la base au sommet,* à insertion basilaire oblique, petite,
terminés par un bord denté et un mamelon central, au bord
duquel l'aigrette est adhérente et *caduque avec lui.* Poils de
l'aigrette *raides, scabres, sur plusieurs rangs, brièvement soudés
en anneau à la base.* Réceptacle garni de paillettes divisées en
soies.

1. **J. BOCCONI** *Guss. syn.* 2, *p.* 448 ; *Godr. et Gren. fl. fr.* 2,
p. 270 ; *Serratula humilis Dec. fl. fr.* 5, *p.* 458 *(en partie),*
Bocc. mus. t. 109. — Racine brune, dure, assez grosse, rameuse,
à souche rameuse. Tiges de 1-8 centim., simples, tomenteuses-

blanchâtres, nues ou presque nues. Feuilles vertes, ponctuées en creux en dessus, couvertes, en dessous, d'un coton blanc, épais ; les radicales étalées en rosette ; les premières souvent ovales ou oblongues, entières ; les autres et les caulinaires pinnatifides, à lobes oblongs ou lancéolés-obtus, entiers ou dentés, atteignant presque le rachis, sur lequel ils sont décurrents, à bords repliés en dessous. Capitule subglobuleux, solitaire, terminal. Involucre tomenteux, à folioles lâches, linéaires-aiguës, uninerviées, *courbées en dehors au sommet;* les intérieures glabres, coriaces, dressées, munies, vers le sommet, de petites nervures parallèles à la principale. Fleurons pourpre clair. Akènes d'un brun verdâtre, rugueux, parsemés de quelques glandes jaunâtres ; aigrette blanche, 3-4 fois plus longue que l'akène.

Hab. les pacages entre Campestre et le bois de Salbous. ♃ Fl. juin–août.

58ᵉ gʳᵉ. LEUZÉE. — LEUZEA. (Dec. fl. fr. 4, p. 109.)

Involucre à folioles inégales, imbriquées, *terminées par un appendice scarieux,* très-large, entier ou lacéré. Fleurons tous égaux, fertiles, hermaphrodites. Étamines à filets libres, papilleux, insérés vers la base de la corolle ; anthères surmontées d'un appendice obtus et prolongées, à la base, *en* 2 *appendices courts, filiformes.* Akènes *comprimés, oblongs, atténués vers la base,* rugueux, munis d'une côte légère sur les faces, à insertion basilaire très-oblique, terminés par un bord très-court, très-superficiellement crénelé ; aigrette tenace, mais *caduque, à poils fins, très-longs, plumeux,* sur plusieurs rangs, *soudés à la base en anneau court.* Réceptacle garni de paillettes sétacées.

1. **L. CONIFERA** *Dec. fl. fr.* 4, *p.* 109 ; *Centaurea conifera Lin. sp.* 1294 ; *Barr. ic. t.* 138 ; *Dec. mem. comp. t.* 10 ; *Ann. du mus. d'hist. nat.* 16, *t.* 14. — Racine noirâtre, épaisse, profonde. Tige de 1-3 décim., droite, simple, rarement à 1-2 rameaux, striée, cotonneuse-grisâtre. Feuilles vertes, un peu aranéeuses et rudes en dessus, cendrées, cotonneuses en dessous ; les radicales entières ou pinnatifides, pétiolées, à lobes linéaires-lancéolés, entiers, décurrents, mucronulés ; les caulinaires profondément pinnatifides, très-rarement entières. Capitules gros, conoïdes, solitaires au sommet de la tige. Involucre glabre, luisant, muni à la base de quelques feuilles florales, simples, à folioles légèrement striées, terminées par un appendice orbiculaire, concave à la face interne, blanc, roux, brun ou rougeâtre, couvrant entièrement les folioles ; les intérieures plus longues, à appendice entier, lancéolé-aigu. Fleurons peu nombreux, purpurins. Akènes d'un brun verdâtre ; aigrette blanche, 7-8 fois plus longue que l'akène.

Hab. les terrains secs, les bois et les garrigues, dans tous les environs de Nimes, à St-Gilles, Beaucaire, Manduel, Tresques, Villeneuve-lez-Avignon, le Vigan, Alais, Anduze, Uzès. ♃ Fl. juin–juillet.

59ᵉ gʳᵉ. **STÉHÉLINE.** — **STÆHELINA**. (Dec. ann. mus. 16, p. 192.)

Involucre cylindrique, à folioles imbriquées, appliquées, lancéolées-aiguës, non épineuses, entières, *sans appendices*. Fleurons égaux, fertiles, hermaphrodites. Étamines à filets glabres, libres, insérés vers la base de la corolle; anthères surmontées d'un appendice allongé et prolongées à leur base en 2 *appendices filiformes, barbus*. Akènes *oblongs, étroits, atténués vers la base, comprimés, inégalement striés*, à insertion petite, basilaire, terminés par un bord court, entier; aigrette caduque, à poils fins, lisses, soyeux, réunis par faisceaux, soudés à la base. Réceptacle garni de poils paléiformes, à peine soudés à la base.

1. **S. DUBIA** *Lin. sp.* 1176; *Dec. fl. fr.* 4, *p.* 107; *Serratula conica Lamk. ill. t.* 666, *fig.* 4; *Ger. gallopr. t.* 6; *Barr. ic.* 406. — Sous-arbrisseau à racine noirâtre, rameuse, à tige de 2 3 décim., ligneuse, très-rameuse, à rameaux nombreux, ordinairement rapprochés, dressés, cotonneux-blancs, comme la tige, garnis de feuilles. Feuilles nombreuses, pubescentes-grisâtres en dessus, couvertes, en dessous, d'un coton blanc épais; linéaires-entières ou munies de quelques dents saillantes, obtuses, à bords recourbés en dessous. Capitules solitaires, géminés ou ternés au sommet des rameaux, disposés en corymbe plus ou moins régulier. Involucre muni, à sa base, de petites feuilles florales, à folioles rougeâtres, pubescentes supérieurement, mucronulées, très-inégales; les extérieures ovales-lancéolées; les intérieures linéaires, allongées. Fleurons purpurins. Akènes glabres, fauves; aigrette blanche, 3-4 fois de la longueur de l'akène, presque deux fois de la longueur de l'involucre.

Hab. les coteaux arides, les garrigues, dans tous les environs de Nîmes, à Margueritte, la Roque, St-Michel-d'Euzet, la Chartreuse de Valbonne, Palière, près d'Anduze. ♃ Fl. juin–juillet.

60ᵉ gʳᵉ. **CARLINE.** — **CARLINA**. (Tournef. inst. t. 285.)

Involucre à folioles imbriquées; les extérieures foliacées, lâches, dentées-épineuses; les intérieures simples, scarieuses, luisantes, colorées, très-saillantes, rayonnantes. Fleurons égaux, hermaphrodites, fertiles. Étamines à filets glabres, libres, insérés vers la base de la corolle; anthères surmontées d'un appendice allongé et prolongées, à leur base, en 2 appendices filiformes, plumeux. Akènes oblongs-cylindriques, un peu comprimés, couverts de petits poils soyeux, appliqués, bifurqués, couronnés par les poils qui les couvrent et qui dépassent leur sommet, à insertion basilaire; aigrette caduque, à poils longs, plumeux, disposés sur un seul rang, soudés inférieurement par 3-4, mais non réunis en anneau à la base. Réceptacle garni de paillettes

inégalement découpées en soies au sommet, soudées, à la base,
en un tube renfermant l'akène.

1. { Tige monocéphale presque nulle, atteignant au
     plus 2 décim. de hauteur...................... 2.
   { Tige polycéphale, haute de 2-4 décim.......... 3.

2. { Feuilles vertes, glabres, pinnatifides, à lobes
     étroits, séparés jusqu'au rachis............. ACAULIS.
   { Feuilles blanchâtres, cotonneuses, pinnatifides, à
     lobes larges, contigus...................... ACANTHIFOLIA

3. { Folioles intérieures de l'involucre d'un rose vif.. LANATA.
   { Folioles intérieures de l'involucre blanchâtres ou
     jaunes...................................... 4.

4. { Folioles intérieures de l'involucre blanchâtres,
     ciliées vers le milieu...................... VULGARIS.
   { Folioles intérieures de l'involucre jaunes, non
     ciliées..................................... CORYMBOSA.

1. C. VULGARIS *Lin. sp.* 1161 ; *Dec. fl. fr.* 4, *p.* 124 ; *Fl.
dan. t.* 1174 ; *Fuchs. hist.* 121, *ic.* ; *Lob. ic.* 2, *p.* 20, *fig.* 2. —
Racine pivotante. Tige de 2-6 décim., droite, anguleuse, pubescente-aranéeuse, très-feuillée, rameuse au sommet, à rameaux
dressés, très-feuillés, rarement simple, uniflore. Feuilles fermes,
pliées en deux, vertes en dessus, plus ou moins blanches-
lanugineuses en dessous, à nervures saillantes ; les caulinaires
étalées, embrassantes, toutes oblongues-lancéolées, sinuées-dentées, épineuses. Capitules subglobuleux, solitaires au sommet
des rameaux allongés, disposés en corymbe. Involucre aranéeux,
à folioles extérieures foliacées, dressées, pinnatifides-épineuses,
terminées par une *petite épine plane en dessus;* les intérieures
linéaires, acuminées, mucronées, d'un blanc jaunâtre, plus longues que les extérieures, étalées-rayonnantes, ciliées vers leur
milieu. Akènes petits, grisâtres; aigrette plus longue que l'akène.
Divisions des paillettes *subulées.*

Hat. les coteaux secs et pierreux dans tout le département. ⚇ Fl. juillet-
septembre.

2. C. LANATA *Lin. sp.* 1160 ; *Dec. fl. fr.* 4, *p.* 124 ; *Sibth. fl.
grœc. t.* 836 ; *Garid. aix. t.* 21 ; *Hacq. alp. carn. t.* 4, *fig.* 3.
— Racine blanchâtre, pivotante, grêle, odorante, un peu amère,
à suc rouge. Tige droite, anguleuse ou sillonnée, laineuse, à la
fin glabre, simple ou rameuse. Feuilles presque toujours pliées
en deux, très-raides, d'un vert clair, souvent couvertes sur les
faces d'une laine blanchâtre, plus ou moins épaisse, à nervures
très-saillantes en dessous, lancéolées-dentées, à dents épineuses,
inégales; les inférieures étalées; les caulinaires dressées, embrassantes. Capitules hémisphériques, assez gros, solitaires, terminaux ; celui de la tige presque sessile, longuement dépassé par
ceux des rameaux. Involucre laineux, à folioles externes nombreuses, foliacées, lancéolées, dentées-épineuses, terminées *par*

une *épine forte*, *canaliculée en dessus*, *dépassant les folioles rayonnantes;* les intermédiaires linéaires-lancéolées, entières, laineuses, terminées par une épine ordinairement simple, rarement munies, à la base, de petites épines latérales; les internes linéaires-aiguës, atténuées inférieurement, glabres, d'un rose vif sur les deux faces. Akènes grisâtres; aigrette 2 *fois de la longueur* de l'akène. Division des paillettes *subulées, fusiformes.*

Hab. les lieux stériles, aux environs de Nîmes, de Calvisson, de Bellegarde, et toute la partie basse du département. ① Fl. juillet-août.

3. **C. CORYMBOSA** *Lin. sp.* 1160; *Dec. fl. fr.* 4, *p.* 124; *Sibth. fl. græc. t.* 837 ; *Colum. ecphr. t.* 27 ; *Barr. ic. t.* 594. — Racine blanchâtre, robuste, très-profonde, à écorce épaisse, simple ou à 1-3 ramifications, à souche très-rameuse. Tiges de 2-5 décim., très-nombreuses, formant buisson, dressées, blanchâtres, quelquefois rougeâtres, cylindriques, anguleuses au sommet, presque glabres, ordinairement très-rameuses. Feuilles presque toujours pliées en deux, d'un vert clair, glabres, un peu aranécuses dans leur jeunesse, raides, à nervures très-saillantes en dessous, lancéolées, sinuées-dentées, épineuses, à épines inégales, étalées; les inférieures rétrécies en pétiole; les caulinaires étalées, embrassantes, auriculées. Capitules subglobuleux, plus petits que dans le *C. vulgaris*, solitaires au sommet de la tige et des rameaux, disposés en corymbe. Involucre glabre ou aranéeux, à folioles externes foliacées, lancéolées, dentées-épineuses, terminées par une *épine forte*, *canaliculée en dessus*, égale aux folioles rayonnantes ou les dépassant; les intermédiaires laineuses, courtes, linéaires-lancéolées, entières, terminées par une épine ordinairement simple, rarement munie, à sa base, de petites épines latérales; les internes linéaires-aiguës, atténuées inférieurement, glabres, non ciliées, jaunes sur les deux faces, rayonnantes, à la fin recourbées en dehors. Akènes grisâtres; aigrette 2 *fois de la longueur* de l'akène. Divisions des paillettes *subulées, fusiformes.*

L'écorce de la racine de cette plante est alimentaire : on l'emploie pour la confiture.

Hab. les lieux stériles, les bords des chemins, aux environs de Nîmes, d'Uzès, d'Anduze, du Vigan, etc. ② Fl. juillet-août.

4. **C. ACAULIS** *Lin. sp.* 1161 ; *C. chamæleon Vill. dauph.* 3, *p.* 31 ; *C. caulescens Lamk. dict.* 1, *p.* 623 ; *C. subacaulis Dec. fl. fr.* 4, *p.* 122; *Lob. ic.* 2, *t.* 4, *fig.* 1 *et* 2 ; *Fuchs. hist. p.* 881, *ic.* — Racine épaisse, courte, pivotante ou rameuse. Tige presque nulle ou de 1-2 décim., simple, monocéphale. Feuilles un peu fermes, vertes, glabres en dessus, un peu laineuses en dessous, profondément pinnatifides, à segments lobulés, dentés-épineux, très-étalés, *toutes pétiolées;* les radicales disposées *en rosette.*

Capitules grands, globuleux. Involucre pubescent, à folioles
extérieures foliacées, pinnatifides, épineuses; les intermédiaires
brunâtres, linéaires, acuminées, munies d'épines rameuses sur
les bords; les intérieures très-longues, linéaires-lancéolées, atténuées inférieurement, ciliées au milieu, d'un blanc brillant,
rayonnantes. Akènes d'un beau jaune; aigrette 2 *fois de la longueur* de l'akène. Divisions des paillettes *en massue*.

Hab. les pacages élevés dans les Cévennes. (Lois. fl. gal.) (Mut. fl. fr.
2) Fl. juillet–août

5. **C. ACANTHIFOLIA** *All. ped.* 1, *p.* 156, *t.* 51; *Dec. fl.
fr.* 4, *t.* 123; *C. acaulis Lamk. dict.* 1, *p.* 623; *Hacq. alp. carn.
t.* 1. — Racine épaisse, courte, pivotante ou rameuse. Tige
presque nulle. Feuilles longues, de 2-4 décim., blanchâtres,
cotonneuses, raides, à nervures saillantes, sinueuses-pinnatifides,
à segments peu profonds, froncés, lobulés, dentés-épineux;
pétiolées, disposées *en rosette ample* sur la terre. Capitule très-
grand, hémisphérique, solitaire, *sessile*, *en apparence*, *au centre
de la rosette.* Involucre à folioles extérieures foliacées, dentées-
épineuses; les intermédiaires brunes, épaisses, linéaires, terminées et bordées d'épines rougeâtres au sommet, rameuses; les
intérieures très-longues, linéaires-lancéolées, atténuées inférieurement, ciliées au milieu, blanches ou jaunes, luisantes, rayonnantes. Akènes d'un beau jaune; aigrette *trois fois de la longueur*
de l'akène. Divisions des paillettes *subulées*, *très-peu épaissies
vers la pointe.*

Cette plante a la fleur hygrométrique comme ses congénères, mais d'une
manière plus prononcée : elle est connue sous les noms vulgaires de *char-
dousse, cardouça, cardarella, cardouilla.* Sa racine est amère, aromatique,
résineuse, diurétique, sudorifique et alexipharmaque. Son réceptacle, qui est
très-épais, est employé, dans la cuisine, comme celui de l'artichaut; il est
aussi employé en confiture avec le miel ou le sucre. Cette confiture est servie
sur les meilleures tables.

Hab. les pacages aux environs du Vigan, à Alzon, à Montdardier, à l'Espérou. (2) Fl. juin–août.

61ᵉ gᵉ. **BARDANE.—LAPPA.** (Tournef. inst. 450, t. 156.)

Involucre à folioles imbriquées; les extérieures linéaires-allongées, terminées en pointe aiguë, courbée en hameçon. Fleurons
égaux, fertiles, hermaphrodites. Étamines à filets libres, papilleux, insérés vers la base de la corolle. Anthères surmontées d'un
appendice subulé, et prolongées à leur base de 2 appendices filiformes, glabres. Akènes comprimés, oblongs, atténués vers la
base, obliquement et transversalement ridés, pourvus de quelques
côtes, à insertion basilaire, terminés par un bord entier; aigrette
à poils libres jusqu'à la base, disposés sur plusieurs rangs, courts,
inégaux, scabres, fragiles, caducs isolément. Réceptacle garni
de paillettes sétiformes.

1. { Capitules assez petits, agrégés, disposés en grappes....... **MINOR**.
{ Capitules assez gros, solitaires, disposés en corymbe...... **MAJOR**.

1. **L. MINOR** *Dec. fl. fr. 4, p. 77*; *Engl. bot. t. 1228*; *Cam. epit. 887, ic.* — Racine épaisse, longue, fusiforme, quelquefois rameuse, brune en dehors, blanche en dedans, spongieuse, ridée, un peu amère. Tige de 8-12 décim., robuste, droite, sillonnée, rameuse, pubescente, souvent rougeâtre. Feuilles toutes pétiolées, pubescentes ou blanchâtres, tomenteuses en dessous, inégalement dentées ou sinuées; les radicales très-amples, ovales ou oblongues, cordées à la base; les supérieures plus petites, non cordées. Capitules subglobuleux, assez petits, disposés en petites grappes le long des rameaux. Involucre glabre, à folioles intérieures rougeâtres, non crochues. Fleurons purpurins. Akènes bruns, tachetés de noir; aigrette roussâtre.

Cette plante est connue sous les noms vulgaires de *glouteron*, de *bardane:* en patois, de *lampourda, tira-peou.* Sa racine est sudorifique, diurétique, fébrifuge, apéritive; elle est employée, avec avantage, contre les douleurs rhumatismales. Ses feuilles sont vulnéraires et astringentes; les graines sont très-diurétiques. On mange ses jeunes pousses, dépouillées de leur écorce et bien cuites.

Hab. les bords des chemins, les décombres, autour des habitations, dans tout le département. ⩔ Fl. juin–août.

2. **L. MAJOR** *Gærtn. fruct. 2, p. 379, t. 162, fig. 3*; *Dec. fl. fr. 4, p. 77*; *L. glabra B. Lamk. dict. 1, p. 377*; *Ill. t. 665*; *Arctium lappa Villd. sp. 3, p. 1631*; *Drèves et Hayne, pl. d'Eur. t. 28.* — Racine et feuilles comme la précédente. Tige de 10-15 décim., robuste, droite, rameuse, sillonnée, anguleuse, pubescente, souvent rougeâtre. Capitules globuleux, beaucoup plus gros que ceux de l'espèce ci-dessus, solitaires au sommet des rameaux, disposés en grappe *lâche, corymbiforme.* Involucre glabre, à folioles intérieures denticulées à la base, toutes vertes et crochues au sommet, *plus courtes* que les extérieures. Fleurons purpurins. Akènes bruns, tachetés de noir, surmontés d'un petit bord *comme plissé;* aigrette roussâtre.

Cette plante a les mêmes vertus et les mêmes noms vulgaires que la précédente.

Hab. les bords des chemins, auprès des habitations, à **Bon-Périer**, près de Sumène. ⩔ Fl. juillet-août.

62ᵉgᵣᵉ. **IMMORTELLE. — XERANTHEMUM.** (Tournef. inst. 499, t. 284.)

Involucre à folioles imbriquées, scarieuses; les intérieures plus longues, colorées, plus ou moins rayonnantes. Fleurons du centre fertiles, hermaphrodites, à 5 dents, coriaces à la base; ceux de la circonférence peu nombreux, femelles, stériles, à 2 lèvres. Étamines à filets glabres, libres, non insérés sur la corolle; anthères prolongées à la base en 2 appendices filiformes, ciliés.

Akènes comprimés, allongés, atténués vers la base, couverts de poils soyeux, couchés, à insertion basilaire, à sommet élargi, non bordé; aigrette persistante; celles des akènes du centre composées de 5-10 paillettes, disposées sur un seul rang, lancéolées-acuminées, raides, scabres; celles de la circonférence rudimentaires. Réceptacle garni de paillettes scarieuses, linéaires-trifides.

1. — Involucre obovale, à folioles extérieures glabres, mucronulées................................... **INAPERTUM**.
  Involucre cylindracé, à folioles extérieures mutiques, cotonneuses sur le dos.............. **CYLINDRACEUM**.

1. **X. INAPERTUM** *Willd. sp.* 3, *p.* 1902 *(non Dec. fl. fr. ;) Gay, ann. soc. hist. nat. par.* 3, *p.* 360, *t.* 7, *fig.* 2; *Mut. fl. fr. t.* 31, *fig.* 247; X. *annuum, var. B, Lin. sp.* 1201; X. *erectum Dec. prodr.* 6, *p.* 529. — Racine coudée au sommet. Tige de 1-4 décim., droite, anguleuse, plus ou moins rameuse, quelquefois dès la base, à rameaux allongés, étalés-dressés, nus au sommet, cotonneuse-blanchâtre, ainsi que les feuilles; celles-ci entières, lancéolées-linéaires; les radicales oblongues-lancéolées, atténuées en pétiole, disposées en rosette. Capitules obovales, terminaux. Involucre *glabre*, à folioles extérieures orbiculaires ou obovales, blanchâtres, à nervure dorsale brune; les intérieures beaucoup plus longues, dépassant les fleurons, *très-étalées au soleil, dressées à l'ombre*, souvent roses ou violettes au sommet, *toutes mucronulées*. Fleurons nombreux, purpurins. Akènes étroits, noirâtres; aigrette *composée de 5 arêtes* élargies à la base, plus longue que l'akène.

Hab. les lieux secs dans tout le département. ① Fl. juin–juillet.

2. **X. CYLINDRACEUM** *Sibth. et Sm. prodr. fl. græc.* 2, *p.* 172; *Gay, ann. soc. hist. nat. par.* 3, *p.* 362, *t.* 7, *fig.* 3; *Mut. fl. fr. t.* 31, *fig.* 248; X. *inapertum Dec. fl. fr.* 4, *p.* 130; *Moris. hist. s.* 6, *t.* 12, *fig.* 1, *med. infer.* — Racine pivotante, coudée au sommet. Tige de 1-5 décim., droite, anguleuse, souvent très-rameuse, quelquefois dès la base, à rameaux grêles, allongés, étalés-dressés, nus au sommet, cotonneuse-blanchâtre, ainsi que les feuilles; celles-ci entières, toutes lancéolées-linéaires, à bords roulés en dessous. Capitules oblongs, cylindracés, solitaires, terminaux. Involucre à folioles extérieures ovales, obtuses, *mutiques, cotonneuses sur le dos*, glabres, scarieuses sur les bords; les intérieures plus longues, lancéolées, dépassant les fleurons, dressées et étalées au grand soleil, ordinairement roses au sommet. Fleurons purpurins, moins nombreux que dans l'espèce précédente. Akènes plus comprimés et plus gros; aigrette composée de 8-10 arêtes, peu dilatées à la base, *environ de la longueur de l'akène*.

Hab. les lieux secs et arides aux environs du Vigan. (Diomède.) ⊙ Fl.
mai-juin.

3me DIV. **CICHORACÉES**.— CICHORACE.E. (Vaill. act. ac. par. 1721 ; Juss. gen. 168.)

Fleurons tous ligulés, rayonnants, hermaphrodites, décroissant
de la circonférence au centre. Style cylindrique, à branches
filiformes, ordinairement roulées en dehors, obtusiuscules, pubescentes, pourvues de lignes distinctes, n'atteignant pas la moitié
de leur longueur. Aigrette persistante, rarement caduque, à poils
libres, rarement soudés à la base, rarement nulle ou remplacée
par une couronne membraneuse ou par des poils courts, membraneux, paléiformes. Plantes herbacées, rarement épineuses, à
suc laiteux, à feuilles alternes, à fleurons jaunes, blancs ou rougeâtres, rarement bleus.

63e g^{re}. CUPIDONE. — CATANANCHE. Vaill. act. ac. par. 1721, p. 215.)

Involucre à folioles *imbriquées sur plusieurs rangs*, nombreuses, *scarieuses-argentées*. Akènes en pyramide subpentagonale
renversée ; aigrette de la longueur de l'akène, *formée de 5-7
paillettes égales, prolongées en pointe scabre*. Réceptacle *garni
de longs poils*.

1. **C. CÆRULEA** *Lin. sp.* 1142 ; *Dec. fl. fr. 4, p.* 67 ; *Lamk.
ill. t.* 658, *fig.* 1 ; *Dod. pempt.* 638, *fig.* 1. — Racine brune,
presque épaisse, longue, simple ou rameuse. Tige de 3-8 décim.,
grêle, dressée, sillonnée-anguleuse inférieurement, flexueuse,
rameuse, couverte de poils longs, étalés, à rameaux très-allongés,
garnis de petites écailles transparentes, écartées vers le bas,
rapprochées vers le sommet. Feuilles étroites, très-longues,
entières ou pinnatifides, à lobes longs, linéaires, couvertes de
poils longs, plus ou moins étalés, marquées de 3 nervures longitudinales. Capitules obovales, solitaires, terminaux. Involucre
à folioles extérieures ovales, entièrement scarieuses ; les intérieures lancéolées, herbacées et terminées par un appendice ovale-
lancéolé, scarieux, plus long et plus large qu'elles, muni, comme
les folioles extérieures, d'une nervure dorsale, se prolongeant
en une petite pointe subulée. Fleurons d'un beau bleu, rarement
blancs. Akènes bruns, couverts de poils appliqués de la même
couleur.

Hab. les lieux stériles et montagneux aux environs de Nîmes, du Vigan, à
Manduel, Tresques, Uzès, Anduze, Alais, St-Ambroix. ♃ Fl. juin–août.

64e g^{re}. CHICORÉE. — CICHORIUM. (Lin. gen. 921.)

Involucre à folioles inégales, disposées sur 2 rangs ; les extérieures à 5 folioles courtes : les intérieures plus longues, soudées
à la base, au nombre de 8. Akènes persistants, courts, anguleux,

élargis au sommet, surmontés d'une aigrette coroniforme, composée d'écailles petites, obtuses, disposées sur 2 rangs. Réceptacle
nu ou muni au centre de quelques poils paléiformes.

1. **C. INTYBUS** *Lin. sp.* 1142 ; *Dec. fl. fr.* 4, *p.* 68 ; *Fuchs.
hist.* 679 (*des champs cultivés* ; *Camer. epit.* 285 (*des terrains
arides*). — Racine rousse, un peu épaisse, simple, rarement
rameuse, profonde. Tige de 6-8 décim., *droite*, raide, velue-rude
inférieurement, sillonnée, rameuse, flexueuse au sommet, à
rameaux étalés. Feuilles inférieures roncinées, pinnatifides, à
lobes dentés, anguleux, dirigés vers la base ; le terminal plus
grand, presque triangulaire ; hérissées, surtout sur la nervure
dorsale ; les supérieures lancéolées, entières ou dentées, auriculées, embrassantes. Capitules petits, sessiles, axillaires,
géminés, ternés ou agglomérés ; l'inférieur solitaire au sommet
d'un pédoncule allongé, renflé vers le sommet. Involucre à folioles
extérieures *ovales-lancéolées*, épaissies, blanchâtres à la base,
ciliées-glanduleuses, ainsi que les intérieures. Fleurons d'un beau
bleu, largement rayonnants. Akènes bruns.

VAR. B, *Glabratum Godr. et Gren. fl. fr.* 2, *p.* 286. Capitules
géminés ou ternés, un ou deux sessiles ; l'autre au sommet d'un
pédoncule allongé, divariqué. Involucre à folioles glabres ou
presque glabres. Tige de 3-4 décim., glabre, à rameaux divariqués.
C. glabratum Presl. fl. sic. 1. *p.* 32.

Cette plante est connue sous le nom vulgaire de *chicorée sauvage* ; en
patois, *cicourèia amara*. Elle est amère, stomachique, très-apéritive, fébrifuge : on l'emploie dans les maladies du foie et contre la jaunisse. C'est de
sa racine torréfiée qu'on fait le café de chicorée.

Hab. : la var. A, les champs cultivés, les bords des chemins, dans tout le
département ; la var. B, les terrains arides de toute la plaine. 2 Fl. juillet-
septembre.

On cultive dans les potagers le *cichorium indivia Lin.*, sous le nom vulgaire de *chicorée frisée* (en patois, *endevia*), et une var. sous celui de *sca-
riole*. Cette plante se distingue à ses feuilles frisées sur les bords et à ses
feuilles florales, largement cordées à la base et embrassantes. On la mange
en salade et elle est employée, cuite, pour garniture.

65ᵉ gᵉⁿ. DRÉPANIE. — TOLPIS. (Gærtn. fruct. 2, p. 371.)

Involucre à folioles nombreuses, disposées sur *plusieurs rangs,
linéaires ;* les extérieures subsétacées. Akènes tétragones, sillonnés ; aigrettes du centre *à poils très-inégaux, non dilatés à la
base ;* celles de la circonférence à soies écailleuses, très-courtes,
disposées en couronne. Réceptacle nu, alvéolé.

1. **T. BARBATA** *Willd. sp.* 3, *p.* 1608 ; *Crepis barbata Lin.
sp.* 1131 ; *Drepania barbata Dec. fl. fr.* 4, *p.* 48 ; *Gærtn. fruct.*
160, *fig.* 1 ; *Lamk. ill.* 1. 651. — Racine grêle, pivotante. Tige
de 2-4 décim., glabre, peu feuillée, rameuse supérieurement ou

très-rameuse dès la base, à rameaux étalés-dressés. Feuilles pulvérulentes : les radicales peu nombreuses, étalées sur la terre, oblongues, entières ou dentées ; les caulinaires rares, étroites, sessiles. Capitules solitaires au sommet de la tige et des pédoncules très-allongés, simples ou rameux, dépassant beaucoup ceux du centre, dilatés vers le sommet, entourés de bractées filiformes. Involucre à folioles externes lâches, filiformes, *arquées en dedans*, *dépassant souvent les fleurons ;* ceux-ci jaune citrin ; ceux du centre d'un pourpre noirâtre. Réceptacle à alvéoles ciliolées. Akènes noirâtres, très-petits, tronqués ; aigrette du centre à 4-5 poils plus longs que l'akène.

Hab. les lieux sablonneux, les bords des champs, dans tout le département. ① Fl. mai–juillet.

66ᵉ gʳᵉ. HEDYPNOIDE. — HEDYPNOIS. (Tournef. inst. 478, t. 274.)

Involucre à folioles disposées *presque sur un seul rang*, *enveloppant*, *à la maturité*, *les akènes de la circonférence*. Akènes persistants, cylindracés, un peu anguleux, arqués en dedans ; ceux du centre à aigrette formée de paillettes disposées sur 2 rangs ; les extérieures en petit nombre, courtes, capillaires ; les intérieures, au nombre de 5-6, *lancéolées*, *longuement acuminées*, scabres ; ceux de la circonférence terminés par une couronne membraneuse frangée. Réceptacle nu.

1. **H. POLYMORPHA** *Dec. prodr.* 7, *p.* 81 ; *Godr. et Gren. fl. fr.* 2, *p.* 288 ; *Hyoseris pendula Dec. prodr.* 7, *p.* 81 ; *H. hedypnois Lin. sp.* 1138 ; *Dec. fl. fr.* 4, *p.* 50 ; *H. rhagadioloides Lin. sp.* 1139 ; *Dec. l. c.* ; *H. cretica Lin. sp.* 1139 ; *Dec. l. c.* ; *Lob. ic.* 239, *fig.* 1. — Racine blanchâtre, pivotante. Tige de 1-4 décim., cylindrique, légèrement striée, glabre ou chargée de poils plus ou moins nombreux, étalés, courts, rudes, dressée ou diffuse-couchée, plus ou moins rameuse. Feuilles scabres, hérissées de poils glochidiés ; les inférieures oblongues-lancéolées, rétrécies vers la base, entières, dentées ou pinnatifides ; les supérieures lancéolées, embrassantes. Capitules médiocres, accrus et subglobuleux à la maturité, penchés avant la fleuraison, solitaires au sommet de pédoncules fistuleux, plus ou moins dilatés. Involucre à folioles arquées en dedans, glabres ou hérissées, munies à leur base de quelques petites folioles. Fleurons jaunes. Akènes striés, chagrinés-rugueux.

Hab. les champs cultivés aux environs du Vigan (Diomède), et dans toute la plaine du département. ① Fl. mai–juin.

67ᵉ gʳᵉ. RHAGADIOLE. — RHAGADIOLUS. (Tournef. inst. 479, t. 272.)

Capitules à fleurons peu nombreux. Involucre écailleux à la base, à folioles environ au nombre de 8, disposées sur un seul rang. Akènes linéaires, presque cylindriques, atténués vers le sommet, tous dépourvus d'aigrette, persistants, surtout les extérieurs, étalés en étoile et enveloppés par les folioles de l'involucre, accrues à la maturité; les intérieurs plus petits et plus arqués. Réceptacle nu.

1. **RH. STELLATUS** *Dec. prodr.* 7, *p.* 77 ; *Godr. et Gren. fl. fr.* 2, *p.* 290. — Racine blanchâtre, grêle, pivotante ou rameuse. Tiges de 1-4 décim., solitaires ou partant plusieurs du collet de la racine, étalées ou dressées, glabres ou pubescentes, le plus souvent, à leur base, très-rameuses, à rameaux diffus. Feuilles entières ou lyrées ; les radicales étalées en rosette, rétrécies vers la base. Capitules petits, solitaires au sommet de pédoncules écartés ; les terminaux très-courts ; les axillaires allongés. Fleurons jaunes. Akènes arqués, tous lisses ou les intérieurs rudes.

On mange cette plante en barbouillade.

Var. A, *Leiocarpus Dec. pr.* Tiges grêles, diffuses, très-rameuses. Feuilles inférieures oblongues-lancéolées, dentées. Akènes tous lisses. *Rh. stellatus Dec. fl. fr.* 4, *p.* 4; *Lampsana stellata Lin. sp.* 1141; *Lob. ic.* 240, *fig.* 2.

Var. B, *Intermedius Dec. pr.* Feuilles inférieures sinuées-lyrées. Akènes lisses. *Rh. intermedius ten. med.* 2, *p.* 25.

Var. Γ, *Edulis Dec. pr.* Feuilles inférieures lyrées, à lobe terminal grand, orbiculaire, denté; akènes intérieurs rudes. *Rh. edulis Gœrtn fruct.* 2, *p.* 354; *Willd. sp.* 3, *p.* 1625; *Lampsana rhagadiolus Lin. sp.* 1141.

Var. Δ, *Hebelœnus Dec. pr.* Feuilles inférieures oblongues-lancéolées, dentées ; akènes intérieurs rudes.

Hab. les champs et les vignes aux environs du Vigan, de St-Ambroix, d'Alais, d'Anduze, et toute la plaine du département. ⚬ Fl. mai-juin.

68ᵉ gʳᵉ. **ARNOSÉRIDE. — ARNOSERIS.** (Gœrtn. fruct. 2, p. 355, t. 157.)

Involucre brièvement écailleux à la base, à folioles nombreuses, égales, disposées sur un seul rang, conniventes à la maturité. Akènes *obovales-pentagonaux*, munis de côtes saillantes, atténués à la base et au sommet, *terminés par un rebord court, membraneux, entier*; les extérieurs un peu comprimés-arqués. Réceptacle nu, alvéolé sur les bords.

1. **A. PUSILLA** *Gœrtn. l. c.*; *Dec. prodr.* 7, *p.* 79; *Hyoseris minima Lin. sp.* 1138; *Lampsana minima Dec. fl. fr.* 4, *p.* 3; *Fl. dan. t.* 201; *Drèves et Hayne, pl. d'Eur. t.* 112; *Moris. hist. s.* 7, *t.* 1, *fig.* 8; *Clus. hist.* 2, *p.* 142, *fig.* 2. — Racine grêle, pivotante. Tiges de 1-3 décim., nombreuses, glabres, grêles et rougeâtres à la base, dressées, simples, uniflores, souvent un peu

rameuses, dépourvues de feuilles. Feuilles presque glabres, d'un vert foncé, oblongues ou obovales, rétrécies à la base, irrégulièrement dentées, toutes radicales et disposées en rosette. Capitules subglobuleux à la maturité, penchés avant la fleuraison, solitaires au sommet des tiges et des rameaux, fistuleux, striés supérieurement, renflés en massue, contractés sous l'involucre ; celui-ci à folioles munies, à la maturité, d'une côte longitudinale, blanchâtre. Akènes grisâtres, un peu rugueux entre les côtes, blanchâtres sur le dos.

Hab. les champs cultivés sur toute la chaine de l'Espérou et de la Lozère. ① Fl. juillet-août.

69ᵉ gʳᵉ. LAMPSANE. — LAMPSANA. (Lin. gen. 919. en partie.)

Involucre brièvement écailleux à la base, à 8-10 folioles dressées, égales, disposées sur un seul rang. Akènes caducs, oblongs, striés, un peu comprimés et arqués, *élargis au sommet*, dépourvus d'aigrette et de bordure terminale. Réceptacle nu, étroit.

1. **L. communis** *Lin. sp.* 1141; *Dec. fl. fr.* 4, *p.* 4; *Gœrtn. fruct. t.* 157, *fig.* 1; *Fl. dan. t.* 500; *Lob. ic,* 207, *fig.* 1. — Racine fibreuse. Tige de 3-9 décim., droite, rameuse, striée, presque glabre, velue à la base. Feuilles inférieures lyrées, à lobe terminal très-grand, anguleux, largement et inégalement denté, souvent cordé à la base ; les supérieures ovales, dentées, décurrentes sur le pétiole lobulé ; les florales lancéolées. Capitules petits, solitaires au sommet de pédoncules nus, filiformes, dressés, disposés en panicule. Involucre glabre, anguleux à la maturité, à folioles munies d'une côte dorsale. Fleurons peu nombreux, jaunes. Akènes jaunes.

Cette plante est connue sous le nom vulgaire d'*herbe aux mamelles* ; elle est amère et laxative, rafraîchissante : on s'en sert pour guérir les gerçures du sein. On la mange crue, en salade, dans sa jeunesse.

Hab. les lieux cultivés, les haies, dans tout le département. ① Fl. juin-septembre.

70ᵉ gʳᵉ. PORCELLE. — HYPOCHOERIS. (Lin. gen. 918.)

Involucre à folioles nombreuses, inégales, *imbriquées sur plusieurs rangs*. Akènes striés, scabres, atténués en bec allongé, filiforme, ou ceux de la circonférence dépourvus de bec, très-rarement tous dépourvus de bec. Aigrettes persistantes, tantôt toutes à poils plumeux et disposées sur un seul rang, tantôt celles du centre à poils plumeux et celles de la circonférence à poils simples, scabres, quelquefois plumeux. Réceptacle garni de paillettes membraneuses, linéaires-acuminées, caduques.

1. { Aigrettes intérieures à poils plumeux ; les extérieures à poils simples.................................... 2.
{ Aigrettes toutes à poils plumeux.................... **MACULATA.**

2. { Feuilles sinuées-pinnatifides, à lobes obtus ; racine
      vivace.. RADICATA.
    { Feuilles oblongues, atténuées à la base, à dents écar-
      tées, aiguës : racine annuelle.................... GLABRA.

1. **H. GLABRA** *Lin. sp.* 1140 ; *Dec. fl. fr.* 4, *p.* 47 ; *Fl. dan.
t.* 424 ; *Lamk. ill. t.* 656, *fig.* 1. — Racine grêle, pivotante, du
collet de laquelle s'élèvent 3-10 tiges de 1-4 décim., dressées ou
ascendantes, striées, glabres, grêles, un peu rameuses au sommet,
munies de quelques folioles très-petites en forme d'écaille. Feuilles
oblongues, atténuées à la base, sinuées-dentées, à dents aiguës,
glabres ou velues sur les bords, toutes radicales et disposées en
rosette. Capitules médiocres, terminaux ; pédoncules allongés,
un peu renflés supérieurement. Involucre glabre, à folioles lancéolées-linéaires, appliquées ; les intérieures *atteignant* presque
la longueur des fleurons ; ceux-ci jaunes. Akènes bruns, muriqués
sur les côtes ; ceux du centre à aigrette stipitée ; ceux de la circonférence à aigrette sessile, plus rarement tous semblables, ou
à aigrette sessile ou stipitée.

Hab. les champs arides, les lieux sablonneux aux environs du Vigan, de
l'Espérou, et dans toute la plaine du département jusqu'à Aigues-Mortes.
① Fl. mai–juillet.

2. **H. RADICATA** *Lin. sp.* 1140 ; *Dec. fl. fr.* 4, *p.* 47 ; *Fl.
dan. t.* 150 ; *Lob. ic.* 238, *fig.* 1 ; *Moris. hist. s.* 7, *t.* 4, *fig.* 27.
— Racine blanchâtre, *un peu épaisse*, profonde, simple ou
rameuse. Tiges de 3-6 décim., partant plusieurs du collet de la
racine, rarement solitaires, dressées ou couchées, lâchement
rameuses, plus rarement simples, striées, glabres ou un peu
hérissées à leur base, munies de quelques petites folioles squammiformes. Feuilles oblongues, sinuées-pinnatifides, à lobes obtus,
rudes-hispides, quelquefois marquées de petites taches brunes,
toutes radicales, disposées en rosette. Capitules médiocres, terminaux ; pédoncules allongés, un peu renflés supérieurement.
Involucre à folioles lancéolées-acuminées, appliquées, membraneuses sur les bords, glabres ou hérissées sur la nervure dorsale,
les intérieures *plus courtes* que les fleurons ; ceux-ci jaunes.
Akènes bruns, muriqués sur les côtes, *tous longuement atténués
en bec.*

Cette plante porte le nom patois de *mouré dé moutoun ;* on la mange en
salade dans sa jeunesse.

Hab. les terrains sablonneux, les bords des champs et des chemins, les
prés, dans tout le département. ♃ Fl. juin–août.

3. **H. MACULATA** *Lin. sp.* 1140 ; *Dec. fl. fr.* 4, *p.* 46, *et* 5,
p. 451 ; *Fl. dan. t.* 149 ; *Clus. hist.* 2, *p.* 139, *fig.* 2. — Racine
épaisse, ordinairement simple, noirâtre. Tige de 3-6 décim.,
robuste, droite, simple, uniflore ou rarement à 2-3 rameaux
uniflores, sillonnée, lâchement hispide, rude, *nue* ou portant 1-2

petites feuilles demi-embrassantes, près des feuilles radicales ;
celles-ci nombreuses, amples, oblongues, rétrécies vers la base,
sinuées-dentées, à dents aiguës, distantes, hispides, souvent
tachées de brun, disposées en rosette. Capitules grands; pédoncules un peu renflés au sommet. Involucre à folioles entières,
linéaires-lancéolées, appliquées ; les extérieures hérissées, sur le
dos, de poils roux ; les intérieures bordées d'un coton épais, plus
longues que les extérieures et plus courtes que les fleurons ;
ceux-ci jaunes. Akènes tous à aigrette stipitée, à poils tous plumeux et disposés sur un seul rang.

Hab. les pacages et les prairies aux environs du Vigan, de l'Espérou,
d'Alzon. ♃ Fl. juin–août.

71e g^{re}. THRINCIE. — THRINCIA. (Roth. cat. 1, p. 97.)

Involucre à folioles nombreuses, inégales, imbriquées sur plusieurs rangs. Akènes un peu arqués, striés-scabres, plus ou moins
atténués vers le sommet ; ceux de la circonférence persistants,
couronnés par une membrane très-courte, dentée ; ceux du centre
terminés par une aigrette formée de poils plumeux, dilatés à la
base, à barbes libres. Réceptacle nu, alvéolé. Herbes à feuilles
toutes radicales, à hampes uniflores.

1. ⎰ Racine tronquée, garnie de fibres filiformes, nombreu-
    ses.. HIRTA.
 ⎱ Racine formée d'un faisceau de fibres épaisses, fusi-
    formes.. TUBEROSA.

1. **TH. HIRTA** *Roth. cat. bot.* 1, *p.* 98 ; *Dec. fl. fr.* 4, *p.* 51 ;
Leontodon hirtum Lin. sp. 1123? ; *Hyoseris taraxacoides Vill.
dauph.* 3, *p.* 166, *t.* 25 ; *Moris. hist. s.* 7, *t.* 7, *fig.* 13. — Racine
courte, tronquée, garnie de fibres *filiformes, nombreuses.* Feuilles
nombreuses, oblongues-lancéolées, sinuées, roncinées ou pinnatifides, rarement entières, plus ou moins hérissées de poils simples
ou bifurqués. Capitules médiocres, penchés avant la fleuraison,
solitaires, terminaux, sur des hampes nombreuses, ascendantes,
dressées, striées, glabres ou hispides à la base, deux fois environ
de la longueur des feuilles. Involucre glabre ou hérissé, à folioles
intérieures enveloppant les akènes de la circonférence. Fleurons
jaunes ; les extérieurs livides en dessous. Akènes du centre 4 *fois
plus longs que leur bec.*

Hab. les prairies, les bords des chemins et des fossés dans tout le département. ⚇ ou ♃ Fl. juin–septembre.

2. **TH. TUBEROSA** *Dec. fl. fr.* 4, *p.* 52 ; *Apargia tuberosa
Willd. sp.* 3, *p.* 1549; *Leontodon tuberosum Lin. sp.* 1123 ;
Lob. ic. 232, *fig.* 1 ; *Math. valg. p.* 504, *ic. et com. p.* 388,
fig. 3. — Cette espèce diffère de la précédente : par sa racine
composée d'un faisceau de fibres épaisses, fusiformes, longuement

atténuées en fil à la base , et par ses akènes **2** *fois de la longueur de leur bec.*

Hab. les terrains sablonneux, les prairies et les bois dans les environs du Vigan (Diomède) , aux environs de Nîmes , de Broussan , de St-Gilles, de Manduel, d'Uzès. ♃ Fl. mai–septembre et novembre.

72ᵉ gʳᵉ. **LIONDENT. — LEONTODON.** (Lin. gen. 912.)

Involucre à folioles inégales, appliquées, imbriquées sur plusieurs rangs. Akènes striés, un peu scabres, *atténués en bec peu allongé ,* à aigrettes persistantes, toutes composées de poils scarieux et dilatés à la base , tous longs, plumeux , à barbes libres, non caduques, ou les extérieurs courts, fins, simples, denticulés. Réceptacle nu, alvéolé, ou un peu fibrilleux. Plantes herbacées, vivaces, à feuilles toutes radicales, à fleurons jaunes.

1.	Poils de l'aigrette tous plumeux, sur un seul rang : hampes pluriflores...................... **AUTUMNALIS.** Poils de l'aigrette sur 2 rangs ; les extérieurs denticulés ; hampes uniflores................... 2.
2.	Hampes renflées au sommet, garnies de bractéoles nombreuses dans toute leur longueur......... **PYRENAICUS.** Hampes non dilatées ou très-peu, nues ou munies de quelques bractéoles au sommet............. 3.
3.	Feuilles à poils simples, rarement bifurqués..... **VILLARSII.** Feuilles à poils 2-4 fois furqués................. 4.
4.	Racine courte, tronquée..................... **PROTEIFORMIS.** Racine très-longue, fusiforme.................. **CRISPUS.**

1. **L. AUTUMNALIS** *Lin. sp.* 1123 ; *Dec. fl. fr.* 4 , *p.* 53 ; *Fuchs. hist.* 320 , *ic.* ; *Lob. ic.* 237, *fig.* 2 ; *Trag.* 265 , *ic.* — Racine un peu épaisse, oblique, tronquée, garnie de fibres nombreuses. Hampes de 2-6 décim. , dressées ou ascendantes, rameuses, pluriflores, sillonnées, glabres ou presque glabres. Feuilles toutes radicales, lancéolées , dentées ou pinnatifides , à lobes linéaires , un peu distants, quelquefois pinnatifides, étalées , glabres ou un peu velues sur la côte. Capitules solitaires terminaux ; pédoncules allongés, dressés avant la fleuraison, fistuleux , dilatés et pubescents au sommet, munis de petites folioles squammiformes. Involucre pubescent. Akènes bruns ; aigrette roussâtre, à poils tous plumeux, un peu dilatés à la base et disposés sur un seul rang, de la longueur de l'akène.

Hab. les prés sur toute la chaîne de l'Espérou, aux environs d'Alzon, du Vigan. ♃ Fl. juillet–septembre.

2. **L. PYRENAICUS** *Guan. ill. p.* 55 , *t.* 22, *fig.* 1-2 ; *L. squamosum Dec. fl. fr.* 4 , *p.* 54 ; *L. alpinum Lois. gall.* 2 , *p.* 177 ; *Picris saxatilis All. fl. ped.* 1 , *p.* 211 , *t.* 14 , *fig.* 4. — Racine oblique, courte, tronquée, garnie de fibres filiformes. Hampe de 2-4 décim., dressée, striée, simple, glabre, pubescente et *dilatée*

au sommet, munie de petites folioles squammiformes appliquées,
plus rapprochées dans le haut de la hampe. Feuilles toutes radicales, étalées en rosette ou dressées, presque sessiles ou longuement rétrécies en pétiole, oblongues-lancéolées ou spatulées,
minces, entières ou plus ou moins profondément dentées, glabres
ou garnies de poils simples. Capitule solitaire terminal, penché
avant la fleuraison. Involucre à folioles noirâtres, brièvement
hérissées. Akènes d'un brun rougeâtre, très-légèrement rugueux,
atténués en bec court, filiforme. Aigrette roussâtre, à poils disposés sur 2 rangs ; les intérieurs un peu dilatés à la base, plumeux,
plus courts que l'akène ; les extérieurs courts, capillaires, denticulés. Réceptacle à alvéoles non fibrilleux aux bords.

Hab. les bois à l'Aigual, à la source de l'Hérault. ♃ Fl. juillet-août.

3. **L. PROTEIFORMIS** *Vill. dauph.* 3, *p.* 87, *t.* 24 ; *Godr. fl.
lorr.* 2, *p.* 61 ; *Godr. et Gren. fl. fr.* 2, *p.* 299 ; *Cluss. hist.* 2,
p. 142, *fig.* 1. — Racine oblique, tronquée, garnie de fibres
nombreuses, filiformes. Hampes de 2-6 décim., dressées ou
ascendantes, simples, *un peu renflées au sommet*, striées, nues
ou munies de *quelques bartées squammiformes*, presque glabres
ou hérissées de poils *bi-trifurqués*. Feuilles toutes radicales, d'un
vert tantôt clair, tantôt foncé, lancéolées ou oblongues, rétrécies
vers la base, sinuées-dentées ou roncinées-pinnatifides, dressées
ou étalées, à lobes plus ou moins profonds, glabres ou hérissées
de poils *bi-trifurqués*. Capitule solitaire, terminal, penché avant
la fleuraison. Involucre à folioles appliquées, glabres ou hérissées
de poils roux ou bruns. Akènes bruns ou roussâtres, finement
rugueux. Aigrette roussâtre, à poils disposés sur 2 rangs ; les
intérieurs plumeux, dilatés à la base, de la longueur des akènes ;
les extérieurs très-courts, simples, denticulés, capillaires. Réceptacle alvéolé, fibrilleux. Plante très-polymorphe.

Var. A, *Glabratus Koch.* Plante souvent rougeâtre à la base.
Feuilles minces, glabres ou parsemées de quelques poils écartés.
L. hastile Lin. sp. 1123 ; *L. danubiale Jacq. aust. t.* 164 ; *Picris
danubialis All. ped.* 1, *p.* 211, *t.* 70, *fig.* 3.

Var. B, *Vulgaris Koch.* Hampes de 4-6 décim. Feuilles dentées, à dents plus ou moins profondes. Plante plus ou moins
hérissée de poils bi-trifurqués. *L. hispidum Lin. sp.* 1124.

Var. Γ, *Crispatus Godr.* Feuilles très hérissées, crépues, fortement dentées.

Var. Δ, *Hyoserioides Koch.* Feuilles pinnatifides, à segments
linéaires.

Hab. : la var. A, les prairies humides à l'Espérou, les bords du Gardon à
Montfrin ; la var. B, les lieux ombragés et humides aux environs de Bouquet,
du Vigan, de Concoule, aux bords du Gardon, à la Beaume ; la var. Γ, les lieux

secs, les pacages aux environs de l'Espérou; la var. δ, aux environs du
Vigan (Diomède). ♃ Fl. juin–septembre.

4. **L. VILLARSII** *Lois. gall. ed.* 1, *p.* 514, *ed.* 2, *v.* 2, *p.*
177; *Dec. fl. fr.* 5, *p.* 454; *L. hirtum Vill. dauph.* 3, *p.* 82, *t.* 25.
— Racine oblique, tronquée, quelquefois pivotante, allongée.
Hampes 2-5, de 1-2 décim., dressées ou ascendantes, simples,
glabres, striées, non dilatées au sommet ou très-peu, munies de
2-3 bractéoles au-dessous de l'involucre. Feuilles toutes radicales,
pinnatifides, couvertes *de poils blancs*, raides, *simples*, quelquefois bifurqués, 3-4 fois plus courtes que les hampes, disposées en
rosette étalée ou dressée. Capitule solitaire, terminal, penché
avant la fleuraison. Involucre à folioles peu hérissées. Fleurons
d'un jaune pâle. Akènes roussâtres ou rougeâtres, finement chagrinés. Aigrette roussâtre, à poils disposés sur 2 rangs; les intérieurs plumeux, dilatés à la base, de la longueur des akènes; les
extérieurs plus courts, simples, denticulés, capillaires. Réceptacle
alvéolé.

Hab. les lieux secs, les bois et les garrigues, aux environs du Vigan, d'Uzès,
Nîmes, Manduel, Tresques, Villeneuve-d'Avignon. ♃ Fl. juillet-août.

5. **L. CRISPUS** *Vill. dauph.* 3, *p.* 84, *t.* 25; *Dec. fl. fr.* 5,
p. 454; *Apargia crispa Willd.* 3, *p.* 1551. — Racine brune,
pivotante, très-profonde. Hampes 1-5, de 1-3 décim., dressées,
simples, hérissées, de la base au sommet, de poils raides, rayonnants au sommet, légèrement renflées supérieurement. Feuilles
toutes radicales, dressées, lancéolées-sinuées ou pinnatifides,
abondamment couvertes de poils semblables à ceux des hampes,
et qui leur donnent un aspect grisâtre. Capitule solitaire, terminal, penché avant la fleuraison. Involucre à folioles très-
longues, linéaires, hérissées. Akènes d'un brun rougeâtre, scabre,
atténués en bec allongé. Aigrette roussâtre, à poils disposés sur
2 rangs; les intérieurs plumeux, plus courts que les akènes; les
extérieurs capillaires, denticulés. Réceptacle alvéolé-membraneux, fibrilleux.

Hab. les terrains secs et pierreux aux environs du Vigan, à Campestre,
aux environs de Nîmes, au bois des Espèces, dans le bois de St-Nicolas
dans les garrigues à Manduel, à Villeneuve-d'Avignon. ♃ Fl. mai-juillet.

73ᵉ gʳᵉ. PICRIDE. — PICRIS. (Juss. gen. 170.)

Involucre à folioles inégales, *imbriquées* sur plusieurs rangs;
les extérieures plus petites, lâches, étalées ou réfléchies. Akènes
courts, munis de côtes longitudinales, plissés, rugueux transversalement, brièvement atténués aux deux extrémités ou contractés
au sommet. Aigrette *caduque*, presque sessile, à poils tous semblables, plumeux, élargis et soudés en anneau à la base, ou les

extérieurs denticulés. Réceptacle nu. Plantes annuelles ou bisannuelles, très-hispides, à fleurons jaunes.

1. { Akènes atténués en bec court ; plante annuelle... **PAUCIFLORA.**
   { Akènes non atténués en bec ; plante bisannuelle.. **2.**

2. { Akènes rugueux, bruns à la maturité............. **STRICTA.**
   { Akènes fortement rugueux, orangés à la maturité. **HIERACIOIDES**

1. **P. PAUCIFLORA** *Willd. sp.* 3 , *p.* 1557 ; *Dec. fl. fr.* 4 ,
p. 57, *et ic. rar. t.* 20. — Racine blanchâtre, rameuse. Tige de
2-4 décim., droite, striée, rameuse, souvent dès la base, à rameaux
étalés-dressés, très-rude, couverte, ainsi que les feuilles, de longs
poils glochidiés. Feuilles d'un vert clair, sinuées-dentées, rarement entières ; les inférieures oblongues-lancéolées ou spatulées,
atténuées vers la base ; les caulinaires lancéolées, demi-embrassantes ; les plus supérieures linéaires. Capitules ventrus à la
maturité, contractés vers leur milieu, solitaires, au sommet de
pédoncules *allongés, renflés vers le sommet* et contractés sous
l'involucre, disposés en corymbe lâche, plus ou moins étalé.
Involucre à folioles linéaires, hérissées de longs poils glochidiés
sur la nervure dorsale, qui devient blanchâtre et très-saillante à
la maturité, et de poils courts cotonneux sur les côtés ; les folioles
intérieures égalant les aigrettes. Akènes bruns, courbés, atténués
en bec court, profondément plissés, rugueux en travers ; les
extérieurs enveloppés par les folioles intérieures de l'involucre,
et à rugosités plus petites et plus rapprochées.

Hab. les bords des champs et des murs, dans les terrains secs, aux environs de Nimes, de Margueritte, de St-Nicolas, de Russan. ① Fl. juin-juillet.

2. **P. STRICTA** *Jord. cat. dijon. p.* 29 ; *Godr. et Gren. fl. fr.* 2,
p. 302 ; *P. hispidissima Lecoq et Lamotte, cat.* 244 *(non Barl.).*
— Racine blanchâtre, rameuse. Tige de 4-9 décim., striée, très-
rude, couverte, ainsi que les deux faces des feuilles, de poils
raides, bifurqués, droite, rameuse, tantôt à rameaux nombreux,
dressés, plus ou moins allongés, disposés le long de la tige ;
tantôt seulement réunis, en petit nombre, en forme d'ombelle,
au sommet de la tige. Feuilles d'un *vert pâle* ; les radicales
étroites, allongées, aiguës, profondément sinuées-ondulées,
rétrécies vers la base ; les caulinaires lancéolées, atténuées au
sommet, élargies et demi-embrassantes à leur base, entières ou
dentées. Capitules ovales-ventrus à la maturité, *fortement contractés vers leur milieu,* disposés 2-3 au sommet des rameaux,
à pédoncules un peu renflés. Involucre à folioles linéaires-aiguës,
hérissées de poils simples, courts, tomenteux, mêlés de poils
blancs, plus longs, plus raides et glochidiés ; les extérieures *très-
étalées* à partir du milieu. Akènes bruns à la maturité, plissés,
rugueux en travers, non atténués en bec.

Hab. en abondance les bords des champs, des fossés, des chemins, les garrigues, aux environs de Nimes, de Manduel, de Coudoulet, et probablement dans toute la plaine du département. ⚦ Fl. juillet-août.

3. P. HIERACIOIDES *Lin. sp.* 1115; *Dec. fl. fr. 4, p.* 57; *Lamk. ill. t.* 648, *fig.* 2. — Racine blanchâtre, rameuse. Tige de 4-8 décim., droite, striée, rude, hérissée de poils entremêlés, simples et glochidiés, souvent rougeâtre inférieurement, rameuse, à rameaux allongés, disposés, au sommet, en corymbe lâche, *très-ouvert.* Feuilles d'un vert clair, rudes, très-hispides, oblongues-lancéolées, sinuées-pinnatifides, ondulées, rarement entières; les inférieures rétrécies en pétiole; les caulinaires *étroites-lancéolées*, demi-embrassantes. Capitules ovales-ventrus à la maturité, contractés vers leur milieu, disposés 2-3 au sommet des rameaux, à pédoncules non renflés au sommet. Involucre à folioles hérissées; les intérieures dressées, de la longueur des aigrettes; les extérieures étalées. Akènes *orangés* à la maturité, fortement plissés, rugueux en travers, non atténués en bec.

Hab. les bois et les garrigues aux environs de Nimes, de Manduel, le bois de Broussan. ⚦ Fl. juillet-septembre.

74ᵉ gʳ. HELMINTHIE. — HELMINTHIA. (Juss. gen. 170.)

Involucre double; l'extérieur à 3-5 folioles larges, ovales-cordées, acuminées; l'intérieur à 8 folioles étroites, acuminées-aristées. Akènes munis de côtes peu prononcées, un peu comprimés, obtus, surmontés d'un bec filiforme, allongé, dilaté au sommet; aigrette à poils *tous plumeux.* Réceptacle laineux.

1. H. ECHIOIDES *Gærtn. fruct.* 2, *p.* 368, *t.* 159, *fig.* 2; *Dec. fl. fr.* 4, *p.* 58; *Picris echioides Lin. sp.* 1114; *Lamk. ill. t.* 648; *Lob. ic.* 577, *fig.* 2. — Racine blanchâtre, pivotante ou rameuse, quelquefois formée d'un faisceau de fibres épaisses. Tige de 5-9 décim., droite, robuste, cylindrique, sillonnée, rameuse-dichotome, hérissée, surtout inférieurement, de poils raides, presque épineux, et de poils glochidiés, souvent rougeâtre. Feuilles oblongues, sinuées-dentées, couvertes, surtout les inférieures, de pustules blanchâtres au sommet et terminées par un poil raide, simple ou bifurqué, chargées, sur les bords et la nervure, de poils simples piquants; les radicales et les inférieures assez amples, rétrécies en pétiole; les caulinaires largement cordées-embrassantes. Capitules médiocres, solitaires au sommet de pédoncules peu allongés, brusquement dilatés sous l'involucre; celui-ci à folioles extérieures foliacées, appliquées, un peu plus courtes que les intérieures, bordées de poils spinescents; les intérieures lancéolées, linéaires, membraneuses sur les bords, prolongées en une arête pectinée, épineuse au sommet, dépassant les aigrettes. Fleurons d'un jaune clair. Akènes orangés, très-finement ridés en travers, surmontés d'un bec fragile, plus long qu'eux ; aigrette très-blanche.

Les feuilles de cette plante sont un peu amères ; sa racine est douce et mucilagineuse.

Hab. les lieux frais, les bords des fossés et des chemins, dans tout le département. ② Fl. juin–septembre.

75ᵉ gʳᵉ. UROSPERME. — UROSPERMUM. (Juss. gen. 170.)

Involucre campanulé, à 8 folioles sur un seul rang, *soudées* à la base. Fleurons velus au sommet du tube et à la base du limbe. Akènes comprimés, très-fortement muriqués, surmontés d'un bec allongé, fistuleux, *renflé à la base*, séparé de l'embryon par un diaphragme. Aigrette à poils tous plumeux. Réceptacle garni de poils courts.

1. { Feuilles et involucre garnis de poils mous ; feuilles
    { supérieures opposées ou comme verticillées.... DALECHAMPII.
    { Feuilles et involucre hérissés de poils raides ;
    { feuilles supérieures alternes................. PICROIDES.

1. **U. DALECHAMPII** *Desf. cat. ed.* 1, *p.* 90 ; *Dec. fl. fr. 4, p.* 62 ; *Tragopogon Dalechampii Lin. sp.* 1110 ; *Barr. ic. t.* 209 ; *J. Bauh. hist.* 2, *p.* 1036, *ic.* ; *Lob. ic.* 238, *fig.* 2. — Racine *noirâtre*, épaisse, fusiforme. Tiges de 2-3 décim., solitaires ou partant plusieurs de la même souche, simples ou un peu rameuses à la base, rudes-pubescentes, striées, fistuleuses. Feuilles roncinées-pinnatifides, à lobe terminal très-grand, d'un vert clair, molles, pubescentes ; les inférieures grandes, allongées, étalées, rétrécies en pétiole ailé ; les caulinaires intermédiaires, alternes ; les supérieures plus courtes, souvent entières, opposées ou sub-verticillées par 3-4, embrassantes. Capitules grands, solitaires au sommet de pédoncules allongés, dilatés au sommet. Involucre *pubescent-velouté*, à folioles lancéolées, bordées de noir. Fleurons nombreux, d'un jaune pâle ; les extérieurs allongés, rougeâtres en dessous. Akènes bruns ou roussâtres, portant sur chaque face 3 rangs de tubercules très-saillants ; bec finement chagriné, *insensiblement atténué vers le sommet*, 2 fois de la longueur de l'akène ; aigrette légèrement rougeâtre.

Hab. les vignes et les lieux arides, aux environs de Nîmes, du Vigan, d'Alais, Uzès, Anduze, St-Ambroix. ♃ Fl. mai-juillet.

2. **U. PICROIDES** *Desf. cat. ed.* 1, *p.* 90 ; *Dec. fl. fr. 4, p.* 63 ; *Tragopogon picroides Lin. sp.* 1111 ; *Lamk. ill. t.* 646, *fig.* 3 ; *C. Bauh. prodr.* 60, *fig.* 2 ; *Cam. epit. p.* 524, *ic.* — Racine blanchâtre, pivotante. Tige de 1-4 décim., rameuse, plus rarement simple, droite, fistuleuse, striée, très-rude, à poils élargis à leur base, assez écartés. Feuilles oblongues, roncinées-dentées ou panduriformes, brièvement ciliées, à dents aristées, parsemées

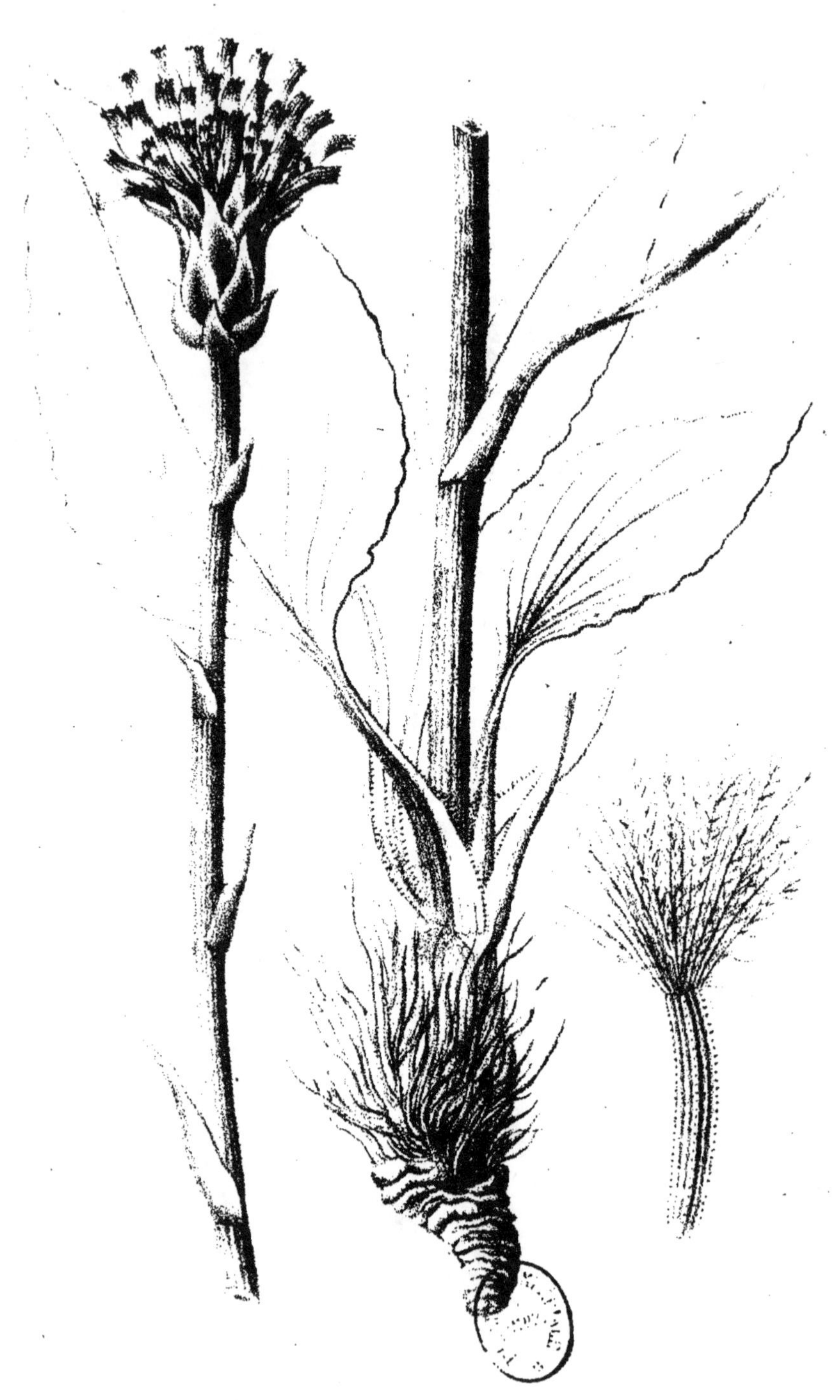

SCORZONERA CRISPA. *Biebrst. Fl. taur. 2, p. 234.*

de quelques poils rudes sur les faces ; les caulinaires auriculées, embrassantes, à lobe terminal en fer de lance. Capitules assez gros, solitaires, terminaux sur des pédoncules allongés, un peu dilatés au sommet, hérissés de quelques poils raides. Involucre à folioles *lancéolées, élargies à leur base, hérissées de longs poils raides.* Fleurons d'un jaune clair. Akènes roussâtres, portant, sur chaque face, 3 rangs de tubercules très-saillants, insérés sur le réceptacle par *un podogyne court*, à 3 angles comprimés, dont l'extérieur plus saillant; surmontés par un bec allongé, fistuleux, rugueux, filiforme, renflé à la base en *ampoule* courte, plus large que l'akène.

VAR. B, *Asperum Duby. bot.* 295. Tige simple , presque uni-flore, naine ; feuilles supérieures presque entières. *U. asperum Dec. fl. fr. 4, p.* 63.

Hab. le long des murs, les bords des chemins et des vignes, aux environs de Nîmes, du Vigan, d'Uzès, de Corconne, de St-Ambroix , d'Anduze , etc. ① Fl. mai-juillet.

76e gre. **SCORZONÈRE. — SCORZONERA.** (Lin. gen. 906, en partie.)

Involucre à folioles inégales, imbriquées sur plusieurs rangs. Akènes dépourvus de bec, légèrement atténués vers le sommet, munis de côtes lisses ou tuberculeuses, à insertion oblique, bordée. Aigrette à poils plumeux, à barbes entrecroisées. Récep-tacle nu, alvéolé. Plantes vivaces, à feuilles entières, linéaires ou lancéolées, à fleurs lilas ou jaunes.

1. | Fleurons purpurins......................... PURPUREA.
   | Fleurons jaunes........................... 2.
2. | Akènes velus.............................. HIRSUTA.
   | Akènes glabres............................ 3.
3. | Tige simple, à 1-2 fleurs................. 4.
   | Tige rameuse, à plusieurs fleurs.......... HISPANICA.
4. | Collet de la racine entouré de fibres filiformes..... CRISPA.
   | Collet de la racine dépourvu de fibres filiformes.... 5.
5. | Involucre glabre à la base ; feuilles caulinaires em-
   | brassantes............................ PARVIFLORA.
   | Involucre cotonneux à la base ; feuilles caulinaires
   | non embrassantes...................... HUMILIS.

1. **Sc. HIRSUTA** *Lin. mant.* 278 ; *Dec. fl. fr. 4, p.* 60 ; *Sc. eriosperma Guan. ill.* 52 ; *Hieracium capillaceum All. ped. 1, p.* 214, *t.* 31 , *fig.* 3. — Racine épaisse, simple ou rameuse, à souche donnant naissance à 1-6 tiges de 2-4 décim., dressées, grêles, simples ou rameuses, à rameaux dressés, striées, pubescen-tes ou glabres, très-feuillées inférieurement, nues supérieurement. Feuilles linéaires, très-étroites, assez longues, atténuées de la base au sommet, où elles sont tronquées, calleuses, carénées en des-sous, munies de nervures très-prononcées, hérissées de poils fins, étalés , quelquefois entièrement glabres. Capitules assez grands

solitaires, terminaux. Involucre glabre, à folioles un peu scarieuses
sur les bords, acuminées ; les intérieures plus longues que les
extérieures , et plus courtes que les fleurons jaunes. Akènes couverts de longs poils roux. Aigrette à poils roux, légèrement rougeâtres supérieurement , inégaux et nus au sommet, 2 fois de la
longueur de l'akène.

Hab. les lieux stériles et pierreux à Montdardier, à Campestre, aux environs de Nîmes, dans les garrigues, au chemin d'Uzès, où elle abonde. ♃ Fl.
mai–juin.

2. **Sc. purpurea** *Lin. sp.* 1113 ; *Dub. bot.* 309 ; *Lamk. ill.*
t. 647, *fig.* 3 ; *Clus. hist.* 2, *p.* 139, *fig.* 1. — Racine brune,
fusiforme, épaisse, charnue, entourée à son collet de fibres filiformes abondantes, appliquées (reste des feuilles détruites). Tige
de 2-5 décim., très-feuillée, droite, simple ou rameuse, striée,
glabre, à 1-5 capitules. Feuilles dressées, linéaires, très-étroites,
allongées, canaliculées, glabres ; les caulinaires un peu élargies
à leur base, couvrant un petit bourgeon laineux. Capitules solitaires, terminaux. Rameaux dressés. Involucre tomenteux à la
base, à folioles étroitement membraneuses, blanchâtres sur les
bords ; les intérieures plus longues que les extérieures, de moitié
plus courtes que les fleurons ; ceux-ci purpurins, à tube pubescent
à l'orifice. Akènes blanchâtres, glabres, striés, lisses, renflés
inférieurement. Aigrette roussâtre, à poils inégaux, nus au
sommet.

Hab. le bois de Salbous, près Campestre, et dans les sables au Rouquet-
d'Ons, entre Alzon et Campestre. ♃ Fl. mai–juin.

3. **Sc. crispa** *Biebr. fl. taur.* 2, *p.* 234 ; *Dec. prodr.* 7,
p. 120 ; *Sc. buplevrifolia de Pouz. cat. du Gard, p.* 39. —
Racine brune, épaisse, charnue, fusiforme, entourée, à son collet,
de fibres brunes filiformes, abondantes, dressées (reste des feuilles
détruites). Tige de 1-4 décim., droite, simple, ord⁺ uniflore, striée,
un peu renflée sous l'involucre, glabre, glauque. Feuilles glabres,
glauques, largement ovales ou lancéolées, ondulées sur les bords,
munies de 5-7 nervures saillantes ; les radicales rétrécies en
pétiole dilaté, et membraneux à la base ; les caulinaires 2-4,
petites, étroites, à base élargie, demi-embrassante, souvent un
peu laineuse. Capitule assez gros, solitaire, terminal. Involucre
à folioles larges ; les extérieures ovales-acuminées ; les intérieures
lancéolées, plus longues, atteignant environ le milieu des fleurons, toutes étroitement bordées d'une membrane pubescente,
surtout dans les folioles extérieures. Fleurons jaunes, à tube
laineux au sommet, presque aussi long que la languette ; celle-ci
striée et à 5 dents au sommet. Akènes fauves, striés-rugueux, pubérulents. Aigrette blanchâtre, à poils inégaux, les plus longs nus au
sommet, dépassant la longueur de l'akène. Racine très-amère.

Hab. dans les bois, au sommet du Serre-de-Bouquet, près d'Uzès, et dans les garrigues, au chemin d'Uzès. ♃ Fl. avril-mai.

4. **Sc. HUMILIS** *Lin. sp.* 1112 ; *Sc. plantaginea et macrrhiza Schleich. pl. exs. ; Sc. plantaginea Boreau. fl. cent.* 309 ; *Sc. angustifolia et graminifolia Duby. bot.* 308-309, *en partie ; Fl. dan. t.* 1653. — Racine brune, épaisse, simple ou rameuse, *entourée à son collet d'écailles brunes, larges, membraneuses.* Tiges de 2-4 décim., solitaires ou partant 2-3 de la même souche, droites, simples, rarement à 2-3 rameaux, fistuleuses, striées, glabres ou laineuses au sommet, surtout dans leur jeunesse. Feuilles d'un vert clair ; les radicales allongées, lancéolées-acuminées, rétrécies en pétiole, à 5-7 nervures saillantes (quelquefois les feuilles atteignent la hauteur de la tige) ; les caulinaires 2-3, petites, linéaires-étroites. Capitules oblongs, cylindracés, solitaires, terminaux. Involucre cotonneux à la base, rarement glabre, à folioles lancéolées, acuminées-obtuses ; les intérieures plus longues, atteignant presque le milieu des fleurons ; ceux-ci jaunes, à tube pubescent, de la longueur de la languette. Akènes glabres ; bruns, à côtes presque lisses. Aigrette roussâtre, à poils inégaux, les plus longs nus au sommet, environ de la longueur de l'akène.

On mange les jeunes plantes avec la racine, qui est apéritive et savonneuse ; les bestiaux en sont friands, et les porcs en recherchent beaucoup la racine.

Hab. les prairies des montagnes, aux environs du Vigan, d'Alzon, de l'Espérou, de Concoule. ♃ Fl. mai-juin.

5. **Sc. PARVIFLORA** *Jacq. austr.* 4, *t.* 305 ; *Dec. prodr.* 7, *p.* 121 ; *Duby. bot.* 309 ; *Sc. caricifolia Pall. itin. (ed. fr.) vol.* 8, *p.* 397, *t.* 99, *fig.* 1 ; *Sc. angustifolia B. provincialis Dub. l. c.* — Racine roussâtre, épaisse, simple ou rameuse, à souche simple ou divisée en plusieurs branches et d'où naissent 2-3 tiges de 2-4 décim., dressées ou ascendantes, grêles, striées, glabres, ordinairement simples. Feuilles linéaires-lancéolées, presque en forme d'épée, acuminées, longuement rétrécies en pétiole, nerviées ; les caulinaires peu nombreuses, *embrassantes* à leur base. Capitule *plus étroit* que dans l'espèce précédente, solitaire, terminal. Involucre *glabre*, oblong-cylindracé, très-resserré au sommet, à folioles ovales-lancéolées, étroitement membraneuses sur les bords ; les extérieures plus courtes, souvent rougeâtres ; les intérieures *atteignant presque les fleurons ;* ceux-ci jaunes, peu étalés. Akènes et aigrette comme dans l'espèce ci-dessus.

Hab. les pacages humides, à Aigues-Mortes, aux bords de la Pinède. ♃ Fl. mai-juin.

6. **Sc. HISPANICA** *Lin. sp.* 1112 ; *Dec. fl. fr.* 4, *p.* 59 ; *Lob. ic.* 551, *fig.* 1 ; *Clus.* 2, *p.* 137, *ic.* Racine longue, épaisse, pivotante, noirâtre en dehors, à collet garni d'écailles membra-

neuses. Tige de 4-8 décim., droite, feuillée, striée ou cannelée, glabre, cotonneuse à la base, ordinairement rameuse supérieurement et pluriflore. Feuilles oblongues ou linéaires-lancéolées, acuminées ; les radicales nombreuses, plus ou moins allongées, ondulées, atténuées en pétiole embrassant à sa base ; les caulinaires étroites, entières ou denticulées à leur base, embrassantes, souvent ondulées. Capitules assez gros, solitaires, terminaux, longuement pédonculés. Involucre glabre ou légèrement cotonneux à la base, à folioles extérieures ovales, acuminées, subtriangulaires ; les intérieures plus longues, lancéolées. Fleurons jaunes, à tube presque glabre, un peu plus court que la languette. Akènes fauves, glabres, *un peu tuberculeux sur les stries, principalement sur celles des akènes de la circonférence.* Aigrette roussâtre, à poils inégaux ; les plus longs nus au sommet, un peu plus courts que l'akène.

Var. A, *Latifolia Koch. syn.* 488. Feuilles larges, ovales ou lancéolées. *Sc. denticulata Lamk. fl. fr.* 2, *p.* 82 ; *Scorz. edulis Mœnch. meth.* 548.

Var. B, *Glastifolia Wallr. ann. bot.* 94. Feuilles entières, lancéolées-linéaires, plus ou moins allongées, non ondulées. *Sc. glastifolia Willd.! sp.* 3, *p.* 1499 ; *Sc. graminifolia Roth. tent.* 2 *bis* ; *Sc. montana Mut. fl. dauph.* 268.

Cette plante est connue sous le nom patois de *scoursounella ;* sa racine est douce, émolliente, mucilagineuse, très-nutritive.

Hab. : la var. A, cultivée dans tous les potagers pour ses racines alimentaires, d'un grand usage ; la var. B, dans les bois et les garrigues, sur la route d'Uzès, à Nîmes, au bois des Espèces, à St–Michel–dei–Sers, etc. ② Fl. mai–juillet.

77ᵉ gʳᵉ. **PODOSPERME. — PODOSPERMUM.** (Dec. fl. fr. 5, p. 61.)

Ce genre ne diffère du genre *scorzonera* que par ses akènes, munis, à leur base, d'un podogyne renflé, creux à la maturité, presque aussi long qu'eux.

1. { Folioles extérieures de l'involucre ordinairement mutiques ; tiges latérales décombantes.......... **DECUMBENS.**
{ Folioles extérieures de l'involucre munies d'une petite pointe sous leur sommet ; tige droite............ **LACINIATUM.**

1. **P. LACINIATUM** *Dec. fl. fr.* 4, *p.* 62 ; *P. muricatum Dec. syn. fl. gall.* 265 ; *Scorzonera laciniata Lin. sp.* 1114 ; *Sc. octangularis Willd. sp.* 3, *p.* 1506 ; *Lamk. ill. t.* 647, *fig.* 4 ; *Jacq. aust. t.* 356 ; *J. Bauh. hist. p.* 1060, *fig.* 1 ; *Barr. ic.* 799. — Racine brunâtre, très-longue, pivotante. Tige de 1-7 décim., droite, glabre, pubescente ou rude, rameuse, solitaire, rarement partant plusieurs de la même souche, alors simples et uniflores ; rameaux dressés en forme de corymbe terminal. Feuilles glabres, profondément pinnatifides, à rachis étroit, à lobes écartés,

étroits, linéaires ; le terminal très-long ; les radicales nombreuses.
Capitules solitaires, terminaux. Involucre réfléchi après la chute
des fruits, à folioles pubérulentes ; les extérieures lâches, lancéolées, souvent munies d'une petite pointe au-dessous de leur
sommet ; les intérieures beaucoup plus longues, linéaires-lancéolées, de la longueur des aigrettes ou les dépassant. Fleurons
jaunes, d'un rouge livide en dessous, dépassant peu l'involucre.
Akènes grisâtres, glabres, striés-anguleux, à podogyne blanc,
sillonné, plus large que l'akène. Aigrette roussâtre, de la longueur
de l'akène.

Cette plante est connue sous le nom patois de *barba-bou;* les enfants
en mangent le réceptacle jeune.

. VAR. B, *Integrifolia Godr. et Gren. fl. fr.* 2, *p.* 309. Feuilles
entières, linéaires, subulées. *P. subulatum Dec. fl. fr.* 4, *p.* 61 ;
Scorzonera subulata Lamk. fl. fr. 2, *p.* 81 ; *Sc. pinifolia Guan.
ill.* 53 ? ; *Barr. ic. t.* 496 ?

VAR. Γ, *Intermedium Godr. et Gren. fl. fr.* 2, *p.* 309. Feuilles
à lobes oblongs ou lancéolés ; le terminal plus long et plus large.
Involucre à folioles ordinairement mutiques. *P. intermedium
Dec. prodr.* 7, *p.* 110 ; *Buxb. cent.* 2, *t.* 22.

Hab. le bord des champs et des fossés dans tout le département : la var. B,
dans les garrigues, aux environs de Nîmes, d'Alais ; la var. Γ, à Aigues-
Mortes. ② Fl. mai-juillet.

2. **P. DECUMBENS** *Gren. et Godr. fl. fr.* 2, *p.* 310 ; *P. calci-
trapœfolium Dec. fl. fr.* 5, *p.* 455 ; *P. resedifolium Dec. fl. fr.* 4,
p. 61 ; *Barr. ic. t.* 800. — Racine pivotante. Tiges de 1-2 décim. ;
la centrale *dressée ; les latérales ascendantes.* Feuilles pinnatifides, à segments ovales ou elliptiques-lancéolés, souvent un
peu arqués ; le terminal plus long et plus large. Involucre à
folioles *ordinairement mutiques,* pubérulentes, *tomenteuses au
sommet.* Capitules, fleurons et akènes comme dans l'espèce
précédente.

Hab. les bords des champs aux environs de Nîmes, d'Aigues-Mortes, à
Alais, St-Ambroix (Lecoq et Lamotte). ② Fl. mai-juillet.

78ᵉ gʳᵉ. **SALSIFIS. — TRAGOPOGON.** (Lin. gen. 905.)

Involucre *simple,* à 8-12 folioles, sur un seul rang, plus ou
moins longuement soudées à la base, réfléchies à la maturité.
Akènes à côtes longitudinales plus ou moins muriquées, atténuées en bec allongé, grêle, un peu dilaté au sommet, à insertion
oblique, entourée d'une bordure. Aigrette à poils plumeux, dont
5 plus longs, nus au sommet ; les poils secondaires entrecroisés.
Réceptacle nu, alvéolé. Plantes bisannuelles, à racine fusiforme,
charnue, à feuilles linéaires-lancéolées, très-entières, à fleurons
jaunes ou violets.

1. | Pédoncule cylindrique ou peu renflé au sommet... 2.
   | Pédoncule très-renflé en massue au sommet....... 3.

2. | Fleurons jaunes..................................... PRATENSIS.
   | Fleurons violets................................... CROCIFOLIUS.

3. | Fleurons jaunes..................................... MAJOR.
   | Fleurons violets................................... AUSTRALIS.

1. **Tr. pratensis** *Lin. sp.* 1109 ; *Dec. fl. fr.* 4, *p.* 64 ; *Lamk. ill. t.* 646, *fig.* 2 ; *Fuchs. hist.* 821, *ic.* ; *Lob. ic.* 550, *fig.* 1. — Tige de 4-8 décim., droite, simple, plus rarement rameuse, glabre, fistuleuse, striée. Feuilles glabres, lancéolées-linéaires, canaliculées, élargies et embrassantes à leur base, longuement acuminées, souvent ondulées et tortillées supérieurement. Capitules solitaires, terminaux. Pédoncule un peu épaissi sous l'involucre ; celui-ci à 8-9 folioles lancéolées, acuminées, égalant ou dépassant les fleurons, rarement plus courtes qu'eux. Fleurons jaunes, à stries brunes en dessous ; anthères *brunes supérieurement*. Akènes grisâtres, atténués en bec, *environ de leur longueur ;* les extérieurs *fortement muriqués ;* les intérieurs lisses inférieurement, légèrement tuberculeux vers le sommet. Aigrette roussâtre, laineuse à la base. Les fleurs s'épanouissent le matin et sont fermées avant midi.

Cette plante est connue sous les noms vulgaires de *salsifis des prés*, de *barbe-de-bouc :* elle contient un suc lactescent, abondant, fort doux et nutritif. Elle passe pour apéritive : on mange la racine et les feuilles au printemps. Tous les bestiaux en sont friands ; la chèvre seule la rebute.

Hab. les prairies dans tout le département. ♃ Fl. mai-juin.

2. **Tr. crocifolium** *Lin. sp.* 1110 ; *Dec. fl. fr.* 4, *p.* 65 ; *Col. ecphr. t.* 230. — Tige de 2-5 décim., droite, raide, glabre, striée, fistuleuse, plus ou moins rameuse, rarement simple. Feuilles linéaires, allongées, glabres, entières, canaliculées et cotonneuses à leur base ; les caulinaires élargies et demi-embrassantes à leur base. Capitules solitaires au sommet de pédoncules un peu renflés au sommet. Involucre légèrement cotonneux à la base, dans sa jeunesse, à 5-8 folioles *dressées* pendant la fleuraison, plus longues que les fleurons ; ceux-ci *violets ; ceux du centre jaunes.* Akènes roussâtres, muriqués, épineux, à pointes blanchâtres, atténués en bec blanchâtre au sommet, plus court que l'akène et que l'aigrette ; les intérieurs légèrement tuberculeux vers le sommet. Aigrette roussâtre, presque glabre à la base, séparée du bec par un support très-court.

Hab. les bois et les garrigues, dans les lieux montagneux du département. ♃ Fl. mai-juillet.

3. **Tr. australis** *Jord. cat. dijon.* (1848), *p.* 32 ; *Godr. et Gren. fl. fr.* 2, *p.* 312 ; *Tr. porrifolium Dec. fl. fr.* 4, *p.* 65 (en partie) (non *Lin.*). — Tige de 2-5 décim., droite, glabre, simple

ou rameuse. Feuilles linéaires-acuminées, *ondulées*, dressées, glabres ; les caulinaires élargies et embrassantes à la base, souvent un peu tortillées au sommet et un peu cotonneuse aux aisselles. Capitules planes-convexes à leur épanouissement, solitaires au sommet de pédoncules renflés en massue supérieurement. Involucre glabre, à 8-12 folioles *beaucoup plus longues que les fleurons*, étalées pendant la fleuraison, dressées à la maturité, réfléchies après la chute des akènes. Fleurons d'un *violet foncé*. Akènes *grisâtres ;* les extérieurs très-muriqués ; les intérieurs lisses à la base, légèrement tuberculeux vers le sommet, tous atténués en bec glabre, lisse, blanchâtre, *plus long qu'eux* et plus court que l'aigrette ; celle-ci *roussâtre*.

Cette plante a, comme la précédente et la suivante, une teinte glauque : elle est connue sous le nom patois de *sarsifi.* On mange sa racine et ses jeunes feuilles, qui sont un aliment très-doux et salubre.

Hab. les prés et les pacages, les bords des champs et des chemins dans tout le département. (1) et (2) Fl. mai-juin.

4. **TR. MAJOR** *Jacq. fl. aust. t.* 29 ; *Dec. fl. fr.* 4, *p.* 64 ; *Lamk. ill. t.* 646, *fig.* 1. — Tige de 3-5 décim., droite, glabre, simple ou rameuse. Feuilles radicales linéaires-allongées, dressées ; les caulinaires floconneuses à la base, longuement acuminées, dilatées un peu au-dessus de la base embrassante. Capitules gros à la maturité, solitaires au sommet de pédoncules fortement renflés en massue supérieurement, un peu étranglés sous l'involucre ; celui-ci un peu cotonneux à la base dans sa jeunesse, à 8-12 folioles lancéolées, *plus longues* que les fleurons jaunes et même que les aigrettes. Akènes grisâtres, très-muriqués ; les intérieurs presque lisses, tous atténués en bec *grêle, glabre, à 5 angles au sommet, plus long qu'eux.* Aigrette rousse.

Hab. les pacages, les bois, les garrigues, les bords des champs aux environs de Nîmes, de Manduel, d'Uzès, de Beaucaire, et dans toute la plaine du département ; rare dans la partie élevée. (2) Fl. mai-juillet.

Le *Tr. porrifolius Lin. sp.* 1110 ; *Godr. et Gren. fl. fr.* 2, *p.* 312, est cultivé en grand dans les potagers pour ses racines alimentaires : il diffère du *Tr. australis* par ses capitules deux fois plus gros ; par ses fleurons plus nombreux, d'un violet plus clair, presque aussi long que l'involucre ; par ses akènes fauves ; par ses feuilles plus larges et sa tige plus haute et plus robuste.

79ᵉ gʳ. **CHONDRILLE. — CHONDRILLA.** (Lin. gen. 910.)

Involucre *cylindrique*, à 8-10 folioles presque égales, muni de petites écailles à la base. Fleurons 7-12, disposés *sur 2 rangs*. Akènes fusiformes, munis de côtes longitudinales, muriquées, épineuses supérieurement, couronnés *par 5 dents aiguës, du centre desquelles s'élève un bec filiforme très-allongé.* Aigrette à poils simples denticulés. Réceptacle dépourvu de paillettes.

1. **CH. JUNCEA** *Lin. sp.* 1120 ; *Dec. fl. fr.* 4, *p.* 8 ; *Jacq.*

austr. t. 427 ; *Math. comm.* 392, *fig.* 2 ; *Tabern. ic.* 178, *fig.* 1.
— Racine grêle, très-profonde. Tige de 5-8 décim., droite, très-rameuse, striée, cylindrique, à rameaux allongés, étalés, presque sans feuilles, pubescente inférieurement et hérissée de poils roux, raides, recourbés, glabre supérieurement. Feuilles glabres ; les radicales allongées-roncinées ou pinnatifides, à lobes inégaux, étalées en rosette, détruites à la fleuraison ; les caulinaires ordinairement entières, linéaires, allongées, étroites. Capitules presque sessiles, solitaires, géminés ou ternés, latéraux et terminaux. Involucre légèrement farineux. Fleurons jaunes. Akènes roussâtres, à bec lisse, plus long de moitié que l'akène. Aigrette blanche.

Var. B, *Latifolia Koch*. Plante plus robuste, à feuilles caulinaires, elliptiques-lancéolées. *Ch. latifolia M. B. taur.* 2, *p.* 244 ; *Borr. fl. cent.* 275.

Cette plante est connue sous le nom patois de *cicouréia dé la broca*, de *lachetta;* elle passe pour apéritive. Elle fournit une très-bonne salade ; les lapins en sont friands.

Hab. les lieux pierreux et les champs sablonneux dans tout le département. ② ou ♃ Fl. juin-septembre.

80ᵉ gᵉ. **PISSENLIT.** — **TARAXACUM.** (Juss. gen. 169.)

Involucre à folioles nombreuses, imbriquées sur plusieurs rangs ; les extérieures étalées ou réfléchies ; les intérieures plus longues, égales, dressées, toutes réfléchies à la maturité, souvent calleuses au sommet. Fleurons nombreux, jaunes. Akènes un peu comprimés, munis de côtes longitudinales muriquées, épineuses supérieurement, brusquement atténués en un bec filiforme, allongé, portant une aigrette blanche, à poils simples, denticulés. Réceptacle nu, alvéolé. Plantes acaules, à feuilles toutes radicales, à hampes fistuleuses, uniflores.

<pre>
1. | Akènes rouge de brique.................. ERYTHROSPERMUM.
   | Akènes gris ou fauve clair.............. 2.

2. | Akènes d'un gris pâle ou foncé........... 3.
   | Akènes d'un gris fauve peu foncé......... 4.

   / Akènes d'un gris olivâtre ; feuilles étalées
   | en rosette........................... OFFICINALE,
3. < Akènes d'un gris pâle ; feuilles étalées en
   | rosette.............................. LÆVIGATUM,
   \ Akènes d'un gris verdâtre ; feuilles dressées. PALUSTRE.

   | Feuilles obovales, à dents petites, fines.... OBOVATUM.
4. | Feuilles roncinées, à lobes triangulaires,
   | obtus................................. GYMNANTHUM.
</pre>

1. **T. OFFICINALE** *Vill. dauph.* 3, *p.* 72 ; *Tarax. densleonis Dec. fl. fr.* 4, *p.* 45 ; *Leontodon taraxacum Lin. sp.* 1122 ; *Lamk. ill. t.* 653 ; *Drèves et Hayne, pl. d'Eur. t.* 4 ; *Lob. ic.* 232, *fig.* 2 ; *Tragus, p.* 262, *ic.* ; *Math. comm.* 388, *fig.* 2 ; *Moris.*

hist. s. 7, *t.* 8 , *fig.* 1. — Racine brune , profonde , fusiforme.
Hampes dressées ou ascendantes, blanches ou rougeâtres. Feuilles
étalées en rosette , minces, glabres, oblongues-lancéolées , roncinées-pinnatifides, à lobes inégaux, *triangulaires*, dentés ou
incisés, souvent entremêlés de lobes linéaires. Involucre à folioles
extérieures, munies à leur sommet d'une callosité plus ou moins
saillante. Akènes d'un gris olivâtre.

Cette plante, connue sous le nom vulgaire de *dent-de-lion* (en patois, de *pis-
sachin*), est amère, stomachique, apéritive et diurétique ; elle est recherchée
pour la salade et les barbouillades. La vache, la chèvre, les moutons et les
agneaux l'aiment beaucoup.

Hab. les bords des chemins, des fossés, les lieux frais dans tout le départe-
temet. ♃ Fl. mars–octobre.

2. **T. LÆVIGATUM** *Dec. fl. fr.* 5 , *p.* 450 ; *Godr. et Gren. fl.
fr.* 2, *p.* 316 ; *Barr. ic. t.* 237. — Racine pivotante ou rameuse.
Hampes ascendantes ou dressées , un peu laineuses au sommet
rarement glabre. Feuilles glabres, roncinées-pinnatifides, à lobes
lancéolés ou linéaires, dirigés en bas, acuminés, dentés, à rachis
denté dans les intervalles , disposées en rosette étalée. Involucre
à folioles *toutes munies d'une callosité* au sommet; les extérieures
étalées ou réfléchies. Akènes d'un gris pâle.

Hab. les bois et les garrigues aux environs de Nîmes, de Margueritte, de
Laidenom, etc. ♃ Fl. avril–juin.

3. **T. ERYTHROSPERMUM** *Dec. prodr.* 7 , *p.* 147 ; *Godr. et
Gren. fl. fr.* 2, *p.* 316. — Cette espèce ne diffère de la précédente
que par ses akènes d'un *rouge de brique très-foncé*, s'étendant
jusqu'à la base du bec, dont le reste est blanc. Souvent ses feuilles
sont obovales, légèrement dentées.

Hab. les bois et les garrigues, les lieux humides et les terrains secs dans
tout le département. ♃ Fl. mars–juillet.

4. **T. GYMNANTHUM** *Dec. prodr.* 7, *p.* 145 , *Godr. et Gren.
fl. fr.* 2, *p.* 317 ; *T. automnale Castagne. cat. Marseille*, 87. —
Feuilles étalées en rosette, roncinées-pinnatifides, à lobes alternes,
triangulaires, obtus, à intervalles dentés, naissant *tantôt avec les
fleurs , tantôt après*. Involucre à folioles bossues , munies à leur
sommet d'une callosité plus ou moins prononcée ; les extérieures
lâches-dressées. Akènes d'un gris un peu fauve.

Hab. parmi le gazon, dans les aires , à Manduel , au mas de Vianès, aux
environs du Vigan. ♃ Fl. avril–octobre.

5. **T. OBOVATUM** *Dec. rapp. voy.* 2, *p.* 83, *fl. fr.* 5, *p.* 451 ;
Leontodon obovatus Willd. H. Berol. t. 47 ; *J. Bauh. hist.* 2 ,
p. 1037, *fig.* 2. — Feuilles glabres ou pubescentes, *rudes, obovales*, plus ou moins dentées, d'un *vert foncé*, étalées en rosette.
Involucre à folioles munies, à leur sommet, d'une callosité qui

les fait paraître bidentées ; les extérieures étalées. Akènes d'un gris fauve.

Hab. le long des fossés à Nimes, à Manduel, à Milhaud, dans les bois de la Chartreuse de Valbonne. ♃ Fl. avril-septembre.

6. **T. PALUSTRE** *Dec. fl. fr.* 4 , *p.* 45 ; *Hedypnois paludosa Scop. carn.* 2 , *p.* 100 , *t.* 48. — Feuilles étroites, oblongues-lancéolées, sinuées ou dentées, quelquefois lancéolées-linéaires, souvent lanugineuses sur les pétioles, le reste lisse et très-glabre, disposées en rosette *dressée et lâche.* Involucre à folioles *toutes appliquées*, dépourvues de callosité à leur sommet ; les extérieures ovales-aiguës. Akènes d'un gris verdâtre.

Hab. les pacages marécageux à St-Gilles, Bellegarde, Beaucaire. ♃ Fl. mars-septembre.

81ᵉ gᵉ. LAITUE. — LACTUCA. (Lin. gen. 909.)

Involucre oblong-cylindrique, un peu renflé à la base à la maturité, à folioles nombreuses, inégales, imbriquées ; les extérieures plus courtes. Akènes comprimés, planes sur une face, convexes sur l'autre, marqués de côtes longitudinales, terminés en bec allongé , capillaire. Aigrette blanche, à poils simples, fugaces. Réceptacle nu.

1. { Fleurons bleus ou violacés................ **PERENNIS.**
   { Fleurons jaunes........................... 2.

2. { Feuilles décurrentes sur la tige.............. 3.
   { Feuilles non décurrentes sur la tige.......... 4.

3. { Fleurons à languette d'un jaune pâle, un peu violacée en dessous, égalant la moitié de l'involucre........................... **VIMINEA.**
   { Fleurons à languette d'un beau jaune sur les 2 faces, de la longueur de l'involucre........ **CONDRILÆFLORA.**

4. { Feuilles très-minces, lyrées, à lobes anguleux ; le terminal très-grand ; tige très-faible..... **MURALIS.**
   { Feuilles raides, entières, sinuées ou roncinées ; tige raide................................ 5.

5. { Akènes plus ou moins hérissés au sommet.... 6.
   { Akènes glabres au sommet.................. 7.

6. { Capitules disposés en corymbe muni de bractées larges, embrassantes................ **SATIVA.**
   { Capitules disposés en panicule pyramidale, presque nue............................ **SCARIOLA.**

7. { Feuilles étroites, lisses aux bords et ordinairement sur la côte dorsale ; les supérieures entières, linéaires...................... **SALIGNA.**
   { Feuilles larges , ovales-oblongues, ordinairement entières, aiguillonnées sur la côte dorsale............................... **VIROSA,**

1. **L. VIMINEA** *Link. en. hort. Berol.* 2 , *p.* 281 ; *Godr. et Gren. fl. fr.* 2 , *p.* 318 ; *Prenanthes viminea Lin. sp.* 1120 ; *Dec.*

fl. fr. 4, *p.* 6 ; *Jacq. aust.* 1, *t.* 9 ; *All. ped. t.* 52, *fig.* 2, *et t.* 33, *fig.* 1 ; *Moris. hist. s.* 7, *t.* 6, *fig.* 1.—Racine brune, pivotante, peu profonde, quelquefois rameuse. Tige de 4-8 décim., visqueuse, glabre, blanchâtre, droite, raide, rameuse dès la base, à rameaux allongés, effilés, ordinairement *simples*, dressés, parfois très-étalés. Feuilles glabres ; les inférieures atténuées en pétiole, pinnatifides, à lobes profonds, inégaux ; les plus grands lobulés ; les plus petits ou intermédiaires entiers ; les caulinaires supérieures lancéolées ou linéaires, glauques, décurrentes, à décurrence appliquée contre la tige, plus ou moins allongée. Capitules nombreux, petits, brièvement pédicellés, disposés, solitaires ou géminés, le long des rameaux, formant une panicule terminale. Involucre cylindrique avant la fleuraison, puis resserré au sommet. Fleurons d'un *jaune pâle*, *un peu violacés en dessous*, se fermant à midi, à languette de moitié plus courte que l'involucre. Akènes noirs, ainsi que le bec, allongés, striés, finement rugueux, atténués en bec, plus courts qu'eux. Aigrette de la longueur de la *moitié* de l'akène avec le bec.

Hab. les lieux pierreux aux environs de Nîmes, de Beaucaire, d'Uzès, du Vigan. ② Fl. juillet-août.

2. **L. CONDRILLÆFLORA** *Borreau. fl. centr. ed.* 2, *p.* 312 ; *Godr. et Gren. fl. fr.* 2, *p.* 318. — Cette espèce, très-voisine de la précédente, n'en diffère que par ses fleurons d'un *beau jaune sur les 2 faces*, se fermant vers le soir, à languette de la longueur de l'involucre ; ses feuilles inférieures ont les lobes latéraux linéaires, entiers ou presque entiers, et le lobe terminal allongé, lancéolé, acuminé.

Hab. contre les murailles et les rochers granitiques et schisteux, au Vigan, Arphy (Diomède). ② Fl. août-septembre.

3. **L. SALIGNA** *Lin. sp.* 1119 ; *Dec. fl. fr.* 4, *p.* 11 ; *Jacq. austr. t.* 250 ; *Hall. fl. jen. t.* 4 ; *C. Bauh. prodr.* 68, *ic.* ; *Barr. ic. t.* 136. — Racine blanchâtre, pivotante ou rameuse. Tige de 6-10 décim., solitaire, droite ou naissant plusieurs de la même souche, alors ascendantes, simples ou rameuses, raides, lisses, blanchâtres, parfois munies de quelques aiguillons à la base. Feuilles glabres, allongées, étroites, à bords lisses, à nervure dorsale, blanche, lisse, quelquefois aiguillonnée ; les inférieures pinnatifides, à lobes lancéolés ou linéaires, recourbés, rapprochés de la base ; les supérieures très-entières, linéaires, sagittées-embrassantes. Capitules brièvement pédicellés, lâchement disposés en épis effilés, rapprochés en panicule terminale. Fleurons d'un jaune pâle. Akènes oblongs, *grisâtres*, glabres, striés, brusquement atténués en bec blanchâtre, *presque 2 fois de leur longueur*.

VAR. B, *Runcinata Godr. et Gren. fl. fr.* 2, *p.* 319. — Feuilles

caulinaires roncinées ou pinnatifides, à lobes terminés par une
petite pointe blanche, garnies quelquefois, sur les bords et sur
la nervure dorsale, de poils raides, longs, écartés, roussâtres.

Hab. les bords des champs, les lieux frais et secs, dans tout le département.
② Fl. juillet-août.

4. **L. SCARIOLA** *Lin. sp.* 1119 ; *L. sylvestris Dec. fl. fr.* 4,
p. 10 ; *Math. valg.* 522, *ic.* ; *Lob. ic.* 234, *fig.* 1 ; *Dod. pempt.*
646, *ic.* ; *Moris. hist. s.* 7, *t.* 2, *fig.* 17. — Racine blanchâtre,
rameuse, garnie de fibres. Tiges de 6-10 décim., solitaires ou
naissant plusieurs de la même souche, droites ; les latérales
ascendantes, raides, pleines ou peu fistuleuses, blanchâtres,
glabres, souvent hérissées, vers la base, d'aiguillons raides,
rameuses supérieurement. Feuilles fermes, glauques, hérissées,
sur les bords, de petits aiguillons inégaux, et, sur la côte dorsale,
blanchâtre, d'aiguillons plus forts, roncinées, pinnatifides ou entières ; les caulinaires souvent verticales, sagittées-embrassantes.
Capitules, les uns pédicellés, les autres presque sessiles, disposés
le long des rameaux par petites grappes ; rameaux *étalés*, formant *une panicule lâche, pyramidale.* Fleurons d'un jaune pâle.
Akènes d'un gris verdâtre, oblongs, striés, entourés *d'une bordure
étroite, obtuse, hérissés au sommet,* à bec blanc de leur longueur
ou plus long qu'eux.

VAR. B, *Integrata Godr. et Gren. fl. fr.* 2, *p.* 320. Feuilles
entières, bordées de poils raides, à côte dorsale, lisse. *L. angus-
tana All. ped.* 2, *p.* 224, *t.* 52, *fig.* 1.

Cette plante est apéritive et un peu narcotique.

Hab. les bords des champs et des chemins, les terrains remués, dans tout
le département. ② Fl. juin-septembre.

5. **L. VIROSA** *Lin. sp.* 1119 ; *Dec. fl. fr.* 4, *p.* 10 ; *Moris. hist.
s.* 7, *t.* 2, *fig.* 16. — Racine brune, un peu épaisse, pivotante ou
rameuse. Tige de 1-2 mètres, robuste, raide, pleine, droite,
solitaire, rameuse supérieurement, glabre, striée, blanchâtre ou
violacée, parfois chargée d'aiguillons robustes à sa base. Feuilles
assez larges, souvent glauques, glabres, ovales-oblongues, obtuses, entières ou sinuées, dentelées, rarement roncinées, chargées,
sur les bords et sur la nervure dorsale, de petits aiguillons ; les
caulinaires souvent verticales, sagittées-embrassantes. Capitules
pédicellés, disposés en petites grappes le long des rameaux,
formant une panicule pyramidale, un peu lâche et très-ouverte.
Fleurons d'un jaune pâle. Akènes *glabres, noirâtres,* oblongs,
striés, entourés d'une bordure saillante, obtuse, très-finement
rugueux, atténués en *pointe,* qui se prolonge en bec blanc de la
longueur de l'akène.

Cette plante, ainsi que la précédente, a un suc amer, très-narcotique et
d'une mauvaise odeur.

Hab. les lieux incultes , les bois et les garrigues dans tout le département. ② Fl. juillet-septembre.

6. **L. SATIVA** *Lin. sp.* 1118 ; *Dec. fl. fr.* 4, *p.* 9. — Racine blanchâtre, pivotante ou rameuse. Tige de 6-10 décim. , droite, glabre, presque pleine, dépourvue d'aiguillons, très-rameuse supérieurement, à rameaux ascendants ou dressés, feuillés, *largement disposés en corymbe* plus ou moins resserré. Feuilles succulentes, oblongues, suborbiculaires, roncinées ou laciniées, entières ou dentées, glabres, rarement aiguillonnées sur la côte dorsale ; les radicales disposées en rosette ; les caulinaires *cordées, embrassantes.* Capitules, les uns pédicellés, les autres presque sessiles, très-nombreux, disposés en grappes le long des rameaux. Fleurons d'un jaune pâle. Akènes blanchâtres ou noirâtres, oblongs, striés, très-finement chagrinés ou lisses, *très-légèrement hérissés au sommet,* à bec blanc, environ de la longueur de l'akène.

Var. A, *Romana* (vulgairement *laitue romaine*). Feuilles oblongues. Akènes noirâtres, finement chagrinés. *L. romana Gars. ic. t.* 315 ; *J. Bauh. hist.* 2, *p.* 998, *ic.* ; *Moris. hist. s.* 7, *t.* 2, *fig.* 9.

Var. B, *Capitata* (vulgairement *laitue pommée*). Feuilles suborbiculaires, très-concaves, ondulées. Akènes blanchâtres, lisses. *L. capitata Moris. hist. s.* 7, *t.* 2, *fig.* 2 ; *Lob. ic. t.* 242, *fig.* 2; *Math. valg. p.* 520-521, *ic.*

Var. Γ, *Laciniata* (vulgairement *laitue épinard*). Feuilles laciniées. *L. laciniata Dec. fl. fr.* 5, *p.* 433 ; *Moris. hist. s.* 7, *t.* 2, *fig.* 4-5 ; *Dod. pempt* 644, *fig.* 2.

La laitue var. A est connue sous le nom patois de *lachuga rouména ;* la var. B, de *rougetta :* la var. Γ, de *lachuga frisada.* Sa saveur est un peu amère et aqueuse ; elle est rafraîchissante et calmante; son suc est sédatif et contient un peu d'*opium.* Ses graines font partie des quatre petites semences froides : elles sont rafraîchissantes, calmantes et antiputrides. Toutes ses variétés se mangent crues en salade , et cuites en ragoût.

Hab., cultivée dans les potagers, sous un grand nombre de variétés et sous-variétés; son origine est ignorée. ① Fl. juin-septembre.

7. **L. MURALIS** *Koch sin.* 496 ; *Godr. et Gren. fl. fr.* 2, *p.* 321 ; *Prenanthes muralis Lin. sp.* 1121 ; *Dec. fl. fr.* 4, *p.* 8 ; *Chondrilla muralis Lamk. dict.* 2, *p.* 78 ; *Fl. dan. t.* 509 ; *Moris. hist. s.* 7, *t.* 3, *fig.* 14 ; *Tabern. ic.* 194, *fig.* 1 ; *Lob. ic.* 1, *p.* 23, *fig.* 1. — Racine blanchâtre, tortueuse, fibreuse. Tige de 5-9 décim. , droite, glabre, lisse, striée, fistuleuse, rameuse au sommet, souvent rougeâtre inférieurement. Feuilles minces, glabres, d'un vert foncé en dessus, glauques, quelquefois rougeâtres en dessous, lyrées-pinnatifides , à lobes profonds, anguleux-dentés ; le terminal très-ample ; les radicales pétiolées ;

les caulinaires rétrécies en pétiole ailé, dilaté à la base en oreillette embrassante ; les florales linéaires, entières. Capitules nombreux, étroits, à pédicelles étalés, disposés en panicule rameuse, *lâche* et terminale. Fleurons jaunes. Akènes *d'un brun rougeâtre*, oblong, glabre, strié, atténués en bec *très-court*.

Hab. les bois et les rochers humides dans toute la partie élevée du département. ① Fl. juin-août.

8. L. PERENNIS *Lin. sp.* 1120 ; *Dec. fl. fr.* 4, *p.* 11 ; *L. sonchoides Lap. abr.* 461 ; *Lob. ic.* 230, *fig.* 1 ; *Math. comm.* 392, *fig.* 2, *ed. valg.* 510, *ic.* ; *Dalech. hist. ed. fr.* 1, *p.* 477, *fig.* 2. — Racine blanchâtre, épaisse, ordinairement simple, à souche rameuse. Tige de 3-5 décim., droite, cylindrique, glabre, presque striée, rameuse supérieurement, à rameaux dressés ou ascendants, disposés en corymbe lâche, terminal. Feuilles tendres, glabres, d'un vert glauque ; les radicales disposées en rosette, profondément pinnatifides, ainsi que les caulinaires inférieures, à lobes linéaires-lancéolés, entiers ou irrégulièrement dentés ; les supérieures petites, pinnatifides ou entières, dilatées, à leur base, en 2 oreillettes arrondies, embrassantes. Capitules assez longuement pédicellés. Fleurs grandes, d'un bleu violet. Akènes noirâtres, *oblongs-lancéolés*, atténués en bec blanc, noirâtre à la base, environ *de la longueur de l'akène* strié, finement ridé en travers. Aigrette blanche.

VAR. B, *Cichoriifolia Godr. et Gren. fl. fr.* 2, *p.* 322. Lobes des feuilles recourbés ; akènes noirs, à rides transversales très-prononcées. *L. cichoriifolia Dec. fl. fr.* 5, *p.* 434.

Dans les environs du Vigan, on connaît cette plante sous le nom patois de *broca ;* on mange crues, en salade, les jeunes pousses.

Hab. : la var. A, dans les champs pierreux et secs, dans les fentes des rochers le long du Gardon, dans les bois de la Chartreuse de Valbonne et aux environs du Vigan, ainsi que la var. B. ♃ Fl. mai-juillet.

82ᵉ gᵣᵉ. **PRÉNANTHE. — PRENANTHES.** (Vaill. act. acad. soc. par. 1721.)

Involucre cylindrique, à 6-8 *folioles* inégales, imbriquées ; les intérieures linéaires, obtuses, plus longues que les extérieures, en forme de calicule. Fleurons 5, *disposés sur un seul rang*. Akènes un peu comprimés, linéaires-oblongs, à stries peu marquées, atténués vers la base, *tronqués au sommet*. Aigrette *sessile,* à poils simples, scabres. Réceptacle nu.

1. PR. PURPUREA *Lin. sp.* 1121, *Dec. fl. fr.* 4, *p.* 6 ; *Jacq. aust. t.* 317 ; *Col. ecphr.* 1, *t.* 246 ; *Moris. s.* 7, *t.* 3, *fig.* 22. — Racine blanchâtre, épaisse, horizontale, traçante, noueuse. Tige de 8-12 décim., droite, cylindrique, lisse, rameuse supérieurement, à rameaux axillaires et terminaux étalés et disposés en une panicule ample, rameuse. Feuilles minces, oblongues-lancéolées, entières ou sinuées-dentées, glauques en dessous, quelquefois rougeâtres; les inférieures brusquement rétrécies en pétiole largement ailé, environ de la longueur de la moitié du limbe; les caulinaires dilatées, à leur base, en 2 oreillettes embrassantes. Capitules étroits, allongés, penchés, disposés au sommet de pédoncules allongés, divariqués. Fleurons d'un rouge violet. Akènes jaunâtres, lisses, luisants. Aigrette blanche.

VAR. B, *Angustifolia Godr. et Gren. fl. fr.* 2, *p.* 323. Feuilles caulinaires, linéaires-allongées. *P. tenuifolia Lin. sp.* 1120; *Dec. fl. fr.* 4, *p.* 6; *All. ped. t.* 33, *fig.* 2.

Hab. les bois et le long des ruisseaux sur toute la chaîne de l'Espérou, dans le bois de Salbous et de Longuesfeuilles, à Concoule. 2ᶜ Fl. juillet-août.

83ᵉ grᵉ. **LAITRON.** — **SONCHUS.** (Lin. gen. 908.)

Involucre un peu renflé à la base, à folioles nombreuses, inégales, imbriquées sur plusieurs rangs. Fleurons nombreux, *sur plusieurs rangs*. Akènes comprimés, marqués de côtes longitudinales, lisses ou ridés transversalement, tronqués ou terminés en pointe, mais *dépourvus de bec*. Aigrette sessile, à poils simples très-fins, lisses ou légèrement denticulés, très-blancs. Réceptacle nu. Fleurs jaunes.

1. { Pédoncules et involucre couverts de poils glanduleux. **ARVENSIS.**
   { Pédoncules et involucre glabres ou cotonneux...... 2.

2. { Feuilles bordées de cils raides; tige non fragile..... 3.
   { Feuilles non bordées de cils raides : tige fragile.. . **TENERRIMUS.**

3. { Feuilles lancéolées-linéaires, très-longues, entières
   {   ou sinuées-dentées...................... **MARITIMUS.**
   { Feuilles roncinées ou lyrées..................... 4.

4. { Akènes striés et rugueux transversalement; feuilles
   {   molles, non épineuses...................... **OLERACEUS.**
   { Akènes striés non rugueux : feuilles fermes, à dent
   {   piquante.................................. **ASPER.**

1. **S. TENERRIMUS** *Lin. sp.* 1117; *Dec. fl. fr.* 4, *p.* 13; *S. pectinatus Dec. fl. fr.* 5, *p.* 431; *Pluck. alm. t.* 93; *Rchb. hort. t.* 139. — Racine blanchâtre, pivotante ou rameuse-tortueuse. Tiges de 2-4 décim., dressées, glabres, fragiles, fistuleuses, réunies en touffe, très-rameuses, à rameaux divariqués, rarement dressés, disposés en corymbe lâche, ombelliforme. Feuilles tendres, pinnatifides, à lobes profonds, inégaux, dentelés, souvent munis à leur base, du côté inférieur, d'un lobule denté; tantôt ils sont ovales ou rhomboïdaux, tantôt oblongs ou linéaires; les radicales *pétiolées;* celles du milieu de la tige contractées inférieurement et dilatées, à la base, en 2 oreillettes allongées, acuminées, embrassantes; les plus supérieures linéaires, élargies à leur base. Capitules médiocres au sommet de

pédoncules plus ou moins allongés, garnis au sommet et sous l'involucre d'un coton blanc, épais. Involucre glabre. Akènes roussâtres, striés, finement chagrinés, *dépourvus de bordure.*

Hab. contre les vieux murs à Nimes et dans ses environs. ⚲-⚲ Fl. avril-août.

2. S. OLERACEUS *Lin. sp.* 1116 *(excl. var.* Γ *et* Δ*); Dec. fl. fr.* 4, *p.* 13; *S. lævis Vill. dauph.* 3, *p.* 158; *Fl. dan.* 682; *Lob. ic. t.* 235, *fig.* 2; *Math. comm. p.* 385, *fig.* 1; *Fuchs. hist.* 675, *ic.* — Racine blanchâtre, pivotante ou un peu rameuse. Tige de 2-8 décim., droite, glabre, striée, anguleuse inférieurement, fistuleuse, rameuse. Feuilles d'un vert clair, un peu glauques en dessous, oblongues-lancéolées, entières, roncinées-pinnatifides ou lyrées, à lobe terminal grand, triangulaire, échancré à la base; les inférieurs peu inégaux, tous inégalement sinués, denticulés-épineux; les feuilles inférieures rétrécies en pétiole; les caulinaires dilatées à la base en 2 oreillettes acuminées, embrassantes, *étalées.* Capitules déprimés à la maturité, disposés en corymbe ombelliforme, plus ou moins irrégulier au sommet de pédoncules, quelquefois munis de poils glanduleux et garnis au sommet, sous l'involucre, d'un coton blanc, épais. Involucre glabre, à folioles linéaires aiguës. Akènes brunâtres, obovales, à 3 côtes peu prononcées, *rugueuses en travers.*

Cette plante, ainsi que les deux suivantes, porte le nom patois de *cardelle.* Son suc est un peu amer; elle est très-apéritive, et on lui accorde les mêmes propriétés qu'à la laitue. Dans les Cévennes, on mange en salade les jeunes laitrons; leurs feuilles cuites servent comme garniture et sont employées en ragoût. Elle fournit une nourriture agréable aux vaches, aux lapins et aux cochons.

Hab. les lieux cultivés dans tout le département. ① Fl. mai-octobre.

3. S. ASPER *Vill. dauph.* 3, *p.* 158; *S. oleraceus var.* Γ-Δ; *Lin. sp.* 1117; *S. oleraceus var.* B; *Dec. fl. fr.* 4, *p.* 13; *Math. comm.* 384, *ic.; Dod. pemp.* 643, *fig.* 2-3; *Fuchs. hist.* 674. — Racine et tige comme la précédente. Feuilles raides, luisantes, entières, peu dentées ou roncinées-pinnatifides, crépues, ciliées-épineuses; les inférieures rétrécies en pétiole; les caulinaires dilatées, à la base, en 2 oreillettes arrondies, embrassantes, souvent *contournées en spirale.* Akènes brunâtres, à 2-3 côtes longitudinales, distantes, très-saillantes, ordinairement lisses, atténués au sommet, entourés d'un *rebord* mince.

Hab. comme la précédente. ① Fl. mai-octobre.

4. S. ARVENSIS *Lin. sp.* 1116; *Dec. fl. fr.* 4, *p.* 14; *Fl. dan. t.* 606; *Lob. ic.* 237, *fig.* 1; *Fuchs. hist.* 319, *ic.* — Racine blanchâtre, *rampante.* Tige de 6-10 décim., droite, raide, anguleuse, fistuleuse, très-glabre inférieurement, souvent violette rameuse et presque nue au sommet. Feuilles glauques; les infé

rieures souvent violettes, oblongues-lancéolées, roncinées-pinnatifides, à lobes triangulaires, dirigés vers la base ; le terminal
oblong, alongé ; bordées de dents inégales, épineuses ; les inférieures pétiolées, quelquefois presque entières ; les caulinaires
dilatées à la base en 2 oreillettes courtes, arrondies, embrassantes ; les plus supérieures courtes, entières, linéaires-aiguës.
Capitules assez gros au sommet de pédoncules *hérissés-glanduleux*, disposés en corymbe ombelliforme, terminal, peu fourni.
Involucre *hérissé-glanduleux*. Akènes bruns, oblongs, striés,
à rugosités transversales.

Hab. les vignes et les champs cultivés dans tout le département. ♃ Fl.
juillet–septembre.

5. S. MARITIMUS *Lin. sp.* 1116 ; *Dec. fl. fr.* 4, *p.* 12 ; *All.
ped. t.* 16, *fig.* 2. — Racine blanchâtre, rampante. Tiges de 4-8
décim., partant plusieurs de la même souche, droites, glabres,
lisses, fistuleuses, rameuses. Feuilles glabres, glauques, trèsallongées, étroites-lancéolées, *entières* ou *sinuées-dentées-épineuses*, quelquefois roncinées, les caulinaires auriculées-embrassantes, à oreillettes courtes, arrondies. Capitules médiocres, peu
nombreux, quelquefois solitaires au sommet des tiges simples.
Pédoncules lisses, *très-glabres*, *ainsi que les folioles de l'involucre*. Akènes fauves, à stries lisses ou légèrement rugueuses.

Hab. les prairies humides à l'étang de Jonquières, à Bellegarde, Beaucaire,
St-Gilles, Aigues-Mortes. ♃ Fl. juin-août.

Le *mulgedium alpinum Less. syn. Sonchus alpinus Dec. fl. fr.*, indiqué à
Banahu par *Guan. herb.*, n'a pas été trouvé par nous, malgré nos fréquentes
recherches dans cette localité.

84ᵉ gᵉ. **PICRIDIE. — PICRIDIUM.** (Desf. atl. 2, p. 221.)

Involucre ventru, à folioles imbriquées, inégales, bordées
d'une membrane blanche. Akènes *tous semblables, à 4 angles* trèssaillants, séparés par *4 sillons profonds*, resserrés au sommet et
garnis tout le long des angles de tubercules très-saillants et disposés par séries transversales. Aigrette blanche, à poils simples,
très-fins. Réceptacle nu. Fleurons jaunes.

1. **P. VULGARE** *Desf. l. c.* ; *Dec. fl. fr.* 4, *p.* 16 ; *Scorzonera
picroides Lin. sp.* 1114 ; *Sonchus picroides Lamk. dict.* 3,
p. 398 ; *All. ped.* 1, *p.* 223, *t.* 16, *fig.* 1 ; *Lob. ic. t.* 236, *fig.* 2.
— Racine blanchâtre, pivotante ou rameuse, tortueuse. Tiges de
2-4 décim., naissant plusieurs du collet de la racine, droites,
grèles, très-lisses, rameuses, glabres et glauques, ainsi que les
feuilles ; celles-ci tendres, un peu succulentes ; les radicales
nombreuses, disposées en rosette dressée, sinuées-pinnatifides, à
lobes entiers ou dentés, tantôt aigus, tantôt obtus ; les caulinaires
oblongues-lancéolées, ordinairement dentées, élargies inférieure-

ment et embrassantes. Capitules médiocres, solitaires au sommet de pédoncules très-longs, un peu renflés supérieurement et garnis de quelques écailles courtes, cordiformes, membraneuses, blanchâtres sur les bords. Involucre glabre, très-contracté au sommet, surtout à la maturité, à folioles extérieures cordiformes. Akènes fauves, 3-4 fois plus courts que l'aigrette.

Cette plante est connue sous les noms vulgaires de *terre grepie*; en patois, *escarpouletta*. On mange, en salade, les jeunes pousses du printemps.

Hab. les lieux pierreux, les vignes, contre les rochers, aux environs de Nimes, du Vigan, d'Alais, Anduze, St-Ambroix, Uzès, Beaucaire. ⚥ Fl. mai-août.

85ᵐᵉ gᵣᵉ. **ZACINTHE — ZACINTHA**. (Tournef. inst. 476, t. 269.)

Involucre ventru, *anguleux et toruleux* circulairement, à la maturité, à folioles imbriquées, inégales; les extérieures plus courtes que les intérieures; celles-ci coriaces-charnues, *ventrues extérieurement, enveloppant les akènes de la circonférence*, étroitement conniventes au sommet. Akènes du centre *droits*; ceux de la circonférence *courbés en dedans*, tous striés, atténués vers la base, contractés au sommet, à aigrette sessile, à poils courts, fins, scabres, très-caducs. Réceptacle nu.

1. **Z. VERRUCOSA** *Gærtn. fr.* 2, *p.* 358, *t.* 157, *fig.* 7; *Dec. fl. fr.* 4, *p.* 48; *Math. comm.* 389, *fig.* 1; *Cam. epit.* 287, *ic.*; *Clus. hist.* 2, *p.* 144, *fig.* 1. — Racine pivotante. Tiges de 1-3 décim., naissant plusieurs du collet de la racine, rarement solitaires, dressées, glabres ou un peu hérissées inférieurement, striées, anguleuses vers les articulations, fistuleuses, renflées au sommet, ainsi que les pédoncules, rameuses, subdichotomes. Feuilles la plupart radicales, pétiolées, roncinées ou pinnatifides, à lobe terminal ample, un peu en pointe, disposées en rosette, glabres ou légèrement hérissées; celles de la tige lancéolées-aiguës, entières, dentées ou incisées, sagittées, embrassantes. Capitules petits, solitaires; les uns *sessiles ou très-brièvement pédonculés* dans les bifurcations des rameaux; les autres *au sommet de pédoncules* étalés, peu allongés. Involucre à folioles internes coriaces-charnues, ventru à la maturité; leur moitié supérieure étroitement contractée au-dessous du sommet étalé. Fleurons jaunes, 2 fois de la longueur de l'involucre, à languettes de la circonférence rougeâtres en dessous. Akènes jaunâtres; ceux de la circonférence à aigrette oblique; ceux du centre à aigrette perpendiculaire.

Hab. les bois vis-à-vis du château de Tessan, près du Vigan: les bords des chemins à Aubord; les bords des fossés, sur la route de St-Gilles et de Générac; les garrigues de Manduel, près la *Geassa dei cabras*, près Campuget. ⚥ Fl. mai-juillet.

86ᵉ gʳᵉ. **PTÉROTHEQUE.** — **PTEROTHECA.** (Cass. dict. sc. nat. 25,
p. 62.)

Involucre campanulé, à folioles inégales, imbriquées, membraneuses sur les bords ; les extérieures plus petites, appliquées. Akènes de deux sortes ; ceux du centre roux , linéaires, striés, atténués en bec, ceux de la circonférence blanchâtres, gros, convexes et carénés extérieurement, à 3-5 côtes ou ailes membraneuses intérieurement. Aigrette à poils très-fins , denticulés, très-peu nombreux dans les akènes de la circonférence. Réceptacle garni de poils longs.

1. **P. NEMAUSENSIS** *Cass. l. c.; Crepis nemausensis Guan. ill.* 60; *All. ped.* 1, *p.* 221, *t.* 75, *fig.* 1; *Andryala nemausensis Vill. dauph.* 3 , *p.* 66, *t.* 26; *Dec. fl. fr.* 4 , *p.* 38; *Hieracium sanctum Lin. sp.* 1127. — Racine pivotante. Tiges de 1-3 décim., naissant plusieurs ensemble du collet de la racine , lâchement hérissées ; les centrales dressées ; les latérales ascendantes, entièrement nues, rameuses au sommet, à rameaux simples ou rameux, munis, à leur base, d'une petite foliole bractéiforme. Feuilles pétiolées, chargées, sur les faces et sur les bords, de poils courts, oblongues, spatulées, lyrées ou dentées , obtuses , mucronées, disposées en rosette étalée sur la terre ; quelquefois elles sont rougeâtres. Capitules petits au sommet de pédoncules hérissés, glanduleux, disposés en corymbe tantôt lâche, tantôt rapproché. Involucre à folioles velues sur le dos. Fleurons jaunes, deux fois aussi longs que l'involucre. Akènes de la circonférence comprimés, 3-4 fois plus gros que ceux du centre. Dans nos exemplaires, le réceptacle est nu.

Hab. en abondance dans les champs cultivés de toute la plaine du département ; elle remonte jusqu'à Alais, Anduze et le Vigan. ☉ Fl. avril-juillet.

87ᵉ gʳᵉ. **CRÉPIDE,** — **CREPIS.** Lin. gen. 914, en part.)

Involucre à folioles disposées sur 2 rangs ; les extérieures plus courtes, ordinairement lâches. Akènes presque cylindriques, munis de stries longitudinales, lisses ou scabres, atténués en bec ou simplement rétrécis au sommet. Aigrette à poils simples, très-fins , lisses ou légèrement scabres. Réceptacle dépourvu de paillettes, glabre ou poilu. Plantes herbacées, annuelles, bisannuelles ou vivaces, à fleurons jaunes.

1. { Akènes tous atténués en bec, ou seulement ceux du centre...................................... 2.
{ Akènes atténués au sommet, mais dépourvus de bec.. 7.

2. { Capitules dressés avant l'épanouissement..... 3.
{ Capitules penchés avant l'épanouissement..... 6.

1. **C. TARAXACIFOLIA** *Thuil. fl. par.* 409; *C. cinerea Poir. dict. suppl.* 2, *p.* 391; *Barkausia taraxacifolia Dec. fl. fr.* 4, *p.* 43; *Lob. ic. t.* 239, *fig.* 2. — Racine fusiforme. Tige de 4-6 décim., droite, sillonnée, fistuleuse, rameuse, souvent dès la base, à rameaux dressés, en corymbe irrégulier, un peu pubescente ou âpre au toucher, d'un vert ordinairement blanchâtre, souvent rougeâtre inférieurement. Feuilles velues-hispides, quelquefois scabres, roncinées-dentées ou pinnatifides, à divisions inégales, entières ou dentées; la terminale plus grande; les radicales rétrécies en pétiole, disposées en rosette; les supérieures embrassantes, dentées ou incisées à la base. Capitules moyens, terminaux. Pédoncules et rameaux munis, à leur base, de petites *bractées linéaires*. Involucre à folioles linéaires-obtuses, membraneuses sur les bords, plus ou moins tomenteuses, souvent hérissées de poils noirâtres, glanduleux; les extérieures lâches, plus courtes de moitié. Fleurons jaunes, à languettes extérieures

rougeâtres en dessous. Stigmate brun. Akènes fusiformes roussâtres, à 10 stries scabres, à bec filiforme *allongé*. Aigrettes plus
longues que l'involucre et à bec plus court que lui. Réceptacle
velu.

VAR. B, *Integrifolia nob.* Feuilles toutes entières. Plante
hérissée de longs poils.

Hab. les prairies, les garrigues, les bords des champs et des chemins dans
tout le département; la var. B, dans les bois à St-Marcel, les prairies à
Alzon. ② Fl. mai-septembre.

2. **C. RECOGNITA** *Hall. fil. crep. in. nat. anz.* 1818, N° 5 ;
Gaud. helv. 5, *p.* 134; *Godr. et Gren. fl. fr.* 2, *p.* 334; *Barkausia recognita Dec. prodr.* 7, *p.* 154; *C. leontodon mut. fl.
fr.* 2, *p.* 216, *t.* 33, *fig.* 262. — Cette espèce ne diffère de la
précédente, dont elle n'est peut-être qu'une variété, que par ses
tiges plus courtes, moins robustes, moins rameuses, souvent
dépourvues de feuilles, alors munies de petites folioles stipuli-
formes, naissant *plusieurs* du collet de la racine, et disposées en
rosette, couchées ou étalées.

Hab. les coteaux pierreux, les pacages et les garrigues aux environs de
Nîmes, Aigues-Mortes, le Vigan, Beaucaire, Uzès, St-Gilles, etc. ② Fl.
mai-juillet.

3. **C. SETOSA** *Hall. fil. in Ram. arch.* (1796) 1, *pars.* 2, *p.* 1 ;
C. hispida Wald. et Kit. hung. 1, *t.* 43; *Barkausia setosa Dec.
fl. fr.* 4, *p.* 44, *et ic. rar. t.* 19. — Racine pivotante. Tige de
4-6 décim., droite, cannelée, fistuleuse, souvent rougeâtre inférieurement, plus ou moins hérissée de poils raides, étalés, rameuse,
à rameaux dressés. Feuilles un peu hérissées ; les radicales sinuées-
dentées ou roncinées, à lobe terminal lancéolé, très-grand, rétrécies en pétiole, disposées en rosette; les caulinaires incisées à
leur base, auriculées-embrassantes; les plus supérieures entières,
sagittées. Capitules assez petits, dressés avant l'épanouissement,
au sommet de pédoncules grêles, disposés en corymbe lâche,
irrégulier. Involucre à folioles linéaires-aiguës, carénées, chargées, ainsi que les bractées, de *longs poils raides, jaunâtres;*
les extérieures plus courtes de moitié, très-lâches. Fleurons
jaunes, d'une seule couleur. Stigmate livide. Akènes bruns,
fusiformes, à 10 stries scabres, à bec filiforme, *un peu plus court*
que l'akène. Aigrette un peu plus longue que l'involucre. Réceptacle glabre.

Hab. les marécages, au Pont-Rouge, près le canal de Beaucaire à Aigues-
Mortes. ① Fl. juin-août.

4. **C. SUFFRENIANA** *Lloyd. fl. Loir.-Inf.* 155; *Godr. et Gren.
fl. fr.* 2, *p.* 333; *Barkausia suffreniana Dec. fl. fr.* 5, *p.* 450. —
Racine filiforme, pivotante. Tiges solitaires ou naissant 2-3 du
collet de la racine, hautes de 5-10 centim., très-grêles, droites,

hérissées inférieurement, glabres supérieurement, simples ou très-peu rameuses. Feuilles pubescentes ; les radicales oblongues-spatulées, entières ou un peu sinuées, rarement pinnatifides, disposées en rosette étalée, souvent rougeâtres ; les caulinaires entières, demi-embrassantes. Capitules 1-4, très-petits, courbés avant l'épanouissement, solitaires au sommet de pédoncules glabres, assez allongés. Involucre à folioles linéaires, presque obtuses, étroitement scarieuses sur les bords, un peu farineuses, munies, sur la côte dorsale, d'une ligne de poils noirs, raides, ascendants ; les extérieures très-courtes, lâches. Stigmate jaune. Akènes rougeâtres, à 10 stries profondes, non scabres, à bec *très-court*. Aigrette *de la longueur de l'involucre ou le dépassant peu*. Réceptacle presque glabre.

Hab. les lieux sablonneux aux environs de Nîmes, au bord du Gardon, près du pont du Gard. ① Fl. avril-juin.

5. **C. FŒTIDA** *Lin. sp.* 1133 ; *Barkausia fœtida Dec. fl. fr. 4, p. 42 ; Lob. ic. t. 226, fig. 1 ; Dod. pempt. 641, fig. 3 ; Magn. bol. p. 128, ic.* — Racine pivotante. Tige de 2-5 décim., droite, striée, hérissée de poils courts, rameuse dès la base, à rameaux dressés ou étalés, souvent allongés, presque nus. Feuilles velues-hérissées ; les radicales roncinées-pinnatifides, à lobes inégaux, aigus, dentés, le terminal plus grand ; pétiolées, disposées en rosette dressée ou étalée : les caulinaires profondément incisées à leur base, auriculées-embrassantes. Capitules moyens, penchés avant l'épanouissement, au sommet de pédoncules un peu renflés supérieurement. Involucre un peu ventru à la maturité, à folioles linéaires-aiguës, un peu pliées en dedans, embrassant les akènes de la circonférence et rendant l'involucre cannelé, pubescentes ou hérissées de poils simples ou glanduleux ; les extérieures courtes et lâches. Fleurons jaunes, à languettes extérieures rougeâtres en dessous. Stigmate jaune. Akènes jaunâtres, fusiformes, légèrement striés, très-finement rugueux ; ceux de la circonférence à bec *plus court que l'involucre* ; ceux du centre à bec *allongé, égalant ou dépassant l'involucre*. Réceptacle velu. Plante très-fétide, d'un aspect grisâtre.

Hab. les lieux incultes, bords des chemins, prairies et pacages dans tout le département. ① Fl. juin-août.

6. **C. ALBIDA** *Vill. dauph.* 3, *p.* 139, *l.* 33 ; *All. ped.* 1, *p.* 219, *t.* 32, *fig.* 3 ; *Barkausia albida Dec. prodr.* 7, *p.* 152 ; *Picridium albidum Dec. fl. fr.* 4, *p.* 16. — Racine brune, épaisse, rameuse, entourée à son collet des débris des anciennes feuilles. Tige de 1-4 décim., droite, raide, pubescente, cannelée, simple ou peu rameuse. Feuilles la plupart radicales, disposées en rosette épaisse, oblongues-lancéolées, dentées ou roncinées, rarement entières, velues-glanduleuses : celles de la tige 1-3, dont les plus

supérieures linéaires-lancéolées. Capitules assez gros, dressés avant la fleuraison, solitaires au sommet de pédoncules allongés, dressés-étalés. Involucre à folioles lâchement imbriquées, ovales et lancéolées, un peu aiguës, bordées d'une membrane blanche, plus ou moins tomenteuses sur le dos. Fleurons d'un beau jaune. Stigmate blanchâtre. Akènes d'un roux clair, tous semblables, insensiblement atténués en bec, à 20 stries longitudinales, très-finement rugueuses. Réceptacle alvéolé-frangé.

Hab. les pacages pierreux aux environs du Vigan, d'Alzon, Alais, St-Ambroix, Anduze. ♃ Fl. juin-août.

7. **C. BULBOSA** *Cass. ann. sc. nat.* 29, *p.* 4; *Godr. et Gren. fl. fr.* 2, *p.* 335; *Leontodon bulbosum Lin. sp.* 1122; *Prenanthes bulbosa Dec. fl. fr.* 4, *p.* 7; *Lob. ic. t.* 230, *fig.* 2; *Tabern. ic.* 178, *fig.* 2; *Col. phytob. t.* 4. — Racine composée de fibres filiformes nombreuses, longues et rameuses, la plupart terminées par des tubercules irrégulièrement arrondis, blancs, de différentes grosseurs, atteignant la grosseur d'une noisette; des *rejets rampants* prennent naissance de son collet. Tige de 1-3 décim., en forme de hampe ordinairement nue, grêle, finement striée, fistuleuse, glabre inférieurement, velue-glanduleuse au sommet. Feuilles oblongues, entières ou dentées, à pétiole grêle très-long, glabres, un peu succulentes, d'un vert jaunâtre, un peu luisantes, souvent rougeâtres. Capitules médiocres, solitaires, terminaux. Involucre à folioles imbriquées; les intérieures glabres, étroitement membraneuses sur les bords; les extérieures très-courtes, hérissées, glanduleuses. Fleurons jaunes, à languettes rougeâtres en dessous. Akènes roussâtres, subtétragones, lisses, munis de 6-8 côtes longitudinales, atténués au sommet. Aigrette d'un blanc éclatant, environ de la longueur de l'involucre et presque *2 fois aussi longue* que l'akène.

Hab. les pacages salants à Bellegarde, au pied des tamarix et des salicornes, aux environs de St-Gilles, d'Aigues-Mortes, dans le bois de Cygnan, près Nimes; les lieux arides à Montels, Aulas, près du Vigan (Diomède. ♃ Fl. mai-juin.

8. **C. BIENNIS** *Lin. sp.* 1136; *Dec. fl. fr.* 4, *p.* 39 *et* 5, *p.* 446; *J. Bauh. hist.* 2, *p.* 1025, *fig.* 3. — Racine pivotante. Tige de 6-10 décim., droite, cannelée-anguleuse, scabre sur les angles, à rameaux souvent hérissés, disposés en corymbe dressé. Feuilles hérissées, scabres, surtout en dessous, dentées ou roncinées-pinnatifides; les radicales atténuées en pétiole, disposées en rosette irrégulière, dressée; les caulinaires planes, sessiles, prolongées à leur base en 2 *oreillettes dentées;* les plus supérieures entières. Capitules médiocres dressés. Involucre à folioles oblongues-linéaires, presque obtuses, couvertes *intérieurement de poils courts, brillants, couchés,* et à l'extérieur d'une pubescence

blanchâtre, parsemée de poils raides, noirs, glanduleux; les extérieures *très-lâches*. Fleurons jaunes, jamais rougeâtres en dessous. Stigmates *jaunes*. Akènes fauve clair, légèrement atténués vers le sommet, un peu *plus longs* que l'aigrette, à 13 *côtes* presque lisses. Aigrettes dépassant l'involucre. Réceptacle velu.

Hab. les prés et les pacages dans tout le département. ② Fl. mai–juillet.

9. **C. NICEENSIS** *Balb. ap. Pers. syn.* 2, *p.* 376; *Godr. et Gren. fl. fr.* 2, *p.* 337; *C. scabra Dec. fl. fr.* 5, *p.* 446. — Racine pivotante. Tige de 3-6 décim., droite, cannelée-anguleuse, scabre, hérissée inférieurement, rameuse supérieurement, à rameaux scabres, disposés en corymbe. Feuilles *hérissées-scabres*, dentées ou roncinées-pinnatifides; les radicales atténuées en pétiole, disposées en rosette dressée, souvent détruites à l'époque de la fleuraison; les caulinaires planes, *sagittées*, embrassantes. Capitules presque petits, renflés à la base à la maturité. Involucre à folioles linéaires-lancéolées, aiguës, *glabres* intérieurement, couvertes, à l'extérieur, d'une pubescence blanchâtre, parsemée de poils raides-glanduleux qu'on retrouve sur les pédoncules; les extérieures lâches. Fleurons jaunes, non rougeâtres en dessous. Stigmates *bruns*. Akènes fauve clair, presque lisses, *légèrement atténués* au sommet, à 10 *stries* longitudinales. Aigrettes un peu plus longues que l'involucre et 2 *fois de la longueur* des akènes. Réceptacle alvéolé-frangé. Cette plante diffère de la précédente par ses capitules, de moitié plus petits, et ses stigmates bruns.

Hab. les prairies à Tresques, les bords des champs et des chemins à Montdardier, Aumessas, Lanuejols. ② Fl. mai–juillet.

10. **C. VIRENS** *Vill. dauph.* 3, *p.* 142; *C. virens et stricta Dec. fl. fr.* 5, *p.* 447; *C. stricta scop. carn.* 2, *p.* 99, *t.* 47. — Racine pivotante. Tige de 2-5 décim., droite, grêle, striée, glabre ou un peu hispide à la base, rameuse supérieurement, à rameaux disposés en corymbe lâche, dressé-étalé; souvent elle est rougeâtre à la base; quelquefois le collet de la racine donne naissance à des tiges nombreuses, étalées sur la terre. Feuilles radicales nombreuses, rétrécies en pétiole, disposées en rosette, presque glabres, lancéolées, dentées ou roncinées-pinnatifides; les caulinaires planes, sessiles, sagittées, entières ou dentées-incisées à la base. Capitules très-petits, nombreux. Involucre à folioles plus ou moins pubescentes-blanchâtres à l'extérieur, souvent parsemées de poils noirs, glanduleux, *glabres* à l'intérieur; les extérieures *non étalées*. Fleurons jaunes, à languettes extérieures un peu rougeâtres en dessous. Stigmates *jaunes*. Akènes verdâtres, oblongs-linéaires, un peu atténués au sommet, à 10 côtes très-marquées, presque lisses. Aigrettes de la longueur de l'involucre et plus longues que les akènes. Réceptacle *glabre*.

Var. B, *Diffusa*. Tiges nombreuses, très-rameuses, étalées sur la terre. Feuilles de la tige entières. *C. diffusa Dec. fl. fr. 5, p.* 448.

Hab. les champs cultivés, les pacages, les bords des chemins dans tout le département. ① Fl. juin–octobre.

11. **C. AGRESTIS** *Waldst. et Kit. pl. rar. hung. t.* 220 ; *Godr. et Gren. fl. fr.* 2, *p.* 337 ; *Moris. hist. s.* 7, *t.* 5, *fig.* 14 ; *J. Bauh. hist.* 2, *p.* 1025, *fig.* 1. — Cette espèce diffère de la précédente : par sa tige plus robuste, poilue inférieurement ; par ses capitules deux fois plus gros ; par ses stigmates *brunâtres* et par ses akènes plus gros et jaunâtres.

Hab. les terrains sablonneux aux environs de Nîmes ; les prairies aux environs du Vigan, de Concoule. ① Fl. mai–juillet.

12. **C. TECTORUM** *Lin. sp.* 1135 ; *Dec. fl. fr.* 5, *p.* 448 ; *C. dioscoridis Poll. pal.* 2, *p.* 399 ; *C. Lachenalii Gochn. diss.* 19, *t.* 3 ; *Dec. fl. fr.* 5, *p.* 449 ; *Fl. dan. t.* 501. — Racine pivotante. Tige de 2-5 décim., droite, sillonnée-anguleuse, hérissée inférieurement, rameuse, à rameaux disposés en corymbe lâche, étalé-dressé. Feuilles presque glabres ou pubescentes-grisâtres ; les radicales disposées en rosettes lancéolées, étroites, dentées ou roncinées-pinnatifides ; les caulinaires inférieures pinnatifides ; les supérieures sessiles, *linéaires, à bords roulés en dessous*, sagittées, à oreillettes horizontales, petites. Capitules ventrus à la maturité. Involucre à folioles lancéolées, acuminées, pubescentes-blanchâtres, parsemées de quelques poils glanduleux dont les pédoncules sont chargés, pubescentes intérieurement ; les extérieures linéaires-sétacées, lâches. Fleurons jaunes, non rougeâtres en dessous. Stigmates *bruns*. Akènes fusiformes, d'un rouge foncé, *atténués en bec*, à 10 côtes longitudinales, marquées *d'aspérités* plus fortes supérieurement. Aigrettes dépassant peu l'involucre et de la *longueur des akènes*. Réceptacle à alvéoles légèrement frangés.

Hab. les prairies à Banahu, près de l'Espérou ; les garrigues, près du mas Charlot, au bord du Gardon. ① Fl. mai–août.

La plante de cette dernière localité, avec un examen plus approfondi, pourrait bien constituer une espèce particulière.

13. **C. PULCHRA** *Lin. sp.* 1134 ; *Prenanthes pulchra Dec. fl. fr.* 4, *p.* 7 ; *Moris. hist. s.* 7, *t.* 5, *fig.* 13, 37 ; *J. Bauh. hist.* 2, *p.* 1025, *fig.* 1 ; *Col. ecph. p.* 249, *ic.* — Racine pivotante. Tige de 3-10 décim., droite, sillonnée, fistuleuse, *pubescente-visqueuse*, feuillée, *glabre et dépourvue de feuilles au sommet*, rameuse supérieurement, à rameaux dressés, disposés en corymbe nu, peu lâche ; les inférieurs très-allongés. Feuilles *velues-glanduleuses-visqueuses*, sinuées, dentées ou roncinées ; les radicales oblongues, rétrécies en pétiole, disposées en rosette ; les caulinaire

lancéolées, plus ou moins dentées, demi-embrassantes par 2 oreillettes courtes. Capitules petits, *cylindriques*. Involucre à folioles *glabres*, disposées sur 2 rangs ; les intérieures linéaires-lancéolées, roulées longitudinalement en dedans , et à côte dorsale *épaissie et endurcie* à la base, à la maturité ; les extérieures très-courtes, ovales , appliquées , toutes étroitement membraneuses sur les bords. Fleurons à languette jaune sur les deux faces. Stigmates bruns. Akènes d'un vert jaunâtre , atténués au sommet , à 10 stries peu prononcées , lisses , finement hispides dans les akènes de la circonférence. Aigrettes blanches , égalant l'involucre et plus courtes que les akènes. Réceptacle nu.

Hab. les endroits pierreux, les champs, les vignes, les bords des chemins. dans tout le département. (I) Fl. mai–juillet.

14. **C. BLATTARIOIDES** *Vill. dauph.* 3 , *p.* 136 ; *Godr. et Gren. fl. fr.* 2 , *p.* 341 ; *C. austriaca All. péd. t.* 30 , *fig.* 1 ; *Jacq. enum. st. vind. t.* 5 ; *Hieracium blattarioides Lin. sp.* 1129 ; *Dec. fl. fr.* 4 , *p.* 33. — Racine formée de fibres brunes épaisses , à souche rameuse , d'où sortent plusieurs tiges de 3-6 décim. , droites ou plus souvent ascendantes , sillonnées , anguleuses , fistuleuses , velues inférieurement, un peu rudes , feuillées , ordinairement rameuses au sommet , entourées à leur base des débris des anciennes feuilles. Feuilles d'un vert gai , plus ou moins velues ; les radicales longues, étroites, lancéolées, dentées, rétrécies en pétiole ailé ; celles de la tige plus courtes, *sagittées*, embrassantes , à oreillettes aiguës , profondément dentées. Capitules assez gros , solitaires au sommet de pédoncules légèrement dilatés au sommet et disposés en corymbe lâche , peu fourni. Involucre à folioles lancéolées ; les intérieures largement membraneuses sur les bords ; les extérieures à bordure très-étroite , de la *même longueur* que les intérieures , toutes *hérissées de longs poils noirâtres*, dont le pédoncule est souvent garni vers son sommet. Fleurons jaune orangé. Stigmates jaune foncé. Akènes d'un gris jaunâtre , atténués aux deux bouts , un peu épais , à 20 stries non rugueuses. Aigrettes très-blanches , un peu plus longues que l'involucre et plus courtes que les akènes. Réceptacle un peu velu.

Hab. les prairies à Gourdouze , sur la Lozère ; dans le voisinage de Concoule. ♃ Fl. juin-juillet.

Le *crepis rubra Lin. sp., barkausia rubra Dec. fl. fr.*, est cultivé, comme plante d'agrément , dans tous les parterres ; il se distingue par ses longs pédoncules dressés et par ses fleurs roses.

88ᵉ gʳᵉ SOYÉRIE. — SOYERIA. (Monn. ess. 74.)

Involucre à folioles presque imbriquées. Akènes *subcylindriques*, striés , *tronqués* aux deux extrémités. Aigrette à poils simples, *roussâtres*, très-légèrement scabres. Réceptacle alvéolé.

1. S. PALUDOSA *Godr. fl. lorr. 2, p.* 72 ; *Hieracium palu-
dosum Lin. sp.* 1129 ; *Dec. fl. fr. 4, p. 34; All. ped. t. 28, fig. 2,
et t. 31, fig. 2; Lamk. ill. t. 652, fig. 2; Tabern. ic. 186, fig.2.*
— Racine courte, tronquée, garnie de fibres nombreuses. Tige
de 5-8 décim., droite, glabre, sillonnée, fistuleuse, rameuse
supérieurement, à rameaux disposés en corymbe lâche. Feuilles
minces, glabres ; les radicales oblongues, fortement dentées, à
dents dirigées en bas, atténuées en pétiole, disposées en rosette;
les caulinaires lancéolées, acuminées, dentées, à dents larges,
aiguës, embrassantes, à oreillettes aiguës, ordinairement dentées.
Capitules médiocres, solitaires au sommet de pédoncules grêles,
munis, à leur base, d'une foliole florale, petite, subulée. Involucre
à folioles aiguës, appliquées, d'un vert livide, hérissées de poils
noirs, glanduleux. Fleurons jaune pâle. Stigmates livides. Akènes
roussâtres, à 10 stries lisses. Aigrettes fragiles, égalant l'involucre
ou le dépassant peu, plus courtes que les akènes.

Hab. les prairies humides, les bords des ruisseaux, aux environs du Vigan,
à Trèves, à Alzon, à Génolhac, à Concoule. ♃ Fl. juin–juillet.

89ᵉ gʳᵉ. **ÉPERVIÈRE. — HIERACIUM.** (Lin. gen. 913.)

Involucre à folioles étroites, aiguës, imbriquées ; les extérieures lâches ou appliquées. Akènes cylindracés, un peu rétrécis
à la base, à 10 côtes, tronqués et crénelés au sommet ou terminés
par un bourrelet entier. Aigrette sessile, à poils nombreux, roux
ou blanchâtres, raides, fragiles, dentelés, disposés sur un seul
rang. Réceptacle dépourvu de paillettes, composé d'alvéoles
frangés sur le bord, munies d'un mamelon central. Plantes
vivaces, avec ou sans stolons, à poils dentés, étoilés ou glanduleux, à fleurs jaunes, disposées en corymbe ou en panicule,
rarement solitaires au sommet de la tige.

1. { Akènes mûrs, crénelés au sommet............ 2.
{ Akènes terminés par un bourrelet entier........ 4.

2. { Plantes stolonifères ; tige de 1-3 décim., terminée
{   par 1-5 capitules............................ 3.
{ Plantes non stolonifères ; tige de 4-6 décim.,
{   terminée par 20-30 capitules................ **SABINUM.**

3. { Feuilles blanchâtres-tomenteuses en dessous ;
{   tige toujours monocéphale................... **PILOSELLA.**
{ Feuilles vertes ou glauques sur les deux faces,
{   presque glabres : tige terminée par 2-5 capitules,
{   rarement monocéphale...................... **AURICULA.**

4. { Tige nue ou à 1-2 feuilles.................... 5.
{ Tige à plus de 2 feuilles.................... 10.

5. { Tige nue ou à une seule feuille...... .... 6.
{ Tige à 2-3 feuilles........................ 8.

6. { Tige renflée à la base au-dessus du collet de la
{   racine...................................... **FRAGILE**
{ Tige non renflée............................. 7.

<table>
<tr><td rowspan="2">7.</td><td>Feuille caulinaire pétiolée, située vers le milieu de la tige</td><td>MURORUM.</td></tr>
<tr><td>Feuille caulinaire embrassante, située sous la première bifurcation</td><td>SAXATILE.</td></tr>
<tr><td rowspan="2">8.</td><td>Feuilles couvertes sur les deux faces de poils blanchâtres courts, tous étoilés</td><td>STELLIGERUM.</td></tr>
<tr><td>Feuilles dépourvues de poils étoilés</td><td>9.</td></tr>
<tr><td rowspan="2">9.</td><td>Feuilles glabres ou hérissées seulement aux bords et sur la nervure dorsale.</td><td>VOGESIACUM.</td></tr>
<tr><td>Feuilles velues sur les deux faces</td><td>CINERASCENS.</td></tr>
<tr><td rowspan="2">10.</td><td>Feuilles caulinaires peu nombreuses et écartées.</td><td>11.</td></tr>
<tr><td>Feuilles caulinaires nombreuses et rapprochées..</td><td>12.</td></tr>
<tr><td rowspan="2">11.</td><td>Feuilles caulinaires embrassantes; plante visqueuse</td><td>AMPLEXICAULE</td></tr>
<tr><td>Feuilles caulinaires sessiles ou pétiolées ; plantes non visqueuses</td><td>SYLVATICUM.</td></tr>
<tr><td rowspan="2">12.</td><td>Languettes à dents ciliées, feuilles incisées-dentées inférieurement</td><td>LYCOPIFOLIUM.</td></tr>
<tr><td>Languettes à dents glabres : feuilles brièvement dentées</td><td>13.</td></tr>
<tr><td rowspan="2">13.</td><td>Involucre à folioles extérieures appliquées; feuilles supérieures un peu embrassantes</td><td>BORÉALE.</td></tr>
<tr><td>Involucre à folioles extérieures recourbées en dehors au sommet : feuilles sessiles non embrassantes</td><td>UMBELLATUM.</td></tr>
</table>

1. **H. PILOSELLA** *Lin. sp.* 1125; *Dec. fl. fr.* 4, *p.* 23; *Cam. epit.* 709, *ic.*; *Fuchs. hist.* 605, *ic.* — Racine oblique, courte, tronquée, garnie de fibres allongées, à souche émettant des stolons stériles, feuillés et rampants. Hampe de 1-2 décim., droite, *nue, monocéphale*, pubescente, velue ou tomenteuse. Feuilles radicales en rosette étalée ou dressée, obovales ou oblongues-lancéolées, entières, à face inférieure, *blanchâtres-tomenteuses* par des poils étoilés très-courts, et parsemée de quelques poils simples allongés; la supérieure d'un vert glauque, lâchement couverte de longs poils glanduleux à la base. Capitules assez gros. Involucre court, ventru-conique après la fleuraison, à folioles tomenteuses, chargées, sur le dos, de poils raides noirs et quelquefois glanduleux, que l'on retrouve au sommet de la hampe. Fleurons de la circonférence *souvent rougeâtres en dessous.* Akènes noirs, crénelés au sommet, beaucoup plus courts que l'aigrette; celle-ci à poils roussâtres.

VAR. B, *Pilosissimum Fries. herb. norm. fasc.* 9, N° 8. Feuilles plus allongées, très-blanches en dessous, à poils roux, très-longs à la face supérieure, très-abondants à la base. Capitules beaucoup plus grands. Involucre glanduleux et hérissé de longs poils roux ou blancs, simples. Stolons courts. *H. peleterianum Merat. fl. par.* 305; *Dec. fl. fr.* 5, *p.* 437.

Cette plante porte le nom vulgaire de *piloselle*, *d'oreille-de-rat :* elle est amère, astringente, vulnéraire et détersive : peu usitée.

Hab. : la var. **A**, les bords des champs et des chemins, les prés, les bois, les lieux arides, dans tout le département; la var. **B**, au bas des rochers, à l'Espérou, à l'Hort-dé-Diou. ♃ Fl. mai-septembre.

2. **H. auricula** *Lin. sp.* 1126; *Dec. fl. fr. 4, p.* 24; *H. dubium Vill. dauph.* 3, *p.* 99; *Fl. dan. t.* 1111.—Racine oblique, courte, tronquée, garnie de fibres filiformes, à souche émettant des stolons stériles, radicants, feuillés, allongés, hérissés à leur extrémité. Tige de 1-3 décim., dressée, nue ou portant 1-2 feuilles inférieurement, simple, très-rarement munie d'un rameau monocéphale au-dessus de son milieu, plus ou moins pourvue de poils glanduleux, courts, souvent hérissée à la base. Feuilles *d'un vert un peu glauque*, minces, souvent ondulées sur les bords, oblongues-lancéolées ou spatulées, *glabres sur les deux faces*, quelquefois munies de longs poils sur la nervure dorsale, ciliées de longs poils écartés, plus rapprochés vers leur base, disposées en rosette peu fournie, dressée ou étalée. Capitules presque petits, réunis 2-5 en corymbe terminal, rarement solitaires; pédoncules courts, glanduleux, simples. Involucre à folioles obtuses, hérissées de poils raides, noirs, mêlés de poils glanduleux. Fleurons et styles jaunes. Akènes noirs, plus courts que l'aigrette, crénelés au sommet. Aigrette blanche.

Cette plante porte le nom vulgaire d'*oreille-de-souris* ; elle est apéritive, vulnéraire ; peu usitée.

Hab. les prairies aux environs du Vigan, de l'Espérou. ♃ Fl. juin-juillet.

3. **H. sabinum** *Seb. et Mauri. fl. rom.* 270, *t.* 6; *H. cymosum Vill. dauph.* 3, *p.* 101, *et Voy.* 63, *t.* 4; *Dec. fl. fr.* 5, *p.* 440. —Racine courte, oblique, tronquée, à souche sans stolons. Tige de 3-6 décim., dressée, hérissée de longs poils, ordinairement roussâtres, glanduleux à la base; couverte, vers le sommet, de poils étoilés, courts, entremêlés de poils glanduleux; simple, terminée par un corymbe ombelliforme *très-serré* ou un peu lâche. Feuilles oblongues-lancéolées ou spatulées, d'un vert clair, jaunissant par la dessication, *abondamment hérissées*, sur les 2 faces, de *poils longs*, roux; les radicales atténuées en pétiole, disposées en rosette dressée; les caulinaires 1-3, écartées. Capitules petits, nombreux, sur des pédoncules courts, simples ou à 1-3 fleurs, couverts de trois sortes de poils : les uns serrés, étoilés ; les autres allongés, mêlés avec des *poils courts, glanduleux*. Involucre cylindracé, à folioles aiguës, couvertes de longs poils blanchâtres ou roussâtres et de poils raides, noirs. Fleurons d'un beau jaune. Styles jaunes. Akènes noirs, de la longueur de l'aigrette, crénelés au sommet. Aigrette blanchâtre, à poils peu nombreux.

Hab. les bois des environs de Nîmes, les bords du Gardon à St-Nicolas, au pont du Gard, les pacages sablonneux, près d'Aigues-Mortes. (Les exemplaires de cette dernière localité ont le corymbe plus lâche.) ♃ Fl. mai-juillet.

4. **H. SAXATILE** *Vill. dauph.* 3. *p.* 118, *t.* 29; *Dec. fl. fr.* 4, *p.* 22; *H. Lawsonii Vill. l. c. t.* 29. — Racine brune, épaisse, oblique, chargée, à son collet, de longs poils blancs soyeux, abondants. Tige de 1-2 décim., dressée, glabre, striée, portant 1-4 capitules terminaux, rarement monocéphale. Feuilles ovales-oblongues, souvent très-amples, glauques, entières, un peu aiguës, *couvertes sur les deux faces de longs poils blancs soyeux;* les radicales disposées en rosette étalée ou dressée, rétrécies en un pétiole court; celles de la tige bractéiformes, d'autant plus petites qu'elles sont plus supérieures, embrassantes à la base des rameaux. Capitules assez gros, solitaires au sommet de pédoncules allongés, dressés ou ascendants, cotonneux et *glanduleux* au sommet. Involucre à folioles linéaires-acuminées, appliquées, d'un vert brunâtre, velues-glanduleuses. Languettes des fleurons à dents ciliées. Styles jaunes. Akènes noirs, terminés par un bourrelet entier, plus courts que l'aigrette, à poils inégaux.

Hab. contre les rochers, où elle forme des touffes épaisses, à Montdardier, à Pradines, à Brama-Bioou. ♃ Fl. juin–juillet.

5. **H. VOGESIACUM** *Mougeot, ap. fries monogr.* 59; *Godr. et Gren. fl. fr.* 2, *p.* 361; *H. decipiens Dec. prodr.* 7, *p.* 230. — Racine épaisse, oblique, brune. Tige de 2-4 décim., cylindrique, presque glabre au milieu, souvent garnie, vers la base, de longs poils blancs, peu rameuse au sommet. Feuilles d'abord hérissées, puis *glabres* sur les deux faces, minces, un peu glauques, munies de quelques poils sur les bords et la nervure dorsale; les radicales oblongues-lancéolées, aiguës, rétrécies en pétiole allongé, velu, entières supérieurement, dentées inférieurement; les caulinaires 2-3, *demi-embrassantes,* distantes. Capitules assez gros, 1-4, solitaires au sommet de pédoncules allongés, chargés de *poils étoilés et de poils glanduleux.* Involucre à folioles linéaires-acuminées, d'un vert noirâtre, *velues, glanduleuses,* barbues au sommet; les extérieures non appliquées. Languettes des fleurons à dents ciliées. Styles jaunes. Akènes noirs, terminés par un bourrelet entier, un peu plus court que l'aigrette, à poils inégaux.

Hab., en touffe, contre les rochers, à Brama-Bioou, près de Camprieux. ♃ Fl. juillet-août.

6. **H. AMPLEXICAULE** *Lin. sp.* 1129; *Dec. fl. fr.* 4, *p.* 31; *All. ped. t.* 15, *fig.* 1, *et t.* 30, *fig.* 2. — Racine brune, épaisse, oblique. Tige de 2-4 décim., dressée, striée, ordinairement rameuse supérieurement, velue-glanduleuse, visqueuse, à poils roussâtres, ainsi que les feuilles; celles-ci d'un vert jaunâtre; les radicales oblongues-lancéolées, obtuses ou mucronées, dentées, à dents plus ou moins profondes, rétrécies en pétiole ailé, plus court que le limbe; les caulinaires 2-4, ovales-aiguës, cordiformes-

embrassantes. Capitules assez gros, disposés au sommet de pédoncules lâches, tomenteux et garnis de poils glanduleux, roux ou noirs à la base, formant un corymbe lâche plus ou moins ample. Involucre à folioles lâches, acuminées, tomenteuses-roussâtres et garnies de poils glanduleux. Languettes des fleurons à dents ciliées. Styles jaunes. Akènes noirs, terminés par un bourrelet entier, un peu plus courts que l'aigrette, à poils d'un blanc sale, inégaux.

Cette plante fraîche, froissée entre les doigts, rend une odeur balsamique.

Hab. contre les rochers aux environs du Vigan. ♃ Fl. juin–juillet.

7. **H. STELLIGERUM** *Frœl. in Dec. prodr. 7, p. 214 ; Fries, monogr. 107 ; Godr. et Gren. fl. fr. 2, p. 369.* — Racine brune, à souche rameuse, dont les divisions s'allongent hors de terre, nues par la chute des anciennes feuilles. Tige de 1-2 décim., dressée, brièvement tomenteuse, jamais hérissée de poils simples ou glanduleux, terminée par 3-5 capitules. Feuilles ordinairement maculées de noir, sur un fond vert en dessus, d'un blanc cendré en dessous, couvertes, mais plus abondamment en dessous, *de poils très-courts, étoilés;* les radicales ovales ou oblongues-lancéolées, aiguës, profondément dentées du milieu à la base, pétiolées, à pétiole de la longueur du limbe ou plus court que lui, plus ou moins garni de longs poils blanchâtres, que l'on retrouve souvent sur les bords et sur la nervure dorsale; les caulinaires 1-2; l'inférieure, au bas de la tige, semblable aux autres; la supérieure petite, linéaire-acuminée, à la base de la première bifurcation. Capitules moyens, solitaires au sommet de pédoncules étalés, peu allongés, *uniquement couverts de poils blanchâtres, courts, étoilés,* munis, à leur base, d'une bractée linéaire, et à leur sommet de 1-2 bractéoles filiformes. Involucre à folioles d'un vert foncé, tomenteuses, *cuspidées;* les extérieures lâches, *aiguës.* Languettes des fleurons à dents glabres. Styles jaunes. Akènes noirs, terminés par un bourrelet entier. Aigrette à poils roussâtres, inégaux.

Hab. contre les rochers dans les Cévennes. ♃ Fl. juin–juillet.

8. **H. CINERASCENS** *Jord. cat. Grenoble 1849, p. 17; Godr. et Gren. fl. fr. 2, p. 370.* — Racine brune, oblique, garnie de fibres longues, filiformes. Tige de 2-6 décim., droite, striée, un peu rude, souvent inégalement bifide au-dessous du milieu, à rameaux subdichotomes, allongés-étalés. Feuilles d'un *vert cendré, hérissées, sur les deux faces,* sur les bords et les pétioles, de poils longs, scabres, mais plus abondants sur les bords et les pétioles, *ovales ou oblongues,* un peu aiguës et mucronées; les premières obtuses-arrondies, brusquement rétrécies en pétiole, ordinairement *plus court que le limbe;* celui-ci *entier ou denté*

inférieurement, à dents apiculées ; les caulinaires 1-2, brièvement pétiolées, étroites, acuminées. Capitules moyens, solitaires au sommet de pédoncules inégaux, allongés, étalés-dressés, presque droits, disposés en corymbe lâche, velus-glanduleux vers leur sommet. Involucre à folioles d'un vert foncé, linéaires-acuminées, couvertes de poils la plupart glanduleux. Fleurons d'un beau jaune, languettes à dents glabres. Styles jaunes. Akènes noirâtres, terminés par un bourrelet entier, un peu plus courts que l'aigrette, à poils roussâtres, inégaux.

Hab. les bois de Salbous, du pont du Gard, contre les murs, à Arphy. ♃ Fl. mai-septembre.

9. **H. MURORUM** *Lin. sp.* 1128, *et la plupart des auteurs en partie.* — Racine brune, courte, oblique, tronquée, garnie de fibres filiformes. Tige de 2-6 décim., dressée, striée, glabre ou hérissée, surtout vers la base, rameuse supérieurement, rarement monocéphale, nue ou à une feuille. Feuilles molles, vertes ou un peu glauques, souvent maculées de brun à la face supérieure, quelquefois violettes à la face inférieure, ovales, oblongues ou oblongues-lancéolées, hérissées, surtout en dessous, de longs poils mous, denticulés, *dépourvus de poils étoilés;* les radicales arrondies ou un peu cordiformes à la base, ou rétrécies en pétiole très-hérissé, plus ou moins allongé, entières, dentées ou incisées, surtout dans leur moitié inférieure, disposées en rosette; les caulinaires ordinairement solitaires, *pétiolées,* oblongues-lancéolées, situées vers le milieu de la tige ou sous la première bifurcation. Capitules assez gros ou médiocres, peu nombreux, solitaires au sommet de pédoncules étalés-dressés, quelquefois courbés légèrement en dedans, hérissés, ainsi que le sommet de la tige, de poils noirs glanduleux, dont ils sont dépourvus quelquefois, disposés en corymbe lâche, rarement divariqué. Involucre à folioles noirâtres, hérissées de poils blancs et de poils noirs glanduleux, acuminées; les extérieures aiguës, presque lâches. Languettes des fleurons à dents glabres ou munies de quelques poils rares. Styles bruns ou fauves. Akènes noirs, terminés par un bourrelet entier, plus courts que l'aigrette, à poils roussâtres, inégaux.

VAR. B, *Pilosissimum Godr. et Gren. fl. fr.* 2, *p.* 372. Plante très-velue inférieurement.

VAR. C, *Medium Godr. et Gren. fl. fr.* 2, *p.* 373. Feuilles d'un vert pâle, lancéolées, acuminées, atténuées en pétiole plus court que le limbe, fortement dentées-incisées inférieurement, à dents dirigées en haut, souvent glabres et maculées à la face supérieure, très-hérissées en dessous et sur les pétioles. *H. medium Jord. cat. Grenoble* (1849), *p.* 19.

VAR. D, *Ovalifolium Godr. et Gren. fl. fr.* 2, *p.* 373. Feuilles assez courtes, glauques, souvent maculées, glabres en dessus, velues en dessous, sur les bords et sur les pétioles, ovales, presque arrondies à la base, contractées en un pétiole un peu plus court que le limbe, à dents larges, étalées ou ascendantes. Rameaux et pédoncules d'abord étalés-dressés, puis divergents. *H. ovalifolium Jord. obs., 7e fragm.* (1849), *p.* 33.

VAR. E, *Petiolare Godr. et Gren. fl. fr. 2, p.* 373. Pédoncules et involucres peu glanduleux ; feuilles oblongues lancéolées, atténuées en un pétiole très-long, profondément dentées vers la base, à dents allongées-linéaires, ascendantes, écartées, se prolongeant jusque sur le pétiole, glabres et souvent maculées sur la face supérieure, peu velues en dessous. *H. petiolare Jord. cat. Grenoble* (1849), *p.* 20.

Cette plante est connue sous le nom vulgaire de *pulmonaire des Français;* elle est adoucissante et vulnéraire.

Hab. les bois et les garrigues aux environs de Nimes, du Vigan, etc. ♃ Fl. avril-septembre.

10. **H. FRAGILE** *Jord. obs. 7e, fragm. p.* 34 ; *Godr. et Gren. fl. fr. 2, p.* 373. — Cette espèce diffère de la précédente et de ses variétés : par sa tige *fragile, renflée à la base;* par la réunion des pétioles, élargis inférieurement et embrassants, et séparée du collet de la racine par un étranglement profond ; par ses feuilles à dents étalées, non réfléchies ; par ses capitules *plus gros,* ordinairement moins nombreux, au sommet de pédoncules plus étalés.

Hab. les bois aux environs du Vigan, de Concoule. ♃ Fl. mai-août.

11. **H. SYLVATICUM** *Lamk. dict. 2, p.* 566; *Dec. fl. fr. 4, p.* 30; *Godr. et Gren. fl. fr. 2, p.* 375; *Fl. dan. t.* 1113. — Racine courte, oblique, brune, garnie de fibres filiformes. Tige de 3-10 décim., droite, un peu rude, hérissée, surtout inférieurement, de poils longs, étalés, blancs ou roux, rares dans son milieu, tomenteuse et parsemée de poils glanduleux au sommet, plus ou moins rameuse supérieurement. Feuilles minces, d'un vert clair, hérissées sur les bords et en dessous, presque glabres en dessus ; les radicales peu nombreuses, oblongues ou ovales-lancéolées, rétrécies en pétiole hérissé, plus court que le limbe ; celui-ci plus ou moins profondément denté, à dents étalées ou ascendantes ; les inférieures décurrentes sur le pétiole ; les caulinaires 2-5, pétiolées, ou les supérieures sessiles. Capitules moyens, solitaires au sommet de pédoncules un peu raides, *dressés-étalés,* tomenteux et plus ou moins garnis de poils glanduleux, disposés en corymbe terminal, irrégulier. Involucre à folioles aiguës. Languettes des fleurons glabres. Styles brunâtres. Akènes noirs, terminés par un bourrelet entier, presque aussi long que l'aigrette, à poils roussâtres, inégaux.

Hab. les prairies et les bois aux environs du Vigan, à Alzon, à l'Espérou, à Concoule. ♃ Fl. juin-juillet.

12. H. LYCOPIFOLIUM *Froël. ap. ; Dec. prodr. 7, p. 224 ; Godr. et Gren. fl. fr. 2 , p. 382 ; Rchb. excicc. 2351.* — Racine brune, oblique, garnie de fibres filiformes. Tige de 4-8 décim., dressée, robuste, raide, pleine, velue, à poils longs, simples, parsemée, dans le haut, de quelques poils raides, courts, quelquefois glanduleux. Feuilles pubescentes, ciliées ; les radicales nulles ; les caulinaires nombreuses et rapprochées ; les inférieures ovales-oblongues, atténuées en pétiole largement ailé, dentées dans les deux tiers inférieurs, incisées à leur base embrassante, entières supérieurement ; les moyennes et les supérieures ovales-lancéolées, aiguës, *entières* supérieurement, *dentées*, à dents aiguës, étalées ou dirigées vers le sommet, d'autant plus profondes qu'elles sont près de leur base embrassante. Capitules assez gros, nombreux, terminant les rameaux et les pédoncules étalés-dressés, un peu tomenteux, par des poils courts, étoilés, entremêlés de poils simples et glanduleux, garnis d'écailles assez nombreuses, disposés en panicule terminée en corymbe lâche, Involucre à folioles *appliquées-imbriquées,* linéaires-lancéolées, *obtuses*, d'un *vert pâle*, un peu tomenteuses et glanduleuses, presque glabres au sommet. Languettes des fleurons à dents ciliées. Styles bruns. Akènes *grisâtres* ou *fauves*, terminés par un bourrelet entier, plus court que l'aigrette, à poils roux, inégaux.

Hab. les bois à Anduze, à la Chartreuse de Valbonne. ♃ Fl. août-septembre.

13. H. BOREALE *Fries. nov. p. 261 (1819) ; Godr. et Gren. fl. fr. 2 , p. 385 ; H. sabaudum de presque tous les auteurs ; H. sylvestre Tausch, bem. p. 70.* — Racine courte, oblique, brune, garnie de fibres nombreuses, filiformes. Tige de 5-12 décim., dressée, solitaire ou partant plusieurs de la même souche, dure, raide, pleine, simple ou rameuse supérieurement, hérissée, surtout inférieurement, de poils plus ou moins longs, simples, roux ou blancs, rarement glabre, souvent rougeâtre. Feuilles plus ou moins pubescentes ou hérissées, dentées, à dents courtes et aiguës, rarement allongées ; les radicales presque nulles, les caulinaires nombreuses ; celles du bas de la tige oblongues, *atténuées en pétiole court ;* celles du haut oblongues ou lancéolées, *sub-amplexicaules.* Capitules moyens, terminant les rameaux et les pédoncules ; ceux-ci plus ou moins tomenteux, un peu dilatés au sommet et munis d'écailles, disposés en corymbe ou en panicule dressé-étalé. Involucre glabre ou presque glabre, à folioles appliquées, noircissant souvent par la dessication ; les intérieures plus larges et plus obtuses que les extérieures. Languettes des fleurons à dents glabres. Styles bruns. Akènes d'un brun rougeâtre, terminés par un bourrelet entier, de la longueur de l'aigrette, à poils roux, inégaux.

Var. A, *Friesii Schultz.* Feuilles également distantes, ovales ou oblongues, minces, à dents étalées ou dirigées en haut; les inférieures atténuées à la base, presque sessiles, aiguës. Styles d'un brun clair. *H. gallicum Jord. cat. Grenoble* (1849), *p.* 19.

Var. B, *Rigens Godr. et Gren. fl. fr.* 2, *p.* 385. Feuilles également distantes, toutes semblables, raides, épaisses, lancéolées-aiguës, d'un vert foncé et glabres en dessus, pâles et velues en dessous, très-nombreuses, étalées-dressés, sessiles; les inférieures subpétiolées, toutes à dents courtes, étalées, nombreuses. *H. rigens Jord. l. c. p.* 30.

Var. C, *Curvidens Godr. et Gren. l. c.* Feuilles également distantes, lancéolées-acuminées, à dents allongées, linéaires-aiguës; les inférieures surtout courbées vers le haut; les feuilles inférieures longuement atténuées à la base. *H. curvidens Jord. l. c. p.* 18.

Var. D, *Vagum Godr. et Gren. l. c.* Feuilles ovales-lancéolées, aiguës, à dents étalées, courtes et peu nombreuses; les caulinaires nombreuses, rapprochées au-dessus du milieu de la tige; les inférieures atténuées vers la base; les supérieures petites, plus écartées. *H. vagum Jord. l. c. p.* 21.

Var. E, *Concinnum Godr. et Gren. l. c.* Feuilles minces, d'un vert clair, lancéolées-aiguës, à dents étalées, un peu montantes, plus ramassées et plus serrées vers le milieu de la tige; les inférieures longuement atténuées vers la base. Plante peu velue. *H. concinnum Jord. l. c. p.* 17.

Var. F, *Dumosum Godr. et Gren. l. c.* 2, *p.* 386. Feuilles minces, d'un vert clair, larges-lancéolées, à dents étalées-montantes, ordinairement plus ramassées et plus serrées vers le milieu de la tige; les inférieures plus grandes, atténuées en pétiole plus ou moins allongé; les supérieures sessiles. Plante couverte, surtout inférieurement, de longs poils roux ou blancs. *H. dumosum Jord. l. c. p.* 18.

Var. G, *Occitanicum Godr. et Gren. l. c.* Feuilles assez régulièrement espacées, longuement acuminées, atténuées vers la base, à dents très-courtes. Capitules plus petits que dans la var. précédente. *H. occitanicum Jord. obs. 7ᵉ fragm. p.* 37.

Var. H, *Virgultorum Godr. et Gren. l. c.* Feuilles d'un vert clair, étroitement lancéolées, acuminées et atténuées à la base, à dents petites, étalées, un peu plus ramassées au milieu de la tige; rameaux de la panicule allongés et peu nombreux. *H. virgultorum Jord. cat. Dijon. p.* 24.

Hab. les bois : la var. A, au Vigan, à Campagne, la var. B, au Vigan,
à Saint-Vincent, Manduel : la var. C, à Mandagoût (Diomède); la var. D, à
Aulas (Diomède); la var. E, à la Chartreuse de Valbonne (Gonnet); la var. F,
à Aumessas, le Vigan, Alzon : la var. G, à Anduze : la var. H, à St-Sauveur
(Diomède). ♃ Fl. août–septembre.

14. **H. UMBELLATUM** *Lin. sp.* 1131; *Dec. fl. fr.* 4, *p.* 31;
Clus. hist. 2, *p.* 140, *ic.; Dod. pempt.* 638, *fig.* 2. — Racine
roussâtre, courte, oblique, garnie de fibres filiformes, nombreuses.
Tige de 4-8 décim., droite, dure, raide, pleine, souvent rougeâtre,
plus ou moins hispide, surtout vers la base, quelquefois entièrement glabre, simple ou rameuse supérieurement, à rameaux
disposés en corymbe ombelliforme ou en panicule. Feuilles d'un
vert jaunâtre, nombreuses, toutes caulinaires, *sessiles*, jamais
embrassantes, lancéolées ou linéaires, à dents courtes, écartées,
rarement entières, glabres ou un peu velues à la base, d'autant
plus petites qu'elles sont plus supérieures. Capitules médiocres,
solitaires au sommet de pédoncules glabres ou tomenteux, écailleux. Involucre verdâtre, ordinairement glabre, noircissant par la
dessication, à folioles nombreuses, sur plusieurs rangs; les intérieures linéaires-*obtuses*, *dressées;* les extérieures plus courtes,
aiguës, *recourbées en dehors au sommet.* Languette des fleurons
à dents glabres. Styles jaunes, puis fauves. Akènes d'un brun
rougeâtre, terminés par un bourrelet entier, plus courts que l'aigrette, à poils roux, inégaux.

Hab. les bois montagneux dans tout le département. ♃ Fl. août–septembre.

Les *hieracium villosum* et *alpinum Lin.*, indiqués par *Guan. herb.*, le
premier à Campestre et au cap Coste, le second entre Brama-Bioou et
Meyrueis, n'ont pas encore été retrouvés dans ces localités.

On cultive dans les parterres, comme plante d'agrément, l'*H. aurantiacum
Lin.*, remarquable par ses fleurs orangées ou safranées, en corymbe serré.

90ᵉ gʳˢ. **ANDRYALE. — ANDRYALA.** (Lin. gen. 915.)

Involucre à folioles nombreuses, presque sur un seul rang.
Akènes *très-petits*, coniques, atténués à la base, à 10 côtes
très-prononcées, tronqués et dentés au sommet. Aigrettes très-
caduques, roussâtres, à poils fins, denticulés, fragiles, presque
plumeux à la base. Réceptacle à alvéoles *bordés de poils*,
égalant ou *dépassant* les akènes.

1. **A. SINUATA** *Lin. sp.* 1137; *Dec. fl. fr.* 4, *p.* 37, et 5,
p. 444; *A. integrifolia Lin. sp.* 1136; *Dec. fl. fr.* 4, *p.* 36;
Sonchus lanatus Dalech. hist. ed. franc. 2, *p.* 19, *ic.; J. Bauh.
hist.* 2, *p.* 1026, *fig.* 3. — Racine pivotante, fibreuse. Tige de
4-6 décim., dressée, rameuse supérieurement, quelquefois dès la
base, à rameaux étalés-dressés, disposés en corymbes serrés,
latéraux et terminaux; ces derniers formant un corymbe général

au sommet de la tige, striée et couverte, ainsi que les feuilles et les involucres, d'un coton très-épais, d'abord blanchâtre, puis d'un roux foncé. Feuilles molles, épaisses; les inférieures oblongues, entières, sinuées, roncinées ou pinnatifides, atténuées en pétiole; les supérieures sessiles, lancéolées, entières ou peu dentées. Capitules presque petits, nombreux, à pédoncules courts, inégaux. Involucre à folioles linéaires, couvertes d'un coton très-serré et de poils longs, glanduleux, que l'on retrouve sur les pédoncules. Fleurons jaune clair. Akènes grisâtres, beaucoup plus courts que l'aigrette; celle-ci *d'un vert blanchâtre*, de la longueur de l'involucre ou plus courte que lui.

Hab. les lieux arides dans tout le département. ① et ② Fl. juillet-août.

91ᵉ gʳᵉ. SCOLYME. — SCOLYMUS. (Lin. gen. 922.)

Involucre à folioles imbriquées. Réceptacle garni de paillettes enveloppant les akènes et soudées avec eux, de manière à faire paraître le fruit comprimé, concave, largement entouré d'ailes membraneuses. Aigrette scarieuse, en forme de couronne très-courte, dentelée ou formée de 2-3 poils écailleux. Plantes très-épineuses, à fleurons jaunes, rudes, hérissées extérieurement..

1 . { Capitules réunis en corymbes terminaux: fleurons hérissés de poils noirs........................ MACULATUS.
{ Capitules solitaires, axillaires et terminaux; fleurons hérissés de poils blancs........................ HISPANICUS.

1. **Sc. MACULATUS** *Lin. sp.* 1143; *Dec. fl. fr.* 4, *p.* 69; *Clus. hist.* 2, *p.* 153, *fig.* 1; *Lamk. ill. t.* 659, *fig.* 2. — Racine pivotante. Tige de 2-6 décim., dressée, blanche, glabre, ordinairement rameuse supérieurement, à rameaux distants, étalés, presque à angle droit. Feuilles oblongues-lancéolées, très-coriaces, sinuées, pinnatifides, très-épineuses, entourées d'une bordure blanche *très-épaisse*, à nervures saillantes, blanche, ainsi que les épines robustes; les caulinaires longuement décurrentes, à décurrence large et dentée-épineuse. Capitules réunis en corymbes irréguliers au sommet de la tige et des rameaux plus ou moins allongés, rarement solitaires, à 4-5 bractées *pectinées-épineuses, coriaces, à bords épais, blancs, cartilagineux.* Involucre à folioles lancéolées-linéaires; les intérieures presque obtuses; les extérieures acuminées-aiguës. Languettes hérissées de *poils noirs* en dessous. Anthères *brunes.* Akènes *couronnés* par une membrane entière ou dentelée. Plante glabre, à feuilles souvent tachées de blanc.

Hab. les bords du Rhône à Caderousse et à Mornas. ① Fl. juillet-août.

Ces deux localités, si voisines du département du Gard, me font présumer que la plante que je rapporte ici doit croître aussi dans les environs de Montfaucon.

2. **Sc. HISPANICUS** *Lin. sp.* 1143; *Dec. fl. fr.* 4, *p.* 69, *et* 5,

p. 455; *Clus. hist.* 2, *p.* 153, *fig.* 2. — Racine fusiforme, charnue, souvent rameuse. Tige de 4-10 décim., dressée, striée, blanchâtre, pubescente, simple ou souvent rameuse dès la base, à rameaux étalés-dressés. Feuilles lancéolées, sinuées-pinnatifides, à lobes dentés, fortement épineux, entourés d'un rebord cartilagineux, moins épais que dans l'espèce précédente, blanchâtre, ainsi que les épines et les nervures saillantes, coriaces, pubescentes; les radicales atténuées en pétiole; les caulinaires nombreuses, à décurrence dentée, épineuse, descendant jusqu'à l'entre-nœud en se rétrécissant. Capitules solitaires, sessiles, axillaires et terminaux, disposés le long de la tige et des rameaux, et rapprochés en forme d'épi, entourés à leur base de trois bractées épineuses, *semblables aux feuilles*, mais plus petites. Involucre à folioles lancéolées-linéaires, acuminées, scarieuses sur les bords. Languettes hérissées de *poils blancs* à la base. Anthères *jaunes*. Akènes striés extérieurement, couronnés par 2-4 *poils* allongés, inégaux, scabres.

Cette plante est connue sous le nom vulgaire d'*épine jaune*, de *cardousse;* en patois, *cardoun.* On se sert de la racine pour la confiture; on la mange aussi en ragoût, ainsi que les jeunes pousses.

Hab. les terrains secs et incultes aux environs du Vigan, d'Anduze, d'Alais, et plus abondamment dans toute la plaine du département. ♃ Fl. juillet-août.

FIN DU PREMIER VOLUME.

ERRATA.

Planche 2 : *Vicia agustifolia ;* lisez : *Vicia angustifolia ; —*
— *reali ;* lisez : *realis.*

Page 13, ligne 24 : CERATOREPHALUS ; lisez : CERATOCEPHALUS.

Page 33, à la première ligne du renvoi : LE LEONTI.E ; lisez :
LE LEONTICE ; — à la troisième ligne : *la ;* lisez : *le.*

Page 130, ligne 9 : GYPSOPHYLE GYPSOPHYLA ; lisez GYPSO-
PHILE GYPSOPHILA.

Page 294, ligne 20 : ONOBRYCLIS ; lisez : ONOBRYCHIS.

Page 296, ligne 32 : CEREIS ; lisez : CERCIS.

Page 349, 1re ligne : MYRIAPHYLLUM ; lisez : MYRIOPHYLLUM.

Page 392, ligne 31 : OMBELLIFERÆ ; lisez : UMBELLIFERÆ.

Page 412, ligne 24 : PASTINICA ; lisez : PASTINACA.

Page 457, ligne 23 : LAPIGENA ; lisez : ALPIGENA.

Page 511, ligne 37 : DORONIS, lisez : DORONIC.

Page 593, ligne 24 : SARRETULA ; lisez : SERRATULA.

TABLE

DES FAMILLES ET DES GENRES.

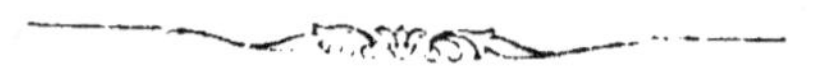

FIN DE LA TABLE DU PREMIER VOLUME.

ERRATA.

Planche 2 : *Vicia agustifolia;* lisez : *Vicia angustifolia;* —
— reali; lisez : *realis.*

Page 13, ligne 24 : CERATOREPHALUS ; lisez : CERATOCEPHALUS.

Page 33, à la première ligne du renvoi : LE LEONTI Æ ; lisez :
LE LEONTICE ; — à la troisième ligne : *la;* lisez : *le.*

Page 294, ligne 20 : ONOBRYCLIS ; lisez : ONOBRYCHIS.

Page 296, ligne 32 : CEREIS ; lisez : CERCIS.

TABLE

DES FAMILLES ET DES GENRES (1).

(1) Cette table devra être supprimée lorsque la table générale du premier volume aura paru avec le second demi-volume.

MONTPELLIER. — J.-A. DUMAS, IMPRIMEUR,
place de l'Observatoire, 5.

MONTPELLIER. — J.-A. DUMAS, IMPRIMEUR,
Place de l'Observatoire, 5.